北京科技年鉴

2018

北京市科学技术委员会　组编

北京科学技术出版社

图书在版编目(CIP)数据

北京科技年鉴2018/北京市科学技术委员会组编. —北京：北京科学技术出版社，2019.6
ISBN 978－7－5714－0326－3

Ⅰ.①北… Ⅱ.①北… Ⅲ.①科学研究事业－北京－2018－年鉴 Ⅳ.①G322.71－54

中国版本图书馆CIP数据核字(2018)第068220号

北京科技年鉴2018

作　　者：北京市科学技术委员会
责任编辑：李　菲
责任印制：李　茗
封面设计：樊润琴
出 版 人：曾庆宇
出版发行：北京科学技术出版社
社　　址：北京西直门南大街16号
邮政编码：100035
电话传真：0086－10－66135495（总编室）
　　　　　0086－10－66113227（发行部）
　　　　　0086－10－66161952（发行部传真）
电子信箱：bjkj@bjkjpress.com
网　　址：www.bkydw.cn
经　　销：新华书店
印　　刷：三河市国新印装有限公司
开　　本：889mm×1094mm　1/16
字　　数：887千字
印　　张：40.5
彩　　插：28
版　　次：2019年6月第1版
印　　次：2019年6月第1次印刷
ISBN 978－7－5714－0326－3/G·2920

定　　价：158.00元

《北京科技年鉴》指导委员会

《北京科技年鉴》编委会

《北京科技年鉴》编辑部

编辑说明

一、《北京科技年鉴》是一部反映北京地区科技事业发展变化的综合性资料工具书和史料文献。在北京市科学技术委员会、北京市教育委员会、北京市市场监督管理局、北京市知识产权局、中关村科技园区管理委员会、北京市科学技术协会共同参与下，由北京市科学技术委员会主持编纂。

二、本年鉴坚持以邓小平理论、“三个代表”重要思想、科学发展观、习近平新时代中国特色社会主义思想为指导，遵循实事求是的原则，科学、客观的反映实际情况。

三、本年鉴采用文章和条目两种体裁，以条目体为主，用规范的语体、记述体，直陈其事，文字力求言简意赅。

四、本年鉴从 1987 年开始，逐年编纂。至 2003 年出版时均是标注当年年度，自 2004 年起循通行做法改为标注出版时间，即当年出版的年鉴，记述上一年度北京地区科技系统所发生的重大事件和新的情况，为领导决策提供可资参考的依据，为社会各界了解、研究北京地区科技事业提供权威的信息，为开展科技交流、对外宣传提供基础资料。

五、本年鉴以记述北京市属科技系统各单位的情况为主，对境域内国家部门所属单位情况也适当记述，使主体突出而又概况全貌。

六、本年鉴所载为北京地区科技事业的基本情况，采用分类编纂法。根据年鉴的文字内容，设有特载、专文、大事记、重大活动、科技计划与投入、科技资源、科技政策、创新高地、支撑发展、科技服务、创新成果、知识产权、质量技术监督、科技合作与交流、科学技术普及、各区科技、政策法规和规范性文件选编、统计资料、附录等 19 个基本栏目。

七、选入本年鉴的文章和条目，均由《北京科技年鉴》参编单位确定的专人负责撰写或提供，并经主要负责人审核。统计资料由北京市科学技术委员会及参编单位的统计部门提供。

八、本年鉴反映 2018 年 1 月 1 日至 12 月 31 期间北京地区科技事业发展变化情况，凡 2018 年事情，均直书月、日，不再写年份，涉及其他年份的时间均标明年份。

2月4日，Thomas北京研究院揭牌仪式在北京航空航天大学唯实国际会议中心举行

2月7日，市科委举办面向海外高层次人才政府特聘岗位合同签订仪式，聘用诺基亚剑桥技术中心资深科学家魏迪博士为主任助理

2月7日，中共中央政治局委员、国务院副总理刘延东来到北京怀柔科学城调研考察，并主持召开北京全国科技创新中心建设推进会

3月，经过欧盟委员会的批准，中国国际技术转移中心正式加入“欧洲企业网（EEN）中国西部–北部中心”

3月7日，科技部党组书记、副部长、北京推进科技创新中心建设办公室主任王志刚到北京未来科学城调研，并召开科技创新中心建设座谈会

3月20日，北京“干细胞与再生医学研究”专项专家组成立

3月24日，全球健康药物研发中心启动仪式举行

3月29日，全国政协副主席、科技部部长万钢到北京协同创新研究院调研，并召开科技创新中心建设座谈会

4月6日，市委常委阴和俊到市科委调研，参观全国科技创新中心展厅，并与市科委领导班子和主要业务处长交流座谈

4月26日，北京市科学技术奖励大会暨2017年全国科技创新中心建设工作会议召开

5月9日，北京市科委与贵阳市政府共同主办的“2017京筑创新驱动区域合作年会”在贵阳举行

5月11日，2017年北京市科普工作联席会议在市政府召开，市科普工作联席会议40家成员单位和全市16个区政府的负责同志参会

5月20−27日，2017年全国科技活动周暨北京科技周主场活动在民族文化宫举办，本届科技周以“科技强国 创新圆梦”为主题

5月22日，以“科技探索 创新引领”为主题的京津冀科普之旅启动仪式在北京民族文化宫全国科技活动周暨北京科技周主场举行

7月4日，北京市科委、昌平区政府联合主办北京未来科学城氢能技术协同创新平台签约仪式

7月5日，市科委组织召开燃料电池汽车技术专家研讨会，宣布成立北京市燃料电池汽车技术专家组，依托专家资源共同推进北京市燃料电池汽车发展

7月14日，北京市落实70号文情况总结暨首都科技条件平台工作推进会召开，10个委办局领导及相关负责人，11家市属管理单位负责人，首都科技条件平台基地、领域中心和各区工作站代表近百人参会

7月18日，新能源汽车国家大数据联盟成立大会在京召开

7月19日，中墨双边科普交流活动暨墨西哥科普天文影片《古玛雅的天文–宇宙的观测员》点映会在北京天文馆举办

8月25日，北京大学、清华大学等19所在京高校参与全国科技创新中心建设座谈会在怀柔科学城举行

9月2日，在京创新型企业参与全国科技创新中心建设座谈会在未来科学城举行

9月7日，市科委开展“科技创新中心建设”专题政务开放日活动

9月11—13日，第十二届中国北京国际文化创意产业博览会在北京国际展览中心举办。本届文博会的六号馆“设计创意馆”由市科委主办，北京工业设计促进中心承办

9月14日，在京科研院所参与全国科技创新中心建设座谈会在中关村科学城举行

9月15－21日，2017年全国大众创业万众创新活动周北京会场在中关村国家自主创新示范区展示中心举办

9月20日，2017年全国大众创业万众创新活动周北京会场“重大项目签约及成果发布会”在中关村国家自主创新示范区展示中心举行

9月21日，北京银行杯中国·北京创新创业大赛季2017总决赛终极PK在中关村国家自主创新示范区展示中心举办

9月22日，北京国际设计周“创意2030高峰论坛”在北京中华世纪坛开幕，来自10余个国家17个城市的政府、企业和高校代表参会

9月23—24日，2017年上海浦江创新论坛在上海市东郊宾馆举行。作为本届论坛的主宾省市，北京市组织了由市委常委、副市长阴和俊为团长，科技创新中心“一处七办”牵头单位负责人为团员的代表团参会

10月19日，京津冀新能源汽车与智能网联汽车协同创新联盟在京成立，首批成员单位64家

11月8日，“2017北京-特拉维夫创新大会暨首届中以创新创业大赛北京决赛”在北京开幕

11月9日，首都科技系统学习贯彻党的十九大精神座谈会在市科委举行

11月14—17日，第八届中意创新合作周在北京、成都、贵阳三地同期举办

11月27—29日，2017中国（北京）跨国技术转移大会在北京国际会议中心召开

11月28日，第二十一届北京·香港经济合作研讨洽谈会在香港会展中心开幕

12月8日，2018年首都科技领军人才培养工程入选人员座谈交流会举办

12月9日，以“设计让生活更美好”为主题的2017中国设计红星奖颁奖活动举行，2017中国设计红星奖至尊金奖、金奖、银奖、原创奖等奖项纷纷揭晓

12月24日，北京市加快建设北京量子信息科学研究院座谈会在中关村软件园召开

12月24日，北京推进科技创新中心建设办公室召开第三次全体会议

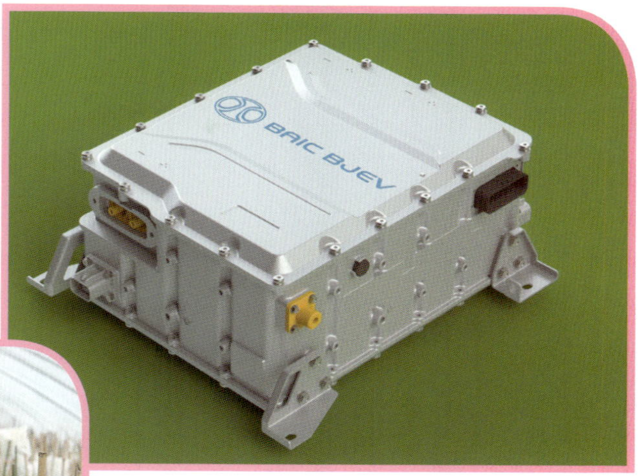

2017年北京市科学技术奖一等奖：C30平台纯电动乘用车关键技术集成开发与应用。图为高集成、高效、高可靠的高压电力集成单元

2017年北京市科学技术奖一等奖：大白菜优异种质创新和多样化系列品种选育与推广。图为大白菜田间授粉

2017年北京市科学技术奖一等奖：大型先进压水堆核电站非能动安全试验平台研制与应用。图为北京昌平国核能源实验室_大型先进压水堆非能动堆芯冷却系统整体台架（ACME台架）

2017年北京市科学技术奖一等奖：地铁车辆段上盖建筑振动控制成套技术及应用。图为轨道交通车辆段上盖建筑

2017年北京市科学技术奖一等奖：海洋深水钻探关键技术创新及产业化。图为海底水下井口与表层导管内部结构

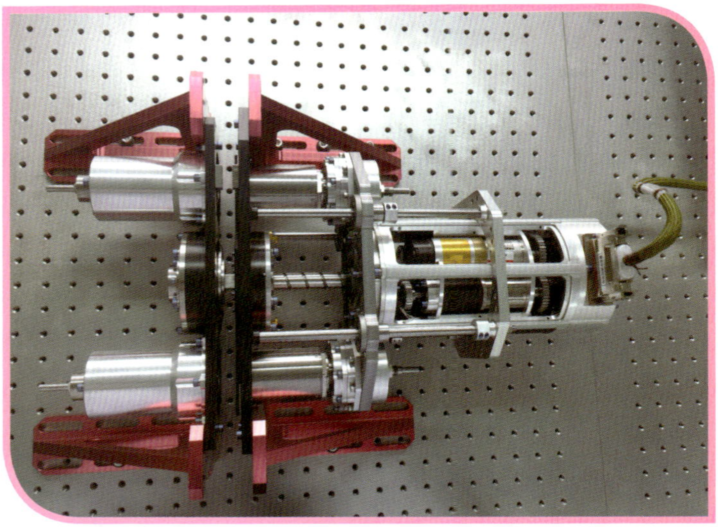

2017年北京市科学技术奖一等奖：微重力流体高效管理与高精度控制技术及工程应用。图为加注快速断接器

2017年北京市科学技术奖一等奖：新一代电压源高压直流换流器关键技术及应用。图为全球首个双极柔性直流工程

目　录

CONTENTS

特　　载

2017年北京全国科技创新中心建设情况及2018年重点工作

北京市科学技术委员会

2017年北京全国科技创新中心建设情况

2017年,是北京全国科技创新中心建设全面推进、加油发力的一年。党的十九大胜利召开,确立了习近平新时代中国特色社会主义思想,部署加快建设创新型国家。习近平总书记再次视察北京,党中央、国务院正式批复《北京城市总体规划(2016年—2035年)》,为科技创新中心建设提供了根本遵循。刘延东副总理主持召开推进会提出明确要求,北京市认真抓贯彻落实,市第十二次党代会明确了未来5年科技创新中心建设的总体任务,2018年市政府工作报告进行了具体部署。蔡奇书记、陈吉宁市长高度重视,深入实地调研,亲自部署谋划。科技部万钢部长、王志刚书记多次专题调研,指导推动。2017年部署启动的215项工作任务和重点项目全面推进,经第三方机构跟踪评价,完成率超过96%,科技创新中心建设取得了重要进展。

一、原始创新和自主创新能力进一步增强

面向世界科技前沿,面向经济主战场,面向国家重大需求,重大成果捷报频传,在若干领域开始成为全球创新的并跑者甚至领跑者。2017年,北京地区单位获得国家科学技术奖数量为78项,占全国通用项目获奖总数的36.1%。

一批重量级原创成果竞相涌现。在世界上,首次发现三重简并费米子,率先完成酿酒酵母12号染色体的设计与人工化学合成,率先研制成功5纳米碳基光电集成电路,性能达到世界最高水平;京东方全球首条第10.5代TFT-LCD生产线交付;研制出全球首款人工智能处理器、首个商用的“深度学习”神经网络处理器寒武纪。

一批新型研发机构相继成立。成立北京量子信息科学研究院,筹建北京脑科学与类脑研究中心,面向全球公开遴选中心主任和首席科学家。全球健康药物研发中心、石墨烯研究院等新型研发平台相继成立,在资源整合、组织架构、运行机制、人员引进和培养等方面积极探索突破。

一批标志性成果、装置相继问世。研制发射北斗三号卫星,标志着我国北斗导航系统步入全球组网新时代;研制发射世界上最高灵敏度和最好空间分辨率的大型硬X射线调制望远镜“慧眼”,推动我国高能天体物理研究进入国际先进行列。子午工程、凤凰工程等累计13个国家重大科技基础设施投入运行或正在建设。

一批技术成果改进民生福祉成效显著。首条磁悬浮地铁S1线开通试运营,燕房线全自动驾驶系统达到国际领先水平。推进京津冀区域大气污染防治科技联动。实现首都食品安全检测监测全覆盖。持续开展首都十大疾病科技攻关,提升养老技术服务创新水平,保障首都市民健康。在交通、环保等领域积极应用大数据技术,加快智慧城市建设。开展二氧化碳人工造雪节能环保技术示范应用,为冬奥赛事提供支撑

和保障。

二、“三城一区”呈现新格局

聚焦中关村科学城，建设具有全球影响力的科技创新策源地和自主创新主阵地。出台“创新发展16条”，城市创新形象进一步鲜明，突破了一批全球领先的颠覆性前沿技术，百度实施开放自动驾驶平台计划（Apollo 计划），积极抢占无人驾驶领域制高点，旷世科技、商汤科技等一批企业迅速成长，围绕深度学习、计算机视觉、语音识别等领域正在形成集群式突破。

突破怀柔科学城，建设世界级原始创新承载区。怀柔综合性国家科学中心正式获批，组建综合性国家科学中心理事会，举办国际综合性科学中心研讨会，并组建全新体制的怀柔科学城管委会，设立怀柔科学城建设发展公司作为运营主体，建立与国际接轨的运行机制。综合极端条件实验装置及5个前沿交叉研究平台全部开工建设。超顺排碳纳米管、纳米发电机、动力电池等48项科技成果在怀柔科学城落地。

搞活未来科学城，打造全球领先的技术创新高地。打开“院墙”搞科研，中俄科教创新园等项目启动建设，国网、华能、航天十一所等单位共建氢能技术协同创新平台，中海油与中国石油大学共建海洋能源工程技术联合研究院。在低碳环保、清洁能源、智能电网等领域，取得了一批具有自主知识产权的创新成果，国家电网公司的特高压±800kV直流输电工程获2017年国家科学技术特等奖。

升级北京经济技术开发区，打造高精尖产业主阵地。着力承接转化“三大科学城”重大科技成果。推动基于宽带移动互联网的智能汽车、8英寸MEMS传感器芯片等重大产业创新项目落地。京东集团建设电商行业首个国家级大数据工程研究中心。京东方专利授权量居国内前5位。集成电路领域快速追赶世界先进水平，已经跻身世界第一梯队。

2017年，“三城一区”地区生产总值（GDP）在全市占比超过30%，同比增长8.3%。其中，中关村科学城居16区之首；北京经济技术开发区增速最快，同比增长12%。

三、深化改革实现新突破

出台支持建设世界一流新型研发机构实施办法，探索与世界接轨的科研管理与运行机制。设立科技创新基金，北京市出资200亿元，吸引社会资本共同投资高端“硬技术”创新。在分层管理、交易制度、信息披露等方面推进“新三板”改革迈出关键步伐。制定发布自动驾驶车辆道路测试的指导意见和实施细则，规范新业态发展。出台财政科研项目和经费管理16项配套措施。通过出入境便利化改革试点为662位外籍人才办理“绿卡”。聘请哈佛大学谢晓亮、斯坦福大学张首晟等16位科学家为“中关村海外战略科学家”，在京两院院士占全国总量的47%。累计吸引和培养诺贝尔奖、图灵奖科学家8人，“千人计划”专家1658人，“科技新星”青年科技人才2275人。

四、创新发展新动能加快形成

发布高精尖产业标准和产业类别目录，促进和培育新一代信息技术、集成电路等10个重点产业发展。重点产业中新能源汽车产业发展势头强劲，获批建设国家新能源汽车技术创新中心，累计推广纯电动汽车17.1万辆。人工智能产业成为全国发展高地，拥有全国过半数研究机构，企业数量居全国首位，5家入选全球人工智能创新100强。开放创新深入推进，举办中国（北京）跨国技术转移大会、世界机器人大会等，加快融入全球创新体系。京津冀协同创新共同体加快构建，签约共建雄安新区中关村科技园。2017年，北京输出津冀技术合同成交额同比增长31.5%。全年新经济实现增加值9085.6亿元，同比增长9.8%，占全市经济的比重为32.4%。科技服务业达万亿级规模，跃升为服务业第二大行业，实现增加值2859.2亿元，增长10.7%，高于GDP增速4个百分点。

2017 年，北京全社会研发经费支出占地区生产总值的6%左右，居全国首位。万人发明专利拥有量94.5件，是全国平均水平的9.6倍。技术合同成交额4485亿元，同比增长13.8%，在全国占比33.4%。中关村示范区总收入超过5万亿元，保持11%的增速。截至2017年年底，全市拥有国家高新技术企业2万余家，规模以上高新技术企业全年总收入预计超过2.2万亿元，科技型企业超过50万家。独角兽企业达67家，在全球仅次于硅谷。北京综合科技创新水平位列全国省区市首位。英国《自然》杂志刊登“2017 自然指数——科研城市”，北京在全球500个科研产出城市中居于首位。

一年来，北京市与中央部门和单位的统筹协调、主动谋划、协同推进力度大大加强。国家发展改革委、科技部批复《北京怀柔综合性国家科学中心建设方案》。科技部、教育部、自然科学基金会与北京市分别签署合作协议，共同加强科技创新中心建设。财政部、工业和信息化部、人力资源社会保障部、国资委等分别在税收政策、中国制造2025示范区建设、人才保障服务、央企参与科技创新中心建设等方面给予支持。中科院全面参与怀柔科学城和综合性国家科学中心建设，推动在京建设国家实验室。工程院整合优质资源，为科技创新中心建设提供决策咨询。在京高校、院所和创新型企业深度参与各项重点任务，央地协同呈现新局面。

一年来，北京办公室机制不断完善并充分发挥作用。先后组织召开了北京加强全国科技创新中心建设推进会、2017 年全国科技创新中心建设工作会、4 次北京办公室全体会议和专题会议，组织30余次司局级联络员会议和“一处七办”调度会，协调推进重点工作。“一处七办”各牵头单位，主动作为、敢于担当，充分发挥了整体推进、统筹协调、督促落实的职责。

一年来，围绕科技创新中心建设大局，各区形成了功能清晰、导向明确的创新发展格局。海淀、顺义、大兴、昌平、怀柔、密云、经济技术开发区加快推进“三城一区”建设。通州区立足“一主一副”定位，着力发展设计服务、文化创意等产业，汇集高端创新创业要素，推动副中心高水平、可持续发展。东城、西城、朝阳、石景山大力促进科技与金融、文化深度融合，建设高端服务业聚集区和国际研发创新高地。丰台、门头沟、房山加快推进轨道交通、军民融合、智能制造、医工交叉创新发展。平谷、延庆重点推进低碳高端产业创新发展，建设冬奥会零碳排放试验区。

一年来，我们切实增强“四个意识”，深入学习贯彻党的十九大和市第十二次党代会精神，深刻学习领会习近平新时代中国特色社会主义思想的精神实质和丰富内涵，引导广大党员、干部进一步坚定理想信念，持续推进“两学一做”学习教育常态化、制度化，坚持思想建党与推进科技创新中心建设“学做”结合。抓好市委巡视反馈意见整改落实，进一步提高了政治站位，解决了一批突出问题。着力加强服务型政府建设，按照“抓战略、抓规划、抓政策、抓服务”的要求，加快推进从研发管理向创新服务转变。强化廉政和作风建设，严格落实中央八项规定及其实施细则精神和市委贯彻落实办法，科技系统廉政建设不断深入，全力打造“阳光评审”，本市科学技术奖励和自然科学基金含金量愈发耀眼。

回顾这一年来的探索和实践，我们的体会主要是：第一，必须坚决贯彻习近平新时代中国特色社会主义思想，牢固树立“四个意识”，提高政治站位，紧贴国家战略，做建设创新型国家和世界科技强国的排头兵；第二，必须深入落实首都城市战略定位，坚持首善标准，立足高点定位，更加突出“三城一区”主平台作用，以争创一流的要求规划科技创新中心长远发展；第三，必须增加科技供给，夯实科技基础，攻破关键技术，抢占科技战略制高点，塑造更多依靠创新驱动、更多发挥先发优势的引领性发展；第四，必须全面深化改革，着力破除制约创新的思想障碍和制度藩篱，形成充满活力的科技管理和运行机制；第五，必须坚持开放创新，以更宽的全球视野、更高的战略眼光，吸引国际顶尖人才、技术、资本等创新要素在京集聚，为首都发展注入强大活力。

总之，科技创新中心建设所取得的历史性成就和宝贵经验，源于对习近平新时代中国特色社会主义思想的深入贯彻和生动实践；源于党中央国务院的坚强领导、国家有关部门和单位的大力支持；源于市相关部门、单位和各区的共同努力；源于“主力要出征、地方须支前”理念的坚持和服务的优化；源于一批高水平创新平台的打造和一批高层次创新人才的集聚；源于“放管服”改革的不断深化和科研人员创新活力的持续释放；源于创新主体的高度认同和社会舆论的广泛关注。

同时，我们也清醒地认识到，科技创新中心建设还存在一些“短板”和问题，发展不平衡、不充分的问题仍然突出：全国科技创新中心的引擎作用不够，对高质量发展的支撑带动有待增强；科技资源分布和区域发展不平衡；科技人才结构性矛盾突出，世界级科技大师、领军人才、尖子人才缺乏；规模以上企业研发投入不足；高校院所在本地的创新溢出能力不强等。对此，我们一定要保持清醒头脑，勇于直面问题，在今后工作中切实加以解决。

2018 年重点工作

2018 年是贯彻党的十九大精神的开局之年，是改革开放 40 周年，也是站在新的历史起点上接力探索、接续奋进的关键之年。我们要以习近平新时代中国特色社会主义思想为指引，深入贯彻党的十九大和中央经济工作会议精神，认真落实市第十二次党代会和 2018 年市政府工作报告的决策部署，牢牢把握高质量发展的根本要求，坚持把科技创新作为引领发展的第一动力，搭平台、建机制、出政策、建池子，推动质量变革、效率变革、动力变革，打好科技创新中心建设攻坚战，为高质量发展和创新型国家建设再添新贡献。

一、积极承接重大科技任务，服务国家创新战略

加快建设量子信息科学研究院、脑科学与类脑研究中心，积极推动网络空间安全、物质科学、空间科学等领域国家实验室和重大任务在京培育布局。推动国家重大科技基础设施落地建设，继续承接“科技创新 2030—重大项目”，促进一批重大原创成果落地转化。加快体制机制创新，在智能电网、深海装备等领域推动新建开放共享、风险共担、目标明确、产学研协同创新、大中小企业协调发展的国家技术创新中心。深化科教融合、产教融合，支持在京高校“双一流”建设，开展人才培养、科学研究，推进成果转化落地取得重要突破。与自然科学基金会共同选点布局，联合资助建设高水平基础科学中心。制订实施军民融合科技创新行动计划，全力做好军民融合科技创新平台落地服务。加快国家技术标准创新基地建设，增强质量技术创新能力。

二、加强顶层设计，高水平推进“三城一区”建设

上半年精心编制完成“三城一区”规划，以规划为统领，促进“三城一区”进入加速发展期，为确保 2020 年初步建成具有全球影响力的科技创新中心提供有力支撑和保障。

聚焦中关村科学城，发挥“领头雁”作用，率先建成具有全球影响力的科学城。着力提高对全球创新资源的开放和聚集能力，着力补齐优质创新要素，着力促进不同创新群体深度融合，通过优化空间布局、推动城区有机更新、打造创新型服务政府、强化城市创新形象，营造国际一流的创新创业生态。瞄准世界科技前沿，重点布局一批关键共性、前瞻引领、颠覆性技术项目和平台，推动产生一批全球引领性原创成果。

突破怀柔科学城，以百年科学城标准，打造新时代科学城新标杆。建立国际化、开放式管理运行新机制，深化怀柔综合性国家科学中心建设，年内实现高能同步辐射光源、多模态跨尺度生物医学成像设施等大科学装置，以及新一批前沿交叉研究平台开工建设。引导民间资本、社会力量、国际资源广泛参与，促进科研基础设施共建共享，构建从基础设施、基础研究、应用研究、成果转化到高精尖产业的创新链。

搞活未来科学城，加速“三个转变”，全力打造全球领先的技术创新高地。立足已经形成的资源优势，加紧发力。鼓励入驻央企加大研发投入和加强前沿技术研究，引导企业建立有利于创新的公司治理结构，积极引入民营研发机构、创新企业、高校等多元主体，加快投资孵化、科技服务等创新要素聚集，推进能源、材料、智能制造等领域协同创新。

优化提升北京经济技术开发区，加强“城一区”对接，打造高精尖产业增长极。建立与三大科学城的对

接转化机制，统筹大兴、通州等空间资源，与顺义、房山协同发展，搭建一批技术创新公共服务平台，聚焦新能源汽车、新一代信息技术等领域，抓好重大项目落地，提高外资引进和开放发展水平，打造创新型产业集群，建设好“中国制造2025”国家级示范区。

三、紧抓改革开放40年契机，不断深化改革、扩大开放

充分发挥中关村改革试验田作用。加大已出台的各项政策落实力度，针对落实过程中发现的突出矛盾和焦点问题，在国有科技类无形资产管理、成果转化人员激励、建立健全改革创新容错机制、推动中央在京单位试行本市创新政策等方面重点发力。始终坚持以人民为中心的改革价值取向，进一步加大先行先试力度，在成果转化现金奖励税收优惠、扩大企业转增股本个人所得税范围、生物医药材料通关便利化等方面，争取实施新一批创新政策。完善创业投资政策，加大对小微企业融资支持力度，加强企业上市和挂牌培育力度。加强对中关村各分园创新发展的考核评价和产业定位引导，统筹协调“一区多园”发展。

集聚培养顶尖人才。面向全球遴选战略性科技创新领军人才领衔建设新型研发机构。建设中关村人才管理改革试验区，构建具有国际竞争力的引才用才机制，深化职称制度改革，深入落实外籍人才出入境便利化政策，加大对国内外优秀青年人才来京创业的支持力度。在朝阳望京、中关村大街、未来科学城和新首钢试点建设国际人才社区，优化医疗待遇、住房保障、子女教育等配套服务。

大力推进开放创新。加大利用外资力度，促进总部企业、跨国公司地区总部、研发中心和国际科技组织等在京落户。建设中国(北京)知识产权保护中心。实施“一带一路”科技创新北京行动计划，鼓励企业在海外设立研发机构，加快海外知识产权布局，参与国际标准研究和制定。积极发起并参与国际大科学计划和大科学工程，增强北京在全球科技竞争中的影响力和话语权。

四、深化供给侧结构性改革，促进高质量发展

对标国际一流构建高精尖经济结构。制定实施创新型企业培育壮大三年行动计划，培育一批具有创新能力的行业领军企业、独角兽企业和隐形冠军企业。设立人均税收、地均产值、产业人口密度、研发投入强度等产业高质量发展指导标准，完善高精尖产业发展用地保障政策。建立全市项目落地建设和跨区转移的统筹机制，推动转化项目早介入、引领项目快布局、重大项目强服务。

加快推进科技成果转化应用。加强市级层面统筹协调，推动科技成果转化立法；建设科技成果转化统筹协调与服务平台，完善与在京高校院所的深层次对接机制，在筛选、培育、孵化环节占得先机。支持高校院所开展专利分析与评价，加强转移转化机构建设。围绕十大高精尖产业，引导各部门、各区制定导向明确的鼓励政策，支持各区开展成果对接以及中试基地建设，完善土地、资金、服务等科技成果转化配套条件。实施支持企业加大研发投入、上市融资、产业投资、人才引进、外资开放等“一揽子”政策措施，形成政策“组合拳”。

加快推进京津冀协同创新。全面完成京津冀全面创新改革试验任务，再形成一批可复制、可推广的改革成果。完善“一站一台”服务机制，推动三地建立相互衔接的创新券政策，促进创新资源共享和成果转移转化。在汽车、生物医药等领域试点建设联合实验室，促进三地协同创新。支持雄安新区中关村科技园建设，引导中关村科技创新要素资源到园区落地。聚焦“4+N”功能承接平台，更加注重区域优化布局和产业链上下游协同，推动形成联动发展的园区链。

五、加强自身建设，为各项任务顺利开展做好服务保障

加强组织建设。认真落实全面从严治党要求，严格履行党建主体责任，扎实开展“不忘初心、牢记使命”主题教育，持续改进作风，建设廉洁政府，以行动和成效体现“四个意识”。完善区级科技管理组织架

构，强化基层科技管理队伍建设，优化干部队伍结构，加强素质教育和培训，增强工作本领，打造一支政治过硬、作风优良的高素质专业化干部队伍，为科技创新中心建设提供人才保障。

加强沟通协调。“一处七办”要持续优化工作机制，抓好市委、市政府和北京办公室部署的各项工作任务和重点项目的落实。北京办公室秘书处要充分发挥统筹协调、服务联络职责，发挥承上启下的作用，做好与中央单位沟通汇报，加强与国家相关政策资源的对接互动，争取中央相关单位支持。“七个专项办”各司其职，主动担当，把责任和工作抓实，及时研究、协调解决工作中的困难和问题，用钉钉子精神推动各项任务落地见效。

做好宣传引导。加强科技创新各类数据信息统计，为科技创新中心建设发展提供决策支撑。搭建创新网络服务平台，充分利用各种新闻媒介，加强创新政策解读和重大科技成果发布，宣传创新人物、弘扬创新精神、传播创新文化、回应社会关切，营造有利于创新创业的良好氛围。

2017年首都知识产权工作开展情况及2018年工作任务

北京市知识产权局

2017年首都知识产权工作开展情况

2017年,在市委、市政府的正确领导下,在国家知识产权局的大力指导下,首都知识产权系统牢固树立“四个意识”,不断增强“四个自信”,紧紧围绕“四个中心”城市战略定位,求真务实,锐意进取,完成了全年目标任务。

一年来,全社会创新活力竞相迸发,知识产权创造从“高数量”增长向“高质量”发展转变。2017年年末,全市每万人发明专利拥有量达到94.6件,居全国首位,是全国平均水平的近10倍。每万户市场主体平均有效注册商标拥有量为4591件,居全国首位。全市著作权登记量809586件,同比增长16.8%,居全国首位。5项发明专利获第十九届中国专利金奖,占获奖总数的25%,居全国首位。全社会知识产权保护水平显著提升,全市营商环境持续优化。全市各级法院共受理一审知识产权案件35672件,同比增长45.9%;审结一审知识产权案件31864件,同比增长38.8%。全市共处理知识产权行政案件4036件。全社会知识产权运用水平不断提高。2017年年末,全市共有国家级知识产权运营机构32家,数量居全国首位,占全国的28%。在全国率先成立首批20家高校院所专利运营办公室,运营专利超千件,合同金额超过10亿元。

一、统筹协调,优化布局,着力推进知识产权首善之区建设

一年来,办公会议各成员单位统一思想,凝心聚力,知识产权首善之区建设各项任务稳步推进。市知识产权局推动制定并发布《北京市政府关于加快知识产权首善之区建设的实施意见》;制定《实施意见》任务分工方案,明确目标,细化任务,确保任务落到实处;完成《首都知识产权战略实施评估报告(2008—2017年)》,全面总结首都知识产权战略实施经验。市高院研究制定《关于为北京加强全国科技创新中心建设提供司法保障的意见》,营造良好的司法保护环境。北京海关、市商务委等单位积极推进《知识产权保护合作备忘录》签署,合力加强知识产权行政保护。市司法局深入推进知识产权公证服务和司法调解工作。市工商局出台《关于深入实施首都商标品牌战略的若干意见》,推动首都品牌经济发展。市知识产权局、市人力社保局共同对全市专利系统先进集体和先进个人进行了表彰奖励。

加强知识产权强区建设。积极推进国家知识产权试点示范城市建设,形成“2+2+10”的区域知识产权发展新格局,即海淀区、朝阳区2个国家知识产权示范城区;中关村、北京经济技术开发区2个国家知识产权示范园区;以及西城区、通州区等10个国家知识产权试点城区,知识产权服务区域经济发展能力显著提升。市知识产权局与海淀区签订《推进知识产权强区建设框架协议》;昌平区出台《推进落实知识产权首善之区工作任务,建设国家知识产权试点城区实施方案》;丰台区全面落实《丰台区专利促进与保护管理办法》;通州区修订出台《通州区知识产权(专利)促进暂行办法》。

二、创新机制，聚焦产业，着力加快科技创新构建高精尖经济结构

以市委、市政府出台加快科技创新构建高精尖经济结构系列文件为契机，聚焦高精尖产业，推动知识产权工作全面融入全市经济社会发展大局。成功申建中国（北京）知识产权保护中心和中国（中关村）知识产权保护中心。面向新一代信息技术、高端装备制造、新材料和生物医药产业开展知识产权协同保护，大幅缩短发明、实用新型和外观设计专利的审查时间。开通专利确权和专利维权快速通道，在知识产权保护中心未覆盖的高精尖产业，推动加快形成一批高价值专利。

围绕高精尖产业，市知识产权局深化产业知识产权联盟建设。截至 2017 年年末，全市共有 21 个产业知识产权联盟通过国家知识产权局备案，占全国总数的 21%。开展高精尖产业知识产权促进机制研究，编制《北京市重点产业专利创造指南》和《北京市知识产权（专利）密集型产业指导目录》。发布《2016 年北京市战略性新兴产业知识产权（专利）状况白皮书》，首次从专利的视角解读节能环保、新一代信息技术、生物产业等战略性新兴产业创新发展情况。市经济信息化委开展北京高精尖产业设计中心认定工作，引导企业加强外观设计，提升产品核心竞争力。市教委加快推进高精尖创新中心、北京实验室等创新平台建设，支持高校提升科技创新能力，支撑高精尖产业发展。

三、激发活力，注重培育，着力推动高质量知识产权创造

大力提升企业、大专院校和科研院所等创新主体的知识产权创造能力。市知识产权局深入开展“在京央企知识产权领先工程”，中国铁建成立全国首个央企知识产权中心；推动《企业知识产权管理规范》国家标准施行，朝阳、丰台、西城、昌平、通州等区相继出台政策，支持各区企业加强知识产权管理。北京交通大学等高校试点开展《高等学校知识产权管理规范》国家标准推行工作。2017 年，全市专利申请量为 185928 件，其中，发明专利申请量为 99167 件，在国内专利申请量较大的省市中结构最优。全市专利授权量为 106948 件，其中，发明专利授权量为 46091 件。有效商标注册量为 113.27 万件，同比增长 25.79%；软件著作权登记 125015 件，增长 51.6%。植物新品种申请量为 511 件，同比增长 31.7%。截至目前，全市共有平谷大桃、大兴西瓜、燕山板栗等地理标志保护产品 11 个。全市知识产权创造呈现稳中向好态势。

多措并举，齐心协力，各部门共同推动知识产权强企培育。市知识产权局实施“千件专利企业”培植计划，培育千件专利企业。市商标局实施首都商标战略，着力打造“北京创造”品牌。市版权局持续开展“北京市版权保护示范单位”认定，培育版权优势企业。市知识产权局联合中关村管委会实施“中关村领军企业培育计划”，打造具有国际影响力的知识产权优势企业。2017 年，全市共有 17 家单位年度专利申请量超千件，8 家单位专利授权量超过千件。京东方等 5 家企业进入全国企业发明专利授权量前 10 名榜单。截至目前，全市共有国家知识产权优势企业 89 家；国家知识产权示范企业 58 家，居全国首位，占全国总量的 12.5%；拥有北京市专利示范单位 297 家，专利试点单位 4148 家。

四、严格执法，完善体系，着力优化营商环境

全市各行政执法部门严格知识产权行政执法，严厉打击知识产权侵权行为。市知识产权局办理专利行政案件 1209 件，同比增长 43.6%，审理了共享单车、无人机等一批社会影响力较大的专利权纠纷案件，有效维护权利人合法权益；全年进驻京交会、文博会、科博会等大型展会 32 个，出动专利执法人员约 600 人次，处理专利案件 144 件，有效维护了展会知识产权秩序；率先在全国建立专利技术分析师制度，聘用专利资深审查员协助专利行政执法案件审理，有效提升行政执法权威性。组织京东、当当、国美等电商平台成立全国首个电子商务领域知识产权保护联盟，建立电商知识产权保护快速处理机制。市工商局办结侵犯商标知识产权和制售假冒伪劣商品案件 2303 件，罚没款 6435.34 万元，同比增长 92%。市文化执法系统立

案调查2993件，办结2705件，分别增长61%和55.19%。全市办理知识产权公证事项16313件，同比增长25%。市法院审结了握奇“U盾”专利侵权纠纷案、“老干妈”驰名商标侵权纠纷案、“红色娘子军”侵害著作权纠纷等一系列有重大影响的知识产权案件。

深入开展知识产权保护公共服务体系建设。截至2017年年末，北京市保护知识产权举报投诉服务中心累计建立分中心、工作站70个，知识产权保护公共服务实现北京16区及北京经济技术开发区全覆盖，并拓展至津冀地区；指导中国专利保护协会建立知识产权纠纷人民调解委员会，全市9家知识产权调解委员会累计调解知识产权纠纷360件，调解成功率达到67.7%。深入推进中小企业知识产权工作，助力大众创业，万众创新。市知识产权局、市经济信息化委共同指导朝阳区获批国家知识产权局、工业和信息化部认定的全国首批中小企业知识产权战略推进工程试点城市。市知识产权局开展中小企业知识产权帮扶工作，编制《创新创业载体知识产权服务指引》《中关村双创企业知识产权工作指引》等知识产权创新创业实用手册。市财政局、市经济信息化委充分发挥中小企业发展专项资金作用，共同推动中小企业加强知识产权保护。

五、强化运营，对接资本，着力推动知识产权资源转化为现实生产力

完善知识产权运营体系建设。市知识产权局在全国率先出台省级知识产权运营机构培育规范性文件，首批认定北京市知识产权运营试点单位68家，各试点单位共持有运营专利超过3万件。国家知识产权局批复同意北京建设全国首个汽车产业知识产权投资运营中心。在知识产权市场化运营方面，涌现出一批“专利天使”“专利拍卖”等知识产权运营新业态、新模式，推动我市知识产权运营蓬勃发展。市经济信息化委积极推进电子信息领域高价值知识产权培育运营工作，挖掘并培育高价值专利。市文化局积极打造版权产业交易平台，首次举办“动漫版权拍卖会”，实现总成交额2790万元。落实军民融合发展战略，推动军民融合知识产权运营新模式。在全国率先成立北京军民融合知识产权协同创新联盟，首批联盟成员单位118家。联合国防知识产权局，在新一代信息技术等产业征集“民参军”和“军转民”专利技术产品100余项，推动实现国防领域知识产权双向转移转化。

构建知识产权金融服务生态群，推动知识产权质押融资平台建设，缓解中小企业融资难。市金融局推动金融机构创新科技文化金融产品。中国银行、交通银行、建设银行推出知贷通、文创通、智融通、助知贷等科技文化信贷产品；文化科技融资担保等机构推出“剧保通”“演出宝”等专项担保产品；保险机构累计开发艺术品保险、专利执行保险等专属产品近百款。市财政局、市文资办共同搭建文化金融服务平台，着力破解文创企业“融资难、融资慢、融资贵”等问题。继续做大做强知识产权服务业。截至目前，全市共有专利代理机构503家，占全国专利代理机构总量的27.58%；共有执业专利代理人7084名，占全国执业专利代理人总数的43.11%，在全国独占鳌头。

六、弘扬文化，扩大合作，着力提升首都知识产权工作影响力

在“4·26”世界知识产权日、中国专利周等重大活动期间，首都知识产权界开展了一系列知识产权宣传普及和培训教育活动。北京市知识产权办公会议发布《2016年北京知识产权保护状况白皮书》。市知识产权局发布《2016年北京市专利行政保护十大典型案件》。市版权局与通州区政府联合组织“打造版权保护示范区，助力城市副中心建设”主题活动。市农委开展植物新品种版权保护宣传，进一步提高种子企业及农民的法律意识。深入开展知识产权进校园活动，推动中小学知识产权普及教育。中国人民大学附属中学等7所中小学被评为全国中小学知识产权教育试点学校，数量居全国首位。探索知识产权职称制度，率先在全国开展专利代理中级专业技术职务任职资格评审工作。

深入推进知识产权国际交流。不断加强与世界知识产权组织（WIPO）及其中国办事处的合作，在中关村试运行知识产权国际注册政策和法律服务中心，积极申报在京设立WIPO技术与创新支持中心。成功争

取国家知识产权局在京设立国家知识产权国际合作基地，持续推进首都知识产权国际交流合作基地建设。截至目前，已在 10 个国家建立了 26 家海外站点，对外交往渠道不断拓宽。组织接待 WIPO 副总干事、柬埔寨国务大臣等高访活动，有力提升首都知识产权国际影响力。举办 2017 知识产权与创新大会、新时代知识产权发展研讨会、第二十届京台科技论坛知识产权分论坛等活动，开展“一带一路”沿线国家知识产权保护环境研究，组织编写中东欧六国专利工作指引，提高创新主体涉外水平。

七、落实战略，聚焦重点，着力加强京津冀协同发展和中关村示范区建设

落实京津冀协同发展重大战略部署。推动京津冀三地共同签署《京津冀专利行政执法协作调度中心协议》，启动京津冀跨区域联合办案协作机制；共同发布《京津冀 12330 知识产权保护联动服务推进计划(2017—2020 年)》，构建一体化的知识产权保护公共服务机制；共同推广应用北京知识产权公共信息服务平台，促进京津冀专利信息公共服务协同发展；共同举办第三届京津冀知识产权高层论坛，共商知识产权发展。北京与天津共建“京津 C92 文创产业园 12330 工作站”，北京与河北共建“京冀保定・中关村创新中心 12330 工作站”。

中关村示范区知识产权发展总体态势良好。全年，中关村企业专利申请首次超过 7 万件，达到 73838 件，同比增长 9.5%，占全市专利申请量的 56.9%；其中，发明专利申请 43696 件，同比增长 7.7%。专利授权 43383 件，同比增长 15.9%；其中，发明专利授权 18872 件，同比增长 24.6%。每万名从业者发明专利拥有量达到 324.7 件。PCT 专利申请 3652 件，同比增长 14.6%，占北京同期 PCT 专利申请的 72%。中关村年度专利申请超千件的企业有 9 家，占全市的半数以上。在知识产权工作总体部署上，全面落实《中关村知识产权推进计划》各项任务，召开中关村一区十六园和“三城一区”知识产权工作会，统筹推进重点区域知识产权工作。全力推进中关村国家知识产权服务业集聚发展示范区、中关村知识产权和标准化一条街建设。

回顾过去的一年，全市知识产权事业发展取得了可喜成绩，这是市委、市政府和国家知识产权局正确领导、科学决策的结果，是各部门、各区密切配合、共同努力的结果，是全市知识产权系统和企事业单位知识产权工作者同舟共济、团结奋斗的结果。

同时，我们也清醒地认识到，首都知识产权事业发展仍面临不少深层次矛盾和问题，知识产权领域改革已进入“啃硬骨头”的深水区。重点产业高价值核心专利不多，全社会特别是高校院所知识产权转移转化能力不强，知识产权与金融资源融合不紧密，知识产权服务和管理手段单一，知识产权国际化水平不高，知识产权保护力度还有待加强，知识产权推动经济提质增效升级的作用不突出，知识产权支撑科技创新中心建设的深度和广度还不够。对此，我们必须坚持问题导向、目标导向，以更昂扬的斗志、更务实的作风，切实加以解决。

2018 年重点工作任务

过去的一年，市委、市政府领导班子高度重视知识产权工作。蔡奇书记指出，知识产权对北京建设科技创新中心、提升城市发展质量、树立北京良好国际形象都至关重要，要发挥首都优势，推动知识产权首善之区建设，形成具有自身特点的知识产权工作局面。陈吉宁市长强调，加强知识产权保护，搭建知识产权软平台，引进国际知识产权登记中介和法律服务，降低创新型企业初创成本。阴和俊副市长要求，知识产权工作面要拓宽，服务链要延伸，对标国际一流，找出在管理和服务上的差距。

2018 年，是贯彻党的十九大精神开局之年，是改革开放 40 周年，也是建设知识产权首善之区的重要一年。在新的一年里，首都知识产权工作将以习近平新时代中国特色社会主义思想为指引，按照市领导指示要求，坚持稳中求进总基调，坚持新发展理念，深入推进知识产权领域改革，全面提升知识产权综合实力，

加快建设知识产权首善之区，全力服务全国科技创新中心建设和高精尖经济结构构建。

一、加强顶层设计，科学谋篇布局，深入推进知识产权首善之区建设

进一步健全知识产权统筹协调机制。加强知识产权办公会议职能和作用，完善成员单位信息共享和协调通报制度机制，统筹协调全市知识产权工作。深入实施《北京市政府关于加快建设知识产权首善之区的意见》，制定2018年重点任务分工方案。按照国家发展和改革委员会等四部委《关于在全面创新改革试验区域深入推进知识产权保护体制机制改革的通知》要求，推动我市知识产权保护取得实质性突破。

进一步完善知识产权政策体系。加强知识产权政策与产业、科技、文化、金融等政策的深度融合。推进《北京市奥林匹克知识产权保护规定》修订工作，全力保障冬奥会知识产权保护。修订《北京市专利资助金管理办法》。贯彻落实《北京市促进中小企业发展条例》，引导中小企业提升知识产权创造、保护和运用能力。研究制定《关于推动市属国有企业加快创新驱动发展的指导意见》，引导企业强化知识产权保护运用。落实《关于提升北京高校科技创新能力的意见》，提升高校创新水平。研究制定本市知识产权密集型产业专项发展规划，指导推动知识产权密集型产业发展。

进一步强化知识产权对区域经济发展的支撑作用。以国家知识产权试点示范城市（城区）为抓手，整合资源，分类指导，促进区域自主创新能力提升。开展“一区一特色”专项工作，引导各区结合区域资源禀赋挖掘区位优势，推动知识产权强区建设。支持海淀区开展专利导航产业工程，助力核心区高精尖产业健康发展；指导昌平区深度对接国家知识产权运营公共服务平台，提升知识产权运营能力；支持朝阳区完成国家知识产权示范城市验收，强化知识产权综合实力。

二、凝聚各方力量，形成强大合力，推动构建“七位一体”知识产权大保护格局

不断健全知识产权保护工作机制，积极构建“行政执法、司法审判、多元调解、商事仲裁、法律服务、社会监督、行业自律”七位一体知识产权大保护格局。强化司法审判和行政执法相衔接的双轨保护机制。统筹协调司法机关、行政机关推进知识产权行政保护与司法保护衔接，实现信息共享，通过协调会商、巡回审理、人员培训等形式，推动行政和司法的联动。探索建立知识产权行政执法与刑事司法衔接新机制。加快建立知识产权侵权纠纷行政调解前置、调解协议司法确认和证据互认制度，加强侵犯知识产权涉嫌犯罪案件的移送和立案查处工作。依托最高人民法院知识产权案例指导研究（北京）基地，继续审理好群众反映强烈、社会关注度高的重要案件。加大京交会、科博会等重大展会知识产权保护。各行政执法部门进一步深化合作，在“双打”“清风”“剑网”等专项行动中形成知识产权保护合力，共同优化首都营商环境。

强化多元调解和分类仲裁相补充的快速处理机制。继续加强知识产权人民调解组织建设，推动实现知识产权纠纷诉前委派、诉中委托调解全覆盖。扩大知识产权纠纷人民调解员队伍。加强北京知识产权法院志愿者服务队建设，打造“知产志愿蓝”品牌。提高仲裁解决知识产权纠纷的认知度，推动中国国际经济贸易仲裁委员会和北京仲裁委员会加强知识产权仲裁队伍建设。加强与世界知识产权组织全球仲裁中心的合作，为企业国际知识产权纠纷提供仲裁。推进知识产权公共法律服务。支持引导律师、公证和司法鉴定机构发挥专业保障作用，围绕知识产权创造设立、运用流转、权利救济、纠纷解决、域外保护等环节提供公共法律服务，实现对知识产权事前、事中、事后的全程保护。

强化行业自律和社会监督相结合的市场监管机制。指导行业协会开展知识产权保护工作，鼓励行业协会建立自我约束、自我规范的行业自律机制。建立电子商务平台知识产权监督员队伍，指导监督员做好电商平台知识产权侵权违法行为自查自纠工作。发挥北京12330举报投诉主渠道作用，广泛动员社会力量参与知识产权保护工作，提高公众知识产权保护意识和社会参与度。

三、立足首都定位，对标国际一流，知识产权推进全国科技创新中心建设和高精尖经济结构构建

加快高精尖产业创新发展。加快建设中国（北京）和中国（中关村）知识产权保护中心。建成并运行两个保护中心，在新一代信息技术、高端装备制造、新材料、生物医药4个高精尖产业实现快速审查、快速确权、快速维权，形成审查确权、行政执法、司法衔接、维权援助、仲裁调解相联动的产业知识产权快速协同保护机制，培育一批高价值核心专利，加快产业知识产权创造和保护。

加快高精尖产业知识产权强企培育。深入实施《在京央企知识产权领先工程》和《千件专利企业培植计划》，打造一批"专利过千、质量过硬、管理规范、运用科学"的知识产权强级企业。加大国家知识产权优势示范企业和北京市知识产权试点示范单位的培育力度，打造一批知识产权优势企业集群。实施质量强国战略，推进质量品牌建设，打造一批行业质量标杆企业，形成一批"北京创造"品牌。推进企业知识产权海外预警工作，支持创新主体开展知识产权海外布局，引导外向型企业制定符合自身海外发展需求的知识产权管理体系和品牌战略。

加快高精尖产业知识产权创造。实施专利导航工程，试点开展高精尖产业专利导航工作，规避产业创新风险，提升产业核心竞争力。发布《北京市重点产业专利创造指南》，明确重点产业专利创造路径和方法。做好北京市第五届发明专利奖评审工作，在高精尖产业中遴选一批优秀发明专利，支撑全国科技创新中心建设。强化与国家知识产权局审查协作北京中心的合作，加强审查员实践基地建设，精准服务高精尖产业，推动高质量专利创造。推动新建2～3个高精尖产业细分领域知识产权联盟，鼓励有条件的联盟组建专利池，形成并储备一批高价值核心专利。广泛开展企业专利质量提升专题培训和专业指导，鼓励企业设立知识产权研究中心。

四、加强服务管理，筑牢人才基础，知识产权推动提升城市发展质量

推进知识产权服务业扩大开放。积极引进国际一流知识产权服务机构在京设立分支机构，开展知识产权战略咨询、信息检索、涉外法律服务等业务，引导知识产权服务业国际化发展，为"引进来"和"走出去"企业提供服务。完善知识产权代理、法律、信息等基础服务，大力发展知识产权评估、投融资、商用化、咨询等高附加值服务，为科技创新和城市发展提供知识产权服务保障。开展第五批知识产权服务品牌机构培育。完善代理机构事中事后监管机制，对违法行为依法进行惩戒，将服务机构失信行为纳入北京市企业信用信息公示系统。

推进知识产权管理体系建设。加强分类指导，逐步完善各区知识产权管理体制机制，引导各区增加知识产权经费投入。健全首都知识产权公共信息服务体系，加强北京知识产权信息公共服务平台推广应用，向社会公众开放共享知识产权大数据，引导创新主体提升知识产权信息利用能力。推行实施《企业知识产权管理规范》和《高等学校知识产权管理规范》国家标准，引导企事业单位建立健全知识产权管理体系。

推进知识产权人才体系建设。实施"十三五"知识产权人才规划。坚持引资引项引智引技紧密结合，引入一批国际拔尖技术人才、行业领军企业经营管理人才、高层次创业创新型人才。开展以党政领导干部、企事业单位管理人员等为重点的知识产权培训，构建多元化教育培训体系。建设北京市知识产权专家库。实施知识产权领军人才工程，探索培养知识产权经理人和知识产权经纪人。深入推进北京知识产权学院与世界知识产权组织（WIPO）学院在人才培养和合作办学方面的项目合作。

五、深化国际合作，提升文化内涵，知识产权推动树立北京良好国际形象

加强知识产权国际合作。做好世界知识产权组织中国办事处的服务保障工作。深化与 WIPO 及其他

国家和地区知识产权机构的交流合作。建设国家知识产权国际合作基地,继续深化首都知识产权国际交流合作基地建设,加大知识产权国际交往力度。开展"一带一路"沿线国家知识产权环境制度研究,编制"一带一路"沿线国家专利工作指引。

加强知识产权全球化发展。发挥中关村知识产权国际注册政策和法律服务中心作用,促进知识产权国际注册,服务我市外向型企业创新发展。积极推动WIPO在京设立技术与创新支持中心,提升创新主体创新能力,深入打造"设计之都"品牌。加快建设国际创意与可持续发展中心等设计平台。鼓励企业参与国际标准制定。

加强知识产权文化建设。利用"4·26"世界知识产权日、中国专利周、北京科技周等重大活动树立知识产权宣传品牌,努力建立"政府引导、新闻媒体支持、社会公众广泛参与"的知识产权宣传普及和教育文化体系,构建全社会"尊重知识、崇尚创新、诚信守法"的知识产权文化环境。继续推进中小学知识产权教育,拓宽知识产权文化教育培训渠道。加大中小学知识产权教育试点示范校建设力度。充分发挥中小学知识产权教育的辐射带动作用,形成"教育一个学生,影响一个家庭,带动整个社会"的局面。

六、加强京津冀协同,服务"三城一区",知识产权推动重点区域创新发展

深入推进京津冀协同发展。加快推进京津冀知识产权一体化进程。落实京津冀一局三地知识产权议定书,进一步完善京津冀三地会商工作机制。关注我市功能疏解外迁企业落地服务需求、产业转移发展需求,继续在津冀重点产业园区共建12330工作站。召开京津冀知识产权保护和发展论坛,推动三地产业协同发展。联合举办京津冀知识产权大数据论坛,调动京津冀优质知识产权服务资源,助力京津冀重点企业实现全球知识产权战略布局。

深入推进中关村示范区建设。实施《中关村知识产权推进计划》,完善一区十六园知识产权工作机制。继续深化中关村国家知识产权服务业集聚发展示范区和国家专利导航产业发展实验区建设。实施中关村知识产权领军企业培育计划,打造中关村知识产权领军企业集群。培育6~8家年度PCT专利申请超100件的中关村企业。深化北京(中关村)专利审查员实践基地建设,引导国家专利审查资源聚焦高精尖产业,聚焦中关村独角兽企业。

深入推进"三城一区"建设。建立"三城一区"知识产权体制机制,推动签订"三城一区"知识产权战略合作框架协议。按照"一城一策"原则,制定"三大科学城"知识产权发展规划,明确知识产权发展目标和实施路径。建立"三城一区"知识产权大数据动态监测,支撑"三城一区"科技创新。实施北京经济技术开发区知识产权支撑产业发展工程。围绕重点产业建立专利专题库,培育知识产权密集型企业,推进特色产业知识产权集群管理,推动开发区建设成为国家级知识产权密集型产业集聚区。持续推进知识产权"三个三"工程,全方位支撑开发区优势产业发展。

七、向创新要效益,向市场要收益,着力打造知识产权运营生态和金融服务生态体系

推动全链条知识产权运营生态体系建设。推进"平台、机构、产业、资本、人才"五位一体知识产权运营服务体系建设。引导各类知识产权运营平台建设,重点引导市场化特色平台建设,推动知识产权创造向现实生产力转化。研究编制知识产权运营工作指南,培育高品质知识产权运营机构。着力发挥北京市重点产业知识产权运营基金作用,带动社会资本投入知识产权运营。鼓励行业和细分领域知识产权运营平台建设,促进高精尖领域知识产权运营。建立知识产权运营人才培育机制,培养复合型专业人才队伍。落实军民融合国家战略,加强首都军民融合知识产权协同创新联盟建设,推动军民融合知识产权双向转移转化。

推动高校院所知识产权转移转化。支持在京高校、科研院所建立专利运营办公室,完善高校院所知识产权运营机制。支持高校院所与企业建立产学研合作,以专利许可、专利转让、专利入股等方式开展专利

运营。鼓励有条件的高校院所开展专利拍卖、专利“普惠计划”等活动，打破创新围墙，推动高校院所知识产权向企业外溢。组织校企、院企专利转移转化对接会，推动高校院所的优秀专利向行业协会、产业联盟和创新型企业推介知识产权成果。

推动知识产权金融服务生态群建设。完善市区两级工作机制，通过政府引导和市场化运作，银行、担保、保险、中介服务机构、企业等共同参与，推动建立知识产权金融服务生态群。完善以金融机构、创业投资机构为主、民间资本参与的知识产权投融资服务体系，推动金融机构拓展知识产权质押融资业务。推动朝阳、丰台等建成各具特色的知识产权金融服务生态群，促进金融资源与知识产权资源融合，带动全市知识产权金融服务蓬勃发展。

八、找准关键环节，优化营商环境，加快推进知识产权领域改革

不断优化创新创业环境。加强知识产权保护公共服务，继续在双创载体建立北京 12330 工作站、分中心。联合市人力资源和社会保障局，做好优质创新创业人才服务，建立优质创新创业人才知识产权维权援助机制。通过热线、微信和 App 等方式，促进知识产权举报投诉渠道多元化。研究制定中小企业专利侵权纠纷加快处理办法，建立中小企业侵权纠纷处理快速通道。研究出台推动双创载体知识产权发展的政策措施，提升中小企业知识产权综合能力。

不断深化“放管服”改革。加快专利权质押登记和专利实施许可合同备案办理。简化流程，简化手续，“让数据多跑路，让百姓少跑腿”。对中小企业的专利资助申报材料予以优先审查和资金发放，为中小企业申请人创造更加便捷的服务环境。在专利申请、专利费用减缴备案等审批环节中，对中小企业采取“一对一”的精准帮扶。

不断推进关键环节改革。搭建知识产权保护软平台，建设首都知识产权调度中心，推进全市知识产权保护统筹协调力度。开展京津冀知识产权保护一体化改革，建立跨区域立案协作、委托取证、案件协办、联合执法、案件移送和结果互认机制。深化知识产权职称制度改革。推进将专利代理专业调整为知识产权管理专业，将中级职称评审提升为高级职称评审。

北京市教育委员会科研工作2017年工作总结和2018年工作重点

北京市教育委员会科学技术与研究生工作处

2017年工作总结

一、持续推进北京高校高精尖创新中心建设

1. 完善高精尖创新中心管理制度。21个北京高校高精尖中心按照实施要求，认真梳理中心建设情况，将建设报告经各中心专家咨询委员会（学术委员会）审议通过后，由市教委科研处汇总形成《高精尖创新中心2016年度建设情况总结》。印发《关于进一步加强北京高校高精尖创新中心建设工作的通知》以及领导小组、专家咨询委员会工作规则等文件，推动各中心在制度建设、平台搭建、管理架构、人才引进与培养、科学研究等方面取得新进展，并为下一步发展扫除障碍、理清头绪。

2. 新立项建设1个高精尖中心。根据现有高精尖中心学科分布情况及地区和国家战略发展需要，市教委组织专家对北京科技大学提交的“北京材料基因工程高精尖创新中心”建设方案进行了宏观论证和领域论证。经主任办公会研究后，报请市领导阅示同意，立项建设。截至2017年年末共立项建设22个高精尖创新中心。

3. 启动“卓越青年科学家计划项目”。为造就一批具有国际影响力的科学家和领军人才，市教委会同市财政局印发《北京高等学校卓越青年科学家计划管理办法》及具体申报通知，并组织各高校申报。

二、进一步提升北京高校科技创新能力

1. 研究制定《关于提升北京高校科技创新能力的意见》。进一步加强北京高校科技创新平台和项目建设，服务北京全国科技创新中心建设，构建“431”的北京高校科技创新体系，即四类科研平台、三类科研项目、一项重大科研基础设施，以科技创新引领和支撑学科建设与人才培养，助力世界一流大学和一流学科建设。

2. 开展北京实验室建设。按照《关于提升北京高校科技创新能力的意见》，研究制定《关于进一步加强北京实验室建设的意见》《北京实验室发展规划》和《北京实验室建设与运行管理办法》等文件，修订《北京实验室建设方案书》。组织完成北京交通大学国家经济安全预警工程北京实验室、北京信息科技大学光纤传感与系统北京实验室的立项论证工作。

3. 启动人文社科中心建设工作。按照《关于提升北京高校科技创新能力的意见》，完成北京人文社会科学研究中心建设前期调研工作，起草《北京高校人文社科研究中心建设工作方案》和《北京高校人文社会科学研究中心建设意见》，加快构建北京高校哲学社会科学创新体系，推进首都哲学社会科学繁荣发展。

4. 完成科研计划重点项目立项工作。完成了2017年度、2018年度科技项目申报、评审及立项工作，

2017 年度共申请 101 项,经通讯评审和会议评审后,遴选出 30 项予以立项;2018 年度申请 223 项,比 2017 年增加 115%,经通讯评审和会议评审后,初步遴选出 50 项。完成了 2018 年市教委社科重点项目申报、评审及立项工作,共申报 123 项,经评审立项 32 项。

5. 做好哲学社会科学研究基地工作。与市规划办联合组织完成了 24 个北京市哲学社会科学研究基地考察与验收工作;研究制定了《北京市哲学社会科学研究基地管理细则》;经宏观论证、领域专家论证,新设立北京食品安全政策与战略研究基地等 4 个研究基地。截至 2017 年年末,北京地区高校共设立 61 个哲学社会科学研究基地。

6. 完成北京市第十四届哲学社会科学(教育系统)评奖工作。教育系统推荐候选成果 189 项,最终获北京市第十四届哲学社会科学优秀成果奖 168 项,占总数的 83.17%,较上届提升 1.8%,其中一等奖 39 项,二等奖 129 项。获奖成果中涌现出一批成果厚重、资料珍贵,有重要学术贡献和较高学术价值的研究成果,服务首都经济社会发展效果显著。

7. 完成 2016 年北京地区科研统计工作。按照教育部、北京市统计局工作部署,完成 2016 年度北京地区高等学校科技/社科统计年报工作,包括北京地区 72 所高校及 33 所附属医院的科技统计和 91 所北京地区高校的社科统计。

2018 年工作重点

全面提升高校科技创新能力。实施高校科技创新能力提升计划,打造高质量创新平台和高水平创新人才队伍,为北京“四个中心”建设提供有力支撑。进一步加强高精尖创新中心建设,完善相关政策,建立“有进有出”的机制,强化过程管理。开展高校卓越青年科学家计划,培育支持优秀青年人才。完善科研项目管理机制,构建层次清晰的科研创新人才成长体系。加强北京实验室建设,促进科教融合,提升服务北京经济社会发展的能力。推进北京人文社会科学研究中心建设,提升高校人文社会科学创新发展的能力。推进北京高校科学研究中心建设,提升高校人文社会科学创新发展的能力。推进北京高校科技成果转化中心建设,提升高校科技成果转化的能力。

北京市科学技术协会2017年度工作总结及2018年度工作安排

北京市科学技术协会

2017年度工作总结

一年来，在市委的正确领导和中国科协的直接指导下，北京市科协认真贯彻落实党的十九大精神和习近平总书记系列重要讲话精神，坚持以习近平总书记视察北京重要讲话精神为根本遵循，紧紧围绕中心工作，立足“四服务”职责定位，锐意进取，开拓创新，主动作为，科协组织的政治性、先进性、群众性明显增强，科协事业各项工作亮点突出，效果显著。2017年主要做了以下工作。

一、迅速掀起学习宣传贯彻党的十九大精神的热潮，引领科协事业发展

市科协把学习宣传贯彻党的十九大精神作为当前和今后一个时期的首要政治任务和头等大事，以鲜明的政治态度和强烈的政治责任加强组织领导，做到认识有新高度、学习有新境界、贯彻有新气象，迅速兴起学习宣传贯彻的热潮。

组织开展学习教育。一是科协党组全面部署。印发《关于深入学习宣传贯彻党的十九大精神的实施方案》等文件，要求党员干部和广大科技工作者收听收看大会系列报道，开展专题培训，原原本本学、联系实际学、带着问题学，深化思想认识，把握精神实质，把思想和行动统一到习近平新时代中国特色社会主义思想上来。二是按照中央和市委“领导干部要带头学、带头讲、带头干”的要求，党组理论学习中心组及时开展学习活动，局级领导参加了市委组织的专题学习班，举办处级干部专题培训。各级领导干部深刻领会习近平新时代中国特色社会主义思想精髓，以党的十九大精神指引科协事业改革与发展。三是各基层党支部把全体党员干部、入党积极分子、普通员工纳入学习范围，做到学习宣传贯彻党的十九大精神全覆盖。科协所属科技社团按照要求组织学习贯彻，基本实现首都科技工作者对党的十九大精神人人知晓，入脑入心。

营造全面深入的宣传氛围。为宣传贯彻十九大精神，唱响时代主旋律，以“三个聚焦”大力抓好宣传工作，在科协系统内营造轰轰烈烈的学习氛围。一是聚焦中心任务，在科协门户网站、《北京科技报》和《北京科协》开设专栏、专题，通过App、微信公众号等新媒体全方位、多角度宣传党的十九大的重大意义和历史贡献，宣传科协学习贯彻十九大精神好做法、好典型。二是聚焦创新亮点，挖掘特色、提炼典型，组织1279名一线科技工作者开展对党的十九大反响情况快速调查，专题报告得到时任市委副书记景俊海的批示。三是聚焦群众关切，以丰富多样的宣传方式，组织媒体宣传老科技工作者喜庆党的十九大活动，在《中国科学报》《北京晚报》、网易、北京时间等媒体刊发多篇报道，得到广泛传播。

联系实际认真贯彻落实。结合贯彻中央及市委党的群团工作会议精神，认真对标对表，找准科协贯彻落实党的十九大精神的发力点和着力点，落实到推动科协事业发展的各方面和全过程，以实际行动体现科协系统学习党的十九大精神的成效。一是落实新时代党的建设总要求，完成基层党建重点任务和开展党

支部规范化建设。推进学会党的组织和党的工作全覆盖，宣传党的主张、贯彻党的决定，团结和引领广大科技工作者听党话、跟党走。二是以习近平新时代中国特色社会主义思想为指导，牢固树立“四个意识”，坚定“四个自信”，围绕保持和增强科协组织的政治性、先进性、群众性，克服“机关化、行政化”，推进科协系统深化改革。三是把学习党的十九大精神与“两学一做”学习教育结合起来，做到常态化、制度化，推动党的十九大精神和习近平总书记系列重要讲话精神在科协系统落地生根。

二、以重大任务为牵引，全面推进科协各项工作落实

对照中央和市委的要求，突出年度重点工作，提高政治站位，聚焦科协发展，坚持改革创新，形成独特优势，牵引科协各项工作全面推进。

开展巡视整改工作。根据市委巡视工作统一部署，市委第十巡视组对市科协党组开展专项巡视。科协党组以高度的政治自觉，把巡视整改作为解决问题、改进提高、凝聚共识、推动发展的重要机遇。针对巡视反馈的 9 个方面 33 项问题照单全收，特别是在党的领导、党的建设、全面从严治党、贯彻中央八项规定精神等方面，突出问题导向，制定整改措施，压实整改责任，严格对账销号，进行全面整改。科协党组以强烈的政治担当，坚决、全面、彻底地抓好巡视整改，坚持把纪律和规矩挺在前面，按期完成了整改任务，党的建设得到加强，服务意识、群众观念得到增强，保持和增强了政治性、先进性、群众性，“机关化、行政化”的固有思维和工作作风得到扭转，广大科技工作者更认可、更亲近科协组织。

市科协第九次代表大会成功召开。在市科协“九大”上，市委书记蔡奇做了讲话，要求各级科协组织提高政治站位，增强“四个意识”，充分发挥好桥梁纽带作用，确保科协工作始终与党和国家事业同步前进，与首都各项工作同频共振，在坚持中国特色社会主义群团发展道路上做出新实践。市科协新一届领导机构扩大了基层一线科技工作者的比例，增强了科协组织的代表性和群众性。“九大”召开以来，不驻会的 12 名主席、副主席和 13 名常委出席 31 项工作调研、会议论坛、出访交流等活动，带动更多的代表委员和广大科技工作者充满热情地参与科协工作，进一步增强了历史使命感、紧迫感和责任感，科协团体的群众组织力得到大幅度提升。

科协系统深化改革工作稳步推进。贯彻党的群团工作会议精神和群团组织深化改革的决策部署，市科协全面启动深化改革工作。《北京市科协系统深化改革实施方案》于 2017 年 4 月经市委全面深化改革领导小组讨论通过，5 月市委办公厅正式印发。市科协成立深化改革工作领导小组，积极有力、稳妥有序地推进各项改革任务。完善顶层设计，查找主要障碍，着力克服“机关化、行政化”问题。抓住改革方向，明确科协组织“三性”的科学内涵和具体要求，努力找准科协工作在首都发展中的定位，充分发挥科协组织在创新驱动中的优势，围绕提升“四服务”能力，提出了经理学术、创新簇、科普理念与实践双升级、专业智库群等改革理念和举措，以重点领域突破引领全面改革，不断推动各项改革任务落地。各区科协积极响应，形成上下联动系统推进的局面，改革势头良好。科技工作者对科协组织的认知度、参与度明显提高，申请成立学会和企业科协的意愿增强。2017 年新成立企业科协 93 家，收到成立学会申请 10 份。

三、以经理学术实践为突破，服务科技工作者成长成才

学术是科技社团联系服务科技工作者的天然纽带。一年来，市科协开展经理学术实践，举办满足和适应科技工作者成长发展的学术活动，打造世界领先水平的学术组织，给科技工作者以学术滋养，提升了学会对科技工作者的吸引力。

广泛开展学术评价。市科协以提升学术价值为重点，推动学会广泛开展学术评估、人才评价等经理学术实践。北京电机工程学会参与首届 IEEE 能源互联网与能源系统集成会议，进一步对接了高端国际组织资源，提升了学会在行业领域的知名度和影响力。着眼科技评价，北京公路学会等 14 家学会成立了科技评价中心，北京超声医学学会等 14 家学会开展了人才评价工作。北京食品学会等 6 家学会成立科技成果转

化专委会，评价科技项目120项。面向京津冀举办成果推介活动，近300余项科技成果达成转化合作意向，经理学术实践工作全面展开。

打造高端学术交流平台。以需求为导向，以学术为根本，不断提升学术服务创新的前瞻性和战略性水平，增强学会对科技工作者的吸引力，激发学会活力。举办以“创新驱动，协同发展”为主题的第20届北京科技交流学术月，举办高端综合性学术活动21项，支持学会开展国际性学术交流活动26项。鼓励学会联合全国学会，共同主办或承办全国性的学术交流活动。北京理化测试分析学会参与承办第十七届北京分析测试学术报告会暨展览会，包括主旨论坛、专题报告、同期会议等660余场活动，25个国家和地区的3400余名专家、学者参会。举办以“科技文化协同创新，助力城市治理体系建设”为主题的自然科学和社会科学两界高峰论坛，促进两界智力融合，论坛影响力不断提升。

健全学会体制机制。启动学会星级评估工作，将评估与标杆学会打造相结合，进一步推动学会改革。按照“五分离、五规范”的标准，有序推进行业协会与行政机关脱钩，北京烹饪协会等3家社团开展了脱钩试点工作。着眼学会适应创新型国家建设和深化改革的要求，北京食品学会牵头成立优良食品联合体，北京农学会牵头成立北京现代农业联合体，北京测绘学会牵头成立智慧城市联合体，促进学科发展和原始创新，提高会员凝聚力和学术权威性。起草《北京市科协进一步加强社会组织党建工作的若干意见》，23家学会理事会层面建立党建工作小组，覆盖率达到76%，促进党建工作小组发挥政治核心作用和秘书处党支部战斗堡垒作用。

创新科技人才培养。创建“科协频道”，充分挖掘学术资源进行转化，制作一系列原创科学传播视频节目，观看人数近1000万。其中，《科学星探》成为全国首档青年科技人才托举访谈节目。筹备成立北京工程师学会工作基本就绪，为提升北京地区工程师队伍国际化水平，促进国际科技交流合作奠定基础。在北京市专业职称评定中增设科学传播专业职称，为解决科普工作者的职称评审问题创造条件。举办北京青年学术演讲比赛，实施青年人才托举计划。评选第15届北京青少年科技创新市长奖、第20届茅以升北京青年科技奖、第23届北京优秀青年工程师。推荐北京地区中国工程院院士候选人，推荐北京市科学技术奖候选项目等。长征五号运载火箭研制团队和5位专家获全国创新争先奖。科技工作者的荣誉感、自豪感不断激发，科技人才培养渠道得到进一步拓展。

四、以创新簇建设为抓手，助力首都创新驱动发展

市科协加强创新簇示范站建设，引导学会资源对接企业需求，引导企业竞相建立企业科协组织，把广大科技工作者制度化地吸引到企业创新实践中，服务创新驱动发展。

开展企业创新簇实践。市科协以提升企业创新能力为目标，推动学会与企业、产业联盟等进行深度联合，复制推广创新簇企业示范站做法，在房山区科协、北京经济技术开发区科协、中关村大数据产业联盟等3类9家单位建立企业创新服务中心，对接全国学会72家、市级学会132家，联系科研院所、高校和科研机构98家，建立企业创新簇51个。各区委区政府高度关注和支持创新簇建设，配套经费330万元。

深入实施创新驱动工程。构建服务企业创新网络，市、区、企业三级科协组织，以及学会、科研院所、高校合力实施创新驱动工程，实现了科协组织服务企业创新从点到面、从分散到系统、从被动到主动的转变。顺义区科协等区域企业创新服务中心，积极探索服务企业创新的模式、机制、方式。完善院士专家工作站的考核、年检、摘牌等机制，让院士专家工作站有名有实，在创新驱动中有所作为。在北新集团建材股份有限公司等单位新建26个院士专家工作站，促成合作项目194项、转化成果38项。推动新成立企业科协逐步向开放式转型，比如吸收外部专家加入企业科协，聘请院士专家工作站的进站院士担任科协主席等。

助力乡村振兴战略。围绕农业科技创新，推动建立“一纵两横”农业服务体系。即：“专家工作站+区级农技人员+基层乡土专家+农户”的纵向服务体系，科技社团与相关部门协作的横向资源集成体系，基站、示范点辐射周边地区的横向引领示范服务体系。落实京津冀协同发展战略，17家科技社团开展扶贫扶智相结合的科技服务120次，活动辐射11个省的20个地级市、32个贫困县。不断扩展基站科技服务功能，

各涉农学会全年开展服务 120 次，涉医学会开展健康服务活动 100 余场，培训基层医生 1600 余人次，项目直接受益人群达 2.7 万人次，推进农村农业现代化，促进农业增产、农民增收。

五、以科普双升级为引领，推进全民科学素质提高

建设全国科技创新中心，需要更高的公民科学素质提供有力支撑。北京的科普工作紧跟公民科普需求的新变化、新特征，与时俱进，开展科普理念与实践双升级。

全面实施科普理念与实践双升级。贯彻落实党的十九大报告“弘扬科学精神，普及科学知识”的部署要求，市科协认真分析科普工作存在的“三个不平衡”问题，即：重科学知识与轻科学方法的不平衡；重组织科普活动与轻研究科普方法的不平衡；重科普内容与轻科普形式的不平衡。积极推动科普理念与实践的双升级，全方位推动科普事业发展。举办第五届北京国际科学节圆桌会议，16 个国家及港澳地区的代表参会，积极推动国际科学传播机构联盟建设，促成多项合作。打造与具有全球影响力的科技创新中心地位相匹配的北京科学中心体系，作为科普理念与实践双升级的有效载体，凝聚市、区两级及社会力量，推动各区建立科学中心的分中心，全力建设北京地区科普新地标。目前，北京科学中心工程改造、展陈设计、队伍建设、制度规范等软硬件建设有序推进。怀柔建成社区航天主题科普体验厅，平谷实施“十百千万”科普工程，“顺义科普 365”进入传媒微矩阵，形成区域性普及科学知识的线上互动平台。

扎实推进科学素质建设。北京市科协把科学普及放在与科技创新同等重要的位置，着力做好科普工作，提高公民科学素质。全国科普日北京主场暨第七届北京科学嘉年华首次面向社会征集互动项目 200 余项，汇集 16 个国家和地区的 91 家中外科普机构 420 项科学互动体验项目，观众累计 4.2 万人次，中央电视台、人民日报、新华网等 68 家媒体进行报道。科学嘉年华首次开展基层巡展，在各区收到很好效果。“走在世界科技强国征程上的中国科学家主题展”走进拉萨、北京大学，为广大科技工作者和青少年创新创造提供学习典范，为社会公众提供知识讲堂。

加快科普信息化建设。按照“资源全市统筹、落地渠道多元、e 站覆盖城乡、目标普惠共享”的基本思路，统筹谋划全市科普信息化工作，汇聚科普资源，建立“科普中央厨房”，生产具有首都特色的科普产品，为区科协和科普机构提供精准推送、自主定制、实时高效的科普服务。运用 330 块大屏落地科普中国 V 视快递，16 个区各建立 1 个科普 e 站示范点，探索以 e 站为阵地的科普工作线上线下融合发展。进一步发挥蝌蚪五线谱、科学流言榜的网上传播优势，快速回应社会关切。丰台开启“融媒体”科学传播，怀柔打造科普云平台，推动区级科普信息化建设水平的全面提升。

六、以专业智库群建设为重点，全面提升服务党和政府科学决策的能力

市科协发挥学会组织人才荟萃、地位超脱的优势，推进科技创新领域的专业智库建设，为服务党和政府科学决策提供参考依据和智力支撑。

启动专业智库群建设。市科协引导学会以专业团队、专业知识为依托，建成科技类专业智库。按照综合性和专业性两类，确定中科院老专家咨询团、北京测绘学会、北京工商大学科协等第一批 8 个智库试点单位。在智库运行上，引导试点学会发挥主观能动性，突出专业领域的优势，围绕城市建设和发展的重点、难点问题汇聚众智，深度挖掘和提炼，形成智库成果，提高服务市委、市政府科学决策水平。

不断完善智库体系。积极把课题调研、决策咨询沙龙、科技工作者建议、政协提案、科技工作者状况调查等纳入智库体系建设，形成服务市委、市政府科学决策的合力。依托首都地区高校、科研院所、企业与各类社会组织的力量，开展“北京科技工作者思想动态研究”等 12 个调研课题。加大与市委、市政府办公厅及相关部门的合作，围绕推进“三城一区”建设、北京城市总体规划落实等首都发展主题，共同组织高层次专家建言献策。精心组织“健全科技服务体系，推进怀柔科学城建设”等 10 次决策咨询专题沙龙活动。加强与市政协科技委合作，协商办理界别提案，推动科技工作者积极参与民主协商。房山区建成科技工作者

综合服务平台，实时反映区域内科技工作者状况。

推进智库成果转化。征集科技工作者建议128项，编发《科技工作者建议》7期。《关于北京冬奥会加强对"冷"资源综合利用和管理的建议》得到市领导批示，市重大项目办、市发改委等进行落实。另有20篇建议得到市相关委办局的回复。《京津冀协同发展视角下北京产业结构调整与就业研究》等10个调研课题成果通过政协提案等得到转化。《关于北京市进一步推动"大众创业、万众创新"的提案》等6件提案荣获市政协年度优秀提案。编印《专家论北京发展(十四)》，收录学术会议论文、学术论坛发言以及专家建议等39篇，为各领域科学决策和首都创新发展提供智力支持。

七、全面加强自身建设，不断提升科协组织履职能力

按照党的群团工作会议和科协系统深化改革的新形势、新任务、新要求，围绕提高科协组织履职能力，着力在加强党的建设、增强整体素质、提高凝聚力、树立良好形象上下功夫，提高科协工作水平，全面加强自身建设。

加强科协党的建设。把党的政治建设摆在首位，坚决维护党中央权威，严格落实"三会一课"、民主评议、组织生活会等制度，进一步增强了党内政治生活的政治性、时代性、原则性。认真开展"两学一做"学习教育，引导广大党员干部增强"四个意识"，践行"四讲四有"，做到"四个合格"，履职尽责、担当作为，实现学习教育常态化、制度化。持之以恒正风肃纪，深入学习贯彻廉洁自律准则、纪律处分条例、问责条例、党内监督条例，推进"两个责任"落实。开展"为官不为""为官乱为"问题专项治理，开展"严肃查处群众身边的不正之风和腐败问题"工作，签订党风廉政建设责任书，全面推进从严治党向纵深发展。

加强科协组织建设。指导区科协的组织建设，有序推进丰台、顺义、石景山区科协按期换届，延庆、朝阳、平谷、大兴区科协进行换届筹备。科技工作者参加学会和成立学会的意愿增强，市科协对10个成立学会的申请，因势利导，按照改革要求，推进注册登记。市、区、园区科协审批新成立企业科协93家，其中北新集团建材股份有限公司等14家未来科学城入驻企业积极建立企业科协，激活了大中型企业参加科协组织的热情。

加强科协机关事业单位建设。规范创新人事管理，选拔调整干部队伍，配强北京科学中心领导班子。加强后备干部培养，鼓励优秀青年干部担当重任，选拔优秀青年干部挂职部长(主任)助理岗位。举办科协系统专兼职干部培训班，做好领导干部个人有关事项报告，开展领导干部在社团兼职的清理规范。加强作风建设，坚持领导带头深化服务，实现工作重心前移，科协领导深入基层走访调研129次，聚焦实际问题，积极为科技工作者办实事、解难事。加强科协工作宣传和精神文明建设，不断树立科协组织良好形象。

一年来，市科协各项工作取得了一些成绩。同时，我们也应清醒地认识到，与新时代科协组织面临的新形势和新任务相比，与广大科技工作者的期盼相比，还有一些不足和差距。主要表现为：在改革推进中，对科协事业发展面临的新形势、新任务认识不够深入、把握不够准确，机关化、行政化思维仍不同程度地存在，突破现状、创造性开展工作的能力需要加强；改革举措在基层、在末端抓落实的力度有待加强，开展改革不充分，进度不均衡；企业科协、高校科协建设有待加强，探索发现内在规律、积极发挥作用不够等。这些问题有待于在今后采取有力措施加以解决。

2018年度工作安排

2018年是贯彻党的十九大精神的开局之年，是改革开放40周年，也是北京市科协成立55周年和深化改革向纵深推进之年。市科协将牢固树立"四个意识"，以习近平新时代中国特色社会主义思想为指引，总结经验、乘势而上，坚定不移地推进科协系统深化改革，打造科协事业新局面。

一、以习近平新时代中国特色社会主义思想为指引，开启科协事业发展的新征程

持续深入开展党的十九大精神的学习宣传贯彻活动，把学习教育纳入党组理论学习中心组、干部培训计划，纳入主题党日、民主生活会，纳入干部队伍的考核管理，以更高的站位、更严的标准把握理解思想精髓、核心要义，强化理论武装。要结合推进“两学一做”学习教育常态化、制度化，以处级以上领导干部为重点，在科协开展“不忘初心、牢记使命”主题教育，深刻领会党的十九大的重大现实意义和深远历史意义，切实增强学习贯彻的思想自觉和行动自觉，推动科协事业发展。

二、全面落实《北京市科协系统深化改革实施方案》，形成科协改革纵深发展的新局面

要瞄准难题，坚定信念，引导科技工作者不断增强改革的自觉性，不断强化“四个意识”特别是核心意识和看齐意识。积极推动区科协制定深化改革方案和配套政策，找准改革措施之间的内在联系和规律，抓住“四服务”的纲，保证各项改革任务的协调推进。围绕学会改革、科协基层组织建设等重点任务积极探索，形成同步改革、整体推进的局面，强化科协改革的系统效应。开展科协社交化建设的探索，利用众包、众智等新模式，调动创新资源参与创新创业。

三、深入开展经理学术实践，形成服务科技工作者的新渠道

要紧扣人才强国、创新型国家战略的要求，切实增强科协组织为科技工作者服务的本领和实效，不断深化经理学术实践活动。鼓励学科相近、联系密切的学会成立学会联合体，推动面向大学科领域或全产业链的学会集群发展。学会要以学术资源为依托，扩展和延伸学术链条，加强市属学会与全国学会、国际组织合作，承办全国性的学术交流活动，提升学会在全国的影响力，增强学会对于科技工作者的吸引力。推动学会开展科技评价试点工作，增强学术生命力。助力京津冀协同发展，整合首都科技资源，探索建立三地科技社团之间、会企之间的长效合作机制。

四、全面推进创新簇建设，形成服务创新驱动发展的新模式

探索建立以企业为主体，以学会为主力，以项目为抓手的创新簇工作模式，推广典型案例，形成长效机制。继续实施创新驱动工程，推动开放式企业科协建设，筹备建立未来科学城企业科协联合会，全面提升科协系统服务创新驱动发展战略的水平。充分发挥科协系统在推动企业创新发展转型升级上的独特作用，指导区科协参与创新簇建设。加强都市型农业基站建设，推动农业科技创新，服务乡村振兴战略。

五、推进科普双升级，形成服务全民科学素质提高的新动力

着力解决科普工作“三个不平衡”问题，推动科普理念与实践全面升级。加强科普资源平台建设，着力提升公民科学素质，扎实抓好科学嘉年华、国际科学节圆桌会议、青少年科技创新大赛等重大活动。大力推进“科普中央厨房”、科普中国 e 站建设，提升科普信息化建设水平。按照“世界眼光、国际标准、高点定位”的要求，建设与具有全球影响力的科技创新中心地位相匹配的北京科学中心体系。要做好开馆工作，发挥科普基地、青少年科技教育基地、创新成果展示基地的作用，带动北京科普实践的创新发展。

六、打造专业智库群，形成服务党和政府科学决策的新支撑

根据中央和市委关于智库建设的要求，突出北京特色，强化学会主体作用，用高质量的智库成果，为党和政府科学决策服务。开展为期3年的试点工作，选择专业特色鲜明、具有决策咨询潜力的学会、基层组织等为智库试点，逐步形成一套发现、培育、引导的工作机制。鼓励智库试点单位在运行管理、组织构架、项目推进、成果运用上发挥特色，大胆创新，不断激发智库活力，产出一流产品。继续做好课题调研、决策咨询沙龙、科技工作者状况调查站点、提案议案等工作，形成高效的智库体系。

专 文

科技创新中心建设“这五年”

北京市科学技术委员会

“绮陌香飘柳如线，时光瞬息如流电。”五年，在人类历史长河中只是短暂的一瞬。但是，北京市第十一次党代会以来的五年，对北京科技创新来说，是不平凡、不寻常的五年。习近平总书记两次视察北京并发表重要讲话，明确北京全国政治中心、文化中心、国际交往中心、科技创新中心的战略定位，提出建设国际一流的和谐宜居之都战略目标，全面部署京津冀协同发展战略，为我们指明了前进方向，具有重大里程碑意义。

五年来，我国经济发展进入新常态，呈现速度变化、结构优化、动力转换三大特点；创新发展作为五大发展理念之首，成为引领发展的第一动力；京津冀协同发展成为重大国家战略；建设世界科技强国的号角已经吹响，全国科技创新中心这艘巨轮已经扬帆起航、加油发力，在建设具有全球影响力科技创新中心的航程中澎湃前行。

这五年，科技创新中心攀登了“引领高度”

习近平总书记指出，我国科技界要坚定敢为天下先的志向，在独创独有上下功夫，勇于挑战最前沿的科学问题，提出更多原创理论，做出更多原创发现，力争在重要科技领域实现跨越发展，跟上甚至引领世界科技发展新方向，掌握新一轮全球科技竞争的战略主动。

300 余家国家级科技创新基地、90 余家高等院校、400 余家科研院所、43 万家科技型企业、16000 家高新技术企业、近 300 家上市公司、10 余个国家重大科技基础设施、近 4000 家创业投资和股权投资机构、1480 亿元的全社会研发经费支出、5. 94% 的研发经费投入强度、不断涌现的原创重大科技成果……构成了北京科技创新中心建设的资源“概貌”。

“三城一区”建设加快推进。中关村科学城原始创新策源地作用进一步深化，新型研发机构、重大原创成果不断涌现。怀柔科学城立足高点定位，努力打造百年科学城，北京怀柔综合性国家科学中心建设方案得到国家发展改革委、科技部批复，综合极端条件实验装置、地球系统数值模拟装置和 5 个交叉研究平台按计划落地实施。未来科学城“打开院墙搞科研”的机制不断完善，建成 40 个高水平研发平台，20 个科技成果转移转化项目按计划推进。创新型产业集群与“中国制造 2025”示范区科技成果转化和产业化步伐加快。

五年来，获得北京市科学技术奖的科技成果 1000 余项，在京单位主持完成的获得国家科学技术奖励的奖项 400 项，占全国获奖总数的 31% 左右。全国“领跑”世界的技术成果中，在北京产生的技术成果占 55. 7% 。北京作为原始创新策源地、自主创新主阵地的位势更加巩固。

2016 年，北京每万人发明专利拥有量 76. 8 件，是全国平均水平的 9. 6 倍。PCT 国际专利申请量 6589 件，是 2011 年的 3. 5 倍。技术合同成交额 3940. 8 亿元，是 2011 年的 2. 08 倍，五年来实现翻番。中关村示范区总收入实现 4. 57 万亿元，是 2011 年的 2. 4 倍，五年来实现翻番。中关村企业累计创制国际标准 229 项，比 2011 年新增 139 项。科技创新对经济增长的贡献率超过 60% 。

在京单位全面参与 16 个国家科技重大专项，北京市重点承接了 10 个民口国家科技重大专项。第四代移动通信系统、碳基集成电路、5G 大规模天线设备、深度学习处理器“寒武纪”、超顺排碳纳米管材料、国产脑起搏器、水稻全基因组芯片、嵌入式神经网络处理器“星光智能一号”、全系统多核高精度卫星导航定位芯片、80 纳米自旋转移矩－磁随机存储器件等一大批重大原创科技成果，不断刷新我国原始创新纪录，产生了重要的国际影响。脑科学、干细胞、石墨烯、第三代半导体材料、5G 等基础前沿和战略高技术研究已经前瞻部署，正在有序推进。积极支持“走出去”和“引进来”，在全球范围配置创新资源的能力不断增强，北京逐渐成为全球创新网络的重要枢纽。

制定实施《关于引进全球顶尖科学家及其创新团队的实施意见》，顶尖人才及其创新团队加快聚集。诺贝尔奖级科学家等高层次人才来京领衔开展科学研究呈现加速态势，截至 2017 年 5 月底，5 位诺贝尔奖获得者在京设立研究院。美国斯坦福大学教授崔屹等 8 位科学家受聘成为首批“中关村海外战略科学家”。截至 2016 年年底，北京累计吸引“千人计划”人才 1653 位，占全国的 1/4。

这五年，科技创新中心拓展了“支撑深度”

习近平总书记指出，要深入研究和解决经济和产业发展亟需的科技问题，围绕促进转方式调结构、建设现代产业体系、培育战略性新兴产业、发展现代服务业等方面需求，推动科技成果转移转化，推动产业和产品向价值链中高端跃升。

五年来，我们深入实施“北京技术创新行动计划”“‘中国制造 2025’北京行动纲要”，高精尖经济结构加快构建。以“互联网＋”为代表的新经济和共享经济发展迅速。以“鼎新”带动“革故”，科技创新促进产业转型升级，新一代信息技术、高端装备制造、新材料、生物医药、节能环保、新能源汽车加快发展，北京国家现代农业科技城推动现代农业高端发展，成为全国农业科技创新体系的龙头。

全市由大学科技园、科技企业孵化器、众创空间、专业开放平台、其他服务机构为主体构成的 400 余家孵化服务机构加快发展，创业服务生态从为创业孵化提供物理空间和交流平台的 1.0 模式，到提供综合增值服务的 2.0 模式，加速向以科技型专业化平台为载体实现资源开放共享的 3.0 模式发展，推动技术、设备、信息、资本、市场等资源共享，为中小微企业和创业团队提供低成本、全方位、专业化服务。

2016 年，全市高技术产业、信息服务业、科技服务业实现增加值占地区生产总值的比重达到 42%，成为促进首都经济平稳发展的“中流砥柱”。全年新增科技型企业增长 22.4%，中关村示范区总收入增长 12% 以上，全市技术合同成交额增长 14.1%，科技创新对经济增长的贡献率超过 60%……一连串的数字昭示着经济发展新动能加快培育成长。

这五年，科技创新中心延长了“辐射宽度”

习近平总书记指出，要立足于科技创新，释放创新驱动的原动力，让创新成为发展基点，拓展发展新空间，创造发展新机遇，打造发展新引擎，促进新型工业化、信息化、城镇化、农业现代化同步发展，提升发展整体效能，在新的发展水平上实现协调发展。

五年来，我们深入落实《京津冀协同发展规划纲要》，建设京津冀协同创新共同体的工作方案和中关村行动计划先后实施，促进区域科技功能分工协同、产业与创新高效衔接、创新要素有序流动共享。聚焦 4 个战略合作功能区和一系列产业承接合作平台，构建要素集聚、资源共享、上下游高效衔接、互利共赢的京津冀科技创新园区链，建设一批具有示范引领和辐射带动作用的创新型园区和区域创新中心，推动区域协同创新和产业联动发展。第三代半导体研发创新平台、汽车产业区域协同创新产业布局、汽车模具协同设计云服务平台等一批创新载体加快建立。北京向津冀输出技术合同成交额实现翻番，2016 年达到 154.7 亿元，年均增速 29.5%。

北京技术合同成交额的 70% 以上辐射到国内 350 余个城市和国外，与其他省区市的科技创新合作进一步深入，搭建跨区域创新合作网络，辐射引领服务全国创新发展。从东北的黑龙江到西南边陲的云南，从东部的滨海新区到西部新疆的和田，从中部的内蒙古到中原腹地的河南，从京津冀到长江经济带……北京正在积极推动人才、技术、成果、资本、管理、品牌等创新要素在全国辐射溢出，科技创新中心的示范带动作用不断发挥。

这五年，科技创新中心加高了“民生温度”

习近平总书记指出，人民的需要和呼唤，是科技进步和创新的时代声音。提高社会发展水平、改善人民生活、增强人民健康素质对科技创新提出了更高要求。

五年来，我们深入实施首都蓝天行动、清洁空气行动计划等科技惠民专项，加快垃圾处理、生态功能提升等领域的技术开发和示范应用。利用物联网技术加强对燃气、热力、电力、给排水等“城市生命线”信息的实时监测。持续支持基于无线通信的列车自动控制系统（CBTC）核心技术开发和产业化，设计建设国内首条全国产化车辆、信号系统的无人驾驶线路——燕房城市轨道交通线。率先建成全国规模最大的重大疾病临床数据和样本资源库，形成20项有国际影响力的创新成果，制定136项诊疗技术规范和标准，筛选170项科技成果向5000家（次）医疗机构推广。从“农田”到“餐桌”的全过程质量技术保障体系，为“舌尖上的安全”保驾护航。支持零度以上高品质动态人工造雪和储雪一体化技术与装备研究、二氧化碳人工造雪节能环保先进技术的示范应用等，为冬奥赛事提供支撑和保障。

财政科研项目和经费管理的“28条政策措施”“挥剑斩断”科研管理的“繁文缛节”，赋予创新主体和科研人员开展科研更大的自主权；科技计划项目（课题）管理办法和经费管理办法为创新主体和科技人员松绑减负、清障搭台、铺路架桥；对市级财政科技计划（专项、基金等）管理进行改革，重构市级科技计划体系，正在改变科技计划存在的重复分散封闭低效问题。科技创新券让中小微企业和创业团队拿到了进入高校院所的“门票”，充分利用科技资源开展研发创新活动，既提高科技资源利用效率，又培育科技服务新兴业态，创新主体和科研人员日益感受到改革深化和政策落实带来的温暖，“获得感”不断增强。

这五年，科技创新中心展示了“改革力度”

习近平总书记指出，如果把科技创新比作我国发展的新引擎，那么改革就是点燃这个新引擎必不可少的点火系。我们要采取更加有效的措施完善点火系，把创新驱动的新引擎全速发动起来。

这五年，从改革试点、次第开花，到全面发力、纵深推进，再到政策集成、谋篇布局，北京科技体制改革和经济社会领域其他改革统筹推进、同步发力，奏响了全面创新改革的“大合唱”。以“京校十条”“京科九条”为代表的科技成果转化机制改革成为全面创新改革的“当头炮”；“京发17号文”对一系列改革试点政策进行确认和集成；中关村一系列改革试点接续推进；科技成果使用、处置和收益管理改革试点扎实开展；高等学校高精尖创新中心精彩亮相。

京津冀区域全面创新改革18项改革任务和本市47项改革举措印发实施；商事制度改革持续深化；外籍人才出入境政策效果显现；科研项目和经费管理改革的“28条政策措施”正在落地实施，改革督导紧随其后，打通改革落地“最后一公里”；促进科技成果转移转化行动方案发布实施，为全面创新改革寻找“突破口”，啃下“硬骨头”，打出了一套“组合拳”，抓住了一批涉及多部门、横跨多领域的“牛鼻子”，改革举措的“含金量”不断叠高加厚。

这五年，科技创新中心散发了“关注热度”

习近平总书记指出，要不断推进理论创新、制度创新、科技创新、文化创新等各方面创新，让创新贯穿党和国家一切工作，让创新在全社会蔚然成风。

五年来，科技创新中心日益成为全社会关注的热点。中央有关部门和单位、北京市各部门、高校院所、中央企业、社会组织高度重视、密切关注、积极参与科技创新中心建设。首都科技发展战略研究院连续发布“首科指数”，成为反映北京科技创新的“重要晴雨表”。《国家创新蓝皮书：中国创新发展报告（2015）》显示，北京创新综合能力排名居全国首位。

国内电视、报纸、电台、网络、视频以及新媒体各类新闻报道2300余篇。2015年9月，《人民日报》（海外版）《中关村里感受“科技北京”》报道称：“北京科技创新中心的战略设计很符合国家的创新驱动战略，同时也符合北京的实际情况。从首都的特殊地位来看，北京在引领全国的科技创新方面具有得天独厚的优势。”2016年5月，《人民日报》《北京：全国科创中心正崛起》这样描述：“建设全国科技创新中心的首都功能新定位，为北京擘画出蔚为壮观的未来新地标。盘点‘十二五’期间首都科技的成绩单，不难得出这样的结论：全国科技创新中心正在快速崛起。”

科技创新中心逐渐吸引了全球目光。2017年3月，美国《芝加哥论坛报》在《芝加哥公布未来全球科技创新中心排名》报道中指出：毕马威公司采访了841位全球顶尖的技术创新引领者，让他们列出未来四年间，旧金山或硅谷以外最有可能成为全球领先的科技创新中心的城市，并据此统计出全球最具创新前景的城市排名。北京位列第四，领先于华盛顿、柏林、特拉维夫、波士顿等创新名城。2016年6月，英国BBC的文章《从“中国制造”到“中国设计”：中国能创新吗》指出，“中国的创新创业者对北京建设创新中心的举措持乐观态度，相信北京科技创新中心能够促进中国成为全球创新超级大国”。

“不忘初心，方得始终。”我们的初心就是，加强全国科技创新中心建设，为首都发展加油助力，为建设世界科技强国奋勇争先。展望今后五年，科技创新中心建设以“三城一区”为主平台，以高校院所、创新型企业为主力军，以综合性国家科学中心为主支撑，以重大科研项目和科学工程为抓手，以深化改革为动力，在我国建设世界科技强国的征程中击楫勇进、澎湃前行、行稳致远！

（此文刊载在《北京日报》2017年6月20日第6版）

全国科技创新中心建设进入快车道

光阴似箭，日月如梭。北京这五年，科技创新中心建设交出了一份优秀答卷。五年，虽只是历史长河中的一个片段，但它总能够定格下那些重要的历史瞬间。2013 年 9 月 30 日，中共中央政治局到中关村集体学习，习近平总书记提出中关村要加快向具有全球影响力的科技创新中心进军。2014 年 2 月 26 日，习近平总书记视察北京，明确了北京“四个中心”的首都城市战略定位。2017 年 2 月 24 日，习近平总书记再次视察北京，对建设全国科技创新中心提出了明确要求，指出要以建设具有全球影响力的科技创新中心为引领，抓好“三城一区”建设，深化科技体制机制改革，打造北京经济发展新高地。总书记关于科技创新的重要论述和两次视察北京的重要讲话精神，为北京建设全国科技创新中心指明了前进方向、提供了根本遵循。2016 年 5 月，中共中央、国务院发布《国家创新驱动发展战略纲要》，指出“推动北京、上海等优势地区建成具有全球影响力的科技创新中心”。同年 5 月 30 日，“科技三会”在北京举行，习近平总书记发表重要讲话，明确我国科技事业发展“三步走”的奋斗目标，吹响了建设世界科技强国的号角。同年 9 月，国务院印发《北京加强全国科技创新中心建设总体方案》，北京加强全国科技创新中心建设上升为国家战略，进入了全面提速的新阶段。“历史、现实、未来是相通的。历史是过去的现实，现实是未来的历史。”站在新的发展起点上，回望五年的发展历程，全国科技创新中心这艘巨轮已经扬帆起航、加油发力，在建设具有全球影响力科技创新中心的航程中澎湃前行。

新高度

一个个数字变化的背后，彰显了北京科技创新能力的持续提升

五年来，获得北京市科学技术奖的科技成果 1000 余项，在京单位主持完成的获得国家科学技术奖的奖项 400 项，占全国获奖总数的 31% 左右。全国“领跑”世界的技术成果中，在北京产生的技术成果占 55. 7%。北京作为原始创新策源地、自主创新主阵地的位势更加巩固。2016 年，北京全社会研发经费支出达到 1479. 8 亿元，比 2011 年增长 58. 0%，占地区生产总值的比重为 6% 左右，位居全国最高水平，也高于发达国家平均水平。2016 年新增科技型企业 8 万家，占当年新增企业总数的比重为 36%，表明全社会创新创业的热情和投入明显提高。北京每万人发明专利拥有量达到 76. 8 件，是全国平均水平的 9. 6 倍。技术合同成交额 3940. 8 亿元，是 2011 年的 2. 08 倍，五年间实现翻番。中关村示范区总收入实现 4. 57 万亿元，是 2011 年的 2. 4 倍，五年间实现翻番。科技创新对经济增长的贡献率超过 60%。截至 2017 年 6 月底，全市经认定的国家高新技术企业 16000 家，占全国总数近 16%。北京企业在津冀两地设立分支机构超过 6000 家。

今年上半年，信息服务业实现增加值 1319. 5 亿元，同比增长 9. 3%，高于 GDP 增速 2. 5 个百分点；科技服务业实现增加值 1211. 8 亿元，同比增长 10. 0%，比 GDP 增速高 3. 2 个百分点。中关村示范区总收入同比增长 16. 7%；全市技术合同成交额同比增长 26. 6%。新设科技型企业 3. 74 万家，相当于平均每天新设 200 余家科技型企业，科技型企业总数达到 46. 8 万家。《2017 年全球创业生态报告》发布，北京首次上榜，排名第四，排在前三位的分别为硅谷、纽约和伦敦，创新创业活力持续迸发。

新机制

“设计图”“架构图”“施工图”，体现了央地协同推进的组织模式和工作机制运转有序

“善张网者引其纲，不一一摄万目而后得。”提纲挈领，纲举目张。2016 年 9 月，国务院印发实施《北京加强全国科技创新中心建设总体方案》，统筹部署科技创新中心建设的“顶层设计图”，擘画了今后较长时期科技创新中心建设的基本方略，北京市形成了远期有总体方案、中期有五年规划、近期有改革举措、每年有工作重点的“一揽子”行动计划和推进体系。北京市政府和 10 个国家有关部门合力搭建“组织架构图”，成立北京推进科技创新中心建设北京办公室（简称“北京办公室”），设立“一处七办”（即：北京办公室秘书处，重大科技计划、全面创新改革与中关村先行先试、科技人才、中关村科学城、怀柔科学城、未来科学城、创新型产业集群与“中国制造 2025”示范区等 7 个专项办），建立了抓督查落实的工作台账，以及“月滚动、季督查、年评估”工作机制。北京市和国家有关部门联手绘就科技创新中心“施工任务图”，制定实施《北京加强全国科技创新中心建设重点任务实施方案（2017—2020 年）》，2017 年部署启动 215 个工作任务和重点项目，目前已全部启动，各项工作有序有力推进。

新转换

以“三城一区”为科技创新中心建设主平台，培育发展新动能，拓展发展新空间

“三城一区”建设加快推进，崛起的创新高地将成为北京转型发展的重要支撑。2017 年上半年，“三城一区”地区生产总值 3801.6 亿元，占全市 GDP 的 30.6%；实现税收 788.5 亿元，增长 24.7%；国家高新技术企业数占全市总数的 60%。

中关村科学城原始创新策源地作用进一步强化。重大原创成果及产业化取得新进展，创新平台建设增添新内容，北京大数据研究院、北京百度网讯科技有限公司、北京数码大方科技有限公司获批建设国家工程实验室；北京协同创新研究院、北京石墨烯研究院、中关村前沿技术研究院等一批新型研发机构相继成立。全国首家专注服务科技创新的银行——中关村银行正式开业。

怀柔科学城建设实现良好开局。《北京怀柔综合性国家科学中心建设方案》正式获得国家批复。5 个前沿交叉研究平台全部开工，综合极端条件实验装置、地球系统数值模拟装置的开工准备工作有序推进，高能同步辐射光源等 3 个“十三五”时期重大科技基础设施项目建议书已送到国家有关部门。中关村发展集团与怀柔区政府联合设立的怀柔科学城建设发展公司投入运营。首届国际综合性科学中心研讨会成功举行。

未来科学城“打开院墙搞科研”的机制不断深化。神华、国网等中央企业研究院和高校院所联合搭建氢能技术协同创新平台，华北电力大学筹建能源产业技术创新研究院，中国电信集团建设双创示范基地，光启北京研发中心打造光启国际创新基地，陈清泉院士科创中心成立。未来科学城已累计建成国家级、省部级重点实验室和工程（技术）研究中心等高水平研发平台 40 个。

以北京经济技术开发区为代表的创新型产业集群和“中国制造 2025”创新引领示范区科技成果转化和产业化步伐加快。全面启动智能车联、新型显示、集成电路制造等 20 个技术创新中心建设，组建人工智能研究院等 5 家研究院；研发完成微流控碟式芯片核酸扩增检测技术等 11 项新技术。中芯北方 12 英寸集成电路项目完成月产量 2 万片；京东方新产品在国际高端市场占有率接近 40%；小米自主研发芯片“澎湃 S1”正式发布并实现量产。顺义中航发动机、第三代半导体材料及应用联合创新基地等项目建设加快推

进。其他各区积极围绕疏解功能谋发展，聚焦科技创新中心建设，培育发展新动能，拓展发展新空间。

新突破

一项项务实管用的政策，推动全面创新改革试验不断取得重要突破

中关村示范区股权激励、外债宏观审慎管理改革等10余项先行先试的改革经验向京津冀和全国复制推广。截至2017年6月底，通过对外籍高层次人才申请永久居留提供便利服务试点政策，为528名外籍高层次人才办理"绿卡"，办理数量实现突破性增长。制定出台《关于支持和鼓励高校、科研机构等事业单位专业技术人员创新创业的实施意见》，明确支持和鼓励高校、科研机构专业技术人员创新创业的"六种模式"。京津冀联合印发《京津冀系统推进全面创新改革试验工作方案》，18项改革试验任务"时间过半、任务过半"。

市政府决定成立北京市科技创新基金。该基金是政府主导的股权投资母基金，专注于科技创新领域投资，与天使投资、创业投资等社会资本形成合力，面向国内外高校、科研院所、创新型企业等创新源头，实现"三个引导"：一是引导投向高端"硬技术"创新；二是引导投向前端原始创新；三是引导适合首都战略定位的高端科研成果在京孵化转化，培育高精尖产业。该基金政府出资总规模200亿元。拟通过对母基金和子基金层面的放大，实现基金总规模达到1000亿元。

科研项目和经费管理改革举措落地实施。既确保国家关于中央财政科研项目资金管理改革各项举措落实落地，又结合地方事权改革突破，发布实施本市完善财政科研项目和经费管理28条政策措施，简化财政预算编制和评审程序，改进预算编制方法，将科研项目实施方案论证和预算评审"合二为一"；下放预算调剂、差旅费会议费咨询费、科研仪器设备采购等管理权限，赋予承担单位和科研人员更大的科研自主权；创新财政科研经费投入和支持方式；加快科技成果转化应用；提高管理和服务水平，向用人主体放权，为科研人员"松绑""加油"，在创新主体中引起强烈反响。同时，制定实施科研仪器购置、科研人员因公出国等14项配套措施。增设北京市自然科学基金青年科学基金，开展联合资助试点，改革自然科学基金管理和支持方式。

科技成果转移转化政策体系不断完善。本市先后制定实施了"京科九条""京校十条"等改革举措，以及14个配套实施细则，明确规定科技成果转化所获收益中可按70%及以上的比例，用于对科技成果完成人和为科技成果转化做出重要贡献的人员进行奖励。市属高校院所纷纷出台本单位科技成果"三权"改革管理办法。财政科研项目间接费用中发放的科研人员绩效支出、科技成果转化收益奖励支出、科研设施与仪器开放共享服务中扣除成本费用后的绩效奖励等，可一次性计入本单位当年工资总额，不受当年本单位工资总额限制、不纳入本单位工资总额基数。围绕科研人员激励，突出知识价值导向，在全国率先开展股权激励试点，并向全国推广。截至2016年年底，105项股权激励试点方案获得批复，405名科研和管理人员获得股权，激励总额约2.25亿元。推动800余个国家级和市级重点实验室和工程中心、价值227亿元的仪器设备向社会开放共享，年均服务收入超过20亿元。实施首都科技创新券政策，2014年以来共安排1亿元财政科研经费，支持了1528家小微企业和80家创业团队，购买高校院所的科研服务，"撬开"实验室大门，唤醒"沉睡"的科技资源，带动更多的科技资源开放共享。

新举措

一项项强而有力的创新发展举措，是坚持和强化全国科技创新中心地位的重要保障

下一步，北京市将全面落实北京办公室各项工作部署，全力服务好在京高校、科研机构、创新型企业这

支科技创新的“主力部队”，紧紧围绕科技创新中心建设的目标和任务，加快推进科技创新中心建设工作。

第一，抓原始创新培育。为国家实验室建设提供服务保障。积极推进“脑科学与类脑研究”“深海空间站”“天地一体化信息网络”等“科技创新2030——重大项目”落地实施。围绕转化医学国家重大科技基础设施项目建设，做好配套工作。积极向国家推荐在京企业申报建设国家制造业创新中心和国家技术创新中心。

第二，抓“三城一区”建设。推动中关村科学城进一步“聚焦”，要聚焦功能定位，打造原始创新策源地和自主创新主阵地；聚焦创新主体，加强对“国家队”的服务和对接；聚焦先行先试，开展改革创新；聚焦创新要素，促进科技与经济、人才与资本深度融合。要围绕“聚焦”做好规划、服务、政策创新、成果转化、完善机制等各方面工作。怀柔科学城实现新“突破”，按照打造百年科学城目标，做好怀柔科学城规划，推进科学城总体城市设计方案国际招标；加快推进重大基础设施基地建设，强化高端创新资源整合布局。未来科学城加快“搞活”，研究制定未来科学城发展规划，不断深化“打开院墙搞科研”的体制机制，构建富有活力的创新之城。以北京经济技术开发区为代表的创新型产业集群和“中国制造2025”创新引领示范区围绕“转化”做“池子”，承接好三大科学城的创新效应外溢。

第三，抓改革试点突破。协调抓好国家层面和北京市陆续出台的科技成果转化、知识价值导向分配政策以及财政科研项目和经费管理改革“28条”新政的解析、宣贯和落实，抓好政策落地的“最后一公里”。推动完善细化中关村新一批先行先试政策建议，加强与国家有关部门和单位的沟通对接，在取消科技成果评估备案、推动中央在京单位施行本市创新政策等方面，争取适时推进相关试点。

第四，抓人才服务发展。发布实施支持新型研发机构创新发展相关政策。吸引全球顶尖科学家在京领衔开展研究和人才培养。加快研究制定贯彻落实国家《关于加强新形势下引进外国人才工作的意见》的实施办法。深化职称制度改革，推动出台《关于深化北京市职称制度改革的实施意见》。推动出台《关于推进首都国际人才社区建设的指导意见》《关于中关村人才管理改革试验区建设“国际人才港”的若干意见》，为开放创新提供重要支撑。

第五，抓科技成果转化。整合现有科技成果转化机构、团队、资金力量，搭建科技成果转化工作平台。发挥北京市科技创新基金的作用，围绕原始创新、成果转化、高精尖产业三个阶段进行投资布局。通过高新技术企业税收优惠、研发费用加计扣除、科技型中小企业技术创新资金等政策措施，引导企业增加研发投入，提升自主创新能力。促进科技服务业加快发展，促进企业提高研发创新能力。支持引导各区完善科技成果转化配套条件，配强工作机构和人员团队，围绕发展定位和产业特点，集中优质资源，精准引导符合首都战略定位的成果落地转化，积极培育发展新动能。

（此文刊载在《北京日报》2017年10月19日第8版，原标题为《奔跑吧，科技创新中心！》）

把中关村率先建成具有全球影响力的科学城

8月19日，市委书记蔡奇到海淀区就中关村科学城规划建设调查研究。他强调，建设全国科技创新中心是首都城市战略定位也是北京创新发展的主要抓手。要抓好“三城一区”，聚焦中关村科学城，努力把中关村打造成科学家、发明家、创业者的天堂，率先建成具有全球影响力的科学城。市委副书记、代市长陈吉宁一同调研。

蔡奇在座谈会上讲话说，党中央历来高度重视科技创新。习近平总书记强调创新是引领发展的第一动力。2016年5月30日，中央召开“科技三会”，习近平总书记发表了重要讲话，再次强调，科技兴则民族兴，科技强则国家强，并发出了建设世界科技强国的动员令。习总书记对北京科技创新中心建设特别关心并寄予厚望，在两次视察北京的重要讲话中，在听取北京城市总体规划汇报的重要讲话中，都对北京科技创新中心建设做出了重要指示，强调北京最大的优势在科技和人才，北京今后的发展就看创新，要抓好“三城一区”，建设具有全球影响力的全国科技创新中心。可以说，建设全国科技创新中心是国家战略、国家大事，是首都城市战略定位，也是北京创新发展的主要抓手。我们必须深入学习贯彻习总书记重要讲话精神，进一步提高站位，努力把中关村打造成科学家、发明家、创业者的天堂，率先建成具有全球影响力的科学城。

蔡奇指出，中关村一直是新中国科技创新的摇篮和源泉，也一直是北京科技创新的主阵地。中华人民共和国成立初期，以北京大学、清华大学为代表的著名高校，以中国科学院为代表的国立研究机构，奠定了中关村科学城的基础。伴随着中国改革开放的步伐，中关村从20世纪80年代初的电子一条街，到1988年国家批准成立的中国首个新技术产业开发区（国家高新区的前身），到2009年国务院批准为中国的第一家国家自主创新示范区，已走过30多年极不平凡的历程，取得了一系列开创性的成果，一批又一批科技创新企业方兴未艾，引领了全国科技创新的潮流，已成为北京一张亮丽的名片。中关村科学城是中关村国家自主创新示范区的核心区，聚集了众多的央属科研院所、高校、创新型企业和创新服务机构，在“三城一区”中内生动力最强。所以，科技创新中心建设，必须首先聚焦中关村科学城。

一是聚焦功能定位。聚焦原始创新策源地和自主创新主阵地这两个定位，聚集全球高端创新要素，主动承接网络空间安全等国家实验室，承接人工智能、量子通信、脑科学等国家重大科技项目，以新一代网络信息技术、生物技术、新材料、人工智能等领域为重点，争取形成一批具有全球影响力的原创成果、国际标准、技术创新中心和创新型领军企业集群。

二是聚焦创新主体。在京央属科研机构、高校、创新型企业等是首都科技创新的主力军。“主力要出征，地方须支前”，必须加强对“国家队”的服务和对接，把它们的巨大能量进一步释放出来。

三是聚焦先行先试。中关村科学城本身就是改革的成果，它的重要使命之一就是开展政策的先行先试。要加强与国家部委的沟通协调，结合深化服务业扩大开放综合试点，加大政策集成力度，尽快推出新一轮先行先试改革举措，包括股权激励、成果转化、利润管理分配等方面的政策创新，不断增强示范效应。

四是聚焦创新要素。主要是人才和资本。要加强中关村人才特区建设，创新人才政策，进一步聚集海内外人才。要高度重视科技金融，利用政府资金引导更多社会资金，促进科技与经济、人才和资本的结合。

蔡奇强调，中关村科学城的建设，要围绕四个“聚焦”做好各方面的工作。

一要做好规划。抓紧制定中关村科学城提升规划，着重解决好空间和功能问题。首先是优化空间，海淀“山前”地区重点是腾笼换鸟，推动老旧厂房、低效土地腾退置换，“山后”地区重点是细化空间规划、科学布局。同时，要加强与昌平沙河、科技商务区的统筹，实现与未来科学城的联动。其次是统筹功能布局，强化原始创新和自主创新功能，对现有业态进行调整，给央属研究机构、高校留出研发空间。从中关村大街改造提升入手，完善服务配套功能，补充文化、商业、生活服务等公共服务设施，提升夜间公共服务，改善北部交通，把握好职住比，营造留人环境、宜居宜业环境。

二要加强服务。服务就是为“主力出征”做好“支前”工作。科学城专项办要主动做好对接，为国家重大原始创新项目落地做好服务，同时要关注中央重大改革举措出台，做好军工企业转制、军民融合、央企“混改”方面的对接。要搭建更多科创服务平台，支持企业多出创新成果。要大力发展科技服务业，争取开展科技服务企业所得税试点；办好中关村银行，用好150亿科创基金，加强“四板”建设，并推动“四板”与“三板”衔接，打造跨区域的科技创新交易平台。要支持区域内科研单位和企业布局海外创新合作基地，融入全球创新网络；积极引进知名跨国企业研发总部落户科学城，提升国际化发展水平。

三要创新政策。一方面要积极争取国家层面政策，另一方面要研究市级层面政策，围绕调动人才积极性，针对领军科学家和创新型企业家精准施策。研究制定新的高级人才奖励措施和人才引进办法，深化职称评审直通车改革，将人才指标向科学城倾斜。推进以增加知识价值为导向的分配政策综合试点和海外高端人才永久居留便利服务试点，支持建设国际人才社区，保持中关村领先优势。以顶尖科学家和机构为重点，特别是瞄准具有诺贝尔奖潜力的科学家，提供全链条创新支持平台，同时力争引进更多诺贝尔奖级科学家和国际顶尖创新团队。市科委、中关村管委会要对“1+6”“新四条”“京校十条”“京科九条”等政策开展专项督导评估，推动政策更好地落地见效。

四要促进成果转化。要尽可能提高科技成果就地转化效率，重要的是把企业创新积极性调动起来，政府要牵好线。要特别关注科技贡献率、高新企业总收入、“独角兽”企业数量等，关键是要留住创新企业总部和领军企业。要盯住有市场发展潜力的创新企业，特别是“独角兽”企业，做好精准服务，培育更多行业领先、国际一流的千亿级企业。要特别关注和支持创新型中小微企业成长，通过发展智能制造加强创新载体建设，为研发、孵化和成果落地提供空间支撑。探索“投贷联动”融资支持模式，培育小巨人企业。要密切关注变革性产业发展，支持引领产业变革的颠覆性技术创新，同时注重做好知识产权保护工作。

五要完善工作机制。坚持中关村示范区部际协调工作机制。海淀区、中关村管委会要立足抓好中关村科学城，进而带动“一区十六园”发展。海淀区要积极履行属地责任。中关村管委会要对十六园发展加强协调，与市规化国土委共同做好十六园控规。中关村发展集团要发挥好平台作用，并适时纳入国有资本改革试点。相关部门都要支持中关村科学城发展，适当倾斜政策，该下放的权力下放给区里，上下形成工作合力。还要大力宣传中关村创新文化和创新精神。

陈吉宁指出，创新驱动发展是以习近平同志为核心的党中央做出的重大战略决策，是关乎国家未来发展的关键因素。中关村地区科技、人才资源高度密集，历经多年发展取得了显著成绩，形成了我国自主创新领域的品牌和旗帜。规划建设好中关村科学城，对于北京建设全国科技创新中心、对于国家创新驱动发展战略的成功实施，都具有重大的标志性意义。随着国家支持基础研究一系列重大政策实施近20年的积累，我们逐步进入原始创新成果大量涌现的发展新阶段。同时也要看到，中关村在尖端科技创新、科研产出效率、企业研发投入等方面，相比全球顶尖创新中心仍存在差距。学术智力资源、创新成果溢出、风险投资、法律环境和政策体系、全球视野、自然环境和公共服务、文化宽容、奋斗精神这八个要素，是决定中关村未来发展的关键。中关村要进一步做好聚焦，发挥优势，补齐短板。这要求政府部门必须有甘坐冷板凳的定力，多做幕后服务，把看准的政策和项目实施到底、做深做透，为科学家、企业家创新创业营造良好环境。具体要做好四件事。

一是做好服务。中关村未来发展需要更好的公共空间和公共服务。要下大决心、用大气力精心做好公共空间和交通规划，改造提升中关村大街，南部打造绿色慢行交通系统，北部加密发展轨道交通；重点区域要改造优化，做好棚户区、老居民楼的改造提升，改善科技人才居住和周边环境；要补齐公共服务短板，为科学家、企业家和投资者提供全天候的交流和服务空间。

二是做好支持。要加强知识产权保护和管理。做好政府性科创引导基金，重点支持基础研究、前端研究和高门槛的硬技术研究。青年人是中关村创新活力的源泉，要及时出台租赁住房政策，为青年成长创造条件。要制订针对创新型企业家和创新服务人才的支持计划，进一步完善创新链条。

三是做好桥梁。开放、交叉、融合是创新的基础。政府要搭好平台，做好科学家、企业家、投资者之间的桥梁，加强有针对性的高层次创新创业培训，建立服务技术转移转化的专业队伍，用好政府采购首用首试等政策，鼓励支持创新。

四是做好"池子"。既要支持好创新研发，也要统筹做好创新成果承接落地。要与科学家、企业家交朋友，带动形成全社会尊崇创新的风气。要加强知识产权制度改革，完善产权激励政策，明晰科研成果的产权归属，促进更多创新成果在北京转移转化。要改变研发类用地供地形式，多出租少转让，努力把研发用地成本降下来。

（此文刊载在《北京日报》2017 年 8 月 21 日第 1 版）

立足高点定位　打造百年科学城

6月10日，北京市与中科院领导来到怀柔科学城调查研究。就建设具有全球影响力的科技创新中心，研究部署科学城规划落实、项目落地、配套服务跟进等工作，北京市委书记蔡奇，市委副书记、代市长陈吉宁与中科院院长白春礼座谈。

蔡奇感谢中科院对北京建设全国科技创新中心和怀柔科学城的大力支持。他说，要以习近平总书记视察北京重要讲话精神为根本遵循，深刻认识建设怀柔科学城的重大意义。怀柔科学城在北京建设全国科技创新中心中肩负着特殊使命，就是通过与中科院等合作，打造世界级原始创新承载区。怀柔科学城建设属于国家战略部署，也是落实首都城市战略定位、加强"四个中心"功能建设的重要任务，为北京尤其是怀柔区带来了前所未有的发展机遇。要站在实现"两个一百年"奋斗目标、实现中华民族伟大复兴中国梦、建设世界科技强国的高度，把怀柔科学城置于国家创新战略，置于首都城市战略定位、建设国际一流的和谐宜居之都中来认识和把握，增强抓工作的使命感和自觉性。

蔡奇强调，要立足高点定位，把握发展规律，努力打造百年科学城。要以长远战略眼光审视怀柔科学城的规划，明确以科研功能及配套为主的空间布局要求，重点建设一批国家重大科技基础设施，发展一批高端研发平台，集聚一批世界顶尖人才，汇聚一批世界级的科学研究机构，引领一批新兴产业，提升我国在交叉前沿领域的源头创新能力和科技综合实力，代表国家在更高层次上参与全球科技竞争与合作，努力建成与国家战略需求相匹配的世界级原始创新承载区。

蔡奇要求，要建立有效的开发建设模式，加强资源统筹，坚持资本多元，搞好资产运营，推动科学城可持续发展。要加紧推进近期项目，确保综合极端条件实验装置、地球系统数值模拟装置年内开工，已开工的五大交叉研究平台项目顺利建设。要提前谋划明年任务，确保各类设施与科研需求精准对接，打造精品工程。

蔡奇指出，我们要建的是一个科学城，不是科技园。"城"的关键是配套服务功能。要突出为科技创新搞好配套服务，做好区域交通、优质教育医疗资源入驻、科技人才居住保障等工作，建设国际一流、绿色生态智慧人文的科学之城、创新之城，努力为科学家的探索创新营造良好环境。要加强与中科院的密切合作，促进院市优质创新资源全面对接和高效利用，共同建设好怀柔科学城，建设好北京全国科技创新中心。

白春礼讲话说，一直以来，北京市委、市政府非常重视与中科院的合作，双方有着良好的合作基础。特别是在怀柔科学城建设中，各方面工作都取得了重要进展。出成果、出人才、出思想，将成为怀柔科学城建设水平的重要检验标准。

白春礼强调，北京建设具有全球影响力的科技创新中心和怀柔综合性国家科学中心，是党中央、国务院的重大决策部署。"十三五"乃至今后相当长一段时期，中科院将把推动怀柔科学城和综合性国家科学中心建设作为与北京市科技合作的战略重点，紧密结合北京科创中心建设需求，提高科技进步对区域经济社会发展的贡献率，为供给侧结构性改革提供新的动力源。院市双方要继续在战略层面上加强沟通对接，共同做好怀柔科学城的顶层规划和设计，不断提升组织实施工作的执行力。要加快推进国家重大科技基础设施集群发展；加快布局建设一批前沿交叉研究平台；统筹布局前瞻谋划国家实验室建设；集聚国内外一流科技创新人才和团队；加强配套设施保障，形成"引得进、留得住"的优良生活工作环境。

陈吉宁讲话说，科学城的建设是国家使命，必须紧密围绕国家科技创新战略来展开，实现国家目标。一要进一步明确发展定位，高标准做好科学规划。定位质量一流，突出特色，坚持有所为、有所不为，在给定空间集聚足够的人才和资金，形成足够的支撑强度，更好发挥集聚效应，体现整体功能。二要处理好科学与城的关系，做好科学城规划。坚持人是第一位的原则，明确城市功能。加紧研究科学城发展的基本规律，处理好科学与教育的关系、科学城与中关村的关系；深入研究如何发挥好核心区外溢效应；如何在空间上打破传统的科学分区，构建有利于创新的学术生态；如何提升国际化水平，形成全球学术交流中心和学术品牌；如何承担好科普和科学传播功能等问题。三要突出制度创新，做好运行管理机制规划。把怀柔科学城建设成为世界级科学城、国家科技创新“引擎”。

（此文刊载在《北京日报》2017 年 6 月 11 日第 1 版）

立足搞活未来科学城　努力实现“三个转变”

9月9日，市委书记蔡奇到昌平区就推进未来科学城规划建设调查研究。他强调，要立足搞活未来科学城，努力实现由建设央企人才创新创业基地向建设全国科技创新中心主平台转变，由服务保障央属国企创新向促进多元主体协同创新转变，由单一功能区建设向多点支撑、全域联动转变，打造全球领先的技术创新高地。市委副书记、代市长陈吉宁一同调研。

蔡奇表示，习近平总书记对北京全国科技创新中心建设寄予厚望，要求北京市全力抓好“三城一区”建设。未来科学城是以引进央企研发机构和海外人才为重点的全国科技创新中心建设的又一个主平台。未来科学城“科技”改“科学”，一字之变，从站位、内涵、角度上都大大拓宽了，极富深意。未来科学城处在中关村科学城和怀柔科学城的连接点上，在成果转化上更直接，位置非常重要。

蔡奇强调，要立足搞活未来科学城，着力解决其活力不够、协同不够、开放不够、配套不够问题，努力实现“三个转变”，即由建设央企人才创新创业基地向全国科技创新中心主平台转变，由服务保障央属国企创新向促进多元主体协同创新转变，由单一功能区建设向多点支撑、全域联动转变。

蔡奇要求，要重点抓好以下工作。

一是完善规划。“三城一区”今后要连成一个走廊，关键看未来科学城。科学城要做好与新版城市总体规划、昌平分区规划的衔接，加强区域功能研究，谋划编制好未来发展规划。要按照建成全球领先的技术创新高地的目标定位，细化创新发展的方向和重点，着重引导集聚一批高水平企业研发中心，重点建设新能源、新材料、智能制造等领域重大共性技术研发创新平台，抓好国家重大科技创新项目的落地，争取率先形成一批具有全球影响力的创新成果、技术标准、研发中心和创新型企业。要优化空间布局，在更大范围内考虑未来科学城的规划发展空间。可先把科技商务区(TBD)15平方公里纳入规划范围，与生命科技园、沙河高教园区乃至于中关村科学城联动发展，并带动小汤山、北七家两镇做好配套，同时解决好职住平衡问题。通过组团式发展，统筹生产生活生态布局。昌平区要规划好集中绿地、大尺度公园，保护好巩华古城墙遗址。打造好温榆河(昌平段)绿色景观走廊，沿北清路打造绿色景观大道。未来科学城的规划、建设、管理要注重引入国际先进理念，借鉴国际先进经验，积极创新体制机制，筛选高水平的专业团队参与规划设计。近期三年行动计划要量化、具体化。

二是盘活存量资源。未来科学城的现状是封闭型大院多，资源利用率较低，盘活存量是搞活的关键。可以采取置换、回收、合作开发等多种形式，解决好闲置地块问题。要建立土地集约利用机制，可采取租赁为主的弹性用地方式。要建立以研发投入为核心指标的评价机制，对投入强度偏低的要采取措施，对未开工的要再评估。对新引进机构要设定门槛，研发投入必须达到一定强度。要调动已入驻央企的积极性。要加强与国务院国资委的沟通协商，以未来科学城为政策区，共同研究鼓励央企加大研发投入、加强基础前沿技术研究的政策，探索在央企试行北京市鼓励创新的28条措施，在股权激励、工资总额单列等方面争取政策突破，形成先行先试效应。

三是引入多元主体。在与央企合作的同时，创造条件让民营研发机构、转制科研院所等各类研发主体进来，包括新型研发机构、重大创新平台，推动形成混合型的研发主体格局。要组织专业团队和平台，发现、培养和扶持有潜力、有后劲、有爆发力的初创型创新企业。昌平区和科学城管委会要注重盘活资源，支持发展“双创”平台，推动科学城活力形成。昌平区与科学城管委会要主动作为，制定相应的发展计划和行动方案，主动引进发展符合科学城定位的研究机构和创新主体。

四是加强协同创新。科学城管委会要深化央地协同创新合作机制,引导入驻央企科研机构打开围墙搞协同创新,吸收其他科研单位共同合作,研究平台向企业与社会开放,打造共性技术研发创新平台。整合一批央企、高校、民企,建立未来科学城协同创新研究院,引导沙河高教园区的高校加大学科建设和研发布局,在协同创新方面与未来科学城形成互动。昌平区要依靠国家专利局、工业和信息化部、国家质监总局,建好全国知识产权运营、全国中小企业创新服务中心、检验检测等公共服务平台,发挥聚集高端创新要素的作用。

五是引进海外人才。海外人才是我们的战略资源,未来科学城的起源就是“千人计划”,这个优势要进一步发展好,打造海外人才高地。市委组织部、市科委、市人力社保局要加大引进全球顶尖科学家和创新团队的力度,市科委、昌平区要量身定制引进政策,可以把中关村的引才政策覆盖到未来科学城。对外籍人员在北京的退休养老医疗等政策,市人力社保局要研究完善。

六是营造留人环境。科学城内已经规划的公共服务配套项目要抓紧实施,补充文化、体育、金融、商业等服务配套,提高教育、医疗服务能力,加强国际人才社区建设。要解决好职住平衡问题,增加居住用地。要改善科学城外部交通,市交通委抓紧制定机场南线与京承高速相交处的开口方案;推进北清路升级快速路建设。昌平区要抓好回南北路、定泗路主干路工程建设,这两条路是连通未来科学城和科技商务区(TBD)的重要通道。要优化科学城周边公交线路,改善与轨道交通之间的联系,研究论证有轨电车事宜。所有科学城配套建设报批手续,可比照怀柔科学城一会三函的政策办理。

陈吉宁强调,规划建设好未来科学城是北京建设全国科技创新中心的重要任务。当前要注意解决好两方面问题:一是要完善体制机制,提高专业化服务能力。选择成功者易,选择奋斗者难。要解决好如何选择企业的问题,建立专业化的机构、平台和队伍,完善创新企业的评估和筛选机制,既要扩大视野,也要做深做细,努力留下符合首都定位、成长性强、发展潜力大的好企业、好项目;要解决好优质企业如何扶持的问题,市区两级政府要有本扶持账,主动对接,精准服务,多做雪中送炭的事,帮助企业尽快成长。二是要扎实做好科技园向科学城的转变。加强空间统筹、功能统筹,处理好与中关村科学城、怀柔科学城的关系,在发展中不断明确定位,解决好“我是谁”的问题。深化聚焦,进一步明确科学城发展的重点领域和方向,加快发展知识产权、检验检测等科技服务业,不断完善创新创业的配套服务。强化企业创新主体作用,完善机制,搭建平台,推动国企与民企、科学家与企业家、大院大所与中小企业的协同创新,增强科学城的创新投入和创新活力。

(此文刊载在《北京日报》2017年9月11日第1版)

在建设全国科技创新中心中发挥前沿阵地作用

11 月 4 日，市委书记蔡奇到北京经济技术开发区调查研究。他强调，要以学习宣传贯彻党的十九大精神为动力，谋划打造升级版的经济技术开发区，努力在建设全国科技创新中心和构建高精尖经济结构中发挥好前沿阵地和主平台作用。市委副书记、代市长陈吉宁一同调研。

座谈会上，蔡奇听取了经济技术开发区学习宣传贯彻党的十九大精神及有关工作情况的汇报。他指出，党的十九大部署了加快建设创新型国家的重要举措。北京未来发展的着力点就是创新发展。当前，北京正在推进全国科技创新中心建设，抓手和主平台就是“三城一区”。经济技术开发区要以学习贯彻党的十九大精神为动力，以全国科技创新中心建设为引领，以更高标杆、更大追求，着力构建高精尖经济结构，打造首都发展新高地。

蔡奇强调，一要提高站位。经济技术开发区要按照新一版城市总体规划的要求，从战略高度谋划未来发展，着力打造具有全球影响力的科技成果转化承载区、技术创新示范区、深化改革先行区、高精尖产业主阵地和宜居宜业的绿色城区。二要完善规划。从顶层设计入手，研究经济技术开发区新一轮创新发展。要进一步拓展发展空间，集约用地，合理布局各种要素和产业。三要抓好科技成果转化落地。建立机制和转化平台，加强产学研深度融合，以重大项目为牵引，积极承接“三城”的科技创新成果，培育更多创新型企业。利用资本杠杆，完善支持企业技术创新的政策。四要加大改革力度。加强经济技术开发区体制机制改革和政策创新研究，在科技、金融等生产性服务业方面完善再造政策，积极扩大有效利用外资。五要深化产城融合。经济技术开发区要继续保持低密度特色，加强公共服务设施发展，优化职住比，进一步提高交通服务水平和通行能力。六要加强统筹协调。“一区”发展涉及经济技术开发区、大兴和通州，各方都要有大局观，树立“一盘棋”思想，在规划、功能、政策上一体考虑，实现协同发展。

陈吉宁指出，要深化对经济技术开发区战略作用的认识。经济技术开发区既是我市构建高精尖经济结构的重要部分，也是推动和加速科技创新的重要支撑。提升高科技制造业水平，深化产学研融合，对北京建设科技创新中心、推进创新发展十分必要。经济技术开发区要加强统筹，进一步提高产业聚集度，加快从产业园向创新产业园转型。要统筹与周边区域的产业空间布局，发挥好辐射带动作用；加强与“三城”的互动联通，形成完善的创新转化机制；鼓励企业加大研发投入，向创新型企业发展；强化产业与金融的结合，促进企业做优做强；加强产业用地管理，进一步腾笼换鸟产业升级；加大体制机制改革力度，改善营商环境，优化创新生态，使经济技术开发区成为吸引民资、外资的重要基地。经济技术开发区要加强大气污染治理，以更高标准，下更大决心和力气，持续改善空气质量，营造宜居宜业的环境。

（此文刊载在《北京日报》2017 年 11 月 5 日第 1 版）

首都科技创新发展指数 2017

在北京市科学技术委员会、北京市统计局等相关部门的大力支持下，首都科技发展战略研究院（以下简称“首科院”）连续 5 年开展“首都科技创新发展指数”（以下简称“首科指数”）研究，近三年更是紧紧围绕北京全国科技创新中心建设的核心定位，支撑创新型国家和世界科技强国建设的战略目标，通过“大数据、新数据、解数据”的方式“看过去、察当前、谋未来”，勾画首都科技创新发展的“全景图”，被誉为首都科技创新的“晴雨表”和“风向标”，成为决策参考重要依据。

三年来，北京加强科技创新中心建设迎来了新的窗口机遇期，采取了一系列“新举措”，开启了新征程。“首科指数 2017”通过数据大盘点，从指数变化揭示了创新发展的态势，从国际、国内两个维度分析了科技创新中心建设的优势，从近三年来的“新变化”“新成果”展现了全国科技创新中心“思路更明确、力量更彰显，形成科技创新强大合力”的建设历程，从而进一步明晰了首都创新发展的资源所在、力量所在、责任所在。

一、科技创新大数据盘点

（一）首科指数总指数实现“三级跳跃”

2005—2015 年期间，首都科技创新发展水平不断提高（图 1），到“十一五”末 2010 年首次突破 80 分，达到 83.45 分，到“十二五”末 2015 年则首次突破百分大关，达到 100.49 分，实现“三级跳跃”，总体增幅达 40.49 分，年均增长 4.05 分，始终保持强劲增长态势。

图 1　2005—2015 年首都科技创新发展指数总指数得分图

从分项指数看，四个一级指标均呈现上升态势。

创新资源指数得分平稳增长，人才聚集成效凸显，科技投入持续高位，为北京成为全国创新发展高地奠定了坚实基础。

创新环境指数得分持续优化,政策环境和人文环境不断改善,是首都科技创新发展的重要提升因素。

创新服务指数得分呈现爆发式增长态势,科技条件、技术市场、创业孵化、金融服务成为政府推动创新的有力抓手。

创新绩效指数得分指数快速攀升,经济发展内生动力显著增强,科技创新成果的大量涌现积聚了创新发展新动能。

(二)创新发展呈现良好态势

1. 以创新为核心动力,创新发展稳中有进

稳投入。一级指标"创新资源"得分,十年来累积增长25.34分,"十一五"增速较快,进入"十二五"增速趋稳,但始终保持较高水平。

转动力。拉动经济增长的"三驾马车"正在向"人才、技术、资本"的"新三驾马车"转变,创新成为引领首都发展的核心动力。首科指数"创新人才"二级指标增长平稳,2005年以来累计增长35.24分,海归创业人才超过3万人。"技术市场"二级指标十年来增加49.24分,技术交易增加值占地区生产总值的比重从5.2%增至9.5%左右;高技术产业增加值5646.7亿元,同比增长9.1%;战略性新兴产业实现增加值3824.3亿元,同比增长10.7%,新技术、高技术成为推动经济快速发展的重要力量。"金融服务"二级指标增速较快,年均增长率达到7.35%,截至2016年年底,"新三板"挂牌公司1479家,"四板"累计服务中小微企业4199家。

促增长。"创新绩效"一级指标在2015年表现尤为抢眼,在四个一级指标中同比增幅最大,增幅达8.33%。从历史数据看,十年来该指标年均增长4.04分,超过了总指数的年均增幅,呈现稳步上升的态势。全市人均地区生产总值已超过1.7万美元,科技对经济增长的贡献率超过60%。

2. 以"创新服务"与"创新环境"为"双翼",为首都创新发展注入活力

"创新服务"呈现飞跃式增长。2005年来得分累积增长58.61分,涨幅位列四个一级指标之首。以其中二级指标"技术市场"为例,2016年技术合同成交额3940.8亿元,是2005年的8.1倍,占全国总量的34.6%。又如二级指标"创业孵化",从2015年开始进入增长快车道,比2005年增长63.51分,在15个二级指标中增幅排名第二,仅次于"科技成果"得分。

"创新环境"不断优化。2005年来得分增幅达37.82分。二级指标"政策环境"连年稳步提升,增幅达50.94分,以其中三级指标"企业税收减免额占缴税额的比例"为例,相较于2005年得分翻了一番,2016年"营改增"改革试点全面推开以来,新增减税175.7亿元。营商环境进一步优化,2016年,全市新设企业22.2万家,其中,新设科技型企业8万家,增长23.2%,占全市新设企业的36.2%。

二、具有全球影响力的科技创新中心建设加快推进

(一)国际层面,北京在全球科技创新中心中保持了"四个突出"

创新投入突出。近年来,北京全社会研发经费投入强度在国际上保持领先态势,2016年达到5.94%,超过发达国家同期水平。创新人才集聚,北京入选全球"高被引科学家"数达到47人,每万就业人口中研发人员数达到185人年,达到发达国家水平。

创业活力突出。2016年,每万人新创办企业数达到102.2家,平均每天新创科技型企业219家,创业活力在国际创新城市中位居前列。培育了一批"独角兽"企业,2016年独角兽企业达65家,是全球仅次于硅谷的独角兽最密集区域。

创新产出突出。知识创造水平方面处于全球领先地位,产生了一批具有国际影响力的新成果。在世界十大主要国际创新型城市对比中,北京地区累计发表的学术论文数量达到289753篇,超越伦敦和纽约;PCT专利申请年度复合增长率31.8%,保持较高增速。

辐射带动突出。2016年,北京流向国内其他省区市的技术合同成交额达1997.2亿元,占全年成交额的51%,覆盖全国350多个城市;出口技术合同成交额达到812.3亿元,其中输出"一带一路"沿线国家

267.6 亿元，北京作为全国科技成果交易中心和国际技术转移枢纽的地位增强。120 家世界 500 强企业在京设立子公司或研发机构，全球创新网络枢纽作用凸显。

（二）国内层面，北京在国家创新驱动发展格局中保持“三个领先”

科技成果领先，成为支撑供给侧结构性改革的活水源头。首科指数中“科技成果”二级指标表现最为抢眼，2015 年得分达到 144，是 2005 年的 2.4 倍，在 15 个二级指标中独占鳌头。从三级指标看，2016 年每万人发明专利拥有量 76.8 件，每亿元 R&D 经费技术合同成交额达到 2.66 亿元，分别是 2005 年的 9.6 倍、2.33 倍。从技术发展水平来看，根据对技术所属地分析，在国家“领跑”技术占比达到 55.7%（图 2）。

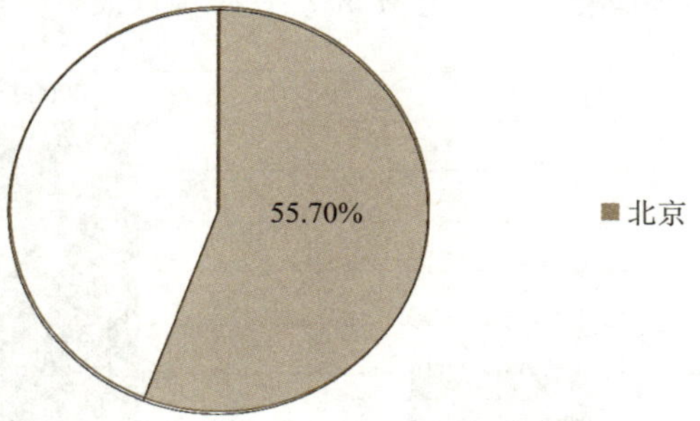

图 2　2016 年北京在国家“领跑”技术中的占比

双创活力领先，跻身创新创业最活跃的城市。2015 年，北京创业投资金额居全国首位，涉及投资金额 430.93 亿元，投资金额占全国的 1/3；活跃在中关村的天使投资人超过 1 万人，占全国的 80%。创业孵化、创业金融和创业商务服务等在内的创业服务快速成长。截至 2016 年年底，全市科技企业孵化器和大学科技园 150 余家，众创空间 200 余家，其中 125 家机构入选国家级众创空间。国家高新技术企业近 16000 家，是 2005 年的 6.13 倍。

示范辐射领先，中关村改革“试验田”成果丰硕。深入实施“1 + 6”“新四条”等先行先试政策，其中股权激励等 10 余项试点政策在全国复制推广。开展科学技术服务业扩大开放和大众创业万众创新综合试点。2016 年，国务院批复同意《京津冀系统推进全面创新改革试验方案》，京津冀成为我国第一个跨省级行政区的全面创新改革试验区。加快建设中关村国家科技金融创新中心，率先开展“投贷联动”、创新创业债和绿色债发行试点，筹建设立中关村银行。

三、全国科技创新中心建设再提速

2014 年 2 月以来，北京始终坚持以习近平总书记视察北京重要讲话精神为根本遵循，紧紧围绕首都城市战略定位，全面加强全国科技创新中心建设。

（一）顶层设计落地实施

绘就全国科技创新中心建设“三张图”。国务院批准印发《北京加强全国科技创新中心建设总体方案》，京津冀联合制定全面创新改革试验方案，本市出台科技创新中心建设“十三五”规划，共同形成了“设计图”；在国家科技创新中心建设领导小组框架下，组建北京推进科技创新中心建设办公室，完善“一处七办”工作机制，搭建形成了“架构图”；编制《北京加强全国科技创新中心建设重点任务实施方案（2017—2020 年）》，确定了 2017 年重点推进的 88 项任务和 127 个项目，细化形成了“施工图”。

“双轮”驱动营造创新生态。“激励”与“松绑”并重，在科研投入、人员激励、人才培养、成果转化等方面做“加法”，强化激励激发动力；在科技管理上做“减法”，放宽“人、财、物”管理权限，松绑减负激发活力。出台财政科研项目和经费管理的 28 条新政，赋予承担单位和科研人员更大的科研自主权。实施外籍人才出入境管理 20 项政策，其中设立中关村外国人永久居留服务大厅、开通“绿卡直通车”等 10 项政策为全国首创。持续深化“首都科技条件平台”，累计推动 800 余家国家级和市级重点实验室和工程中心、价值 227

亿元的科研仪器设备向社会开放共享。实施科技创新券制度,2014 年年底启动至今,累计发放创新券 1 亿元,支持了 1528 家小微企业和 80 家创业团队共 1730 个项目。

(二)全国科技创新中心建设亮点纷呈

自主创新能力稳步提高。三年来,科技创新不断发力,多项创新指标实现突破。新增科技型企业、PCT 国际专利申请量、向津冀输出技术合同成交额实现翻番,分别是 2013 年的 2. 49 倍、2. 21 倍、2. 17 倍(图 3 ~ 5);研究与试验发展(R&D)经费支出、发明专利申请量、国家高新技术企业数、全市技术合同成交额等指标实现 20% 以上的增速。北京地区获得国家科学技术奖项目 223 项,占全国的 31. 5%(图 6);特别是 2016 年,特等奖、一等奖数量在国家高等级奖项中占比 61. 5%;两位国家最高科学技术奖均来自北京。

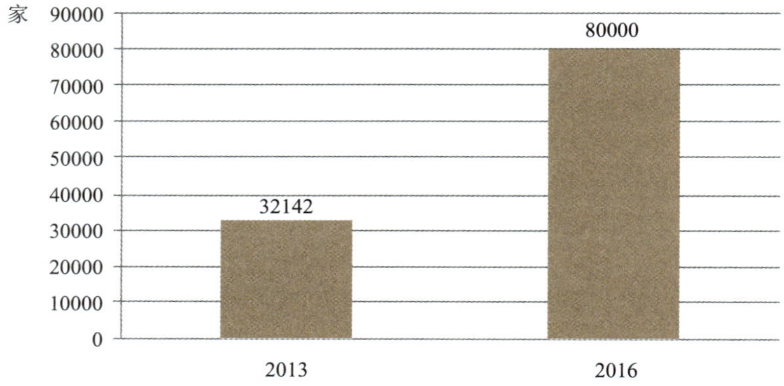

图 3　2013、2016 年新增科技型企业(家)

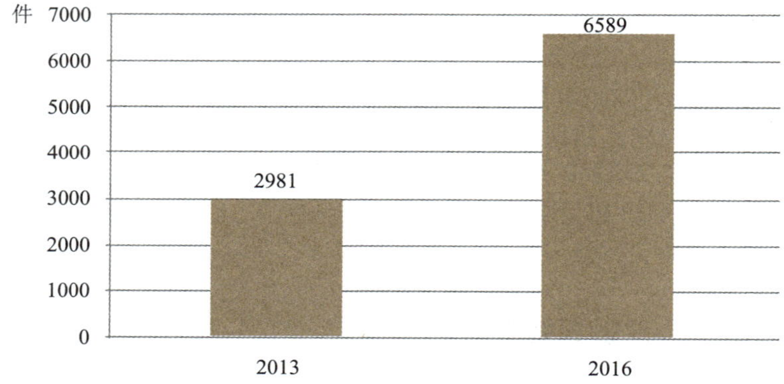

图 4　2013、2016 年 PCT 国际专利申请量(件)

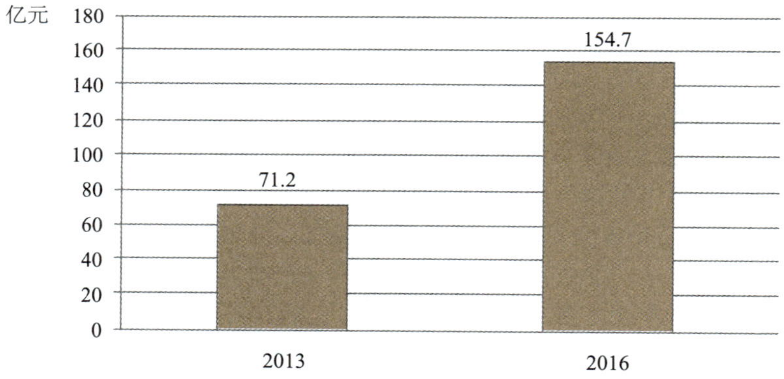

图 5　2013、2016 年向津冀输出技术合同成交额(亿元)

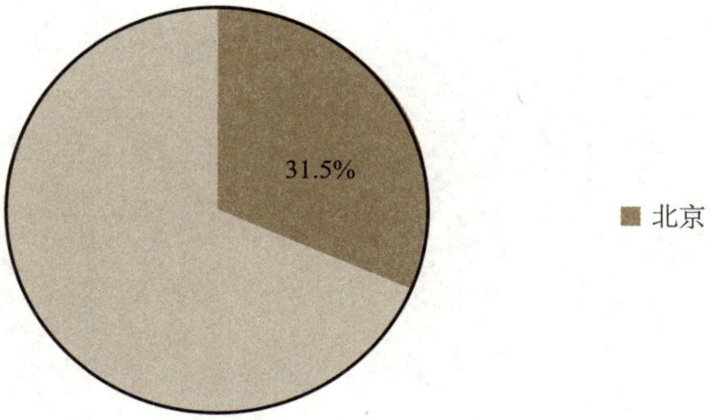

图 6　2016 年国家科学技术奖北京获奖占比

新经济支撑产业转型升级。新经济加快成长，2016 年新经济实现增加值 8132.4 亿元，比上年增长 10.1%，占全市地区生产总值的比重达到 32.7%。全市规模以上工业战略性新兴产业中，新能源汽车、节能环保产业增加值分别增长 69.3%、5.5%，均高于全市工业 5.1% 的平均增速。知识密集型服务业增加值占地区生产总值的比重超过四成，金融业、科技服务业、信息服务业对经济增长的贡献率超过 50%。中关村示范区总收入达 4.57 万亿元，保持了 12% 的较高增长速度。

科技创新催生新模式、新业态。在移动互联网、量子信息、人工智能、智能机器人、精准医疗、虚拟现实等新兴前沿技术领域，涌现一批重大原创成果，不断催生新兴产业。“互联网 +”推动产业发展模式变革，互联网跨界融合的新模式新业态蓬勃发展，分享经济引领全球，涌现出电动汽车分时租赁、互联网医疗、网络约车、共享单车等分享经济模式，并正在从生活领域向生产领域延伸。2016 年，网上零售额对全市社会消费品零售总额增长的贡献率为 51.2%，所占比重为 18.6%，高于全国 6 个百分点。

科技创新支撑城市发展水平提升。国内首条自主化全自动运行地铁线路“燕房线”成为国家重大科技示范工程，本市纯电动汽车示范应用规模全国第一，2016 年新增纯电动汽车 7.3 万辆，累计达到 10.9 万辆。实施“首都十大疾病科技攻关与管理工作”方案，率先建成全国规模最大的重大疾病临床数据和样本资源库，已形成 20 项国际有影响力的创新性成果，制定了 136 项诊疗技术规范和标准，其中 55 项上升为国家行业标准、指南和规范。一二三产融合推动现代农业高端发展，农业科技进步率达到 71%，接近世界发达国家水平。

京津冀协同创新共同体加快构建。系统推进区域全面创新改革试验，目前 18 项区域改革任务已落地 7 项，集中构建“4 + N”功能承接平台和技术辐射带动。曹妃甸示范区北京项目开工 35 个；天津滨海 - 中关村科技园签约北京项目 45 个、350 亿元；入驻保定 · 中关村创新中心的北京企业和机构占总数一半；落户沧州的北京生物医药企业达到 53 家；引导中关村科技型企业在津冀设立分支机构近 6000 家。

（此文刊载在《北京日报》2017 年 4 月 27 日第 8 版）

大事记

1 月

1 日,《北京市科技计划项目(课题)管理办法(试行)》正式实施。

5 日,首届中国创新挑战赛(北京)现场赛举行,标志着首届中国创新挑战赛(北京)落幕。

5 日,昌平区政府、未来科学城集团公司与华为公司签订云计算服务合作协议,成立北京未来科学城云计算中心。

7 日,国内首个电影测评评估平台“聚影汇”在北京举办战略合作签约发布会。

9 日,2016 年度国家科学技术奖励大会在人民大会堂举行。

16 日,中国设计红星奖与浙江中国设计智造大奖建立战略合作关系。

24 日,北京科学技术开发交流中心召开 2017 中韩国际技术转移暨企业项目对接会。

2 月

4 日,托马斯(Thomas)北京研究院揭牌仪式在北京航空航天大学唯实国际会议中心举行。

7 日,中共中央政治局委员、国务院副总理刘延东来到北京怀柔科学城,调研科技创新中心规划以及 5 个重大科技基础设施建设情况。

7 日,市科委举办面向海外高层次人才政府特聘岗位合同签订仪式,聘用诺基亚剑桥技术中心资深科学家魏迪为主任助理。

16 日,市科委召开北京推进科技创新中心建设办公室重大科技计划专项办第一次工作协调会。

22 日,市科委主任闫傲霜与坎帕尼亚大区国际化创业与创新部部长法齐奥尼 · 瓦勒拉里在中意两国元首的见证下,共同签署了《科技创新合作谅解备忘录》。

23—24 日,中共中央总书记、国家主席、中央军委主席习近平在北京考察城市规划建设和北京冬奥会筹办工作。

24 日,未来科学城专项办成立。

3 月

7 日,科技部党组书记、副部长、北京推进科技创新中心建设办公室主任王志刚到北京未来科学城调研,并召开科技创新中心建设座谈会。

7 日,市科委颁布《首都科技领军人才培养工程实施管理办法》(京科发〔2017〕64 号)。

7 日,新修订的《北京市科技新星计划管理办法》(京科发〔2017〕65 号)颁布。

9 日,2016 年知识产权(首善之区建设)工作会暨第四届北京市发明专利奖颁奖大会召开。

16 日,由北京邮电大学牵头制定的手机(移动终端)动漫标准正式成为国际标准,这是我国文化领域的首个国际技术标准。

17—19 日,第 17 届北京青少年机器人竞赛在北京工商大学良乡校区举行。

20 日,市科委召开北京“干细胞与再生医学研究”专项专家组成立及实施方案讨论会。

21 日,中国设计红星奖与洛客众创平台签署合作协议,授予洛克众创平台“红星奖工作站”称号。

21 日,大数据分析与应用技术国家工程实验室揭牌仪式暨大数据分析与应用技术创新论坛在北京大学举行。

21 日,市委副书记、市长蔡奇一行到中科院物理研究所进行调研,并与中科院院长、党组书记白春礼等召开科技合作座谈会。

22 日,以“创领时代,共襄卫蓝”为主题的“安鹏 · 中国新能源汽车产业发展基金”在经济技术开发区举行成立仪式。

23 日,北京科技协作中心与中国航天科工三院三〇四所签署战略合作协议,揭牌成立北京市涉密信息载体安全管理工程技术研究中心。

23—26 日,第 37 届北京创新大赛在中科院大学雁栖湖校区举行。

24 日，全球健康药物研发中心举行启动仪式，市科委与清华大学教育基金会和比尔及梅琳达·盖茨基金会联合体、北京华益健康药物研究中心（中心在京注册实体）三方签署了全球健康药物研发中心政府和社会资本合作（PPP）项目合同。

26 日，中国矿业知识产权联盟成立大会在北京举行。

28 日，市科协 14 家院士专家工作站集体授牌仪式在中粮集团中粮营养健康研究院举行。

28 日，国产科学仪器验证与综合评价服务媒体推介会在市科委举行。

28—30 日，市科委组织北京农科城企业代表团参加在内蒙古赤峰举办的“2017 赤峰·中国北方农业科技成果博览会暨全国农高会新丝绸之路创新品牌展示交易会”。

29 日，全国政协副主席、科技部部长万钢到北京协同创新研究院调研，并召开科技创新中心建设座谈会。

29 日，由中科院计算技术研究所承建的大数据分析系统国家工程实验室在北京揭牌。

29 日，北京怀柔科学城建设发展有限公司注册成立。

30 日，北京推进科技创新中心建设办公室印发《北京加强全国科技创新中心建设重点任务实施方案（2017—2020 年）》的通知（京科创办发〔2017〕2 号）。

4 月

1 日，北京农科城顺义园“第八届北京郁金香文化节”开幕。

6 日，由市知识产权局与香港贸易发展局共同主办的 2017 知识产权与创新大会在北京召开。

10 日，市科委与市文化局合作项目“北京动漫衍生品设计制作资源开放服务平台建设”启动会在市文化局召开。

11 日，北京石墨烯产业创新中心正式成立。

19 日，北京亦创生物技术产业研究院在亦庄生物医药园正式揭牌。

20 日，2017 年全国知识产权宣传周在北京启动，国务委员王勇出席启动仪式并讲话。

22 日，京津冀新能源汽车科普及体验基地在北京汽车博物馆揭牌成立。

24 日，北京科学技术开发交流中心与英国科控集团在北京签订中欧国际科技合作战略框架协议。

25 日，市政府新闻办公室、市科委、市统计局和首都科技发展战略研究院共同发布“首都科技创新发展指数 2017”。

26 日，市委、市政府在北京会议中心举行 2016 年度北京市科学技术奖励大会。

26 日，市委、市政府举行 2017 年全国科技创新中心建设工作会议。市科委党组书记、主任许强做了题为《谋篇布局，系统推进 北京全国科技创新中心建设开启新篇章》的报告。

28 日，全国政协副主席、科技部部长万钢调研国家科技创新重点政策落实情况，参观了首都医科大学神经科学实验室，并与市属高校院所代表和科研人员代表进行座谈交流。

28 日，以“传播绿色文明，共推城市发展”为主题的第十六届北京青少年科普短剧汇演在北京自然博物馆举行。

5 月

9 日，北京市科委与贵阳市政府共同主办的“2017 京筑创新驱动区域合作年会”在贵阳举行。

11 日，2017 年北京市科普工作联席会议在市政府召开，市科普工作联席会议 40 家成员单位和全市 16 个区政府的负责人参加会议。

13 日，中国设计红星奖与合肥市工业设计协会签署合作协议，授予其“红星奖工作站”称号，红星奖安徽工作站落地中国（合肥）工业设计城。

19 日，我国首个碳化硅新型充电桩示范工程在北京启动。

20—27 日，2017 年全国科技活动周暨北京科技周主场活动在民族文化宫举行。

22 日，市政府召开关于对接国家科技创新

2030 重大科技项目和重大工程工作情况专题会。

22 日，以“科技探索 创新引领”为主题的京津冀科普之旅启动仪式在北京民族文化宫全国科技活动周暨北京科技周主场举行。

22 日，2016 年北京科普讲解大赛、微视频大赛、小小科普讲解员选拔赛颁奖典礼活动举行。

23 日，北京现代农业联合体成立大会在北京科技活动中心召开。

23 日，北京市自然科学基金—海淀原始创新联合基金正式设立。

24 日，市委办公厅印发《北京市科协系统深化改革实施方案》。

25 日，由北京技术交易促进中心组织的第二届科技外交官创新资源对接活动在北京举行。

25 日，北京海外知识产权保护联盟成立大会在北京举行。

26 日，国家现代农业科技城 2017 年第六届北京现代种业博览会在北京农科城通州国际种业科技园区开幕。

26 日，市政府召开中关村企业家顾问委员会座谈会，市委副书记、市长蔡奇认真听取顾问委员会代表为推进北京建设全国科技创新中心提出的意见建议，与企业家们交流并讲话。

27 日，庆祝全国科技工作者日暨创新争先奖励大会在北京召开。

6 月

6—9 日，2017 年第八届清洁能源部长级会议（CEM8）暨第二届创新使命部长级会议（MI－2）在北京召开。中共中央政治局常委、国务院副总理张高丽出席开幕式并致辞。

7 日，由北京科学技术开发交流中心主办，创客总部和北京院市合作协同创新联盟承办的京津冀科技成果转化高峰论坛在北京举行。

8 日，第五届国产检测仪器设备验证与综合评价技术服务推介会召开。

8—10 日，第二十届中国北京国际科技产业博览会举行，来自 6 个国际组织、51 个国家和地区的境外代表团组和 29 个省区市代表团参展参会。

13 日，市科委在交控科技股份有限公司举行了“迎接市党代会——砥砺奋进的五年”全国科技创新中心建设集体采访活动。

15—18 日，由中国国际技术转移中心主办的中欧产业园区创新和技术大会（2017）暨欧洲园区考察洽谈对接系列活动分别在北京、河北和淮安三地举行。

16 日，中国新材料测试评价联盟成立大会暨第一届会员代表大会在北京召开，新材料检测评价平台“中国新材料测试评价联盟”成立。

20 日，第九届首都创新驱动发展展示交流活动在北京经济技术开发区京津冀路演中心举行。

22 日，第八届北京实验动物科学国际论坛在北京召开。

25 日，第六届中国创新创业大赛之第二届国际第三代半导体创新创业大赛启动仪式在北京举行。

26 日，京津冀三地人才工作领导小组印发《京津冀人才一体化发展规划（2017—2030 年）的通知》。

26 日，中国海油科技园区启用暨海洋能源工程技术联合研究院、中海油炼油化工科学研究院揭牌仪式在未来科学城举行。

28 日，北京推进科技创新中心建设办公室召开第二次全体会议，研究推进北京科技创新中心建设有关工作。

29 日，市政府新闻办公室召开北京市“砥砺奋进的五年”系列发布会——北京建设全国科技创新中心成果新闻发布会。

30 日，第 11 届联合国教科文组织创意城市网络（UCCN）年会在联合国教科文组织创意城市网络“媒体艺术之都”法国昂吉安莱班开幕。

7 月

4 日，市经济和信息化委发布《加快全国科技创新中心建设促进重大创新成果转化落地项目管理暂行办法》的通知（京经信委发〔2017〕47 号）。

4 日，市科委联合昌平区政府在未来科学城搭建氢能技术协同创新平台。

12 日,由北京市科委、中央军委后勤保障部共同举办的第四届"首都特色·创新驱动临床研究"论坛在京召开。

13—14 日,后备人才计划拔尖培养暨英才储备学生创新能力提升活动在清华大学举行。

15 日,北京市新能源汽车体验基地与北方华鹏集团共同举办首届电动汽车购车节。

15 日,市委常委、副市长阴和俊,市政府副秘书长刘印春一行赴北京 DRC 工业设计创意产业基地调研。

7 月 16 日,北京中关村银行开业,成为全国首家专注服务科技创新的民营银行。

15—21 日,高校科学营北京营活动举行,来自两岸四地的 2464 名师生齐聚北京。

18 日,新能源汽车国家大数据联盟成立大会在北京召开。

18—22 日,第 17 届中国青少年机器人竞赛在广东省中山市举行。北京队以 16 金 15 银 4 铜的成绩位列金牌榜首。

19 日,中墨双边科普交流活动暨墨西哥科普天文影片《古玛雅的天文 – 宇宙的观测员》点映会在北京天文馆举行。

20 日,市科委在怀柔科学城召开各区科委参与全国科技创新中心建设座谈会。

25 日,市科委党组书记、主任许强走进北京电视台演播厅,参加了由市政府办公厅组织的"市民对话一把手 砥砺奋进的北京"特别节目。

26 日,2017 中国设计红星奖初评在北京举行。

27 日,中关村亦创知识产权科技创新联盟助推知识产权项目启动会在北京经济技术开发区举行。

8 月

10 日,总部位于海淀区的创业黑马(北京)科技股份有限公司在深交所创业板挂牌上市,成为全国第一家创业服务领域的上市公司。

12 日,陈清泉院士科创中心揭牌仪式与创新研讨会在北京未来科学城举行,标志着陈清泉院士科创中心正式落户未来科学城。

15 日,怀柔科学城首个重点项目中科院纳米能源与系统研究所园区项目主体结构封顶。

15—21 日,第 32 届全国青少年科技创新大赛在浙江杭州举行,北京队连续 16 年蝉联冠军,共获得学生项目一等奖 8 项、二等奖 14 项、三等奖 1 项。

16 日,市委常委、副市长阴和俊到中科院北京纳米能源与系统研究所调研。

23 日,中国设计红星原创奖终评在北京举行。

23—27 日,2017 世界机器人大会在亦创国际会展中心举行,中共中央政治局委员、国务院副总理刘延东出席开幕式并讲话。

25 日,在京高校参与全国科技创新中心建设座谈会在怀柔科学城举行。

25 日,市财政局、市科委印发《北京市自然科学基金资助项目经费管理办法》的通知(京财科文〔2017〕1842 号)。

30 日,2017 北京国际泛半导体产业博览会在北京经济技术开发区举行,会期至 9 月 2 日。

9 月

1 日,第二届"T100 新技术新产品创新力行动"颁奖典礼在中国科学技术馆举行。

7 日,市科委开展"科技创新中心建设"专题政务开放日活动。

8 日,2017 中国设计节在大兴区亦创国际会展中心开幕。

9 日,以"老北京,新京韵"为主题的第九届北京菊花文化节在北京农科城顺义园开幕。

11—13 日,第十二届中国北京国际文化创意产业博览会在北京国际展览中心举行,文博会主场六号馆"设计创意馆"由市科委主办,北京工业设计促进中心承办。

14 日,在京科研院所参与全国科技创新中心建设座谈会在中关村科学城举行,市委常委、副市长阴和俊主持会议并讲话。

14—24 日，全国科普日北京主场活动在奥林匹克公园中心庆典广场、国家会议中心、中国电影博物馆等地点举行。

15 日，北京市科技创新基金成立。

15—17 日，第五届北京国际科学节圆桌会议在国家会议中心召开，会议以“创新科普理念，引领科普实践”为主题。

19 日，2017 北京国际设计周设计之旅开幕式在城外诚 DXD 北京设计互联中心开幕。

20 日，2017 年全国大众创业万众创新活动周北京会场“重大项目签约及成果发布会”在中关村国家自主创新示范区展示中心举行。

20 日，北京市硅谷人才与科技峰会在硅谷圣克拉拉市的中关村硅谷创新中心举行，峰会由市科委、中关村管委会、中关村发展集团共同主办。

21 日，北京银行杯中国 · 北京创新创业大赛季 2017 总决赛在中关村展示中心举行。

21 日，2017 北京国际设计周开幕式暨颁奖典礼在北京中华世纪坛举行。

21 日，交控科技与北京航空航天大学可靠性学院共同设立城市轨道交通控制系统可靠性与弹性联合实验室。

22 日，北京国际设计周“创意 2030 高峰论坛”在北京中华世纪坛开幕。

23—24 日，2017 年上海浦江创新论坛在上海市东郊宾馆举行。作为本届论坛的主宾省市，北京市组织了由市委常委、副市长阴和俊为团长，科技创新中心“一处七办”牵头单位负责人为团员的代表团参会。

26 日，北京市科委、沈阳市科技局在北京召开了北京市—沈阳市产业技术创新战略联盟对接交流会。

27 日，北京升哲科技有限公司代表北京赛区，在第六届中国创新创业大赛先进制造行业总决赛上荣获全国总冠军。

28 日，市科委召开科技冬奥新能源汽车技术专家座谈会，并宣布成立北京市科技冬奥新能源领域技术专家组，依托专家资源，共同推进冬奥绿色出行。

28 日，怀柔科学城首个大科学装置综合极端条件实验装置项目启动。

29 日，首个技术转移国家标准《技术转移服务规范》(GB/T 34670—2017) 发布，这是我国首个技术转移服务推荐性国家标准。

30 日，2017 中国设计红星奖终评评审会在北京举行。

10 月

10 日，第十七届北京分析测试学术报告会暨展览会(BCEIA 2017)在北京国家会议中心召开。

19 日，全国政协副主席、科技部部长万钢，科技部副部长徐南平先后到中国林业科学研究院、北京林业大学调研林业科技创新工作，并与林业科技工作者座谈。

19 日，京津冀新能源汽车与智能网联汽车协同创新联盟在北京成立。

19 日，英国《自然》杂志刊登“2017 自然指数—科研城市”，北京在全球城市中夺得科研产出冠军。

27 日，医疗大数据应用技术国家工程实验室正式启动。

11 月

1 日，第六届中国创新创业大赛之第二届国际第三代半导体创新创业大赛颁奖仪式在首都机场希尔顿酒店举行。

1 日，第十四届中国国际半导体照明论坛暨 2017 国际第三代半导体论坛在北京开幕。

2 日，由北京大学彭练矛教授团队利用无掺杂技术研制的碳基光电集成电路在国际上首次研制成功。

8 日，2017 北京—特拉维夫创新大会暨首届中以创新创业大赛北京决赛在北京开幕。

13 日，全国首个军民融合知识产权协同创新联盟成立，首批军民融合知识产权协同创新联盟成员单位共有 118 家。

14—17 日，由中国科学技术部和意大利教育、大学与科研部共同主办，市科委（中意技术转移中心）、意大利科学城、成都市政府、四川省科技厅、贵阳市政府共同承办的第八届中意创新合作周在北京、成都、贵阳三地举行。

15日，北京石墨烯产业创新中心专家委员会在2017年京津冀石墨烯产业国际峰会上成立，挂牌于北京石化新材料科技产业基地。

16—21日，市科委会同中关村管委会组成北京科技代表团参加第十九届中国国际高新技术成果交易会，分别在9号馆设立“全国科技创新中心”和7号馆设立“中关村科技创新成果”展区。

17日，第三届“纳米之星”创新创业大赛在国家纳米科学中心举行，本届大赛总参赛报名项目55项，其中企业报名数量超过60%。

22日，首都科技服务业协会发布首个针对汽车零部件再制造企业评价的团体标准《汽车零部件再制造企业评价规范》。

24日，“中法创新大会”在西苑饭店举行。大会由中国科学技术部和法国高等教育、研究与创新部共同主办，市科委承办。

24日，2017中关村前沿科技创新大赛闭幕，此次大赛历时50天，在7个领域开展21场路演，共评选出14个优质项目以及大赛前3名。

24—30日，中国设计红星奖首次受邀赴云南昆明，在创意昆明系列活动期间举办巡展。

27日，北京国汽智能网联汽车技术研究院在海淀区清华科技园注册成立。

27—29日，以“汇聚全球之智、共谋创新发展”为主题的2017中国（北京）跨国技术转移大会举行。

28日，第三届亚欧科技创新合作论坛在北京举行。论坛由亚欧科技创新合作中心主办，市科委（亚欧科技创新合作中心秘书处）与希腊PRAXI协作网络共同承办。

28日，京津冀三地自然科学基金主管部门共同召开2017年度京津冀基础研究合作专项项目启动会。

28日，第二十一届北京·香港经济合作研讨洽谈会在香港会展中心开幕。市科委主任许强率团出席京港洽谈会开幕式和京港科技创新合作专题活动，并应邀出席香港各界人士圆桌会议等交流座谈活动。

28日，首家电子商务领域知识产权（专利）保护联盟“北京电子商务领域知识产权（专利）保护联盟”成立。

29日，由市科委主办，北京生物技术和新医药产业促进中心承办的第二十一届北京国际生物医药产业发展论坛在北京召开，会期至12月1日。

30日，《2016年北京市战略性新兴产业知识产权（专利）状况》白皮书新闻发布会在市政府新闻办新闻大厅举行。

12　月

7日，第四届北京亦庄（京津冀）生物医药产业大会在亦庄生物医药园开幕。

8日，市科委、市农委等12个委办局共同召开科技特派员工作联席会。

8日，“2017科普北京·达人秀大赛”决赛暨颁奖典礼在石景山区青少年活动中心举行。

8日，市委副书记、代市长陈吉宁围绕创新发展工作到中关村科学城进行调研。

9日，中国设计红星奖2017年颁奖活动在北京天桥艺术中心剧场举行。

9日，北京市新能源汽车技术创新中心在北京亦庄北汽新能源总部“中国·蓝谷”成立。

20日，市委、市政府下发关于印发《加快科技创新构建高精尖经济结构系列文件》的通知（京发〔2017〕27号）。

24日，北京推进科技创新中心建设办公室召开第三次全体会议。市委副书记、代市长陈吉宁，科技部党组书记、副部长王志刚讲话。

24日，北京市加快建设北京量子信息科学研究院座谈会在中关村软件园召开，同时量子研究院宣布成立。

27日，知识产权局印发《北京市知识产权运营试点示范单位认定和管理办法》。该办法是全国首个专门针对知识产权运营机构培育的规范性文件。

28日，全市正式启用新能源汽车专用号牌。

29日，《北京市科技计划科技报告管理办法（试行）》（京科发〔2017〕235号）对外发布。

重大活动

领导调研

【概述】2017年,市科委精心谋划组织调研活动。紧密联系创新主体,突出调研活动安排的计划性、针对性和实效性,为领导深入基层、深入群众、深入实际创造条件。协助安排科技部、市领导围绕全国科技创新中心建设、体制机制创新、成果转移转化等主题开展调研,协助市政府办公厅安排市委副书记、代市长陈吉宁赴北京大学、中科院自动化所,市委常委、副市长阴和俊赴北京大学、清华大学、北京航空航天大学、中科院等高校院所调研,研究推动高校院所深度参与全国科技创新中心建设工作。谋划组织市科委主要领导围绕全市科技资源情况、各区科技发展重点、科技成果转移转化等主题调研,并在"三城一区"与京区高校代表、中关村创新型企业、各区科委主要领导召开三次座谈会,调动全市各创新主体参与全国科技创新中心建设的积极性。

(市科技史志办公室)

【习近平视察北京】2月23—24日,中共中央总书记、国家主席、中央军委主席习近平在北京考察城市规划建设和北京冬奥会筹办工作。习近平在视察时指出,北京最大的优势在科技和人才;要以建设具有全球影响力的科技创新中心为引领,加快培育金融、科技、信息、文化创意、商务服务等现代服务业,发展节能环保、集成电路、新能源等新兴产业和高技术产业,支持传统优势企业实施绿色制造和智能制造技术改造;要抓好中关村科学城、怀柔科学城、未来科学城、北京经济技术开发区这"三城一区"的建设,深化科技体制改革,努力打造成北京经济发展新高地。

(倪文龙)

【王志刚调研北京科技创新中心建设】3月7日,科技部党组书记、副部长、北京推进科技创新中心建设办公室(北京办公室)主任王志刚到北京未来科学城调研,并召开科技创新中心建设座谈会。科技部副部长、北京办公室副主任李萌,市人大常委会副主任、市科委主任闫傲霜,副市长、北京办公室副主任隋振江等一同调研。王志刚来到未来科学城展厅,了解未来科学城建设、人才聚集情况,调研中国电信北京研究院5G联合开放实验室、国网全球能源互联网研究院先进输电技术国家重点实验室建设情况,以及神华北京低碳清洁能源研究所科研人才体制机制创新及成果转移转化等情况,听取了北京办公室秘书处关于科技创新中心建设进展情况的汇报,以及中关村科学城专项办、怀柔科学城专项办、未来科技城专项办关于三大科学城发展情况的汇报,并与清华大学、北京大学、中科院、国家电投集团、百度公司等高校院所、企业进行了交流。王志刚在讲话中强调,要进一步提高认识,从引领创新型国家建设、支撑国家创新体系的战略高度认识北京科创中心建设所肩负的历史使命;要把发展基点放在创新上,以科技创新为核心带动全面创新,塑造更多依靠创新驱动、更多发挥先发优势的引领型发展;要加强众创空间特别是专业化众创空间建设,加快促进科技成果转移转化,推动大众创业万众创新蓬勃发展;要坚持科技创新和体制机制创新"双轮"驱动,破除制约创新的制度"藩篱",更好激发科研人员创新活力,使科研人员有实实在在的"获得感"。

(倪文龙)

【万钢调研北京科技创新中心建设】3月29日,全国政协副主席、科技部部长万钢到北京协同创新研究院调研,并召开科技创新中心建设座谈会。科技部副部长、北京办公室副主任李萌,市人大常委会副主任闫傲霜,副市长、北京办公室副主任隋振江等一同调研。万钢一行来到北京协同创新研究院展厅,听取研究院建设发展、代表性科技成果以及科技成果转化相关情况介绍。座谈会上,市科委代表北京办公室秘书处汇报了科技创新中心建设进展和创新机制开展科技成果转移转化相关工作情况,北京协同创新研究院、全球健康药物研发中心、中科院北京国家技术转移中心、交控科技股份有限公司等创新主体代表围绕新型研发机构建设、科技成果转移转化等做交流发言。科技部高新技术及产业化司、政策法规与监督司、创新发展司、资源配置与管理司、社会发展科技司、国际合作司、火炬高技术产业开发中心的负责人,北京办公室"一处七办"负责的同志以及部分创新主体的代表参加会议。万钢在讲话中指出,建设北京科技创新中心,推进京津冀协同发展,这是习近平总书记提出的重大国家战略;2017 年是推进各项政策措施深入实施的"落实年";当前,各项政策措施抓落实就要深入调研,通过"现场看、现场听、现场问"来"找典范,做案例,查问题,寻答案"。

(倪文龙)

【阴和俊到市科委调研座谈】 4 月 6 日,市委常委、副市长阴和俊到市科委调研,参观了全国科技创新中心展厅,听取了市科委党组书记、主任许强关于市科委基本情况以及统筹推进全国科技创新中心建设相关工作的汇报,并与市科委领导班子和主要业务处长交流座谈。市政府副秘书长刘印春主持座谈会。阴和俊指出,市科委精心梳理了近年来北京科技工作情况,内容丰富,信息量大,重点突出,令人印象深刻。阴和俊强调,一是加强学习习近平总书记的系列重要讲话和指示精神,深刻领会,提高认识,统一思想,加倍努力,自觉将习近平总书记关于科技创新的新思想、新论断、新要求落实到科技创新中心建设的各项工作中;二是进一步思考什么是全国科技创新中心,怎样建设全国科技创新中心,怎样建设具有全球影响力的科技创新中心,发现差距,勇于担当,利用基础和优势实现更好更快发展,不辜负总书记的期望;三是充分利用首都科技创新资源,统筹协调在京高校、科研院所、企业等各方面力量参与科技创新中心建设,推动形成协同创新的更大合力;四是市科委等政府部门要增强服务意识,尤其要沉下心去,做好科技人才工作,加强各项配套服务,营造有利于人才发展的制度环境、工作环境、生活环境;同时做好高校、科研院所及企业等各类创新主体的服务工作,要为创新创业提供优质服务和保障,精准施策,不断释放各类创新创业主体活力,全力推进北京全国科技创新中心建设。

(市科委办公室)

【阴和俊调研未来科学城】 4 月 21 日,市委常委、副市长阴和俊一行调研未来科学城,市政府副秘书长刘印春,市科委、昌平区主要负责人陪同调研。调研组实地考察了未来科学城展厅、中国电信北京研究院、国网全球能源互联网研究院。在随后的座谈会上,调研组听取了未来科学城有关情况汇报。阴和俊强调,未来科学城作为"三城一区"的重要组成部分,要从国家发展全局和战略高度来认识和推进科技创新中心建设,深入贯彻落实市委、市政府的部署要求,主动担当负责,认真抓好未来科学城建设。把握定位,做好规划,在全国科技创新中心建设的新形势下,瞄准国家战略目标,突出关键领域核心技术研发,与中关村科学城、怀柔科学城、北京经济技术开发区形成差异化发展。

(陈　戈)

【万钢调研国家科技创新重点政策落实情况】 4 月 28 日,全国政协副主席、科技部部长万钢调研国家科技创新重点政策落实情况。万钢参观了首都医科大学神经科学实验室,并与市属高校院所代表和科研人员代表进行座谈交流,市委常委、副市长阴和俊陪同调研座谈。座谈会上,市科委主任许强汇报了北京落实国家科技创新重点政策有关情况,北京市属高校、科研院所代表汇报了政策落实过程中的成绩和建议,针对科技计划和科研经费管理、科技成果转化、科研设施开放共享等政策进行了汇报交流。万钢指出,要抓住当前科技发展的历史机遇,战略上把握科学的预见性,组织上创新科研的组织形式,加大体制机制改革和政策先行先试的力度,持续加强基础研究,不断完善科研项目管理、成果转化、收入分配等政策和机制。在推进国家科技创新政策落地的过程中,科研单位要勇于承担、大胆尝试,不能囿于以往的经验把自己束缚住。万钢强调,科技创新需要专业化的服务人员,要尽快建立落实科研财务助理制度,让专业的人做专业的事。

(倪文龙)

【陈吉宁调研全市重点工作】 6 月 4—11 日,市委副书记、代市长陈吉宁利用五个半天先后到海淀区、大兴区、石景山区、延庆区和朝阳区,围绕疏解整治促提升、大气污染和水环境治理、全国科技创新中心建设、冬奥会、世园会筹办等重点工作进行调研。陈吉宁强调,北京正在建设具有全球影响力的科技创新中心。中关村国家自主创新示范区要坚持"深化改革先行区、开放创新引领区、高端要素聚合区、创新创业集聚区、战略产业策源地”的战略定位，由过去的跟踪、学习向领跑、带队转变；着力培育世界一流企业家和创新企业，坚持“亲”“清”政商关系，帮助企业长起来、走出去，增强中关村企业的竞争力和国际影响力；推动创新资源整合，强化知识产权保护，营造有利于科技创新企业发展的营商环境；推进人才管理制度改革，形成富有创新活力的人才聚集；推进政府管理创新，积极运用新技术手段为企业和群众服务。

（倪文龙）

【陈吉宁调研科学城规划建设】 7月1—10日，市委副书记、代市长陈吉宁利用六个半天分别到东城区、西城区、昌平区、顺义区、平谷区和密云区，围绕推进“疏解整治促提升”专项行动、中心城区背街小巷整治提升、科学城规划建设、生态文明建设、城市精细化管理、防汛等重点工作进行调研。在昌平区未来科学城、中关村生命科学园，陈吉宁深入了解规划、建设以及科研机构、高科技企业入驻情况，并察看小汤山镇官牛坊工业大院腾退拆迁现场。陈吉宁在讲话中强调，“三城一区”是北京建设全国科技创新中心的重要抓手，科学城建设要坚持国际视野、明确发展定位、突出特色优势，高标准做好规划布局和项目选择，不搞大杂烩，实现土地等资源的高效集约利用；尽快开展重大科技基础设施和交叉研究平台的潜在用户分析，为规划提供支撑；设定门槛，做“白菜心”，不做“白菜帮子”，严控人均生产效率低下的企业进入；搭建公共空间，打造开放平台，引导资本、人才等要素有序流动，构建有利于创新的科研生态；打造功能完善的街区式科学城，完善教育、医疗等配套服务，满足职住平衡需求，实现由“园”向“城”的转变；各级领导干部要扑下去，深入了解企业需求，提升服务质量和效率，也要走出去，主动与单位、企业对接；各区要积极做好承接创新外溢效应的“池子”，让创新效益在北京充分显现。

（倪文龙）

【阴和俊到北京DRC基地调研】 7月15日，市委常委、副市长阴和俊，市政府副秘书长刘印春一行赴北京DRC工业设计创意产业基地调研。阴和俊首先听取了北京工业设计促进中心主任陈冬亮关于北京设计产业和DRC基地工作汇报，对红星奖全球征集超过1万件给予了充分肯定，要求将红星奖的平台效应再放大，并强调了联合国教科文组织全球首个国际创意与可持续发展中心在北京设立的重要性。随后参观考察了DRC基地企业3D Systems公司，了解3D打印医疗与健康服务平台的实施情况；在智加设计创新集团，肯定设计企业在科技成果转化过程中的做法和创新点；同时充分肯定了市科委和西城区政府运用DRC基地和科技服务平台帮扶企业成长、助推设计产业自身发展和促进科技成果转化的做法和成效，并指出政府要重视和鼓励设计发展，进一步加大对设计企业的支持力度。

（王露菲）

【陈吉宁到北京大学调研科技创新】 8月4日，市委副书记、代市长陈吉宁到北京大学调研，深入了解科技前沿成果创新及转化应用情况。陈吉宁先后走访了北京大数据研究院、系统软件实验室、未来基因诊断高精尖创新中心、碳基纳电子研究中心、磁共振成像研究中心等部门，与项目负责人深入交流，了解北大当前重点研究项目进展情况。陈吉宁指出，北京大学是我国科研和高等教育的领军高校，多年来与北京市密切合作，为推动首都经济社会发展做出了积极贡献。下一步，北京市将继续加强与北京大学的合作，加快政府职能向服务创新转变，搭平台、建机制、出政策、优服务，探索形成科研人员产权激励、知识产权保护、科技成果在本地溢出转化等更有利于原始创新和成果转化的体制机制，让创新智慧充分释放、创新力量充分涌流，推动更多科研成果在北京大学诞生，在北京转化落地，吸引更多与首都战略定位相匹配的高科技企业在北京发展壮大。北京大学党委书记郝平、校长林建华，市委常委、副市长阴和俊，市政府秘书长李伟一同调研。

（倪文龙）

【阴和俊调研纳米能源所】 8月16日，市委常委、副市长阴和俊到中科院北京纳米能源与系统研究所调研，详细了解纳米能源所在物联网传感、可穿戴式设备等战略性新兴领域所取得的重大科研成果和创新成果转化与产业化方面的成效，以及下一步重点发展方向和希望北京市协调解决的有关问题。阴和俊表示关于纳米能源所在发展中遇到的困难，北京市将与中科院共同研究帮助解决。

（张　健）

【万钢调研林业科技创新工作】 10月19日，全国政协副主席、科技部部长万钢，科技部副部长徐南平先后到中国林业科学研究院、北京林业大学调研林业科技创新工作，并与林业科技工作者座谈。市科委党组书记、主任许强参加调研。万钢等领导先后参观了林木遗传育种国家重点实验室、珍贵木材标本馆、林木育种国家工程实验室和森林培育与保护重点实验室，详细了解了林木基因改良、新品种选育、科研条件平台建设和风景园林学科教学科研工作等方面情况，并与科研人员进行了深入交流；听取了国家林业局副局长彭有冬关于"十三五"以来全国林业科技创新工作的最新进展及林业现代化建设服务生态文明举措的报告，中国林科院院长张守攻关于中国林科院基本情况及科研成果的汇报，北京林业大学校长宋维明就学校基本情况、科研创新情况和科技平台建设等的工作汇报，中国工程院院士沈国舫、尹伟伦围绕森林培育国家重点实验室建设做重点发言。万钢指出，十九大正在隆重召开，科技工作者要认真学习十九大报告精神，认真领会加强生态文明建设的重要性，认真理解我国社会主要矛盾已经转化为人民日益增长的美好生活需要和不平衡、不充分发展之间的矛盾，要创造条件，发挥林业科技人员的聪明才智，调动他们的积极性和创造性，为中国特色社会主义新时代做出新贡献。

（王伟娟　赵淑红　赵　娣）

【陈吉宁调研中关村科学城】 12 月 8 日，市委副书记、代市长陈吉宁围绕创新发展工作到中关村科学城进行调研。陈吉宁先后来到北京石墨烯产业创新中心、中科院自动化研究所、中关村银行和中关村智造大街，详细了解了科研院所的创新体制机制、科研成果转化落地及金融服务科技创新等情况。陈吉宁强调，要深入学习贯彻党的十九大精神和习近平总书记视察北京重要讲话精神，认真落实市第十二次党代会部署，坚定实施创新驱动发展战略，发挥好中关村科学城在"三城一区"建设中的引领作用，对标国际一流，聚集创新要素，推动城区更新，将中关村科学城建成具有全球影响力的科技创新策源地。在随后召开的座谈会上，陈吉宁与海淀区委区政府、中关村管委会、中关村发展集团等单位负责人深入交流。陈吉宁指出，建设具有全球影响力的全国科技创新中心，是中央赋予北京的重要职责，这对中关村科学城的发展提出了明确要求，必须采取更有力的举措，加快推进中关村科学城建设。

（倪文龙）

重要会议

【概述】 2017 年，围绕科创中心建设，加强与科技部办公厅、市委办公厅、市政府办公厅的联络协调，精心筹备，举办北京加强全国科技创新中心建设推进会，北京市科学技术奖励大会暨 2017 年全国科技创新中心建设工作会议，北京推进科技创新中心建设办公室第二次和第三次全体会议，全国科技创新中心建设座谈会，在京高校、院所、创新型企业、各区参与科创中心建设座谈会，北京市新能源汽车技术创新中心成立大会，北京量子信息科学研究院成立大会等重大会议活动。

（市科技史志办公室）

【北京加强全国科技创新中心建设推进会召开】 2 月 7 日，中共中央政治局委员、国务院副总理刘延东来到北京怀柔科学城，调研了解科技创新中心规划以及 5 个重大科技基础设施建设情况，考察中科院力学所复现高超声速飞行条件激波风洞、高速列车动模型试验平台，考察中科合成油公司以自主核心技术为依托的煤制油项目，并主持召开北京全国科技创新中心建设推进会。中共中央政治局委员、北京市委书记郭金龙，全国政协副主席、科技部部长万钢一同考察。刘延东强调要深入贯彻习近平总书记系列重要讲话精神，按照党中央、国务院决策部署，实施创新驱动发展战略，加强北京全国科技创新中心建设，为建设创新型国家和世界科技强国做贡献。刘延东强调，科技创新中心建设是一项系统性工程，要坚持面向未来谋篇布局，统筹用好各方面科技创新资源，高水平谋划和推进科技创新中心建设。要坚持面向全国协同创新，形成建设合力，构建上下衔接、相互配套的政策体系，促进创新要素有序流动。要坚持面向全球开放合作，深度参与、积极融入全球科技创新进程。

（倪文龙）

【科技合作座谈会召开】3月21日，市委副书记、市长蔡奇一行到中科院物理研究所进行调研，并与中科院院长、党组书记白春礼等召开科技合作座谈会，共同商讨推进北京国家科技创新中心和怀柔科学城建设等工作，加快推进相关工作部署的落实。会上，中科院副院长、党组成员王恩哥介绍了中科院关于怀柔科学城建设工作的进展情况，市科委主任闫傲霜介绍了北京市关于院市共同加强科技创新中心建设工作的有关情况。院市双方还就相关工作进行了交流研讨。蔡奇希望双方加强人才交流，共享人才支持政策，共同打造创新人才高地；加强供需交流，用好转化平台，共同推动科技创新成果在北京落地；以国家科学中心和综合性前沿基础研究国家实验室为重点，共同建设好怀柔科学城；不断深化院市合作，为全国科技创新中心建设和首都经济社会发展做出更大贡献。

（倪文龙　张　健）

【2016年度北京市科学技术奖励大会召开】4月26日，市委、市政府在北京会议中心举行2016年度北京市科学技术奖励大会。中共中央政治局委员、北京市委书记郭金龙，中共北京市委副书记、市长蔡奇，科技部党组成员、副部长李萌，北京市委常委、副市长阴和俊，北京市委常委、市委教育工委书记林克庆，北京市人大常委会副主任杨艺文，北京市政协副主席闫仲秋，国家科学技术奖励工作办公室主任邹大挺出席大会并为获奖代表颁奖。蔡奇代表市委、市政府在大会上讲话。阴和俊主持大会。林克庆宣读了北京市政府《关于2016年度北京市科学技术奖励的决定》。2016年度北京市科学技术奖一等奖获得者、中科院微电子研究所所长叶甜春代表获奖人员发言。2016年，共有180项成果荣获北京市科学技术奖，包括一等奖27项、二等奖60项、三等奖93项。

（刘宁瑜）

【全国科技创新中心建设工作会议召开】4月26日，市委、市政府举行2017年全国科技创新中心建设工作会议。科技部党组成员、副部长、北京办公室副主任李萌，市委常委、副市长、北京办公室副主任阴和俊，市政府副秘书长刘印春，市科委党组书记、主任许强，北京办公室部委成员单位代表等出席会议。许强做了题为《谋篇布局，系统推进 北京全国科技创新中心建设开启新篇章》的报告。刘印春主持会议。许强在报告中回顾总结了北京全国科技创新中心三年建设情况，并对2017年的重点工作进行了部署。会上，怀柔区区长常卫，市经济信息化委副主任樊健，清华大学副校长、中科院院士薛其坤做了典型发言。阴和俊做了题为《坚持和强化全国科技创新中心核心功能，争当建设世界科技强国的排头兵》的讲话，指出要深化认识，提高站位，进一步增强加强全国科技创新中心建设的使命感、责任感。要从历史发展的深度，深刻认识全球科技创新态势。科技部创新发展司副司长余健，工业和信息化部科技司巡视员卢希，国务院国资委综合局副局长曹学云，中科院条件保障与财务局副局长林明炯，国家自然科学基金会政策局局长郑永和，北京市人大常委会委员、市人大常委会教科文卫体办公室主任孙世超，北京市政协科技委员会主任申建军等参加会议。

（倪文龙）

【中关村企业家顾问委员会座谈会召开】5月26日，市政府召开中关村企业家顾问委员会座谈会。市委副书记、市长蔡奇认真听取顾问委员会代表为推进北京建设全国科技创新中心提出的意见建议，与企业家交流并讲话。蔡奇在讲话中强调，2017年是北京加强全国科技创新中心建设“三步走”战略的起步之年，要全力建设“三城一区”，进一步聚焦中关村科学城。一要大力提升自主创新能力。政府将始终鼓励支持企业成为研发主体、创新主体，希望企业家们继续加强产学研结合，推进高水平的研发中心建设，不断提高企业的自主创新能力。二要推动中关村企业做大做强。希望企业家们为中关村乃至全市的企业发展带好头、做好表率，推动更多优秀的企业做大做强。政府也要扑下身子，为企业解决问题，服务新经济发展。三是多为北京的科技创新中心建设建言献策出力。

（倪文龙）

【庆祝全国科技工作者日暨创新争先奖励大会召开】5月27日，庆祝全国科技工作者日暨创新争先奖励大会在北京召开。中共中央政治局常委、中央书记处书记刘云山出席会议并讲话，代表党中央向广大科技工作者致以节日问候，向获奖先进集体和先进个人表示热烈祝贺。党和国家领导人刘延东、李源潮、沈跃跃、陈竺、张阳出席会议，人大副委员长、科技部长万钢主持会议。会上，大亚湾反应堆中微子实验团队、北斗导航卫星研发团队、长征五号运载火箭研制团队、海军工程大学电力集成创新团队、医学免疫学国家重点实验室、纳米与界面催化研究团队、特种环境复合材料技术创新团队、天河高性能计算创新团队、高速铁路技术攻关组、功能材料与集成器件团队等10个团队获全国创新争先奖牌；首都医科大学附属北京天坛医院副院长王拥军、北京积水潭医院院长田伟、中国航天科工集团第四研究院科技委主任许波、北京邮电大学网络与交换技术国家重点实验室主任张平、中科院高能物理研究所北京正负电子对撞机国家实验室主任陈和生、清华大学副校长施一公、中国科学技术大学常务副校长潘建伟、清华大学副校长薛其坤等28人获全国创新争先奖章并享受省部级先进工作者和劳动模范待遇；中科院声学研究所副所长马晓川、中日友好医院院长王辰、中科院古脊椎动物与古人类研究所中国古动物馆馆长王原、首都医科大学附属北京同仁医院院长王宁利、北京航空航天大学大型金属构件增材制造国家工程实验室主任王华明、北京百度网讯科技有限公司副总裁王海峰、北京理工大学机电学院无人飞航工程系主任王海福、中科院物理研究所副所长方忠等254人获全国创新争先奖状。

（陈治光）

【**北京推进科技创新中心建设办公室第二次全体会议召开**】6月28日，北京推进科技创新中心建设办公室召开第二次全体会议，研究推进北京科技创新中心建设有关工作。会议由市委副书记、代市长陈吉宁，科技部党组书记、副部长王志刚共同主持。会议传达了国务院副总理刘延东关于北京市与中科院合作建设怀柔科学城工作的批示精神，市委常委、副市长阴和俊报告了加强全国科技创新中心建设的进展及下一步重点工作安排。王志刚在讲话中指出，北京加强全国科技创新中心建设是一项国家战略。要进一步提高认识，从引领创新型国家建设、支撑国家创新体系的战略高度，动员各方力量，共同推进具有全球影响力的科技创新中心建设。要加强统筹布局，高水平谋划推进北京全国科技创新中心建设。要以世界眼光在全球创新版图中找准北京的位置，为建设世界科技强国做出积极贡献。要着重抓好重大决策部署落实，深化改革、搭建平台、优化服务，不断激发创新主体活力。科技部将与北京市以及各有关部门加强协同，共同谋划、共同行动，形成推动科技创新中心建设的强大合力。陈吉宁在讲话中指出，北京市将深入学习贯彻中共中央总书记习近平对北京建设全国科创中心的重要指示批示精神，按照市党代会部署要求，在北京推进科技创新中心建设办公室领导下，凝心聚力，乘势而上，全力做好全国科技创新中心建设工作，努力打造北京经济发展新高地。下一阶段要做好三项重点工作：一要抓紧完善“三城一区”相关规划；二要抓紧推动项目落地实施；三要着力聚集培养顶尖人才。

（倪文龙）

【**高校参与全国科技创新中心建设座谈会召开**】7月7日，在市科委的组织下，清华大学、北京大学、华北电力大学、北京航空航天大学、北京科技大学等10所高校的领导和代表到未来科学城参观调研，并围绕高校参与全国科技创新中心建设进行深入交流座谈。高校代表一行首先实地参观考察了未来科学城展厅、国家电投集团科学技术研究院，听取了关于未来科学城总体建设情况的介绍。座谈会上，市科委副主任伍建民介绍了北京建设全国科技创新中心的总体情况。会议要求在京高校要积极参与“三城一区”建设，充分发挥自身学科优势，设立新型研发机构，加强与企业合作，促进国家重大专项布局。以项目为牵引，尽快形成参与北京科技创新中心建设的行动方案。与会高校代表围绕参与全国科技创新中心建设提出了意见和建议，一致表示希望发挥高校在科研、学科、人才等方面的优势，加强产学研协同创新，为全国科技创新中心建设做出自己的贡献。

（陈　戈）

【**各区科委参与全国科技创新中心建设座谈会召开**】7月20日，市科委在怀柔科学城组织召开“各区科委参与全国科技创新中心建设座谈会”。市科委主任许强出席并讲话。市科委副主任郑焕敏、伍建民，市纪委市监委派驻市科委纪检监察组组长刘晓军，市科委副巡视员张虹、王建新参加座谈会。全市16个区科委和经济技术开发区科技局相关负责人参会。座谈会上，伍建民介绍了北京建设全国科技创新中心的整体情况。许强向各区科委传达了中共中央总书记习近平在6月27日中央政治局常委会会议审议《北京城市总体规划（2016年—2030年）》时的重要讲话精神，传达了市委书记蔡奇对学习习近平重要讲话和落实相关工作的最新要求。

（市科委办公室）

【在京创新型企业参与全国科技创新中心建设座谈会召开】 9月2日，在京创新型企业参与全国科技创新中心建设座谈会在未来科学城举行，市委常委、副市长阴和俊主持会议并讲话。市政府副秘书长刘印春、科技部创新发展司副司长余健出席。市科委主任许强介绍了北京加强全国科技创新中心建设总体情况。与会创新型企业代表围绕参与全国科技创新中心建设提出了意见和建议，一致表示要发挥企业在技术创新、产业创新等方面的优势，为北京全国科技创新中心建设做出贡献。神华集团总经理凌文、联想控股董事长柳传志、中国核工业集团总工程师雷增光、中国船舶重工集团副总经理杜刚、中国电子科技集团总工程师吴曼青、中国航空发动机集团副总经理陈少洋、中国兵器工业集团科技与安全环保部副总经理翟利鹏 、科兴控股生物技术公司董事长尹卫东、盛景网联科技公司董事长彭志强、创新工场首席运营官陶宁、博奥生物集团高级副总裁邢婉丽、360公司副总裁石晓虹、百度在线执行总编辑刘敏、闪联副总经理孙志勇、甲骨文（中国）政府事务与业务发展部总监姚宇红等企业负责人，市发展改革委、市教委、市科委、市经济信息化委、市人力社保局、中关村管委会、海淀区、顺义区、昌平区、怀柔区、密云区、北京经济技术开发区等北京推进科技创新中心建设办公室“一处七办”牵头单位负责人参加座谈。

（市科委办公室）

【在京科研院所参与全国科技创新中心建设座谈会举行】 9月14日，在京科研院所参与全国科技创新中心建设座谈会在中关村科学城举行。市委常委、副市长阴和俊主持会议并讲话。科技部创新发展司副司长余健出席会议。市科委主任许强介绍了北京加强全国科技创新中心建设总体情况。与会科研院所代表围绕参与全国科技创新中心建设提出了意见和建议。会上，阴和俊指出，北京市将持续加快政府职能由研发管理向服务创新转变，搭平台、建机制、出政策、优服务。面临当前科技事业发展的新使命、新要求、新任务，在京科研院所要与北京市一起努力，共同推进全国科技创新中心建设。要积极对接国家重大创新任务，参与国家实验室、科技创新2030—重大项目和重大科技基础设施的建设，提升源头创新供给能力。要加快科技成果转化，积极参与“三城一区”建设，与各类创新主体加强协同合作、有效互动，支撑构建高精尖经济结构，服务经济社会可持续发展。中科院副院长王恩哥、中国工程物理研究院院长刘仓理等科研院所负责人，市发展改革委、市教委、市科委、市经济信息化委、市人力社保局、中关村管委会、海淀区、顺义区、昌平区、怀柔区、密云区、北京经济技术开发区等北京推进科技创新中心建设办公室“一处七办”牵头单位负责人参加座谈。

（倪文龙）

【北京代表团参加2017年上海浦江创新论坛】 9月23—24日，2017年上海浦江创新论坛在上海市东郊宾馆举行。作为本届论坛的主宾省市，北京市组织了由市委常委、副市长阴和俊为团长，科技创新中心“一处七办”牵头单位负责人为团员的代表团参会。阴和俊出席论坛开幕式并致辞，指出要“坚持和强化全国科技创新中心核心功能，争当建设世界科技强国的排头兵。北京市将按照中央的部署要求，扎实推进科技创新中心建设各项重点任务”。市科委副主任伍建民参加政策论坛，并作了题为《从北京实践看科技创新中心政策体系》的专题报告，介绍了近年来北京加强全国科技创新中心建设过程中，围绕打造具有全球影响力的科技创新中心出台的政策体系框架、开展的“北京实践”，以及需进一步完善的政策内容等。

（祖宏迪）

【科技创新中心和“三城一区”亮相香港】 11月28日，第二十一届北京·香港经济合作研讨洽谈会（以下简称“京港洽谈会”）在香港会展中心开幕。市科委主任许强率团出席京港洽谈会开幕式和京港科技创新合作专题活动，并应邀出席香港各界人士圆桌会议等交流座谈活动，同香港各界人士探讨如何共同加快推进全国科技创新中心建设，重点就优化营商环境、促进服务业扩大开放、开展科技人文交流、促进成果转化和技术转移、支持两地青年科技人才的创新创业等方面进行了交流。市科委副主任伍建民，科技创新中心“三城一区”专项办牵头单位和创新创业企业代表陪同参加了相关活动。科技创新合作专题活动现场,中关村京港澳青年创新创业中心揭牌成立。中关村京港澳青年创新创业中心与科信实业(香港)有限公司、香港钱方好近有限公司、香港艺文创荟文化协会有限公司;京泰国际商务中心与香港城市大学、中关村京港澳青年创新创业中心;香港理工大学、北京市可持续发展科技促进中心、中关村绿创环境治理产业技术创新战略联盟;香港理工大学、北控置业集团、北控水务集团有限公司分别举行了合作签约仪式。29 日,出席本届京港洽谈会科技创新合作专题活动的北京市科委代表团成员赴香港数码港、香港科技园、PMQ 元创方等单位,就京港两地在基础科学研究、新技术应用、商业模式等方面的合作空间进行调研考察并座谈交流。

(陈治光)

【北京推进科技创新中心建设办公室第三次全体会议召开】 12 月 24 日,北京推进科技创新中心建设办公室召开第三次全体会议。市委副书记、代市长陈吉宁,科技部党组书记、副部长王志刚讲话。王志刚从贯彻落实国家战略、部署实施重大任务、注重制度环境建设等 8 个方面肯定一年来北京加快推进全国科技创新中心建设取得的显著成效。陈吉宁在讲话中指出,北京市建设全国科技创新中心,既是北京下一步发展的迫切需要,也是承担国家战略的使命担当,必须按照中央部署要求,把推进科技创新作为全市的一项重大工作抓紧抓好。要高标准抓好各项规划编制,以新版北京城市总体规划为依据,全方位抓好创新人才聚集和服务,全力抓好科技成果转化落地,提高国际化水平,"引进来",积极"走出去",要不断深化体制机制改革,明确政府定位,做创新体制机制改革的第一推动力,营造有利于创新发展的良好环境。会议听取了 2017 年北京加强全国科技创新中心建设的进展及 2018 年重点工作安排的汇报。北京市政府与科技部、教育部、国家自然基金委分别签订了《共同加强北京全国科技创新中心建设协议(重点任务)(2017—2018 年)》《加强北京全国科技创新中心建设合作协议》《联合资助基础科学中心合作意向书》。

(倪文龙)

科技计划与投入

承担国家科技计划

【概述】2017 年,根据科技部工作部署,市科委完成 2017 年度北京地区国家重点研发计划的组织推荐工作。全年组织支持各类创新主体申报纳米科技、量子调控与量子信息、大科学装置前沿研究、蛋白质机器与生命过程调控等国家重点研发计划专项 59 项。积极对接国家科技创新 2030—重大项目,各相关处室结合工作重点,牵头对接国家科技创新 2030—重大项目,及时了解科技部顶层设计,明确责任分工。组织各领域梳理对接情况,并形成总体工作方案,向主管市领导做专项汇报并积极推动各领域按照市领导指示,明确对接思路,加快进展,力争更多任务落户北京。同时,协助科技部开展国家科技计划视频答辩、日常管理、答疑等工作。全年配合组织网络视频答辩评审会议共计 1005 场,有力地支撑了国家重点计划项目组织实施。

(市科技史志办公室)

【重大科技计划专项办第一次工作协调会召开】2 月 16 日,市科委组织召开了北京推进科技创新中心建设办公室重大科技计划专项办第一次工作协调会,市发展改革委、市教委、市济经息化信委等 9 家市级部门,东城区、海淀区等 5 家区政府代表以及市科委相关业务处室人员参加会议。会上,市科委委员杨仁全传达了 2 月 7 日国务院副总理刘延东主持召开的北京加强全国科技创新中心建设推进会精神。市科委重大办传达了 2 月 13 日副市长隋振江关于“一处七办”的工作部署要求,并介绍了重大科技计划专项办相关工作及 2017 年重点任务和项目分工。与会成员单位针对专项办工作机制、重点任务和分工进行了充分讨论和交流。会议要求各相关市级部门及区政府按照《北京加强全国科技创新中心建设重点任务实施方案(2017—2020)》中的任务及分工,明确责任部门和责任人,精心组织,确保各项任务落细、落实、落小、落深;加强统筹协调,建立会议会商、定期督办、信息报送机制;加强与国家相关部委和单位的对接,积极争取指导支持,扎实推进国家实验室在京布局保障等 7 项重点工作全面启动。

(黄会芳)

【对接国家科技创新 2030—重大项目专题会召开】5 月 22 日,市政府组织召开关于对接国家科技创新 2030—重大科技项目和重大工程工作情况专题会。市科委汇报了国家科技创新 2030 中 17 个重大项目国家的进展、北京市的基础、优势、举措等基本情况,并介绍了北京市对接工作开展情况及下一步工作建议,梳理了 17 个项目的情况。市委常委、副市长阴和俊对此次汇报给予肯定,并部署了下一步的工作。

(黄会芳)

【完成国家重点研发计划组织推荐工作】年内,市科委共完成北京地区国家重点研发计划 28 个重点专项的组织推荐工作,共计 257 个项目。项目总经费 1148627.21 万元,申请国家科技经费 559770.27 万元。2017 年市科委配合科技部组织国家重点研发计划北京地区视频答辩评审会 1005 场,涉及 59 个重点专项。研究制定市科委组织申报国家各类研发计划工作程序方案,进一步规范工作程序。

(李　昂)

【北京牵头承担 2017 年度国家重点研发计划重点专项居全国首位】2017 年度,国家重点研发计划立项 1115 个,涉及中央财政资金 246 亿元;北京地区共牵头 444 个项目,占比 39.8%,涉及中央财政资金 97.3 亿元,占比 39.6%,项目子课题中,北京地区承担课题 1279 个。

(翟亚宁)

【市科委电装处对接国家科技创新 2030—重大项目】年内,按照市委、市政府统一部署,市科委电装处围绕“航空发动机及燃气轮机”“量子通信与量子计算机”“国家网络空间安全”“深空探测及空间飞行器在轨服务与维护系统”“天地一体化信息网络”“大数据”“智能制造和机器人”和“新一代人工智能”8个重大项目积极对接国家科技创新2030—重大项目,与科技部、清华大学、北京航空航天大学、中科院等项目组织和参与单位开展对接,梳理重大项目进展、需求、北京优势资源等情况。设立培育专项,开展关键技术突破和能力培育,全力争取国家科技创新2030—重大项目落地北京。

(宋文峰)

【市科委双新处对接“重点新材料研发及应用”国家重大工程】 年内,市科委双新处专项对接科技创新2030—重大项目中的“重点新材料研发及应用”国家重大工程,充分发挥北京市前沿新材料领域优势,通过专项培育推动北京全国科技创新中心建设。

(张　玉)

【市科委生物医药处对接国家2030—脑科学与类脑研究重大项目】 年内,市科委生物医药处全面对接科技创新2030—脑科学与类脑研究重大项目,多次与科技部主管部门沟通重大项目组织进展,组织编制《关于在京建设脑科学与类脑研究北方科学中心的工作建议方案》,积极推动筹建脑科学与类脑研究北方科学中心有关工作。为做好地方配套服务,推动并落实北京中心筹建有关工作,按照该重大项目要求,组织北京脑科学和类脑研究领域专家召开多次讨论会,初步明确了建议优先启动的阿尔茨海默病研究等项目,以及脑科学研究数据库、非人灵长类研究平台等共性技术平台。积极推进北京中心选址、实体注册等相关工作,北方科学中心建设选址初步定于昌平区生命科学园。

(刘　阳　张　雨)

【市科委农村处对接种业自主创新工程】 年内,市科委农村处对接国家科技创新2030—重大项目“种业自主创新工程”,推进生物种业自主创新,推进作为国家种业自主创新工程决策咨询智库和项目实施的第三方平台的中关村国科现代农业产业科技创新研究院建设。梳理并调研整合首都种业优势资源,组织策划培育优势种业领域的重大项目,在玉米、蔬菜和蛋鸡等优势种业领域形成重大项目的培育凝练,为承接国家2030种业自主创新工程项目奠定基础。

(王伟娟　赵淑红　赵　娣)

【市科委社发处对接国家“地球深部探测”专项】 年内,市科委社发处对接国家科技创新2030—重大项目“地球深部探测”专项,与国土资源部科技司共同争取在京建设国家深地探测研发基地。推进大深度航空电磁探测系统研发,实现大深度航磁设备核心技术国产化;针对雄安新区核心区浅部地壳精细结构进行探测,为雄安新区市政规划、地热能源结构分布及人口承载能力提供科学依据。

(李京霖)

【北京纳入2030“智能制造和机器人”重大项目专项委员会成员】 年内,经市科委积极对接,科技部同意增加北京为国家科技创新2030—重大项目“智能制造和机器人”专项委员会成员,深度参与重大项目工作。该专项委员会作为第一责任主体,负责领导重大项目实施方案的编制,指导重大项目的组织实施。“智能制造和机器人”专项委员会由科技部、国家发展改革委、教育部、工业和信息化部、财政部、中科院、工程院、北京市、上海市、福建省、广东省等12个成员单位组成。

(张艳萍)

【装备中心对接国家科学仪器重大项目】 年内,北京科学仪器装备协作服务中心积极对接国家科学仪器重大项目。截至年底,“十二五”立项的14个国家科学仪器重大项目,在研6个项目,完成初步验收7个项目(包含70个任务),完成综合验收1个项目;研发成果丰硕,已完成共计新仪器141台,专利610项,标准97项,产业化基地14个。

(冯婷婷)

【国家科学仪器重大项目“ICP痕量分析仪器的研制与应用”】 年内,由钢研纳克检测技术有限公司牵头的“ICP痕量分析仪器的研制与应用”项目研制的ICP-MS痕量分析仪实现销售49台,销往北京、山东和香港等全国多达32个地区,销售总额2144.06万元,与国外安捷伦、赛默飞世尔等公司同类仪器相比,具有在环境、地质、矿冶、食品、材料等专业领域中技术指标及价格上的优势。

(冯婷婷)

【国家科学仪器重大项目“毫米波成像探测仪研制及产业化示范”】 年内,由同方威视技术股份有限公司牵头的“毫米波成像探测仪研制及产业化示范”项目上年度工业生产总值高达45.69亿元,其研发产品已实现海外销售,拉低了国外同类产品售价,产业化建设已完成一期626平方米研发基地建设和二期810平方米产业化基地扩建,已形成产品年产量100台(套),年产值

1.28 亿元的规模。

（冯婷婷）

【国家科学仪器重大项目“大规模光纤水听器阵列水声探测仪开发和应用”】 年内，由北京神州普惠科技股份有限公司牵头的“大规模光纤水听器阵列水声探测仪开发和应用”项目，其产品已形成销售订单 4 个，总额达 9280 万元。国外的同类产品属出口限制产品，本产品的研发打破了国外垄断，有力支撑国家海洋战略和国防重点工程建设，形成了较清晰的高分辨率地层剖面图，牵头单位在该仪器的工程化能力位列国内首位。

（冯婷婷）

【国家科学仪器重大项目“GNSS 全系统卫星导航测试分析仪”】 2017 年，由北京华力创通科技股份有限公司牵头的“GNSS 全系统卫星导航测试分析仪”项目研制的中国自主研发的北斗导航系统首次在 ARJ21－700 飞机 103 架机上进行了测试飞行，试验取得成功。北斗卫星导航产业作为我国战略性新兴产业，正在进入高速发展时期，到 2020 年全国导航产业预计产值达 4000 亿元。该项目研制的仪器已经率先在航天、航空、兵器、电子、电力等各个领域拥有数十家用户，已实现销售 18 台，销售总额达 2012.48 万元。

（冯婷婷）

本市科技计划

【概述】 2017 年，市科委积极贯彻落实国家关于深化科技管理改革要求、北京市财政科研项目和经费管理的要求，改革创新科研项目管理方式，加快形成充满活力的科技管理和运行机制，科技计划管理持续优化。在各处室的共同努力下，市科委年度科技计划从立项批复、预算评审、签订任务书、拨款、实施、验收等全过程管理执行顺利，各项业务有序开展。市科委重大科技项目、市科委科技计划专项工作有序开展。会同市财政局，构建市级部门工作沟通机制和督导落实机制，统筹推进 28 条落实，形成推进合力，抓好政策落实“最后一公里”，牵头研究制定全市落实督导工作方案，面向政府职能部门、项目主管部门和项目承担单位“三个层面”开展落实 28 条政策措施督导。

（市科技史志办公室）

【北京市科技计划项目（课题）管理改革】 1 月 1 日，《北京市科技计划项目（课题）管理办法（试行）》正式实施，从组织管理、需求调研及重点任务分解、立项管理、实施管理、验收（结题）管理、经费管理、科技报告与知识产权、信用管理和信息公开与档案管理等方面对科技计划项目（课题）管理进行了规定。同时制定了立项、实施和验收管理内部实施细则，进一步规范和加强了全市科技计划项目（课题）管理。全年支撑了 230 个项目、1096 个课题的立项（其中重大项目 66 项）工作。

（李　昂）

【完成落实中央引导地方科技发展专项报告】 1 月，市科委、市财政局共同完成 2016 年《北京市落实中央引导地方科技发展专项绩效目标完成报告》和《北京市落实国家科技改革和发展重大政策的自查报告》。此次报告主要针对科研条件建设、技术创新平台建设、科技创新创业服务机构、科技创新示范项目等 4 个方向，以及北京系统推进全面创新改革试验、加快建设全国科技创新中的关于科技创新中心建设、科技成果转化、科技经费及项目管理等政策进行了自评。

（贾翠云）

【65 项决策咨询研究课题启动】 2 月，根据北京市领导、市科委领导的决策需求，在广泛征集相关处室、委办局联络单位、部分智库和专家研究需求的基础上，全年重点围绕全国科技创新中心建设重大问题、战略性新兴产业发展、京津冀协同发展、非首都功能疏解、民生服务与保障等首都改革发展重大问题设立 65 项研究课题。其中软科学研究设立课

题 44 项，采用定向支持和社会征集相结合的形式确定承担单位；市政府专家咨询委决策咨询设立课题 21 项，采用部门和专家推荐的方式确定承担单位，同时吸引市委研究室、市政府研究室和市政府各组成部门共同参与研究。

（游　可）

【干细胞与再生医学研究专项专家组成立】3 月 20 日，市科委召开北京"干细胞与再生医学研究"专项专家组成立及实施方案讨论会。市科委主任闫傲霜、副主任郑焕敏、委员杨仁全、计划处处长巴纪兴、生物医药处处长曹巍等参加会议。讨论会上，市科委宣布了北京"干细胞与再生医学研究"专项专家组名单，标志专项正式启动。专家组代表中科院动物研究所周琪院士介绍了专项实施方案的设计框架，从干细胞与再生医学领域国内外研究现状，北京的资源优势和研究基础等方面进行了梳理分析，明确了专项指导思想和基本原则，初步提炼出近期的研究目标和重点任务。与会专家代表对专项实施方案设计框架充分认可，并就专项实施计划进行了交流讨论，从基础研究、临床研究、多学科交叉融合、制度建设等方面提出了意见。

（刘　阳　张　雨）

【中央引导地方科技发展专项工作获评优秀】4 月，市科委、市财政局共同组织实施的中央引导地方科技发展专项，在科技部、财政部组织的绩效考核中获评优秀，国办《关于对 2016 年落实有关重大政策措施真抓实干成效明显地方予以表扬激励的通报》（国办发〔2017〕34 号）予以表扬激励。

（贾翠云）

【建立购置查重评议工作机制】11 月 6 日，市科委、市财政局出台了《北京市科技计划项目（课题）科研设施与仪器购置查重评议工作实施细则（试行）》，初步建立评价考核，组织全市 95 家管理单位开展自查工作。科研设施与仪器购置查重评议工作机制初步建立。

（贾翠云）

【北京市科技计划科技报告管理】12 月 29 日，《北京市科技计划科技报告管理办法（试行）》正式对外发布，该管理办法对推动北京市科技计划科技报告的统一呈交、规范管理和共享使用，全面支撑北京市科技创新发展工作具有重要意义。

（李　昂）

【2017 年度市科委科技计划项目清单】年内，依据市科委 2017 年年初本级事业预算安排，本级事业 37 个（其中，年初预算 39 个，国家重点研发计划支撑专项年底被市财政局收回资金，实际执行专项 37 个），专项科技经费合计 233706.75 万元，共计支持课题 4004 项。具体专项清单如下。

序号	专项名称	专项科技经费/万元	课题（工作）任务数量/项
1	首都蓝天行动培育	3400	54
2	资源环境与可持续发展	3259.95	14
3	新能源汽车关键技术研究与示范应用	9081.71	24
4	电子信息技术创新与培育	3700	10
5	创新环境与平台建设	11699.5	291
6	科技型中小企业促进	11900	805
7	计划管理费	3296.547653	206
8	首都科技条件平台与科技创新券	11031.1	151
9	科技金融	2200	127
10	政策法规与体制机制改革	1134.328	60
11	科技创新中心建设宣传	2300	50
12	科技创新中心建设战略研究及专家咨询	2180	97
13	离退休人员养老与社保经费	15334.63	71
14	市委、市政府重点工作及区级政府应急项目预启动	8681.231122	32

续表

序号	专项名称	专项科技经费/万元	课题(工作)任务数量/项
15	京津冀协同创新推动	3986.78	21
16	北京脑科学研究	10000	23
17	新能源先进技术研发与应用	1400	4
18	首都临床特色应用研究与成果推广	6000	252
19	科技新星与领军人才培养	5044	364
20	首都食品质量安全保障	4010	17
21	生物燃气及循环农业科技促进培育	2400	10
22	国家现代农业科技城产业培育与成果惠民	4210	20
23	科技政务服务与协同创新能力提升	5258.09979	84
24	G20 工程创新研究	14100	132
25	协同创新管理改革试点	0	0
26	科技服务业促进	5000	143
27	先导与优势材料创新发展	8989.9	25
28	轨道交通技术创新和产业发展	3000	11
29	科技成果转移转化	33000	193
30	“设计之都”建设	4860	135
31	机动经费	2000	9
32	科学技术普及	6903.8256	438
33	国际科技合作	1630	41
34	市级科技项目统筹管理信息系统建设工作经费	1769.348	6
35	北京生命科学研究所专项运行费	10000	2
36	生物医药与生命科学创新培育研究	4400	57
37	城市精细化管理与应急保障	2695.8	14
38	智能制造技术创新与培育	3850	11
合　计		**233706.7502**	**4004**

（市科委发展计划处）

【规范和加强部门预算编制管理】 年内，市科委为进一步规范和加强部门预算编制管理，在内部试行《北京市科委预算管理办法（试行）》，建立了由市科委党组会、市科委主任办公会、预算编审领导小组、预算编制工作组、各业务处室和直属单位构成的五级预算编制组织架构，明确了职责分工，制定了预算编制流程，明确了时间节点和具体的工作要求。

（申昊星）

【北京地区科技统计年报调查】 年内，市科委积极贯彻《国家创新调查制度实施办法》，组织开展北京地区科技统计年报调查工作，涉及科研院所 300 余家、转制院所 100 家，以及部分国家科技计划项目。2017 年，北京全年研究与试验发展（R&D）经费支出 1595.3 亿元，比上年增长 7.5%，相当于地区生产总值的比例为 5.7%。

（翟亚宁）

【网络视频评审和答辩服务】 年内，北京市科技信息中心持续为科技部和市科委的科技计划项目评审提供视频评审服务。共协助科技部、市科委完成北京地区各类科技计划项目的网络评审及答辩会议约 1005 场，涉及 50 多个国家重点研发计划重点专项、2017 年度国家科学技术奖评审委员会会议、第五批国家农业科技园区答辩评审会等多个专题，实现了项目申报全程信息化管理，提升了科技计划项目管理过程监督机制的工作效能。

（张冬敏）

【政策支持中央引导地方科技发展专项资金工作】 年内，市科委市财政局共同制定《2017年度北京市落实“中央引导地方科技发展专项资金”三年滚动规划》和《2017年中央引导地方科技发展专项资金实施方案》，规划采取“双符合、大列示、集中重点”的原则编制；研究制定了《北京市中央引导地方科技发展专项资金管理细则》，从项目组织、资金使用、绩效与监管、四类分领域工作支持要求等进行了规定。同时，利用全市科技计划统筹管理机制，市科委、市财政局、市卫生局共同组织研究2017年重点支持项目，围绕《北京加强全国科技创新中心建设总体方案》内容，包括支持6个科创中心建设项目、支持2016年8个延续项目以及人口健康领域的5个项目。

（贾翠云）

【“绿色通道”专项立项】 年内，全市50家市级部门、区政府等共推荐课题157项，通过“市委、市政府重点工作及区级政府应急项目预启动”（简称“绿色通道”）专项立项80项，支持科技经费2.17亿元。

（申昊星）

【“G20工程支撑保障”专项创新品种临床研究立项】 年内，“创新品种临床研究”立项支持11个课题，投入科技总经费3200万元。“创新品种临床研究”工作自2014年起设立实施，旨在推动成熟品种加快临床研究、投产上市、贡献新增量。

（刘　阳　张　雨）

【“G20工程支撑保障”专项创新品种临床前研究立项】 年内，“创新品种临床前研究”立项支持25个课题，投入科技总经费3550万元。“创新品种临床前研究”工作自2013年起设立，旨在布局生物医药研发链早期阶段，筛选创新水平高、临床需求迫切、市场潜力大的早期品种，支持加快进入临床前研究。

（刘　阳　张　雨）

【“G20工程支撑保障”专项仿制药一致性评价立项】 年内，首次启动实施“仿制药一致性评价”工作，立项支持22个课题，投入科技总经费3100万元。

（刘　阳　张　雨）

【“G20工程支撑保障”专项十病十药研发立项】 年内，“十病十药研发”立项支持28项课题，投入科技总经费2250万元。“十病十药研发”工作自2011年实施，重点支持创新中药品种及技术研究，旨在提高医院开发临床中药方的积极性和研究水平。

（刘　阳　张　雨）

【“生命科学领域前沿研究”专项立项】 年内，“生命科学领域前沿研究”专项支持课题9项，投入科技经费2000万元。“生命科学领域前沿研究”专项旨在凸显北京的优势领域，支撑北京作为全国科技创新中心的定位。

（刘　阳　张　雨）

【首都设计提升计划专项实施效果显著】 年内，首都设计提升计划实施效果显著。首都设计提升计划专项自2011年实施，截至2017年，该专项以科技＋设计为主要手段，鼓励基于新技术、新工艺、新装备、新材料、新需求的设计应用研究，注重财政资金使用的效率，注重企业创新能力的培育，注重设计对高精尖产业的贡献，取得了较好的效果。①财政资金杠杆效益显著。2011—2017年，累计支持课题585项，带动研发投入超过114亿元，拉动企业增加收入超过600亿元。②企业创新能力显著增强。课题承担单位累计产出专利、著作权等知识产权3477项，红星奖、鲁班奖等知名奖项286项。③助力高精尖经济结构构建。超过六成的课题布局在以高端装备制造、新一代信息技术、节能环保、生物医药为主的领域，科技＋设计引领科技创新，促进成果转化。

（王露菲）

【北京市科技计划科技报告开放共享】 年内，北京市科技计划科技报告通过北京市科技报告服务系统实现科技报告的开放共享。截至年底，已收录科技报告465篇，涉及电子信息、生物新医药、新材料、先进制造、现代农业、社会发展、医疗卫生、软科学研究、节能、环保等10个领域。

（李　昂）

【科技管理信息系统优化升级】 年内，科技管理信息系统进一步优化升级，实现课题立项论证和评审“二合一”管理。改造预算管理，实现课题方案论证和经费评审“二合一”，实现立项论证与预算评审一体化。新增经费变更备案子系统，实现经费变更备案业务。新增财政科技经费退款备案子系统，实现经费退款备案管理。实现项目科技计划分类管理。

对照《北京市深化市级财政科技计划(专项、基金等)管理改革实施方案》,对管理信息系统现行管理的项目按照分类体系进行梳理,设计开发科技计划管理功能模块实现分类管理。

(李 昂)

【市科委统计工作体系改革】 年内,市科委围绕全国科技创新中心建设和市科委内重点工作,组织编制《北京市科学技术委员会统计工作管理办法(试行)》,规定职责分工、统计指标、统计调查、统计数据与报告和发布机制等,并制定科技统计指标体系、科技计划管理执行情况统计指标体系和统计报告发布计划,以发挥统计的服务、监测和导向作用,建立、健全市科委内统计工作体系,使科技数据连起来、活起来、用起来。

(翟亚宁)

【全市落实28条整体情况】 年内,市相关政府职能部门、各区政府、各项目主管部门和项目承担单位有序开展落实《北京市进一步完善财政科研项目和经费管理的若干政策措施》(京办发〔2016〕36号,以下简称"28条")的工作,进行政策解读宣传,完善制度建设,创新服务方式等。自28条发布以来,市科委、市财政局牵头,会同市教委等9个部门,积极构建市级部门统筹推进28条落实的工作沟通机制和督导落实机制。市科委、市财政局联合发布促进落实28条的通知(京科发〔2016〕679号)和开展28条督导的通知(京科发〔2017〕101号),将28条细化为71项任务分工。71项任务中,除第29项"扩大科研基本建设项目自主权"外,其余任务均已高质量推进实施。全市新制定各类落实性文件320多项,单位自主权得到落实,"放管服"改革成效显著。北京建筑大学率先出台差旅、会议、咨询费管理办法,北京市劳动保护科学研究所率先发布实施离岗创业办法。各区政府围绕落实28条,开展形式多样的政策解读与培训。围绕科技创新,各区共制定34项管理办法,朝阳区、西城区、丰台区、石景山区、通州区、大兴区、怀柔区发布实施了科研项目或经费管理办法,简化预算编制,实施方案论证和预算评审"二合一"等改革举措均已落地。

(贾翠云)

【有序开展28条落实督导】 年内,落实28条,是全国科技创新中心建设重点任务之一,被市委深改办纳入2017年书面督察项目和2017年市政府折子工程,被列入市科委2017年度绩效任务。市科委、市财政局牵头,会同市相关部门,组建督导组,研究制定督导工作方案,经市政府审定后实施。督导分政府职能部门、项目主管部门和项目承担单位"三个层面"和高等学校、科研院所、医疗机构和国有企业等四类(89家)主体实施,实现了市属高等学校、科研机构和医疗机构全面覆盖。通过自查报告、实地调研、问卷调研、座谈会,"找典范、做案例、查问题、寻答案",促进了立行立改和政策落实。梳理分析近150家单位情况,形成了落实28条典型案例、最佳实践和政策汇编等体系化工作成果,达到了"摸清情况、查明原因、提出对策、宣讲政策、推动落实"的督导目标。

(贾翠云)

【市领导针对28条亲自部署抓落实】 年内,市政府领导高度重视28条的部署落实相关工作。2月,副市长隋振江专题听取28条落实情况汇报。3月,市政府副秘书长刘印春专题研究28条督导方案。11月30日,市委常委、副市长阴和俊对市科委和市财政局联合上报的《北京市科学技术委员会 北京市财政局关于北京市财政科研项目和经费管理28条政策措施落实督导情况的报告》批示:"督导十分必要。好的做法要推广,存在问题要研究。改革要不断深化,最根本的还是要落地见效。完全赞同你们下一步工作的考虑,希继续抓好落实。"

(贾翠云)

【28条改革初见成效】 年内,调研发现,各市属单位和科研人员最认可的政策依次为:简化预算编制;实施方案论证和预算评审"二合一";下放预算调剂权限;改进教学科研人员因公出国管理;科研项目绩效支出和科技成果转化收益不纳入工资总额基数等。非市属单位最希望适用的北京市创新政策依次为:科技成果转化政策;实施方案论证和预算评审"二合一";间接费用比例提高;差旅费、会议费、国际合作费不纳入"三公"经费统计范围;科研项目绩效支出不纳入工资总额基数等。根据599份科研项目负责人的问卷发现,93.7%认为28条有利于调动科研人员的积极性和创造性;89.8%认为28条减少了不合理约束和过繁程序;91.2%认为单位制定的绩效支出激励力度符合28条。根据134份项目承担单位的问卷发现,88%简化了预算编制;91.7%落实了预算调整自主权;89.5%落实了自行采购科研仪器设备;82.7%落实了结余资金留存使用。

(贾翠云)

【制定配套政策落实 28 条】年内,市相关政府职能部门、各区政府、各项目主管部门和项目承担单位制定配套政策落实 28 条。自 28 条公布以来,政府职能部门(18 个)共有 40 项任务,除"扩大科研基本建设项目自主权"外,其余任务均已高质量推进实施,共新制定 21 个文件。其中,市财政局牵头的一系列经费和政府采购管理办法,将 28 条的核心内容和突破条款切实落到位。市人力社保局发布事业单位专业技术人员创新创业政策,明确支持和鼓励创新创业的"六种模式",已有 126 人受益,其中 27 人为离岗创业。项目主管部门(9 个)共有 33 项任务,科研项目和经费管理改革举措百分之百落实。市科委围绕全过程项目管理,形成了项目管理、经费管理、预算编制、审计要点、科技报告、信用管理等配套制度。市卫生计生委完善了相关项目和经费管理办法。市农科院制修订科技成果转化奖励、青年英才海外培养计划等 10 多个文件。项目承担单位共有 33 项任务。89 家市属单位(25 所高校,40 个院所,22 家医疗机构,2 家国企)新制定或修订近 300 项管理办法细化下放的自主权,共有现行适用管理办法 499 项。近 90% 的单位制定了内部报销规定。北京工业大学在科研仪器设备采购、首都医科大学在预算调整管理和财务报销、北京建筑大学在科研财务助理、北京市眼科研究所在结余资金管理等方面都进行了大胆探索和创新。中国音乐学院、北京天坛医院等单位,敢于打破常规,根据行业和单位实际需求,制定相应的经费支出标准。各单位制定差旅、会议、咨询费和预算调剂管理办法落实较好。56% 的单位制定了科技成果转化办法,36 家单位实施了科技成果转让,其中 34 家是协议定价方式。

(贾翠云)

【创新工作机制落实 28 条】年内,市相关政府职能部门、各区政府、各项目主管部门和项目承担单位,创新工作机制落实 28 条。市国资委、市审计局通过建立工作台账、纳入重点工作计划等细化落实。围绕工资总额激励,市人力社保局、市科委、市财政局等深入沟通,完善政策解释口径和操作流程,细化具体要求。围绕改进教学科研人员因公出国管理,市政府外办、市委组织部等制定实施意见,将医院教学科研人员专业技术进修纳入政策受益范围;出国由审批改备案制;教学科研人员身份的确定采用单位"自证"和部门"联审"方式推进实施。截至年底,110 多家高等院校和科研院所被确定为入选单位。创新服务方式,提升科研服务水平。科研项目经费支出普遍使用公务卡、银行转账、支票等"非现金"方式结算。大部分单位借助信息化系统,简化报销和审批流程。北京建筑大学连续"做减法",优化流程,全面推进财务信息化,实现"零排队""只跑一次"报销。首都医科大学通过简化报销流程,编制财务报销指南、推行网络报账,强化咨询服务,加强宣传力度等方式提高服务质量。

(贾翠云)

【加强"28 条"政策宣传情况】年内,加强对"28 条"的解读和宣讲,促进 28 条政策"入脑入心"。积极利用电视、广播、平面媒体、微信公众号、漫画、动画等方式,对各类组织、不同受众开展 28 条政策宣传与培训。据不完全统计,全市共召开宣讲会 400 多次,参加人次近 2 万人。所有承担 2017 年北京市科技计划项目的单位做到了"28 条"政策宣讲"全覆盖"。

(贾翠云)

基础研究和前沿技术研究

【概述】2017 年,市科委基金办围绕全国科技创新中心建设,依托自然科学基金培养高水平人才,探索与国家自然科学基金共同资助基础研究,深入推进联合基金工作,调动社会力量参与基础研究,力求充分发挥基础研究对全国科技创新中心建设的源头支撑作用，进一步提升北京市自然科学基金的品牌效应和影响力。制订重点任务行动计划，前瞻部署优先资助领域；联合国家基金共同资助基础研究，探索设立北京市杰出青年科学基金；市基金—海淀原始创新联合基金设立，推动联合基金进入新阶段；市基金—交控科技轨道交通联合基金形成“学研用”协同创新模式；市基金—三元联合基金持续促进跨学科合作研究；“基础研究和前沿技术研究”科技专项优秀成果突出。

（市科技史志办公室）

基金资助

【市基金－海淀原始创新联合基金设立】 5月23日，北京市自然科学基金－海淀原始创新联合基金正式设立，该联合基金作为市区合作共同开展基础研究的创新模式，旨在充分调动北京优势科技力量，开展与北京经济社会发展需求和区域战略定位密切相关的基础研究工作。在2017—2021年这5年内，北京市自然科学基金联合海淀区、北京协同创新研究院、北京市商汤科技开发有限公司和北京佰才邦技术有限公司，预计共同投入1.2亿元，紧密围绕海淀具有优势的智能制造领域，支持科研团队跨学科、跨部门开展前沿研究和应用基础研究，力争取得一批具有转化前景的重要基础研究成果，以强化海淀原始创新策源地、自主创新主阵地的功能。

（刘　杨）

【城市轨道交通控制系统可靠性与弹性联合实验室成立】 9月21日，交控科技—北京航空航天大学可靠性学院共同设立城市轨道交通控制系统可靠性与弹性联合实验室。该联合实验室重点在硬件可靠性、软件可靠性、网络可靠性、信息物理系统可靠性与弹性等方面开展技术攻关和成果转化工作，将航空航天领域可靠性理论与技术引入轨道交通领域；同时以技术联合体形式共享数据研究、成果储备、科研项目等相关资源，并在联合培养博士后、吸纳优秀毕业生等方面搭建人才培养机制，构建“学研用”协同创新模式。合作双方预期通过3～5年的联合攻关，实现建立轨道交通列控系统可靠性相关评价标准并推动轨道交通可靠性专业设立的目标。

（刘　杨）

【京津冀基础研究合作专项项目启动会召开】 11月28日，京津冀三地自然科学基金主管部门共同召开2017年度京津冀基础研究合作专项项目启动会。会上，9位项目负责人就智能机器人基础理论与方法、增材制造新工艺及新方法研究、智能机床关键技术与方法研究等问题进行报告交流。部分项目负责人在会议现场即达成了初步合作意向，并提出希望三地持续开展专项工作，建立长期稳定的项目资助机制，切实推进京津冀基础研究协同发展。

（刘　杨）

【资助市基金项目805项】 年内，市基金共受理360个依托单位的2018年度项目申请6547项，经评审，决定资助805项，其中重点项目23项、面上项目541项、青年科学基金项目241项。涉及数理科学18项、化学与材料科学136项、工程科学64项、信息科学111项、生物科学37项、农业科学49项、医药科学257项、城建与环境科学98项、管理科学35项。资助总金额14904万元。

（刘　杨）

【资助重点研究专题项目4项】 年内，市基金2017年度重点研究专题共设立医疗手术机器人基础理论与关键技术研究、肠道菌群调控新策略及其对重大疾病防控的研究、面向慢病管理的移动健康服务关键技术、永定河流域生态修复的基础科学问题研究4个指南方向。北京积水潭医院田伟教授的“骨科手术机器人基础理论与关键技术研究”、解放军总医院于生元主任医师的“天然药物通过调节肠道菌群防治偏头痛的可能机制”、中国医学科学院北京协和医院李延峰主任医师的“可穿戴设备在帕金森病慢病管理中的应用”以及北京师范大学丁爱中教授的“永定河流域生态修复的基础科学研究”等项目获得资助，资助总金额400万元。

（刘　杨）

【资助市基金－市教委联合资助项目50项】 年内，2018年度市基金－市教委联合资助项目申请期内，共接收项目申请218项，较上年度增加121项，医药、信息、城建与环境学科申请项目数量较多，超过申请总量的一半。经评审，共资助50项，资助总金额4000万元。建议资助项目分布在首都医科大学、北京工业大学、首都师范大学等9家市属高校，涉及医药、农业、城建与环境学科等多个学科。

（刘　杨）

【市基金－海淀原始创新联合基金聚焦中关村科学城建设重点领域】 年内，市基金－海淀原始创新联合基金在能源材料、机器人、医学影像、计算机视觉、无线通信等中关村科学城建设重点领域超前部署，共设12个重点研究专题方向和21个前沿方向。市基金－海淀原始创新联合基金在项目组织实施第一年就调动80家高校院所、医院、企业的实质参与，申请量达到372项，创市基金联合基金申请量新高，经专家评审择优资助55项（重点专题项目11项，前沿项目44项），资助总经费2321万元。资助重点研究专题项目瞄准行业共性技术，围绕高性能柔性电解质、医用微纳米机器人、上肢康复机器人、轨道交通复杂场景5G理论技术等方面开展多单位协同研究；前沿项目则围绕试制形成锌－空气液流电池、柔性锂/钠离子电池、胶囊微型机器人、靶向多模态纳米探针、智能驾驶系统、5G超密集异构组网等开展相关领域技术储备研究。

（刘　杨）

【市基金－交控科技轨道交通联合基金持续关注轨道交通可靠性与智能化】 年内，市基金－交控科技轨道交通联合基金围绕城市轨道交通运行控制领域向智能化、网络化、自主化发展中的关键科学技术问题前瞻布局。2017年共征集相关项目51项，经评审，共资助11项，资助总经费275万元。有效吸引了北京航空航天大学、北京邮电大学、北京工业大学等单位参与研究。

（刘　杨）

【2017年度市基金－三元联合资助3项】 年内，2017年度市基金－三元联合资助项目3项申请项目得到批准，资助总经费279万元。资助项目均通过多学科合作围绕母婴肠道微生态调节展开研究，采用动物实验、孕产妇或婴儿人群队列，研究低聚糖、唾液酸等新型复合功能配料对母婴肠道微生态和免疫的调节作用和机制，开展动物与临床功效评价研究，有望为开发母婴肠道微生态调节产品提供理论支撑。

（刘　杨）

【2017年度会议验收联合资助项目14项】 年内，市基金会议验收了市基金委－北科院联合资助项目13项，市基金－三元联合资助项目1项。验收联合资助项目共计发表论文125篇，其中SCI等核心期刊论文89篇，国际国内会议论文36篇，平均每个项目发表论文约8.9篇；申请专利19项，获得专利授权14项；取得软件著作权登记16项。

（刘　杨）

【京津冀基础研究合作专项聚焦智能制造共性技术】 年内，京津冀基础研究合作专项着眼于解决大城市病和支撑高精尖产业结构构建，围绕“智能制造共性基础研究”部署基础研究合作专项。京津冀三地共接收申请148项，经评审共资助18项，资助总经费324万元，资助项目围绕数控机床智能监控方法、弱刚性加工装备状态智能检测控制、机器人关节设计制备、金属构件材料3D打印尺寸改进及打印构件表面处理等方面开展基础研究。

（刘　杨）

【2018—2019年度重点项目指南编制】 年内，市基金办编制2018—2019年度重点项目指南，该重点项目指南在城市与环境、生命与健康、产业促进等领域安排了9个指南方向。面向首都可持续发展对能源、水资源的重大需求以及城市交通问题，设立清洁能源与可再生能源高效利用、城市道路智能交通理论、海绵城市建设基础理论3个指南方向，鼓励申请人利用多学科的理论与方法，开展系统性、创新性研究。为提高首都市民的生活水平，保障生命健康，布置重大疾病的精准医疗、环境污染的健康效应研究、动植物病虫害发生与控制3个指南方向，鼓励申请人以探索人类健康、疾病防治等相关的新理论、新途径和新方法为目标，开展学术思想和研究方法的创新研究。面向战略新兴产业，立足学科前沿，安排了能源高效转换与储存材料、新型信息功能材料与器件、基于5G的车联网理论3个指南方向，引导申请人从应用实践中提炼关键科学问题，产生具有自主知识产权的研究成果。

（刘　杨）

【对外合作交流活动基金项目促进国内外专家学者交流合作】 年内，对外合作交流活动基金项目围绕机器人及自动化、生命科学前沿、食品安全、轨道交通及智能交通、重大疾病诊疗技术、纳米新材料、清洁能源和新能源、科技文化产业融合、新一代移动通信、生态环境保护等领域共资助了14个国际学术会议，共吸引了4000余人参加会议。其中，会议特别邀请了来自德国、美国、英国、日本、法国、韩国、朝鲜、澳大利亚、加拿大、荷兰、奥地利、斯洛伐克等30多个国家和地区及国内的诸多顶级专家参会并发表主题演讲，有效促进了科技人才的成长与交流，把握了学科发展前沿动态，搭建了国内外专家学者的交流与合作的平台。

（刘　杨）

优秀成果

【新型节能建材的环境性能评价与设计的关键问题研究】 年内，北京工业大学崔素萍教授主持完成市基金重点项目“新型节能建材的环境性能评价与设计的关键问题研究”（项目编号：2141001），构建了基于材料性能－资源消耗－环境影响关联分析与综合评判的全生命周期生态设计理论与方法，形成了与国际接轨的生态设计规范与手册；建立了集成环境负荷基础数据库、生态设计专家系统与网络数据共享平台的材料生态设计支撑平台，集成环境负荷数据超过13万条；完成了水泥、玻璃、保温材料、墙体材料等20余种常用建材及部品资源、环境效率的量化辨识与系统优化，提出了材料的低环境负荷组分设计、制备工艺与再生循环方案，实现了材料的高性能、长寿命、可循环，以及原料获取、生产、使用与再生循环等全生命周期过程的环境协调化。成果已应用于北京金隅集团等重点企业的生态设计实践，在保证产品性能合格的基础上，实现了单位产品能耗降低10%、碳减排10%、资源消耗下降5%等预期目标。

（刘　杨）

【聚合物熔体微分静电纺丝纳米纤维可控制备原理与方法研究】 年内，北京化工大学杨卫民教授主持完成的市基金重点项目“聚合物熔体微分静电纺丝纳米纤维可控制备原理与方法研究”（项目编号：2141002），针对传统溶液静电纺丝存在的溶剂污染和低效率问题，提出熔体微分电纺纳米纤维绿色制造新原理、新方法。在阐述熔体微分电纺机理的基础上，解决了研究者始终无法克服的高黏度熔体堵塞、塑化系统高压电绝缘和电场均化、纤维超细化和高产量工业化等关键技术难题，批量化纳米纤维膜高效空气过滤产品进入市场，新增利润1500余万元。日本纺丝专家高崎绿评价该技术“解决了聚合熔体静电纺丝工业化的关键问题”；著名电纺专家Seeram院士评价该成果是“熔体静电纺丝研究里程碑式的成果和静电纺丝历史的标志性事件”。项目成果在国际上率先开辟了纳米纤维绿色制造的新途径，推动了中国制造向中国创造的转变，促进了我国高端新材料制造业的国际竞争力。

（刘　杨）

【新型高效低温液态空气储能的基础研究】 年内，中科院理化技术研究所王俊杰研究员主持完成的市基金重点项目“新型高效低温液态空气储能的基础研究”（项目编号：3151002）开展了低温液态空气储能热力学基础及模拟仿真研究，探索液化压力、膨胀压力和低温泵效率等重要参数对储能效率的影响；提出梯级蓄冷、小温差传热高效蓄冷流程，并初步筛选出不同方案下的低温蓄冷工质。在此基础上完成100千瓦和10兆瓦级液态空气储能系统的蓄冷系统设计；针对压比为6.5的高负荷单级离心压气机扩压器进行了改型优化和模拟分析，其绝热效率达83.79%；搭建了国际首套基于液相工质蓄冷的液态空气储能实验平台，验证储能系统的实际蓄冷能力，测试结果表明：蓄冷系统蓄冷效率达90%以上，大幅领先国外目前57%左右的水平。该项目研究使液态空气储能技术的基础更加坚实，有望为我国新能源利用中的“弃风弃光”问题、电网的安全稳定运行及电力调度面临的“电荷峰谷”问题提供新的解决方案。研究成果发表在《能量转换与管理》（*Energy Conversion & Management*）、《能源》（*Energy*）等知名期刊上。

（刘　杨）

【长爪沙鼠糖尿病模型近交系的培育及发病相关机制研究】 年内，首都医科大学陈振文教授主持完成的市基金重点项目“长爪沙鼠糖尿病模型近交系的培育及发病相关机制研究”（项目编号：7141002）在长爪沙鼠近交培育7代的基础上，采用全同胞交配的繁殖方式，定向选择空腹血糖和餐后血糖均高的个体后代进行兄妹繁育，经过多年培育、系统实验研究，已近亲繁育20个世代，达到了近交系动物近亲繁殖代数要求，群体检测结果表明该品系生物学特性稳定，表型性状趋于一致，经微卫星DNA和生化标记分析方法对该近交系遗传质量检测，结果符合近交系动物遗传质量要求。该长爪沙鼠糖尿病模型近交系符合糖尿病标准的发病率达60%以上。经包括胰腺等器官组织病理学和血清胰岛素抵抗、瘦素、脂联素水平等多项指标测试，以及初步糖尿病基因研究结果证明该糖尿病是2型糖尿病，群体成模率稳定，模型一致性好，已成为稳定的长爪沙鼠糖尿病模型群体。12月25日，北京市实验动物专家组成员的专家鉴定认为，该品系是国内外首个长爪沙鼠糖尿病模型近交系,具有自主知识产权。项目筛选出的长爪沙鼠糖尿病新的相关基因为糖尿病机制研究提供了新思路。

(刘　杨)

【整合多维组学信息建立急性心肌梗死合并心脏破裂的分子预警体系】 年内,首都医科大学附属北京安贞医院聂绍平教授主持完成市基金重点项目"整合多维组学信息建立急性心肌梗死合并心脏破裂的分子预警体系"(课题编号:7141003),建成已知最大的包含生物样本的心脏破裂(CR)临床数据库。基于临床数据库分析出的CR临床特征及危险因素提升了临床医生对CR的认识水平,并将CR的预防窗口提前到患者入院。利用CR患者的生物样本,通过易感基因筛查和多组学分析,首次揭示急性心肌梗死(AMI)合并CR分子水平的特征性变化,为生物标志物的筛选和发病机制的研究提供基础。整合CR患者的临床特征、危险因素及多组学信息等,建成首个CR预警体系。预警体系的建立为CR的早期预警提供新的临床实践方法及可行方案,为进一步建立精准的CR预警模型打下基础。CR预警体系在临床上的应用有望降低CR发病率及死亡率,减轻首都居民及医保的经济负担。研究成果发表在《治疗诊断学》(*Theranostics*)、《*Int J Cardiol*》《*J Am Heart Assoc*》等国际知名期刊。

(刘　杨)

【Tim-3表达失常影响肠道免疫稳态的机制及意义研究】 年内,军事医学研究院韩根成教授主持完成的市基金重点项目"Tim-3表达失常影响肠道免疫稳态的机制及意义研究"(项目编号:7141007)在新型检查点分子Tim-3的免疫调控机制、与疾病的相关性、干预策略方面开展了系统的研究。该项目率先在分子水平阐明了Tim-3调控免疫细胞稳态的新机制,通过体内外干预实验阐明了将Tim-3作为疾病干预靶点的可行性,制备了一系列有自主知识产权的Tim-3抗体、可溶性蛋白、检测试剂盒等制剂,Tim-3-Fc产品获得美国国家发明专利授权,为下一步的开发转化,服务于北京市医疗卫生事业奠定了基础。研究成果发表在《Oncoimmunology》《Scientific Reports》等国际权威杂志。

(刘　杨)

【农业云服务可适性关键技术及应用模型研究】 年内,北京市农林科学院赵春江研究员主持完成市基金重点项目"农业云服务可适性关键技术及应用模型研究"(项目编号:4151001),建立了农田时空耦合数据统一描述模型,实现了海量实时数据下的高效索引维护。该项目提出多级时空索引树结点分裂更新方法,保证了海量农业数据多级时空索引的维护与检索效率;提出农业感知数据时空变异规则挖掘与预处理方法,开发出多参数跨媒体数据的农作物病害智能决策系统原型;构建了一种按需选择与最优化动态组合的施肥辅助决策模型,实现了基于农业实时数据服务组合的畜禽行为诊断按需服务系统原型。项目还建立了领域农业知识图谱和全国农业科教云平台,并以国家农科城云服务平台、全国农业科教云平台为应用载体,对关键技术成果进行了实验验证,面向全国200多个农业科技园区、30余万农技人员、100余万经营主体/农户提供全产业链云服务,形成了73万服务日志,实现了云计算农业应用服务创新。

(刘　杨)

【航空硬脆复合材料超声精密加工的表面创成机理研究】 年内,清华大学冯平法教授主持完成的市基金重点项目"航空硬脆复合材料超声精密加工的表面创成机理研究"(项目编号:3141001),针对航空硬脆复合材料结构件的高效精密低损伤加工难题,在典型SiC基/增强相复合材料旋转超声加工工艺和关键基础科学问题方面开展了系统研究。该项目在材料去除机理及刀具—工件相互作用行为、工件表面创成机理与表面质量评价方法等方面取得重要理论突破,并在加工损伤形成机理与抑制方法方面获得优异的应用效果;形成了陶瓷复合材料旋转超声高效精密低损伤加工工艺与方法,实现比传统磨削加工效率提升2倍以上,减小加工损伤75%以上。研究成果具有较高的科技水平和创新性,有助于提升首都航天航空产业加工能力,实现新产品的跨越式发展。

(刘　杨)

【多高层框排架支撑结构体系消能减震理论与技术基础研究】 年内,北京工业大学高向宇教授主持完成的市基金重点项目"多高层框排架支撑结构体系消能减震理论与技术基础研究"(项目编号:8141001),首次发现传统框排架结构因支撑失稳导致非弹性扭转,研究了非弹性扭转致灾机理,具备幅值突增和位移场畸变特征。提出框排架抗屈曲消能减震设计方法,通过静动力试验及分析证明其可高效降低非弹性扭转，对防治屋架或大型装备强震下可能发生的落架及倒塌起到关键作用。多项实际工程设计表明，设置防屈曲支撑的框排架在多遇、设防和罕遇地震下基底剪力可同比减小 5% ~ 36%，等效阻尼比可增加 5% ~ 100%；以当年建筑市场和减震技术缺乏广泛性条件为例，建筑钢结构总造价降低 1.1% ~ 6.1%。相关成果已为天津北疆电厂二期侧煤仓、某 2 · 600MW 机组四列式钢筋混凝土框排架，以及某 1000MW 机组四列式钢框排架减震设计提供了技术支持。

（刘　杨）

【随机数据丢包环境下的迭代学习控制设计与分析】 年内，北京化工大学沈栋副教授主持完成市基金面上项目“随机数据丢包环境下的迭代学习控制设计与分析”（项目编号：4152040）。项目针对随机数据丢包环境下的迭代学习控制问题，在多个维度上丰富完善了相关研究，建立了随机丢包环境下迭代学习控制的设计与分析框架，深入讨论了随机序列模型、伯努利变量模型、马氏链模型 3 种常见丢包模型，提出了间歇型与连续型更新算法，给出了算法在期望意义、均方意义和几乎必然意义下的收敛性分析，研究了输出端与输入端同时存在的丢包情形，建立了随机数据丢包环境下迭代学习控制算法的设计与分析框架，形成了一套原创理论体系。研究成果充实了不完备信息下迭代学习控制的理论基础，有助于理解跟踪性能与不完备信息之间的鲁棒性关系，对在批次过程型系统中实现渐进精确跟踪具有重要科学意义和指导价值。

（刘　杨）

【智能制造服务供需匹配理论与方法研究】 年内，北京航空航天大学陶飞教授主持完成的市基金面上项目“智能制造服务供需匹配理论与方法研究”（项目编号：4152032），将复杂网络和超网络的相关理论应用于面向服务的制造系统中服务供需匹配中，从一个全新的角度来分析制造系统中服务的组织、聚合、调用的复杂机理，以及任务需求动态演变的复杂机理。该项目首次提出了一种可扩展的制造服务供需匹配超网络模型及其相应的建模方法，建立了一套基于网络统计学特性的制造服务调度、预调度、再调度方法，构建了一个基于超网络的制造服务供需匹配仿真平台，同时探索了车间异构制造资源信息物理融合理论与方法。相关成果为面向服务制造及服务竞争环境下的制造企业，如制造资源拥有企业（服务提供者）如何保护本企业的核心服务、如何提高本企业的服务调用率；制造资源需求企业（服务需求者）如何降低企业成本、如何选择合适的服务并高质量地完成本企业的制造任务；系统（服务运营者）如何提高资源配置效率、如何实现服务效用的最大化等问题提供理论指导依据。项目成果获得国家发明专利授权 2 项，发表 SCI 论文 15 篇，其中 2 篇入选 ESI 高被引论文。

（刘　杨）

【IgA 肾病与狼疮性肾炎的共性及特性遗传背景研究】 年内，北京大学第一医院肾内科周绪杰副研究员主持完成的市基金面上项目“IgA 肾病与狼疮性肾炎的共性及特性遗传背景研究”（项目编号：7152148）系统评价了 IgA 肾病和狼疮性肾炎的共性遗传背景，发现并证明 IgA 肾病与系统性红斑狼疮/狼疮性肾炎存在共性遗传基础。研究发现 IgA 肾病与系统性红斑狼疮/狼疮性肾炎 10 个共同致病基因和 4 条关键致病通路。该项目从遗传关联分析、表达关联分析及多基因交互作用等多层次实验分析证实了关键致病分子通路，避免单基因关联分析的假阳性，这为进一步研究 IgA 肾病与狼疮性肾炎系统性全身免疫差异和肾损伤机制提供了重要线索。免疫性肾小球疾病遗传学研究的系列工作，在国际上处于前沿水平，提出了免疫性肾小球疾病发病机制的新理论，为新型治疗策略的探索提供靶点，开拓了新的研究和治疗领域。

（刘　杨）

【载 SDF－1 的纤维内矿化胶原支架引导骨组织再生的研究】 年内，北京大学口腔医院副研究员刘燕主持完成的市基金面上项目“载 SDF－1 的纤维内矿化胶原支架引导骨组织再生的研究”（项目编号：7152156），围绕“骨组织结构与功能协同再生”这一理念，根据天然骨的微纳多级拓扑结构特性，进行纤维内矿化胶原的仿生设计与构建，成功制备出具有类天然骨结构的矿化胶原骨修复支架材料，其力学性能接近天然骨，具有适宜可控的降解性能、良好的促进干细胞成骨/成血管分化性能及调节免疫反应性能。纤维内矿化胶原支架材料植入体内后可募集宿主相关细胞迁移至缺损区并分化形成骨/骨髓样组织，其骨缺损修复效果媲美自体骨移植修复，新生骨结构与功能明显优于临床常用骨粉产品。本研究的创新性设计技术打破国际企业的相关技术垄断，在国际上属于首创，预估临床转化后可降低成本 20% ~30%。

（刘　杨）

【纳米钽酸盐的化学控制合成、非金属掺杂改性及其可见光催化制氢性能】 年内，中科院理化技术研究所张铁锐研究员主持完成的市基金面上项目“纳米钽酸盐的化学控制合成、非金属掺杂改性及其可见光催化制氢性能”（项目编号：2152033）采用缺陷调控、构筑自组装结构等策略，扩展和增强了光催化材料在可见光区的吸收；开发了一种具有高导电性的廉价金属 Cd 纳米片取代传统的低导电性还原氧化石墨烯或者贵金属载体和一种超薄超小并具有特定晶面暴露的非贵金属基析氧助催化剂 NiO；开发了具有异质界面结构的 NiO/Ni 纳米复合催化材料，并采用光催化手段取代传统的高温高压反应过程，首次实现了高选择性光催化 CO 加氢低温制备高附加值化学品，C_2-C_7 烷烃的选择性高达 60%，为 CO 催化加氢转化提供了一条清洁可持续的新途径；发展了“孔性 $g-C_3N_4$ 模板、氮源”策略，通过水热包覆和高温煅烧的方式制备出具有高 N 含量、大比表面积以及丰富的孔结构碳纳米片，在电催化氧气还原反应（ORR）中表现出与商用 Pt/C 相当的活性、优异的稳定性以及卓越的甲醇耐受能力，该成果对设计非金属电催化剂具有重要意义。

（刘　杨）

【基于纳米阵列材料的柔性透明薄膜电极构筑、性能及超级电容器储能器件】 年内，北京化工大学万鹏博教授主持完成的市基金面上项目“基于纳米阵列材料的柔性透明薄膜电极构筑、性能及超级电容器储能器件”（项目编号：2152023）针对柔性透明电极材料导电性一般、容量有限、柔性欠佳，限制了其在柔性、透明电子学储能器件方面的应用问题，围绕具有良好电接触、较大容量及循环稳定性的复合材料纳米阵列结构的柔性透明薄膜的制备、柔性超级电容器储能器件的组装及构效关系开展研究，在柔性、透明的导电基底上原位聚合沉积制备了石墨烯/聚苯胺阵列复合材料结构等系列柔性、透明薄膜，优化柔性透明电极的结构与储能性能关系，所组装的柔性、透明超级电容器储能器件展示了良好的柔性、优异的能量存储性能，揭示了柔性透明薄膜储能器件的性能与结构、尺寸及组装的关系，实现了储能器件的高效化、便携化、环保化，为纳米阵列材料运用于柔性透明薄膜储能器件奠定工作基础和提供理论依据，为新型电化学储能器件的开发及对北京市的节约能源、环境治理、能量存储方面的可持续发展打下坚实基础。研究成果共发表 SCI 论文 10 篇，其中 2 篇入选材料类 ESI 高被引论文。

（刘　杨）

【面向清洁能源的集成光电极构筑与光电化学性能研究】 年内，北京化工大学项顼教授主持完成的市基金面上项目“面向清洁能源的集成光电极构筑与光电化学性能研究”（项目编号：2152022），在集成光电极结构构筑与性能强化方面开展了系统研究，通过将催化与光敏单元有效耦合，获得了结构稳定，集催化、光吸收、电荷分离多功能一体的高性能光电极。项目设计并制备了多种催化剂/光敏单元集成光电极，在光电化学水分解、光合成 H_2O_2 中显示了增强的光—化学能转换效率，水氧化效率最高达 90%，法拉第效率近 100%，发现了提高光电极氧化效率的新途径，即同时抑制光生电荷复合与氧还原逆反应；揭示了光生热电子对光电极性能增强的作用机制。光合成 H_2O_2 的研究成果为纯水体系高选择性合成 H_2O_2 奠定了催化剂基础，有望在小型 H_2O_2 发生器中得到应用，在医疗消毒、家用清洁、饮用水净化等方面有潜在应用。研究成果作为封面文章发表在《ChemSusChem》上，另有 1 篇 SCI 论文入选 ESI 高被引论文。

（刘　杨）

【层状无机有机复合荧光薄膜的可控组装及其在典型环境污染物检测中的应用】 年内，北京师范大学闫东鹏教授主持完成的市基金面上项目“层状无机有机复合荧光薄膜的可控组装及其在典型环境污染物检测中的应用”（项目编号：2152016）以二维层状无机有机复合材料为研究主体，环境敏感的光功能分子为客体，构筑对环境污染具有高效选择性识别的插层结构有序薄膜材料。以提高检测灵敏度为导向，对层状材料的结构、能带特征、发光性能调控等方面进行详细研究，获得层状无机有机复合光功能材料，对典型的挥发性有机化合物和水体污染物具有高灵敏度和快速检测能力；通过解决此类材料可控组装和功能调控中的重要问题，最终实现对于环境污染物检测特异性和灵敏度的提升；逐步揭示了此类材料的结构特征、无机/有机基元的相互作用以及层状结构与传感特性的构效关系，发掘了其在典型环境污染物荧光、磷光检测的应用价值，以及其在新型光学智能传感材料方面的优势，获得光学性能好、响应灵敏度高、可逆稳定性强且具有潜在应用前景的层状无机有机复合光功能材料，促进了该类材料的深入研究和进一步发展。研究成果共发表SCI论文30篇，有3篇入选ESI高被引论文。

（刘　杨）

【车用发动机全工况范围内有机朗肯循环余热回收系统的工作机理研究】年内，北京工业大学张红光教授主持完成的市基金面上项目“车用发动机全工况范围内有机朗肯循环余热回收系统的工作机理研究”（项目编号:3152005）针对车用发动机的变工况特点，着眼于实现有机朗肯循环系统与车用发动机的最佳匹配，从而达到高效回收车用发动机排气余热能的目的。该项目揭示了有机工质在有机朗肯循环系统各部件中的工作机理和有机朗肯循环系统中核心部件的运行参数随车用发动机工况的变化规律；建立了车用内燃机－有机朗肯循环联合系统仿真模型，并对联合系统的性能进行了优化；阐明了车用发动机全工况范围内有机朗肯循环余热回收系统的工作机理，并提出了适用于车用内燃机－有机朗肯循环联合系统的运行模式判别方法及控制策略；提出了适用于车用发动机余热回收的自由活塞直线发电机策略，并对自由活塞直线发电机进行了系统性的研究工作。该项目研究已经开发出车用发动机有机朗肯循环余热回收系统原理性样机1套，自由活塞直线发电机原理性样机1套、快速压缩机原理性样机1套。其中车用发动机有机朗肯循环余热回收系统原理性样机、自由活塞直线发电机原理性样机的主要技术指标达到了国际先进水平。

（刘　杨）

【地震应急专题图离线生成技术研究与示范应用】年内，北京市地震局谭庆全高级工程师主持完成市基金青年项目“地震应急专题图离线生成技术研究与示范应用”，收集整理京津冀地区基础地理数据和地震专业要素数据，针对地震应急专题图的制作，提出了一种新型的地震应急专题图离线快速生成技术，实现了预缓存专题图数据快速生成技术、预缓存专题图数据组织管理技术、可视化专题图配置与批量输出技术等全链条的关键技术，研发了自主知识产权的业务化应用软件，针对地震应急制图需求，加工制作了几十类预缓存空间数据，在制图时不需要第三方商业GIS软件的支撑，不但提高了制图效率、降低了对制图人员的专业要求，还节省了商业软件购置及软件研发委托费用，具有重要的实际应用价值和显著的间接经济效益，现已在国内进行大范围推广应用。

（刘　杨）

【用户网上视觉行为模式及大脑信息加工机制的跨龄研究】年内，北京工业大学栗觅副教授主持完成的市基金青年项目“用户网上视觉行为模式及大脑信息加工机制的跨龄研究”（项目编号:4164080）基于网上用户搜索和浏览两种工作状态的眼动模式，采用主动感知技术提取两种不同状态的眼动模式特征，同时采用基于支持向量机（SVM）分类方法，提出了一种基于眼动数据的网上用户状态识别方法；基于瞳孔直径对于情感的定量化计算首次提出了“情感带宽的概念和情感带宽测量方法”，并试制了一套基于情感带宽的眼动数据采集装置与情感评估系统。项目成果解决了机器不能主动感知上网用户工作状态的问题，其学习速度快，分类正确率高，具有较高的识别效率，为网络主动提供信息服务提供了技术保障。评估系统的开发将为抑郁症等情感类精神疾病的诊断提供客观的量化标准，提高诊断正确率。相关成果获得发明专利授权5项，其中美国发明专利1项，获得软件著作权授权4项。

（刘　杨）

科技投入

【概述】2017 年,围绕全国科技创新中心建设,市科委不断加大科技投入,做好财务资产管理,做好 2017 年预算下达、批复和公开,2016 年部门决算和科委系统企业决算,2018 年预算编报。加强财务经费管理,对财政资金从预算、批复、执行到决算各阶段的管理制度和工作流程要求进行全面梳理。市科委 2016 年度收入总计 410073.68 万元,其中,本年收入 377286.59 万元,用事业基金弥补收支差额 2.7 万元,年初结转和结余 32784.39 万元。2016 年度一般公共预算财政拨款支出 366826.64 万元。2017 年,市科委向社会公开发布的收入预算说明情况如下:2018 年收入预算 412550.72 万元,比 2017 年 323062.05 万元增加 89488.67 万元,增长 27.70%。研究组建北京科技创新基金,找关键、聚共识。组织起草《北京市科技创新基金设立方案》,并在 2017 年全国双创周北京会场启动仪式上发布。

（市科技史志办公室）

【北京市科技创新基金创立】9 月 15 日,在 2017 年全国大众创业万众创新活动周北京会场启动仪式暨中关村创新创业季开幕式上,市科委主任许强表示,为支撑全国科技创新中心建设,市政府决定成立北京市科技创新基金,专注于科技创新领域投资,与天使投资、创业投资等社会资本形成合力。北京市科技创新基金是市政府主导的股权投资母基金,以全球视野专注于科技创新领域投资,通过政策设计和创新服务模式,同国内外高校院所等创新源头,以及创业投资、龙头企业等社会资本形成合力,引导基金投向。科创基金政府出资总规模 200 亿元。其中北京市政府投资引导基金出资 120 亿元,北京国有资本经营管理中心、中关村发展集团股份有限公司、北京首都科技发展集团有限公司、北京亦庄国际投资发展有限公司 4 家市属国有企业各出资 20 亿元。4 家国有企业共同发起成立科创基金管理机构,管理团队成员面向社会公开遴选。

（贾翠云）

【向市人大常委会汇报市科委 2018 年度预算工作】11 月 10 日,市科委从部门预算草案整体情况、部门重点项目和重点支出情况、目前预算编制工作中存在的问题及建议 3 个方面向市人大常委会汇报 2018 年度市科委部门预算编制情况。

（申昊星）

【北京市科技创新基金公开遴选管理机构】12 月 25 日,市科委与市经济信息化委、中关村管委会等有关部门共同召开《北京科技创新投资管理有限公司(筹)公开遴选母基金管理机构、总经理及经营管理团队公告》发布会,启动面向国内外公开遴选母基金管理机构、总经理及经营管理团队工作。

（贾翠云）

【2016 年收入支出决算总体情况说明】市科委 2016 年度收入总计 410073.68 万元,其中:本年收入 377286.59 万元,用事业基金弥补收支差额 2.7 万元,年初结转和结余 32784.39 万元。在本年收入中,财政拨款收入 369540.37 万元,占收入合计的 97.95 %;上级补助收入 0 万元;事业收入 3054.60 万元,占收入合计的 0.81 %;经营收入 4433.82 万元,占收入合计的 1.17%;附属单位上缴收入 0 万元;其他收入 257.79 万元,占收入合计的 0.07%。2016 年度支出合计 374093.49 万元,其中:基本支出 13462.74 万元,占支出合计的 3.60%;项目支出 356366.44 万元,占支出合计的 95.26 %;上缴上级支出 0 万元;经营支出 4264.30 万元,占支出合计的 1.14%;对附属单位补助支出 0 万元。2016 年结余分配 466.65 万元,年末结转和结余 35513.54 万元。

（贾翠云）

【一般公共预算财政拨款支出决算总体情况】市科委 2016 年度一般公共预算财政拨款支出 366826.64 万元,主要用于以下方面(按大类):教育支出(205 类)8.92 万元;科学技术支出(206 类)356956.41 万元,占本年财政拨款支出的 97.31%;

社会保障和就业支出(208 类)123.86 万元,占本年财政拨款支出的 0.03 %;医疗卫生与计划生育支出(210 类)20.98 万元,占本年财政拨款支出的 0.01%;资源勘探信息等支出(215 类)985.00 万元,占本年财政拨款支出的 0.27 %;商业服务业等支出(216 类)8731.51 万元,占本年财政拨款支出的 2.38 %。

(贾翠云)

【科学技术管理事务决算情况】 市科委科学技术管理事务 2016 年度决算 4228.30 万元,比 2016 年年初预算减少 214.13 万元,下降 4.82%。主要原因:北京市科学技术委员会(本级行政)和北京市科委行政事务服务中心由于人员调动等因素,年末在职人数减少,压缩会议费等因素造成部分基本经费和项目经费结转下年。

(贾翠云)

【基础研究决算情况】 市科委基础研究 2016 年度决算 40304.15 万元,比 2016 年年初预算增加 4515.24 万元,增长 12.62 %。主要原因:市科委加大对科技项目(课题)支持力度,追加“北京脑科学研究”“生物医药与生命科学创新培育研究”“新能源先进技术研发与应用”等项目预算。

(贾翠云)

【应用研究决算情况】 市科委应用研究 2016 年度决算 70508.56 万元,比 2016 年年初预算增加 17130.93 万元,增长 32.09%。主要原因:市科委加大对科技项目(课题)支持力度,追加“国家现代农业科技城产业培育与成果惠民”“科技新星与领军人才培养”“首都食品质量安全保障”“新能源汽车关键技术研究与示范应用”“生物质制备燃料乙醇加工转化关键技术研究与应用”“生物燃气及循环农业科技促进培育”等项目预算。

(贾翠云)

【技术研究与开发决算情况】 市科委技术研究与开发 2016 年度决算 163173.21 万元,比 2016 年年初预算增加 27117.24 万元,增长 19.93%。主要原因:市科委加大对科技项目(课题)支持力度,追加“能源科技与产业资源聚集区企业提质增效”“设计之都”建设、“国家重大研发计划匹配”“轨道交通技术创新和产业发展”“北京典型街区与传统村落设计提升示范”“先导与优势材料创新发展”等项目预算。

(贾翠云)

【科技条件与服务决算情况】 市科委科技条件与服务 2016 年度决算 28670.87 万元,比 2016 年年初预算增加 8879.16 万元,增长 44.86 %。主要原因:市科委加大对科技项目(课题)支持力度,追加“2016 年中央引导地方科技发展专项”等项目预算。

(贾翠云)

【社会科学决算情况】 市科委社会科学 2016 年度决算 1738.98 万元,比 2016 年年初预算增加 48.99 万元,增长 2.9 %。主要原因:北京科技开发交流中心和市科委人才交流中心继续执行上年结转项目“共建张家口创新创业孵化中心”“重点行业高端创新人才案例研究”支出。

(贾翠云)

【科学技术普及决算情况】 市科委科学技术普及 2016 年度决算 8400.63 万元,比 2016 年年初预算增加 2081.62 万元,增长 32.94%。主要原因:市科委加大对科技项目(课题)支持力度,追加“科学技术普及”项目预算。

(贾翠云)

【科技交流与合作决算情况】 市科委科技交流与合作 2016 年度决算 1976.91 万元,比 2016 年年初预算增加 121.91 万元,增长 6.57%。主要原因:北京技术交易促进中心除正常执行当年预算内项目预算外,继续执行“2015 年亚欧科技创新合作中心建设”“2015 年外国驻华机构科技信息对接与共享”“2015 年第六届中意创新合作周活动筹备组织”等项目预算。

(贾翠云)

【其他科学技术支出决算情况】 市科委其他科学技术支出 2016 年度决算 37954.80 万元,比 2016 年年初预算增加 9144.62 万元,增长 31.74%。主要原因:市科委加大对科技项目(课题)支持力度,追加“科技创新中心建设战略研究及专家咨询”“北京创新创业服务机构能力提升(众创空间)”“北京创新创业服务机构能力提升(技术转移机构)”“基于互联网的居家医养结合服务平台研发与示范”“道路多维地理信息管理与服务平台建设”等项目预算。

(贾翠云)

【市科委专项预算情况】 年内,市科委围绕推进全国科技创新中心建设这一主线,按照项目、平台、人才和合作 4 方面,以主线清晰、布局合理、方法科学、任务精准为原则进行布局,以事定钱,突破原有专项设置，重新梳理重点工作，形成市科委 2018 年度预算方案，共设立 28 个专项。预算总需求 63.2 亿元，包括 2017 年提前启动 3.5 亿元、优先保障预算 44.2 亿元及储备预算 15.5 亿元。

（申昊星）

【市科委收入预算说明】 年内，市科委已经向社会公开发布的收入预算说明情况如下：2018 年收入预算 412550.72 万元，比 2017 年的 323062.05 万元增加 89488.67 万元，增长 27.70%。其中：财政拨款 373131.96 万元，比 2017 年的 302698.92 万元增加 70433.04 万元；统筹使用结余资金安排预算 1816.14 万元，比 2017 年的 1753.18 万元增加 62.96 万元；其他资金 37602.62 万元，比 2017 年的 18609.95 万元增加 18992.67 万元。其中：事业收入（不含财政专户管理的事业收入）3245.15 万元，比 2017 年的 2781.62 万元增加 463.53 万元；事业单位经营收入 4445.43 万元，比 2017 年的 4417.50 万元增加 27.93 万元；其他收入 72.36 万元，比 2017 年的 244.04 万元减少 171.68 万元；继续使用的财政性结转资金 29839.68 万元，比 2017 年增加 18672.89 万元。事业收入增加的主要原因：北京生产力促进中心等公益二类事业单位承接外省市对口培训，承接科技部及其他单位有关现代服务业课题（工作任务），承担面向科技型中小微企业服务促进、人事代理服务、科技人才培训、软件检测检验等工作，增加事业收入预算。事业单位经营收入增加原因主要为北京软件产品质量检测检验中心、北京生物技术和新医药产业促进中心等单位取得的软件产品的检测检验收入、咨询服务收入、专业设计服务收入等。其他收入减少主要原因为北京技术交易促进中心 2018 年投资收益预算预计减少。

（贾翠云）

【市科委支出预算说明】 年内，市科委已经向社会公开发布的支出预算说明情况如下。2018 年支出预算 412550.72 万元，其中：基本支出预算 23718.59 万元，占总支出预算的 5.75%，比 2017 年的 20437.11 万元增加 3281.48 万元，增长 16.06%；项目支出预算 384744.14 万元，比 2017 年的 298465.30 万元增加 86278.84 万元，增长 28.91%；上缴上级支出 0 万元，与 2017 年持平；事业单位经营支出 4087.99 万元，比 2017 年的 4159.64 万元减少 71.65 万元，下降 1.72%；对附属单位补助支出 0 万元，与 2017 年持平。基本支出增长的主要原因：由于事业单位改革，部分直属单位根据“三定”职责调整增加工作内容，相应增加在职人员人数；同时，由于调整社会保险缴费基数等因素，导致人员经费及相应公用经费增加。项目支出增长的主要原因：根据市科委 2018 年整体工作安排，落实党的十九大报告精神，对接国家科技重大战略的部署，加强对前瞻性基础研究、突出关键共性技术、前沿引领技术、颠覆性技术创新等方面的支持。在网络空间安全、量子信息科学、人口与健康、物质科学、空天技术等方面加大项目经费支持；同时围绕市委、市政府关心的科技成果转化、企业创新能力提升，民生与城市管理等方面增加了支出，由此调整了基础研究、应用研究、科技条件与服务、社会科学研究等方面的支出预算。

（贾翠云）

【市科委部门预算用于项目支出的主要方向】 年内，市科委 2018 年部门预算支出主要用于项目支出，主要支出方向有以下几个。①科学技术管理事务方面，主要用于市属转制科研院所离退休人员养老与社保经费、科技政务服务与协同创新能力提升（信息化）等项目。②基础研究方面，主要用于 2018 年度北京市自然科学基金、北京国际光电子科学与技术研究院建设、北京生命科学研究所运行经费、怀柔科学城科技创新、北京量子信息科学研究院筹建“脑科学与类脑研究北方科学中心”地方配套、北京量子信息科学研究院筹建、前沿新材料研究、智能网联驾驶关键技术研究及测试示范、“脑科学与类脑研究北方科学中心”地方配套（科研）、生命科学前沿创新培育等项目。③应用研究方面，主要用于全球健康药物研发中心建设、智能制造与机器人培育项目、医药协同科技创新研究（科研）、首都临床特色应用研究、物质科学大装置集群交叉实验技术研究项目、对接国家 2030 京津冀环境综合治理重大工程项目、首都健康保障培育研究、国家物联网与智慧城市重点专项对接、深空探测培育、新一代信息通信技术培育等项目。④技术研究与开发方面，主要用于 G20 工程医药产业创新研发项目、企业技术创新平台建设项目、高科技企业培育项目、能源领域技术协同创新、北京市科技新星计划、首都蓝天行动培育项目、北京市高新技术成果转化项目认定政策落实、北京（全国）水环境创新中心建设、北京协同创新研究院实施经费等项目。

⑤科技条件与服务方面，主要用于科技服务业促进、首都科技创新券、中央引导地方科技发展专项等项目。⑥社会科学方面，主要用于科技创新基地培育与发展工程、科技前沿与创新发展研究、科技创新中心建设决策研究、科技创新中心目标监测评价研究。

（贾翠云）

科技资源

科技人才

【概述】2017 年,围绕首都科技人才选拔管理和培养交流活动两大主线,市科委着眼于科技人才需求不断进行突破创新,扎实工作作风,提升工作质量,筑牢首都科技创新与发展的人才智力基础,为全国科技创新中心建设做好智力保障。重点围绕领军人才年度选拔、日常管理和培养交流活动等方面,为领军人才发展提供全方位服务。2017 年度完成了 2018 年度 30 名领军人才选拔,2017 年度领军人才任务书签订,2014 年、2015 年两批领军人才结题验收,举办了领军人才培训会 2 次,交流活动 3 次,领军人才单位实地走访考察 12 次。为打造全国科技创新中心建设高水平人才高地,进一步提高首都科技人才合作能力、国际视野和市场化水平,2017 年多次开展科技人才跨地交流、成果转化实训班、英语培训、学术沙龙等活动,使人才交流工作更深入、更扎实、更灵活。

(市科技史志办公室)

【面向海外高层次人才政府特聘岗位签约仪式举行】2 月 7 日,市科委举办面向海外高层次人才政府特聘岗位合同签订仪式,聘用诺基亚剑桥技术中心资深科学家魏迪博士为主任助理。市科委副主任朱世龙,中科院院士刘忠范,市委组织部人才工作处处长、北京市人力资源研究中心主任刘敏华,市委组织部人才工作处副处长于海蛟,市人力社保局流动调配处副处长肖先平等出席签订仪式。仪式上,刘敏华指出,市科委面向海外高层次人才设置政府特聘岗位体现了资源整合的创新、科研组织方式的创新、人才使用方式的创新,对魏迪博士及石墨烯研究院提出了课题研究方面在全世界领跑、人才培养方面领航、体制改革方面领军的 3 个期望。刘忠范院士介绍了石墨烯研究院的筹建情况。

(市科委办公室)

【领军人才培养交流活动——走进 360 举行】3 月 4 日,市科委主办的“领军人才培养交流活动——走进 360”在北京奇虎科技有限公司举行,本年度科技人才活动开启。市科委委员杨仁全、360 公司创始人兼总裁齐向东、2014 年度入选的领军人才等参加活动。齐向东首先介绍了公司有关情况,特别是结合自身在领军人才工程 3 年培养期的切实感受,分享了他创新创业、成才成功的历程和奥秘。市科委委员杨仁全结合《北京加强全国科技创新中心建设重点任务实施方案(2017—2020 年)》,做主旨报告,介绍了相关背景情况,解读了《实施方案》。市科委人事教育处处长朱晓宇、审计处副处长陈群分别为参会人员介绍了领军人才工程结题注意事项和经费审计政策要点。

(吴媛媛)

【科技新星人工智能与网络大数据沙龙举行】4 月 25 日,北京市科技新星“人工智能与网络大数据”学术沙龙在北京邮电大学举行。20 多位领军人物、新星和校内外专家、教师、业内人士等 60 余人参加了本次学术沙龙。沙龙由 2017 年度科技新星北京邮电大学信息与通信工程学院副教授马占宇主持。活动中,各位专家从不同方面、不同角度围绕网络大数据、人工智能、机器学习等前沿课题展开深入讨论。会后,参会人员参观了基于先进空口协议的网络仿真环境。此次学术沙龙,为科研院所、行业用户的专家学者提供了交流平台,有助于领军人物、新星与北京邮电大学和其他相关领域专家在人工智能与大数据技术领域的合作与交流。

(李琳婧)

【首都科技工作者学习交流会举办】5 月 23—24 日,首都科技人才工作者学习交流会举行,共 130 余人参加。参会人员主要是来自北京地区高校、科研院所、医疗机构和企业中从事科技人才管理工作的负责人和专职人员。首都科技人才工作者学习交流会已经连续举办 3 年,此次活动结合首个“全国科技工作者日”的契机,以释放科研人员活力为核心内容,解读科技人才有关政策;同时围绕“创新创业”不同需求安排专题讲座、分组交流和走访调研，以丰富交流培训内容。

（李琳婧）

【科技人员参加京津冀协同创新交流活动】 6月9日，30余名科技人员参加京津冀协同创新交流活动。17名科技人员进行了环境、农业、生物医药、仪器装备制造、信息技术、新材料等领域的项目展示，之后大家参观了宝坻经济开发区、九园工业园区和天津市宝坻紫荆创新研究院，宝坻区的新能源新材料产业、新型高端装备智造产业。科技新星们同当地政府、企业家及投资方进行了深入的交流互动。

（苏 丹）

【领军人物京津冀跨地交流活动开展】 6月14—15日，6名来自生物医药、节能环保、电子信息等领域的首都科技领军人物赴天津滨海新区中关村科技园、天津国际生物医药联合研究院等地参观访问。科技领军人物了解了当地优越的交通、医疗、教育等配套服务措施和产业扶持力度，并同当地政府人员进行对话。

（苏 丹）

【科技新星食品真实性前沿技术沙龙举行】 7月21日，北京市科技新星"食品科技之盾－食品真实性前沿技术"学术沙龙在中国食品发酵工业研究院举行。来自各领域的领军、新星、领军团队成员、院内外专家、业内人士等60余人参加了活动。本次沙龙是由2016年度科技新星中国食品发酵工业研究院钟其顶发起，市科委人事教育处、市科委人才交流中心共同主办的高水平、高规格的青年科研人员学术交流活动。沙龙围绕食品真实性问题、食品感官科学等内容进行。来自京津地区科研院所的3位食品领域科研人员介绍了自己的最新研究成果，并表达了开展跨领域交叉合作的愿望。

（李琳婧）

【首期首都科技成果转移转化实训班开班】 7—12月，首期首都科技成果转移转化实训班开班。实训班以"为首都科技人才发展增值、为科技成果转移转化服务"为宗旨，通过人才培养的方式促进成果转移转化工作，搭建了集知识产权、企业管理、项目管理、政策法规等内容为一体的课程体系，以理论学习、读书分享、参观走访、座谈交流等多种形式展开教学。实训班深入考察并筛选25个科研人才及其项目，通过6个月内8次课程、10余次活动，对项目不断打磨与升级。12月1日，实训班举行了结业式暨路演展示，6位学员参加了路演展示，30余家知名投资机构和20余家领军企业投融资部门出席。

（苏 丹）

【2014年度28名首都科技领军人才培养工程项目通过验收】 8月28日，市科委人才交流中心分领域组织了2014年度领军人才项目验收会，邀请行业技术专家、投资专家和人才管理专家组成评委会，通过领军人才现场汇报答疑，专家结合项目任务书，对人才项目完成情况和人才成长情况进行综合评价。28名领军人才带领团队开展行业重大关键技术攻关，涌现出大批自主创新的重大科技成果，经济社会效益显著。最终，28名领军人才培养工程项目通过验收。

（吴媛媛）

【两名科技特派员入选2016全国创新人才推进计划】 8月，在科技部开展的2016年创新人才推进计划评选中，科技特派员北京农信通科技有限责任公司董事长李勇和北京绿山谷芽菜有限责任公司总经理张桂琴入选创新人才推进计划，并获得科技创新创业人才殊荣。

（王伟娟 赵淑红 赵 娣）

【"三城一区"主平台建设科技人才交流活动举行】 9月26日，"走进怀柔科学城"考察交流活动举行，来自各个科技领域的领军人物及领军团队成员、科技新星、科研管理人员等50余人参加了活动。本次活动得到怀柔区委组织部、怀柔科学城管委会的大力支持，旨在让参加活动的科技人才深入了解怀柔科学城的建设情况，以及未来发展方向，为科技人才创新和合作搭建平台。参会人员参观了怀柔科学城展厅，听取相关人员讲解科学城的发展及前景。特邀中科院北京综合研究中心王俊峰为大家做题为"怀柔科学城发展历程与人才工作进展"的讲座。

（李琳婧）

【首都科技盛典人物入选"北京学者"】 9月30日，第三批"北京学者"名单公布，季加孚、贾继东、赵久然3名首都科技盛典人物当选。

（戴旭峰）

【科技新星生物特征识别创新创业学术沙龙举行】 10月25日，北京市科技新星"生物特征识别"创新创业学术沙龙在北京中科虹霸科技有限公司举行。来自各领域的领军人物和领军团队成员、科技新星、行业专家、创业成功人士等60余人参加活动。

本次沙龙是由2014年度科技新星北京中科虹霸科技有限公司的何召锋发起，市科委人事教育处、市科委人才交流中心、北京安全技术学会共同主办。此次沙龙活动的主旨是为青年科技人员、创业人士在生物特征识别技术和创业心得历程交流提供平台。沙龙围绕"生物特征识别"这一主题，就虹膜、人脸、移动设备、芯片、语音等内容分别进行了学术报告。到场的其他行业专家给大家讲述了智能芯片、生物特征识别测试标准、自动驾驶技术等知识。在座的科技新星等青年科技人员、创业人士现场提问，并针对该技术可投资性、行业现状、标准制定进行了讨论。

（李琳婧）

【中法创新大会加强中法人文交流】 11月24日，中法创新大会在北京西苑饭店举行。大会由中国科技部和法国高等教育、研究与创新部共同主办，市科委承办，是中法人文交流机制第四次会议的重要配套活动之一。科技部国际合作司司长叶冬柏，法国高等教育、研究与创新部国际与欧洲事务司司长德佩欧在大会上致辞。来自中科院、法国国家科学研究中心、四川大学、北京航空航天大学、索尔维公司、施耐德公司等中法科研院所、高校、企业的100余名科研人员参会。在开幕式上，首届中法杰出青年科研人员交流计划启动，大会设置了中法杰出青年科研人员交流论坛和中法联合实验室合作论坛。法国国家科学研究中心驻中国代表处主任李岚珩、中科院上海巴斯德研究所联合科研所长阿润扎纳、国家天文台副台长薛随建等围绕如何拓展双方科研创新合作的深度与广度、促进中法联合实验室健康可持续发展、建立健全两国在科研人才交流过程中的互利政策和协调机制等内容建言献策。

（赵　抗）

【市农林科学院赵春江当选中国工程院院士】 11月27日，市农林科学院信息中心主任赵春江当选中国工程院院士。赵春江先后入选"北京学者"、国家级百千万人才工程、"万人计划"、北京市"高创计划"、农业部农业科研杰出人才及其创新团队、科技部创新人才推进计划、全国杰出专业技术人才等。赵春江针对"信息化促进农业现代化"的国家重大需求，持续开展了信息与农业深度融合的创新研究，并多次主持北京市科委重大项目。围绕规模化农场精准农业，牵头研发了精准作业处方、农机北斗导航、肥/药变量实施控制技术。围绕设施温室智能控制管理，主持研制出温室测控物联网技术产品，实现广泛应用。先后获4项国家科技进步二等奖、2项国际奖，获得授权发明专利33件，发表论文155篇，成果在30个省市区及越南推广应用。

（王伟娟　赵淑红　赵　娣）

【3名首都科技盛典人物当选中国工程院院士】 11月27日，中国工程院2017年院士增选结果公布，孙逢春、乔杰、赵春江3名首都科技盛典人物当选。据统计，在本次新当选的67名院士中，共有32名来自中央在京科研机构，占比接近半数。

（戴旭峰）

【2018年度首都科技领军人才入选人员座谈会举行】 12月8日，市科委人事处、市科委人才交流中心举办了2018年首都科技领军人才培养工程入选人员座谈交流会。市科委副主任伍建民、副巡视员杨仁全等出席了会议。2018年领军人才入选人员和团队核心成员等40余人参加了本次会议。座谈会上，市科委副巡视员杨仁全宣读了2018年首都科技领军人才培养工程名单并表示祝贺。新入选的领军人才代表对所在优势领域进行科普讲解，促进大家互相交流、寻求合作。市科委副主任伍建民就北京加快建设具有全球影响力的科技创新中心做辅导报告，指出科技创新中心建设需要领军人才积极发挥引领辐射带动作用。

（吴媛媛）

【北京新能源领域新增4名院士】 年内，北京新能源领域新增4名院士，分别是北京化工大学，高分子化学杨万泰；国家纳米科学中心，分析化学赵宇亮；北京工业大学，粉末冶金聂祚仁；清华大学，无机非金属材料周济。

（张　玉）

【首届中法杰出青年科研人员交流计划开展】 年内，首届中法杰出青年科研人员交流计划开展。此项交流计划是根据科技部与法国国民教育、高等教育与研究部、外交与国际发展部"关于中法杰出青年科研人员交流的意向声明"的相关安排。市科委人才交流中心作为计划实施承担单位，选拔征集24名来自北京协和医院、北京航空航天大学、复旦大学等高校、科研机构的中国青年科研人员赴法交流。法方共派出12名青年科研人员赴清华大学、华中科技大学、中科院昆明植物所等单位交流。

（赵　抗）

【做好科技人才服务保障】 年内，市科委人才交流中心开展全市建言献策工作，请知名科研院所、高等院校及企业负责人及人才专家结合北京市已出台的高端人才政策及实际工作需要，从人才政策及引、用、育、留等方面提出具有战略性、针对性、可行性的意见和建议。面向全市创新平台、重点企业等开展需求调查工作，共调查了295家单位，947人，推动科技创新中心建设人才引进专项计划。就北京石墨烯研究院、北京生命科学研究所、IBM等单位科技人才面临的住房、子女入学、户籍等问题召开专题研讨会，研讨解决问题的措施，协助中关村管委会，宣传推荐外籍人才申请在华永久居留积分评估工作。完成2017年度自然科学研究系列职称评审和研究员“直通车”评审工作，共200余人次申报。

（赵　抗）

【对接国家和北京市重点人才计划】 年内，市科委人才交流中心完成国家和北京市多项人才计划推荐，推荐第三批“万人计划”创业、领军、团队各类别共47人；推荐北京市第四批“高创计划”科技创新与科技创业领军人才15人；完成2017年度北京市优秀人才培养资助推荐工作，推荐青年拔尖个人项目25人、青年拔尖团队项目3个、人才集体项目1个；推荐第十三批“海聚工程”3人、推荐北京生命科学研究所青年人才申报“百千万人才工程市级人选”人才3名。

（张炎霖）

【30人入选2018年度首都科技领军人才培养工程】 年内，市科委人才交流中心完成2018年首都科技领军人才培养工程选拔工作。本年度共计274人申报，经过形式审查、专家咨询评审、依托单位公示和综合评定会、市科委主任办公会审定，共产生30名入选人员。从入选人员类型来看，创新类23人，创业类7人；从依托单位类别来看，中央与地方比例相当，中央单位15人，地方单位15人；从所属专业领域来看，与北京市重点发展产业布局相一，电子信息、医疗卫生、生物医药、新能源新材料领域人数较多，均占10%以上。

（吴媛媛）

【120人入选2018年北京市科技新星计划】 年内，市科委人才交流中心完成2018年北京市科技新星计划申报评审工作。经过公开征集、材料评审、会议评审、市科委主任办公会审定等环节，从1200名申报人中遴选出120名，同时做好总后卫生局（含301医院）、北京工业大学、市安全监管局等单位的联合培养人员选拔工作。

（王雪梅）

高等院校

【综述】 2017年，北京地区高校开展科研活动的单位共104个，北京地区高校及附属医院共有教学与科研人员114309人，其中科研活动人员84410人；科研经费总投入279.82亿元；承担研究项目96187项；发表学术论文127627篇、出版著作4830部；获省部级及以上奖励619项；现有研究机构1045个，全年经费内部支出182.81亿元，年末固定资产原值355.69亿元。

（刘　帅）

【建设期满的哲学社会科学研究基地评估】 4月，市教委联合市哲学社会科学规划办公室检查评估24个建设期满的北京市哲学社会科学研究基地。经评审，8个研究基地被评为“优秀”。新增北京食品安全战略与政策研究基地、北京文献语言与文化传承研究基地、北京廉政建设研究基地、首都终身教育研究基地、国家税收法律研究基地为北京市哲学社会科学研究基地。至2017年年底，共批准建立62个研究基地。

（张　豫）

【2016年度市属高校特色教育资源库项目验收完成】 5月10日，市教委完成2016年度市属高校特色教育资源库项目的验收。9所高校完成28个主

题资源包建设，项目在特色资源的内容质量、实施效果、队伍建设与人才培养、组织管理等方面取得新进展。至5月底，高校特色教育资源库建设共完成485个，涵盖服装、电影等11个领域的主题资源包，整合图片218.5万张、音视频9.5万个、文字6415.5万字、网页设计14.4万个。

（张　豫）

【北京高校167项成果获市哲社优秀成果奖】8月16日，北京市第14届哲学社会科学优秀成果奖评选结果揭晓，北京高校167项成果获奖，其中，一等奖39项、二等奖128项。奖项共设马克思主义理论、哲学、社会学、经济学、政治学、教育学、法学、历史学、管理学、语言文学、艺术学·新闻传播学、交叉学科·综合12个评选组，著作类、论文类和调研报告类3种成果形式。全市共有202项成果获奖，其中，一等奖45项、二等奖157项。该奖项是市委、市政府为繁荣发展首都哲学社会科学事业，鼓励社科工作者围绕改革开放和社会主义现代化建设，开展学术研究、推动理论创新、多出精品力作、服务首都发展而设立的奖项，1987年启动。

（张　豫）

【京津冀高校首届研究生网络与信息安全技术大赛】9月22日，北京高校10支代表队参加京津冀高校首届研究生网络与信息安全技术大赛。比赛设解题模式、攻防模式、混合模式3种形式，涉及安全编程、漏洞利用、网络流量分析等技术，京津冀地区25所高校的34支队伍参加比赛。北京邮电大学、北京信息科技大学获一等奖，国际关系学院、华北电力大学、首都师范大学获二等奖，北京工业大学、北京联合大学、北京交通大学、北方工业大学、北京科技大学获三等奖。

（陈　萌）

【认定两个北京实验室】10月和11月，根据《关于进一步加强北京实验室建设的意见》《北京实验室建设发展规划2017—2035》和《北京实验室建设与运行key管理办法》，经宏观论证和领域论证等程序，市教委认定了北京交通大学国家经济安全预警工程北京实验室和北京信息科技大学光纤传感系统北京实验室两个北京实验室。

（高　飞）

【高校创新创业教育及孵化器发展研讨会召开】12月21日，北京科学交流技术开发中心与中关村网络教育创业联盟与中国高校创新创业孵化器联盟共同举办了高校创新创业教育及孵化器发展研讨会，相关创业机构负责人，10多家企业负责人，北京大学、人民大学、北京理工大学等高校的学术界代表及学生代表参加了本次研讨会。会议深入探讨了在新形势下高校创新创业的发展前景与未来预期，以推广各高校创新与创业教育及成果转化的理论与经验为目的，围绕高校大学生创新创业、高校大学生创新创业成果孵化、高校大学生创新创业指导教师团队建设与高校大学生创新创业理论研究与机构建设的内容展开。会议还邀请投资机构从创新创业的相关项目评估与投入等方面进行解析。

（安鹤益）

【500个项目入选科研计划项目】年内，500个项目入选2018年度市教委科研计划项目。经项目申请、学校初选推荐、市教委评审等程序，32所高校500个科研项目入选。科技计划资助项目310项，其中，科技重点项目（市自然基金－市教委联合资助）50项，科技一般项目260项。社科计划资助190项，其中，社科重点项目33项，社科一般项目157项。立项总经费9289.5万元，其中，科技类项目经费7731万元，社科类项目经费1558.5万元。

（高　飞）

【科技人员及投入】年内，北京地区73所设有理工农医类高校（含25所附属医院）共有教学与科研人员77758人，其中具有教授职称的9077人，具有高级职称的20090人（不含教授）；研究与发展人员40946人；科技经费投入共253.69亿元，其中政府资金投入168.61亿元，企事业单位委托投入77.58亿元。市属42所设有理工农医类高校（含17所附属医院）共有教学与科研人员33437人，其中具有教授职称的1744人，具有高级职称的7194人；研究与发展人员14264人；科技经费投入共30.11亿元，其中政府资金投入22.46亿元，企事业单位委托投入6.54亿元。

（刘　帅）

【科技活动】年内，北京地区73所设有理工农医类高校（含25所附属医院）共有科研活动机构741个；开展科技课题63694项，其中研究与发展课题55880项，研究与发展成果应用及科技服务课题7818项；派遣进修访问学者5268人次，接受进修访问学者5098人次；出席国际学术会议34365人次，交流论文18092篇。42所市属设有理工农医类高校共有科研活动机构 172 个;开展科技课题 10181 项,其中研究与发展课题 9657 项,研究与发展成果应用及科技服务课题 524 项;派遣进修访问学者 790 人次,接受进修访问学者 837 人次;出席国际学术会议 5672 人次,交流论文 2468 篇。

（刘　帅）

【科技产出】年内,北京地区高校共出版科技专著 853 部,大专院校教科书 71 部,编著 361 部;发表学术论文 96704 篇,其中在国外学术刊物发表 45858 篇;SCI(科学引文索引)收录论文 33969 篇、EI(工程索引)29262 篇、ISTP(科技会议索引)8751 篇;获奖成果 424 项,其中国家级奖 75 项,省部级奖 349 项。市属高校出版科技专著 53 部,大专院校教科书 9 部,编著 2 部;发表学术论文 18454 篇,其中国外学术刊物发表 6015 篇;SCI(科学引文索引)收录论文 4346 篇、EI(工程索引)2170 篇、ISTP(科技会议索引)1282 篇;获奖成果 66 项,其中国家级 5 项,省部级 61 项。

（刘　帅）

【科技推广】年内,北京地区高校共签订技术转让合同 587 项,总金额 8.56 亿元,实际收入 6.21 亿元;专利出售 429 项,合同金额 6.85 亿元,实际收入 4.94 亿元;申请专利 15245 项,授权 11391 项,其中申请发明专利 12864 项,授权 9099 项。市属高校签订技术转让合同 138 项,总金额 0.55 亿元,实际收入 0.32 亿元;专利出售合同金额 1342.30 万元,实际收入 1005.50 万元;申请专利 2864 项,授权 2102 项,其中申请发明专利 2345 项,授权 1595 项。

（刘　帅）

【社科人员及投入】年内,北京地区 91 所设有人文社科全日制普通本科高校共有人文社会科学活动人员人,其中研究与发展人员 43464 人;53 所市属高校人文社会科学活动人员 14084 人,其中研究与发展人员 12741 人。北京地区高校共筹集人文社科研究经费 26.12 亿元,其中政府资金 14.45 亿元,企事业单位委托经费 7.75 亿元,其他资金经费 3.93 亿元;市属高校当年筹集社科研究经费 5.51 亿元,其中政府资金 4.24 亿元,企事业单位委托经费 1.16 亿元,其他资金经费 0.11 亿元。

（刘　帅）

【社科活动】年内,北京地区 91 所设有人文社科全日制普通本科高校共有在研人文社科课题 40307 项,当年投入人员折合 7901.8 人年,拨入经费 17.97 亿元;举办学术会议 1674 个,参加学术会议 30008 人次,提交论文 11703 篇;受聘讲学派出 3863 人次,来校受聘讲学 5645 人次;进修学习派出 2722 人次,来校进修学习 2802 人次。合作研究课题 1117 项。市属高校当年在研课题 9403 项,当年投入人员折合 2319.9 人年,拨入经费 2.78 亿元;市属高校当年举办学术会议 203 个,参加学术会议 6012 人次,提交论文 2264 篇;受聘讲学派出 762 人次,来校讲学人 1362 次;进修学习派出 1254 人次,来校进修学习 729 人次;合作研究课题 181 项。

（刘　帅）

【人文社科研究成果】年内,北京地区 91 所设有人文社科全日制普通本科高校共发表学术论文 30923 篇,出版著作 3898 部,获奖成果 195 项。市属高校发表学术论文 7431 篇,出版著作 973 部,获奖成果 45 项。

（刘　帅）

科研院所

北京市科学技术研究院

【概况】北京市科学技术研究院成立于 1984 年,是北京市属唯一的大型多学科高水平科研机构。全院拥有 28 家二级单位,涵盖城市安全与治理、城市环境与生态保护、高精尖技术、生物医药与营养健康、科技创新智库、科学普及与文化传播等六大重点领域的科研机构。2017 年,市科研院全面参与全国科技创新中心建设,加强全院发展的顶层设计,初步形成了《北科院参与全国科创中心建设工作方案》,进一步明确了新时期的定位、目标和发展战略。抓好创新平台建设,组织实施重大项目,成果产出显著;主动参与“三城一区”建设,成为中关村科学城共建联席会成员,建立了北京石墨烯技术标准研制与检测基地、北京科技战略决策咨询中心等一批新的创新平台;2017 年全院获得新立项的竞争性项目(课题)202 项,合同总金额 7042 万元;取得天然产物分离制备、安全生产监管大数据平台等一批新成果;获得各类奖励 87 项,轻工环保所牵头的“城市工业有机污染场地修复关键技术研究与应用”荣获北京市科学技术奖一等奖;劳保所牵头的“地铁车辆段上盖建筑振动控制成套技术研究及应用”研究成果在 2017 年被评为北京市科技进步一等奖。10 家二级企业实现总收入 5.06 亿元,其中科技经营收入 3.9 亿元,实现总利润 1 亿元,实现税收总额 4498 万元。

(宋　慧)

【2016 年度优秀科技成果奖揭晓】 1 月,市科研院开展了 2016 年度优秀科技成果奖的评选工作,最终评选出 2016 年度优秀科技成果奖 10 项,分别为:市电加工研究所的“内部弯曲孔的电火花加工技术研究及应用”、市科学技术情报研究所的“基于网页信息采集分析的科技情报辅助工具”、市射线应用研究中心的“新型柔性复合屏蔽材料”、市新技术应用研究所的“基于大数据的社会治理技术应用平台”、市理化分析测试中心的“食用油脂的光谱分析方法”、市计算中心的“生物信息分析服务系统”、北京自然博物馆的“哺乳动物基干支系生态适应多样性研究”和“物种战争——防控外来物种入侵的公共生态道德教育”丛书、北京天文馆的“球幕科普节目《UFO 与外星人》”、轻工业环境保护研究所的“工业企业水系统集成优化技术与应用”。其中,5 项为应用技术研究与开发成果,2 项为应用基础研究成果,1 项为软科学研究成果,2 项为科学普及与科学传播成果。

(宋　慧)

【4 项科研成果获得 2016 年度北京市科学技术奖】 4 月 26 日,市委、市政府在北京会议中心召开 2016 年度北京市科学技术奖励大会。市科研院院属单位 4 项成果获得奖励,其中一等奖 1 项、二等奖 2 项、三等奖 1 项。轻工业环境保护研究所参与联合申报的“城市工业有机污染场地修复关键技术研究与应用”项目获一等奖。北京市理化分析测试中心参与联合申报的“配套物联网的胶体金免疫分析系统及其在食品检测中的应用”项目获二等奖。北京城市系统工程研究中心参与联合申报的“城市运行风险监测与评估关键技术研究与应用”项目获二等奖。北京天文馆独立申报的“球幕科普影片《迷离的星际》”项目获三等奖。

(宋　慧)

【郭广生调任市科研院院长】 5 月 12 日,市科研院召开领导干部会,宣布市委关于市科研院院长职务调整的决定,市委常委、副市长阴和俊出席会议并做重要讲话。市委组织部副部长李世新主持会议。李世新宣读了市委、市政府干部任免决定。郭广生任中共北京市科学技术研究院委员会副书记、北京市科学技术研究院院长,丁辉不再担任中共北京市科学技术研究院委员会副书记、北京市科学技术研究院院长职务,调北方工业大学工作。

(宋　慧)

【秦皇岛京河研究院揭牌成立】 6 月 28 日,北京市科研院在河北省秦皇岛市举行秦皇岛京河科学技术研究院揭牌仪式,这标志着北京市科研院与秦皇岛市在加强科技合作、促进科技成果落地秦皇岛取得新突破,京津冀协同发展迈出了新步伐。北京市科研院院长郭广生、副院长邵锦文,秦皇岛市委常委、秘书长、秦皇岛经济技术开发区工委书记李国勇,开发区管委主任苏景文,管委副主任扈秋宁,秦皇岛市政府党组成员、工委副书记、管委副主任王建峰出席揭牌活动。京河研究院立足秦皇岛、面向京津冀、辐射全中国,结合河北省需求,开展科技服务和科技成果应用示范及产业化,服务当地经济社会发展。

(宋　慧)

【天津京津研究院签约揭牌】 7 月 4 日,由北京市科研院、天津市科委与天津市武清区政府三方共同建设的天津京津科学技术研究院正式签约揭牌。这标志着北京市科研院在京津冀协同发展中又迈出了坚实的一步。北京市科研院院长郭广生、副院长邵锦文,天津市科委副巡视员薛景山,武清区委书记王小宁,区委副书记、区长戴东强,副区长曲海富,北方技术交易市场总裁张桂华等出席活动。作为北京市科研院在天津布局的首个产业化基地,京津研究院将结合武清区产业化需求，在基础项目研发、科技成果转化、项目引进孵化、科技服务平台、科技项目投资以及国际交流合作等方面开展深入合作，着力打造国内一流的科技成果转化平台及技术转移服务机构。

（宋　慧）

【市科研院邯郸分院揭牌成立】7 月 20 日，北京市科研院邯郸分院正式揭牌成立。北京市科研院院长郭广生、河北省科技厅厅长马宇骏、邯郸市市长王立彤共同为北京市科研院邯郸分院揭牌。北京市科研院邯郸分院由邯郸市政府与北京市科研院合作共建，充分发挥北京市科研院的创新优势和邯郸市区位优势，建立共赢、长效稳定的合作机制，在创新资源共享、技术转移、公共科技服务、战略咨询等方面开展全方位合作，共同开创区域经济发展新局面。郭广生表示，北京市科研院将以首善标准，把中央关于京津冀协同发展的战略部署落到实处，努力提升创新水平，推动科技资源开放共享，促进一批技术和成果在邯郸转化，服务邯郸经济社会发展。

（宋　慧）

【石墨烯技术标准研制与检测基地揭牌】8 月 1 日，市理化分析测试中心举行石墨烯技术标准研制与检测基地揭牌仪式。中国工程院院士、大连理工大学教授蹇锡高，中科院化学研究所副所长王笃金，中国石墨烯产业技术创新战略联盟秘书长李义春等 20 余名专家学者，市科研院院长郭广生、副院长刘清珺出席仪式。北京市理化分析测试中心石墨烯技术标准研制与检测基地是由中国石墨烯产业技术创新战略联盟认定，依托市理化中心有机材料检测技术与质量评价北京市重点实验室，围绕低维材料检测技术发展，开展石墨烯检测标准研制工作。

（宋　慧）

【北京市文化科技融合发展研究中心揭牌】9 月 12 日，市科研院与市国有文化资产监督管理办公室在第十二届中国北京国际文化创意产业博览会上举行战略合作协议签约仪式，并为双方共建的北京市文化科技融合发展研究中心揭牌。市科研院院长郭广生、副院长邵锦文，市文资办主任赵磊、副主任董殿毅，市贸促会副主任林彬等出席活动。市科研院与市文资办将围绕文化创意产业开展合作，促进文化与科技深度融合，推动文化创意产业大发展。

（宋　慧）

【市科研院成为首批首都高端智库建设试点单位】9 月 21 日，经市委、市政府批准，市科研院北京科技战略决策咨询中心与北京市社会科学院、北京大学首都发展研究院、清华大学城市治理与可持续发展研究院、中国人民大学首都发展与战略研究院等 14 家智库单位入选首批首都高端智库建设试点单位。北京科技战略决策咨询中心作为首批首都高端智库建设试点单位，以建成北京有地位、中国有特色，对首都科技创新与城市管理创新具有重要影响力的高水平科技智库为发展目标，以全国科技创新中心建设与北京科技发展战略研究、国际一流和谐宜居之都建设与城市精细化管理研究作为主要研究方向，郭广生院长担任首席专家。

（宋　慧）

【京津冀科研院所联盟成立】11 月 23—24 日，由北京市科研院、清华大学公共管理学院、天津市科技协作促进会、河北省科学院、保定市人民政府共同主办的第三届百名科研院所领导者创新论坛暨京津冀科研院所联盟成立大会在保定市召开。来自京津冀三地近百家科研院所的 350 多名领导、专家出席大会。24 日上午，由北京市科研院、清华大学公共管理学院、天津市科技协作促进会、河北省科学院 4 家单位共同发起的京津冀科研院所联盟正式成立。发起单位一致同意北京市科研院为联盟首届理事长单位，院长郭广生为首任理事长，副院长邵锦文为首任秘书长。郭广生表示，联盟将着重推动以下几个方面的工作：一是推动形成科技资源开放共享、创新要素自由流通的合作新格局，建立京津冀科技资源共享平台和协同创新数据库；二是搭建平台，为京津冀吸收全球的创新创业人才；三是探索需求导向的重大项目和成果落地服务机制，建立科技产业对接平台和成果转化引导基金；四是加强对京津冀协同发展战略和雄安新区建设决策部署的服务，建立现代城市治理科技智库和科技战略发展智库。

（宋　慧）

【阴和俊到市科研院调研】12 月 2 日，市委常委、副市长阴和俊到市科研院调研座谈。市政府副秘书长刘印春、市科委副巡视员杨仁全一同调研。阴和俊先后察看了市理化分析测试中心环境分析检测、食品分析检测、物理分析检测等实验室。在随后召开的座谈会上，阴和俊听取了市科研院院长郭广生关于“认真学习宣传贯彻党的十九大精神 凝心聚力全国科技创新中心建设”的汇报。阴和俊对市科研院积极围绕北京发展实际和全国科技创新中心建设做好支撑和服务表示充分肯定，对市科研院确定的新的发展定位、发展思路、战略目标和工作举措完全赞同，并围绕首都城市战略定位，详细阐述了北京“四个中心”建设的重要意义和丰富内涵。市科研院领导班子成员，院机关部分处室及院属二级机构负责人参加座谈会。

（宋　慧）

【《市科研院参与全国科创中心建设工作方案》出台】年内，《市科研院参与全国科创中心建设工作方案》初步形成，进一步明确了新时期的定位、目标和发展战略。深入实施“创新立院、人才强院、开放办院、服务兴院”发展战略，以“科技让城市更美好”为价值导向，聚焦应用基础研究、战略高技术研究、重大公益研究，构建与北京发展需求相适应的科技创新体系，总结“六大发展领域”和“三大支撑平台”，部署24个重点培育方向。积极探索开放融合的科研机制，推进城市安全与治理技术、城市环境与生态保护、高精尖技术、生物医药与健康、科技智库、科学普及与传播等新型研究中心建设，加强以仪器设备共享为核心的检测分析与测试平台、以工业云为核心的计算信息服务平台和以出版物为核心的科技文化传播平台建设，促进全院参与全国科创中心建设工作的有效实施。

（宋　慧）

【市科研院重大项目及成果产出】年内，全院获得新立项的竞争性项目（课题）202项，合同总金额7042万元，承担了国家重点研发计划、国家自然科学基金、市科技计划、市社科基金等省部级以上项目68项；取得了天然产物分离制备、安全生产监管大数据平台等一批新成果；发表论文300余篇，其中国际期刊论文155篇；主持或参与制定了《环境管理水足迹原则、要求与指南》《医疗器械辐射灭菌分析方法》等国家、北京市和行业标准34项；获得各类奖励87项。10家二级企业实现总收入5.06亿元，其中科技经营收入3.9亿元，实现总利润1亿元，实现税收总额4498万元。

（宋　慧）

北京市农林科学院

【概况】北京市农林科学院成立于1958年。全院设有14个专业研究所（中心），业务领域涵盖农、林、牧、渔各方面。全院现有在职职工1152人。其中具有高级职称的专业技术人员471人，包括研究员140名。获得博士学位的407人。拥有中国工程院院士1人、国家杰出青年1人、优秀青年1人、全国杰出专业技术人才1人、国家级百千万人才11人、万人计划5人、科技部创新人才推进计划2人、科技部重点领域创新团队2个。拥有3个国家工程实验室、4个国家工程技术研究中心、7个农业部学科群重点实验室、18个北京市重点实验室及工程技术研究中心、1个具有国际种子质量检测资质认证实验室（ISTA）、4个国家级检测机构，已经形成由57个各类创新平台组成的科技创新平台体系；拥有1个具有独立招收资格的博士后科研工作站。年内，紧紧围绕全国科技创新中心建设、京津冀协同发展、农业供给侧结构性改革等重大战略任务，全院齐心协力，攻坚克难，开拓创新，各项工作取得显著成就。

（李　潇）

【承担项目及获奖情况】2017年，市农科院落实各类项目418项，经费2.75亿元，其中国家级项目156个，经费1.36亿元。主持第二批国家重点研发计划项目3项，承担课题或科研任务66项；获得国家自然基金资助34项，资助率达23.9%，高于全国平均资助率，位居省级农科院前列。全院各类在研项目718项，年度到位经费2.4亿余元。全年获得省部以上各类政府科技奖励17项，其中获得国家科技进步二等奖2项、中华农业科技一等奖（或相当）和北京市科学技术一等奖4项。农科院主持的“大白菜优异种质创新和多样化系列品种选育和推广”项目同时获得中华农业科技一等奖和北京市科学技术一等奖。获得各类成果和知识产权480余项。其中审定、鉴定、认定新品种38项，获得新兽药证书1个、新品种权21项、专利授权249项（其中发明专利135项），制定国（行、地）标23项。发表SCI论文168篇，其中Q1区93篇，较去年增加52.9%。

（李　潇）

【基础性、前沿性研究进展】年内，市农科院基础性、前沿性研究取得新的突破。生物信息学和基因编辑平台技术体系初步建立，在番茄、玉米、西瓜、杨树、鲟鱼等动植物中应用取得新进展。首次获得印度南瓜与中国南瓜的高质量参考基因组框架图，解析南瓜种间杂交种的基因表达变化对杂种优势的贡献。在果实液泡糖转运蛋白调控西瓜果实糖分积累的分子机制方面取得重要突破，获得了首个西瓜糖分积累功能基因，为提高西瓜果实品质提供了理论基础。基本明确了桃的起源和进化历史，阐明了桃可食用性的进化机制。首次在国际上揭示了葡萄座腔菌受环境因素影响的“机会性”致病机制；首次精准诊断了我国葡萄白腐病的病原菌种类，并完成了对其侵染规律的研究。首次揭示了C型禽偏肺病毒致病机理，揭示了其介导细胞自噬的分子机理。膜设备和工艺，提高了产品生产效率和质量。多因素辅助的空间插值方法研究提高了重金属空间分析的准确度，为农业禁产区划分提供了技术支撑。净菜品质保持技术与关键设备研发取得新进展，解决了离心脱水对弱软性蔬菜的伤害难题。

（李　潇）

【新品种、新技术、新产品涌现】 年内，市农科院新品种、新技术、新产品持续涌现。京农科728通过了国家首批机收籽粒玉米品种审定，NK815成为京津冀三地首次联合审定的唯一夏播玉米品种。构建了位点高通量芯片平台和玉米样品高通量的KASP检测平台。完善了杂交小麦规模化制种技术，小区最高制种产量突破400千克/亩（1亩≈666.67平方米）。鸡传染性鼻炎三价灭活疫苗研究处于国内领先水平。奶牛性别控制冻精技术研究取得进展，明显提高了性控精液的青年奶牛受胎率，较国内同类技术提高近10%。鲑鳟鱼IHNV灭活疫苗和DNA疫苗取得新突破。樱桃、苹果矮化砧木和主要品种脱毒技术研究取得新突破，建立了工厂化繁育技术体系。生防微生物制剂研发和转化取得可喜进展，获得2项国家肥料产品登记证书。农业面源污染防控关键技术取得新突破，在华北地区设施农业和养殖业发展中得到应用。研发成功反应成膜控释肥生产专用转鼓包膜设备和工艺，提高了产品生产效率和质量。多因素辅助的空间插值方法研究提高了重金属空间分析的准确度，为农业禁产区划分提供了技术支撑。净菜品质保持技术与关键设备研发取得新进展，解决了离心脱水对弱软性蔬菜的伤害难题。

（李　潇）

【农业信息化和智能装备优势强化】 年内，市农科院农业信息化和智能装备优势得到强化。承建的全国农业科教云平台，聚集了500万职业农民用户、8万农技推广机构、50万农技推广人员、2万名农业专家，日在线活跃用户超过百万，利用大数据技术有效对接供给侧和需求侧，为我国农技推广插上了信息化的翅膀。承担开发的国家农作物品种试验数据管理平台成功上线，提升了全国农作物品种试验管理水平与效率，为种业发展提供了支撑。农业航空导航与作业装备被国家林业局纳入林业飞防“互联网+”首批示范产品，全年累计监管作业面积达到639万亩，有效提升了我国航空植保的质量和效率。

（李　潇）

【农科“智库”作用彰显】 年内，市农科院农科“智库”作用彰显。参与了中央农村工作会议文件的起草工作，国务院研究室专门向北京市政府表示感谢。完成中国工程院、国家发展改革委、农业部、科技部以及10个省区委托的农业信息化咨询、产业规划、战略研究50余项，涵盖智慧农业、智慧村镇、“互联网+”乡村振兴和地区产业可持续发展等领域，丰富了绿色农业发展的顶层设计和思路举措。其中，农业部委托市农科院信息中心编制的《农业生产安全保障体系建设规划》作为农业部文件正式印发。现代远程教育平台建设水平持续提升，获得市委领导批示肯定。

（李　潇）

【科技创新平台建设进展】 年内，市农科院科技创新平台建设取得新成就。农业部蔬菜产后处理重点实验室、农业部农业遥感机理与定量遥感重点实验室、农业部农业信息软硬件产品质量检测重点实验室等农业部学科群重点实验室获得批准。杏工程技术研究中心获得国家林业局批准建设。北方果树病虫害绿色防控北京市重点实验室和北京市功能花卉工程技术研究中心获得市科委的认定。果蔬鲜切加工技术集成基地等3个农业部科学试验基地获得批准建设。国家蔬菜工程技术研究中心、农业部农业信息技术重点实验室和农业部华北都市农业重点实验室考核评估荣获优秀。至此，全院已经拥有57个省部级以上科技创新平台，有力支撑了全院的科技创新。

（李　潇）

【京津冀区域协同创新不断深入】 年内，京津冀区域协同创新不断深入。京津冀农业科技创新联盟不断壮大，成员达到64家，成功召开联盟高层论坛暨年度工作会议，发布了联盟规划纲要。联盟持续加强区域协同创新，累计投入3500多万元，支持项目40余项。联盟与石家庄市、张家口市、承德市、保定市等地市开展科技对接，建立了科技示范基地37个，联合展示新技术、新品种100余项。

（李　潇）

【创新环境不断优化】 年内，市农科院开展“农科大讲堂”，先后邀请饶毅、俞敏洪等4位知名人士做报告，累计参加人数达1500余人次；成功举办第二届青年学术论坛，17位青年科研人员登台演讲；扎实开展青年交流活动，邀请4位长江学者、“青年千人”等知名专家为全院青年科技人员进做题报告；文化墙建设也在全院铺开。

（李　潇）

【科技成果转化再上新台阶】 年内，市农科院深入落实国家有关科技创新激励政策，全年成果转化总收入达1.19亿元，比2016年提高40.66%。其中，成果转让收入3313.06万元，同比提高7.85%；三技收入8637.28万元（“三技”是指技术开发、技术咨询、技术服务），同比提高59.24%。例如，鸡新城疫等3类兽药技术转让780万元，玉米样品DNA指纹检测102批次，技术服务收入647.4万元。

（李　潇）

【推广服务和科技帮扶工作成效】 年内，市农科院在京郊共组织实施各类示范推广项目67项，实施双百对接工程对接农业新型生产经营主体70个。在各类基地推广新品种、新装备、新技术500余项，社会经济效益显著，促进了首都农业的绿色发展。组织52位专家与44个低收入村进行对接，为340户低收入户建立帮扶台账，为20个低收入村编制了产业发展规划，开展各类技术服务、观摩、培训1000余次，累计培训各类人员近2万人次，培养骨干技术人才近100名。采用“生产基地＋深加工企业＋电商”的产业链帮扶模式，有效解决了所对接低收入村产品销售难的问题。

（李　潇）

【对口援助科技支撑工作进展】 年内，市农科院帮助新疆和田地区编制了《国家科技园区“先导区”规划设计方案》，实施了设施草莓、特色葡萄、设施樱桃、水肥一体化等一批项目，呈现出良好发展势头。为河南省邓州市编制了5个专业性规划，邓州市国家杂交小麦产业化基地得以稳步推进，成功流转建设用地60亩、制种试验田3000亩，种子加工基地开工建设。与西藏农牧局合作开展电子商务和互联网＋培训工作，培养了一批农业信息化专业骨干。

（李　潇）

【企业改革稳步推进】 年内，深化市农科院农作物种业人才发展和科技成果权益改革，完成蔬菜、玉米种业改革方案；京研益农和顺鑫农科销售收入双超亿元，京研益农（北京）种业科技有限公司获批成为育繁推一体化种子企业。进一步加强科技产业管理工作，规范企业运营，关停僵尸企业，对部分农科院属企业进行了股权结构、股东调整；新成立邓州昌平农业科技公司。全院产业发展进一步焕发活力。

（李　潇）

【国际交流不断加强】 年内，市农科院与FAO、欧盟、CABI、CIMMTY等国际组织及美国斯坦福大学、康奈尔大学等机构在育种、农业信息化、安全生产等方面的科技合作持续深入；代表中国园艺学会，成功获得了2021年第九届国际樱桃大会举办权；成功主办（承办）智能农业国际学术会议等5个国际性学术会议；积极拓展国际合作伙伴关系，全院签署合作协议和备忘录12份；获批国家外专局培训项目15项，数量居北京市前列；获批公派出国留学人员5人，数量创历史新高；共出访71个团组153人次，来访156人次。

（李　潇）

【参与“一带一路”建设】 年内，市农科院落实各类国际合作项目33项，其中，涉及“一带一路”内容的有国家自然基金委国际合作项目1项、农业部国际合作项目1项；市农科院鲜食玉米品种在越南、柬埔寨、斯里兰卡等国的示范推广力度进一步加大，其中“京科糯2000”在越南种植面积达150万亩，主导地位不断巩固；杂交小麦在巴基斯坦的示范应用面积继续扩大，并扩展到蔬菜育种、生物技术、植物营养等领域的合作。

（李　潇）

【主要获奖成果介绍】 年内，市农科院主要获奖成果如下。①大白菜优异种质创新和多样化系列品种选育和推广，该成果是由市农林科学院蔬菜研究中心完成的，获得2016—2017年度中华农业科技奖科学研究一等奖及2017年度北京市科学技术奖一等奖。②玉米单倍体工程化育种技术研究与利用，该成果是由市农科院玉米研究中心完成的，获得 2017 年度北京市科学技术奖二等奖。③特色农产品中花色苷高效制备及产业化应用，该成果是由市农科院蔬菜研究中心完成的，获得 2017 年度北京市科学技术奖二等奖。④杏、李良种创制与高产稳产及加工关键技术研发，该成果是由市农科院林业果树研究院完成的，获得 2017 年度北京市科学技术奖三等奖。⑤北方乡土草资源驯化、选育及推广应用。该成果是由市农科院草业与环境研究发展中心完成的，获得 2017 年度北京市科学技术奖三等奖。⑥优质甜玉米系列品种选育及产业化，该成果是由市农科院玉米研究中心完成的，获得 2016—2017 年度中华农业科技奖科学研究二等奖。⑦京津冀鲁豫辽农区地下水硝酸盐时空变化及污染防控。该成果是由市农科院植物营养与资源研究所完成的，获得 2016—2017 年度中华农业科技奖。⑧市农科院西瓜遗传育种创新团队，该成果获得 2016—2017 年度中华农业科技奖创新团队奖。⑨《二十四节气》系列电子科普出版物，该成果是由市农科院农业信息与经济研究所完成的，获得 2016—2017 年度中华农业科技奖科普奖。

（李　潇）

新型研发机构

【概述】2017 年，北京推动设立一批新型研发机构。12 月，北京量子信息科学研究院成立。研究院实行理事会领导下的院长负责制，理事会是研究院的决策机构，理事会设立评估委员会和审计委员会。全球健康药物研发中心、石墨烯研究院、北京脑科学与类脑研究中心等新型研发机构相继成立，在资源整合、组织架构、运行机制、人员引进和培养等方面积极探索突破。2017 年，北京生命科学研究所立足原创性基础研究继续在生命科学前沿领域进行研究探索并取得多项重大发现及突破，成果转化工作持续开展，吸引了一批处于创新高峰期的一流海外人才回国工作。

（市科技史志办公室）

【托马斯北京研究院成立】2 月 4 日，托马斯(Thomas)北京研究院揭牌仪式在北京航空航天大学唯实国际会议中心举行。研究院以 2013 年诺贝尔生理学或医学奖获得者托马斯·聚德霍夫教授命名，由北京市、北京航空航天大学、托马斯·聚德霍夫教授三方共建。副市长隋振江出席揭牌仪式，市科委、市教委、中关村发展集团等单位有关领导参加活动。托马斯研究院将围绕中枢神经系统损伤修复问题，发挥多学科交叉的优势，在病理生理学、生物材料修饰与制备技术、修复机理等学科领域开展基础性、前瞻性研究。揭牌仪式上，北京航空航天大学副校长房建成与托马斯教授共同签署《北京航空航天大学 &THOMAS C. SüDHOF 教授合作协议》，副市长隋振江、北京航空航天大学书记张军和托马斯教授共同为托马斯北京研究院揭牌。中关村发展集团董事长许强、市科委副主任朱世龙共同为“生物材料与神经再生北京市重点实验室”揭牌，市教委副主任叶茂林、北京航空航天大学副校长房建成共同为中枢神经损伤修复研究中心（生物医学工程高精尖创新中心）揭牌。

（市科委人教处）

【全球健康药物研发中心建设】3 月 31 日，北京市科委、清华大学教育基金会以及比尔及梅琳达·盖茨基金会北京代表处在北京正式签署《全球健康药物研发中心政府和社会资本合作（PPP）项目合同》，研发中心建设全面启动。研发中心是在中美加强公共卫生和全球卫生安全合作的大背景下，由北京市政府、清华大学以及盖茨基金会发起并联合出资支持成立的一个独立运营、非营利性质的全球公共卫生与药物创新机构。2016 年 1 月 22 日，清华大学校长邱勇在瑞士达沃斯与盖茨基金会联席主席比尔·盖茨就在北京联合成立全球健康药物研发中心签署了合作备忘录。2016 年 8 月 17 日，在各方的共同努力下，研发中心由盖茨基金会、清华大学教育基金会和政府出资人代表首都科技发展集团共同发起，在北京民政局登记注册，登记名称为“北京华益健康药物研究中心”。研发中心作为盖茨基金会在全球范围内唯一直接参与运作的研究机构，同时也是该类药物研发中心首次在中国落地。在运作模式上，研发中心参照国际顶尖研究机构的组织形式，开创性地采用政府和社会资本合作（Public Private Partnership，PPP）模式运作，所需资金由北京市政府统筹解决，5 年共计列支 5 亿元人民币。由市科委作为项目实施机构，北京首都科技发展集团有限公司作为政府出资人代表以可行性缺口补助形式出资，盖茨基金会与清华大学教育基金会组成联合体为社会出资人无偿捐赠 0.75 亿美元（现金及化合物库，约合 5 亿元人民币）。在组建形式上，研发中心采取民办非企业法人形式，成为国内科技领域首个由外资参与设立的民办非企业性质科研机构。

（刘　阳　张　雨）

【北京石墨烯产业创新中心成立】 4 月 11 日，北京石墨烯产业创新中心正式成立。该中心由北京石墨烯技术研究有限公司、北京石墨烯研究院和石墨烯产业联盟组成，形成了“一体两翼”的组织格局，聚集了最优资源的优势、构建了多层次人才激励机制、建立了“众智”型研发模式、建立了共享型产业公地。中心的总体目标是成为全球一流的石墨烯复合技术研究及产业孵化中心。下一步，创新中心将加大研发力度，不断完善创新和产业落地机制，在京落地石墨烯高精尖产业化项目，积极申报国家制造业创新中心。

（张　玉）

【北京天葡庄园星创天地葡萄种苗研究院成立】 7 月 2 日，在市科委的支持下，天葡庄园星创天地成立了天葡集团葡萄种苗研究院。国家葡萄产业技术体系首席科学家中国农业大学教授段长青、中国农业大学教授战吉宬、中国植物科学研究所研究员范培格、北京农学院教授王有年、北京市农林科学院研究员徐海英、国家林业局种子公司总经理陈金放等专家出席成立大会并给予指导。来自全国 10 余家葡萄育种基地的负责人参加会议，并达成战略合作意向。

（王伟娟　赵淑红　赵　娣）

【中关村国科现代农业产业科技创新研究院成立】 8 月，由中信农业、大北农集团、中种集团、中农发种业、峪口禽业、北京奶牛中心等 22 家种业龙头企业联合发起的中关村国科现代农业产业科技创新研究院成立。该创新研究院是我国唯一由农作物、农业动物、林果花草、微生物四大生物种业领域龙头企业共同出资组建的行业性创新联合体和公益性独立法人机构。

（王伟娟　赵淑红　赵　娣）

【北京石墨烯产业创新中心专家委员会成立】 11 月 15 日，北京石墨烯产业创新中心专家委员会在 2017 年京津冀石墨烯产业国际峰会上成立，挂牌于北京石化新材料科技产业基地。国家新材料产业发展专家咨询委员会主任、中国工程院原副院长干勇院士担任专家委员会主任，中科院院士、北京大学教授刘忠范担任副主任，北京燕山石油化工有限公司董事长罗强、中科院化学所研究员刘云圻院士、中科院金属研究所研究员成会明院士等 12 名著名专家担任委员。

（王文伟）

【北京国汽智能网联汽车技术研究院成立】 11 月 27 日，北京国汽智能网联汽车技术研究院在海淀区清华科技园注册成立。该研究院是北京首家智能网联汽车领域的科技类民办非企业单位新型研发机构，由清华大学汽车系教授李克强团队、中国汽车工程学会、中国汽车工业学会牵头，整合多家汽车整车企业、零部件企业、通信企业、互联网企业、科研院所、高校等各类创新主体，力争形成全国智能网联汽车创新枢纽，办成国家级智能网联汽车创新中心。研究院院长由中国汽车工程学会理事长、中国工程院院士李骏担任，执行院长为北京市智能网联驾驶技术专家委员会专家组组长、清华大学教授李克强。研究院由 21 家公司共同出资设立，每家均为 5000 万元，各占注册资本的 4.76%，全部以现金出资。新公司暂定注册资本为 10.5 亿元。公司经营模式是自主运营，确定技术方向和研发任务，承担国家相关研发任务，满足各股东方开发产品和技术咨询服务、培育人才的需要，为行业提供咨询、培训、测试服务。

（张　玉　李秋玮）

【北京市新能源汽车技术创新中心成立】 12 月 9 日，北京市新能源汽车技术创新中心成立仪式在北汽新能源总部“中国 · 蓝谷”举行。市委常委、副市长阴和俊现场为创新中心揭牌。北京市新能源汽车技术创新中心的发起共建方共计15家，涵盖新能源汽车领域上下游产业链优势资源，包括整车制造企业、电池生产企业、互联网企业、科研机构，以及产业投资类企业。该中心未来将通过建立“共商、共建、共享、共用”的开放机制，构建产业链企业、科研院所、高等院校、产业资本等多方联合共建机制，优化配置全球创新资源，促进产学研用各创新主体紧密结合、各尽所能、协同创新，建立一个极具开放性和包容性的创新平台。

（张小川）

【北京量子信息科学研究院成立】12月24日，北京市加快建设北京量子信息科学研究院座谈会在中关村软件园召开，同时量子研究院宣布成立。市委副书记、代市长陈吉宁，科技部副部长李萌，北京市委常委、副市长阴和俊等出席会议。上午，北京量子信息科学研究院理事会举行第一次会议，会议推选了第一届理事会理事，审议通过研究院章程，中科院院士薛其坤当选研究院院长。会上，北京市政府和中科院、军事科学院、北京大学、清华大学、北京航空航天大学共同签署了《北京量子信息科学研究院建设合作框架协议》，六方本着“战略引领、优势互补、资源共享”的原则，从建立存量资源整合与新增资源共享机制、人才双聘机制、知识产权共享机制，共同争取国家重大任务落地研究院等方面开展合作，共同推动量子研究院建设。量子研究院将瞄准国家战略急需，以量子信息科学为核心，量子器件与量子精密测量为两翼，量子技术应用为牵引，积极承担国家科技创新2030－量子通信和量子计算机重大项目等任务，打造成为量子信息科学技术综合性实验和研发平台。量子研究院作为新型研发机构，在组织架构上，是由北京市政府发起成立的独立法人事业单位，不定机构规格，不核定人员编制，实行理事会领导下的院长负责制；理事会是研究院的决策机构，理事会设立评估委员会和审计委员会，并按照相关规定设立党组织。在运行机制上，量子研究院在人才双聘、存量资源整合、知识产权共享等方面进行体制机制创新，更好地保障研究院的建设和发展。

（李汝来）

【北京石墨烯研究院实体组建初步完成】年内，北京石墨烯研究院实体组建初步完成。2016年10月25日，北京石墨烯研究院正式以民办非企业单位注册，办公大楼选址于海淀区苏家坨镇翠湖南环路13号院，总面积9400平方米。截至年底，主体改造、实验室装修已经完成，可基本满足现阶段办公、科研需求。在科研平台建设方面，公共仪器平台初步完成组建，已完成首批15台近2000万元采购手续。核心团队已完成组建，中科院院士、北京大学教授刘忠范出任院长，聘请北京市海外特聘公务员、北京市科委主任助理魏迪博士为执行院长，“千人计划”创业人才侯士峰教授为副院长，聘请爱思强剑桥分公司负责人纳林·卢浦辛格博士为石墨烯装备部门负责人。截至年底，已组建了包括兼职人员在内的37人的科研与管理团队。科研人员中博士及以上学历占比超过60%。同时，组建成果转化主体北京石墨烯研究院有限公司完成工商注册。

（张　韡）

【北京生命科学研究所科研成果应用转化】年内，北京生命科学研究所基于十年研究的积累，积极探索科研成果的转化和应用，捕获基础科学发现的社会价值，探求原始创新到产业转化的新模式。李文辉博士乙肝治疗药物、黄牛实验室开发和应用基于物理学原理的计算机辅助药物分子设计技术、张二荃老师小分子药物调控生物钟节律研究等多个国际国内领先、有较好市场前景的创新项目进入开发阶段。

（刘　阳　张　雨）

【北京生命科学研究所人才建设】年内，北京生命科学研究所吸引了一批处于科研创新高峰期的海外优秀青年人才回国开展独立研究工作，建立了一支高水平的科研队伍。作为国家科技改革试验田，该所为科研人员创造了全身心投入科研的成长环境。截至目前，北生所由海外优秀人才领衔建立了23个独立实验室和12个科研辅助中心从事原创性科学研究。该所青年科学家中，有7人入选中共中央组织部“千人计划”和“青年千人计划”，4人入选国家杰出青年，23人入选北京市“海聚工程”，4人入选科技部中青年科技创新领军人才，3人入选国家级百千万人才，4人入选市级百千万人才，3人入选“北京学者”，2人入选中科院院士和外籍院士。韩霆博士入选第十四批国家“千人计划”青年项目。李文辉博士2017年入选“北京学者”。截至6月30日，北生所共培养研究生472人，已毕业博士234名、硕士15人，目前在读223人，其中14名入选国家“青年千人计划”，5名获得“优秀青年科学基金”

支持，多位学生获得吴瑞奖学金、强生亚洲优秀生命科技研究生论文奖、研究生国家奖学金等奖项。

（刘　阳　张　雨）

【北京生命科学研究所基础研究成果——王晓东实验室】 年内，王晓东实验室在老鼠上发现了控制雄性生殖系统衰老的信号通路，并与北京生命科学研究所张志远实验室共同开发了针对这一衰老通路的一个关键激酶的小分子化合物，阻断了小鼠雄性生殖系统衰老的效果。这是第一个在哺乳类动物中所发现的完整描述的衰老通路，可以通过阻断该衰老通路保持男性生殖活力和预防衰老所带来的男性疾病，对整个人类的健康有重要作用和意义。相关文章8月18日发表在《eLife》。

（刘　阳　张　雨）

【北京生命科学研究所基础研究成果——邵峰实验室1】 年内，邵峰实验室发现 caspase－3 可以通过切割和活化 GSDME（DFNA5）蛋白诱导细胞焦亡，并了解到由 Gasdermin 家族蛋白 GSDME 介导的细胞焦亡很可能是传统化疗药物产生毒副作用的重要原因，为癌症治疗提供了新思路。这也是首次展示细胞焦亡在天然免疫之外的生理病理过程中发挥重要功能。该研究成果还发现 caspase－3 也可以（通过活化 GSDME）诱导细胞坏死（焦亡），打破了 caspase－3 激活必然导致细胞凋亡的经典概念。相关文章7月16日发表在《自然》（*Nature*）。

（刘　阳　张　雨）

【北生所基础研究成果——邵峰实验室2】 年内，邵峰实验室揭示病原细菌抑制宿主天然免疫防御的新机制。该研究首次报道了在志贺痢疾杆菌感染过程中，IpaH9.8 的生理底物是 GBP 家族蛋白，通过降解 GBP 来抑制宿主对细菌的清除。该研究还发现 GBP 蛋白在细菌感染时会聚集到细菌周围并导致细菌发生不正常的形变，进而发挥抗细菌作用。该研究也首次建立了一个对于深入研究 GBP 免疫防御机制非常有效的细菌感染体系，同时 IpaH9.8 也可以被用作 GBP 蛋白的一个特异性抑制剂。相关文章10月11日发表在《自然》（*Nature*）。

（刘　阳　张　雨）

【北京生命科学研究所基础研究成果——罗敏敏实验室】 年内，罗敏敏实验室揭示学习过程中外侧缰核神经元编码奖惩反应的动态变化，发现外侧缰核神经元能够双向地编码多种厌恶和奖赏信号。另外，外侧缰核神经元的反应能够动态地被学习所塑造，提示其参与了对奖惩的经验依赖性的行为抉择反应。相关文章5月31日发表在《eLife》。

（刘　阳　张　雨）

【北京生命科学研究所基础研究成果——陈婷实验室】 年内，陈婷实验室首次利用体外成熟的 Cas9/sgRNA 核糖蛋白复合物在患者特异性的隐性营养不良性大疱性表皮松解症（Recessive dystrophic epidermolysis bullosa, RDEB）小鼠表皮干细胞实现了成体基因修复，从而为 RDEB 疾病以及其他遗传性皮肤疾病的治愈提供了全新方案。相关文章1月31日发表在《PNAS》。

（刘　阳　张　雨）

【北京生命科学研究所基础研究成果——张二荃实验室】 年内，张二荃实验室发现哺乳动物生物节律和低氧信号通路存在相互调控，并揭示其在基因组水平互作的新机制。研究人员在小鼠体内构建了心肌梗死模型，发现心肌细胞在病理情况下的低氧反应受到生物节律影响。在不同时间点心肌缺血造成的严重程度不同，在生物钟功能异常的突变体小鼠（Per1/Per2 双敲除）中，心脏缺血会造成更严重的心肌细胞损伤。可能的解释是低氧会激活凋亡基因 Bnip3 的表达，而在 Per1/Per2 双敲除中，低氧反应更强烈，Bnip3 激活水平更高，从而引起了更严重的细胞死亡。这说明正常功能的生物钟可能对心肌细胞（在心肌梗死时）有一定的保护作用。相关文章1月10日发表在《Cell Metabolism》。

（刘　阳　张　雨）

创新型企业

【概述】 2017年,市科委围绕全国科技创新中心建设,以培育科技服务业发展新动能为主线,以推进科技成果转化为突破,搭建科技创新平台载体,加强对企业创新的支持,不断完善创新创业环境。截至年底,全市拥有国家高新技术企业2万余家,规模以上高新技术企业全年总收入预计超过2.2万亿元,科技型企业超过50万家。独角兽企业达67家,在全球仅次于硅谷。北京综合科技创新水平位列全国各省、自治区、直辖市首位。英国《自然》杂志刊登"2017自然指数—科研城市",北京在全球500个科研产出城市中居于首位。截至年底,全市认定91家技术先进型企业,认定6473项新技术新产品(服务),其中2017年新增认定2448项新技术新产品(服务);经国家及北京市备案的众创空间219家,科技企业孵化器70家,其中2017年新备案国家级众创空间43家、新认定国家级科技企业孵化器6家;国家级双创示范基地20家,其中2017年新增16家。年内,共受理北京市科技型中小企业技术创新资金项目2744项,立项支持551项,立项金额12305万元。

（市科技史志办公室）

【科技型中小企业专项情况】 年内,共受理北京市科技型中小企业技术创新资金项目2744项,立项支持551项,立项金额12305万元,在全市战略性新兴产业细分优势领域内集中支持一批具有创新性、成长性、引导性的项目。北京市科技型中小企业技术创新资金,简称科技型中小企业专项,旨在增强科技型中小企业自主创新能力,引导企业、投资机构和金融机构对科技型中小企业自主创新的投资,逐步建立起北京市支持科技型中小企业自主创新的机制和模式。

（王建芳）

【高新技术企业认定情况】 年内,全市新认定高新技术企业8747家,总数达到20183家。截至11月,全市规模以上国家高新技术企业实现总收入达17739.6亿元,发明专利授权数12120件,企业研发投入1142.0亿元,企业科技人员48.1万人。

（左志芳）

【北京独角兽企业发展情况】 年内,北京独角兽企业70家,较2016年(65家)增加了7.7%;总估值2764.4亿美元,较2016年(2137亿美元)增长了29.4%。独角兽企业数量和总估值的全国占比始终保持四成以上(2017年,49.6%和44.0%;2016年,42.7%和43.8%),位于全国首位。年内,北京70家独角兽企业中,新晋独角兽企业22家,全国占比35.5%。2016年,北京65家独角兽企业中,新晋独角兽企业32家,全国占比41.6%。值得关注的是,2017年北京70家独角兽企业中,27家为高新技术企业,占比38.6%;较2016年20家高新技术企业的总体占比(30.8%)增加了7.8个百分点。

（左志芳）

【高新技术企业发展情况】 年内,全市高新技术企业数量增长迅速,由2008年的2634家增至2017年的20183家,高新技术企业数量位居全国第二位,与广东(含深圳)、江苏位于全国第一梯队,三地高新技术企业总量占全国的五成以上。年内,全市高新技术企业实现总收入25168.2亿元,销售收入24487.3亿,利润2809.3亿元,实现利润率11.5%。企业人均销售收入119.7万元,人均创造利润13.77万元。全市高新技术企业从业人员总数204.5万人,占全市企业就业人数的18%左右;新增就业人员40.6万人,同比增长39.04%;科技人员总数83.2万人,占高新技术企业职工总数的40.6%。年内,全市高新技术企业纳税总额1211.8亿元,占全市税收总额的34%左右;享受所得税税收优惠政策,减免额达217.4亿元。

（左志芳）

【科技服务业发展情况】 年内,全市科技服务业实现增加值2859.2亿元,同比增长10.7%,高于GDP增速4个百分点,高于第三产业增速3.4个百分点；占 GDP 比重为 10.2%，比历史同期提升 1.8 个百分点；在第三产业中排名第三，低于金融业和信息服务业。

（左志芳）

【科技型企业发展情况】 年内，全市新增科技型企业 76150 家（平均每天新增 200 多家），累计已达 50.3 万家，同比增长 16.3%。

（左志芳）

【新技术新产品（服务）认定】 年内，根据《关于进一步创新体制机制 加快全国科技创新中心建设的意见》《北京市新技术新产品（服务）认定管理办法》，市科委组织开展新技术新产品（服务）认定工作，全年共认定 947 家单位的 2021 项新产品，253 家单位的 427 项新服务，共计 2448 项产品及服务，累计超过 1 万项（含自主创新产品）。组织开展 2017 年度北京市技术先进型服务企业认定及检查申报工作，截至年底，全市技术先进型服务企业达 91 家。

（左志芳）

科技创新平台

【概述】 2017 年，市科委优化平台布局，面向世界科技前沿、面向国家重大需求、面向经济主战场，加快布局市级科技创新平台建设。围绕城市战略定位，聚焦在 5G、人工智能、量子通信、石墨烯、生命与健康等领域布局建设创新平台，新培育认定北京市重点实验室/工程技术研究中心 102 家，累计达 773 家，其中在战略性新兴产业领域布局占比超过六成。平台聚集两院院士 104 人，“千人计划”专家 190 人，科技北京领军人才 166 人，北京市科技新星 402 人，2017 年新增选两院院士中有 11 位担任北京市重点实验室/工程技术研究中心主任，占全国增选总数的近 10%，创新平台品牌影响力进一步扩大。引导企业加强研发机构建设，主动服务北京诺华制药有限公司、英特尔中国研究院等一批跨国公司，培育认定了 32 家市级企业研发机构，累计达 477 家。

2017 年，持续推进《国务院关于国家重大科研基础设施和大型科研仪器向社会开放的意见》（国发〔2014〕70 号）落实，促进科技资源开放共享。全市科研设施与仪器开放共享信息系统初步建成。充分调动平台资源服务企业创新需求，促进资源优势转化服务优势。截至年底，首都科技条件平台共整合首都地区 878 个国家级、北京市级重点实验室、工程中心的价值 272 亿元，4.65 万台（套）仪器设备向社会开放共享，聚集了 13084 位专家，产生了 2178 项知识产权和技术标准。持续推进首都科技创新券政策。2017 年共有中科院、清华大学、北京大学等 28 家单位的 616 家实验室参与创新券接收工作，与小微企业和创业团队联合开展创新创业活动，并有 80 家孵化器、众创空间等科技服务机构成为推荐机构。

（市科技史志办公室）

【条件平台工业设计领域政策解读会举行】 4 月 12 日，由首都科技条件平台工业设计领域中心主办，北京技术交易促进中心、中国建材总院基地、北京玻璃钢复合材料设计研究院、北京 DRC 工业设计创意产业基地、中创红星设计创业投资基金、北京设计之都发展有限公司、北京设计产业联盟协办，首都科技条件平台工业设计领域中心“百家实验室进千家企业”暨市科委设计领域政策解读活动在设计之都大厦举行。围绕首都科技条件平台、首都科技创新券政策、“2017 年度首都设计提升计划课题”申报要点及市科委设计领域课题征集相关政策、北京玻璃钢复合材料设计研究院实验室研发服务情况、技术合同登记免税政策、中创红星设计创业投资基金金融服务等主题展开政策解读。45 家企业的 60 余人参加。

（王露菲）

【关于推动国家实验室在京落地的专题会召开】 4月18日，市委常委、副市长阴和俊召开关于推动国家实验室在京落地的专题会。会上，市科委汇报了自2016年4月、6月副市长隋振江与科技部副部长侯建国及相关司局领导座谈并提出在北京建设国家实验室的建议以来，北京市前期开展工作情况及下一步工作思路，并详细介绍关于在北京筹建网络信息国家实验室工作建议方案。

（黄会芳）

【现代农业领域百进千对接会举行】 4月18日，市科委农村中心与市农科院研发实验服务基地、北京农学院研发实验服务基地、市农民专业合作社联合会共同举办了2017年"首都科技条件平台百家重点实验室进千家企业"现代农业领域专题对接会。会上，市科委条财处主管工程师详细讲解了首都科技条件平台和首都科技创新券政策及使用方法；30余家农民专业合作社代表咨询了农业产业发展中面临的检测测试、科技研发、技术合作、专家咨询和人员培养等方面的科技需求；20余家重点实验室和工程中心的负责人介绍了单位资源及服务领域，并向合作社代表做了现场解答。

（王伟娟　赵淑红　赵　娣）

【科技部督察全市落实70号文情况】 4月，科技部督察北京市落实70号文情况。北京工业大学、北方工业大学、北京生命科学研究所、北京市理化分析测试中心、北京市自动测试技术研究所等5家市属单位根据督察要求，均形成了自查报告，对开放共享主体责任履行情况、科研设施与仪器开放服务情况、在线服务平台建设情况等进行了汇报。5月28日，督察组到北方工业大学的变频工程研究中心、智能交通实验室以及现场总线实验室进行现场督察，听取实验室管理人员对设备仪器对外开放共享和管理使用相关情况的现场汇报。12月，中央改革办督察组对全市落实国务院70号文情况再次进行了专项督察，召开资源方、需求方、科技中介服务机构以及参与资源开放共享促进工作的12个委办局的4场座谈会，同时进行清华大学、北京市科技研究院两个单位的现场调研，督察组对北京落实此项改革措施取得的成效给予充分肯定。

（贾翠云）

【条件平台现代农业领域中心建设工作会召开】 4月，市科委农村中心召开首都条件平台现代农业领域中心建设工作推进会，11个成员单位参会。会上，现代农业领域中心主管工程师介绍了首都条件平台现代农业领域中心管理办法；农村中心副主任李守勇对条件平台架构、具体工作内容以及新的管理办法进行解读，并结合2017年度领域中心的绩效考评工作任务做拆解说明，部署近期活动安排；结合会议主题，与会工程技术研究中心、重点实验室和企业负责人介绍自身的资源、优势专业以及正在开展的服务工作，并就如何利用好创新券、扩大对农业企业科技服务对接提出了合理化建议。

（王伟娟　赵淑红　赵　娣）

【市领导对创新券做重要批示】 6月30日，市政府办公厅在今日舆情要闻中对新华网题为"'首都科技创新券'投入1.4亿元精准扶持科技型小微企业"的报道做了概要介绍。市委常委、副市长阴和俊对首都科技创新券做了批示："科技创新券是一种很好的制度设计，不仅可对小微企业创新创业提供精准的帮扶，也可调动高校、科研单位的仪器设备开放共享，也有助于促进协同创新。希继续积极探索，进一步加大扶持力度。"

（贾翠云）

【北京市落实70号文情况总结暨平台工作推进会召开】 7月14日，北京市落实70号文情况总结暨首都科技条件平台工作推进会召开，市科委、市教委、市财政局、市国资委、市农委、市质监局等协调工作小组10个委办局的相关负责人，北京市肝病研究所、北京市粮食科学研究院等11家市属管理单位负责人，首都科技条件平台基地、领域中心和区县工作站代表近百人参加了会议。此次会议是北京市落实70号文的重要举措之一。市科委在积极推进央地资源开放的同时，启动市属管理单位加入首都科技条件平台。11家于此次会上签约并加入首都科技条件平台能源环保、检测认证和生物医药领域中心。市科委领导表示，首都科技条件平台领域中心作为连接专业领域资源和需求的纽带，要着力解决科技资源与企业需求之间的对接语言问题，充分借助互联网信息平台做好资源和需求线上的信息汇聚和有效对接工作，要更加注重以人为核心的科技成果转移转化。

（贾翠云）

【调研首都科技创新券】 7月25日，市政府办公厅、市财政局、市科委、中科院北京分院、北京大学、北京师范大学、北京科技大学和使用创新券的企业等创新券各参与方的代表30余人参加了首都科技创新券调研会。会上各方代表介绍了本单位参与创新券工作的情况，对创新券工作提出了一些意见与建议，并实地参观调研了创新券开放实验室——中科院微电子所集成电路工艺线和EDA中心。

（贾翠云）

【条件平台现代农业领域中心工作考评】 7月，按照市科委组织开展2017年度首都科技条件平台考评工作的要求，市科委农村中心参加首都科技条件平台2017年度绩效考评专家评审会，较好地完成了2017年度绩效考评任务。现代农业领域中心2017年度新增成员单位9家、科技人才26位，知识产权25项，新增开放仪器设备达916.34万元，服务成员单位实现合同金额达802.12万元，服务涉农企业137家，促成2项科技成果在京津冀地区落地转化。为确保各项工作规范有序，农村中心修订了现代农业领域中心管理办法，加大对成员单位的补贴支持力度。为提高对接服务效果，采取组织化对接的方式与北京市农业专业合作社联合会开展需求征集和科技服务对接活动，共征集科技需求30余项，促成5项合作意向，2家企业成功申请创新券。

（王伟娟　赵淑红　赵　娣）

【6个领域优先启动国家技术创新中心申报相关储备】 8月8日，市科委向北京市委常委、副市长阴和俊报送了《关于积极推动国家技术创新中心在京落地相关工作的请示》，建议重点对新能源汽车、深海装备、智能电网、网络信息体系、深空探测与在轨服务、航空发动机等6个领域优先启动国家技术创新中心申报相关储备。8月12日，市委常委、副市长阴和俊批示同意。8月15日，市科委正式向市政府报送《关于推动国家技术创新中心在京落地有关事情的请示》，建议重点对6个领域优先启动国家技术创新中心申报相关储备，并拟以市政府名义向科技部正式行函，推荐在北京落地。8月28日，市委副书记、代市长陈吉宁做出批示：建议了解一下民营企业的意愿，还是要积极推动社会资源的参与。

（黄会芳）

【条件平台石家庄合作站京石技术转移项目对接会召开】 8月25日，首都科技条件平台石家庄合作站京石技术转移项目对接会在石家庄科技大市场召开。北京市科委、北京技术交易促进中心、北京低碳清洁能源研究所以及河北汉蓝环境科技有限公司的相关负责人20余人参会。此次对接会上，在首都科技条件平台和石家庄科技大市场的共同推动下，双方正式签约，并就合作细节进行深入洽谈。通过具体项目合作，在多次的洽谈对接中，双方在新材料、能源环保等领域也探讨出更多合作可能。

（市科委办公室）

【优先推动2个国家技术创新中心在京落地】 9月5日，市科委向市委常委、副市长报送《关于优先推动2个国家技术创新中心在京落地相关工作的请示》，建议北京市明确优先启动相对成熟的2个重点领域（新能源汽车、深海装备）国家技术创新中心的申报，并尽快以市政府名义向科技部正式行推荐函，积极争取早日在北京落地。

（黄会芳）

【创新券京津冀对接会召开】 9月19日，由市科委条财处牵头的创新券京津冀对接会召开。此次会议讨论了建立共同支持互相衔接的创新券合作机制，科技部资源管理与配置司、财政部相关领导，北京市科委条财处、天津市科委、河北省科技厅相关负责人与工作人员出席，并就构建合作机制、明确重点任务达成了多项共识。

（贾翠云）

【条件平台沈阳合作站建站评估研讨会召开】 10月25日，首都科技条件平台沈阳合作站建站评估研讨会在沈阳市科技局召开。此次会议主要对首都科技条件平台沈阳合作站建站基础、政策环境、实施保障等方面开展综合评估工作。会上，北京市科委对沈阳合作站建设提出了希望，希望沈阳合作站在总体布局上，要更加注重国家和北京地区科技资源的整合、引进、对接和应用，为科技服务资源有效市场化运营探索新的模式，为东北振兴提供新的支撑服务体系。

（市科委办公室）

【国家临床医学研究中心统计】 11月15日，科技部办公厅等四部委办公厅在科技部网站联合下发《关于开展第四批国家临床医学研究中心申报工作的通知》。2012年以来，中国已在11个疾病领域建设了32个国家临床医学研究中心。2013年公布第一批次13个中心，2014年公布第二批次9个中心，2016年公布第三批10个中心。截至年底，北京地区的国家临床医学研究中心共计16家。

（刘　阳　张　雨）

【京沈共建一站一台】 11 月 28 日,沈阳市共享科技资源、深化协同创新工作推进会在东北大学国际交流中心举行。沈阳市委常委、副市长刘晓东,东北大学校长赵继,北京市科委副巡视员王建新、沈阳市科技局局长赵日刚等参加活动。会上,王建新和赵日刚签署了《共建首都科技条件平台沈阳合作站合作协议》《共建北京技术市场沈阳服务平台合作协议》,并分别为首都科技条件平台沈阳合作站、北京技术市场沈阳服务平台揭牌。此外,中科合创(北京)科技成果评价中心、优客工场(北京)创业投资有限公司分别与沈阳市科技总院、沈阳国家大学科技城管委会签署了设立分支机构的合作协议。

(市科委办公室)

【首都科技大数据平台全面梳理北京地区科技数据资源】 年内,首都科技大数据平台以"四梁八柱、一库一平台"为总体框架,集聚融合委系统和社会科技资源,构建科技数据资源知识体系,深化科技资源地图、科技前沿预判与跟踪、企业创新活动、区域协同等八大专题应用,创新应用服务模式,以大数据平台为载体,衍生服务产品,有效支撑科技决策和科技管理。首都科技大数据平台全面梳理了 20 多类北京地区科技数据资源,包括 78 所高校、46 万家科技型企业、471 家上市公司、65 家独角兽企业、259 家孵化器和创业服务机构(含 15 家大学科技园和 141 家众创空间)、457 个北京市重点实验室、316 家工程技术研究中心、766 名两院院士、1653 名"千人计划"人才、918 名"海聚工程"人才、676 名科技新星、180 名首都科技领军人才、42 名"北京学者"、127 名全球高被引科学家、843 个实验室、4.4 万台(套)仪器设备、52 家在京全球 500 强企业总部、103 家国家国际科技合作基地、393 家北京市国际科技合作基地、371 个科普基地、1 万多项科技计划课题等,全方位、全视角、多维度地展现基于"三城一区"的科技资源数据地图,为掌握北京科技资源布局、发展、变迁,优化首都科技资源配置、提供数据支撑和决策支撑。

(张冬敏)

【市区两级联动推动设施与仪器开放共享支持政策】 年内,为深入贯彻《北京市人民政府办公厅关于加强首都科技条件平台建设 进一步促进重大科研基础设施和大型科研仪器向社会开放的实施意见》(京办发〔2016〕34 号),北京市各区出台相关政策,探索科技资源服务区县产业和企业发展新模式,以首都科技条件平台服务体系建设为核心,房山区、顺义区颁布《首都科技条件平台工作站管理办法(试行)》,建立"一站多点"的服务体系,设立区级创新券配套资金,对企业科研工作进行补贴。海淀区制定实施海淀协同创新券,搭建研发创新对接平台。

(贾翠云)

【进一步推进科研设施与仪器开放共享】 年内,首都科技条件平台继续通过协调工作会为核心的推进机制,全面开展推动组织工作,召开了 5 次市科委、市财政局、市人力社保局、市教委等 12 个委办局工作推进会。梳理整合了 6 个委办局 93 家市属管理单位,50 万元以上的科研设施与仪器 2926 台套、共计价值 39.42 亿元,科学仪器中心 2 个,科学仪器服务单位 15 个,国家级科研基地 9 个,科学数据库 8 个,生物种质和实验材料资源库 2 个,建立 93 项开放共享管理制度,实现市属管理单位科研设施与仪器信息和开放共享管理制度全覆盖,同时均已汇总到国家网络管理平台。

(贾翠云)

【市委深改办督察全市落实 34 号文工作情况】 年内,市委深改办对全市落实 34 号文情况开展了改革督察第三方评估,于 9 月 21 日提出了督察意见(〔2017〕7 号),充分肯定了北京市各级职能部门、各市级行政主管部门、各管理单位对文件高度重视,主动作为,在建立联合推进工作机制、更好发挥政府职能作用、完善开放共享信息系统、落实开放共享配套政策等方面进行了积极探索创新。34 号文提出的主要任务基本得到落实,首都科技条件平台功能进一步完善,对于提升北京大型科研设施与仪器利用效率、服务企业创新发展、服务全国科技创新中心建设发挥了积极作用。同时,督察意见从工作推进的角度,指出了在改革推进落实中存在的问题,如抓落实力度有待进一步加大、开放共享激励约束机制不能及时落地、部分配套政策知晓度与执行度不高等,并提出了下一步深化推进 34 号文落地的意见和建议。市科委作为 34 号文的牵头单位,及时组织协调推进工作组的其他 11 家成员单位及市科技研究院制定整改方案,积极落实各项整改任务,并将整改结果书面报送市委深改办。

(贾翠云)

【首都科技条件平台 2017 年工作进展】 年内,首都科技条件平台形成了以 24 家研发实验服务基地、

12个领域中心、13个区县工作站为主体的首都科技条件平台工作体系和科技资源开放服务体系，同时建立了天津、河北（重点石家庄）、内蒙古、重庆、黑龙江、贵阳、银川、沈阳8家首都科技条件平台区域合作站。开放878个国家级、北京市级重点实验室、工程中心，价值272亿元、4.65万台（套）仪器设备向社会开放共享，促进了803项较成熟的科研成果转移转化；聚集了包括两院院士、长江学者等高端人才在内的13084位专家，形成了仪器设备、科技成果和研发服务人才队伍共同开放的大格局；仅2017年就有1.7万家企业享受到首都科技条件平台的各类服务，服务合同额达33.65亿元，推动形成政产学研用开放创新、协同创新的大格局。

（贾翠云）

【2017年度首都科技创新券资金的发放和使用情况】 年内，持续推进首都科技创新券政策。2017年度共引入了中科院、清华大学、北京大学等28家单位、616家实验室的创新资源供给方；设立了80家创新型孵化器、行业协会等多种科技服务机构的推荐机构；共计发放6106万元创新券资金，其中626家小微企业和31家创业团队与实验室达成一致并签署创新券合同，2017年度全部4000万元创新券资金支持了676个创新券项目。通过创新券的实施，不断优化小微企业和创业团队的创新生态环境，降低创新成本，有效提升小微企业和创业团队的创新能力和参与经济结构调整的竞争力；同时推动高校院所优质科技资源对外开放，打造高端科技服务业支撑体系。

（贾翠云）

【条件平台电子信息领域中心资源整合开放情况】 年内，北京市科技信息中心作为首都科技条件平台电子信息领域平台的牵头建设单位，开展电子信息领域中心资源整合与开放服务。2017年电子信息领域中心新增科学仪器设备118台套，新增4家成员单位，新增工程技术研究中心3个，新增专业科技人才46人，服务企业23家、服务内容81项，顺利通过年度绩效考评。

（张冬敏）

科技政策

【概述】2017 年，为构建高精尖的经济结构，北京市制定了加快科技创新构建高精尖经济结构的系列文件。围绕全国科技创新中心建设，陆续出台《北京加强全国科技创新中心建设重点任务实施方案(2017—2020 年)》《北京市科技计划科技报告管理办法(试行)》等，并对《北京市自然科学基金资助项目经费管理办法》《首都科技领军人才培养工程实施管理办法》《北京市科技新星计划管理办法》等进行了修订。市科委实施“政策法规与体制机制改革”专项，重点围绕全面创新改革、科技成果转化、创新创业环境、新业态新模式、支撑经济社会发展等布局开展系列课题研究，为全国科技创新中心建设总体部署、深化全面创新改革等提供决策支撑。中关村国家自主创新示范区充分发挥中关村改革“试验田”作用，在人才、金融、科技成果转化等方面，推出新一批创新政策和改革试点。财政金融政策、人才发展政策、创新创业环境等不断优化和完善。

(市科技史志办公室)

规划计划

【《北京市“十三五”时期现代产业发展和重点功能区建设规划》印发】 1 月 13 日，《北京市人民政府关于印发〈北京市“十三五”时期现代产业发展和重点功能区建设规划〉的通知》(京政发〔2017〕6 号)下发)。《规划》是北京市国民经济和社会发展第十三个五年规划中的市级重点专项规划，是对“十三五”时期本市现代产业发展和重点功能区建设目标及任务的进一步深化和细化。《规划》坚持创新、协调、绿色、开放、共享的发展理念，牢牢把握首都城市战略定位，以优化经济结构、增强内生动力为目标，统筹考虑首都资源与环境承载能力，明确了优化与首都城市战略定位相适应的现代产业集群，建设与人口资源环境相协调的产业空间格局，构建促进新消费、培育新供给新动力的产业生态环境等重点任务和举措，为建设国际一流的和谐宜居之都提供有力保障。

(市科委法规处)

【《北京市“十三五”时期服务业发展规划》出台】 2 月 1 日，《北京市发展和改革委员会关于印发〈北京市“十三五”时期服务业发展规划〉的通知》(京发改〔2017〕354 号)下发。本规划是促进北京市服务业持续健康发展的重要指导性文件，是北京市各级政府及行业部门制定实施各项服务业政策的重要依据。本规划实施期限为 2016 年至 2020 年。

(市科委法规处)

【《北京加强全国科技创新中心建设重点任务实施方案(2017—2020 年)》出台】 3 月 30 日，《北京推进科技创新中心建设办公室关于印发〈北京加强全国科技创新中心建设重点任务实施方案(2017—2020 年)〉的通知》(京科创办发〔2017〕2 号)下发。《实施方案》建立了科技创新中心目标监测评价体系，部署了 6 个方面、18 项具有全局性、战略性和带动作用的重大任务，2017 年率先实施 88 项工作任务、127 项重点项目。该方案提出，以“三城一区”为主平台，以高校院所、创新型企业为主力军，以综合性国家科学中心为主支撑，以重大项目和科学工程为抓手，以深化改革为动力，坚持“主力要出征、地方须支前”，推动央地、军民创新资源深度融合，按照细化、量化、具体化和项目化要求，把全国科技创新中心建设的“设计图”变成“施工图”。

(倪文龙)

【《北京市城市管理与服务标准化建设行动计划(2017—2020 年)》出台】 4 月 7 日，《首都标准化委员会关于印发〈北京市城市管理与服务标准化建设行动计划(2017—2020 年)〉的通知》(首标委发〔2017〕2 号)下发。本行动计划提出 8 项重点项目：落实标准化规划，强化重点领域标准体系建设；

加强重点领域标准创制；推进安全生产标准工程建设；推进节能低碳和循环经济标准化建设；加快北京城市副中心标准化建设；推动京津冀城市管理与服务领域标准化合作；推进城市管理与服务方面的标准化试点示范；推进城市可持续发展标准研究与实践。

（市科委法规处）

【《北京市“十三五”时期电子商务发展规划》出台】4 月 17 日，《北京市商务委员会关于印发〈北京市“十三五”时期电子商务发展规划〉的通知》（京商务电商字〔2017〕4 号）下发。本规划指出北京市电子商务发展将立足“四个中心”的城市战略定位，紧紧围绕落实京津冀协同发展和“一带一路”倡议，推进北京服务业扩大开放和供给侧结构性改革，打造高精尖产业结构，促进生活性服务业品质提升。本规划明确了“十三五”时期北京市电子商务的发展思路、重点任务及保障措施，是全市电子商务工作的行动纲领。

（市科委法规处）

【《北京市“十三五”时期工业转型升级规划》出台】4 月 18 日，《北京市经济和信息化委员会 北京市发展和改革委员会关于印发〈北京市“十三五”时期工业转型升级规划〉的通知》（京经信委发〔2017〕21 号）下发。该规划指出，“十三五”时期是北京工业转型升级的重要机遇期，工业发展的内外部形式发生新的重大变化。北京工业要坚持疏解提升一体谋划、统筹推进，通过做疏解非首都功能产业的“减法”，换取经济结构和空间结构优化的“加法”，推动由要素驱动向创新驱动转变，由生产制造向产品创造转变，由链式集聚向生态集群转变，由自身发展向区域协同转变，加快实现北京工业的脱胎换骨和全面升级。要紧紧围绕“结构调整、区域协同”两条主线，着力实施非首都功能产业疏解、构建高精尖经济结构、统筹优化产业空间布局三大任务，推进两化深度融合，提升产业发展的质量和效益，努力走出一条“调存量推转型、优增量强创新、促协同谋共赢”的发展新路，推动“北京制造”向“北京创造”转型，努力将北京打造成为全国重要的智能制造创新中心和国家高精尖产业协同创新增长极。

（市科委法规处）

【《北京市“十三五”时期能源发展规划》出台】6 月 23 日，《北京市人民政府关于印发〈北京市“十三五”时期能源发展规划〉的通知》（京政发〔2017〕18 号）下发。本规划是依据《北京市国民经济和社会发展第十三个五年规划纲要》编制的市级重点专项规划，提出了“十三五”时期能源发展的指导思想、发展目标、重点任务、重大项目和重大举措，是指导本市能源发展的总体蓝图和行动纲领，也是编制电力、燃气、供热、油品、可再生能源等领域专项规划和年度计划，制定相关政策措施，实施能源行业管理的重要依据。

（市科委法规处）

【《北京市全市创建国家农业可持续发展试验示范区三年行动计划（2017—2019 年）》出台】9 月 30 日，《北京市农业工作委员会等部门关于印发〈北京市全市创建国家农业可持续发展试验示范区三年行动计划（2017—2019 年）〉的通知》（京政农发〔2017〕37 号）下发。该行动计划提出了创建国家农业可持续发展试验示范区的总体要求、主要目标、主要任务和保障措施，立足农业发展与资源环境承载力相匹配，围绕农业产业可持续、资源环境可持续、农村社会可持续，从疏、控、用、建等方面入手，全面推进本市农业可持续发展。

（市科委法规处）

【《关于贯彻推进“互联网 +”便捷交通 促进智能交通发展的实施方案（2017—2020）》出台】12 月 14 日，市交通委印发《关于贯彻推进“互联网 +”便捷交通 促进智能交通发展的实施方案（2017—2020）》（京交函〔2017〕1450 号）。本实施方案以支撑“行业发展、政府治理、社会服务”为主题，以互联网融合创新为主线，进一步深化智慧交通体系建设和应用，为建设“安全、便捷、高效、绿色、经济”的北京现代化综合交通体系提供重要保障。实施方案提出，到 2020 年，构建泛在互联、协同高效、融合创新、开放共享的新一代“互联网 +”智能交通服务体系，助力京津冀交通一体化进程，全面增强百姓对交通服务的获得感，提高综合交通运输服务效率，提高交通行业科技创新能力和水平。

（市科委法规处）

财政金融政策

【《北京市自然科学基金资助项目经费管理办法》出台】 8月25日,《北京市财政局 北京市科委关于印发〈北京市自然科学基金资助项目经费管理办法〉的通知》(京财科文〔2017〕1842号)下发。为落实国家和北京市科技领域系列改革中对“放、管、服”的要求,修订后的经费管理办法下放了预算调整及经费管理权限,明确了差旅费、会议费及结余经费的管理要求,增加了结算方式、政府采购、资产处置方式、企业税务处理原则等相关内容。经费管理办法具有4个方面的特点:一是明确采取定额补助资助方式;二是无须预算评审;三是依需审计;四是将联合基金中的非财政经费纳入预算管理。

(市科委法规处)

【《北京市支持中小企业发展资金管理暂行办法》出台】 9月6日,《北京市财政局 北京市经济和信息化委员会关于印发〈北京市支持中小企业发展资金管理暂行办法〉的通知》(京财经一〔2017〕1926号)下发。中小资金由北京市财政局会同市经济信息化委确定支持方向、范围和标准,并由市财政局负责预算安排和监督使用,由市经济信息化委具体负责支持项目的组织和实施。中小资金项目推荐单位,包括北京市促进中小企业发展领导小组成员单位、各区(含北京经济技术开发区)中小企业主管部门及有关单位,负责做好中小资金的项目初审、推荐工作,并配合有关部门做好检查、审计等工作。本办法明确了资金的使用范围、支持方式和监督管理。

(市科委法规处)

【《北京市专利资助金管理办法实施细则》出台】 12月27日,《北京市知识产权局关于印发〈北京市专利资助金管理办法实施细则〉的通知》(京知局〔2017〕351号)下发。根据《北京市专利金资助管理办法》(京知局〔2014〕178号)的规定,制定本实施细则。国家知识产权局专利局北京代办处负责本实施细则的执行工作,负责专利资助金的受理、审查工作。本实施细则明确了专利资助金的申报方式和程序等。

(市科委法规处)

人才发展政策

【《首都科技领军人才培养工程实施管理办法》颁布】 3月7日,市科委颁布《首都科技领军人才培养工程实施管理办法》(京科发〔2017〕64号)。《管理办法》的出台是为了深入实施人才优先发展战略,全面落实《国务院关于印发北京加强全国科技创新中心建设总体方案的通知》(国发〔2016〕52号)和《中共北京市委关于深化首都人才发展体制机制改革的实施意见》(京发〔2016〕15号),加强本市高层次科技人才队伍建设,选拔并培养学术道德高尚、科研能力突出、科研水平领先和国际视野开阔的高层次科技创新创业人才,构建富有创新能力的科技创新团队,全力推进将北京建设成为具有全球影响力的科技创新中心。《管理办法》进一步规范了领军人才的培养和管理,吸收和固化好的经验和做法，形成工程培养体系，为工程实施过程的具体环节提供依据，满足实际工作需求。

（张炎霖）

【《北京市科技新星计划管理办法》颁布】 3 月 7 日，新修订的《北京市科技新星计划管理办法》（京科发〔2017〕65 号）颁布。为了规范北京市科技新星计划实施管理，深入实施人才优先发展战略，全面落实《北京加强全国科技创新中心建设总体方案》（国发〔2016〕52 号）和《关于深化首都人才发展体制机制改革的实施意见》（京发〔2016〕15 号），着力培育首都青年科技人才队伍，市科委对《北京市科技新星计划管理办法》（京科人发〔2002〕595 号）进行了修订，旨在选拔优秀的青年科技骨干，以项目为依托开展科技创新，促进科研水平和管理能力的提升，培养造就一批政治素质高、创新能力强、富于创新精神的青年科技骨干。

（张炎霖）

【《北京市高层次创新创业人才支持计划卫生领军人才支持项目实施方案》出台】 6 月 19 日，《北京市卫生和计划生育委员会关于印发〈北京市高层次创新创业人才支持计划卫生领军人才支持项目实施方案〉的通知》（京卫组人〔2017〕48 号）下发。为做好北京市高层次创新创业人才支持计划卫生领军人才遴选支持工作，根据《〈北京市高层次创新创业人才支持计划〉实施办法》和《北京市高层次创新创业人才支持计划卫生领军人才支持项目实施办法》，结合卫生系统高层次人才队伍建设实际，制定本实施方案。《实施方案》规定了人才选拔的基本原则、目标任务、遴选标准、遴选范围、遴选程序和组织措施。

（市科委法规处）

【《京津冀人才一体化发展规划（2017—2030 年）》出台】 6 月 26 日，《京津冀三地人才工作领导小组关于印发〈京津冀人才一体化发展规划（2017—2030 年）〉的通知》下发。这是我国首个跨区域的人才规划，也是首个服务国家重大战略的人才专项规划。该规划提出“一体、三极、六区、多城”的总体布局。“一体”即打造区域人才一体化发展共同体。“三极”即围绕全国科技创新中心建设，把北京打造成创新型人才聚集中心，形成京津冀原始创新人才发展极；围绕全国先进制造研发基地建设，把天津打造成产业创新人才聚集中心，形成京津冀高端制造人才发展极；围绕河北省转型发展需要，发挥雄安新区创新发展示范作用和石家庄承接转化带动作用，形成京津冀创新转化人才发展极。“六区”即以东部滨海发展区为载体，建设产业人才发展示范区；以西北部生态涵养区为载体，建设生态环保人才发展示范区；以中部核心功能区为载体，建设临空经济高端人才发展示范区；以雄安新区为载体，建设高端创新创业人才发展示范区；以南部功能拓展区为载体，建设科技成果转移转化人才发展示范区；以“通武廊”（通州、武清、廊坊）毗邻区域为载体，建设京津冀人才一体化发展综合示范区。“多城”即以京津“双城”人才联动带动石家庄、唐山等区域性中心城市和张家口、承德等节点城市人才联动。《规划》提出了五大重点任务、十三大重点工程、三项机制保障。

（市科委法规处）

【《关于推进首都国际人才社区建设的指导意见》出台】 7 月 17 日，《北京市人才工作领导小组印发〈关于推进首都国际人才社区建设的指导意见〉的通知》（京人才发〔2017〕2 号）下发。该指导意见是今后一个时期推进首都国际人才社区建设的指导性文件。《指导意见》提出了推进首都国际人才社区建设的重大意义、总体思路、主要任务和组织保障。主要任务分为三大类：打造具有国际竞争力的人才制度优势；构建国际一流的创新创业生态系统；营造与国际接轨的宜居生活环境。

（市科委法规处）

【《北京学者计划实施办法》出台】 9 月 25 日，《北京市人民政府办公厅关于印发〈北京学者计划实施办法〉的通知》（京政办发〔2017〕41 号）下发。北京学者计划是北京市高层次专业技术人才选拔和培养体系的重要组成部分，旨在培养一批在自然科学、工程科学技术、哲学社会科学领域具有国际先进水平、富有创新能力、取得重大成果的科学家、工程师和名家大师。

（市科委法规处）

创新环境政策

【关于服务北京全国科技创新中心建设的工作意见】 6月16日，《北京市工商行政管理局关于服务北京全国科技创新中心建设的工作意见》（京工商发〔2017〕22号）下发。本工作意见要求提高思想认识、加强组织领导、建立工作机制、明确工作方向、落实16项重点任务、加强组织保障，以更好地发挥工商职能作用，主动服务和促进科技创新企业发展，推进大众创业、万众创新，加快北京全国科技创新中心建设。

（市科委法规处）

【《加快全国科技创新中心建设促进重大创新成果转化落地项目管理暂行办法》出台】 7月4日，《北京市经信委关于发布〈加快全国科技创新中心建设促进重大创新成果转化落地项目管理暂行办法〉的通知》（京经信委发〔2017〕47号）出台。本办法明确了支持的项目范围，是指由市经济信息化委立项，市财政预算资金支持的项目，具体包括：产业创新中心建设项目、企业技术中心能力提升项目、高精尖产业设计中心建设项目、创新成果转化落地项目、创新型产业集群建设项目等。项目管理应遵循依法依规、公开透明、统筹安排、重点突出、加强监管、注重绩效的原则，加强资金规范管理，提高财政资金使用效益。

（市科委法规处）

【《关于率先行动改革优化营商环境实施方案》出台】 9月16日，《中共北京市委 北京市人民政府印发〈关于率先行动改革优化营商环境实施方案〉的通知》（京发〔2017〕20号）下发。本实施方案从5个方面提出了改革优化营商环境的主要任务：营造更加开放的投资环境；营造更加便利的贸易环境；营造更加良好的生产经营环境；营造服务更加精细的人才发展环境；营造更加公平的法治环境。

（市科委法规处）

【《关于进一步激发重点群体活力带动城乡居民增收的若干政策措施》出台】 12月7日，《北京市人民政府关于印发〈关于进一步激发重点群体活力带动城乡居民增收的若干政策措施〉的通知》（京政发〔2017〕33号）下发。本政策措施从8个方面进一步激发本市重点群体活力，带动城乡居民增收：完善多劳多得、技高者多得的收入分配政策，提高技能人才待遇水平和社会地位；加大培育和支持力度，激发新型职业农民增收新动能；实行以增加知识价值为导向的激励机制，激发科研人员科技创新活力；健全创新创业政策和服务体系，引导和支持小微创业者创收致富；创新公平竞争的激励机制，支持企业经营管理人员发展增收；坚持就业激励和托底保障相结合，鼓励和引导有劳动能力的困难群体脱困增收；健全激励机制和福利体系，充分调动基层干部队伍工作积极性；强化组织实施。

（市科委法规处）

【《北京市知识产权运营试点示范单位认定和管理办法》（试行）出台】 12月27日，《北京市知识产权局关于印发〈北京市知识产权运营试点示范单位认定和管理办法〉（试行）的通知》（京知局〔2017〕346号）下发。为深化实施创新驱动战略和首都知识产权战略，进一步规范知识产权试点示范单位认定与管理工作，根据《北京市专利保护和促进条例》和其他有关文件，制定本办法。本办法明确了知识产权试点单位的申请及认定条件。

（市科委法规处）

【《北京市科技计划科技报告管理办法（试行）》出台】 12月29日，《北京市科委关于印发〈北京市科技计划科技报告管理办法（试行）〉的通知》（京科发〔2017〕235号）下发。本管理办法共5章15条，阐明了管理办法的制定依据、职责分工和工作要求，明确了相关部门、单位的管理职责和管理程序，对科技报告计划制订、科技报告撰写、科技报告呈交、科技报告审核、科技报告共享等具体内容和要求，进行了说明。

（市科委法规处）

高精尖经济结构

【《关于进一步加强电动汽车充电基础设施建设和管理的实施意见》出台】 8月20日,《北京市人民政府办公厅印发〈关于进一步加强电动汽车充电基础设施建设和管理的实施意见〉的通知》(京政办发〔2017〕36号)下发。《实施意见》提出,到2020年,基本建成适度超前、布局合理、管理规范、智能高效的充电基础设施体系。围绕电动汽车充电需求,形成全市平原地区平均服务半径小于5公里的充电网络;建立较为完善的充电基础设施建设和管理制度体系,形成统一开放、竞争有序的充电服务市场;形成可持续发展的"互联网+充电基础设施"产业生态体系,为电动汽车用户提供安全、便捷的服务。

(市科委法规处)

【《关于财政支持疏解非首都功能构建高精尖经济结构的意见》出台】 9月2日,《北京市人民政府办公厅印发〈关于财政支持疏解非首都功能构建高精尖经济结构的意见〉的通知》(京政办发〔2017〕35号)下发。《意见》提出,在疏解非首都功能的同时,紧紧围绕优化提升首都功能发力,进一步深化财税体制改革,更加有效发挥财政资金引导作用,推动符合首都城市战略定位的重点项目和产业顺利落地实施,加快构建高精尖经济结构,努力实现经济社会更高质量、更高水平的发展。

(市科委法规处)

【《北京市高精尖产业发展资金管理暂行办法》出台】 9月13日,《北京市经济和信息化委员会 北京市财政局关于印发〈北京市高精尖产业发展资金管理暂行办法〉的通知》(京经信委发〔2017〕74号)下发。按照公共财政预算管理要求,为规范北京市高精尖产业发展资金的管理,提高资金使用效益,根据有关规定,制定本办法。本办法规定了高精尖资金的资金支持范围及使用方式、资金的申报及管理,以及监督检查与绩效管理。

(市科委法规处)

【《加快科技创新构建高精尖经济结构系列文件》出台】 12月20日,《中共北京市委、北京市人民政府关于印发〈加快科技创新构建高精尖经济结构系列文件〉的通知》(京发〔2017〕27号)下发。为落实中央构建高精尖经济结构的精神,有序疏解非首都功能,以建设具有全球影响力的科技创新中心为引领,加快培育科技、信息等现代服务业,发展节能环保、集成电路、新能源等新兴产业和高技术产业,北京市制定了加快科技创新构建高精尖经济结构系列文件。该系列文件包括:《北京市加快科技创新发展新一代信息技术产业的指导意见》《北京市加快科技创新发展集成电路产业的指导意见》《北京市加快科技创新发展医药健康产业的指导意见》《北京市加快科技创新发展智能装备产业的指导意见》《北京市加快科技创新发展节能环保产业的指导意见》《北京市加快科技创新培育新能源智能汽车产业的指导意见》《北京市加快科技创新发展新材料产业的指导意见》《北京市加快科技创新培育人工智能产业的指导意见》《北京市加快科技创新发展软件和信息服务业的指导意见》《北京市加快科技创新发展科技服务业的指导意见》。

(市科委法规处)

【《关于优化人才服务促进科技创新推动高精尖产业发展的若干措施》出台】 12月31日,《北京市人民政府印发〈关于优化人才服务促进科技创新推动高精尖产业发展的若干措施〉的通知》(京政发〔2017〕38号)下发。为深入贯彻落实党的十九大精神,充分发挥人才的战略资源作用,实行更加积极、更加开放、更加有效的人才政策,促进科技创新,推动高精尖产业发展,结合北京市实际,制定本措施。本措施主要包括四方面:以更加开放的政策引进使用人才;以更加有效的措施支持人才创新创业;以更加完善的服务保障人才发展;以更加积极的作为推动政策落地实施。

(市科委法规处)

【《北京市人民政府关于加快科技创新构建高精尖经济结构用地政策的意见(试行)》出台】 12月31日,《北京市人民政府关于加快科技创新构建高精尖经济结构用地政策的意见(试行)》(京政发〔2017〕39号)出台。《意见》提出明确准入条件,加强产业用地保障;多措并举,创新产业用地利用方式;推行项目承诺制,提高产业用地利用效率;强化监督管理,保证产业用地用途。

(市科委法规处)

创新高地

三城一区

【概述】2017年，北京聚焦中关村科学城，建设具有全球影响力的科技创新策源地和自主创新主阵地。出台"创新发展16条"，城市创新形象进一步鲜明，突破了一批全球领先的颠覆性前沿技术。突破怀柔科学城，建设世界级原始创新承载区。怀柔综合性国家科学中心组建全新体制的怀柔科学城管委会，设立怀柔科学城建设发展公司作为运营主体。综合极端条件实验装置及5个前沿交叉研究平台全部开工建设，48项科技成果在怀柔科学城落地。搞活未来科学城，打造全球领先的技术创新高地。中俄科教创新园等项目启动建设，国网、华能、航天十一所等单位共建氢能技术协同创新平台，中海油与中国石油大学共建海洋能源工程技术联合研究院。多领域取得了一批具有自主知识产权的创新成果。升级北京经济技术开发区，打造高精尖产业主阵地。着力承接转化"三大科学城"重大科技成果。推动基于宽带移动互联网的智能汽车、8英寸MEMS传感器芯片等重大产业创新项目落地。京东集团建设电商行业首个国家级大数据工程研究中心。京东方专利授权量居国内前5位。集成电路领域快速追赶世界先进水平，已经跻身世界第一梯队。2017年，"三城一区"地区生产总值(GDP)在全市占比超过30%，同比增长8.3%。其中，中关村科学城居16区之首；北京经济技术开发区增速最快，同比增长12%。

（市科技史志办公室）

中关村科学城

【概况】2017年，中关村科学城整体发展呈现良好态势，原始创新能力不断提升。北京量子信息科学研究院正式成立，网络空间安全等领域国家层面的重大战略科技项目有力推进，全球健康药物研发中心、石墨烯研究院等新型研发平台取得积极进展，全球范围引进顶尖科学家及团队力度不断加大。

创新投入产出保持高位，企业研发投入强度5.6，高新技术企业预计实现总收入超过2万亿元，占中关村示范区的比例继续保持在40%左右，同比增长10%以上；专利申请量预计达7.0万件，发明专利授权量1.85万件，占全市45%；技术合同成交总额突破1600亿元，占全市40%。创新发展活力和动能充足，29岁以下从业人员占比47%(39岁以下占比84%)，小微企业占比82%，从业主体年轻而有活力；独角兽企业37家，占全国1/4，体现了很强的成长性；符合新经济特征企业占比达73%，新经济企业总收入占园区总收入的比重达76%，远高于全国平均水平；共有新三板挂牌企业727家，A股和境外上市公司总数193家，居全国地级城市之首；收入亿元以上企业1461家，十亿元以上企业242家，百亿元以上企业25家，继联想之后，小米科技跻身千亿级企业行列，并成为达到千亿规模速度最快的企业。

高精尖产业支撑作用日益突出，信息业、科研业、金融业三大产业增加值对经济增长贡献率达75%左右，高技术产业实现增加值占地区生产总值的比重达60%以上，高技术制造业增加值占工业增加值的比重达66%；规模以上高精尖企业2000余家，占全市四成以上。

（中关村科学城）

【向市领导汇报中关村科学城组建工作】1月12日，副市长隋振江主持召开北京推进全国科技创新中心建设办公室国家部委联络员会议和"一处七办"工作启动会。中关村管委会副主任宣鸿汇报了中关村科学城专项办机构组建方案、工作机制及2017年重点工作。隋振江基本同意专项办工作方案，对各部门的工作给予高度肯定，要求各部门全面启动专项办工作，推进项目和任务清单落实。对中关村科学城专项办提出了具体要求：一是将中关村科学城专项办中的改革工作纳入先行先试专项办；二是要建立一个低于部市层面、涵盖高校院所、协同共治的工作机制，定期开展联络；三是专项工作组要有专人负责；四是未来中关村科学城可以打造为从生命园沿京新高速公路（G7）向北覆盖昌平的科研创新平台。

（中关村科学城）

【中关村科学城专项办第一次会议召开】1月24日，海淀区政府、中关村管委会共同主持召开了中关村科学城专项办第一次会议。15个市级成员单位有关负责人参会，正式启动中关村科学城专项办工作。会议听取了专项办综合协调工作组汇报科学城工作总体方案、2017年重点任务和项目以及专项办组建方案。会议对中关村科学城专项办负责的40个项目和2项任务进行了部署，明确了责任部门、责任人和时间节点。正式成立综合协调、重大科技项目、产业创新集群、空间拓展优化4个工作组，海淀区政府、中关村管委会、市规划国土委、市科委、市经济信息化委、中关村发展集团分别作为组长和副组长单位，牵头推进各项任务。中关村科学城专项办主任郭洪、于军分别从科学城的定位、重要性以及形成共识、明确任务等方面做了讲话，提出具体工作要求。

（中关村科学城）

【隋振江主持召开科学城空间拓展优化提升专题会】2月9日，副市长隋振江主持召开专题会，研究中关村科学城空间拓展优化提升工作，讨论了空间拓展优化提升思路。海淀区政府、市规划国土委、市科委等部门负责人参加讨论。隋振江对中关村科学城专项办工作启动快、工作深入给予高度肯定。同时指出，空间优化提升是推动中关村科学城建设的重要抓手，要从国家科技创新中心的视角做好科学城规划编制工作。市政府副秘书长刘印春，中关村科学城专项办主任、中关村管委会主任郭洪，中关村科学城专项办主任、海淀区区长于军，以及市规划国土委、市发展改革委、市科委、市财政局等部门的负责人参加会议。

（中关村科学城）

【专项办空间拓展优化工作组第一次会议召开】2月14日，中关村科学城空间拓展优化工作组第一次会议暨第13次协作规划平台工作会议召开。会议由海淀区区委常委、副区长龚宗元主持，市规土委副主任王玮、中关村管委会副主任宣鸿出席会议并讲话。会议进一步明确了工作组牵头处室和配合单位任务分工，研究了中关村科学城空间布局优化思路建议，审议了七一棉织厂改造等空间规划项目。此次会议的召开标志着空间拓展优化工作组的工作正式启动。

（中关村科学城）

【完善专项办工作机制专题会召开】2月17日，重大科技项目及协同创新工作组、产业创新集群工作组共同召开第一次会议。会议由原中关村管委会副主任宣鸿、海淀区副区长李长萍主持，市科委、市发展改革委、市经济信息化委等部门，以及海国投、航材院等重大项目实施单位的负责人出席会议。会议听取了两个工作组目前工作进展和下一步工作计划的汇报，进一步完善了内部架构和会议、督办、信息等工作运行机制，重点研究推动中关村前沿技术创新中心、中国科学技术大学“1+2”平台、国家级石墨烯创新中心3个项目的建设工作。

（中关村科学城）

【科学城专项办第一次工作组例会召开】3月2日，中关村科学城专项办第一次工作组例会在中关村展示中心召开。会议传达了2月28日市长蔡奇召开的北京推进科技创新中心建设办公室会议精神，进一步明确工作重点，建立中关村科学城专项办各项工作机制，包括双周例会机制、双周简报机制、双周工作计划机制和项目月调度机制。会议强调，专项办各成员单位一是要积极对接国家部委，争取相关政策支持，推进项目实施；二是要横向沟通，相互配合，加快项目进展；三是要走访调研项目单位，及时收集项目进展和需求，紧抓项目落地。

（中关村科学城）

【科学城提升发展规划编制研讨会举行】3月16日，中关村科学城专项办组织中国城市规划设计研究院、北京市城市规划设计研究院、清华同衡召开专题研讨会，研究中关村科学城提升发展规划编制思路和提纲。规划编制既要落实京津冀协同发展的相关要求，也要结合北京城市规划修编工作。以疏解非首都功能为前提，按照全国科技创新中心建设和中关村科学城建设方案，从空间、产业、项目、政策、环境等方面编制中关村科学城提升发展规划。

（中关村科学城）

【大数据分析与应用技术国家工程实验室揭牌仪式举行】3月21日，大数据分析与应用技术国家工程实验室揭牌仪式暨大数据分析与应用技术创新论坛在北京大学举行。以国家工程实验室的建成为契机，北京大数据研究院将在实验室的基础设施、人才团队、资金投入等方面得到加强，围绕数据存储整理、可视分析、智能决策等前沿核心技术的突破更有保障，在培养和汇聚大数据分析与应用的高端人才方面拥有巨大优势，更为探索协同研究、成果转化、产业化三线并行的运行机制铺平了道路，有望成为中关村科学城的示范项目。

（中关村科学城）

【全球健康药物研发中心启动仪式举行】 3月24日，全球健康药物研发中心举行启动仪式，市科委与清华大学教育基金会和比尔及梅琳达·盖茨基金会联合体、北京华益健康药物研究中心（中心在京注册实体）三方签署了全球健康药物研发中心、政府和社会资本合作（PPP）项目合同。

（中关村科学城）

【专项办重点项目建设推动工作会召开】 3月24日，中关村科学城专项办重大科技项目及协同创新工作组、产业创新集群工作组共同召开了第二次会议。会议听取了北京脑科学与智能技术研究院、金隅集团、中关村前沿技术创新中心等各重点项目的进展情况，并对项目推进过程中存在的问题进行研讨交流。会议强调各部门和企业之间需加强统筹协调，明确工作职责，将工作进一步细化分解，确保各项工作落实，有效推动中关村科学城的建设。

（中关村科学城）

【清华紫光获1500亿元投融资支持】 3月28日，国家开发银行、华芯投资管理有限责任公司分别与清华紫光集团签署了《“十三五”开发性金融合作协议》和《战略合作协议》，紫光集团将获得总额高达1500亿元的投融资支持，重点发展集成电路相关业务板块。

（中关村科学城）

【万钢调研北京协同创新研究院】 3月29日，全国政协副主席、中国科协主席、科技部部长万钢到北京协同创新研究院调研，并召开科技创新中心建设座谈会。市科委代表北京办公室秘书处汇报了科技创新中心建设进展和创新机制开展科技成果转移转化相关工作情况，北京协同创新研究院以及其他创新主体代表围绕新型研发机构建设、科技成果转移转化等进行了交流发言。万钢充分肯定了研究院取得的成绩，提出要探索新一轮试点政策的推广应用，推动北京全国科技创新中心和中关村科学城建设。

（中关村科学城）

【大数据分析系统国家工程实验室揭牌】 3月29日，由中科院计算技术研究所承建的大数据分析系统国家工程实验室在北京揭牌。该实验室联合了中国科学院大学、中科院计算机网络信息中心、曙光信息产业股份有限公司、国创科视科技股份有限公司共同建设。

（中关村科学城）

【中关村大街提升改造工作调研】 3月30日，中关村管委会副主任宣鸿带队专题调研中关村大街提升改造工作。调研组实地考察了中关村南大街24号提升改造项目和农科院存量资源情况，听取了中关村大街运营管理公司关于中关村大街形象提升规划设计大赛成果、大街提升改造重点项目以及国际化人才社区建设等相关工作的汇报。调研组深入了解了中关村大街提升改造中面临的潜力地块指标不明、新产业导入困难、国际人才总量较低等问题。宣鸿要求依托中关村科学城工作平台和机制，通过统筹谋划、对接服务、积极开展人才服务试点等措施，加大对大街提升改造的支持力度，带动和推进中关村科学城发展提升。

（中关村科学城）

【《中关村科学城发展提升规划》编制研讨会召开】 4月7日，中关村科学城专项办综合协调工作组织副组长宣鸿、李长萍共同主持召开《中关村科学城发展提升规划》编制研讨会。会议初步明确规划编制以非首都功能疏解、强化科技创新中心功能建设为核心等4项总体原则，提出了建立规划编制领导小组、项目工作组、顾问组等规划编制的工作体系，初步研究提出包括总报告、专题研究和专项规划3个部分的主要工作内容。

（中关村科学城）

【阴和俊调研中关村科学城建设】 4月14日，市委常委、副市长阴和俊来到海淀区，围绕科技创新，推动中关村科学城建设情况进行调研。市政府副秘书长刘印春，市科委、中关村管委会等相关部门主要负责人参加会议。各部门负责人分别就海淀区创新发展概况、举全区之力推动中关村科学城建设以及下一步工作安排、中关村科学城空间优化提升思路、中关村大街提升改造方案等做了汇报。

（中关村科学城）

【阴和俊召集各单位研究科学城空间优化提升问题】 4月25日，市委常委、副市长阴和俊召集市发展改革委、市科委、市经济和信息化委、市财政局、市规划国土委、市科委、中关村管委会和海淀区政府等部门专题研究中关村科学城空间优化提升相关工作。在听取中关村管委会汇报后，阴和俊在肯定此专项工作的同时提出了具体工作要求。一是要深入学习领会习近平总书记视察北京重要讲话精神，落实市委、市政府工作部署，认识到位、行动跟上。回答好为什么建设和怎么样建设具有全球影响力的科技创新中心。二是全国科创中心看北京、北京看中关村，中关村要牢记使命，抓好具体层面落实。三是一定要做好中关村科学城规划。要在科学城发展规划下研究空间布局，空间布局要和海淀区规划以及北京市总体规划做好衔接，统筹考虑生产、生活、生态等方面综合要求。四是在本次研究讨论基础上修改完善，再听取汇报，形成共识后向市长汇报。

（中关村科学城）

【专项办召开工作专题会研究科学城空间优化提升工作】 5 月 2 日，根据 4 月 25 日市委常委、副市长阴和俊关于专题研究中关村科学城空间优化提升工作的会议精神，中关村科学城专项办召开工作专题会，重点研究"疏和舍"，研究哪些留、哪些疏，处理好"舍和得"的关系。中关村科学城专项办综合协调组介绍了《中关村科学城空间优化提升思路建议》的起草背景以及市领导的指示精神，海淀区发展改革委、区实有人口办、区城管执法监察局、区商务委、区经信办、区住建委、区北部办（大街办）等部门分别围绕本部门疏解整治思路、重点区域和内容、措施建议等进行了交流和讨论，对下一步中关村科学城空间优化发展提出建议。会后，专项办结合对接情况，在《中关村科学城空间优化提升思路建议》中着重体现疏解提升工作思路和方向、重点区域和内容、疏解人口情况等，并报市政府专题会审议。

（中关村科学城）

【阴和俊主持召开专题会研究科学城空间优化提升】 5 月 8 日，市委常委、副市长阴和俊主持召开专题会议研究中关村科学城空间优化提升工作。阴和俊指出，一是要统一思想，提高认识。以总书记视察北京重要讲话为根本遵循，紧抓"四个中心"定位，在疏解非首都功能方面做减法，在强化科技创新方面做加法。二是要以空间优化研究为基础，尽快启动中关村科学城发展提升规划。要明确科学城定位、目标和方向，回答好"干什么、怎么干和谁去干"的问题，研究人才、创新环境、生活空间等方面政策需求。三是结合相关部门意见，修改完善《中关村科学城空间优化提升思路和建议》后尽快报市政府专题研究。市政府副秘书长刘印春以及市发展改革委、市规划国土委、中关村管委会、海淀区政府等部门负责人参会。

（中关村科学城）

【翟立新听取中关村大街提升改造的工作汇报】 5 月 12 日，中关村管委会主任翟立新听取海淀区大街办、中关村大街运营公司关于中关村大街提升改造的工作汇报。翟立新充分肯定了海淀区在中关村大街改造提升中取得的成绩，认为中关村大街不仅是海淀的，也是北京的，是推动全国科技创新中心建设的重要载体。翟立新指出，一是大街高端化、国际化要素集聚还不够，要为创新要素植入创造条件。空间上要进一步优化提升，降密度、增绿地。二是大街改造难度大，需要体制机制创新和政策扶持，管委会将进一步加大在资金、政策等方面支持的力度。三是要同步研究腾退优化空间的再利用问题，重点研究"装什么、怎么装"。管委会和海淀区政府要加强配合与协同，争取市级相关部门的支持，共同推进中关村科学城加快建设。

（中关村科学城）

【蔡奇听取中关村科学城工作汇报】 5 月 20 日，市委书记蔡奇主持召开市政府专题会，听取了中关村管委会关于《中关村科学城空间优化提升思路和建议》的汇报。思路围绕科学城的功能建设和疏解，梳理了重点区域现状空间资源，提出了优化提升的具体内容。蔡奇对中关村科学城空间优化提升思路予以肯定，要求在此基础上制定中关村科学城规划，完善城市功能建设，改善城市环境和配套，强化政策研究和落地。市发展改革委、市科委、市规划国土委、中关村管委会、海淀区政府、昌平区政府等部门和单位的负责人出席。

（中关村科学城）

【科学城发展提升座谈会召开】 6 月 2 日，海淀区委书记崔述强与中关村管委会主任翟立新共同主持召开中关村科学城发展提升座谈会，针对中关村科学城发展提升规划编制工作进行交流讨论。会议指出，中关村科学城建设要立足海淀区的科技、人才资源优势，围绕首都"四个中心"城市战略定位和建设具有全球影响力的科技创新中心的总体目标，进一步统一思想，形成合力，加快先行先试，推动科技创新。

（中关村科学城）

【陈吉宁调研中关村科学城】6月4日，市委副书记、代市长陈吉宁赴中关村科学城先后察看了中关村国家自主创新示范区展示中心、百度公司、柏惠维康科技有限公司，并主持召开座谈会，听取中关村创新创业代表的意见建议。陈吉宁强调，中关村国家自主创新示范区要发挥北京建设具有全球影响力的科技创新中心主平台的作用，中关村科学城要推动创新资源整合，持续优化创新创业生态系统。

（中关村科学城）

【北京中关村银行获批复成立】6月6日，北京中关村银行获北京银监局批复，7月16日正式开业，成为全国首家专注服务科技创新的民营银行，致力于为科技型中小微企业提供资金支持和金融服务。

（中关村科学城）

【加州—北京创新中心落地中关村科学城】6月7日，加州—北京创新中心落地中关村科学城，海淀区与美国加州能源委员会签署《北京市海淀区与美国加州能源委员会创新合作谅解备忘录》，与美国加州大学、清华控股与启迪清洁能源集团共同发起了加州—中国清洁技术基金战略，将促进双方在能源、环保等领域的交流合作。

（中关村科学城）

【翟立新主持召开科学城发展提升规划编制工作会议】6月16日，中关村管委会主任翟立新主持召开中关村科学城发展提升规划编制工作会议，海淀区副区长李长萍、市规划院院长施卫良及相关单位人参加会议。翟立新在听取《中关村科学城发展提升规划》编制工作方案汇报后，提出了具体工作要求：一是紧紧围绕中关村科学城原始创新策源地和自主创新主阵地两大定位，做好科学城发展提升规划工作；二是落实市政府会议纪要第76号文中明确的中关村科学城空间优化提升思路建议的报告的工作要求，完成中关村科学城发展提升规划编制；三是规划要在《北京城市总体规划（2016年—2030年）》的基础上进行编制，并对《北京中心城市详细规划》起到指导作用，要将两者进行有机衔接；四是对专项办手中现有的空间资源和产业资源进行梳理、整合，实现协同创新发展；五是结合相关单位、专家和学者提出的意见和建议，形成新版的中关村科学城发展提升规划编制方案，并上报市政府。

（中关村科学城）

【市政府审改办调研科学城】6月20日，市政府审改办就加快中关村科学城建设，统筹研究行政审批制度改革等问题到中关村管委会专题调研。调研重点围绕中关村科学城建设中审批方面存在的问题、原因及有关意见建议等展开。中关村管委会及海淀区政府相关部门负责人与调研组一行就重大科技项目纳入"一会三函"适用范围、中关村大街升级改造涉及相关市级权限下放等方面问题、政策诉求展开交流讨论。中关村管委会委员陈文奇、市编办副巡视员李晓鹏，以及中关村管委会规划处和海淀区编办、发展改革委、大街办、海淀园产规处等部门负责人参会。

（中关村科学城）

【百度宣布开放自动驾驶技术平台】7月5日，百度在人工智能技术领域发挥优势，宣布开放自动驾驶技术平台并发布"Apollo"新计划。重点是以下四大模块：自定位模块、感知模块、车辆规划和运营框架。Apollo将有三种不同的开放形式：开放代码、开放数据和开放能力。

（中关村科学城）

【吕文斌调研海淀国家双创示范基地】7月6日，国家发展改革委投资司副司长吕文斌一行来到海淀国家双创示范基地，对大唐网络、创业公社、氪空间、中关村创业大街及中关村智造大街等重点建设项目开展调研，海淀区委常委、常务副区长孟景伟、副区长李长萍等陪同调研。在中关村创业大街，吕文斌一行参观了展厅及创业会客厅，并对创业大街开街3年来取得的成就给予了高度肯定。同时，吕文斌一行还详细了解了其他各项目建设的进度及需求，对下一步发展提出了要求。

（中关村科学城）

【两部门联合共商《中关村科学城发展提升规划》编制】7月11日，中关村管委会同海淀区政府共同召开中关村科学城专项办工作会议。会议研究《中关村科学城发展提升规划》编制及工作组织方案，重点就规划研究的主要内容、工作成果、工作组织和分工方案、工作进度时间节点安排等内容展开交流讨论。中关村管委会规划处、市发展改革委、市科委、市经济信息化委、市规划国土委、市交通委、海淀区科委、中关村科技园区昌平园等部门的负责人参会。

（中关村科学城）

【翟立新主持召开科学城发展提升规划编制工作会议】 7 月 11 日，中关村管委会主任翟立新主持召开中关村科学城发展提升规划编制工作会议，听取《中关村科学城发展提升规划》编制及工作组织方案汇报。中国城市规划设计研究院原院长李晓江教授提出，从微观挖掘现有资源的价值，搞清空间与周边环境关系；深挖人才空间需求，通过“创造高品质，保障低成本”重点研究人才与城市发展规律，实现人才跟着城市走，产业跟着人才走，做好科学城建设对人才、企业的吸引力。翟立新就下一步工作提出三点工作要求，一是中关村科学城编制工作研究要深入微观空间；二是认真做好前期调研工作，深入了解创新企业，高校院所等人才的需求，摸清城市发展的规律、创新发展的规律、人才聚集的规律；三是结合本次会议内容，深化完善中关村发展提升规划编制方案，并上报市政府。

（中关村科学城）

【中关村科学城智能制造创新周启动】 7 月 23 日，海淀区政府与市经济信息化委共同主办的中关村科学城智能制造创新周在中关村智造大街正式启动。市政府副秘书长刘印春、海淀区委书记于军、中关村管委会主任翟立新、中国电子技术标准化研究院院长赵波以及市科委、市经济信息化委、市知识产权局和海淀区委、区政府有关部门领导出席开幕式。

（中关村科学城）

【中以创新中心成立】 8 月 3 日，由中关村大街运营管理股份有限公司和以色列康帕斯投资集团共同设立的中以创新中心签约仪式在赫兹利亚举行。双方代表签署了合作协议，并共同为中以创新中心特拉维夫办事处揭牌。11 月，中以创新中心将在中关村正式成立，为以色列科技企业提供展示平台，为中以高科技企业之间的合作搭建桥梁，加强高端人才引进，通过链接全球知名创新高地，助力中关村科学城建设。

（中关村科学城）

【科学城专项办全体会议召开】 8 月 4 日，中关村科学城专项办全体会议召开。海淀区委书记于军、中关村管委会主任翟立新共同听取了 2017 年中关村科学城工作进展情况报告和下一阶段的重点任务；重点部署中关村科学城发展提升规划的编制工作，进一步动员市区两级力量，聚焦中关村科学城，加快建设具有全球影响力的全国科技创新中心核心区。会议指出：要深入贯彻落实市十二次党代会精神，牢牢把握原始创新策源地、自主创新主阵地的定位，全力聚焦中关村科学城建设；要强化顶层设计，高水平编制中关村科学城规划。坚持疏解优先、减量发展，优化空间结构和创新功能布局，形成具体化可操作的高质量成果。下一步要依托全国科技创新中心建设办公室和专项办工作机制，市区各部门形成工作合力，从完善创新工作机制、加快推进项目清单和任务清单实施、深入推进先行先试改革等 8 个方面重点推动中关村科学城建设。

（中关村科学城）

【全国第一家创业服务领域的上市公司挂牌】 8 月 10 日，总部位于海淀区的创业黑马（北京）科技股份有限公司在深交所创业板挂牌上市，成为全国第一家创业服务领域的上市公司。创业黑马此次共发行新股 1700 万股，募集资金总额 1.82 亿元。创业黑马将以本次首发上市为契机，借助资本市场的力量，继续巩固在创业服务领域的领先地位。创业黑马的独到之处是发现和培养创业者，邀请知名企业家、投资人、专家学者担任导师，通过黑马成长营、创业实验室、线上创业知识分享平台等服务助力创业者成长。在中关村，以创业黑马为代表的创新型孵化器正逐渐成为全国创业者的“黄埔军校”。创业黑马将使用此次上市募集的资金实施全国化战略——推行“百城计划”，把创业服务延伸到全国的地级市和县级市，让全国创业者都能享受到源自中关村的创业服务。

（中关村科学城）

【四单位共商科学城建设】 8 月 15 日，市科委、中关村管委会、中关村发展集团主要领导与海淀区领导围绕中关村科学城相关事项进行研究讨论。会上，市科委主任许强、中关村管委会主任翟立新，中关村发展集团董事长赵长山、总经理宣鸿围绕中关村科学城建设提出了需要解决的问题及下一步工作方向，并表示要积极创新产学研合作体制机制，强化科技成果产权对科研人员的长期激励，进一步加强知识产权保护。海淀区委书记于军表示，海淀区要按照市委、市政府部署要求，以全国科技创新中心核心区建设为统领，聚焦中关村科学城，大力推动人才政策机制创新，做优高端人才发展生态，做好相关服务保障工作。

（中关村科学城）

【中关村智联轨道交通运营产业联盟成立】8月18日，由神州高铁、佳讯飞鸿、和利时、千方科技、北京交通大学等中关村轨道交通领军企业和高校联合发起成立的中关村智联轨道交通运营产业联盟在京召开成立大会。经过选举程序，产生了第一届理事会、监事会，通过了联盟章程。中关村智联轨道交通运营产业联盟在中关村管委会和海淀园管委会的指导下，由神州高铁、北京交通大学等企业及高校院所牵头成立，以"顺应国家战略，依托区域优势，整合行业资源，促进共同发展"为宗旨，致力于打造一个"技术 + 市场 + 资本"的科技创新服务平台，通过打造轨道交通产业集聚区、强化全产业链资源整合等路径，实现抱团发展。联盟成员企业涵盖了轨道交通各专业领域，联盟将凝聚海淀区轨道交通优势力量，资源共享，携手并进，共同推动海淀轨道交通产业的发展。

（中关村科学城）

【市领导调研科学城规划建设】8月19日，市委书记蔡奇、代市长陈吉宁到海淀区就中关村科学城规划建设进行专题调研并做重要讲话。蔡奇在座谈会上指出，建设全国科技创新中心是首都城市战略定位也是北京创新发展的主要抓手。要抓好"三城一区"，聚焦中关村科学城，努力把中关村打造成科学家、发明家、创业者的"天堂"，率先建成具有全球影响力的科学城。蔡奇强调，中关村是新中国科技创新的摇篮和源泉，也是北京科技创新的主阵地。中关村科学城是中关村国家自主创新示范区的核心区，也是全国科技创新中心的核心区，聚集了众多的央属科研院所、高校、创新型企业和创新服务机构，在"三城一区"中内生动力最强。要把中关村巨大的创新能量释放出来，科技创新中心建设必须围绕聚焦功能定位、聚焦创新主体、聚焦先行先试、聚焦创新要素4个"聚焦"做好各方面的工作。

（中关村科学城）

【双创周活动举行】9月15—21日，2017年全国大众创业万众创新活动周（"双创周"）北京会场活动在中关村国家自主创新示范区展示中心举行。本次双创周以"双创促升级，壮大新动能"为主题，会场展览面积规模达1.2万平方米，展示了人工智能芯片、无人驾驶汽车、石墨烯冰刀、精准农业大数据平台、智能场馆安防系统等300余项双创成果。国务院副总理汪洋、全国人大常委会原副委员长陈至立等参观了本次北京会场的主题展。本次双创周还主办了2017中关村前沿科技创新大赛开幕式、中关村产业技术联盟双创论坛、市属国企中关村科技企业融合创新峰会等重大活动；配合市相关部门开展"创新创业·惠民生"需求征集活动、"十百千万"双创能力培育工程等活动；组织中关村分园开展共计66项创新创业活动，直接参与人数近7000人。

（中关村科学城）

【于军主持召开中关村科学城发展提升规划编制工作对接会】9月20日，海淀区委书记于军主持召开中关村科学城发展提升规划编制工作对接会。会议一方面就规划编制工作已形成的规划思路和设想、下一步研究计划等内容进行交流；另一方面，在加强中关村科学城面向创新创业的公共空间精细化设计与管理研究上，实现与中关村科学城发展提升规划工作对接，进一步统筹研究力量，推动成果共享，强化各规划研究相互支撑和衔接。

（中关村科学城）

【摩拜单车开辟北美市场】9月20日，摩拜单车登陆美国华盛顿，正式开辟北美市场，这标志着摩拜单车进入全球第8个国家。至此，摩拜单车已在全球8个国家的超过180个城市运营着超过700万辆智能共享单车，服务来自世界各地的超过1.5亿用户，每天提供超过2500万次骑行。摩拜被美国《财富》杂志评为"2017年改变世界的50家公司"之一。

（中关村科学城）

【陈文奇主持召开中关村科学城规划编制工作专题会】9月21日，中关村管委会委员陈文奇主持召开中关村科学城规划编制工作专题会。陈文奇分别听取中规院、长城所、北规院交通所汇报中关村科学城规划编制总体报告、创新功能提升专题研究、综合交通规划专题研究及其他规划编制单位的补充发言，明确加快研究中关村科学城规划编制工作，于10月1日前向中关村管委会主任翟立新进行阶段性工作成果汇报。

（中关村科学城）

【京台前沿科技创新中心成立】9月22日，泰智会产业加速器、中关村云计算产业联盟、台湾STAR-FAB加速器三方共同发起成立京台前沿科技创新中心，在海淀区互联网金融中心举行启动仪式。京台前沿科技创新中心旨在聚集京台前沿科技创新企业，搭建京台科技创新交流的展示窗口，提供各项优惠政策，吸引更多台湾创新创业青年来北京创新创业。市经济信息化委、市台办、海淀区等部门相关人士参加此次活动。

（中关村科学城）

【小黄车进入“用科技重新定义共享”的4.0时代】 9月26日，ofo小黄车召开发布会，宣布进入“用科技重新定义共享”的4.0时代。发布会上，ofo推出最新款共享单车ofo小黄蜂，行业首款NFC智能锁，以及与中国电信、华为共同研发的NB－IoT物联网智能锁。此外，ofo共享出行大数据平台“奇点”系统也首次公开亮相。

（中关村科学城）

【全球首款基于量子通信的云安全一体机发布】 9月27日，国科量子通信网络有限公司与中科曙光联合研发的全球首款基于量子通信的云安全一体机QC Server发布，这是我国继量子保密通信科研领域走入世界前列后，在应用和支撑领域的又一次全球领先。QC Server重点提供与量子保密通信深度融合的云计算操作系统和云存储服务平台，并针对量子保密通信的应用场景提供基于自主知识产权的、从底层硬件到上层应用服务的云服务解决方案。

（中关村科学城）

【翟立新主持召开中关村科学城发展提升规划编制工作会】 9月29日，中关村管委会主任翟立新主持召开中关村科学城发展提升规划编制工作会议。根据前期调研内容，翟立新分别听取中关村科学城发展提升规划编制工作总体思路；中关村科学城创新功能研究和城综合交通规划研究初步研究内容。会议指出，要认真学习《北京城市总体规划（2016年—2035年）》内容和蔡奇对北京城市总体规划重要讲话精神；要把握好中关村科学城发展提升规划的总体定位，规划内容既要落实总规要求，又要对详规有指导，使中关村科学城的建设有内涵、有形象；要围绕创新、人才、交通等专题进行深入研究，形成报告，并对规划内容进行专题研究。

（中关村科学城）

【翟立新主持召开科学城创新功能提升专题会议】 10月19日，中关村管委会主任翟立新主持召开中关村科学城创新功能提升规划研究专题会议。会议专题听取中关村科学城创新功能提升规划、全球科技创新中心发展趋势的规律和与中关村的比较、高端人才集聚和流动等专题研究的初步成果汇报。会议要求，科学城创新发展要落实北京总体规划、蔡奇书记调研中关村科学城时提出的4个“聚焦”以及市政府会议纪要第76号文；要依据全球范围内科技创新发展规律，研究其成功在哪里，失败在哪里；深入了解国家发展需求，尤其是在十九大会议、科技三会等会议对中关村科学城在未来所扮演角色的要求；要根据中关村科学城以及海淀区自身发展状态，研究其独特性、主力本身资源、能力和作用水平状态。

（中关村科学城）

【中关村科学城发展提升规划成果汇报】 10月27日，中关村管委会主任翟立新、海淀区区长戴彬彬、中关村发展集团总经理宣鸿等中关村科学城主要领导共同听取了中关村科学城发展提升规划和综合交通优化提升规划研究内容初步成果汇报。会议指出：一是总体要求进一步坚持，规划要落实规定性、把握好规律性、做好操作性；二是规划要强调聚焦，要以世界一流科学城为目标导向，要以找短板、建形象作为问题导向；三是在创新创业生态服务上要突出重点功能；四是规划要形成标志，城市整体建设要有基调，城区建设要有导则；五是规划要与北京城市总体规划、“三城一区”、雄安新区协同发展，实现非首都功能承载区，政策上的创新区。

（中关村科学城）

【医疗大数据应用技术国家工程实验室启动】 10月27日，由国家发展改革委领导、中央军委后勤保障部主管、中国人民解放军总医院作为承担单位、北京大学作为共建单位之一的医疗大数据应用技术国家工程实验室正式启动。此次医疗大数据应用技术国家工程实验室在北京大学的申报工作由北京大学健康医疗大数据研究中心组织，联合相关院系共同参与。在实验室整体建设框架中，北京大学将重点参与医疗数据整合管理、临床智能决策、卫生政策仿真、疾病监测预警、安全与隐私保护等方面的研究和工程化建设。

（中关村科学城）

【L40完成出厂前开机调试】 10月，由中科院理化所研制、北京中科富海工程化设计与制造、南京鹏力超低温公司联合调试运行的国产首台40升/时氦液化器（简称L40）顺利完成出厂前开机调试，达到预期目标。通过前期30天连续无故障运行可靠性考核，整机性能达到国际先进水平。L40是中科院理化技术研究所在财政部国家重大科研装备专项支持下研发的国内首套具有完全自主知识产权的大型氦液化器,其中关键核心设备包括高速氦气透平膨胀机、喷油螺杆压缩机、高效油分离系统、高效低温板翅式换热器、高效管壳式内纯化器、同轴低温传输管线及部分低温控制阀等,全部实现国产化。L 40 将用于污氦回收、纯化及液化过程。L 40 的运行成功标志着我国首台具有自主知识产权的大型氦液化器正式投产使用,填补了国内大型低温领域的空白。

(中关村科学城)

【阴和俊调研科学城重点项目建设情况】 11 月 18 日,市委常委、副市长阴和俊到中关村科学城北部地区,调研重点项目建设情况。市科委主任许强、中关村管委会主任翟立新、海淀区代区长戴彬彬等陪同调研。在中关村创客小镇,阴和俊详细了解了小镇利用集体建设用地建设集公租房和众创空间为一体的创业社区的运营模式,与现场的几个创业企业代表进行了交流,并深入创业团队,实地了解创业企业的办公和生活条件,询问企业发展情况。阴和俊对创客小镇的模式给予了充分肯定,要求在中关村一区十六园推广。在北京石墨烯产业创新中心,阴和俊详细了解了创新中心在石墨烯前沿技术攻关和应用示范等方面取得的进展,察看了实验室。阴和俊指出要积极参与国际合作,抢占石墨烯制备和应用的全球制高点,北京市要支持创新中心申报国家级产业创新中心。在中关村集成电路设计园,阴和俊听取了中关村科学城北部地区规划建设总体情况的汇报,详细了解了集成电路设计园规划建设和项目入驻、服务体系建设等方面情况。阴和俊指出要高水平规划建设好中关村科学城北部地区,要始终坚持高标准、高定位,集聚全球高端创新要素,形成具有全球影响力的创新型企业集群。

(中关村科学城)

【中关村前沿科技创新大赛闭幕】 11 月 24 日,2017 中关村前沿科技创新大赛闭幕。此次大赛历时 50 天,在 7 个领域开展 21 场路演,共评选出 14 个优质项目以及大赛前 3 名。本次大赛前 3 名分别由复朗施(北京)纳米科技有限公司、北京华大九天软件有限公司、速感科技(北京)有限公司获得。大赛评选出的一些优秀项目代表着行业或者技术领域的领先水平,是中关村积极抢占全球科技制高点的最新成果。

(中关村科学城)

【阴和俊听取科学城规划编制汇报】 12 月 1 日,市委常委、副市长阴和俊主持召开市政府专题会,研究中关村科学城发展提升规划编制工作。会议听取了中关村科学城专项办关于中关村科学城规划编制和专项办近期工作成果的汇报。阴和俊对规划编制前期工作予以肯定,并对规划编制下一步工作提出具体要求。一是进一步学习领会习近平总书记的讲话精神,铭记首都定位是四个中心,特别是科技创新中心;北京具有建设科技创新中心的天然优势,中关村科学城规划建设要紧抓科技创新中上游,要以全球为标杆。二是中关村科学城规划建设要强调聚焦,要围绕"如何聚焦,怎么聚焦"这个题目,研究"建设什么样的科学城,怎么建设科学城"。三是对规划编制工作内容提出要求。市政府副秘书长刘印春,中关村管委会、海淀区政府、市科委、市规划国土委、中关村发展集团等主要负责人参加会议。

(中关村科学城)

【中关村生命科学园三期规划公布】 12 月 5 日,中关村生命科学园三期规划,在生命科学园(中关村科学城)生物医疗大健康 2017 峰会暨发展论坛上首次发布。此规划方案建设面积超过 360 万平方米。目前园区正在积极推进拓展区 4.7 平方公里土地的整理工作。建设中的生命科学园三期将重点建设"健康、人才、科技金融、创研、智造"五大功能区,为生命园提供超过 100 万平方米的居住空间,100 万平方米的产业空间和 60 万平方米的商业配套空间。此次公布规划中的生命园东部科技金融之芯和创研之芯,将建设生命科学金融中心标志性建筑群,建设生命科学博物馆和国际会展中心,布局技术转移中心和国家级审评中心。此前,国家食品药品监督管理总局 3 个审评中心和国家脑科学与类脑研究北方科学中心已在该区域选址建设。而清华大学大健康产业平台落户的南部智造之芯,将建成国家级实验室集群、高端产业聚合体和创新服务平台。

(中关村科学城)

【陈吉宁围绕创新发展工作到科学城调研】 12 月 8 日,市委副书记、代市长陈吉宁围绕创新发展工作到中关村科学城进行调研。陈吉宁先后来到北京石墨烯产业创新中心、中科院自动化研究所、中关村银行和中关村智造大街,详细了解了科研院所的创新体制机制、科研成果转化落地及金融服务科技创新等情况。在随后召开的座谈会上,陈吉宁与海淀区委区政府、中关村管委会、中关村发展集团等单位负责人深入交流，陈吉宁指出：建设具有全球影响力的全国科技创新中心，是中央赋予北京的重要职责，这对中关村科学城的发展提出了明确要求，必须采取更有力的举措，加快推进中关村科学城建设。市委常委、副市长阴和俊，市政府秘书长李伟陪同调研。

（中关村科学城）

【中关村前沿技术创新中心投入使用】 12月，由中关村管委会和海淀区政府共同组织、联合支持的中关村前沿技术创新中心已投入使用。达闼科技、中科寒武纪、梦之墨等14家前沿技术企业和机构陆续入驻。该中心涉及人工智能、智能制造、颠覆性科技、前沿生物等方面，有望成为继创业大街、智造大街之后中关村地区又一新地标，将以聚焦前沿硬科技创业的特色形成差异化发展。

（中关村科学城）

【多家企业上榜“2017 人脸识别技术排行榜TOP20”】 12月，根据《互联网周刊》“2017 人脸识别技术排行榜 TOP 20”显示，商汤科技、旷视科技、百度、汉王科技、中科奥森、飞搜科技等多家海淀企业榜上有名。百度先后设立深度学习实验室、大数据实验室、硅谷人工智能实验室、增强现实（AR）实验室，联合清华大学等高校建立并获批深度学习技术及应用国家工程实验室。商汤科技研发基于深度学习的人工智能视觉引擎及应用系统，建立基于大规模深度学习专用高性能 GPU 超级计算平台，在深度学习模型核心算法上实现突破。旷视科技搭建世界最大的人脸识别云平台 Face ++，为开发者和企业用户提供人脸识别、文字识别、图像识别及其他人工智能能力，吸引人工智能企业和开发者共同开发创新。汉王科技的人脸通系列产品在人脸识别门禁和考勤市场居于国内主导地位。此外，中科奥森、飞搜科技、异构智能等一批视觉识别领域的 AI 企业快速成长。

（中关村科学城）

怀柔科学城

【概况】 怀柔科学城是北京市和中科院立足科学高点的战略擘划，在中科院怀柔科教产业园的基础上，聚焦面向世界科技前沿和国家重大需求的创新制高点，强化原始和前沿创新能力，建设关键支撑的大科学装置集群和系列跨学科前沿交叉研究平台，聚集国家实验室，打造世界知名的综合性国家科学中心。2016年11月，市政府办公厅印发《怀柔科学城建设发展规划》。2017年，怀柔科学城编制完成了《怀柔科学城概念性总体规划方案》和《怀柔科学城核心区控制性详细规划深化方案》，为即将落地开建的大科学装置和交叉研究平台提供了先决条件。按照规划，怀柔科学城总规划面积约为100.9平方公里，怀柔科学城总体城市设计方案征集工作已启动。

招商引资成效显著。年内，共引进实体项目13个，合计租赁面积约1.7万平方米，其中包括：中辉腾龙科技有限公司无机纳米防火材料项目、国家轻量化材料先进成形技术与装备创新中心、鑫汇成科技公司碳纤维复合材料抽油杆研发及生产总部等。引进注册企业138家，总注册资本11.6亿元，科技型企业占比56%。

确保重大项目按期开工。创造了首个开工的清洁能源材料测试诊断与研发平台项目仅历时113天就完成“一会三函”审批流程的超快速度。年度计划开工的5个交叉研究平台已于5月全部实现开工。综合极端条件实验装置于9月按期开工建设；地球系统数值模拟装置项目迅速移交至密云地块，抓紧开工前的各项准备。

科学城核心区二期拆迁签约工作圆满完成。怀柔科学城北部核心区住宅搬迁签约工作自8月21日启动，截至8月30日，涉及3个镇4个村的810个宅院、880个选房号、1210户实现百分之百签约。

公共服务先行，确保具备“城”的要素。在住房配套方面，启动科学城配套住房规划，完成利用集体土地建设租赁住房项目选址，编制了陈各庄地块集体土地建设租赁住房项目实施方案。在教育医疗配套方面，与北京市一零一中学签署怀柔校区扩建协议，扩建面积125亩（1亩≈666.67平方米）；国科大附属学校确定选址；启动怀柔医院二期建设，拟增加建筑面积9万平方米，总建筑面积达到17万平方米，总床位数达到990张，具备三甲医院硬件条件。在交通配套方面，市郊铁路黄怀密线实现开通；城市轨道交通S6线完善方案并纳入市轨道交通建设规划；通怀路（怀柔段）方案获批，抓紧开展前期工作，力争早日开工。

（徐　程）

【刘延东调研怀柔科学城】2月7日,中共中央政治局委员、国务院副总理刘延东来到北京怀柔科学城考察北京科技创新中心建设情况,调研了解科技创新中心规划以及5个重大科技基础设施建设情况,考察中科院力学所复现高超声速飞行条件激波风洞、高速列车动模型试验平台、中科合成油公司以自主核心技术为依托的煤制油项目,并主持召开北京全国科技创新中心建设推进会。

(周金芝)

【怀柔科学城核心区非宅拆迁工作全部完成】3月1日—6月3日,历时95天,怀柔科学城核心区完成了非宅拆迁工作,比计划提前7天,保障了科学城核心区前期用地需求。本次怀柔科学城核心区非宅拆迁共涉及怀北、雁栖、北房三镇的东庄、西庄、新峰、北台上、北台下、永乐庄、胜利等7个村1258户,动迁总面积4360亩,累计签订拆迁协议1519份,达到了百分之百协议拆迁的工作目标。

(雷思源)

【大庆市汇成科技开发有限公司纳米项目落户】3月18日,大庆市汇成科技开发有限公司纳米碳纤维复合材料连续柔性抽油杆项目落户怀柔科学城,成立鑫汇成科技开发(北京)有限公司,进行碳纤维复合材料连续柔性抽油杆和抽油系统总成设备的研发、生产及销售。该公司是一家高新技术企业,主营业务为纳米碳纤维复合材料产品的开发、研制和销售。项目投产后,有利于带动当地的包装业、运输业及销售行业的发展。

(雷思源)

【"千人计划"首都双创基地签约】3月19日,"千人计划"首都双创基地签约仪式在怀柔科学城举行。"千人计划"首都双创基地由国家"千人计划"专家联谊会和怀柔区人民政府共同建设。双方基于各自优势建立长期战略性合作关系,依托国家"千人计划"专家智力资源,统筹利用怀柔科学城区位、交通、环境、空间、政策、服务等优势,促进科技创新创业核心要素与相关支持资源的全面集聚与融合发展。

(王焱霖)

【北京怀柔科学城建设发展有限公司成立】3月29日,北京怀柔科学城建设发展有限公司注册成立。作为统筹怀柔科学城开发建设、成果转化和运营服务的主体,同时作为管理运营政府出资的平台,科学城公司将按照"顶层设计、统一规划、统筹组织、多元主体、整体建设"的原则,统筹组织和管理怀柔科学城的土地开发、整体规划、投资建设、基础设施、成果转化、资本运作、资产管理、运营服务与综合保障等相关工作,实现科学城高标准规划建设、高水平运营管理,推动怀柔科学城健康可持续发展。

(何相廷)

【摩擦纳米自发电智能鞋产业化项目完成注册】4月10日,中科院纳米能源所摩擦纳米自发电智能鞋产业化项目在怀柔科学城完成注册。纳米能源所摩擦纳米自发电智能鞋产业化项目作为纳米能源所王中林院士在园区的第二个产业化项目,在北京中科启林科技有限公司完成了企业工商税务登记。该项目的主要产品为自发电智能鞋,在可穿戴智能装备领域有广泛的应用前景。

(雷思源)

【纳米空气净化项目落地怀柔科学城】4月25日,中科院纳米能源所产业化公司北京中科纳清科技股份有限公司在怀柔科学城选定建设厂址,该项目是由中科院纳米能源与系统研究所王中林院士及其团队,将摩擦纳米发电技术应用到除尘领域,开发出自驱动摩擦电除尘技术。该技术以开发绿色、环保、无二次污染、无耗材的高性能空气净化器为主要产品。

(雷思源)

【景俊海到怀柔科学城调研】5月16日,市委副书记景俊海到怀柔科学城调研。景俊海指出,科学城建设要始终坚持生态涵养的发展理念,主动在城市规划设计中预留生态绿地,全力建设绿色宜居的怀柔科学城;要在加强公共服务和基础设施建设等方面下功夫,按照北京城区的标准加紧完善公共配套服务设施,全面提升怀柔科学城对人才的吸引力,吸引高端人才定居怀柔;要超前谋划科学城城市发展,加快推进市郊铁路S5线、通怀路等设施建设,大力度实施"腾笼换鸟"和低小散企业退出工作。

(何相廷)

【怀柔科学城亮相全国科技活动周】5月20日,全国科技活动周暨北京科技周主场活动在北京民族文化宫举行。活动主要由科技扶贫精准脱贫、科技重大创新成就、科普智力成果、科普乐园、管外体验5个板块进行展示。在科技重大创新成就板块中展示了全国科技创新中心建设设计图、架构图、施工图等"三张图"的战略部署,集中宣传中关村科学城、怀柔科学城、未来科学城、创新型产业集群和

2025 示范区等“三城一区”建设、构建京津冀协同创新发展的前景。

（徐　程）

【北京怀柔综合性国家科学中心获批】5 月 25 日，国家发展改革委、科技部联合批复了《北京怀柔综合性国家科学中心建设方案》，同意建设北京怀柔综合性国家科学中心。作为北京建设全国科技创新中心的“三城一区”之一，北京怀柔科学城将致力于打造世界级原始创新承载区。

（周金芝）

【首批 5 个院市共建交叉研究平台全部开工】5 月 31 日，中科院力学所的先进载运和测量技术综合实验平台、中科院高能所的先进光源技术研发与测试平台、中科院物理所的清洁能源材料测试诊断与研发平台、中科院空间中心的空间科学卫星系列及有效载荷研制测试保障平台、中科院物理所的材料基因组研究平台，首批 5 个院市共建交叉研究平台完成了 5 月底全部开工建设。

（赵　彬）

【怀柔科学城参加第二十届科博会】6 月 8—10 日，怀柔科学城参加第二十届中国北京国际科技产业博览会，并获得优秀组织奖和最佳展示奖。科博会怀柔科学城展区集中展示了怀柔科学城发展建设情况以及区内重点企业科技成果。高能同步辐射光源模型、摩擦电汽车尾气颗粒物捕集器、碧水源膜科技水净化系统等纷纷亮相，充分展示科学城的科技成果。

（徐　程）

【共同推进怀柔科学城建设座谈会举行】6 月 10 日，中科院院长、党组书记白春礼，市委书记蔡奇，市委副书记、代市长陈吉宁等一行来到怀柔科学城调研，并召开共同推进怀柔科学城建设座谈会，商讨推进北京怀柔综合性国家科学中心建设工作，加快落实相关工作部署。白春礼、蔡奇一行来到中科院电子学研究所怀柔园区、中科院物理研究所材料基因组研究平台和清洁能源材料测试诊断与研发平台怀柔科学城项目施工现场调研。中科院副院长丁仲礼，副院长、党组成员王恩哥、相里斌，副秘书长、中科院怀柔科学城专项办公室主任邓勇，市委常委、常务副市长张工，市委常委、副市长阴和俊，以及中科院和北京市有关部门，怀柔区、密云区及有关企业负责人参加了调研活动及座谈会。

（周金芝）

【国际综合性科学中心研讨会召开】7 月 12 日，为推动国家综合性科学中心建设，提升怀柔作为国家综合性科学中心的国际影响力，由北京市政府和中科院共同主办的国际综合性科学中心研讨会在怀柔召开。此次研讨会以“建设综合性科学中心”为主题，邀请世界一流的国家科学中心主任、国家实验室主任以及知名科学家参加会议，共同交流和研讨综合性科学中心建设经验，为怀柔综合性国家科学中心建设智力支持和前沿分析，推动成立国际综合性科学中心联盟，深化综合性科学中心国际交流与合作。

（何相廷　王焱霖）

【中科院纳米能源与系统研究所项目主体结构封顶】8 月 15 日，怀柔科学城首个重点项目中科院纳米能源与系统研究所园区项目主体结构封顶。该项目是为支持中组部“千人计划”顶尖人才王中林院士及其创新团队回国创业，由中科院与北京市联合共建的科研创新平台。由中发展集团及怀柔区国资公司投资建设，规划用地面积 4.47 万平方米，总投资约 9 亿元，计划 2018 年下半年竣工。建成后，将开展压电电子学、压电光电子学、纳米发电机等相关领域基础和应用研究，促进纳米能源与纳米系统核心技术研发与科研成果转化。

（耿晓夏）

【ETC 设备研发基地及高速路数据结算中心开工】8 月 19 日，电子自动收费系统（ETC）设备研发基地及高速路数据结算中心项目在怀柔园区正式开工，该项目由北京久通市政工程有限公司投资建设，总建筑面积 10843.43 平方米，主要生产电子自动收费系统、车载电子标签（OBU）、路侧单元（RSU）以及相应配套的测试、发行设备。项目总投资 1.5 亿元，计划 2018 年年底建成投产。

（徐　程）

【怀柔科学城核心区住宅搬迁签约工作完成】8 月 21—30 日，怀柔科学城核心区住宅搬迁签约工作开展，比计划提前 12 天完成。搬迁签约工作涉及 3 个镇 4 个村的 810 个宅院、880 个选房号，1210 户实现百分之百签约。签约首日的签约速度、整村签约速度、整体签约速度均刷新怀柔历史纪录，其中怀北镇新峰村整村 205 户于 34 分钟内实现百分之百签约。

（邓九军）

【北京怀柔综合性国家科学中心理事会第一次会议召开】8 月 25 日，北京怀柔综合性国家科学中心理事会召开第一次会议。中科院院长、党组书记，怀柔科学中心理事会理事长白春礼出席会议并讲话，北京市代市长、怀柔科学中心理事会理事长陈吉宁主持会议并讲话。会上，北京市副市长、怀柔科学中心副理事长阴和俊介绍了理事会章程、怀柔中心建设进展情况以及下一步工作计划；中科院副院长、怀柔科学中心副理事长王恩哥介绍了怀柔中心专家咨询机制组建方案；各理事单位负责人分别围绕加快推进设施和平台建设及落地大科学工程和项目，加强资金支持，进一步开展基础研究和促进科教融合，吸引稳定高端人才，加强国际合作交流等方面进行了充分深入的讨论。陈吉宁在讲话中指出，建设北京怀柔综合性国家科学中心，是党中央、国务院着眼于建设世界科技强国做出的重大战略部署，也是北京建设全国科技创新中心的核心任务和关键举措。要深入贯彻落实习近平总书记两次视察北京重要讲话精神，深刻认识科学中心对建设全国科技创新中心的重要意义，切实增强使命感和责任感，高水平建设好科学中心。陈吉宁在讲话中强调，要以国际一流标准建设北京怀柔综合性国家科学中心，努力打造百年科学城。

（倪文龙）

【首个大科学装置项目启动建设】9月28日，怀柔科学城首个大科学装置综合极端条件实验装置项目启动。该项目占地约130亩，建筑面积4.8万平米，投资约13.8亿元，是怀柔科学城第一个立项建设的国家重大科技基础设施，总体设计方案和综合技术指标达到世界一流水平，是国际上首个集极低温、超高压、强磁场和超快光场等极端条件为一体的用户装置。

（雷思源　赵　彬）

【“赵九章科学奖”首次在怀柔科学城颁奖】10月30日，2017年度“赵九章优秀中青年科学奖”在中科院国家空间科学中心揭晓，4名科学家获奖。2015年，共28名科学家提出申请。经过严格评审，中科院大气物理研究所段安民博士、中科院南海海洋研究所王志博士、中科院国家空间科学中心刘颖博士、中科院电子学研究所王宇博士分获大气物理、地球物理、空间物理、空间探测“赵九章科学奖”。“赵九章科学奖”设立于1989年，旨在继承、开拓和发展“两弹一星”功勋奖章获得者赵九章先生治学严谨、勇于创新、重视选拔新秀的精神，每两年召开一届，奖励我国在大气物理、地球物理、空间物理和空间探测领域做出突出贡献，年龄在45周岁以下的中青年科技工作者。20多年来共有91位中青年科学家获此殊荣。

（徐　程）

【怀柔科学城五个交叉研究平台项目获批复】10月31日，材料基因组研究、清洁能源材料测试与研发、先进光源技术研发与测试、空间科学卫星系列及有效载荷研制测试保障、先进载运和测量技术综合实验等5个交叉研究平台项目建议书（代可研）获市发展改革委批复，批复总投资约19.5亿元。

（赵彬）

【北京中科心研科技有限公司完成公司注册】11月13日，北京中科心研科技有限公司在怀柔科学城完成公司注册。该公司是中科院心理所成立以来的第一个产业化公司，主营业务涉及心理学与人工智能的交叉领域，重点围绕特殊岗位人员选拔、心理素质评估、人员心理状态监测等内容，在教育、司法、军民融合等优势领域开展相关工作。

（张　蕾）

【怀柔科学城亮相深圳高交会】11月16日，怀柔科学城亮相第十九届中国国际高新技术成果交易会。怀柔科学城展示了中科院空间中心的“我国空间科学卫星系列首发星——暗物质粒子探测卫星（悟空号卫星模型）”和中科院力学研究所的“世界规模最大、试验速度最高的双向运行高速列车动模型试验平台”两项成果，向国内外传递北京加快建设成为具有全球影响力科技创新中心的明确信号。

（徐　程）

【怀柔纳米领军人物新增一名院士】11月28日，怀柔纳米产业园金属富勒烯研发团队负责人、国家纳米中心副主任兼中科院高能物理所研究员、国家杰出青年、973首席科学家赵宇亮当选中国科学城院士。赵宇亮在中科院创建了我国第一个“纳米生物效应与安全性”实验室，开创了纳米毒理学和纳米药物研究，使我国在该领域成为最具影响力的国家之一。其带领的研究团队经过13年的基础研究，证明钆富勒醇利用新型纳米结构的特殊理化性质和低毒性可高效抑制肿瘤的生长及转移，且可以克服传统化疗药物的重大缺陷。该研究成果在国际上第一次提出新型纳米药物的设计，为纳米颗粒药物提供更为广阔的结合区域。

（张　蕾）

【8家国际顶尖设计团队参与怀柔科学城规划设计】11月30日，由市规划和国土资源管理委员会、市发展改革委、市科委、怀柔区政府和密云区政府主办的怀柔科学城总体城市设计方案征集项目介绍会召开，来自中国、日本、法国和德国等国家的8家入围国际顶尖规划设计团队齐聚怀柔科学城，了解方案征集的具体情况，并进行现场踏勘。本次方案征集的工作成果，将为下阶段编制怀柔科学城总体规划和各类专项规划、优化重点地区控制性详细规划、指导近期项目方案提供重要技术支撑，为优秀设计理念和详细管控要求对接落实到相关规划提供参考依据。

（雷思源　赵一凡）

【怀柔科学城核心区及周边土地一级开发项目获批】12月6日，经北京市政府批准，怀柔科学城核心区及周边土地一级开发项目获得北京市规划和国土资源管理委员会的批复，授权怀柔科学城公司为土地一级开发项目主体。这也意味着多个大科学装置、交叉研究平台开工建设前的准备工作取得重要进展。项目实施范围涉及3个镇、7个村，总用地面积约405公顷(1公顷=10000平方米)。

（邓九军）

【高能同步辐射光源项目建议书获得批复】12月15日，高能同步辐射光源(HEPS)项目建议书获得国家发展改革委正式批复。根据《国家发展改革委关于高能同步辐射光源国家重大科技基础设施项目建议书的批复》(发改高技〔2017〕2173号)，HEPS项目的主要建设内容由加速器、光束线站、配套设施等构成，首期建设14条光束线和相应的实验站等；工程目标为：储存环能量达6千兆电子伏，发射度小于0.06纳米·弧度，高性能光束线站容量不少于90个，提供能量达300千电子伏的X线，具备纳米量级空间分辨、皮秒量级时间分辨、毫电子伏量级能量分辨能力。由中科院高能物理研究所作为法人单位，在北京市怀柔区建设，项目投资由国家投资和北京市配套解决。项目建设周期6.5年，建成后，按照“开放合作、资源共享”的原则，面向多用户、多领域开放，开展科学研究和国内外交流。

（徐程　雷思源）

【怀柔—启迪前沿科技成果转化基地项目启动】12月28日，怀柔—启迪前沿科技成果转化基地项目在怀柔科学城正式启动，清华启迪控股将与怀柔科学城内企业开展合作，助推企业发展、孵化和培育科技型企业、构建高精尖经济结构，为怀柔区培育新的经济增长点，助推怀柔科学城建设。此次前沿科技产业基地项目将聚焦前沿科技、成果转化和军民融合等。

（雷思源　张雪峰）

未来科学城

【概况】未来科学城起源于中央实施“千人计划”。2009年，在中组部、国务院国资委的组织协调下，神华集团等15家中央企业选址小汤山、北七家镇域内，集中建设以未来科技域命名的中央企业人才创新创业基地，一期核心区为10平方公里，规划建筑面积724万平方米，计划总投资超过1000亿元。2009年奠基，2011年征地拆迁完成，2012年进入全面建设期。经过6年集中建设，截至年底累计完成总投资约680亿元，开工417万平方米，竣工232万平方米，在建185万平方米。随着全国科创中心建设工作的深入，2017年未来科学城成为北京建设具有全球影响力的全国科创中心“三城一区”主平台之一，并正式更名为“未来科学城”。按照市委、市政府确定的“搞活未来科学城，集聚一批高水平企业研发中心，建设重大共性技术研发创新平台，打造全球领先的技术创新高地”的目标定位，加快推动实现“三个转变”，即由建设央企人才创新创业基地向全国科创中心主平台转变；由服务保障央属国企创新向促进多元主体协同创新转变；由单一功能区建设向多点支撑、全域联动发展转变。

基础建设稳步推进，规划编制成果初现。完成了总规、控规和市政、交通、能源、信息化等36项规划。热电冷三联供能源中心、地下综合管廊等一批具备国内先进水平的市政基础设施建成投用，3.14平方公里的滨水公园开园，贯穿园区南北的地铁17号线正在建设。以80万平方米地铁上盖综合体为代表的商务商业居住配套已全面开工。北师大承办的三所公立学校招生运行，清华长庚医院建设的国际医疗中心项目方案基本确定，智能城市试验区建设全面启动；按照“近期聚焦搞活、远期着眼搞好”的原则，立足对标国际一流、围绕“科学+城”，谋划了未来科学城到2020年和2035年的发展目标和落实措施。年内形成了未来科学城规划(2018—2035年)1.0版本、发展战略研究报告、空间规划研究报告、三年行动计划等阶段性成果。

创新平台陆续集聚,科研成果涌现转化。未来科学城累计落户各类企业250家,其中2017年引进各类企业72家,建成博士后工作站6个、院士工作站5个、国家及北京市重点实验室和工程技术中心40个。创新能力持续提升,15家央企累计入驻中央研究院及关联企业82家,国网、神华、商飞等科研实力强的央企初步形成了科学+技术+产业的创新链。在低碳环保、清洁能源、智能电网、核能核电、绿色冶金、大飞机、新材料等重点领域,取得了一批具有自主知识产权的创新成果,累计获得国内外专利2564件、阶段性重大创新成果48项;制定发布国际、国内和行业技术标准127项;研发创新科研项目283个、进入转化期61个,建立央企研发创新成果转化落地跟踪机制,涌现了CAP1400汽轮机焊接转子锻件、脱硝催化剂再生技术等20余项高水平科研成果,转化出铜铟镓硒薄膜太阳能电池、可控交联聚乙烯等一批产业化项目,大部分已在北京及其他省市产业化落地。

引进多元创新主体,加快区域协同创新。推动央企之间,央地之间,央企与高校、民营企业等其他主体之间协同创新,提升区域创新活力,聚人才、出成果、见效益。由市科委和昌平区政府发起、未来科学城5家央企研究院以及7家在京氢能领域优势研发机构参与组成的未来科学城氢能技术协同创新平台成立,筛选了5个重点课题开展联合攻关;国电投发起成立了未来科学城核能材料产业发展联盟,重点针对下游用户产品应用开展新材料工艺技术与应用技术开发;中海油与中国石油大学挂牌成立了海洋能源工程技术联合研究院,华北电力大学分别与国电、国网成立了智能发电和智能电网协同创新中心。引进了华为、光启国际创新基地、陈清泉院士科创中心、加拿大火花科技创新中心等优质项目。积极推动政府引导基金和产业发展基金,设立了总规模500亿元的昌平区城市建设发展基金,支持区域开发建设和科技创新。

人才服务有序保障,国际人才社区启动建设。围绕服务人才集聚,全力保障入驻企业在办公出行、生活居住、教育医疗等方面的需求,开通了科研人才落户、工作居住证办理和职称评定直通车,制定了人才引进办法和住房保障工作方法,年内累计9000名科研人员进驻办公,其中常驻“千人计划”专家60名左右、高级职称以上科研人才超过1400人。纳入中关村国家自主创新示范区、中关村人才特区和首都国际人才社区建设范围,享受北京市和中关村各类先行先试政策。办理人才引进7人,评定教授级高级工程师37人。认定“科技北京”百名领军人才1名,北京市科技新星10名,北京市优秀青年人才3名,北京市留学人员特别贡献奖1名,资助优秀留学人员科技项目20个。按照北京市人才工作领导小组推进首都国际人才社区建设指导意见要求,未来科学城作为首批试点区域积极推动国际人才社区建设,年内确定了硬件设施环境打造、创新创业生态构建、政策服务体系保障等3个方面的重点工作任务。

(陈　戈)

【云计算中心成立及建设情况】 1月5日,昌平区政府、未来科学城集团公司与华为公司签订云计算服务合作协议,成立北京未来科学城云计算中心。4月1日云计算中心通过昌平区经济信息化委备案并开工建设。7月12日,昌平企事业单位云计算业务开始迁移至云计算中心。该中心总建筑面积约3133平方米,工程建设投资约5226万元,包含两个模块机房,214台数据机柜,将为园区智能化建设和昌平区政务云上线提供云计算服务。

(沈月娥)

【入驻企业荣获多项科学技术大奖】 1月9日,国家科学技术奖励大会召开,未来科学城入驻企业荣获两项国家科学技术奖(“±800kV特高压直流输电换流阀关键技术及应用”获国家科技进步特等奖;600MW超临界循环流化床锅炉技术开发、研制与工程示范获国家科技进步奖一等奖)。4月26日,北京市科学技术奖励大会召开,未来科学城入驻企业荣获10项北京市科学技术奖,其中一等奖1项、二等奖4项、三等奖5项。

(刘　通)

【神华光伏公司落户及建设情况】 1月10日,由北京低碳清洁能源研究所、上海电气集团有限公司、德国Manz股份有限公司、北京未来科学城共同出资的神华(北京)光伏科技研发有限公司(简称“神华光伏公司”)落户未来科学城。公司注册资本金122500万元人民币。1月23日,神华集团、上海电气集团股份有限公司、德国Manz股份有限公司、北京未来科学城在德国罗伊特林根城进行铜铟镓硒(CIGS)薄膜太阳能技术领域的战略合作签约。5月5日,作为未来科学城央地合资促进科技成果转化落地的第一个项目，神华光伏公司完成对德国 Manz 股份有限公司子公司德国 Manz CIGS Technology Gmbh 公司 100% 的股权收购交割，交易额为 5000 万欧元。6 月 2 日，未来科学城完成神华光伏公司 6125 万元人民币的出资，标志着该合资公司进入研发运营阶段。

（沈月娥）

【未来科学城明确任务推动科技创新】1 月 24 日，市委常委会通过了《北京加强全国科技创新中心建设重点任务实施方案（2017—2020 年）》，明确了北京加强全国科技创新中心建设的各项重点工作任务，其中未来科学城专项办承担 17 大类 49 小项任务。4 月 17 日，未来科学城专项办参加由秘书处组织召开的北京办公室“一处七办”工作会议，按照《方案》要求，进一步落细落实各项重点工作内容。年底，经过考核，未来科学城完成各项任务目标。

（陈　戈）

【能源智能监测系统构建与管理体系研究课题通过评审】2 月 17 日，“北京未来科技城能源智能监测系统构建与管理体系研究”课题通过市科委评审，并获 300 万元资金支持。

（沈月娥）

【未来科学城专项办成立】2 月 24 日，昌平区委副书记、区长、未来科学城专项办主任张燕友主持召开未来科学城专项办成立启动会，专题研究未来科学城专项办组建方案和重点任务分工。会议传达了全国科技创新中心建设有关精神，听取未来科学城专项办 2017 年度重点工作任务及组建工作方案的汇报，研究了国际人才社区建设、智能城市试验区建设、基础设施与配套项目建设等事宜。昌平区领导苏贵光、周金星、李雪红、吴小利，市科技协作中心徐琤出席。

（陈　戈）

【未来科学城国际人才社区建设持续推进】3 月 24 日，昌平区委书记侯君舒主持召开专题会议，研究未来科学城国际人才社区建设方案有关问题。7 月 17 日，北京市人才工作领导小组印发《关于推进首都国际人才社区建设的指导意见》（京人才发〔2017〕2 号），明确了未来科学城国际人才社区建设具体实施方案。在此之前，2016 年，未来科学城被选定为首批首都国际人才社区试点区域。

（李　婷）

【“华为中国 2017ICT 生态之行”巡展活动举行】3 月 24 日，以“因聚而生”为主题的“华为中国 2017 ICT 生态之行”系列巡展活动在未来科学城举行。该活动主要内容为促进未来科学城与华为云在高端智能制造中心、现代服务支撑中心、城市大数据应用中心和战略新兴产业支撑中心方面开展深入合作，为昌平区政务云建设及未来科学城智慧城市建设提供云服务解决方案，同时为推进未来科学城“科技创新中心”和智慧城市建设，搭建园区公共服务平台，创新企业信息化建设模式等工作奠定了基础。昌平区相关委办局领导、未来科学城管委会相关领导、园区央企领导及华为合作伙伴代表参加活动。

（沈月娥）

【德国能源署原署长到访未来科学城】3 月 31 日，昌平区区长张燕友在未来科学城接待德国能源署原署长、德国首相能源顾问科勒博士，双方围绕拟在未来科学城、中关村生命科学园开展合作的项目进行了座谈交流。德国能源署是一家致力于提高能源使用效率，可再生能源和智能型能源系统的专业机构。2006 年以来，德国能源署一直在中国从事建筑节能项目的开发和实施，在可持续性城市化（生态城市）和可再生能源领域促成了多项中德合作项目。

（沈月娥）

【深圳光启研究院到访未来科学城】4 月 27 日，深圳光启高等理工研究院院长刘若鹏、常务副院长张洋洋等到访未来科学城，实地参观展厅、园区，详细了解未来科学城规划建设情况。市经济信息化委党组成员、副主任李洪，昌平区委书记侯君舒，区长张燕友与代表团成员就光启北京创新中心项目落地未来科学城召开座谈会。刘若鹏分别对光启的发展和布局、项目的定位和需求做了详细介绍。双方围绕未来科学城的“三大转变”深入合作，共同推动在机制活力、政策支持、国际人才等方面的创新模式。

（沈月娥）

【中法商务区可持续发展标准合作】4 月 27 日，在法国巴黎举行的中法商务区可持续发展大会上，中法两国标准化组织将“扩大现有中法标准化合作”写入《2017 年中法标准化合作委员会会议决议》。6 月 29 日，在法国巴黎凡尔赛大区举行的中法标准合作论坛上，昌平区政府与凡尔赛大区、韦利济－维拉库布莱市、法国标准化协会、北京未来科学城等六方签署了《中法商务区可持续发展标准化谅解备忘录》。未来科学城与凡尔赛大区、韦利济－维拉库布莱市、法国标准化协会等六方签署了《中法商务区可持续发展标准扩大化合作意向书》。北京未来科学城与法国巴黎韦利济－维拉库布莱市于2015年9月启动中法城市间可持续发展标准合作试点。

（沈月娥）

【未来科学城鑫根基金管理有限公司成立】4月30日，北京未来科学城基金管理公司与深圳市鑫根投资基金管理有限公司合作组建基金管理公司并设立创投和并购基金的方案通过昌平区政府专题会。创投基金总规模为人民币10亿元，重点扶持昌平区尤其是入驻未来科学城的企业快速成长；并购基金总规模为人民币100亿元，投向落户于昌平区或未来可引入落户于昌平区的下一代颠覆性技术企业。7月19日，北京未来科学城鑫根基金管理有限公司注册成功，公司注册资本1000万元。

（沈月娥）

【未来科学城规划编制取得初步成果】5月，未来科学城规划编制工作正式启动，昌平区委、区政府主要领导会同市科委主任许强、主任雷霆年内召开3次规划编制专题会，未来科学城管委会、未来科学城集团公司会同市科委，带领长城所、弘都院等专业机构，逐步形成了“1＋N”的规划研究成果。“1”指未来科学城规划（2018—2035年），“N”指发展战略研究报告、空间规划研究报告、三年行动计划等研究成果。其中，未来科学城规划（2018—2035年）为主规划，谋划了未来科学城到2020年和2035年的发展目标和落实措施，至年底，未来科学城规划1.0版本基本确定。

（陈　戈）

【加拿大火花科创中心揭牌】6月2日，加拿大火花科技创新中心未来科学城工作站揭牌仪式在未来科学城举行。火花科技创新中心首席执行官Sherry Colbourne女士及未来科学城管委会产业发展处处长张贵林代表双方签署了《北京未来科学城管理委员会与加拿大安大略省杜兰区火花科技创新中心合作备忘录》。未来城管委会常务副主任吴小利，昌平区政府外事侨务办公室主任庄建蓉，未来城集团公司党委书记、董事长、总经理董贵蛟，加拿大安大略省杜兰区经济发展与旅游局总监Kathy Weiss，加拿大大使馆安大略省北京代表处商务官员姜静等共同为加拿大火花科技创新中心未来科学城工作站揭牌。此次合作促进了双方在联合孵化、创新成果转化落地、科技项目投资等事宜的战略合作关系。

（李晶晶）

【厚益控股管理有限公司落户】6月7日，厚益控股管理有限公司落户未来科学城。该项目由北京大学后EMBA促进会主要成员发起设立，注册资本金3亿元，主要从事“投资管理、投资咨询、企业培训”等业务。该公司依托未来科学城的产业空间承载资源，引进以北大后E成员企业为主的优秀民营上市企业，聚焦重大项目和跨境并购项目，围绕上市公司进行产业整合，打造金融、教育和科技三大业务板块，推动未来科学城“创新总部基地”项目落地。

（沈月娥）

【未来科学城参加科博会】6月8日，第二十届中国北京国际科技产业博览会在北京举行。昌平区以“建设全国科技创新主平台”为主题，全面展示科技创新要素聚集的投资环境和发展态势。未来科学城在本届科博会上重点展示了规划定位、创新资源聚集、科研成果转化、发展愿景等内容。

（沈月娥）

【未来科学城未来五年目标确定】6月19—23日，在北京市第十二次党代会上，市委书记蔡奇在工作报告中对今后5年的工作做出了重要部署，其中提到要全力抓好“三城一区”建设，搞活未来科学城，集聚一批高水平企业研发中心，建设重大共性技术研发创新平台，打造全球领先的技术创新高地。

（陈　戈）

【海洋能源工程技术联合研究院成立】6月26日，中国海油科技园区启用暨海洋能源工程技术联合研究院、中海油炼油化工科学研究院揭牌仪式在未来科学城举行。海洋能源工程技术联合研究院由中国海油总公司与中国石油大学共建，致力于建成特色海洋工程新技术开发与综合技术保障平台和有国际影响力的国家级海洋工程技术开发与创新平台和国家重点实验室；中海油炼油化工科学研究院是中国海洋石油总公司炼化产业的技术决策咨询参谋机构，负责统筹炼化产业科技规划、科研项目管理以及科研平台建设，为中国海油炼化产业发展提供技术支撑与引领。两个研究院的入驻有助于进一步提升区域科技创新能力，释放创新创业潜能。

（刘　通）

【氢能技术协同创新平台成立】7月4日，市科委与昌平区政府共同在未来科学城搭建氢能技术协同创新平台，推动未来科学城央企研究院与在京氢能领域优势研发机构，开展以聚焦氢能前沿技术与应用基础技术研究的协同创新。北京低碳清洁能源研究所、全球能源互联网研究院、国家电投研究院等14家单位联合签署了《关于共建未来科学城氢能技术协同创新平台的合作协议》，联合开展氢能技术研究，优先开放相关科研条件，建立采购、研制、研建大型科研设备、装置、设施的互商机制，打造代表国内氢能领域最高科研水平的协同创新平台。该平台聘请20名专家组成专家委员会。

（刘　通）

【高成长中小企业服务示范园走进央企】8月3日，“高成长中小企业服务示范园走进央企”活动在未来科学城举行。活动向园区央企介绍了高成长中小企业服务示范园项目的产业规划、项目定位、建设进展等情况，针对入驻企业需求，重点解读了人才配套住宅特色及相关政策。示范园为央企上下游产业链、成果转移转化等项目提供了优质空间资源，为科研人员提供了良好居住环境。

（沈月娥）

【陈清泉院士科创中心成立】8月12日，陈清泉院士科创中心揭牌仪式与创新研讨会在北京未来科学城举行，标志着陈清泉院士科创中心正式落户未来科学城。陈清泉院士科创中心以中国工程院院士、电机电力驱动专家、被称为“亚洲电动车之父”的陈清泉为核心，围绕中国新能源汽车领域技术创新，联合由诺贝尔奖得主、两院院士等组成的高端科学家团队，开展专项课题研究和关键技术联合攻关，组建国际研究院和国家重点实验室，与美国、以色列、瑞典、德国、法国、意大利、俄罗斯等国家的顶级研究机构开展科研合作。

（沈月娥）

【2017中关村华侨华人创新创业大会举行】8月18日，以“智汇北京、共赢发展”为主题的2017中关村华侨华人创新创业大会在北京未来科学城举行。该活动由市政府侨务办公室、中关村管委会、市科委、市经济信息化委、海淀区政府、中关村发展集团等单位主办。来自海外17个国家和地区的侨界人士100余人出席活动。大会从60余项海内外高科技项目中筛选了30余个创新性强、成熟度高，符合北京高精尖产业结构布局的原始高端科技创新项目回国参会，涵盖电子信息与互联网+、生物医药、新材料、新能源与节能环保、现代服务业、文化创意产业等领域。与会人员围绕全国科技创新中心建设、昌平区投资环境、未来科学城产业发展情况等方面进行了主题发言和交流讨论。

（沈月娥）

【核能材料产业发展联盟成立】8月22日，核能材料产业发展联盟在未来科学城成立。国家电投集团科学技术研究院、上海核工程研究设计院、清华大学、中国原子能科学研究院等100余家联盟成员单位的近200位代表出席会议。工业和信息化部副部长辛国斌、国家能源局核电司副司长秦志军、昌平区副区长周金星、国家电力投资集团公司总经理孟振平等领导出席并揭牌。核能材料产业发展联盟成立标志着核能产业在材料领域为落实国家战略任务迈出了重要一步。

（刘　通）

【新三板企业高峰论坛举行】8月31日，服务创造未来——2017中国中小企业（新三板企业）高峰论坛暨服务对接大会在未来科学城举行，近百家新三板企业、投资机构以及业内专家参加会议。活动以“服务创造未来”为主题，探讨高成长型中小企业服务领域迫切需要解决的问题，研究促进中小企业服务体系发展的机制模式；引领中小企业提升品牌运营水平。未来科学城管委会常务副主任吴小利向高成长型中小企业介绍了昌平区招商引资政策和环境，促进高素质、高成长型的新三板企业入驻未来科学城。

（沈月娥）

【氢能领域第一个产业化公司落地】8月31日，未来科学城完成对国家电投集团氢能科技发展有限公司500万元注册出资，标志着未来科学城注资的氢能领域第一个产业化公司落地，推动了央企科技成果转化，深化了央地产城融合，促进了未来科学城氢能产业协同创新发展。

（沈月娥）

【全国科技创新中心建设座谈会召开】9月4日，全国科技创新中心建设座谈会在未来科学城召开，北京市委常委、副市长阴和俊主持并讲话。科技部、神华集团、联想公司、中国核工业集团、中国船舶重工集团等单位负责人参会。会议要求发挥自身优势，抢抓机遇，赢得先机和主动；紧抓原始创新和关键技术，加快成果转化和产业化；以“三城一区”建设为抓手，进行科学规划；增强创新自信，搞活体制。“大手”“小手”互相拉；打开围墙、打开大门搞科研，高校和科研院所、央企和民企形成互动；形成创新产业链和金融链合力，建立良好的创新创业生态和机制；企业加大科研投入，推进新型科技研发机构建设。

（陈　戈）

【未来科学城建设写入北京新“总规”】9月13日，在中共中央、国务院批复的《北京城市总体规划（2016年—2035年）》中提到，以“三城一区”（中关村科学城、怀柔科学城、未来科学城和北京亦庄经济技术开发区）为主平台，优化科技创新布局，聚焦中关村科学城，突破怀柔科学城，搞活未来科学城，具体要着重集聚一批高水平企业研发中心，集成中央企业在京科技资源，重点建设能源、材料等领域重大共性技术研发创新平台，打造大型企业技术创新集聚区，建成全球领先的技术创新高地、协同创新先行区、创新创业示范城。

（陈　戈）

【参加全国双创周活动】9月15—21日，2017年全国双创活动周启动。以“双创促升级、壮大新动能”为主题的活动周上，“三城一区”成为北京会场重点展示内容，未来科学城作为全国科技创新主平台之一，在中关村主会场展示了神华—可控交联聚乙烯材料、商飞—灵雀缩比飞行验证机、光启—SkyX混合型无人飞行器三大项目。活动期间，未来科学城分会场准备了中国电信双创项目、光启国际创新基地项目、新能源汽车主题展等展览。

（刘　通）

【闫傲霜调研未来科学城】10月19日，市人大副主任闫傲霜一行赴未来科学城调研。闫傲霜参观了光启项目展厅、国家电投集团中央研究院、中国商飞北京民用飞机技术研究中心。随后调研未来科学城发展建设情况，听取了现阶段央企项目建设进展、市政基础设施以及公共服务配套项目建设情况汇报。

（陈　戈）

【《未来科学城智慧能源专项规划》通过评审】10月19日，《未来科学城智慧能源专项规划》通过市科委验收评审，为指导未来科学城智慧能源系统建设，促进未来科学城能源信息化和智能化水平提升，打造智慧能源服务与管理提供重要支撑。

（沈月娥）

【首届美国硅谷科技创新项目路演举行】10月30日，首届美国硅谷科技创新项目路演在未来科学城举行。来自美国硅谷的创新创业团队带来了人工智能、大数据、生物医疗以及新能源等领域的10个项目参加了本次活动。本次活动旨在集聚高精尖项目和国际顶尖人才，共吸引了梅花天使等数十家投资机构、国家电投等十余家知名企业参与，为产业项目与投资基金、产业空间对接搭建了一站式沟通平台。

（沈月娥）

【院士大讲堂活动举行】11月3日，陈清泉院士科创中心举行2017未来科学城“院士大讲堂”活动。本次活动邀请到美国国家发明院院士梁平教授及神华集团低碳所“千人计划”专家周友博士，旨在向嘉宾介绍5G毫米波技术研发领域最新进展，为走在科技领域前沿的创新人士提供一个知识交流分享的平台。

（沈月娥）

【太平洋创新走廊央企交流会举行】11月14日，由未来科学城管委会和清华控股太平洋创新走廊共同举办的太平洋创新走廊（简称“TIE”）央企交流会在未来科学城举行。会议以“科技新动力 产业新时代”为主题，旨在依托清华控股牵头组建的太平洋创新走廊项目，搭建平台、提供服务、推动各入驻央企研究院跨领域、跨行业开展协同创新，促进未来科学城的科技资源和科技项目的对接与落地。“TIE”定位是通过打造标志性全球高端创新论坛，建设品牌，构建拥有全球创新生态发展核心要素的全球化领先创新平台。

（沈月娥）

【未来科学城参加第十九届高交会】11月16—21日，未来科学城参加由商务部和深圳市政府共同主办的“第十九届中国国际高新技术成果交易会”。未来科学城在展会上布设展板并重点介绍了未来科学城总体情况、核心优势及合作项目。未来科学城北京低碳清洁能源研究所“可控交联聚乙烯”项目和中国电信北京研究院的“基于人工智能的数据中心节能解决方案”项目参展并获得高交会组委会授予的“优秀产品奖”。

（沈月娥）

【国际绿色能源论坛举行】11月19日，由未来科学城管委会、清华控股及未来科学城发展集团共同主办的国际绿色能源论坛在未来科学城举行，来自中美的近百位专家学者和企业界代表就清洁能源发展问题展开研讨。美国斯坦福大学 Precourt 能源效率中心主任、美国能源经济协会院士詹姆士·斯维尼发表主旨演讲。美国加州大学伯克利分校可再生能源实验室主任、诺贝尔奖获得者丹尼尔·科曼出席论坛。论坛以“能源转型与产业创新”为主题，采用主题演讲、互动讨论、闭门研讨 3 种形式，旨在“打开通道、搭建平台”，推动未来科学城入驻央企与海外高端要素互惠合作、协同创新。

（沈月娥）

【未来科学城亮相香江】 11 月 28 日，未来科学城亮相第二十一届北京·香港经济合作研讨洽谈会，昌平区委常委、副区长苏贵光代表北京昌平向香港各界介绍了北京未来科学城。苏贵光指出，未来科学城区位优势明显、规划科学合理、创新资源汇聚、政策保障体系完备，核心优势明显，是国家大型企业技术创新集聚区，新能源、新材料、智能制造、新一代信息技术、生物医药等产业链布局合理。昌平与香港意向搭建跨区域的科研协作平台，共同为落实国家创新驱动发展战略贡献力量。

（沈月娥）

【《智能城市试验区建设总体方案》通过评审】 12 月 7 日，《未来科学城智能城市试验区建设总体方案》通过市科委专家验收评审。该方案明确了未来科学城智能城市试验区建设发展总体框架、建设内容、实施步骤、投资估算、管理机制和保障措施。

（沈月娥）

【中俄科教创新园落户】 12 月 17 日，由中国人民对外友好协会与中俄两国有关政府部门、大学和企业集团共同打造的中俄科教创新园落户未来科学城。中国未来科技创新创业港暨中俄科技创新园是具有国家战略意义的国际科技创新和技术协作平台。中俄科技创新创业园、中俄高铁研究中心、中俄航空航天技术协同创新中心、中俄交通大学校长联盟秘书处、美国加州大学（河滨）中国协作中心以及华北水利水电大学乌拉尔学院六大机构同时落地未来科学城。

（李晶晶）

北京经济技术开发区

【概况】 北京经济技术开发区，是北京市唯一同时享受国家级经济技术开发区和国家高新技术产业园区双重优惠政策的国家级经济技术开发区。2007 年 1 月 5 日，市政府批复《亦庄新城规划（2005—2020 年）》，明确指出以北京经济技术开发区为核心功能区的亦庄新城是北京东部发展带的重要节点和重点发展的新城之一。年内，开发区以推进科技创新中心为重点，着力加强科技创新体系建设和创新创业服务体系建设，启动 20 个技术中心建设，挂牌成立开发区具有全球影响力的集成电路、光刻机零部件、传感器、新型显示、大数据经济、下一代互联网关键、集成电路设计、互联网协同制造、国际医学工程、原创新药 10 家技术创新中心。开发区内国家高新技术企业新增 126 家，总数达 681 家；新增北京市专利试点单位 24 家，累计达到 334 家；新增北京市专利示范单位 9 家，累计达到 32 家；组织申报北京市专利资助金，148 家企事业单位获得资助，在第十九届中国专利奖评选中，开发区获得中国专利优秀奖 7 项。企业申请专利 6255 件，专利授权 3438 件，有效发明专利 4849 件，万人发明专利拥有量 265 件。推进“大众创业、万众创新”，优化“双创”服务环境。新增“众创空间”和“孵化器”各一家，举办 iCAN 国际大学生创新创业大赛、创新创业活动周、京津冀生物医药产业大会等活动。

（孟泽宁）

【北京亦庄牵手北理工】 1 月 4 日，开发区管委会主任梁胜、副主任沈永刚一行来到北京理工大学，就产学研等方面的合作进行项目签约。北京理工大学常务副校长杨宾代表学校对梁胜一行表示欢迎，他表示，学校将围绕重点领域与开发区及相关企业加强合作交流，在教育、科技、产业、人才队伍等方面开展合作，并构建长期、稳定、高效的协作机制。梁胜介绍了开发区总体发展情况，主要介绍了创新产业、高新技术企业的发展。他表示，开发区管委会将对创新型企业在人才、资金、市场 3 个方面给予大力支持，期待能有更多合作成果在开发区落地转化。

（张　祺）

【悦康金风双双获得 2016 国家科技进步二等奖】 1 月 9 日，开发区企业悦康药业集团、金风科技分别获得国家科学技术进步奖二等奖，并在人民大会堂举行的国家科学技术奖励大会上领奖。

（张　祺）

【与区内龙头企业座谈共商技术创新中心建设】 1 月 19 日，按照推进“中国制造 2025”亦庄示范区建设工作的要求，开发区邀请京东方、奔驰、和利时、中航智、博奥精典等20余家区内龙头企业出席科技创新中心建设工作专题座谈会，就建设科技创新中心主阵地等方面的工作听取企业意见建议。开发区管委会主任梁胜，副主任王合生、绳立成听取汇报并讲话，座谈会后启动20个技术中心建设。

（张　祺）

【就火箭研发中心落户亦庄问题召开座谈会】1月24日，中国航天科技集团公司第一研究院院长李洪一行来到开发区，就大火箭项目落地开发区事宜进行座谈交流。开发区领导王合生、绳立成、张凤民出席座谈会。李洪表示，中国火箭公司自2016年10月在开发区挂牌以来，已经完成了相关产业的资源整合。下一步，公司将在资金梳理、用地、政策等方面与开发区对接，并在火箭业务板块方面创新发展，争取早日将火箭研发中心落户亦庄。王合生指出，航天一院作为中国最大的导弹武器和运载火箭研究、设计、试制、试验和生产基地，为我国航天事业做出了许多贡献，希望双方能在土地、规划、人才引进等方面展开合作，为打造具有全球影响力的高端制造中心做出更大贡献。

（张　祺）

【集创北方总部落户开发区】2月15日，在与面板显示电源管理IC设计公司iML重组整合后，北京集创北方科技股份有限公司全球总部正式落地北京经济技术开发区。此前，2016年11月10日，由亦庄国投与集创北方等共同出资设立的北京屹唐集创科技有限公司，以约1.5亿美元并购美国IC设计厂商Exar旗下电源管理IC设计公司iML，并正式完成交割。

（张　祺）

【博大贡献奖及“亦麒麟”人才评选活动举行】2月21日，创兴创亦 人才聚首——2017“亦麒麟”第二届新创工程领军人才暨第七届“博大贡献奖”评选发布活动举行。作为开发区最高奖项，博大贡献奖每两年评选一次，本年度共10个团队和个人获得“博大贡献奖”，156位人才入选“亦麒麟”人才。市人力资源社保局副局长陈蓓、市科委副巡视员刘晖、市经济信息化委副巡视员姜广智，开发区领导谈绪祥、崔志成、梁胜、高言杰等出席活动。

（张　祺）

【开发区5家企业上榜市级工程实验室】3月3日，开发区5家企业被认定为北京市工程实验室，分别是北京世纪金光半导体有限公司的第三代半导体功率器件设计与验证北京市工程实验室；北京汉氏联合生物技术股份有限公司的围产干细胞北京市工程实验室；北京和合医学诊断技术股份有限公司的微量样本临床检测技术北京市工程实验室；北京天广实生物技术股份有限公司的抗体创新关键技术北京市工程实验室以及北京天诚同创电气有限公司的新能源并网关键技术北京市工程实验室。

（张　祺）

【开发区5家企业获市发明专利奖】3月9日，2017年全市知识产权（首善之区建设）工作会暨第四届北京市发明专利奖颁奖大会召开。开发区5家企业登台领奖，其中京东方获一等奖，中芯国际、中电科、博奥、东方雨虹均获得三等奖。5家获奖企业都是专利大户，在中国专利文献摘要数据库中通过申请人入口检索发现，截至获奖，京东方向国家知识产权局提交且已公开的中国专利申请为2.3063万件，其中1.3137万件获得授权，2016年新增中国专利申请且公开的专利达4612件。中芯国际申请专利超过12000件，中电科核心发明专利40多件，博奥有285项专利获全球授权，东方雨虹获得专利授权232件。

（张　祺）

【安鹏·中国新能源汽车产业发展基金成立】3月22日，以“创领时代，共襄卫蓝”为主题的安鹏·中国新能源汽车产业发展基金在开发区举行了成立仪式。基金由北京汽车集团所属北京汽车集团产业投资有限公司和北京新能源汽车股份有限公司等联合发起设立，规模超百亿元。这是国内新能源汽车行业第一只百亿规模的基金，为新能源汽车产业发展搭建了一个强大的合作平台，为资本、技术、产业提供行业合作的接口。开发区管委会领导梁胜、王合生、绳立成、张凤民，北汽集团董事长徐和谊出席活动。

（张　祺）

【2017北京国际泛半导体产业博览会举行】8月30日—9月2日，2017北京国际泛半导体产业博览会在开发区举行。博览会以“互联互通，共享共创”为主题，通过“以会带展”的国际化方式，整合全球核心产业资源，集聚企业、技术、资本、人才、市场、产业政策与标准这六大核心产业发展要素，推动全球泛半导体产业实现更深入的融合与发展，并全方位助力参展企业及与会者通过博览会平台高效把握产业核心价值与资源，实现全球化发展愿景。作为博览会的重要组成部分之一，北京微电子

国际研讨会举行。

（张 祺）

【与德国人工智专家沟通交流】4月18日，开发区管委会副主任绳立成带领科技局、投促局、企服局、亦庄国投、联盟促进会和区内20余家高新技术企业在锋创科技园参加了人工智能创新中心AI技术产业合作交流会，与欧洲科学院院士、德国人工智能研究中心（DFKI）柏林所所长汉斯·乌思克尔特就AI技术及应用进行了沟通交流。汉斯院士向参会企业代表介绍了德国人工智能研究中心的基本情况、最新研究成果，以及建立在锋创科技园的AI-TC人工智能研究院基本概况。

（张 祺）

【北京亦创生物技术产业研究院揭牌】4月19日，北京亦创生物技术产业研究院在亦庄生物医药园正式揭牌。研究院旨在依托开发区基因技术转化创新中心，加速基因研究成果转化为医学新技术、新产品，促进医疗朝精准化、个体化发展，提高疾病治疗和健康管理的技术水平，打造具有一定影响力的"基因亦庄"。开发区管委会副主任绳立成出席并为基因技术转化创新中心专家委员会、学术委员会、北京亦创生物技术产业研究院学术委员会专家颁发聘书。

（张 祺）

【阴和俊到开发区调研】4月27日，市委常委、副市长阴和俊到开发区调研时强调，北京经济技术开发区要发挥优势，向国际一流城市对标，建设更有水平、更有特色，更有影响力的开发区。市政府副秘书长刘印春一同调研。开发区管委会主任梁胜就开发区经济社会发展情况做汇报，绳立成、王杰群、袁立洪、赵雅娟、陈小男、沈永刚、张凤民等开发区领导出席座谈会。阴和俊强调，北京作为全国首善之区，首善标准要体现在方方面面：包括开发区的建设，不仅要做到中国综合能力第一，更要向国际一流的城市对标；在基础建设上，要按照市委、市政府要求，以新的战略规划进行顶层设计；按照北京四个定位的要求，按照"三城一区"的要求，以更高的标准建设开发区。

（张 祺）

【开发区22个项目入选科技部重大新药创制专项】年内，泰德制药、加科思、天广实等12家开发区企业的22个项目入选科技部重大新药创制专项。具体包括：珐博进（中国）医药技术开发有限公司的全新机制的1类创新药——罗沙司他用于治疗肾性贫血的Ⅲ期临床研究项目；神州细胞工程有限公司的抗PD－L1新抗体注射液项目、抗OX40新抗体注射液项目、抗CSF1R新抗体注射液、EGFR创新抗体（SCT200）单抗注射液项目、重组八因子临床研究和长效人NGF/长效β－干扰素的临床前研究项目、CD20，VEGF和TNFa单克隆抗体的临床研究和产业化项目；北京东方百泰生物科技有限公司的Exendin－4 Fc融合蛋白（JY09）注射液治疗2型糖尿病国际合作研究项目；北京伊斯康科技有限公司的恩他卡朋原料药及其制剂的创新开发项目；北京泰德制药股份有限公司的国家一类生物新药重组PC－SOD Ⅱ期临床研究项目、用于治疗罕见病特发性肺纤维化的一类新药Rho激素酶抑制剂临床前研究项目；北京加科思新药研发有限公司的国家一类新药BRD4抑制剂JAB－8000散剂临床前研究项目、新型广谱的β－内酰胺酶抑制剂JAB－12000与碳青霉烯类合用治疗革兰阴性耐药菌感染的临床前研究项目；悦康药业集团有限公司的银杏叶提取物注射液的临床前研究项目、新辅料关键技术研究及产业化生产项目；北京智飞绿竹生物制药有限公司的联合疫苗及免疫规划疫苗的研发——15价肺炎球菌结合疫苗临床研究项目；北京诺康达医药科技有限公司的药物一致性评价关键技术与标准研究课题项目、基于生物智能高分子材料的多孔微球与3D打印制剂及其产业化技术研究项目；北京天广实生物技术股份有限公司的岩藻糖敲除的新型aCD20抗体MIL62项目、创新抗体药物新品种研发及其关键创新技术项目；北京加科思新药研发有限公司的一类新药靶向BRD4蛋白降解剂JAB－9000临床前研究项目、泛素介导的靶向蛋白降解技术平台及其在新药研发中的应用项目。

（孟泽宁）

【开发区技术创新中心挂牌仪式举行】5月10日，北京经济技术开发区技术创新中心挂牌仪式暨联盟促进会第一届理事会第二次会议召开，包括光刻机零部件、新型显示、基因技术转化、创新医疗器械、智能车联网、增才制造和新材料在内的6家技术中心获得授牌，为北京打造具有全球影响力的科技创新中心再增亦庄新动力。开发区管委会副主任绳立成出席会议并讲话。

（张 祺）

【北京深知无限人工智能技术创新中心正式成立】5月17日，在锋创科技园举行的中德智慧数据论坛上，由欧洲科学院院士、德国人工智能研究中心(DFKI)柏林分所所长汉斯·乌思克尔特博士担任院长的北京深知无限人工智能研究院正式揭牌，汉斯·乌思克尔特博士将把他开发的人工智能(AI)领域国际先进技术在开发区实现产业化，由此开启他在中国的"创业生涯"。开发区管委会副主任绳立成出席论坛，为北京经济技术开发区人工智能创新中心授牌。研究院已与京东集团、联想集团、众德迪克等企业达成初步合作意向，包括人工智能在大数据分析和在线零售商业中的应用、人机交互中的语言改进翻译及机器人视觉和导航方面的改进等。

(张　祺)

【开发区科协创新驱动工程启动】5月25日，开发区科协创新驱动工程工作启动会暨科协创新服务宣讲会在博大大厦报告厅举行，标志着开发区科协创新驱动工程工作正式启动。来自中芯国际、国富安、哈工大等100多家企业的130多人参加活动。开发区科技局副局长、科协秘书长孙鹏为前来参会的企业相关负责人全面宣讲了开发区科协的各项创新服务内容，包括建立院士专家工作站、申报金桥工程种子资金、评选北京市优秀青年工程师、建设科技工作者之家等。

(张　祺)

【加州智力助跑开发区生物医药产业】7月5日，由中国农工民主党中央委员会、开发区管委会共同主办的为期两天的第三届北京—加州华人生物医药企业家高峰论坛在开发区举行。本次论坛立足中美两国，面向全球，旨在为政府、企业、专家、学者及社会组织提供生物医药领域创新与发展的对话、交流、协调与合作的平台，积极推动生物医药领域的政策建立与完善，推进生物医药领域科技创新能力建设。

(张　祺)

【国策方略知识产权研究院揭牌成立】7月27日，中关村亦创知识产权科技创新联盟助推知识产权项目启动会在开发区举行。为更好地服务于政府与企业，将亦创联盟工作做得更加深入、扎实、有效，启动仪式上，北京国策方略知识产权研究院正式揭牌成立。研究院是由市知识产权局作为业务主管单位，经市民政局批准成立的民办非企业的非营利性社会组织，是集创新技术研究、知识产权保护研究、知识产权投融资研究、知识产权产业化研究及服务于一体的专业智库。研究院的宗旨是"服务企业创新发展、集聚知识产权资源、构建保护服务体系、建立知识产权投融资新模式、打造知识产权支撑创新技术产业化服务新链条"，主要开展区域产业结构与知识产权布局关系、知识产权保护创新主体体系构建、知识产权与资本运作以及知识产权成果转化等模式的研究与服务。同时，开展知识产权人才职业培训以及专利代理人资格考试培训，提升企业知识产权人员的职业素质。启动仪式结束后，第一期亦创知识产权讲堂开讲，研究院院长庞铁先生讲解了企业知识产权管理规范贯标工作的背景、企业贯标的意义、企业申请贯标的条件、贯标流程、贯标审核等内容。

(张　祺)

【北京国际智能金融产业示范区落户开发区】8月7日，"北京国际智能金融产业示范区"在北京经济技术开发区——中国智库创新科学园内挂牌成立。智能金融示范区是在智库创新科学园已建立的"北京国际互联网金融大街"的基础上，着力打造的以金融科技为先导、以人工智能等新技术与金融发展相结合的全国智能金融全产业链产业集群。当天，国研智库智能金融研究院和北京智能金融产业联盟等机构同时挂牌成立。

(张　祺)

【世界机器人大会在亦庄举行】8月23—27日，2017世界机器人大会在亦创国际会展中心举行。中共中央政治局委员、国务院副总理刘延东出席开幕式并讲话。本届世界机器人大会以"创新创业创造，迎接智能社会"为主题。本次大会分为论坛、展览、比赛3个部分。展览部分展出面积约5万平方米。全球机器人行业的领先企业携"明星"展品悉数亮相，展示机器人行业产业链上下游各环节的最新技术应用。

(张　祺)

【亦庄开放全球首条"智能路"】9月6日，由工业信息化部、市经济信息化委、河北省工业厅等推动，北京智能车联产业创新中心主导建设的国家智能汽车与智慧交通(京冀)示范区，宣布在开发区正式启动全球第一条智能网联汽车潮汐试验道路服务。工业信息化部电子司副司长吴胜武、市经济信息化委委员姜广智，河北省工业和信息化厅副巡视员王建分，开发区管委会副主任绳立成出席活动。

(张　祺)

【中国设计节在开发区举行】9月8日，2017中国设计节在开发区亦创国际会展中心举行。来自北京、上海、广州、台湾，以及韩国的110多家知名设计企业参与展览，现场观众不但欣赏到了世界各地优秀设计师的400余件设计作品，还现场体验了VR、3D打印等先进技术的创新项目。市委常委、副市长阴和俊，国务院原参事、世界绿色设计组织主席石定寰，中国科协副主席沈岩，大兴区、开发区领导崔志成、梁胜、沈洁、绳立成、杨蓓蓓等出席开幕式活动。本届中国设计节以"更高、更远、更绿"为理念，分为会议、展示交易、竞赛和体验四大板块。中国设计名人的作品在"中国设计名人堂"首次集中展示，中国设计史上首创"中国设计大典"正式发布。同时还举行了"中国设计节大奖"、2017首届南海子文化创意设计大赛以及首次开设的"设计为人民服务志愿行动"颁奖仪式。

（张　祺）

【双创周亦庄会场活动举行】9月16日，为期5天的"全国大众创业万众创新活动周"亦庄会场活动在亦创国际会展中心举行。市委常委、副市长阴和俊，大兴区、开发区领导周立云、崔志成等出席，梁胜致辞。活动现场，2017德勤·亦庄高科技、高成长20强暨明日之星评选结果以及北京亦庄第三届创新创业大赛结果相继发布，无人科技技术创新中心、能源互联网技术创新中心、下一代互联网关键技术创新中心和智能制造技术创新中心4家技术创新中心集中授牌。活动期间，开发区推出2017年北京经济技术开发区科技创新中心建设创新成果展，汇集了开发区20个技术创新中心的106家企业的589件展品，集中展示了开发区科技创新中心的关键技术、创新产品262项，其中有36项属于国际领先、填补国内空白、替代进口的前沿技术和产品。

（张　祺）

【创新亦庄"让世界看得见"】10月13日，十九大新闻中心组织近60个国家和地区的百余名记者、编辑走进开发区企业就科技创新发展进行主题参观采访，实地感受北京亦庄的创新成果。来自中国国际电视台、新华通讯社、日本《读卖新闻》、巴西《巴西利亚邮报》的中外记者先后来到中金数据、京东方以及四达时代集团。在中金数据，记者们通过参观先进的大数据处理平台，近距离感受中国企业在大数据与云计算领域的最新成果。在京东方，透明显示屏、智能化的未来冰箱、110英寸超大显示屏等新产品，让记者们感叹中国显示技术的领先水平。在四达时代集团，大家参观了译制配音中心，了解我国影视剧配译外输过程。

（张　祺）

【市委书记蔡奇到亦庄开发区调研】11月4日，市委书记蔡奇到亦庄开发区调研。市委副书记、代市长陈吉宁一同调研。蔡奇指出，北京未来发展的着力点就是创新发展。当前，北京正在推进全国科技创新中心建设，抓手和主平台就是"三城一区"。北京经济技术开发区要以学习贯彻党的十九大精神为动力，以全国科技创新中心建设为引领，以更高标杆、更大追求，着力构建高精尖经济结构，打造首都发展新高地。

（张　祺）

【中国智能制造系统解决方案大会在开发区举行】11月16日，2017年中国智能制造系统解决方案大会在开发区举行，本次大会的主题是以系统解决方案推动智能制造创新发展。会议期间举行了北京京亦智能制造技术创新中心有限公司成立的揭牌仪式，并为北京经济技术开发区2017年度9家智能制造试点示范企业举行授牌仪式。24家智能制造系统解决方案供应商与制造企业的项目合作签约。来自工业和信息化部装备司、电子司等司局的领导，北京市、天津市、江苏省、安徽省、河南省等地方工业和信息化主管部门的领导，中国电子企业协会、中国纺织机械协会、上海市增材制造协会等行业协会的代表，以及中国智能制造系统解决方案供应商联盟、辽宁分盟、东莞分盟和相关企业的代表400余人参加了大会。

（张　祺）

【京津冀生物医药产业大会举行】12月7日，第四届北京亦庄（京津冀）生物医药产业大会在北京亦庄生物医药园开幕。本次大会由开发区管委会与国家药典委共同主办，并推出"首届中国药典公益大讲堂（院士专家大讲堂）"。通过5场主题论坛共22场大会报告，与会的院士专家、政府主管领导、企业代表、投资人等就生物医药产业创新发展机遇和趋势、最新药政法规、专利战略、金融支持、前沿技术、专业服务等主题进行了充分的交流和探讨。来自新区和京津冀地区的50多家生物医药企业参展，吸引了200余家企业的550人参加本届大会。大会通过论坛和展示的方式，为企业搭建了与政府主管部门、专家学者、投资人、服务供应商等之间的桥梁，作为开发区生物医药企业创新成果展示的平台，也进一步打造了开发区科技创新中心生物医药领域的整体形象。

（孟泽宁）

【开发区院士专家工作站挂牌成立】 12 月 22 日，开发区东方百泰、世纪金光、北汽新能源、锋创 4 家企业的院士专家工作站挂牌成立。

（张　祺）

【京津冀科技创新公共服务平台】 年内，京津冀科技创新公共服务平台入驻服务机构 7 家。截至年底，京津冀科技创新公共服务平台已分批次入驻服务机构 36 家。全年，入驻服务机构开展各类活动 184 场，4500 余家企业参加。服务机构围绕政策服务、投融资服务、知识产权服务、人力资源服务、会计审计服务、法律服务等 18 项服务内容开展专业服务，直接服务企业 1200 余家。开展“北京・亦庄全球路演会”工作。全年累计举办活动 135 场，参与企业 5803 家次、人员 8303 人次。其中，路演活动 78 场，路演项目 640 个，融资需求额 81. 94 亿元，吸引创投机构 491 家次，达成意向融资额超过 14. 3 亿元，最终达成投资 2. 44 亿元。路演项目涉及文化创意、产业互联网、大健康、智能硬件及电子商务等领域。

（孟泽宁）

中关村示范区

【概述】 2017 年，中关村示范区以习近平新时代中国特色社会主义思想为指引，坚决贯彻落实党中央、国务院和市委、市政府决策部署，牢牢把握首都城市战略定位，牢固树立全球视野，当好北京加强全国科创中心建设的主阵地，加快建设具有全球影响力的科技创新中心，各项工作成效明显。

深化先行先试改革取得新突破。充分发挥中关村改革“试验田”作用，在人才、金融、科技成果转化等方面，研究推出新一批创新政策和改革试点。印发《关于精准支持中关村国家自主创新示范区重大前沿项目与创新平台建设的若干措施》，1 项精准支持政策以及优化创业服务、提升企业创新能力、促进科技金融深度融合和一区多园统筹服务，4 项普惠性服务政策，构建中关村示范区“1 +4”资金支持政策体系，实现精准支持和资金统筹使用。在全国率先开展外籍人才申请在华永久居留积分评估工作，累计为 94 位外籍人才出具“绿卡”推荐函。公安部印发《关于复制推广有关出入境政策措施的通知》，中关村示范区的 4 项出入境政策被推广至天津、河北、辽宁等十省市的国家有关自贸区及全面创新改革示范区。

构建高精尖经济结构取得新突破。加大优势产业培育，印发实施《中关村国家自主创新示范区人工智能产业培育行动计划（2017—2020 年）》，提出“5566”重点任务布局。北京中科寒武纪科技有限公司等 36 家企业获中关村前沿技术企业授牌。百度网讯科技有限公司的深度学习技术及应用国家工程实验室等 4 家实验室入围“互联网 + ”领域国家工程实验室承担单位名单，博康智能信息技术有限公司的“京津冀交通与安全大数据公共服务示范平台”等 9 个项目入选促进大数据发展重大工程拟支持项目名单。中关村前沿科技创新大赛、中关村首届科技军民融合专题赛、中关村人工智能活动季等活动举行，发布七大前沿领域 TOP10 企业，推动人工智能科研创新。截至年底，中关村独角兽企业总数 70 家。

优化创新创业生态取得新突破。创新服务模式，构建与国际接轨的创新创业生态系统。

年内，中关村海聚博源海外人才创业园等 5 家海外人才创业园挂牌成立。健康智谷、大河理光创新加速器等 17 家机构入选中关村示范区创新型孵化器，丰台国际化创新创业基地入选中关村示范区双创基地。至年底,累计 97 家机构纳入中关村示范区创业服务支持体系。汇龙森国际企业孵化(北京)有限公司等 16 家单位入选国家中小企业公共服务示范平台。中关村创新创业企业上市培育基地启用,旨在促进中关村创新创业企业与资本市场的全面对接。北京银行股份有限公司牵头设立北京银行中关村投贷联动共同体,搭建中关村示范区投贷联动生态圈。中关村示范区首个军民融合创新创业服务平台成立,将建设线上线下互动结合的军民融合一体化服务生态系统。中关村产业技术联盟双创论坛、首届中关村硅谷全球创新未来峰会、2017 全国双创周北京会场、中关村创新创业季等活动举行。

一区多园统筹协同发展取得新突破。落实北京城市总体规划和市领导指示精神,组织召开中关村示范区一区多园建设发展工作座谈会、一区多园季度工作交流会等会议,扎实推进一区多园统筹协同发展,研究提出示范区分园创新发展考核评价指标体系,制定强化分园产业定位的指导意见,建立"一处一园"服务机制。推动各分园高端化、特色化、协同化发展。组建中关村科学城专项办,设立综合协调、重大科技项目等 4 个工作组,共同推进中关村科学城各项建设任务。中关村医疗器械园(一期)在大兴生物医药产业基地开园。怀柔科学城、未来科学城、北京"侨梦苑"、北京保险产业园 4 个园区入选服务业扩大开放综合试点示范园区。

推动开放式创新取得新突破。坚持以全球视野谋划推进创新,加强区域创新合作。中关村管委会与雄安新区管委会签约共建雄安新区中关村科技园,与银川市政府、保定市政府等开展战略合作,南宁·中关村创新基地建设得到习近平总书记肯定。举办中关村论坛、第四届京津冀协同创新共同体高峰论坛、北京市硅谷人才与科技峰会、渥太华"北京周"——中关村科技创新主题日等活动。成立中关村海外战略科学家委员会,16 位美国华人科学家受聘为中关村海外战略科学家。8 家企业入选中国出口品牌 30 强排行榜。

(中关村管委会)

【海淀园概况】 2017 年,海淀园规划面积 174.06 平方公里,海淀园入驻高新技术企业总数 11242 家;从业人员 119.4 万人;工业总产值 2399.3 亿元;总收入 2.2 万亿元;进出口总额 320 亿美元;实缴税费 845.1 亿元;利润总额 1579.4 亿元;资产总计 15522.7 亿元;科技活动经费支出总额 1363.1 亿元;专利申请 3.28 万件,专利授权 1.97 万件。

海淀园聚焦中关村科学城建设,强化原始创新能力,提升创新发展能级,全力推进创新生态提升和新型城市形态构建。园区每万人发明专利拥有量达 272 件,是全国的 28 倍,获第十九届中国专利奖金奖 2 项。海淀区技术合同登记总额 1620 亿元,占北京市的 37%。在 2017 年度国家科学技术奖励大会上,海淀区驻区单位主持完成的 51 个项目分获国家自然科学奖、国家技术发明奖和国家科技进步奖(通用项目),占北京市通用项目获奖总数的 65%,占全国通用项目获奖总数的 19%。驻区单位主持完成的 89 个项目获 2017 年度北京市科技奖,占北京市获奖项目总数的 46%。

园区创新创业环境持续优化,初步形成 93 家国家级众创空间(占北京市的 55%),105 家市级众创空间(占北京市的 49%),67 家创新型孵化器(占北京市的 70%),21 家大学科技园、150 家集中办公区的创业服务体系,总孵化面积达 260 万平方米,形成由集中办公区、创新型孵化器、创客小镇、专业园区等不同载体构成的能够满足创业企业不同发展阶段需求的双创生态体系。在首批全国双创示范基地评估中名列第一。

海淀园累计设立各类市场化基金 20 余只,总规模超过 300 亿元,形成"海淀科创基金系"。年内与新华社等单位策划实施"'一带一路'上的中关村"合作项目,举办 2017 中关村论坛"一带一路"上的中关村;举办 2017 中关村知识产权论坛,签署知识产权强区工程战略合作协议,新设 20 个"专利运营办公室(OPT)"和 10 个"北京创客知识产权托管工作站";举办品牌活动"环球商机"5 场;举办 2017 中关村(海淀)软件嘉年华、2017 创响中国巡回接力北京站、"互联网 + 教育"创新周等一批特色活动。新增 5 家院士专家工作站,"三站"建站总数达 97 家,累计进站院士 79 人次。园区累计入选"千人计划"1040 人、"海聚工程"319 人、"高聚工程"222 人,分别占全市的 70%、36%、68%;累计 678 人入选"海英人才"。

(中关村管委会)

【昌平园概况】 2017 年,昌平园规划面积 51.4 平方公里,昌平园入统高新技术企业总数 3076 家;从业人员 165581 人;工业总产值 1047.4 亿元;总收入 3954 亿元;进出口总额 33.2 亿美元;实缴税费总额 146.8 亿元;利润总额 218.3 亿元;资产总计 6976.8

亿元；科技活动经费支出总额148.5亿元；专利申请5339件，专利授权3826件。

昌平园围绕加大招商空间承载、提升园企科技含量、促进科技金融发展、优化双创服务环境、推进科技人才建设等方面展开工作。三一产业园等19个土地和房产资源项目腾出有效空间3.7万平方米，中关村生命科学园医药科技中心项目结构封顶，为各类型高新技术研发机构提供创业条件。全球能源互联网研究院汤广福、北京清华长庚医院董家鸿当选中国工程院院士；中国疾病预防控制中心病毒病预防控制所的中国工程院院士侯云德获2017年度国家最高科学技术奖；国核华清（北京）核电技术研发中心有限公司的“大型先进压水堆核电站非能动安全试验平台研制与应用”等23项成果获得2017年度北京市科学技术奖，园区创新实力不断增强；世界首例基因编辑克隆犬“龙龙”培育成功，中国成为第二个独立掌握犬体细胞克隆技术的国家。

举办科技企业融资培训会，23家孵化机构获现代服务业孵化试点资金支持，为园区企业融资、上市、并购重组等提供综合解决方案和联动金融服务；昌平区建设发展基金成立、双创基金投后基地启动，通过基金+基地的模式创新，打造更加完善的中小企业发展生态。昌平创新创业服务者协会成立，腾讯众创空间（北京）、回+创客公社等4家企业被确定为国家备案众创空间；北京宏福科技孵化器股份有限公司“宏福众创空间”等3家孵化器入选第四批北京市众创空间；北京北控高科技孵化器有限公司获批为国家级科技企业孵化器；园区孵化、服务功能日趋增强。北京科信美德生物医药科技有限公司董事长严海入选第13批中央“千人计划”，3家企业人才入选中关村“高聚工程”，为园区发展储备了人力资源。

（中关村管委会）

【顺义园概况】2017年，顺义园规划面积12.08平方公里，顺义园在中关村示范区政策、资金、项目等方面的支持下，产业发展进一步加快，带动顺义区经济社会发展。年内，园区入统高新技术企业总数300家；从业人员10.0万余人；工业总产值583.3亿元；总收入1256.0亿元；进出口总额20.3亿美元；实缴税费总额55.8亿元；利润总额163.9亿元；资产总计3279.4亿元；科技活动经费支出总额78.0亿元；专利申请量2746件，专利授权量1576件。

2017年，启迪新材料科技成果转化基地、北京第三代半导体材料及应用联合创新基地获北京市战略性新兴产业科技成果转化基地称号；顺义区政府与哈尔滨工业大学共建哈工大顺义军民融合创新产业园启动。科技人才引进计划积极实施，首都科技条件平台顺义工作站“百进千”专场对接暨专项科技政策发布会举行；中国建筑股份有限公司技术中心王冬雁等3人获工程领域教授级高级工程师职称；启迪新材料（北京）有限公司曹强入选中央“千人计划”。

以“协同创新融通发展”为主题的第十四届中国国际半导体照明论坛暨2017国际第三代半导体论坛举行；顺义园管委会与北京中科睿芯科技有限公司、中科院计算所共同打造的北京智能计算产业研究院揭牌；北京顺义科技创新集团有限公司加入北京院市合作协同创新联盟。由中国航天科技集团第五研究院502所投资建设的航天产业园项目一期开工建设；北京新丰泰奥博商贸有限责任公司投资建设的1号办公楼等6个项目竣工；远大住宅工业（北京）有限公司投资建设的远大住工绿色建筑辅助基地等2个新开工项目、格格时尚产业基地和全富产业园等9个复工项目进展顺利。

（中关村管委会）

【大兴－亦庄园概况】2017年，大兴－亦庄园规划面积98.27平方公里。大兴园入统高新技术企业总数294家；从业人员47134人；工业总产值363.3亿元；总收入650亿元；进出口总额3.5亿美元；实缴税费总额27.9亿元；利润总额41.4亿元；资产总计1135.1亿元；科技活动经费支出总额31.1亿元；专利申请1992件，专利授权1205件。

大兴园主要围绕提升企业创新能力、发展特色产业、优化产业环境几方面展开工作。强化高新技术企业认定工作，新增中关村高企54家，共计334家。开瑞龙国际纳米医药产业园、中国医药工业研究总院中药分院落户生物医药基地，猪八戒网北京总部园区、中关村医疗器械园开园，艾默生北京测量技术中心启动，大北农大兴科技园开业，园区规模以上生物医药产业占园区总产值的比重达到60%，汽车及零部件产业总产值占园区总产值的90%以上，特色产业发展势头良好，集聚效应进一步增强。中国食品药品检定研究院牵头完成的“艾滋病诊断、治疗和预防产品的评价关键技术建立与推广应用”项目获2017年度国家科技进步二等奖，北京新能源汽车股份有限公司独立完成的“C30平台纯电动乘用车关键技术集成开发与应用”项目获2017年度北京市科学技术奖一等奖，科技实力明显增强。与河北省沧州市、邯郸市邱县、唐山市曹妃甸等30余个地区对接，沧州渤海新区管委会主办的京冀协同发展合作促进会议举行，北京地区共17个项目签约入驻沧州渤海新区，总投资100.95亿元。召开大兴区产业转型招商对接会，共组织40余个外埠园区与区内有转移需求的215家企业合作，其中160余家企业初步达成意向。积极推进园区企业国际化发展，举办2017国际医疗器械创新技术合作交流会、一带一路政策与医疗器械国际营销论坛，参展第二届北京国际生物医药创新展览会，宣传企业产品，增强企业知名度，鼓励企业参与国际竞争，创新创业环境日益优化。

2017年，亦庄园入统高新技术企业总数862家；从业人员222621人；工业总产值2965.1亿元；总收入5026.3亿元；进出口总额168.5亿美元；实缴税费总额405.0亿元；利润总额489.0亿元；资产总计5907.3亿元；科技活动经费支出总额153.5亿元；专利申请数3487件，专利授权数2305件。

亦庄园在增强企业自主创新实力、加强科技创新体系建设和创新创业服务体系建设、推动重大工程落地等方面展开工作。中国检验检疫科学研究院牵头完成的“我国检疫性有害生物国境防御技术体系与标准”获国家科技进步二等奖，北京京东方光电科技有限公司等12家企业的10项成果获2017年度北京市科学技术奖，彰显企业创新实力。光刻机零部件、新型显示、基因技术转化等10家技术创新中心挂牌，推动了供给侧结构性改革，营造了良好的创新创业环境。新增北京市专利试点单位24家，累计达到334家；新增北京市专利示范单位9家，累计32家。148家企事业单位获北京市专利资金资助，北京京东方光电科技有限公司的“掩膜版组、薄膜晶体管及制作方法、阵列基板、显示装置”等7项成果获第十九届中国专利奖优秀奖，企业自主创新能力日渐增长。安鹏·中国新能源汽车产业发展基金成立，将助力北汽新能源在核心技术领域开展产业链整合；北京深知无限人工智能研究院等科研机构揭牌，将在基因研究成果转化、人工智能等方面展开全方位的研发合作。亦庄第三届创新创业大赛、2017世界机器人大会等品牌活动增强园区的国际影响力。

（中关村管委会）

【房山园概况】 2017年，房山园规划占地面积15.73平方公里。房山园入统高新技术企业总数207家；从业人员3.5万人；工业总产值231亿元；总收入364.1亿元；进出口总额1.5亿美元；实缴税费17.3亿元；利润总额17.6亿元；资产总计545.4亿元；科技活动经费支出总额14.6亿元；专利申请624件，专利授权352件。

重点项目建设进展顺利，天仁道和高速列车基础摩擦材料研究院及智能制造示范基地项目开工建设，八亿时空液晶显示材料一期项目完工。特色产业加快聚集，初步形成以北京高端制造业基地为主要承载区，包括以长安汽车为龙头，集聚驭势科技无人驾驶汽车等重点产业项目的现代交通产业集聚区；以北京石化新材料科技产业基地为主要承载区，汇集八亿时空液晶显示材料等重点产业项目的新材料产业集聚区；以中关村新兴产业前沿技术研究院为核心的科技服务产业集聚区；以北京互联网金融安全示范产业园、北京基金小镇为核心的金融服务产业集聚区。

营造良好的创新创业环境，举办双创周活动，成立北京大学创业训练营房山基地企业发展服务联盟，为创业者搭建交流互动的平台。发挥先行先试政策效应，举办中关村房山园双创政策宣讲月等活动，成立企业微信群，推送各项优惠政策。年内，园区北京宙心科技有限公司等3家企业获中关村金种子企业认定；驭势科技（北京）有限公司被认定为前沿技术企业；2家企业在新三板挂牌；北京航天恒丰科技股份有限公司总经理刘海明入选中关村“高聚工程”创新领军人才；6人在科技创新中心建设人才引进专项计划中作为房山园内紧缺人才获市人力社保局审批通过。

（中关村管委会）

【通州园概况】 2017年，通州园规划面积34.36平方公里。园区入统高新技术企业总数344家；从业人员4.9万人；工业总产值324.5亿元；总收入799.7亿元；进出口总额9亿美元；实缴税费36.1亿元；利润总额78.1亿元；资产总计1226.2亿元；科技活动经费支出总额37.5亿元；专利申请1493件，专利授权1004件。

通州园实施创新驱动发展战略，调整产业结构，优化产业布局，推动地区经济发展。园区引进企业150家，其中投资亿元以上企业6家。年内新认定的中关村高新技术企业61家。北京首量科技股份有限公司等6家企业在新三板挂牌。72家企业的104件发明专利获授权。园区1个项目获国家技术发明二等奖,1个项目获北京发明创新大赛金奖,北京中科同志科技股份有限公司的"芯片叠层系统"项目获2017年度中关村首台(套)重大技术装备试验示范项目,北京潞电电气设备有限公司入选首批北京市知识产权运营试点单位,北京传祺泰科医疗信息技术有限公司入选2017年中关村金种子企业,北京壹人壹本信息科技有限公司等3家企业获中关村商标品牌示范试点单位称号,126家企业入选2017年瞪羚企业,14家企业入选2017年"展翼计划",3个项目入选2017年北京市高新技术成果转化项目,10项成果获通州区科学技术奖。60家单位获2017年北京市专利资助金,48个项目获中关村国际创新资源支持资金,18家企业获中关村企业改制挂牌上市和并购支持资金,3家企业获425万元中关村现代服务业中小企业创业孵化试点项目支持资金。

基础建设持续推进,实施70余个园区建设项目,其中10个项目开工建设,45个项目复工建设,23个项目竣工;开展基础设施建设项目30个,总投资额33.16亿元,其中13个项目竣工;6家市级以上开发区生态化建设任务全部完成。加强与北京周边区域的创新合作,接待河北省、内蒙古自治区等县级以上承接地单位140余家,组织赴外地开发区实地考察百余次;与天津市武清区、河北省廊坊市加强沟通,推动通武廊人才一体化发展示范区建设,举办2017年通武廊创新创业大赛。

(中关村管委会)

【东城园概况】 2017年,东城园规划面积6.03平方公里,园区入统高新技术企业总数428家;从业人员8.1万人;工业总产值45.4亿元;总收入2336.4亿元;进出口总额26.1亿美元;实缴税费103.6亿元,利润总额158.7亿元;资产总计5682.1亿元;科技活动经费支出总额72.4亿元;专利申请1446件,专利授权619件。

园区创新生态系统持续改善。2017年新入孵企业185家,培育成长型企业392家,当年上市和挂牌企业16家。园区创新孵化集聚区在孵企业累计3201家,其中上市和挂牌企业累计44家。全年拨付中关村现代服务业创业孵化试点资金3762万元。截至年底,园区拥有国家级双创示范基地1家,国家级科技企业孵化器3家,国家级众创空间3家,中关村创新型孵化器3家,北京市众创空间1家。创新孵化初现国际化发展趋势。中关村雍和航星科技园与中国瑞典创新创业基地等单位举办的第二届中国—瑞典创新创业论坛,北京歌华文化发展集团主办的2017北京创客盛会,吸引美国、智利、日本等国家的创客团体参展。

完成园区建设用地统计工作,土地产出效能2.77亿元/公顷,在中关村示范区所有产城融合型开发区中位列第一;完成龙潭湖国家体育产业基地统计调查工作和国际单项体育组织中国总部落地可行性分析报告,推动原北玻大厦升级为天坛体育文化中心,引入中国足球发展基金会等体育资源。持续推进品牌活动,举办"青龙客厅演讲局"活动6次,邀请31名主讲嘉宾,受众600余人次;举办2017年北京国际设计周暨第八届创意点亮北京活动,北京电视台等主流媒体报道16次。坚持不懈服务企业,全年组织开展政策培训、金融对接、知识产权等各类培训及活动40场次,培训人数2675人次;走访联系企业480户次,企业反馈各项需求258个,解决163个,需求答复率100%,需求解决率63%。

(中关村管委会)

【西城园概况】 2017年,西城园规划面积10.0平方公里,西城园入统高新技术企业总数650家;从业人员1.1万人;工业总产值1082亿元;总收入2877.2亿元;进出口总额49.5亿美元;实缴税费139.2亿元;利润总额288.1亿元;资产总计8419.8亿元;科技活动经费支出总额73.2亿元;专利申请2351件,专利授权1749件。

西城园管委会牵头完成《西城区在全国科技创新中心建设中推进特色发展研究报告》,明确工作思路和发展目标,梳理确定53项重点任务。加强对西城园管委会管理体制与服务职能的梳理分析,构建"1+2+8"平台体系:即以党建工作为统领,建立数据共享、工作协同两个工作平台,逐步形成创业加速、创新促进、政策服务、重点产业等8个服务平台,不断优化园区营商环境。北京设计之都大厦开业运营,并举办"归·来——建东方"全国巡展、2017年中国设计红星奖颁奖典礼等活动。

中关村广安军民融合特色产业基地建设顺利推进,宝蓝金融创新中心实现可租用面积全部入驻。协调服务网联清算有限公司等15家注册资本超千万的科技企业落户园区。积极促进传统孵化器转型升级,普天德胜、康华伟业、金丰和等孵化加速基地相继完成公共服务平台软硬件功能升级和楼体改造,园区创新孵化环境逐步完善。新增4家合作金融机构,组织11家企业参加科博会、京交会等展会。全国双创周期间举办各类活动35场次。培育新三板挂牌企业7家,中关村高成长企业12家,4家企业入选“2017年中国互联网企业100强”榜单。园区5名领军人才入选新一届两院院士,4名人才通过专业技术职称评价直通车渠道获评教授级高级工程师,30名有突出贡献的企业高管和核心技术骨干子女通过政策保障入学。建立西城园管委会联系服务重点企业工作制度,走访企业38家,收集企业需求104条。园区北京梅泰诺通信技术股份有限公司、北京恒华伟业科技股份有限公司等企业投身“一带一路”沿线国家的智慧城市规划建设;天闻数媒科技(北京)有限公司开展“一带一路”文化交流服务等。

(中关村管委会)

【朝阳园概况】2017年,朝阳园规划面积26.1平方公里,朝阳园入统高新技术企业总数1439家;从业人员23.2万人;工业总产值406.1亿元;总收入5538.9亿元;进出口总额199.6亿美元;实缴税费520.7亿元;利润总额344.1亿元;资产总计1.2万亿元;科技活动经费支出总额229.2亿元;专利申请9991件,专利授权5372件。

区域竞争力不断提升,在北京双鹤药业股份有限公司等龙头企业带动下,园区的电子信息、新能源、先进制造业、生物医药四大战略性新兴产业增势强劲,领跑高新技术产业发展;15家“独角兽”企业聚集园区,涉及智能硬件、文化娱乐、互联网金融等领域;35家世界500强企业在园区设立地区总部及研发中心,高新技术企业从业人员超过20万人。

项目建设有序进行,统筹推进大望京科技商务创新区规划建设、产业发展、要素配置、公共服务等工作,实现与周边区域的良性互动和资源的优化配置;大望京公园开园;大望京地区集聚北京控股集团有限公司等100余家国内外知名企业,累计注册资金超过220亿元,其中注册资金超1亿元企业近30家,成为“产业为本、生态为基、特色发展”的区域创新中枢。搭建创新创业交流平台,与未来论坛签订战略合作协议,举办未来青年论坛等活动,营造良好创新创业氛围。吸引高端人才汇集,搭建互动平台,举办朝阳区“全国科技工作者日”活动,加强企业间人才的科技和文化交流;提供便捷服务,朝阳区外国人出入境服务大厅揭牌;讲解人才政策,举办朝阳园人才政策宣讲会等活动。

(中关村管委会)

【丰台园概况】2017年,丰台园规划面积17.63平方公里,丰台园入统高新技术企业总数1768家;从业人员1917万人;工业总产值397.5亿元;总收入5104.4亿元;进出口总额42亿美元;实缴税费154.3亿元;利润总额452.1亿元;资产总计15884.6亿元;科技活动经费支出总额128.4亿元;专利申请4785件,专利授权3168件。

全年新引进高精尖企业、规模企业85家,其中科技创新类企业68家,主要涵盖轨道交通、军民融合、节能环保、新一代信息技术等领域。实现固定资产投资65亿元,实现开复工面积190万平方米,均超额完成年度指标;实施环境提升综合整治项目,完成东区二期全部道路的翻新和绿化景观提升工作。建立经济监测综合服务网格,按地块划分为18个网格,实现经济监测、企业服务、党的建设结合的精细管理,同时还建立微信企业号“丰台园企业之家”,组成企业服务工作的智能联动平台。新增院士专家工作站1家。

推进满城分园建设,联合竹海科技分中心,组织20家企业考察团赴满城进行京津冀协同创新与产业对接考察,实现满城园与中关村生命科学园深度对接,就合作开发模式、产业转移方案形成框架协议;推动中关村大数据产业创新联盟落地满城园;推动首创置业股份有限公司与满城开发区管委会签订合作协议。落实京沈合作精神,签订丰台区与沈北新区共建协同园区合作协议,共同启动区域产业规划和空间规划编制工作。

(中关村管委会)

【石景山概况】2017年,石景山园规划面积13.34平方公里,石景山园入统高新技术企业总数798家;从业人员9.1万人;工业总产值99.4亿元;总收入2139.5亿元;进出口总额4.4亿美元;实缴税费80.2亿元;利润总额423.2亿元;资产总计6967.1亿元;科技活动经费支出总额66.1亿元;专利申请1748件,专利授权1104件。

北京保险产业园被纳入市政府重大项目绿色审批通道,648地块项目基本建成,637地块等4个地块主体结构大部分封顶;首特绿能港科技中心15号地项目前期手续完成;光大银行信用卡研发中心项目16号地取得项目用地不动产权证书、建设用地规划许可证和建设工程规划许可证。

全年新增企业413家，注册资本合计81.7亿元；7家企业登陆新三板；全年企业技术合同交易额62亿元。园区国家高新技术企业总数748家，中关村瞪羚企业总数201家，市级专利试点示范企业总数203家。截至年底，园区拥有市级以上孵化器和众创空间12家、区级各类孵化器和众创空间20余家，形成“国家级＋市级＋创新型孵化器”相结合的专业化、国际化、市场化的孵化服务体系，孵化面积35万平方米，服务各类企业超过2000家。10家博士后（青年英才）工作站累计引入博士后（青年英才）27名。51人入选“千人计划”“海聚工程”“高聚工程”、科技北京百名领军人才、科技新星和“石景山区海外高层次人才”等人才工程，11人获评高级工程师（教授级）。打造“石景山服务”品牌，举办“园区讲堂”37期，服务企业约2700家次。

（中关村管委会）

【门头沟园概况】 2017年，门头沟园规划面积1.89平方公里，门头沟园入统高新技术企业总数137家；从业人员1826.5万人；工业总产值78.7亿元；总收入219.3亿元；进出口总额3.5亿美元；实缴税费总额13.5亿元；利润总额15.4亿元；资产总计695.7亿元；科技活动经费支出总额12.6亿元；专利申请396件，专利授权247件。

园区主要围绕集聚科技创新企业、汇聚高端人才、指导企业申请各级政策资金、解决科技人才个性需求等方面展开工作。园区注册企业累计2万余家，其中新注册872家，注册资金316亿元；共有150家入统中关村示范区企业，其中规模以上企业60家，总收入177.2亿元，同比增长41.8%。150家企业中，北京夏禾科技有限公司、中航军驰（北京）智能装备科技有限公司等50余家新入驻实体科技企业租用总部研发面积8万余平方米，科技企业孵化器空间供需两旺，为园区创新发展注入活力。举办人工智能产业高层次人才门头沟行活动，拟搭建人工智能科技园，将改变门头沟整体科技、经济结构。海外留学归国人员已累计达到60余人，创办企业10余家；中关村硅谷创新中心到门头沟园参观并进行项目路演，与企业对接，将国外高端人才及先进技术引进园区。实施优秀人才企业认定、知识产权奖励、创新创业企业房租补贴等11个产业政策项目，受益企业170余家，共发放补贴资金5500余万元。组织各级产业政策申报，参与申报的17个项目中，共有53家企业获得市级产业政策资金支持，受益金额3013.04万元。石景山园、门头沟园首次共同举办双创周，旨在通过搭建协同双创的桥梁，推动京西区域创新发展。积极解决科技企业人才的子女入学、交通、住房等各方面困难，做好开通多条线路创业大巴、办理北京市工作居住证等各项工作。

（中关村管委会）

【平谷园概况】 2017年，平谷园规划面积5.08平方公里，平谷园入统高新技术企业总数109家；从业人员17495人；工业总产值50.8亿元；总收入134.5亿元；进出口总额0.5亿美元；实缴税费总额7.6亿元；利润总额7.4亿元；资产总计196.6亿元；科技活动经费支出总额4.6亿元；专利申请252件，专利授权153件。

平谷园主要围绕加强园区建设、盘活存量资源、提升企业品质等方面展开工作。幸福益生项目、中纺联创投资公司项目等入驻，兴谷经济开发区泛能网项目合作协议签约，3D骨科植入材料医学高科技示范园区开建，招商步伐日益加快。北京洗得宝消毒制品有限公司、北京利乐生物技术有限公司获国家高新技术企业认定，累计70家；北京北排膜科技有限公司、北京择居网络技术有限公司等23家获中关村高企认定，累计47家；北京中标新亚节能工程股份有限公司等7家企业在新三板挂牌，园区实力不断提升。北京市东风保健营养品有限责任公司、北京百美特生物制药有限公司盘活闲置资源2.36公顷，投资14000万元，用于医药及保健品的生产，使闲置资源得以充分利用。组织创新驱动发展专题培训班，邀请中关村管委会、市科委、市税务局等相关单位为辖区企业多批次开展高新政策培训，了解园区发展政策，提高企业素质，助推企业发展。除此还组织全国双创活动周平谷区主题活动、国际肉类行业论坛、2017平谷口岸跨境商品B2B平台推介会等，提升园区影响力，为地区经济发展提供有力支撑。

（中关村管委会）

【怀柔园概况】 2017年，怀柔园规划面积7.11平方公里，怀柔园入统高新技术企业总数152家；从业人员31086万人；工业总产值471.5亿元；总收入639.1亿元；进出口总额3.8亿美元；实缴税费总额24.3亿元；利润总额24.7亿元；资产总计

691.4 亿元;科技活动经费支出总额 21.3 亿元;专利申请 740 件,专利授权 421 件。

园区主要围绕规划编制、招商引资、实施重大项目、拆迁签约、创新创业环境等方面展开工作。完成《怀柔科学城概念性总体规划方案》《怀柔科学城核心区控制性详细规划深化方案》的编制,启动怀柔科学城总体城市设计方案征集工作,北京怀柔科学城建设发展有限公司成立,为即将落地开建的大科学装置和交叉研究平台提供先决条件。怀柔科学城空间规划面积由 41.2 平方公里扩展至 100.9 平方公里,将密云区 32.5 平方公里纳入怀柔科学城规划范围。引进中辉腾龙科技有限公司无机纳米防火材料等实体项目 13 个,北京中科启林科技有限公司摩擦纳米自发电智能鞋产业化项目等注册企业 138 家。

实施怀柔科学城"2+5"重大项目工程,先进载运和测量技术综合实验平台等 5 大项目以及综合极端条件实验装置全部开工建设。怀柔科学城核心区非宅拆迁及住宅搬迁工作完成,新峰村整村 205 户仅用 34 分钟即完成签约,一天时间内实现 87.29% 的整体签约率。"千人计划"双创基地、北京怀柔综合性国家科学中心、怀柔—启迪前沿科技成果转化基地相继落地,为创新创业提供支撑。组织国际综合性科学中心研讨会、双创周怀柔科学城分会场等活动,参展第二十届科博会和第十九届高交会,提升园区整体影响力。相继启动科学城配套住房规划,编制陈各庄地块集体土地建设租赁住房项目实施方案;与北京一零一中学签署怀柔校区协议、扩建怀柔医院、实现市郊铁路怀柔—密云线开通,为园区提供优质创业环境。

(中关村管委会)

【密云园概况】2017 年,密云园规划面积 10.01 平方公里,密云园入统高新技术企业总数 135 家;从业人员 2.3 万人;工业总产值 192.5 亿元;总收入 269.4 亿元;进出口总额 1.1 亿美元;实缴税费总额 16.8 亿元;利润总额 11.0 亿元;资产总计 442.7 亿元;科技活动经费支出总额 10.5 亿元;专利申请量 408 件,专利授权量 470 件。

年内,密云园不断加大招商引资和企业服务力度,加快配套设施建设。经济开发区 B 区被纳入怀柔科学城,中科院大气物理研究所"地球系统数值模拟装置项目"入驻。B 区两座 10 千伏开闭站开工建设,商务区 110 千伏变电站发电运行,为怀柔科学城密云地块项目和商务区入驻项目提供用电保证。北京宝沃汽车有限公司 9 款 BX5 车型上市。金诚信矿业管理有限公司入选北京市非公企业履行社会责任单位,北京合纵科技股份有限公司供配电设施用于肯尼亚蒙内铁路。北京华源泰盟节能设备有限公司成果先后获评中国节能协会首届节能环保专利奖特等奖和首届节能环保创新应用大赛金奖。3 家企业入围新三板创新层,5 家企业通过北京市高新技术成果转化项目认定,3 家企业入围融资租赁专项资金支持名单,8 种产品获评第六批北京市新技术新产品,2 家企业获评国家知识产权示范企业和优势企业,3 家企业的产品亮相北京双创周。

(中关村管委会)

【延庆园概况】2017 年,延庆园入统高新技术企业总数 72 家;从业人员 74764 人;工业总产值 58.2 亿元;总收入 107.1 亿元;进出口总额 0.2 亿美元;实缴税费总额 4.2 亿元;利润总额 8.7 亿元;资产总计 194.3 亿元;科技活动经费支出总额 3.8 亿元;专利申请 240 件,专利授权 156 件。

中关村长城脚下的创新家园项目启动,发布空间规划方案。延庆区政府推动延庆园发展的市场化配置资源的主体平台——北京中关村延庆园投资发展有限公司成立,将承担放大国有资本功能、优化园区配套服务环境、推进园区土地开发建设三大职能。园区 10 家企业被认定为国家高新技术企业,累计 42 家,11 家企业被认定为中关村高新技术企业,累计 36 家。建立"一站式"综合服务平台,提供工商、税务等方面的政务服务及知识产权、法律咨询等方面的中介服务。与中关村智能硬件产业联盟就智能硬件产业基金落地达成一致。推进里炮新村人才公租房项目,与延庆区教委就联合推动园区人才子女入学工作,与延庆青年创业者联合会等就创业社区、投融资、培训等服务本地中小微企业措施开展合作,延庆园创新创业服务体系初步形成。八达岭供暖中心 PPP 项目完成煤改气,实现 107 万平方米供暖。延庆园管委会招商引资专项小组推进招商推介活动。对接华为技术有限公司、百度大学、北京海东硬创科技有限公司(中关村智造大街)、启迪之星(北京)科技企业孵化器有限公司等 100 余家企业,中关村智造大街、启迪之星公司入驻园区。

(中关村管委会)

支撑发展

高精尖经济结构

【概述】2017年，高精尖产业标准和产业类别目录发布，选取新一代信息技术、集成电路、医药健康产业、智能装备产业、节能环保产业、新能源智能汽车产业、新材料产业、人工智能产业、软件和信息服务业、科技服务业等10个重点产业作为未来北京重点发展的高精尖产业，引领北京创新发展、高质量发展。市科委瞄准国家铁路持续高投资建设需求，推动多制式轨道交通协同发展。支持的中低速磁浮C型成套钢铝复合导电轨在我国首条拥有完全自主知识产权的中低速磁悬浮－长沙磁浮快线应用；支持中铁咨询开展跨座式单轨技术研究；支持适用于市域铁路的新型120～160km/h无砟轨道系统，拟应用于北京机场线。支持研制具有自主知识产权的铁路信号联锁系统专用控制器，达到国内同类产品领先水平；支持铁路列车车载接触网运行状态检测系统研制，实现列车接触网状态的实时在线监测；支持自主研发直径12.14米的大直径土压平衡盾构机，实现盾构技术里程碑式的突破。在新能源领域，中科院物理所研制的10Ah级全固态锂电池，能量密度最高达到390Wh/kg；中信国安盟固利动力科技有限公司参与国际合作研制的“全气候电池”技术已分别搭载北汽新能源EU260、北汽福田12米电动大客车，开展装车低温实验，电池在－30℃条件下可在几十秒内使电池温度上升到0℃以上。在新材料领域，北大彭练矛教授团队研制成功栅极长度仅为5nm的碳纳米晶体管；国家纳米中心胡志远研究团队的“肿瘤捕手”CTC检测技术已开展临床应用，并开展“4P”医学模式探索；泰科天润公司在国内率先研制成功1200V、20A的SiC MOSFET器件；天科合达公司开始量产6英寸低缺陷SiC晶圆；国内首个基于碳化硅器件的大功率充电桩在通州马驹桥开展示范。

（市科技史志办公室）

先进制造技术

【被动式红外热成像技术助力安防监控行业发展】年内，在市科委支持下，中国兵器工业集团下属的北方广微科技有限公司开展了被动式非制冷红外热成像技术研发，采用氧化矾材料路线，突破了微机电系统和读出集成电路等关键技术，开发出一款低噪声等效温差、高可靠性、体积小、重量轻和功耗低的被动式非制冷红外焦平面探测器。该探测器适用于我国安防监控夜视的低成本产品，打破了国外垄断和技术封锁，提升了突发事件监控和预警能力。基于该探测器研发的被动式红外热成像监控系统，已在影院监控、森林防火、车辆监控等领域进行了验证和应用示范。被动式非制冷红外焦平面探测器的成套工业化生产与建设技术成果已转化落地，签订合同金额达2000万元。

（许宏霞）

【基于电磁波传输近钻头随钻测量系统实现产业化】年内，在市科委支持下，中国石油化工股份有限公司石油工程技术研究院针对国际顶尖石油工程服务公司的近钻头成像随钻导向技术对我国封锁，只提供服务，不销售、租赁仪器的现状，突破了成像测量与钻前预测的地质导向核心技术，制成完整工程样机2套和软件1套，其中电磁波传输部分已经产业化，销售2套，服务10余口井。整套样机成功在涪陵、鄂北、临盘等进行现场应用测试，实现近钻头井斜、方位和转速等测的量，产品达到国际先进水平。

（张庆聆、王娜）

【消防员施救外骨骼系统研制成功】年内，北京机械设备研究所承担的“消防员施救外骨骼系统研制”课题通过专家验收。课题突破了基于人机耦合的机械外骨骼结构设计技术、高效电液驱动系统设计技术和人机耦合步态控制技术等关键技术，完成消防员施救外骨骼系统原理样机和工程样机的研制，将外骨骼技术应用在消防员应急救援领域，提高消防员的负重能力，使消防员可配备更多装备，提高搜救能力、延长工作时间。

（仇鑫华）

【井周三维扫描核磁共振系统研制成功】 年内，在市科委支持下，中国石油大学（北京）和北京环鼎科技有限责任公司，提出了非均质地层井周扫描三维核磁共振探测理论，研制出井周三维扫描核磁共振系统工程样机，实现了“轴向—径向—周向”三维扫描探测，能够快速、准确评价储层参数，满足复杂油气藏和非常规油气藏勘探开发需求，对于提升我国油气探测前沿技术和高端装备制造水平，特别是打破外国公司对关键技术的垄断意义重大。

（张庆聆、王娜）

【天然火山灰高性能混凝土技术研发】 年内，市科委立项支持天然火山灰高性能混凝土的研制及工程应用，以肯尼亚蒙内铁路作为重点依托工程，从当地丰富的天然火山灰资源中选取可利用的组分，形成新的混凝土掺合料和生产施工工艺，建立 2 条天然火山灰质材料示范生产线、1 条天然火山灰高性能混凝土示范生产线、2 项天然火山灰高性能混凝土使用量在 10 万立方米以上的示范工程。该技术成果可在东非的卢旺达、乌干达、南苏丹，南亚的巴基斯坦，中亚的乌兹别克斯坦、哈萨克斯坦以及土耳其等天然火山灰质材料储量丰富且当地缺乏成品粉煤灰的国家进行进一步推广，为“一带一路”倡议的实施提供保障。

（赵欢）

【超高并发性能测试平台研发与应用研究取得重大成果】 年内，由北京软件产品质量检测检验中心主持的“基于云计算的应用系统超高并发性能测试平台研发与应用”项目取得重大成果，成功解决传统性能测试工具无法开展互联网环境大用户量性能测试的难题，通过与云计算资源整合，有效降低性能测试成本达 30% 以上。此项成果获得发明专利 2 项，软件著作权 6 项，发表论文 4 篇。该成果在测试项目中得到广泛应用，累计服务测试项目近百个，服务领域涉及电子政务、金融、电力、烟草、电子商务等。

（偶嘉榕）

【低阶煤清洁高效转化技术实现工程应用】 年内，在市科委支持下，中国华电集团下属的华电重工股份有限公司开展了千万吨级煤炭干馏多联产清洁高效转化技术研究，开发出高焦油收率的煤干馏、煤焦油全馏分梯级加氢分质处理、煤炭干馏油水分离工艺设备，形成相关技术工艺包、数据包和软件包 10 余项，申报相关专利 46 项，为我国煤炭干馏、焦油加氢的产业升级提供了技术支撑。煤焦油中最难处理的组分——蒽油可深加工成含硫氮低、凝点低的优质柴油和石脑油，研究成果“10 万吨/年高温煤焦油馏分油（蒽油）加氢制清洁燃料油技术”已在河南安阳实际工程中应用，其产品油具有硫、氮含量低（优于国 V 标准）、凝点低等显著特点，是优质的燃料油调和油，产品附加值提高了 1～2 倍。该技术获得中国煤炭工业科学技术奖三等奖、中国华电集团公司科技进步二等奖。

（许宏霞）

【市属大型国有企业实现转型升级】 年内，在市科委支持下，北京北重汽轮电机有限责任公司从传统制造业向技术服务业转型，针对占火电装机总量近 1/3 的 300MW 等级亚临界机组普遍存在的汽轮机设计和工艺落后、实际运行效率低、经济性和可靠性差等问题，开展汽轮机高压通流设计优化技术研究，采用气动结构和关键部件重新设计的方式，对汽轮机高压缸通流部分进行优化，完善了全三维气动优化、子午流道设计优化和高效后加载叶型设计技术，突破了小间隙叶顶汽封结构设计、低变形隔板焊接等关键技术，使汽轮机改造后在 4 个调节阀全开工况下的高压缸通流效率从 83% 提高至 87%，并形成批量技术改造的设计、制造和工程服务能力。技术成果已在 4 台 300MW 等级亚临界机组实现工程应用，共取得改造技术服务收入近 7000 万元。

（许宏霞）

【重载车模块化智能独立油气悬架系统实现产业化】 年内，在市科委支持下，中国兵器工业集团下属的北京北方车辆智能装备技术有限公司按照模块化、自动化、智能化的思路，开展了多参数自适应控制、独立悬架模块化集成、高压组合密封、互联式平衡悬架等创新性研究，研发了可面向多种规格车型、具有良好减震效果和自动调节车体姿态的智能独立油气悬架系统，可满足我国单轴承载 30 吨以内多轴重载车辆的高性能悬架系统匹配与设计要求，已实现小批量配套，并建成油气弹簧装配流水线，形成智能独立油气悬架系统产品的系列化设计能力和制造能力。单根弹簧承载1～30吨的可调悬挂系统系列化产品年产能达20000套。课题承担单位依托专业化工厂进行成果转化，先后进入长春一汽、陕西重汽、中国重汽、东风汽车等多家国内知名汽车企业的合格供应商体系，并承担了我国中型高机动越野平台、矿用机械、智能移动平台领域换装油气悬挂的研制任务，对多轴重型运载车辆、全路面起重机、军事特种车辆等不同车型实现产品配套。已完成200余台车的可调悬挂系统安装调试，累计创造产值2000余万元，提升了我国车辆底盘技术的核心竞争力。

（许宏霞）

【国内首台冰水两栖救生艇研制成功】 年内，在市科委支持下，中海油能源发展股份有限公司研发了具有冰水两栖功能的螺旋滚筒式救生艇及配套装备，突破了救生艇冰水两栖行走、水面到冰面的爬行、冰面和水面的降落和回收、艇和人员的动态跟踪和实时通讯等关键技术，满足国际海上人命安全公约（SOLAS）的要求。降落和回收设备具备无外部供电情况下手动和自动降落缓冲功能，信息化应急救援系统实现了对救生艇及人员位置实时跟踪和准确定位，大幅降低了救援响应时间。该技术成果取得中国船级社型式认证，提高了海上冰期逃生能力。形成的适合冰面、浮冰区和水面的救生装备设计和制造成套技术，并在锦州25－1S WHPE平台示范应用。

（许宏霞）

【煤制气甲烷化催化剂和等温反应器研制技术获得突破】 年内，在市科委支持下，中国华能集团清洁能源技术研究院有限公司研发了具有自主知识产权的宽温耐高温高效甲烷化催化剂和等温甲烷化反应器及专用催化剂，研制了两段式煤制天然气甲烷化成套技术与装备，突破了高一氧化碳负荷甲烷化催化剂关键技术，实现了成套工艺、催化剂、反应器的国产化。研发的新型煤制合成气完全甲烷化催化剂和自主创新的两段式等温甲烷化工艺，完成了工业侧线1000小时中试示范，形成小批量催化剂生产能力。研发的煤制气甲烷化催化剂从成本、反应活性、寿命、抗毒能力、宽温、耐高温性能等方面解决了煤气甲烷化催化剂的应用难题；开发的内激冷外换热型等温甲烷化反应器，解决了甲烷化反应过程中强放热问题；开发的基于等温反应器的两段式甲烷化新工艺缩短了工艺流程，降低了设备固定投资。华能清能院已与山东公泉化工股份有限公司签订专利技术转让协议，加快科研成果向京外辐射。

（许宏霞）

【新型无砟轨道系统研究获市科委支持】 年内，市科委立项支持120～160km/h铁路无砟轨道系统，通过借鉴高速铁路的无砟轨道技术和城轨的减振技术，研制一种集无砟轨道、减振技术于一身的新型120～160km/h无砟轨道系统，解决我国既有城际、市域线路仍沿用高铁轨道系统带来的尺寸大、造价高等问题，满足城际、市域铁路轨道大规模建设需求。该成果研制成功后可为北京机场线建设提供技术支撑。

（王　楠）

【市科委立项支持兼容城轨及城际的列控系统】 年内，针对城市轨道交通CBTC列控系统和城际铁路CTCS2＋ATO列控系统制式兼容的需求，市科委立项支持交控科技股份有限公司、北京交通大学开展兼容城市轨道交通CBTC及城际铁路CTCS级列车运行控制系统研制，将实现列车车载设备既可兼容城际铁路的CTCS地面控制系统运行，又能兼容CBTC地面控制系统运行，两种制式不停车切换。

（黄　洁）

【铁路信号联锁控制器研制成功】 年内，北京康拓科技有限公司自主研制出铁路信号联锁系统专用控制器，对列车运行控制系统中的关键子系统——联锁系统的信号灯、转辙机、道岔等可靠控制提供安全支撑，打破了国外垄断。成果应用于广州地铁7号线一期、北京地铁16号线一期和九景衢快速铁路。

（黄　洁）

新能源与新材料

【第一批工业化大功率碳化硅MOSFET器件研制成功】 3月6日，由市科委支持的科技计划课题“1200V碳化硅MOSFET器件研制及应用研究”顺利通过验收。该课题由泰科天润半导体科技（北京）有限公司与中科院半导体研究所共同承担。课题组研制成功国内第一批工业化大功率碳化硅MOSFET器件，打破了国外在碳化硅MOSFET技术上的垄断，引领并促进了国内在宽禁带半导体技术特别是碳化硅技术的发展。

（张　玉）

【我国首个碳化硅新型充电桩示范工程启动】 5月19日，由北京华商三优新能源科技有限公司、泰科天润半导体科技（北京）有限公司承办的碳化硅新型充电桩示范工程启动暨技术与应用研讨会在北京召开。会上启动了我国首个碳化硅新型充电桩示范工程，标志着我国碳化硅新型充电桩迈出了实际应用的第一步。

（张　玉）

【中科钢研节能科技有限公司碳化硅产业化项目启动】 5月22日，中科钢研节能科技有限公司碳化硅产业化项目在北京启动。该项目将采用升华法制备4英寸导电性高品质碳化硅晶体。未来3年，计划突破大尺寸碳化硅晶体工艺，达到产业化应用水平，打造国内最大的碳化硅晶体衬底片生产基地，摆脱依赖进口的局面，为我国航天航空、军工装备、高速轨道交通、新能源汽车等高端新型应用领域的发展提供支持。

（张　玉）

【长江纯电动汽车率先登陆美国市场】 5月，由简式国际汽车设计（北京）有限公司承担的“电动商用汽车轮边双电机控制器设计开发”课题通过了市科委专家结题验收。该课题配合已研发完成的纯电动商用车型，设计研发出具有国内领先水平的高性能、高功率密度的电动汽车双电机控制器，包括硬件系统和软件系统，并进行严格的测试和设计验证试验。交付数台经过验证的产品样机进行装车试验，其中已在杭州长江汽车有限公司和云南五龙汽车有限公司两家整车厂装车试验，共有6米商务客运车型、7米中巴客运车型、8米商务客运车型、12米公交车型、6米厢式运输车、8米厢式运输车等6款车型。其中美国8米厢式运输车已取得美国市场正式销售订单，该车拥有纯正的电动汽车底盘，具备完全自主知识产权的“电池、电机、电控”三大核心高新技术，其安全性、可靠性、舒适性、经济性等指标都优于同类产品。2016年1月“中国出口第一电动车——长江奕胜商务车”发往美国，2017年9月在美国正式销售，中国自主研发汽车正式进入美国电动汽车市场。

（王露菲）

【碳基光电集成电路研制成功】 11月2日，碳基光电集成电路在国际上首次研制成功。该集成电路由北京大学彭练矛教授团队利用无掺杂技术研制，与传统的硅基光电集成电路相比，其工艺简单，克服了电子器件与光电器件制备工艺不兼容的问题，可实现在片集成，功耗降低到1/5，传输速度快5倍以上，是下一代光互联技术的关键核心技术。

（张　玉）

【基于纳米材料的太赫兹人物同检系统研制成功】 11月5日，国家纳米中心、清华大学、同方威视技术股份有限公司联合开展攻关，成功制备了纳米多层膜结构的高灵敏度、可在室温下工作的太赫兹探测器，并在此基础上开发了人物同检原型样机。该样机技术指标：检测非金属行李厚度15cm，二维空间分辨率1cm×1cm，成像速度3.6帧/秒。下一步，课题组将进一步优化探测器性能，完善成像系统功能，对接轨道交通、口岸、海关等部门应用需求，开发第一代产品样机。

（张　玉）

【北京大学首先突破米级单晶石墨烯生长】 年内，在国家重点研发计划“量子调控与量子信息重点专项”项目的支持下，北京大学刘开辉研究员、俞大鹏院士、王恩哥院士及其合作者在米级单晶石墨烯的生长取得重要进展。研究团队将工业多晶铜箔转化成了单晶铜箔，得到了世界上目前最大尺寸的单晶铜(111)箔，利用外延生长技术和超快生长技术成功在20分钟内制备出世界最大尺寸（$5\times50cm^2$）的外延单晶石墨烯材料。该研究结果为快速生长米级单晶石墨烯提供了必要的科学依据，为石墨烯单晶量子科技的产业化应用奠定基础。该研究成果于8月在《科学通报》（*Science Bulletin*）发表，并被选为封面文章。

（张　韡）

【碳纳米管电子学领域取得的世界级突破】 年内，北京大学信息科学技术学院彭练矛－张志勇课题组首次制备出5nm栅长的高性能碳纳米晶体管，并证明其性能超越同等尺寸的硅基CMOS（互补金属—氧化物—半导体）场效应晶体管，将晶体管性能推至理论极限。研究显示，与相同栅长的硅基CMOS器件相比，碳纳米管CMOS器件具有10倍左右的速度和动态功耗综合优势以及更好的可缩减性。对实验数据分析后得到，5nm栅长的碳管器件开关转换仅有约1个电子参与，门延时达到42fs，非常接近由海森堡测不准原理和香农－冯·诺依曼－郎道尔定律（SNL）所决定的二进制电子开关器件的极限，有望将CMOS技术推进至3nm以下技术节点。此外，课题组还将碳纳米管基CMOS器件的接触电极长度缩减至25nm，并成功演示了整体长度为240nm的碳管CMOS反相器。这些结果均表明碳纳米管电子学具有巨大的潜力，为2020年之后集成电路技术的发展和选择提供了重要参考。相关研究成果发表在1月20日出版的《科学》（*Science*）上。

（丁　雪）

【国内首次研制出石墨烯智能人工喉】 年内，清华大学微电子研究所任天令课题组研发出一种新的智能器件，创新性地提出了一种收发同体的集成声学器件，能够基于石墨烯的热声效应发射声音，并利用石墨烯的压阻效应来接收声音，从而实现单器件的声音收发同体。在器件制备工艺上采用了激光直写技术，能够直接将成本低廉的大面积聚酰亚胺薄膜快速转化为图形化的多孔石墨烯材料。该多孔石墨烯材料具有高热导率和低热容率，能够通过热声效应发出100Hz～40kHz的宽频谱声音；而且对压力极为敏感，能够感知发声时喉咙处的微弱振动，可以通过压阻效应接收声音信号，从而实现单器件声音收发一体化集成。该器件可感知聋哑人的低吟等特殊声音，并将这种“无含义声音”转换为频率、强度可控的声音，有望用于帮助聋哑人“开口说话”。相关研究成果发表在2月24日出版的《自然通讯》（*Nature Communications*）上。

（丁　雪）

【新一代超高强马氏体时效钢研究取得重大进展】 年内，北京科技大学吕昭平课题组通过创新合金设计理念，发展了超强韧的高密度有序Ni（Al，Fe）纳米颗粒强化高性能新型马氏体时效钢，其抗拉强度不低于2.2GPa，拉伸塑性不低于8%。这一原创性成果在强度突破钢铁材料极限2000MPa的同时，仍保持良好的韧性和塑性，不但拓展了高端钢铁材料的实际工程应用领域，其设计理念还有望应用于其他合金，为新型超高强度材料的设计开发打开新的研究思路。同时，新型超高强韧马氏体时效钢采用铝元素代替传统的昂贵合金元素，可添加传统认为对马氏体时效钢有害的碳元素，从而实现高端钢铁材料的制备工艺简化和低成本的目标。相关研究成果发表在4月27日出版的《自然》（*Nature*）上。未来有望应用在航空航天、高速列车、深海技术、先进核能和清洁能源及国防等领域。

（丁　雪）

【北京铁基超导材料制备与性能研究取得重大进展】 年内，中科院电工研究所马衍伟研究员带领科研团队继成功研制出世界上首根100m量级铁基超导长线后，进一步开展提升铁基超导带材性能的研究，优化铁基超导长线制备工艺，探索铁基超导线材接头技术。研制出了25m长铁基超导线，最小临界电流密度超过30000A/cm^2；制备出的115m铁基超导长线性能达到23700A/cm^2（4.2K，10T），是第一根铁基超导长线性能的两倍。该成果获得2017年度北京科学技术奖二等奖，进一步推动了铁基超导材料的实用化进程。

（丁　雪）

【八亿时空研发出新型高性能液晶材料】 年内，在市科委的支持下，北京八亿时空液晶科技股份有限公司开展新型结构单体液晶化合物的开发，开发出5类7种新型混合液晶单体化合物，开展纯化工艺研究，单体液晶化合物离子含量小于100ppb，电阻率大于1×10^{13}，已经申请国家发明专利32项。研发出的3种液晶组合物配方已广泛应用于不同尺寸的显示屏中，部分产品已实现为京东方供货。相关成果获得2017年度北京科学技术奖三等奖。

（张　欢）

【北京超宽禁带半导体材料金刚石单晶制备取得重要进展】 年内，由中科院半导体研究所和中科院大学共同研制出国内首个金刚石电学性质测试用飞行时间装置。所制备的半导体单晶金刚石材料，其室温电子和空穴迁移率分别超过4100cm^2/Vs和3700cm^2/Vs。金刚石作为超宽禁带半导体材料是研制高频大功率电子器件、深紫外光电子器件、量子自旋器件等高性能器件的理想材料。

（曲　研）

【世界首个摩擦电机动车尾气颗粒物捕集器研制成功】 年内，世界首个摩擦电机动车尾气颗粒物捕集器研制成功。该成果由北京纳米能源所研制，利用摩擦纳米发电机原理，采集机动车尾气的动能，产生高压电场从而高效吸附发动机燃烧后的颗粒粉尘，在5000公里公路实测中，PM2.5去除效率超过99%。该技术是世界首创，具有完全知识产权。

（张　玉）

【可热熔高性能聚烯烃材料成套工艺技术取得突破】 年内，市科委支持神华集团所属北京低碳清洁能源研究所从国外引进的“千人计划”专家团队，针对轻量化船体、高抗冲空投军用箱及大型弹体储运装备应用的交联聚乙烯材料，开展了热熔交联聚乙烯材料研发，突破了着色、抗静电、阻燃、可发泡等工艺制备技术，研制的热熔煤制交联聚乙烯材料比普通聚乙烯材料具有韧性高、刚性强、耐磨性好、抗高温蠕变及耐环境应力开裂等特性，适合作为化学品储存及运输容器、大型化工反应釜内衬、高强度军民用箱体、高抗冲减振救生船艇等生产用的聚乙烯原材料。

（许宏霞）

【可热熔高性能聚烯烃材料成套工艺技术实现量产】 年内，为加快可热熔高性能聚烯烃材料成套工艺技术成果转化落地，神华集团组建由其在京产业公司、低碳清洁能源研究所和“千人计划”专家三方出资的首个央企混合所有制企业——神华（北京）新材料科技有限公司，在密云建成热熔交联聚乙烯千吨生产线，形成多品种交联聚乙烯批量生产能力。

（许宏霞）

【热塑性复合材料技术助力国产大型客机首飞】 年内，在市科委支持下，中国商飞北京民用飞机技术研究中心联合北京玻钢院复合材料有限公司、北京盛华瑞科技有限公司开展了航空级热塑性复合材料次承力构件研究，瞄准国产客机改进型机翼前缘结构减重的材料替代需求，突破热塑性复合材料应用关键技术，设计和制造了国内首个热塑性复合材料机翼前缘结构样段，并形成相应技术体系。该研究成果为热塑性复合材料在国产机型上的应用奠定了基础，助力国产大型客机提高复合材料使用比例，提升了安全性、经济性、舒适性和环保性。

（许宏霞）

【胡志远“肿瘤捕手”项目依托北京开展全国布局】 年内，国家纳米科学中心胡志远研究员创办北京中科纳泰生物科技有限公司，并依托多肽的微流控制备技术等其他专利形成肿瘤捕手技术的专利链条，已实现多肽-纳米磁珠材料的中试制备技术的建立和工艺优化，达到每天 1L 多肽-纳米磁珠材料的稳定生产能力。依托该技术，中科纳泰研发出具有自主知识产权的“TumorFisher”高灵敏度多肽纳米磁珠捕获和分离循环肿瘤细胞技术（以下简称“肿瘤捕手”），用于对肿瘤的筛查与监测。中科纳泰自主研发的“肿瘤捕手”多肽纳米磁珠捕获外周血循环肿瘤细胞技术产品，利用多肽替代抗体的功能实现与 CTC 的高效结合制备出新型多肽-纳米磁珠材料，大大降低了检测试剂材料的成本并提高稳定性和批次可重复性，实验室研究捕获率可达 90% 以上。“肿瘤捕手”技术已形成了包括专业采血管、试剂盒、自动化分析仪等在内的完备产品体系，并已经开展产品注册工作。截至 2017 年，中科纳泰针对“肿瘤捕手”技术开展全国布局，除了北京的研发和中试基地以外，在天津建设了专业的 GMP 生产车间，并在杭州设立了第三方医学检验实验室，从而完成从研发、生产到检测服务的全产业链战略布局。

（平朝霞）

【超顺排碳纳米管项目进展顺利】 年内，清华-富士康纳米科技研究中心主任范守善院士团队发明的超顺排碳纳米管项目在怀柔区产业化落地。经过两年多的建设，该项目基地厂房大楼完成建设，部分产线设备已经运入厂房进入安装调试阶段。该项目在碳纳米材料领域形成了从原创性基础研究、应用技术开发、产业化技术攻关到大规模生产应用的完整创新链示范，依托超顺排碳纳米管材料生产的手机触摸屏产品可为联想、华为、中兴、酷派等手机生产商定向提供。项目达产后预计实现产值 20 亿元，税收 2 亿元。

（平朝霞）

【泰科天润碳化硅 MOSFET 器件研制取得重要进展】 年内，由泰科天润半导体科技（北京）有限公司与中科院半导体研究所共同研制开发的 1200V 碳化硅 MOSFET 器件获得成功，并工业化量产大功率 SiC MOSFET 器件，成功应用于 1200V/200A 全碳化硅模块和高频充电机。

（曲　研）

【破解新能源汽车的低温环境应用难题】 年内，市科委推动中信国安盟固利公司与北京理工大学和美国宾州大学研发团队，共同开发出面向超低温区域、带有自加热技术的锂离子动力电池。该电池在 -30℃ 条件下可在几十秒内使电池温度上升到 0℃ 以上，且升温速率可调，从而解决了纯电动大客车在冬季续驶里程快速下降、无法启动、能量衰减、安全隐患突出等诸多难题。

（黄寅英）

【突破固态锂离子电池关键技术】 年内，市科委推动中科院物理所研究团队研发 10Ah 级固态锂电池，能量密度已达到 390Wh/kg，综合性能处于国内该研究领域先进水平。同时，该团队已成立初创公司——北京卫蓝新能源科技有限公司，完成固态锂离子电池设计、工艺配方优化及完善工作，已在房山建设 50 只电池/天小批量工程试验线。

（黄寅英）

城市建设与管理

【概述】2017年,市科委围绕全国科技创新中心建设,加强顶层设计,探索推进创新城市建设管理。持续组织并支持大气污染成因与监测预警研究,科学指导污染治理。联合市环保局,组织开展基于大数据技术的北京地区大气污染特征规律研究;建设区域空气质量三维立体综合监测网络,实现北京及周边地区空气质量的大范围、全天候、全天时的立体动态监测;在国内率先开展超细颗粒物(PM1)成因及对策研究。研发重点污染物排放控制技术和产品,并推广应用;推广能源清洁高效利用技术和产品,从源头减少排放;持续推进京津冀区域大气污染科技联动,实现联合治霾。组织技术攻关,支持通州副中心水环境改善;启动实施基于植被种群选育优化的城市生态系统功能提升重大项目。推进交通技术自主化,提升交通运行管理水平;持续关注重点行业运行安全,推进新技术新产品开发应用。着力聚焦生态宜居科技创新,为北京生态文明建设提供支撑。

(市科技史志办公室)

公共安全

【基于超导弱磁探测技术的地下管线定位系统】2016—2017年,市科委支持,由北京斯奎德量子技术有限公司承担的基于超导弱磁探测技术的地下管线定位系统研制及应用示范课题,研发出一套高精度的基于超导弱磁测量技术的地下管线定位系统。该系统集超导弱磁探测设备、GPS、车载三维激光扫描系统和数据处理软件为一体。该系统定位的有效深度可以达到10米,能够测定金属与非金属等地下管线的精确的位置、大小等定量指标。通过地上真实的三维实景数据不仅可以实现对地上金属、地表岩石等地磁图仪的干扰源的识别定位,也可提取地表部件(井盖、雨水篦子)并与GIS地图信息相融合,是实现城市地下管线检测的最新手段。对地下空间开发利用、老旧管网的更新维护等城市运行维护工作具有意义。研究成果拟通过各种合作手段应用于北京市管网普查中,并且在城市道路、城铁和地铁等工程建设前期的地下管线探测中得到应用和发展。

(李京霖)

【城市重点地下区域声纹监测装备】2016—2017年,由中冶建筑研究总院有限公司主持的城市重点地下区域声纹监测装备的研制与示范重大项目,由中科院声学研究所、北京城市系统工程研究中心、北京联合大学等单位共同研发,北京邮电大学、中冶建筑研究总院有限公司、中国京冶工程技术有限公司等单位开展应用示范。北京市地下区域声纹监测技术取得突破,成功开发区域声纹监测设备和信号处理分析系统,可监测至少25公里内的异常声纹,对异常声源点定位精度在10米以内。该技术可解决地下管线泄漏定位难、报警晚等问题,保证大城市重点地下设施安全生产工作的有序进行。该技术已在海淀区西土城路完成区域声纹监测示范。

(李京霖)

【用于危险化学品检验的便携式拉曼光谱仪】年内,北京市国产先进安检设备研制取得重要成果。由北京华泰诺安科技有限公司研发的便携式拉曼光谱仪实现完全国产化。该设备可在30秒内现场快速无损检测固体和液体形态的有毒有害物质,可用于公共场所安检排查、化学恐怖袭击、易制毒易制爆化学品管控、危险化学品突发事故应急等领域,体积小、成本低,部分指标优于国外产品,已在海关、出入境、食药监等领域应用推广。

(李京霖)

【带有耦合作业功能的多折臂举高喷射消防车】年内,北京中卓时代消防装备科技有限公司成功研发多折臂举高喷射消防车,突破消防救援困境。多折臂举高喷射消防车具有自动接收后援车辆供水,不会出现缺水或溢水等问题；臂架可持续进行 360°旋转；跨障碍最大工作幅度：19 米；支腿调平时间：≤30 秒；臂架展开时间：≤110 秒；可实现在与普通罐类消防车耦合作业时，能够将水炮流量增加 20%、射程提高 5 米，同时大大提高了车辆连续作战能力，持续工作时间可达 24 小时以上。该消防车可使现场车辆不用移动，通过后续车辆连续供水，解决现场水源不足、水资源浪费、持续灭火等问题，在满负荷工况下持续作业时间达 24 小时以上。该类消防车已在 2016 年 8 月 2 日丰台五金建材城大火和 2017 年 5 月 31 日天津港纸业公司大火的救援中使用。

（李京霖）

【新型多功能大跨度高喷消防车】 年内，北京市三一重工股份有限公司、北京市公安局消防局共同研发新型多功能 62 米大跨度高喷消防车。针对大型商场、体育馆等高度不高但占地面积较大的建筑火灾扑救难度大、救援效率低等问题，研发出一款大跨度举高喷射消防车。该消防车的最大灭火救援半径（不含水炮射程）达到了 56.5 米以上（原型机为 42.5 米），远超当前市场上所有举高类消防车水平（博浪涛价值 2000 万以上的 112 米高喷车最大灭火半径仅为 32 米），并且经过优化设计的独特的 6 节折叠臂架结构使其拥有超强的跨障碍能力，领先于现有伸缩式举高类消防车，提高了灭火救援效率。

（李京霖）

【风切变与尾涡雷达预警探测系统在民航机场应用】 年内，北京无线电测量研究所、北京长峰广播通讯设备有限责任公司、中国民用航空华北地区空中交通管理局联合研制出民航低空风切变和尾涡雷达探测预警系统，该系统融合了雷达、风传感器、机场气象资料服务系统的数据，可监测机场低空空域内水平风、垂直气流的水平、垂直风切变和下滑道风切变等多类切变，实现危险天气的自动预警，并精确地捕捉飞机起飞过程中产生的尾涡。在保证安全的前提下，为增加航班飞行密度提供参考。系统在天津滨海国际机场进行了探测应用，为空间风场数据的获取提供了重要手段，提高了机场风场探测的时空分辨率。

（王　楠　张艳萍）

城市建设

【北京城乡规划实施动态监测与评价系统开发与应用】 年内，在市科委支持下，由市规划和国土资源管理委员会、北京工业大学、市测绘设计研究院共同完成的“面向科技创新中心定位的北京城乡规划实施动态监测与评价系统开发与应用”课题，开发出北京城市总体规划动态监测与评估系统。该系统对城市总体规划实施过程中的问题进行动态监测与跟踪分析，统一标准框架、整合数据资源，建立了北京市城乡规划实施评估数据资源体系与规划评估指标体系；完善了规划实施动态监测的数据更新机制与应用机制；构建了“多规合一”的北京市城乡规划实施动态监测与评估平台。该系统以科学、有效的数据获取手段及动态更新机制整合散落的城市运行基础信息，实时掌控总体规划实施现状，智能化、精细化监测管理城市资源结构、生态状况、科技发展、社会人文等各项指标，为北京城市建设统筹安排土地、产业、空间、人口、生态环境等各项资源提供技术支撑，为政府开展规划管理，为城市总体规划研究、评估及修编提供数据支撑。

（李京霖）

【市科技计划为新机场建设提供技术支撑】 年内，市科委立项支持北京城建集团有限责任公司、北京新机场建设指挥部、市建筑设计研究院有限公司，通过开展混凝土基本性能试验、足尺试验应力应变监测，确定最佳混凝土配合比，保证了超大平面混凝土结构施工过程的温度、收缩裂缝控制；创造性地在结构范围内搭设钢栈桥进行施工材料运输，与常规塔吊倒运相比，工效提高 3～4 倍，有效解决超大平面结构施工材料运输难题。通过各项新技术的研究和应用，保证了其中 60 万平方米的混凝土结构工程于 1 月 19 日全部完成，比计划提前 12 天。同时，采用 BIM（建筑信息化模型）技术仿真模拟安装、有限元计算软件分析施工工况、计算机同步提升施工控制、球节点空间精准定位、钢构件信息化物联控制等技术手段，保证了投影面积约 18 万平方米，重达 4 万吨的屋面钢结构于 6 月 30 日完成全部提升。12 月 29 日，北京新机场主航站楼率先完成功能性封顶封围，6 个月的时间，项目部完成了 18 万平方米、由 12 个构造层组成、安装工序多达 18 道的自由曲面屋面的施工，以及二层以上立面幕墙、8个C型柱采光顶、6条条形天窗、中央天窗共12514块玻璃的安装，实现主航站楼功能性封顶封围的目标。

（李京霖）

【城市轨道交通板式减振轨道成套技术研究完成】 年内，由市科委支持，北京城建设计发展集团股份有限公司、北京交通大学及北京港创瑞博混凝土有限公司共同承担的“城市轨道交通板式减振轨道成套技术研究”课题完成验收。该项目率先系统开发和形成了城市轨道交通板式减振轨道成套技术，包括理论仿真分析、轨道结构设计方案、预制板制造、厂内板垫复合方式、试验测试、施工装备、施工工艺等多方面。项目首次研制了具备运板、卸板、调板、换板功能的成套设备及混凝土灌注设备，并在西安地铁4号线中两处试验段（分别长190单线米和170单线米）进行示范应用，减振效果为11.6dB；疲劳试验前后减振效果变化小于5%；减振垫动静比小于1.25，综合进度可比传统预制板轨道施工方法效率提高50%以上。尤其是自动化调板装备的研制成功，轨道交通领域装配式施工方面取得的重大突破，属世界首创。

（李京霖）

【城市轨道交通三维辅助设计平台研发成功】 年内，由市科委支持，北京城建设计发展集团股份有限公司承担的城市轨道交通三维辅助设计平台研制成功。该平台已经在北京轨道交通D1线通州会议中心站及石家庄轨道交通1号线园博园站进行了示范应用。

（李京霖）

【地铁客流状态监测、预警及辅助决策系统研制及示范应用】 年内，由市科委支持，市地铁运营有限公司、北京城建设计发展集团股份有限公司等联合研发的地铁客流高精度监测设备及预警系统成功应用于地铁1号线建国门、国贸、大望路、永安里4个重要站点。该系统的实施可有力支撑地铁日常客运运营及突发大客流应急管理，为地铁运营公司面对大客流的冲击后临场指挥提供辅助决策，有效提升地铁运营安全管理水平及推动营信息化建设。示范应用显示，系统整体运行稳定，效果良好，客流监测设备可检测双向客流量、速度及密度，平均客流监测准确度达到96%，高峰期15分钟和30分钟短时客流预警精度达到90%以上。同时，该设备价格是现有客流监测设备价的1/5，大大降低了投资，每个车站可节约投资约320万元。

（李京霖）

【地铁直流牵引供电系统自主化保护装置及开关柜研制与应用】 年内，由市科委支持，北京市轨道交通建设管理有限公司、中铁电气化勘测设计研究院有限公司等联合研究的地铁直流牵引供电系统自主化保护装置及开关柜研发成功，不再受国外技术的控制，为直流柜生产厂家及地铁建设管理部门提供了更多的自主权，避免了合同外费用的发生。该技术可为直流开关柜在每个项目中降低成本200万～300万元；同时为国产综合微机保护装置厂家在每个项目中带来100万～200万元的收益，年收益800万元。

（李京霖）

【复杂环境砂卵石地层单层导洞大直径中桩暗挖车站构筑技术研发成功】 年内，由市科委支持，单位北京城市快轨建设管理有限公司、北京市市政工程设计研究总院有限公司等7家单位承担的复杂环境砂卵石地层单层导洞大直径中桩暗挖车站构筑技术研发成功。该项技术形成了一套富水砂卵石地层大直径中桩的施工技术，能够满足狭小空间内大粒径砂卵石地层的成孔作业要求，并能保证暗挖车站的安全施工，同时满足城市中心区环境保护要求。首次研究并采用了在狭小空间内钢管柱自动量测及机械定位技术。由智能测控多功能钢管柱安装机、高精度倾角传感器组成的狭小空间定位技术解决了钢管柱在孔口定位，无须人工下孔定位的施工难题，不仅安全性得到提高，施工工效也大幅调高。通过对RJP设备的改进，解决了暗挖车站洞内止水的难题，为推广止水修建暗挖车站提供了方法。该技术在北京地铁16号线工程中应用，并在北京地铁12号线、19号线、28号线等项目中进行推广。

（李京霖）

【高影响天气下城市骨干路网交通出行精细化预报关键技术研究与应用】 由市科委支持，市交通信息中心、市气象服务中心等单位承担的“高影响天气下城市骨干路网交通出行精细化预报关键技术研究与应用”课题，对能见度和道面温度预报等世界性难点问题，尝试应用动力模式指引、统计订正、机器学习挖掘等方法，使预报效果有较明显的提升。该项目解决了介观模型中的参数优化问题，实现对北京全城主干路的实时仿真模拟和预测，对于城市主干路未来1小时的预测精度能够达到80%以上；并进一步补充细化TOCC（市交通运行监测调度中心）的气象动态数据资源，丰富交通相关行业的数据资源内容，实现多种信息的协调与互通。

（李京霖）

【基于车车通信的城际铁路信号系统研究完成】 年内，由市科委支持，交控科技股份有限公司承担的"基于车车通信的轨道交通信号系统研究"课题完成验收。该课题完成了车车通信列控系统的方案设计，梳理了11类共40个运营场景，覆盖列车运行控制的所有情况；研制了高可靠、高性能、一体化、小型化安全计算机平台样机；搭建了包括3条标准线（CBTC、VBTC、CTCS）、7个车站、全长11公里的仿真验证平台，完成了车车通信系统基本功能和运营组织方案的测试；完成了室内系统测试，实际测试296条，实现功能项超过300条，运行时长超过500小时，行驶超过2万公里，覆盖对车车通信系统基于功能原理和场景的验证；搭建了汽车试验平台，完成车车通信系统多传感器环境感知子系统的基本功能实验，在80米/秒的速度下，主动识别距离可达300米，GPS定位精度可达1米。

（李京霖）

【基于列车自动运行（ATO）优化的地铁节能核心技术研究与示范应用】 年内，由市科委支持，交控科技股份有限公司、市地铁运营有限公司、北京交通大学联合研发的"基于列车自动运行（ATO）优化的地铁节能核心技术"在北京地铁亦庄线示范应用。该技术通过对面向节能优化ATO系统进行核心技术研发和装备的研制，建立了城市轨道交通系统列车运行用能评估平台，并在现场开展ATO优化节能的全面试验。研究成果在亦庄线示范应用后，软件运行稳定，开发的列车运行用能数据采集装置计量误差不超过2%，列车运行达到单列列车完成正线单圈的列车牵引能耗降低6%以上的节能效果。

（李京霖）

【北京地铁网络化运行图优化及车载信号设备研究与示范完成】 年内，市科委组织市地铁运营公司、交控科技股份有限公司、北京交通大学采用产学研用协同创新方式，联合开展北京地铁5号线车载信号设备的研制工作，实现了自主化车载信号设备与北京地铁5号线既有设备兼容，完成自主化车载信号设备样机的研制，以及系统实验室测试和现场验证测试。实验数据表明，车载设备可用性有大幅度提升，并通过了独立第三方安全认证，自主化设备降低现场车载设备故障率达96.24%。

（李京霖）

【区域轨道交通互联互通信号系统关键技术和装备研制成功】 年内，由市科委支持，北京和利时系统工程有限公司、市轨道交通建设管理有限公司、市轨道交通设计研究院有限公司、北京交通大学、交控科技股份有限公司、北京全路通信信号研究设计院集团有限公司、中国铁道科学研究院通信信号研究所联合研发的区域轨道交通互联互通信号系统验证平台搭建完成。全市组织城轨领域信号系统主要设备厂家完成了系统车载设备样机在室内交叉测试平台的测试验证，统一电子地图和设计原则、通信接口和安全协议、列车跨线切换技术、共线、跨线运营组织与管理模式，建立不同厂家之间、车载信号系统与地面信号系统之间互相兼容、互相"交流"的基础，为北京市区域轨道交通形成设备与设备、设备与线、线与区域3个层次的互联互通提供技术支撑。

（李京霖）

【适用于全自动驾驶的城市轨道交通车辆与调度控制关键技术研究】 年内，由市科委支持，市轨道交通建设管理有限公司主持，市地铁运营有限公司、北京城建设计发展集团股份有限公司、中车工业研究院有限公司、唐智科技发展有限公司，北京市轨道交通建设管理有限公司等单位参与，采用政产学研用协同创新模式，依托燕房线工程完成了两列集成全自动驾驶车辆关键技术及设备的样车验证，并通过相应的线路型式试验和性能评估，具备实际运营技术基础。根据全自动驾驶车辆和调度控制系统新增的应用需求，形成了全自动驾驶车辆集成方案和全自动驾驶车辆通用技术要求及运行场景，以及全自动驾驶调度控制系统总体方案；成功研制了适于全自动驾驶的城市轨道交通列车控制与诊断系统、障碍物及脱轨检测装置，和适用于全自动驾驶的城市轨道交通车辆、乘客、维修调度管控系统样机装备；形成了调度控制系统适用性评测方法，并完成了具备实际工程应用能力的全自动驾驶调度控制系统平台适用性评测。首次建立基于全生命周期RAMS（可靠性、可用性、可维修性和安全性）管理的FAO（全自动运行系统）设计体系。在FAO各系统设计过程中，针对FAO复杂环境下安全、高效运行需求，研发了基于故障预测的多专业一体健康管理技术，实现了基于多传感器融合的复杂环境感知与反应技术，实现了基于差模多样化设计的冗余机制，使列车正点率达到99.99%，影响行车故障率低至0.041次/万车公里，并首次通过了全专业国际RAMS评估认证。

（李京霖）

城市环境

【北京地区1公里网格化天气要素快速融合技术】 2014—2017年，市气象台、市气象信息中心（市气象档案馆）、中国气象局北京城市气象研究所、市气象服务中心（市专业气象台）共同研发高分辨率精细化气象分析和城市积水预报服务系统。该系统实时融合自动气象站、天气雷达观测等气象数据，水平分辨率达到1公里，每10分钟快速更新1次，能够提供未来12小时地面要素及降水集成预报。同时，可实时提供逐小时更新、分辨率为1公里的城市内涝灾情反演产品和未来6小时城市内涝气象风险预警服务。该系统已于7月通过中国气象局的业务准入申请，正式投入业务运行，为北京乃至京津冀地区提供精细化分析和预报服务。

（李京霖）

【基于大数据的北京地区PM2.5来源精细化研究】 年内，市科委与市环保局、中科院大气物理研究所等团队，继续对全市PM2.5的精细化时空分布特征、北京与周边地区的污染输送特征、PM2.5的污染来源特征等展开分析，为科学评估大气PM2.5主要来源变化、制定大气污染防治措施等提供科技支撑。该团队已获得全市采暖季PM2.5浓度相对高值区的研究结果，存在3条带状高污染区，分别为位于南部的大兴—房山高污染带、东南部的通州—朝阳高污染带、偏东北部的昌平—顺义—平谷高污染带。据此，2017年，北京市下达《关于加快PM2.5浓度高值区局地污染源整治的通知》，明确海淀、顺义、平谷、通州、大兴、房山等6个区23个乡镇，要落实属地责任，全面摸排整改，细化政策措施。

（张艳萍）

【首都蓝天行动科技示范工程实施成效显著】 年内，市科委评选出首都蓝天行动科技示范工程第三批30项科技成果。截至年底，累计评选77项技术先进、实施效果好的科技成果在京津冀地区推广应用，其中北京41项、津冀36项，涵盖电力行业脱硫脱硝除尘、余热回收发电、高效照明、挥发性有机物减排、能源管控系统等领域。已有34项技术成果签约160余项工程项目，合同总金额近20亿元，进一步发挥了科技在改善区域环境空气质量的示范引领作用。

（张艳萍）

【构建基于MIKE11的北运河流域水质数值模型】 年内，市水科院通过对北京城市副中心的河流水环境治理重点北运河流域（约占副中心区域河流的87%）的数据收集与调研，研究发现北运河流域污染主要来自排污口和污水厂站退水。基于上述调研结果，市水科院构建了基于MIKE11（动态模拟河流和水道水力的世界级标准）的北运河流域水质数值模型，以北运河控制断面北关闸和杨洼闸为主要监测点，进行了多种方案的模拟预测。根据预测结果，市水科院提出北京城市副中心内北运河水质达标的实施方案。方案建议：第一，构建河网湿地系统，通过旁路净化措施进一步削减污染物；第二，入河排污口污水量实现100%处理；第三，周边城镇污水处理厂出水水质指标严格执行北京市DB11/307—2012的B标准。通过上述方案，CODCr（重铬酸盐指数）和TP（总氮）浓度全年100%达标。氨氮除首场大雨后几天不达标外，其余时间皆可达标，氨氮浓度达标天数分别为360天和357天，天数达标率为98.6%和97.8%。

（李京霖）

【三条沟实现山洪及泥石流精确化预警预测】 年内，市水科院、市地质研究所、市气候中心通过重点开发不同等级山洪泥石流灾害预警指标阈值测定、泥石流危险性空间分区、多时效、多空间分辨率的降水精细化预报、短时临近降水预报短期预报等技术和方法，以及主要监测点布置，实现了门头沟南涧沟、房山红螺谷、密云四合堂三条山沟提前1小时、空间分辨率达1公里的短期精细化预报，以及提前10～20天的早起预报，建议该项成果在全市主要风险沟域推广应用。

（李京霖）

【新型污水处理系统研发成功】 年内，浦华环保研发的垂直流生态处理系统，采用独创的生化系统循环流组合曝气系统设备、垂直流A2O、加药反应过滤吸附一体化的浮动生物滤床等，实现了生化和生态污水处理功能的有机结合，已在浙江省乐清虹桥污水处理厂二期工程上(日处理量2.8万吨)应用,系统自2016年12月运行以来,主要污染物指标出水可稳定达到《地表水环境质量标准》(GB3838—2002)中Ⅳ类标准(总氮除外),产泥量减少80%,运行费用费减少20%,投资费用减少15%~20%,该系统的研发为城市污水处理问题提供了新的技术路径。

(李京霖)

【重金属污染土壤稳定化固化的高效药剂研发应用】 年内,北京市研发出适用于镉、铬、铅等重金属污染土壤稳定化固化的高效药剂,并实现推广应用。为控制重金属污染土壤可能产生的环境风险,研发出可以高效修复镉、铬、铅污染土壤的稳定化药剂3种(无机硫系、有机硫系、铁系药剂),3种药剂的价格区间在1500~6000元/吨,养护时间可以控制在3~5天内。药剂已成功应用于湖北"郧县铬污染土壤修复示范"工程、广东"广日电梯工业有限公司污染场地土壤修复"项目、湖南"株洲清水塘工业区含重金属废渣综合治理"工程中,共修复铬污染土壤近20万立方米、砷污染土壤1万多立方米、含重金属(镉、铅、锌等)废渣近200万立方米,全部达到工程治理目标。

(李京霖)

【利用物联网打造手机回收的新模式】 年内,市科委支持北京盈创再生资源回收有限公司300万元(总经费1450万元)开发的智能手机回收机,解决了用户隐私保护、价格透明、回收安全和顺畅交易等难点和用户需求,首期在手机卖场铺设50台,运行良好。

(李京霖)

【建筑垃圾高效节水降尘处理技术】 年内,北京联绿技术有限责任公司通过集成创新思路研制出了适合于建筑垃圾资源化行业的两套系统:LLS-3.0型高效节水系统和LLC-3.0型高效除尘系统。该系统应用后使建筑垃圾资源化企业基本实现生产全过程的生产污水和粉尘对环境零排放。节水设备(LLS-3.0高效节水系统),快速脱水比自然过滤脱水节约时间25.8小时以上,减少水分蒸发大于1626吨/年,处理建筑垃圾万吨耗水量为63.2吨,可大大节约水循环利用时间。降尘设备(LLC-3.0高效降尘系统),袋式除尘器-离子瀑除尘器设备联用工艺处理粉尘,解决了袋式除尘器不能处理粒径小于0.3μm的微小颗粒的问题,在气体处理量3600~10000m^3/h,空气流速(出口风速)0.5~4m/s时,净化大于0.005μm的颗粒物,净化效率达到97%以上。

(李京霖)

【密云水库调蓄工程梯级泵站实时调度模型应用】 年内,在水力学仿真和优化调度算法研究的基础上,形成的梯级泵站仿真与优化调度模型系统在北京市南水北调团城湖管理处应用,全年可节省能耗228.84万千瓦时,可节省运行费用194.02万元,节能10%以上。

(李京霖)

【生活废品智慧回收服务管理平台推广应用】 年内,为规范废品回收方式,利用移动互联网技术开发回收交易手机App——废旧商品回收管理系统平台,并引入身份证及指静脉信息对回收从业人员实施人员资质认证管理,实现从业人员资质真实性达到100%。该平台于2015年5月正式推广运行,分别在天通苑、回龙观两大社区集群以及保利百合社区开展示范推广,并逐步在北京五环范围内其他社区推广运行。同时辅助开发微信公众平台系统1套;易废宝回收交易体系整体回收效率对比传统交易方式提高了30%。

(李京霖)

【雁栖湖水陆交错带水生态修复技术示范区建成】 年内,持续开展雁栖湖生态发展示范区水生态文明建设评价指标体系(22个指标)研究,提出了各评价指标的评价方法,捕获了两场大型的场次暴雨过程和入湖水量、水质全过程采样与监测(获取86个水样),完成了雁栖湖水下地形测量,提出了入湖污染物总量控制与削减方案,并进行了工程示范。共完成示范河段建设3.3km,其中重点修复河段1.3km,示范工程面积39000m^2,构建了河道漫流湿地自然恢复和人工增强技术示范区,建成水陆交错带水生态修复技术示范区1个,修复生态堤岸1.3km,构建河滨缓冲过滤带13000m^2。示范区使用浮岛面积3923.5m^2,水生植物栽植面积7920m^2,示范工程效果明显。

(李京霖)

【再生水补水型城市河湖水系生态修复技术集成与示范】 年内,北京市在清河下游羊坊闸至沈家坟闸河段开展了生态修复技术集成与工程示范。基于再生水补给型城市景观河湖的特点,构建了包含环境效益、技术管理与维护和社会经济功能等内容的

4个系统、7个准则和19个指标的再生水补给型城市河湖水生态修复技术评价指标体系，监测评估了研究区水质指标的沿程变化，沉积物、生物指标变化特征，获得了受水区主要污染物的演变规律。在清河下游羊坊闸至沈家坟闸下河段开展了6.6 km的工程示范，实现了工程出口主要水质指标（COD、NH3－N）达到国家地表水标准Ⅳ类，该研究成果可为再生水补水型城市河湖的水环境修复提供技术示范与支撑。

（李京霖）

【煤化工高盐水正渗透膜技术研发及示范应用】 年内，1000m^3/d正渗透膜处理浓盐水技术在神华宁煤化工园区示范应用。针对工业废水高盐问题，结合膜材料的改性、高效汲取液的开发，进一步完善正渗透技术体系，开发了6m^3/d、100m^3/d、200m^3/d的3种正渗透膜系统产品，实现回收率在90%以上、脱盐率基本保持在99%以上。在神华宁煤化工园区建成了1000m^3/d正渗透膜系统应用示范项目，出水优于工业循环冷却水水质标准，大幅减少了蒸发结晶单元处理量，最终产水水质能够满足《工业循环冷却水处理设计规范》（GB50050—2007）再生水直接用作循环冷却水系统补充水的水质控制指标要求。

（李京霖）

【基于量水发展的高效节水技术与示范取得进展】 年内，市科委支持市水务局开展“基于量水发展的都市农业高效节水技术研发与科技示范”项目，结合北京市都市农业发展特点，首次提出基于量水发展的都市农业节水发展分区，构建了适合北京市灌区特点的灌溉用水效率监测与评价系统，开发了北京市农业用水管理信息平台，实现农业用水总量控制、定额管理。建立番茄工厂化栽培标准水肥管理技术体系。筛选出的5个节水抗旱作物品种，作物喷灌施肥技术节水节肥均达到50%以上。成功研制了智能灌溉施肥机及短流道高效文丘里施肥器，形成具有完全独立自主的知识产权的智能一体化灌溉施肥系统。提出了设施农业、果园、粮田综合节水技术集成的“北京模式”，建成核心示范区4处，总面积3800亩，实现亩均节水10%～35%、灌溉用水有效利用系数提高13%、亩均节肥15%以上。研究成果在北京及周边地区推广应用，累计推广面积达到80余万亩，节水8000万立方米。

（王伟娟　赵淑红　赵　娣）

【痕量灌溉推进农业节水增效】 年内，市科委支持北京普泉科技有限公司实施了“痕量灌溉在果园及平原造林中的示范应用”课题，在建立痕量灌溉中试线、创新高效痕量灌溉灌水技术模式、建设果园和平原造林工程痕量灌溉试验示范区等方面取得成效。课题开展了痕量灌溉产品的特性分析，确定了痕灌管（带）的生产工艺，生产速度达到了40米/分；在痕灌产品性能测试方面，提出痕量灌溉关键技术参数，优化了痕量灌溉系统设计；研究痕量灌溉条件下土壤水分运移规律，以室内试验理论分析与数值模拟相结合的方式，建立了土壤水分运动模型；通过开展痕量灌溉条件下果树和园林绿化植物高效节水灌溉制度研究，创立了4种典型果树和绿化植物的高效灌水技术模式；在昌平、门头沟和通州等区主要果园和平原造林工程开展痕灌示范410亩。

（王伟娟　赵淑红　赵　娣）

【科技助推“智慧园林”通州副中心建设】 年内，市科委支持市园林绿化局开展了“北京通州区生态绿化系统建设科技支撑”工程重大科技项目，以建立“智慧园林”管理模式、“生态绿化技术体系”和示范样板为目标，实现城市副中心园林绿化智慧化管理和生态化建设。项目初步建立了符合北京城市副中心特点的智慧园林理论和指标体系，设计出了智慧园林资源服务平台；开展了城市副中心绿地土壤调查与检测工作，进行了“苗木移植活力快速恢复技术集成示范”；筛选出适合乔木、灌木、草坪以及不同组合配置需求的灌溉设备及灌溉形式，并制定了节水灌溉试验实施方案。

（王伟娟　赵淑红　赵　娣）

保障改善民生

【概述】2017 年，市科委关注保障与改善民生，继续加强疾病防控研究，重视惠民技术和成果的转化应用，保障市民健康。加强重大疾病科技攻关，为制定我国自己的诊疗指南提供循证医学证据；深化实施“首都十大疾病科技攻关工作”；启动乙型肝炎、脑血管、结直肠癌等重大项目，部分重大疾病领域取得重要研究进展；开展首都优势特色学科创新性培育研究，提高疑难杂症诊治能力。养老技术服务创新水平进一步提高。建立北京老年医院和东直门南小街两个居家养老辅具产品示范展厅；支持海淀区羊坊店医院等单位探索基于个案管理的居家养老医养结合可落地的模式；建成我市首个住宅适老化改造实验展示及体验中心并投入运营。着力构建食品安全产业链科技支撑体系，为首都食品安全保驾护航。着力抓好源头安全，推动建设农产品标准化生产基地建设；着力加强食品制造技术、营养品质提升技术、高值化加工技术及资源综合利用技术的科技攻关，开发新技术、新工艺；着力构建食品安全追溯信息体系；着力构建食品“一库三平台”；加强食品中风险危害物质筛查，建立筛查谱库，开发检测设备，逐步实现首都食品安全检测和监测全覆盖。

（市科技史志办公室）

疾病防治

【OPV 通过世界卫生组织预认证】3 月，北京天坛生物制品股份有限公司的两价脊髓灰质炎口服减毒活疫苗（OPV）通过世界卫生组织（WHO）预认证现场检查。该品种是国内独家产品，2016 年上市，销售收入已超过 2.3 亿元人民币，也是国内第三家通过 WHO 认证的疫苗产品，未来每年可向联合国儿童基金会提供约 1.6 亿剂。

（刘　阳　张　雨）

【无菌心耳夹及输送系统通过审批】4 月，北京迈迪顶峰医疗科技有限公司自主研发的Ⅲ类医疗器械左心耳外科夹闭装置——“无菌心耳夹及输送系统”通过国家食品药品监督管理总局《创新医疗器械特别审批程序（试行）》审批。该产品是国内首个能够通过外科和微创路径实现房颤患者左心耳有效闭合的器械产品，当前市场上仅美国拥有同类产品。

（刘　阳　张　雨）

【潜能扩展的多能干细胞建立】4 月，《细胞》（*Cell*）杂志刊登了北京大学邓宏魁教授团队成功建立的“小分子化合物体外诱导体细胞重编程为多潜能干细胞的技术平台”取得新进展。该建立了同时具有胚内和胚外组织发育潜能的全能性特征干细胞系，该细胞系是国际上首次建立的，已被命名为潜能扩展的多能干细胞（Extended Pluripotent Stem Cells，EPS 细胞）。

（刘　阳　张　雨）

【第六期 G20 高研班开班】6 月 5 日，由市委组织部和市科委共同主办、北京生物技术和新医药产业促进中心承办的第六期北京生物医药产业跨越发展工程高级研讨班在市委党校一分校开班。本期高研班为期 5 天，重点围绕北京建设全国科技创新中心、生物医药领域国家科技政策、国内外前沿热点等 11 个议题，邀请了詹启敏院士、俞梦孙院士以及国家发展改革委、国家卫生计生委、国家食药监局、国家统计局等有关部门的专家做专题授课。参训企业家学员共计 64 人。

（刘　阳　张　雨）

【可博美在中国申请注册】11 月，由珐博进（中国）医药技术开发有限公司研发的，首个用于治疗肾性贫血的全球首创新药“可博美”已完成三期临床试验，正式向国家食品药品监督管理总局申请注册。可博美是在中国研发并首先在中国申请注册的产品。

（刘　阳　张　雨）

【诺欣妥下线】 11月，瑞士诺华全球创新药沙库巴曲缬沙坦钠片（商品名诺欣妥）在北京正式下线，该药主要用于治疗成人慢性心力衰竭。

（刘　阳　张　雨）

【下肢外骨骼康复机器人进入临床试验】 年内，由市科委支持，北京大艾机器人有限公司自主研制的"下肢外骨骼康复机器人"，从国内2万余个项目中脱颖而出，与来自全球14个创业项目进行角逐，荣获"龙门创将"全球总决赛第二名，得到全球150余位国际商界领袖、专家学者和投资机构代表的认可。该项目改变了传统"一对一"人工康复训练模式，根据脊髓损伤或偏瘫患者下肢康复情况，调节尺寸，通过与机器人的互动配合，挖掘激发患者残存的机体功能，帮助患者重塑正确的行走姿态。该成果已于年内获得了北京市首个创新医疗器械认证，并已进入临床试验阶段。

（张艳萍）

【重大疾病领域取得的重要研究进展】 年内，重大疾病领域取得重要研究进展，其中，脊柱和关节病领域，提出三级医院腰椎疾病术后和四肢骨折内固定术后康复临床路径，可使患者术后功能改善率提高8%，填补了国内骨科临床路径中康复的空白；艾滋病领域，扩大治疗策略使北京市的抗病毒治疗成功率远超过欧美先进国家，促使艾滋病患者病死率降至1%以下；精神疾病领域，通过中残联向全社会普及精神残疾人回归社会的康复技术，研究成果纳入《北京市精神卫生工作规划（2016—2020年）》；"北京重大疾病临床数据与样本资源库发展与应用研究"项目支持的《临床生物样本库建设与管理规范》，作为一级推荐性地方标准在北京市质监局立项。

（刘　阳　张　雨）

【首都优势特色学科创新性培育研究】 年内，继续开展首都优势特色学科创新性培育研究，提高疑难杂症诊治能力。支持220项首都临床特色创新性研究。其中，国际上首次提出对膈疝患儿进行产前评估、产后绿色通道转运及微创治疗全方位一体化诊疗方案，已在国内20多家小儿外科中心推广应用；国际上首次采用导管微创消融左房神经节丛治疗血管迷走性晕厥的方法，可明显改善血管迷走性晕厥患者自主神经功能和生活质量，并在欧洲、美洲及国内超过20家主要医院推广应用；建立规范化儿童CT血管成像技术"双低"方案，可以有效降低儿童CT血管成像辐射剂量达50%～80%，对比剂碘量降低14%～25%，使儿童避免不必要的医源性照射和造影剂损伤。

（刘　阳　张　雨）

养老服务

【老旧住宅适老化改造实验展示中心建成】 年内，北京市首个住宅适老化改造实验展示及体验中心建成并投入运营。该体验中心占地约300平方米，通过老年人的人体尺寸、活动特点的数据参数，模拟中小套型住宅空间，实际再现老年人在老旧住宅卧室、厨房、卫生间中的活动，开展适老空间实验。通过移动活动展板进行不同的排列和搭配，可完成各个家居场景的不同形式，并已实现100种以上住宅中小套型的模拟，为老旧住宅适老化改造技术提供有效的技术依据。中心设有卫浴体验区、餐厨体验区、客厅体验区、卧室体验区、科技体验区等核心模块，展示不同生活空间适老化标准和产品。该展示中心已免费开放服务，老人可于此体验后明确自身改造需求，自行选择入户适老化改造，改造后的居家空间可以坐着轮椅无障碍活动。下一步，中心将持续完善关于老旧住宅适老化改造技术的数据库建设和图集绘制，使技术成果能够早日应用于老年人的实际居住环境中。

（李京霖）

【基于互联网的居家医养结合服务平台】 年内，羊坊店地区开创菜单式居家养老服务模式。羊坊店街道与羊坊店医院自2007年起共同开展居家养老医疗工作，对社区60岁以上的老年人（极少数为60岁以下具有特殊需求的患者，如脑瘫患者）推行包括生活照料、医疗卫生、文化教育、代理代办、精神慰籍、法律服务在内的六大相对系统化的菜单式居家养老服务网络。其中，羊坊店医院提供了免费建立健康档案、换药、心电图等45项卫生保健和康复护理方面的上门服务项目（其中14项免费），节省了医疗支出及挂号排队的时间；并定期进行入户巡诊及电话巡诊，还负责将不适合家庭治疗的患者及时转诊。除此之外，羊坊店医院还申报了羊坊店医院居家养老医疗培训基地，培育社区医务工作人员对居家医疗的综合服务能力。

（李京霖）

食品安全

【首都食品安全科技支撑工作情况】年内，着力抓好源头安全，建立农产品标准化生产基地1566余个，其中优级农产品标准化基地531家。着力加强食品制造技术、营养品质提升技术、高值化加工技术及资源综合利用技术的科技攻关，开发新技术、新工艺37项，开发优质营养健康产品80余种，形成相关技术规程、标准、专利等59项以上。着力构建食品安全追溯信息体系，初步实现全市肉制品、乳制品等食品的安全可追溯；着力构建食品"一库三平台"。建设食品中风险危害物质筛查谱库，实现对包含3000余种食品中风险危害物质的快速筛查鉴别；通过建设食品安全检测装备研发与协同应用、食品安全检测与防控技术研发和食品安全智慧监管信息化三大平台，研发优化了54种灵敏度高、特异性强的检测试剂和分析方法，开发具有自主知识产权的无损快速检测设备、多指标分析检测设备等16种仪器设备，提升了本市食品安全应急筛查和食品安全监管的科技支撑水平，初步实现首都食品安全检测与监测全覆盖。

（王伟娟　赵淑红　赵　娣）

【高残留农药替代技术促进蔬菜质量安全】年内，市科委支持市植物保护站实施的"毒死蜱等三种高残留农药替代及控制技术研究与应用"课题，在研制改进生物农药、筛选农药使用技术、建立控制技术和示范推广等方面取得进展。课题研制改进了3种植物源农药、2种施药设备、2种配套助剂，筛选形成37项低毒生物农药的使用技术，配套建立了11种农残控制技术，并形成一系列技术规程和产品说明；通过集成应用，建立了高残留农药替代及控制技术体系，并在北京市8个区开展推广应用，建立4个核心示范区，面积500亩，辐射推广2.1万亩；培训农技人员570人次，发放宣传资料1700份，媒体报道53次；核心示范区毒死蜱、三唑磷的替代率达到100%，吡虫啉的使用量减少85%以上，农药残留检测合格率达100%。

（王伟娟　赵淑红　赵　娣）

【深海鱼类加工安全和品质保持关键技术取得成效】年内，市科委支持北京市北水嘉伦水产品市场有限责任公司、中国肉类食品综合研究中心实施的"深海鱼类加工安全和品质保持关键技术研究与应用"课题，研究了贮藏温度及波动、天然抗氧化物、控温解冻、光源类型和气调包装等因素对生食金枪鱼品质和安全的影响，形成了金枪鱼品质安全控制技术体系；研发了两段式新型解冻工艺和协同保鲜技术，解冻损失小于1%，非冻藏金枪鱼产品货架期达到4天；建立了金枪鱼冻贮技术应用示范基地，在－50～－20℃温度区间设立了6个独立冻贮示范分区，降低了冻贮能耗，单批次冻贮量达350吨；建成高效保鲜解冻应用示范基地，单批次解冻量达1.2吨。该课题的研究有效保障了北京市场金枪鱼质量和安全、降低了能源消耗，有利于提高水产品质量安全控制水平。

（王伟娟　赵淑红　赵　娣）

【春夏叶菜新品种保障市民菜篮子供应】年内，市科委支持市农科院、中国农科院蔬菜花卉研究所和北京京研益农科技发展中心实施的"春夏播专用早熟速生叶菜品种选育与周年生产示范"课题，在保障首都市民菜篮子供应方面取得成效。该课题建立了娃娃菜、快菜、油菜和甘蓝等优异资源抗病抗逆鉴定技术规范8项；筛选出与抗病、抗逆、雄性不育紧密连锁的分子标记8个；引进种质资源414份，筛选出符合育种目标的春夏播种质资源共计59份；结合常规育种技术，利用分子和细胞育种创制出符合育种目标的娃娃菜、快菜、油菜和甘蓝优异自交系或不育系12份，选育出优良新品种9个，并在北京、山东、河北等叶菜三栽区建立4个新品种示范基地，完善了早熟速生叶菜周年生产的技术模式，累计繁殖娃娃菜、快菜、油菜和甘蓝良种13320kg，示范推广达10万亩以上，增产增收10%以上。

（王伟娟　赵淑红　赵　娣）

【食品冷链配送关键技术及示范取得进展】年内，市科委支持北京交通大学等单位实施了"北京城市食品冷链共同配送关键技术研究及示范应用"课题，以城市食品冷链商超配送效率和冷链宅配的业务成本为切入点，创新了食品冷链物流共同配送模式，包括2B（面向企业）食品冷链共同配送模式和融合2B与2C（面向客户）业务的食品冷链共同配送模式；改进优选的2C业务专用冷藏保温箱，有效解决了2C业务量小而分散所带来的业务成本居高不下的问题；应用全程可视化的多温层可控冷藏运输系统，实现了食品冷链配送在途环节的可视化监控，为家乐福、超市发、易初莲花、京客隆、美廉美等

120 家商超和 50 个宅配网点进行冷链配送，实现了安全供应。

（王伟娟　赵淑红　赵　娣）

【林果废弃物综合利用取得进展】 年内，市科委支持北京桃醉源农业高科技有限公司、市农科院共同开展“平谷区林果废弃物综合利用生物燃气示范工程”课题，选取平谷区大华山镇李家峪村为示范点，开展猪粪与林果废弃物混合发酵示范，使每年可消纳林果废弃物 219 吨，沼气产能由 300 天提高到 365 天，产气量由年产 3.6 万立方米提高到 7.43 万立方米，满足全村 213 户炊事用气需要，年替代标准煤 104.8 吨，减排二氧化碳约 276.8 吨。研发了生菜、番茄、黄瓜、辣椒 4 种蔬菜沼渣基质营养配方，形成了 3 种规格沼渣基质成型制作技术工艺，制作沼渣基质 1200 余吨，实现经济效益 175 万元。在平谷区建立了清洁沼液果树核心区 275 亩，土壤有机质含量提高了 11%，桃子和李子产量分别提高 31% 和 26%，辐射带动 4000 亩桃园，减少化肥使用量 192 吨，果品达到绿色食品 A 级；形成了以生物质燃气为核心的林果废弃物资源循环模式，实现了畜禽粪便及林果废弃物综合利用。

（王伟娟　赵淑红　赵　娣）

【京郊设施土壤改良与修复初显成效】 年内，市科委支持市土肥工作站等单位实施“京郊设施土壤障碍因子改良与修复技术研究与应用”课题，开展了土壤板结、连作障碍、次生盐渍化等障碍因子评价体系研究，建立了障碍因子的评价指标，形成了障碍因子改良修复技术，筛选出土壤消毒与土壤微生物菌剂，改造了适合京郊生产模式的深翻机具；在大兴、通州和房山等区建立了 3 个设施土壤修复示范区，分别针对草莓、果菜、叶菜等北京主流品种开展土壤障碍修复关键技术、产品的示范推广应用，累计示范修复技术 6 项，推广修复产品 7 种，形成土壤消毒与微生物菌剂的联合应用修复土壤障碍因子的技术模式、综合除盐模式、玉米填闲 - 秸秆翻压 - 石灰氮消毒 - 覆膜的集成技术模式、联合菌根真菌生物防治技术为辅的修复技术模式 4 种示范模式，累计示范 2170 亩。

（王伟娟　赵淑红　赵　娣）

【易变质产品智能标签研发成功】 年内，市科委支持北京大学科技开发部实施的“基于金纳米材料技术的时间 - 温度标识在食品药品质量监测中的研究与应用”课题，开发出一种由金银纳米棒构成的智能标签，并可针对不同被标识物对时间 - 温度标识产品进行定制。纳米棒绑定在食品药品等易变质产品外包装上，随着产品在运输、储藏、销售过程中的时间 - 温度变化历程不同，根据不同的易变质产品的变质动力学特性，标签会显示出绿色、蓝色、紫色等不同颜色，标签出现红色时，表示产品可能已变质，即使在保质期内也不建议食用。该标签是基于产品在异常储运条件下的变质大数据，实时监控产品在物流和销售环节中产品品质和包装内外的温度和时间，可直观、精准地监控食品的储运和保存温度。

（王伟娟　赵淑红　赵　娣）

【集体用餐营养平衡与健康安全实测数据库建立】 年内，市科委支持市营养源研究所实施的“集体用餐营养平衡与健康安全实测数据库的建立及科技示范”课题，在建立中式菜肴实测数据库、改良加工方法、成果示范应用等方面初显成效。课题开展了中式菜肴营养成分实测数据库研究，积累了大量数据，建立了包含 146 道菜肴食材配比、3 类 19 个加工关键因子、8 个营养成分的中式菜肴实测数据库；完成了水焯法、汽蒸法、油煮法、烤烙法 4 类加工方法改良后的 25 道菜肴烹调方法；建立了中式菜肴的营养素度量法评价方法体系，并对 146 道菜肴进行营养评价；建立了集体用餐机构膳食营养管理平台，包括厨房管理平台，以及 Android 版和 IOS 版 App；在 6 家单位多个食堂、餐厅开展了示范应用工作。

（王伟娟　赵淑红　赵　娣）

农业农村科技

【概述】2017年,市科委全面贯彻落实中央一号文件精神和市委、市政府重点工作部署,牢固树立农业农村优先发展理念和五大发展理念,深化认识,转变观念,推进"三城一区"建设,服务全国科技创新中心建设,在推动农业提质增效、农民增收致富、促进绿色生态发展和京津冀协同创新方面取得新进展。瞄准农业高精尖技术,建设农业科技创新高地,对接国家科技创新2030重大工程种业专项。2017年,深化北京农科城建设,为首都现代农业创新发展夯实基础,本着"搭平台,聚资源、接任务、出成果"的宗旨,北京农科城搭建的农业科技网络服务、农业科技金融服务、良种创制与种业交易、科技创新产业促进和国际交流合作等5个国家农业科技支撑服务平台基本建成并发挥实效,有效提升了首都农业科技创新创业能力,北京市农业科技进步率达到72%,接近世界发达国家水平。

(市科技史志办公室)

农业科技研究

【大豆抗营养因子检测试剂盒销往全国】年内,北京龙科方舟生物工程技术有限公司承担的"大豆主要抗营养因子快速检测试剂盒的中试生产"国家农业科技成果转化项目,以单克隆抗体细胞株3F5、2C4和8C3为基础,通过优化试验方法,研制出大豆球蛋白、β-伴大豆球蛋白、胰蛋白酶抑制因子用酶联免疫吸附检测试剂盒。试剂盒能够快速、精确地检测出大豆及豆制品中的3种抗营养因子,且具有灵敏度高、测定时间短、重复性好、方便操作等优点,其中在大豆质检中,能够快速检测出样品抗营养因子含量,灵敏度和操作快捷优势凸显。该试剂盒已批量生产,并采取技术培训和成果推广等多种措施,在5家大型饲料企业建立了示范推广应用基地,产品已销往全国各地。

(王伟娟　赵淑红　赵　娣)

【黄瓜新品种转化与示范推广取得进展】年内,由中国农业科学院蔬菜花卉研究所承担的"优质多抗系列配套黄瓜新品种的中试与示范"国家农业科技成果转化资金项目,在转化黄瓜品种、繁育良种、试验示范和优化规程,以及品种推广等方面取得了进展。项目转化了中农18号、中农28号、中农31号、中农50号和中农116号5个黄瓜品种,通过了中农33号新品种审定,获得1项国家发明专利;建立了10亩黄瓜原种繁殖大棚、8亩原种繁殖网棚和400亩生产用种制种基地,累计繁育良种1.5万千克,种子纯度98%、净度99%、发芽率95%以上、水分小于8%;建立了试验示范基地15个,示范面积超过300亩。项目建立了黄瓜杂交种纯度分子标记检测技术规程,优化了5个新品种配套的优质高产栽培技术规程;培训农技人员、种植户、经销商等超过500人次,促进农民就业1000余人,累计新品种推广面积达15万亩,实现销售收入756.8万元,净利润391.2万元,带动农民增效1.19亿元。

(王伟娟　赵淑红　赵　娣)

【鸡传染性活疫苗中试及技术转让取得成效】年内,由北京中海生物科技有限公司承担的"鸡传染性法氏囊病三价活疫苗(B87株+CA株+CF株)技术转让及产业化推广"国家农业科技成果转化资金项目,创建了自主品牌,在吉林和元生物工程股份有限公司中试生产鸡传染性法氏囊病三价活疫苗7537.8万羽份,临床试验结果表明安全有效,母源抗体对疫苗免疫效果影响小,适合所有疫病流行地区的不同品种鸡群,并已获得新兽药注册证书,创建了中国自主知识产权的兽用疫苗产品。项目已向吉林和元生物工程股份有限公司、浙江正力安拓生物科技有限公司、哈药集团生物疫苗有限公司进行技术转让,签订技术转让合同总额2400万元,实现净利润910.78万元,缴税总额达152.59万元。

(王伟娟　赵淑红　赵　娣)

【低GI特膳米开发成功】年内,由中国食品发酵工业研究院承担的“低GI(血糖生成指数)特膳米产业化开发”国家农业科技成果转化项目,开发了特膳米产品,对低GI特膳米的功效进行生物学评价,在国内率先进行了糖尿病饮食的循证医学系统研究。该项目产品经转化已推向市场,销售额达上千万元,并与陕西君诚共同研制了挤压重组干燥成套工程装备,其性能全面超过了国内同类设备,在生物调质、整流腔与螺杆组合方面达到领先水平;与北京协和医院、长沙湘雅医院共同推进了糖尿病主食循证医学研究。

(王伟娟　赵淑红　赵　娣)

【玉米新品种制种示范推广取得进展】 年内,由北京奥瑞金种业股份有限公司承担的国家农业科技成果转化资金项目“玉米新品种奥玉3804和正成018的中试、推广与服务”,建立了奥玉3804、正成018玉米新品种制种技术规程,促进制种产量分别达到450千克/亩和520千克/亩,共计生产705万千克杂交种;建立了4030个标准化示范样板点,示范面积达到20150亩;进一步完善了市场营销模式,推广奥玉3804、正成018玉米新品种468万亩,生产玉米34亿千克,增产粮食1.5亿千克,带动农民增收2.6亿元;在技术推广期间,开展了田间地头、入村进户技术培训活动,新建立1300个村级服务网点,召开1500次场观摩培训会,培训农民20000人次。

(王伟娟　赵淑红　赵　娣)

【防治植物线虫病害的农药组合物转化应用】 年内,由北京三浦百草绿色植物制剂有限公司承担的“生物农药氨基寡糖素生产关键技术研究与产业化”国家农业科技成果转化资金项目,转化了防治植物线虫病害的农药组合物及其应用专利技术,形成酶解法生产氨基寡糖素新工艺,应用在氨基寡糖素生产线上取得效益。项目制定了氨基寡糖素生产企业标准,在密云区建立了一条年产氨基寡糖素5吨的中试生产线和一条年产500吨成品生产线,并通过了ISO9001质量体系和环境体系认证。在专利技术转化期间,获得了正式农药登记证书,在河北建立了2个示范基地,在河南、山东、海南、云南、江苏等地推广面积累计达10万公顷,销售产品52吨,创汇42万美元,销售利润92.82万元,缴税总额16.38万元。

(王伟娟　赵淑红　赵　娣)

【自走式灌木联合收割机技术水平提高】 年内,由中国农业机械化科学研究院承担的国家农业科技成果转化项目“自走式灌木联合收割机中试”,基于数字式处理器(DSP)的满负荷喂入与行走速度相匹配的智能调控技术,创新了堵塞智能调控技术,使机器能自动感知负荷的变化自动调控喂入量的大小,在自然生长、不均匀灌木林中实现自走式平茬收割、粉碎、收集的平稳可靠作业,其可靠性和水平智能化程度大大提高,技术水平处于国内先进。项目与宁夏农机推广站和山西省农机局合作,在宁夏盐池县王乐井乡、山西右玉县建立了3个示范点推广应用,机械化收割柠条面积2.7万亩、5400多吨。

(王伟娟　赵淑红　赵　娣)

【“凯越二号”西瓜新品种在全国示范推广】 年内,由北京华耐农业发展有限公司承担的“抗病高产优质西瓜‘凯越二号’示范推广与产业化”国家农业科技成果转化资金项目的成果在全国示范推广取得良好经济效益。项目在北京顺义和昌平、河北定州、内蒙古赤峰、江苏东台及湖北、湖南、青海等地建立了示范面积1100亩的12个抗病高产优质西瓜“凯越二号”新品种示范基地;在昌平建立了面积200亩的良种繁育基地,累计制种8246千克;在全国建立了种子销售网点25个,推广面积8万余亩,累计销售种子7000千克,销售收入1003万元,获纯利润25.5万元,在保持其较好的抗病水平的同时,摸索出一套保质保产的繁育杂一代良种技术。

(王伟娟　赵淑红　赵　娣)

【真菌毒素检测追溯体系为农产品安全护航】 年内,北京勤邦生物技术有限公司承担的“基于物联网的农产品和饲料中毒素污染现场快速检测溯源技术转化与应用”国家农业科技成果转化项目,开展了粮谷、牛奶等农产品及饲料用5种真菌毒素的现场快速检测设备、试纸条和配套物联网在线传输、分析预警、追溯系统的中试及产业化开发,完善了可追溯的农产品和饲料质量安全检验检测技术体系。该项目成果已在市粮食科学院、古船米业、北京科兴大地饲料有限公司、华都肉鸡、三元乳业等粮油、饲料、乳品生产加工企业得到应用,建立了在线监测和实时数据传输平台,通过物联网技术实现了检测数据的存储、传输,提高检测工作效率,保障农产品质量安全。

(王伟娟　赵淑红　赵　娣)

【"十二五"国家科技支撑农业面源污染项目通过科技部验收】年内，科技部组织专家对市科委作为组织单位的"十二五"科技支撑计划项目"农业面源污染防控关键技术研究与示范"进行了验收。项目首席专家刘宝存研究员代表项目组进行了汇报，项目取得的成果如下。一是研发出种植业源氮磷精准减量污染负荷削减、畜禽养殖业污染减排防控、坡耕地农业面源污染阻控等共性关键技术3项，以及华北平原、南方平原、东北平原、南方丘陵山地等区域特色面源污染防控关键技术27项；集成4个生态类型的农业面源污染综合防控技术模式14套。二是建成4个生态类型的农业面源污染综合防控集成技术示范区45个，核心区1850公顷，技术示范9780公顷，技术辐射84609公顷。示范区氮磷投入减少16.4%～20%，氮磷利用率提高4～10个百分点，氮磷损失负荷削减20%～30%，化学农药使用量减少50%以上。三是制定出华北平原、东北平原、南方平原和南方丘陵山地等区域特色农田氮磷投入限量标准18项。该项目获省部级以上科技成果19项，国家科学技术进步二等奖1项，申请发明专利54件，授权发明专利39件；发表在核心期刊上论文225篇，出版农业面源污染防治技术著作12部。培养学科带头人31名，学术骨干57名，研究生144名，技术培训农民16471人次。

（王伟娟　赵淑红　赵　娣）

【智能化调控技术装备力促淡水鱼健康养殖】年内，由中国农业大学和北京农信通科技有限责任公司共同承担的"规模化淡水鱼健康养殖智能化调控技术装备研发与示范"课题，在京津冀地区高端养殖池1000亩水面进行示范应用，养殖场节电和节省劳动力20%以上，节水和节料超过10%，推进了现代化渔业的发展。课题在全国水产推广总站和中国电子技术标准化研究院的指导下，从感知技术、传输技术、模型方法、平台系统、智能装备、标准集成协议、模式机制等7个方面展开研究。同时，采用移动互联网与示范基地推广相结合的方式，建立淡水鱼养殖生态系统，以示范基地推广为核心，以移动互联网推广作为补充，加强与京津冀地区大型水产养殖企业、养殖户之间的科技合作，加快推动农业物联网科技成果的转化，改变传统的淡水养殖模式，实现从水产养殖物联网从1.0时代向2.0时代的转化。

（王伟娟　赵淑红　赵　娣）

【物联网+农业促进北京果品产业和休闲观光业发展】年内，市科委支持市果树产业协会和北京七彩蝶创意文化有限公司共同承担的"北京农科城'名果微商城'物联网技术研究及应用"课题，在搭建网络平台服务名果营销、无损检测确保果品外观、物联网监测果品生产等方面都有突破。课题搭建了专业化操作和产业化服务的北京农科城"名果微商城"和新媒体营销网络平台，服务京郊1000家以上的专业合作社，打造了"园里园外"安全监测与标准化生产经营、"线上线下"科技立体化支撑服务的北京名果品牌，累计销售额5亿多元。研制出果品外部品质自动化快速无损检测分级线，大小和颜色等检测指标准确率和精确度大幅提升，其中大小检测平均误差范围在±3mm以内，颜色分类等级最高为6级；在顺义彩虹庄园、七彩蝶园和晓旭葡萄大观园建立了3个果园物联网示范基地，覆盖面积1500亩；开发出3套果园生产物联网应用系统，实现了樱桃、梨、苹果、葡萄4种果品生长微环境的在线监测与分析决策，为名果供应链品质保障与追溯提供数据支持。

（王伟娟　赵淑红　赵　娣）

【玉米雄性不育制种提高良种繁育效率】年内，市科委支持市农科院、中国农业大学、北京种业科技有限公司等8家单位共同实施了"基于玉米主推品种的S型雄性不育系创制及产业化应用"课题，建立了三系配套杂交种制种技术，实现了S型等新型不育系玉米产业化应用。课题以母本京724、郑58等主推品种亲本材料为受体，结合分子标记辅助背景选择，快速获得了6份不育性彻底且遗传稳定的S型雄性不育系，其中申请植物新品种权5项；研发建立了京科968、郑单958、京科665、NK718及京单38等主推品种的三系配套杂交种制种技术，获批5项发明专利；利用三系配套技术进行京科968、郑单958杂交种制种累计2.3万亩，雄性不育制种杂交种种植面积达710万亩，推动了我国良种繁育技术从常规制种向雄性不育制种的转型升级。

（王伟娟　赵淑红　赵　娣）

【构建种苗繁育技术体系提高造林绿化水平】年内，市科委支持中科院植物研究所和北京乔纳森科技发展有限公司共同开展的"杂交构树干细胞繁育技术研究及苗木产业化示范"课题，开展了批量工厂化、快速、高效、低成本培育优质种苗，克服了构树常规组培快繁培育苗木人工成本高的问题。课题通过对杂交构树干细胞形态学定位、分子鉴定和细胞组织培养，建立了高效干细胞组织种苗繁育技术体系，增殖系数达1000万株/年，比目前组培芽繁提高6倍，降低生产成本0.5元/株；建成了年产1000万株的组培容器苗培育基地，生产原种840万芽，成品苗185万多株，产值达2237.70万元，缓解了杂交构树种苗不足的问题；通过对杂交构树不同苗龄、不同极端环境种植试验，建立沙坑快速造林植被构建、河滩沙地快速造林绿化、浅山快速造林植被构建技术各1套；在潮白河河滩沙坑、沙地和浅山荒脊的地方种植生态绿化林2200余亩，每亩节约成本约3000元。

（王伟娟　赵淑红　赵　娣）

【玉米隐性核不育无隔离制种技术取得进展】 年内，市科委支持中科院遗传与发育生物学研究所实施的“玉米隐性核不育与杂交单向不亲和基因的研究及应用”课题，在玉米隐性核不育致因、制种体系建立和示范、自交系创制等方面取得突破性进展。课题通过克隆玉米隐性核不育基因MS6044，验证了该基因第二外显子插入1331bp转座子导致ms6044材料不育表型，解析了该基因在花粉发育过程中的生物学功能；创制了带有ms6044基因的母本不育系和SPTMS6044保持系，建立了基于ms6044的制种体系，实现利用隐性核不育基因ms6044杂交种制种示范5亩；精细定位杂交单向不亲和基因Ga1和Ga2，分别筛选到4个紧密连锁的分子标记，并用于辅助育种；创制了带有Ga1位点和Ga2位点的自交系各3份、聚合Ga1和Ga2两个位点的自交系2份；玉米无隔离田间制种示范102亩。课题无隔离制种技术的研究和利用，解决了目前人工去雄效率低、质量差，机械去雄产量低等生产问题。

（王伟娟　赵淑红　赵　娣）

【猪腹泻转基因玉米口服疫苗研制成功】 年内，市科委支持市农科院畜牧兽医研究所、北京农业生物技术研究中心、北京大北农科技集团股份有限公司共同承担的“猪腹泻转基因玉米口服疫苗的研制”课题，已成功研制出猪腹泻转基因玉米口服疫苗，给养猪业带来福音。课题研制了传染性胃肠炎病毒（TGEV）和猪流行性腹泻病毒（PEDV）转基因玉米口服疫苗，筛选获得2个转TGEV－S基因、2个转PEDV－COE基因和2个转TGEV－PEDV融合基因共6个玉米品系；采用建立BAC库的方法，分析插入基因拷贝数与边界序列，并在此基础上申报和开展了环境释放试验。课题成功制备用于后期动物试验的口服和注射两种制剂；转基因玉米口服或注射免疫小鼠和猪均能产生特异性血清抗体，TGEV－S转基因玉米口服免疫猪对TGEV攻毒保护率达到80%。

（王伟娟　赵淑红　赵　娣）

【优质北京鸭品种改良初显成效】 年内，市科委支持北京金星鸭业有限公司实施了“优质北京鸭品种改良及选育”课题，在研发新型育种测定设备，建立北京鸭基因选择技术平台，提升北京鸭各品系生产性能等方面初显成效。课题开展了瘦肉型北京鸭品系改良与育种新技术和肉鸭腿骨骨骼强度、肌肉剪切力全基因组选择技术研究，培育了瘦肉型北京鸭配套组合，为自主知识产权的地方品种争取了更多的市场份额，并优化了脂肪型北京鸭配套系，年推广瘦肉型北京鸭父母代种鸭和脂肪型北京鸭父母代种鸭达11.3万只和23.5万只；研发了肉鸭全自动饲料报酬测定系统，测定设备已经在行业内使用，累计进行了20批次6万只肉鸭的测定，具有突出的指导、借鉴作用；建立了北京鸭脂肪性状、骨骼性状等重要经济性状全基因组选择技术平台，为北京鸭的品系改良、肉鸭综合适应力提高提供了重要依据。

（王伟娟　赵淑红　赵　娣）

【玉米育种新材料改创与新品种选育取得进展】 年内，市科委支持中国农科院作物科学研究所实施的“中单系列玉米育种新材料改良、创制与新品种选育”课题，引进玉米种质进行抗病性、产量性渐渗育，实现分析系统快速采集数据，开展分子标记开发和鉴定，建立了符合我国农业发展需求的玉米育种技术体系。课题引进国际玉米小麦改良中心（CIMMYT）热带玉米种质220份，同时与CIMMYT联合进行了温、热带玉米之间抗病性和产量性状的渐渗育；建立了玉米表型性状分析系统和基于近红外光谱的玉米品质分析系统，实现了玉米表型数据以及玉米茎秆、籽粒品质性状的快速高通量采集，并进一步构建了玉米表型性状数据库；开展了分子标记开发研究，挖掘了与玉米粗缩病、灰斑病、抗旱、耐低磷相关基因位点60多个，构建了高密度、全覆盖、低成本玉米55K SNP芯片，为下一步进行分子标记辅助育种提供了分子支撑；开展了2196份玉米育种材料大斑病、耐低磷、穗腐病和综合表型的多点鉴定,筛选了 39 份优良种质,选育了 65 个优良自交系,并审定了 2 个中单系列玉米品种,为玉米育种提供了资源支撑。

(王伟娟　赵淑红　赵　娣)

【兽用亚单位疫苗设计平台建设取得实效】 年内,市科委推进“兽用亚单位疫苗设计平台建设与新产品开发”项目,重点研发新型亚单位疫苗,建立新型亚单位疫苗研发、中试及评价技术体系。项目建立了包含 4032 条基因序列的口蹄疫、猪圆环和猪瘟病毒基因数据库,搭建了亚单位疫苗研发技术平台;设计合成猪圆环、口蹄疫合成肽疫苗抗原,筛选获得猪圆环合成肽疫苗抗原 6 条、口蹄疫合成肽疫苗抗原 2 条;完成“牛口蹄疫 O 型 – A 型二价合成肽疫苗”“猪圆环合成肽疫苗”质量标准的制定工作,完成 2 个合成肽疫苗临床前研究,申请并获得农业部临床批件 2 项,完成猪圆环病毒 2 型重组鞭毛蛋白亚单位疫苗临床前研究,提交临床申请材料;开展了合成肽疫苗原材料国产化应用研究,建立了牛口蹄疫 O 型合成肽疫苗相关的各项规程、质量标准、质量管理程序等共计 34 项;建设了符合 GMP 要求的口蹄疫合成肽疫苗配套诊断试剂盒生产线,建立质量标准、标准操作程序共计 22 项,并通过了 GMP 验收,获得牛口蹄疫 O 型、亚洲 1 型二价合成肽疫苗生产批准文号,产品已市场化,年产量猪口蹄疫合成肽疫苗达 3 亿毫升,牛口蹄疫 O 型、亚洲 1 型二价合成肽疫苗达 2 亿毫升。

(王伟娟　赵淑红　赵　娣)

【粮油适度加工技术降耗提质见成效】 年内,市科委支持中粮集团、京粮集团等单位开展食用油料的适度加工技术研究,开发出胚芽米、糙米、大豆油等高品质和高活性的粮油产品。建成了 200 吨/年大豆油中试适度精炼应用示范线,新增产值 8206.13 万元。重点突破了稻米适度加工与评价技术,制定了粮油适度加工技术生产操作规程、企业或行业标准,申请发明专利 5 项,粮油适度加工技术的应用降低了生产能耗,提高了产品营养品质。

(王伟娟　赵淑红　赵　娣)

【生物育种技术转化服务平台建设见成效】 年内,市科委支持中玉金标记(北京)生物技术股份有限公司实施“生物育种技术转化服务平台建设与规模化抗病种质创制”课题,建设了国内首个商业化运作的生物育种成果转化服务平台,为北京市多家大型种子公司提供一流的分子育种服务。课题构建了规模化育种材料创新平台及生物育种技术成果商业化托管平台,开发了玉米矮花叶病、茎腐病、粗缩病相应的功能标记,建立了一套成熟的分子标记辅助性定向改良方法,将玉米抗病改良时间从 5 年缩短为 2 年半,为 12 家种业公司提供了品种改良项目。建设完成了育种线上线下展示体系,累计交易种业企业 86 家,选购育种材料 441 份。组织育种单位进行联合测试,大大提高了 DH 测试的精度和效率,降低了育种单位的测试费用。联合开发了小麦、玉米、水稻、大豆、油菜五大作物的育种芯片,在育种材料的快速鉴定、育种群体的后代选择、品种改良等方面具有较高的应用价值。建立了一套系统化、工业化的化学加倍生产 DH 系体系,两年 DH 系生产超过 2 万份。建立幼胚组培加倍的 DH 系工业生产技术体系,实现“一年三代”的单倍体生产并投入生产。

(王伟娟　赵淑红　赵　娣)

【蛹虫草工厂化安全生产与系列产品取得进展】 年内,市科委支持“蛹虫草工厂化安全生产与系列产品开发”课题,完成了蛹虫草野生菌种分离、退化菌种的杂交复壮及柞蚕蛹虫草工厂化生产技术集成的研究,研制了 2 种功能性食品复配柞蚕蛹虫草口服液、复配柞蚕蛹虫草片配方,编制了柞蚕蛹虫草提取浓缩液等 5 种相关产品质量标准和技术规程;建成了年产液体菌种 30 万瓶的蛹虫草液体菌种繁育中心、年产 20 吨的柞蚕蛹虫草工厂化安全生产示范基地、年产 20 吨的柞蚕蛹虫草提取液生产线、年产 100 吨的口服液生产线、750 万粒咀嚼片的生产线,实现了蛹虫草工厂化、标准化生产。

(王伟娟　赵淑红　赵　娣)

【小麦抗旱、耐盐等功能基因解决非生物逆境胁迫难题】 年内,市科委支持市农科院实施的“小麦抗旱、耐盐等重要功能基因挖掘与种质创制”课题,开展了小麦光温敏不育机理研究,筛选出 8 个调控小麦光温敏雄性不育的关键 miRNA 分子,证明了 tae – miR167a 启动子对植物雄性不育具有调控作用,初步形成 miRNA 分子参与小麦光温敏不育的调控模型;从小麦及近缘种属中克隆基因 44 个,其中小麦不育相关基因 7 个,小麦抗逆基因 20 个,谷子抗逆基因 14 个,小麦产量相关基因 3 个;创制抗旱转基因新材料 60 份,其中抗旱新品系 15 份,高产转基因新材料 110 余份,其中新品系 15 份;构建杂种优势研究的永久 F2 群体 1 套。

（王伟娟　赵淑红　赵　娣）

【强优势杂交小麦品种示范效果显现】 年内，市科委支持北京市农科院和中种杂交小麦种业（北京）有限公司共同实施的“易制种强优势杂交小麦新品种创制与应用”课题，在解决高产、抗逆、提高制种产量和种子质量等方面取得进展。该课题综合利用杂交育种、分子育种和花培育种技术，创制出 10 份优异光温敏不育系和 12 份恢复系，其制种产量水平达到了 250 千克/亩以上；创制出 10 个适合北部冬麦区的杂交小麦新组合，2 个审定杂交种，分别增产 16.7% 和 15.5%；创制出 2 个适宜黄淮主产麦区种植的杂交小麦新组合，比对照品种分别增产 10.4% 和 16.5%。该课题研制了父本去除机，降低人工投入 15%，基本实现规模化机械化制种，大面积制种产量达到 260 千克/亩，并制定了“二系杂交小麦种子生产技术规程”和二系杂交小麦种子质量企业标准，在平谷、顺义、房山等区建立了杂交小麦千亩节水示范基地 3 个，在京津冀鲁推广二系杂交小麦 56 万亩。

（王伟娟　赵淑红　赵　娣）

【果树高密高效栽培技术示范取得进展】 年内，市科委支持南口农场开展的“果树高密高效栽培技术集成及安全生产示范基地建设”课题研究，建成了 100 亩苹果矮砧高效栽培示范园，重点研究了标准化建园、轻剪化树体培养与修剪等技术要点，结合 3 ~6 年生密植果园栽培管理经验，形成了一套高密高效栽培技术规范。通过集成应用乔砧苹果树树体结构改造、环剥与环割调势促花、轻剪缓放、合理负载、果实增色等关键技术，提升了果园的果品产量和质量，并形成乔砧苹果园树体结构改造和现代高效栽培技术规范。建成了 1237 亩安全生产示范基地，采用果园生草、测土配方施肥、智能水肥一体化、病虫害综合防控等果园管理关键技术，建立了苹果质量追溯制度，促使果园平均亩产量增加 15%，优果率达 75% 以上，全部果品达到绿色食品标准；培训基层技术人员 95 人次，实现年观光采摘接待量达 5.2 万人次，在建立的高效、优质、省工、安全的果树生产示范园示范推广方面取得成果。

（王伟娟　赵淑红　赵　娣）

【草莓技术集成与示范力促产业持续发展】 年内，市科委支持市小汤山现代农业科技示范园有限公司和北京天安农业发展有限公司共同实施了“草莓高架层式育苗及有机化栽培技术集成与示范”课题，对草莓高架育苗、有机化栽培、物流等全产业链实用技术进行了集成与示范，在昌平小汤山农业园建立了 10000 平方米联栋温室的草莓育苗试验示范基地，安装并示范草莓高架层式育苗系统 1 套，配备了自动化施肥系统、净水系统、雾化降温系统，繁育草莓苗高达 79 株/平方米；建立了 5600 平方米的设施草莓有机化栽培示范基地，每生长季用水量由 300 吨/亩降到 150 吨/亩，节水 50%，肥料纯养分使用量由 110 千克/亩降到 84 千克/亩，节肥 23%；建立了草莓质量安全追溯系统、草莓物流监控系统和电商 - 商超 - 直销三位一体的销售体系，满足了企业的全国销售需求。在昌平、顺义等区建立了 210 亩示范基地，年繁育草莓苗 735 万株，成活率达到 96%，实现产值 840 万元。

（王伟娟　赵淑红　赵　娣）

【奶牛工厂化智能养殖关键技术与装备集成示范】 年内，市科委支持中博农畜牧科技股份有限公司实施的“奶牛工厂化智能养殖关键技术与装备集成示范”课题，构建了牛舍环境控制平台，通过对舍内与舍外的温度、湿度、光照、氨气浓度等指标的检测和对牛舍内的风机、卷帘、喷淋、翻转屋面等系统进行智能调节，达到改善养殖环境、减少劳动力的效果；同时构建了牧场智能管理系统，包括牛只识别、发情诊断、饲喂管理、疫情监测等数据的收集、分析、应用，实现了奶牛场数字化管理，获专利授权 11 项。课题将开发的奶牛智能化翻转屋面装备与环境控制设备、自动饲喂设备、自动饮水设备和自动清粪设备等新型规模化奶牛养殖场系列成套设备进行了集成推广与应用，企业实现销售收入 2 亿元，在河北省新乐市木村乡建成了 1 栋 6540 平方米的智能化泌乳牛示范牛舍，并已投入使用。

（王伟娟　赵淑红　赵　娣）

【抗土传病害蔬菜新品种选育满足设施生产】 年内，市科委支持市农科院、中国农业大学和北京京研益农科技发展中心实施的“设施果菜抗土传病害新品种选育”课题，建立了番茄根结线虫、枯萎病和辣椒根结线虫、疫病、青枯病，以及黄瓜枯萎病、西瓜枯萎病等苗期抗病性鉴定技术规范共 7 套；筛选出番茄、黄瓜等抗病紧密连锁分子标记 7 个，鉴定出抗线虫、抗疫病、抗枯萎病种质资源 70 份，并结合常规育种技术，利用分子、细胞育种创制出番茄、辣椒、黄瓜和西瓜优异材料 16 份，选育出抗土传病害蔬菜新品种 7 个。

（王伟娟　赵淑红　赵　娣）

【鸡 C 型禽偏肺病毒感染弱毒活疫苗安全性达 100%】 年内，市科委支持市农科院、乾元浩生物股份有限公司实施的“鸡 C 型禽偏肺病毒感染弱毒活疫苗的研制”课题，在弱毒活疫苗的研制、建立各类种毒库、制定生产规程和进行中试等方面取得成果。课题针对新发现的鸡 C 型禽偏肺病毒感染开展弱毒活疫苗的研制，鉴定了鸡 C 型禽偏肺病毒强毒株，建立了强毒攻击模型和鸡 C 型禽偏肺病毒弱毒活疫苗原始种毒库、基础种毒库以及生产种毒库；制定了弱毒疫苗的制造与检验试行规程（草案），完成 3 批实验室与 5 批中试产品的制备，确定了最小免疫剂量、免疫持续期、保存期等，免疫保护率达到 90%，安全性 100%。

（王伟娟　赵淑红　赵　娣）

【饲用 N－氨甲酰谷氨酸关键技术与示范取得成效】 年内，市科委支持亚太兴牧（北京）科技有限公司实施的“饲用 N－氨甲酰谷氨酸关键技术研究与产业化示范”课题，开展了在饲料中添加不同剂量的 N－氨甲酰谷氨酸（NCG）对母猪繁殖性能影响的试验，并获得了 NCG 在能繁母猪各阶段和奶牛日粮中的配套使用技术，既改善了围产期母猪的便秘情况，也使母猪平均窝产活子数提高了 0.62 头以上，平均初生重提高 52.1 克，死胎率降低 3.56%；使奶牛乳房炎的发病概率大大降低，产奶量、乳蛋白产量、乳蛋白和乳糖含量均有提高。在生产工艺流程研究过程中，获得了 1 套 5 吨反应釜合成工艺，确定了以谷氨酸、氢氧化钠、尿素、盐酸等为原料的生产配方，通过合成工艺和后处理工艺各关键质量控制点的把控，率先得到了高纯度的 NCG 产品；建成了年产 3000 吨的 N－氨甲酰谷氨酸生产线，产业化工艺稳定，N－氨甲酰谷氨酸含量达到 97%，促进动物肠道合成精氨酸，提高饲料的利用率，增加机体微循环，减少动物尿液及粪便中氮的排放，有效减少了畜禽粪便对环境的污染。

（王伟娟　赵淑红　赵　娣）

【京津冀生物燃气产业带技术创新服务平台建立】 年内，市科委支持中国农业大学、清华大学、华北电力大学等单位开展了“京张地区生物燃气技术装备集成应用科技示范工程”项目的研究，建成了基于“核心实验室＋专业实验室＋设计院所”的实验研究与工程设计网络的“京津冀生物燃气产业带技术创新服务平台”，将中国农业大学可再生能源清洁化利用重点实验室，清华大学、华北电力大学和北京科技大学专业实验室等优势资源整合在平台上，可指导和服务生物燃气产业链各环节的科学实验，提高实验数据的可靠性和准确度，可为京张沿线和京津冀地区的生物燃气产业提供项目咨询、工程设计和运营管理等专业化一站式服务，为 2022 年冬季奥运会提供科技保障。

（王伟娟　赵淑红　赵　娣）

【白蜡窄吉丁引诱剂及专用诱捕器产品问世】 年内，市科委支持北京中捷四方生物科技股份有限公司、市农科院共同实施“北京林业主要害虫信息素引诱剂新产品研制及产业化开发”课题，研发出白蜡窄吉丁引诱剂及专用诱捕器产品，已被林业保护单位应用到生产实践中。白蜡窄吉丁引诱剂及诱捕器可以灵敏、高效引诱白蜡窄吉丁成虫，在白蜡窄吉丁刚刚入侵的区域及时监测到该虫的发生，从而及时进行清除。在该虫已经发生的地区，可以通过诱捕监测该虫的发生时间、发生动态和发生量，以更好地指导防治。通过大量诱捕该虫，可以提高对该虫的防治效果，减少化学药剂的使用。昆虫信息素诱捕产品用量小、无抗药性，对靶标害虫专一性、敏感性强等诸多优点，既能够监测害虫的发生，指导防治，又能通过诱捕、诱杀、干扰交配直接进行防治。

（王伟娟　赵淑红　赵　娣）

【丁烯基多杀菌素的研制及应用取得成果】 年内，市科委支持国家粮食局科学研究院、市植物保护站实施“生物杀虫剂丁烯基多杀菌素的研制及应用”课题，根据丁烯基多杀菌素与多杀菌素结构和作用机制类似，利用其与烟碱乙酰胆碱受体结合使昆虫神经细胞去极化，引起中央神经系统超活化，导致非功能性的肌收缩、衰竭和麻痹，从而对昆虫有快速触杀和摄食毒性的原理，开展多轮理化诱变育种，筛选获得了 4 株丁烯基多杀菌素高产菌株。通过摇瓶和 30～50 升发酵罐进行发酵工艺优化，原药纯度达 90% 以上，开发 5% 丁烯基多杀菌素悬浮剂，获得其配方和加工工艺。建立了试验害虫蓟马、小菜蛾、斜纹夜蛾等靶标害虫的室内饲养体系，并且繁育了足量种虫。

（王伟娟　赵淑红　赵　娣）

【3S 技术及装备为农业保险健康发展护航】 年内，市科委支持中国农科院农业信息研究所等单位实

施了“基于3S技术的农险评估技术研究及综合服务平台建设应用”课题，建立了农业生产气象风险识别、农业生产风险评估与保险费率厘定模型。结合北京农业保险的定损，提出了农作物长势遥感监测、种植业灾后快速勘查定损、农业保险数据空间挖掘和农业保险数据推送等技术方案。开发了北京市农业风险分析及农业保险综合服务平台及农业保险空间数据库管理、农业生产气象风险识别专业系统，研发了种植业灾后移动勘查定损设备。课题成果由两家保险公司在房山、顺义等区示范应用，勘查作业面积达到85万亩。

（王伟娟　赵淑红　赵　娣）

【耕地复合价值提升技术应用取得成效】 年内，市科委支持国土资源部土地整治中心、中国农业大学、中科院遥感与数字地球研究所共同实施的“北京市耕地复合价值提升关键技术研究与应用”课题，提出北京市耕地生产生态价值内涵，建立耕地生产生态价值分析技术框架，完成了北京市耕地复合价值提升调控指标体系和土地生态整治技术及配套工程体系，以及耕地复合价值提升导则，为北京市科学管控耕地资源、显化耕地功能与价值提供了科学依据；通过对耕地时空格局变化典型过程和耕地变化模拟预测分析，提出了北京市时空格局变化模式，研发了耕地空间管控模块，形成了基本农田划定方案，为提高耕地资源利用效率和功能价值提供了方法和技术支撑；耕地复合价值提升关键技术成果在海淀区进行应用示范，项目区内耕地产值提高了19.4%，耕地复合价值提升15%以上，增加农民收益15%以上，耕地质量提升近1个等别。

（王伟娟　赵淑红　赵　娣）

【为世界月季洲际大会提供科技支撑】 年内，通过科技创新，市科委为世界月季洲际大会提供科技支撑，收集、引进、保存国内外月季品种和种质资源1510份，建立月季种质资源圃50亩，选育出10个适合北京地区生长的庭院月季新品种，建立花香与花色评价方法；筛选出13个适合盆栽的月季品种、3种专用月季盆花栽培基质、2个盆花专用肥料配方；建立月季花期调控、月季盆花轻简化生产栽培技术规范，推进月季美化“百社千村万家”共41万株；建设了2000平方米智能化繁育生产基地和月季文化创意智能化展示中心，展示国内外月季新品种500个，利用环境控制、标准化操作提升月季种苗繁育效率和质量，种苗成活率由60%提高到80%以上，繁育优质种苗220万株，实现产值1100万元，吸引市民观光体验50000人次以上。

（王伟娟　赵淑红　赵　娣）

【区域农业科技协同体系建设取得实效】 年内，农村中心承担的市科委工作任务“区域农业科技协同创新体系建设与科技示范”，在推进生态创意农业工作室建设、提升创新创业基地服务能力、科技对口帮扶等方面取得实效。聚集首都13家产品设计中介服务机构，85名文化创意产业策划、设计、经营、创新创业和管理专家。建立农业科技创新创业示范基地11个，信息化示范基地20个，筛选花卉新品种、北京油鸡生态健康养殖、奶牛繁殖障碍控制等新成果10个，集成养殖、土肥一体化等新技术5项，重点推介推广北京油鸡生态健康养殖、土肥一体化等新技术新成果5项。通过“12396科技服务热线”，开展线上线下服务，线上开展电话咨询、双向视频、网上咨询等科技信息远程咨询服务超过40万人次，解决农业技术疑难问题2292个，组织专家开展科技下乡技术指导和科技培训共计服务49次，培训农庄主、园区管理人员200人次，直接受益人数2814人次。在内蒙古乌兰察布市察右前旗平地泉镇苏集村和八印滩村2个贫困村开展蛋鸡扶贫养殖工作，引进“农大三号”节粮型蛋鸡和北京油鸡良种共2万只，辐射乌兰察布5个乡镇100多个村，带动当地406户科学养殖（建档帮扶贫困户386户），探索出“科技 + 产业 + 电商”的精准扶贫模式。

（王伟娟　赵淑红　赵　娣）

现代农业科技城

【北京农科城“多园五中心”工作座谈会召开】 1月18日，市科委召开北京农科城多园五中心建设工作座谈会，市科委委员张虹、农村处处长张平等，农村发展中心主要负责人，6个园区及五5中心的负责人参加会议。会上，北京农科城昌平、顺义、通州、延庆、密云、房山6个园区和北京农科城6个中心的负责人分别介绍了2016年建设工作进展和取得的成效，并对2017年工作做了部署。

（王伟娟　赵淑红　赵　娣）

【中央农村工作领导小组到北京农科城通州种业园调研】 3月2日，中央农村工作领导小组副组长兼中央农办主任、中央财办副主任唐仁健一行到北京农科城通州种业园调研。唐仁健一行实地参观了种业园区展示中心，了解新型城镇化和园区建设进展情况；考察航天育种组培实验室和高通量分子育种实验室，询问航天工程育种研发及产业化应用情况，察看具有世界领先水平的作物分子标记及其检测仪器设备。座谈会上，唐仁健指出：北京在都市型现代农业的建设中要走在前面，在多功能农业上做好文章；在充分发挥食品保障、原料供给、农民增收三大传统农业功能的基础上，要更加注重观光休闲、生态保护、文化传承这三大农业新功能，确保首都农业 GDP 比重持续稳定增长；通州区具备搞“园区农业”的条件和优势，要在休闲农业、生态农业、智慧农业的基础上，抓好园区建设，探索农民受益的发展机制；要充分解决好农民工群体的生活保障问题，探索农民转居、转户问题，切实做好‘三农’工作。

（王伟娟　赵淑红　赵　娣）

【400 万株郁金香在北京农科城顺义园展出】 4 月 1 日，北京农科城顺义园“第八届北京郁金香文化节”开幕，展期至 5 月 10 日。本届郁金香文化节以“赏郁金香美景、享国际风情”为主题，共展出 100 多个郁金香品种，其中包括红色阳光、玫红贝拉、西非拉、乐趣、皇帝粉等珍贵品种，400 万株郁金香打造的 10 万平方米壮美花海让文化节异彩纷呈。园区采取增温等科技手段，使郁金香提早 2 周开放，观赏期从过去的 20 多天延长到 40 天以上，通过采用超早期、早期、中期、晚期、超晚期等各时段品种的巧妙衔接，创造了我国北方地区开展最早、品种最多、花期最长、种植面积最大的郁金香花节。

（王伟娟　赵淑红　赵　娣）

【卢彦一行到北京农科城通州园考察】 4 月 21 日，副市长卢彦、市政府副秘书长赵根武携相关委办局的领导组成“考察北京现代农业发展”专题调研组，到北京农科城通州种业园考察并召开座谈会。卢彦一行先后考察了园区航天育种企业、高通量分子育种实验室、展示中心规划沙盘等，对园区开创的种业科研与实践、展示与推广、产业与市场、管理与创新“四个结合”的发展模式表示认可。座谈会上，卢彦指出，通州园发展符合“首都功能性、城市副中心、都市现代农业发展”三大定位，园区作为通州区乃至北京市农业科技创新发展核心区，要充分发挥首都科技资源优势，将农业科技高端化作为主攻方向，发展高精尖产业，加速科技成果的转化落地，打造全国种业创新中心，创新引领全国现代农业高效发展。

（王伟娟　赵淑红　赵　娣）

【牛有成、闫傲霜一行到北京农科城通州种业园考察】 4 月 24 日，北京市人大常委会副主任牛有成、副主任闫傲霜一行到北京农科城通州种业园就“一城多园”整体发展情况进行考察指导。闫傲霜指出，园区聚集了全国的优秀种业企业和科研资源，在生物育种、智能农业、打造特色产业链、推动产业融合等方面成效显著，种业园区的迅速发展，对业内具有明显的带动示范作用。

（王伟娟　赵淑红　赵　娣）

【第六届北京现代种业博览会召开】 5 月 26 日，国家现代农业科技城 2017 年第六届北京现代种业博览会在北京农科城通州国际种业科技园区开幕。本届博览会以“打造全国种业科技创新高地，服务全国科技创新中心建设”为主题，近 200 家单位的近 4000 个名、特、优、新的果蔬花卉品种集中亮相，由北京种业企业及科研院所提供展示的品种占 77% 左右，其中半数以上是具有自主知识产权的品种。航天工程育种基地、高通量分子育种实验室等向社会各界开放，现代、高效、安全的水肥一体化种植管理技术和都市观光型（蔬菜树体）栽培技术同步展示。会上，启动开通“北京市科技特派员在线”服务平台，全面对接科技特派员创新创业需求，开展全链条、专业化、便捷化的教育培训、创业指导和知识传播服务。

（王伟娟　赵淑红　赵　娣）

【兰花绽放科技周】 5 月，在 2017 年全国科技活动周暨北京科技周主场活动“新农家园”展区里，市科委支持北京农业职业学院、北京农业生物技术研究中心和北京爱兰多农业科技发展有限公司承担的“国兰新品种选育与标准化栽培技术研究示范”兰花课题成果在科技周展示。课题搜集了既适合北京地区温室环境又满足都市消费需求的兰花品种 500 个，建立了面积为 1000 平方米的国兰种质资源圃和 5 亩国兰良种繁育示范基地，开展国兰标准化栽培技术示范，创新种间或属间远缘杂交技术，突破性培育花色靓丽、花期长等性状优良的杂交品种，建立生产兰花组培种苗 10 万株，培养兰花专业人才 100 余人，培训农民 500 人，兰花新品种售价约 100 元/盆，推广 10 万株。

（王伟娟　赵淑红　赵　娣）

【养猪用上物联网】5月,2017年全国科技活动周暨北京科技周主场为人们呈现了新型智慧养猪生态圈。在市科委的支持下,由北京农信互联科技有限公司牵头,中国农科院北京畜牧兽医研究所、农业部信息中心、农业部食品与营养研究所等单位共同承担的“生猪健康养殖物联网技术研究及产业链智能服务技术集成应用”项目成果在活动中展示。通过猪联网,贫困户可对接养猪合作社,科学养殖,提高生产率;通过国家生猪市场网,在线进行生猪交易,卖猪多赚钱;通过猪金融获得贷款、理财、保险、支付等金融服务,形成了“管理数字化、业务电商化、发展金融化、产业生态化”的商业运营方式。同时,政府通过猪联网使扶贫款精准发放并全程监管,提供贷款贴息及保险等政策支持,真正做到“互联网+”产业精准扶贫。

(王伟娟　赵淑红　赵　娣)

【科技改变小土豆】5月,在2017年全国科技活动周暨北京科技周主场“科技扶贫,精准脱贫”成果展厅内,“小土豆新天地”展台,集营养、健康、休闲、时尚内涵于一体的马铃薯系列营养食品吸引人们驻足品尝。市科委积极推动北京市现代农业科技创新服务联盟企业北京凯达恒业农业技术开发有限公司与内蒙古乌兰察布市察右前旗政府签订投资建厂协议,实施农产品深加工项目,利用新型果蔬变温压差膨化和低温真空油浴脱水等高效节能技术和智能加工装备,开发了以马铃薯、桃、枣、桑葚、苹果、食用菌等为原料的系列营养食品。

(王伟娟　赵淑红　赵　娣)

【科技周展示京蒙科技帮扶助成果】5月,在2017年全国科技活动周暨北京科技周主场上,科技扶贫精准脱贫成果展“北京科技走进内蒙古——蛋鸡养殖”板块展示了“农家养金鸡,敲开致富门”的成果。市科委在京蒙科技帮扶精准扶贫工作中,依托北京现代农业科技创新服务联盟的丰富资源,聚集企业、科研院所等联盟单位的创新资源,在内蒙古乌兰察布市察右前旗实施对接内蒙古丰业生态发展有限责任公司、助推当地蛋鸡养殖产业发展的“京蒙帮扶乌兰察布蛋鸡养殖科技扶贫”项目。该项目引进“农大三号”节粮型蛋鸡和北京油鸡良种共2万只,配合提供维生素、氨基酸含量较高的蛋鸡养殖专用饲料近40吨,组织中国农业大学宁中华教授、北京农科院刘华贵研究员等4名专家进行全程技术指导,所产鸡蛋通过北京蛋e网有限公司、京东商城等电商平台销往全国市场。项目辐射乌兰察布5个乡镇100多个村,带动当地406户科学养鸡,其中涵盖建档帮扶贫困户386户。尤其是油鸡示范点户均养鸡200只,利润40元/只,贫困户增收8000多元;“农大三号”示范点户均养殖蛋鸡250只,利润25元/只,户均收入6250元,每户日均产蛋100个,获利100元。

(王伟娟　赵淑红　赵　娣)

【赵文芝一行到北京农科城通州种业园调研】6月9日,市政协副主席赵文芝、秘书长杨静等一行到北京农科城通州种业园调研。赵文芝一行观看了通州种业园宣传片,参观了园区航天育种企业的航天育种展厅、组培中心、高通量分子育种实验室、航天新品种示范种植冷棚和展示温室。赵文芝指出,北京农科城通州种业园区的发展引领着北京农业科技发展方向,要继续引导科技人才进园区,发挥科研单位在园区的技术支撑作用,强化农业全产业链的技术服务和农业科技成果转化,大力提升农业特色产业综合发展能力,将园区建设成具有全国影响力的综合性农业示范园区。

(王伟娟　赵淑红　赵　娣)

【王英杰一行到北京农科城房山园调研】6月15日,市政协提案委主任王英杰组织本市西部地区主要负责提案工作的政协委员到北京农科城房山园进行调研。王英杰一行详细了解了北京农科城房山园的发展方向以及建设情况,参观房山园现代都市农业示范区中粮智慧农场,并就农场建设规模、栽培技术以及推广途径等内容与园区相关负责人进行交流。王英杰肯定了北京农科城房山园所取得的成绩,对中粮智慧农场展示的高水平农业技术表示赞赏,希望在引进国外先进技术的基础上,加大消化吸收再创新的力度;农业发展需要科学的加工技术和先进的种植手段,未来要着力推动高水平农业技术得到更广泛的普及;要辐射带动周边区域,促进区域协同发展,切实让农民得到实惠,带动农民致富。

(王伟娟　赵淑红　赵　娣)

【市科委组织专家赴通州国家农业科技园区现场验收】8月1—2日,按照科技部“第五批国家农业科技园区验收工作”要求,市科委组织专家组赴通州国家农业科技园区及延庆国家农业科技园区进行现场验收。专家组先后实地察看了通州园区和延庆园区各项情况,并听取两个园区整体工作汇报。

专家指出,通州园区经过三年建设,围绕"创新驱动、集聚发展"的战略目标,已基本发展成为基础设施完善、种业资源集中、科研机构云集、展推平台成熟、辐射范围广泛的种业科技产业集聚区,是北京国家现代农业科技城种业协同创新和成果示范转化的重要抓手。延庆园区经过三年建设,坚持生态文明和城乡统筹的发展理念,以发展农业循环经济为特色,打造了以有机农业、新能源产业、生态休闲农业为支撑的"一体三翼"循环经济发展模式,并以蛋鸡产业为抓手,探索蛋鸡产业扶贫新模式。专家组一致认为通州园区和延庆园区达到验收要求。

（王伟娟　赵淑红　赵　娣）

【张虹赴门头沟等地调研生态农业科技创新】8月1—16日,市科委副巡视员张虹一行到门头沟区、房山区、密云区调研生态建设科技创新和农业科技园建设工作。市科委农村处处长张平、农村中心主任李志军陪同调研。在门头沟区,张虹一行考察了京西林场森林资源保护、森林防火技术、林业病虫害生物防治、森林抚育等情况,叮嘱林场工作人员要依靠技术创新建设生态林场、智慧林场,打造首都京西绿色生态屏障。市园林绿化局副巡视员王小平等陪同调研。在房山区,张虹一行先后到北京花卉农庄、房山区农科所食用菌示范基地、北京现代渔业创新园考察种业创新及转化推广情况,指出北京农业发展要与首都功能定位相匹配,发展以生物种业为代表的高精尖产业,带动京津冀农业协同发展。房山科委主任褚潇炜等陪同调研。在密云区,张虹一行考察了东邵渠镇汇园农业科技园区和穆家峪镇极星农业科技园区建设情况,并与密云区副区长方建卿、科委主任杨光辉就农科城密云科技园区升级扩建进行交流。张虹表示:市科委一直以来支持密云国家农业科技园区建设。下一步,密云区围绕全国科技创新中心建设,在生态建设、现代种业、食品安全领域进行技术创新突破,做出特色,示范引领全国生态农业发展。

（王伟娟　赵淑红　赵　娣）

【张虹到平谷调研农业科技创新工作】8月8日,市科委副巡视员张虹一行到平谷区调研农业科技创新工作。张虹首先听取了首农集团华都峪口禽业有限公司孙皓董事长的蛋鸡育种工作汇报,并考察了自动化蛋鸡育雏车间。峪口禽业连续承担科技部、北京市科委重大科技攻关项目,自主研发出京红1号、京粉1号、京白1号等三大系列共10个优新品种,每年蛋鸡繁种量2.1亿只,全国市场占有率50%,已成为全球最大的蛋鸡繁种公司。张虹表示:市科委将一如既往地支持平谷区的科技创新工作,建议平谷区在筹划建设农业科技创新中心的工作中要做好前期谋划工作。一要摸清平谷区农业科技资源底数。二要结合平谷实际,找准农业科技创新中心定位,坚持有所为有所不为。三要围绕大桃、蛋鸡、生物投入品、食品物流及食品安全检测等优势产业开展技术创新突破,凸显平谷优势特色。

（王伟娟　赵淑红　赵　娣）

【2017年水产物联网2.0研讨会召开】8月8日,2017年水产物联网2.0研讨会召开,来自国内知名高校、科研院所、应用企业专家代表,围绕水产物联网以及相关信息化建设展开研讨交流。会上,中国农业大学李道亮教授等与院所、通讯企业、集成企业等20多家单位就水产物联网创新模式和产品展开研讨。北京农信通科技有限公司、中国农业大学北京市农业物联网工程技术研究中心与雄安新区河北绿之梦农业开发有限公司就共同推进北京市科委"规模化淡水鱼健康养殖智能化调控技术装备研发与示范"课题签订战略合作协议,三方将合作开展淡水鱼养殖水环境信息感知技术、决策和控制技术、全过程安全追溯系统和物联网综合管控平台研发与示范,共推智慧水产全面发展,支持雄安新区建设,促进京津冀协同发展。会后,与会专家们实地考察了由农信通集团建设的中国智慧农业互动体验中心。

（王伟娟　赵淑红　赵　娣）

【第九届北京菊花文化节在北京农科城顺义园开幕】9月9日,以"老北京,新京韵"为主题的第九届北京菊花文化节在北京农科城顺义园开幕,展期至10月29日。本届菊花文化节融合了北京浓厚的历史文化及重阳民俗,以诗词、绘画、剪纸等艺术形式,在近10万平方米的室外展示区,种植了40多个品种的150万株菊花,较去年增加了10万株。其中有40万株菊花、110万株草花,主要以不同品种的千头菊,搭配各色菊科花卉。室内展出的菊花大多使用短日照处理,通过控制光照时间,使花期提前,比平常的菊花早开放一个月左右,并延长了花期时间。

（王伟娟　赵淑红　赵　娣）

【杨艺文一行到北京农科城通州园区调研】10月,

市人大副主任杨艺文携市人大科教文卫体委员会、民宗侨委员会的相关领导到北京农科城通州国际种业园区进行专题调研。杨艺文对园区的现代种业发展成效、“政府搭台、企业运营”的管理体制、农业科技推广新模式给予充分肯定，并对园区今后发展提出建议：一是高起点做好园区规划，对园区现状以及建设等进行认真梳理，对今后工作的基调、方略、抓手进行统筹谋划；二是利用好现有平台，发挥园区在农业发展上的引领和带动作用；三是做出特色，把园区带动作用体现出来、优势扩散出去，带动现代农业发展，促进农民增收致富。

（王伟娟　赵淑红　赵　娣）

【国家农业科技支撑服务平台建设】年内，本着“搭平台，聚资源、接任务、出成果”的宗旨，北京农科城搭建的农业科技网络服务、农业科技金融服务、良种创制与种业交易、科技创新产业促进和国际交流合作等5个国家农业科技支撑服务平台基本建成并发挥实效，有效提升了首都农业科技创新创业能力，北京市农业科技进步率达到72%，接近世界发达国家水平。围绕五大种业创新的新型现代种业体系建设成果明显，在全国率先建设的种业科技成果托管平台，超过万项成果实现托管，展示新品种近6000个，近30个品种实现产业化开发，同步支持建设的农科城作物品种权交易平台，实现成果交易3000万元；自主选育的京科968玉米品种进入我国玉米主栽品种前三甲。自主培育的系列蔬菜品种打破了世界垄断，企业自育的京红、京粉系列蛋种鸡品种，种鸡规模亚洲第一，优良畜禽供种能力提高了20%；发挥农科城联盟的链接服务效应（14个联盟），对接北京农科城11条特色产业链，服务产业链协同创新和成果扩散辐射；搭建的首都农业科技国际合作交流平台加快国际农业前沿高端技术的对接和合作，在生物技术、航天育种、智能装备、设施农业等现代农业领域国际合作取得实效。

（王伟娟　赵淑红　赵　娣）

【北京农科城农产品价格与保险体系建成】年内，市科委支持北京新发地农副产品批发市场中心和北京中新农产品流通研究院共同承担的“北京农科城新发地农产品价格服务与保险信用体系建设”课题，开发了新发地农产品价格采集系统、价格预测预警系统、价格采集无线终端App、电子智能交易终端，并对新发地蔬菜1号、2号等10家蔬菜批发商、配送商进行了示范应用；开发了农产品质量安全信用体系系统，设计了农产品质量安全保险标签和质量安全保险产品方案，并对12家批发商进行了示范应用。课题完成50个细分品种、31个单品、4个分类、1个总指数和3个特殊品种价格指数的编制，撰写新发地蔬果价格分析报告，取得2项软件著作权，建成新发地蔬果农产品价格指数发布平台并实现同步发布。

（王伟娟　赵淑红　赵　娣）

科技文化融合

【概述】2017年，市科委围绕科技创新建设的重点任务，培育文化科技融合发展新动能，完善文化科技融合生态体系建设，促进科技创新中心与文化中心建设相互支持、共同发展。搭建公共服务平台，强化科技支撑，支持新技术、新材料、新工艺研究，鼓励个性化定制、众包涉及等新模式，促进设计服务向产品文化内涵设计、品牌营销设计等领域拓展，向高端综合设计转变；聚焦新闻出版、广播应试、文化艺术重点行业，搭建传统媒体网络视频运营、影视推广等公共服务平台。围绕文化领域技术需求，支持共性技术攻关及科技成果转化，加强技术对文化发展的引领作用。

（市科技史志办公室）

【国内首个电影测评评估平台举办发布会】1月7日，国内首个电影测评评估平台“聚影汇”在北京举办战略合作签约发布会。聚影汇（北京）影视文化有限公司利用脑电波检测设备和标准化的观众测评体系(包括脑电仪测试、问卷调查、焦点访谈等内容)形成电影质量测评系统,基于专业电影测评试验平台向国内外影片制作发行机构提供电影投资、初剪片观众测评和电影发行测评服务,为影片投资、发行、营销机构提供决策参考,逐步提升我国电影产业的精细化生产水平。

(曲俊燕)

【阿里巴巴集团入驻望京昆泰嘉瑞中心】 1 月 11 日,阿里巴巴集团正式入驻望京昆泰嘉瑞中心。阿里巴巴集团将新注册成立一家公司,注册资本金一期为 6 亿元,未来将增资到 15 亿元,主要承载创新业务的发展,逐步打造形成以云计算及大数据为核心、移动互联网为基础的产业集群。

(曲俊燕)

【针灸铜人亮相世界卫生组织】 1 月 18 日,中国国家主席习近平访问了世界卫生组织并会见卫生组织总干事陈冯富珍,向世界卫生组织赠送由北京企业设计的针灸铜人雕塑。此次作为国家赠礼的针灸铜人是由市科委认定的创新中心北京工美集团完成设计制作和运输安装工作。在设计制作上,采用 3D 建模技术,在文物原型的基础上,设计师们追求科学性与艺术性相结合,对针灸铜人雕塑的人体结构、穴位、文字、纹饰、雕塑表面等进行优化设计。最终,北京设计成为赠礼,跟随习主席访问瑞士,亮相世界卫生组织并得到认可。

(王露菲)

【阿里巴巴成为国际奥委会 TOP 赞助商】 1 月 19 日,国际奥林匹克委员会与阿里巴巴集团在瑞士达沃斯签约,双方达成期限至 2028 年的长期合作。一是阿里巴巴将加入奥林匹克全球合作伙伴(The Olympic Partner,TOP)赞助计划,成为国际奥委会在"云服务"及"电子商务平台服务"领域的唯一官方合作伙伴,以及奥林匹克频道的创始合作伙伴。按照国际奥委会以往顶级赞助商的赞助金额,阿里巴巴此次的赞助总金额将不低于 8 亿美元。二是阿里巴巴拥有的全球合作权益将覆盖 2018 年平昌冬奥会、2020 年东京奥运会、2022 年北京冬奥会,以及将于 2024 年、2026 年和 2028 年举办的夏季和冬季奥运会,合作期限长达 12 年。三是通过签约国际奥委会顶级赞助商,为奥运会提供一流的云计算和大数据基础设施及服务,打造"云上的奥运"。同时,还将为奥运会打造全球电商平台,发展及定制面向中国用户的奥林匹克频道。依托大数据能力,协助加强对奥林匹克品牌和知识产权的保护。

(曲俊燕)

【东道品牌创意集团德国获奖】 2 月 10 日,北京市设计创新中心企业东道品牌创意集团在法兰克福国际展览中心举办的 2017 年德国国家设计奖颁奖典礼上,凭借"苏宁易购全新品牌形象设计"获"德意志联邦共和国国家设计大奖"品牌设计金奖,成为中国首次问鼎"德国官方位阶最高的设计奖"金奖的设计企业。

(曲俊燕)

【创意推动可持续发展】 2 月 17 日,联合国教科文组织国际创意与可持续发展中心(以下简称"创意中心")在北京召开国际研讨会。本着开放、共享的理念,对接联合国 2030 年可持续发展议程和国家"一带一路",围绕创意推动可持续发展主题,来自德国、意大利、伊朗、中国等多个国家的与会专家介绍了他们在信息、地产、科技、设计、文化、智库等不同领域的实践经验,并展开深入研讨。

(曲俊燕)

【首款中国人机工程仿真软件发布】 2 月 28 日,由中国标准化研究院与北京朗迪锋科技有限公司共同举办的人机工程仿真分析软件(SoErgo)产品发布会在设计之都大厦举行。国内首套人机工程仿真分析软件 SoErgo 正式问世。全国工商联科技装备业商会、中国虚拟现实产业联盟、北京设计产业联盟等单位的行业内人士及众多用户代表 75 人出席。朗迪锋公司作为设计之都大厦科技条件平台建设合作单位,此次发布的产品核心概念包括 CAD 大模型轻量化快速创建虚拟仿真环境,比同类软件节省 60% 以上的工作时间;中国标准数字人体为仿真和分析提供了准确的数据基础;以虚拟现实为技术手段驱动作业任务仿真,比传统制作仿真动画的时间节约 50% 以上。

(王露菲)

【我国文化领域首个国际技术标准正式发布】 3 月 16 日,由北京邮电大学牵头制定的手机(移动终端)动漫标准正式成为国际标准,这是我国文化领域的首个国际技术标准。从 2011 年开始,为落实中央领导批示精神,适应移动互联网的快速发展,从标准层面引领和规范手机(移动终端)动漫发展,由北京邮电大学牵头,相关院校、企业、研究机构成立了手机(移动终端)动漫标准课题组。经过课题组近两年的研究，2013 年，经国家标准委备案，文化部正式公布了以“手机动漫文件格式”为主的 4 个手机（移动终端）动漫行业标准；2015 年 2 月以国内行业标准为基础成功向国际电信联盟申请立项为国际标准研究项目，2017 年 1 月 27 日，手机（移动终端）动漫标准在瑞士日内瓦召开的国际电信联盟第 16 研究组全体会议上通过审议。

（王露菲）

【高密度 WiFi 接入系统服务室外大型活动】 3 月，北京电视台研发建设的高密度 WiFi（基于 IEEE 802.11b 标准的无线局域网）接入系统、移动车载系统以及新媒体互动应用平台系统投入应用。系统面向大型活动现场观众互动服务的技术需求，提供活动现场高密度 WiFi 覆盖及现场投票、抽奖、视频直播等互动应用，前期已在 2017 年京津冀汽车文化节、2018 年北京电视台春晚等活动中试用。

（张艳萍）

【北京动漫衍生品设计制造资源开放服务平台建设启动会召开】 4 月 10 日，市科委与市文化局合作项目北京动漫衍生品设计制作资源开放服务平台建设启动会在市文化局召开。市科委委员刘晖、市科委文化科技发展处处长李国光，市文化局党组成员、副局长关宇，产业发展处处长林增伟，以及项目主持单位、课题承担单位的相关负责人出席启动会。启动会听取了项目主持及承担单位的汇报。

（曲俊燕）

【中国国家地理北京科技文创基地揭幕】 5 月 26 日，中国国家地理杂志社与北京生产力促进中心联合建设的中国国家地理北京科技文创基地在朝阳区融创动力文化创意产业园举行启动仪式。基地将充分利用中科院的优势资源，构建产业要素集聚、文化资源共享的创新园区综合体，将文化产业优秀品牌与双创服务融合，通过高效集约利用闲置低效用地、盘活老旧工业企业厂房，推进社会经济转型升级。

（曲俊燕）

【北京居全国创意城市排名之首】 6 月，北京社科院与社会科学文献出版社共同发布的《北京蓝皮书：北京文化发展报告（2016—2017）》显示，北京的城市文化竞争力处于全国前列，文化创意产业“超常态”发展，部分优势行业有望提速壮大。2016 年，北京在全国城市竞争力比较中位于前列，综合竞争力保持第四位，创新城市排名中北京由第四位上升为第二位，创意城市排名位居第一，城市综合发展指标排名中北京位居第一。在各项城市竞争力中，北京作为全国文化中心的文化资源、创新优势成为提升城市综合竞争力排名的重要因素。

（王露菲）

【《国家级文化和科技融合示范基地管理办法》编撰工作组调研北京基地】 7 月 26 日，为更好地完成《国家级文化和科技融合示范基地管理办法》编撰工作，由科技部高新司现代服务业处、中宣部文改办产业发展处、专家团队组成的工作组，调研北京国家级文化和科技融合示范基地。工作组以西城区为样本，参观了北京 DRC 工业设计创意产业基地、普天德胜国家级科技企业孵化器、北京出版创意产业园，听取了园区及企业运营、发展情况，以及在设计、科技文化融合领域的创新做法。随后，市科委召开座谈会，科技部、中宣部、基地办、专家团队、北京国家级文化和科技融合示范基地各分基地（东城、西城、朝阳、海淀、石景山）、特色企业的相关负责人围绕自身发展情况及对基地建设意见、建议等方面展开交流、讨论，总结出下一步加强国家级文化和科技示范基地建设的重点工作：一是基地认定方面，设立专门政策、形成专业标准；二是基地建设及管理方面，出台设立独立专项、进行示范企业认定等相关政策；三是在充分考虑全国各地实际情况的基础上，建立规范、统一的指标体系；四是搭建平台、信息共享，加强各基地交流。

（曲俊燕）

【北京设计助力 C919 大飞机监控系统】 7 月，中国商飞联合洛可可设计共同打造中国第一款自主研发的大飞机 C919 监控系统 CAPHM，支撑国产大飞机在运行过程中的跟踪监管。洛可可在产品研究、用户研究等的基础上，进行监控系统的交互设计、视觉设计和 UI 规范的制定，重新划定了页面显示的层级关系、重新定义了各级数据的分类和排序方式，通过卡片式的信息呈现方式替代了传统表格，从视觉上增强了引导性，让使用者能够轻松地浏览数据，及时获取问题的来源和属性，从而快速地进行处理，极大地降低了误操作概率。在民航监控系统领域摆脱国外垄断企业的控制，实现创新和突破。

（王露菲）

【质子治疗系统获红星奖金奖】 12 月 9 日，中国设计红星奖 2017 年颁奖活动在北京天桥艺术中心剧场举行。2017 年红星奖参评作品中,DRC 基地企业北京智加问道科技有限公司设计的“质子治疗系统”获红星奖金奖。质子治疗是世界上最先进、最精确且适用于多种肿瘤的有效放疗手段,其通过控制质子束来杀死癌细胞,同时将对正常组织的损伤降至最低。此次获得红星奖金奖的质子治疗系统通过设计研发,改善了设备空间,解决了旋转带来的噪声问题,降低患者的恐惧感,提升治疗体验的舒适度;采用了防辐射材料,尽量防止对医患带来伤害和避免设备外壳出现老化,节约建设和维护成本;运用模块化设计,使运输更方便快捷,降低维修难度。产品整体设计极富科技感、人性化,设计理念来源于“化茧成蝶”,将治疗舱室造型设计犹如蚕蛹,以此给癌症患者带来希望。该质子治疗系统由中科院合肥自主开发,由智加问道设计研发,是中国第一台质子医疗系统装备,打破欧美对此行业设备的垄断。

(王露菲)

【汽车爆胎应急安全装置设计获奖】 年内,DRC 基地企业设计的汽车爆胎应急安全装置,荣获 2017 年金点奖、2017 年北斗奖等多个奖项。该装置由北京乐品乐道科技有限公司设计,是一款在车辆发生爆胎或严重失压时的主动安全产品,可以减少侧滑、翻车事故的发生。乐品乐道从保护与安全的角度提出设计思路,提炼长城的“凸凹”造型,并结合金刚石的切面设计,使产品传递出具有强大的保护性能形象,产品上市后与北京现代、大众汽车等开展合作。

(王露菲)

【冷沉淀凝血因子制备仪设计研发】 年内,DRC 基地企业北京智加问道科技有限公司将“冷沉淀”这项医学理论,通过设计研发,转化成医疗器械冷沉淀凝血因子制备仪,为该产品提供了智能硬件控制技术、软件设计、功能结构设计、外观设计、显示屏 UI 设计、功能样机制件及批量生产服务。该仪器形成产品发明专利 1 项、实用新型专利 1 项、外观专利 1 项、软著 1 项,共 4 项专利成果。适用于儿童及成人轻型甲型血友病、血管性血友病、先天性或获得性纤维蛋白原缺乏症及因子 XⅢ 缺乏症患者,也用于手术后出血、严重外伤及 DIC(弥散性血管内凝血)等患者的替代治疗。

(王露菲)

【参与太空试验舱整体设计】 年内,DRC 基地企业北京智加问道科技有限公司继续参与用于宇航员模拟空间站内工作场景、体验相关操作流程的地面试验室的系统化整体设计工作。该太空试验舱内部设计运用了光影和结构造型的排列组合,营造出现代科技的视觉效果,整个试验舱在准确还原其功能的基础上,着重采用了多项人性化设计,如内部空间设计增加软体材料,提高安全性并改善使用体验;采用太空铝折弯、切割、无缝焊接等工艺,使产品可进行模块化拆装。智加问道年设计收入 9000 余万元,带动社会经济价值达 100 亿元。截至 2017 年,智加问道已成功服务 1000 余家企业,将 2000 多个产品推向市场,帮助客户成功获得外观专利、实用新型专利 1000 多个。

(王露菲)

【飞机结构全三维设计环境软件研发】 年内,北京瑞风协同科技股份有限公司研发“飞机结构全三维设计环境软件”,针对传统飞机结构设计制造过程中出现的问题,提出基于在线全关联的紧固件设计方法体系,集成结构 MBD(基于模型定义)装配设计中的各种实用工具,创建了安装状态的一键式紧固件实例化,以实例化表达,一键式批量完成紧固件实例化状态的安装。该成果填补了国内飞机设计领域设计理念、方法和工具上的空白,得到了飞机制造领域内各单位的验证和认可,可推广应用至高端装备、船舶、汽车、高铁等多个领域。

(王露菲)

【设计企业为“一带一路”建设提供支撑】 年内,由市科委认定的北京市设计创新中心企业承担的“一带一路”相关建设项目达 370 项,发挥了北京科技、设计优势,增强了辐射带动作用。服务区域广泛,涵盖了包括马来西亚、俄罗斯、泰国、印度、巴基斯坦、乌克兰、波兰等 50 多个国家。服务项目以基础设施设计和建设为主。企业已与诸多国家展开了密切的合作建设,北京城建设计发展集团股份有限公司在哈萨克斯坦开展阿斯塔纳市轻轨一期工程的设计总承包,全长 21.39 公里;北京夏岩园林文化艺术集团有限公司在俄罗斯海参崴滨海海洋水族公园开展了一期瀑布溶洞景观和遗失的部落景观、二期工程净化馆和极地馆景观营造的设计及施工。

(王露菲)

【设计企业服务“一带一路”国际合作高峰论坛】 年内,由市科委认定的北京市设计创新中心企业承担了“一带一路”国际合作高峰论坛的整体品牌形象、城市灯光、国宴国礼等项目的设计工作，彰显出中国传统文化特色，提供了高规格“中国服务”，全力支撑会议服务保障工作。东道品牌创意集团以渐变色的金、蓝色两条丝带为主元素，设计了“峰会”的会徽及整体品牌形象；北京工美集团为参加“一带一路”国际合作高峰论坛领导人及配偶设计了体现北京历史文化或地域特色风貌的纪念礼品；清华同衡以中国水墨画中“水墨山水”和“金碧山水”为主题，借用中国传统的绘画技法“染、皴、勾”承担了北京雁栖湖生态发展示范区21平方公里范围内的夜景照明工程设计，包含环湖山体、岸线、建筑和以范崎路为主的景观道路照明。利亚德集团结合怀柔的实际，承担了怀柔城区及周边联络线夜景照明工程设计；华江文化为欢迎晚宴设计了代表中国传统文化的餐具、座位卡、菜单及全场置景。

（王露菲）

【设计创新中心创新实力显著】 年内，设计创新中心创新实力显著。截至年底，2014年认定的北京设计创新中心企业三年复核期内，企业设计投入累计超70亿元，其中华大九天软件、中星微电子、长城华冠等10家单位研究与开发投入（R&D）占主营收入比例超过20%；新增仪器设备等科技条件5148台套；新增授权专利2808项，其中发明专利832项；参与标准制定或修订188项；获得各类国内外奖项823项，如中国建筑设计研究院获国家科技进步二等奖，东道、正邦等多次获得德国红点、美国I-DEA等国际设计大奖。2014年认定的北京设计创新中心企业中汇集了中国电子工程设计院、东道设计、爱国者等一批设计创新能力强的龙头企业。

（王露菲）

【设计创新中心培育与建设情况】 年内，设计创新中心继续在国家重大项目、区域合作、优秀人才培育等方面发挥重要作用，全面服务全国科创中心建设。截至年底，认定与培育北京设计创新中心192家。设计创新中心加强科技与文化融合，服务国家重大项目，东道、北京工美集团、清华同衡等承担了“一带一路”国际合作高峰论坛的整体品牌形象、城市灯光、国宴国礼等项目的设计工作；开展区域合作对接，2017年开展京津冀合作项目6761余项，服务“一带一路”项目779项，服务区域涵盖了包括马来西亚、俄罗斯、泰国等50多个国家。东道集团与云南省科学技术学院共建“云科·东道品牌创意创新中心”，依文集团在贵阳建立中国手工坊，启动“绣梦计划”项目；创新中心单位优秀人才姚映佳、吴晨、解建军、刘德、贾伟等7位入选“科技北京百名领军人才”。

（王露菲）

【北京设计进军国际资本市场】 年内，市政总院通过子公司北京设计集团有限责任公司完成思城控股有限公司的新股认购交易，成为思城控股第一大股东，成功登陆国际资本市场，北京设计将在国际资本市场发挥重要作用。思城控股有限公司注册成立于开曼群岛，于2015年8月在香港主板上市，在内地30个主要城市承担逾520个项目，完成建筑面积超过3500万平方米，设计产品获多项国际大奖。

（王露菲）

【人体三维数字化系统助力服装定制行业发展】 年内，北京博维恒信科技发展有限公司研制的非接触式、数字化人体三维精准测量系统，可在5秒内完成人体全身扫描，形成1:1人体三维模型，在红领集团的服装定制业务中投入应用，为建立“从工厂到消费者”的营销模式提供技术支撑，实现客户订单处理时间2天，生产成本降低30%。

（张艳萍）

【3D打印技术服务影视道具行业发展】 年内，北京增材制造技术研究院有限公司将3D打印技术应用于影视道具产业，开发适合3D打印影视道具的低成本塑料、尼龙及金属材料，研发的3种新型低成本非金属打印材料的价格低至200元/千克，已为8个剧组提供产品服务。

（张艳萍）

【在线视频编辑云服务系统投入应用】 年内，北京爱奇艺科技有限公司通过研发云端视频多维度合成编码技术、云端流媒体直播技术，向个人用户提供简便易用、格式兼容性高、高效快速的在线视频编辑服务，支持100万用户同时在线编辑、上传视频，提交3秒后即可预览，敏感内容自动检测漏检率低于0.3%，已服务个人用户制作117240部视频作品。

（张艳萍）

【虚拟现实视频创作与服务平台投入应用】 年内，暴风集团股份有限公司通过研发720°全景电影制作、移动终端VR（虚拟现实）图形资源优化等技术，建设基于VR设备的视频创作与服务平台，向中小企业提供VR视频内容发布管理开发工具、SDK(软件开发工具包)和API(应用程序编程接口),平台已上线600余部VR原创视频,个人用户超过100万人,支持105款数字终端,并与澳大利亚旅游局签署合作备忘录,共建线上澳旅专区。

(张艳萍)

【打造传统文化设计素材公共服务平台】年内,华江文化等企业通过传统文化设计素材公共服务平台创意开发多种高端文化产品,其中"北京礼物"150款、外交礼品15款、北京2022年冬奥会产品研发储备样品30款、国宴用精品陶瓷餐具2套。传统文化设计素材公共服务平台是由市科委2016年支持打造。该平台依托国家图书馆古藏馆藏书,提取57043张古籍原图,建立涵盖13大类44小类标引分类规范的古籍图典资源库,形成符合现代审美的设计素材库,为设计创意企业提供专业服务。

(曲俊燕)

【市科委与国家民委文化宣传司签署合作协议】年内,市科委与国家民委文化宣传司签署合作框架协议,达成长期合作关系。双方将围绕民族地区资源保护传承与开发利用的实际需求,推动首都科技、设计资源和民族文化资源融合,探索科技创新成果向民族地区转化的模式,汇集联通更多优秀资源,充分发挥市场作用,打造特色品牌,促进传统产业转型升级,增加新供给、培育新消费,为城市发展和人民生活带来更多实惠,为国家创新驱动发展战略做出更大贡献。

(曲俊燕)

【高精度文物光谱成像系统在故宫投入应用】年内,高精度文物光谱成像自动扫描系统在故宫博物院完成彩绘玻璃颜料分析、彩绘天花板颜料分析、墙布破损信息提取、人物画颜料提取和线描信息提取等5个应用示范并投入实际应用,为文物数字化存档、文物诊断、文物无损修复等工作提供了新的无损检测技术手段。中科院遥感与数字地球研究所研制的大幅面高精度文物光谱成像自动扫描系统成像幅面2.06m×2.15m(水平面扫描),光机扫描精度优于50μm,成像光谱范围400~2500nm,光谱维波段数610个,信噪比峰值2704:1,光源覆盖范围400~2500nm,配合文物高光谱图像分析软件可实现一键式智能颜料提取、智能线描提取和智能符号提取功能。

(曲俊燕)

【视频特征指纹技术为网络视频行业保驾护航】年内,视频特征指纹技术向腾讯新闻、大地影业、北京卫视等机构提供版权监测服务,监测范围涵盖百度网盘、微信公众号、BT/磁力链等P2P传播平台,每日发现侵权数据数千件。中科院自动化研究所研发基于版权标识与特征指纹技术开发面向电影、网络视频、创意图像、新闻媒体的版权监测系统,可将视频版权标识嵌入视频内容中并随时提取,平均提取正确率达到99.63%,每秒可对比时长44.49分钟的视频内容,平均误检率2.7%。

(曲俊燕)

【出版行业定制化数字出版系统投入应用】年内,清华大学出版社基于POD数字印刷平台印制书籍超过60万册、码洋近3000万元;中国科技出版传媒股份有限公司实现定制出版收入2.5亿元,图书业务增长20%,降低图书库存11%。清华大学出版社、北京大学出版社、中国科技出版传媒股份有限公司(科学出版社)通过整合市场出版需求资源、出版资源、印刷资源,联合研发面向出版行业的定制化数字出版系统,包括数字化出版内容动态发布子系统(POD-CDS)、自动化数字出版印刷子系统(POD-PS)、数字出版内容发布服务平台(POD-ECP)子系统。针对个人客户对定制化、数字化、互联网出版的服务需求,实现出版流程数字化、印刷管理定制化、产品销售电商化,推进传统出版方式向数字化出版升级转型。

(曲俊燕)

【窄带宽传输高清视频技术服务旅游行业】年内,基于窄带宽传输高清视频技术开发的文化旅游远程视频服务系统已在国内72个景区投入应用,涵盖1007个景点,服务个人用户超过20万人。以US-DC编解码技术为核心的窄带宽传输高清视频技术是由东电创新(北京)科技发展股份有限公司研发,技术性能指标达到20k/s宽带传输720P高清视频,可利用2~8KB的超低码流传输CIF(352×288)画质的音视频,利用8~15KB的超低码流传输D1(704×576)画质的音视频,利用12~20KB的超低码流传输720P(1280×720)画质的音视频,较目前主流传输技术提升传输效率5~10倍。

(曲俊燕)

科技冬奥

【概述】2017年，市科委紧紧围绕《北京2022年冬奥会和冬残奥会筹办工作任务分工方案》中“做好冬奥会科技支撑保障工作”精神，主动对接北京冬奥组委，积极配合科技部开展科技冬奥顶层设计工作，统筹市科委创新资源，紧抓工作落实，充分发挥全国科技创新中心对冬奥筹办的支撑作用。“量化”冬奥组委实际需求，将“人工造雪”的专项研究要求量化成具体课题，支持北京大学张信荣教授团队开展“零度以上人工造雪和储雪一体化技术研究”，并在延庆石京龙滑雪场开展中试示范；将北京冬奥组委结合实际应用从18个领域提出的技术需求在市科委相关处室开展摸底调查，在13项领域已经具备42项技术成果，涉及科技经费1.7亿元。参与“科技冬奥”重点专项编制，围绕“零排供能、绿色出行、5G共享、智慧观赛、运动科技、清洁环境、安全办赛、国际合作”等8个方面反馈重点研发任务。

（市科技史志办公室）

【落实冬奥中承担的可持续性承诺工作任务】2月，市政府办公厅印发《北京2022年冬奥会和冬残奥会可持续性承诺工作任务分解清单（北京部分）》，共计43项工作任务，由市发展改革委、市科委、市经济信息化委、市环保局等13个单位牵头完成。市科委相关任务主要包括新能源汽车推广（牵头）、机动车总量调控（配合市交通委）、“清洁空气行动计划”落实（配合市环保局）和冬奥气象服务（配合市气象局）4项内容，并在每季度首月5日前向北京冬奥组委反馈季度工作进展。

（李京霖）

【市科委主动对接北京冬奥组委】3月，市科委主任闫傲霜带队赴北京冬奥组委，就科技支撑冬奥会筹办工作与冬奥组委秘书长韩子荣座谈交流。在日常部门工作层面，计划处也紧密保持和北京冬奥组委技术部、规划建设和可持续发展部门的对接交流，共同推进科技冬奥工作进展。

（李京霖）

【支撑“科技冬奥”重点专项方案研讨】5月18日，科技部社发司召开科技冬奥工作座谈会，商讨形成国家重点研发计划“科技冬奥”重点专项方案，要求市科委结合《科技冬奥（2022）行动计划》重要精神，围绕“零排供能、绿色出行、5G共享、智慧观赛、运动科技、清洁环境、安全办赛、国际合作”等8个方面反馈重点研发任务。经统筹市科委计划处、社发处、电装处、双新处、农村处等相关处室，共反馈社发司25项重点任务。

（李京霖）

【科技冬奥新能源领域技术专家组成立】9月28日，市科委组织召开科技冬奥新能源汽车技术专家座谈会，并宣布成立北京市科技冬奥新能源领域技术专家组，依托专家资源共同推进冬奥绿色出行。专家组由17名专家组成，分为电动汽车组、燃料电池汽车组、智能网联汽车组、基础设施及示范应用组，并设立总体组统筹推进专家组工作，中国工程院院士孙逢春担任专家组组长。

（申　彤）

【零度以上高品质动态人工造雪和储雪一体化技术与装备研究】年内，市科委支持北京大学张信荣教授团队开展“零度以上人工造雪和储雪一体化技术研究”，并在延庆石京龙滑雪场开展中试示范。该任务目的在于当气温处于0摄氏度以上时，实现安全、高效、环境友好、低成本、高品质的人工造雪，并同时维持适宜的储雪环境。重点任务研究与开发在0摄氏度以上天气环境下动态人工造雪和储雪一体化的技术与设备，从而为在自然缺雪、少雪的情况下2022年冬奥会、冬残奥会的顺利进行提供一种解决方案，实现绿色奥运、科技奥运。同时，也为环保经济型人工造雪与储雪一体化技术在我国少雪、缺雪地区雪上运动的开展提供新的技术，打造0摄氏度以上人工造雪这一创新型新兴产业，带动京津冀区域冰雪运动产业的整体发展。

（李京霖）

【18 项领域技术需求对接情况】 年内，北京冬奥组委结合 2022 年冬奥会目标任务、承诺事项、区域发展、科技发展等多方面因素，提出 18 项领域技术需求，主要集中在能源循环利用、赛事核心技术和科技服务保障等三方面。市科委围绕北京冬奥组委需求，结合既有支持情况，在 13 项领域已经具备 42 项技术成果，涉及科技经费 1.7 亿元。

（李京霖）

【18 项领域技术需求对接——5G 商用可行性研究典型案例】 年内，在 5G 商用可行性研究方面，大唐移动通信设备有限公司正在开展“5G 关键技术研究与试验网系统研发”工作，并在怀柔雁栖湖开发区搭建 5G 整体验证与测试环境。

（李京霖）

【18 项领域技术需求对接——北斗卫星示范应用典型案例】 年内，在北斗卫星示范应用方面，中科院光电研究院、中国测绘科学研究院、北京东方联星科技有限公司三家联合开展“亚米级北斗广域增强系统研发”工作，并将在京津冀地区开展面向智能网联驾驶的定位服务应用验证。

（李京霖）

【18 项领域技术需求对接——互联网特殊通信典型案例】 年内，在互联网特殊通信方面，北京中科晶上科技股份有限公司、中科院计算技术研究所联合完成“超级基站工程样机研制”工作，攻克空地网络组网机理和体系架构，夯实大容量多媒体可靠分发的关键技术，确立北京在空天地一体化的引领地位。目前，该技术应用于我国第一代卫星移动通信系统——天通一号，支撑天通一号地面站的建设任务。

（李京霖）

【18 项领域技术需求对接——循环可持续技术及应用典型案例】 年内，在循环可持续技术及应用方面，市水科学技术研究院完成“再生水补水型城市河湖水系生态修复技术集成与示范”工作，为再生水的利用提供科学可靠的方向，目前已经在清河下游羊坊闸至沈家坟闸下河段开展了 6.6 千米的工程示范。

（李京霖）

【18 项领域技术需求对接——提高运动员竞技水平典型案例】 年内，在提高运动员竞技水平方面，国家体育总局体育科学研究所正在开展“体育训练数据与视频同步采集分析系统设计研发与应用”工作，研发国内首创的运动多类型训练数据与视频图像同步采集和分析软硬件系统及装备，提高我国体育训练的效率和科学化水平，成果将逐步向大众健身领域推广。

（李京霖）

【18 项领域技术需求对接——绿色能源利用典型案例】 年内，在光伏发电、风力发电、地热利用等绿色能源方面，国网北京市电力公司、中科院电工研究所等单位联合开展“延庆县智能电网综合接入关键技术研究”工作，提高分布式新能源接入后电网调度运行的可控性和电网安全稳定性，为大规模分布式新能源接入提供技术支持，目前该成果已经在京能北京八达岭太阳能综合试点工程实现并网发电。

（李京霖）

【18 项领域技术需求对接——集成变电站典型案例】 年内，在集成变电站方面，清华大学、北京智中能源互联网研究院有限公司等单位正在联合开展“自治微网能源路由器研制与示范应用”工作，结合能源互联网用户需求侧能量交换与互联的需求，研制低压小容量能源路由器，研制能源路由器样机将在海淀北区能源互联网示范工程中进行示范应用。

（李京霖）

【18 项领域技术需求对接——大型活动管理典型案例】 年内，在大型活动管理信息系统及赛后利用研究方面，北京红马传媒文化发展有限公司正在开展“文体票务安全防伪服务平台研发及应用”工作，在票品介质支持、安全防伪、系统平台化、设备集成度等方面实现票务平台换代升级，提升票务服务科技水平，促进文化体育产业有序、繁荣发展。

（李京霖）

【18 项领域技术需求对接——标准体系及评估评价指标体系典型案例】 年内，在冬奥会相关领域标准体系及评估评价指标体系研究与应用方面，清华大学、市建筑设计研究院有限公司完成的“绿色奥运建筑评估体系及奥运园区能源系统综合评价与分析”项，研究成果应用在 2008 年奥运建设工程。

（李京霖）

【18 项领域技术需求对接——场馆智能化管理典型案例】 年内，在场馆智能化管理方面，北京电视台完成“大型活动新媒体互动技术实现及应用”研究，形成大型活动的现场高密度无线覆盖和新媒体互动技术能力，目前已经建成一套能满足 5000～

10000 人接入的高密度 WiFi 覆盖系统，同时所有系统设备具备便携和快速部署实施能力。

（李京霖）

【18 项领域技术需求对接——基础大数据的服务预测典型案例】年内，在基础大数据的服务预测方面，中科院信息工程研究所、北京邮电大学完成了“基于政务大数据的智能分析系统研发与应用”，为全市政务网站预警应急响应和事件调查提供有力支撑，目前已经在首都之窗的政务外网进行信息安全监控。

（李京霖）

【18 项领域技术需求对接——智能翻译与识别典型案例】年内，在多语言、无障碍智能翻译与识别方面，传神联合（北京）信息技术有限公司完成“体育新闻多语服务系统研发与应用”工作，构建了一个具有自主知识产权的科学、系统、规范的多语种体育信息资源库，可对国内外体育传媒、大型赛事承办方、体育事业管理机构提供多语信息服务。

（李京霖）

【18 项领域技术需求对接——奥运智能交通典型案例】年内，在奥运智能交通方面，首都公路发展集团有限公司正在开展“高速公路多功能协同设计与评估及示范应用”工作。围绕高速公路文化、绿色、安全、智慧为一体的协同建设理念，形成需求分析—协同设计—效果评估—示范应用一体化的绿色公路设计规范。项目研究成果在兴延高速以及延崇高速（北京段）上应用，为世园会以及冬奥会提供绿色公路通道。

（李京霖）

【“农产品安全生产与供应关键技术研究及应用示范”重大项目启动实施】年内，针对 2022 北京冬奥会农产品供应安全保障，市科委启动实施“农产品安全生产与供应关键技术研究及应用示范”重大项目，将加强深冬蔬菜安全生产与供应关键技术研究与示范应用，建设一批冬奥会农产品生产、加工配送直供基地，提升农产品生产源头保障能力；构建冬奥会农产品供应全程标准体系，构建科学高效的供奥农产品风险管控体系，为确保冬奥会农产品供应安全奠定基础。

（王伟娟　赵淑红　赵　娣）

【为冬奥会提供测绘地理信息保障服务】年内，由市科委认定的设计创新中心北京市测绘设计研究院为冬奥组委提供 1∶500 比例尺地形图和数字高程模型，为冬奥会场馆建设和滑道设计提供了科学准确的依据和支撑。其中，海坨山 1∶500 比例尺地形图是国内首次运用无人机进行高精度的 1∶500 大比例尺山区地形图测绘，为山区复杂地形的设计提供了重要依据。同时，由机载激光雷达数据生成高精度的数字高程模型，可反映地表高程的精细起伏变化，为雪车、雪橇、高山滑雪的滑道设计提供必要、精准的数据支撑。下一步，还将建设智慧冬奥会地理信息平台，构建冬奥会赛区实景三维模型，并与赛区规划、建设和运行管理有机衔接，实现赛区从宏观到微观、从室外到室内、从地上到地下、从二维到三维的一体化管理，为冬奥会建设提供全生命周期的测绘地理信息服务。

（王露菲）

军民科技融合

【概述】2017 年，市科委统筹协调推进军民融合科技创新工作。全面启动军民科技协同创新平台争创工作，推动平台建设工作纳入 2018 年全国科技创新中心建设重点任务和预算。汇聚外部资源，与军事科学院、军民融合新型科研机构对接；汇聚智库资源，与军事科学院军民融合研究中心、国防工业出版社军民融合协同创新中心等 4 家战略研究机构建立工作支撑机制。推动存量军民融合创新平台提质增效，促成北京市涉密信息载体安全管理工程技术研究中心与信息中心、软测中心、网络信息安全联盟的对接合作;促成北京市应急生存保障工程技术研究中心服务北京市应急救援体系建设,推动应急食品、救援物资、保障装备等40余种军民融合应急救援最新科技成果应用。布局新建一批军民融合创新平台,积极推动军事科学院创新平台在北京落地,在人工智能、功能材料、生物医药等领域探索设立军民融合研究院(中心);联合中粮营养健康研究院共同发起成立军民融合食品技术创新战略联盟,深化产学研合作,打通上下游产业链。

(市科技史志办公室)

【北京市涉密信息载体安全管理工程技术研究中心成立】3月23日,北京科技协作中心与中国航天科工三院三〇四所签署战略合作协议,揭牌成立北京市涉密信息载体安全管理工程技术研究中心。工程技术研究中心主要围绕网络与信息安全、新一代信息技术等领域开展技术研发、科研资源共享、成果转化,积极承担科技计划项目,建设军工科技成果在京转化和产业化的孵化器。

(洪 彬)

【与信息科技大学座谈军民科技融合】9月21日,北京科技协作中心到北京信息科技大学座谈交流。北京信息科技大学副校长陈刚等参加座谈。座谈会上,信息科技大学科技处副处长曹林介绍了学校概况,以及信息、军工等领域的科研现状与需求,指出信息科技大学是最早获得军工四证的市属高校,在信息与国防科技领域具有较强的科研基础,积累了较多成熟的科研成果。科技协作中心副主任周晓柏表示信息科技大学在军民融合、信息技术领域具有较强的研发实力,希望学校能够进一步聚焦研发与成果转化需求,与协作中心建立沟通机制,推动更多的科技成果转移转化,为国防建设提供有力保障,同时希望信息科技大学能够加入北京军民科技协同创新平台的建设工作中,共同推动北京军民融合科技创新深度发展。陈刚表示将充分发挥学校在信息领域的科研优势,利用好学校的人才培养平台,为北京建设全国科技创新中心、推动军民融合科技创新深度发展提供支撑。

(洪 彬)

【军民融合食品技术创新战略联盟成立】10月25日,由北京科技协作中心支持、中粮营养健康研究院发起的“军民融合食品技术创新战略联盟”在未来科学城成立。联盟在科技部农村司和北京市科学技术委员会指导下,汇聚军、产、学、研科技创新资源,以重大军民融合食品技术创新、成果转化和产业促进为目标,以运用市场机制融合产学研合作为纽带,以实施两项国家“十三五”重点研发计划项目为抓手,通过畅通军地对接渠道,打通上下游产业链,推动京区食品科技领域一流科研机构与国内食品行业企业的产学研合作,促进食品技术领域军民融合深度发展。

(洪 彬)

【北京市军民融合科技创新机制研究课题完成】年内,北京科技协作中心与中船重工714研究所国防动员发展研究中心共同完成了市科技计划课题“北京市军民融合科技创新机制研究”(课题编号:Z171100003217001)。课题通过概念界定、文件梳理、资源现状分析、案例研究、模式提炼和对策探索,梳理总结了国内外军民融合科技创新基本情况,分析了北京军民融合科技创新体制机制的现状和问题,提出了完善军民融合科技创新机制的政策建议。

(洪 彬)

科技服务

技术转移转化

【概述】 2017年，市科委围绕高新技术成果转化项目认定、战略性新兴产业科技成果转化基地认定，开展成果转化政策延伸服务，促进科技体制改革，系统推进科技成果转化工作。以成果转化项目认定服务为抓手，促进产学研合作，助力构建首都高精尖产业结构。2017年认定的成果转化项目，具有较高的技术水平，经济社会效益比较显著，企业成果转化能力较强，对高精尖经济结构建设做出了重要支撑。以成果转化基地为载体，推动公共服务平台建设，促进高新技术成果落地转化。支持一批符合全市产业空间布局要求、主导产业突出、产业链完善的产业基地，通过支持转化基地公共服务能力平台项目的建设，引导基地加强产学研科技创新，提升承载国家重大项目落地的服务能力，打造产业集群，助力全国科技创新中心建设。

2017年，北京技术市场继续保持较快增长态势，实现"双突破"：全市认定登记技术合同突破8万项，达81266项，比上年增长8.4%，增幅达近5年最高；成交额突破4000亿元，达4485.3亿元，增长13.8%。作为全国科技成果交易核心区显著标志，北京技术市场快速发展更好服务全国科技创新中心建设。

（市科技史志办公室）

【2017国际技术转移春季育成项目成果发表会举行】 6月2日，北京技术交易促进中心召开2017国际技术转移春季育成项目成果发表会。中国农村技术开发中心研究员贾敬敦、中国国际技术转移中心主任黄平、国家农业科技成果转化创新联盟秘书长孙传范、英国大使馆高级科技政策顾问欧庆辉等行业专家及项目企业、投资机构的300余人参加此次会议。此次会议发布了"盛世康和"项目、英国牛顿基金关于农业遥感技术项目、英国创新署精准农业大数据+畜牧业种群监控系统、光伏产业链可回收硅料再生项目、用于建筑结构抗震保护的复合基地项目等15个育成项目。这些项目来自中国、意大利、英国等多个国家和地区，覆盖农业食品、健康医疗、纳米技术、微电子、教育等多个行业领域。

（张文聃）

【第二十届科博会举行】 6月8—10日，第二十届中国北京国际科技产业博览会举行。来自6个国际组织、51个国家和地区的境外代表团组和29个省区市的代表团参展参会。据不完全统计，科博会期间签署技术交易、产业合作项目82个，总金额达733.26亿元人民币。为期3天的科博会共有20余万人次参加各项活动。其中，展览会3天接待观众14万余人次；13场项目推介交易活动吸引了国内外近5100位客商参与；7场论坛受到业界热捧，170位国内外知名人士登台演讲，听众4600余人次。与往届相比，本届科博会签约项目呈现4个特点：一是突出高精尖产业结构特点，九天微星全球共享卫星星座计划项目等一批航空航天、新一代信息技术、新材料、生物技术项目签约金额495亿元，占总签约金额67.5%；二是助力京津冀协同发展，天津东疆保税港区项目、河北沧州渤海新区项目、河北隆化县农业合作项目等多个京津冀项目占总签约数量的12.4%；三是积极疏解非首都功能和破解"大城市病"，多家北京公司在河北建设厂房、物流基地，多个智慧城市、智慧交通、新能源汽车、氢能燃料项目积极破解"大城市病"，项目签约额超过50亿元；四是科技惠民项目占比突出，金鲁班全民健康医疗项目、老城区改造、青藏高原牦牛物联网及爱心认养等项目突出服务民生、科技惠民的特点，总签约额208亿元，占比28.4%。

（科博会官网）

【第二期国际注册技术经理人培训班开班】 10月27日，由中国国际技术转移中心、英国普雷塞斯中心（PraxisUnico）和聚思睿管理咨询（北京）有限公司共同主办的2017国际注册技术经理人认证（RTTP）系列培训班在中国国际技术转移中心举行开班仪式。科技部火炬中心技术市场管理处副处长陈彦出席开班仪式并致辞，中国国际技术转移中心主任黄平主持仪式。本次培训为期12天，来自江苏、广州、山东、上海等地的29名学员参加。培训班为来自不同行业不同领域的学员提供一个相互交流学习的平台，引进世界上先进的技术转化流程与技巧，进一步为提升中国的技术转化效率提供可以借鉴的经验，有助于我国科技成果转移与国际接轨，有助于开阔我国企业的国际视野，引进国际先进技术，更有助于我国进一步整合全球创新资源为己所用。

（张文聃）

【北京科技代表团参展第十九届高交会】 11月16—21日，由商务部等部门和深圳市政府共同主办的第十九届中国国际高新技术成果交易会在深圳会展中心举行。市科委会同中关村管委会组成北京科技代表团参加高交会，分别在9号馆设立“全国科技创新中心”和7号馆设立“中关村科技创新成果”展区。同时，举办“建设具有全球影响力的科技创新中心——打造北京发展新高地”专题活动。“全国科技创新中心”展区围绕加快推进“三城一区”主平台建设，重点汇集了北京中科寒武纪科技有限公司的“世界首款商用深度学习专用处理器——寒武纪1A处理器”、北京旷视科技有限公司的“人脸识别天眼系统”、零度智控（北京）智能科技有限公司的“DOBBY口袋无人机”等重大科技成果。“中关村科技创新成果”展区通过企业推介和观众体验等形式，重点展示前沿科技、创客汇、智慧健康等领域的主要创新成果。

（陈治光　王建芳）

【2017中国（北京）跨国技术转移大会召开】 11月27—29日，2017中国（北京）跨国技术转移大会召开。本次大会以“汇聚全球之智、共谋创新发展”为主题，除北京主会场外，还组织了“智汇昆明”活动，以“创新战略、前沿趋势、要素整合、产业发展”为主线，共组织34个专场。大会邀请近400位嘉宾做主题演讲，为全球创新发展、跨国技术转移及中国的技术创新建言献策。来自全球40个国家和地区的各界精英近3000人参会，其中，国外嘉宾达500人。大会共收集、梳理了500多个项目，实现了1500多项次的跨国项目对接，达成600余项的合作意向。通过前期的预对接和交流，形成涉及产业化落地、国际合作平台、基金与园区合作的15个签约成果，签约金额达45.5亿元。

（张园婷）

【优化成果转化项目认定网络管理平台及评审流程】 年内，北京市高新技术成果转化服务中心进一步优化成果转化项目认定网络管理平台，开展受理申报、组织评审、信息反馈等全流程网络化管理。为保障财政资金使用效率，避免虚假申报等行为，在会议评审的基础上增加了实地核查环节，随机抽取专家组成核查小组，对入围项目逐一进行实地核查。重点核查项目申报内容的真实性、企业的成果转化承载能力、项目成果转化及运营情况、财务状况等。

（王　磊）

【加强成果转化政策宣传培训】 年内，市高新技术成果转化服务中心深入部分区县、园区进行成果转化政策巡讲，共召开政策宣讲会10余次，涉及海淀、朝阳、东城、西城、石景山、丰台、通州等多个区域，涉及企业近千家，同时利用热线电话、网络等为企业提供实时政策咨询。

（王　磊）

【150项高新技术成果转化项目通过认定】 年内，市高新技术成果转化服务中心共受理高新技术成果转化项目646项，经过专家评审和实地核查情况，按照择优认定原则，共认定项目150项。项目均为落地本市且已实现转化和产业化的项目。

（王　磊）

【高新技术成果转化认定项目聚焦北京高精尖经济结构】 年内，高新技术成果转化认定的150个项目聚焦北京高精尖经济结构，其中63.4%属于新一代信息技术领域，18.3%属于节能环保领域，11.3%属于高端装备制造领域。93项涉及科技服务业，占比65.3%；上年实现服务收入170.46亿元，占服务业项目总收入的66.3%。

（王　磊）

【高新技术成果转化认定项目取得知识产权情况】 年内，高新技术成果转化认定的150个项目取得专利、软件著作权、集成电路布图设计专有权、国家新药等各类知识产权共5202项，其中发明专利1244项；获得北京市新技术新产品（服务）认定共273项；项目上年度研发投入49.07亿元，占销售收入比例达12.2%。

（王　磊）

【高新技术成果转化认定项目取得经济效益情况】 年内，高新技术成果转化认定的150个项目实际完成投资总额380.96亿元；项目上年实现销售收入总计404.96亿元，缴税27.55亿元，实现净利润89.89亿元。“三城一区”范围内认定项目74项，占比49.3%；上年实现销售收入193.61亿元，缴税13.10亿元，实现净利润49.52亿元，占比分别为47.8%、47.5%、55.1%。

（王　磊）

【高新技术成果转化认定项目支持企业实力情况】 年内，高新技术成果转化认定的150个项目支持的企业中148家为高新技术企业，占比98.7%；89家获得国家和北京市重点实验室、工程技术研究中心、企业技术中心等各类科技机构认定；企业科技人员占职工总人数比例57.4%，入选高端人才120人次；持续引导企业加大研发投入，上年度企业研发投入总额87.61亿元，占销售收入比例6.9%；其中39家国有企业研发投入40.31亿元，占比46.0%。

（王　磊）

【为高新技术成果转化认定项目提供科技金融服务】 年内，北京市高新技术成果转化服务中心注重加强对高新技术成果转化认定项目的后续延伸服务工作，努力解决中小企业融资难问题，通过与北京银行签订《合作框架协议》，开发“科技贷之成果转化贷”等专项金融服务方案。高新技术成果转化服务中心通过北京银行，为获得高新技术成果转化项目立项支持的企业进行对接，继续开展科技成果转化贷工作。截至11月底，累计为成果转化认定企业协调银行科技贷款49247万元。

（王　磊）

【引导高新技术成果转化项目承担单位与院所高校合作】 年内，继续引导已认定的高新技术成果转化项目承担单位与在京院所高校开展合作。通过高新技术成果转化项目的认定，引导企业加大与院所高校的合作力度，开展成果转化工作。据统计，截至年底，共53家企业与101家高校院所合作，其中98家国内高校院所，1家美国高校院所，2家加拿大高校院所。198家国内高校院所分布于全国18个省市，其中北京占62家。

（王　磊）

【战略性新兴产业科技成果转化基地认定】 年内，没有认定新的成果转化基地。自2012年开展科技成果转化基地认定工作以来，累计认定基地41家。基地总规划面积170平方公里，分布在海淀、怀柔、大兴、昌平等11个区。所认定基地基本代表了该区域的优势产业，符合该区域今后在北京市总体规划部署的发展方向。据统计，2016年度基地入住企业超过13300余家，实现总收入9800多亿元，上缴税收达800亿元。

（王　磊）

【战略性新兴产业科技成果转化基地建设】 年内，市高新技术成果转化服务中心在市科委支持下，继续做好北京市战略性新兴产业科技成果转化基地建设工作。转化中心于3月7日启动2017年度北京市战略性新兴产业科技成果转化基地建设专项申报工作，支持基地开展投融资、技术转移、专业技术咨询等专业服务能力建设，检测、设计、中试等公共服务平台建设，以及牵头开展关键共性技术研发、技术标准制定、科技成果示范应用等工作。根据会议评审结果和实地核查情况，按照择优认定原则，年内共支持项目10项。

（王　磊）

【战略性新兴产业成果转化基地承接院所高校成果情况】 年内统计，2016年度北京市战略性新兴产业科技成果转化基地承接政府科技项目共计333项，同比增长9%；与高校院所合作的基地内企业80家，共计118个项目；与中科院、清华大学、北京理工大学、北京航空航天大学等近60家在京院所高校开展合作。合作项目中，达国际领先水平7项，达国际先进水平12项，达国内领先水平56项，达国内先进水平11项。其中成果来源有14项为国家科技项目，17项北京市科技计划项目，40项为横向课题，项目原始成果形式以发明专利和非专利技术为主。

（王　磊）

【战略性新兴产业成果转化基地研发投入及专利申请情况】 年内统计，2016年度北京市战略性新兴产业科技成果转化基地研发投入总额达到530.8亿元，同比提高4%；专利申请数达到40665件，同比增长25%，其中授权16168件；创制标准数达到171个，同比增长45%。

（王　磊）

【战略性新兴产业成果转化基地成果转化输出情况】 年内统计，2016年度北京市战略性新兴产业科技成果转化基地开展科技成果转化项目5914项，同比增长6%；技术交易额393.7亿元，同比增长24%。

（王　磊）

【战略性新兴产业成果转化基地科技服务情况】年内统计，2016 年度北京市战略性新兴产业科技成果转化基地内科技条件平台 143 个，同比增长 36%；服务企业次数 165.4 万次，同比增长 26%；实现投融资金额 522.4 亿元，同比增长 0.6%；知识产权服务机构 121 个，同比增长 40%；上年度年基地内众创空间 68 个，同比增长 60%；基地举办培训活动 1696 次，同比增长 35%；参加培训活动人数 47076 人，同比增长 47%；举办成果对接交流活动 487 次，比去年增加 100 次。

（王　磊）

【北京技术市场实现“双突破”】年内，北京认定登记技术合同突破 8 万项，达 81266 项，比上年增长 8.4%，增幅为近 5 年最高；成交额突破 4000 亿元，达 4485.3 亿元，增长 13.8%，占全国总量的 33.4%。落地本市、辐射外省市和出口技术合同项数分别为 35709 项、44287 项和 1270 项；成交额分别为 1193.9 亿元、2327.3 亿元和 964.1 亿元；主要集中在电子信息、城市建设与社会发展、现代交通和环境保护与资源综合利用领域，共成交合同 60194 项，成交额 3758.6 亿元，占全市输出技术合同成交额的 83.8%。

（张未凡）

【技术市场对首都经济发展的贡献进一步增强】年内，技术市场实现技术交易增加值占北京地区生产总值的比重持续增长。2017 年，实现技术交易增加值 2662.8 亿元，比上年增长 11.2%，占地区生产总值（市统计局发布的初步核算值 28000.4 亿元）的比重达 9.51%。

（张未凡）

【北京技术加速京津冀协同发展】年内，北京辐射津冀技术合同 4646 项，比上年增长 20.7%，成交额 203.5 亿元，增长 31.5%，占北京辐射外省市的 8.7%。主要集中在现代交通、城市建设与社会发展和电子信息领域，成交额达 121.0 亿元，占 59.4%。环境保护与资源综合利用领域技术合同 222 项，成交额 22.4 亿元，增长 73.1%。

（张未凡）

【北京技术推进国际技术转移枢纽建设】年内，北京出口技术合同 1270 项，成交额 964.1 亿元，比上年增长 18.7%。输出“一带一路”沿线国家技术合同 163 项，成交额 300.8 亿元，增长 12.4%，占出口总额的 31.2%，主要集中在环境保护与资源综合利用、电子信息和现代交通领域，占 80.8%。

（张未凡）

【设计领域技术合同成交额 577.7 亿元】年内，设计领域技术合同成交项数为 6164 项，成交额 577.7 亿元，其中输出京外超过 90%。

（曲俊燕）

创业孵化服务

【概述】2017 年，市科委围绕全国科技创新中心建设，加强科技推广和创业孵化服务。举办各类交易会、推介会，调动孵化器、各区和各园区管委会、产业联盟、投资机构等资源，加强项目向成果转化推进，让成果转化转起来、动起来。充分发挥各类产业联盟作用，鼓励产业联盟参加各类技术交流对接会；不断完善产业联盟运行机制，促进科技成果转化与模式创新。推进农村版众创空间“星创天地”建设，切实了解“星创天地”需求，扎实开展服务。年内，全市双创服务规模不断扩大。截至年底，全市双创服务机构超过 300 家（包括国家或市级认定、备案的科技企业孵化器 70 家，大学科技园 29 家，众创空间 219 家）。其中，国家级科技企业孵化器 55 家，年内新增 6 家；科技部备案的众创空间 167 家，年内新增 43 家；国家专业化众创空间 5 家，年内新增 3 家；国家双创示范基地 20 家，年内新增 16 家。本市近 60% 的双创服务机构分布在“三城一区”，其中中关村科学城最为集中，占比达 47%。

据市科委统计数据显示,2016 年,北京地区开展创新创业培训 2784 次,参加人数 37.36 万人次。举办科技类项目投资路演和宣传推介活动 1493 次,参加人数 5.97 万人次。举办科技类创新创业赛事 452 次,参加人数 14.38 万人次。

(市科技史志办公室)

【中国创新挑战赛(北京)举行】1 月 5 日,由科技部指导,科技部火炬中心、北京市科委、天津市科委、河北省科学技术厅共同主办,首都创新大联盟、京津冀技术转移协同创新联盟、众创空间联盟共同承办的首届中国创新挑战赛(北京)现场赛举行,标志着首届中国创新挑战赛(北京)落幕。科技部火炬中心党委书记翟立新、北京市科委委员刘晖、河北省科技厅副厅长张永强和天津市科委相关负责人出席现场赛,并为获胜企业颁奖。首届中国创新挑战赛旨在通过大赛共同打造一个需求引导技术创新、挑战促进成果转化的平台。结合京津冀协同创新共同体建设和区域产业转型的创新需求,共征集 600 个需求,涉及 18 个细分领域;发动 300 多家京津冀三地科技服务机构广泛参与;先后组织专家 40 余人次进行需求筛选、审核、方案评价等工作。北京赛区现场赛发布了清洁能源、高端装备制造、电子信息、现代农业 4 个领域的企业需求,9 项解决方案采用路演式同场 PK,来自科研、生产一线的专家、投资人、企业和媒体代表组成评审团进行现场点评。最终北汽集团越野车研究院等 7 家单位获得"企业需求奖";北京芽叶果生态科技有限公司等 12 家单位获得"最佳挑战者奖";北京发明协会等 31 家单位获得"优秀组织单位奖"。大赛促成技术交易额达 1500 万元。

(左志芳　张文聃)

【北京现代农业联盟年会召开】1 月 10 日,北京现代农业联盟召开联盟 2016 年度工作年会,112 家联盟成员单位的负责人近 200 人参加会议。会上,联盟秘书长做"2016 年联盟工作总结及 2017 年工作计划报告"和"财务收支情况报告";各成员单位围绕联盟创新发展建言献策。2016 年,联盟积极搭建信息服务平台,向联盟成员推送行业资讯、技术需求、科技成果等 1000 余条,通过微信交流达成合作协议 20 余项;承担实施市科委、中关村科技项目 9 项,帮助联盟会员申报市科委项目 39 项,帮助会员申报对口帮扶河北地区科技扶贫项目 16 项,遴选推荐第一批北京市"星创天地"10 家;研究蔬菜产业标准体系,形成了《蔬菜联盟标准》;组织会员出国交流并洽谈合作,与日本、意大利、以色列等国家和地区建立了国际合作关系;组织京蒙两地资源按产业链对接进行精准扶贫,组织联盟企业实施科技扶贫项目;组织参加全国举办的各类农业科技展会 5 次,会上组织两地企业对接会 20 余次,加快了北京科技成果在外阜的转化应用;荣获了北京市对口办授予的北京市对口支援工作社会贡献奖、中国北方国际科技博览会组委会授予的优秀组织奖、新华网授予的社会责任公益组织奖。

(王伟娟　赵淑红　赵　娣)

【北京花卉服务产业科技创新联盟年会召开】2 月,北京花卉服务产业科技创新联盟 2016 年度年会在北京农科城顺义园区召开。北京鲜花港投资发展中心、市花木有限公司、北京京鹏环球科技股份有限公司等 17 家单位的代表和农业领域专家出席会议。会上,联盟各成员单位对花卉新品种研发、种植、贸易、会展服务和企业经营等方面如何推进创新与发展进行了深入交流和研讨。会上,对 2017 年工作进行部署。

(王伟娟　赵淑红　赵　娣)

【现代农业科技创新联盟举办"星创天地"申报辅导会】3 月,受市科委委托,北京现代农业科技创新服务联盟举办 2017 年北京市"星创天地"申报辅导会。来自北京市各区科委、农业企业、涉农科研院所的相关负责人 50 余人参加会议。会上,中国科学技术发展战略研究院专家王伟楠系统地解读"星创天地"建设的背景与内涵,分析"星创天地"建设的现状,列举"星创天地"典型案例;市科委农村中心相关人员解读科技部及北京市关于科技特派员制度与"星创天地"相关政策与文件,介绍北京市"星创天地"申报与推荐工作流程,以及当前工作进展和成效。

(王伟娟　赵淑红　赵　娣)

【北京新材料高精尖领域上市企业座谈会召开】3 月 15 日,北京新材料高精尖领域上市企业座谈会在北京新材料发展中心召开,本次会议由市科委双新处发起,北京新材料发展中心共同举办。会议邀请安泰科技、有研新材、利亚德、京东方、碧水源、钢研高纳、当升材料、三聚环保、中科三环、东方雨虹等 10 家上市企业。会上,市科委双新处处长许心超介绍北京市新材料高精尖领域的发展情况及市科委促进新材料高精尖领域发展的政策措施。新材料中心主任肖澜做补充说明。各企业针对北京市疏解非首都功能,发展高精尖产业介绍了各自的发展部署,并就目前企业针对发展高精尖面临的各种问题进行讨论。

(齐　颖)

【北京市科技特派员系统平台应用培训暨需求研讨会召开】 4月,农村中心与市农科院农业信息与经济研究所共同召开北京市科技特派员系统平台应用培训暨需求研讨会。会上,相关专家对国家及北京市科技特派员政策进行深入解读,并进行"北京市科技特派员在线"平台、"北京市科技特派员微社区"系统的应用培训。参会代表通过登录网站、关注公众号、扫描二维码等途径,实际体验了平台运行情况,了解平台在搭建一站式科技特派员创新创业信息桥梁、打通产业对接通道、推进农业资源共享等方面的功能特色与促进效果,并以现场交流和问卷反馈的形式对平台服务内容、管理机制、互动模式等提出改进意见和建议。

(王伟娟　赵淑红　赵　娣)

【北京市"星创天地"建设工作交流会召开】 4月20日,农村处、农村中心组织的2017年北京市"星创天地"建设工作交流会召开。市科委农村处、科技部农村中心科普处、市科委农村中心等主要领导,以及来自北京市的30家"星创天地"单位代表参加会议。中国科学技术发展战略研究院和北京市农科院信息所等院所的专家系统地讲解"星创天地"建设的背景与内涵,解读科技部及北京市关于科技特派员制度与"星创天地"相关政策;2016年北京市"星创天地"——小汤山农业园星创天地、悠上星创天地、农业梦星创天地的代表就"星创天地"建设的工作进展和成效做典型发言;科技部农村中心和市科委农村处、农村中心领导为2017年度20家"星创天地"进行授牌。

(王伟娟　赵淑红　赵　娣)

【中国·北京创新创业大赛季(2017)举行】 4—9月,北京银行杯中国·北京创新创业大赛季(2017)在北京举行。大赛季由科技部火炬高技术产业开发中心、市科委、市发展改革委、市教委、市经济信息化委、市财政局、市人力社保局、中关村管委会共同指导,北京创业孵育协会、北京众创空间联盟主办,由北京银行中关村分行冠名赞助。本届大赛季以"创新价值创造,聚合市场资源"为主题,吸引中关村科技园海淀园创业服务中心、第三代半导体产业技术创新战略联盟、北京新材料发展中心、北京天作理化科技孵化器等全市28家办赛机构加盟,从3400余项项目中遴选出200余项参赛项目进入总决赛,项目涵盖文创设计、互联网+、医疗大健康、新材料、智能制造及人工智能六大行业领域。大赛季总决赛于9月3—21日陆续进行,经过行业分组赛、总决赛终极PK两轮激烈角逐,选拔出15项优胜参赛项目。本届比赛北京地区赛共计344个项目参赛,推荐24项参赛项目晋级进入全国总决赛,最终,升哲科技、众清科技、中矿龙科、阿迈特、雅果等13个项目在全国总决赛中获得奖项。

(王建芳)

【中国新材料测试评价联盟成立】 6月16日,中国新材料测试评价联盟成立大会暨第一届会员代表大会在北京召开,新材料检测评价平台——中国新材料测试评价联盟正式成立。首批联盟单位122家,北京新材料发展中心当选为首届副理事长单位。联盟围绕新材料的研究开发、生产与应用,联合开展新材料全生命周期检测评价技术与标准研究,搭建新材料检测评价平台,完善我国新材料产业发展检测评价体系,为我国新材料产业提供优质服务,加快推动新材料领域技术创新与产业化应用。

(刘　超)

【神经系统疾病专科联盟成立】 6月22日,首都医科大学附属北京天坛医院神经系统疾病专科联盟成立大会在北京国家会议中心举行。天津医科大学总医院、郑州大学第一附属医院、内蒙古医科大学附属医院、青海省人民医院、宁夏自治区人民医院等来自全国30个省、自治区、直辖市的70余家大型公立三级甲等医院成为首批专科联盟成员单位。专科联盟成立后,将积极探索并完善神经系统疾病分级诊疗模式,明确各级医疗机构功能定位,形成上下联动的医疗服务格局;建立统一的技术标准、临床路径和诊疗规范,逐步实现联盟内医疗资源共享,优势互补;通过远程教学系统,建立完善的神经系统疾病专科人才培养体系;建立科研协作网络,实现国家和省级重点专科科研网络平台和病历资源的互享互用,促进神经学科发展。

(刘　阳　张　雨)

【第二届国际第三代半导体创新创业大赛启动】 6月25日,第六届中国创新创业大赛之第二届国际第三代半导体创新创业大赛启动仪式在北京举行。

国际半导体照明联盟主席、第三代半导体产业技术创新战略联盟指导委员会主任曹健林，科技部火炬中心主任张志宏等30多位领导，中国工程院院士、国家新材料产业发展专家咨询委员会主任干勇，屠海令、陈良惠、夏建白、郑有炓、刘明等10多位院士，以及200多位业内人士参加会议。国际第三代半导体创新创业大赛是由第三代半导体产业技术创新战略联盟与国家半导体照明工程研发及产业联盟联合发起，3月被纳入中国创新创业大赛专业赛体系。大赛分为企业组与团队组比赛，以碳化硅、氮化镓宽禁带半导体材料为代表，围绕第三代半导体装备、材料、器件、工艺、封装、应用及设计与仿真方面的技术应用创新、外观等周边应用产品创新以及商业模式的创新等内容征集参赛项目，涵盖光电子、电力电子、微波射频等领域，涉及传感器、LIFI技术、OLED显示、5G、紫外光源、无线充电、智慧城市应用等先进技术及应用。本届大赛分设京津冀、南方、长三角、东北、西部、中部、厦门等分赛区，比赛地点分别为河北张家口、广东东莞、江苏常州、吉林长春、四川成都、安徽芜湖、福建厦门。大赛全球总决赛在北京市顺义区举行。国际项目在意大利、英国、荷兰、芬兰四国征集。

（张　玉）

【新能源汽车体验基地启动首届电动汽车购车节】 7月15日，北京市新能源汽车体验基地携手北方华鹏集团开启首届电动汽车购车节，现场展示腾势新能源、比亚迪新能源、吉利新能源、北汽新能源、奇瑞新能源、荣威新能源等品牌10余种车型，参加活动约400人次，成交新能源汽车120余台。

（黄寅英）

【新能源汽车国家大数据联盟成立】 7月18日，新能源汽车国家大数据联盟成立大会在北京召开。工业和信息化部、科技部、财政部等国家部委，汽车行业组织、院所高校、新能源汽车整车和零部件制造商、互联网应用服务商的代表400余人参加会议。该联盟是由北京理工大学、一汽、东风、长安、上汽、北汽，以及中国汽车工业协会、交通部科学研究院、长安大学等单位共同发起成立的全国性、联合性、非营利性社会组织。该联盟将充分发挥新能源汽车国家监测与管理平台作用，全面推进大数据挖掘分析、大数据应用模式、大数据标准化研究。

（张小川）

【2017年首期国家级星创天地培训班举行】 8月24日，由科技部主办、北京市星火科技培训中心承办的2017年首期国家级星创天地培训班在北京举行。各省相关科技管理部门以及“星创天地”运营一线代表94人参加培训。会上，北京市科委农村处副处长赵静致辞，中国农村技术开发中心主任贾敬敦对现代农业发展瓶颈问题和发展思路做了阐述，科技部农村科技司基层科技与创业指导处处长杨如详细讲解了“星创天地”建设背景、意义和进展成效。培训班采取专题授课的方式，对“星创天地”相关政策、农业金融投资模式等问题做详细介绍。同时举办了首届“星创沙龙”，学员与专家参加交流，分享经验与成果，研讨各地建设模式、发展趋势，以及推进星创天地建设的措施建议。培训期间，学员们到天安兴农星创天地调研学习。

（王伟娟　赵淑红　赵　娣）

【“星创天地”建设工作培训会召开】 8月28日，市科委邀请中国农村技术开发中心主任贾敬敦指导“星创天地”建设工作，并对市科委农村中心相关人员进行了培训。培训会上，贾敬敦对北京市农业科技创新的定位进行具体分析，并就如何建设北京“星创天地”提出建议：要走出传统种养模式，发展农业高新技术产业，面向一二三产融合谋划新业态。作为农村版的众创空间，要有开放健全的功能定位、服务体系与监测机制。要与区域和地方经济社会发展紧密结合，把“星创天地”建设作为有力抓手，投身创新驱动战略实施事业。

（王伟娟　赵淑红　赵　娣）

【T 100活动颁奖典礼举行】 9月1日，由北京科技协作中心主办的第二届“T 100新技术新产品创新力行动”颁奖典礼在中国科学技术馆举行。与第一届T 100活动相比，本届T 100活动聚焦智慧生活和智慧养老领域。活动从5月开始，面向全国征集具有代表性的新技术新产品，经过资格审核，最终共有330项新技术新产品进入项目初评阶段。通过初审优选出前100名，晋级T 100，再经复议从百名中推选出前50名，晋级T 50，最后经终评严格考核，评出“T 10最佳创新奖”。

（戴旭峰）

【北京市“星创天地”建设工作座谈会召开】 9月2日，市科委农村中心召开了2017年北京市“星创天地”建设工作座谈会。来自北京市30家“星创天地”的代表、领域专家和媒体记者等近50人参加会议。会上，市科委农村中心主任李志军介绍成立创业导师团、搭建金融服务平台等推进北京市“星创天地”建设工作的8项服务工作内容。市科委农村中心总工赵淑红讲解北京市“星创天地”宣传工作思路和想法。东城职业大学金琰副教授对创业导师团队建设情况进行了详细讲解并提出建议。与会人员就如何进一步推进北京市“星创天地”建设工作进行交流座谈。

（王伟娟　赵淑红　赵　娣）

【首届北京市新能源汽车推广月活动启动】9月6日，为迎接冬奥会，推广新能源汽车及绿色出行消费理念，首届北京市新能源汽车推广月活动在北京汽车博物馆正式启动，这是北京市首个专门针对新能源汽车的主题宣传推广月活动。

（黄寅英）

【第二期创新创业示范基地实用人才培训班开班】9月18—20日，市科委农村中心与北京现代农业科技创新服务联盟、北京休闲农业创新联盟共同举办第二期创新创业示范基地实用人才培训班，京郊休闲农业园区、农庄、涉农企业负责人和科技管理部门相关人员60余人参加培训。培训中，来自农业部农产品加工局、北京农学院、北京市农科院等的11位专家围绕休闲农业政策、农庄规划、特色餐饮、创意产品开发和科技成果推介等内容做专题授课。市科委农村中心负责人员与学员们围绕生态创意农业发展的科技需求和发展的重点进行交流研讨。学员提出深化培训方式、注重科普创意与文化的结合，以及服务平台建设、园区规划、成果转化、运营模式机制、人才合作和项目策划等10余项需求。

（王伟娟　赵淑红　赵　娣）

【北京设计之都发展联盟亮相】9月19日，北京设计之都发展联盟在城外诚DXD北京设计互联中心亮相，包括北京设计之都发展有限公司、北京国际设计周有限公司等18家单位参与联盟的签约仪式。在2017年北京国际设计周期间，联盟是北京国际设计周的一个重要参与单位，积极履行作为一个专业平台组织的工作职能。联盟将聚集设计资源、共享信息、保持常态交流、持续运营设计活动，保持持续的影响力，围绕北京设计之都发展的大方向，结合自身特色和需求，积极为北京国际设计周设计之旅常态化运营做出贡献。

（王露菲）

【双创周北京会场“重大项目签约及成果发布会”举行】9月20日，2017年全国大众创业万众创新活动周北京会场重大项目签约及成果发布会在中关村国家自主创新示范区展示中心举行。市科副主任伍建民介绍了签约的重大项目和发布的创新成果情况。创新工场、中国电子科技集团公司第十一研究所及房山区政府分别作为签约代表发言。空间环境地基综合监测网等10个项目现场签约。本次签约项目重点围绕国家重大基础设施、重大专项，集中在高精尖领域，涉及人工智能、集成电路、石墨烯、光电以及科技服务业等领域，分布在“三城一区”以及密云、房山等9个区，六成以上为院所高校科技成果转化项目。会议由市科委副巡视员刘晖主持。市发展改革委、市经济信息化委、中关村管委会、北京经济技术开发区管委会等部门负责人，以及各区及管委会相关负责人，高校、院所代表，企业代表，投资机构代表和媒体代表参加本次活动。

（李新媛）

【设计周发起成立“二十四节气”品牌联盟】9月23日，北京国际设计周“二十四节气”标识系统设计获奖作品颁奖典礼暨“中国优秀传统生活方式振兴——二十四节气品牌行动计划”发布会在北京举行。会上，北京国际设计周与北京故宫博物院、同仁堂集团、时尚集团、中粮集团、中华世纪坛，共同发起成立“二十四节气”品牌联盟，并发布“中国优秀传统生活方式振兴——二十四节气品牌行动计划”。

（王露菲）

【北京升哲科技有限公司荣获中国创新创业大赛全国总冠军】9月27日，北京升哲科技有限公司代表北京赛区在第六届中国创新创业大赛先进制造行业总决赛上荣获全国总冠军。中国创新创业大赛是由科技部、财政部、教育部和全国工商联指导举办的国内规格最高的创新创业赛事，分为电子信息、节能环保、生物医药、先进制造、新材料、互联网及移动互联网6个行业赛。此次先进制造行业大赛共有全国28147家企业参赛，其中入围行业总决赛的企业有263家。升哲科技员工的平均年龄28岁，67%为研发人员，主营业务是提供超低成本的物联网解决方案，为65个国家和地区的客户提供服务，覆盖亚洲、欧洲、南北美洲、大洋洲。

（张艳萍）

【京津冀新能源汽车与智能网联汽车协同创新联盟成立】10月19日，京津冀新能源汽车与智能网联汽车协同创新联盟在北京成立，首批成员单位64家，涵盖新能源汽车行业组织、整车及关键零部件制造、充电桩建设及运营、分时租赁、金融投资等京津冀地区多个新能源汽车相关产业领域和细分专业领域，目的在于全面跟踪京津冀三地新能源汽车产业的创新发展及前沿技术，促进三地在新能源汽车领域的创新合作，推动三地资源共享及互联互通，推动三地产业联动及合作创新，加强三地示范应用。

（黄寅英）

【北京国家级星创天地建设情况】 10月23日，科技部公示了第二批"星创天地"备案名单，市科委推荐的花仙子万花园星创天地、农科孵化星创天地、青源农业星创天地等17家"模式新颖、服务专业、效果显著、运营良好"的"星创天地"入选。截至10月，北京市27家国家级"星创天地"纳入了国家级科技企业孵化器的管理和服务体系，其中5家依托高校科研院所建设，4家依托农业科技园区建设，17家依托企业建设，1家依托专业合作社建设；共聚集创业导师180余人，累计培训创业人才3万余人，孵化企业600家，培育农村新型经营主体130余个，带动就业12万余人；促进了农业技术创新和产业化的集成示范，强化了产学研结合，转化科技成果400余项。

（王伟娟　赵淑红　赵　娣）

【第二届国际第三代半导体创新创业大赛颁奖】 11月1日，在科技部火炬中心的指导和支持下，第三代半导体产业技术创新战略联盟、国家半导体照明工程研发及产业联盟主办的第六届中国创新创业大赛之第二届国际第三代半导体创新创业大赛颁奖仪式在首都机场希尔顿酒店举行。本届大赛自6月启动以来，共吸引全球近700个项目报名参赛，涉及中国、荷兰、以色列、意大利、美国、英国、日本、韩国、法国、德国等10余个国家。参赛项目涵盖光电子、电力电子、微波射频等领域，包含传感器、集成电路、LIFI技术、OLED显示、5G、紫外光源、无线充电、新能源汽车、动力电池、充电桩、智慧出行、智慧城市应用等热门技术及应用，受到了国内外广泛关注和参与。为深度整合国内外优质第三代半导体资源，本届大赛特设京津冀、南方、长三角、东北、西部、厦门、中部及国际等赛区，比赛地点分别为河北张家口、广东东莞、江苏常州、吉林长春、四川成都、福建厦门、安徽芜湖。经过多场比赛，最终在全球总决赛中评选出了企业组一等奖1名、企业组二等奖2名、企业组三等奖3名，团队组一等奖1名、团队组二等奖1名、团队组三等奖2名。福建昌达光电有限公司获得企业组一等奖，知存团队获得团队组一等奖。

（张　玉）

【第三届"纳米之星"创新创业大赛决赛举行】 11月17日，第三届"纳米之星"创新创业大赛在国家纳米科学中心举行。本届大赛由北京纳米科技产业创新联盟主办，北京新材料发展中心、北京天作理化科技孵化器有限公司（埃米空间）承办。大赛旨在带动、发掘一批新材料领域技术基础、团队构成、市场前景、商业模式等方面具有突出发展潜力的创业企业和团队，并通过系列创业集训、项目路演展示、精准匹配资源等手段，筛选、锤炼出一批优秀的种子企业和项目，实现人才、技术与产业、资本等要素的深度融合，为新材料科技成果转移转化、中小微科技企业成长壮大搭建突破"产品化、商品化"两个死亡谷的成长阶梯，进一步引领和营造"大众创业、万众创新"的良好环境，助推科技优势直接转化为创业资源、发展动力。本届大赛企业和团队报名踊跃，总参赛报名项目55项，其中企业报名数量超过60%。共21个项目参加决赛。其中北京大学刘开辉团队和八度阳光分别夺得团队组、企业组第一名。

（王　鑫）

【农产品加工联盟第三届理事会选举大会暨联盟需求对接交流会召开】 12月，首都农产品加工科技创新服务联盟第三届理事会选举大会暨联盟对接交流会召开。会上选举北京市裕农优质农产品种植公司为联盟理事长单位，中国农业大学食品学院为联盟秘书长单位。同时，市科委农村中心组织联盟成员单位参观了未来科学城入驻企业中粮营养健康研究院，并协调农产品加工联盟与营养健康食品产业联盟开展需求对接交流会，5家单位共发布8项重点成果，涉及农产品加工、食品制造、微生物污染解决等多个领域。中国农业大学介绍了北京食品营养与人类健康高精尖创新中心的建设背景和研究方向。市科委农村处主管工程师介绍了全国科技创新中心建设对农业领域工作的新要求和新部署，对开展产业科技需求梳理、科技服务和项目凝练等工作进行辅导。成员单位代表围绕联盟机制及模式优化、食品制造领域需求对接、联盟间共同发展建议等主题进行交流。

（王伟娟　赵淑红　赵　娣）

【北京市“星创天地”创业导师团成立】 12 月 29 日，由农村中心召开北京市“星创天地”创业导师团成立会。北京市“星创天地”创业导师团首批创业导师有 28 人，由北京市相关高校科研院所、创业投资机构、企事业单位以及龙头企业的创新创业专家组成，师资力量雄厚、专业结构合理。导师团推选国家农业信息化工程技术研究中心主任、中国工程院院士赵春江为北京市“星创天地”创业导师团团长。北京市“星创天地”创业导师团成立后，将从创新服务、战略咨询、商业模式优化、项目策划和创业孵化等几个方面重点开展工作。会上，参会领导为创业导师颁发了聘书。与会导师围绕如何服务北京市“星创天地”建设进行了交流，并表示将充分发挥各自优势，为“星创天地”创业者提供精准、有效的创业辅导与支撑，降低创业者的创业风险和创业成本，提升“星创天地”创客群体的创新创业能力和水平。

（王伟娟　赵淑红　赵　娣）

【“星创天地”建设工作情况】 年内，“星创天地”建设工作继续开展。截至年底，共创建省级“星创天地”30 家，其中 5 家依托高校院所建设，4 家依托农业园区建设，19 家依托企业建设，2 家依托专业合作社建设，从中推荐申报国家级“星创天地”27 家。聚集创业导师 180 余人，累计培训创业人才 3 万余人，孵化企业 600 余家，培育农村新型经营主体 130 余个，带动就业 12 万人；促进了农业技术创新和产业化集成示范，强化了产学研结合，转化科技成果 400 余项。在推动农业科技创新创业、成果转化、科技扶贫、农业产业升级和结构调整方面发挥了积极作用，成为推动城乡统筹发展、服务农村创新创业的重要支撑力量。

（王伟娟　赵淑红　赵　娣）

【北京院市合作协同创新联盟调研成员单位】 年内，北京院市合作协同创新联盟秘书处由北京科学技术开发交流中心带队，赴中科院北京分院、中科院自动化研究所、中科院化学研究所、中科院理化技术研究所、中关村天合科技成果转化促进中心、桑德集团等联盟成员单位调研。调研组与各成员单位进行座谈交流，深入了解各单位在科技成果转移转化方面获得的经验、存在的困难及对联盟的需求，并就科技人才奖励政策、科技资本运行模式、院所重点项目及联盟的工作方向等内容进行深入了解与充分沟通。

（安鹤益）

【北京院市合作协同创新联盟开展技术交流与项目对接活动】 年内，北京院市合作协同创新联盟秘书处组织北京宝辰联合科技股份有限公司，太安堂集团有限公司，江西合力泰科技有限公司与中科学院自动化研究所、理化技术研究所、化学研究所、过程工程研究所以及清华大学开展技术交流与项目对接活动。活动围绕新能源、新材料、装备制造、生物医药、电子信息等多个技术领域，针对油田化学类产品、建筑材料、便携式 CT、功能性陶瓷、锂离子电池、康复机器人等科技项目开展。其中，京宝辰联合科技股份有限公司已完成项目评估，投资 3500 万元与中科院化学所开展深入合作；太安堂集团有限公司进一步梳理技术需求，与中科院自动化所、中科曙光等单位沟通；江西合力泰科技有限公司与中科院过程所等单位的相关专家，对锂电池项目进行考察评估，推动项目落地。

（安鹤益）

【北京材料分析测试服务联盟服务在京企业】 年内，北京材料分析测试服务联盟持续服务在京材料企业。北京新材料发展中心作为联盟秘书处，推动联盟成员制定国际标准、国家标准和行业标准；借助第三方检测实验室发展论坛等平台，推介服务信息，提升整体服务质量，打造建材、钢铁、有色金属、矿冶等多行业综合对外服务体系；设立“互联网 + 测试服务”主题分论坛，促进互联网服务平台与测试技术的融合发展。通过与平台工作站和研发试验服务基地共同组织业务活动，解决企业的实际需求，累计服务 13 家小微企业，发放首都科技创新券近 80 万元。

（刘　超）

【首都创新大联盟建设情况】 年内，首都创新大联盟形成产业技术联盟间跨界开放的平台。截至年底，首都创新大联盟成员单位超过 1 万家，已颁布及正在研制的国标和行标超过 1000 项。支持联盟搭建或整合各类专业服务平台，为联盟成员提供包括共性技术研发、创意设计、检验检测等服务；支持联盟开展国内区域合作工作，促成京津冀企业达成合作；支持联盟开展国际合作，特别是与“一带一路”各相关国家和地区开展交流合作。

（左志芳）

【北京地区10个项目在创新创业大赛中获奖】年内,2017年第六届中国创新创业大赛经过8个月的地方赛和全国行业赛角逐后落幕。第六届中国创新创业大赛吸引超过2.8万家企业报名,同比增长26%,再创历史新高。中国创新创业大赛总决赛北京地区共有10个项目获得优秀奖以上名次,包含2个一等奖、1个二等奖和1个三等奖;大艾机器人经协会推荐,入围大赛季加盟赛之一——“龙门创将”全球创新创业大赛,并获得中国赛区第一名和全球总决赛第二名的殊荣。同时,对参赛项目技术创新度高、市场前景较好的优质参赛项目进行征集、遴选,以北京市新技术新产品(服务)首发平台名义,本年度共推荐32个参赛项目认定北京市新技术新产品(服务)。

(左志芳)

创意设计服务

【概述】2017年,市科委围绕全国科技创新中心建设重点工作任务,扎实推进“设计之都”建设。持续实施首都设计提升计划,全年支持100家相关机构,推出国礼、轨道、园林等一批创新设计成果,带动企业销售收入超过10亿元;已认定包括联想、小米等龙头企业在内的200家企业为北京市设计创新中心,其中高新技术企业144家,占比72%,认定企业新增专利1729件。塑造“设计之都”品牌活动。2017年红星奖吸引来自全球2313家企业的10044件作品参评,连续4年成为全球参评作品数量最多的产品设计奖项。2017年北京国际设计周吸引观众超过800万人次,带动文化旅游和各类设计消费超过30亿元,“设计之旅”活动通过与各区科委及文促中心通力合作,规模扩大至北京市9个区及天津南开、河北承德、河北白沟等42家分会场,吸引20多个国家的万余名设计师和设计机构参与;2017年中国设计节在大兴成功举行。完善DRC平台服务功能提升服务水平,北京DRC工业设计创意产业基地2017年通过组织开展资源对接、品牌宣传推广等活动,服务基地内外企业。

(市科技史志办公室)

【红星奖与中国设计智造大奖签约合作】1月16日,中国设计红星奖与浙江中国设计智造大奖建立战略合作关系。双方围绕奖项征集、评审专家推荐、媒体宣传、展览论坛等方面开展合作,共推中国设计发展,首次合作期限为3年。中国设计智造大奖创办于2016年,是为推动浙江省制造业的转型升级,由浙江省政府支持、中国美术学院主办的工业设计领域学院奖。省政府每年投入1000万元经费,其中500万元用做奖金。红星奖作为中国设计智造大奖唯一战略合作奖项,在该奖项企业参评、专家评委推荐方面给予了积极支持。同时,两个奖项强化合作也有利于推动校企对接,衔接设计研发与项目孵化合作,促进京津冀与长三角之间的区域创新协调发展。

(王露菲)

【红星奖入驻中关村西城园创新创意成果展示中心】2月,中关村西城园创新创意成果展示中心在天恒置业大厦(原天意市场)建成开放。围绕西城区特色产业及企业,该展示中心由“设计研发”“智慧城市”“内容创意”“新兴金融”4个主题展区组成,集项目推介、互动展示、成果发布、交易洽谈等功能于一身。中国设计红星奖受邀进入展示中心,结合西城区“设计之都核心区”的功能定位,设置中国精工、智能硬件、趣味生活3个主题,精选30余件获奖产品进行展示,展现设计研发在转变经济发展方式、疏解非首都核心功能、满足百姓生活方面发挥的作用。同时,红星奖与中关村西城园加强合作,为设计师和创新小微企业扩展科技、金融等对接服务,提供跨界交流与产品推介机会。

(王露菲)

【红星奖与洛客众创平台签约合作】3月21日,中国设计红星奖与洛客众创平台签署合作协议，授予其“红星奖工作站”称号。洛客众创平台成立于2016年8月，是依托于洛可可设计集团的设计交易平台和众创服务平台。通过面向设计师发布设计任务进行对接和交易，同时在线下提供投资、孵化、数据、营销、培训等支持。截至3月，洛客已上线设计任务和众创任务600余个，报名承接任务设计师超过4000人次，参与众创超过30万人次。红星奖通过与洛客众创平台合作，可联通企业与设计师两端，促进设计对产业的服务，满足企业的创新需求。

（王露菲）

【中国设计红星奖宣讲活动走进中关村】4月14日，中国设计红星奖2017首站宣讲活动在北京中关村创业大街举行。此次宣讲活动由红星奖与设计洛客众创平台共同组织，邀请洛可可设计集团、北京智加问道科技有限公司等红星奖优秀获奖企业代表，面向广大设计师、创业企业讲解设计案例和创新经验。同时，活动还邀请北京技术交易促进中心工程师到场，介绍首都科技创新券的支持范围、申请方式及使用流程。宣讲会吸引了来自荣麟家具、品那创意设计、清华大学、北京科技大学、河北美术学院、京东金融、芒果网等近百名听众。此次活动旨在开拓新思路，帮助企业相关人员、院校师生深入了解政府创新支持政策，同时进一步增强对红星奖品牌服务的了解。

（王露菲）

【2017北京国际设计周项目合作推介会举行】4月19日，2017北京国际设计周项目合作推介会在歌华大厦13层DSC歌华创意设计服务中心举行。2017北京国际设计周活动继续秉持“设计之都·智慧城市”的理念，以“设计+”为主题，紧密围绕国家文化创意和设计服务与其他产业融合发展的战略部署，汇集全球创新设计资源，推动设计服务产业链的集聚，为城市发展和经济转型升级提供智力支持，在经济新常态下发现和创造新的市场需求来推动供给侧改革。为进一步提升设计周的规模、品质和影响力，2017年设计周将进一步以最开放的姿态，将活动涵盖的十大主体板块内容全部面向社会和行业进行项目合作与招标，邀请各界创意精英与组委会携手，使北京国际设计周成为与公众互动的“展示周”、与专业互动的“交流周”、与产业互动的“交易周”。

（王露菲）

【红星奖参展深圳设计周】4月21—28日，首届深圳设计周在蛇口价值工厂开幕，中国设计红星奖受邀参展。本次活动由深圳市政府主办，深圳市设计之都推广办公室、深圳市对外文化交流协会承办，邀请底特律、都灵、北京、上海、广州等众多“设计之都”城市参展。中国设计红星奖代表“设计之都”北京携60余件获奖产品参展，为设计之都城市代表中展品最多的展位，展品涉及智能制造、移动互联、可持续设计等领域，展示了红星奖倡导的创新价值理念，同时对北京具有代表性的设计机构及其创新设计产品进行了推介。

（王露菲）

【DRC基地组织企业参加北京科技周主场活动】5月20—27日2017年全国科技活动周期间，北京DRC工业设计创意产业基地征集了基地企业与社会发展、公众生活息息相关的科技、设计创新产品，参加北京科技周主场活动。其中，DRC基地企业设计的“孝子手”老年搓澡器，以创新的技术、新颖的设计体验与人文关怀精神的结合，使公众感受到科技文化融合、设计创意为生活带来的改变，成为“科普乐园”公众最喜爱的项目之一。

（王露菲）

【红星奖参展2017年北京科技周】5月20—27日，2017年全国科技活动周暨北京科技周主场活动在北京民族文化宫举行，获得中国设计红星奖的10余件优秀产品参展。无针注射器、智能洗衣机以及iHealth家用智能血糖仪等一批与生活息息相关的产品进行展示和体验，涵盖消费类电子、家用电器、医疗器械、儿童教育及办公用品等领域。这些产品一半以上来自京津冀企业，其中，北京小米科技、天津九安医疗等企业为各自行业内的领军企业。展览中，一款由北京企业针对糖尿病患者设计的无针注射器吸引了观众和媒体的广泛关注。该无针注射器利用高压推动和极细喷嘴的原理，消除糖尿病人对针头的恐惧感，方便在公共场合自行注射胰岛素，最大限度保障了患者的尊严。

（王露菲）

【北京设计之都代表参加亚洲媒体峰会及电影之都峰会】6月6—8日，由亚太广播发展机构主办，中国国家新闻出版广电总局与青岛市政府共同承办的2017亚洲媒体峰会在青岛举行。作为2017亚洲媒体峰会的内容之一，由青岛市政府主办的联合国教科文组织创意城市网络“电影之都峰会”同期举行，来自英国布拉德福、意大利罗马、澳大利亚悉尼、巴西桑托斯、马其顿比托拉等5个电影之都，以及中国北京、上海等创意城市代表、企业及媒体共100人出席本次峰会。会议发表了《电影之都城市青岛宣言》，倡导积极落实联合国教科文组织创意城市网络宗旨、定期举办电影之都城市峰会、支持网络不断发展壮大、加强城市间文化交流合作、加强电影与其他创意领域的交流、建立常态化和可持续的合作机制。

（王露菲）

【DRC 基地组织企业产品亮相 2017 科博会】 6月8—10日，第二十届中国北京国际科技产业博览会期间，在“创新科技”展区，DRC 基地组织企业通过现场展示、互动体验的方式，使公众近距离感受设计创新如何打通科技成果转化落地的“最后一公里”。其中，展出了基地企业参与设计研发的中国首架能够克服高原反应，在6000米以上高空保持平稳飞行的民用无人航拍飞机，该无人机曾出色地完成了中国“玉树大地震”“舟曲泥石流”等自然灾害的航拍工作以及中国西部测绘工程，为救灾提供了清晰可靠的影像资料，曾获由工业和信息化部颁发的工业设计奖项中国优秀工业设计奖金奖。

（王露菲）

【“二十四节气标识系统设计征集”活动举行】 6月10日，北京国际设计周“二十四节气”标识系统设计征集活动在北京启动，这天是我国首个“文化和自然遗产日”。市文资办、中国气象局公共气象服务中心、中央美术学院、北京国际设计周组委会办公室等机构的负责人，项目合作伙伴、设计机构、高等院校及媒体的代表参加活动。“二十四节气”是中华民族独创的文化遗产，综合了天文、物候、农业气象等方面的经验，在国际气象界被誉为“中国第五大发明”。2016年11月30日，中国“二十四节气”列入联合国教科文组织人类非物质文化遗产代表作名录，成为人类文明珍贵的文化遗产。北京国际设计周依托自身平台重点推出的“二十四节气标识系统设计征集”活动，初选应征方案提交时间为6月10日至8月1日，覆盖专业设计师群体2万余人，共收到专业组参评作品534份；青少年组共收到参评作品1520份，覆盖北京市97所中小学校、125个社区，引发了广泛的社会关注。

（王露菲）

【双创平台评估调研组到 DRC 基地调研】 7月19日，全国工商联双创平台评估调研组到北京 DRC 工业设计创意产业基地进行调研。此次评估调研，是全国工商联受国务院办公厅委托，调研全市双创平台建设、企业发展情况，对持续推进“大众创业、万众创新”政策落实情况开展的第三方评估。DRC 基地作为最早开展创新创业服务的孵化机构之一，立足创新驱动，打造了培育设计产业创新发展的“生态体系”。以“服务设计，设计服务”“助设计师创业，为创业者设计”为理念，累计孵化培育企业100余家，2015年被市科委认定为首批“众创空间”，2016年成为国家级“众创空间”，被纳入国家科技企业孵化服务管理体系。

（王露菲）

【2017 红星奖初评在北京举行】 7月26日，2017中国设计红星奖初评在北京举行。本次评审会邀请了来自北京、上海、广东、江苏、湖南及陕西的行业协会、高校、企业的12位评委对参评产品进行评审，中国工业设计协会副会长赵卫国、中国设计红星奖执行主席陈冬亮为评委颁发聘书。最终近400件产品进入终评。评审过程由公证处全程进行公证。评委普遍认为2017年红星奖产品参评数量增长迅速，产品质量较高，国内外知名企业云集，智能技术应用和科技创新特点明显。

（王露菲）

【2017 红星原创奖评审在北京举行】 8月23日，中国设计红星原创奖终评在北京举行。经过专家评委网上初评，共有437件红星原创奖作品入围此次终评和决赛。本次活动邀请了来自清华大学美术学院、中国建筑设计院、海尔创新设计中心、视觉中国集团、京东众筹、滴滴出行、花瓣网等高校院所、知名企业、互联网公司等领域的9位评委，对入围产品进行了严格评审。最终50余件作品获得红星原创奖各奖项，获奖比例2.3%。评审过程由公证处全程进行公证。2017中国设计红星原创奖自3月15日征集开始，至6月15日原创奖报名结束，共有2444件作品参评，比2016年数量增长115%，创历届新高。

（王露菲）

【中创红星基金推荐会举行】 9月6日，由大兴区科委、新媒体产业基地管委会指导，中关村企业信用促进会、中创红星基金共同举办了中关村企业信用促进会系列政策宣讲会大兴平台专场暨中创红星设计创业投资基金推介会，企业代表70余人参加。中创红星基金获得市科委科技成果转化引导基金的支持，依托北京工业设计促进中心在“首都设计提升计划”项目库和20年产业经验及专业企业孵化空间建设的优势，中关村瞪羚基金在股权投资基金方面的专业管理经验，以及相关上市公司、建信投资的金融资源，以“发现早期企业价值，整合资源提升企业价值”为创新孵化模式，通过“设计提升”，将“整合设计产业链上下游”与“综合金融服务”相结合，帮助北京的科技企业有效整合战略资源，实现产业升级。

（王露菲）

【中国设计红星奖亮相中国设计节】9月8日，2017中国设计节在大兴区亦创国际会展中心开幕。在开幕式上，中国设计红星奖荣获中国设计节奖项大奖。应主办单位邀请，红星奖精选了2017年参评产品及历年获奖产品共50余件参展。为更好地向大众展示设计的魅力以及设计为生活带来的改变，拉近大众与设计之间的距离，红星奖围绕智能硬件、趣味生活和绿色交通3个主题，展出了七轴协作机器人、家庭机器人、联想智能台式机、小米超薄电视、哈曼音响、摩拜单车等产品，参观者可近距离观察和体验。

（王露菲）

【中创红星基金2017中国设计节现场签约】9月9日，由市科委科技成果转化引导基金组织，北京工业设计促进中心、大兴区科委、建信投资、中关村瞪羚基金等共同发起设立市场化运营的股权投资基金“中创红星设计创业投资基金”，在2017中国设计节设计交易活动中与基金服务的3家企业签约。2017中国设计交易会秉承中国设计节“更高、更远、更绿”主题精神，将生态、环保、可持续设计理念贯穿大会始终，通过汇集全国优秀设计成果，打造中国设计高端展示平台，开展国内外先进技术交易，以技术交易、项目合作、投资融资促进设计产业发展。

（王露菲）

【第十二届文博会举行】9月11—13日，第十二届中国北京国际文化创意产业博览会在北京国际展览中心举行。据不完全统计，本届文博会3天接待各界观众约15万人次。本届文博会的六号馆“设计创意馆”由市科委主办，北京工业设计促进中心承办。展区共计1500平方米，以“科技创新中心闪耀创意魅力”为主题，以促进“新技术、新产品、新服务、新模式、新理念”推广为主线，重点展示全国科技创新中心形象和北京“设计之都”建设成就。“设计创意馆”企业展区参展企业达82家，包括北京精灵世界文化有限公司、北京传翼四方科技发展有限公司、北京大拙创意科技有限公司、简苑科技发展（北京）有限公司、北京衬衣控国际文化传播有限公司、北京四艺青文化传播有限公司、原住民（北京）家居科技有限公司、北京诗意栖居科技有限公司、北京凯福基贸易发展股份有限公司、北新国际木业有限公司等一批知名科技企业及文化品牌公司。

（陈治光）

【2017工美杯获奖作品亮相北京文博会】9月11—13日，2017工美杯获奖作品亮相北京文博会。活动由市经济信息化委主办，北京工业设计促进中心等10余家单位协办。展览主要分为2017“工美杯”北京工艺美术创新设计大赛获奖作品展示区、京津冀工艺美术行业协同发展展示区、优秀工美企业展示区和民间工艺大师现场演示区等部分，在北京国际展览中心2号馆工艺美术展区展示。借助北京文博会的丰富资源平台和广泛影响力，“‘工美杯’北京传统工艺美术大赛和创新设计大赛”已成功举办多届，发展成为北京工艺美术行业最具影响力的赛事活动。

（王露菲）

【2017北京国际设计周新闻发布会召开】9月14日，市政府新闻办公室和市文资办共同举办的2017北京国际设计周新闻发布会在市政府新闻办公室新闻发布厅召开。本届设计周于9月21日至10月7日在北京举行，秉持“设计之都智慧城市”的理念，以“设计+”为主题，关注设计作为一种方法论对推动国家经济转型，优秀传统文化传承创新，构建高精尖产业结构，产业结构转型、优化、升级等方面的作用。

（王露菲）

【PechaKuchaBeijing国际创意论坛举行】9月16日，在双创周期间，第34届国际创意论坛PechaKucha Beijing在北京设计之都大厦举行，邀请来自建筑、服装、家居等领域的设计师围绕创意、创新、创业结合各自经典案例进行演讲与交流互动，业内人士百余人参加。论坛演讲采用全球独特的20×20模式，即演讲者在6分40秒内展示20张图，每张图用20秒来讲解各自的创意。

（王露菲）

【2017 设计之旅开幕】 9月19日,2017北京国际设计周设计之旅开幕式在城外诚DXD北京设计互联中心开幕。市科委、市文资办等相关单位领导和专家出席了开幕式。设计之旅作为北京"设计之都"建设的重要品牌性项目,已经成为设计周上最大的社会资源聚合平台。2017设计之旅覆盖了文化园区、科技园区、创意街区,也有突显"设计+"的典型案例。2017年设计之旅与各区科委及文促中心通力合作,共认定分会场42个,涵盖北京市东城、西城、海淀、朝阳、通州、石景山、门头沟、大兴、房山9个区及天津南开区、河北承德、河北白沟等,活动内容包括园区业态调整、商业体升级、社区提升、胡同改造、旅游景区转型、设计与相关产业融合等,河北、天津的分会场项目都是由北京地区成熟的分会场机构向外输出管理、策划和运营,设计之旅外溢效益更加显著。

(王露菲)

【归来—2017·佛罗伦萨全国巡展(北京站)举行】 9月20日—10月7日,由归来—2017建东方全国巡展组委会主办,建筑学院、每筑建文、建筑档案共同承办,北京设计之都发展有限公司独家支持的"归来—2017·佛罗伦萨全国巡展(北京站)"在北京设计之都大厦一层举行。此次展览受邀参加北京国际设计周和全国双创周(北京站),并于9月23日举行了"归来2017建东方——东西方建筑文化交流与互动"的大型论坛活动,论坛邀请到来自中国、德国、荷兰等国的10余位建筑界国际设计大师及嘉宾,深度挖掘东西方建筑设计体现的地域性和文化性,对东西方建筑设计作品进行解读,就东西方建筑设计的理念和文化展开讨论与交流。

(王露菲)

【2017 北京国际设计周举行】 9月21日—10月7日,经教育部、文化部、北京市政府批准,由文化部和北京市政府长期共同主办,北京歌华文化发展集团和北京工业设计促进中心共同承办的2017北京国际设计周在北京举行。活动继续秉承"设计之都、智慧城市"的理念,以"设计+"为主题。在中华世纪坛、歌华创意设计大厦及组委会认定的42个分会场全面展开,包括设计之夜、主题展览、主宾城市、设计贸易交易会、经典设计奖、北京设计论坛、设计博览会、创新设计服务大会、设计之旅和时尚北京10项主体内容板块,与文化创意、设计相关的活动达到近千项。9月21日,2017北京国际设计周在中华世纪坛开幕。"设计之夜"作为2017北京国际设计周的开幕活动,由中外著名设计师共走设计之路、2016经典设计奖铭牌镶嵌仪式、2017经典设计奖颁奖仪式、主题展览和设计博览会VIP预览等活动环节组成,旨在为中外著名设计师、设计机构搭建聚会、交流、沟通、洽商的平台。2017主宾城市柏林代表团、2018主宾城市哥本哈根代表团、部分国家驻华使节、国内外著名设计师、专家学者走过铺设蓝毯的"设计之路"。"合应自然——设计助力人类永续发展共同体""德国手工制造展""未来之家""新物种设计展——设计的里面"四大展览也同期开幕。北京市副市长王宁出席开幕活动。开幕式上宣布了2017北京国际设计周经典设计奖评选结果。活动截止到10月7日,为期17天的设计周带动设计消费30亿,共吸引观众超过800万人次,带动文化旅游和各类设计消费超过30亿元。来自20多个国家的万余名设计师及设计机构代表参与了本届活动,吸引观众超过800万人次,另有国内外5000多万人次通过网络展览、在线直播等形式参与关注,带动文化旅游和各类设计消费超过30亿元。

(王露菲)

【2017 经典设计奖在北京举行】 9月21日,2017经典设计奖颁奖仪式举行。2017年经典设计奖通过提名、初评、复评、终评4个阶段,产生6项提名奖。最终,被誉为中国重大装备创新设计划时代成果、中国科技创新与设计集成相结合的蛟龙号载人潜水器摘得2017经典设计奖。经典设计奖获奖项目将制作成青铜铭牌,于2018年度北京国际周开幕活动时永久镶嵌在中华世纪坛南广场青铜甬道的特设区位,取青铜甬道记录历史之意,让每一个为社会发展做出重大贡献的"大设计"都能载入史册。从2011年以来,北京国际设计周经典设计奖已相继评选出了一系列具有设计价值导向,见证国家、城市、大众生活发展的经典设计作品,分别为:天安门观礼台(2011年)、青藏铁路(2012年)、红旗渠(2013年)、大运河保护性修复项目(2014年)、中国高铁(2015年)、华为手机(2016年)。

(王露菲)

【创意 2030 高峰论坛开幕】 9月22日,北京国际设计周"创意2030高峰论坛"在北京中华世纪坛开幕。联合国教科文组织战略规划部前助理总干事汉斯·道维勒,市文资办及市科委等单位领导出席。参加论坛开幕式的还有美国、以色列、芬兰、巴西和澳大利亚等 10 余个国家 17 个城市的政府、企业和高校代表。围绕北京“设计之都”建设，对接《联合国 2030 年可持续发展议程》，创意 2030 高峰论坛由“创意的力量:连接城市过去与未来”“创意 2030 研讨会”等系列活动组成，持续 3 天。论坛围绕遗产和智能社会，以中国发展凝聚合作，用“创意”探索未来城市治理的方案、工具和方法，以及新型的城市创意合作机制，以全球视野为北京城市建设提供智力支持。创意 2030 概念的提出是立足于首都城市战略定位，对接国家“一带一路”，促进国际城市间的创意合作，为全球范围的创意设计领域对话与交流提供高端平台，将来为全球的可持续发展贡献中国智慧，提供中国方案，传播中国声音。

（王露菲）

【“黑科技”领跑工业设计】 9 月 22 日—10 月 6 日，由洛可可创新设计集团、洛客科技创始人贾伟携手场景实验室创始人吴声共同策划的新物种设计展在中华世纪坛举行，以“新产品、新想象、新物语”三大主题和诸多“黑科技”设计作品，让人们领略人工智能的强大力量。“无人超市试验场”以影像形式向大众展示了无人超市的场景体验；北汽 LITE 半解剖车身亮相，这款前后自带 LED 屏、可以自创并向旁车发表情包、车内独创三联屏设计、可根据用户喜好定制内饰的新物种汽车夺人眼球。

（王露菲）

【设计师走进台湖】 9 月 28 日，2017 北京国际设计周特别活动之设计师走进台湖——通州·台湖·住总置业“两站一街”建筑设计聚集区研讨会在通州台湖住总置地“两站一街”项目规划馆举行。来自市科委、市发展改革委、市文资办、北京工业设计促进中心、北京国际设计周组委会、北京歌华创新服务中心、台湖总部基地管委会、北京住总集团、北京住总置地/置业有限公司、北京市住宅设计研究院有限公司等单位负责人及设计师参加研讨会。研讨会旨在搭建设计与产业融合发展交流平台，加快建筑设计产业集聚区及住总集团设计研发中心的建设进程，为疏解非首都功能、建设国际一流的和谐宜居之都贡献力量。与会嘉宾就北京市疏解非首都功能形势下建筑设计行业的发展机遇、如何利用“设计之都”城市名片提升城市影响力、建筑设计产业集聚区对相关上下游产业发展的作用、政府政策主导产业落地形成产业集聚、园区环境办公需求等问题进行专题研讨。

（王露菲）

【非遗传承有了“科班”】 9 月 29 日，北京国际设计周中国非遗教育论坛上发布，北京首个中职“非遗与设计”专业落户丰台职教中心。学习传承非遗技艺有了“科班”。丰台职教中心在全市率先开始非遗与设计专业，招生 20 多人，除了有非遗大师亲身传授非遗技艺外，还设置电子商务、文创产品设计等课程。此外，丰台职教中心还开设了“丰职工坊”，这是一个面向广大市民建立的生活服务类培训品牌，在这里，市民既可以学习面塑、景泰蓝制作、扎染、石头画等非遗课程，还有家庭轿车养护、日常化妆、茶艺等生活艺术课程，更有非常实用的制作凉菜、热菜、面点、西餐、烘焙的培训。

（王露菲）

【2017 红星奖终评举行】 9 月 30 日，2017 中国设计红星奖终评评审会在北京举行。来自德国、英国、肯尼亚、芬兰、日本和中国等 7 个国家的 12 位评委，对今年入围的 13 大类近 400 件产品进行现场评审。按照严格的评审标准和流程，最终评选出 300 余件获奖产品。公证处对本次评审进行了全程公正。评委会主席何人可评价，本次评审印象深刻的是本土高端医疗产品在设计研发上取得了突破，这表明随着医疗诊断技术和工业技术的发展，我国高端医疗产品在替代进口产品、满足患者就医需求方面取得了很大进步，并且开始走出国门，占领国际市场。世界设计组织主席穆根迪·瑞塔表示，从世界设计组织的角度来讲，设计是为了创造更好的世界，红星奖高水平的参评产品让他感受到了中国设计在推动中国制造到中国创造的巨大转变。

（王露菲）

【2017 中国设计红星奖颁奖】 12 月 9 日，2017 中国设计红星奖颁奖活动在北京天桥艺术中心举行，活动以“设计让生活更美好”为主题，举办相关活动。本年度颁奖旨在通过表彰优秀设计产品，展示设计在解决新矛盾、促进科技创新成果转化、展现文化魅力和实现创新发展等方面发挥的作用，以新理念引领和推动设计产业发展。现场揭晓并颁发 2017 年度各奖项，同时邀请设计、互联网、经济等领域的研究者和优秀企业代表在论坛发表主题演讲。此外，60 余件本年度获奖产品，也以实物、图文方式现场展示。在红星奖获奖企业中，有 50 余家北京企业的 70 余件产品获奖，分别占获奖企业和获奖

产品数量的21.6%和20.8%。其中由北京牛电科技有限责任公司报送的“小牛电动车M1”荣获至尊金奖，由峰米（北京）科技有限公司生产、小米生态链工业设计团队设计的“米家激光投影电视”等6件产品荣获金奖、银奖。

（王露菲）

【DRC基地开设“设计商学院”培训课程】 年内，DRC基地联合北京大学培训中心，面向政府部门、企事业单位等的高级管理人士，开设“设计商学院”课程，围绕创新管理思维、设计的价值等内容，共同探讨创新发展的问题。2017年共有来自河北、广东、山东、浙江、四川、吉林、黑龙江、云南、江西、贵州、湖北、重庆等12个省、直辖市的2000人次参加，进行实地参观学习考察。

（王露菲）

【2017中国设计红星奖评选情况】 年内，中国设计红星奖围绕“中国精工——创造·质量·品牌”的主题，共征集到19个国家2313家企业的10044件产品参评，参评企业数和产品数同比增长39.6%和60.7%，连续4年成为全球参评数量最多的设计奖项。大型企业、跨国公司、智能制造是2017年的热点，其中高新技术企业占比22%。红星原创奖参评作品2444件，较2016年增长1倍。红星奖邀请了来自中国、德国、英国、肯尼亚、芬兰、日本等8个国家的33位专家担任评委。评审工作由公证处进行全程公正，最终400余件产品（作品）获得中国设计红星奖、中国设计红星原创奖。红星奖在上海、广东、深圳、武汉等地设立了工作站，在当地开展征集、展览及推广等工作；组织了北京、苏州、广州、深圳、武汉、义乌等9场宣讲活动；在北京、广东、深圳、浙江等地举办红星奖巡展11场在湖北、浙江、陕西、辽宁四省40所高校举办“2017红星奖新长征设计展”，国内外120家企业3200余件产品参展，观众超过8万人次。红星奖精品展上近400款产品吸引观众逾2万人次，展品大多与百姓生活相关，结合新技术解决家庭生活、出行、教育问题。

（王露菲）

政策宣讲服务

【概述】 2017年，市科委开展政策宣讲，分行业、分类别、分层次针对不同创新主体制定“政策套餐”，立足《北京加强全国科技创新中心建设总体方案》和《北京市“十三五”时期加强全国科技创新中心建设规划》，聚焦《北京加强全国科技创新中心建设重点任务实施方案》、科研项目与经费管理28条新政等重要政策，以巡回宣讲会为主、配合小型定制化宣讲为重要补充，共开展宣讲近50余场，累计发送《政策法规速递》780余期，微信公众号粉丝近5000人，QQ群成员突破3000人。其他各单位围绕相关工作，持续开展政策宣讲。

（市科技史志办公室）

【科技金融及创新券政策宣讲会召开】 2月27日，首都科技条件平台检测与认证领域中心2017年科技政策服务宣讲会在北京举行。会议主题是“政策引领助小微企业科技创新”。会议由首都科技条件平台检测与认证领域中心主办。来自首都科技条件平台各成员单位、检测与认证相关领域的50余人参加本次会议。分析测试百科网作为支持媒体参加了本次活动。

（冯婷婷）

【科技政策法规宣讲团走进中国人民大学】 3月30日，市科委与中国人民大学共同举办北京科技政策法规宣讲会。市科委副主任伍建民和中国人民大学常务副校长王利明出席宣讲会。来自中国人民大学各学院的有关负责人、科研人员参加会议。宣讲会上，伍建民解读了《北京加强全国科技创新中心建设重点任务实施方案（2017—2020年）》，介绍了北京科技政策法规宣讲团服务事项。市科委各相关处室就北京市重点实验室及工程技术研究中心建设，科技计划项目申报，《北京市科技计划项目（课题）经费管理办法》及预算评审原则，2018 年度北京市科技新星计划、首都科技领军人才培养工程和北京市科技新星计划交叉学科合作课题申报，《北京市科学技术奖励办法》以及北京市自然科学基金项目申报等相关政策做了详细解读。

（市科委法规处）

【科技政策法规宣讲团走进首钢集团】4 月 26 日，北京科技政策法规宣讲团与首钢集团共同举办北京市科技计划相关政策专题宣讲会。来自首钢集团总部、平台公司、直属单位、要素管理单位的 80 余位负责人参会。宣讲会上，市科委相关负责人就北京市科技计划项目（课题）管理政策做详细解读，着重介绍北京市科技计划管理体系、支持方式、征集与申报、科技计划分类和管理全流程。6 月 9 日，宣讲团走入首钢技术研究院，举办企业创新发展政策巡回宣讲之首钢专场。来自首钢集团总部、技术研究院等 100 余名单位科技管理部门负责人参加会议。会议分设 5 个分会场进行网络视频直播，覆盖京冀两地。宣讲会上，市科委相关人详细解读《北京加强全国科技创新中心建设重点任务实施方案（2017—2020 年）》，介绍全国科技创新中心建设最新工作进展，讲解促进科技成果转化有关政策，《北京市科技计划项目（课题）经费管理办法》及预算评审原则等。

（市科委法规处）

【科技政策法规宣讲团走进未来科学城】4 月 27 日，北京科技政策法规宣讲团与北京未来科学城发展集团共同举办北京科技政策法规宣讲会。市科委法规处、中国技术交易所研究部专家就“全国科技创新中心建设相关政策”“科技成果转化与国有科技型企业股权和分红激励政策”做解读。6 月 22 日，北京科技政策法规宣讲团与北京未来科学城发展集团共同举办科技创新中心建设政策巡回宣讲之金融财税政策专场。未来科学城入驻重点企业以及 17 家金融机构的百余位代表参会。会上，围绕科创中心建设实施方案以及企业研发费用加计扣除最新政策等展开宣讲。9 月 19 日，国际人才社区建设与科技政策宣讲会在未来科学城召开。市科委政策法规处、北京海外学人中心专家就国际人才社区建设、北京市新技术新产品认定管理办法和海外高层次人才申报工作等政策做解读。

（市科委法规处）

【增加知识价值为导向的分配政策专题宣讲会举行】5 月 25 日，北京科技政策法规宣讲团与市国资委、市教委、首都科研究所联谊会共同举办科技创新中心建设政策巡回宣讲之增加知识价值为导向的分配政策专题宣讲会。宣讲会共吸引来自 120 余家在京高校、院所、国有企业的近 200 余位代表参加。市科委委员杨仁全、中国科学技术发展战略研究院综合所所长陈宝明、国家标准委服务业部处长薛强以及市国资委规划发展处和中国工业经济联合会有关负责人出席宣讲会。陈宝明详细解读《关于实行以增加知识价值为导向分配政策的若干意见》的制定背景、重点任务和组织实施方式。中国电子科技集团总经理助理巨建国介绍团体标准《按知分配导则》，为增强政策的可操作性提供了量化指标和考核标准。市科委综合处副主任刘彦峰详细解读《北京加强全国科技创新中心建设重点任务实施方案（2017—2020 年）》，并介绍北京全国科技创新中心建设最新工作进展。

（市科委法规处）

【政策巡回宣讲之服务央企专场会举行】6 月 16 日，北京科技政策法规宣讲团与中海油能源技术开发研究院共同举办科技创新中心建设政策巡回宣讲之服务央企专场会。7 月 13 日，北京科技政策法规宣讲团与中国建筑材料科学研究总院共同举办科技创新中心建设服务企业创新发展政策巡回宣讲之中材院专场宣讲会。8 月 9 日，北京科技政策法规宣讲团与大唐电信集团共同举办科技创新中心建设政策巡回宣讲之服务央企专场会。8 月 18 日，北京科技政策法规宣讲团与中国电子信息产业集团共同举办科技创新中心建设政策巡回宣讲之服务央企专场会。宣讲会上，市科委相关负责人围绕《北京加强全国科技创新中心建设重点任务实施方案（2017—2020 年）》、北京市科技计划项目（课题）管理政策、2017 年国家高新技术企业认定最新政策、《北京市科学技术奖励办法》等做了解读。

（市科委法规处）

【服务初创企业专场会走进中关村创业大街】6 月 22 日，北京科技政策法规宣讲团与中关村企业家顾问委员会、中关村创业生态发展促进会共同举办科技创新中心建设政策巡回宣讲服务初创企业专场会。来自中关村创业大街的 40 余家初创企业的代表参会。宣讲会上，市科委相关负责人详细解读《北京加强全国科技创新中心建设重点任务实施方案(2017—2020年)》,并介绍全国科技创新中心建设最新工作进展,梳理适用于初创期中小企业的科技政策,并详细解读了新技术新产品(服务)认定以及科技型中小企业促进专项等政策。北京翰群律师事务所讲师介绍专利侵权及行政诉讼有关实操方面的问题。

(市科委法规处)

【服务初创企业人才专场会举行】6月30日,北京科技政策法规宣讲团与中国留学人才发展基金会、中国人才科学研究院以及国家创业联盟共同举办科技创新中心建设政策巡回宣讲之服务初创企业人才专场会。来自国家创业联盟等单位的代表参会。宣讲会上,市科委相关负责人详细解读《北京加强全国科技创新中心建设重点任务实施方案(2017—2020年)》,并介绍全国科技创新中心建设最新进展,梳理国家及北京市支持初创企业发展的科技政策,解读中关村新出台的"1+4"政策体系中促进人才发展的政策措施,并对北京市新技术新产品(服务)认定管理办法、申报要点及注意事项做详细讲解。

(市科委法规处)

【高新与税收政策专场走进国家大学科技园】8月3日,北京科技政策法规宣讲团与昌平区科委、华北电力大学国家大学科技园共同举办全国科技创新中心建设政策巡回宣讲之高新与税收政策专场宣讲会。来自华北电力大学国家大学科技园的69家企业的代表参会。宣讲会上,市科委相关负责人详细解读《北京加强全国科技创新中心建设重点任务实施方案(2017—2020年)》,介绍2017年国家高新技术企业认定和企业研发费用加计扣除最新政策。

(市科委法规处)

【生物医药领域专场会走进海淀创业园】8月24日,北京科技政策法规宣讲团与海淀创业园共同举办科技创新中心建设政策巡回宣讲之生物医药领域专场会。北京生物技术和新医药产业促进中心、海淀园创业服务中心、中关村生物医药园、中国医疗器械行业协会、卡尤迪、建银国际医疗基金以及园内生物医药领域的企业家代表参加活动。会上,市科委相关负责人介绍首都科技条件平台定位与目标、组织与机制、科技资源与服务等情况,系统讲解首都科技创新券的制度设计、支持对象、服务范围和形式以及使用和申请等政策要点。中国医疗器械行业协会副秘书长徐珊介绍了国内外医疗器械产业发展状况,建银国际医疗基金董事长林雷介绍了生物医药领域投资需要关注的核心和热点,分享了其投资策略及原则。

(市科委法规处)

【政策巡回宣讲走进中国医学科学院基础研究所】9月12日,北京科技政策法规宣讲团走进中国医学科学院基础研究所,专题宣讲全国科技创新中心建设有关政策,中国医学科学院基础研究所有关科研人员参会,副所长黄波主持宣讲会议。宣讲会上,市科委政策法规与体制改革处相关负责人详细解读《北京加强全国科技创新中心建设重点任务实施方案(2017—2020年)》,深入解读促进科技成果转化相关法规和支持政策,特别是科技成果的处置、使用与收益分配等方面的政策。

(市科委法规处)

【双创周北京会场双创政策解读发布会举行】9月16日,由市科委牵头,市经济信息化委、市财政局、市人力社保局、市金融局和中关村管委会共同组织的2017年全国大众创业万众创新活动周北京会场双创政策解读发布会在中关村国家自主创新示范区展示中心会议服务中心举行。市相关院所、高校、企业和产业联盟的代表,以及新闻媒委办局的负责人代表200余人参加会议。发布会由市科委副巡视员刘晖主持。此次解读发布的政策,涵盖了科技创新中心建设、科技项目和经费管理改革以及人才、金融、税收等各方面的政策,既有国家政策的介绍,也有市级政策的解读,既介绍了各项政策的制定背景和意义,又对重点内容进行了解读,同时印发了政策解读汇编,有助于各创新主体用好用足政策,营造了良好营商环境。

(李新媛)

【政策巡回宣讲会走进华北电力大学国家大学科技园】9月21日,北京科技政策法规宣讲团与昌平区科委共同主办科技创新中心建设政策巡回宣讲会,来自华北电力大学国家大学科技园的48家企业的代表参加了会议。会上,市科委相关负责人介绍了北京市新技术新产品(服务)认定相关政策,围绕国家层面、北京市科技成果转化相关政策做了解读。中关村科技服务业联盟相关负责人针对中关村支持企业发展的相关政策做了详细介绍。

(市科委法规处)

【第二届北京加强全国科技创新中心建设专题研修班启动】9 月 27 日,由市科委北京科技政策法规宣讲团主办、北京科技协作中心与中关村新兴科技服务业产业联盟共同承办的第二届北京加强全国科技创新中心建设专题研修班在京启动。来自 120 余家企业的科技部门管理人员参加会议,市科委副巡视员杨仁全出席研修班开班式并致辞。科技部创新发展司处长吴家喜从全局、全球、时代 3 个视角,详细讲解国家科技创新战略相关内容。市科委发展计划处负责人介绍《北京市"十三五"时期加强全国科技创新中心建设规划》,市科委政策法规与体制改革处负责人详细解读《北京加强全国科技创新中心建设重点任务实施方案(2017—2020年)》,并介绍北京加强全国科技创新中心工作进展。

(市科委法规处)

【科技创新中心建设专题研讨班举行】10 月 30 日—11 月 3 日,市委组织部、市科委和北京行政学院共同举办科技创新中心建设专题研讨班。市相关委办局、市属高校院所和国有企业主管科技的负责人,各区科委主要负责人等 62 名学员参加。此次专题研讨班通过课堂讲授、现场教学、研讨交流等多种形式,邀请中关村管委会主任翟立新、中国科技发展战略研究院院长胡志坚、中国科技信息研究所书记赵志耘以及中科院战略咨询研究院院长潘教峰、市科委副主任伍建民等,深入解读国家、市级层面科技创新政策与科技创新中心建设相关部署,邀请原军事医学科学院研究员范明、中科院自动化所所长徐波介绍脑科学、人工智能等领域的前沿进展,并围绕"加快建设创新型国家""发挥企业技术创新主体作用""三城一区"建设等主题开展讨论交流,从理论与实践层面提升学员对北京加强全国科技创新中心建设的认知水平与业务能力。

(市科委法规处)

【农业高新技术企业政策宣讲会召开】11 月 27 日,由农村中心主办,市星火科技培训中心与中关村量子生物农业产业技术创新战略联盟共同承办的北京市农业高新技术企业政策宣讲与培训交流会召开,近百家农业领域高新技术企业和有意向申报高新技术企业的相关涉农主体的 180 余人参加。本次培训针对非高新技术企业如何申报、知识产权布局、研发费用归集等方面做讲解。专家对"高新技术企业认定政策介绍""北京市农业高新技术企业发展情况及申报注意事项""农业高新技术企业知识产权布局"及"高新技术企业研发费用归集要点"等做了解读,并对植物新品种权、农业专利权等 7 种农业知识产权做详细介绍。

(王伟娟　赵淑红　赵　娣)

【高新技术企业认定专题政策宣讲会举行】年内,北京科技政策法规宣讲团与海淀园管委会和北京中关村高新技术企业协会共同举办 3 场高新技术企业认定专题政策宣讲会。来自中关村示范区的科技型企业负责人共计 630 人次参会。宣讲会上,市科委高新处相关负责人结合《高新技术企业认定管理办法》和《高新技术企业认定管理工作指引》出台背景、工作体系,详细解读高新技术企业认定新政中有关认定条件、认定程序以及组织实施、税收优惠、后期管理等要求,并着重介绍新政在适当放宽认定条件、简化认定工作流程、加强认定和后续监管、重点支持领域等方面的新变化。海淀园科技处相关负责人就"中关村高新技术企业证书"申报及办理程序做了详细解读。

(市科委法规处)

综合科技服务

【概述】2017 年,市科委按照全国科技创新中心建设战略部署,做好科技协作服务,加大创新型央企服务力度,深度挖掘创新资源,做好政策延伸服务,深化高端人才服务;谋划"三城一区"发展,从汇聚多元创新主体、强化科技服务、深化开放协同、完善公共服务等方面,坚持“做优增量”与“激活存量”并举,营造创新创业生态、促进合作共赢、推进产城人融合。2017 年,市科委加强检测与认证领域中心建设,服务实体经济,推进首都科技条件平台资源共享。北京软件产品质量检测检验中心完成信息系统测试项目 334 个,软件产品登记检测数量 2815 个,服务企业 800 余家,与各行业主管部门进行深入沟通,共同完善产品的认证体系和市场准入制度。加强对实验动物使用许可设施管理,定期对实验动物质量抽检,加强监督,保障安全。继续引导科技特派员创新创业,探索科技扶贫新模式。

2017 年,市科委围绕全国科技创新中心建设的工作主线,加强统筹协调,掌握意识形态主动权,着力提升策划宣传能力、舆论引导能力和媒体资源调动能力,为科技创新中心建设营造良好的舆论氛围。通过北京建设全国科技创新中心成果新闻发布会、加快科技创新发展高精尖产业系列政策新闻发布会、京港洽谈会、市民对话一把手等一系列重大活动和标志性事件,深度宣传北京科技创新事业发展的新变化、新亮点,特别是与市政府新闻办共同召开北京市“砥砺奋进的五年”系列发布会之“北京建设全国科技创新中心成果”新闻发布会,集中发布五年来科技创新中心的重要成果。据不完全统计,市科委全年在电视媒体、平面媒体、广播媒体和新媒体共完成宣传报道 2131 条,其中:电视媒体 153 条,平面媒体 438 条,广播媒体 32 条,新媒体 1508 条。

(市科技史志办公室)

【北京市印发《关于深入推进科技特派员工作的实施意见》】 1 月 10 日,市科委联合市人力资源和社会保障局、市农村工作委员会、市农业局等 12 家单位印发了《关于深入推进科技特派员工作的实施意见》。《实施意见》提出科技特派员 7 项重点工作,通过加大创新资源和科技成果的有效供给、完善科技特派员信息化服务平台、推进科技特派员创业链建设、创建农业农村领域的“星创天地”、壮大优化科技特派员队伍、健全科技特派员创业支持机制、深化区域科技合作和精准扶贫,实现科技特派员与产业的有效对接,推动农业结构调整和发展方式转变,促进农民增收致富,将北京打造成为全国农业农村科技创新创业、创优创意、创投创服的高地。

(王伟娟　赵淑红　赵　娣)

【与三〇四所签署战略合作框架协议】 3 月 23 日,北京科技协作中心与中国航天科工三院三〇四所签署战略合作框架协议。签约仪式上,协作中心副主任周晓柏、三〇四所所长王俊代表两家单位签署了战略合作框架协议,并共同为北京市涉密信息载体安全管理工程技术研究中心揭牌。

(戴旭峰)

【国产科学仪器验证与综合评价服务媒体推介会举行】 3 月 28 日,国产科学仪器验证与综合评价服务媒体推介会在市科委举行。参与验评的企业、验评服务权威用户单位、实验室及媒体等 60 余人参加了本次活动,市科委副主任郑焕敏、北京出入境检验检疫局副局长冷艳梅、市科委条财处处长陈云波、北京科学仪器装备协作服务中心相关负责人出席会议。“验评服务”是市科委开展的一项瞄准仪器仪表行业最尖端的科学仪器领域,填补仪器权威验评领域空白、助力国产科学仪器发展的重要工作。自 2013 年起,该服务共支持了 4 期合计 42 家国产仪器厂商的 49 个产品参与验评工作,调动了首都科技条件平台内 157 个实验室开展服务,初步形成了一个具有专业化、高端化特点,适用于通用科学仪器产品的验证与综合评价服务平台。

(贾翠云)

【院士专家工作站集体授牌仪式举行】 3 月 28 日,市科协 14 家院士专家工作站集体授牌仪式在中粮集团中粮营养健康研究院举行。新西兰皇家科学院、澳大利亚技术科学工程院院士陈晓东,市科协党组书记、常务副主席马林,党组成员、副主席刘晓勘,副巡视员、科普部部长陈维成,市委组织部人才工作处处长刘敏华,中粮营养健康研究院院长郝小明等出席,14 家建站单位负责人、区科协、园区科协领导参加活动。活动由刘晓勘主持。郝小明代表中粮营养健康研究院致辞,陈维成宣读院士专家工作站建站批复,陈晓东代表 22 位进站院士讲话,表示将倾力参与工作站的建设,紧盯世界科技发展趋势,与企业科技工作者共同推动企业科技创新。马林为 14 家院士专家工作站授牌,并围绕加快推进院士专家工作站建设发展问题提出意见。

(段　辉)

【跨海旅游真空巴士技术研讨会举行】 4 月 22 日,由北京科技协作中心主办的跨海旅游真空巴士技术研讨会在浙江省舟山市举行,来自同济大学、国家磁悬浮中心、西南交通大学等科研机构的 30 余名专家参加会议。本次会议主要就跨海旅游真空巴士在舟山市鲁家峙岛至桃花岛建立试验线的技术可行性进行研讨,邀请了中科院电工研究所顾国彪、同济大学孙钧、中国空气动力研究与发展中心乐嘉陵3位院士及国家发展改革委、国家磁浮中心、国防科技大学多名行业专家。试验线建设综合水下桥隧、磁悬浮列车、真空三大技术,全长10公里,造价约30亿元,将实现500公里/时以上的高速行驶。孙钧等院士提出,水下桥隧技术、磁悬浮列车技术、真空技术均已成熟,但3项技术集成的具体技术细节,特别是水下应用的加强措施还应进一步推敲细化,以确保项目的安全性和可靠性。

(戴旭峰)

【国产科学仪器研发成果转化研讨会举行】 4月24日,国产科学仪器研发成果转化研讨会在江苏省南京市召开。本次论坛由首都科技条件平台、北京科学仪器装备协作服务中心与ACCSI 2017主办方中国仪器仪表行业协会、中国仪器仪表学会、仪器信息网共同举办。会议由北京科学仪器装备协作服务中心副主任杨鹏宇主持,100余人参会。研讨会邀请南京大学生命分析化学国家重点实验室主任鞠熀先、宁波大学高等技术研究院科学仪器研究所闻路红博士、中科院高能物理研究所刘术林研究员、北京出入境检验检疫局科技处副处长赵靖敏、中科院大连化学物理研究所研究员关亚风、天津市恒奥科技发展有限公司总经理刘自国、军事医学科学院卫生装备研究所陈锋副研究员7位专家,通过现场报告与交流的形式,搭建科研人员与一线厂商间的交流平台,推动优秀仪器研制成果走向产业化。

(冯婷婷)

【首都科技创新发展指数2017发布】 4月25日,市政府新闻办公室、市科委、市统计局和首都科技发展战略研究院共同发布"首都科技创新发展指数2017"。总指数由2005年的60分提高至100.49分,总体增幅达40.49分,年均增长4.05分。市科委委员杨仁全,首科院院长关成华,市统计局社会科技处处长张小洁以及首科院研究团队出席新闻发布会。

(倪文龙)

【北京市脑科学与类脑计算论坛举行】 4—8月,由市科技信息中心牵头,北京灵犀移动通信产业技术创新联盟、北京脑科学与智能技术研究院、北京大学、清华大学、中国传媒大学、中科院自动化研究所、中科院半导体研究所、北京师范大学共同举办"北京市脑科学与类脑计算论坛"活动。活动邀请国内外脑科学与类脑计算、人工智能顶尖专家,共同交流与分享类脑计算技术,旨在拓展类脑工作宣传推广渠道,提升类脑专项影响力,并积极调研企业、社会资本合作意向,推动政企联动工作。通过6期类脑计算论坛,搭建了企业、科研院所、高校以及脑科学与类脑计算领域专家学者技术探讨与合作的平台。

(张冬敏)

【开展未来科学城材料领域专题调研】 5月9—12日,北京科技协作中心赴未来科学城武钢(北京)新材料研究中心、鞍钢未来钢铁研究院、中铝科学技术研究院有限公司走访调研。调研重点围绕未来城材料领域央企研究院如何顺应新的形势要求,进一步"打开院墙"、激发活力,提升科技创新水平,加快科技成果产出与应用等问题展开。通过座谈与实地考察,了解了三家单位的创新人才团队、研发方向、实验条件、科技成果等情况,梳理出"200吨真空气雾化特种金属粉材中试技术""3D打印丝材研发与应用技术""汽车用新型铝合金的中试技术""航空航天用新型超强高韧耐磨铝合金挤压材的工业化制造技术"等一批阶段性科研成果。

(戴旭峰)

【北京科技特派员在线亮相科技周】 5月20日,北京科技特派员服务平台的系列系统和智能终端,在全国科技活动周暨北京科技周主场活动"科技扶贫、精准脱贫"展厅亮相。磁悬浮农业机器展示,卡通小人形象的农技咨询通产品可用电脑、手机即插即用查询;通过微信、QQ群等交流平台可以随时找专家咨询,获得生产、创业等方面的指导。北京科技特派员在线由市科委支持,市农科院农业信息与经济研究所研发,在整合首都农业科技资源的基础上,通过"PC端+移动+智能终端"开展多屏服务,利用大众新媒体集群进行掌上互动,面向科技特派员提供了创新科技、创业导师、创业环境、创业培训等全程信息服务,以"线上与线下相结合、创新与创业相衔接"的服务模式,打通了科技特派员同农业产业对接的服务通道。

(王伟娟　赵淑红　赵　娣)

【《北京市科协系统深化改革实施方案》印发】 5月24日,中共北京市委办公厅印发了《北京市科协系统深化改革实施方案》。《实施方案》结合首都特点和北京科协工作实际，明确了北京市科协系统深化改革的总体要求、基本原则和主要目标，提出要深刻把握中国特色社会主义群团发展道路“六个坚持”的基本要求和“三统一”的基本特征，牢牢把握为实现中华民族伟大复兴中国梦、建设世界科技强国而奋斗这一科协工作的时代主题，团结带领首都广大科技工作者为落实首都城市战略定位、推动京津冀协同发展、建设具有全球影响力的科技创新中心和国际一流的和谐宜居之都贡献力量的总体要求。《实施方案》从建立覆盖首都科技工作者的科协组织体系方面、改进联系服务科技工作者的方式方法方面、推动学会改革向纵深发展方面、提升围绕首都工作大局建功立业的水平方面、加强党对科协组织的政治引领方面提出了16条具体措施。

（石　军）

【市科协第九次代表大会召开】6月1—2日，市科协第九次代表大会在北京召开。市委书记蔡奇，中国科协党组书记、常务副主席、书记处第一书记尚勇出席并讲话。市政协主席吉林，市委副书记景俊海，市人大副主任杨艺文等，以及市科协名誉主席、中科院陈佳洱院士，北京市科协主席、中科院顾秉林院士等出席开幕式，来自首都各领域的科技工作者代表共640余人出席会议。市科协党组书记、常务副主席马林主持开幕式。市科协副主席尹伟伦代表市科协致开幕词。顾秉林代表市科协第八届委员会向大会做工作报告。市总工会党组书记、副主席曾繁新代表市级人民团体致贺词。市委书记蔡奇讲话。蔡奇要求，全市各级科协组织团结带领首都广大科技工作者，要在坚持中国特色社会主义群团发展道路上做出新实践，在服务全国科技创新中心建设上做出新贡献，在提高首都全民科学素质上取得新进展，在服务党和政府科学决策上发挥新作用，在团结凝聚首都科技工作者上实现新突破。大会审议了《北京市科学技术协会第八届委员会工作报告》和《北京市科学技术协会实施〈中国科学技术协会章程〉细则》，选举产生了市科协新一届领导机构。刘德培当选为市科协第九届委员会主席。大会对北京市科协系统60个先进集体和105名先进个人进行表彰。

（石　军）

【第八届清洁能源部长级会议暨第二届创新使命部长级会议召开】6月6—9日，2017年第八届清洁能源部长级会议（CEM 8）暨第二届创新使命部长级会议（MI－2）在北京召开。本次会议以“创新引领、应对挑战、能源转型、共同行动”为主题，包括部长级闭门会议、高层论坛，以及展览、创新剧场、边会、技术参观等配套活动。会议期间，参加会议的各国科技部长以及有关国际组织官员在全国政协副主席、科技部部长万钢等的陪同下，参观了全球能源互联网合作发展组织、汉能股份集团有限公司、壳牌加拿大公司、美国南方电力公司、中国石油化工集团公司等国际知名企业和组织的展台，并与相关负责人进行了交流。北京市参与本次会议的组织筹备工作，并承接会场安排、技术参观与交通勤务等服务保障工作。本次会议的举行，体现了北京作为全国科技创新中心承接国家重大科技活动的能力，提升了科技创新中心的国际影响力，同时也为北京企业机构参与全球能源政策和技术创新，融入全球创新网络提供了更多的合作资源和机会。

（张园婷）

【第五届国产检测仪器设备验证与综合评价技术服务推介会召开】6月8日，第五届“国产检测仪器设备验证与综合评价技术服务推介会”召开。市科委委员王建新，科博会组委会办公室、北京市贸促会副主任林彬，国家认证认可监督管理委员会国家认监委科技标准部主任刘先德，北京检验检疫局副局长冷艳梅，中国检验检疫学会常务理事马军，中国仪器仪表行业协会顾问闫增序等有关领导就国产检测仪器验证与综合评价工作等内容分别致辞讲话。来自相关单位、企业的领导、专家代表200人参加会议。本次推介会发布了国产科学仪器验证与综合评价服务工作的十八字方针，具体内容包括选尖子、选权威、验性能、评体验、出报告、出订单。①选尖子：选优秀厂商、精良仪器、潜力设备；②选权威：选权威验评组织方、权威专家、权威实验室；③验性能：验仪器应用性能、可靠性、耐用性；④评体验：评仪器操作友好性、易用性、实用性；⑤出报告：出应用性能报告、用户体验报告、标准方法；⑥出订单：促进仪器品牌影响力、用户认可度、市场销量提升。

（贾翠云）

【首个国产检测仪器设备验证与综合评价行业标准发布】6月8日，第五届国产检测仪器设备验证与综合评价技术服务推介会正式发布《分析化学仪器设备验证与综合评价指南》行业标准。该标准是首个国产检测仪器设备验证与综合评价认证认可行业标准，12 月 1 日起正式实施。该行业标准是市科委与市质监局在验评项目工作基础上，由北京出入境检验检疫局牵头，与北京海光仪器有限公司共同将组织工作上升为行业标准，概括性定义了国产检测仪器验证与综合评价的组织结构、流程，确定了各个阶段的实施步骤，形成了具有系统性、规范性、科学性的，适用于国产检测仪器验证与综合评价工作的指导性文件。

（冯婷婷）

【2017 年度第一期依法行政培训班举行】 6 月15—16 日，市科委举办了北京市科委 2017 年度第一期依法行政培训班。培训班开班式由北京技术市场管理办公室主任董齐超主持，市科委副巡视员杨仁全、人事教育处处长朱晓宇出席，市科委机关、直属单位及区科委相关部门的负责人近百人参加。开班式上，杨仁全传达了李克强总理在全国深化简政放权放管结合优化服务改革电视电话会议上的讲话精神、市政府部署深化“放管服”改革工作会议精神，以及市领导在市推进依法行政工作领导小组扩大会议上的讲话精神，结合全市《2017 年推进法治政府建设工作要点》，介绍了 2017 年科技系统依法行政工作重点。培训班上，中国政法大学法治政府研究院教授王敬波、中国社科院法学所研究员李洪雷、市国家安全局副处长王东分别围绕“政府信息公开的挑战与发展”“行政审批改革”“国家安全法”等主题，进行了深入解读。

（市科委法规处）

【科学仪器行业可靠性高级专题培训举行】 6 月26—28 日，“科学仪器行业可靠性高级专题培训”第一期课程在北京信息科技大学举行。“科学仪器行业可靠性高级专题培训”系列课程是由首都科技条件平台检测与认证领域中心（北京科学仪器装备协作服务中心）在 2016 年首次发起，与北京安怀信科技股份有限公司和上海瑞卓软件股份有限公司共同组织开展。2017 年的课程在巩固基础知识的基础上加入了深化专题部分。课程总体分为三期，三期培训内容围绕科学仪器行业、围绕可靠性开展，涵盖统计学基础与寿命数据分析专题培训、失效模式及影响分析（FMEA）专题培训、可靠性试验专题培训等方面展开。来自华科仪、毅新博创、海光仪器等 12 家单位的 22 名技术总监、工程师等参加了本次培训。

（冯婷婷）

【北京建设全国科技创新中心成果新闻发布会召开】 6 月 29 日，市政府新闻办公室召开了北京市“砥砺奋进的五年”系列发布会——北京建设全国科技创新中心成果新闻发布会。市科委主任许强，市经济信息化委委员姜广智，市财政局副巡视员张宏宇，中关村管委会副主任赵慧君做了主题发言，向与会媒体通报了过去五年北京建设全国科技创新中心取得的各项成绩，并回答了记者的提问。市科委主任许强在发言时指出，回望科技创新中心建设的五年发展历程，一是主要创新指标实现持续快速增长，二是央地协同创新机制取得重要进展，三是原始创新能力稳步提高，四是创新发展新动能加快培育，五是辐射带动作用积极发挥，六是全面创新改革取得重要突破。市经济信息化委委员姜广智介绍了创新型产业集群与 2025 示范区专项办的工作成果。市财政局副巡视员张宏宇介绍了发挥财政职能，支持全国科技创新中心建设的情况。中关村管委会副主任赵慧君介绍了中关村如何在全国科技创新中心建设中发挥主要载体作用。来自新华社、人民日报、光明日报、中央电视台、科技日报、中国科学报、北京日报、北京电视台、千龙网等 40 余家媒体的记者出席发布会。

（陈治光）

【北软检测成为软件性能效率领域唯一可自行组织实施能力验证计划的机构】 6 月，北京软件产品质量检测检验中心正式向中国合格评定国家认可委员会（CNAS）提交能力验证提供者申请书和相关材料。经评审，9 月，北京软件产品质量检测检验中心通过 CNAS 的初次认可，并取得了认可证书，成为软件性能效率领域唯一可自行组织实施能力验证计划的机构。

（偶嘉榕）

【北京市燃料电池汽车技术专家组成立】 7 月 5 日，市科委召开燃料电池汽车技术专家研讨会，宣布成立北京市燃料电池汽车技术专家组，依托专家资源共同推进北京市燃料电池汽车的发展。专家组由 12 名专家组成，分为电堆过程和核心材料组、燃料电池动力系统和整车组、氢能及基础设施组，中科院欧阳明高院士担任专家组组长。

（张艺书）

【与工业和信息化部加强合作服务项目落地】 7 月12 日，北京科技协作中心与工业和信息化部产业发展促进中心围绕新能源、高端装备制造、智能电网、军民融合等国家重大专项在资金、方向等方面的内容开展深入交流。在联合开展前瞻性技术研发支持、共同争取国家创新中心落地北京等方面达成初步合作意向。双方将聚焦北京优势资源，以项目为依托，在机制、平台建设等方面形成合力，深入开展点对点合作，在承接国家重大专项上共同做好服务工作。工业和信息化部产业发展促进中心副主任李宏、由淑敏，北京科技协作中心雷霆、周晓柏等参加会议。

（戴旭峰）

【出台管理办法推广应用新能源商用车】7月14日，为进一步规范推进本市新能源商用车推广应用，并严格执行财政部等四部委调整财政补贴政策的要求，市科委牵头组织市经济和信息化委、市财政局、市交通委多次研究讨论，拟定《北京市推广应用新能源商用车管理办法》，经市政府批准后正式印发。

（张小川）

【许强参加“市民对话一把手”访谈节目】7月25日，市科委主任许强走进北京电视台演播厅，参加了由市政府办公厅组织的“市民对话一把手 砥砺奋进的北京”特别节目。许强围绕“全力抓好‘三城一区’建设”主题，介绍了全国科技创新中心建设取得的成绩，以及中关村科学城、怀柔科学城、未来科学城，以北京经济技术开发区为代表的建设创新型产业集群和“中国制造2025”创新引领示范区“三城一区”的布局和发展现状。该节目由北京电台、北京电视台、北京新媒体集团、“首都之窗”政务门户网站和千龙网联合直播。

（陈治光）

【与赛迪研究院携手】7月26日，北京科技协作中心与工业和信息化部赛迪研究院围绕如何“搞活”未来科学城和“破题”军民融合科技工作进行深入探讨，双方同意携手共同“破题”军民融合科技工作，共同推动未来科学城“搞活”。赛迪研究院将以研究咨询（赛迪智库、赛迪顾问）、中国软件评测中心、光伏联盟等行业优势为未来科学城“搞活”提供软、硬件的支持，构建赛迪产业园与未来科学城的工作联系，在数据资源共享、智能网联驾驶、新能源、科技冬奥等方面合作达成共识。北京科技协作中心主任雷霆、工业和信息化部赛迪研究院院长卢山等参加。

（戴旭峰）

【国家有关部门专家共商“搞活”未来城】7月27日，北京科技协作中心邀请国家发展改革委、科技部、财政部有关司局领导及中国地质科学院、中国计量院等院所领导共同研究如何推动未来科学城发展，服务央企工作。专家们认为，“搞活”未来科学城的关键是需要引入更多优秀民企、外企的竞争性要素，要认真研究国务院《关于强化实施创新驱动发展战略 进一步推进大众创业万众创新深入发展的意见》（国发〔2017〕37号），进一步完善和构建未来城的创新创业生态体系，以“双创”为抓手，发挥昌平区双创示范城市优势，对接国家科技政策落地，激发未来科学城活力。国家发展改革委高技术产业司、科技部创新发展司、财政部教科文司、中国地科院、中国计量院等单位的专家参加。

（戴旭峰）

【北京建筑规划设计产业交流座谈会举行】8月29日，在市科委主导下，北京科技协作中心邀请中国建筑设计院有限公司、中国城市规划设计研究院等4家中央在京建筑规划设计机构召开北京建筑规划设计产业交流座谈会，共同探讨建筑规划设计领域协同创新途径。会议详细介绍北京规划设计产业发展现状及存在的问题，并就成立北京建筑规划设计产业联盟进行探讨。参会代表从本单位的技术优势、产业发展需求等方面展开研讨，并赞成组织起来将各自的优质资源贡献出来，实现共享，促进关键技术研发及应用推广，共同推动北京规划设计产业创新发展。

（戴旭峰）

【与中粮营养健康研究院商谈合作事宜】8月31日，北京科技协作中心与中粮营养健康研究院围绕服务央企科技创新、未来科学城“搞活”、军民融合等事宜进行深入交流。在服务央企科技创新方面，中粮研究院希望能够在“引智”“留人”两个方面多做文章，在引进高端创新人才、出台人才优惠政策方面提供帮助；在“搞活”未来科学城方面，希望未来科学城走开放创新之路，中粮研究院将建成开放式创新园区，积聚粮油食品领域的创新资源，同时加强科技金融服务，以科技创新风险基金等形式，激发创新园区活力；在军民融合方面，中粮研究院正在承接航天食品、单兵自热食品、航空母舰食品、战略核潜艇食品和岛礁食品5项特需食品的保障研究任务，希望能在军民融合领域获得更大更多的支持。协作中心表示将加强服务力度，协调军民融合工作落实，并在人才政策宣贯，推进未来城“搞活”等具体工作上进行合作。北京科技协作中心主任雷霆、中粮研究院院长郝小明等参加会议。

（戴旭峰）

【北京科技特派员在线平台帮扶门头沟低收入村】 8月，北京科技特派员在线开通的“智农宝”线上电商服务平台与门头沟清水镇政府在清水镇共同举办了“智农宝”帮扶清水镇杏核收购活动。在为期2天的杏核收购活动中共收购梁家庄村、黄安坨村、双涧子村等低收入村“龙王帽、优一”杏核2万多千克，为清水镇农民带来直接收入近30万元。

（王伟娟　赵淑红　赵　娣）

【协助中国中化集团在北京发展】 9月4日，中国中化集团副总裁李彬率队回访市科技协作中心。双方围绕服务中化集团科技创新、入驻未来科学城、“未来农场”示范区落地等事宜进行深入商谈。会上，中化集团感谢市科委、市科技协作中心对集团在北京发展的支持和帮助，表示希望加强在3个方面的合作：一是请市科技协作中心帮助做好入驻未来科学城的基础工作，共同推进中化集团中央研究院入驻未来科学城；二是请市科技协作中心做好北京市科技、人才、金融政策的宣讲；三是共同推进“未来农场”示范项目落地，结合“农业特色小镇”建设进行合作。市科技协作中心表示将共同努力做好中化集团提出的工作。

（戴旭峰）

【“科技创新中心建设”专题政务开放日活动举行】 9月7日，市科委开展“科技创新中心建设”专题政务开放日活动。活动邀请市人大代表、社会监督员及来自研究机构、高新技术企业、创新联盟、小微企业和创业团队、科普基地等创新创业主体的30余位市民代表，通过参观、讲解、座谈等零距离沟通互动，增进对北京加强全国科技创新中心建设各方面情况的了解，听取了市民代表的需求和意见建议，更好地凝聚各方资源和力量共同参与全国科技创新中心建设。市民代表首先走进市科委机关，了解近年来北京市科技创新工作在新能源与新材料、装备制造、生物医药等领域取得的最新成果和进展。在交流环节，市科委副巡视员王建新主持召开座谈会。市科委相关负责人向市民代表介绍北京加强全国科技创新中心建设的有关情况及下一步工作。开放日还邀请市民代表走进全国科技创新中心建设主战场之一的中关村科学城，参观科技园区——中关村软件园，观看中关村软件园沙盘，详细了解软通动力的新型城市智慧中心等科技成果。

（陈治光）

【首个技术转移国家标准发布】 9月29日，首个技术转移国家标准《技术转移服务规范》（GB/T 34670—2017）发布。这是我国首个技术转移服务推荐性国家标准。标准由科技部提出，在市科委实施并发布的《技术转移服务规范》（DB11/T 816—2011）地方标准的基础上，结合全国技术转移服务工作的现实情况，由科技部火炬中心、北京技术市场协会等单位共同起草完成。标准进一步明确技术转移概念，规定7类社会关注度高且已形成较成熟模式的技术转移服务类型，提出了差异化的服务内容、服务要求和服务流程。引导技术转移服务与互联网技术、金融资本深度融合，向专业化、市场化、高端化方向发展。

（王　磊）

【第十七届北京分析测试学术报告会暨展览会举行】 10月10日，第十七届北京分析测试学术报告会暨展览会（BCEIA 2017）在北京国家会议中心召开。会议公布了BCEIA 2017各大奖项的获奖名单，包括2017BCEIA金奖、2017BCEIA新产品奖，以及2017年中国分析测试协会科学技术奖等奖项。北京海光仪器有限公司的“海光HGA－100直接进样测汞仪”获得2017BCEIA金奖，该仪器曾获2016年度首都科技条件平台科学仪器开发培育项目支持，仪器的成果打破美、意、日、俄等国进口市场产品垄断并获得多项专利，实现销售额200万元。

（贾翠云）

【北京获“自然指数”全球城市科研产出冠军】 10月19日，英国《自然》杂志刊登了“2017自然指数——科研城市”，北京在全球城市中夺得科研产出冠军，上海位列第五。“自然指数”分析了全球500个城市的科研产出数据，通过加权分数式计量（WFC），统计出了全球科研产出最高的十大城市，北京以1693的分值夺得冠军，随后是巴黎、纽约、剑桥（美国马萨诸塞州）、上海、东京、伦敦、波士顿、圣迭戈、剑桥（英国）。这十大城市贡献了全球科研产出的17%。

（陈治光）

【工业和信息化部党校学员调研未来科学城】 10月31日，北京科技协作中心邀请工业和信息化部党校第14期36名处级学员到未来科学城调研。

学员们参观了未来科学城园区面貌和市政工程建设情况，重点调研了与工业和信息化部工作关系密切的国家电投集团中央研究院和商飞北研中心。参观后，协作中心、未来城管委会围绕全国科技创新中心建设和“搞活”未来科学城等议题与学员进行深入交流。

（戴旭峰）

【市科委举办2017年第二期依法行政培训班】 11月2—3日，市科委举办2017年度第二期依法行政培训班。培训班开班仪式由市科委政策法规与体制改革处副处长龚维幂主持，驻市科委纪检监察组副组长孙茂腾出席并讲话。培训班邀请了中央民族大学法学院张步峰教授、中国人民大学法学院杨建顺教授、观韬中茂律师事务所黄薇律师和国家信息中心网络政府研究中心唐喆等专家，围绕“公共管理中的法律意识和依法行政”“行政执法体制机制研究”“政府信息公开的复议诉讼风险”“政府网站发展指引”“公平竞争审查”等主题做了专题讲座。

（市科委法规处）

【“央地协同创新暨走进中粮”系列活动举行】 11月8—10日，北京科技协作中心先后组织平谷区政府、昌平区政府、延庆区政府及三区相关18家涉农企业走进中粮营养健康研究院，开展需求对接活动。重点在农产品开发、品牌推广、国际旅游休闲及康养产业规划设计、农业精准扶贫、食品安全与营养健康科普等方面与研究院商讨合作机会。企业希望能在农产品深加工、食品安全快速检验检测、感官评测、品牌打造、市场推广等方面与研究院进行深度合作。截至11月，延庆区绿富隆公司、昌平区北京古钟油脂有限责任公司、平谷区北京海琼花蜂产业有限公司等12家企业与中粮研究院达成合作意向；北菜园农业科技发展有限公司、北京超大农业集团农业有限公司等6家企业与中粮研究院初步对接。延庆区副区长罗瀛、昌平区政协主席李雪红，以及平谷区科委、北京科技协作中心的相关人员参加活动。

（戴旭峰）

【《汽车零部件再制造企业评价规范》发布】 11月22日，首都科技服务业协会发布首个针对汽车零部件再制造企业评价的团体标准《汽车零部件再制造企业评价规范》。《评价规范》由首都科技服务业协会牵头，机械产品再制造国家工程研究中心、装备再制造技术国防科技重点实验室、中国汽车工业协会汽车零部件再制造分会等单位参与制定。《评价规范》共分为7个部分，规定了汽车零部件再制造的术语与定义、评价原则、评价方法、等级划分和评价流程等内容，为政府管理部门对汽车零部件再制造企业进行规范与管理提供依据。

（洪　彬）

【经费管理办法培训会召开】 11月28日，市科技信息中心与北京灵犀移动通信产业技术创新联盟在中关村软件园会议中心召开2017年北京市科技计划项目（课题）经费管理办法培训会。会议邀请市科委条件财务处、审计处主管工程师以及会计师事务所会计师详细讲解科技经费管理和使用原则，经费审计的总体要求、政策依据及重点关注问题，对立项论证概算进行解析，共计300余名企业代表参加本次培训会。

（张冬敏）

【北京科技特派员工作联席会召开】 12月8日，市科委、市农委等12个委办局共同召开科技特派员工作联席会。会议总结交流了2017年北京市各委办局关于科技特派员工作的做法、成效，通过建立协同工作机制、强化顶层设计、汇聚创新资源、开展全方位培训、推进创业链建设、建设“星创天地”、深化区域合作等手段，北京科技特派员工作取得显著成效，形成北京科技特派员工作模式。截至12月，北京市拥有自然人科技特派员7900名，法人科技特派员465家，“星创天地”30家，累计转化技术成果400余项，培训创新创业人才8万人次，带动就业12万人。市农村工作委员会组织科技特派员与低收入村一一对接，确保每个低收入村都有1名村级全科农技员。市农业局开发农技科技网络书屋，使科技特派员在交流、互动中解决生产生活中遇到的实际问题。市园林绿化局以加强森林文化科普队伍建设为切入点，强化科技特派员培训，培养25名自然解说员。有2名科技特派员入选全国创新人才推进计划，并获得科技创新创业人才殊荣。1名科技特派员被评为全国“十佳农民”，3名入选全国新型职业农民风鹏行动计划。各委办局还深入交流了科技特派员工作中面临的新形势和新要求，提出了科技特派员工作还存在的薄弱环节，并就如何深入推进科技特派员工作进行充分研讨，明确了继续推进科技特派员工作的重点方向。

（王伟娟　赵淑红　赵　娣）

【“农业科技智库建设”专家评价会召开】12月12日，市科委农村中心召开“北京农业科技智库建设”专家评价会。专家听取了市农科院农业信息与经济研究所做的“北京农业科技智库建设”工作汇报，包括政策法规、专家团队和科技成果等3个数据库，共收录有效政策法规数据1524条，专家信息1283条，农业科技成果数据2000余项。撰写了《北京节水农业现状及发展趋势》《北京生态畜牧业发展现状及趋势》研究报告，专家组进行了评价并提出意见建议。专家组认为，研究报告内容丰富，分析问题准确，相关建议合理，数据库建设符合农业科技智库建设的需要，研究内容为政府、专家和社会组织开展专题研究提供了信息和思路，建议要明确智库开放对象，做好后续智库使用、维护及完善工作，进一步为农业科技工作提供技术支撑。

（王伟娟　赵淑红　赵　娣）

【走进大飞机北京研究中心】12月12日，北京科技协作中心与中国商飞公司北京民用飞机技术研究中心在未来科学城共同举办“协同创新、共创未来——走进大飞机北京研究中心”活动。活动旨在推进“打开院墙”，促进“搞活”未来科学城，助力北研中心与在京科研单位在基础研究能力、先进科研设施等方面的对接合作。本次活动由国家“千人计划”专家、北研中心常务副主任李东升主持，北京市科委副巡视员杨仁全做了《聚焦“三城一区“主平台全面加强全国科技创新中心建设》主题宣讲，北研中心发布官方微信公众平台“望眼民机”并做科研成果及进展情况汇报。出席本次活动的单位共44家，其中中关村企业12家、高等院校10家、中央在京科研院所8家、未来科学城研究院14家。

（戴旭峰）

【北京十大高精尖产业系列政策发布会举行】12月26日，市政府新闻办召开“新时代 新气象 新作为”北京市学习宣贯彻党的十九大精神系列发布会——北京市加快科技创新发展高精尖产业系列政策新闻发布会。会上，市科委主任许强、市经济和信息化委主任张伯旭等出席发布会，介绍相关情况。许强重点介绍了新能源智能汽车、新材料、人工智能、科技服务业等4个产业指导意见的主要思路和主要内容。张伯旭介绍了新一代信息技术、集成电路、医药健康、智能装备、节能环保、软件和信息服务等6个产业的发展思路、任务方向等内容。市财政局、市人力社保局、市交通委、中关村管委会等委办局相关负责人回答了记者提问。北京电视台、北京日报等20多家主要媒体参加了发布会。

（陈治光）

【新能源汽车专用号牌正式启用】12月28日，全市正式启用新能源汽车专用号牌。与普通汽车号牌相比，新能源汽车专用号牌样式新颖，编码规则更加科学合理。专用号牌增加专用标志，整体以绿色为底色，号码增加了1位，由5位升至6位，按照不同车辆类型实行分段管理，字母“D”代表纯电动汽车，字母“ F”代表非纯电动汽车（包括插电式混合动力和燃料电池汽车等）。

（张　爽）

【实验动物工作单位的生产使用许可证情况】12月30日，根据《北京市实验动物管理条例》的规定，市实验动物管理办公室对北京市行政区域内从事实验动物工作单位的生产使用许可证情况进行了梳理。经统计，2017年度共颁发生产许可证6个，使用许可证44个。截至12月30日，北京市实验动物有效许可证的情况为：生产许可证50个，使用许可证276个。

（臧津慧）

【市科委荣获专题教材制作优秀奖】12月，市科委在2016年度科技部党员干部现代远程教育专题教材制作评选中被评为优秀制作单位，荣获中国农村技术开发中心颁发的优秀奖荣誉证书。市科委在承担“2016年度科技部党员干部现代远程教育专题教材制作”任务中，本着“高度重视、精心组织、周密安排、务求实效”的原则，组织市农科院信息所等3家单位参与制作，并完成了时长合计1039分钟的党员干部现代远程教育课件资源，在全国排名第二，有力支撑了科技部全国远程教育专题教材制作工作，节目种类丰富、内容贴近生活，深受广大党员干部和群众的喜爱，受到科技部多次表扬和奖励。

（王伟娟　赵淑红　赵　娣）

【市科委获造林工程建设优秀服务保障单位荣誉称号】12月，根据市平原地区造林工程建设总指挥部和市人力社保局《关于表彰北京市平原地区造林工程建设优秀集体、优秀个人和优秀服务保障单位的决定》文件精神，市科委凭借在自2012年启动开展的北京市平原地区造林工程中的突出贡献，获得“2016年度北京市平原地区造林工程建设优秀服务保障单位”荣誉称号，同期全市共40家单位获此荣誉。

（王伟娟　赵淑红　赵　娣）

【12 个实验动物地方标准获得立项】 年内,实验猕猴、长爪沙鼠等 12 个实验动物地方标准作为一类项目获得立项。

(臧津慧)

【北京实验动物行业专业技术培训】 年内,市实验动物管理办公室加大继续教育培训。与意大利 TECHNIPLAST 公司、美国 Charles River 公司、香港奥星公司、中国食品药品检定研究院、首都医科大学等单位共同组织了短期培训班,共培训设施管理骨干 442 人。

(臧津慧)

【标委会考评获得优秀】 年内,在市质监局和北京标准化协会组织召开的 2017 年度北京市专业标准化技术委员会工作会议上,北京市实验动物标准化技术委员会在 2016 年年度考核评估中获得优秀。

(臧津慧)

【实验动物地方标准】 年内,实验用小型猪等 6 个实验动物地方标准经过复审后继续有效。实验用猪、实验用牛、实验用羊、实验动物运输规范、实验动物生产与实验安全管理技术规范等 20 个地方标准发布。

(臧津慧)

【为国家重大会议活动提供网络安全保障】 年内,北京软件产品质量检测检验中心在两会、一带一路、十九大等重大会议活动中,协助市公安局安全保卫总队开展重要信息系统安全检查、技术支持及相关工作。在一带一路峰会期间,为首汽、北汽、四通等用车企业以及 10 余家医院提供了多轮系统安全检查工作,针对发现的第三方应用的框架漏洞,为企业提供整改建议,避免了系统被攻破的威胁。十九大期间,检测中心派出 4 支专家队伍,对中纪委、人民网、共产党员网、北京轨道交通指挥中心等单位进行技术检查,并在会议期间派出 2 人对中纪委和人民网进行 24 小时值守,圆满完成了会议的安保任务。

(偶嘉榕)

【金融产品质量监督】 年内,北京软件产品质量检测检验中心推动并组织安全隔离网闸产品质量国家监督抽查,对安全隔离网闸产品进行了国抽检查,并受国家质检总局监督司和产品质量安全风险监测中心的委托,由国家应用软件产品质量监督检验中心实施,针对新技术新产品、结合公众热点的无标可依的产品开展安全风险监测。依据中国人民银行发布的中华人民共和国金融行业标准,对银行、第三方支付、电商、团购、理财五大类 25 家机构共 50 个批次的客户端软件进行采样,进行为期 3 个月的智能移动终端真机监测。该项工作将我国金融移动支付标准对被测机构进行全面详细的宣贯,使被测机构对我国信息安全政策及标准有了深入的了解,也是对被测系统的整个安全体系的监督。

(偶嘉榕)

【北软检测以第一名的成绩被认可】 年内,按照《北京市经济和信息化委员会关于落实软件产品增值税政策相关的软件检测机构认可管理办法(修订版)》(京经信委发〔2015〕7 号)的相关要求,北京软件产品质量检测检验中心以第一名的成绩成为 2017—2018 年度北京市软件产品检测机构之一。作为第三方软件检测机构,中心遵守《软件产品登记测试通用技术规范》(DB11/T 1012—2013)标准中相关要求,对被测软件的真实性进行判断,严格执行测试,杜绝为不实软件出具测试报告,测试报告科学、规范、严谨,报告正确率达到 100%。

(偶嘉榕)

【北软检测参加国际标准化工作】 年内,北京软件产品质量检测检验中心作为全国信息技术标准化委员会软件工程分技术委员会软件质量测试工作组秘书处,2017 年积极参加 ISO/IEC JTC1/SC7 的国际标准化工作。5 月和 11 月,工作组参加了在马来西亚关丹和墨西哥城召开的国际标准化组织 SC7 全会及工作组会议,重点参加了战略规划会议以及 WG4(工具和方法)、WG6(软件产品质量度量和评价)、WG7(生命周期管理)和 WG26(软件测试)等会议,履行编辑及联合编辑职责,参与标准讨论。工作组重点参与 SQuaRE(系统和软件工程系统和软件质量要求和评价)系列国际标准的研制,主要包括 ISO/IEC 25020(主导制定)、ISO/IEC 25030、ISO/IEC 25010 - 1、ISO/IEC 25010 - 2 和 ISO/IEC 25010 - 3 等 5 项国际标准。

(偶嘉榕)

【开展检测认证服务】 年内,北京软件产品质量检测检验中心完成信息系统测试项目 334 个,软件产品登记检测数量 2815 个,服务企业 800 余家。其中在大数据、云计算、北斗、AR、VR、人工智能、物联网等新兴领域开展的检测项目数量达 110 余个。

(偶嘉榕)

【实验动物质量抽检情况】年内，录入市政府执法管理系统的实验动物行政检查量191件，行政处罚总量3件，2017年两次抽检了63家单位的1330只动物，120个种群。依据国家标准和北京市地方标准，对抽查动物的微生物、寄生虫、遗传质量控制和病理情况进行实验室检验。经市实验动物专家委员会质量检测专业委员会专家研判实验室检测数据，2017年总体情况好于往年。

（臧津慧）

【实验动物许可事项的办理信息共享】年内，每一个实验动物许可事项的办理全程都录入监察局和科技部管理信息库，并及时在市科委和北京实验动物信息网站上公示许可的结果。实验动物行政处罚信息录入北京市执法信息平台，结果信息在市科委网、北京实验动物信息网上公示。实验动物行政检查的信息及时录入北京市执法信息平台。结果信息在市科委网、北京实验动物信息网上公示。

（臧津慧）

【配合完成政务服务体系建设】年内，市实验动物管理办公室通过采取优化内部管理资源、创新监管运行机制、运用信息化手段、搭建公共服务平台、发挥社会组织作用、建立信息用制度等措施，创新事中事后监管方式，积极响应市政府的号召，配合完成政务服务体系建设。2015年，实验动物行政许可事项全部进驻北京市政务服务中心，2017年开始，在北京市网上政务服务大厅办理实验动物行政许可事项，通过线上审核后，再到实体大厅提交纸质材料，让申请人少跑腿，切实为申请人办事提供方便。

（臧津慧）

【实验动物知识普及】年内，根据科技部平台中心调研项目，市实验动物管理办公室组织专家编写了《中国实验动物资源调查与发展趋势》，翻译欧美关于实验动物福利伦理研究的成果，免费发放到院所、大学、企业和相关管理部门，普及实验动物知识，规范实验动物生产和使用。

（臧津慧）

【印制许可单位分布地图】年内，市实验动物管理办公室印制2016版北京市实验动物行政许可设施位置分布地图，将军队系统以外的254个实验动物许可设施位置和许可单位的相关信息、联系方式印在地图上，方便实验动物从业人员查找信息，推进资源共享。

（臧津慧）

【实验动物从业人员上岗考核】年内，根据国际惯例，实验动物从业人员需进行岗前培训。截至12月4日，在北京大学医学部、首都医科大学、清华大学、北京中医药大学、北京生命科学研究所、亦庄生物医药园、康龙化成、北京农学院等不同地点设置考点21个，组织实验动物从业人员网上考试53场，累计报考人数5045人，考试合格人数4523人，及格率为89.49%。

（臧津慧）

【科技服务业固定资产投资】年内，科技服务业固定资产投资首次将市科委列为牵头促进部门。市科委通过积极部署、多措并举，科技服务业固定资产投资全年完成值81.9亿元，略高于2016年，实现近4年以来科技服务业固定资产投资增速首次由负转正。2014—2016年完成额分别为142.5亿元、98.9亿元、81亿元，年均增长率-32.6%。

（翟亚宁）

【本市纯电动汽车保有量累计达17.1万辆】截至年底，北京市清洁能源与新能源汽车累计保有量20.8万辆，其中纯电动汽车17.1万辆，规模居全国第一。其中，私人领域（个人及单位）纯电动小客车累计达12.43万辆。累计建成充电桩11.52万根，其中公共专用桩1.31万根、社会公用桩1.88万根、私人自用桩8.33万根。

（张小川）

【新型职业农民创新创业综合服务平台建成】年内，市科委支持同方知网（北京）技术有限公司和市农科院共同承担完成了“新型职业农民创新创业综合服务平台建设与应用”课题，建成了新型职业农民创新创业综合服务平台。课题在完成了“全国基层农技人员能力提升需求调研报告”和“北京市新型职业农民能力提升需求调研报告”的基础上以需定研，研发了职业农民认证管理、职业农民档案信息管理、职业农民学习交流、专家咨询、成果推介与搓合5个系统，搭建了新型职业农民创新创业综合服务平台；建立了职业农民学习知识库，整合图书1369册、期刊546种、视频1471部、专题数据库200个，定向开发“智慧农民十万个为什么”“农家乐经营管理”数据库2个，制作视频23部，为职业农民培育及开展创新创业服务提供了丰富的资源基础；引入752名农业专家资源，通过线上线下多种交流互动形式，为京津冀地区职业农民提供交流和咨询服务，覆盖京郊及21个省（自治区）的示范基地

249 个；筛选出国家级成果 300 个，省市级成果 100 个，专利 100 项进行推介，注册用户达 94144 人，实现直接经济效益 100 万元。课题培育了一支 2 万余人的新型职业农民队伍，使京津冀地区农民综合素质得到提高。

（王伟娟　赵淑红　赵　娣）

【农村党员远程教育系统服务基层党建】年内，市科委支持市农科院、北京智农天地网络技术有限公司和北京宣传教育服务中心共同实施的“农村党员干部现代远程教育智能多终端系统开发”课题，完成了党员教育资源云管理系统和远程教育智能 TV 客户端的研发，实现了农村党员干部现代远程教育市级平台应用管理系统整合升级；完成了智能多终端系统开发和设计工作，实现了“北京长城网”后台统一信息服务、资源管理和内容发布等管理功能和计算机、手机、机顶盒＋电视等多终端对党员教育资源的统一访问；完成了远程教育智能多终端客户端系统两学一做、社区讲堂等 8 个板块的开发，实现了智能多终端客户端系统与“北京长城网”后台系统用户登录认证、流媒体、资讯等接口的无缝对接；完成了 550 余项党员教育课件，丰富了视频教学资源，并在全市推广应用了 7476 部智能终端机顶盒，实现了农村和社区站点全覆盖，累计开展培训服务 45 万人次。

（王伟娟　赵淑红　赵　娣）

【筹建科技创新中心智库】年内，为了给北京加快建设具有全球影响力的科技创新中心提供高端决策支撑，根据市领导要求和全国科技创新中心建设的决策需要，市科委决定筹建科技创新中心专家咨询委员会。市科委科宣处对专家委的指导思想及定位、建设目标、建设内容、工作机制与成果发布等方面进行研究，形成《全国科技创新中心专家咨询委员会建设工作方案》。

（游　可）

【责任主体信用全流程管理】年内，科技计划相关责任主体信用管理系统同科技计划管理信息系统（MIS 系统）紧密融合，根据 MIS 系统对相关责任主体在科技计划管理立项、实施、验收（结题）等各个阶段科技信用状况的客观记录，按照评价标准，确定评价等级。信用系统自 2010 年正式运行起，至 2017 年度累计记录北京市科技计划项目管理课题信用状况数据项 10565 条，其中，单位信用 1539 条，负责人信用 5109 条。按照信用管理制度要求，联合相关处室开展不良信用申辩管理，合计调整承担单位和个人信用 73 项。

（李　昂）

【公共信用信息归集和共享】年内，按照北京市公共信用信息统一管理服务平台（市经济和信息化委牵头）要求，建立守信激励和失信联合惩戒机制，同市经济和信息化委等部门联合实施了《联合惩戒备忘录》，积极推进公共信用信息归集和共享工作，实现“一处失信、处处受限”。

（李　昂）

【市科委信息化管理与安全培训会召开】年内，市科技信息中心分别于 8 月、10 月两次召开市科委信息化工作与安全培训会，以帮助市科委机关处室及直属单位进一步了解信息化工作相关政策法规，熟悉信息化建设项目申报流程。培训会重点结合电子政务信息化建设、信息化项目申报与评审、软件正版化、电子邮件安全等内容，对市科委机关和直属单位的近百名信息化工作人员进行培训。

（张冬敏）

【科技管理干部培训工作开展】年内，市科委持续开展科技管理干部培训工作。年初，制定市科委科技管理干部通用能力提升培训规划方案。全年共举行各类专题培训班 22 期，共计培训干部近 1500 余人次，包括：科技计划项目培训班及继续教育培训班 7 期、青年骨干培训班 3 期、学习贯彻十八届六中全会精神专题研讨班 2 期、会计人员继续教育培训班 3 期、处级任职培训班 1 期、处级干部精品专题班 4 期、人事干部培训班 1 期、新入职人员培训班 1 期。协助委人事教育处组织局级干部 9 人次 5 期学习、1 人次参加干部进修班、3 人次参加专题班；组织处级及以下干部 17 人次参加任职班、19 人次参加专题班；科级公务员各类班次 17 人次。完成委系统 208 人次在线学习督学工作。同时，探索教育培训新模式，开发“科干充电宝”微信公众号，围绕新型研发机构、科技创新中心建设开发推送微视频课程。

（李琳婧）

【市科委被评为 2016 年度北京市新闻发布工作十佳单位】年内，市委宣传部发布了《中共北京市委宣传部关于 2016 年度北京市新闻发布工作评估情况暨十佳单位和优秀单位的通知》，市科委被评为 2016 年度北京市新闻发布工作十佳单位。

（陈治光）

【"全国科技创新中心"微信公众号影响力居前】 年内，市科委的官方微信公众号"全国科技创新中心"，围绕全国科技创新中心建设，从政策、改革、创新、支撑、平台、协同、人才、开放等方面编发稿件共计 592 条，文字量达 210 万余字。相关原创文章不仅被锐科技、创新创业中关村、中关村发展集团、首都人才、科通社等微信公众号转载转发 100 余次，也被新华网、首都之窗、千龙网、人民网、中国科技网等网站大量转载。根据第三方权威机构数据显示，截至 12 月底，在全国省市科技类政务微信公众号中，该公众号排名位于前 5 位。微信公众号的粉丝量从年初到年末，增长量实现翻番。全年阅读量达 42 万人次，其中"这些人入选啦！2018 年度领军人才和科技新星入选名单公布"单条阅读量高达 34350 人次，转发分享 1347 人次。

（夏落兰）

【《人才》杂志出十周年特刊】 年内，受北京市人才工作领导小组的委托，市科技传播中心承担编制《人才》杂志工作。2017 年特别策划编制了《人才》十周年特刊。特刊内容以十八大以来首都人才工作新突破为开篇主线，汇集市属 20 多个委办局在体制机制改革、人才管理改革试验区、人才服务平台、人才队伍建设、人才区域一体化、人才国际化等 6 个方面的工作内容，反映近年来北京市人才工作的亮点和创新。

（夏落兰）

【科技舆情安全保障工作】 年内，市科技信息中心做好全市负面科技舆情实时监测及上报机制，及时掌握负面消息的来源、扩散程度、影响程度等，并及时做好舆情的应对与处置，确保全国两会、G20 峰会、"一带一路"峰会、十九大等重大活动期间科技舆情的安全稳定。

（张冬敏）

创新成果

科学技术奖励成果

【概述】2018年1月1日,《国务院关于2017年度国家科学技术奖励的决定》(国发〔2018〕2号)印发。2017年度国家科学技术奖共评选出271个项目和9名科技专家。其中,国家最高科学技术奖2人;国家自然科学奖35项,其中一等奖2项、二等奖33项;国家技术发明奖66项,其中一等奖4项、二等奖62项;国家科学技术进步奖170项,其中特等奖3项、一等奖21项(含创新团队3项)、二等奖146项;授予7名外籍科技专家中华人民共和国国际科学技术合作奖。奖励决定授予王泽山院士、侯云德院士国家最高科学技术奖;国务院批准,授予"水稻高产优质性状形成的分子机理及品种设计"等2项成果国家自然科学奖一等奖,授予"华北克拉通破坏"等33项成果国家自然科学奖二等奖,授予"燃煤机组超低排放关键技术研发及应用"等4项成果国家技术发明奖一等奖,授予"水稻精量穴直播技术与机具"等62项成果国家技术发明奖二等奖,授予"特高压±800kV直流输电工程"等3项成果国家科学技术进步奖特等奖,授予"涪陵大型海相页岩气田高效勘探开发"等21项成果国家科学技术进步奖一等奖,授予"多抗广适高产稳产小麦新品种山农20及其选育技术"等146项成果国家科学技术进步奖二等奖,授予厄尔·沃德·普拉默教授等7名外国专家中华人民共和国国际科学技术合作奖。北京地区共有78个项目获国家科学技术奖,占全国通用项目获奖总数的36.1%,彰显出北京作为全国科技创新中心的实力。

2017年11月21日,《北京市人民政府关于2017年度北京市科学技术奖励的决定》(京政发〔2017〕31号)印发。根据《北京市科学技术奖励办法》规定,经市科学技术奖励评审委员会评审和市政府批准,授予"高性能内嵌式触控显示一体化技术研发与产业化"等22项成果北京市科学技术奖一等奖,授予"人脑皮层高精度连接组研究与应用"等51项成果北京市科学技术奖二等奖,授予"再生水回用河湖的地下水环境响应机制及其风险防控技术"等122项成果北京市科学技术奖三等奖。2017年北京市科学技术奖共受理推荐项目508项,最终195项获奖。获奖项目集中反映了科技创新中心建设的新进展,为服务首都经济社会发展,推动北京科技创新中心建设发挥了积极作用。

(市科技史志办公室)

获奖情况分析

【195项成果荣获北京市科学技术奖】2月,北京市科学技术奖励推荐工作正式启动,三四月份完成了申报推荐与形式审查工作,最终申报推荐项目551项,受理508项。7月1—11日,北京市科学技术奖专业评审委员会会议召开,共有197项成果通过初审,初审结果于8月3日至9月2日面向全社会公示,期间收到撤项申请2项。10月27日北京市科学技术奖励评审委员会会议召开,奖励评审委员听取了2017年度北京市科学技术奖初审推荐一等奖候选项目汇报,对2017年度北京市科学技术奖的获奖人选、奖励等级做出评审意见,最终审定一等奖项目22项、二等奖项目51项、三等奖项目122项。获奖项目集中反映了全国科技创新中心建设取得的成效,体现了市政府对科技工作的导向。195项项目中,由"三城一区"单位完成的项目129项,占比66.2%。

(刘宁瑜)

【北京地区78个项目获国家科学技术奖】2017年,北京地区共有78个项目获国家科学技术奖,包括:国家自然科学奖15项(一等奖1项,二等奖14项)、国家技术发明奖23项(二等奖23项)、国家科技进步奖40项(特等奖1项,一等奖4项,二等奖35项),占全国通用项目获奖总数的36.1%,比上年提高4.4个百分点,创历史新高。

(刘宁瑜)

【北京市科学技术奖基础研究和前沿技术成果丰富】北京市科学技术奖获奖项目中，23个基础研究类项目共发表SCI论文937篇，在国际顶级期刊《科学》(*Science*)、《自然》(*Nature*)子刊发表论文10篇。获奖项目共获得发明专利1574项，在石墨烯、纳米材料、蛋白质化学等应用基础领域和云计算、智能机器人等前沿技术领域，瞄准国际科技发展方向，取得了系列原创理论和技术成果，为提升科技创新全球影响力和竞争力，加快全国科技创新中心建设提供了支撑。

(刘宁瑜)

【北京市科学技术奖创新成果突出】北京市科学技术奖创新成果助力首都经济社会转型发展。面向产业的技术发明和技术开发类113项获奖项目中，有99项实现了在北京落地转化。在北京市重点发展的生物医药、电子通信等高精尖产业形成了亿元级产品10余个，有效增加了科技供给、释放了创新活力，为推动首都经济转型发展，助力产业转型升级做出了贡献。

(刘宁瑜)

【北京市科学技术奖国家科技重大专项成效显著】北京市科学技术奖国家科技重大专项成效显著，央地合作取得进展。107项获奖项目获得国家科技计划支持的项目，占比54.9%，这些成果在数控机床、集成电路装备、无线通信等国家重大战略需求领域，大力探索攻关，为我国攻破关键领域核心技术，在重要科技领域实现跨越式发展做出突出贡献。65项获奖项目是由中央和北京市属单位合作完成，占比33.3%，央地合作项目数和占比连续3年提高，央地创新资源进一步融合，形成了科技攻关的合力。

(刘宁瑜)

【北京市科学技术奖企业技术创新参与度不断提高】北京市科学技术奖企业技术创新参与度不断提高，产学研合作取得成效。在面向产业的技术发明和技术开发类获奖项目中，企业牵头和参与完成的105项，占比92.9%，连续3年提升。产学研合作完成的58项，占比51.3%。这表明，在政府科技政策的支持下，企业充分利用资源优势，加大研发投入，创新水平不断提升，成为引领首都技术创新和产业发展的重要力量。

(刘宁瑜)

【北京市科学技术奖领军人才和青年人才贡献突出】北京市科学技术奖获奖项目的第一完成人中，包括院士2位，长江学者8位，“千人计划”6位，海外高层次人才5位，“北京学者”4位，科技领军人才30位，这些人才在首都地区科技创新中发挥了重要作用。项目的所有完成人中，35岁以下的青年科技人员占26.4%。40岁以下的占48.2%，55岁以上的占6.5%。对项目做出主要贡献的前三完成人的年龄集中分布在35～55岁之间，其中40岁以下的占34%。这表明，中青年科技人才已经成为北京科技创新的主要力量，科技人才队伍梯次更趋完善，为北京加强全国科技创新中心建设奠定了坚实的人才基础。

(刘宁瑜)

2017年度北京地区获国家科学技术奖项目(部分)简介

【特高压±800kV直流输电工程】该项目获得国家科技进步奖特等奖，由国家电网公司等单位完成。特高压±800kV直流输电技术为世界首创，在国家科技支撑计划、国家“973”计划、国家自然科学基金的支持下，科研、高校、设备制造等160多家单位联合攻关，攻克了特高电压、特大电流下的绝缘特性、电磁环境、设备研制、试验技术等世界级难题。2010年自主建成了云南—广东、向家坝—上海特高压±800kV直流输电示范工程，投运以来一直保持稳定可靠运行。该项目取得了一系列重大技术突破和创新。首次揭示了特高电压下的污秽外绝缘沿面放电机理，首创多因素多目标控制的外绝缘配置方法，提出了双12脉动阀组串联主接线型式，实现了800kV特高电压、复杂环境下的绝缘可靠配置；提出了极导线任意布置下同走廊多回线路离子流场计算方法，首创交、直流电磁环境叠加模拟试验方法，实现了工程技术方案最优与生态环境友好的和谐统一；首次成功研制世界上通流能力最大的换流阀，电压最高、容量最大的换流变压器等特高压直流成套设备；构建了完备的特高压直流试验技术体系，建立了国际领先的试验研究平台。特高压±800kV直流输电技术在设备参数、可靠性、损耗、占地、经济性等方面，与以往输电技术相比具有全面优势，创新成果处于国际领先水平，具有完全自主知识产权。获授权发明专利114件，形成国家标准54项、行业标准38项，出版著作32部。建立了世界首个特高压直流标准体系，推动国际电工委员会(IEC)成立专门的直流输电技术委员会,秘书处设在中国,已发布国际标准4项,在编7项,极大提升了我国在国际电工标准领域的话语权。

(申峥峥)

【水稻高产优质性状形成的分子机理及品种设计】该项目获得国家自然科学奖一等奖,由中科院遗传与发育生物学研究所李家洋等完成。该项目围绕“水稻理想株型与品质形成的分子机理”这一核心科学问题,鉴定、创制和利用水稻资源,创建了直接利用自然品种材料进行复杂性状遗传解析的新方法;揭示了水稻理想株型形成的分子基础,发现了理想株型形成的关键基因,其应用可使带有半矮秆基因的现有高产品种的产量进一步提高;阐明了稻米食用品质精细调控网络,用于指导优质稻米品种培育。该项目强调基础理论研究与生产实际应用的结合,将取得的基础研究成果应用于水稻高产优质分子育种,率先提出并建立了高效精准的设计育种体系,示范了高产优质为基础的设计育种,培育了一系列高产优质新品种,为解决水稻产量与品质互相制约的难题提供了有效策略。研究成果在《自然》(*Nature*)等国际权威学术刊物上发表,多次入选“中国科学十大进展”和“两院院士评选中国十大科技进展新闻”,引领了水稻遗传学的发展,具有重要的国际影响。

(申峥峥)

【中国电子网络安全与信息化科技创新工程】该项目获国家科技进步奖一等奖,由中国电子信息产业集团有限公司完成。中国电子以维护国家网络安全为使命,于2011年启动“中国电子网络安全与信息化科技创新工程”。战略性选择系统开放、发展起点高的ARM生态系统,走换道超车、替代升级的发展道路,构建了技术、平台、人才、管理四大体系,系统推进高端事务处理芯片等十大项目,联合400余家核心单位开展联合攻关,打造了安全可靠产业生态。经过6年努力,已成为掌握安全可靠核心技术的网络安全国家队。在网络安全方面,推出兼容ARM标准和指令集的4核、16核和全球首款64核飞腾CPU,自主研制的DDR 4低功耗内存缓冲控制器达到国际领先水平,“智桥”万兆网络交换芯片打破国际巨头垄断,麒麟操作系统成为国内安全等级最高的操作系统,一体化解决方案全面支撑党政军和重要行业国产化替代工程。在信息化方面,打造了被习近平总书记称赞为“中拉高科技领域合作的一张名片”的厄瓜多尔国家公共安全指挥控制系统,为G20峰会保驾护航的国家级聚合式网络安全平台,以及可同时为80万税务干部、3500万纳税法人、5亿自然人提供7×24小时税费服务金税三期等一系列国家重大信息化工程。

(申峥峥)

【煤制油品/烯烃大型现代煤化工成套技术开发及应用】该项目获国家科技进步奖一等奖,由神华集团有限责任公司等单位完成。该项目在国家“973”“863”等计划支持下,经过30多年开拓性研究和协同创新,攻克了煤制油品/烯烃首次工业化的系列世界性难题,在全球率先掌握了百万吨级煤直接液化和60万吨级煤制烯烃成套技术,实现了五大创新。①首创了煤制油品/烯烃大型现代煤化工工程化技术,开辟了以煤制取清洁油品和化学品的新路径。②突破了超大超厚装备设计及制造技术,实现了现代煤化工核心装备的中国制造。③首创了现代煤化工系统集成与运行技术,建成了世界首套煤制/油品烯烃示范工程,实现了安全稳定长周期运行。④突破了煤化工高难度废水处理技术难题,解决了水资源制约问题。⑤首创了煤化工CO_2捕集封存(CCS)与监测成套技术,建成世界首个10万吨级煤化工CCS工程,提高了我国在国际气候战略博弈中的话语权。该项目获授权发明专利114件,制定国家、行业及企业标准34项,发表论文76篇,出版专著6部。该项目的成果在鄂尔多斯、包头等地的18套装置中应用,奠定了我国现代煤化工产业发展基础,推动了西部区域经济协调发展,占领了世界现代煤化工的制高点,确立了我国在现代煤化工领域的世界领导地位。

(申峥峥)

【600MW超临界循环流化床锅炉技术开发、研制与工程示范】该项目获国家科技进步奖一等奖,由清华大学等单位完成。该项目在国家“863”计划、科技支撑计划等支持下,在没有先例的条件下,经过10余年的联合攻关,系统地突破了从300MW亚临界自然循环跨越到600MW超临界强制流动带来的巨大的理论及工程挑战,取得了系列原创性成果。①完整地揭示了超临界CFB锅炉的基本原理,创建了超临界CFB锅炉设计理论和关键技术体系,涵盖气固流动、两相传热、超临界水动力、锅炉耦合等各个方面。②开发了超临界CFB锅炉设计技术,发明了低质量流速垂直水冷壁、纵流换热床等专利

部件结构，率先研制出世界容量最大、参数最高600MW超临界CFB锅炉。③创建了控制、仿真、系统集成和安装、调试、安全运行技术体系，建成了世界首台600MW超临界CFB示范工程。示范工程投运后运行非常平稳，各项指标全面优于国外同期开发的超临界CFB。该项目获授权发明专利33件，实用新型专利70件，软件著作权6件，发表论文234篇，被鉴定认为“达到国际领先水平”。拓展应用创新成果，开发了系列超临界CFB锅炉，并在国内推广使用，解决了我国劣质燃料的高效清洁利用问题。提高了我国CFB锅炉的国际竞争力并使产品走向海外，超临界CFB锅炉全球市场占有率超过95%。实现了600MW超临界CFB的国际梦想，国际能源组织认定是国际CFB燃烧技术发展的标志性事件。

（申峥峥）

【复杂环境下高速铁路无缝线路关键技术及应用】 该项目获国家科技进步奖一等奖，由北京交通大学等单位完成。项目组在国家及部委支持下，历经10余年的理论与技术创新，形成了具有自主知识产权的复杂环境下高速铁路无缝线路关键技术及应用体系。①创建了复杂温度下高速无缝道岔精细化分析理论和技术，攻克了复杂气候条件适应性难题，促使我国成为高速通过性能优良、温度适应能力最强的高速无缝道岔制造国。②创立了长大桥梁、高架站无缝线路协同分析理论与成套应用技术，突破了与复杂线下基础协调性难题，促使桥长数百公里、跨度上千米的桥梁都可实现线路无缝化。③研发了多手段智能融合的无缝线路系统实时在线监测及预警技术，实现了安全服役状态的可控性。通过成套技术的研究，形成了从设计、制造、铺设到维护的无缝线路技术体系，真正实现了无论线路有多长，都能够通过无缝化实现全线连续、高速、安全、平稳、舒适运行。该项目形成《铁路无缝线路设计规范》等国家及行业标准7项，出版专著4部，发表论文500余篇，申请发明专利29件（已授权10件），获实用新型专利、软件著作权25件。项目成果应用于我国全部高铁项目中，并在国外铁路建设中得到广泛应用。国家有关部门鉴定为“成果系统性、创新性强，整体达到了国际领先水平”，为我国高铁快速发展及“走出去”战略提供了重要支撑。

（申峥峥）

2017年度北京市科学技术奖一等奖项目简介

【科技情报大数据挖掘及服务平台】 该项目由清华大学和北京搜狗科技发展有限公司合作完成。项目围绕科技情报语义分析和智能服务，发明了以知识和学者为中心的语义分析挖掘关键技术，研发了科技情报大数据挖掘和服务平台AMiner，在科技情报语义内容生成、隐含语义挖掘、智能化服务以及平台建设等4个方面取得了突破性进展。项目成果打破国外垄断，探索出一条面向异构科技情报网络的深度挖掘和知识服务的新途径，建成具有完全自主知识产权的新一代科技情报分析与挖掘系统，提升了我国相关行业领域的自主创新水平和国际竞争力。

（刘宁瑜）

【高性能内嵌式触控显示一体化技术研发与产业化】 该项目由京东方科技集团股份有限公司、北京京东方光电科技有限公司、鄂尔多斯市源盛光电有限责任公司、合肥京东方光电科技有限公司合作完成。项目率先发明了一种具备自主知识产权的内嵌式触控集成技术，开发出具有超高画质、超低功耗、极致轻薄、超窄边框、高灵敏度等性能的内嵌式显示触控模组，推出全球首款显示触控IC整合的液晶显示屏，客户覆盖三星、华为、中兴、联想等全球主流手机厂商。项目成果的开发应用确立了我国在内嵌式触控集成技术上的国际领先地位，颠覆了传统显示行业与触控行业规则，推动我国显示与触控行业结构性整合和升级，提升了我国显示产业的国际竞争力。

（刘宁瑜）

【异构无线网络的协同自组织技术及应用】 该项目由北京邮电大学、京信通信系统（广州）有限公司、大唐移动通信设备有限公司、工业和信息化部电信研究院合作完成。项目围绕“蜂窝组网机理难以适配异构无线网络”问题开展攻关，提出了底层异构协同、上层整体自组织的协同自组织机理，发明了异构无线网络的协同自组织技术成果，解决了城市热点区域高性能低成本便捷组网难题。研发的异构基站获国家战略性创新产品认定，异构小基站应用于全国30个省市的三大移动运营商，市场份额超过90%；icell组网方案已在包括索契冬奥会、巴西世界杯等全球 80 多个国家地区的热点区域应用，打破了国外厂商在热点区域异构无线网络领域的技术垄断。

（刘宁瑜）

【国产非晶带材在电力系统中的应用开发及工程化】 该项目由北京科锐配电自动化股份有限公司、北京中机联供非晶科技股份有限公司、安泰科技股份有限公司、中兆培基（北京）电气有限公司、精进电动科技股份有限公司、深圳市实能高科动力有限公司合作完成。成果针对国产非晶带材的软磁特性，研发了全新的非晶配电变压器和非晶电机的铁芯及整机制造技术，建成了非晶铁芯和非晶配电变压器产业化生产线，开发了非晶电机的产业化集成化技术，已在国家电网及多省市电力公司挂网运行 20 余万台，且已推广到加拿大、韩国、南非、菲律宾等国家和地区，打破美国、日本专利壁垒和市场垄断，国内市场占有率高达 90%，提升了国产配电变压器和高端电机的能效水平及国际竞争力。

（刘宁瑜）

【大型水电站用高强度易焊接厚板与配套焊材焊接技术开发应用】 该项目由首钢集团有限公司、秦皇岛首秦金属材料有限公司、北京科技大学等单位合作完成。项目从水电行业用钢及应用需求出发，首次提出高水头、大型水电站用易焊接高强水电钢、焊材、配套焊接工艺一体化解决方案，为大型水电站高效、环保施工和安全、稳定运行做出重要贡献。项目成果在我国浙江仙居抽水蓄能电站、马来西亚沐若水电站、巴基斯坦塔贝拉水电站等国内外 9 项大型水电工程中得到应用。成果的实施满足了大型电站升级换代对钢铁材料的力学性能及使用需求，提升了我国水电装备制造水平和国际竞争力。

（刘宁瑜）

【农林绿地再生水灌溉关键技术研究与应用】 该项目由市水科学技术研究院、中国地质大学（北京）、中国农业大学、中国水利水电科学研究院等单位合作完成。项目围绕“风险评估 - 系统调控 - 高效利用”关键环节开展理论技术及集成创新，构建了面向农林灌区和园林绿地的再生水灌溉技术模式，为各级政府提供决策支持与政策服务 110 次，广泛应用于全市大中型灌区改造工程、东南郊水网工程、绿地节水改造、郊野森林公园等重大工程，推广累计利用再生水 23.6 亿立方米，节水 16.3 亿立方米，应用面积 95 万亩，节水总效益 23.0 亿元，为保障首都水安全、支撑首都社会经济发展、促进北京市节水型社会建设提供了重要科技支撑。

（刘宁瑜）

【南水北调配套东干渠工程关键技术研究与应用】 该项目由市水利规划设计研究院完成。项目围绕北京市南水北调东干渠工程的总体布局、结构设计、防水设计、穿越风险源、水压试验、安全监测、运行调度等开展系统性创新及应用研究，突破多项技术难题，保证了东干渠工程的顺利实施，并使工程投资节省约 1/3，每年节省 4600 万元的抽水加压费用。成果不仅支撑了南水北调配套东干渠工程的建设，极大缓解了北京市城市用水的紧张状况，也在青岛地铁 1 号线土建施工工程、北京轨道交通房山线北延二标施工工程等 4 项大型重点工程中推广应用，为国内外大、中城市输水管路建设提供了重要的借鉴。

（刘宁瑜）

【烟道气除尘脱硫脱硝（DDS）技术及示范工程】 该项目由北京大学、北京博源恒升高科技有限公司、江西永丰博源实业有限公司、北京泓龙环保有限公司合作完成。项目针对传统的废气净化处理方式效果不佳且费用较高等问题，开发了新型烟道气除尘、脱硫、脱硝溶剂及配套工艺和设备，解决了传统技术除尘、脱硫、脱硝不彻底的难题，实现了烟道气超低排放或近零排放和资源的综合利用，从工业源头上减少了污染物排放。项目成果在包钢集团热电厂建立了 DDS 烟道气脱硫脱硝技术示范工程，效果显著，推动了我国除尘、脱硫、脱硝技术的进步，具有显著的社会效益。

（刘宁瑜）

【地铁车辆段上盖建筑振动控制成套技术及应用】 该项目由市劳保研究所、市基础设施投资有限公司、洛阳双瑞橡塑科技有限公司等单位合作完成。项目针对我国现阶段地铁车辆段上盖开发面临的振动污染问题，在地铁振动预测方法与计算模型，减振产品与技术研发、控制措施设计与工程应用、标准规范编制等方面取得了系列创造性成果，为地铁车辆段上盖建筑振动控制提供了整套技术支持，指导北京市多个地铁车辆段上盖项目的开发，相关减振产品在北京市地铁车辆段振动控制中的占有率超过 90%，并在上海、深圳等 10 多个城市的地铁车辆段中得到应用。项目成果填补了国内技术空白，极大提高了城市土地集约化利用，促进了北京市轨道交通建设良性快速发展。

（刘宁瑜）

【新一代电压源高压直流换流器关键技术及应用】该项目由全球能源互联网研究院、中国电力科学研究院、华北电力大学等合作完成。项目对柔性直流输电换流器技术进行深入研究，发明了大规模功率单元的电力变换调控方法、换流器多功率单元高速触发与保护技术与换流器阀塔复合应力均衡技术，研制出新一代电压源直流换流器，提升了换流器的电压和容量，开辟了一条新的柔性直流输电技术路线。成果应用在北京、上海、厦门等多个供电工程中，累计完成 14 项技术服务，并推广到英、法等国，使我国高端电力装备首次进入欧洲市场，有力提升了我国高端换流装备制造的国际地位。

（刘宁瑜）

【大型先进压水堆核电站非能动安全试验平台研制与应用】该项目由国核华清（北京）核电技术研发中心有限公司完成。项目在引进消化吸收美国 AP1000 核电技术的基础上，自主研发了具有更大功率的 CAP1400 核电站，针对 CAP1400 三道非能动安全系统建立了由 2 个大型整体试验台架和 5 个单项试验台架组成的非能动安全试验验证平台，在环保部、国家核电、中船重工的多项性能验证与设计、工程设计优化和软件验证中得到应用，填补了我国在非能动核电安全试验领域的空白，推动了我国自主化核电技术的发展，提升了我国核电技术的国际影响力。

（刘宁瑜）

【海洋深水钻探关键技术创新及产业化】该项目由中国石油大学（北京）、中海油研究总院、中国石油化工股份有限公司石油工程技术研究院等单位合作完成。项目经过 10 余年科技创新与工程实践，开发了多套深水模拟实验装置和设备，形成了产学研用一体化的科技创新条件平台，形成了一套具有自主知识产权的海洋深水钻探关键技术，打破了国外技术垄断，推动了我国海洋深水钻探行业科技进步，实现了我国海洋深水钻探工程从浅水到超深水的跨越。成果在我国南海荔湾、流花、白云、陵水和西沙等海域 100 余口深水井进行了规模工业化应用，实现了我国海洋深水区的油气资源的安全高效开发，保障了国家油气供给安全

（刘宁瑜）

【复杂条件下大型海底隧道钻爆法建造关键技术研究及应用】该项目由北京交通大学、青岛国信胶州湾交通有限公司、厦门路桥工程投资发展有限公司合作完成。项目针对海底隧道钻爆法施工中突涌水事故的防治和运营中排水量的控制问题进行了研究，揭示了海底隧道突水机理，建立了不良地质条件下大断面海底隧道安全施工技术体系，提出了基于排水量控制的隧道设计方法，创立了基于核心风险的安全保障体系，直接应用于厦门翔安隧道工程建设、青岛胶州湾海底隧道建设全过程，综合效益显著。项目以不良地层的科学加固、施工过程的精细化控制和渗水量的高效防控技术为核心，形成了我国海底隧道钻爆法修建的技术体系，对我国海底隧道建设和发展起到重要的示范和推动作用。

（刘宁瑜）

【C30 平台纯电动乘用车关键技术集成开发与应用】该项目由北京新能源汽车股份有限公司完成。项目打造了中国纯电动汽车明星产品，推动了纯电动轿车和产品的升级换代，实现了中国新能源汽车产业的市场化破局。自 2012 年投入市场销售以来，截至 2017 年 2 月，累计销售 40776 台，在纯电动市场全国销售第一，全球销量排名第六，直接经济效益 66 亿元。项目成果推动新能源汽车产业化发展规划目标的实现及纯电动轿车产品的升级换代，优化了能源结构，减少了大气污染和噪声污染，带动了新能源汽车行业及产业链的共同发展，取得了显著的经济和社会效益。

（刘宁瑜）

【微重力流体高效管理与高精度控制技术及工程应用】该项目由北京控制工程研究所完成。项目以实现微重力条件下流体系统的重复补加和剩余量的高精度测量为目标，实现了微重力条件下流体的高效管理与高精度控制，研制的轻质长寿命板式表面张力贮箱、超声波流量计、零泄漏空间微型泵、高精度超声波流量计等新型产品完成了在轨验证，非接触式高精度剩余量测量方法被广泛应用于各类卫星寿命的预测，各项技术指标达到国内领先、国际先进水平。成果应用于我国载人航天、探月工程、高分专项、深空探测等国家重大专项工程，成为引领我国空间流体管理领域技术创新的龙头，为我国航天事业的发展提供了有力保障，也将促进我国空间流体管理与控制技术的快速发展。

（刘宁瑜）

【新型饲用抗生素替代品创制与应用】 该项目由中国农科院饲料研究所、北京大北农科技集团股份有限公司、山东宝来利来生物工程股份有限公司等单位合作完成。项目通过15年持续攻关，针对畜禽饲用抗生素滥用与病原菌感染等问题，聚焦新抗生素替代品构效关系及作用机理，突破了技术瓶颈，创制了新型安全饲用抗生素替代品与技术。成果已在30余家配合饲料生产厂得到应用示范，有效促进了首都及全国畜牧业抗生素替代，并取得良好经济、生态、社会效益，为实现全部替代饲用抗生素国家目标提供了方法技术、产品工艺、模式标准一揽子方案，推动了畜牧业安全优质可持续发展。

（刘宁瑜）

【大白菜优异种质创新和多样化系列品种选育与推广】 该项目由市农科院蔬菜研究中心、北京京研益农科技发展中心等单位合作完成。项目以提高大白菜复合抗性、耐抽薹和耐贮运为育种目标，建立了抗病性精准鉴定和高通量分子标记辅助选择技术体系，选育出抗性强、类型多、综合性状优良的大白菜新品种，实现了品种更新换代。在全国28个省市累计推广1630万亩，并且出口到美国等7个国家，带动了我国大白菜育种技术的发展，支撑了我国种业竞争力的提升，也保障了首都“当家菜”的优质安全生产和周年均衡供应。

（刘宁瑜）

【新发自然疫源性疾病的监测与溯源研究】 该项目由军事医学科学院微生物流行病研究所、黑龙江省牡丹江林业中心医院等单位合作完成。项目将现场流行病学调查与实验室研究紧密结合，综合应用微观分子生物学技术和宏观空间信息技术等先进手段，在新病原体识别与鉴定、病原特征及遗传进化、自然疫源地发现与确认、流行趋势预测等方面开展原创性和前沿性研究，取得系列创新成果。研究成果丰富了科学界对新发病原体特征、流行规律、自然疫源地等的全面认识，绘制了我国新发蜱媒病原体感染的地理分布图谱，为国家生物安全提供了本底数据和风险评估依据，也为临床进行不明原因发热病例的诊治、输血传播风险的认识、院内感染的控制等提供了科学依据。

（刘宁瑜）

【难治性创面的精准修复新技术集成及社会防治应用推广】 该项目由解放军总医院第一附属医院、北京化工大学、同济大学等单位合作完成。项目探讨影响难治性创面愈合的因素和机制，自主研发高性能水凝胶、新型阳离子基因载体材料、自体单采富血小板血浆凝胶、新型负压引流系统，创建细胞－微粒皮移植技术，同步实现创面修复和功能重建，形成精准修复新技术集成治疗方案。成果相关产品和技术在全国1327家单位推广应用，受益患者52.7万人。成果实现了难治性创面防治领域的理论突破、技术创新、产品研发和全国推广应用，显著提高了我国在该领域的国际影响力，为该领域的技术进步起到引领、示范和促进作用。

（刘宁瑜）

【中药生产过程控制可靠性工程理论与关键技术应用】 该项目由北京中医药大学、北京同仁堂股份有限公司、北京康仁堂药业有限公司合作完成。项目围绕中药产业发展与质量提升战略，突破了传统中药质量控制理念，由事后检测前移到生产过程控制，由化学指标检测提升为功效成分控制。针对中药成分复杂、药味多、工艺独特和生产流程长等特点，创建了生产过程控制可靠性工程理论与关键技术，解决了中药质量变异性大、控制指标与临床疗效关系不明的问题，支撑起中药质量保证体系。成果把可靠性工程理论与关键技术产学研用结合，使中药生产技术和质控手段更加科学，为中药相关行业的长远规范化发展奠定了良好的基础。

（刘宁瑜）

【蛋白质稳态调控的翻译后修饰机制】 该项目由军事医学科学院放射与辐射医学研究所、香港浸会大学、解放军总医院合作完成。项目重点针对泛素化、类泛素化、乙酰化在蛋白质稳态调控中的功能及机制开展研究，致力于发现机体发育、生理及应激条件下蛋白质稳态平衡维持的机制，疾病发生发展中蛋白质稳态失衡的机制，探索靶向翻译后修饰，重塑蛋白质稳态，进行疾病治疗。成果解决了抑癌蛋白稳态调控机制等重要基础科学问题以及药物靶向递送等重大技术问题，促进了蛋白质修饰学科的发展，对肿瘤及骨质疏松的药物研发提供了重要的理论指导。

（刘宁瑜）

【低维纳米碳材料的可控生长及其电学性能研究】 该项目由中科院化学研究所完成。项目围绕低维纳米碳材料的可控制备和器件应用展开了系统性的研究工作，开创基于液态金属催化剂生长高质量石墨烯的新技术，率先制备了氮掺杂的石墨烯样品，发明了高浓度氮掺杂的石墨烯单晶的低温生长技术，开展了绝缘衬底上无催化生长石墨烯的开拓性工作，开发了石墨烯图案化及其修饰金属电极的新技术，开发了可控制备分支型和填充型碳纳米管的新方法。成果实现了石墨烯材料和碳纳米管的可控制备，并对其性能和应用进行了深入的探索，为纳米碳材料的应用奠定了坚实的基础，提升了我国在低维纳米碳材料领域中的国际竞争力。

（刘宁瑜）

发明专利

【概述】 12月11日，国家知识产权局颁布《关于第十九届中国专利奖授奖的决定》（国知发管字〔2017〕77号），根据《中国专利奖评奖办法》的规定，经国务院有关部门知识产权工作管理机构、地方知识产权局、有关全国性行业协会，以及中科院院士和中国工程院院士等的推荐，由中国专利奖评审委员会评审，国家知识产权局和世界知识产权组织审核，国家知识产权局和世界知识产权组织决定授予"具有分化和抗增殖活性的苯甲酰胺类组蛋白去乙酰化酶抑制剂及其药用制剂"等20项发明、实用新型专利中国专利金奖，"复式双滚筒洗衣机"等5项外观设计专利中国外观设计金奖；国家知识产权局决定授予"三七总皂苷软胶囊及其制备工艺"等802项发明、实用新型专利中国专利优秀奖，"酒瓶(北京二锅头)"等68项外观设计专利中国外观设计优秀奖。

2月10日，市知识产权局、市人力社保局颁布《关于第四届北京市发明专利奖的表彰决定》。根据《北京市发明专利奖励办法》（京政办发〔2007〕33号），经过规定程序评审并报请市政府批准，市知识产权局、市人力社保局决定授予飞天诚信科技股份有限公司的"签名方法、设备及系统"项目为特等奖；大唐移动通信设备有限公司的"一种上报信道状态的方法及装置"等5个项目为一等奖；中科院计算技术研究所的"一种产生视频大纲的方法和系统"等10个项目为二等奖；北京奇虎科技有限公司的"一种分布式键－值查询方法和查询引擎系统"等20个项目为三等奖。本部分对荣获特等奖和一等奖的发明专利进行了介绍。

（市科技史志办公室）

第十九届中国专利金奖项目简介

【一种小体积低功耗永磁偏置外转子径向磁轴承】 该发明由转子铁心、永磁体、定子铁心、激磁线圈、空气隙、第二气隙组成，4个定子铁心磁极沿＋X、－X、＋Y、－Y 4个方向均匀分布于圆周，并且周围绕制有激磁线圈，4个永磁体间隔嵌于相邻的两个定子铁心磁极中，并呈90°放置，定子铁心外表面与转子铁心内表面留有一定的间隙，形成空气隙，定子铁心与永磁体之间形成第二气隙，永磁体通过相邻的两个定子铁心磁极形成X、Y方向上的偏置磁场。本发明解决了现有永磁偏置外转子径向磁轴承重量较大的缺点，具有体积小、功耗低、性能可靠、利于控制等优点。

（市科技史志办公室）

【生产多晶硅的方法】 该发明涉及一种用于生产多晶硅的方法。将含研组分和氢气的反应气体引入固定在底板上，通过通电加热的支撑体反应器。多晶硅在支撑人体上沉积，从而获得至少一个多晶硅棒。沉积结束之后，在多晶硅棒的卸除过程中，将防护罩或防护壁侧向置于反应器周围。

（市科技史志办公室）

【一种安全性高的桂哌齐特药用组合物及其制备方法和其应用】 该发明涉及一种安全性高的药物组合物及其制备方法和应用。所述药物组合物含有桂哌齐特及其药学上可接受的盐和含量不高于0.5%的结构化合物。发明得到的桂哌齐特药物组合物及其制剂具有更好的安全性、有效性和稳定性，可有效降低或避免桂哌齐特所致的患者白细胞减少等不良反应。此外，该发明还分离、纯化和表征了新的桂哌齐特氮氧化物，并对其进行充分研究，发现该化合物的毒性远大于桂哌齐特，并具有不同于桂哌齐特的杀虫活性，同时，研究发现桂哌齐特氮氧化物可引起动物白细胞减少，甚至影响粒细胞的形成和分化，可能是桂哌齐特致患者白细胞减少等不良反应的主要原因。

（市科技史志办公室）

【一种旋流干煤粉气化炉】该发明提供了一种旋流干煤粉气化炉，包括旋流煤粉烧嘴、反应室、排渣口、激冷室、外壳和保护环。旋流煤粉烧嘴的冷却循环水通道在向火端螺旋盘绕，冷却效果出色，排渣口的上部与下部分别与反应室的下部和保护环的上部连通，保护环的下部与激冷室的下降管上部连通，排渣口的直径与反应室的直径的比例为1∶4～1∶3。激冷室包括激冷环、下降管和破泡板，破泡板设置在下降管与外壳之间，反应室及排渣口的外部设有冷却水盘管。本发明的旋流干煤粉气化炉结构简单，特别适合日处理2000～3000吨的大规模煤气化生产工艺，同时碳转化率可达到98%以上。

（市科技史志办公室）

第四届北京市发明专利奖（部分）简介

【签名方法、设备及系统】该发明荣获第四届北京市发明专利奖特等奖。本发明实施例公开了一种签名方法、设备及系统，涉及信息安全领域，解决了现有技术中用户的签名被他人冒用的技术问题。实施例中主机在接收到用户输入的交易信息后，用交易信息生成交易报文并根据所述交易报文确定关键信息，组成待签名数据包发送到USB Key；USB Key则接收主机发送的待签名数据包，并在提取其中的关键信息后，输出关键信息，等待用户确认，若用户输入确认信息，对该待签名数据包进行数字签名并发送该签名到主机；服务器接收主机转发的签名和交易报文，从交易报文中提取关键信息组成待签名数据包，并用组成的待签名数据包对接收到的签名进行验证。该发明主要应用在信息安全方面。

（市知识产权局、市科技史志办公室）

【一种供电系统】该发明荣获第四届北京市发明专利奖一等奖。该发明公开了一种供电系统，用于实现结构简单且维修方便的供电系统。该供电系统用于为电子装置供电，包括为电子装置供电的至少两个并接的第一供电电源。供电系统中的每一个第一供电电源的结构简单且便于维修，使得整个供电系统的结构简单且便于维修。

（市知识产权局、市科技史志办公室）

【一种上报信道状态的方法及装置】该发明荣获第四届北京市发明专利奖一等奖。该发明公开了一种上报信道状态的方法，用于实现基于CSI－RS的信道状态上报。该方法包括：用户设备UE对探测参考信号CSI－RS的配置信息进行检测；UE根据检测结果确定基于CSI－RS的信道状态上报所需的端口数量；UE根据确定的端口数量、预设的端口数量与传输方案的对应关系，确定基站将采用的传输方案；UE根据确定的传输方案计算并上报信道状态信息。该发明还公开了用于实现所述方法的装置。

（市知识产权局、市科技史志办公室）

【电动汽车车载充电保护装置、充电保护方法及车辆】该发明荣获第四届北京市发明专利奖一等奖。该发明是一种电动汽车车载充电保护装置、充电保护方法及车辆，包括：一个电机控制器连接汽车电机，提供电机运行信号并依指示控制电机运行或关闭；一台车载充电机提供电源连接信号；一个电池组分别连接车载充电机和电机控制器，提供电池信号，并依指令充电或向电机供电；一个整车控制器分别电及通信连接电机控制器、车载充电机、动力电池组，根据电机控制器、车载充电机、动力电池组提供的信号进行判断，并向车载充电机、电机控制器发送是否充电控制指令信号。该发明充电插座未连接、或电池组未处于可充电状态、或电机未闲置状态、或出现故障时，控制车载充电器不充电，当上述条件具备时，车载充电机对电池组进行充电，同时控制电机控制器以防止电机误启动。

（市知识产权局、市科技史志办公室）

【一种汽爆秸秆木糖发酵丙酮丁醇及提取剩余物的方法】该发明荣获第四届北京市发明专利奖一等奖。该发明涉及的一种汽爆秸秆木糖发酵丙酮丁醇及提取剩余物的方法。步骤如下：汽爆秸秆经水浸泡后进行固液分离，从汽爆秸秆液体中得到糠醛、有机酸和木糖；汽爆秸秆木糖发酵生产丙酮丁醇，总溶剂产量为12～22g/L；汽爆秸秆固体经过碱萃取后，萃取液用于制备木质素，萃取渣用于造纸和发酵生产饲料。该发明使秸秆中的纤维素、半纤维和木质素三大组分得到了分级转化，可以生产糠醛、有机酸、木糖、木质素以及造纸纤维，经过生物转化可以生产丙酮、丁醇、饲料蛋白等发酵产品。该发明实现了秸秆资源的综合利用，生产过程无废料和污染物排放，达到了清洁生产，具有良好的社会效益和经济效益。

（市知识产权局、市科技史志办公室）

【一种加氢处理催化剂及其应用】 该发明荣获第四届北京市发明专利奖一等奖。该发明提供了一种加氢处理催化剂。该催化剂含有载体和金属活性组分，其中，所述金属活性组分含有钼和（或）钨以及镍，且以催化剂总重量为基准，以氧化物计，载体的含量为60% ～89.5%，钼和（或）钨的含量为0.5% ～10%，镍的含量为10% ～30%。该发明还提供了加氢处理催化剂在加氢预处理反应中的应用。发明的加氢处理催化剂，催化活性高，对二烯烃的氢化反应有很高选择性。

（市知识产权局、市科技史志办公室）

知识产权

知识产权管理与服务

【概述】2017年，知识产权首善之区建设各项任务稳步推进。市知识产权局推动制定并发布《北京市政府关于加快知识产权首善之区建设的实施意见》；制定《实施意见》任务分工方案，明确目标，细化任务，确保任务落到实处；积极推进国家知识产权试点示范城市建设，形成“2+2+10”的区域知识产权发展新格局。聚焦高精尖产业，推动知识产权工作全面融入全市经济社会发展大局，成功申建中国（北京）知识产权保护中心和中国（中关村）知识产权保护中心。围绕高精尖产业，市知识产权局深化产业知识产权联盟建设，截至年底，全市共有21个产业知识产权联盟通过国家知识产权局备案，占全国总数的21%。深入开展“在京央企知识产权领先工程”，中国铁建成立全国首个央企知识产权中心；推动《企业知识产权管理规范》国家标准施行。2017年，全市专利申请量为185928件，全市专利授权量为106948件，有效商标注册量为113.27万件。实施“千件专利企业”培植计划，培育千件专利企业，2017年，全市共有17家单位年度专利申请量超过千件，8家单位专利授权量超过千件。截至年底，全市共有国家知识产权优势企业89家；国家知识产权示范企业58家，居全国首位，占全国总量的12.5%；拥有北京市专利示范单位297家，专利试点单位4148家。

（市知识产权局）

【第四届北京市发明专利奖颁奖大会召开】3月9日，2016年知识产权（首善之区建设）工作会暨第四届北京市发明专利奖颁奖大会召开。国家知识产权局副局长贺化、副市长隋振江出席大会并讲话。世界知识产权组织中国办事处主任陈宏兵、市知识产权局局长汪洪、市新闻出版广电局局长杨烁、市人力社保局巡视员杨晋京、北京知识产权法院副院长宋鱼水、市工商局副巡视员孙建生出席会议。大会由市政府副秘书长刘印春主持。会上，汪洪对题为《深化改革创新 加强运用保护 奋力谱写知识产权首善之区建设新篇章》的主报告做了说明，对《关于加快知识产权首善之区建设的实施意见》的出台背景和主要内容做了解读。杨晋京巡视员宣读了第四届北京市发明专利奖表彰决定。飞天诚信科技股份有限公司等36家单位分别获得第四届北京市发明专利奖特等奖及一、二、三等奖。朝阳区政府、飞天诚信科技股份有限公司、法智金集团有限公司分别代表政府、企业和服务机构做典型发言。

（市知识产权局）

【首都知识产权国际交流合作基地年度工作会召开】3月15日，市知识产权局召开2017年首都知识产权国际交流合作基地工作会。会议对各基地2016年工作进行总结，对2017年基地建设重点工作提出要求并对新设立的北京工业大学基地予以授牌，市知识产权局副局长潘新胜出席会议并讲话。潘新胜指出，2016年首都知识产权国际交流合作基地建设工作取得了一定成绩，各成员单位结合自身优势形成了不同特色，为服务企业“走出去”做出了新的贡献。下一步要完善管理办法，加强资源共享，探索建立基地联盟，积极争取国家知识产权局国际交流合作基地落户北京；要围绕“三城一区”重点发力，努力打造精品工程，让首都知识产权国际交流合作基地成为支撑知识产权首善之区建设、推动知识产权国际交流合作的重要载体。来自北京外国语大学、经济开发区、北汽福田等6家首都知识产权国际交流合作基地单位参加了此次会议。

（市知识产权局）

【2017年度首都知识产权服务业工作会召开】3月22日，2017年度首都知识产权服务业工作会召开。市知识产权局局长汪洪、国家知识产权局规划发展司副司长刘菊芳出席会议并讲话。会上，市知识产权局副局长李钟做了首都知识产权服务业工作报告，回顾了2016年总体情况，梳理了全市知识产权服务业发展面临的问题和发展形势，提出了2017

年工作思路和任务。会议发布了北京市第三批知识产权服务品牌机构培育单位名单、2016 年度北京市优秀专利代理机构和优秀专利代理人名单，以及首批通过《专利代理机构等级评定规范》的机构名单，并向相关机构颁发了证书。金杜律师事务所等 3 家机构的代表做典型发言。

（市知识产权局）

【中国矿业知识产权联盟成立】 3 月 26 日，中国矿业知识产权联盟成立大会在北京举行。中科院院士何满潮、宋振骐，中国工程院院士蔡美峰，国家知识产权局专利管理司司长雷筱云、国家知识产权局专利局审查业务管理部部长郑慧芬、市知识产权局副局长周砚、中国煤炭工业协会副会长刘峰出席联盟成立大会并讲话。联盟各成员单位主要负责人参加大会。会上，中国矿业大学（北京）副校长姜耀东致辞。何满潮院长介绍联盟成立背景、工作规划和发展愿景，并与雷筱云共同为联盟揭牌。联盟向首批 9 家企业颁发联盟专利池实施许可证明。中国矿业知识产权联盟由中国矿业大学（北京）、中国煤炭科工集团有限公司等 17 家全国矿业领域主要高等院校、科研机构和企业发起成立。联盟各成员累计申请专利超过 4 万件，拥有有效专利近 1.4 万件。联盟推动"无煤柱自成巷"专利池产业化，增加产值超过 10 亿元。

（市知识产权局）

【北京市知识产权运营培育工作会举行】 3 月 28 日，市知识产权局举办 2017 年度北京市知识产权运营培育工作会。市知识产权局巡视员王淑贤出席工作会并讲话。会上，市知识产权局相关处室负责人做了北京市知识产权运营工作情况报告，回顾了 2016 年工作情况，提出了 2017 年工作计划。国知预警公司、清华大学、重点产业知识产权运营基金、联想集团等不同类型的知识产权运营机构分别从服务机构、高校院所、投资机构和生产型企业的角度就知识产权运营模式进行了典型发言，分享了工作经验。来自全市知识产权运营服务机构、产业知识产权联盟、企业、高校科研院所的代表近 80 人参加会议。

（市知识产权局）

【2017 知识产权与创新大会召开】 4 月 6 日，由市知识产权局与香港贸易发展局共同主办的 2017 知识产权与创新大会在北京召开。市知识产权局局长汪洪，香港贸易发展局华北及东北首席代表何建荣、世界知识产权组织中国办事处主任陈宏兵，市高级人民法院民三庭庭长杨柏勇等出席会议。来自全市知识产权、文化创意、金融投资领域相关单位的代表 200 余人参加会议。汪洪在致辞中表示，北京市把加强知识产权运用和保护作为工作的重中之重，并始终高度重视知识产权对外交流与合作，始终以开放的胸怀集聚各方智慧。何建荣介绍了香港知识产权保护的基本情况，表示北京和香港在知识产权推动创新发展等方面有着许多相似点，双方应进一步加强合作，共同发展。此次大会的主题是"加强知识产权运用保护，支撑科技创新中心建设"，邀请到国家知识产权局、世界知识产权组织中国办事处以及港台地区的知名专家，针对如何提升知识产权价值、切实加强知识产权保护、服务企业响应"一带一路"倡议等诸多热点问题进行了专题研讨。

（市知识产权局）

【2017 年全国知识产权宣传周启动仪式举行】 4 月 20 日，2017 年全国知识产权宣传周活动在北京启动，国务委员王勇出席启动仪式并讲话。国家知识产权局局长申长雨、北京市副市长王宁等领导出席活动。2017 年 4 月 26 日是第 17 个世界知识产权日，世界知识产权组织将 2017 年的宣传主题定为"创新改变生活"。我国的主题定为"创新创造改变生活 知识产权竞争未来"。宣传周期间，全国知识产权宣传周活动组委会各成员单位将单独或者多部门联合开展多场重点活动。北京市将坚持"广普宣传，定向宣传，重点宣传，联合宣传"的方式，在市级层面和区级层面共开展 102 场活动，将充分利用报纸、电视、广播等多种传播载体以及新兴媒体，对宣传周期间重点活动集中宣传报道。

（市知识产权局）

【阴和俊为中关村国家知识产权制度示范园区新版网站点击上线】 4 月 23 日，市委常委、副市长阴和俊，市政府副秘书长刘印春到中关村知识产权促进局，为中关村国家知识产权制度示范园区新版网站点击上线。在听取了网站相关功能介绍后，阴和俊副市长对新网站建设提出了指导意见。此次改版后，网站界面更加友好，除介绍中关村国家知识产权制度示范园区的最新工作动态、通知公告和相关政策外，将重点介绍中关村国家专利导航产业发展实验区、国家知识产权服务业集聚发展示范区、北京（中关村）专利审查员实践基地的建设情况，对中关村知识产权服务业联盟成员、中关村知识产权领军企业进行宣传。同时，增加“网上工作站”专区，组织业内专业人士对中关村中小微企业提出的问题进行在线解答，提供关于知识产权实务方面的在线培训课程和在线沙龙活动，利用互联网快捷高效的特点，将知识产权专业服务能力与中小微企业的需求相对接，提高网站的实用性。对中关村知识产权服务业联盟成员中开发的能够帮助企业做好专利数据分析检索、知识产权工作管理等软件，提供一部分账号供小微企业申请注册试用，做到推广知识产权专业服务与节约小微企业运营成本相结合。

（市知识产权局）

【阴和俊调研首都知识产权工作】 4月23日，市委常委、副市长阴和俊调研首都知识产权工作并召开座谈会。市政府副秘书长刘印春陪同调研，市知识产权局全体局领导及主要处室负责同志参加调研。阴和俊参观了中关村知识产权促进局，听取了中关村国家知识产权制度示范园区发展历程、中关村示范区知识产权先行先试工作及专利数据发展态势情况的随行汇报。阴和俊参观了北京市保护知识产权举报投诉服务中心，听取了小微企业知识产权保护公共服务体系建设、京津冀三地举报投诉协作、海外维权援助等相关情况的随行汇报。在随后召开的座谈会上，市知识产权局局长汪洪就首都知识产权发展现状和优势以及下一步重点工作计划进行了汇报。听取汇报后，阴和俊对首都知识产权工作给予充分肯定，对建设知识产权首善之区提出明确要求。

（市知识产权局）

【“第17个世界知识产权日”微访谈活动举行】 4月，市知识产权局与市政府新闻办公室共同举办微访谈活动，邀请市知识产权局副局长、新闻发言人潘新胜，以及北京市专利示范单位、知识产权专业服务机构的相关专家作为嘉宾为网民答疑解惑，集中回答网友们关心的知识产权问题，与微博粉丝开展互动交流。网民提出的问题主要集中在北京知识产权创造、保护与运用情况及今后举措、企业加强知识产权管理、知识产权服务机构开展专业服务等方面，尤其是如何从政策引导、企业管理和专业服务等角度促进专利质量提升，增强市场竞争力。此次微访谈活动共回答网民提问83条，新浪微博当日话题阅读量达164.4万，在新浪、人民、腾讯三网微博平台阅读量301万，微信、今日头条和人民日报客户端发布的精编信息阅读量近410万，总计获得875.4万网友的关注。

（市知识产权局）

【《知识产权强区工程战略合作协议》签署】 5月2日，市知识产权局与海淀区政府签署《知识产权强区工程战略合作协议》，市区联合推进具有全球影响力的知识产权强区建设。市委常委、副市长阴和俊出席仪式并讲话。市知识产权局领导汪洪、王淑贤，中关村管委会主任翟立新，海淀区领导崔述强、于军、高念东、李长萍出席活动。会上，汪洪与于军签署了《知识产权强区工程战略合作协议》。双方将共同构建以市场为主导、以知识产权利益分享为纽带、市场主体平等参与的知识产权驱动型创新生态体系，将知识产权工作更有效地融入经济建设主战场，助推区域创新发展。目标是将海淀打造成为知识产权创造全球核心区、知识产权运营示范区、知识产权保护先导区和知识产权服务业聚集区。为解决高校和科研院所知识产权转化难问题，提升知识产权转化效率，市知识产权局与海淀区联合设立了20个专利运营办公室和10个北京创客知识产权托管工作站，开展知识产权运营基地培育和知识产权托管服务基地建设工作。现场，与会领导为这20个专利运营办公室和10个北京创客知识产权托管工作站进行授牌。签约仪式结束后，举办了2017中关村知识产权论坛。市政府及相关部门领导、知识产权业内专家学者和高科技企业代表300余人参加了此次活动。

（市知识产权局）

【阴和俊会见世界知识产权组织副总干事】 5月16日，市委常委、副市长阴和俊会见了世界知识产权组织副总干事王彬颖。世界知识产权组织中国办事处主任陈宏兵、市知识产权局局长汪洪、市政府外办副主任张谦、市工商局副局长方葆青、市版权局副局长王野霏参加会见。阴和俊对王彬颖副总干事的到访表示欢迎，他回顾了近两年北京市与世界知识产权组织的务实合作，希望双方以合作备忘录为基础，进一步加强联系，在知识产权国际注册、技术创新、人才培养、争议解决等方面开展深入合作，助力北京建设全球有影响力的全国科技创新中心。王彬颖感谢阴和俊副市长的会见，指出北京市在知识产权方面做了大量卓有成效的工作，世界知识产权组织愿与北京市开展更加广泛深入的合作，进一步向北京市开放其知识产权及创新资源，助力北京建设全国科技创新中心。王彬颖副总干事还介绍了《视听表演北京条约》的进展情况。

(市知识产权局)

【全国中小学知识产权教育培训班现场观摩课举行】6月7日,由国家知识产权局主办、北京市知识产局和大兴区政府协办、大兴区知识产权局和大兴区教委承办的全国中小学知识产权教育培训班现场观摩课在大兴区第六小学举行。国家知识产权局、北京市知识产权局和大兴区有关负责人出席现场观摩活动,全国各省市知识产权局相关负责人、全国各知识产权教育试点示范校的老师代表以及大兴区中小学校长代表等120多人参加了现场观摩。大兴区第六小学的老师宋春红与四年级一班的同学,以主题宣讲、追溯历史、知识启迪、现场提问、互动学习、案例模拟等生动的形式和内容,揭示了发明创造给人们生活带来的好处、为什么要用专利来保护发明创造、怎样才能更好地进行发明、发明和知识产权就在我们身边、人人可当发明家等,为各位现场观摩代表奉上了一节精彩的知识产权教学课。

(市知识产权局)

【知识产权宣传工作推动暨培训会举行】6月21日,市知识产权局举办2017年北京市知识产权宣传工作推动暨培训会,市知识产权局副局长许伟出席会议并讲话。市知识产权局各处室及直属事业单位宣传员、各区知识产权局宣传工作负责人、相关企事业单位知识产权管理人员以及中小学知识产权教育示范校教师代表80余人参加了会议。会上,市知识产权局宣传教育处相关负责人介绍了聚焦专利质量提升新闻巡访与报刊连载、侨创企业知识产权政策系列宣讲活动、中小学知识产权普及教育扩展与引领专项活动等知识产权重点宣传工作。在随后的培训中,中国知识产权报三位资深记者分别从新闻资源挖掘及稿件撰写要求与实践、新闻写作及知识产权新媒体利用、知识产权摄影技巧等方面进行了讲解,为各位参会人员进一步做好知识产权宣传工作做了有益引导。

(市知识产权局)

【经开区国家知识产权试点园区建设工作通过验收】7月6日,市知识产权局组织专家对北京经济技术开发区国家知识产权试点园区建设工作进行了考核验收。北京经济技术开发区国家知识产权试点园区建设取得良好成效,顺利通过验收。许伟副局长出席会议并讲话。北京经济技术开发区于2014年1月经国家知识产权局批准成为国家知识产权试点园区,试点周期为2014年1月至2017年1月。

(市知识产权局)

【欧洲单一专利制度巡回研讨会举行】7月11日,由国家知识产权局和欧洲专利局共同主办、北京市知识产权局和中国知识产权培训中心承办的欧洲单一专利制度巡回研讨会在北京举行。研讨会上,欧洲专利局单一专利、欧洲及国际法律事务司司长Margot Fr・hlinger女士介绍了欧洲单一专利制度、统一专利法院的创立和职能,国家知识产权局的专家介绍了中国专利法第四次修改和审查指南修改的基本情况,并与与会代表就相关问题进行了深入探讨。来自国家知识产权局系统和京津冀各企事业单位的近百名代表参会。

(市知识产权局)

【与国家知识产权局专利复审委签署《合作备忘录》】7月24日,市知识产权局与国家知识产权局专利复审委员会对同一专利权的专利侵权纠纷案和无效宣告请求案进行同步审理。市知识产权局局长汪洪、副局长潘新胜及相关处室负责人与专利复审委员会常务副主任葛树、副主任高胜华及相关处室负责人来到同步审理庭现场。随后,汪洪、葛树等相关人员共同参加《国家知识产权局专利复审委员会与北京市知识产权局合作备忘录》签约仪式,汪洪代表市知识产权局与葛树签署备忘录。近几年,市知识产权局与专利复审委员会开展了一系列合作,这次双方签署合作备忘录,进一步开展深层次合作,充分利用复审委员会优先审查快速通道,加快专利侵权纠纷处理,开展新业态专利保护协作,为北京创新主体提供更加便捷高效的服务。

(市知识产权局)

【专利奖与专利质量提升专题宣讲会举行】7月25日,市知识产权局举办专利奖与专利质量提升专题宣讲会,市知识产权局副局长周砚、宣传教育处负责人以及在京企业、高校、科研院所的知识产权管理人员及科研人员130余人参加会议。会上,清华大学、中石油、飞天诚信科技公司的专家分别就"高校科研管理与专利质量提升""央企集团知识产权集中管理与专利质量控制""企业标准化管理与专利质量管理"等内容进行专题宣讲。会后,授课专家与参会代表进行了工作交流。

（市知识产权局）

【知识产权强国建设培训研讨班举行】7月，中国知识产权研究会和市知识产权局在北京共同举办知识产权强国建设培训研讨班。国家知识产权局副局长甘绍宁就《国务院关于新形势下加快知识产权强国建设的若干意见》进行了深入解读。市知识产权局周砚副局长和中国知识产权研究会秘书长张云才出席开班式并致辞。来自企业、高校院所、专业服务机构的代表150余人参加了此次培训研讨班。会上，各位专家分别就“企业知识产权海外布局与风险防控”“专利导航分析与战略规划”“专利与标准化”“知识产权与创新创业”等专题做了主题演讲，并就相关问题与参会代表做了深入交流。

（市知识产权局）

【国家知识产权试点示范城市工作推进研讨会召开】8月，市知识产权局召开2017年度国家知识产权试点示范城市工作推进研讨会。市知识产权局有关处室及直属事业单位负责人、国家知识产权试点示范城区知识产权局负责人等30人参加会议。会上，协调处就国家知识产权试点示范工作开展情况做了介绍，并对下一步针对试点示范城市开展的重点工作做了部署。有关单位对相关工作进行了介绍。各试点示范城市就各自开展的相关工作进行座谈交流。截至8月，全市有国家知识产权示范城区2家，分别为朝阳区、海淀区；试点城区9家，分别是石景山、大兴、西城、丰台、通州、房山、顺义、昌平、密云。

（市知识产权局）

【大兴区国家知识产权试点城区考核验收】10月16日，按照《国家知识产权试点示范城市管理办法》的要求，市知识产权局组织对大兴区国家知识产权试点城区开展考核验收。市知识产权局成立了由副巡视员周立权任考核验收组组长，有关处室及直属事业单位负责人任成员的考核验收小组，赴大兴进行了实地考核验收。通过听取汇报、查阅资料、现场答辩等考核环节，考核验收组认为大兴区在试点期间，认真落实国家知识产权试点城区工作方案，积极作为，扎实推进，在知识产权创造、运用、保护、服务、管理和特色工作6个方面的考核指标均已顺利完成，达到预期目标，完成既定任务。考核验收组成员一致同意大兴区通过国家知识产权试点城市的考核验收。

（市知识产权局）

【房山区专利服务能力暨专利质量提升培训开展】11月8日，市知识产权信息中心与房山区知识产权局共同举办了“房山区专利服务能力暨专利质量提升”培训。房山区各乡镇、街道、各园区管委会，专利试点、示范单位，高新技术企业等70余家单位的知识产权管理及专利信息服务人员80多人参加培训。培训邀请知识产权信息利用专家介绍了北京市知识产权公共信息服务平台专利检索、管理决策分析、房山区分平台、战略性新兴产业专利专题数据库等功能，并结合具体案例就企业专利管理、专利战略、专利预警与保护，专利信息在企业技术创新中的作用等内容进行讲解。此次培训有利于提升企业专利管理人员的知识产权公共信息检索和运用能力，对降低企业在研发中的成本投入，提升自主创新能力具有促进作用。

（市知识产权局）

【第三届京津冀知识产权高层论坛举行】11月9日，京津冀“走出去”企业知识产权保护与运用研讨会暨第三届京津冀知识产权高层论坛在天津举行。本届论坛旨在推进京津冀知识产权示范区建设，构建一体化知识产权保护体系，同时协助企业灵活运用知识产权法律法规，熟悉海外知识产权保护规则，帮助企业在“走出去”的过程中，规避知识产权风险，提升核心竞争力。本届论坛由北京市知识产权局、天津市知识产权局、河北省知识产权局共同主办。北京市知识产权局局长汪洪、副局长李钟，天津市知识产权局局长齐成喜、河北省知识产权局局长高振锋、副局长陈康宁出席论坛。会上，三地知识产权协会及医药行业代表分别签署《京津冀“走出去”企业及服务机构牵手协议》及《京津冀生物医药产业知识产权联盟建设框架协议》，将在共同组建知识产权专家服务团队、建立“走出去”服务等方面，为三地企业提供更多更好的服务。

（市知识产权局）

【英国及欧洲知识产权研讨会召开】11月10日，由北京市知识产权局与英国知识产权局主办、海淀区知识产权局承办的英国及欧洲知识产权研讨会在北京召开。北京市知识产权局副局长潘新胜出席会议并致辞，英国知识产权局专利司司长安迪·巴特莱特出席会议。来自北京市的企业及服务机构的代表参会。潘新胜表示中英两国知识产权合作潜力巨大，北京市知识产权局将继续强化与英国知识产权局的交流合作，为企业搭建良好的发展平台。安迪·巴特莱特向大家介绍了英国知识产权局的主要职能，希望加强两局合作，使两国企业共同受益。来自英国的数位专家就英国与欧洲知识产权制度进行了演讲。

（市知识产权局）

【全国首个军民融合知识产权协同创新联盟成立】 11月13日，市知识产权局召开军民融合知识产权协同创新联盟成立预备会。这是北京市探索军民融合知识产权协同创新发展新模式，推动知识产权领域军民深度融合的一项重要举措。市知识产权局副局长李钟出席会议并讲话。联盟预备会表决通过了联盟章程，联盟秘书长单位、副秘书长单位及联盟秘书长和副秘书长人选，并明确了联盟主要任务。联盟将整合军民科技创新全要素资源，着力推动知识产权“军转民”及“民参军”，打造资源共享、经验互鉴、技术共研的军民融合知识产权综合服务平台。据统计，首批军民融合知识产权协同创新联盟成员单位共有118家，其中有解放军总医院、军事科学院系统工程研究院后勤科学与技术研究所等17家驻京部队单位，航天科工集团、航天科技集团、中国兵器集团公司等8家军工集团单位；北京航空航天大学、中科院计算技术研究所等7家在京高校院所；以中钢集团、神华集团、东土科技集团为代表的北京“民参军”企业和一批知识产权服务机构。

（市知识产权局）

【《2016年北京市战略性新兴产业知识产权（专利）状况》发布】 11月30日，由市知识产权局与市政府新闻办共同举办的《2016年北京市战略性新兴产业知识产权（专利）状况》白皮书新闻发布会在市政府新闻办新闻大厅举行，人民日报、中国日报、北京电视台、中国知识产权报等30多家媒体参加了此次发布会。为客观反映北京市战略性新兴产业创新发展总体情况，市知识产权局以市知识产权信息中心为主要承担单位，编制了《2016年北京市战略性新兴产业知识产权（专利）状况》白皮书。白皮书基于专利视角客观反映了全市节能环保产业、新一代信息技术产业、生物产业、高端装备制造产业、新能源产业、新材料产业、新能源汽车产业、航空航天产业、文化创意产业等九大战略性新兴产业创新发展情况，系统摸清了全市战略性新兴产业创新状况底数，初步掌握了专利对于战略性新兴产业创新发展的贡献，揭示了重点关键领域和上市企业专利活动对经济发展的促进作用。白皮书公布的数据显示，2016年，北京市战略性新兴产业发明专利授权量和发明专利拥有量均位列全国第一。在九大战略性新兴产业中，北京市发明专利拥有量居全国第一的有6个，其他3个产业中发明专利拥有量排名第二。北京市战略性新兴产业专利创造和运用居全国领先地位。

（市知识产权局）

【市知识产权局印发全国首个知识产权运营机构培育的规范性文件】 12月27日，市知识产权局印发《北京市知识产权运营试点示范单位认定和管理办法》。该办法作为全国首个专门针对知识产权运营机构培育的规范性文件，是在实施创新驱动发展战略和知识产权强国建设框架下，加快全国科技创新中心和知识产权首善之区建设，推动构建全市高精尖产业结构，优化全市营商环境的重要举措，旨在大力培育一批业务良好、模式有效的知识产权运营机构，为加速构建“平台、机构、资本、产业”四位一体的知识产权运营体系提供有力支撑。

（市知识产权局）

【全市新增36家知识产权教育试点示范学校】 年内，北京新增36所知识产权教育试点、示范学校。截至年底，北京市知识产权教育试点示范学校达到48家，中小学知识产权普及教育已延伸至全市16个区的120所中小学校。

（市知识产权局）

知识产权保护

【概述】2017年,全市各行政执法部门严格知识产权行政执法,严厉打击知识产权侵权行为。市知识产权局办理专利行政案件1209件,同比增长43.6%,审理了共享单车、无人机等一批社会影响力较大的专利权纠纷案件,有效维护权利人合法权益;全年进驻京交会、文博会、科博会等大型展会32个,出动专利执法人员约600人次,处理专利案件144件,有效维护了展会知识产权秩序;率先在全国建立专利技术分析师制度,聘用专利资深审查员协助专利行政执法案件审理,有效提升行政执法权威性。深入开展知识产权保护公共服务体系建设。截至年底,市保护知识产权举报投诉服务中心累计建立分中心、工作站70个,知识产权保护公共服务实现全市16区及北京经济技术开发区全覆盖,并拓展至津冀地区;指导中国专利保护协会建立知识产权纠纷人民调解委员会,全市9家知识产权调解委员会累计调解知识产权纠纷360件,调解成功率达到67.7%。

(市知识产权局)

【2017年全市专利行政执法工作会召开】3月,市知识产权局召开2017年全市专利行政执法工作会,市知识产权局副局长潘新胜出席会议并讲话。全市16区知识产权局局长、主管副局长和执法骨干50余人参加会议。会上,专利执法处负责人总结了2016年全市执法工作取得的成果,并对2017年工作进行了部署。16个区的主管副局长分别介绍了各区的执法工作情况。专利执法处相关负责人针对专利行政执法相关法律知识和展会执法流程做了讲解。

(市知识产权局)

【"一带一路"知识产权保护论坛举行】4月13日,由OBE互联网创新园和北京亦创知识产权科技服务联盟主办,市知识产权局和北京经济技术开发区管委会指导,市保护知识产权举报投诉服务中心("北京12330")及北京经济技术开发区知识产权局支持的"一带一路"知识产权保护论坛在OBE互联网创新园举行。市知识产权局副巡视员周立权出席论坛并致辞。北京12330、市知识产权服务中心及北京经济技术开发区知识产权局相关负责人参加活动。与会嘉宾分别就"'一带一路'战略背景、意义及发展趋势""'一带一路'沿线主要国家和地区知识产权制度"及"中国企业海外知识产权保护案例"做主旨演讲。来自北京经济技术开发区的100余家企业参加论坛。

(市知识产权局)

【《京津冀12330知识产权保护联动服务推进计划》发布会举行】4月18日,由中国(北京)、中国(天津)及中国(河北)知识产权维权援助中心主办,天津东方嘉诚文化创意产业园有限公司承办的《京津冀12330知识产权保护联动服务推进计划》发布会暨京津C92文创产业园12330工作站建站仪式在天津举行。天津市南开区常务副区长张勇勤致辞,北京市知识产权局副巡视员周立权、天津市知识产权局副巡视员蓝兆琪、河北省知识产权局副局长陈康宁出席活动并讲话,三地知识产权维权援助中心负责人及60余家文化创意企业参加活动。活动中,京津冀三地知识产权局共同发布《京津冀12330知识产权保护联动服务推进计划(2017—2020)》;三地知识产权维权援助中心负责人与京津冀文化产业园区(企业)联盟签署《京津冀文化产业园区知识产权保护战略合作协议》;京津两地知识产权局副巡视员共同为京津C92文创产业园12330工作站揭牌。来自北京知识产权法院的专家结合典型案例为文创企业讲解了知识产权保护知识。

(市知识产权局)

【知识产权保护状况新闻发布会召开】4月19日,在第十七个世界知识产权日来临之际,市知识产权办公会议与市政府新闻办公室共同举办知识产权保护状况新闻发布会。市知识产权局副局长、新闻发言人潘新胜代表市知识产权局办公会议向新闻媒体和社会各界发布2016年北京市知识产权保护状况。随后，市知识产权局、市工商局、市新闻出版广电局、市文化执法总队、市高级法院、北京海关的新闻发言人分别回答了媒体记者提出的知识产权问题。2016年，市知识产权局全年共受理专利侵权案件244件，查处假冒专利案件598件，两类案件总数842件，同比增长24.4%。市工商局共办结商标侵权及假冒伪劣商品案件1819件，罚没款3352万元。文化执法部门全年查处侵权盗版类案件37起，罚款50余万元，查扣侵权盗版出版物400余万册。北京知识产权法院共受理各类知识产权案件10638件，审结8111件。市高级法院新收各类知识产权案件3319件，审结3168件。北京海关知识产权案件立案44起，扣留侵权嫌疑货物1800批次，扣留货物数量共计2.2万余件。

（市知识产权局）

【首都保护知识产权志愿服务总队校园服务站建站仪式举行】 4月26日，由市保护知识产权举报投诉服务中心（北京12330）主办的第六批首都保护知识产权志愿服务总队校园服务站建站暨大学生社会监督员聘任仪式在北京印刷学院举行。市知识产权局副巡视员周立权、北京印刷学院党委副书记彭红出席活动并讲话。市志愿服务指导中心、北京12330相关负责人参加活动。来自中国人民大学、北京化工大学等5所高校的100余名大学生保护知识产权志愿者代表参加活动。仪式上，周立权为中国农业大学、北京印刷学院2所新建校园服务站授牌。与会领导对中国人民大学、北京化工大学、首都经济贸易大学、北京中医药大学、北京印刷学院5所高校的首都知识产权保护大学生社会监督员代表授予监督员聘书。北京印刷学院的志愿者代表宣读了《大学生保护知识产权倡议书》。仪式结束后，国家知识产权局专利局初审及流程管理部审查员志愿专家结合2017年世界知识产权日“创新改变生活”的主题，为大学生讲解知识产权知识。自2010年以来，北京12330在25所高校建立首都保护知识产权志愿服务总队校园服务站，成为校园保护知识产权志愿服务的窗口和平台。

（市知识产权局）

【京津冀三地海关与企业知识产权对话会举行】 4月24日，京津冀三地海关与企业知识产权对话会举行。市知识产权办公会议办公室常务副主任、市知识产权局党组书记、局长汪洪出席，并与海关总署政法司司长杨宗仁、北京海关关长高融昆、副关长高瑞峰共同听取京津冀三地海关知识产权保护工作开展情况，与国内外权利人代表就海关知识产权保护问题进行座谈。汪洪在对话活动中介绍了北京市知识产权办公会议近年来统筹协调各成员单位开展知识产权保护工作取得的成绩，对北京海关近年来在知识产权行政保护方面取得的成绩和京津冀三地联手联动加强知识产权保护给予充分肯定。

（市知识产权局）

【知识产权案件巡回审理走进中关村示范区】 4月24日，在第17个世界知识产权日到来之际，中关村知识产权促进局与海淀区人民法院知识产权庭共同举办了中关村知识产权案件巡回审理活动。海淀法院知识产权庭到中关村知识产权大厦开庭审理了瑞思科雷征信有限公司诉穆迪质量管理公司（MIS Quality Management Corp.）网络域名权属纠纷一案。搜狐、小米、大唐移动、爱奇艺、电信科学技术研究院等多家中关村园区企业人员，高文律师事务所等服务机构人员及中国政法大学师生共30余人旁听了该案审理。法庭未当庭做出判决。庭审结束后，主审法官卢正新与参加庭审的人员就知识产权热点问题进行了互动。参加巡回审理观摩的企业人员表示，此次活动让他们对案件审判流程有了更加清晰的认识，对本企业未来做好知识产权保护工作有较大的参考价值。

（市知识产权局）

【国家文化产业创新实验区12330分中心成立仪式举行】 4月28日，朝阳区2017年“4·26”知识产权宣传周启动暨国家文化产业创新实验区12330分中心、工作站成立仪式在东郎电影创意产业园举行。市知识产权局副巡视员周立权，朝阳常务副区长马继业等领导出席会议。北京12330、朝阳区知识产权局、北京朝阳国家文化产业创新实验区管委会、区知识产权联席会议成员单位相关领导及12330工作站、科技和文化企业代表等共计120余人参加活动。仪式上，北京12330、朝阳区知识产权局与北京朝阳国家文化产业创新实验区管委会及东郎电影创意产业园、竞园国际影像产业基地和铜牛电影产业园三家新建12330工作站承担单位签订共建协议。周立权副巡视员和副区长马继业等领导分别为分中心和3家工作站授牌。北京12330

分中心、工作站已达69个，服务范围覆盖了全市16个区并拓展至天津、河北，形成了“市、区、创新创业载体”三级知识产权保护公共服务平台。国家文创实验区12330分中心将在北京12330的指导下，整合市区两级资源，为文创企业提供专业性、公益性知识产权保护公共服务。仪式结束后，首都保护知识产权志愿专家为文创企业介绍了著作权保护及维权策略。

（市知识产权局）

【京津冀专利执法协作交流会在北京召开】 5月3日，京津冀专利执法协作交流会在北京召开，北京市知识产权局、天津市知识产权局、河北省知识产权局执法人员参加会议。会上，京津冀三地执法工作负责人介绍了本地区专利执法工作开展情况，交流了各地区执法经验和困难，探讨了2017年度京津冀专利执法协作工作设想。会上还对跨京津冀的“鱼竿”专利侵权案和“真空集热管”专利侵权案的疑难法律问题进行了研讨。本次交流会，为进一步加强专利执法信息共享、提高行政执法办案成效、推动执法标准统一奠定了基础。

（市知识产权局）

【北京海外知识产权保护联盟成立】 5月25日，北京海外知识产权保护联盟成立大会在北京举行，来自京津冀地区的企业、行业协会、产业联盟、科研机构、律师事务所、知识产权服务机构等的100余人参加成立大会。北京市知识产权局副巡视员周立权、天津市知识产权局副巡视员蓝兆琪、河北省知识产权局副局长陈康宁及中国（北京）知识产权维权援助中心、中国（天津）知识产权维权援助中心、中国（河北）知识产权维权援助中心负责人出席活动。成立大会上，联盟秘书长介绍了联盟成立背景与工作愿景。京津冀三地知识产权局领导与中国社会科学院李顺德教授、中华文化促进会知识产权保护中心副主任刘建民共同宣布联盟成立。联盟由京津冀三地知识产权维权援助中心指导，北京海通国际知识产权研究院发起，邀请致力于海外知识产权保护的企（事）业单位、行业协会、产业联盟、律师事务所、知识产权服务机构和各界专业人士自愿共同组建。联盟成立仪式结束后，北京海通知识产权研究院举办了知识产权保护高端论坛，邀请知名专家学者、企业知识产权管理人员分别围绕“‘一带一路’发展倡议下的知识产权保护”“企业海外专利战略”“中国企业海外知识产权转移与保护”等话题进行了主旨发言和专家对话。

（市知识产权局）

【联合执法专项行动开展】 5月，在“一带一路”国际合作高峰论坛召开之前，市知识产权局组织东城、西城、朝阳、海淀、丰台、石景山6个区的知识产权局对城环城国际汽配城开展专利商品联合执法检查专项行动。市知识产权局副局长潘新胜参加行动。在部署会上，城环城汽配城负责人对市场发展历程和知识产权保护情况做了汇报。行动中，执法人员分组对汽车零配件和装饰装潢两个商区进行全面检查，检查商品2000余件，筛查专利商品60余种。期间，执法人员还就商品专利标识规范和专利商品管理对商户做了讲解和说明。市知识产权局对检查结果进行梳理，采取针对性措施对市场进行帮扶，以提升全市专业市场知识产权保护能力和水平。

（市知识产权局）

【2017美国知识产权保护研讨会召开】 6月6日，由市知识产权局主办的美国知识产权保护研讨会召开，市知识产权局副局长许伟出席会议并致辞。来自全市企业、科研院所、知识产权服务机构及高校的代表100人参加了此次会议。会上，美国联邦巡回上诉法院前首席法官兰德尔·雷德和美国知名律师事务所的5位律师围绕美国最新知识产权政策、重点案例、专利诉讼程序以及商业秘密的认定和保护等内容做了详细和深入的讲解，并同参会代表交流。美国知识产权保护研讨会已连续举办3年。市知识产权局每年结合企业需求，精选优质议题，有针对性地开展研讨。

（市知识产权局）

【冬奥会知识产权保护研讨会召开】 7月7日，为切实做好2022年北京冬季奥林匹克运动会知识产权保护工作，北京市知识产权局在河北省张家口市召开冬奥会知识产权保护机制研讨会，国家知识产权局管理司副司长赵梅生，北京市知识产权局副局长潘新胜，河北省知识产权局、河北省冬奥办、张家口市知识产权局、张家口市冬奥办、北京市各区知识产权局相关人员参加会议。会上，北京市知识产权局执法处负责人介绍了冬奥会知识产权保护机制研究成果及方案，河北省知识产权局和北京市知识产权局分别介绍了冬奥会知识产权保护立法情况。参会人员对冬奥会知识产权保护工作内容进行了讨论。

（市知识产权局）

【知识产权问题高级培训班举行】 7 月，由市知识产权局主办的中国企业全球化发展中的知识产权问题高级培训班在北京举行。市知识产权局副局长周砚出席培训活动并致辞。会上，来自科睿唯安信息服务（北京）有限公司等机构和企业的授课专家就企业知识产权与创新能力、专利海外布局、专利风险防控、337 诉讼应对和海外专利许可及并购策略等内容为与会单位做了具体讲解。来自全市知识产权优势企事业单位的 120 名高级知识产权经理和管理人员参加培训。

（市知识产权局）

【10 省市专利行政联合执法“雷霆”行动开展】 8 月 8 日，由市知识产权局牵头，联合津、冀、沪、苏、鲁、粤、渝、川、鄂知识产权局开展的 10 省市专利联合执法“雷霆”行动在北京怀柔开展。国家知识产权局副司长赵梅生、怀柔区副区长李志遂和市知识产权局副局长潘新胜出席活动并讲话，10 省市专利执法部门负责人、北京 16 区知识产权局主管副局长和执法骨干参加活动。本次联合执法行动是加强知识产权保护、营造良好营商环境的重要举措，也是落实 10 省市执法协作协议，加强执法交流合作的具体体现。联合执法分 3 个组，重点检查了商场、超市和药店，共排查家用电器、母婴用品、食品药品等商品 6000 余件，筛查专利商品 100 余种，责令整改假冒专利 20 余件。期间，10 省市执法人员还举行了执法经验交流活动，通报了各省市执法情况，分析了执法中存在的突出问题，并就专利侵权纠纷判定、信息互通共享等问题进行了深入探讨。

（市知识产权局）

【第二十届京台科技论坛知识产权分论坛在北京举行】 9 月 7 日，在市台办的大力支持下，第二十届京台科技论坛知识产权分论坛在北京举行。本次分论坛由北京市知识产权局指导，北京市专利代理人协会和台湾科技产业法务经理人协会共同主办。市知识产权局国际交流合作处负责人、各主办单位负责人，以及北京市企业事业单位、服务机构代表等参加论坛。本届论坛以“知识产权保护与运用——让服务更具价值”为主题，邀请了来自京台两地的知名知识产权专家围绕专利保护、专利许可、专利运营、商业秘密保护等议题进行讲演，介绍各自在相关领域的经验和思考。京台科技论坛自 1997 年创立以来，已经举办二十届，成为推动两岸合作发展的重要平台。知识产权分论坛是京台科技论坛的重要组成部分。

（市知识产权局）

【助推企业海外专利获权培训班举行】 9 月 14 日，由国家知识产权局审查业务管理部主办、市知识产权局协办的助推企业海外专利获权培训班在北京举行，国家知识产权局审查业务管理部副部长雷春海、市知识产权局副局长许伟出席会议并致辞。来自政府部门、企事业单位、服务机构的近百名知识产权从业者参加了培训。此次培训班旨在提升企业处理涉外知识产权事务的能力，帮助企业了解并积极运用专利申请规则和公共服务，有效开展全球专利布局。培训班上，来自政府机构、外国驻华使馆及跨国公司的专家就海外知识产权制度、专利申请实务等做了讲解，市知识产权局国际处负责人还就全市企业海外发展知识产权相关政策进行解读，得到了与会代表的关注。

（市知识产权局）

【有效运用工业品外观设计国际注册海牙协定国际研讨会召开】 9 月 19 日，由国家知识产权局、世界知识产权组织共同主办，北京市知识产权局协办的有效运用工业品外观设计国际注册海牙协定国际研讨会在北京召开。会上，来自世界知识产权组织的 Päivi Lähdesmäki 女士就“工业品外观设计的国际保护”和“外观设计国际注册海牙体系”做主题演讲，世界知识产权组织中国办事处代表向中国企业介绍了外观设计保护的理念和实例，希望能够为北京企业“走出去”获得更好的知识产权保护提供帮助。国家知识产权局相关部门负责人围绕中国工业品外观设计保护的最新进展介绍了国家知识产权局在工业品外观设计保护方面的举措。本次研讨会各位专家用大量鲜活的实际案例使广大企业创新主体对如何在海牙体系下进行知识产权布局加深了解，并为企业更好地利用海牙体系保护知识产权提出建议。全市政府部门、相关企业、科研院校、服务机构、工业设计的从业者百余人参会。

（市知识产权局）

【工业品外观设计保护研讨会举行】 10 月 24 日，由北京市知识产权局和世界知识产权组织中国办事处共同主办的工业品外观设计保护研讨会在北京举行。本次会议由中关村知识产权国际注册政策和法律服务中心承办，朝阳区知识产权局和北京市专利代理人协会协办。北京市知识产权局副局长许伟、世界知识产权组织中国办事处副主任吕国良出席研讨会并致辞。来自政府机构、企事业单位、服务机构的百余名知识产权从业者参加会议。会上，来自世界知识产权组织、国家知识产权局、北京知识产权法院、美国和日本的知识产权机构，以及国内知名企业、知识产权服务机构的资深专家就外观设计国际注册海牙体系和国内外工业品外观设计保护相关内容做详细介绍，并同与会代表进行了交流。

（市知识产权局）

【知识产权保护及数据可视化技术应用培训会举行】11月14—15日，市自然科学基金委举办了知识产权保护及数据可视化技术应用培训会，来自50余家依托单位的近100位青年基金项目负责人参加了培训。知识产权司法鉴定人、知识产权律师李红团结合案例，从国际专利、国内专利的申请方法、专利纠纷、专利保护等知识产权战略方面进行讲解，帮助青年基金项目负责人理解专利保护的重要性，掌握知识产权保护的实用方法。北京市计算中心的裴智勇副研究员分别就R语言简介、R语言基本功能及语法规则、生物统计绘图及R语言实现基础等内容进行讲解，并通过实战演练帮助青年基金项目负责人消化吸收。

（刘杨）

【首家电子商务领域知识产权（专利）保护联盟成立】11月28日，市知识产权局召开北京电子商务领域知识产权（专利）保护联盟成立大会，国家知识产权局专利管理司副司长赵梅生、市知识产权局副局长潘新胜出席会议并讲话。北京电子商务协会、16个区知识产权局相关领导及电子商务平台企业代表100余人参加会议。会上，市知识产权局与京东、当当、国美在线等20家电商平台企业签订了合作协议书。电子商务领域知识产权（专利）保护联盟是北京市成立的首家电商知识产权保护联盟，是打造政府、企业、协会互赢共管新模式，加速构建全市良好营商环境的有力支撑。期间，市知识产权局专利执法处还就专利商品动态监控系统对电商平台企业进行了相关培训。

（市知识产权局）

【京津冀共建第五家12330工作站】11月29日，中国（北京）知识产权维权援助中心（北京12330）与中国（河北）知识产权维权援助中心（河北12330）在保定举办京冀保定·中关村创新中心12330工作站成立仪式。北京12330、河北12330与北京中关村信息谷资产管理有限责任公司签署了《京冀保定·中关村创新中心12330工作站共建协议》。北京市知识产权局副巡视员周立权、河北省知识产权局副局长常生茂共同为京冀保定·中关村创新中心12330工作站揭牌，并就如何发挥京冀保定·中关村创新中心12330工作站的作用，有效聚集首都优质的知识产权资源，服务京冀两地企业提出了具体要求。与会领导还为参会科技企业代表赠送了知识产权专业书籍。签约仪式结束后，来自国家知识产权局专利检索咨询中心的保护知识产权志愿专家为60余家科技企业讲解了专利申请实务。

（市知识产权局）

【首都知识产权保护调度系统进入试运行阶段】11月，首都知识产权保护调度系统进入试运行，标志着办公会议统筹协调全市知识产权保护工作进入新阶段，为新形势下深入实施创新驱动发展战略，加快知识产权首善之区建设提供有力的机制保障。市知识产权局副巡视员周立权出席会议并讲话。办公会议18家成员单位参加会议。会上对调度中心建设背景进行了介绍，对调度系统界面及数据报送模块、系统设计情况、线上数据填报进行了演示，各相关单位进行了业务交流讨论，并部署下一步工作，对系统数据报送提出了具体标准和时间要求。

（市知识产权局）

【新时代知识产权发展研讨会举行】12月7日，由北京市知识产权局与世界知识产权组织中国办事处共同主办的新时代知识产权发展研讨会在北京举行，北京市知识产权局副局长许伟、世界知识产权组织中国办事处副主任吕国良出席会议并致辞。来自全市企业和知识产权服务机构的100余名代表参会。新时代知识产权如何发展已经成为知识产权界研究和实践的热点。研讨会上，来自中国、美国、法国、日本的数位资深专家围绕知识产权发展这一主题，介绍了各自国家在知识产权创造、保护和运用方面的实践和经验，并同与会嘉宾进行了交流。

（市知识产权局）

【2016年专利行政保护十大典型案件发布】年内，为不断提高公众对知识产权的认知度，营造良好的知识产权保护文化氛围，市知识产权保护协会通过网络投票与专家评审相结合的评选方式，评选出2016年北京市专利行政保护十大典型案件：①二锅

头酒瓶外观设计专利侵权纠纷案；②平衡车外观设计专利侵权纠纷案；③起重设备系列发明专利侵权纠纷案；④涂料喷枪发明专利侵权纠纷案；⑤家具系列外观设计专利侵权纠纷案 ；⑥电商平台榨汁机发明专利侵权纠纷案；⑦净水储水系统发明专利侵权纠纷调解案；⑧电商平台升降工程梯假冒专利案；⑨无障碍电动载物爬楼车实用新型专利侵权纠纷案；⑩植生型挡土块发明专利侵权纠纷案。2016年市知识产权局共办理842件专利行政执法案件，其中有些案件涉及知名老字号品牌、涉及外国公司、涉及国内大公司、涉及大众日常生活用品，受到社会广泛关注。

（市知识产权局）

质量技术监督

标准化

【TD产业联盟携手13家成员单位获国家科技进步奖】1月9日，中共中央、国务院在人民大会堂举行2016年度国家科学技术奖励大会。党和国家领导人习近平、李克强出席大会并为获奖单位颁奖。以北京电信技术发展产业协会（TD产业联盟）为代表的中关村企业完成的项目“第四代移动通信系统（TD-LTE）关键技术与应用”荣获国家科技进步奖特等奖。TD产业联盟、电信科学技术研究院、北京星河亮点技术股份有限公司3家公司同为该获奖项目的主要完成单位。TD产业联盟是科技部首批A级试点产业技术创新战略联盟、第一批中关村标准创新试点单位、国家标准委第一批团体标准试点单位。TD产业联盟衔接政府、市场、产业等方面，从政策支持、构建和加速产业链壮大、拓展进言渠道等多种角度，积极寻求和争取政府及产业界支持，所发挥的作用得到国内外监管机构及产业界的广泛认可。

（市质监局）

【中关村标准化推动会召开】1月12日，由中关村管委会、市质监局主办，市标准化研究院、中关村标准创新服务中心承办的2017年中关村标准化推动会在万寿宾馆召开。市质监局副局长姚娉、国家标准委工业标准二部消费品处处长马胜男、科技部政策法规司副司长张炳清、工业和信息化部信息化和软件服务业司副司长安筱鹏、中关村管委会副主任赵慧君出席会议并讲话。来自科技部、工业和信息化部、国家标准委、中关村管委会、市质监局的有关领导和专家，来自各区质监局、管委会和中关村标准化试点示范企业、联盟的200余名代表出席会议。

（市质监局）

【首标委第八次联络员会议召开】1月13日，首都标准化委员会召开第八次联络员会议。首标委各成员单位联络员、市标准化研究院负责人参加会议。首标委办公室主任、市质监局副局长姚娉主持会议并讲话。会议介绍了国家2017年标准化工作安排，对2016年实施首都标准化战略总体情况、北京市地方标准实施评估工作进行总结，就2017年北京市标准化工作要点的编制思路和主要内容进行说明。市人力社保局、市城市管理委、市规划国土委、市环保局、市安监局等单位的联络员对工作提出意见、建议。会议要求认真落实总书记习近平致ISO大会贺信和李克强总理重要讲话精神，围绕市委、市政府中心工作，结合各单位实际，扎实推进标准化战略实施。

（市质监局）

【中欧5G与物联网研究合作会议召开】3月9日，由中欧物联网与5G研究项目组主办，北京长风信息技术产业联盟承办的中欧5G与物联网研究合作会议暨2017中关村国际化大讲堂物联网培训班系列活动在北京召开。来自工业和信息化部、中欧EXCITNG物联网项目组、中国信息通信研究院、欧盟驻华代表、欧盟中国商会、清华大学等的技术专家和总工程师进行主旨演讲。大会就中欧EXCITNG项目概况、欧盟Horizon 2020计划、5G PPP合作计划、5G标准、物联网技术、5G大规模试点和智慧城市等主题进行了研讨和交流。来自中国移动、中国联通、中国电信、华为、中兴通讯、北京邮电大学、北京航空航天大学、中科院等信息通信企业、科研院所、大学和投资机构的200名代表出席会议。

（市质监局）

【首都标准化委员会第五次全体会议召开】3月31日，北京市贯彻质量强国战略工作领导小组第一次全体会议暨首都标准化委员会第五次全体会议召开。市贯彻质量强国战略工作领导小组组长、首都标准化委员会主任隋振江出席会议并讲话，市政府副秘书长刘印春主持会议。国家发展改革委高技术产业司、国家标准委综合管理部有关领导，北京市质监局局长赵长山、天津市市场监管委副主任杨振林、河北省质监局副局长王普增，以及首都标准化委员会(北京市贯彻质量强国战略工作领导小组)各成员单位负责人出席会议。会上,京津冀三地联合签署了《贯彻京津冀质量发展合作框架协议2017年行动计划》,审议并通过了《2017年北京市标准化工作要点》《北京市城市管理与服务标准化建设行动计划(2017—2020年)》。会议听取了市质监局副局长姚娉就2016年实施首都标准化战略进展情况的汇报以及报请审议材料的说明。市政府副秘书长刘印春、市质监局局长赵长山发言并就落实会议精神提出要求。来自中央部委、天津、河北的委员和代表就审议内容提出了宝贵的意见和建议,并表示将积极支持北京市的质量和标准化工作。

(市质监局)

【WAPI产业联盟会议召开】4月13—14日,WAPI产业联盟在天津市无线电监测站召开2017年第一次团体标准工作及项目组会议。国家无线电监测中心检测中心、天津市无线电管理委员会办公室、天津市无线电监测站、无线网络安全技术国家工程实验室等单位的相关专家参加了会议。天津市无线电管理委员会办公室副主任杨铮致辞,联盟标准化部高级经理方华汇报了2017年第一季度团体标准工作,重点回顾和剖析了第一季度国家在团体标准发展方面的重要政策和规划。各标准项目组对正在推进的《云AC组网架构》《面向云AC的调度平台技术》两个国际项目提案,以及《RFID设备安全技术要求及测试方法第3部分:800/900MHz》《无线局域网测试规范实施指南 第1部分:无线局域网设备测试》《通用证书管理》等6个团体标准项目草案进行讨论并修订,探讨了这些技术标准的产业落地、未来规划等。

(市质监局)

【WAPI产业联盟国际标准提案取得重大进展】4月18—25日,国际标准化组织ISO/IEC JTC1 SC27(信息安全分技术委员会)工作组会议和全体会议在新西兰哈密尔顿召开。中国代表团由中央网信办网络安全协调局局长赵泽良带队,WAPI产业联盟标准化专家杜志强、赖晓龙等参加本次会议。会上,各工作组按照自身工作计划,组织各成员国参会专家共同讨论并推进了正在制修订的标准项目及研究项目。杜志强作为联合项目编辑主持了ISO/IEC 9798-3修订项目的第二次CD投票CRM会议。WAPI产业联盟组织成员开展的自主创新三元对等实体鉴别国际标准提案ISO/IEC 9798-3《信息技术安全技术实体鉴别第3部分:使用数字签名技术的机制》修订项目进入国际标准草案(DIS)阶段。

(市质监局)

【北京市标准化工作会议召开】4月28日,北京市标准化工作会议召开。市委常委、副市长阴和俊出席会议并讲话,市政府副秘书长刘印春主持会议。市各委办局、各区政府主管领导,有关企事业单位和标准化技术机构负责人及各区质监局负责人出席会议。会上,西城区政府、市规划土地委、中关村标准化协会交流了工作经验,另有8家单位做书面交流。市质监局局长赵长山在工作报告中,对2016年标准化工作进行了总结,就首都标准化委员会审议通过的《2017年北京市标准化工作要点》《北京市城市管理与服务标准化建设行动计划(2017—2020年)》进行了重点任务部署。市委常委、副市长阴和俊就确保完成2017年北京市标准化工作任务做出指示。

(市质监局)

【京津冀三地区域协同标准宣贯培训会召开】4月,为加强相关生产、销售、使用单位对《建筑类涂料与胶粘剂挥发性有机化合物含量限值标准》(DB11/3005—2017)的了解,京津冀区域协同地方标准宣贯培训会议在北京召开。市住建委、市环保局、市工商局、市质监局相关部门负责人,市环境保护科学研究院、北京建筑材料研究院的专家,涉及建筑类涂料、胶粘剂产品生产、销售、使用等环节的相关单位的120余位代表参加培训会。该标准是京津冀三地首个环保领域统一标准,4月12日发布,9月1日在京津冀三地同步实施,《标准》适用于三地的生产、销售和使用的各类建筑类涂料与胶粘剂的企业与单位。《标准》的实施将主要由三地的工商、质监、住建等部门办同组织,以强化对生产、销售、使用等环节的监管。会上,相关负责人介绍了标准的制定目的及重要性,提出了在生产领域严格执行挥发性有机化合物含量限值标准、加强产品质量监管的若干意见,并分别就工程使用领域、流通领域提出了落实新标准的要求。专家为企业代表介绍了标准出台背景、原则、依据等情况,并对标准内容进行了详细解读,讲解了标准涉及的技术问题。

(市质监局)

【中关村数字电视产业联盟与巴基斯坦国家电视台签约】5月14日,在"一带一路"高峰论坛现场,中关村数字电视产业联盟理事单位中兴通讯与巴基斯坦国家电视台签署中巴双方在数字电视领域深化合作的文件。巴基斯坦是"一带一路"沿线拥有2亿人口的重要大国,巴基斯坦国家电视台进入21世纪就着手评估地面波数字广播电视标准,对欧洲DVB-T、日本ISDB-T以及中国DTMB标准进行对比评估后,在中巴政府的共同推进下最终选择了由中关村数字电视产业联盟牵头主导制定的具有中国自主知识产权的数字广播电视标准DTMB。DTMB标准在巴基斯坦的落地,可以带动国内的相关产业和一大批企业的产品走出国门,带动国内的电视机和机顶盒产业的发展,增加巴基斯坦税收、提高就业率等。

(市质监局)

【中关村十大创新标准榜单发布】5月25日,由中关村社会组织联合会主办的2016中关村品牌推介系列活动在湖北大厦召开。此次中关村品牌推介系列活动共分为品牌挖掘活动、榜单发布和主题活动、宣传推介活动三大板块,设置了"2016中关村年度人物""2016中关村十大海归新星""2016中关村十大天使投资人""2016中关村十大创新标准"等12个榜单。其中,中测新图(北京)遥感技术有限责任公司、WAPI产业联盟、中关村半导体照明工程研发及产业联盟、京东方科技集团股份有限公司等企业、产业联盟创制的标准荣获"2016中关村十大创新标准"。

(市质监局)

【长风联盟SOA标准获批】5月31日,北京长风信息技术产业联盟作为第一起草单位,组织会员企业参与起草《信息技术 SOA支撑功能单元互操作 第3部分:服务交互通信》(GB/T 33846.3—2017),经过国家质监总局、国家标准委批准(第141条),成为国家标准。该标准于12月1日起正式实施。(面向服务的架构,Service Oriented Architecture)是近年来信息技术领域研发的重要支撑技术。研究SOA标准的目的是为了规定SOA应用的基本技术要求,为基于SOA应用的分析、设计、开发、测试、部署、运维等提供参考。SOA标准经过发展,已在诸多领域信息化规划和建设中使用,推动并实现了不同信息系统间的互联互通与信息共享。

(市质监局)

【生态环境治理标准体系关键标准制定】5月,北京市生态环境治理标准体系研究及关键标准制定项目结项。该项目是市科委项目,为市委、市政府重点工作及区县政府应急项目预启动专项。本项目对北京市生态环境主要领域的标准应用情况及标准体系现状进行分析,研究北京市生态环境标准体系的构成,探索北京市生态环境标准体系建立的原则和方法,在此基础上重点研究大气环境、水环境、垃圾治理领域的标准体系,编制建立各自领域的标准体系表,为构建北京市生态环境标准体系的总体框架及标准体系总表打下坚实的基础。项目成果将作为北京市生态环境标准体系建设的重要理论依据。

(市质监局)

【《中关村标准故事(二)》编撰工作启动】6月5日,《中关村标准故事(二)》编撰工作启动会在市质监局召开,近40家候选单位的代表和北京市质检报刊社的部分记者参加。《中关村标准故事(二)》由市质监局与中关村管委会组织编撰,拟通过生动鲜活的案例总结推广示范区标准化工作。会上介绍了图书出版的目的、意义和要求,并对入选企业的情况进行简单介绍。

(市质监局)

【北京市生态环境标准化支撑平台建设】6月,北京市生态环境标准化支撑平台建设项目结项。该项目是市标准化研究院的研究项目。该项目依托北京市标准化工作资源,通过信息化手段,搭建支撑北京市生态环境建设的技术与标准管理信息服务平台。该平台同时支持Web访问和手机App客户端(IOS版和Android版)访问,包括生态环境标准化信息服务,标准信息随时查阅,支撑生态环境建设的新技术、新产品创新交流分享、标准比对分析、专家信息库管理等基本功能。生态环境标准化支撑平台将与相关政府部门、专业机构以及行业组织网站积极对接,最大限度挖掘和利用标准和信息资源,为生态环境标准化建设提供便捷实用的信息化服务平台。

(市质监局)

【首标委第九次联络员会议召开】7月13日,首都标准化委员会召开第九次联络员会议。首标委办公室主任、市质监局副局长姚娉主持会议并讲话,首标委各成员单位联络员参加会议。会议总结2017年上半年全市各项标准化重点工作情况,同时就学习贯彻落实市十二次党代会精神，推进标准化改革、完善各行业标准体系等重点工作进行沟通交流，并对地方标准复审和实施评价、京津冀协同地方标准制修订、标准化示范试点、市级标委会管理、团体标准改革等涉及多部门参与的工作进行了说明。

（市质监局）

【5 家单位入选全国首批示范试点】7 月 14 日，国家质检总局、科技部、国家标准委召开全国首批科技成果转化为技术标准试点工作会，正式启动科技成果转化为技术标准试点工作，中关村示范区 5 家单位入选全国首批试点。试点工作将进一步挖掘中关村已有国家科技计划成果产业化潜力，加速科技成果产业化进程，提升市场自主创新科技成果产业化水平，为具有影响力的科技创新中心注入新动力。

（市质监局）

【电梯交通分析系统研究与设计结项】7 月，办公楼宇和住宅用电梯交通分析系统研究与设计结项。该项目由赵珂、张旭鹏主持完成。电梯交通分析就是在考虑建筑的用途、建筑的规模和建筑内人员的流通情况的前提下，分析不同电梯数量、速度、载重量和运行调度方式的电梯系统所能达到的性能（包括运载能力、平均候梯时间、平均间隙时间和长时间候梯率等），从而为最终确定建筑的电梯系统配置提供理论和数据支持。

（市质监局）

【闪联国家标准体系新增 6 项标准】8 月 11 日，国家质检总局、国家标准委正式发布新一批国家标准，其中包括闪联主导制定的信息设备资源共享协同服务（闪联）系列 6 项国家标准，为家庭和办公环境下的家用电器、计算机和通信设备的智能组网、资源共享和协同服务提供完整的技术解决方案。闪联是我国团体标准的首批试点单位之一，闪联牵头制定的国家标准已有 15 项、国际标准 8 项，行业标准 7 项、团体标准 9 项，正在制定的 ISO/IEC 国际标准 6 项、国家标准 10 项、团体标准 3 项，构建了比较完善的标准体系，可以广泛应用于智能家居、智慧照明、智能用电、智慧教育、智能家电等众多领域。

（市质监局）

【《大力实施首都标准化战略提升城市管理水平》播出】8 月 15 日，北京电视台《北京新闻》栏目播出“砥砺奋进的五年”专栏——《大力实施首都标准化战略提升城市管理水平》专题节目。通过采访报道市质监局在京津冀协同标准、中关村科技创新标准和服务业标准化试点建设等方面的工作成果，从不同层面、不同角度集中展现了 5 年来市质监局大力实施首都标准化战略，在保障经济社会快速发展、提升城市管理水平等方面取得的显著成效。北京标准化工作将以破解发展过程中的问题为导向，加快城市交通、节能环保、水资源与土地资源利用和生态建设等相关标准的制定和实施，为解决城市发展瓶颈，实现更高质量的可持续发展提供基础保障。

（市质监局）

【首家便民服务标准化试点通过验收】8 月 17—18 日，受国家标准委委托，市质监局组织专家组对门头沟区质监局与区为民服务中心共同申报建设的“一号通”便民服务标准化试点开展考核验收。国家标准委服务业部副主任孙维，市质监局副局长姚娉，门头沟区副区长张翠萍，区总工会主席陈波及国家标准委质监部门的相关人员参加验收会。门头沟“一号通”便民服务标准化试点是北京市第二批国家级社会管理和公共服务综合标准化试点项目之一，经过两年建设期，试点单位按照工作职能定位，整合政府、市场、社会三大领域资源，为市民提供 24 小时全天候服务。专家考核评估组认为，试点单位通过梳理咨询、诉求办理、生活服务、管理等事项构建了基本适用的标准体系，形成了规范的标准文本。通过试点建设，“一号通”为门头沟提升社会风险防范能力、维护地区和谐稳定制定了社会治理新模式，成为全市首家政府服务热线主题的标准化试点项目。最终该项目以 93 分的优异成绩通过验收。

（市质监局）

【《关于变更企业产品标准备案方式的公告》发布】8 月 31 日，市质监局印发《关于变更企业产品标准备案方式的公告》以调整企业产品标准备案方式。自 10 月 1 日起，企业可自行登录国家标准委的企业标准信息公共服务平台向社会公开产品标准，同时鼓励企业将服务标准向社会公开。调整备案方式后，企业自我声明公开标准的视同完成标准备案，不必再到质监部门服务窗口办理企业产品标准备案。此次备案方式的调整是在近两年试点基础上，落实企业标准化主体责任，提高便利化服务水平，进一步深化“放管服”改革工作，推进放开搞活企业标准改革任务的具体举措。

（市质监局）

【标准化服务业发展推进会举行】 9月19日，由国家标准化管理委员会、中关村科技园区管理委员会主办，中国标准化创新战略联盟、中国标准科技集团承办的标准化服务业发展推进会在北京举行。国家标准化管理委员会服务业部主任杨泽世、中关村科技园区管理委员会副主任赵慧君，中国标准科技集团有限公司、中机生产力促进中心、中关村储能产业技术联盟等机构的代表180余人参加了会议。此次推进会以“标准服务双创”为主题，就如何发挥标准在促进创新成果产业化中的纽带和桥梁作用，用标准化创新更好地促进创新创业等问题进行研讨，引导帮扶企业形成独有的比较优势，推动服务业提质、增效、升级。会上还举行了中国标准科技集团有限公司、中国航空综合技术研究所、乔智创新（北京）管理咨询有限公司等首批9家标准化服务机构入驻中关村签约仪式。

（市质监局）

【标准化服务业产业联盟筹备会召开】 9月29日，中关村标准化服务业产业联盟第一次筹备会在北京召开。国家标准委、市质监局、中关村管委会领导，以及中机生产力促进中心、中国航空综合技术研究所等标准化服务机构的代表参加。会议研究讨论了联盟组织架构、工作设想及筹建工作思路，并初步审查了联盟章程等相关文件。

（市质监局）

【2017年世界标准日纪念大会召开】 10月12日，市质监局召开纪念2017年世界标准日大会暨标准化试点示范经验与论文交流活动。市标准化协会理事长郭浚清，市质监局副局长姚娉出席会议并发言，来自市质监局标准化处、市标准化协会、首标委相关委办局等的近百名人员参加会议。会上，市标准化协会理事长郭浚清宣读了三大国际标准化组织关于2017年世界标准日的祝词，市标准化协会相关负责人宣读了北京标准化协会第十一届论文获奖名单。西城区综合行政服务中心与东城区网格管理服务中心代表分别分享了开展服务业标准化试点示范工作的经验体会，海淀区质监局的优秀论文获得者介绍了标准化在助力海淀区全国科技创新中心核心区建设方面的研究成果。会议期间，与会人员一起参观了西城区综合行政服务中心服务标准化工作现场。

（市质监局）

【“基于竞争性技术标准的质量提升模型及应用研究”通过验收】 10月19日，“基于竞争性技术标准的质量提升模型及应用研究”（项目编号：201410309）通过验收。该项目是质检公益性行业科研专项，由北京标准化研究院和中国标准化研究院共同承担。该项目共完成了3项研究报告、6篇论文、2项软件著作权和1本专著，建立了国家统一开放的企业产品标准信息公共服务平台，开展了服装制造业和电子类产品制造业的企业产品标准自我声明公开试点应用研究。项目研究成果为“企业产品和服务标准自我声明公开和监督制度”建设提供理论和技术支撑。

（市质监局）

【京津冀区域协同标准化工作研讨会召开】 11月13—14日，京津冀区域协同标准化工作研讨会在河北省张家口市召开。国家标准委，三地质监（市场监管）、商务、交通、体育等部门的相关负责人参加会议，市质监局副局长姚娉出席会议并讲话。大会学习贯彻十九大精神，围绕标准化助推京津冀协同发展的主旨，以冬奥会、精准扶贫、交通一体化、商贸物流、生态环境保护和产业升级转移为重点，研讨推进京津冀区域协同标准化的相关工作。

（市质监局）

【中关村示范试点单位工作会召开】 11月16日，中关村示范试点单位工作会在天工大厦组织召开。中关村管委会、市质监局、国家标准化管理委员会、首批入驻中关村的9家标准化服务机构及98家中关村示范试点企业及产业联盟参会。会上，国家标准化管理委员会服务业标准部介绍了标准化服务业培育思路，国家开发投资公司办公厅介绍了金融服务与标准化，市质量技术监督局对已编制完成的《中关村标准化示范试点单位动态调整制度》和《国家技术标准创新基地（中关村）建设办法》两项政策进行解读，中关村管委会就中关村发展概况、中关村“1＋4”政策体系和已发布的《中关村国家自主示范区提升创新能力，优化创新环境支持资金管理办法》及《中关村国家自主示范区提升创新能力，优化创新环境支持资金管理办法实施细则》两项政策进行解读。最后，9家标准化服务机构分别介绍了各自标准化服务的工作内容。

（市质监局）

【国标委主任田世宏赴中关村示范区调研】 12月4日，国家质检总局党组成员、国家标准委主任田世宏率国家标准委调研组赴中关村示范区调研标准化工作，国家标准委副主任崔钢、纪检组长邓志勇、市质监局局长苗立峰等主要负责人陪同调研。田世宏一行首先详细了解了大唐电信集团近年来将TD－SCDMA及TD－LTE技术方案转化为国际标准的成功经验和做法，以及在5G技术研究和标准竞争中的战略布局和进展情况。随后，调研组赴中关村管委会召开工作座谈会，听取了市质监局、中关村管委会关于市及中关村示范区标准化工作情况汇报，并与中关村标准化协会、TD产业联盟、大唐电信等7家企业及机构代表围绕充分发挥政府、企业、市场在标准化工作中的作用、调动企业参与标准化活动的积极性、打造中关村标准、面向市场开展标准化服务等内容展开深入交流。

（市质监局）

【《北京市重点发展的技术标准领域和重点标准方向》发布】 12月8日，市质监局发布《北京市重点发展的技术标准领域和重点标准方向》，规定了标准项目属于重点领域和重点方向，可以申报补助资金，是北京市技术标准制修订补助资金申报的重要条件之一。北京市技术标准制修订补助资金于2006年由市财政局和市质监局联合设立，市级财政在年度预算中安排，市质监局管理技术标准补助项目。为做好北京市技术标准制修订补助资金管理工作，市质监局2006年印发了《北京市重点发展的技术标准领域和重点标准方向》，并于2009年、2014年进行了修订。本次结合北京市城市功能定位和建设国际一流和谐宜居之都的需要，依据《“十三五”国家战略性新兴产业发展规划》（国发〔2016〕67号）、《北京市“十三五”时期现代产业发展和重点功能区建设规划》（京政发〔2017〕6号）等国家和北京市发展战略、规划和政策，对《北京市重点发展的技术标准领域和重点标准方向》进行重新修订。

（市质监局）

【第二批“中关村标准”通过专家评审】 12月15日，中关村专业技术委员会及第二批“中关村标准”评审会在北京召开。会上听取了中关村标准化协会关于新增专业技术委员会提案和第二批中关村标准提案的汇报，经质询和讨论一致通过了第二批十项“中关村标准”的评审。第二批“中关村标准”涵盖了新能源与照明、智能制造、智能交通、医疗健康、新一代信息技术、水资源保护与综合治理、新型显示、先进碳材料等领域。

（市质监局）

【全国城市可持续发展标准化技术委员会成立】 12月20日，全国城市可持续发展标准化技术委员会成立大会在北京召开。国家质检总局党组成员、国家标准委主任田世宏，市委常委、副市长阴和俊出席会议并讲话。国家标准委副主任陈洪俊宣读批复标委会成立文件，中国标准化研究院院长刘洪生主持会议。全国城市可持续发展标准化技术委员会首届主任委员为市委常委、副市长阴和俊，秘书处设在中国标准化研究院，委员会由来自行业部门、地方政府、研究机构以及相关高校的51名代表组成。

（市质监局）

【中关村十项标准入选“首批百项团体标准应用示范项目”】 12月28日，工业信息化部在北京召开工业和信息化标准工作推进会。会议公布了首批工业和信息化部“百项团体标准应用示范项目”名单，31家单位发布的106项团体标准成功入选。其中，代表中关村标准化工作成果的10项标准入选，占比达9%。中关村示范区作为工业和信息化部唯一推荐的团体标准产业集群，立足资源集聚优势，发挥引领支撑和辐射带动作用，推动发布了一批有影响力的团体标准，有效推动了科技成果转移转化。此次入选的10项团体标准将获得相应的经费支持，并在全行业范围内推广应用，在转化为国家标准、行业标准以及提出国际标准提案等方面享受国家及地方相关政策倾斜，成为高水平、高质量的代名词，引领相关产业发展。

（市质监局）

【埋地燃气管道不开挖检测技术开发应用】 12月，埋地燃气管道不开挖检测技术开发应用项目结项，该项目由贺小刚主持完成。城市燃气管道整治的关键在查找和消除安全隐患，而管道定期检验是查找管道隐患的有效手段。该项目确定了埋地燃气管道检测条目、检测方法及检验仪器设备，根据埋地管道外防腐层安全状况等级评定标准，选择有代表性的位置进行直接开挖检验，而不是所有防腐层漏点都盲目地开挖，在管道安全运行及检测的经济性之间寻找结合点。

（市质监局）

【城市可持续发展综合体建设及生态环境标准化研究结项】12月,北京市城市可持续发展标准综合体建设研究及北京市可持续发展模式下的生态环境标准化研究结项,该项目是市质监局项目。本项目共完成了《北京市城市可持续发展标准综合体建设研究》和《北京市可持续发展模式下的生态环境标准化研究》两份研究报告。《北京市城市可持续发展标准综合体建设研究》结合北京城市可持续发展的目标,运用综合标准化的方法将该目标进行逐层分解,系统分析相关要素、分解目标、确定标准项目、系统设计各个领域标准综合体框架,合理构建"北京市城市可持续发展标准综合体"。《北京市可持续发展模式下的生态环境标准化研究》基于国内外生态环境标准化工作现状的调研分析,对北京市生态环境标准化的发展现状和水平、相关政策制度以及相关环境影响评价案例分析研究,提出了城市可持续发展模式下的北京市生态环境标准体系,分析北京市可持续发展过程中生态环境治理领域面临的主要问题,研究关键指标体系,为修订不同阶段的生态环境标准提供科学依据。

(市质监局)

【社会管理和公共服务标准化政策研究结项】12月,社会管理和公共服务标准化政策研究项目结项。该项目为国家标准委项目。本项目通过梳理当前国际、国内关于社会管理和服务工作的相关政策、文件以及采取的措施,对社会管理和公共服务工作相关的重点政策文件进行深入分析研究,结合标准化工作的具体特点,提出今后一段时期内我国社会管理和公共服务标准化工作的建议,为国家出台服务业标准化工作指导意见提供参考。

(市质监局)

计　量

【2017年计量工作会议召开】1月24日,市质监局召开2017年计量工作会议。会议以视频形式召开,市质监局副局长姚娉出席会议,市质监局计量处,市计量院、各区质监局分局及各计量授权单位有关负责人分别在主会场和分会场参加会议。会议全面总结2016年全市计量工作,分析当前计量工作面临的形势,部署了2017年计量工作。

(市质监局)

【《计量标准考核规范》宣贯会召开】2月28日—3月1日,华北国家计量测试中心在北京举办《计量标准考核规范》(JJF1033—2016)宣贯会,该规范于5月30日正式实施。华北五省、自治区、直辖市的国家一级计量标准考评员和部分二级考评员近200人参加宣贯会。会上,新版《规范》起草人详细讲解了新版《规范》及计量法律法规规章的有关要求,并对近年来考评员在计量标准考核工作中遇到的有关问题进行答疑解惑。

(市质监局)

【首个共建计量检定规程发布】3月1日,京津冀三地政府计量行政部门同时发布《户用超声波燃气表》计量检定规程,该规程于3月15日正式实施。户用超声波燃气表具有量程宽、精度高、寿命长等特点,是服务节能减排,开展燃气精细化用量管理的新一代计量仪表。京津冀三地政府计量行政部门本着计量资源共享、新增技术规范共建的原则,将《户用超声波燃气表》确定为京津冀三地首个计量技术规范共建项目。《户用超声波燃气表》地方计量规程编制和发布,集中了京津冀三地的计量优势资源,为技术检测和行政管理提供依据,有利于提升京津冀三地的计量工作效能,促进国产仪器仪表的质量提升。

(市质监局)

【第八期计量检测技术骨干培训班结业总结】5月23日—8月23日,市质监局组织开展第八期计量检测技术培训班,结业总结会在市计量院召开。会议总结了3个月的培训工作。本次培训结合培训人员的工作现状和培训需求，创新培训模式，增强课程的实用性和针对性，促进不同专业学员间的学习交流，以论文答辩方式考查检验了学习成果。

（市质监局）

【贯彻计量发展规划培训班举行】 6月5—9日，市质监局举办贯彻计量发展规划培训班，贯彻落实《北京市“十三五”时期标准化和计量发展规划》。北京市各区质监局、各计量授权单位和天津市、河北省的计量工作者共80余人参加培训。国内计量专家讲解了计量历史文化、计量法制管理、计量科技前沿、计量与标准化战略、京津冀协同发展等内容，培训人员现场参观了中国智能制造示范企业。通过培训，解析了计量工作面临的形势及交通、环保、京津冀一体化发展对计量工作的需求，明确了贯彻落实计量发展规划的工作目标和各项工作任务，对当前计量存在的问题进行探讨和研究。

（市质监局）

【检验检测机构资质认定工作监管人员培训会举行】 6月23日，市质监局组织检验检测机构资质认定执法监管人员业务培训会，市质检局计量处、科技认证处相关负责人，各区质检局、分局相关负责人参加会议。会议对检验检测机构资质新的规章、准则和相关政策进行认定，进一步明确了检验检测机构资质认定后监管重点领域、重点内容，并就检查内容关键点进行分解梳理。会上，各区质监局及分局负责人对上半年的监管工作进行总结，对存在的问题进行分析和交流。

（市质监局）

【京津冀计量技术人员考试题库一体化建设工作会召开】 7月6日，市质监局组织召开京津冀计量技术人员考试题库一体化建设工作会，北京市质监局、天津市市场监管委、河北省质监局的计量处、计量院负责人参加会议。京津冀三地政府计量行政部门本着分工协作、交叉互补的原则，积极应用信息化手段推进计量专业技术人员的考核题库一体化建设。考试题库依据计量专业项目分类已经完成了汇总十大计量专业考试题目及考试题库信息化建设项目，推动三地计量技术人员项目考核工作，提升三地技术人员技能水平。

（市质监局）

【国网北京市电力公司计量中心新址投运】 7月，市质监局计量授权机构国网北京市电力公司组织召开电能计量集约发展推进会暨计量中心新址投运会，标志着市电能表检定新址投入运行。会上，国网北京市电力公司负责人介绍了计量中心情况，举行了新址计量中心揭牌仪式。国网北京市电力公司计量中心是北京市质监局授权的计量检定机构，该单位设计了国家电网统一要求的“四线一库”（单相电能表、三相电能表、采集终端、互感器自动化流水线和智能化仓储）电能表自动化检验管理系统，创新建设了国内首条微功率通信模块自动化检测流水线以及国内领先的退运表自动化分拣设备，具备每年200万台件的计量检定能力，为北京全面提升电能计量管理水平，服务首都建设发展奠定了基础。

（市质监局）

【公交车辆节能管控和新能源车应用推广活动举行】 8月，市质监局组织开展公交车辆节能管控和新能源车应用推广活动，市质监局计量处、市计量院，市交通委节能减排中心，市公交集团及相关单位负责人参加活动。市公交集团相关负责人详细介绍了全市燃油、CNG、LNG等能源公交车辆和新能源公交车辆的管控建设情况，重点介绍了新能源公交车现状，充电桩（站）建设运行，充电桩（站）运行效率、电能计量方法、IC卡充电管理模式、充电数据采集无线传输情况以及预期的节能精细化管理效果。与会人员分析研究了新能源公交车辆管控的计量需求和对策，对以新能源公交车辆为主的管控平台建设方案提出了改进意见和建议。

（市质监局）

【“放管服”改革持续推进】 8月，市质监局收到北京燕山时代仪表有限公司感谢信和北京众邦信达科技有限公司锦旗，感谢市质监局工作高效助推企业发展。市质监局持续推进“放管服”改革，优化简化计量行政许可的申请材料和审批流程，对制造计量器具许可企业实施分级评审考核制度，为企业减负。在停征计量行政事业性收费后，市计量院更加注重强化计量强检系统提升和改进，不仅为企业提供免费检定服务，还为企业提供计量器具的设计、生产、过程控制、出厂检验等全寿命周期的精准计量服务。

（市质监局）

【华北大区计量工作会及协同发展计量研讨会召开】 11月15—17日，华北大区计量工作会及京津冀协同发展计量区域合作研讨会在北京召开。国家质检总局计量司司长谢军，京、津、冀、晋、蒙五省市区质监局计量部门负责人、管理人员和技术人员40余人参加会议。会议认真宣传贯彻了党的十九大和中国质量大会的会议精神，与会代表就各省市区计量工作进行交流，听取了华北国家计量测试中心工作总结和京津冀协同发展汇报材料，并对《华北大区计量协同发展有关工作的实施意见》进行研讨。

（市质监局）

【国家城市能源计量中心（北京）揭牌】 11月17日，国家质检总局计量司司长谢军和市质监局副局长姚聘为国家城市能源计量中心（北京）揭牌。国家城市能源计量中心（北京）以市计量检测科学研究院为主体，依托首都“产、检、学、研”技术资源优势，围绕市节能监测、环境保护、交通运输、城市治理、节能减排、水电气热阶梯价格改革等领域的能源计量需求，构建能源计量工作机制和资源集聚平台，实现需求与服务的对接。重点推动能源（资源）计量器具远程监管和能源资源计量大数据分析应用，完善能源资源计量标准体系、量传溯源体系和计量检测服务体系。

（市质监局）

【规范快递服务行业计量管理工作会召开】 11月23日，为提升快递行业计量管理服务水平，保护消费者合法权益，针对快递服务单位称重设施配备不规范、从业人员培训不足等问题，市质监局计量监督处与市邮政管理局市场监管处共同研讨快递服务行业计量管理工作。市质监局计量处负责人对计量法律法规相关内容进行告知，并希望市邮政管理局加强行业自律，促进行业诚信，对纳入贸易结算的计量器具加强管理，督促各快递企业按时送检计量器具，确保贸易结算计量公平、诚信。市邮政管理局市场监管处负责人介绍了市邮政管理工作情况，分析了目前快递行业发展现状和面临的问题。针对快递行业现状，双方就规范快递行业计量管理，促进行业诚信工作进行研讨并达成初步共识。

（市质监局）

【《计量与交通》获全国质检系统法治微视频评比一等奖】 12月4日，国家质检总局开展了质检系统“12·4”国家宪法日主题活动，并举办了质检法治微动漫微视频优秀作品展播、评比和颁奖仪式。市质监局制作和选送的《计量与交通》微视频在质检总局征集的158部质检法治微动漫、微视频中荣获全国质检系统法治微视频评比一等奖。《计量与交通》以启发思考方式突出体现了法制计量服务对现代交通的支撑、保障、引领作用，充分体现了“谁执法谁普法”普法工作理念与机制的创新以及普法载体和方式的创新。

（市质监局）

【工业计量标杆示范活动举行】 12月6日，市质监局与市经济信息化委在顺义区联合召开工业计量标杆示范活动宣贯培训启动会，市质监局计量处、市经信委科技处负责人，顺义区各乡、镇政府和20余家企业的负责人参加会议。会上，市质监局计量监督处负责人介绍了《中国制造2025》《关于开展质量提升行动的指导意见》《计量发展规划（2013—2020）年》等文件相关内容，详细讲解了工业计量标杆示范的申报流程，总结了计量测试的典型做法和先进经验。与会人员就如何树立工业计量标杆进行探讨，对进一步发挥计量对实施创新驱动战略的支撑和引领作用进行了研讨，并部署了新一代信息技术产业、高档数控机床和机器人、航空航天装备等领域开展市工业计量标杆示范的申报、推荐和评选工作。

（市质监局）

【能源计量交通天然气热值检测项目通过验收】 12月11日，市质监局联合市交通委，组织专家组对“2017年市局机关能源计量交通天然气热值检测项目”进行了评审验收。该项目对车用液化天然气和车用压缩天然气热值进行检测，规范了热值检测流程，编制了热值分析报告，提出了节能减排相关政策建议，制定了交通行业天然气车用燃料热值检测标准草案。与会专家认为，将天然气贸易环节由单一的体积或质量计量结算方式，向天然气热值计量模式转变，不仅能保证贸易结算公平公正，也有助于企业科学测算和评估自身能源消耗和节能目标的完成情况，可有效推动交通行业节能减排精细化管理，支撑清洁空气计划的深入落实。在场专家一致同意项目通过验收。

（市质监局）

产品质量监督

【市质监局为京Ⅵ油品质量保驾护航】1月1日，北京市第六阶段《车用汽油》《车用柴油》地方标准实施。市质监局及时关注该标准实施情况，严格履职尽责。在标准发布后，要求相关生产企业严格按照地方标准做好产品生产供应；相关质检机构尽快取得相应资质，按照标准组织开展检验检测；车用油品生产企业所在地质监部门要将标准变化情况告知生产企业，督促其依法依标准组织生产。同时，市质监局将车用油品纳入年度重点工作并对生产领域油品质量开展监督抽查。已抽查的5批次产品均为京Ⅵ标准油品，经检验全部合格。

（市质监局）

【强化机动车安全技术检验机构风险管控】1月，市质监局在日常监管、专项检查、比对试验的基础上，强化对机动车安检机构的风险监控管理，重点对机动车安全技术检验工作的基础必备条件和机动车安检工作重要基础要求进行监督检查。市质监局聘请专业机构对35家机动车检机构进行专项检查和风险评估，检查人员共检查安检机构检验资格许可证书和计量认证证书82张、机动车安全技术检测线106条、在用机动车安全技术检验设备1076台套，抽检人员343人次，抽查检验报告3460份，抽查设备档案564份，对授权签字人、外观检验员检测技术能力进行了现场抽测。针对个别机动车安检机构存在检验记录单漏签、检验报告填写不规范、不按规定佩戴上岗证等问题，检查人员要求安检机构分析原因、查找问题、认真整改并上交整改报告。

（市质监局）

【加强“两节”食品相关产品质量监督】1月，市质监局组织开展食品相关产品专项检查。执法人员重点对2016年存在问题或生产状态异常的生产企业开展跟踪抽查，累计抽查食品用塑料制品、食品用纸制品、餐具洗涤剂等5种产品生产企业19家，抽取样品经检验全部合格。“两节”期间，全市质监部门将加强应急值守保障，及时处置产品质量安全突发事件。

（市质监局）

【持续加强大气污染重点产品质量监督】2月，针对冬日雾霾多发、节日期间空气污染较重的特点，结合北京市第六阶段车用燃油标准正式实施，市质监局持续加强生产领域煤炭、油品等大气污染重点产品质量监督。2017年第一季度，市质监局组织煤炭质量监督抽查67个批次，全部合格；对乡镇（街道）、村（社区）留取的“减煤换煤”优质煤样品质量检测464个，合格率99%；对燕山石化公司生产的汽油、柴油产品监督抽查10个批次，已检出的5个批次全部合格。

（市质监局）

【开展危险品专项核查】2月，市质监局组织技术专家和执法人员对危险化学品、危险化学品包装物和容器生产企业开展专项核查。核查中，工作人员对19家企业的原材料采购控制、主要生产和检验设备、关键工序管控等方面情况进行了重点审查。多数企业能够落实生产许可有关要求，管理体系较为完善并运转良好，个别企业在关键工序管控和出厂检验原始记录等方面存在不足，市质监局已责令企业在规定期限内完成整改，消除风险隐患。

（市质监局）

【开展消防产品质量专项检查】3月1日，市质监局和公安消防部门组织开展消防产品质量专项检查活动，做好春季消防安全管控，保障全国“两会”期间消防安全形势稳定。执法人员对北京市相关消防产品生产企业、大型商场、建筑工地的消防产品进行检查，详细查看了生产企业原材料采购验收记录、出厂检验记录及生产过程控制情况，检查了商场、建筑工地在用消防产品质量状况，要求有关单位认真落实主体责任，对检查中发现的问题认真整改，有效减少因消防产品质量问题造成的火灾隐患，国家建筑防火产品安全质量监督检验中心配合执法人员对生产企业和使用单位进行了技术检查和指导。

（市质监局）

【质量监督系统部署2017年工作】 3月2日，市质监局研究部署2017年质量监督、稽查执法、投诉举报工作。市质监局产品质量监督处、稽查总队、投诉举报中心分别就2016年工作开展情况进行回顾总结，对2017年工作进行安排部署，对大气污染治理、消费品质量提升、产品质量监督、稽查执法、投诉举报处理等工作明确了具体实施意见。市质监局副局长张厚明肯定了全系统2016年工作取得的成效，并对2017年工作提出新的要求，他指出2017年是“十三五”规划实施的重要一年，全系统要深入贯彻落实各项工作部署，开拓创新，扎实工作，把工作目标放到实现市委、市政府、质检总局、市局党组对质量安全监督工作的要求上来，改进工作薄弱环节，把服务发展、服务人民群众落到实处，加快推进质量强国首善之区建设，为首都经济平稳健康发展和社会和谐稳定做出贡献。

（市质监局）

【工业产品质量监督工作媒体通报会召开】 3月14日，市质监局召开工业产品质量监督工作媒体通报会，市质监局产品处、宣教中心相关负责人出席会议，新华社北京分社、北京电视台等11家中央及市属媒体记者参加会议。会上，市质监局产品处相关负责人向媒体记者通报了2016年北京市生产领域工业产品质量安全风险监控工作情况，介绍了2017年工业产品质量监督重点工作，并就产品质量问题、缺陷产品召回等工作回答记者提问。2016年市质监局不断完善以产品质量风险信息收集、评估和处置为核心的产品质量安全风险监控工作体系，共收集产品质量风险信息5075条，对涉及安全生产、生态环境保护、食品安全、农业安全、社会关注的热点消费品展开重点监督检查工作，跟踪处理产品质量问题770件。同时制定了《北京市质量技术监督局缺陷产品召回监督管理工作规定（试行）》，明确工作职责、适用范围和工作程序，并对缺陷产品生产者做出追究产品质量责任的规定。

（市质监局）

【食品相关产品国家标准宣贯会召开】 4月18日，为进一步强化北京市生产领域食品安全监管工作，在食品相关产品国家食品安全标准实施之际，市质监局组织召开食品相关产品国家食品安全标准宣贯会。市质监局产品处相关负责人、各区局食品相关产品质量监督工作人员、国家食品质量安全监督检验中心和北京市产品质量监督检验院专家以及本市124家食品接触用塑料制品、食品接触用纸制品生产企业的190余位负责人参加了会议。会上，市质监局产品处相关负责人从法律角度就企业自觉履行法定责任义务、提高产品质量管理水平和诚实守信经营等方面进行了讲解。国家食品质量安全监督检验中心和市产品质量监督检验院专家就GB 4806.1—2016《食品接触材料及制品通用安全要求》等新发布的食品接触用塑料制品和食品接触用纸制品食品安全国家标准进行解读，并结合新标准要求对食品相关产品监督抽查抽样中企业注意事项进行了说明。会议要求，各生产企业要严格履行产品质量主体责任，依法依标组织生产，有效保障食品相关产品质量安全；各区质监局结合“双随机”等工作，开展食品相关产品质量监督检查，严格产品质量监督抽查后处理工作，不断提升区域食品安全水平。

（市质监局）

【产品质量检验机构监督管理工作会召开】 5月12日，市质监局召开2017年产品质量检验机构监督管理工作会议。市质监局产品处相关负责人、45名分类考评专家以及北京地区97家列入产品质量检验机构工作质量分类监管的检验机构负责人参加会议。会议总结了2016市产品质量检验机构监督管理工作情况，部署了2017年产品质量检验机构工作质量分类监管工作任务。会议强调各检验机构要高度重视分类监管考评工作，重点针对所承担的产品质量监督抽查、风险监测、工业产品许可证检验任务以及授权检验领域业务开展自查自纠；要适应行政审批制度改革和体制改革要求，进一步强化责任意识和服务意识；要严格履行相关法律义务，规范检验行为，提高检验工作质量；各考评专家要廉洁自律，公平公正地开展考核评价，保证考核质量；要通过分类监管考评，促进质检机构进一步加强检验能力建设，提高检验工作质量，降低工作差错率，为北京市监督抽查和生产许可工作做好技术保障。

（市质监局）

【产品质量检验机构分类监管工作开展】 5—8月，按照国家质检总局部署，市质监局组织对北京市86家国家级、省级产品质量检验机构开展分类考核。

本次考核从检验资质、仪器设备、样品管理等方面对质检机构进行评审，重点检查各机构承担产品质量监督抽查、生产许可证发证检验、产品质量风险监测等执行情况。各机构质量内控体系总体有序运转，依法依规依标准为社会提供检验服务；部分机构发展显著，技术力量日趋雄厚，市场拓展较快，科技创新能力表现突出。但也发现个别机构存在标准变更备案不及时、仪器设备计量检定不及时等问题，质监部门已督促其进行整改。

（市质监局）

【17 类工业产品许可审批程序简化】8 月 1 日，市质监局率先在全国启动工业产品许可简化审批程序试点工作，对省级发证的 17 类许可产品推行“全程网上办理，实施先证后审”。获证企业共 653 家，其中省级发证企业 403 家。市质监局通过对工业产品生产许可工作中所积累的经验与问题进行系统的梳理总结和分析，提出了北京市工业产品生产许可改革具体实施方法。具体改革措施包括：没有法律依据和法律授权的审批一律取消，落实行政审批制度改革“放”的要求，实现许可审批全过程不收费；精简技术规则体系，落实行政审批制度改革“服”的要求，包括精简申请材料，企业申报只需提交生产许可证申请单、承诺书，能够通过政府部门共享的信息均不再要求企业提供，取消证前抽样检验要求。此外，市质监局还精简并优化工作措施体系，落实行政审批制度改革“服”与“管”，简化优化许可审批流程，加强行政服务。具体措施包括：加强信息化手段的应用；采取“先证后审”模式；对许可有效期满延续企业实施减免程序。在简化审批程序的同时，市质监局还将加强事中事后监管，告知企业法律法规义务，加强许可审批工作标准化建设，监督企业依法履行法定义务。

（市质监局）

【煤炭加工质量管理与监督工作部署】8 月 16 日，市质监局召开 2017 年煤炭加工企业质量监督工作会议，深入贯彻落实北京市关于大气污染治理有关工作部署，进一步加强煤炭产品质量管理工作。市城市管理委、市新农办、市环保局，市质监局产品处、稽查总队，相关区质监局，市质检院有关人员以及全市在营煤炭加工企业负责人参加会议。会议分析了当前大气污染治理面临的形势、煤炭企业存在的问题，宣贯了煤炭相关法律法规和北京市相关政策规定要求，明确了各部门采取的监管措施，要求煤炭加工企业进一步健全完善产品质量管理体系，推进落实优质煤标识、信息化追溯制度和环境保护措施，完成好 2017 年优质煤全覆盖、全替代的任务。会议还部署了 2017 年煤炭企业、检验机构质量检验比对工作。

（市质监局）

【工业产品生产许可简化审批程序改革媒体座谈会召开】8 月 29 日，为使社会公众更加了解工业产品生产许可简化审批程序改革情况，市质监局召开媒体座谈会。市质监局产品监督处、信息中心、宣教中心负责人，统一石油化工有限公司企业代表，10 余家中央及市属新闻媒体的记者参加座谈会。会议传达学习了总理李克强对推进工业产品生产许可证制度改革现场交流会做出的重要批示精神和国务委员王勇的重要讲话精神。市质监局产品处负责人介绍了工业产品生产许可简化审批程序的背景，市质监局工业产品生产许可证制度改革的具体落实，以及对获证企业后续的监督管理工作等情况，市质监局信息中心负责人演示了改革后的工业产品生产许可证网上申报系统。会上，市质监局产品处负责人为企业颁发了简化审批程序后的第一张工业产品生产许可证。与会记者重点针对工业产品生产许可证制度改革推进情况、事后监管情况等方面内容进行提问并与相关人员进行座谈交流。

（市质监局）

【做好质量监督，打好大气污染综合治理攻坚战工作部署会召开】9 月 14 日，市质监局召开大气污染综合治理攻坚战等产品质量监督重点工作部署会，严格落实质量安全责任，有效防范和遏制质量安全事故，打赢 2017—2018 年秋冬季大气环境治理攻坚战。市质监局产品质量监督处、稽查总队，各区质监局（分局），市质检院等 11 家质检机构的负责人共 62 人参加会议。市质监局副局长张厚明出席会议并讲话。会议要求，要紧紧围绕党的十九大保障这条主线，全力抓好环保和安全两项工作。在环保方面，严格煤炭产品质量监督和涉及大气污染治理产品质量监督，全力履行首都功能疏解职能；在安全方面，严守安全底线，强化涉及食品安全、防火安全、生产安全的产品质量监督，确保不发生系统性、行业性、区域性事故。

（市质监局）

【国家质检总局督查质量安全隐患排查工作】9 月

19—21 日，国家质检总局质量安全隐患排查和专项整治行动第二督查组组长、国家标准委副主任殷明汉带队到市质监局督查质量安全隐患排查工作。市质监局局长苗立峰，市质监局副局长姚娉、李亮华、张厚明陪同督查，产品处、特设处、科技处、稽查总队等部门负责人参与督查。督查组听取了市质监局副局长张厚明关于市质监局开展产品质量安全隐患排查和整治行动工作整体情况的汇报，查阅了特种设备安全生产大检查及风险隐患排查整治工作和产品质量安全风险排查工作的档案材料，并分成两个小组对特种设备使用单位和电线电缆生产企业隐患排查整治情况进行督导检查。督查组认为，市质监局在特种设备安全生产大检查工作取得了成效，并建议市质监局要进一步加快建立电梯应急处置服务平台建设，完善电梯维保质量信息公示，提升信息化监管水平，督促企业落实安全主体责任。

（市质监局）

【市质监局校服质量进校园活动举行】 9 月 22 日，市质监局在海淀区第二实验小学（橡树校区）开展了“关注校服安全 助力学生成长”为主题的校服质量进校园活动，进一步确保校服质量安全。市质监局产品质量监督处、宣教中心、市纤检所、海淀区学校后勤管理中心、海淀区第二实验小学相关负责人参加本次活动。活动中，市质监局产品质量监督处负责人表示全面规范校服的基本安全和质量是构筑中小学生校服质量安全防线的重要保障，并强调要把保障质量安全作为校服管理工作的底线。市纤检所专家讲解了校服的相关质量知识及 GB/T 31888—2015《中小学生校服》标准的质量要求，介绍了纺织服装产品选购时的一些简单注意事项以及衣物的维护方法，为老师、学生们选购、使用质量合格、安全放心的纺织服装产品提供了帮助。

（市质监局）

【消费品质量安全“三进”活动在北京启动】 10 月 12 日，2017 年消费品质量安全“进社区、进校园、进乡镇”消费者教育活动启动仪式在通州区永乐店镇举行。本次启动仪式由国家质检总局主办，市质监局、北京检验检疫局协办，中国消费品质量安全促进会、通州区质监局、通州检验检疫局承办，市质监局副局长张厚明受邀出席活动。启动仪式上，国家质检总局总检验师张际文宣布活动启动，并向永乐店镇颁授了消费品质量安全风险信息监测点牌匾。中国消费品质量安全促进会理事长张沁荣发表致辞，向永乐店镇 5 个村委会赠送了《消费品质量安全系列宣传手册》。10 位永乐店镇居民被聘任为消费品质量安全风险信息监测员，京津冀三地质检两局代表获授消费品质量安全“三进”活动旗帜。活动期间，北京质检两局以及市产品质量监督检验院、北京国际旅行卫生保健中心、国家珠宝玉石质检中心等 10 余家检验机构为 200 多名乡镇居民开展现场咨询和免费检测活动。

（市质监局）

科技合作与交流

科技合作

【概述】2017年,市科委围绕北京建设全国科技创新中心的要求,加强北京科技与外地的区域合作,积极推动京津冀协同科技创新工作,配合疏解北京非首都功能任务。贯彻国家“一带一路”发展战略,加强与国内多个节点城市科技交流合作,发挥首都科技资源优势,整合国内外资源,促进北京科技创新中心建设。

2017年,落实京津冀协同发展国家重大战略,结合专项实施,重点开展搭建创新资源平台、共建创新攻关平台;建立成果转化平台、实施协同创新工程等工作。全年,北京向津冀输出技术合同成交额203.5亿元,增长31.5%,主要集中在现代交通、城市建设与社会发展和电子信息领域;全年新经济实现增加值9085.6亿元,同比增长9.8%,占全市经济的比重为32.4%。全力支持河北雄安新区建设,努力使雄安新区与北京在创新驱动发展中形成互为支撑、共同发展的良好格局;京津冀协同创新共同体加快构建,签约共建雄安新区中关村科技园。

2017年,区域合作与对口支援工作取得了良好效果。市科委与宁夏科技厅签订《科技合作框架协议》,举办京宁科技需求对接会,形成23项合作意向或成果。在沈阳设立首都科技条件平台和北京技术市场分支机构,在技术、成果、项目、人才等方面广泛开展交流合作。在对口支援新疆和田地区、西藏拉萨地区,对口帮扶内蒙古赤峰、乌兰察布,以及与云南、贵阳的区域合作中,将首都科技资源与当地资源禀赋充分结合,孕育可持续造血式扶贫成果。2017年,加强国际科技合作,八届中意创新合作周在北京、成都、贵阳三地成功举办;2017中国(北京)跨国技术转移大会成功召开;持续推动亚欧科技创新合作中心建设;继续加强中意两国的技术转移与创新合作;深入推进北京-安大略科技创新合作;全面推动北京-特拉维夫创新中心建设。

(市科技史志办公室)

京津冀协同

【响应京津冀区域合作实现领域交叉融合研讨会召开】4月21日,响应京津冀区域合作实现领域交叉融合研讨会在北京金龙建国温泉酒店召开。北京市可持续发展科技促进中心主任刘静平主持会议,近200人参会。会议以如何服务与响应京津冀区域合作,实现领域交叉融合为主题,推动京津冀间的合作,整合多个产业链的上下游资源,激发上下游企业活力为中心展开研讨。北京市科委政策法规处王艳辉为企业代表解读了《北京加强全国科技创新中心建设重点任务实施方案》。刘静平为专家代表颁发了专家委员会聘书。

(滕良慧)

【京津冀新能源汽车科普及体验基地建成】4月22日,在北京市科委、北京技术交易促进中心、北京新能源汽车发展促进中心的对接协调下,京津冀新能源汽车科普及体验基地在北京汽车博物馆揭牌成立,承载京津冀一体化新能源汽车的应用推广工作,通过组织京津冀三地出行体验活动,普及新能源汽车走向市民生活,推动京津冀三地新能源汽车市场开放。

(黄寅英张文聃)

【基于大数据的过程质量一体化管控平台开发设计与应用项目落地津冀】5月,由市科委支持的太极计算机股份有限公司研发的基于大数据的过程质量一体化管控平台开发设计与应用项目,完成产品各工序工艺参数监控、预警、分析、评价,并在钢铁行业实现了全流程温度冶金模型,基于传热计算的温度模型,钢水与铸坯的温度实时预报,有效地对现场生产进行在线指导;基于BP神经元网络构建的在线质量预测模型,准确率达到90%,成果已在钢铁行业落地,在京津冀地区的唐钢、唐山不锈钢、承钢公司应用和实施,合同额近1200万元,已创造近300万元利润。同时,公司积极参与京津冀协同发展,包括天津市滨海新区、生态中心城、石家庄正定新区建设,开展智慧城市、智慧政务、智慧交通以及智能制造等业务。

（王露菲）

【赴河北张家口开展科技合作交流】 5月9日,北京科学技术开发交流中心组织相关专家赴张家口市科技企业孵化器总部基地开展科技合作交流。活动以“京张科技协同、共促双创发展”为主题,4位专家分别从孵化器运营管理、高端装备制造及蔬菜安全质量追溯服务平台建设等领域做专题讲解。期间,入驻孵化器总部基地的部分初创团队进行了路演,专家从团队建设、商业模式以及内外包装、项目投融资等角度进行点评建议。

（安鹤益）

【2017年京津冀科普资源(天津)推介会举行】 5月13—14日,由天津市科协、北京市科协、河北省科协共同举办的2017京津冀科普资源(天津)推介会在天津科技工作者之家举行。本届推介会以“共建共享・全面合作”为主题,主要包括天津市第31届科技周活动调研、视频展播、京津冀科协全面合作意向书签订、京津冀优质科普资源企业路演、京津冀科普产业发展研讨会等活动。来自三地科协、科普专业机构、科普企业的350余名代表参加了本次活动。活动期间,京津冀三地科协代表参观了第31届天津市科技周主场活动暨第三届科普产品(智慧生活)展览会,京津冀三地科协共同签署全面合作意向书。中国科协科普部部长白希,天津市科协党组成员、常务副主席姚建军,河北省科协党组书记、常务副主席刘纪雷,北京市科协党组成员、副主席刘晓勘等出席签约仪式。京津冀科普产业发展研讨会以“增强科普联盟,跃升科普产业”为主题,围绕科普产业发展路径和科普资源共享相关问题,邀请京津冀三地科协领导、滨海新区于家堡自贸区管委会代表、京津冀企业代表进行交流研讨。

（喻晓会）

【与香河签订科技成果转化战略合作协议】 5月16日,北京科学技术开发交流中心与香河产业新城、太库科技创业发展有限公司在香河规划展览中心报告厅签订了《科技成果转化战略合作协议》。此次合作旨在三方共同打造智能技术与机器人协同创新平台,推进香河人工智能创新集群的产业聚集与发展,通过科技成果转化,使成果产业化落地。

（安鹤益）

【京津冀科技成果转化高峰论坛在北京举行】 6月7日,京津冀科技成果转化高峰论坛在北京举行。论坛由北京科学技术开发交流中心主办,创客总部和北京院市合作协同创新联盟承办,市科委、中科院北京分院为支持单位,来自京津冀三地科技企业、中科院在京科研院所、高校、金融投资机构以及国内外科技成果转化机构100余家单位的200余位代表到场参会。论坛以“京津冀科技成果转化”为主题,多位专家、企业家围绕金融如何促进科技成果转化、高校知识产权管理运营、技术转移商业模式、科技成果与商业运营等内容,向与会代表分享经验、方法和实际案例。论坛同时开设两场分论坛:“京津冀项目推介、路演和成果对接”论坛推介了中科院相关研究所的16项重点项目、北京创客总部17个创业孵化项目,并组织承德市、张家口市的10余个项目进行集中展示和现场路演,与京津冀三地央企、投资机构、科技公司及部分科博会参展企业进行对接交流;“农业精准扶贫及成果对接”论坛邀请北京市人大常委宋慰祖等相关专家,针对精准扶贫议题,从乡村建设、产业联盟、产品应用、供给侧改革等不同角度发表演讲,并与京津冀三地农业企业进行对接洽谈,就如何利用农业领域新成果和新技术扩大产业化经营和精准扶贫等方面进行互动研讨和对接交流。

（安鹤益）

【新材料项目落地行唐】 6月30日,河北省石家庄市行唐县昊腾服饰有限公司与北京京港恒星科技发展有限公司合作研制功能性服饰新材料项目在河北省行唐县签约完成。北京科技开发交流中心及行唐县有关领导出席签约仪式。该项目是北京科技技术开发交流中心在京津冀地区促成的科技成果转化项目,也是科技助残、精准扶贫项目。

（安鹤益）

【两地京津冀科协科技成果转化平台第三届项目发布和推介会举行】 8月16日和11月3日,由京津冀三地科学技术协会共同主办,中关村天合科技成果转化促进中心承办的京津冀科协科技成果转化平台第三届项目发布和推介会(北京)和京津冀科协科技成果转化平台第三届项目发布和推介会(天津)分别在中国科技会堂和恒大国际会议中心举行。会议围绕地方发展需求,共发布60项科技成果项目，涵盖航天航空、生物医疗、人工智能、现代农业、新型材料等领域。中国科协企业工作办公室副主任、企业创新服务中心主任郑浩峻，天津科协党组书记、常务副主席姚建军，北京市科协党组成员、副主席田文，天津市科协党组成员、副主席张丽珠，河北省科协党组成员、副主席张建辉等出席，来自京津冀三地科技园区、企事业单位、投资机构、科技类社会团体的有关人员及个人创业者约600余人参加。

（喻晓会）

【第四届京津冀青年科学家论坛召开】 8月22日，第四届京津冀青年科学家论坛在河北秦皇岛召开，论坛主题为“海洋科学与未来”，设置了智能装备与海洋、信息科学与海洋、环境化工与海洋、生命医学与海洋等4个分会场。京津冀三地主管自然科学基金的负责人及来自三地高校院所的逾300位青年科研人员参加此次论坛。论坛召开期间，三地基金负责人围绕进一步深化三地基础研究合作进行研讨，一致认为应尽快推动签署第二期合作协议，并共同遴选优先资助领域、加大资助力度、深化统一组织模式，继续为京津冀协同发展提供科技创新支撑；同时也继续为京津冀青年科研人员提供基础研究合作交流的机遇与平台，促进京津冀协同创新发展。

（刘　杨）

【赴北戴河生命健康产业创新示范区调研】 9月23—24日，北京科学技术开发交流中心、同济大学生物医学工程与纳米生物医学研究院相关人员赴北戴河生命健康产业创新示范区调研。北戴河新区管委会副主任蔡钰武介绍了北戴河生命健康产业创新示范区的成立背景与目前发展情况；调研组参观了赴北戴河生命健康产业创新示范区，了解了目前在示范区落地的机构和企业，并与秦皇岛第一医院副院长、检验科及肿瘤科主任，就免疫细胞治疗项目开展深入的探讨，并对专业领域的相关问题进行交流。

（安鹤益）

【河北省水产组学信息技术联合实验室建成】 9月，在北京技术交易促进中心的推动下，北京市计算中心、河北鑫海水产生物技术有限公司依托各资源和技术优势，成立河北省水产组学信息技术联合实验室，双方利用各自的优势和资源，合作开展数据库及实验室管理平台的构建，加强生物信息学与水产遗传育种学科的结合，解决海洋水产遗传育种分子标记物筛选、大数据辅助精准育种等科研和生产实践问题，促进国际的组学领域研究成果与技术在水产遗传育种工作中的转化应用和发展。

（张文聃）

【农村中心赴河北国家农业科技园区开展对接】 9月，市科委农村中心主任李志军带队组织规划设计、创新创业、信息化领域专家赴河北省白洋淀国家农业科技园区、藁城国家农业科技园区开展合作对接，双方围绕北京和雄安共建“白洋淀星创天地”规划设计方案进行交流和讨论，对“白洋淀星创天地”运营方式和主要板块内容进行沟通，并商定尽快启动北京科技特派员工作站和大学生实习创业基地建设等工作。同时，结合“京石农业领域科技服务平台建设”课题要求，专家们实地考察了藁城国家农业科技园区从北京引进的蔬菜育苗情况，了解园区在产业绿色发展和市场销售等方面的实际需求，并就京石技术转移工作站长效运营机制构建达成共识。

（王伟娟　赵淑红　赵　娣）

【2017京津冀科技成果转化金融创投峰会举行】 10月12日，2017京津冀科技成果转化金融创投峰会在张家口举行，本次峰会由北京科学技术开发交流中心、张家口市科学技术和地震局、张家口市宣化区人民政府、张家口经济开发区管理委员会共同主办，京津冀100多家企业参加了此次峰会，涉及冬奥冰雪产业、新能源新材料、奥运产业、智慧制造、电子信息、大健康等相关产业领域。会上，北京科学技术开发交流中心与张家口市金达开元科技企业孵化器有限责任公司现场签署“京冀共建张家口创新创业孵化中心”合作协议，力求推动张家口创新创业孵化中心的建设，贯彻落实京津冀协同发展战略部署。此外，北京院市合作协同创新联盟成员单位授牌仪式也在活动中举行，北科和经（北京）投资基金管理有限公司、北京华源泰盟节能设备有限公司等单位派代表出席授牌仪式。

（安鹤益）

【京津冀区域大气污染治理科技攻关】 10月13日，市科委联合市环保局组织召开京津冀区域大气污染成因及治理方向闭门会议，邀请中国工程院唐孝炎、郝吉明院士，以及中国环科院柴发合团队、北京大学谢绍东团队、清华大学贺克斌团队、中科院王跃思团队及北京工业大学程水源团队等国内知名专家团队，共同就京津冀大气污染防治方面的最新研究成果进行技术沟通交流，就治理方向和工作措施提出进一步开展颗粒物二次转化的机制研究，完善监测检测和分析方法，摸清臭氧、VOCs、NOx之间的相互反应机理，开展机动车排放特征及控制技术研究及强化区域联防联控政策机制等意见建议。

（张艳萍）

【农村中心推动雄安新区科技合作对接工作取得新进展】 12月，农村中心为推动跨区域科技合作对接，组织北京绿京华生态园林股份有限公司、蒙草生态环境（集团）股份有限公司的相关负责人赴河北雄安新区调研。农村中心一行实地调研了白洋淀国家农业科技园区，并结合白洋淀实际需求洽商了合作意向，即蒙草生态公司拟与绿之梦农业有限公司在白洋淀共建研究院，开展湿地修复等相关工作；绿京华公司与园区就整体规划设计达成合作意向，并计划在此基础上寻找切入点开展绿色生态示范等工作。

（王伟娟　赵淑红　赵　娣）

【科特派（丰宁）产业扶贫工作站成立】 年内，市科委结合丰宁县自然资源禀赋和产业发展基础，组织北京科技特派员队伍，为丰宁县导入专家、技术和市场，从建立科技帮扶的长效机制入手，围绕丰宁蔬菜、食用菌、奶牛、林果和中药材等五大主导产业，建立了5个北京科特派（丰宁）产业扶贫工作站，逐步形成了“北京专家＋丰宁企业＋产业＋贫困户”的科技扶贫模式，推广新技术、新品种、新装备，培养本土实用人才，直接带动当地建档立卡贫困户致富增收。

（王伟娟　赵淑红　赵　娣）

【京津冀安全蔬菜基地供京产品质量有保障】 年内，市科委支持北京市裕农优质农产品种植公司和北京农学院实施的“安全蔬菜标准化生产基地优化升级科技示范”课题，建立育苗、起垄、移栽、施肥、喷药等关键环节的安全蔬菜机械化生产技术规范和安全蔬菜标准化生产基地管理体系各1套，开发了数字化田间质量安全管理系统，集成应用机械化种植生产设备与技术，实现了生产的信息化管理。课题筛选出适合机械化栽培的优良生菜品种，在核心示范区生产生菜一个周期内平均每百亩减少人工31人，每亩化学农药使用量减少221克，定植数量每亩由4500株提高至5200株，平均亩产增加195千克。课题在北京杨镇、河北沽源及赤城建立了京冀安全蔬菜标准化生产科技示范基地3个，总面积达2265亩，辐射面积13000亩，其产品质量安全抽检合格率为100%，累计供京蔬菜26091.28吨，企业实现年收入1.3亿元。

（王伟娟　赵淑红　赵　娣）

【京津冀蔬菜质量安全监测检测技术应用初见成效】 年内，市科委支持北京维德维康生物技术有限公司、北京普析通用仪器有限责任公司等单位承担的“京津冀蔬菜质量安全监测检测技术集成与应用示范”课题，开发出用于蔬菜中农药、重金属残留快速检测技术及农药残留快速检测试剂盒（有机磷、氨基甲酸酯）、阿维菌素酶联免疫试剂盒、拟除虫菊酯类酶联免疫试剂盒、重金属（铅）速测盒、重金属（汞）速测盒和重金属（砷）速测盒六大产品，能够快速准确地检测水果蔬菜中残留的有机磷类、氨基甲酸酯类、阿维菌素类、拟除虫菊酯类和重金属有害物质。开发出便携式快速检测仪，实现了水中铜、硝酸盐氮、氨氮，酸性土壤中有效磷等8项检测。制定了蔬菜示范应用基地蔬菜抽样、检验检测规范化规章制度2套，并在河北生产基地建立了蔬菜安全检测实验室2个。课题对基地检测人员开展蔬菜采样、快检技术、仪器装备操作及实验室安全管理培训3期，编制检测服务宣传册、蔬菜安全生产检测操作指南。

（王伟娟　赵淑红　赵　娣）

【延怀两地科技合作力促蔬果产业协同发展】 年内，市科委支持北京绿富隆农业股份有限公司、北京市延庆区葡萄研发中心、北京市延庆区有机蔬菜研究所共同实施的“延怀地区蔬果产业科技促进及安全生产示范基地建设”课题，在搭建平台、制定标准、建设基地、转移技术等方面取得实效，打造了区域协同发展的典范。课题制定了大白菜、绿菜花、葡萄等11种蔬果有机生产技术规程企业标准；开发了延怀有机蔬果生产技术服务平台，吸引90家农业企业和合作社加入，实现两地资源共享、科技合作、产销信息、采摘旅游、农产品会展5个方向的服务；设计完成11种蔬果和5家企业、合作社负责人的卡通形象，以及11种蔬果的农产品包装；提升和改造了延庆1500亩有机蔬菜基地、800亩葡萄基地的科技示范设施，带动怀来县500亩蔬菜基地、1000亩葡萄基地向有机生产标准化发展；向怀来县转移有机肥发酵技术、有机栽培技术等8项农业技术，其经济效益提升10%以上。

（王伟娟　赵淑红　赵　娣）

【京冀服装设计与产业化平台支持雄安新区建设】年内，市科委支持北京服装学院开展京冀服装设计与产业化平台建设课题，支持雄安新区建设。该课题通过建立京冀服装设计与产业化平台落地雄安，基于当地企业的生产技术优势，利用服装智能化、信息化的技术手段做好企业面辅料云管理的实施与服务，实现工厂面辅料现货与设计师需求、品牌需求的业务线上对接；建立服装3D数字化科技的讲解与演示中心，以及3D数字化服务中心，服务于当地企业的设计研发效力的提升，实现创新设计资源与区域产业要素的优化整合，打造成为具有示范带动效应的开放创新平台和服务机构，有效破解产业发展中的人才和技术瓶颈，逐渐形成区域产业创新驱动、辐射带动、良性发展的新局面，整体提升产业集群的核心竞争力。

（王露菲）

【与河北省雄安新区安新县调研互访】年内，北京科学技术开发交流中心与河北省雄安新区安新县科技局多次组织互访调研，双方调研考察了北京国色天成生物科技有限公司、北京柳林水木蔬菜工厂、河北绿之梦农业开发有限公司等两地的农业企业，并希望双方建立良好合作关系，以促成京冀科技合作、成果转化、项目落地等各项工作。

（安鹤益）

国内科技合作

【京蒙合作开展航天育种落地敖汉旗】1月11日，北京农科城通州种业园北京神舟绿鹏农业科技有限公司与内蒙古自治区赤峰市“神舟十一号飞船空间搭载试验材料交接暨签订合作框架协议仪式”在中国空间技术研究院举行，内蒙古自治区赤峰市政府、中国空间技术研究院有关领导及北京神舟绿鹏公司负责人参加仪式。仪式上，北京神舟绿鹏农业科技有限公司向内蒙古敖汉旗政府交接了搭载于神舟十一号飞船上的高粱、荞麦、糜子、红谷和文冠果等种子，同时双方签订了航天育种合作框架协议，将合作开展航天育种落地实施，培育适应性、抗逆性强、产量高、品质优等农作物品种。

（王伟娟　赵淑红　赵　娣）

【北京设计助力民族地区精准扶贫】1月，市科委围绕民族地区文化资源保护传承与开发利用的实际需求，与国家民委文化宣传司签署战略合作协议，共同推动民族文化元素提取技术研发与创新设计平台建设，发展民族地区特色品牌，开展创意人才交流合作，支撑少数民族地区经济发展。截至协议签署，已建立中国民族服饰文化元素研究与素材库，拥有藏品图片20000余张，建成包涵1万个元素的手工艺元素纹样数据库和涵盖10多个民族的3000余名绣娘的绣娘数据库；2016年支持北京设计企业赴民族地区开展对接帮扶工作，在贵阳、湘西等地建立手工艺博物馆群及传统工艺工作站，对当地绣娘进行技艺培训，带动当地绣娘就业达5000人以上；建立“互联网+手工艺”跨境电商合作平台，将手工艺商品推向国际市场，累计销售额达百万元，吸引20余万人关注。

（王露菲）

【京蒙科技合作技术转移对接会召开】3月7日，由北京现代农业科技创新服务联盟组织的京蒙科技合作技术转移对接座谈会召开。北京市科委农村中心主任李志军、内蒙古满洲里市科技局局长姜芝、联盟部分成员企业和满洲里万康农业旅游有限责任公司的相关负责人参加了会议。会上，联盟成员企业代表通过与满洲里万康农业旅游有限责任公司负责人沟通交流，了解了该企业在芽苗菜、航天育种、安全投入品、无人机等农业机械设备、盆栽蔬菜等方面的科技需求，并与其围绕京蒙科技合作技术转移进行了深入沟通和项目对接，达成了合作共识；同时对第十四届中国（满洲里）北方国际科技博览会相关准备工作进行了探讨与交流。

（王伟娟　赵淑红　赵　娣）

【吉林省通化市孤山子镇来北京调研农业项目】3月12日，吉林省通化市孤山子镇镇长王广范一行来北京调研农业项目。在北京科学技术开发交流中心领导的陪同下，调研组赴小汤山农业示范园区考察了北京森森种业有限公司枸杞芽菜项目，参观种植基地并与项目负责人进行交流。

（安鹤益）

【京石技术转移协同创新座谈会举行】3月17日，京石技术转移协同创新座谈会暨河北中科合创科技服务有限公司揭牌仪式在石家庄科技大市场举行。北京市科委委员王建新参加座谈，并为河北中科合创科技服务有限公司揭牌。活动中，中科合创（北京）科技成果评价中心、河北中科合创科技服务有限公司分别与石家庄市赞皇县人民政府和赞皇经济开发区管委会签署合作协议。

（市科委办公室）

【赴中科院宁波材料技术与工程研究所调研】3月22日，北京科学技术开发交流中心组织人员赴宁波市中科院宁波材料技术与工程研究所就科技创新、成果转化、科技服务、人才培育、企业孵化等方面问题进行交流调研，随后参观了其科研成果展示厅、材料技术研究所、先进制造技术研究所等部门，听取工作人员对科研及技术成果转化工作情况进展的介绍。

（安鹤益）

【红星奖新长征路设计展在长春启动】3月24日，2017红星奖新长征路设计展启动仪式在吉林省长春市举行。本次活动由国家新闻出版广电总局审批成立的中新青年电影院线与中国设计红星奖委员会共同主办，展览计划展示国内外3000余件设计创新产品。展览内容包括产品设计、建筑设计、可持续设计等，代表中国设计、研发、制造最高水平。展览以重走红军长征路的形式，在北京、上海、西安、成都、沈阳、济南、武汉、广州8个分区举行，已与全国300所高校达成合作意向。吉林省领导专程会见中国设计红星奖、中新青年电影院线等机构负责人，表示红星奖在当地供给侧结构调整、带动产业结构升级、增强民众创新理念、加强大学生社会主义核心价值观教育中将发挥重要作用。

（王露菲）

【市科委组团参加2017赤峰中国北方农业科技成果博览会】3月28—30日，市科委组织北京农科城企业代表团参加在内蒙古赤峰举办的以“强化科技创新驱动，引领现代农业发展”为主题的2017赤峰·中国北方农业科技成果博览会暨全国农高会新丝绸之路创新品牌展示交易会。北京农科城展厅集中展示了百余项新品种、新技术、新产品及新装备，参展期间，共接待各类咨询超过千人次；在京蒙科技合作赤峰第八次对接大会上，北京现代种业、智能装备、农业信息化和互联网+现代农业等8个领域的26家企业，针对赤峰35家企业提出的现代农业机械、智能温室控制、绿色食品加工和优质饲草业等科技需求，主动对接，提供解决方案。通过面对面深入沟通交流，北京利民恒华科技有限公司和北京新发地农产品批发市场两家企业与巴林左旗天龙养驴专业合作社就活驴或冷鲜驴肉及熟食驴肉销售达成合作意向，并在京蒙科技合作签约仪式上签订合作意向性协议。

（王伟娟　赵淑红　赵　娣）

【沈阳科技局调研首都科技条件平台】4月11—12日，沈阳市科技局及东北大学科技园相关领导及工作人员一行8人赴北京就首都科技条件平台建设情况调研学习。北京市科委条财处相关负责人就首都科技条件平台的组织架构、体制机制建设、业务运营模式、服务成效和区域合作站建设等方面进行详细介绍，分享了开展科技资源共享服务的经验和做法。双方以首都科技条件平台资源开放共享为切入点，就如何开展科技资源整合利用，服务企业创新发展进行了深入的探讨和交流。随后，沈阳市科技局一行深入首都科技条件平台北京科技大学基地、北京技术交易促进中心、北京大学基地和房山工作站调研。

（市科委办公室）

【第三期拉萨科技干部培训班举办】5月8日，市科委在北京举办第三期拉萨市科技系统业务骨干专题培训班。拉萨市科技局党组书记旺林带队，携拉萨市六县两区的18位藏汉科技干部参加此次培训。培训班采取理论授课与实际考察相结合的方式，开展科技培训与交流，内容包括12场专题培训课程和11场现场学习与体验活动。培训期间，市科委党组书记、主任许强与代表团成员座谈交流。许强主任指出，北京当前加强全国科技创新中心建设，要充分发挥北京创新中心的幅射、带动和引领作用，拉萨处于需要依靠科技快速发展的新阶段，结合拉萨科技发展的实际需求，在新能源、精准医疗、水处理、众创空间、互联网+旅游+服务、特色产品营销等重点领域深入对接合作。

（张艳萍）

【赴云南昆明对接技术转移大会】5月8—10日，北京市科委副主任朱世龙带队赴云南昆明调研，与昆明市政府对接2017年中国（北京）跨国技术转移大会昆明峰会组织筹备等工作。双方就峰会的开幕式、前沿技术专题研讨与项目对接、展览展示、昆明市科技局国际科技合作基地实地考察参观等单元活动进行了探讨。

（市科委办公室）

【2017京筑创新驱动区域合作年会举行】5月9日，市科委与贵阳市政府共同主办的2017京筑创新驱动区域合作年会在贵阳举行。市科委党组书

记、主任许强出席。开幕式上，北京技术交易促进中心与贵州产业技术发展研究院、致公党海淀区委与致公党贵阳市委分别签订合作协议，与会领导见证签约。本次活动期间，市科委与贵阳市政府还组织举办了科技服务业促进传统产业升级、军民融合产业发展、医疗卫生专题等论坛活动，为京筑两地企业、机构搭建了交流对接与合作的平台。市科委副主任张继红，委员刘晖、王建新，北京科技协作中心副主任周晓柏出席活动。

（市科委办公室）

【红星奖安徽工作站落地中国（合肥）工业设计城】 5月13日，中国设计红星奖与合肥市工业设计协会签署合作协议，授予其"红星奖工作站"称号，红星奖安徽工作站正式落地中国（合肥）工业设计城。安徽省经济信息化委、合肥市经济信息化委、蜀山区领导等出席签约授牌活动。中国设计红星奖通过工作站推荐企业参评、举办巡展、开展宣传，鼓励企业发扬自主创新精神，为更多企业和设计师参评提供指导，为获奖产品提供更多展示和推广机会。在合肥市政府印发的《2017年合肥市促进新型工业化发展政策》中规定，对当年获得红星奖金奖的企业，以及获奖产品已在该市形成一定销售规模的专业工业设计公司，给予50万元一次性奖补。此外，入驻中国（合肥）工业城的获奖企业还将获得蜀山区政府和蜀山经济开发区的额外奖励。

（王露菲）

【参加中国·廊坊国际经济贸易洽谈会】 5月18—21日，北京市可持续发展科技促进中心与首都科技条件平台能源环保领域中心联合首都科技条件平台各基地、领域中心、工作站，整合遴选北京高校、院所、企业在能源环保领域的优秀技术、研发成果，在中国·廊坊国际经济贸易洽谈会上推出北京能源环保科技成果展。展示内容主要分为6个细分领域——大气环境治理、水环境修复、土壤修复、固废危废处理、节能减排、监测检测，共介绍了固定式机动车尾气遥测设备、大气环境多参数监测仪、DDS烟道气除尘脱硫脱硝技术、空气质量微型传感监测与大数据解析平台、超低压选择性纳滤（DF）膜、黑臭水体治理与生态修复技术、涉重无机危废中有价金属的生物浸提回收及脱毒残渣的建材化利用等12项技术成果，以及北京市科委首都科技条件平台试点项目"加速京津冀土壤治理研发与成果转化应用的创新服务模式建设"研究成果。除主展台外，中关村绿创环境治理产业技术创新战略联盟成员单位生泰宝、雪迪龙、神雾集团、德国旭普林、瑞典环科院等单位单独设立展位，星状分布于环保产业展区内，对北京优秀环保科技企业及科技成果进行了推广与宣传。

（滕良慧）

【2017红星奖新长征路设计展沈阳分区活动启动】

5月24日，2017红星奖新长征路设计展暨中国设计红星奖·大学生原创设计大赛沈阳分区启动仪式在沈阳大学开幕。本次巡展包括但不限于红星奖历年获奖产品，包括产品设计、科技创新展品，城市规划、民族手工艺和媒体艺术等130余件作品。2017红星奖新长征路设计展在推动沈阳高校创新创业、助力创意振兴东北老工业区方面发挥重要作用。2017红星奖新长征路设计展已开通陕西、湖北、辽宁三条线路，在延安大学、武汉大学、华中科技大学、西安交通大学、沈阳大学等近30所大学举办了巡展。此次沈阳大学启动仪式之后，巡展还走进沈阳航天航空大学、大连民族大学、辽宁大学、沈阳工学院等10余所辽宁高校。

（王露菲）

【中国设计红星奖走进义乌】 5月26日，由义乌市经济和信息化委员会、中国设计红星奖主办，中国义乌工业设计中心和义乌工商职业技术学院承办的"中国设计红星奖义乌行"活动在义乌工业设计中心举办。活动以"中国精工——创造·质量·品牌"为主题，除了介绍红星奖的理念和历程，还邀请了来自政府机构、设计高校、获奖企业的代表到场，通过分享优秀获奖设计案例，解读创新设计魅力，传递创新经验，为义乌未来的设计发展提出建议。

（王露菲）

【宁夏回族自治区科技厅来访】 5月27日，市科委党组书记、主任许强在市科委会见宁夏回族自治区科技厅厅长马清贵。宁夏科技厅就6月将在银川举办的东部支持宁夏科技合作联席会议，梳理、凝练了60个科技合作项目，希望与北京市开展项目对接合作。许强表示希望将北京的科技资源与宁夏的资源禀赋相结合，探索适合的技术和合作途径，形成实质性合作成果，北京市科委将尽全力支持宁夏的创新驱动发展。宁夏回族自治区科技厅巡视员张新君，北京市科委党组成员、副主任张光连，北京市科委委员张虹、王建新及相关处室负责同志陪同参加座谈。

（市科委办公室）

【北京科技援疆项目】 5月，北京技术交易促进中心（以下简称“促进中心”）承担的“沙漠温室改土培肥科技示范项目”亮相科技周。这项技术能够有效改善沙漠地区土壤的保水保肥能力，促进产量大幅度提高。促进中心尝试“专家＋公司＋合作社＋农户”项目运作新模式，充分调动企业和农户的积极性，变“输血式扶贫”为“造血式扶贫”。截至2017年，中心已在和田市团结新村、和田县和谐新村、农十四师224团等地共建立示范温室60个，辐射带动周边温室200多个，培训带动农户1000多人次，有效促进农民就业和农户增收，带动周边维汉农户脱贫致富。促进中心因此荣获北京市援疆和田指挥部颁发的“北京援疆突出贡献单位”奖。

（张文聃）

【积极推进京宁农业科技合作工作对接】 6月1日，市科委农村处、农村中心组织农业部园艺作物生物学与种质创制综合性重点实验室、国家花卉工程技术研究中心、国家蔬菜工程技术研究中心、国家农业智能装备工程技术研究中心、国家奶牛胚胎工程技术研究中心等在京5家国家级工程技术研究中心、重点实验室负责人与宁夏科技合作考察团一行9人进行农业科技需求对接会。会上，宁夏瓜菜专家、花卉专家和企业负责人分别就瓜菜育种、设施绿色高效生产技术、人才培养、产业合作和信息化建设等提出了具体的科技需求。来自中国农科院、北京林业大学、北京市农科院、北京奶牛中心的专家分别介绍了本单位的科技优势，并对宁夏方提出的需求进行了回应，提出具体的合作建议。

（王伟娟　赵淑红　赵　娣）

【河北省科技厅来访】 6月14日，北京市科委党组书记、主任许强在北京市科委会见河北省科技厅党组书记、厅长马宇骏。双方就共同落实京津冀协同发展战略等方面的工作进行了座谈。会上，许强建议双方可围绕科技支撑环境治理、支持河北优势产业高端化发展、协同研究创新政策等方面加强合作，设立课题深度研究；围绕科技成果技术交易、人才加强平台搭建；围绕重点工作、具体项目建立协同工作机制；围绕创新资源聚集，进一步加强科技资源共享。河北省科技厅副厅长张永强，北京市科委党组成员、副主任张光连、北京市科委副巡视员王建新及计划处负责同志陪同参加座谈。

（市科委办公室）

【京宛科技合作－艾草产业协同创新推进会召开】 6月，北京技术交易促进中心组织首都创新大联盟及相关单位在河南省南阳市召开京宛科技合作－艾草产业协同创新推进会，成立艾草产业技术创新战略联盟和南阳艾草协同创新研究院，重点围绕艾草新品种选育、艾草高效栽培技术等开展工作，并建立相关技术标准和规范，促进南阳艾草产业的健康有序发展。

（张文聃）

【京满创新合作大讲堂暨京满两地项目路演活动举行】 7月4日，由中国国际技术转移中心、北京创业投资协会联合满洲里国际技术转移中心共同组织的首次京满创新合作大讲堂暨京满两地项目路演活动在满洲里国际会展中心举行。活动系第十四届中国（满洲里）北方国际科技博览会专场活动。北京技术交易促进中心党组书记张泽浩、满洲里市委常委组织部长凌云出席活动。活动还邀请科技部战略研究院综合发展研究所所长陈宝民、中南林业科技大学副校长吴义强做主题报告。中国国际技术转移中心以本届北博会为契机，着力加强京蒙科技产业转移合作，进一步促进科技资源共享与对接，联通北京全国科技创新中心的高端科技资源，为内蒙古企业创新创业提供技术、人才、信息、市场等要素支撑。

（张文聃）

【辽宁省科技厅来访】 8月3日，北京市科委党组书记、主任许强在北京市科委会见辽宁省科技厅党组书记、厅长于言良。双方就拟建立中国国际技术转移中心辽宁分中心的构想，以此推动辽宁省高新技术产业和科技金融业的发展，促进北京科技成果在辽宁省转移转化等开展座谈研讨，北京市科委副巡视员刘晖、王建新及相关处室负责人参加座谈。会后，市科委办公室、高新处，北京技术交易促进中心等相关处室和中心负责人还与辽宁省科技厅成果转化与奖励处等就中国国际技术转移中心辽宁分中心实施方案的具体内容进行讨论和细化。

（市科委办公室）

【推进京港环保科技交流】 8月4—9日，北京市可持续发展科技促进中心携手中关村绿创环境治理产业技术创新战略联盟，组织联盟会员单位赴香港进行调研交流。在香港城市大学、香港科技大学、香港理工大学，了解香港高校在能源环保领域的最新科研成果及在研项目；在香港室内空气协会、香港商界环保协会，介绍双方业务，探讨合作事宜；参加在香港中文大学法律学院研究生部召开的香港知识产权研讨会，探讨关于知识产权法律、诉讼以及知识产权价值评估与商业化、专利融资等方面的内容；在香港中文大学听取能源及环境学院博士李钧瀚的报告，了解其对环境中细菌、真菌等微生物的研究及应用，并进行合作交流；在香港理工大学，了解港理大的整体情况，并听取土木及环境工程学系博士李伯亨的专题报告，了解其利用厌氧发酵－生物燃料电池技术，实现污水处理厂能源正产出的效果，参观其在香港昂船洲污水处理厂的中试场地。

（滕良慧）

【参加京沈对口合作交流会】 8月15日，以“深化京沈合作 促进东北振兴”为主题的京沈对口合作交流会在沈阳市举行。北京市政协副主席闫仲秋，辽宁省委常委、沈阳市委书记易炼红，辽宁省委常委、常务副省长张雷，国家发展改革委东北振兴司司长周建平出席交流会并致辞。市科委副巡视员王建新率领北京科研机构代表团参加活动。在京沈对口合作交流会分会场活动中，北京市科委组织北京相关高校、院所、企业专家与沈阳市科技局围绕创新资源共享、众创空间引进、企业技术需求对接、创新联盟合作等事项开展务实对接。

（市科委办公室）

【安徽省巢湖市政府来北京调研“双创”工作】 8月18日，安徽省巢湖市政府副市长胡昂带领黄麓镇、居巢经济开发区和市商务局工作人员一行到北航科技园、李开复创新工场、北京车库咖啡调研双创工作，北京科学技术开发交流中心主任及中国高校创新创业孵化器联盟的相关领导陪同调研。通过交流，调研组了解了三家企业的双创发展依托、工作举措及成效。

（安鹤益）

【沈阳市市长调研北京大学研发实验服务基地】 8月30日，沈阳市委副书记、市长姜有为一行到北京大学调研首都科技条件平台北京大学研发实验服务基地建设情况及科技服务工作。北京市科委副巡视员王建新等陪同调研。姜有为一行首先参观了北京大学生物动态光学成像中心（BIOPIC）。随后，三方就京沈科技合作进行座谈。座谈中，王建新介绍了市科委与沈阳市科技局开展京沈对口合作工作的相关情况，并对首都科技条件平台、北京技术市场、科技服务中介机构在沈阳设立分支机构做了具体的说明。王建新表示，京沈对口合作基础良好、前景广阔，北京市科委将一如既往地全力支持京沈对口合作工作，有序推进2017年京沈对口合作各项任务落地落实。市科委办公室、条财处、北京技术市场管理办公室等相关负责人参加调研。

（市科委办公室）

【北京市－沈阳市产业技术创新战略联盟对接交流会举行】 9月26日，北京市科委、沈阳市科技局在北京召开了北京市－沈阳市产业技术创新战略联盟对接交流会，北京技术交易促进中心组织国家半导体照明工程研发及产业联盟、药用植物产业技术创新联盟等10家北京地区产业技术创新联盟，与沈阳市现代建筑产业技术创新联盟、中医药产业技术创新联盟等13家联盟代表，就产业技术创新服务平台搭建、知识产权与标准化工作、品牌建设及国际化拓展等进行沟通与对接。

（张文聃）

【北京农科城园区代表赴宁夏开展科技合作对接】 9月，市科委农村中心组织北京农科城4个特色园区及企业代表一行赴宁夏开展国家农业科技园区需求调研和科技合作交流。市科委农村中心一行重点考察了宁夏银川、石嘴山和吴忠3个国家农业科技园区的产业发展情况，掌握了园区的科技需求，并与宁夏自治区科技厅农村处、农村中心，银川市科技局相关领导以及园区负责人座谈交流，就京宁科技合作达成以下几点共识：继续做好已签约项目的跟踪服务和协调，确保取得成效。进一步搭建京宁科技合作平台，提升当地农业科技水平。力促一批新的科技合作项目在宁落地，实现科技需求精准对接和成果转化。

（王伟娟　赵淑红　赵　娣）

【甘肃省科技厅来访】 10月24日，市科委党组成员、副主任郑焕敏会见甘肃省科技厅党组成员、副厅长傅小锋，北京市科委办公室、生物医药处和动管办相关负责人参加座谈会。郑焕敏介绍，实验动物是基础性行业，影响着生物医药产业、生命科学、临床医学研究和医疗服务的发展水平和质量，同时实验动物行业监管也关乎社会安全，因此，加强实验动物行业管理具有重要作用。郑焕敏强调北京市拥有大批国内外知名的实验动物领域专家，且实验动物法规制度和质量标准体系完善、实验动物资源丰富，北京市科委也将充分利用自身的优势资源，进一步加强京甘两地的科技合作。

（市科委办公室）

【澳门妇联青年协会代表团访问融创动力文创产业园】 10 月 30 日，澳门妇联青年协会代表团访问北京融创动力文创产业园。澳门立法会议员、澳门妇女联合总会副理事长、澳门妇联青年协会会长黄洁贞团长一行 46 人参观了中国国家地理北京科技文创基地，参加了“科普北京”品牌活动“融创空间 - 科技运动嘉年华”的展示体验活动。代表团与全国妇联、市妇联、市科委、朝阳区妇联共同召开了京澳妇女工作交流座谈会。全国妇联联络部副部长赵红菊，市妇联副主席赵海英，朝阳区妇联党组书记、主席蒋东燕等 15 位领导参加座谈。会议邀请了市科委国际合作处调研员修莉莉、权大师公司创始人孟潭、北京地道风物科技有限公司副总经理宋静茹、北京康力优蓝机器人科技有限公司副总经理容立斌等代表，围绕“女性创业就业”主题，为北京、澳门妇女事业发展建言献策，提出了服务社群、增进交流与合作等具体建议。

（曲俊燕）

【京宛创新创业资本对接】 11 月 23—25 日，在市科委领导下，北京技术交易促进中心组织北京创业投资协会、北京博大环球创业投资有限公司、北京和汇天使投资管理有限公司、北京墨菲资本等单位的专家到河南省南阳市开展需求调研、培训和对接服务。调研过程中，专家们在企业转型、企业融资等方面做了详细解答和案例说明；北京博大环球创业投资有限公司有意向与南阳市联合成立制造产业直投基金；根据北京投资机构和南阳企业需求，北京创业投资协会与南阳科技局联合成立京宛科技金融服务平台，服务北京和南阳的投资机构与创业企业。

（张文聃）

【红星奖展览助阵 2017 创意昆明系列主题活动】 11 月 24—30 日，中国设计红星奖首次受邀赴云南昆明，在“创意昆明系列活动”期间举办巡展。这是红星奖贯彻党的“十九大”精神，体现设计提升人民生活品质的一次集中传播展示。展览现场展出了中兴 5G 通讯基站、暴风人工智能电视、老人定位手机、米家全景相机、工程机器人、婴儿培养箱、ARJ21 国产支线客机模型、小牛 M1 电动车等 200 余件 2017 年优秀参评产品以及部分红星原创奖优秀作品，让公众从多角度了解设计、近距离感受设计为生活带来的便利与舒适。同时，红星奖也希望通过好设计的展出，将现代设计理念与云南本地丰富多样的少数民族文化相融合，带动当地文创产业发展。2017 年创意昆明系列主题活动由昆明市委宣传部、昆明市文化产业发展领导小组办公室主办，迄今已举办 3 届。

（王露菲）

【河南新乡干部培训班到农科城通州园参观】 12 月，北京大学组织河南省新乡市科技系统干部和农业科技园区干部培训班一行到北京农科城通州国际种业科技园区调研学习。培训班一行先后参观了通州种业园会展中心规划沙盘、北京市神舟绿鹏航天育种组培车间、航天育种基地、高通量分子育种实验室，通过深入了解和交流，干部培训班一行对园区建设规划思路、运行管理机制、农业现代化技术运用、四大科技服务平台构建等有了深刻的认识，并对园区取得的成绩给予了肯定和赞赏。

（王伟娟　赵淑红　赵　娣）

【拉萨市代表团到农科城通州园交流】 12 月，西藏自治区拉萨市委书记白麻旺堆率西藏自治区拉萨市党政代表团到北京农科城通州种业园就农业现代化发展情况进行交流学习。西藏代表团一行对园区高端的种业技术研发能力、完善的企业孵化服务平台、创新成果等给予高度评价。西藏自治区拉萨市委书记表示，园区企业神舟绿鹏公司利用航天育种技术已着手在北京市援藏重点支持县——拉萨市尼木县实施科技援藏、精准扶贫项目，通过此次赴园区交流学习，针对西藏农业现代化发展需求，深入了解公司优势航天新品种和园区现代农业发展水平，学习和借鉴园区成功的建设经验。

（王伟娟　赵淑红　赵　娣）

【引导高强抗蚀新型水泥改性剂转化及推广】 年内，北京科学技术开发交流中心开展海南大学“高强抗蚀新型水泥改性剂”应用技术的研发、推广和成果转化工作。邀请海南大学组成技术攻关团队，为“兰渝铁路—甘肃定西木塞岭标段”工程施工提供技术支持，攻克了“山体流变条件下铁路施工选材及工艺设计”的技术难题；为“新疆阿尔塔什水利枢纽工程项目”推荐技术研发人员，解决了在我国西北地区高寒、高腐蚀等恶劣气候环境下保证大体积混凝土的高强、耐磨、抗冻融、施工中不产生裂缝等技术难题;介绍专门技术人员在首都机场、天津机场完成现场快速抢修试验,得到多家机场认可,推广相关产品及工艺应用。

(安鹤益)

【完成6个对口支援地区培训工作】 年内,北京科学技术开发交流中心顺利完成了河南省贫困村致富带头人培训班、河南省基层“双创”科技人才培训班、湖北省十堰市对口协作、文化旅游和社会发展干部培训班、玉树州贫困村致富带头人培训班、河南省科技扶贫培训班、河南省对口协作理论和实践培训班共6个对口支援地区的培训工作,各省市选派的280名学员在北京参加了专业培训。开发交流中心紧紧围绕每个培训班主题,精心编排课程,聘请专家授课,采取专题讲座与互动教学相结合的培训方式,重点安排了科技企业孵化器的运营与服务体系搭建、“双创”科技政策解读、十九大报告深度解读、对口协作政策与形势分析、特色小镇中的产业特色与农业旅游的关系及农业科技扶贫政策解读等授课内容。组织安排学员参观首都博物馆、中国农业大学、望京融创空间、太库企业孵化器、密云古北口村等地,并展开分组讨论和交流研讨,学员之间相互分享培训经验,及时反馈培训成果。

(安鹤益)

国际科技合作

【2017中韩国际技术转移暨企业项目对接会举行】 1月24日,北京科学技术开发交流中心在北京组织召开了2017中韩国际技术转移暨企业项目对接会,来自韩国的企业代表以及全市近50家科技型企业、研发机构、投资企业代表共计60余人参会。活动邀请电子产品、生物医药、机械制造等领域的8家韩国企业在会上进行项目说明,并与参会人员开展洽谈交流,通过对接会,有近10家中方机构与韩方达成初步合作意向。

(安鹤益)

【中德创意中心成立】 2月8日,由市科委认定的北京设计创新中心企业东道品牌创意集团董事长解建军与德国曼海姆市库尔茨市市长在德国曼海姆市市政厅共同签署了中德创意中心成立宣告。该中心的使命是“提升人类审美,改善人类生活”,增进中德两国人民的相互了解,推动文化艺术创意交流与互访,拉动欧亚区域的经济文化发展,提升中德两国创意及文化在世界范围内的影响力。

(王露菲)

【中意《科技创新合作谅解备忘录》签署】 2月22日,在外交部和科技部的共同组织下,市科委主任闫傲霜与坎帕尼亚大区国际化创业与创新部部长法齐奥尼·瓦勒拉里在中意两国元首的见证下,共同签署了《科技创新合作谅解备忘录》。该谅解备忘录明确了双方将在文化创意产业、文化遗产保护、现代农业和食品工业、生命科学、航空航天等领域,通过组织人员交流互访,为企业进入对方市场服务。通过开展联合研发及联合示范应用共建联合实验室或联合工程研究中心,开展学术研讨、科技展览展示和科技成果推介等活动,开展中意创新合作周等科技交流和技术转移活动,开展创新创业和技术人员培训等形式,进一步深化合作。

(张园婷)

【中国-瑞典环保技术交流研讨会召开】 3月13日,由北京市可持续发展科技促进中心主持,首都科技条件平台能源环保领域中心联合瑞典环境科学研究院(IVL)共同举办的中国-瑞典环保技术交流研讨会在798艺术工厂咖啡厅召开。活动以“大气污染控制和固废管理技术交流与对接”为主题,围绕中国大气污染控制以及固废管理技术现状,就中国与瑞典在科技成果转化、创业孵化、人才交流与培养等方面的科技合作模式与内容,中国和瑞典两国企业科技创新融合的新途径与机制等进行交流探讨。活动以自由交流的形式进行。研讨会得到了中关村绿创环境治理产业技术创新战略联盟、首都科技条件平台能源环保领域中心、北京环境工程技术有限公司、中国农业大学等中方企业以及瑞典企业的支持,来自中瑞双方研发机构、科技型企业等各界代表50余人参加了本次活动。

(滕良慧)

【2017中美生物医疗产业投资合作论坛举行】 3月27日,由北京经济技术开发区管委会主办,北京生产力促进中心和波士顿科技创投中心承办,北京国际科技合作基地联盟支持的2017中美生物医疗产业投资合作论坛在北京经济技术开发区京津冀全球路演中心顺利进行。大会邀请来自美国生物医药产业代表性企业和北京有关行业企业代表参会。北京经济技术开发区科技局副局长孙鹏、北京生产力促进中心总工程师陈立军等出席会议。哈佛-麻省理工生物工程研发中心首席执行官梅赛德

斯·巴尔塞尔斯(Mercedes Balcells)等美国生物医疗领域精英就16项前沿生物科技项目进行详细展示,招商银行纽约分行副行长毛学军介绍3个生命科学产业投资项目,均引起与会人员的关注。随后,双方企业交流技术经验,针对对接项目需求进行深度洽谈,多家美方企业希望与参会中方企业建立长期联系,以求进一步交流与合作。

(张艳萍)

【不列颠哥伦比亚省基因组研究院与中方企业对接交流】 3月28日,北京生产力促进中心与加拿大驻华大使馆国际贸易发展处共同组织3家中方企业与不列颠哥伦比亚省基因组研究院(Genome BC)对接交流,就开展有关业务合作进行探讨。不列颠哥伦比亚省基因组研究院(Genome BC)总裁兼CEO帕斯卡·斯珀赛尔弗(Pascal Spothelfer)对研究院的情况做了详细介绍。该研究院是一家由政府资助成立的投资产业化促进机构,主要专注以基因技术为核心的生物医药领域,负责与基因组学领域的企业进行对接,通过提供金融支持等方式来帮助企业发展成长。随后,中方企业元码基因科技(北京)有限公司、崇德弘信(北京)投资管理有限公司和北京四方共创生产力促进有限公司也分别围绕自身的主要业务、产品、服务、商业模式等方面进行介绍。中加两方就基因领域的大数据应用、疾病治疗、转基因产品、基因技术在中外各行业的应用展开讨论,并在投资助力中小企业发展、注重新技术研发方面达成共识。

(张艳萍)

【美国哈佛-麻省生物医疗专家团参访加科思公司】 3月28日,北京生产力促进中心联合美国波士顿科技创投中心带领美国哈佛-麻省生物医疗专家团调研北京加科思新药研发有限公司,就开展有关业务合作进行交流探讨。北京加科思新药研发有限公司商务发展总监竺添详细介绍了公司的发展历程及在生物医药领域取得的先进成果。美国麻州专家团对中国生物医药研究学者在免疫疗法、针对肿瘤学的目标疗法、非酒精性脂肪肝和肿瘤抗生素等领域的研究成果给予高度评价。随后,中美双方就加强高端人才互访交流(互派访问学者)、项目合作研发,以及及企业的资金投入、成果转化、产品的商业化合作等多方面达成共识。

(张艳萍)

【绿创环境治理联盟组团赴德荷捷三国考察交流】 4月22—30日,北京市可持续发展科技促进中心携手绿创环境治理联盟,清华大学环境学院教授王伟、北京师范大学环境学院教授竺建荣、中科院生态研究中心科技与国合处副研究员黄韶勇及3家联盟会员代表赴荷兰、德国、捷克进行为期10天的考察交流,期间参观了德国BioEnergy Berlin GmhH公司在秸杆等农作物厌氧发酵沼气发电工程;与德国波鸿鲁尔大学就高校间实验室交流计划进行合作探讨;与捷克AGL公司就其研发的"生物催化剂"技术及油污清洗产品进行技术转移合作交流;与捷克科技局就参与亚欧科技创新中心建设、中捷研发合作项目、开展中捷学术会议交流等进行合作探讨。

(滕良慧)

【中欧国际科技合作战略框架协议签订】 4月24日,北京科学技术开发交流中心与英国科控集团在北京签订中欧国际科技合作战略框架协议。该协议旨在通过共同打造中欧科技创新发展平台,建立涵盖创新孵化、创业投资、政策咨询、国际人才等方面的互动网络,连接全球初创企业、孵化服务和投资网络,加速中欧之间的科技合作进程。

(安鹤益)

【中国国际技术转移中心加入欧洲企业网】 4月,经过欧盟委员会批准,中国国际技术转移中心正式加入欧洲企业网(EEN)中国西部-北部中心。EEN覆盖全球60多个国家,拥有3000多名经验丰富的专家以及来自全球600多个技术转让与商业合作组织,服务企业多达10000家。欧洲企业网(EEN)中国西部-北部中心旨在加强中欧信息交流,促进中国西部和北部企业加深对欧洲市场的了解,不断挖掘中国西部、北部和欧洲各国企业之间的合作潜力,推动市场、资金、产品、技术和人才等方面的合作,帮助西部和北部地区的中小企业在欧洲市场的开拓与发展,提升西部和北部地区的中小企业国际化发展水平,促进中国与欧洲各国企业之间的技术转移与科技创新。

(张文聃)

【加入欧洲自然资源利用效率联盟】 4月,北京技术交易促进中心成为欧洲自然资源利用效率联盟(Natureef)的中国官方代表。该组织致力于在自然资源利用、效率和保护领域开展跨行业、全球性、集群化和商业化的合作。在中心和联盟的合作和沟通的基础上，双方2017年成功展开了中欧产业园区创新和技术大会（2017）暨欧洲企业考察洽谈对接系列活动。活动分别在北京、河北、淮安三地举行。

（张文聃）

【参加中国－南太平洋岛屿国家科技合作与技术转移国际研讨会】5月10日，北京市科委副主任朱世龙带队参加中国－南太平洋岛屿国家科技合作与技术转移国际研讨会，推动亚欧创新中心与中国－南太平洋岛屿国家技术转移中心合作伙伴关系的建立。此次国际研讨会是由科技部国际合作司和云南省科技厅在昆明举办，来自中国、巴布亚新几内亚、斐济、汤加、萨摩亚、瓦努阿图等国家的百余名代表参加此次研讨会。由云南省科学技术情报研究院和巴布亚新几内亚技术大学共建的中国－南太平洋岛屿国家技术转移中心也在研讨会期间揭牌成立。

（市科委办公室）

【北京国际科技合作基地联盟会员大会召开】5月10日，北京国际科技合作基地联盟（以下简称“联盟”）会员大会在北京召开。本次会议旨在贯彻落实“一带一路”规划建设，全力支持亚欧科技创新合作中心建设，进一步发挥北京市国际科技合作基地的引领和示范作用，继续支撑首都国际交往中心和科技创新中心建设。100余家北京国际科技合作基地单位的代表参加本次会议。联盟副秘书长何明霞介绍了联盟工作开展情况及工作发展计划。通过加强基地建设，依靠联盟平台汇聚科研经费、社会金融、法律服务等多种资源，助推基地单位开展国际合作，以引智、联合研发、并购等形式，引进关键技术，形成一批具备国际领先水平的自主知识产权技术和产品，进而推动技术产品化或技术转让实现良好的经济和社会效益。会议还举行了2016年科委新认定的25家北京市国际科技合作基地授牌仪式，至此，北京市国际科技合作基地已达到393家。

（张园婷）

【第二届科技外交官对接大会举行】5月25日，北京技术交易促进中心在北京组织了第二届科技外交官创新资源对接活动。活动邀请到来自加拿大、波兰、法国、葡萄牙、澳大利亚、意大利、英国、日本、芬兰等20多个国家和地区的驻华大使馆官员，以及来自116家在华科研机构、驻华代表处及企业等的近200名代表参会，北京市科委国际合作处副处长郭睿出席并致辞。

（张文聃）

【中欧产业园区创新和技术大会举行】6月15—18日，由中国国际技术转移中心主办的中欧产业园区创新和技术大会（2017）暨欧洲园区考察洽谈对接系列活动分别于北京、河北和淮安三地成功举办。此次系列活动得到了北京市科委、河北省科技厅和淮安市政府的相关单位的大力支持。会议促成了北京北广电子集团有限责任公司和欧洲自然资源利用效率集群等7个签约项目；促成西班牙AquaInnovate公司与淮安当地龙虾养殖户达成合作意向；推动中船重工716所与英国皇家工程院院士Rob Buckingham教授开展对接，双方就蛇形机械臂在零人工干预条件下的工程应用等方面开展深入交流与合作。活动共促成90多场B2B对接会议，围绕智能农场、可持续生产、垃圾废物能源化利用、水管理和废水处理等领域进行深入探讨，促进中欧产业研究发展。

（张文聃）

【外事及国际合作领域人才培训班开班】6月21—22日，由市科委、市外办共同主办的北京市科委外事及国际合作领域人才培训班开班。本次培训课程围绕国际合作项目管理、因公出入境管理政策、外事工作流程及外事礼仪、国际交往中心建设等方面展开。来自市科委各处室及直属单位、国际合作基地、高校、医院、科研院所及科技企业的100余位科技项目管理和科技外事工作人员参加了本次培训。

（张园婷）

【第十一届联合国教科文组织创意城市网络年会召开】6月30日—7月2日，第11届联合国教科文组织创意城市网络（以下简称“UCCN”）年会在联合国教科文组织创意城市网络“媒体艺术之都”法国昂吉安莱班召开。全球100余个UCCN成员城市代表出席，围绕“创新迈向可持续发展城市：数字时代的公共空间设计”大会主题，共同探讨如何用创意推动城市的可持续发展。UCCN年会旨在为创意城市网络成员城市与联合国教科文组织提供一个对话平台，双方在此就文化方面的重点事项以及其他事务进行深入商讨。年会的目标在于交换各城市举办活动的最新信息，尝试落实创意城市网络在地方和国际层面上的目标，构建新的城市间伙伴关系，并确定网络的战略和运营，对网络未来一年的优先事项达成共识。同期还举办了市长论坛。与会城市代表分享各自城市的成功案例和经验。设计之都子网络会议代表一致同意加强网络内的交流，履行成员义务，发挥创意城市网络的重要作用。

（王露菲）

【脑起搏器在巴基斯坦成功完成首例国外植入】 6月，北京品驰医疗设备有限公司脑起搏器在巴基斯坦成功完成首例国外植入，这是国产脑起搏器第一次在境外临床应用，标志着我国有源植入高端医疗器械在“一带一路”国际化进程中迈出了重要一步。品驰医疗参加2017年全国科技活动周暨北京科技周，获得国务院副总理刘延东关注，并被评为2017北京科技周“最受公众喜爱的科普项目”之一。

（刘　阳　张　雨）

【“一带一路”现代农业技术创新国际培训班开班】 7月3—22日，“一带一路”现代农业技术创新国际培训班在北京开班。本次培训班由科技部国际合作司主办，清华大学两岸发展研究院承办，属于北京市科委向科技部推荐的2017年度发展中国家技术培训班项目之一。来自巴基斯坦、埃及、伊朗、马来西亚、蒙古、印度尼西亚、尼日利亚等“一带一路”沿线发展中国家的18位学员参加了此次培训。本次培训采用讲授与实地考察相结合的方式，在培训期间，除在北京地区和清华大学学习外，还安排学员到中国黑龙江省、辽宁省、河北省、河南省的6个有农业特色的县市地区进行了技术考察，了解当地农业创新技术的应用情况，并同当地政府、企业、农业专家进行座谈。

（张园婷）

【世界能源论坛主席哈罗德·吴铉石博士到访】 8月16日，世界能源论坛、世界能源组织、世界水务组织纽约研究中心主席哈罗德·吴铉石博士一行访问协作中心，围绕研究合作、技术转移、能源科技服务等领域进行深入探讨，共商在能源、水务等领域的合作机会。双方将聚焦世界能源研究院入驻未来科学城、组织跨国技术转移项目、共同开展全球学术交流等3项具体工作做好交流和对接。会后，哈罗德·吴铉石博士一行前往未来科学城进行考察。北京科技协作中心主任雷霆、未来科学城管委会副主任吴小利等陪同考察。

（戴旭峰）

【北京市硅谷人才与科技峰会举行】 9月20日，由市科委、中关村管委会、中关村发展集团共同主办的北京市硅谷人才与科技峰会在硅谷圣克拉拉市的中关村硅谷创新中心举行。会议由市科委主任许强主持，中国驻旧金山总领事罗林泉出席并致辞，市委副书记、代市长陈吉宁，市政府秘书长李伟，中关村管委会主任翟立新，中关村发展集团董事长赵长山参会。在开幕式上，加州国会议员罗·康纳强调了利用科技创新培育新的经济增长点、中美创新协作对于全球经济的重大意义，并预祝北京建设具有全球影响力的科技创新中心早日取得丰硕成果。陈吉宁在致辞中指出建设全球创新共同体的重大意义，强调硅谷与中关村作为世界第一、第二大经济体的科技创新中心，在全球科技创新网络中发挥着重要的枢纽作用。本次峰会上，成立了中关村海外战略科学家委员会，同时还举行了中关村发展集团中关村美国母基金的发布仪式。

（市科委办公室）

【日本东京都文京区代表团到农科城通州园学习】 10月24日，日本东京都文京区政府代表团一行到北京农科城通州种业园学习，代表团一行参观了通州种业园神舟绿鹏公司航天育种组培车间、航天育种基地、高通量分子育种实验室，对现代农业育种栽培管理，促进地方农业结构调整，转变农业种植观念，提高现代农业综合效益的做法给予充分肯定。代表团成员表示，神舟绿鹏公司发展现代农业有特色、有亮点，今后要借鉴航天育种的发展经验和做法，开拓创新，加快农业经营和农业科技创新，促进日本现代农业发展。

（王倩娟　赵淑红　赵　娣）

【国产脑起搏器在孟加拉国成功进行临床植入】 10月，由清华大学研发、北京品驰医疗设备有限公司生产的创新医疗器械——国产脑起搏器，在孟加拉国成功进行临床植入，这是继在巴基斯坦完成首例国外植入之后再次成功应用，更是有源植入高端医疗器械国际化进程中的又一里程碑式事件。

（刘　阳　张　雨）

【2017北京－特拉维夫创新大会暨首届中以创新创业大赛北京决赛举行】 11月8日，2017北京－特拉维夫创新大会暨首届中以创新创业大赛北京决赛在北京开幕。本次大会在中国科学技术交流中心、市科委、以色列创新署、以色列驻华使馆贸易与投资处的支持下，由北京特拉维夫创新中心（高创国际孵化器）、华夏幸福创新中心、华夏幸福固安

园区联合承办。本次大会以“创新合作、共享共赢”为主题，组织了开幕式主题发言、首届中以创新创业大赛北京决赛、中以企业 B2B 对接洽谈、以色列优选项目路演、技术产品展览展示暨中以合作成果展、中以创新合作专题研讨会、颁奖等七大板块活动。参会以色列企业机构 30 家，中方企业机构 156 家，以色列参会项目 41 项，以信息通讯、生物医药、金融技术为重点领域。中以企业共开展了 453 项次的 B2B 企业对接洽谈，其中，中以双方初步达成合作共识的对接洽谈 14 项次。首届中以创新创业大赛北京决赛环节，共有旅游规划和预订平台、新型能源运营管理和优化系统等 10 家创新项目参加，最终选出前三名决赛获胜企业，并举办了颁奖仪式。本次活动首次引入了创赛形式，为中以两国间开展科技创新合作、加速技术转移提供了很好的平台，促进了以色列创新创业企业迅速准确地对接中国市场，务实推进中以项目合作的落地开展。

（张园婷）

【第八届中意创新合作周举行】11 月 14—17 日，由中国科学技术部和意大利教育、大学与科研部共同主办，市科委（中意技术转移中心）、意大利科学城、成都市政府、四川省科技厅、贵阳市政府共同承办的第八届中意创新合作周在北京、成都、贵阳三地举办。全国政协副主席、科技部部长万钢，意大利教育、大学与科研部部长瓦莱里娅·费德莉，北京市副市长阴和俊，意大利航天局局长巴蒂斯通教授等中意双方重要领导和嘉宾出席了在北京举行的开幕式并致辞，市科委主任许强主持开幕式。万钢在讲话中对进一步推动中意科技创新合作提出了 4 点建议：一是把握战略机遇，不断扩展合作空间；二是加强顶层设计，推进合作可持续发展；三是深化合作模式举措，推动重点领域务实合作；四是加强科技人员交流，深化两国人民友谊。本届合作周以“中意携手，创新共赢”为主题，聚焦重点领域、前沿技术、民生关切和创新合作，以高端论坛、分领域平行专场、项目对接、创新成果展览展示以及实地访问交流等形式在北京、成都、贵阳三地举行。中意双方约 3000 余位代表参会，进行了 600 多项次的项目对接，达成合作意向 120 余项。开幕式上举办了中意科技创新合作贡献奖颁奖仪式、中意合作项目签约仪式、中意众创空间揭牌仪式、中意科技创新合作成果展示等活动，还为 6 名意方获奖人颁发“中意科技创新合作贡献奖”奖牌，用以表彰他们近年来为中意两国科技创新合作所做出的突出贡献。“中意众创空间”“中意机器人与先进制造（2+2）联合实验室”“中意基于相对论天体物理学领域的合作协议”“明城墙文化科技创意区”等重点合作项目在开幕式上进行现场签约。

（张园婷）

【第三届亚欧科技创新合作论坛举行】11 月 28 日第三届亚欧科技创新合作论坛在北京举行。论坛由亚欧科技创新合作中心主办，市科委（亚欧科技创新合作中心秘书处）与希腊 PRAXI 协作网络共同承办。中国外交部亚欧会议高官谢波华大使，中国驻欧盟使团科技处公使衔参赞王艳，希腊 PRAXI 协作网络国际合作处主任诺德斯，中国工程院院士、中国电子科技集团总工程师吴曼青出席开幕式并致辞。会上，亚欧科技创新合作中心与中国南亚技术转移中心、亚欧水资源和利用中心现场签署合作备忘录，并举行了葡萄牙国家联络处、斯洛文尼亚国家联络处签约及授牌仪式。会议还为亚欧微系统科技创新合作中心、亚欧智能制造科技创新合作中心、亚欧第三代半导体科技创新合作中心、亚欧激光应用科技创新合作中心 4 个领域中心及产业孵化基地授牌，这标志着亚欧科技创新合作中心工作体系的进一步完善。

（张园婷）

【第二十一届北京国际生物医药产业发展论坛召开】11 月 29 日—12 月 1 日，由市科委主办，北京生物技术和新医药产业促进中心承办的第二十一届北京国际生物医药产业发展论坛在北京召开。本届论坛以“新时代·新活力·新发展”为主题，落实党的十九大创新引领发展的目标要求，一方面，围绕北京市促进生物医药产业发展方向，组织北京生物医药产业跨越发展工程推动、生命科学前沿技术转化机制实施等专题研讨；另一方面，围绕生物医药产业发展的热点，以 BIODESIGN 医疗器械创新研发探索、信息技术与医疗产业的融合、人工智能在脑科学领域的应用、药品质量提升关键路径、中医药传承发展与科技创新、肿瘤细胞免疫治疗等议题为方向召开研讨会。大会邀请了国家食品药品监督管理总局、BMI Research 公司、葛兰素史克（GSK）、以色列英菲尼迪基金集团、中国医学科学院、中国中医科学院，以及苏州、上海、北京等地的科学家、企业家到会演讲，吸引了来自美国斯坦福大学、清华大学、北京大学、美国安进公司、默克公司、法国赛诺菲公司等的400余位国内外专家学者、企业高管参会。

（刘　阳　张　雨）

【亚洲反病毒大会举行】 12月6—8日，由赛可达实验室联合国家计算机病毒应急处理中心、亚洲反病毒研究者联盟（Association of Anti Virus Asia Researchers，AVAR）共同主办的第二十届亚洲反病毒大会（AVAR 2017）在北京举行，大会主题为“不忘初心——对抗日益严重的网络犯罪”。来自全球20多个国家和地区的100多家全球知名安全企业的200多名专家学者共议反病毒前沿技术及发展趋势。大会组委会希望通过AVAR 2017，集思广益，共议反病毒前沿技术及发展趋势，探讨如何通过技术创新来对抗日益严重的网络犯罪。

（王　磊）

【中韩两国加强生物医药领域合作】 12月13日，北京生物技术和新医药产业促进中心与韩国生物协会（KoreaBIO）在中韩商务论坛上签订合作备忘录，未来双方将定期促进两地企业开展合作与对接，共享最新产业数据，互为两地生物医药企业发展提供指导意见。

（刘　阳　张　雨）

【启动制定《“一带一路”科技创新北京行动计划》】 年内，《“一带一路”科技创新北京行动计划》（以下简称“行动计划”）启动制定，行动计划涉及领域广、参与国家多，沿线各国经济社会发展差异性大，既有俄罗斯、以色列等发达国家，又有越南、菲律宾、哈萨克斯坦等发展中国家，同时还有意大利、芬兰、英国、德国、加拿大、澳大利亚等“一带一路”建设的相关国家。面对“一带一路”沿线国家和参与国家的多样化创新需求，实施差异化推进策略，统筹利用好各方面科技创新资源，通过重点任务的实施与推进，重点建设国际创新合作交流平台、创新创业生态系统和科技金融支撑体系，加强“一带一路”相关参与国家的科技人文交流，促进“一带一路”相关参与国家之间的科技资源开放共享和技术转移转化，建成面向“一带一路”的科技创新合作体系，构筑创新开放新高地，使北京成为“一带一路”创新合作网络的重要枢纽。

（张园婷）

【发起成立北京“一带一路”国际孵化联合体（ICI）】 年内，市科委支持发起成立北京“一带一路”国际孵化联合体（ICI）。ICI是由中国国际经济合作投资公司、启迪控股、科威国际、太库科技等20家中国创新创业孵化服务机构，立陶宛北城科技园、爱沙尼亚塔林科技园、格鲁吉亚创新署、捷克布拉格创业中心等20家国外机构共同发起成立。ICI旨在集聚和共享北京和“一带一路”沿线国家创新创业资源，探索国际联合孵化、跨境加速互利共赢新模式，推动北京创新创业服务机构海外布局，促进北京企业和技术“走出去”，引进一批国际优秀项目和创新企业落户北京，集聚一批“一带一路”国家创新创业服务机构落地北京。

（张园婷）

科技交流

【概述】 2017年，市科委依托国际、国内论坛和学术会议，组织首都科技人才与国际知名大学、科研机构以及相关组织和个人开展学术交流，强化国际科技学术交流与合作。市科协着力打造高端学术交流平台，以需求为导向，以学术为根本，不断提升学术服务创新的前瞻性和战略性水平，增强学会对科技工作者的吸引力，激发学会活力。举办以“创新驱动，协同发展”为主题的第20届北京科技交流学术月，举办高端综合性学术活动21项，支持学会开展国际性学术交流活动26项。鼓励学会联合全国学会，共同主办或承办全国性的学术交流活动。

（市科技史志办公室）

国内科技交流

【科学传播与科技期刊论坛暨“刊媒惠”年度召开】 1月12日，北京科学技术期刊学会在中国农机院报告厅举办了科学传播与科技期刊论坛暨“刊媒惠”年度。中科院院士、中国科普作家协会副理事长周忠和，北京大学工学院生物医学工程系特聘研究员、博士生导师席鹏，中科院天文台研究员、卡尔·萨根奖得主郑永春，中科院自动化所国际自动化与计算杂志（International Journal of Automation and Computing，IJAC）编辑部主任陈培颖，知识分子编辑部主任李晓明等专家、学者参加了科学传播与科技期刊论坛，围绕科学传播的科普内容创作、科学家参与、渠道运营以及科技期刊在科技传播中的作用等话题展开讨论。200余名代表参加了活动。

（崔家墅）

【中国北方环保型胶粘剂创新与发展研讨会召开】 2月26日，由河北省粘接与涂料协会、北京粘接学会、天津市胶粘剂研究会共同主办的中国北方环保型胶粘剂创新与发展研讨会在河北省石家庄市举办。来自京津冀三地的粘接界专家学者在会上做报告。北京粘接学会选派的东北林业大学教授顾继友、北京化工大学教授张军营、中国运载火箭技术研究院航天材料及工艺研究所研究员孙甫、北京服装学院教授龚·和3M中国有限公司北京技术分公司专家王新等5名专家在研讨会上做报告。研讨会的举办有利于推动和引领环保型胶粘剂的发展。来自全国各地胶粘剂行业的80余名代表参加研讨会。

（崔家墅）

【第十七届北京生命科学领域学术年会召开】 4月22日，由北京生物技术和新医药产业促进中心主办的第十七届北京生命科学领域学术年会（简称“学术年会”）在北京举行。本届学术年会是在北京建设全国科技创新中心的大背景下，聚焦医学前沿技术与临床、产业相结合的又一次盛会。学术年会已连续12年关注肿瘤这一严重危害人民健康的重大恶性疾病。本届会议由中国工程院院士、中国医学科学院北京协和医学院肿瘤医院林东昕院士主持，邀请了北京协和医学院肿瘤医院副院长石远凯、清华大学医学院院长董晨、解放军总医院医学保障部基础所副所长韩为东，以及北京大学、中科院、军事医学科学院、中国药科大学、哈尔滨医科大学等的专家出席并做报告。京区高校、科研院所、医院以及北京生命科学与健康协同创新联合体等相关机构代表200余人参会。

（刘　阳　张　雨）

【2017年世界电信和信息社会日报告会举行】 5月17日，北京通信学会和北京市通信行业协会共同举办2017年世界电信和信息社会日报告会，副理事长、北京邮电大学教授王文博主持，北京市通信管理局张晋红致辞。专家们围绕“发展大数据、扩大影响力”的主题，就大数据技术用于发展信息社会展开演讲，着重宣传信息通信技术创新发展，让信息通信技术利国惠民。副理事长、中国信息通信研究院总工程师余晓晖，北京通信学会常务理事、中国移动研究院副院长黄宇红，阿里巴巴公司专家李敏，华为公司中国区运营商大数据商业解决方案部部长王军林分别做了“信息通信技术演进趋势”“移动宽带互联网创新发展（5G技术发展现状及展望）”“阿里巴巴公司大数据实践”“华为在运营商行业的大数据实践”的学术报告。通信行业的科技人员代表230余人参加报告会。

（崔家墅）

【第九届通信终端专委会学术研讨会召开】 5月19日，在第49个世界通信日到来之际，北京通信学会第九届通信终端专委会在中国信息通信研究院举行成立大会暨学术研讨会。本届终端专委会由17位来自通信终端产业各领域的专家组成，会议围绕通信终端技术演进和产业发展主题进行交流。泰尔终端实验室副主任魏然作为本届通信终端专委会主任委员致辞。5位各领域专家围绕通信终端进行了专题演讲，重点在人工智能及语音识别技术、脑认知科学、终端专用芯片和5G测试需求及解决方案等方面分享了各自的学术研究成果。

（崔家墅）

【科学道德和科学精神宣讲教育报告会召开】 5月19日，北京市科协在北京科技活动中心召开了科学道德和科学精神宣讲教育报告会，邀请北京科学道德和学风建设宣讲团专家李建军做了题为《科学道德和学术规范》的报告。会议对第十七届北京青年学术演讲比赛获奖选手和单位进行了颁奖。市科协党组成员、副主席田文出席。100余位科技工作者代表参加报告会。

（崔家墅）

【成立北京现代农业联合体促进信息交流和资源共享】5月23日,北京现代农业联合体成立大会在北京科技活动中心召开。市科协党组书记、常务副主席马林,北京农学会理事长、北京农职院书记李云伏,市农委副主任马荣才,市科委委员张虹等领导出席并讲话。会议由北京农学会秘书长、市农科院农业信息与经济研究所所长孙素芬主持。李云伏介绍了联合体发起成立的初衷、联合体组织模式和运行制度。北京现代农业联合体是以现代农业发展为主线,在经理学术、协同创新、第三方评估、科技成果转化、青年人才培养等方面促进成员之间的信息交流和资源共享,搭建现代农业的学术交流平台、科技成果转化平台和人才培养平台。大会审议并通过了《北京现代农业联合体章程》、主席团人员名单以及主席、副主席人选。北京现代农业联合体是由北京农学会、北京蔬菜学会、北京林学会、北京市农村专业技术协会、北京果树学会、北京土壤学会、北京作物学会、北京昆虫学会、北京植物病理学会、北京食用菌协会、北京园林学会、北京畜牧兽医学会、北京水产学会、北京农业工程学会、北京农药学会、北京农业信息化学会、北京农产品质量安全学会、北京水利学会、北京山区发展研究会、北京微生物学会、北京生态修复学会、北京气象学会、北京减灾协会、北京食品学会、北京制冷学会、北京烹饪学会、北京大北农科技集团股份有限公司、北京通州国际种业科技有限公司、北京雷力海洋生物新产业股份有限公司、天合科技成果转化促进中心、北京智农天地网络技术有限公司、北京派得伟业科技发展有限公司、京研益农(北京)种业科技有限公司、北京顺鑫农科种业科技有限公司和北京凯达恒业农业技术开发有限公司发起成立。

(崔家墅)

【第九届首都创新驱动发展展示交流活动举行】6月20日,由市科协与北京经济技术开发区管委会共同举办,北京经济技术开发区科技局与咨询中心共同承办的第九届首都创新驱动发展展示交流活动在北京经济技术开发区举办。市科协党组成员、副主席田文,北京经济技术开发区总工会主席张凤民等有关领导出席了活动并分别致辞。本届展示交流活动以"绿网交通 · 畅享未来"为主题,围绕"新能源 & 智能网联汽车产业发展与创新"开展。活动邀请了来自政府、高校及企业相关专家代表与现场包括媒体在内的200余位参会观众进行交流研讨。

(候亚楠)

【第十二届图像图形技术与应用学术会议召开】6月30日,由北京图像图形学学会主办,北京理工大学承办的第十二届图像图形技术与应用学术会议(IGTA2017)在北理工国际教育交流大厦举行。清华大学王生进做了《跨视域多摄像头下行人再识别方法与关键技术研究》的报告;上海科技大学虞晶怡做了《Giving VR/AR Eyes and Brain》的报告;宾夕法尼亚大学的 Jianbo Shi 教授做了《Moving camera, Livingimages: memory with first - person vision》的报告。大会共收录论文68篇,其中27篇提交斯普林格(Springer)公司出版,并进行 EI 检索。这是 IGTA 收录论文进行 EI 检索的第五年。其余论文被推荐到国内核心学术期刊进行发表。大会增加了会前培训环节,北航教授王党校、浙江大学副教授张国锋,清华大学特别研究员徐枫以《虚拟现实/增强现实中的关键技术》为题,结合他们的研究内容,传授了前沿研究中的心得。会上颁发了优秀论文学会奖。

(崔家墅)

【全国科技创新中心专家第一次研讨会】7月7日,由北京市可持续发展科技促进中心举办的服务北京全国科技创新中心专家第一次研讨会在北京京仪大酒店召开。会议邀请水处理、大气治理、土壤修复、固废处理、清洁能源、军民融合领域的14位专家及北大、清华、北师大等科研机构代表和企业代表参与研讨。会议围绕北京全国科技创新中心建设重点任务和项目,讨论如何服务和支撑全国科技创新中心建设;围绕北京重大建设工程通州副中心、首都新机场、未来科学城等方面的创新技术、创新工程、智能化手段进行探讨;在北京市科委指导下,围绕节能环保、新能源、重点领域,促进京津冀企业、高校院所开展联合研发、成果转化和示范应用建设加快推进京津冀交通一体化进行讨论。

(滕良慧)

【京津冀有机固体废物处理与环境健康研讨会召开】7月8日,由北京市科协、市科委人才交流中心、北京环境诱变学会主办的京津冀有机固体废物处理与环境、健康效应研讨会在北京会议中心召开。国家行政学院教授张孝德围绕生态文明时期科技范式革命做主旨报告。北京科技大学教授邢奕、清华大学教授刘建国以及东北电力大学教授施云芬结合各自研究领域做报告,提出了有机固废处理行业未来的研究方向和发展趋势。神雾科技集团研究院巴玉鑫、北京农林科学研究员冯涛、西安科技大学张蕾、北京建筑大学索智、中国农业大学许文涛、中国疾病预防控制中心孙宗科、中科院地理科学与资源所陈伟铭等专家学者就污泥干化技术、废弃植物油利用、畜禽养殖粪污处理、堆肥土地利用、医疗废物处置等方面介绍了最新研究成果。60余位科研院所和高校的专家学者、相关企业的科技人员参会。

(崔家墅)

【第四届"首都特色·创新驱动临床研究"论坛召开】 7月12日,由北京市科委、中央军委后勤保障部共同举办的第四届"首都特色·创新驱动临床研究"论坛在协和学术会堂召开。论坛邀请了北京地区医疗机构的院领导、临床医生和科管人员参加,参会人员达500人。本届论坛通过科技手段建立论坛微信群,同步转播论坛实况,以"创新驱动临床研究"为主题,一方面,通过各医院项目组织管理经验分享和优秀课题成果发言,探讨如何打造研究型医院,提升医院的创新活力;另一方面,通过进行临床研究方案设计研讨,为广大临床研究者提供科研思路和方法指导。同时,在论坛的成果展览中,设置了"80后风采"板块,展示青年骨干人才培养的成效,引领专项"支持临床、鼓励创新、培养青年骨干"的主导方向。

(刘　阳　张　雨)

【京津冀及周边地区环境气象学术研讨会召开】 7月14日,由京津冀环境气象预报预警中心、北京气象学会共同举办的2017年京津冀及周边地区环境气象学术研讨会在天津市召开。北京市气象局副局长郭虎、天津市气象局副局长高润祥等领导出席。中国气象科学研究院、中科院遥感与数字地球研究所、国家气象中心、国家气候中心的专家分别围绕"华北区域对流层及地面臭氧问题""大气环境卫星遥感监测方法与应用进展""中央气象台环境气象业务技术进展与思考""京津冀地区重污染气象条件及其气候变化特征"做了主题报告。各省市代表分别就各地区的环境气象条件分析、预报试验方法、重污染天气及臭氧污染天气分析等议题做了汇报,分享最新的研究成果。来自山东、河北、辽宁、内蒙古、山西等的60余位相关人员进行了交流研讨。

(崔家墅)

【国际纳米大会纳米技术产业分论坛举行】 8月30日,北京市科委新材料发展中心承办的中国国际纳米科技大会(ChinaNANO2017)分论坛——纳米技术产业论坛举行。论坛邀请清华大学范守善院士、中科院金属所院士成会明、北京大学院士刘忠范、日本信州大学教授Morinobu Endo、英国布拉德福德大学教授Phil Coates、德国弗朗霍夫研究所教授Rico Meier等近百位来自学术界、政府和工业界知名专家,围绕碳纳米材料、光电子材料、纳米能源与环境、纳米复合材料等多个纳米技术和产业热点方向进行热烈研讨,并结合技术对纳米科技产业的发展提出建议。

(刘超)

【国际前沿动力电池技术专家研讨会召开】 8月31日,市科委在北京主持召开国际前沿动力电池闭门技术专家研讨会,会议邀请了国内外著名专家美国"电池500"研究中心主任、斯坦福大学教授崔屹,美国机械工程师学会(ASME)院士及宾夕法尼亚州立大学教授王朝阳,分别围绕"关于下一代高能锂电池材料和技术"和"开发高比能、超长寿命、快充电池的新思路"做了主题演讲。中科院长春应用化学所研究员张新波、北京理工大学教授吴锋等11位国内专家介绍了锂空气电池的现状与未来、固态锂离子电解质及全固态电池基础研究与产业化。国内外专家共同就前沿动力电池的技术发展方向、在新能源汽车领域的应用前景等内容进行了交流和讨论。

(张小川)

【北京科技交流学术月活动举行】 9月15日,由市科协主办的"创新驱动,协同发展"第20届北京科技交流学术月院士专家报告会在北京会议中心举行。中科院院士姚建铨,中科院院士傅伯杰,中科院院士、市科协副主席薛其坤出席并做了主旨报告。来自全国学会的代表、北京市属学会的代表、区科协以及企业科协等基层单位代表近千人参加会议。为期一个多月的北京科技交流学术月活动正式开启。薛其坤院士做了题为《量子科学与技术的现状和未来》的报告。傅伯杰院士做了题为《生态系统服务与生态文明建设》的报告。在本届学术月期间,与全国学会及国际组织共同举办4场国际学术交流活动,各类高端综合性学术活动21项,支持学会开展国际性学术交流活动26项。

(崔家墅)

【京津冀智能产业高峰论坛举行】9 月 15 日，由市科协主办，北京物联网研究会承办，北京科技大学与中国人工智能学会人工心理与人工情感专业委员会共同协办的第 20 届北京科技交流学术月活动暨京津冀智能产业高峰论坛在北京会议中心举行。北京科技大学教授肖文栋、河北大学智慧医疗研究院教授刘秀玲、首都信息发展股份有限公司公共服务业务中心马哲、北京物联网研究会理事长王志良围绕“京津冀一体化发展模式下智慧物联”“数字医疗新技术与电子健康”“智慧居家养老服务平台”“人工心理方法与技术”展开研讨。

（崔家墅）

【第二届京津冀制冷空调科技创新高峰论坛召开】9 月 16—17 日，由北京制冷学会、天津市制冷学会、河北省制冷学会共同举办，天津市制冷学会承办的第二届京津冀制冷空调科技创新高峰论坛在天津市召开。来自京津冀科研院所、高校、企事业等单位的近 200 名权威专家、学者、企业家代表、相关专业的高校研究生，围绕“防霾、节能、安全”主题，就京津冀燃煤供暖替代、防霾除霾战略和技术、冷冻冷藏技术进行交流和探讨。北京航空航天大学院士王俊、清华大学院士江亿、河北省制冷学会副理事长方国昌、天津市制冷学会理事长由世俊分别围绕“超高声速飞行器热控制”“京津冀一体化协同发展”“电代煤供暖—建读与启迪”“天津市农村清洁取暖技术路线”做了专题报告。论坛还按“空调热泵技术”和“冷藏冻结技术”专题进行了分论坛交流。

（崔家墅）

【动力锂电池技术及产业发展国际论坛举行】9 月 19—21 日，第十二届动力锂电池技术及产业发展国际论坛在河南新乡举行。该论坛是市科委新材料发展中心多年来创办的品牌会议，至今已连续举办了十二届，汇聚了锂电池业界的学者、企业、资本方等众多资源，搭建了国内锂电行业与国际交流的良好平台。中国工程院院士陈立泉、中科院院士张统一、中国工程院院士刘炯天、中国工程院院士张锁江 4 位院士，以及来自美国、日本、新加坡等国的 40 余位企业家及学者发表演讲，24 家企业参展，600 余名代表参会。论坛围绕新材料与储能系统的发展、共享新能源汽车运营平台建设与能源环境、天然石墨烯在动力锂离子电池中的应用、能源互联网与发展储能的意义等问题进行研讨，助推国内外动力锂电池技术领域的国际交流和发展。

（刘　超）

【2017 信息通信网技术业务发展研讨会召开】9 月 21 日，北京通信学会在中国科技会堂举办 2017 信息通信网技术业务发展研讨会。中国通信学会副秘书长宋彤出席。会议由北京通信学会副理事长、北京邮电大学副校长王文博主持。研讨会围绕“ICT 创新、网络重构、智能融合、开源开放”等专题，针对信息通信新技术、新业务、新应用以及未来网络技术发展和社会关注的重点、热点问题进行研讨。会议共征集论文 154 篇，录用 133 篇，评选优秀论文 38 篇。中国信息通信研究院院长刘多，副理事长、中国联通网络技术研究院首席科学家唐雄燕，副理事长、大唐电信科技产业集团副总裁陈山枝，副理事长、北京交通大学教授张宏科，国家气象信息中心总工程师罗兵等专家分别围绕“信息通信业的发展趋势”“通信网络重构的机遇与挑战”“5G 关键技术及创新生态”“新型自主互联网络及应用”“全国智能网络预报中的新技术应用”做了主题演讲。250 多名专家、学者及会员代表参会。

（崔家墅）

【北京农学会遗传育种学术研讨会召开】9 月 22—24 日，由北京农学会主办的 2017 年北京农学会遗传育种学术研讨会暨第二届京津冀农业生物技术学术论坛在北京召开。学会理事长李云伏致辞。学会常务理事、北京市农科院生物技术研究中心主任魏建华主持。会议邀请中国农业生物技术学会秘书长孙国庆和中国农科院生物技术研究所副所长路铁刚做大会报告。9 位专家分别围绕植物生物技术、作物遗传育种、抗逆生理、分子生物学、生物信息学和农业微生物等专题做了学术报告。与会专家还参观了北京市农科院生物中心实验平台，并到房山转基因中试基地进行实地考察。60 余名专家参会。

（崔家墅）

【京津冀科技资源信息共享与协同发展论坛举行】9 月 27—28 日，由北京市科研院主办，北京市科技情报研究所、北京科技情报学会共同承办的京津冀科技资源信息共享与协同发展论坛在北京湖北大厦举办。论坛由北京市科研院副院长、北京市科技情报所所长谢威主持。中科院院士周成虎、北京市科研院院长郭广生、市科委副主任张光连、市科协副主席杨月欣出席。中科院遥感与数字地球研究所副所长顾行发、中科院地理科学与资源研究所毛汉英、首都经贸大学王德起、日本经济大学叶芳和、河北省科学技术情报研究院院长高建峰、天津市科学技术信息研究所所长袁玮、市科技情报研究所苗润莲等专家，围绕京津冀科技资源信息共建共享、科技资源创新服务平台建设、科技创新共同体建设、产业转型升级、雄安新区建设等内容做报告。论坛以“资源汇聚·协同创新·战略支撑”为主题，探讨了京津冀三地科技资源开放、共享、协同创新等问题。论坛上，北京市科技情报所、天津市科技信息所和河北省科技情报院共同签署了《京津冀科技信息协同创新战略合作协议》；三地省级科技情报研究机构与河北省11个地级市的多家科技主管部门、科技情报机构或科技服务机构共同签署了《京津冀科技资源信息共享与协同发展合作框架协议》。三地共180名代表参加会议。

（崔家墅）

【科学仪器联合创新与服务发展论坛举行】10月11日，科学仪器联合创新与服务发展论坛亮相2017年北京分析测试学术报告会暨展览会。论坛由中国分析测试协会、首都科技条件平台检测与认证领域中心、北京科学仪器装备协作服务中心主办，首都科技条件平台北京大学研发实验服务基地、中科院研发实验服务基地、平谷工作站及中国仪器仪表学会分析仪器分会协办。论坛以科学仪器联合创新与服务发展为主题，以畅通政策通道、展示并交流科研成果及创新工作方式、解析行业动态为目标，提升国产仪器竞争力，加速技术产业化和推广应用。会议现场进行了微信公众号“仪器GO”的发布。中科院高能物理研究所实验物理中心研究员刘术林、北京泰瑞特检测技术有限责任公司总经理刘志刚、同光科技有限公司副总经理范炬、北京市计量检测科学研究院电磁所所长黄艳、北京博晖创新光电有限公司肖滋兰、北京大学实验室与设备管理部副部长周勇义、中国仪器仪表学会分析仪器分会副秘书长吴爱华进行了报告分享。

（冯婷婷）

【2017年北京青年通信科技论坛举行】10月26日，由北京通信学会主办，北京通信学会青年工作委员会、北京大学电子系、区域光纤通信网与新型光通信系统国家重点实验室承办的2017北京青年通信科技论坛在北京大学举行。论坛主题是“人工智能 网络无限”。北京邮电大学教授赵永利、大唐移动通信设备有限公司副总工程师蔡月民、富士通研究开发中心陶振宁、中国联通网络技术研究院廖军、中国电信北京研究院王海宁、北京大学教授宋令阳等6位专家在论坛上分别围绕“基于人工智能的自优化光网络技术”“5G车联网”“机器学习在光通信物理层中的应用”“人工智能在电信网络的应用研究和案例分析”“网络人工智能应用展望与实践”“博弈论在大数据处理中的应用”做演讲。各会员单位的专家、科技人员及高校学生200余人参加会议。

（崔家墅）

【北京互联网农业科技金融与农业众筹高层论坛举办】10月28日，由北京市科协、市农委、市社科联、市科委以及北京农学院共同主办，北京农村专业技术协会、北京农学院经济管理学院承办的2017年北京互联网农业科技金融与农业众筹高层论坛在北农酒店召开。会议有两个主题，上午为互联网时代农业科技服务与农业科技金融研讨会，下午为农业众筹高层论坛，分别由北京农村专业技术协会秘书长李华和副秘书长林家伟主持。在农业科技金融时段，马九杰、常魁、马健、徐家琨、毛振芹、王斌等分别就农业科技金融服务与创新、互联网农业政策、助力三农、互联网农村金融、首都相关政策等话题发表演讲，并对农业科技金融未来的发展提出思考。在农业众筹时段，李华、张正平、索绪东分别就我国农业众筹发展现状、挑战、契机等做了介绍。马达飞、林家伟、白雪松分别对各自所经营公司中的农业众筹领域进行了介绍。180余位代表参加会议。

（崔家墅）

【第十四届中国国际半导体照明论坛开幕】11月1日，第十四届中国国际半导体照明论坛暨2017国际第三代半导体论坛在北京开幕。此次论坛由国家半导体照明工程研发及产业联盟、第三代半导体产业技术创新战略联盟和顺义区人民政府主办，由中关村顺义园管委会承办，来自美国、英国、德国、意大利，以及中国的香港和台湾等地的50余名半导体相关研究机构、企业技术专家担任演讲嘉宾，开幕式参加者近千人。论坛聚焦十九大、“十三五”等国家科技新政策、新战略、新方向，重点围绕“战略性先进电子材料”“中国制造2025”“重点新材料及应用”等国家战略核心要点进行研讨。

（张　玉）

【第九届食品科技北京论坛举行】 11月11—12日，由北京食品学会、北京食品协会、北京市营养源研究所、中国食品发酵工业研究院、中国农技协农产品安全与加工技术北京交流中心联合组织的第九届食品科技北京论坛在中国食品发酵工业研究院举行。论坛设"营养与功能性食品政策解读与创新"主题报告和"新食品原料如何在创新中求发展""面对机遇与挑战的特殊医学用途食品""肠道菌群微生态组学与健康的益生菌革命""营养与功能性食品技术中的前沿科技"及"跨界、融合、共赢、发展中的食品工业智能制造与传统工业化技术"5个专题。20余位主讲嘉宾围绕各专题展开讨论。

（崔家墅）

【2017年油气管道绿色防腐新技术北京研讨会召开】 11月17日，北京腐蚀与防护学会与北京石油化工学院材料科学与工程学院共同举办的2017年油气管道绿色防腐新技术北京研讨会在北京石油化工材料科学与工程学院会议室召开，主题是"创新驱动助力油气管道绿色防腐"。学会常务副理事长、北京航空航天大学刘建华介绍了阴极保护电位对X80管线钢母材与焊缝应力腐蚀行为的影响。北京石油化工学院副教授高辉介绍了水下钢结构焊接修复技术、取得的成果进展以及面临的问题及发展趋势。中国石油管道公司高级工程师毕武喜介绍了高压直流输电线路对油气管道干扰机理及防护技术。中冶建筑研究总院首席专家王东林介绍了建筑结构的腐蚀状况及钢筋混凝土结构在海洋环境中腐蚀与耐久性研究技术。北京科技大学杜艳霞介绍了油气管道受土壤腐蚀及直流、交流电腐蚀的控制方法。与会者参观了材料学院实验室、能源工程连接技术北京高等学校工程研究中心。

（崔家墅）

【科技情报发展助力科技创新中心建设论坛举行】 11月17日，北京科学技术情报学会2017年学术年会——科技情报发展助力科技创新中心建设在北京市金龙潭大饭店举行。市科协学会部部长李金涛，市科研院副院长谢威，同方知网（北京）技术有限公司副总经理单清龙致辞。年会邀请11位国内外科技情报服务界院士、专家学者做学术报告及经验交流。大会围绕北京建设国家科技创新中心战略及其政策支持框架、构建科技大数据，提升科技创新服务能力、面向科技创新的知识管理等内容进行了深入探讨。北京、江西、安徽、河北、河南、山东、天津等地的200余名会员、科技情报工作者参加会议。

（崔家墅）

【高端创新人才汇聚与北京科技创新中心综合论坛举行】 11月18日，由市科协主办，北京自然辩证法研究会承办，中国发展战略学研究会创新战略专业委员会、中国自然辩证法研究会科学技术与公共政策专业委员会、中国人民大学国家发展战略研究院社会系统工程研究中心协办的高端创新人才汇聚与北京科技创新中心综合论坛在中国农业大学举行。市科协副主席田文、中国人民大学一级教授刘大椿致辞。北京自然辩证法研究会理事长、中国农业大学教授李建军主持开幕式并发布了北京自然辩证法研究会编辑的《高端创新人才汇聚国家科技创新中心2017年蓝皮书（微型版）》。北京师范大学颜振军、中科院刘益东、中国人民大学王鸿生、中国科学技术发展战略研究院张文霞、民生智库大数据研究院执行院长肖丽凤等分别做了题为《对首都科技人才战略的思考》《实施前沿学者负责制，让高端人才充分发挥作用》《汇聚高端创新人才的五个问题》《人才优先发展战略与国家科技创新中心建设》和《各国人才引进政策初步研究》的主题发言。60多位专家学者参加了交流活动。

（崔家墅）

【第三届风景园林植物与人居环境建设论坛举行】 11月25日，由北京园林学会等4家单位共同主办的2017中国风景园林学会园林植物与古树名木专业委员会年会暨第三届风景园林植物与人居环境建设论坛在北京林业大学召开。北京园林学会首席专家张树林、北京林业大学副校长李雄、北京林业大学园林学院院长王向荣等专家出席。中国工程院院士尹伟伦，北京市园林绿化管理局副巡视员、教授级高工王小平，上海辰山植物园执行园长、教授级高工胡永红，北京林业大学园林学院副院长董丽围绕植物耐旱能力及抗逆良种选育、北京园林绿化发展思路、植物修复城市污染土壤、多功能的园林植物规划等方面展开学术探讨。来自全国各地的11位专家学者，结合自身研究领域和园林植物景观与生态主题，对多功能的植物景观进行了探讨交流。300余位来自全国各地的园林工作者参加会议。

（崔家墅）

【第八届重大疾病防治科技创新高峰论坛召开】 11

月25日，由北京市科委、北京市卫生计生委和中央军委后勤保障部共同主办的第八届重大疾病防治科技创新高峰论坛在北京召开。本届论坛以“科技筑梦 健康北京”为主题，邀请了国内外近40位知名专家对当前医学科技发展的热点、难点进行探讨，同时，通过成果展示、视频展播等方式对北京的医学科技工作进行回顾和展示。论坛内容包括开幕式、大会报告、圆桌会议和5个学术分论坛，参会人员包括北京地区各大医疗机构的领导、院士、专家及科技骨干等，共计600余人。本届高峰论坛，一方面是回顾总结北京医学科技发展取得的成绩和经验，另一方面也是落实全国科技创新中心的战略定位、科技创新中心建设总体方案以及“十三五”加强全国科技创新中心建设规划的具体行动。论坛开幕式由市卫生计生委副巡视员郑晋普主持。市科委副主任郑焕敏、市科学技术研究院院长郭广生和中央军委后勤保障部副局长季建华致辞。

（刘　阳　张　雨）

【京津冀食用菌学术技术交流会召开】11月25—26日，由北京食用菌协会和北京市农林科学院植物保护环境保护研究所共同主办的京津冀食用菌学术技术交流会在北京召开，会议围绕食用菌产业转型升级、绿色发展和精准扶贫等主题开展了交流。中国食用菌协会副会长何方明致辞。国家食用菌产业技术体系首席科学家、中国农业科学院张金霞介绍了我国食用菌产业科技进展及近年来体系取得的科研成果；国家食用菌产业技术体系科学家边银丙、姚方杰分别做了“食用菌病害发生规律及防控技术”和“黑木耳产业化技术与发展趋势”的报告；天津市农科院张志军、河北农业大学李明、北京市农业技术推广站邓德江分别介绍了三地食用菌产业发展概况；北京食用菌协会会长刘宇做了“食用菌新品种新技术研发应用”的报告，展示了近年来协会开展的科技推广工作。现场进行了交流讨论。200余位代表参加会议。

（崔家墅）

【“高品质石墨烯材料开发与应用”专场论坛举行】11月27日，市科委新材料发展中心组织的“高品质石墨烯材料开发与应用”专场论坛举行。此次论坛是2017中国（北京）跨国技术转移大会的组成部分，北京大学刘忠范院士等80多位石墨烯领域相关的研究人员、企业人士和行业管理人员参加论坛。论坛主要围绕石墨烯材料研发进展、应用方向和产业前景、高品质石墨烯可控制备及其在功能化高分子材料、能源与环境技术、电子和光电器件等进行了研讨。

（刘超）

【新能源汽车及智能网联汽车专场论坛举行】11月28日，由北京市新能源汽车发展促进中心、京津冀新能源汽车与智能网联汽车协同创新联盟等共同承办的新能源汽车与智能网联汽车论坛举行。此次论坛是2017中国（北京）跨国技术转移大会的组成部分。论坛吸引了整车制造企业、基础设施生产商、新能源汽车配套服务商以及关心新能源汽车行业发展的社会各界专家和代表近150人参会。演讲专家分别就双积分政策及所带来的影响、智能网联汽车发展现状及趋势、新能源汽车动力电池技术、汽车轻量化技术创新方面的最新成果介绍以及京津冀新能源汽车与智能网联汽车协同创新联盟的具体情况等方面展开研讨，为新能源汽车与智能汽车的发展献计献策。

（黄寅英）

【2017年无线及移动通信技术发展研讨会召开】11月29日，北京通信学会在北京洛士文国际酒店举办了2017年无线及移动通信技术发展研讨会，研讨会围绕“开放共享 智能互联大生态”的主题，针对拉动智能互联两大关键新技术（5G和人工智能）及影响移动互联健康生态的两个因素（网络安全和资源共享）进行研讨。副理事长、中国联通网络技术研究院首席专家唐雄燕主持会议。清华大学无线中心研究员田志刚、360企业安全集团产品与解决方案中心副总经理翟胜军、中国铁塔北京分公司运营发展部总经理李宁、华为无线MBB研究部部长黄华、百度人工智能产品和解决方案主任架构师刘俊等专家分别围绕了“Open5G研究现状及进展”“万物互联 安全是根本”“资源开放，共助万物互联，鼎力合作，共铸数据时代”“AI使能无线极简网络”“人工智能赋能企业服务升级”等主题演讲。会议进行了互动交流。200多名专家学者、科技工作者参加研讨。

（崔家墅）

【北京智慧城市建设联合体成立大会召开】11月29日，由北京测绘学会、北京电子学会和北京交通工程学会发起设立的北京智慧城市建设联合体在国家测绘地理信息局三层多功能厅召开成立大会暨智慧城市与和谐宜居城市建设学术论坛。市科协学会部部长李金涛致开幕词。联合体创始单位代表北京测绘学会理事长杨伯钢介绍了联合体“创新驱动、服务发展”的宗旨、“政府引导、平等自愿、优势互补、协同发展”的原则，以及优势和特点。杨伯钢、北京电子学会秘书长孟康生、北京交通工程学会理事长荣建三位来自三家创始单位的代表共同签署了协议书。智慧城市与和谐宜居城市建设学术论坛由中国测绘科学研究院副院长、北京测绘学会副理事长吴岚主持，国家测绘地理信息局局长李维森围绕时空大数据与智慧城市做了主旨报告，北京工业大学智慧城市研究院常务副院长林绍福、国家智能交通系统（ITS）工程技术研究中心首席科学家王笑京做了主题演讲。会议同期进行了装备技术展示，北京牡丹电子集团、北京浩宇天地测绘科技发展有限公司等高新技术企业展示了最新装备技术和成果案例。近300名代表参会。

（崔家墅）

【第九届全国制冰机产业研讨会举行】 12月14—16日，由北京制冷学会、全国商业冷藏科技情报站、国家商用制冷设备质量监督检验中心、河南省制冷学会共同主办的第九届全国制冰机产业研讨会暨2017河南省制冷学会学术年会在河南理工大学召开。会议总结和回顾了我国近年来制冷行业发展的经验，研讨了“十三五”期间我国制冷行业发展的趋势。15名专家和业界代表发言，内容围绕推动我国制冰机产业与制冷空调行业的科学管理和技术进步，创造低碳环保的企业环境，推行节能减排技术等。会上做了北京制冷学会推荐的“冰雪运动设施制冷系统探讨与浅析”和“保障食品品质与安全的关键环节和技术”学术报告。与会代表还分别考察了河南科隆集团、中南焦作氨阀股份有限公司、河南伊赛牛肉股份有限公司等。部分代表与企业达成了合作意向。来自全国的400余名代表参会。

（崔家墅）

【科技大数据生态体系交流大会召开】 12月19—20日，由北京市科技信息中心主办的2017科技大数据生态体系交流大会在北京举行。会议以“深挖科技大数据价值，助力科创中心建设”为主题，旨在以业务需求为向导，汇集大数据公司和智库资源等，构建首都科技大数据生态圈。来自中科院成都、武汉文献情报中心、化工信息中心、清科集团、北京科技大学、亚信数据、数联天下、万方数据、知识产权出版社、谷尼舆情、二十一世纪空间技术等25家相关机构的近70位专家学者和情报研究人员参会。

（张冬敏）

国际科技交流

【农业航空技术高端论坛举行】 4月22—24日，由北京农业信息化学会参与协办的国际工程科技发展战略高端论坛——农业航空技术在北京举行。会议期间举办了2017世界精准农业航空会议。论坛开幕式由罗锡文院士主持。中国工程院13位院士参会。中国农业科学院唐华俊院士、中国农业大学汪懋华院士、中国农业科学院吴孔明院士、武汉大学刘经南院士、新疆农垦科学院陈学庚院士、美国农业部农业科学研究署航空应用小组 Bradley K. Fritz 高级研究员、法国农业科学院 Frederic Baret 教授、美国农业部森林服务署施药风险平估组 Harold W. Thistle 项目主管等分别做了大会报告。学会理事长赵春江主持大会讨论，副理事长陈立平在会上做了《航空精准施药效果评价技术》的报告。论坛现场进行了农业航空技术成果展示，来自国内外相关领域的科研单位及企业带来了农业航空领域最新技术成果和产品。来自9个国家的近300名农业航空领域的专家及有关代表，围绕农业航空模式、农业航空关键技术、农业航空服务体系、农业航空相关政策等内容开展互动交流，并从战略、技术、政策、法律等方面提出建议。

（崔家墅）

【2017北京癌症研究国际研讨会举行】 5月4—5日，在北京市自然科学基金对外合作交流活动基金项目的资助下，由北京大学系统生物医学研究所主办的2017北京癌症研究国际研讨会在北京召开。本次会议邀请了哈佛大学医学院 Pier Paolo Pandolfi 教授、北京大学医学部主任詹启敏院士、北京大学邓宏魁教授等国内外肿瘤分子生物学、遗传学和肿瘤免疫等领域的知名专家，介绍了相关领域的最新研究进展，超过30个单位的300多名科研人员和师生参加了会议交流。会议期间，专家围绕抗癌基因进展、肿瘤免疫治疗、肿瘤靶向药物研发等主题做了精彩报告，并与来自清华大学、北京协和医学院、军事医学科学院、中科院、首都医科大学等单位的相关专家学者进行了交流讨论。

（市科委网站）

【第一届中意艺术与手工艺作品交流展暨研讨会举行】5月16—26日，北京工艺美术学会与意中基金会合作，在意大利举办了第一届中意艺术与手工艺作品交流展暨学术研讨会。代表团成员，同时也是入选本次展览的12位优秀会员代表，准备了近百件作品在罗马的Marino画廊进行了展示，艺术种类包括景泰蓝、雕漆、陶瓷、京绣、丝绸绣品、花丝银饰、手绘扇艺、彩绘泥塑等。展览期间，代表团成员们走访了多家著名企业。欧洲成功企业科学严谨的管理体系、高效精准的生产线布局、灵活的产品营销模式和利用当前先进科学技术对传统制作工艺进行改良等方面的先进经验，让大家在自身企业的产品定位和管理模式方面深受启发。

（崔家墅）

【2017北京国际听力学大会召开】5月27日，由市科协和北京听力协会主办的2017北京国际听力学大会在北京国际会议中心召开。来自美国、英国、加拿大、澳大利亚、丹麦等国的知名学者以及国内顶级专家和相关从业人员共计700余人参加大会。会上，北京听力协会会长万敏发表了“联结、团结”的大会致辞。大会设置了分会场，围绕听力筛查、听力学诊断与评估、后续康复等专题，与会代表进行探讨和交流，体现了大会“新技术·新产品·新服务”理念；设置了圆桌论坛、微信墙等互动环节，与会代表和专家就听力学热点问题展开交流；同期举办听力行业展览会，参展商数量同比增长20%，内容覆盖听力辅助设备、配套产品、学术展区等；邀请了国内外5家听力学教育院校参展，展会上随处可见听力学行业最前沿的科技与服务创新，听力辅助新产品在大会“专享区”平台上国内首发亮相。

（崔家墅）

【第八届北京实验动物科学国际论坛】6月22日，由北京市实验动物管理办公室、首都医科大学、北京实验动物学学会、中国实验动物学会、中科院实验动物科学平台、中国农业科学院哈尔滨兽医研究所和中国兽医协会实验动物医师分会主办的第八届北京实验动物科学国际论坛在北京召开。大会名誉主席、中国工程院院士夏咸柱出席本次会议，强调了实验动物对科技创新的基础作用，并对实验动物技术发展给予肯定。本届国际论坛以“创新与发展——实验动物科学的新机遇”为主题。参会的知名国内外专家就实验动物模型的构建及应用、中国实验动物资源情况、生物安全与异种移植等热点领域进行精彩演讲，吸引了来自美国、丹麦、日本和中国的400多位实验动物专家学者参会。参会专家围绕实验动物领域涌现的新技术、新资源、新机制进行了交流。

（臧津慧）

【循环经济下的绿色材料及加工国际论坛召开】6月22—24日，在北京市自然科学基金对外合作交流活动基金项目的资助下，由北京工业大学主办，国际焊接学会、中国机械工程学会及中国焊接学会协办的循环经济下的绿色材料及加工国际论坛在北京召开。本次论坛围绕新材料和绿色加工技术设置了新材料包括新型焊接材料及其绿色加工、先进焊接与再制造技术及其过程中环境健康安全（EHS）等两个主题，邀请了装备再制造技术国家重点实验室徐滨士院士、德国多特蒙德工业大学Wolfgang Tillmann教授、澳大利亚伍伦贡大学教授李会军、德国社会事故预防和职业研究所教授Wolfgang Zschiesche、美国肯塔基大学教授Dusan P Sekulic等近20位国际顶级专家做大会主题报告，来自钢铁、石化、造船、轨道交通、焊接材料、环保设备等70余位行业代表共同交流探讨循环经济下的绿色材料及其加工技术的最新成果和发展动向。

（市科委网站）

【国际智慧城市和绿色发展专题研讨会召开】7月7日，由市科协、北京海外学人中心和中国留学人员创业协会（美国）共同举办的2017年创新链接——国际智慧城市和绿色发展专题研讨会在北京经济技术开发区举行。本届研讨会以“智慧城市和绿色发展”为主题，吸引了来自中国、澳大利亚、保加利亚、加拿大、法国、芬兰、德国、伊朗、日本、新加坡、美国、英国等国的智慧城市和绿色发展产业领域的专业人士500人参加，其中来自海外的专家近30人。会议通过创新演讲、创新对话、创新圆桌会和创新成果展等方式，为海内外科学家、科研人员、科技企业提供了沟通的平台。

（崔家墅）

【电气化交通前沿技术论坛召开】7月7—8日，在北京市自然科学基金对外合作交流活动基金项目的资助下，由清华大学、英国诺丁汉大学、中车株洲电力机车研究所共同主办的电气化交通前沿技术论坛在北京召开。本次论坛邀请了诺丁汉大学Chris Gerada教授、田纳西大学Fred Wang教授、日本横滨国立大学Atsuo Kawamura教授、中车株洲所冯江华教授、清华大学欧阳明高教授、浙江大学宋永华教授、西南交大冯晓云教授、中科院电工所李耀华教授等电气化交通领域的国内外知名专家学者参加，围绕“轨道交通技术的发展”“船舶电力推进技术的发展”“电动汽车技术的发展”“电力电子器件及电力传动技术”“能源互联网发展下的电气化交通供电技术”“储能技术的发展及其在电气化交通中的应用”等主题做了 10 个大会报告和 30 余个分会场报告，并与来自中国、美国、英国、法国、日本等国的 30 余所高校和 20 余家企业的 200 多名专家学者进行了深入的研讨和交流。

（市科委网站）

【中药经皮给药新型制剂的创新与发展论坛召开】 7 月 22 日，在北京市自然科学基金对外合作交流活动基金项目的资助下，由空军总医院承办的中药经皮给药新型制剂的创新与发展论坛在北京召开。本次论坛邀请了中国中医科学院李连达院士、全军中药研究所所长肖小河、国家药品审评中心阳长明教授、比利时杨森制药公司（强生）Wenyu Dong 教授、北京中医药大学倪健教授、复旦大学吴伟教授等中医药领域的国内外知名专家学者参加。来自全国各地的 200 多名制剂专家及药学工作者参加本次论坛。与会专家围绕难治性皮肤病、经皮给药技术及评价等方面进行了深入研讨。

（市科委网站）

【第四届北京国际分子植物病理学术研讨会举行】 8 月 14—16 日，由中国农业科学院植物保护研究所植物病虫害生物学国家重点实验室主办，中国植物保护学会和北京植物病理学会协办的第四届北京国际分子植物病理学术研讨会在北京召开，来自国内外 20 多个大学和研究所的 230 余名代表参会。研讨会共进行了 38 场学术报告，内容涵盖细菌、真菌、病毒、线虫等植物病理研究方向。美国科学院院士杜克大学教授董欣年、美国科学院院士密歇根州立大学教授何胜洋、美国唐纳德·丹佛斯植物科学中心教授 Blake Meyers、美国纽约州立大学石溪分校的教授 VitalyCitovsky、美国加州大学河滨分校教授丁守伟、荷兰瓦赫宁根大学教授 Bart P. H. J. Thomma，以及美国俄亥俄州立大学、美国马里兰大学、加拿大农业农产品中心、巴西联邦大学、中科院、北京大学、清华大学等多个大学、科研单位的 20 多位国际知名专家做专题报告。参会者交流了最新的工作进展，并与国际专家探讨了分子植物病理学研究中的问题及未来的发展趋势。

（崔家墅）

【第七届中国国际纳米科学技术会议召开】 8 月 29—31 日，在北京市自然科学基金对外合作交流活动基金项目的资助下，由国家纳米科学技术指导协调委员会主办，国家纳米科学中心承办的第七届中国国际纳米科学技术会议（ChinaNANO 2017）在北京召开。本次大会由来自全球 30 多个国家和地区的 2000 多名代表出席，在三天的会期中，包括诺贝尔奖获得者、石墨烯的共同发现者康斯坦丁·诺沃舍洛夫教授在内的 7 位世界一流的纳米科技领域专家做大会特邀报告，500 多位科学家在 18 个分会场做邀请报告，400 余位科学家做口头报告。800 余篇论文以墙报的方式交流。中科院院长白春礼院士、中科院物理所解思深院士、清华大学副校长薛其坤院士、北京大学副校长龚旗煌院士，科技部、教育部、国家自然科学基金委及北京市自然科学基金委员会办公室有关领导出席大会。本次大会围绕纳米科技的总体发展，聚焦 18 个主题，为学术界、产业界的交流与讨论及未来的合作提供良机。通过交流与深入的讨论，与会专家就纳米催化、纳米能源、纳米医药领域中的关键科学技术问题展开了广泛的研讨并形成共识。

（市科委网站）

【储能电池技术发展方向研讨会召开】 9 月 16 日，在北京市自然科学基金对外合作交流活动基金项目的资助下，由中科院电工研究所主办的储能电池技术发展方向研讨会在北京召开。来自中国化学与物理电源行业协会储能应用分会、日本琦玉工业大学、中科院、清华大学、北京大学、北京交通大学、北京理工大学、北京航空材料研究院、中国人民解放军防化研究院、中关村储能产业技术联盟、北京协同创新研究院等 70 余家单位的 110 多位专家学者和市科委、市基金委的有关人员出席了本次会议。会议期间，与会专家围绕“储能电池新体系探索”“储能电池本体技术与关键材料”和“储能电池应用技术与回收再生”等主题做了报告。

（市科委网站）

【第五届先进计算智能与智能信息学国际研讨会举行】 11 月 2—5 日，2017 年度北京自动化学会学术年会暨第五届先进计算智能与智能信息学国际研讨会、第五届 NSFC - CAS - JSPS 科学技术前沿国际研讨会在中国科技会堂举行。会议由北京自动化学会、北京理工大学自动化学院、国际模糊系统协会、日本模糊论与智能信息学学会、日本学术振兴会、IEEE 计算智能学会、IEEE 系统－人－控制论学会主办。11 位海内外知名学者在大会做主题演讲。会议共安排了 19 组口头报告，内容包括计算机视觉、复杂系统、智能控制、计算应用、导航与定位、智能图像处理、语言与情感、智能系统、进化计算、自治运动体、智能感知等。参会人员就感兴趣的学术问题与各位报告人进行了交流。海内外 38 所高校和科研单位的近 200 名代表参加会议。

（崔家墅）

【2017 朝阳国际医学大会召开】 11 月 17—19 日，由首都医科大学附属北京朝阳医院与中华医学会北京分会共同主办，首都医科大学及中科院大学医学院联合承办的 2017 朝阳国际医学大会在北京国际会议中心召开。大会以科学合理、灵活多样的形式，展现了中外医学研究的最新成果和未来全球医学发展面临的机遇与挑战。大会组织了 5 个专题分论坛，来自美国、英国、澳大利亚、日本、韩国等国家的 20 余位国际专家，以及 60 余位国内资深院士、教授、学者，围绕呼吸与职业病、急危重症、消化道肿瘤、器官移植、医院管理等领域进行探讨，来自全国各地的近 2000 人参会。大会开幕式由大会执行主席、首都医科大学附属北京朝阳医院执行院长陈勇主持。大会主席、首都医科大学附属北京朝阳医院理事长封国生致辞。首都医科大学副校长孙力光、北京医学会会长金大鹏教授、中科院院士高福教授发言。中国工程院院士杨宝峰做了《心血管系统药物研发与启示》的主题报告；R. Mark Ghobrial 教授做了《器官移植的发展与进程》的报告；安泰医院苏清泉荣誉院长介绍了《医院经营思维的转变》；中国工程院副院长樊代明做了《医学的系统论与整合观》的报告。

（崔家墅）

【首届 IEEE 能源互联网与能源系统集成会议举办】 11 月 27—28 日，由 IEEE PES 和清华大学联合主办，中国电机工程学会、清华大学能源互联网创新研究院、清华－伯克利深圳学院、市科协共同承办的首届 IEEE 能源互联网与能源系统集成会议（The 1st IEEE Conference on Energy Internet and Energy System Integration，简称 EI^2 2017）在北京召开。清华大学副校长、中科院院士施一公，IEEE PES 主席 Saifur Rahman，IEEE PES 执行总监 Patrick Ryan，IEEE 亚太区业务高级总监华宁，中国电机工程学会理事长郑宝森，教育部科技司司长雷朝滋，大会顾问委员会主席、中科院院士周孝信，大会主席、世界工程组织联合会能源委员会副主席孙宏斌，大会本地筹委会主席、北京市科协副主席、北京电机工程学会理事长于德明，国家电网公司副总经理刘泽洪，南方电网公司副总经理王良友等出席会议。来自 16 个国家和地区的近 900 名科学家、科技工程人员和企业家参会。IEEE EI^2 2017 重点关注能源领域两大热点问题：能源互联网与能源系统集成，旨在充分实现各类能源的互联、开放、共享和协同。会议共设 4 个主旨会议和 19 个主题分会。会议议题涉及 EI^2 的建模仿真、运行控制、新兴关键设施、信息物理系统与信息安全、商业模式与市场机制、支撑 EI^2 的信息与通讯技术、支撑智慧城市的 EI^2 等众多关键技术。10 余名国内外专家学者进行了主旨演讲。中科院院士、西安交通大学教授王锡凡等主持了报告会。

（崔家墅）

【第十一届“北京－意大利”科技经贸周活动举行】 11 月，由市科协、市商务委、中关村管委会、意大利教育大学与科研部、坎帕尼亚大区政府共同主办，咨询中心、北京经济技术开发区科协、意大利科学城等承办的第十一届“北京－意大利”科技经贸周在北京亦创国际会展中心开幕。中意双方 200 余家科研院所、企业和科技服务机构等的 200 余人参加开幕式和各项会议。在“畅享创新城市新生活”主题研讨会上，中国建筑科学研究院副院长王清勤、意大利数字署采购策略与市场创新部莫罗·卓力等 6 位专家就创新城市所涉及的领域，如智慧交通、数字技术、城市规划等前沿科技及成果应用发表演讲。健康与医疗、智慧交通、现代农业、高校国际合作与交流等 4 场圆桌会议同期举行。作为此次科技经贸周的重要内容，北京海归孵化器科协与意大利 New－steel 孵化器还共同举办了以“青‘腾’中意，创见未来”为主题的中意青年创业者路演。此次科技经贸周期间，还组织了各类对口洽谈和企业参访。

（姜　薇）

【基于全基因组测序的食源性致病微生物溯源技术国际研讨会】 12 月 4—5 日，在北京市自然科学基金对外合作交流活动基金项目的资助下，由国家食品安全风险评估中心主办的基于全基因组测序的食源性致病微生物溯源技术国际研讨会在北京召开。来自美国疾病预防控制中心(美国 CDC)、美国佐治亚大学、爱尔兰都柏林大学、中科院微生物所、武汉病毒研究所、上海出入境检验检疫局、国家食品安全风险评估中心、北京市食品安全监控和风险评估中心、各省市疾病预防控制中心等单位的70多位专家学者和北京市自然科学基金委员会的有关人员出席了本次会议。会议期间,来自美国、爱尔兰、中科院、上海出入境检验检疫局、国家食品安全风险评估中心的相关专家就全基因组测序在食源性致病微生物鉴定、溯源、耐药性和致病性分析、平台建设及应用等方面的进展及未来的发展方向等主题做了精彩报告。

(市科委网站)

【森林资源精准经营与管理信息化国际会议召开】 12 月,在北京市自然科学基金对外合作交流活动基金项目的资助下,由北京林业大学精准林业北京市重点实验室主办的森林资源精准经营与管理信息化国际会议在北京召开。来自意大利巴里理工大学的 Pietro Grimaldi、加州大学默赛德分校的郭庆华、密歇根州立大学的陆灯盛等领域知名专家学者,来自国家林业局调查规划设计院、中国地理信息产业协会精准农林业工作委员会、北京市农林科学院国家农业智能装备技术研究中心、北京林业大学、上海华测导航技术股份有限公司等单位的相关领导和专家参加了本次会议。此次会议以森林资源精准经营与管理信息化为主题,与会专家围绕森林资源与生态环境信息监测、森林环境模拟与评估、多尺度森林生态环境响应等内容进行报告,并展开充分的交流与讨论。

(市科委网站)

【第四届《通信与计算机科学技术融合》国际学术研讨会召开】 12 月,在北京市自然科学基金对外合作交流活动基金项目的资助下,由中科院计算技术研究所主办的第四届《通信与计算机科学技术融合》国际学术研讨会在北京召开。陈俊亮、戴浩、李国杰、李幼平、邬贺铨等多位院士,澳大利亚悉尼科技大学毛国强教授,澳大利亚悉尼大学李永会教授,新加坡信息与通信研究所通信与网络实验室主任孙素梅等 30 余位国内外通信网络与计算科学领域知名专家学者参加了本次研讨会,市科委、市基金委的有关人员出席了本次会议。此次研讨会以通信网络与人工智能计算的融合为主题,与会专家分别就"从 5G 看计算与通信技术融合""机器学习应用于未来无线通信""融合 AI 的空天地一体化多级计算存储通信系统"等内容进行了报告。

(市科委网站)

科学技术普及

【概述】2017 年,市科委发布 2016 年度北京地区科普统计数据,本次统计工作由市科委组织,统计范围为北京地区的中央国务院部门、市属委办局、人民团体和全市 16 个区,共回收有效调查表 1769 份。

据统计,2016 年北京地区拥有科普人员 5.5 万人,较 2015 年增加了 6700 人,每万人口拥有科普人员 25.31 人(北京市 2016 年常住人口 2172.9 万人)。其中,科普专职人员 0.93 万人,占科普人员总数的 16.90%;科普兼职人员 4.57 万人,占 83.10%。专职科普创作人员 1323 人,占科普专职人员的 14.23%;专职科普讲解人员 1601 人,占专职科普人员的 17.22%。兼职科普人员年度实际投入工作量 5.64 万人月,人均投入工作量 1.23 个月。注册科普志愿者 1.82 万人。

据统计,北京地区共有科普场馆 122 个(建筑面积 500 平方米以下的不列入统计)。其中,科技馆 31 个,与去年持平;科学技术博物馆 73 个,比去年增加 2 个;青少年科技馆站 18 个,比去年增加 4 个。科普场馆建筑面积 120.33 万平方米,每万人拥有科普场馆建筑面积 553.77 平方米。展厅面积 48.51 万平方米,每万人拥有展厅面积 223.27 平方米,科普场馆年参观人数为 1992.66 万人次。科普画廊 5334 个,城市社区科普(技)活动专用室 1297 个,农村科普(技)活动场地 2064 个,科普宣传专用车 53 辆。

据统计,2016 年北京地区出版科普图书 3574 种,年出版总册数 2862.03 万册;出版科普期刊 131 种,年出版总册数 3702.64 万册;出版科普(技)音像制品 531 种;光盘发行总量 45.72 万张;发行科技类报纸 7821.98 万份。电视台播出科普(技)节目时间 1.33 万小时;电台播出科普(技)节目时间 9497 小时;科普网站 359 个,比 2015 年增加 16 个;共发放科普读物和资料 4166 万份。

据统计,北京地区全社会科普经费筹集额 25.12 亿元,比 2015 年增加了 3.86 亿元。其中,政府拨款 18.04 亿元,占全部科普经费筹集额的 71.82%,比 2015 年增加了 1.74 亿元;政府拨款的科普专项经费 12.63 亿元,比 2015 年增加了 0.64 亿元。人均科普专项经费 58.13 元,较 2015 年增加了 2.89 元。剔除中央在京单位的科普专项经费后,北京市科普专项经费 4.13 亿元,人均 19 元。2016 年科技活动周共投入经费 3936.62 万元,比 2015 年减少 219.66 万元,其中政府拨款 3454.24 万元。

据统计,2016 年北京地区共举办科普(技)讲座 6.65 万次,吸引听众 813.7 万人次。举办科普(技)专题展览 4286 次,参观人数达到 3849.55 万人次。举办科普(技)竞赛 2367 次,参与人数 1015.84 万人次。举办科普国际交流活动 466 次,参加人数 11.02 万人次。组织青少年科技兴趣小组 4140 个,参加人数 33.02 万人次。807 个科研机构、大学通过向社会开放,比去年增加 284 个,接待参观人数 75 万人次。举办实用技术培训 1.54 万次,参加人数 93.24 万人次。科技周期间,举办科普专题活动 7398 次,吸引 5850.61 万人次参与。举办 1000 人以上的重大科普活动 633 次。

(陈治光)

重大科普活动

【"走在建设世界科技强国征程上的中国科学家主题展"巡展举行】4—12 月,"走在建设世界科技强国征程上的中国科学家主题展"分别在北京大学、北京理工大学、北京石油化工学院、北京电子科技职业学院、中国农业大学、中粮营养健康研究院等单位举办了 6 站巡展。同时,为配合第十九届中国科学技术协会年会和西藏地区首个"全国科技工作者日"庆祝活动,巡展赴吉林大学和西藏拉萨自然科学博物馆举办 2 站。巡展展览 8 站,总计展期 95 天,展览面积共计 7800 平方米,参观人数累计

110000 人次，留言数量 108 条。

（李丽冬）

【2017 年市科普工作联席会议召开】5 月 11 日，市科普工作联席会议在市政府召开，会议由市科普工作联席会议副主席、市政府副秘书长刘印春主持。市科普工作联席会议主席、市委常委、副市长阴和俊出席会议并讲话。市科普工作联席会议副主席、市科委党组书记、主任许强和市科普工作联席会议副主席、市科协党组书记、常务副主席马林，以及联席会议 40 家成员单位及 16 个区政府的负责人参加了会议。会上播放了视频《携手并进、加油发力，谱写科普北京新篇章》，介绍 2016 年全市科普工作情况；许强汇报了全年市科普工作要点，马林汇报了全年市全民科学素质行动工作要点；科技部政策法规与监督司副司长冯楚建介绍了 2017 年全国科技活动周方案；市科委副主任伍建民汇报了 2017 年全国科技活动周暨北京科技周主场方案。会议还审议通过了相关文件。

（祖宏迪）

【2017 年全国科技活动周暨北京科技周主场活动举行】5 月 20—27 日，2017 年全国科技活动周暨北京科技周主场活动在民族文化宫举行。本届科技周以“科技强国 创新圆梦”为主题，主场活动通过大型科普博览，通过视频、图片、实物模型、互动体验、娱乐游戏等方式，展示了科技扶贫精准脱贫成果、科技重大创新成就、优秀科普展教具、科普图书等科技成果和科普产品共 260 多个展项；在主场围绕科学竞赛、科普讲座和互动体验、典礼活动和科普表演等方面组织了三大类 22 项主题活动；在汽车博物馆举办新能源汽车分会场；在北京天文馆、中科院古脊椎动物与古人类研究所古动物馆同步举办以家庭为主参与的“科学之夜”活动。党和国家领导人，科技部等中央部委领导，市委、市政府主要领导及分管市领导出席启动式并参观主场活动。科技周主场参观超过 8 万人次，网络关注超过 2000 万人次，为公众提供了一份科普“盛宴”。主场活动闭幕式上，主办方为公众最喜爱的项目和主题活动颁发了荣誉证书。一株仙草的扶贫传奇、自然能提水、沙漠到菜田的蝶变、农家养金鸡敲开致富门、冷板式服务器、find 智慧钢琴、聚音宝、新风口罩、无人驾驶汽车、冲上云霄航空科普飞行模拟实践教学等 55 个展项被评为公众最喜爱的项目。另外，飞向太空科普讲座、青少年创意工程挑战赛、家庭园艺芽菜苗菜纸上种菜科普大讲堂等 9 个现场活动分别被评为最聚人气、最佳组织和最具有创意活动。

（祖宏迪）

【新能源汽车及智能汽车助力科技周】5 月 20—27 日，新能源汽车及智能汽车助力北京科技周，主会场未来驾驶板块展示无人驾驶汽车、两轮电动汽车、全太阳能动力汽车和氢燃料电池汽车等，向观众展现了未来交通工具的图景。同时，北京汽车博物馆作为 2017 年全国科技活动周暨北京科技周分会场，开设智能汽车、智能充电、智能出行 3 个展示体验区，通过展示车型、试乘试驾、交流解答等方式让参与者更好地体验智能绿色出行。

（黄寅英）

【京津冀科普之旅启动仪式举行】5 月 22 日，以“科技探索 创新引领”为主题的京津冀科普之旅启动仪式在北京民族文化宫全国科技活动周暨北京科技周主场举行。北京市科委副主任张光连、天津市科委总工程师王凤云、河北省科技厅副厅长张涛等有关领导出席活动，并为推荐线路代表授旗。北京市科委科宣处处长汤健向公众介绍了京津冀科普之旅推荐的 18 条线路，涵盖 72 个景点。本届科普之旅活动既包括北京航空航天大学月宫一号、活的 3D 博物馆、北京二锅头酒博物馆、运河怡水文化园、凯达食品加工体验园等 2017 年新命名的，也包含了津冀两地的线路点，如天津滨海龙达都市农业主题公园科普基地、天津古海岸与湿地国家级自然保护区、河北赵王城遗址公园、河北省地质博物馆等。18 条线路各具特色，从农业、工业、历史、地理、环保、健康等方面反映了京津冀三地科技文化成就。

（祖宏迪）

【北京科技周发明音乐会举行】5 月 23 日，在 2017 全国科技活动周暨北京科技周主场民族文化宫，北京发明协会举办了一场别具一格的发明器乐演奏会。发明者现场用针管双音排萧独奏《山楂树》，用吸管和纸杯现场制作乐器独奏《篱笆女人和狗》，双弧双箱古筝演奏《渔舟唱晚》，用新型分置式发音中低音笙演奏三重奏《梁祝》，用仿生蛇皮三弦演奏《反二黄慢板与小开门变奏》等 9 首曲目，以舞台音乐会的独特形式呈现发明创新的奇妙，让二者巧妙地结合在一起，用艺术的手法弘扬创新精神。

（祖宏迪）

【全国科技创新中心建设集体采访活动举行】6月13日，按照市委宣传部“迎接市党代会——砥砺奋进的五年”大型主题采访活动部署要求，市科委在交控科技股份有限公司举行了“迎接市党代会——砥砺奋进的五年”全国科技创新中心建设集体采访活动。市科委副主任伍建民做了“全国科技创新中心建设扎实深入推进”的介绍，并回答了记者提问。交控科技股份有限公司董事长郜春海、北京生命科学研究所办公室主任李晓红分别介绍了5年来在体制机制改革方面的创新举措，在科技创新方面的重大突破和进展。市委宣传部干部杨洋针对本次集体采访活动提出了报道要求。随后，媒体记者走进交控科技股份有限公司CBTC展示中心、北京航空航天大学大型金属构件增材制造国家工程实验室参观，并与一线科研人员交流互动。大型金属构件增材制造国家工程实验室主任王华明院士在现场接受了记者的采访。来自新华社、科技日报、中国科学报、北京日报、北京电台、北京电视台等22家媒体的记者参加活动。

（陈治光）

【2017年全国科普日系列活动举行】9月14—24日，全国科普日北京主场活动在奥林匹克公园中心庆典广场、国家会议中心、中国电影博物馆等举行。全面统筹第七届北京科学嘉年华、第五届北京国际科技电影展、北京国际科学节圆桌会议及全国科普日基层活动，积极推进改革创新，全国科普日北京主场B区活动首次面向社会征集项目，北京国际科技电影展首次在天津、河北、上海、江苏等4个省市展映，北京国际科学节圆桌会议聚焦科普理念与实践双升级开展国际科学传播合作交流。活动汇聚91家中外科普机构420项科学互动体验项目，吸引20个国家及地区的38家科普机构的58名代表参加活动，观众累计6.2万人次，13家单位和38个项目被评为全国科普日活动优秀单位和项目。组织北京科学嘉年华优秀展项基层巡展，累计受众近2万人次。开展科学流言终结者行动，制作4套科普破除愚昧宣传展板，每套共计50块，在全市16个区进行巡展。9月17日，中国科协党组副书记、副主席、书记处书记徐延豪，北京市委常委、副市长阴和俊，以及中国科协书记处成员、北京市科协领导来到第七届北京科学嘉年华活动现场，参观体验了众多互动项目，并在科学谣言终结者行动签名墙上签名。

（沙　莎）

【科技运动嘉年华亮相全国双创周亦庄分会场】9月16日，市科委支持的科普北京品牌活动“科技运动嘉年华”亮相“全国双创周”亦庄分会场，活动汇集了森汉机器人、顽石智能篮球、纳恩博平衡车、微跑小蛙等众多科技创意产品，让参观者手、脚、脑并用，零距离、沉浸式地参与体验高科技竞技游戏。其中，机器人舞蹈团的太极表演、色空鼓与智能钢琴合奏经典曲目《茉莉花》、平衡车技巧表演等节目成为会场核心环节，获得现场观众好评。

（张艳萍）

【创意设计专题科普活动亮相全国科普日】9月16—22日，在2017年“创新驱动发展，科学破除愚昧”全国科普日活动期间，DRC基地、设计之都公司组织开展了“Chuang + ”PechaKucha Beijing国际创意论坛、归来2017建东方——东西方建筑设计文化交流活动、“绿色北京·健康中国”创新交流论坛、“走进设计，创新发展”等创意论坛、设计科普讲座、考察、参观体验等专题活动，千人参与，普及和传播“跨行业、泛行业、全行业”的设计思维、设计方法相关知识与应用，推广设计创意的价值。

（王露菲）

【中国设计红星奖精品展亮相北京国际设计周】10月1—6日，中国设计红星奖精品展在中华世纪坛面向公众开放，近400款2017红星奖终评入围产品和历届获奖精品集体展出，共吸引观众超过2万人次。此次红星奖展品80%与百姓日常生活息息相关，不少观众评价红星奖展览“看得懂”“很实用”。其中，一些结合了新技术来解决家庭生活、出行、教育问题的产品被观众连连点赞。红星奖展览成为中秋、国庆双节期间广大市民了解、认识产品设计，开拓视野普及设计知识的窗口和平台。

（王露菲）

【2017年首都科学讲堂举行】年内，由市科协主办、北京科普发展中心承办的大型公益高端科普品牌活动首都科学讲堂，共举办主讲堂52场，邀请了赵忠贤、欧阳自远、倪光南、刘忠范等院士，以及国家重点实验室主任、首席科学家和全国知名科普专家20余人。同时，为了关注更多的青少年群体和社会公众，首都科学讲堂举办20场分讲堂和12期论坛，受到在校师生和社会公众的广泛欢迎。6月，首都科学讲堂实现与北京人民广播电台的战略合作，借助微信、广播电台等渠道传播，扩大品牌影响力，推动公民科学素质提升，实现讲堂在北京时

间、一直播和京学网等平台在线直播，半年累计受众500余万人。

（刘　鲲）

【网络信息安全公众科普教育活动开展】 年内，由北京软件产品质量检测检验中心和北京网络信息安全技术创新产业联盟多次联合开展了以网络安全为内容的科普活动。通过2次技术论坛、2次展会、3次走进社区等，普及网络安全知识，使社会各界了解网络安全基本知识，加强网络安全防范意识和自我保护意识。其中的“4·29首都网络安全日”系列活动，通过网络及信息安全“云、管、端”一体化解决方案，展示打击网络电信诈骗等专业技术产品，吸引了数万名网络安全从业人员，受到各界领导和专家的关注和认可。

（偶嘉榕）

科普创作与交流

【2017年市科协科普创作出版资金扩大资助范围】 4月，市科协科普创作出版资金资助工作启动，首次将资助范围扩大到天津、河北地区的创作个人和团队，不断扩大宣传影响，融合信息化宣传手段面向社会广泛征集，吸引了天津、河北、广西、武汉等多地出版社和科普作者积极参与；加大对新媒体选题的资助力度，对传统科普图书进行数字化产品开发的有益尝试；倾向一线科技工作者、青年科普创作人及学科领域专家的科普创作策划，一线科技工作者、著名科普传播人创作的科普作品明显增多。2017年共征集102家申报单位的220个选题，188个选题进入初评阶段，31个选题通过终评获得资助，其中原创图书类选题24项，翻译图书类选题4项，原创音像制品选题2项，原创新媒体选题1项，新媒体、科幻等类别选题有所增加。

（刘　芳）

【2017北京科学达人秀举行】 5月，2017北京科学达人秀启动，历时8个月，覆盖全国10余个省市，2018年1月26日，2017北京科学达人秀总决赛在中国石油大学北京校区收官。宣传动员期间，组织科学达人进学校、进社区、进科普场馆，开展大型科学实验活动10余场。活动征集参赛作品百余部，表演形式融合情景剧、脱口秀、哑剧等多种表达方式，将科学与艺术完美结合。此外，此次活动青少年学生的参与比例明显提升。评选经过初评、终评，共有8组选手进入决赛，最终以哑剧形式讲述纸张背后科学原理的作品《叹为观“纸”》荣获一等奖；讲述地球四季景象科学原理的作品《地球的礼物》、呈现声波原理的作品《听》分获二、三等奖。2017北京科学达人秀也是京津冀三地科普资源融合发展的重要展现，得到了天津市科协、河北省科协、昌平区科协、昌平区教委、中国石油大学、北京科普资源联盟成员单位、北京市科普基地等单位的大力支持。

（喻晓会）

【中马日三国科普交流活动举行】 5月19—21日，由市科委支持，北京科学技术开发交流中心主办，中国科普研究所、中国科协国际部共同承办的互联网＋科普交流创新研讨班在北京举行，中国、马来西亚、日本三国科普专家参加。市科委副主任朱世龙在开幕式上致欢迎辞。在研讨班上中马两国科普专家就互联网背景下的科普发展进行了经验共享与交流。活动还组织马来西亚专家参观考察了中国科技馆、北京科技周主会场、北京天文馆、中科探秘科技有限公司等科普场馆和基地，深入了解北京的大众科普及青少年科普的开展情况。三国专家就下一步在科普场馆建设和青少年创客教育等方面达成了初步合作意向。

（祖宏迪　安鹤益）

【2016年北京微视频大赛等三大赛颁奖典礼举行】 5月22日，在2017全国科技活动周暨北京科技周主场民族文化宫，由市科委主办的2016年北京科

普讲解大赛、微视频大赛、小小科普讲解员选拔赛颁奖典礼活动同期举行。市科委副主任伍建民等领导出席活动。与会领导为获得2016年北京科技微视频大赛的一、二、三等奖共计10部作品的获奖代表颁发荣誉证书;为获得2016年北京科普讲解大赛的10名"十佳科普使者"、10名"优秀科普使者"和4名专项奖获奖选手颁发荣誉证书;为获得2016年北京科普讲解大赛的10名"十佳科普小使者"和20名"优秀科普小使者"获奖选手颁发了荣誉证书。

(祖宏迪)

【2017年北京科普新媒体创意大赛举行】5月24日,2017年北京科普新媒体创意大赛正式启动,大赛以"智慧城市梦想生活"作为年度主题,设置了科普动画、漫画、微拍、交互、科普剧本等5个作品类别,并且延续开展了第二届北京科学表演大赛作为子赛事,有利于资源汇集后的再度传播。征集期间,先后走进清华大学、北京航空航天大学、北京景山学校、北京昌平二中、北京一四二中学、北京宏志中学等学校,举行校园沙龙,邀请专业的新媒体艺术老师进行现场创作指导,教导学生们如何将科学知识与艺术创作相结合,号召更多学生关注科普新媒体大赛,投身科普创作。大赛还特别设置了科普剧本类别作品的征集,首次尝试与资深科普编辑、科普教育基地合作,原创一批科普剧本,不但丰富了大赛的作品征集形式,而且为第三届科学表演大赛征集工作的开展奠定了良好的基础。本届大赛共汇集各类有效作品5000余件,其中包括科学表演剧作品45部,科普漫画作品4925件,科普动画作品70件,科普微拍作品85件,科普交互作品45件,科普剧本作品11件。

(孙　成)

【中墨双边国际科普交流活动举行】7月19日,由北京科技开发交流中心主办的中墨双边科普交流活动暨墨西哥科普天文影片《古玛雅的天文－宇宙的观测员》点映会在北京天文馆举行。墨西哥驻华大使馆、墨西哥科苏梅尔岛天文馆、北科院、北京科学技术开发交流中心及北京天文馆的相关领导和工作人员参加活动。活动中,双方与会嘉宾共同观看了北京天文馆自制穹幕影片《奇妙的星空》和墨西哥科普天文影片《古玛雅的天文——宇宙的观测员》,并在随后的座谈交流中表示希望双方今后在国际科普交流方面展开进一步交流合作。

(安鹤益)

【第五届北京国际科学节圆桌会议举行】9月15—17日,以"创新科普理念,引领科普实践"为主题,第五届北京国际科学节圆桌会议在国家会议中心召开,来自中国、德国、美国、澳大利亚、南非等16个国家和地区的35位科学节组织代表参加会议,市科协副主席、圆桌会议秘书处秘书长刘晓勘作为会议召集人主持会议。会议通过各国科学节组织代表和科普领域专家的分享、讨论,全面推动范围广泛的、实质性的渠道建设,拓展国际科学传播合作交流。

(马　文)

【科技运动嘉年华合作伙伴交流会召开】10月30日,"科普北京"品牌活动—科技运动嘉年华合作伙伴交流会在融创空间召开,市科委科宣处处长汤健、北京生产力促进中心主任张泽工出席会议,与伟仕佳杰、康力优蓝、洛可可等40余家合作企业代表交流座谈。会议对科技运动嘉年华活动举办近两年的成效与发展进行了回顾总结,参会企业代表表示科技运动嘉年华活动帮助众多中小微企业及创业团队的产品走向市场,为更多青少年提供更广泛的科学实践课堂,实现线上与线下、创新与创业、科普与教育的有机结合。

(祖宏迪)

【2018年科普项目社会征集工作完成】10月,市科委启动了2018年市科普项目社会征集、项目申报工作,围绕原创科普展品研发,科普图书著译出版,科普影视作品创作,市科普基地科普服务体系建设,中小学科学探索实验室建设,社区科普体验厅建设共6类开展征集,共受理有效项目373个。经专家网络评审和会议评审,立项110个项目。

(祖宏迪)

【2017北京科技微视频大赛正式启动】11月9日,由市科委支持,北京市可持续发展促进会、北京科技视频网主办,优酷网教育频道深度宣传合作,新华网、人民网、中国科技网、中国科普网、腾讯科学、新浪网等多家媒体支持的2017北京科技微视频大赛新闻发布会暨启动仪式在北京天文馆召开。科技部政策法规与监督司人才与科普处调研员邱成利、北京市科委科宣处副处长龙华东、北京天文馆党委书记李丽等嘉宾出席了新闻发布会及启动仪式。本次大赛旨在吸引和引导更多热爱科技和影视的人加入科技微视频创作的行列,充分利用新的技术手段,在形式、风格、用户体验上大胆创新,打

造出一批原创科技微视频作品，共同推动科普事业发展。

（祖宏迪）

【全国科学实验展演汇演创佳绩】11月30日，北京地区参加了2017年全国首届科学实验展演汇演。来自全国各地20多个省市和澳门的69组科学实验秀队伍参赛。经过角逐，北京市参赛队伍获优异成绩。来自北京交通大学陈征、清华大学高云峰荣获一等奖；东城区和平里第四小学教师罗炜、周宏丽，中国食品药品检定研究院杨建波、高妍、李宁新、陈虹荣获二等奖；4组队伍荣获三等奖；市科委荣获优秀组织奖。

（祖宏迪）

【科普北京·达人秀大赛举行】12月8日，在市科委指导下，由北京市科技传播中心、石景山区科委主办，石景山区科技馆、石景山区青少年活动中心承办的2017科普北京·达人秀大赛决赛暨颁奖典礼在石景山区青少年活动中心举行。达人秀以科普剧、实验秀、小品、脱口秀、舞蹈、快板等不同的艺术形式展现，向大众普及科学知识、弘扬创新精神、宣讲科学方法等。此次活动，创新了科普形式，形成了一种可复制、可推广的科普模式，顺应了科普社会化的大格局。来自科普场馆、科技企业、科研院所、中小学校、青少年活动中心、校外机构等共计35个机构和团队，共130余人参与了比赛。大赛最终评出以下获奖作品：一等奖《小麋鹿回家记》（北京麋鹿生态实验中心）；二等奖《托起生命的希望》（中国地震应急搜救中心）、《地球生病了》（北京自然博物馆）；三等奖《火山与人》（北京市石景山外语实验小学）、《幻想现实——我的未来世界》（幻想现实（北京）科技有限公司）；最佳表演奖：《科技创新绘农乡》（北京市房山区青龙湖中心校大苑村小学）；最佳创意奖《人文科技——中华五千年》（北京赞美沙画艺术中心）。此外，大赛还评出优秀作品奖10名、最佳指导奖3名、优秀指导奖2名，进入决赛的选手获"科普达人"称号。此次活动被北京电视台、新华网、中国科技网、中国科普网、中国科学报、科普时报等10余家媒体报道。

（夏落兰）

【第三期中华医学会北京分会医学科普训练营举行】12月23日，中华医学会北京分会继续教育部在北京医学会主办第三期医学科普训练营活动。北京医院心内科教授汪芳分享了自己做医学科普的经验。张强医生集团苏磊、天坛医院麻醉科陈良、天津市泰达医院神经科赵伟、北京大学人民医院妇科赵旸也就有关专业的科普知识进行了讲授。活动得到了腾讯新闻、搜狐健康、医学界等多家平台同步网络直播，从前两期的在线观看人数每期4000人次左右到本次活动，在线观看人数达到了8792人次。

（崔家墅）

【产业前沿技术大讲堂举行】年内，由中国科协企业工作办公室和市科协共同主办，中关村天合科技成果转化促进中心承办的产业前沿技术大讲堂在中国科技会堂举行。该技术大讲堂全年共举办12期，围绕虚拟现实、新能源汽车、环境治理、冷链物流等热点领域，先后邀请到中科院院士周远，中国工程院院士赵沁平等业内顶尖专家担当主讲嘉宾，与大家分享相关行业领域的前沿技术，人员覆盖首都科研院所、大专院校、科技企业等众多科技工作者，并通过在线视频会议系统向全国多家分中心进行在线直播，参与人员达1800余人次。

（喻晓会）

【《北京扬起科普之翼》在北京电视台播出】年内，市科委策划录制十集电视专题节目《北京扬起科普之翼》在BTV财经频道播出，展示北京科普工作在政策保障、设施完善、品牌汇聚、产业发展、高精尖成果科普化等方面的成效，彰显科普工作对全国科技创新中心建设和首都经济社会发展的重要支撑作用。

（祖宏迪）

【《科学这样讲》开创电视科普新模式】年内，中央电视台《科学这样讲》以"真人秀"方式将生活中蕴藏的科学知识、科学方法以一种轻松活泼的传播方法展现给社会大众。央视国内首档大型科学实验节目《加油！向未来第二季》将物理、化学、生物等大型室内外科学实验转为益智答题，以最浅显易懂的形式解释科学原理。

（祖宏迪）

【第二届北京科学表演大赛举行】年内，第二届"艺启筑梦"北京科学表演大赛举行。本届大赛共征集有效表演作品45部，通过提交的视频资料，初步选拔28个适合舞台表演的作品参加现场比赛（即大赛初赛）。9月10日，大赛初赛举行，经专家团队评选出13支参赛队伍进入决赛。11月5日，大赛现场决赛举行，专家评审团对参赛的科普表演剧进行现场评比，通过引入“导师制”，决赛作品的舞台呈现、科学传播、表演水平等多方面均得到提升。活动延续了首届大赛的科学表演剧团签约，分别与进入决赛的13支优秀队伍颁发了北京科学表演剧团签约证书。

（孙　成）

【《科学我最辣——科学麻辣脱口秀》获奖】 年内，由市科委支持的一档轻松、接地气、传播科学知识、传递正能量的全新科学普及类脱口秀《科学我最辣——科学麻辣脱口秀》节目获科普中国十大网络科普作品奖。该节目通过邀请一线科学家面向普通科学爱好者、儿童、年轻白领、大学生等人群近距离秀科学，举办了4场线下活动，编辑20期线上节目在腾讯视频、搜狐视频、今日头条、微博、秒拍、爱奇艺、优酷土豆、京科普等网络视频平台播出，全部播放量超过1000万次，其中单集单平台最高播放量超过154万次。节目还被腾讯视频收录为2017年科普放映厅专辑，成为其中以体系化输出的、为数不多的节目。

（祖宏迪）

【市科协筹办“科学健康人”项目】 年内，由市科协筹办的“科学健康人”项目，通过18家项目承担单位，共邀请专家400多人次，发布健康文章700篇、健康漫画100篇，拍摄健康实验室视频10集，举办“健康大家谈”科普报告会14场、关爱科技工作者专场活动2场、咨询与讲座活动25场，走进郊区开展“科学健康人”班车活动21场，对基层医务工作者开展能力提升培训19场、沙龙带教7场、实践活动6场，培训基层医生1600多人次。项目直接受益人群达27000多人次。

（喻晓会）

科普设施与基地

【北京市新增34家科普基地】 5月21日，2017年北京科普基地命名活动在民族文化宫全国科技活动周暨北京科技周主场开展，活动由市科委、市科协主办，北京市可持续发展科技促进中心和北京市科普基地联盟承办。市科委副主任朱世龙，市科协副巡视员、科普部部长陈维成，市科普基地联盟理事长、北京自然博物馆馆长孟庆金，中国科学技术交流中心科普处处长陈雄等领导出席活动，并向6家新命名基地代表和6家复核通过科普基地代表授牌。中国农业大学的智能技术与装备展馆，北京航空航天大学的北京航空航天大学月宫一号，北京明宇时代信息技术有限公司的活的3D博物馆，北京乾禹森文化传播有限公司的蝶语（北京）昆虫博览园等34家单位成为北京市科普基地的新成员。

（祖宏迪）

【DRC基地年科普参观3000人次】 年内，科普教育基地北京DRC工业设计创意产业基地，全年开放251天，组织科技周、科博会、科普日系列、设计创意科技发布等主题活动；组织展出了32个设计、创意、科技企业和品牌的65件产品，向4万余人次传播设计科普知识，开展设计创意展示、互动、体验等；与北京大学培训中心联合组织了天津、云南、四川、山东等12个省、市、地方政府部门管理人才、企业高管等高级管理人员2000余人，围绕创新管理思维、设计在传统产业转型升级中的价值等主题，探讨企业创新发展的问题；组织面向设计从业人员、设计院校师生、其他公众等的“设计科普考察之旅”等。

（王露菲）

【打造科普中央厨房】 年内，市科协着眼现代科技与科普工作有机结合，发挥互联网平台汇集社会资源、集合社会力量、推动合作创新的作用，打造以科普机构为对象、满足用户多样化个性化需求的科普信息服务平台——科普中央厨房，构建起以大数据、人工智能的社交媒介为基础，承上启下的科普信息服务网络，为区科协和科普机构提供精细分类、精准推送、自主定制、实时高效的科普服务。科普中央厨房突出“内容权威、即时互联、本土特色”的特点，共设置6大类资源23个热点栏目。截至年底，科普中央厨房资源输入量共计8639个，其中文字5419篇、视频2263个、挂图294张、音频376条、试题140组、专家147名，可满足不同科普机构在电视台、广播电台、互动窗、移动端、科普宣传栏的使用。

（胡亚楠）

【市科协建设科普示范e站】 年内，市科协在全市16个区建立16个科普e站示范点，坚持创新、提升、协同、普惠的科普服务理念，探索以e站为阵地，促进科普工作线上线下融合发展的途径，形成可复制、能推广的e站建设经验。

（胡亚楠）

重点人群科普

青少年科普

【寒假野外科学考察实践活动举行】 2月5—10日，北京青少年科技后备人才计划“航天科普与热带植物”寒假野外科学考察活动在北京航空航天大学、海南文昌发射基地、中国热作院椰子所和香料饮料研究所举行，来自北京四中、十一学校、十二中等11所基地校的60余名师生参加活动。本次科学考察活动围绕爱国主义教育、航天知识、科学实验、科学报告、动手实践、实地参观等六大项内容展开。6天时间里，6场专家报告帮助同学们拓宽眼界，了解了航天知识和海南省特有的热带植物特征。

（马　腾）

【第17届北京青少年机器人竞赛举行】 3月17—19日，第17届北京青少年机器人竞赛在北京工商大学良乡校区举行。本届竞赛共有来自全市16区、中国儿童中心、市青少年科技馆以及河北、天津的共20个代表队、207支参赛队、581名学生报名参赛。本届竞赛新增WER工程创新赛；试点建立首批北京青少年机器人教育活动基地；首次实现京津冀学生同场竞技；首次将高校作为竞赛主办单位；首次引用种子队；首次与后备人才计划、北京“英才计划”合作；首次设置机器人技术论坛；首次设置科普讲座。

（马　腾）

【第37届北京青少年科技创新大赛举行】 3月23—26日，第37届北京创新大赛在中科院大学雁栖湖校区举行。大赛共有来自美国、澳大利亚、捷克、丹麦、以色列、马来西亚、俄罗斯、南非、乌克兰、新加坡、韩国等11个国家，以及中国的澳门、台湾地区的15个代表团，22.15万名青少年参赛。外国代表团共参赛33项，实现了中外选手同台竞技。本届大赛继续延续国际化评审，3名外籍评委参与计算机、数学、动物学、医学与健康学4个学科的评审，共评选出青少年科技创新项目一等奖83项、二等奖115项，其中青少年科技创新境外组项目一等奖16项、二等奖17项。大赛还评出了十佳科技辅导员奖10名。

（马　腾）

【2017北京国际科教发展圆桌峰会举行】 3月23日，在第37届北京青少年科技创新大赛举办期间，以“创客、创新、创业与发展”为主题的北京国际科教发展圆桌峰会在中科院大学雁栖湖校区多功能厅举行。峰会由北京二中教师、全国青少年科技辅导员协会会员高凯主持。会议邀请清华大学教授高云峰，“一带一路”沿线国家代表、俄罗斯莫斯科大学副教授谢尔盖·谢尔盖耶夫，北京市京源学校副校长孙清亚，宣武青少年科学技术馆馆长齐小兵，中学生物高级教师、北京市怀柔区第一中学科技教育中心主任宋旭，青橙创客教育创始人兼CEO李寅，清华大学副教授顾学雍，芬兰教育专家尤哈

等中外科技教育领域专家、管理者及教师进行创客教育主题发言。多角度解读创客、创新、创业与发展彼此间的关系,思考教育新模式、新理念带给科技教育可持续发展的机遇与挑战,并探讨实践中应对机遇与挑战的策略和方法。

(马　腾)

【2017 年中外教师科技教育创新论坛召开】 3 月 24 日,第 37 届北京青少年科技创新大赛中外教师科技教育创新论坛在中科院大学雁栖湖校区国际会议中心召开。大赛组委会主任、市科协党组书记、常务副主席马林,大赛组委会副主任、市科协党组成员、副主席刘晓勘,以及市教委,怀柔区科委、科协等单位有关领导出席论坛。国内外优秀教师代表、校外机构科技教育专家、媒体记者等 400 余人参加论坛。论坛首先从多元化角度、多视野关注、多平台构建和共同理念 4 个方面报告了 2017 北京国际科教发展圆桌峰会的研讨成果。随后,科技教育领域的专家围绕“创客、创新、创业与发展”的论坛主题分别进行发言,探索如何高标准、高效率、高质量地开展创客教育,培养学生创新能力和创业素养的措施和建议。

(马　腾)

【北京青少年科技创新大赛科普报告会举行】 3 月 24 日,第 37 届北京青少年科技创新大赛科普报告会在中科院大学雁栖湖校区国际会议中心举行,共有 300 余名科学少年参与。中科院院士王贻芳做了主题为“探索物质最基本的结构——粒子物理研究”的报告。中科院院士周琪以医疗机器人作为报告切入点,从机械的话题引入对生命起始与发育的介绍,进而讲述神奇的干细胞与再生。

(马　腾)

【“英才计划”展评活动举行】 3 月 25 日,在第 37 届北京青少年科技创新大赛期间,“英才计划”展评活动首次举行。会上,来自美国、澳大利亚等国,以及捷克、新加坡等“一带一路”沿线国家的学生代表,“英才计划(北京)”的学生代表,“英才计划(北京)”储备学生的代表,共 10 名学生,分别从项目目的、研究方法、实验过程、取得成果、未来计划等方面介绍各自科研项目,并接受外籍专家点评,进行现场交流。学科涉及生命科学、计算机、工程学、化学等领域。活动还邀请具有 ISEF 大赛丰富成功经验的巴纳斯·芒台斯先生围绕国际顶尖科技创新赛事的评审标准、项目答辩要求、赛事筹备等方面的内容开展专题报告。本次活动旨在为青少年科技爱好者们搭建“以科会友”的桥梁,同时为提升“英才计划(北京)”学生应用英语表达项目的能力。本场活动采用全英文语境。国内外师生代表 200 余人参加了活动。

(马　腾)

【参加 2017 年丹麦青年科学家展示与竞赛】 4 月 21—26 日,应丹麦青年科学家组织邀请,市科协组织中关村中学师生携 3 个科技项目赴丹麦首都哥本哈根参加了 2017 年丹麦青年科学家展示与竞赛。竞赛由丹麦皇室担保授权,国家教育部主办,丹麦青年科学家组织承办,是丹麦国家最高级别的中小学科学研究和科技创新成果比赛。韩昱苏同学凭借“利于保持红细胞气体交换的新型贮血袋仿生制备”项目荣获国际项目三等奖。丹麦阿基姆王子(H. R. H Prince Joachim)出席颁奖典礼,并为获奖选手颁奖。

(马　腾)

【第十六届北京青少年科普短剧汇演落幕】 4 月 28 日,由团市委、市科委、市教委等单位主办,北京青少年科技文化交流服务中心承办的“传播绿色文明,共推城市发展”第十六届北京青少年科普短剧汇演在北京自然博物馆举行。活动共吸引了全市 300 余所中小学校的近万名在校学生参与。本届科普短剧汇演共征集 400 多个科普短剧作品。这些作品的内容创意和情景构思都是学生们根据生活中的科学现象以及掌握的科学知识独立策划和设计的。科普志愿讲师、青年导演等专家经过筛选和评比,从这些作品中选拔出了《群岛之城——三沙》《扦插风波》《张骞出使西域》《马里亚纳机器人》《为我的果子负责》等 10 部优秀剧目参与汇演。

(祖宏迪)

【京津冀万名科学小记者实践活动开启】 5 月 6 日,在市科委科普专项资金的支持下,北京科技报社发起的“京津冀万名科学小记者”实践活动在史家小学启动,现场公布了“京津冀万名科学小记者”培养计划。三地 8 ~ 18 岁之间的中小学生都可以通过“科学加”移动客户端公开报名。通过招募、培训、实践、展示 4 个环节层层选拔、优中选优,培养一支具有较强科学思维、观察能力、写作水平和表达能力的“科学小记者”团队。首师大附中、史家小学、育才学校、天津科技活动中心、河北正定科技馆等被授予“科学小记者培养基地”牌。

（祖宏迪）

【2017 校际百科知识竞赛举办】 5 月 20 日，2017 校际百科知识竞赛在中科院大学举办，本届校际百科知识竞赛由中科院科学传播局和市科协共同主办，北京科技咨询中心、中科院科学传播局科普与出版处、中科院大学承办。中科院科学传播局局长周德进、市科协副局级巡视员兼科普部部长陈维成、中科院大学副校长高随祥等出席此次活动。北京科技大学、北京交通大学、华北电力大学、装甲兵工程学院、燕京理工学院等京冀两地 14 所高校代表队参加了本次活动。北京大学、北京理工大学、北京邮电大学、北京工业大学等 12 所高校作为嘉宾院校派出代表到场观摩比赛，近 400 名学生参加现场活动。

（杨晓伟）

【TRIZ 专场活动在北京电子科技职业学院举行】 6 月 21 日，TRIZ（发明家式的解决任务理论）专场活动在北京电子科技职业学院举行。北京电子科技职业学院相关领导和校内外师生，共计 150 余人参加。此次活动特邀资深 TRIZ 培训导师、团中央西部创新创业基金会研究员赵岩进行讲解。赵岩从“航空发动机进口唇口的创新设计”入手举例说明了 TRIZ 的定义、作用和意义，并详细介绍了 TRIZ 的创新原理和核心思想，从术语、工具和算法等方面对 TRIZ 工具体系展开了详细论述，最后举例说明了 TRIZ 工具体系中九屏幕法和 IFR 等方法的要领和应用。

（杨晓伟）

【2017 大学生双创人才精英训练营举行】 7 月 11—17 日，2017 大学生双创人才精英训练营在大兴区鸿坤金融谷举行，市科协副巡视员、科普部部长陈维成等领导出席了此次活动。2017 大学生双创人才精英训练营作为大学生科技创新作品与专利成果展示推介会在暑期举办的配套活动，将创新创业课程与创新创业实践活动相结合，服务大学生创新创业。本期训练营共有来自北京理工大学、北京交通大学、北京化工大学、河北大学和天津外国语大学滨海外事学院等京津冀等地的 22 所高校的 44 名营员接受了为期 7 天的封闭式培训，每位营员接受总共 64 课时的培训，平均每天的学习时间长达 10 小时。训练营闭营仪式上还进行了项目路演答辩，共计评选出团队奖“最具价值奖”“最具潜力奖”“最具创意奖”“最佳创新奖”“创新奖”及个人奖“双创之星”“未来之星”，共有 4 个路演项目与 5 位投资人达成合作意向并现场签约。

（杨晓伟）

【后备人才计划拔尖培养暨英才储备学生创新能力提升活动举行】 7 月 13—14 日，后备人才计划拔尖培养暨英才储备学生创新能力提升活动在清华大学举行。活动特邀中科院院士林群和中国工程院院士孙九林参加本次活动。活动开展了创新思维养成讲座、科学课题进展交流汇报、中小学教育创客沙龙、iCenter 创客空间参观、清华大学“学堂计划”专题报告、Roboterra（萝卜太辣科技，一家机器人教育公）套件动手实践、英语学术写作专项培训等内容。

（马　腾）

【高校科学营北京营举行】 7 月 15—21 日，高校科学营北京营活动举行。来自两岸四地的 2464 名师生齐聚北京，进入北京大学、清华大学等 10 所高等学府，学习生活一周。科学营期间，各分营共举办专家讲座 20 余场，邀请院士 10 余人，开放实验室活动 40 余次，参观国家级重点实验室近 20 所，举办科技实践活动 50 余场，参观科普场馆 20 余所。

（马　腾）

【中国机器人竞赛北京队成绩突出】 7 月 18—22 日，第 17 届中国青少年机器人竞赛在广东省中山市举行。北京此次共选派 35 支队伍参赛，参赛学生 100 人，参加全部 5 个项目、3 个组别的所有比赛。最终，北京队以 16 金 15 银 4 铜的成绩位列金牌榜首。同时，2 所学校获项目冠军，3 名老师被评为优秀教练员，北京二中被评为优秀学校。

（马　腾）

【小兴安岭联合野外科学考察举行】 7 月 30 日—8 月 5 日，以“小兴安岭生物多样性”为主题的暑期联合野外科学考察活动在黑龙江省伊春市和哈尔滨市举行，来自广东、上海、江苏等地的 20 名“英才计划”师生与 92 名北京青少年科技后备人才计划师生参与此次科学考察活动。此次活动重点考察了我国保存最为典型和完整的原始红松针阔叶混交林的生态系统，围绕森林科学基础知识学习、科学技能实践、爱国主义及森林保护教育、科考成果汇报 4 个板块，从生态环境保护、森林生物技术、森林培育、森林病虫害防治、森林资源保护等方面开展多项专题活动。

（马　腾）

【“英才计划”内蒙古野外科学考察活动举行】 8月7—12日，“英才计划”内蒙古野外科学考察活动在内蒙古锡林郭勒草原生态系统国家野外科学观测研究站举行。来自北京四中、北京八中及首师大附属苹果园中学的3名北京学生代表与全国其他地区的30余名师生共同参加了本次活动。6天时间里，同学们在中科院植物所、锡林郭勒草原生态站等单位专家的带领下，分组就5个不同课题开展科学考察活动。

（马　腾）

【青少年创新大赛北京队蝉联冠军】 8月15—21日，第32届全国青少年科技创新大赛在浙江杭州开幕。北京代表队此次共有23个学生项目，27名学生、18名科技教师参赛。经封闭答辩等环节，北京队16年蝉联冠军，共获得学生项目一等奖8项、二等奖14项、三等奖1项。同时，获得2个本届创新大赛最高奖“中国科协主席奖”（共3个）。多名教师获得科技辅导员一等奖及“十佳优秀科技辅导员”称号。

（马　腾）

【宝玉石科普知识讲座走进北大】 8月24日，北京科学仪器装备协作服务中心走进北大校园，邀请北大宝石鉴定中心副主任唐宾，为感兴趣的宝玉石爱好者讲解基础知识和日常简单鉴别方法。讲座中，唐宾老师详细介绍了我国珠宝界现有的宝石分类体系。通过直观的图片展示及案例讲解，参会者们深入地了解了宝石的类别、价值及差异，避免在今后收藏宝玉石的过程中落入“偷梁换柱”“鱼龙混杂”“假冒伪劣”等消费陷阱。讲座结束后，参会者们还带来了许多收藏的珠宝玉石，专家们借助实验室的仪器设备帮助大家答疑解惑。本次科普活动的主题贴近生活，让大家学到了关于宝玉石方面的科普知识，掌握更多的检测方法和检测技术。

（冯婷婷）

【首届京津冀创客教育成果展示活动举行】 9月23日，首届京津冀创客教育成果展示活动在北京市第二中学举行。此次活动由北京青少年科技中心联合天津市、河北省青少年科技中心共同主办，为三地创客教育成果提供了展示交流的舞台。中国青少年科技辅导员协会秘书长林利琴，北京市科协副主席刘晓勘，天津市科协副主席卢双盈，河北省科协副主席郑丽萍等出席活动。活动共分为两个环节：教师论坛及学生作品展示。教师论坛中，创客专家及三地创客一线教师畅聊创客教育，诸多观点和案例的分享让来自三地的教师们受益颇多。学生则以“畅想一带一路”为主题，在现场进行作品展示，同时现场打印徽章，并将其粘贴在“一带一路”地图上。三省市共推选出50项学生作品，组委会邀请国内资深创客和创客教育专家为学生作品进行评审，最终评选出最佳作品15项、优秀作品35项。

（马　腾）

【2017年暨第三届北京市大学生工程设计表达竞赛举行】 10月28日，由市教委主办、北京航空航天大学和北京图学学会承办，市科协和北京高等教育学会支持的2017年暨第三届北京市大学生工程设计表达竞赛在北航沙河校区举行。来自19所高校和8所高职院校的461名选手参赛，60名指导教师和30多名志愿者参加了活动。竞赛分二维和三维两个项目，含徒手绘图表达、二维计算机绘图表达以及三维数字建模表达等多种竞赛项目。竞赛结束后，竞赛评审专家委员会组织全体评审专家开展竞赛的评阅工作，10月30日结束评阅。为保证竞赛的正确和公平公正，组委会11月2日对评审结果进行了复查，确保竞赛结果的准确。

（马　腾）

【参加“2017年吉隆坡工程与科学展”】 11月3—5日，“2017年吉隆坡工程与科学展”在马来西亚吉隆坡举办。北京科学技术开发交流中心组织8支中国青少年创客代表队（小学组3支代表队，中学组5支代表队）和1家中国STEM教育企业，共24人，赴吉隆坡参加了展会设置的国际挑战赛和STEM展览，最终小学组3支队伍均获铜奖，中学组共有2支队伍获银奖、1支队伍获铜奖。展会期间，中心一行人员赴马来西亚国家科学中心，与其中心主任、科技创新部官员、国家天文馆及相关人员，就深化中马双方的科普交流，打造常态化国际科普合作平台等内容进行了座谈交流。

（安鹤益）

【北京青少年在“明天小小科学家”活动中荣获冠军】 11月7日，由中国科学技术协会、中科院、中国工程院、国家自然科学基金委员会和周凯旋基金会共同主办的第十七届“明天小小科学家”奖励活动在北京大学英杰交流中心举行。北京共有41名学生参加终评，北京市第四中学耿逸芃、北京师范大学第二附属中学赵子淇荣获“明天小小科学家”

称号。北京队共有9名学生获一等奖,18名学生获二等奖,14名学生获三等奖,13年蝉联全国冠军。

(马 腾)

【科普开放日走进高校】 11月24日,北京市科技传播中心联合石景山区科委、北方工业大学举办“科普北京系列活动科普开放日——2017·走进北方工业大学”活动。此次开放日活动将北方工大国家级、市级实验教学示范中心等优质科教资源对公众开放,让参与者体验电子信息工程、新媒体研究、机电装备研究等方面的前沿成果,感受科技的魅力。

(夏落兰)

【自然科普活动走进北京启喑实验学校】 年内,北京科学技术开发交流中心走进北京启喑学校,组织开展了2场自然科普活动。活动邀请自然科普专家向100余名聋哑学生讲解动植物的相关知识,展示部分植物压花标本与古生物化石样品,并教导学生学习制作简易植物标本,修复三叶虫生物化石;同时,向学校赠送相关科普图书100余册。

(安鹤益)

【第六届大学生科技创新作品与专利成果展示推介会校园行活动举行】 年内,第六届大学生科技创新作品与专利成果展示推介会校园行专场活动分别在装甲兵工程学院、中国地质大学(北京)、中央民族大学、中科院大学、北京信息科技大学、北京电子科技职业学院和北京财贸职业学院等9所高校举办了13场。活动共邀请杨保、丁浤伟、黄华、殷建松、陈博旸等双创导师和知识产权专家10余人进入校园,以讲座、路演、竞赛等形式向同学们传授创新创业知识,共计20余所高校千余名大学生参加活动。

(杨晓伟)

城乡科普

【红星奖亮相北京新春文化坊会活动】 1月21日—2月11日,西城区在大栅栏北京坊举办了北京新春文化坊会活动。活动围绕“欢享中国式新生活”主题,突出“文化、科技、健康、时尚”元素。红星奖展览作为新春文化坊会的重要活动之一,以“设计改变生活”为主题,精选 iHealth 智能健康系列产品、小米空气净化器、随身插座、汽车儿童安全座椅、分油盘、元木系列创意锅具、座包等50余件与民生密切相关的获奖产品与京城百姓见面。此次展览是红星奖首次与春节传统文化活动相结合,让普通百姓走近设计,消费设计,丰富首都节日文化生活。

(王露菲)

【“科技送温暖 情系半边天”活动举行】 3月6日,市科委农村处、农村中心,门头沟区科委和区妇联在门头沟区龙泉镇举办了以“科技送温暖 情系半边天”为主题的春风送暖科技下乡慰问活动。来自市科委、市妇联以及门头沟区龙泉镇、清水镇、斋堂镇、雁翅镇、军庄镇妇联和种植业、民俗旅游专业户的负责人、社员代表及农家女50余人参加了活动。农村中心相关人员解读了国务院办公厅《关于发展众创空间推进大众创新创业的指导意见》和《关于深入推行科技特派员制度的若干意见》文件精神,介绍了北京全国科技创新中心建设进展,并指导大家加入科技特派员队伍,积极申报“星创天地”。“12396科技服务热线”专家张宝海研究员进行了“特菜品种与栽培技术”知识讲座培训,并对农家女代表及“妇”字号基地代表提出的问题进行现场解答。活动为门头沟区农家女赠送价值近5万余元的特菜种子和药食两用蔬菜种子及百余本种植方面的科普图书。

(王伟娟 赵淑红 赵 娣)

【航空文化科普活动】 4月24日,北京科学技术开发交流中心联合北京市飞行者航空科普促进中心,在其航空科普3D活动室为椿树园街道的社区居民带来了一场航空文化科普活动。活动中,飞行教员们向椿树园街道的社区居民讲解了民航飞机的基本知识及有趣的航空文化知识,通过体验飞行员专属航空礼仪、报出自己的航空代号等活动,让到场居民充分融入飞行员的情景中;中国航空公司的现任机长向到场居民解密了航空人员随身携带的“黑色飞行箱”,与到场居民分享了实际飞行中的感悟,并详细解答了大家的提问。最后,在飞行教员的指导下,社区居民操作了飞行模拟器,亲身体会驾驶飞机的刺激与乐趣。

(安鹤益)

【蔬菜病虫害防治培训班举行】 4月27日,由北京农药学会主办,房山区科技套餐房山基站、房山区植保植检站协办的蔬菜病虫害防治技术培训班在北京房山区窦店芦村种植业基地举行。中国农业科学院蔬菜所王少丽、植物保护研究所闫晓静和北京市农药检定所副所长李常平、房山区植保植检站陈爱花，以及中农问科技（北京）有限公司负责人赵文龙，围绕“茄果类蔬菜害虫发生及防控”“果类蔬菜病害发生及防控”“蔬菜苗期病虫害防治”和“加强农药管理法律法规学习，撑起农产品质量安全蓝天”“农作物病虫草害诊断与防治技术专家智能系统应用”等内容进行了讲授。房山区的60余名农业种植业户参加培训。学员与各位讲课老师进行了互动交流。学会还为学员发放了科普读物：农药安全使用知识、农药科学选购与合理使用、科学使用生物农药、农药识假辨劣、植物生长调节剂规范使用知识、低毒生物农药示范推广手册等。

（崔家墅）

【减灾防灾日主题公益活动举行】 5月12日，全国第九个防灾减灾日，中国灾害防御协会主办、北京减灾协会协办的“亲临地震现场，感受地震救援”主题公益活动在凤凰岭国家地震紧急救援训练基地举行。现场千余名观众、中小学生来到基地体验斜楼废墟，观看地震救援综合演练、空地救援联合演练、救援装备展示，观看体验4D灾害电影，身临其境直面“地震灾害”；听国家地震救援队的教官讲地震救援故事，观看基地荣誉展览室，了解常用防灾减灾贮备用品。参与者学习到了地震逃生、自救、互救的防灾减灾科学知识与紧急医疗、伤员转移等实用技术，还参与了防灾减灾互动游戏等活动。

（段　辉）

【“如何治理室内空气污染”科普讲座举行】 5月18日，北京腐蚀与防护学会在东城区新家园社区举办科普讲座，这也是新家园社区党员日活动。张雪华高工做了“如何治理室内空气污染”讲座。她从室内、汽车内空气污染危害、现状、复杂性、环境容量、治理方法以及治理的几大误区等进行讲解，并与听众交流了治理室内空气污染各种产品的利弊，以及治理污染的有效措施。50余名社区党员和专职党务工作者到场聆听。活动期间理事单位免费赠送了相关产品，发放了配套的宣传资料。

（崔家墅）

【科普的魅力之科技零距离走进东坝社区】 5月21日，北京市科技传播中心联合朝阳区科委、东坝乡政府举办了2017北京科技周朝阳区主场活动暨“科普的魅力之科技零距离”走进东坝社区科普6活动。该活动抓住科技周良好时机，通过体验式的科普活动，推广普及新技术新成果，引导科大讯飞等十几家科技企业参加，带动了东坝乡近10个社区的居民和附近6所中小学的师生及学生家长参与。

（夏落兰）

【12396专家赴基层开展农产品市场营销培训】 8月，农村中心联合北京市农科院信息所组织“12396农村科技服务热线”专家在大兴区魏善庄镇举办了农产品市场营销培训班，旨在通过科学的农产品营销，推进产品特色营销，促进农民增收。该镇科技特派员、科技园区技术人员共计34人参加培训。培训中，专家为学员们阐述了经营与效益、农业市场前景及发展趋势、常见营销途径及其优劣势、营销过程中易出现的问题等内容，引导学员科学把握农产品市场需求，创新农产品市场营销的方式方法，明确哪些产品可以作为商品销售等。针对学员们提出的问题，专家做了逐一解答，并强调结合娱乐农业、共享农业、网络化的经营模式趋向，应做好挖掘现有资源、规划特色产业、做好系列服务、计划年度经营重点、推进协同发展等工作。

（王伟娟　赵淑红　赵　娣）

【航空文化科普活动走进社区校园】 年内，北京科学技术开发交流中心联合北京市飞行者航空科普促进中心，为椿树园街道的社区居民、东城区府学胡同小学师生，开展了2场航空文化科普活动。活动中，飞行教员们向社区居民、学校师生讲解了飞机的发明创造史、民航飞机的基本知识、航空礼仪；中国航空公司的现任机长进行了专业讲解，分享了飞行感悟，并对到场人员的提问进行了详细解答；在飞行教员的指导下，到场人员操作了飞行模拟器，亲身体会到驾驶飞机的乐趣。

（安鹤益）

【市科协农民提素工程持续开展】 年内，市科协农民提素工程共开展60场次，涉及6个区、50余个乡镇。活动围绕农民群体开展精准科普服务推送，前期了解当地农民的科普意愿，安排相应的科普资源，切实解决民众最关心的问题，选取表达能力和现场反应能力较强的专家对课程进行前期准备，进行现场科普知识讲座。活动共邀请10余位医疗急救、植物培育、预防保健等相关领域专家进行科普宣传讲座，直接参与人数达1万余人。活动还通过编写培训手册、调查问卷、科普讲义等培训材料为农民群体科普知识，深入服务每场讲座。活动后期通过对活动成果进行梳理和分类，通过媒体渠道进行传播，刻录专家讲课视频，制作成光盘免费发放到各区乡镇。

（杨晓伟）

【“科普超市行”活动举行】 年内，由市科委、市科协主办的大型公益科普活动“科普超市行”系列活动举行。2017 年是中国人民解放军建军 90 周年，本届“科普超市行”主题定为“军事科普超市行暨纪念中国人民解放军建军 90 周年”，围绕军事科普主题，开展了内容丰富、形式多样的活动，着力普及军事科技，宣传军民融合战略，弘扬军队的优良传统。活动分为四大板块，第一大板块是纪念建军 90 周年展览区，第二大板块是军事科技互动体验区，第三大板块是军民两用产品展览，第四大板块是军事科普动手制作区。本次活动共吸引 5 万余人次参加，活动有利于公众了解我国军事科技发展，提高公众的爱国主义热情，反馈满意度超过 80%。

（周红川）

领导干部与公务员科普

【2017 年公务员科学素质大讲堂活动开展】 5 月 5 日，2017 年公务员科学素质大讲堂开讲仪式暨首场讲座在北京友谊宾馆举行，市科协副主席刘晓勘、市人力社保局巡视员杨晋京出席启动仪式并讲话。讲座邀请中国工程院院士、清华大学环境工程系教授、环境模拟与污染控制国家重点联合实验室主任钱易做了题为《生态文明建设与可持续发展》的讲座，全市 160 余名公务员参加讲座。6 月至 12 月在北京市各区及部分市属委办局相继开展大讲堂活动，邀请刘嘉麒、欧阳自远等院士及知名专家就航天科技、信息安全、“一带一路”、生态环境、身心健康等社会热点问题进行专题讲座。2017 年共开展讲座 22 讲，受众人数达 5300 余人。

（李绍坤）

【2017 年北京市科普工作者培训班举行】 6 月 23 日，北京市科普工作联席会议办公室与市人力社保局共同举办了 2017 年北京市科普工作者培训班。来自全市 20 多家委办局、16 个区科委及市科委相关处室和直属单位的 100 余名科普工作者参加培训。市科委副主任伍建民、科宣处副处长龙华东出席了培训班开班式。培训班邀请科技部政策法规司人才与科普处调研员邱成利、中科院科学传播局局长周德进及中国科普研究所理论室主任高宏斌等专家，分别为学员分析国内典型科普案例及模式，介绍中科院高端科技资源科普化，讲解创新开展科普工作的方式方法等。培训班还以座谈会的形式设置了分组讨论的环节，为学员们搭建了共享科普工作经验的平台。

（祖宏迪）

【市科协举办基层科普工作培训会】 12 月 13—15 日，市科协在北京市科学技术进修学院举办纲要实施暨基层科普工作培训会，培训为期 3 天，纲要成员单位联络员及基层科普工作者近百人参加。市科协副巡视员兼科普部部长陈维成在开班仪式上做动员讲话。中科院战略咨询研究院肖尤丹为大家解读了党的十九大精神。北京市人力社保局高级职称评审专家吴晨生带领大家回溯了过去 50 年世界科技发展脉络，展望了到 2030 年的经济、科技与全民素质的建设方向。中国科普研究所办公室高宏斌副主任做了“国内外科普发展及展望”的报告。北京市科学技术进修学院干部教育中心赵兰兰结合自身实践，通过视频展示及现场互动的方式，讲解了如何务实推进社区科普大学建设。北京果壳互动科技传媒有限公司副总编辑吴欧从“松鼠科学会”和果壳网的发展历程入手，以讲故事的形式，带领大家一起领略了科普工作的种种乐趣。北京科技报社副总编辑孙凤新围绕“首都科普信息化布局及发展”这一主题，与大家展开深入探讨互动。此次培训过程中，市科协科普部干部介绍了 2018 年北京市科协科普工作思路及具体工作项目情况，组织与会学员们结合 2018 年科普工作进行交流研讨。

（杨晓伟）

【灾害科普年会暨 2018 平安中国防灾宣导会举行】 12 月 21—22 日，中国灾害防御协会、北京减灾协会等单位共同举办的 2017 灾害科普年会暨 2018 平安中国防灾宣导策划会在中国科技会堂举行。全国政协副主席、中国灾害防御协会会长马培华，北京减灾协会副会长金磊在开幕式上致辞。中科院院士刘嘉麒做了“自然灾害与人类生存”报告；中国工程院院士丁一汇做了“影响京津冀地区的气象灾害与灾害预警系统”报告。来自全国地震、气象、地质、水文、灾害科普等防灾减灾领域的院士、专家、科技工作、灾害科普工作 200 余名工作者，共同探讨多行业跨界融合的灾害科普前景，促进 2018 年防灾减灾科普工作创新发展。会后，代表们参观了北京气象科普馆。

（崔家墅）

【2017年公务员科学素质知识赛活动开展】 年内，北京市2017年公务员科学素质知识竞赛活动在公务员科学素质大讲堂的基础上，以《领导干部和公务员科学素质读本》及相关科普读物为参考，围绕科学精神、科学思想、科学方法、科学知识、科学决策与管理等方面选题，以演讲、辩论、现场答题等多种形式进行。各单位根据区域特点开展了不同形式的科学素质竞赛活动，其中昌平区、顺义区、朝阳区、石景山区、东城区等单位开展了1～3场“提高科学素质，做合格公务员”的主题演讲比赛活动；延庆区、房山区结合区域特点开展了“学习科普知识，助力区域发展”的演讲比赛活动；大兴区开展了健身科普知识答题比赛活动；丰台区开展了科普主题的辩论赛等。全年共组织了20场竞赛活动，受众人数达5200余人。

（李绍坤）

各区科技

东城区

【概述】2017年,全区报送高新技术企业210家,增长47%;全区高新技术共计563家,比2016年新增122家,增长27.66%,超额完成463家年度目标。技术合同成交额475.2亿元,比2016年同期增长0.2%。全区专利申请量9903件,同比下降5.6%,位列全市第七;专利授权量6447件,同比下降2.75%,位列全市第四;专利电子申请率96.5%,位居全市第二。成立了瀚海源、倍格生态、MACE Cloud、文创科技4家众创空间。截至2017年年底,区内共有9家众创空间,比“十二五”时期增加6家。面向重点产业征集科技计划项目58个,其中立项支持35个,支持金额300万元。

组织科技政策法规培训会,围绕高新技术企业认定、科技项目申报、全国科技创新中心建设、技术合同认定、知识产权进行辅导,240多家科技企业参加。完成“加强科技人才队伍建设,促进经济社会创新发展”调研报告。征集并推荐东城优秀人才培养资助项目15个,其中8个获区委组织部资助18.6万元。完成了“东城区科技发展现状及前景展望”“东城区文化与科技融合发展”2个调研课题。

加强科技创新平台服务。区领导带队调研北京同仁医院、北京医院、北京协和医院,协调医院解决重点、难点问题。区科委主动做好政策宣讲,向市科委推荐9个区内储备项目。以区政府名义推荐申报“三大科学城－东城区对接”项目,计划将“建设科技与文化、金融等产业融合发展示范区,推进中国影视科技创新中心建设”列入2018年任务清单。深入众创空间开展专家咨询日活动6次。开展了“知识产权进高校 助力学生创新创业”宣传活动。组织了4所中小学申报成为北京市中小学知识产权教育试点学校,配发图书5000余册。完成北京市专利试点单位验收申报工作,10家企事业单位通过验收。推荐6家单位申报2017年北京市专利试点单位。共参加展会执法6次,城六区联合执法、知识产权执法护航专项行动2次,专利执法检查8次,查处假冒行为19件。

举办了东城科技活动周,30多家单位参加主场活动,发放宣传材料近万份,受益人数约8000人。400名师生参与青少年科技教育专场活动,全区共组织科普活动280次,布置展板420块,悬挂横幅111条,发放各种宣传材料3.7万份,受益群众3.8万人。组织开展科普特色对接活动24项,受益人数1万人。提升科普阵地建设和能力建设:崇文科技馆、南馆公园、孔庙和国子监博物馆等单位承担项目顺利实施。支持2个志愿者分队的15项科普志愿者活动。举办3场东城区科普工作者培训会,160余名科普工作者参加。

(邓　天)

【“南馆公园室外科普互动体验设施系统”项目调研】1月4日,区科委副主任李晶带队调研由南馆公园承担的科普项目“南馆公园室外科普互动体验设施系统”的建设情况,查看项目建设现场,并对项目实施质量、实施进度、资金使用及后续开展活动和管理等提出了明确要求。“南馆公园室外科普互动体验设施系统”是2016年市财政区县科普专项项目,以低碳环保为主题,对南馆公园老化、过时的大部分室外科普设施进行更新,共分科普互动、垃圾认知、健康娱乐、科教宣传等四大板块、10套设备,系统突出了趣味性、知识性与互动性。项目完成后,将进一步增强南馆公园作为北京市科普基地的教育宣传作用,低碳环保特色更加明显。

(邓　天)

【区科委对“东华门居家安全科普体验厅”项目开展调研】1月13日,区科委副主任李晶带队调研由东华门街道承担的科普项目“东华门居家安全科普体验厅”的建设情况,并对项目内容的充实与完善、后续开展活动和管理等提出了明确要求。“东华门居家安全科普体验厅”是2016年市科委科技专项项目,总面积60平方米,座落于东城区北河沿大街 143 号地下室西侧，已基本建设完成。该项目由东华门街道结合国际安全社区建设工作，以居家安全为主题，建设智能厨房 – 厨房隐患排查系统、交通安全标示展示互动系统、电梯安全模拟系统、自行车路上体验系统、模拟灭火系统等，旨在为社区居民提供个性化、有特色的科普服务，传播有关居家安全的科学知识和与居家安全相关的最新科技成果。

（邓　天）

【东华门街道居家安全科普体验厅专家验收】 2 月 28 日，东城区科委和东华门街道共同承建的东华门街道居家安全科普体验厅，通过专家验收，成为东城区第五家社区科普体验厅。东华门街道居家安全科普体验厅坐落于北河沿大街 143 号地下室，总面积 60 平方米，由市科委、东城区科委和东华门街道共同投资建设完成，体验厅由科普知识查询系统、消防安全标识墙、消防灭火体验系统、厨房智能安全体验系统、自行车路上安全体验系统、电梯体验系统、科普手工坊和科普书吧共 8 个部分组成。东华门街道居家安全科普体验厅与民众生活密切相关，互动性、体验性和趣味性强，既契合了街道安全工作的重点，又进一步完善了国际安全社区的功能，为东城区增加了一处特色明显的居民安全教育场所。

（邓　天）

【青少年创客科普行暨科普之旅活动举行】 2 月，由区科委主办的青少年创客科普行暨科普之旅活动举行。活动共涉及 17 个街道、10 余所中小学校，受益人数 7000 余人。青少年创客科普行暨科普之旅活动是区科委组织的系列科普体验与实践活动。该活动采用“青少年 + 家长”“科普基地 + 创客空间活动”的形式，通过创客课程研发、专家讲座、参观、体验、嘉年华、进校园、进社区等一系列活动，以创新实践活动为载体，培养中小学生的创新意识和实践动手能力，具有体验、创造、创新的特点。活动得到了市科委的大力支持。

（邓　天）

【东城区推荐项目获北京市发明专利奖】 3 月 9 日，在第四届北京市发明专利奖颁奖大会上，区科委推荐的北京联飞翔科技股份有限公司的“具有活化流体燃料分子及助燃功能的陶瓷材料及其用途”获得发明专利三等奖。北京联飞翔科技股份有限公司致力于新材料技术及其衍生产品的研发、生产和销售业务，技术产品主要应用于车用节能环保领域；在市、区两级知识产权局的指导和服务下，该公司先后成长为北京市专利试点单位、北京市专利示范单位、国家知识产权优势企业；该公司高度重视知识产权工作，不断加强科技创新，运用知识产权保护创新成果，注重创新成果的实施和商用化，取得了良好的经济社会效益。

（邓　天）

【东城区两家科技企业获专项资金支持】 3 月 17 日，市科委开展 2017 年“北京市战略性新兴产业科技成果转化基地建设”专项资金申报工作。经市科委认定，东城区嘉诚京津冀协同创新基地、中关村雍和航星科技园 2 家单位申请专项资金支持。

（邓　天）

【知识产权专家服务东城创业园区企业】 3 月 21 日，北京 12330、12330 东城区分中心和东城区中小企业服务中心工作站会同知识产权专家，深入东城嘉润创业园区，为该园区入驻的鼎睿时代（北京）有限公司等 11 家创业企业开展咨询服务。与会专家解答了企业现场提出的专利申请、商标注册、著作权登记、商业秘密保护等方面的问题。通过互动，专家们了解创业企业知识产权方面存在的问题，并提出了相关建议和切实可行的策略。

（邓　天）

【知识产权进高校开展宣传活动】 3 月，区知识产权局携手 12330 东城区中小企业服务中心工作站，分别走进中国人民大学和中央戏剧学院，开展“知识产权进高校 助力学生创新创业”宣传活动。两场宣传活动共发放知识产权创业宝典、知识产权漫画读本、北京 12330 宣传折页等宣传品 500 余份。

（邓　天）

【2017 年科技计划项目专家评审工作完成】 4 月 20 日，区科委在北京大宝饭店召开 2017 年区级科技计划项目专家评审会。北京网络多媒体实验室研究员庄梓新、北京节能环保中心研究员陶毅等 15 位相关领域专家参与评审；区科委还邀请党风廉政监督员全程旁听项目评审。专家评审会分综合组、电子信息组、生物医药及医疗器械 3 组进行，每组由 3 位技术专家和 1 位管理专家、1 位财务专家组成。

（邓　天）

【知识产权专家咨询日开展】 4 月 25 日，区知识产权局联合区中小企业服务中心 12330 工作站，邀请北京集慧智佳知识产权管理咨询股份有限公司的 2

位志愿专家，深入金宝和空间创业园区开展一对一咨询服务。园区内的北京欧蓝达动漫科技有限公司等3家企业参加咨询活动。活动围绕商标权运用、驰名商标认定、版权保护和非遗的保护与使用等问题展开。活动过程中，专家针对每个问题给予细致的解答与剖析，并为企业梳理了相关知识产权方面的问题，明晰解决问题的方法和途径。这次走访活动及时解决了企业的实际问题，提升了知识产权保护意识和维权能力，得到了金宝和空间园区运营方和参与企业的称赞。

（邓　天）

【知识产权日主题宣传活动开展】4月26日是第十七个世界知识产权日，东城区2017年知识产权日主题宣传活动在南锣鼓巷开展。区知识产权局、区法院知识产权庭、区文化委、区工商分局等东城区知识产权工作领导小组成员单位负责同志10余人参加了主题为“创新创造改变生活 知识产权竞争未来”的现场宣传咨询服务活动。北京12330东城区分中心、南锣鼓巷工作站、交道口司法所参加了宣传活动，共发放《创业知识产权宝典》《商标法》《音响制品管理条例》《印刷业管理条例》《商标知识宣传手册》《如何鉴别盗版出版物》和《北京12330分中心、工作站》折页等知识产权宣传材料2000余份。

（邓　天）

【区知识产权局专项执法检查开展】4—5月，区知识产权局单独或联合区“双打办”成员单位，先后4次在红桥市场、崇文门、百荣商场、王府井等地区开展专利执法检查行动，对超市、药店、医疗器械店、玩具销售店标注专利的商品等进行了全面检查，检查商品近百种，其中标注专利的商品30余种。对标注不规范和标注专利号已经无效、专利不存在等假冒专利行为予以责令改正。

（邓　天）

【2016年科技计划项目结题验收工作完成】5月5日，区科委在北京大宝饭店召开2016年区级科技计划项目结题验收评审会。评审会邀请北京网络多媒体实验室研究员庄梓新等5位相关领域专家参加。评审验收项目涉及电子信息、高技术服务、节能环保、医疗器械和医药卫生等领域。专家组对41个项目逐个进行了结题验收。

（邓　天）

【区科普工作联席会议召开】5月15日，区科普工作联席会议在区政府召开，部署2017年东城科技活动周工作。副区长刘俊彩出席并讲话。

（邓　天）

【东城科技活动周举行】5月20日，由区科委、区委宣传部、区科协、区园林绿化管理中心共同主办的2017年东城科技活动周在龙潭公园袁庙广场举办主场活动；活动主题是“科技强国，创新圆梦”。中华口腔医学会等5个国家级学会，北京自然博物馆等8个市级科普基地，东城区公安分局、知识产权局、食药监局、公安消防支队、红十字会、龙潭社区卫生中心、龙潭西湖公园管理处等20余家单位参加主场活动。东城科技活动共充分调动和发挥了东城区科普工作联席会45家成员单位、31家市级科普基地、5家区级科普基地、5家社区科普体验厅和17个创新型科普社区的积极性。除举办全区性主场活动和教育系统主场活动两个主场外，2017年东城科技活动周还举办了其他形式多样的具有东城特色的系列科普活动。

（邓　天）

【科技活动周青少年科技教育专场活动举行】5月26日，2017年东城科技活动周在柳荫公园举办了青少年科技教育专场活动——东城区青少年科技馆“Touch Nature. 柳荫”科普课程活动。活动由区科委和区教委主办，东城青少年科技馆承办，来自东城区各中小学校、东城区科技金鹏团学校的400名师生参与活动。课程体验区分表演区和科普互动项目，20余项科普活动为孩子们奉献了一场科普盛宴。

（邓　天）

【区知识产权局专家服务日活动开展】6月15日，区知识产权局联合区中小企业服务中心，在东城区国际文化人才园举办专家服务日活动。专家服务日活动是区知识产权局举办的面向“双创”企业的一项品牌活动。活动邀请北京12330志愿专家为天脉聚源科技传媒公司、自在科技等5家区内企业面对面解决知识产权相关问题。志愿专家针对企业提出的商标的申请、使用，著作权申请、保护，以及商业秘密、海外知识产权购买、知识产权维权等问题进行了交流。服务日活动使企业更加了解自身存在并急需解决的知识产权问题，进一步提升了企业的知识产权保护意识和维权意识，促进初创型和创新型企业的健康发展。

（邓　天）

【城区 2017 年度科技计划项目交办会召开】6 月 23 日，区科委召开东城区 2017 年度科技计划项目交办会。承担项目的企事业单位负责人和项目主管 42 人参加会议。会上宣读了《关于东城区 2017 年度科技计划项目立项的通知》，东城区科委主任孙占军同项目承担单位代表现场签订了任务书。交办会后，科技管理科就东城区科技项目管理暂行办法及市、区科技经费使用规定等内容进行了专题培训。

（邓　天）

【区科技政策法规培训会召开】9 月 15 日，区科委在广西大厦举办科技政策法规培训会。全区 80 多家科技企业的 102 人参加此次培训会。培训会邀请市科委专家王林鹏、科技项目评审专家庄梓新、科委政策法规处主管工程师项梦瑶就高新认定的程序和条件，如何提高科技项目申报成功率，北京建设全国科技创新中心工作科技工作重点问题进行讲解和辅导。

（邓　天）

【京津 12330 举办知识产权服务日活动启动】9 月 21 日，由东城区中小企业服务中心 12330 工作站承办的“京津 12330 知识产权服务日”活动，在天津 C92 文创园启动。京津 12330 及区知识产权局，天津市南开区知识产权局、人力社保局等有关部门负责人参加会议。C92 文创园文创企业代表、高校创业大学生等近 60 人参加活动。北京 12330 介绍了企业知识产权保护公共服务工作；来自北京市高文律师事务所的志愿专家介绍了文创企业知识产权纠纷应对策略；参会领导和志愿专家与参会创新创业人员进行了现场咨询服务和互动交流，为企业知识产权管理把脉问诊。

（邓　天）

【区科委技术合同认定登记培训会举行】10 月 31 日，区科委技术合同登记处在北京大宝饭店召开东城区技术合同培训会，60 多家企事业单位共 80 多人参加本次培训会。培训会邀请技术合同认定及知识产权保护等方面专家解读了相关政策，并现场解答了企业在“营改增”中遇到的问题。

（邓　天）

【区创新创业知识产权保护阶梯培训会举行】11 月 23 日，东城区知识产权局联合北京 12330、东城区中小企业服务中心工作站，在东城文化人才国际园开展创新创业知识产权保护阶梯培训。100 余家中小微企业负责人参加培训。北京 12330 举报投诉部负责人详细介绍了北京 12330 主要职能、服务模式、相关案例；智乾知识产权代理公司合伙人华冰、东城法院知识产权庭闫永廉法官结合国内外典型案例讲解了知识产权基础知识、知识产权的重要性、企业知识产权管理过程中可能遇到的知识产权风险及应对知识。培训后，北京 12330 东城区中小企业服务中心工作站主任闫秀燕带领大家参观了东城区中小企业服务中心，为参会人员介绍东城区中小企业服务中心概况、开展的工作、服务模式、服务成效等。东城区知识产权局还为参会人员准备了《知识产权 ABC》《知识产权漫画读本》《一张图看懂专利申请》《企业创新与专利信息利用》等 14 种知识产权材料 1000 余份。

（邓　天）

【区科委科普工作者培训会举行】11 月，区科委在北京大宝饭店举办 3 场东城区科普工作者培训会。东城区科普工作联席会议有关成员单位和科普基地的科普工作者、社区科普干部和科普志愿者等共 160 余人次参加培训。中科院大学教授李大光等专家分别做了题为《科普活动的策划、运行与案例分享》《世界科学传播发展趋势与中国科普面临的挑战》《让科学流行起来》等的主题报告。在培训会上，北京自然博物馆、北京市珐琅厂分享了开展特色科普活动的经验与心得。

（邓　天）

【北京国家科技创新中心建设重大项目征集专题会召开】12 月 18 日，副区长刘俊彩在区政府会议室主持召开北京国家科技创新中心建设重大项目征集专题会。区科委、东城园管委会、区产促局、区商务委、区文委、区卫生计生委、区文促中心的主管领导参加。区科委主任孙占军介绍了北京国家科技创新中心建设情况以及重大项目征集的要求，参会各单位根据本单位情况进行项目梳理，并交流发言。

（邓　天）

西城区

【概述】2017年,区科信委全面落实北京建设全国科技创新中心的新要求,以科技创新和大数据建设为核心,注重发挥科技创新对区域经济社会建设的重要支撑作用,智慧西城总体建设水平持续提升。

2017年,全区信息传输、软件和信息技术服务业收入预计600亿。全区输出技术合同7105项,输出总额为298.99亿元,同比增长20.0%;全区吸纳技术合同6895项,吸纳总额为271.9亿元,同比减少24.1%。专利申请量15258件,专利授权量11739件,位列全市第三。园区外高新技术企业163家。加强智慧城市建设和大数据工作,率先在全市建成“智慧城市”基本框架,宽带网络光纤全覆盖,为各单位交换数据共计4767.7万条。完成区政府网站升级改造,开展网站每日监测,全年共检查113次,查出问题1578个,督促整改1796次。区政府48家网站接受国务院、市政府监测考核,百分之百合格。科普进军营、进社区、进学校,高质量完成健康西城科普行任务。牵头散乱污专项清理整治,并通过市环保督查;积极配合区有关部门完成了国家、北京市“放管服”“安全生产”“国家安全”等督查任务。

(王立民)

【知识产权维权援助工作取得成效】1月10日,在北京12330分中心、工作站2017年工作会上,西城区分中心与丰台区分中心获得“优秀分中心称号”,普天德胜工作站和金丰和孵化器工作站以综合得分第一名和第二名的成绩与其他区的7家工作站被评为优秀工作站。2009年西城区成立第一家工作站——普天德胜工作站;2013年,区知识产权局与市12330共同设立西城区分中心,随后分别在康华伟业孵化器和金丰和孵化器成立工作站。至此,在知识产权维权援助领域,西城区形成“1+3”工作模式。分中心与工作站为区域内中小企业提供知识产权维权援助、纠纷调解及专题研讨等知识产权公益服务。在维权援助方面,联合市12330,对北京一得阁墨业有限公司、北京玫瑰坊时装定制有限公司、北京诺亦腾科技有限公司的知识产权侵权、知识产权海外布局等问题提供了专项服务。

(王立民)

【区大数据工作协调会召开】1月20日,为了有效推进大数据工作,保障大数据应用取得成效,区科信委组织18家大数据工作重点部门主管领导讨论研究2017年大数据中心建设和应用工作。

(王立民)

【区知识产权局在北京教育装备会开展执法检查】3月8日,第28届北京教育装备展示会暨北京教育装备论坛在北京国家会议中心举行。为维护展会秩序,加强展会知识产权保护,受北京市知识产权局委托,区知识产权局驻会开展专利执法检查。驻会期间对展板、产品说明书、宣传海报涉及专利的相关内容进行检查,并接受参展商知识产权问题咨询。执法人员依据相关法律,启动展会快速处理程序检查,对部分参展商专利标识不规范的情形予以整改;展会的主办方北京教育装备行业协会,就如何加强展会知识产权管理与区知识产权局进行交流,希望通过规范参展商知识产权行为,进一步提升展会质量。

(王立民)

【“北京西城”政务门户网站评估结果优秀】3月28日,由中国软件评测中心主办,北京大学电子政务研究院、人民网协办的第十五届中国政府网站绩效评估结果发布会在北京召开,对第十五届政府网站评估指标和评估结果进行了通报。“北京西城”政务门户网站在全国454个区县政府网站中名列第六位,在北京市16个区县中名列第二。

(王立民)

【科技企业融资担保政策培训会举行】3月31日,区科信委举办西城区科技企业融资担保政策培训会,以有效落实中关村科技金融政策,使企业了解相关的担保及融资流程,促进企业发展。来自全区科技企业的 60 多位管理人员参加了本次培训。会议邀请了北京中关村企业信用促进会、招商银行、北京中关村科技融资担保有限公司、北京知识产权运营管理有限公司相关负责人，就中关村示范区科技金融政策、创新融资、债权融资贴息政策、知识产权金融业务等相关政策进行深入解读。各专家对企业提出的问题进行了现场解答。

（王立民）

【区知识产权局联合检查北京特产门店】 4 月 10 日，区知识产权局与北京市工商局西城分局商标科、专业执法科对什刹海、恭王府、西单、西四、前门等地区经营北京特产的门店进行检查。检查中发现 4 家经营单位存在销售侵犯注册商标专用权商品的行为，未发现专利侵权商品；检查人员对涉嫌商标侵权的进行产品了暂扣处理。

（王立民）

【老字号企业知识产权培训会召开】 4 月 28 日，老字号企业知识产权保护培训会召开。此次培训由区知识产权局、区商务委、区工商分局、区法院共同举办，来自全区老字号企业的负责人 60 余人参加培训。针对老字号企业的商标权、专利权、字号与商号等权利，区工商分局商标科、区法院知识产权庭从行政管理和司法审判的角度，讲解了老字号品牌战略的构建、老字号面临的权利冲突和权利保护；高文律师事务所用大量的案例讲述了老字号企业面对商标和字号侵权时的应对措施；参会人员针对热点问题与授课专家进行了互动与交流。此次培训是西城区第 17 个知识产权宣传日的重要活动内容，也是西城区落实《关于促进老字号改革创新发展的指导意见》文件精神的具体举措。

（王立民）

【2017 年西城区科技周启动仪式举行】 5 月 19 日，由区科信委、中关村西城园管委共同主办的 2017 年西城区科技周启动仪式，在中关村西城科技园创新创意成果展示中心举行。本届区科技周的主题是“科技强国创新圆梦——创新让生活更美好”，引导公众建立科学、文明、健康的生活方式，营造全社会关注科技发展、支持科技工作、参与科技创新的良好氛围。仪式由区科信委主任杨秋主持，中关村西城园管委会副主任岳立致欢迎词。西城区副区长司马红、北京市科技传播中心副主任高畅出席活动。科技周活动期间，区各委办局、各街道举办了丰富多彩的科普活动 100 余项，既有集讲座、体验、展示于一体的大型综合活动，又有博物馆参观、社区义诊、社区“科普宣传一条街”、废品创意设计 DIY、端午节文化体验、园艺插花体验，还有健康生育、心理健康、康复指导、中医药养生、急救自救大波健康知识讲座。此外，活动期间举办了公共安全、食药安全、燃气安全等知识讲解和培训。

（王立民）

【科博会上体验“智慧西城”】 6 月 8 日，第二十届中国北京国际科技产业博览会的展览会在中国国际展览中心（老国展）举行。西城展区位于 4 号馆，以“创新西城引领未来”为主题，让人们体验“创新”和“智慧”给西城带来的新变化。在“创新科技”展区，展示了华新意创工业设计公司代表国内高空民用无人航拍飞机最先进技术等创新科技产品；在“智慧城市”展区，展示华远集团“智慧物业”模式等城市科技内容；在“智惠生活”展区，展示永鉴高科（北京）文化发展有限公司应用成熟的植物 DNA 合成等技术实现定制防伪技术等创新技术产品。高新技术产品与居民需求息息相关，提升了居民幸福指数。

（王立民）

【知识产权助力非遗创新发展】 6 月 10 日，在西城区举办的 2017 北京非物质文化遗产时尚创意设计大赛启动仪式上，高文律师事务所商家泉律师为非遗传承人和北京服装学院的学生讲授了“非物质文化遗产知识产权保护策略”。此次培训旨在帮助非遗传承人和项目保护单位树立知识产权理念，通过建立知识产权制度提升企业核心竞争力，使非物质文化遗产在现代产权制度助力下不断创新发展。

（王立民）

【学习廖俊波同志先进事迹】 6 月 27 日，区科信委召开了全体党员及干部大会，传达学习了习近平总书记关于学习廖俊波同志先进事迹的重要指示精神；会议由区科信委党总支书记主持，区科信委党组书记出席会议并讲话。大会认真学习了廖俊波同志的先进事迹，区科信委党组书记指出，区科信委全体党员干部要认真贯彻习近平总书记重要指示，大力弘扬廖俊波同志崇高精神，从榜样的力量中汲取营养、查摆差距、转变作风，进一步提振干好工作的精气神。

（王立民）

【市首家非物质文化遗产 12330 工作站成立】 6 月 28 日，西城区非物质文化遗产 12330 工作站成立仪式在西城区非物质文化遗产保护中心举行。市知识产权局副巡视员周立权、副区长徐利出席活动；区文化委、区知识产权局相关工作负责人及80余名非物质文化遗产保护单位的代表参加了成立仪式。

仪式上，北京12330、区知识产权局与区非物质文化遗产保护中心签署了西城区非物质文化遗产12330工作站共建协议，周立权和徐利为工作站揭牌，北京内联升鞋业有限公司做了加强老字号知识产权保护的主题发言。此次成立的非物质文化遗产12330工作站是区域内首家传统文化领域知识产权保护服务工作站。此前西城区已成立普天德胜、康华伟业、金丰和3家科技企业孵化器工作站。非物质文化遗产12330工作站的建立，是区落实文化兴区战略，发挥知识产权在创新驱动中的支撑和保障作用，推动知识产权和传统文化融合发展的有力抓手。

（王立民）

【区科信委接受社会信用体系建设第三方评估】6月28日，北京市社会信用体系建设联席会议办公室组织召开了行政许可与行政处罚结果公示（以下简称“双公示”）工作第三方机构实地评估会。国家发展改革委委托的第三方评估机构对北京市“双公示”工作开展实地评估，西城区、怀柔区及5个市级部门代表北京市接受评估。为做好接受评估工作，区科信委在全区各部门的配合下，对“双公示”情况进行了全面自查整改，向北京市推荐了4个单位接受网上公示的检查。在现场评估中，区科信委汇报了区社会信用体系建设情况。第三方评估机构听取了与会单位社会信用体系建设工作情况的汇报，并对工作成效给予了肯定。

（王立民）

【保障2017中国国际软件博览会】6月29日，第二十一届中国国际软件博览会在北京展览馆开幕。本届博览会以“软件定义世界，智能引领未来”为主题，对产业发展成果、趋势和目标进行展示。国务院副总理马凯到会发表演讲，工业信息化部部长苗圩，市委副书记、代市长陈吉宁出席了开幕式，区委书记卢映川、区长王少峰、区委办主任吴向阳等到会参观。西城区全力做好属地服务保障，区科信委、区应急办、区市政市容委、区安全监管局、区城管执法监察局、西城公安分局、西城交通支队、西城消防支队、区环卫中心及展览路街道办事处等多家单位都投入服务保障工作中，确保2017中国国际软件博览会顺利召开。

（王立民）

【科普讲座进校园活动开展】7月11日，区科信委在展览路第一小学开展了以“安全教育”为主题的科普宣讲活动；来自北京排水博物馆的专家带来了“汛期避险安全小常识讲座”和“珍惜水资源，保护水环境——污水处理知识环保讲座”，通过生动的小实验让每位同学体会到污水处理过程，学习相关知识。活动受到了老师和同学们的欢迎。

（王立民）

【知识产权联席会议工作会召开】7月12日，西城区召开2017年知识产权联席会议工作会，市知识产权局副巡视员周立权、副区长司马红出席会议，13家联席会议成员单位的主管领导参加会议。西城区知识产权代表联系会议办公室汇报了2016年工作以及2017年工作重点，区工商分局、区商务委分别从商标品牌建设和老字号企业知识产权保护角度做了经验介绍。周立权在讲话中肯定了区知识产权工作取得的成绩，对下一步工作提出三点希望。司马红在讲话中要求知识产权联席会议成员单位要提高认知，落实职责，共同助推知识产权工作。

（王立民）

【区卫生系统财政科技专项培训会举行】8月4日，区科信委与区卫生计生委共同举办了针对区医疗卫生系统的区财政科技专项项目申报专场培训会，区卫生计生委、区医学会、区疾控中心、区医管中心、区社管中心、各区属医院及各社区卫生服务中心等区属医疗卫生机构的科教负责人参加培训。此次培训主要对区财政科技专项项目中可持续发展类和科技创新类项目的申报、绩效管理、结题验收、经费使用等内容进行讲解，为各单位申报和执行科技项目进行有针对性的指导。

（王立民）

【区民政局业务数据分析系统通过验收】8月4日，区民政局业务数据分析系统通过验收。2016年区科信委通过区民政局关于“西城区民政局业务数据分析系统”的项目申报。该项目依托多年来区民政局信息化的建设成果，对民政工作业务科室的信息进行数据分析，完善了这些系统数据接口、整合现有的数据及应用资源，形成一套整体性的、可持续应用的西城区民政局业务数据分析平台，为深化区民政业务发展提供信息支撑。

（王立民）

【财政科技专项项目申报培训会举行】 8月21日，西城区财政科技专项项目申报培训会举行，使企业在申报过程中更清楚地了解相关政策和申报流程。培训会由区科信委、区知识产权局、区生产力促进中心、区中小企业服务中心举办，区内130多位相关科技企业的管理人员参会。区科信委各相关科室详细讲解了可持续发展类项目申报、科技创新类项目申报、知识产权专项资助项目申报的流程及注意事项，并邀请中规（北京）认证有限公司审核技术部部长为企业做知识产权贯标培训。培训会还通过交流的方式，有效解决了企业的个性化问题。

（王立民）

【财政科技专项可持续发展项目申报培训会举行】 8月25日，区科信委举办了区财政科技专项可持续发展类项目的申报培训会，区内委办局、卫生系统及部分企业相关人员50余人参加培训。社发科相关同志介绍了区财政科技专项改革背景、指导思想和主要内容，解读了区财政科技专项项目管理办法及可持续发展类项目实施细则，并就区财政科技专项可持续发展项目申报相关注意事项、经费预算等进行培训。

（王立民）

【软件信息服务业安全检查工作开展】 8月，区科信委开展软件信息服务业安全生产大检查工作，共检查45家企业，出动检查人员次数约90次。本次检查的重点有两个方面：一是安全生产制度的制定及落实情况，突出对安全生产责任制、安全生产例会、培训的检查；二是对重点工作落实情况，突出对软件信息服务业宣贯《中共中央国务院关于安全生产领域改革发展的意见》情况、安全生产大检查部署及自查情况的检查。

（王立民）

【与北京移动开展合作】 9月20日，区科信委与北京移动分公司围绕西城人口大数据项目实施、公益性WiFi建设等议题进行深入交流。北京移动分公司介绍了利用移动通信资源进行大数据产品开发和WLAN相关技术成果等情况，区科信委介绍了西城区大数据工作推进情况和人口大数据监测需求。双方希望发挥各自技术和资源优势，加强区域大数据建设方面的合作，积极参与市区两级公益性WiFi和区域政务物联网建设，推动实现在区域内大数据合作项目上的开放共享。此次交流会谈对双方了解协作需求，规范工作协作机制，进行下一步的合作打下了良好的基础。

（王立民）

【市科委2018年科普项目社会公开征集推荐工作开展】 9月22日—10月18日，市科委面向社会公开征集2018年科普项目。项目征集包括原创科普展品研发、科普图书著译出版、科普视频与动漫创作、北京市科普基地科普服务体系建设、中小学科学探索实验室建设、社区科普体验厅建设等内容。区科信委在西城网站将征集工作进行了转发，有多家单位进行了咨询和申报。市科委对这项工作的征集工作较往年有所调整，增加了区科委负责推荐"中小学科学探索实验建设""社区科普体验厅建设"项目的环节。最终，区科委推荐了北京市第八中学、区奋斗小学两家单位申报的"中小学科学探索实验室建设"项目。

（王立民）

【统计数据移动应用项目通过验收】 9月，统计数据移动应用项目通过验收。项目于2016年9月26日开工，耗资92.6万元，历时一年，期间完成初验、试运行、第三方软件评测。该项目实现对区重点统计数据的综合查询，并最终实现手机App端的数据展现及查询，实现对重点统计数据的实时展现，打造了一套统计重点数据的归集存储、综合查询及无线推送系统，为领导和各职能部门提供区域经济的快速数据查询服务。

（王立民）

【智慧西城时空信息云平台培训会召开】 10月26日，西城规划分局会同区科信委组织召开了面向街道办事处的智慧西城时空信息云平台培训会。会上介绍了时空信息云平台可提供的数据资源、功能应用及操作使用3个方面的内容。参会单位就平台使用、信息对接，以及对数据、功能、服务和应用等方面的需求进行咨询和探讨。区规划分局与区科信委协同配合，加强丰富时空信息云平台的数据资源，增强服务能力，提升用户体验效果，并进一步与意向单位对接，梳理各方的需求，共同提供空间数据应用需求解决方案。

（王立民）

【财政科技专项（技术创新类）项目现场答辩会召开】 10月26—27日，区科信委组织44个技术创新类项目进行了现场答辩。本次参加答辩的项目，均是通过前一阶段网络评审，在各专业组中专家评价较好的项目。参加现场答辩的专家表示，这批项目具有较高的技术水平，个别项目甚至已经可以达到国际先进水平，相关技术研究具有很强的实用价值，未来这些项目成果的应用将对西城区经济和社会发展起到很大的推动作用。区科信委将根据现场答辩的专家意见，结合网络评审的情况，择优制定2018年度区财政科技专项的支持计划。

（王立民）

【区科普干部培训班召开】11月8—9日，2017年西城区科普干部培训班召开。培训班邀请中科院物理所所长助理魏红祥博士、科学传播局徐雁龙处长和关梅林教授分别做了《高端资源科普化探索》《关于构建科普工作体系》和《提高沟通技巧，创建幸福生活》的报告。区科普联席会成员单位干部和部分社区科普专干近80人参加培训。通过学习，培训班学员对“科学明理，科普明智”和“科普是所有科学传播的基础和先导”有了更深的理解。

（王立民）

【中小微企业分布发展分析】年内，对2016年西城区中小微企业分布发展情况进行了分析。据统计，2016年区中小微企业个数、收入合计和从业人员平均人数均位于城六区第三位，位居朝阳区和海淀区之后；但西城区以1176.2亿元的利润总额位居首位，成为全市盈利水平最高的中心城区。2016年，区规上中小微企业2579家，比上年增加123家，利润总额1176.2亿元，在全市位居首位。按行业门类划分，资产总计排在前四位的行业分别是：租赁和商务服务业，信息传输、软件和信息技术服务业，房地产业和批发零售业，4个行业合计资产总计36411.0亿元，占规上中小微企业全部资产总计的88.2%。收入合计排在前四位的行业分别是：批发和零售业，租赁和商务服务业，交通运输、仓储和邮政业以及房地产业，4个行业收入合计4084.9亿元，占比为78.2%。利润总额排在前四位的行业分别是：租赁和商务服务业，信息传输、软件和信息技术服务业，房地产业和批发零售业，4个行业实现利润总额1090.8亿元，占比为92.7%。租赁和商务服务业，信息传输、软件和信息技术服务业，房地产业，批发和零售业各项经济指标排名均占区重要位置，成为中小微企业的支柱行业。

（王立民）

【技术交易情况】年内，全区输出技术合同7105项，输出总额为298.99亿元，同比增长20.0%；全区吸纳技术合同6895项，吸纳总额为271.9亿元，同比减少24.1%。

（王立民）

朝阳区

【概述】2017年，朝阳区技术合同输出6552项，占全市8%，技术合同成交930亿元，占全市21%，同比增长23.2%，成交额占比较2016年增长近2个百分点。全区国内专利申请34030件，专利授权19417件，均占全市的18%，在全市各区中排名第二。万人发明专利拥有量117件，远高于全市94.5件的平均水平。国家高新技术企业达到2743家，占全市总数的13.6%，占比增加1.5个百分点，同比增长41.5%，在全市各区中排名第二；其中电子信息领域高新企业1619家，占全区总量的59%。

（倪秀菊）

【区长谈科技创新工作】1月9日，区委副书记、区长王灏就朝阳区服务北京全国科技创新中心建设及与未来论坛战略合作接受媒体专访。王灏向记者介绍了朝阳区在服务北京市全国科技创新中心建设方面取得的成效，以及未来5年全面构建具有朝阳特色的创新体系和发展模式，努力抢占未来发展制高点的发展思路，并对记者们提出的热点问题进行了回答。区委常委、常务副区长马继业，副区长李俊杰一同出席。

（倪秀菊）

【科技“三下乡”活动开展】1月11日，朝阳区科委科技“三下乡”活动来到金盏乡，为农村居民送科普图书、期刊，以及《科普电影集萃》光盘 20 套，每套包含《圆明园》《天工开物》《月球探秘》《变暖的地球》等科普影片 13 部。这次活动向百姓宣传了最新的科学知识、科技动态和与百姓生活密切相关的科学常识。

（倪秀菊）

【副区长做知识产权工作典型经验交流】 3 月 9 日，北京市召开 2017 年知识产权工作会。国家知识产权局副局长贺化、北京市副市长隋振江出席大会并讲话。世界知识产权组织中国办事处主任陈宏兵、市知识产权局局长汪洪、市新闻出版广电局局长杨烁等领导出席会议。朝阳区副区长李俊杰作为区县政府唯一代表在会议上做典型经验交流。

（倪秀菊）

【未来科技领军企业论坛会召开】 3 月 31 日，由市生产力中心、区生产力中心、朝阳区孵化器联盟、聚英 SynergyWorks 共同主办的未来科技领军企业论坛会在融创动力文化创意产业园召开。朝阳区 CBD 商业联合会、中国领军企业研究院、中国企业教练学院及孵化机构、投资机构等 50 多家单位参会。会上，市生产力中心、区科委分别针对北京市及朝阳区相关政策、项目申报、资金支持、企业发展定位进行剖析；各创投机构负责人分享了创业成功要素、投资行业现状、投资方向及投资领域等内容；与会专家介绍了全球领军企业系统，针对企业发展痛点现场提出解决方案。

（倪秀菊）

【16 家机构入选市第四批众创空间】 4 月 1 日，市科委公布了北京市第四批众创空间认定情况，朝阳区新华双创空间、国创产业园、合创新业、创 E + 等 16 家机构获得“北京市众创空间”称号。至此，全区获得北京市挂牌众创空间总数达到 33 家。

（倪秀菊）

【“4·26”知识产权宣传周系列活动开展】 4 月 20—28 日，区知识产权局联合区文创实验区管委会、区法院、工商朝阳分局等部门，以“创新创造改变生活 知识产权竞争未来”为主题，组织开展了“4·26”知识产权宣传周系列活动。活动期间，利用各种宣传媒介开展宣传活动，在机关张贴知识产权宣传海报；在大学校园、科技园区和创新型科普社区通过电子屏、宣传横幅、展板、科普橱窗等途径循环播放保护知识产权宣传片、宣传图片和宣传口号等内容；利用报纸、电视等传播载体以及网络、微博、微信等新兴媒体对宣传周期间重点活动集中宣传报道；共发放宣传册、宣传折页、购物袋等宣传资料 2000 余份，进一步推进了以尊重知识，崇尚创新、诚信守法为核心的知识产权文化建设。

（倪秀菊）

【《锦绣未央》著作权侵权纠纷案件庭审旁听】 4 月 24 日，区知识产权局联合区法院知识产权庭开展了《锦绣未央》著作权侵权纠纷案件庭审旁听活动，奇虎 360、乐视控股等 20 余家企业、高校及知识产权服务机构参加庭审旁听。

（倪秀菊）

【朝阳区知识产权联席会议工作会召开】 4 月 24 日，朝阳区召开了 2017 年知识产权联席会议工作会，总结 2016 年工作，交流经验体会，部署下一阶段工作。区委常委、副区长马继业出席并讲话。知识产权联席会议各成员单位主管领导参加会议。

（倪秀菊）

【人大代表调研朝阳区科技工作】 4 月 25 日，朝阳区人大常委会组织部分市、区人大代表就区科技工作情况进行调研座谈。代表们调研了望京科技园，实地视察多家企业，听取了区政府有关科技工作情况汇报和科技讲座，并在政府基金扶持和科研机构融合发展、高校和科研院所专利成果的转化和应用及科普体验厅建设等方面提出意见和建议。区委常委、常务副区长马继业，区人大常委会副主任常树奇参加调研。

（倪秀菊）

【高校发展合作联盟需求对接会召开】 4 月 27 日，朝阳区科委、区生产力中心联合首都科技条件平台中科院基地、中国建材集团基地、北工大基地、生物医药领域中心、电子信息领域中心，共同举办了首都科技条件平台“百进千”暨朝阳区－高校发展合作联盟需求对接会。区科委副主任戚道铎、市技术交易促进中心毛振芹，以及工作站、基地、领域中心代表、企业代表共 60 余人参会。

（倪秀菊）

【2016 年“凤凰计划”暨国际高端商务人才认定仪式举行】 4 月 27 日，朝阳区举行 2016 年“凤凰计划”暨国际高端商务人才认定仪式；又有 66 名国际高端商务人才和 23 名海外高层次人才加入区高层次人才队伍；此外，还有 2 个海外人才团队、71 家初创企业以及 22 家引进海外优秀人才和海外高层次

人才单位获得区“凤凰计划”的资助。

（倪秀菊）

【朝阳区“4·26”知识产权宣传周启动】 4月28日，2017年“4·26”知识产权宣传周启动暨国家文化产业创新实验区12330分中心、工作站成立仪式在东郎电影创意产业园举行。北京市知识产权局副巡视员周立权，朝阳区委常委、常务副区长马继业等出席会议。北京12330、区知识产权局、朝阳国家文化产业创新实验区管委会、区知识产权联席会成员单位相关负责人，及12330工作站、科技、文化企业界代表共计120余人参加活动。

（倪秀菊）

【知识产权发展情况报告发布】 4月28日，在朝阳区2017年“4·26”知识产权宣传周启动暨国家文化产业创新实验区12330分中心、工作站成立仪式上，朝阳区知识产权联席会议办公室发布《2016年度朝阳区知识产权发展情况报告》。《报告》从知识产权体制机制、创造、运用、保护、管理与服务、文化传播等6个方面，对全区知识产权发展情况进行了权威发布。这是朝阳区首次发布区域知识产权发展情况。

（倪秀菊）

【朝阳区中小学知识产权教育工作方案印发】 5月3日，《北京市朝阳区中小学知识产权教育工作方案》由区知识产权局与区教委联合印发，标志着区中小学知识产权教育工作正式启动。

（倪秀菊）

【保障“一带一路”国际合作高峰论坛】 5月14—15日，在“一带一路”国际合作高峰论坛召开期间，区科委（知识产权局）采取有效措施，加大知识产权、网络安全等保障力度，制定了区知识产权局《“一带一路”服务保障工作方案》，成立“一带一路”国际高峰论坛服务保障工作领导小组，联合市知识产权局和其他区县开展联合执法，安排执法人员分组进驻秀水市场、城环城国际汽车配件城等重点市场进行专利执法，对涉及专利侵权、假冒行为的投诉举报线索及时处理。

（倪秀菊）

【2017年北京科技周朝阳区主场活动启动】 5月21日，由北京市科技传播中心、区科学技术委员会、区科学技术协会共同主办，东坝乡人民政府、北京爱宝未来文化科技有限公司共同承办的2017年北京科技周朝阳区主场活动暨“科普的魅力之科技零距离”走进东坝社区科普活动在北京市朝阳区东坝郊野公园文化广场启动。

（倪秀菊）

【朝阳区创客进校园科普活动举行】 5月23日，由区科委、区教委共同主办，区青少年活动中心、朝阳区学生活动管理中心、十八里店学区少年队工作管理协作组共同承办的“少年创客 玩转科学”朝阳区创客进校园科普体验活动在北京市朝阳区新升小学举行。

（倪秀菊）

【2017年“绿色朝阳 从我做起”公益科普活动启动】 5月24日，由区科委主办，北京节能环保中心、节能与环保杂志社、朝阳区小关街道办事处共同承办的2017年“绿色朝阳 从我做起”公益科普活动在朝阳区小关街道小关奥林匹克文化广场启动，小关街道100余名群众参加此次活动。

（倪秀菊）

【朝阳区企业科创成果在科博会展示】 6月8—10日，第二十届中国北京国际科技产业博览会（简称“科博会”）在中国国际展览中心举行。朝阳区展览分为政府展区和企业展区，其中9家以“科技+”为特色的企业参展，两个项目签约成功。

（倪秀菊）

【市领导到朝阳区调研科技创新工作】 6月12日，市委常委、副市长阴和俊到朝阳区调研科技创新工作，听取区科技创新和产业升级工作情况的汇报，详细了解了中关村朝阳园规划、建设以及产业发展等情况；市政府副秘书长刘印春，区领导吴桂英、王灏、马继业参加调研。

（倪秀菊）

【“国创之翼”创新创业大赛举行】 6月20日，“国创之翼”创新创业大赛在科技部火炬中心、北京市科委、北京创业孵育协会、北京众创空间联盟、区科委生产力中心的指导下举行，大赛为创新者提供了项目展示平台、交流平台和持续成长空间。区科委推荐项目共计30余个参赛。获奖项目将入围2017中国·北京创新创业大赛季并获得一系列政策与资金支持。

（倪秀菊）

【“文化创意知识产权保护”主题沙龙举行】 6月23日，“文化创意知识产权保护”主题沙龙在北京东郎影视文化产业园成功举行。本次沙龙是由北京市朝阳区文化创意产业发展中心、北京朝阳国家文化产业创新实验区管委会主办，文创实验区企业信用促进会与实验区12330分中心共同承办。北京12330、区科委、区知识产权局、实验区管委会，实验区12330分中心、工作站，以及70多家重点企业参与此次沙龙活动。本次主题沙龙中，中国传媒大学版权经济研究所所长王越教授与北京京都律师事务所合伙人刘铭律师做了题目为《文化创意企业版权管理和保护的难点及解决方案》和《你真的了解版权吗》的主题发言；北京中投视讯文化传媒股份有限公司与北京中视瑞德文化传媒股份有限公司结合自身案例，分别就文创企业如何进行版权管理、如何实现版权价值、利用版权开展投融资活动等内容进行了经验分享。

（倪秀菊）

【知识产权政策及实务讲座召开】 6月27日，朝阳区知识产权局和北京（望京）留学人员创业园共同举办知识产权政策解读及企业知产实务讲座；区专利试点培育单位及园区企业共50余人参会。会上，望京科技园孵化器服务有限公司介绍了创业园情况及园区知识产权服务工作；区知识产权局就国家、市、区、中关村各级政策进行解读；卓华公司就企业知识产权相关实务工作的流程和注意事项进行讲解。会后，与会企业与专家及授课老师进行了深入沟通。

（倪秀菊）

【“十三五”科技人才政策研究项目验收座谈会召开】 6月27日，区科委组织召开“十三五”科技人才政策研究项目验收座谈会。来自市科委、区委组织部、区海外学人中心的人才工作负责人及人才专家参加座谈；座谈会对朝阳区科技人才政策及《北京市朝阳区科技高端创新创业人才团队培养工程实施管理办法》政策草案提出了修改完善意见。

（倪秀菊）

【知识产权业务培训会举行】 7月28日，区知识产权局联合北京市保护知识产权举报投诉服务中心（北京12330）、朝阳国家文化产业创新实验区管委会，在东郎电影创意产业园共同举办了知识产权业务培训会，区专利试点培育单位及文创实验区企业共60余人参加培训。

（倪秀菊）

【2017海外学人创业大会举行】 8月18—19日，由朝阳海外学人中心联合欧美同学会、人社部留学人员和专家服务中心、北京海外学人中心举办的2017朝阳海外学人创业大会（OTEC）在北京朝阳规划艺术馆举行。创业大会分为OTEC创新峰会、OTEC创业赛全球总决赛。OTEC创新峰会以“服务创新·筑梦朝阳”为主题，分为开幕论坛、人工智能发展与创新（ABC）论坛和斯坦福商学院北京（GSB）论坛。区委组织部部长、区人才工作领导小组副组长何明作为主办方代表在开幕论坛上致辞。8月19日，历时4个月的OTEC创业赛迎来全球总决赛。OTEC创业大赛全球总决赛参赛项目来自中国、美国、英国、德国、以色列、日本、新加坡、澳大利亚等国家，涵盖了当下全球创新创业的六大热点领域——消费升级、文化创意、医疗大健康、能源环保、应用大数据和人工智能。经过项目路演和评委提问，决出了冠军1名、亚军2名、季军3名。来自美国哈佛赛区的“顶峰科技”夺得冠军，中国北京赛区的“考拉阅读”和以色列特拉维夫赛区的“Brightway Vision”获得亚军。

（倪秀菊）

【12330服务日活动举行】 8月29日，朝阳区12330分中心、工作站工作交流会暨北京12330服务日活动在竞园工作站举行。北京12330举报投诉部部长李木子、朝阳分中心、文创实验区分中心、竞园工作站、铜牛工作站、尚8工作站、三间房工作站、望京工作站、东郎工作站的工作人员以及部分竞园入驻企业参加活动。活动中，李木子介绍了北京12330已有的知识产权保护公共服务资源，就北京12330信息管理系统操作对各分中心及工作站进行了专项培训，就如何服务重点企业对分中心及工作站进行了辅导，并与企业进行深入交流座谈。

（倪秀菊）

【知识产权金融、贯标培训对接会举行】 8月30日，朝阳区知识产权局联合北京市知识产权局在蟹岛度假村共同举办知识产权金融培训和知识产权贯标培训对接会。市知识产权局专利管理处处长王德道出席活动并做动员讲话；区专利试点企业、示范企业及高新技术企业等单位的120余名代表参加了培训。会上，来自银行、资产评估、财产保险和知识产权运营管理等机构的专家分别围绕“科技型中小企业银行融资”“专利资产评估”等内容进行主题宣讲和业务交流；区知识产权局、贯标认证机构、知识产权服务机构的专家分别就朝阳区企业“贯标”扶持政策等内容进行了宣讲培训。会后，银行、服务机构与企业进行了金融服务对接，优秀贯标服务机构与企业达成了初步合作意向。

（倪秀菊）

【深化朝阳区科技体制改革工作调度会召开】 9月4日，朝阳区委常委常务副区长马继业主持召开了深化朝阳区科技体制改革工作调度会。区委组织部、区发展改革委、区商务委等10余个单位主要负责人参加了会议；区科委主任冯守华做了关于深化朝阳区科技体制改革相关情况的汇报。

（倪秀菊）

【朝阳区文创企业高新认定指南发布】 9月5日，为推动文化创意企业纳入高新技术企业认定通道，区科委与区文创办、文创实验区管委会共同发布了《文化创意企业申请高新技术企业认定指南》。

（倪秀菊）

【国家知识产权保护规范化市场培育工作推进会举行】 9月6日，北京市第四批国家级知识产权保护规范化市场培育工作推进会在秀水市场举行。国家知识产权局保护协调司知识产权保护处处长朱瑾、市知识产权局协调处处长杜中、北京12330主任王连洁、区知识产权局副局长伏巍等，及工商朝阳分局、区商务委、规范化市场相关负责人出席会议。会上，市、区知识产权局负责人介绍了国家级知识产权规范化市场培育工作情况，工商朝阳分局、区商务委负责人分别介绍了对两家市场的管理与服务情况，此次被列入第四批国家级知识产权保护规范化市场培育工作的秀水和城环城国际汽配城两家市场负责人分别介绍了市场知识产权保护工作基础及下一步培育工作思路。国家知识产权局朱瑾介绍了国家级知识产权保护规范化市场培育工作的背景、市场选择的总体原则，并对市场规范化培育工作提出要求。

（倪秀菊）

【2017未来科学大奖新闻发布会举行】 9月9日，2017未来科学大奖新闻发布会在朝阳区举行，中国科学技术大学潘建伟、清华大学施一公、北京大学许晨阳3位科学家分别获得“物质科学奖”“生命科学奖”和“数学与计算机科学奖”；区长王灏、区委组织部部长何明、副主任李俊杰出席了新闻发布会。

（倪秀菊）

【朝阳区4名科技人才入选首都科技领军人才培养工程】 9月14日，市科委对30位入选2018年度首都科技领军人才培养工程名单者进行了公示，北京工业大学陈树君、北京时代凌宇科技股份有限公司魏剑平、北京化工大学吴一弦、首都医科大学北京朝阳医院邢念增4名科技人才入选，占入选总数的13.3%。

（倪秀菊）

【朝阳区“双创”知识产权阶梯培训会举行】 9月19日，区知识产权局联合北京市保护知识产权举报投诉服务中心（北京12330）在望京科技园举办了朝阳区“双创”知识产权阶梯培训，40余家创新创业企业参加了此次培训。会上，北京12330介绍了12330的相关工作内容和服务资源；人民法院知识产权庭副庭长李自柱介绍了知识产权领域内常见的知识产权纠纷类型、典型案例，提出了风险防范建议和纠纷应对策略，并与企业进行深入沟通交流。

（倪秀菊）

【“智能机器人产业创业创新公共服务平台”项目开题论证会召开】 9月20日，由区科委协同创新项目支持立项的“智能机器人产业创业创新公共服务平台”项目开题论证会，在北京联合大学顺利召开，北京联合大学副校长鲍泓、区科委副主任戚道铎等领导以及人工智能领域专家与课题组成员出席会议。会上，机器人学院刘元盛教授汇报了“智能轮式机器人协同创新中心”项目的实施进度与研究成果；管理学院副院长何勤对“智能机器人产业创业创新公共服务平台”项目方案进行详细介绍，并解读该项目“政策+服务+人才+资本”四位一体的服务模式和平台架构设计；与会专家从资源对接、项目宣传、平台市场推广及后期管理、平台特色凝练、平台定位、产业人才培养、产学研深度合作等角度提出了建议。

（倪秀菊）

【企业知识产权管理体系内部审核员培训班举行】 9月21—22日，由区知识产权局主办，中知（北京）认证有限公司承办的企业知识产权管理体系内部审核员培训班在朝阳宾馆举行。区内企业的100余位学员参加培训。

（倪秀菊）

【未来科学大奖颁奖典礼暨未来论坛年会举行】 10月28—29日，2017未来科学大奖颁奖典礼暨未来论坛年会在朝阳区举行。市委副书记、代市长陈吉宁，市委常委、副市长阴和俊，北京大学校长林建华，中国科技大学校长包信和，区委书记吴桂英，区委副书记、区长王灏等与部分参会嘉宾进行了座谈。中科院院士潘建伟、北京大学理学部主任饶毅、腾讯公司董事会主席兼首席执行官马化腾等7位科学家和企业家代表分别为全国科技创新中心建设建言献策。

（倪秀菊）

【八里庄街道科普体验厅揭牌】 11月1日，作为区政府2017年重要民生实事之一，八里庄街道科普体验厅举行揭牌仪式。为提升社区及周边群众科学文化素养，科普体验厅将提供形式多样的科普服务。

（倪秀菊）

【第二期朝阳“双创”知识产权阶梯培训举行】 11月2日，12330朝阳分中心联合文创实验区分中心在通惠河畔文化创意产业园区组织开展了第二期朝阳区“双创”知识产权阶梯培训，来自国家文创实验区的30多家企业和担保机构、信用机构、银行金融机构代表共计60余人参加培训。朝阳信促会副秘书长张磊等5位专家分别以“文创信促会综合服务体系”“文化创意产业创新金融服务”“农商银行特色服务”“文创实验区信用体系建设”和“企业知识产权战略制定及案例分析”为主题展开演讲，并与企业代表进行互动。

（倪秀菊）

【瀚海控股集团主办第二届好莱坞娱乐科技节】 11月11日，由瀚海控股集团主办的第二届好莱坞娱乐科技节（2017HETF）在世界娱乐科技中心——好莱坞启幕。科技节覆盖10余个娱乐科技领域，吸引了全球600多位顶级娱乐科技企业家、行业专家与投资人参与。举办此次科技节是区科技孵化机构国际化发展的重要活动。

（倪秀菊）

【朝阳区首个科技工作者之家建立】 11月12日，区科协在国创产业园试点建立首个科技工作者之家，并举办首场创意市集活动。科技工作者之家成立后将定期组织院士公开课、科学沙龙等活动，以满足科技工作者们的专业需求。

（倪秀菊）

【朝阳区20余项专利荣获第十九届中国专利优秀奖】 11月13日，第十九届中国专利奖评审结果公布，我区中国石油化工集团公司、京东方科技集团股份有限公司、北京化工大学、中科院微电子研究所等企事业单位的20余项专利，荣获第十九届中国专利优秀奖。

（倪秀菊）

【2017中欧企业家峰会朝阳论坛举行】 11月21日，由区政府支持，中欧企业家峰会组委会主办的2017中欧企业家峰会朝阳论坛在朝阳举办。法国前总理拉法兰、原国家外经贸部副部长龙永图、国家发展改革委原副主任张国宝、联合国驻华系统协调员并联合国开发计划署驻华代表罗世礼等，以及中国和欧洲百余名企业界最有影响力的人物云集北京，共同聚焦“一带一路”倡议指引下的中欧互联互通和创新合作。区长王灏、副区长李俊杰出席活动。

（倪秀菊）

【朝阳区知识产权强区建设专项验收结题评审优秀】 11月21日，市知识产权局组织召开2017年度区域知识产权工作会暨专项工作验收会，朝阳区承担的“朝阳区知识产权强区建设研究”课题以知识产权强区专项5个项目总分第一的成绩通过了专家组的结题评审。市知识产权局副巡视员周立权对“朝阳区知识产权强区建设研究”课题的管理及其取得成效给予肯定。

（倪秀菊）

【系列知识产权宣传培训举行】 11月27日—12月3日，在2017年第十一届中国专利周期间，区知识产权局举办知识产权保护规范化市场管理人员培训、企业知识产权保护与战略布局培训等系列宣传培训活动。

（倪秀菊）

【首都国际人才港首个示范园在朝阳区落地】 12月11日，由欧美同学会、中国留学人才发展基金会主办的第16届中国企业实施走出去战略论坛在人民大会堂召开。“首都国际人才港”的首个示范园区正式落地朝阳区并面向全球发布和招商。

（倪秀菊）

【首届黑马创业周暨第十届黑马年会举行】 12月15日，首届黑马创业周暨第十届黑马年会在朝阳区国家会议中心举行。大会公布了2017年度创业家、年度投资家、创业黑马TOP100、最具潜力新零售公司TOP50等重量级榜单；区未来论坛、创业黑马等民间科技组织或科技中介将成为朝阳区创新发展的重要推动力。

（倪秀菊）

【昆明市知识产权局来朝阳区考察调研】 12月20

日，昆明市知识产权局局长叶明一行5人到区知识产权局，就知识产权运营、服务工作进行考察调研，并就昆明市科技局与朝阳区科委战略合作框架协议落实，共建昆明面向南亚东南亚知识产权服务中心、中科院生物医药大健康知识产权示范园等项目表达了合作愿望。区知识产权局局长冯守华、副局长伏巍参加座谈会。

（倪秀菊）

【朝阳区科技企业孵化器联盟首届年会在望京科技园举行】 12月28日，朝阳区科技企业孵化器联盟首届年会暨2017联盟换届及成果展示在望京科技园召开，科技部火炬中心、市科委、朝阳区等各级领导出席，重点孵化园区及在孵企业代表150余人参加会议。会上，区科委主任冯守华介绍了朝阳区孵化众创发展情况及下一步工作部署；联盟理事长单位汇报了第一届联盟总结情况报告；推举产生了第二届联盟理事长、副理事长、秘书长单位，颁发联盟证书；为联盟2017年金种子创业项目颁奖；融创动力和光合空间作为联盟代表汇报了创新创业的发展情况。

（倪秀菊）

【国际研发创新集聚】 年内，朝阳区推动国际研发创新聚集区建设，全区共有国际研发机构157家，占全市的29%；科技部公布的“独角兽”企业24家，占全市的37%。

（倪秀菊）

【科技服务业贡献率增长】 年内，朝阳区引导推动科技服务业聚集发展，全区科技服务业实现区级收入25.6亿元，同比增长30.7%，增收贡献率24.8%。

（倪秀菊）

【众创空间和孵化器发展迅速】 年内，朝阳区出台众创空间认定、入驻企业管理等政策措施，落实孵化器发展政策，启动区级众创空间认定支持，解决入驻企业注册难题，扶持孵化机构创新发展；全区拥有各类孵化器和众创空间71家，在孵企业2300家，收入总额超过40亿元；其中超过400家次企业获得各类社会资本投资总额超50亿元。

（倪秀菊）

【知识产权示范企业与优势企业得到首批认证】 年内，经评选，朝阳区中国纺织科学研究院、安东石油技术（集团）有限公司、北京光华纺织集团有限公司3家企业成为国家知识产权示范企业，北京握奇智能科技有限公司成为国家知识产权优势企业。全区已拥有国家知识产权示范企业8家，国家知识产权优势企业14家，分别占全市的30%和19%。其中，北京光华纺织集团有限公司在2016年通过知识产权管理标准化认证，成为全市首批通过认证的企业之一。

（倪秀菊）

【朝阳区推挤电动汽车充电桩项目实施】 年内，推进电动汽车充电基础设施建设，广泛征集意向133家，招标选定2家施工企业，完成20余家小区、科技园区充电桩建设。

（倪秀菊）

【两公司入选第四批国家级知识产权保护规范化培育市场名单】 年内，根据国家知识产权局发布的《关于确定第四批国家级知识产权保护规范化培育市场并启动培育工作的通知》，区内北京秀水街市场有限公司和北京城环城国际汽车配件城有限公司入选第四批国家级知识产权保护规范化培育市场名单，培育期限为2017年6月至2019年6月。

（倪秀菊）

【12个高新技术成果转化项目获得北京市认定】 年内，经北京市高新技术成果转化项目认定小组审核，区内链家网（北京）科技有限公司的“链家网全价值链房产服务平台产业化项目”、致生联发信息技术股份有限公司的“实时视频拼接全时空融合技术成果转化项目”和欧蒙医学诊断（中国）有限公司的“全自动蛋白印记分析系统及其配套试剂产业化项目”等共计12个项目被认定为2017年度北京市高新技术成果转化项目。

（倪秀菊）

【国家级科技企业孵化器免税条件审核】 年内，经科技部火炬中心对2016年度国家级科技企业孵化器（包含符合国家级科技企业孵化器条件的众创空间）免税条件进行审核，确认区内望京科技孵化器、瀚海博智科技孵化器、牡丹创新科技孵化器、国投尚科4家通过2016年度税收政策审核，占全市的15%。

（倪秀菊）

【“疏解整治促提升 展望未来谱新篇”主题宣讲活动举行】 年内，区科委在和平街街道和来广营乡开展了“疏解整治促提升 展望未来谱新篇”的主题宣讲活动，围绕“社会发展计划项目”“高新技术产业”“知识产权促进和保护”“科普惠民工程”等内容，介绍讲解了与街乡发展相关的政策及工作。

（倪秀菊）

【特色公园科普宣传展示系统建设启动】年内，朝阳区新建了八里庄罗马嘉园社区、双井街道九龙社区两个科普体验厅，推出智慧城市、京津冀科技探秘等6条科普之旅推介线路，新增北京化工大学先进材料科普基地等6家北京市科普基地，全区市级科普基地达55家，占全市的15%。启动朝阳区特色公园科普宣传展示系统建设。日坛公园科普宣传栏建成并投入使用。

（倪秀菊）

【“快维中心”获全国知识产权系统人才工作先进集体】年内，中国北京朝阳（设计服务业）快维中心共受理外观设计专利快速申请预审827件，授权678件，分别同比增长76.71%和75.71%，一次通过率95%；新增备案企业14家，累计备案企事业单位108家，快维中心获全国知识产权系统人才工作先进集体。

（倪秀菊）

【5所中小学入选市知识产权中小学教育示范（试点）学校】年内，区八十中学入围北京市知识产权中小学教育示范学校，和平街一中、二外附中、十八里店小学、传媒附小等4家学校入围北京市知识产权中小学教育试点学校，区推荐的5所学校全部入选，占入围学校总数的13.9%。

（倪秀菊）

【知识产权服务业聚集】年内，朝阳区具有专利代理资质的知识产权服务机构共107家，其中2017年新成立或新开办专利代理业务的机构共11家，执业专利代理人才队伍约1418人。拥有专利代理人100人以上的机构有2家，分别是北京集佳知识产权代理有限公司（225人）和北京市金杜律师事务所（115人）。

（倪秀菊）

【15家企业入围中关村企业专利申请150强】年内，根据“北京知识产权”微信公众号公布的“2017年1月—9月中关村企业专利申请150强榜单”，中关村朝阳园15家企业入榜，占总数的10%，在入榜的14个园区中名列第二；15家企业专利申请共5800件，占全区总申请量的23.4%。

（倪秀菊）

【朝阳区入围知识产权战略推进工程试点城市】年内，朝阳区入围国家知识产权局、工业信息化部中小企业知识产权战略推进工程试点城市，中国北京（望京）留学人员创业园和融创动力（北京）科技孵化器获批中小企业集聚试点园区。

（倪秀菊）

【区知识产权局荣获“突出集体”称号】年内，国家知识产权局、公安部联合发布了《关于对全国知识产权系统和公安机关知识产权执法工作成绩突出集体和个人予以表扬的通报》，朝阳区知识产权局获2016年度全国知识产权系统和公安机关执法工作成绩突出集体称号。

（倪秀菊）

【朝阳区荣获“2016年生产力促进服务贡献奖”】年内，经科技部中国生产力促进中心协会组织的“2016年全国生产力促进奖”评审，朝阳区生产力中心荣获“2016年生产力促进服务贡献奖”，副主任韩娇荣获“2016年生产力促进服务精英奖”。

（倪秀菊）

海淀区

【概述】2017年，海淀区科技工作立足中关村国家自主创新示范区核心区和全国科技创新中心核心区两大定位，聚焦中关村科学城建设，着力强化原始创新能力，提升创新发展能级，优化创新生态体系，向建成具有全球影响力的科学城和科技创新策源地迈进。

海淀园总收入超过2万亿元，同比增长10%以上，创新投入产出持续提升。企业内部研发经费790亿元，同比增长20.1%，企业内部科技活动经费投入强度超过4.7。海淀区新增国家和市级科技创新平台84个。高新技术企业保有量约9000家，同比增长约19.1%。

知识产权工作以国家知识产权示范城区、知识产权强区建设为抓手，以支撑企业和产业发展为主线，以提升创新主体创造运用能力为重点，不断开拓思路，创新举措，提升知识产权综合服务能力。年内，全区专利申请量68313件，占北京市的36.7%；专利授权量3.37394件，占北京市的35%；发明专利授权量20833件，占全市的45.2%；获第十九届中国专利奖金奖2项；23家驻区单位荣获第四届北京发明专利奖，占获奖总数的近60%；技术市场成交总额达到1620亿元，占全市的37%，新经济活力不断涌现。

（程晓荷）

【11家机构被认定为“海淀区创业期科技型企业集中办公区”】2月7日，北京市中关村科技园区海淀园管理委员会发布公告，根据《海淀区创业期科技型企业集中办公区管理办法（试行）》精神，经海淀区创业期科技型企业集中办公区联席会审议，认定11家机构为“海淀区创业期科技型企业集中办公区”，清华控股成员企业清控科创公司运营的中关村创业大街全球创新社区等企业上榜。中关村创业大街全球创新社区将发挥街区资源聚集优势，吸引全球创新人才汇聚，做好国际优质项目孵化工作，助力高精尖技术与项目落地，打造成为链接国际创新资源的服务平台。

（程晓荷）

【第二十一届中国国际软件博览会新闻发布会举行】3月21日，由工业和信息化部、市政府共同举办的2017第二十一届中国国际软件博览会新闻发布会在北京万寿宾馆举行。副区长李长萍出席本次新闻发布会，并在大会上介绍了“海淀软件嘉年华”活动的相关筹备情况。李长萍表示，海淀区集中了北京市绝大部分软件和信息服务企业，软件和信息服务业在海淀区产业发展中占据着重要位置。软件嘉年华聚焦于全球软件和信息服务业发展的创新成果，定位于引导大众体验、大众消费的特色，突出“科技”“创新”“趣味”等特点，发挥了海淀软件产业聚焦的优势，呈现了一场以展演、体验、竞赛等多种大众参与方式的科技体验狂欢节。

（程晓荷）

【“电动汽车基础设施建设示范试点”通过验收】3月22日，“海淀区电动汽车基础设施建设示范试点工作”通过市科委专家组的专项验收。此专项共完成21个社区的电动汽车基础设施建设示范试点，建设充电桩178个，其中79个直流、99个交流，合计3177.5千瓦。补贴资金249万元，带动总投资840.07万元。这21个社区分布于海淀区山前山后地区，大多为人口稠密地区，为海淀区电动汽车的推广使用提供了保障。

（程晓荷）

【海淀在第四届北京市发明专利奖中揽获六成】3月，在第四届北京市发明专利奖颁奖大会上，海淀区驻区单位荣获特等奖1项、一等奖3项、二等奖9项、三等奖7项，23家获发明专利奖，占获奖总数的近60%。其中，飞天诚信摘得特等奖，大唐移动通讯、北京中科百瑞能、北京安耐吉能源荣获一等奖，中科院计算技术研究所、电信科学技术研究院、联想（北京）有限公司等11家单位荣获二等奖，中国电力科学研究院、浪潮（北京）电子信息产业有限公司等8家单位荣获三等奖。2项发明专利荣获第19届中国专利奖金奖，58项发明和实用新型专利荣获中国专利优秀奖。

（程晓荷）

【2017年度海淀区“1+4”产业政策宣讲会举行】4月13日、18日，由区产业发展专项资金平台组和区知识产权局共同主办的2017年度海淀区“1+4”产业政策宣讲会分别在海淀招商大厦、软件园举行。区产业发展专项资金平台组对全区上半年评审专项进行了整体介绍。海淀园产业规划处、企业发展促进处、科技发展处、服务体系建设处、对外合作处、知识产权处等处室相关专项负责人对具体专项政策和专项申报指南分别进行重点讲解。

（程晓荷）

【海淀区开展“4·26”知识产权联合执法检查】4月24日，为加强知识产权宣传和交流，加大海淀区知识产权保护力度，维护公平有序的商业市场环境，区知识产权局、商务局、文化委、质监局等部门开展了知识产权联合执法。对联想桥物美超市商品进行侵权以及制售假冒伪劣行为展开联合检查，对带有专业标示的商品进行了登记，并对进货渠道、生产日期等细节进行核查。

（程晓荷）

【《智能硬件产业专利蓝皮书》发布】4月25日，在第十七个世界知识产权日，中关村智能硬件梦工场12330工作站，在中关村智造大街举办《智能硬件产业专利蓝皮书》暨《智能硬件产业知识产权风险防范指南》发布活动。中关村 30 余家智能硬件企业参加发布活动。

（程晓荷）

【海淀区“4·26”世界知识产权日宣传活动举行】 4 月 26 日，区知识产权局联合区工商分局、商务委、文化委、质监局等多家单位在新中关东广场门前开展了主题为“保护知识产权 促进创新发展”的知识产权现场咨询和宣传活动。宣传现场向来往市民发放了知识产权实用小手册、知识产权宝典及各种宣传彩页等，解答现场市民提出的专利申请授权、商标注册、质量认证、版权保护等相关问题。

（程晓荷）

【知识产权法制宣传活动开展】 4 月，为做好“4·26”知识产权日宣传周活动工作，海淀区举办了中关村软件园知识产权案件巡回审判、北京知识产权法院知识产权案件审理旁听、新中关东广场知识产权现场咨询和宣传、海淀区政府办公区域知识产权强区建设全国首创性工作巡展、知识产权灯杆旗公益宣传等形式多样的活动。

（程晓荷）

【中关村知识产权论坛举办】 5 月 2 日，2017 中关村知识产权论坛在海淀区中关村国家自主创新示范区展示中心举行。北京知识产权法院副院长宋鱼水、北京市高级人民法院副庭长焦彦、汇桔集团董事长谢旭辉，以及华为、摩拜单车等高管受邀参加论坛，来自政府、学界、企业、科技服务业、法律界等的近千人参加论坛。

（程晓荷）

【2016 年度中关村核心区知识产权白皮书发布】 5 月 2 日，在知识产权强区工程战略合作协议签约仪式暨 2017 中关村知识产权论坛上，海淀区知识产权局局长王英向社会各界和新闻媒体发布了《中关村核心区知识产权白皮书》（2016 年度）。白皮书”详细阐述了 2016 年海淀区围绕全国科技创新中心建设和国家知识产权示范城区建设，加大知识产权工作力度，创新工作思路举措，取得的知识产权工作成果。

（程晓荷）

【知识产权强区工程战略合作协议签约仪式举行】 5 月 2 日，海淀区政府和市知识产权局共同主办，海淀区知识产权局和海淀园管委会共同承办的市区两级共同推进知识产权强区工程战略合作协议签约仪式，在海淀区中关村国家自主创新示范区展示中心举行。市委常委、副市长阴和俊，市知识产权局局长汪洪，市知识产权局巡视员王淑贤，中关村科技园区管委会主任翟立新、海淀区委书记崔述强、海淀区人民政府区长于军等，以及北京市和海淀区相关部门的负责人出席了本次活动。知识产权业内专家学者和高新技术企业代表300 人参加了活动。于军和汪洪共同签署了《北京市知识产权局 海淀区人民政府联合推进知识产权强区建设框架协议》。

（程晓荷）

【20 个高校 专利运营办公室签约授牌】 5 月 2 日，在知识产权强区工程战略合作签约仪式上，20 个高校专利运营办公室授牌。为进一步盘活驻区高校科研院所科技成果，提升其知识产权转化效率，海淀区实施了技术源头活化工程，筛选出了 20 家知识产权成果丰富的高校院所，与北京市知识产权局联合设立了 20 个专利运营办公室，开展知识产权运营基地培育，专利运营办公室将着力推动盘活驻区高校院所知识产权等技术成果，提高知识产权转化率，着力解决科技成果转化“最后一公里”的难题。

（程晓荷）

【第三届“互联网＋教育”创新周举行】 6 月 1—15 日，科技教育·创享未来第三届“互联网＋教育”创新周举行，在 6 月 15 日举办的闭幕式上，《育见未来》纪录片正式发布。中央电视台中央新影集团纪录片导演、《育见未来》纪录片总导演石岚，为《育见未来》纪录片开机仪式致辞。闭幕仪式上，创新创业人才培养基地揭幕仪式举行。海淀园科技处副处长梁爱民，北京师范大学教育学部副部长、教授、未来教育高精尖创新中心执行主任余胜泉，国家开放大学学生事务与教师发展中心主任张峦峤，中关村互联网教育创新中心书记魏宝成共同为创新创业人才培养基地揭牌。

（程晓荷）

【新社会阶层人士联谊会成立】 6 月 14 日，中关村知识产权和标准化一条街新社会阶层人士联谊会成立大会在区政府举行，市委统战部副部长严卫群、中关村管委会委员赵清、区委副书记兼统战部部长刘勇、区委统战部常务副部长刘珍、园工委常务副书记吴宝华、区知识产权局局长王英、区委统战部副部长马龙虎以及知识产权一条街新社会阶层人士联谊会理事出席了成立大会。会议审议通过了联谊会章程,确定了51名联谊会理事。王英做了筹备工作报告;刘勇和严卫群分别代表区和市委统战部讲话。新阶层联谊会的成立,标志着“三街一园”新社会阶层联谊会框架的正式建成。

(程晓荷)

【应对欧洲知识产权保护策略与实务交流座谈会举行】7月12日,应对欧洲知识产权保护策略与实务交流座谈会在中关村知识产权大厦“知识产权之家”举办,区知识产权局邀请德国冠科律师事务所合伙人托马斯·舒斯特针对欧洲知识产权保护状况,为区域企业代表做了“海淀企业应对欧洲知识产权保护策略和实务”的经验分享;同方威视、康信等20余家驻区企业与知识产权服务机构代表参加座谈。

(程晓荷)

【技术合同登记及税收相关政策培训会举行】7月25日,海淀园知识产权处在海淀招商大厦举办北京中关村高新技术企业协会承办的技术合同登记及税收相关政策培训,140余家企业的代表参加了培训。

(程晓荷)

【知识产权海外维权平台拓展】8月,新增意大利Fucina Consulting srl事务所知识产权海外维权援助站点。截至年底,共搭建知识产权海外维权援助站点7个,覆盖英国、法国、德国、芬兰等多个国家,为区域企业出海有效应对了国外竞争对手的知识产权挑战,夯实了企业海外发展基石。4月,国际技术转移中心获准正式加入欧洲企业网(EEN),促进中国与欧洲各国企业之间的技术转移与科技创新;5月协调科技企业对接拓展巴基斯坦市场;同时推进中伊创新中心建设,技术供需信息汇聚不断加。2017年,中国国际技术转移中心梳理欧盟技术近1400项。

(程晓荷)

【海淀区产业政策系列宣讲会举行】8月,海淀区下半年产业发展专项资金申报工作启动,区产业发展专项资金平台组联合海淀园各个处室,分别在海淀招商大厦、上地创业园、鼎好等企业聚集区总共举办了6场2017年度海淀区“1+4”产业政策宣讲会,参会人员千余人。海淀园产业规划处、科技发展处、对外合作处、知识产权处等处室相关专项负责人对具体专项政策和专项申报指南分别进行了重点讲解。

(程晓荷)

【知识产权海外维权援助经验分享会召开】9月4日,区知识产权局邀请海淀区在法国搭建的知识产权海外维权援助站点之一——法国IPSIDE知识产权律师事务所的董事长Christophe CORNUEJOLS与诉讼部主管Gwendal BARBAUT,在中关村知识产权大厦“知识产权之家”,就欧盟商标保护策略及法国仿冒品扣押程序及如何利用专利为企业创造价值,与广大企业代表进行了一次务实的经验分享。中科创达软件股份有限公司、北京臻迪科技股份有限公司等20余家驻区企业与知识产权服务机构代表参加了此次交流培训。

(程晓荷)

【中关村软件园大讲堂主题活动举行】9月22日,中关村软件园12330工作站、中关村知识产权一条街社会新阶层人士联谊会、北京市专利代理人协会、首都知识产权服务业协会在中关村软件园共同举办了中关村软件园大讲堂“创新驱动 知识产权助力科技企业发展”活动。启明星辰、汉王科技、数字政通等园区企业以及中关村企业、服务机构50余人参加了活动。北京曜斗科技有限公司联合创始人李明、北京国知专利预警咨询师有限公司总监余碧涛、集慧智佳知识产权管理咨询股份有限公司咨询师何钦伟,分别以“人工智能(AI)提升企业品牌竞争力”“专利助力企业创新发展”“开源软件的法律风险及防范”为主题发表演讲,并就相关问题与参会的企业代表互动交流。

(程晓荷)

【区知识产权局联合执法工作集中开展】10月,区知识产权局随同市双打办,联合区商务委、工商分局、质监局、公安局、文委、城管执法大队等多家双打成员单位组成联合执法小组,对中关村海龙大厦、鼎好大厦两家电子市场及周边开展严厉打击侵权假冒的集中检查,为十九大顺利召开营造良好的社会环境。区知识产权局执法人员对20余家商户涉专利产品进行了检查,未发现涉嫌假冒专利违法问题。

(程晓荷)

【企业知识产权管理规范政策宣讲培训会召开】11月16日,区知识产权局在中关村国际创新大厦举办全区企业知识产权管理规范政策宣讲活动。100多名来自企业知识产权管理部门、贯标辅导机构、知识产权行政部门的有关人员参训。宣讲活动主要通过企业知识产权管理规范标准解读、企业知识产权管理体系建设案例讲解、体系文件编写及实务、内部审核实施及现场审核模拟等内容，帮助参训学员深入了解企业知识产权管理规范，引导企业逐步完善知识产权管理体系。

（程晓荷）

【2017 中关村论坛举行】 12 月 7 日，由科技部火炬中心、中关村管委会、区政府支持的 2017 中关村论坛举行，市委常委、副市长阴和俊，科技部火炬中心主任张志宏，海淀区委书记于军，2011 年诺贝尔化学奖得主 Dan Shechtman 教授，欧洲科学院院士、德国人工智能研究中心科学总监、联想集团人工智能首席顾问 Hans Uszkoreit，美国白宫前创新顾问 Franklin Urteaga，今日头条创始人兼 CEO 张一鸣，以及来自科技部、中联部、国家知识产权局、中科院、中国工程院、中关村企业和各个机构、10 余国家驻华使节等约 260 人出席论坛。论坛过程中，既有国内外知名人士演讲，又有中关村创新创业青年英豪榜单发布，还有中关村前沿科技企业和全球优秀创新业企业对话等环节。

（程晓荷）

【11 名海淀企业家入选中关村创新创业青年英豪榜】 12 月 7 日，在 2017 年中关村论坛上，中关村管委会等机构发布“中关村创新创业青年英豪榜单”，13 位青年创业者获此殊荣。上榜的企业家有中科寒武纪创始人兼总裁陈天石、今日头条创始人兼 CEO（首席执行官）张一鸣、摩拜创始人兼总裁胡玮炜、集奥聚合董事长崔晶晶、ofo 创始人兼 CEO 戴威、商汤科技 CEO 徐立、云知声董事长兼 CTO（首席技术官）梁家恩、滴滴董事长兼 CEO 程维、旷视科技创始人兼 CEO 印奇、辰安科技董事长苏国锋、猎豹移动 CEO 傅盛、36 氪 CEO 刘成城、纳恩博董事长兼 CEO 高禄峰。其中，11 位青年企业家来自海淀。

（程晓荷）

【协同创新服务平台第四批创新驿站名单公布】 12 月 15 日，经海淀园管委会批准，中关村协同创新服务平台增加第四批创新驿站，共 12 家，包括中关村创新研修学院、北京中科创星科技有限公司、太库（北京）科技孵化器有限公司、北京北化大科技园有限公司、航天云网科技发展有限责任公司、智创工坊（北京）科技有限公司、北京优客工场中科创业投资有限公司、北京鹏达优客工场创业投资有限公司、紫荆花科技孵化器（北京）有限公司、同方科技园有限公司、北京科大科技园有限公司、中关村领创空间科技服务有限责任公司。中关村协同创新服务平台是中关村管委会、海淀园管委会支持的科技创新与成果转化的一站式服务平台。创新驿站是中关村协同创新服务平台线上咨询与线下服务功能的延展，平台依托建立在高校院所、专业园区、孵化器、产业联盟以及服务机构中的创新驿站，为创新活动提供支撑服务，为创新主体解决创新难题。

（程晓荷）

【协同创新券第四批 38 家服务机构名单发布】 12 月 15 日，海淀园管委会根据《海淀协同创新券服务机构管理办法》，甄选公布了协同创新券第四批服务机构名单，共 38 家，以充分发挥海淀协同创新券的激励创新作用，满足海淀区中小微企业的研发创新服务需求。即公布日起，区科技服务型企业可以在平台上使用协创券购买以上各机构的服务，最高可获得 30% 的补贴。截至年底，共有 316 家服务机构可以为企业提供技术开发、产品创新、分析检测、检验认证、实验试制、技术评估、专利中介等 4 类 13 项研发创新服务。

（程晓荷）

【2017 首届中关村并购峰会举行】 12 月 19 日，以“新时代新机遇 并购的中国力量”为主题的 2017 首届中关村并购峰会在中关村国家自主创新示范区会议中心举办。峰会由中关村并购发展促进会主办，政府领导、行业精英、专家学者、协会代表等出席。区委书记于军，中国证监会北京监管局党委书记、局长王建平，中国人民银行营业管理部副巡视员兼中关村中心支行行长李玉秀，中关村管委会副主任翁启文，中国投资协会副会长、中国投资协会股权和创业投资专业委员会会长沈志群分别致辞。参与主题分享、圆桌论坛的业内人士包括：清华大学经济管理学院弗里曼讲席教授、清华大学中国与世界经济研究中心（CCWE）主任李稻葵；清华控股有限公司党委书记、副董事长，诚志股份有限公司董事长龙大伟；原为国家发展和改革委员会宏观济研究院院长助理（正司级），现为中国投资协会副会长、中国投资协会股权和创业投资专业委员会会长的沈志群；硅谷天堂资产管理集团股份有限公司总裁鲍钺；中信建投执委会委员兼投资银行部行政负责人，证监会并购重组委委员刘乃生；北京银行中关村分行行长徐中兴；中伦律师事务所权益合

伙人邱健等。2017 中关村并购峰会为在并购行业表现突出的中关村上市公司和龙头企业颁发了“2017 中关村并购成就奖”，为在并购行业贡献显著的中关村投资机构、律所、会计师事务所、券商、银行等服务机构颁发了“2017 中关村并购突出贡献奖”。

（程晓荷）

【创头条与阿里云创新中心阿里云创学院成立】 12 月 20 日，在云栖大会·北京峰会上，海淀创业园在孵企业创头条与阿里云创新中心共同宣布成立创新创业赋能平台——阿里云创学院。阿里云创学院将结合阿里巴巴丰富的线上线下资源及创头条创新创业服务能力，通过知识赋能、科技赋能、资源赋能等完整体系，打造最具行业影响力的创新创业教育培训品牌，帮助传统企业转型升级，助力创业者成长。

（程晓荷）

【2017 中关村高成长企业 TOP100 颁奖典礼举行】 12 月 26 日，由北京智成高科技产业发展研究所主办，北京中关村高新技术企业协会与中关村创业投资和股权投资基金协会共同支持的“2017 中关村高成长企业 TOP100”评选活动颁奖典礼在北京友谊宾馆举行。政府领导、行业精英、参选企业、协会代表等 400 余人参加了此次活动。市科委副巡视员刘晖，中关村管委会副主任赵慧君，副区长、海淀园工委书记、管委会主任李长萍，创投协会会长、中关村发展集团党委书记兼董事长赵长山，高企协常务副会长兼秘书长、创投协会副会长兼秘书长曹毅等相关政府领导和重要嘉宾均莅临现场并讲话。高企协会长、小米科技董事长雷军，区委书记于军贺信祝贺 TOP100 颁奖典礼举行。

（程晓荷）

【“2017 中关村高成长企业 TOP100”榜单揭晓】 12 月 26 日，“2017 中关村高成长企业 TOP100”榜单揭晓，为以北京安信天行科技有限公司为代表的 10 家“成就奖”获奖企业，以及以中国工商银行北京中关村支行为代表的 4 家“科技伯乐奖”金融机构。本年度评选推选出的百家上榜企业覆盖了国家重点支持的八大高新技术领域，均处于发展的快速上升期。TOP100 年度评选活动自 2009 年创办以来，已连续举办了 8 届。在各级政府及主管单位的关心和指导下，活动得到了社会各界的一致认可与好评，现已成为中关村地区最具权威性和公信力的大型公益性评选活动之一。

（程晓荷）

【高企协与中关村科技创业金融服务集团签约】 12 月 26 日，为打造“三位一体”专业金融体系，帮助中小微企业创新成长，给予 TOP100 高成长企业更有力的金融支持，北京中关村高新技术企业协会与北京中关村科技创业金融服务集团举行了签约仪式。

（程晓荷）

【中关村文化科技融合产业峰会举行】 12 月 27 日，由区文化创意产业协会、中关村先导文化创意产业集聚区联盟主办的中关村文化科技融合产业峰会暨中关村文化创意产业项目合作推介会，在中关村皇冠假日酒店举行。峰会的主题是“创新引领发展，融合开创未来”。海淀区委宣传部、中关村科技园区海淀园管理委员会、海淀区文化发展促进中心给予了支持。300 余家中关村文化科技企业代表参会。峰会发布《海淀区文化创意产业年鉴（2017）》，进行了“创新引领发展，融合开创未来”高峰对话，举办了中关村文化创意产业项目合作推介会。此外，在中央财经大学文化与传媒学院院长、文化经济研究院院长、国家文化创新研究中心主任魏鹏举的主持下，“创新引领发展，融合开创未来”高峰对话亮点纷呈。

（程晓荷）

【海淀区文化创意产业年鉴（2017）发布】 12 月 27 日，《海淀区文化创意产业年鉴（2017）》（以下简称《年鉴（2017）》）发布。这是海淀区文化创意产业协会推出的年度课题报告系列。《年鉴（2017）》以实地调研和统计数据为基础，对区文化和科技融合发展的总体状况进行了系统梳理，归纳了支撑产业发展壮大的创新生态环境和资源秉赋，记录了当前海淀文创产业发展现状，分析了产业发展规律，为科学预测产业未来发展趋势，为企业发展决策、政府制定产业政策提供了有力依据。

（程晓荷）

【中关村文化创意产业项目合作推介会召开】 12 月 27 日，中关村文化创意产业项目合作推介会召开。推介会由北京工业大学文化创意产业研究所所长王国华主持。推介会围绕“挖掘释放文化产业资源，培育高端文化创新精品项目”主题展开，集中展示了中关村科技、教育、文化资源的创新融合。中科院计算机网络信息中心、中关村智造大街、北京世纪明德教育科技股份有限公司等 7 家推介单

位就互联网 + 、人工智能、动漫创作、装备制造、虚拟现实技术、科普实践等创新项目做了集中推介。北京大学文化产业研究院副院长向勇、北京航空航天大学新媒体艺术学院教授费新碑为推介项目做点评。

（程晓荷）

【海淀区政府与中科院北京分院签约】 12 月 28 日，区政府与中科院北京分院全面科技合作座谈会暨科技创新战略合作签约仪式举行。区委副书记、区长戴彬彬，中科院党组成员、副秘书长、北京分院院长何岩致辞，副区长李长萍与中科院北京分院常务副院长吴建国代表双方签署科技创新战略合作框架协议。区委常委、常务副区长孟景伟主持。戴彬彬表示，在新的形势下，海淀区将全面聚焦中关村科学城建设，加快建设全国科技创新中心核心区。为此，一方面要进一步强化中关村科学城的核心地位，在创新生态和城市形态上进行重构和提升；另一方面要为科技创新服务，通过科技政府、科技城市、科技公园的建设和科技共鸣的培养，进一步培育良好的科技创新文化和环境。何岩对新时期院区合作提出了 3 点建议。海淀区与中科院保持紧密合作，双方已在共建科技成果转化平台、共同推进国家实验室和重大专项落地、以资本为抓手促进科技成果转化、联合开展创新创业活动等方面取得重大成效。

（程晓荷）

【甲肝疫苗通过世界卫生组织（WHO）预认证】 12 月，由海淀园企业北京科兴生物制品有限公司生产的甲型肝炎灭活疫苗（孩尔来福）通过世界卫生组织（WHO）预认证。该疫苗产品可进入国际组织的采购平台。北京科兴生产的甲型肝炎灭活疫苗于 2002 年上市，是我国使用量最大的甲型肝炎灭活疫苗，该甲型肝炎灭活疫苗是继葛兰素史克公司之后全球第二个通过 WHO 预认证的产品，国际市场需求量巨大。

（程晓荷）

【51 个项目获国家科学技术奖】 年内，海淀驻区单位主持完成项目有 51 项获得 2017 年度国家科学技术奖，占北京市通用项目获奖数的 65%，占全国的 19%。在 51 个获奖项目中，国家自然科学奖 11 项，占北京市自然科学奖通用项目的 73%，占全国自然科学奖通用项目的 31%；国家技术发明奖 18 项，占北京市技术发明奖通用项目的 78%，占全国技术发明奖通用项目的 27%；国家科技进步奖 22 项，占北京市科技进步奖通用项目的 55%，占全国科技进步奖通用项目的 13%。

（程晓荷）

【89 个项目获北京市科学技术奖】 年内，北京市科技奖共评选出获奖项目 195 项，其中一等奖 22 项、二等奖 51 项、三等奖 122 项。海淀驻区单位主持完成的 89 个项目分获一、二、三等奖，占北京市获奖项目总数的 46%。其中海淀驻区单位获一等奖 13 项，占一等奖项目的 59%；二等奖 26 项，占二等奖项目的 51%；三等奖 50 项，占三等奖项目的 41%。

（程晓荷）

【国家高新技术企业统计】 年内，海淀区国家高新技术企业总数达 8992 家，同比增长 19%，高于“十二五”期间平均增速 9%。中关村高新技术企业数量为 11728 家。8 月，《海淀区国家高新技术企业培育奖励专项资金申报指南》（试行）发布。年内，开展相关政策宣传贯彻活动 3 场，覆盖面达 5000 余家企业；9 场大型培训会，累计培训企业达 3000 余家。

（程晓荷）

【5 个跨国界的国际协同创新实验室建成】 年内，北京协同创新研究院联合斯坦福大学、密西根大学等多所高校建成了柔性电子、先进材料等 5 个跨国界的国际协同创新实验室。累计启动科研项目约 150 项，108 个项目成果实现转化。成立高科技企业 43 家，其中 1 家已在新三板上市，另外 3 家 IPO 改制，吸引社会总投入近 9 亿元。母基金 12 亿元，设立子基金 8 只，募资超过 16 亿元。实施“创新菁英计划”，与北京大学、斯坦福大学等世界著名大学合作培养全日制博士、硕士研究生，2017 级招收硕士 120 名、博士 60 名，以后每年招收学生 200 人左右。与大连理工大学、武汉理工大学已签订“创新菁英计划”研究生联合培养合作协议。已与超级蜂巢、联泰集群等多家企业达成合作，共推科技创新。

（程晓荷）

【协同创新券平台高效运行】 年内，协同创新券平台注册会员 430 家，已通过认证审核的企业 399 家，已通过认证审核的服务机构 97 家。通过认证企业中已提交申领材料的企业 95 家，申领项目 199 项，申领额度为 1636.75 万元，申报使用项目 167 项，使用额度为 1204.04 万元；经审核，通过申领项目 186 项，实际发放额度为 1290.02 万元；通过使用项目167项，实际发放额度为1204.04万元。

（程晓荷）

【原始创新联合基金设立】 年内，海淀园联合北京协同创新研究院、商汤科技公司等技术转化机构、企业与北京市自然科学基金共同设立北京市自然科学基金－海淀原始创新联合基金，以核心区经济发展需求引导区域原始创新。联合基金合作期5年（2017—2021年），基金总规模1.2亿元，其中海淀共出资5000万元。2017年联合基金共申报项目372项，其中重点专题55项，前沿项目317项。共支持项目55项，其中重点专题11项，前沿项目44项，较好地调动了高校院所科研团队围绕核心区重点领域开展原始创新研究。

（程晓荷）

【海淀区新增国家和市级科技创新平台】 年内，区新增国家和市级科技创新平台（国家重点实验室、国家工程技术研究中心、北京市重点实验室、北京市工程技术研究中心、北京市工程实验室、北京市工程研究中心、企业研发机构和北京市企业技术中心）共计84个，全区创新平台超过1000家，超额完成年初设定的目标。其中，国家工程实验室3个，国家工程技术研究中心1个，北京市重点实验室34个，北京市工程技术研究中心16个，市级企业研发机构5个，北京市工程实验室25个。

（程晓荷）

【中关村创业大街孵化团队累计达2459个】 年内，中关村创业大街及入驻机构总共孵化团队878个，其中海归和外籍团队121个，获得融资的团队250个，总融资额达到76.49亿元，项目平均融资额3000多万元。自2014年6月开街以来，中关村创业大街及入驻机构累计孵化团队达2459个，其中海归和外籍团队315个，获得融资905个，融资成功率36.8%，总融资额141.8亿元，平均融资额1567万元，融资超过1亿元的50多家，独角兽企业2家。中关村创业大街建成并投入运营国内首个全球创新社区对接国际项目超过200个，为100多个全球项目提供孵化服务，成功落地了来自美国、瑞士和韩国的5家企业，并成为科技部首批中意众创空间。中关村创业大街汇聚了45家国内外优秀创业服务机构，联合50多家大企业、50多家高校、2000多家风险投资机构等各类合作方，在国内分支总数超过100家。中关村创业大街及入驻机构在海外分支机构与办公室近10家，与美国、以色列、芬兰、瑞典、法国、新加坡、澳大利亚、印度等20余个国家和地区的50余个机构建立创新合作。

（程晓荷）

【“金种子企业”公布】 年内，中关村管委会对2017年“金种子企业”申报工作进行了公示。此次共遴选出“金种子企业”290家，其中，中关村海淀园的北京途伴云游科技有限公司、北京枭龙科技有限公司、北京云圣智能科技有限责任公司等181家孵化企业入选；海淀创业园11家孵化企业入选。

（程晓荷）

【创业会客厅“互联网＋”线上平台高效运行】 年内，创业会客厅以及上地双创服务中心提供咨询服务超过3000次，达成服务900余次。创业会客厅是在中关村创业大街上打造的一站式创新创业服务平台，为创业企业提供工商、财税、知识产权、人力资源等300多项专业服务。两年多以来累计为企业提供超过1.3万次创新服务，达成实际服务4500多次。创业会客厅率先试点“三证合一、一照一码、五证合一”，且“三证合一、一照一码”注册服务开展试运行并在全区推广。9月，创业会客厅设置的外籍人才服务窗口正式开通，为外籍人才提供出入境咨询受理、创新创业服务、人才计划咨询等相关服务，打造快捷、高效、优质的一站式外籍人才创新创业服务平台。创业会客厅集聚着全球创新创业资源和产业资源。线上平台汇聚了海尔、百度、英特尔等20家国内外大企业的创新需求，与纳什空间、3W咖啡、氪空间、车库咖啡、北京大学创业训练营等20余家众创空间达成合作，吸引入驻了联想集团、掘金集团等100余家专业创新创业服务机构。创业会客厅集聚和整合上述全球优质创新创业资源，根据创业企业所处发展阶段以及产业领域，主动对接和推荐适合其发展的资源，加速创业企业发展。

（程晓荷）

【新增“高聚工程”人才】 年内，中关村“高聚工程”支持人员公示名单发布，共44人入选，其中海淀区26人，占比59%。从人才类别来看，在“高聚工程”下设的5类人才（创业人才、创新人才、投资家、领军企业家、创新创业服务领军人才）中的入选人数均超过半数，其中，4名创新创业服务领军人才来自海淀，5名领军企业家中的4人来自海淀，截至年底，累计248人入选“高聚工程”，占全示范区的67%。

（程晓荷）

【区专利申请与授权情况统计】年内，区专利申请量68313件，同比增长2.19%，占北京市的36.7%；其中，发明专利申请量45508件，同比增长3.48%，占北京市的45.9%；专利授权量37394件，同比增长5.28%，占北京市的35%；其中，发明专利授权量20833件，同比增长17.5%，占北京市的45.2%。PCT专利申请受理量2025件，同比增长15.3%，占北京市的40%。有效发明专利94524件，比上一年增加16169件，占北京市的46%。每万人有效发明专利拥有量272件，是全国的28倍。

（程晓荷）

【技术合同登记额统计】年内，区技术合同登记总额1620亿元，占北京市的37%，较上年同期增长约6.5%，完成年度增长目标任务。

（程晓荷）

【知识产权质押贷款统计】年内，51家企业获得银行55笔知识产权质押贷款，融资金额5.5亿元，政府贴息补贴金额1423.13万元。

（程晓荷）

【智融宝项目】年内，“智融宝”（2016年推出的国内首个纯知识产权质押贷款创新产品）决策通过海淀区企业项目49个，拟贷款总额超过2亿元。

（程晓荷）

【专利商用化政策落实】年内，支持60家企业专利商用化项目，共计2979万元。

（程晓荷）

【知识产权服务品牌机构】年内，区内拥有国家知识产权服务品牌培育机构21家，国家知识产权分析评议服务示范创建机构18家，国家专利运营试点企业服务型机构15家，国家星级专利代理机构25家，北京市知识产权服务品牌机构14家，占北京市获评机构总数的近3/4；北京市优秀专利代理机构10家。这些企业在提升区域知识产权服务水平方面发挥了引领示范作用。

（程晓荷）

【中小微企业知识产权托管工程有效运行】年内，为10家知识产权托管服务示范基地授牌，并组织10家知识产权托管服务示范基地与区域知名知识产权服务机构对接，对10家知识产权托管服务示范基地进行“手牵手”知识产权服务。

（程晓荷）

【中小学知识产权教育工作稳步推进】年内，区教委开展知识产权进校园活动，推进开展中小学知识产权教育试点示范工作，培养青少年知识产权保护意识。北京市十一学校、区民族小学被评为第三批全国中小学知识产权教育试点学校。海淀区知识产权教育试点示范学校共7所。

（程晓荷）

【海淀区知识产权一条街建设初现成效】年内，为推进知识产权服务业集聚发展，在中关村及学院路地带重点建设知识产权一条街。以中关村知识产权大厦为基点，汇聚了800多家知识产权服务机构在海淀集聚发展，初步构建了知识产权多元服务体系。截至年底，海淀区拥有专利代理机构数量达220家（不含国防），占全国的13.23%。年内对17家知识产权服务机构进行房租补贴。

（程晓荷）

【知识产权人才专项培育高端人才】年内，知识产权人才专项共支持6人。该专项已连续4年给予资金支持。全区共有执业专利代理人3110人，占全国的17.14%。全区共有北京市优秀专利代理人25名，全国知识产权领军人才50名，全国专利信息领军人才和师资人才40名。

（程晓荷）

丰台区

【概述】2017年，丰台区积极参与北京全国科技创新中心建设，在做大做强航空航天、轨道交通等传统技术优势产业的同时，大力向军民融合创新发展进军，取得了区域科技创新发展的新进步。

全区高新技术企业认定工作取得新突破，全区高新技术企业保有量1093家，年增速13.0%。技术合同登记工作顺利完成，年度全区技术合同交易额达704.6亿元，年增长9.1%，在全市排第三。新增北京市企业技术中心9个，北京市工程实验室4个，截至年底，全区共有国家级重点实验室、工程中心、国家企业技术中心19个，市级工程实验室、工程研究中心、重点实验室、研发机构等128家。年度认定16家区级科技企业孵化器，其中5家被认定为国家级孵化器、4家被认定为市级孵化器；19家区级众创空间中3家被认定为国家级众创空间，12家被认定为北京市级众创空间。

实施知识产权强区行动，开展专利提质增量服务计划，引进23家知识产权服务机构落户丰台，服务企业发明专利的挖掘和申请。2017年全区专利申请11297件，比去年同期增长12.95%；授权6071件，比去年同期增长13.6%；有效发明专利拥有量8226件，比去年同期增长28.89%；PCT申请量68件，比去年同期增长23.64%；每万人发明专利拥有量达37.4件（按照2017年9月219.92万人计），比去年同期增长42.75%。

（赵　军）

【丰台区企事业单位荣获四项国家科技进步奖】 1月9日，2016年度国家科技奖励大会召开，全区有4个项目获国家科技进步奖，其中一等奖1项、二等奖3项。

（赵　军）

【2017年科普教育基地暨科普资源牵手工程工作动员会召开】 2月28日，区科委在区科技馆举办了2017年丰台区科普资源牵手工程工作动员会。来自全区25家科普教育基地的40多名科普工作者和科普管理者参加会议。区科委副主任罗胜对丰台区2016年开展的科普资源牵手工作给予充分肯定，对2017年的科普资源牵手工作进行总体部署。

（赵　军）

【重大科技成果落地取得新成绩】 3月，区科技开发中心聚焦全国科技创新中心，加快推进星火大厦创新型加速器建设，与天鼎联创密封技术有限公司（以下简称“天鼎联创”）签订长辛店实验园项目合作协议。双方合力共同建设“三个中心、一个基地”，推动丰台区高精尖产业的发展聚集。天鼎联创于5月进驻长辛店实验园，现已完成基础设施工程改造，重点实验设备入园，已开展部分实验项目，该公司取得的密封技术成果全世界领先。

（赵　军）

【知识产权案件巡回审理活动举行】 4月26日，北京千子莲投资管理有限公司诉北京不老山美容有限责任公司侵害商标权纠纷案件巡回审理活动举行。活动由北京市12330、区知识产权局、12330丰台分中心联合丰台区人民法院主办，中关村科技园区丰台园科技创业服务中心（12330工作站）、北京国家数字出版基地共同承办。80余家科技园区高新技术企业代表及20余名首都经济贸易大学的学生进行了旁听。此次活动是全区首次举办知识产权案件巡回审理活动，使公众获得对法庭审理的直观体验。

（赵　军）

【全国科技创新中心建设重点任务研讨】 4月26日，区科委主任朱京宁主持召开系统会议，学习研讨贯彻落实《北京加强全国科技创新中心建设重点任务实施方案（2017—2020年）》，加快推进丰台的科技创新发展。科委机关全体干部和所属事业单位党政负责同志参加了学习研讨。与会同志围绕《北京加强全国科技创新中心建设重点任务实施方案（2017—2020年）》发言，为丰台在北京全国科技创新中心建设中占据一席之地主动献计献策。

（赵　军）

【丰台区16个项目荣获2016年度北京市科学技术奖】 4月26日，2016年度北京市科学技术奖励大会召开。2016年共180项科技成果荣获北京市科学技术奖，包括一等奖27项、二等奖60项、三等奖93项。此次全区共有14家单位参与的16个项目获奖，包括一等奖3项、二等奖4项、三等奖9项，比上一年度的12项有明显的提升。其中，北京国电富通科技发展有限责任公司的“高效节能环保双套管粉体输送技术的研究与应用”项目、中国人民解放军第三〇二医院主持研究的“冷冻消融肝癌的技术创新、安全性、疗效和预后因素研究”，以及首都医科大学附属北京佑安医院主持研究的“中国HIV感染者免疫特征研究”获得一等奖。2017年，全区的获奖项目分布在高端装备制造、电子信息、医疗卫生、药学、化工、建筑等多个领域，表明全区的产业优势正在从传统的轨道交通和航空航天向其他领域不断扩散，产业结构不断均衡。

（赵　军）

【点亮科技周】5月23日，以“科技强国 创新圆梦”为主题的2017年丰台科技周开启。此次科技周活动由区科委、区委宣传部、区科协共同主办，区卫生计生委、区食品药品监管局、区环保局、地震局、区气象局、区红十字会、北京汽车博物馆协办，主会场设在北京市汽车博物馆，分会场设在丰台区石榴中心，举办了为期4天的智能装备展示。整个活动采取区、街乡（镇）、驻区科技企业携手联动的方式，主场活动与分场活动相结合，是全区加强科技创新宣传的一次盛会。

（赵 军）

【2017年京津冀首届专利转化项目和创新创业国际论坛举行】5月24日，2017年京津冀首届专利转化项目和创新创业国际论坛在丰台区举行，来自京、津、冀、鲁、豫、苏等地区的绿色节能环保企业，芬兰部分企业、知识产权服务机构、产业联盟、行业协会等相关机构的代表200余人参加会议。本次论坛使京津冀多地与芬兰在能源可持续发展生产和利用、资源高效循环利用、可再生能源、生物质能源应用等方面搭建了长期交流平台，有助于促进芬兰先进的国际化绿色节能项目落地，带动经济、科技、人才的深化合作，强化京津冀三地在专利转化与创新创业方面的优势互补与协同创新。

（赵 军）

【专家解读丰台双创行新策】7月，区科委在科技馆举行区级众创空间、科技企业孵化器补助、奖励资金申报及创新券申报政策解读会。此次政策解读会由来自北京中企科创新经济研究中心和区生产力促进中心的专家主讲，全区众创空间和科技企业孵化器的项目负责人及财务主管共70多人参加会议。为进一步推动和落实双创工作精神，引导、鼓励区级众创空间和科技企业孵化器健康发展，区科委主持编制了《2017年丰台区众创空间专项资金申报指南》和《2017年丰台区科技企业孵化器专项资金申报指南》，用于指导相关单位开展2016年度的补助、奖励资金申报工作。

（赵 军）

【2017年夏季学生科普体验周活动举行】7月13—19日，在区科委的指导下，由区科技馆携手多家科普资源单位，在区教委体美外科、首师大附属丽泽中学支持下，在丰台区科技馆共同举办了2017年丰台区第四届夏季学生科普体验周活动。活动围绕“创新·体验·成长——中国梦·科学梦·青春梦”主题，旨在激发学生的创造力，培养学生的创新精神，让学生感受科技创新魅力，同时在科普体验中收获成长。本次涉及14个展区20项活动，有科普互动展览、机器人总动员、如何科学地打发奶油、松小屋工坊、防灾减灾设备设施展示、科普资源工作站等。

（赵 军）

【军民融合创新创业论坛举行】9月16日，由丰台区主办的军民融合创新创业论坛在北京中关村国家自主创新示范区展示中心举行。论坛是2017全国双创活动周北京会场活动之一。区委副书记、区长冀岩出席并发表主旨演讲。本次论坛以“围绕加快建立军民融合创新体系，培育先行先试的创新示范载体，拓展军民融合发展新空间，探索军民融合发展新路子和营造创建国家军民融合创新示范区的良好氛围”为主题，主要聚焦在如何推动军民创新资源深度融合落地，服务全市创新创业工作，促进北京全国科创中心建设。截至2017年，全区已连续举办3届全国“军民融合发展高技术成果展览”。

（赵 军）

【首都科技条件平台百进千需求对接会举行】10月，由区科委主办，首都科技条件平台丰台工作站承办，首都科技条件平台金融领域中心协办的首都科技条件平台百家重点实验室进千家企业科技金融专题需求对接会在北京南粤苑宾馆召开，科技企业、孵化器及金融机构的代表50余人参加了此次会议。区科委副主任魏欣亚表示，希望通过对接会能让更多企业了解、掌握市、区扶持企业科技创新的科技金融相关政策，进一步促进企业创新发展。

（赵 军）

【企业项目管理科技政策培训会举行】12月26日，区科委举办丰台区科技项目培训会，邀请项目管理领域及财务专家对最新的项目管理、经费管理政策进行详细解读。2016年、2017年丰台区科技三项费及科普项目41个项目单位的项目负责人及财务负责人近100人参加了培训。项目管理财务专家从国家和北京市科技经费执行的政策依据、课题审计所需要的基本资料、各科目所需资料及单独核算等4个方面进行了讲解。领域专家就项目管理，重点是项目结题验收工作、管理、技术、产业化等各方面所需准备的材料进行了讲解。

（赵 军）

【知识产权教育从娃娃抓起】12月26日，丰台区4.26知识产权日启动仪式暨知识产权进校园活动启动仪式在清华附中丰台学校举行。活动由区科委、区知识产权局联合区教委主办。区知识产权局局长朱京宁、区教委基教一科科长翟红臣、国家知识产权局专利局初审及流程管理部潘晓、丁子剑，以及清华附中师生200余人出席了本次活动。区知识产权局联合区教委，积极培育支持中小学知识产权教育试点、示范校，同时鼓励支持知识产权进校园活动，给予政策资金支持，以培养学生知识产权意识和创新精神，为学生们构建"尊重知识、崇尚创新、诚信守法"的知识产权文化环境。年内，区科委(知识产权局)面向全区近百所中小学负责科技工作的教师召开了培训会，对知识产权教师队伍进行了培训全覆盖；把《北京市中小学知识产权教育读本》分批发送到全区每一名小学四年级和初中二年级学生的手中，实现了丰台区知识产权进校园百分之百覆盖。

(赵　军)

【科技联手金融为创新创业提供资金支持】年内，区科委、区知识产权局创新金融服务，探索质押贷款新模式。积极开拓专利质押贷款担保、引导社会资本搭建专利投资基金，为企业解决融资难的问题。2017年完成专利质押融资2项。其中，北京先通国际医药科技股份有限公司通过专利质押，获得了华夏银行中关村支行500万元的贷款；北京世纪佰特节能技术有限公司获得了200万元贷款。

(赵　军)

【科普工作成为群众接触新技术的桥梁】年内，全区不断拓展夯实科普阵地，壮大三级科普网络，扩大科普覆盖面。全区投入科普经费400多万元，开办了6期"科普讲堂"、编辑出版4期《科技丰台》，发放科普读物59000余册、科普年画近1000份、防霾口罩800个，有效扩大了科普覆盖面。调动北京汽车博物馆等13家科普教育基地、6个街道社区、16个学校参与科普工作，为全区居民及青少年科普教育注入全新的活力，丰台的区街(乡)居(村)三级科普工作组织网络成为北京市区级科普工作的典范。

(赵　军)

【科技资金投入】年内，全区安排科技资金9729.7033万元，助推区域科技创新快速发展。提升区科技三项费3110万元专项资金使用效益，向影响区域经济社会发展的重点产业、与人民群众日常生活密切相关的技术创新聚焦。发挥2971万元丰台区中小企业创新基金的量能，扶持全区中小企业技术进步；丰台区科技创新孵化专项资金共安排资金1325.09万元，其中科技企业孵化器安排资金465.49万元；众创空间安排资金859.6万元。安排专利专项资金2000万，支持专利申请和授权奖励1891件，专利大户9家共计519.7万元，征集专利转化项目42项，专利授权奖励1204件，有效发明专利首次超过100件奖励8家。科普经费522万，主要用于科普活动和科普基地的建设，进一步夯实了科技创新的基础力量。

(赵　军)

【建立政企对接工作机制】年内，丰台区积极建立政企对接工作机制，搭建政企创新对接平台，面向全区科技企业开展广泛的政策宣传和培训，全年培训和咨询人次超过2000次，走访企业超过200家，并通过科技项目考察、科普宣传、"4·26"世界知识产权日宣传周、知识产权校园行、知识产权企业行、12330系列活动，创新创业沙龙、讲座等一系列活动深入企业，为区内重点企业提升知识产权意识提供了技术支撑和服务，营造良好的知识产权保护氛围。

(赵　军)

【丰台区科技三项费项目荣获国家级荣誉】年内，由航天凯恩化工科技有限公司承担的丰台区科技三项费项目"危化品泄漏应急处理装置"在首届中国军民两用技术创新应用大赛中荣获银奖。工业和信息化部副部长辛国斌、中央军委装备发展部副部长王力、全国工商联副主席黄荣、国防科工局总工程师龙红山、集团公司经济合作部副部长张越等有关部门负责人出席颁奖仪式并参观优秀项目展览。该项目是继2016年9月获得第五届中国创新创业大赛军转民大赛三等奖后，再次获得国家级殊荣。通过这次参赛，进一步清晰了项目的技术发展方向和营销策略，提高了品牌知名度与市场影响力，对推动产业项目军转民创新发展具有十分重要的意义。

(赵　军)

【12330丰台区分中心荣获优秀分中心表彰】年内，北京市保护知识产权举报投诉服务中心对区县9家12330分中心和44家工作站进行了考核，丰台区分中心以总分第一的成绩，荣获优秀分中心称

号。丰台区自 2012 年建设 12330 丰台分中心以来，已在园区和孵化器中发展了 5 家工作站，打造成一个紧密相连的“1 + 5”工作体系。4 年多来，经过实践摸索，形成了较为科学的工作模式，具体做法可概括为“五个统一”：统一组织学习，使区各工作站服务能力统一得到提高；统一联络体系，建立了丰台 12330 知识产权交流微信群及 QQ 群，服务体系内部成为交流无障碍、沟通无限制的统一整体；统一举办活动，形成了分中心统一规划、各工作站分别着手、双创载体积极加入的良好参与体系；统一宣传成果，在每次举办活动前后，通过各类宣传途径，统一进行宣传，扩大 12330 知识产权服务宣传面；统一打造品牌，为使举办的活动规范化，制定统一活动环节，打造出“北京 + 丰台”12330 服务品牌。赛欧工作站和科创中心工作站也荣获优秀工作站称号。

（赵　军）

【区内支持核心专利技术项目荣获全国创新方法大赛一等奖】 年内，北京航天雷特机电工程有限公司的“舒适型软质防弹防刺服”项目在中国科学技术协会于天津举办的第二届全国企业创新方法大赛总决赛上，荣获大赛一等奖。该项目与来自全国 31 个赛区的 1150 个项目激烈角逐，表现突出，与会专家对项目创新方法的运用、创新思维展示、项目的市场前景、社会效益给予高度评价。获奖项目的核心专利技术，曾成功获得 2014 年度区专利转化项目资金支持，并已顺利结题。项目在执行期间，制定了企业标准 1 项，申请国家发明专利 1 项，发表专业技术论文 4 篇，开发新产品 3 项，项目产品和其衍生品防弹衣的直接销售达到 3790 万元，净利润 333 万元。专利转化项目是根据《丰台区专利促进与保护管理办法（试行）》组织开展的区域发明专利转化支持项目，占据了政策资金 2000 万总盘的 50% 以上。通过区财政经费对区域重点技术转化落地的有效支持，加大了企业的研究力度，增加了企业生产的产能，加快了技术产业化进程。此外，该政策为专利授权、专利服务机构、专利战略、专利维权保护、知识产权进学校等十几类项目提供支持。

（赵　军）

石景山区

【概述】 2017 年，以北京建设全国“科技创新中心”契机，按照全区“八个高端体系”建设的任务要求，区科委积极构建高端的科技创新驱动体系。

一是深入贯彻北京建设全国科技创新中心国家重大战略部署，全面落实《北京加强全国科技创新中心建设总体方案》和《北京加强全国科技创新中心建设重点任务实施方案（2017—2020 年）》，主动对接“三城一区”建设，研究编制《石景山区落实加强全国科技创新中心建设实施方案（2017—2020 年）》。

二是科技创新主体集聚加速。国家高新技术企业 748 家，2 家国家级科技创新基地、7 家市级科技创新基地，建成区科技成果转化应用平台。8 项科技成果获得 2015 年度北京市科学技术奖励，其中一等奖 1 项、二等奖 5 项、三等奖 2 项。30 个项目获得 2016 年度石景山区科学技术奖，其中一等奖 3 项、二等奖 8 项、三等奖 19 项。

三是重点奖励在构建高精尖经济结构、破解城市难题、科技惠及民生、企业协同创新方面实现应用的创新成果。全年技术合同交易额完成 62 亿元，获得 6 项 2016 年度北京市科学技术奖、2 项第四届北京市发明专利奖、2 项 2016 年度“中国好技术”荣誉称号。21 家企业入围 2017 年度北京市科技型中小企业促进专项立项企业名单。

四是制定《石景山区国家知识产权示范城市（城区）培育方案》《知识产权强区工程三年行动计划》，以政府办的名义对外发布并报国家知识产权局备案，启动创新型城区和“国家知识产权示范城市”创建工作。2017 年全区专利申请突破 4000 件，授权 2242 件，新增北京专利示范单位 2 家，总数达到 14 家。

五是推进科普工作与科技创新共促发展。2017 年组织开展科普活动 500 余场，组织“石景山区科普大讲堂”10 期，惠及人群超过 30 万人，新认定北京创业公社投资有限公司等 3 家“石景山区科普教育基地”和“石景山区创新科普工作室”，目前国家级科普基地 3 家，市级科普基地 10 家，区级科普基地达 20 家，区级创新科普工作室 33 家，形成了政府引导、社会力量广泛参与的科普工作机制。

（张玉霞）

【首届“科普达人秀”颁奖典礼举行】1 月 4 日，由区科委和区教委共同主办的石景山区首届“科普达人秀”颁奖典礼在金鹏剧场举行。市科委、石景山区科委、教委、文委、团委、妇联、科协等部门领导参加本次活动。科普剧《对话雾霾君》斩获大赛冠军，科普剧《月亮公主》及《一指追凶》荣获二等奖，科普秀《中国娃巧手过大年》、科普剧《凝凶》、脱口秀《神奇的空气》荣获三等奖。此次活动还评出最佳视觉奖、最佳表演奖、最佳创意奖、最佳组织奖、最佳导师奖等共 16 个奖项。2016 年石景山区首届“科普达人秀”以“科技舞动未来，创新引领发展”为主题，将科学的理念融入艺术的形式，通过艺术的形式让科学绽放出新的生命力，该活动作为石景山区科普节及石景山区的重要组成部分，是进一步落实《北京市“十三五”时期科学技术普及发展规划》，将科技创新与科学普及相结合的一次有益尝试。活动开展以来，共征集到发明创意、对科学原理的创意展示、科学实验展示、科学生活妙招等各类题材的科普作品近 50 件，参与公众近 300 人。

（张玉霞）

【驻石景山区科研机构荣获国家科学技术奖一等奖】1 月 9 日，国家科学技术奖励大会召开，2016 年度国家科学技术奖获奖名单公布。驻房山区科研机构中科院高能物理研究所的“大亚湾反应堆中微子实验发现的中微子振荡新模式”项目获得国家自然科学奖一等奖，“北京正负电子对撞机重大改造工程”项目获得国家科学技术进步奖一等奖。石景山区共有 8 项科技成果获得国家科学技术奖，57 项科技成果获得北京市科学技术奖。

（曹　洁）

【石景山区科技馆举办“玩转科学”快乐科学体验营】1 月 20 日，区科技馆举办“玩转科学”快乐科学体验营开营仪式。区科技馆组织策划的“玩转科学”快乐科学体验营活动，主要是为丰富全区中小学生寒假生活。活动期间每周举办一场少年儿童公益科学体验活动。“玩转科学”快乐科学体验营作为石景山区科普节的特色活动品牌，得到了北京自然博物馆、北京市排水集团科普馆等社会组织的大力支持。所有活动设计均针对少年儿童群体，以培养他们的创新思维、提高动手能力、加强团队合作精神为特色，让孩子们真正体会“玩中学，做中乐”的科学志趣。截至寒假结束，共举办 6 次活动，参加活动的中小学生达 300 人。

（裴菊芳）

【石景山区两家企业获北京市发明专利奖】3 月 9 日，第四届北京市发明专利奖颁奖大会在北京国际饭店举行。石景山园区企业北京东土科技股份有限公司（以下简称“东土科技”）的“一种工业以太网快速冗余的实现方法”，首钢总公司的“一种在线检测热镀锌板表面锌花尺寸的方法”两项发明专利，分别获得二等奖和三等奖。“一种工业以太网快速冗余的实现方法”（专利号：200710003041）是东土科技在 2007 年 11 月 28 日获得的专利，该专利是一种工业环境下的以太网快速、可靠冗余环网的倒换设计方法。“一种在线检测热镀锌板表面锌花尺寸的方法”是首钢总公司在 2012 年 7 月 25 日获得的专利，本发明通过在线粗糙度仪检测热镀锌板表面的滤波波纹度 Wca 值，得到镀锌板表面的锌花尺寸，为在线对热镀锌板表面锌花尺寸进行快速判定和调整提供了技术条件。

（王　震）

【中关村虚拟现实产业园启动】4 月 11 日，“新浪潮，新活力”全球虚拟现实产业峰会暨中关村虚拟现实产业园启动仪式在北京石景山区万达嘉华大酒店举行。中国工程院院士、北京航空航天大学教授赵沁平、中关村管委会副主任宣鸿、北京市科委副主任张继红、石景山区区委常务副区长田利跃、工业信息化部电子信息司视听产品处副处长曲晓杰出席会议并为中关村虚拟现实产业园揭牌。会上，中关村石景山园管委会与虚拟现实产业联盟签署了《促进虚拟现实产业发展战略合作协议》及《中关村虚拟现实产业园企业入驻协议》。北京枭龙腾飞科技有限公司、北京梦想人智能科技有限公司、北京暴风魔镜科技有限公司等龙头企业签署入驻协议。中关村虚拟现实产业园将涵盖总部办公、技术研发、创业孵化、体验展示、商务交流和高端配套等各项功能，逐步形成“一园多基地”的空间格局。中关村石景山园已对接虚拟现实及相关领域企业200余家，入驻重点企业40余家，行业领域涉及虚拟现实硬件研发、内容制作、软件开发、平台建设、行业应用及相关人工智能、大数据、无人机等方面技术创新企业。

（杨　莉）

【石景山园区企业助力“天舟一号”】 4月20日，搭载“天舟一号”货运飞船的长征七号遥二运载火箭发射成功。园区企业北京航天测控技术有限公司自主研制生产的测量系统自动测控组合、测控信号转换装置及整流罩环境测试组合等设备和软件，给发射指挥中心提供了及时的信息反馈，为发射决策提供了重要的信息支撑。园区通过搭建科技成果转化平台、设立转化基金、成立科技服务业联盟、出台相关政策等方式，不断激发企业的科技创新活力，促进企业的科技成果转化应用。

（曹　洁）

【石景山区知识产权联席会议工作会召开】 4月21日，石景山区知识产权局在区政府南楼会议室召开区知识产权联席会议2017年度工作会。市知识产权局巡视员王淑贤、副区长周西松出席会议，区知识产权联席会成员单位相关领导、驻区科研院所、企业代表50余人参加会议。会议通报了2016年知识产权工作情况，部署了2017年工作重点；区知识产权局与区法院、赛智调解中心签署了知识产权纠纷调解协议；成立了区知识产权智库，为首批5名智库专家颁发了聘书；北京市知识产权学院、区商务委、东土科技分别就知识产权工作做了典型发言。

（王震）

【石景山区2017年科普工作会召开】 4月21日，区科委在政府南楼会议室召开2017年科普工作会，副区长周西松、市科委科宣处处长汤健、区科委主任房之炜、区科协主席宋菁慧出席会议。大会对2016年度科普工作进行了总结，对2017年工作要点做了部署，对获得2016年市科普工作的先进单位及个人进行表彰，为新认定的“石景山区科普基地”和“石景山区创新科普工作室”3家单位进行颁牌，3家先进单位代表进行了典型经验发言。区科普工作联席会议成员单位主管领导、区科普工作领导小组成员单位主管领导、市科普基地单位领导、区创新型科普工作室、区科普基地和区创新型科普社区负责人参加会议。

（付　琦）

【石景山区6项成果获2016年北京市科学技术奖励】 4月26日，北京市科学技术奖励大会暨2017年全国科技创新中心建设工作会议评选出180项北京市科学技术奖。全区共有6项科技成果获得2016年度北京市科学技术奖励，其中北方工业大学的“新型环保关键控制技术与大功率高效板式臭氧发生器研发及应用”、中国电子科学院高能物理研究所的“面向电力信息系统的安全可控性仿真验证体系研究与应用”及中科院高能物理研究所和北京高能新技术有限公司的“新一代核辐射成像探测技术研究及应用”等3项荣获二等奖，中国保险信息技术管理有限责任公司的“基于大数据的全国车险信息平台技术研发及应用”、北京首钢国际工程技术有限公司的“全赤铁矿链篦机－回转窑球团技术研究开发与创新应用”等4项荣获三等奖。

（石桂莲）

【石景山园区企业助力中国大飞机翱翔蓝天】 5月5日，我国国产大飞机C919成功首飞，在此次国产大飞机C919的研制过程中，石景山园区企业航天测控与商飞共同研制的“试飞数据处理设备”协助完成了燃油系统、动力系统、刹车起落架、航电系统、机械系统、液压系统、导航系统、通信系统等10余个飞机系统的多项地面测试数据处理工作，为客服运营、各系统供应商、各系统设计专业提供了快速的试验数据服务，为飞机运行状态提供了翔实的“体检报告”，是C919成功首飞的重要安全保障。与此同时，该公司研制的“国产大型客机实时监控与故障诊断系统”，将来可为国产大飞机的日常运营提供实时监控与故障诊断应用支撑。

（胡　妍）

【“百进千”对接会举行】 5月17日，由北京师范大学研发实验服务基地主办，首都科技条件平台石景山工作站协办的“百进千对接会— VR产业政策及产学研合作创新创业专项对接会暨京师信息文化节沙龙”在北京师范大学举行。此次对接会以虚拟现实为主题，围绕虚拟现实技术在产业应用和学术界的最新进展，政府对于虚拟现实产业的支持力度和方向，中关村虚拟现实产业园的相关政策等内容进行探讨。会上，石景山工作站围绕石景山区情概况、园区概况、特色政策服务、重点载体空间等4点内容进行介绍，重点介绍2016年10月由中关村管委会和石景山人民政府联合颁布的《关于促进中关村虚拟现实产业创新发展的若干措施》，数家VR企业表现出落户石景山园的意愿。

（胡　妍）

【2017年北京科技活动周石景山主会场虚拟现实科普展举行】5月20—27日，以“科技强国·创新圆梦”为主题的2017年北京科技活动周石景山主会场虚拟现实科普展举行，主会场展览面积近2000平方米。活动由区科委、区委宣传部、区科协共同主办，中关村文创游戏产业发展联盟和区科技馆承办，并邀请了清华大学、北京航空航天大学、暴风魔镜、广州玖的三目猴、迪生数娱等30余家科研院所和科技企业参展。本次科技周以建设中关村虚拟现实产业园为契机，进一步整合区内外虚拟现实产业资源，设计开展“虚拟现实科普体验展、虚拟现实移动体验巡游、科普培训课堂”等多项活动，采用“VR主题展”和“VR移动展”相结合的形式，一静一动打破会场的空间限制，充分扩大活动的宣传范围，营造良好的科技创新氛围，推进虚拟现实等最新技术的科学普及。

（裴菊芳）

【新产品全球发布会召开】6月19日，北京微视酷科技有限责任公司在石景山区中关村虚拟现实产业园召开新产品全球发布会暨“VR教育操作系统软件平台（IES）全球开放”发布会。本次开放的专业VR课堂教学管理系统除了解决内容与硬件适配的问题外，还可以帮助内容开发者轻松开发出真正适用于课堂教学的VR内容；同时，平台同微视酷VR教育云相连，可以集中整合优秀的VR教育内容，打包输送给学校需求端；将IES沉浸式教育系统中的VR教育管理平台部分（IEM）向全球VR硬件厂商和VR课件开发者免费共享开放。北京微视酷科技有限责任公司是园区重点引进的虚拟现实企业。该公司创立于2015年，是中国专业VR教育软件研发机构，是国内第一家将虚拟现实技术——VR技术系统应用于教育的高新科技企业。

（杨　莉）

【市领导调研石景山区科技创新和产业发展情况】7月8日，市委常委、副市长阴和俊一行到京西商务中心、中国电科院、北京保险产业园、中关村石景山园展厅等地调研，听取区基本情况、发展战略和重点工作汇报，观摩前沿创新成果展示，考察保险产业园建设情况及中关村石景山园情况，并体验了6家企业的创新产品展示。阴和俊对石景山区近年来的高端绿色发展成效，尤其是科技创新和产业发展成绩表示肯定，并针对下一步工作做出指示。市政府副秘书长刘印春，市科委、市经济信息化委、中关村管委会有关负责人，区领导文献、田利跃、周西松、岳林华陪同调研。

（王鹤乾）

【石景山园区多家企业获得专项立项】7月15日，市科委公布了2017年度北京市科技型中小企业促进专项立项企业名单。石景山园区北京疯景科技有限公司、北京図宝科技有限公司等9家企业获得创新项目立项，获得270万元资金支持；北京乔松网络科技有限责任公司、明锐思成（北京）信息科技有限公司、北京奇思信息技术有限公司等12家企业获得创业项目立项，获得180万元资金支持。石景山园区立项占全市立项总数的3.8%。

（罗耀玲）

【中关村石景山园军民融合科技成果展举行】7月28日—8月4日，区双拥领导小组办公室、中关村科技园区石景山园管理委员会、区科委在石景山园北Ⅱ区展厅举办中关村石景山园军民融合科技成果展。此次展览旨在全面展示园区军民融合发展的阶段性成果，为企业搭建科技成果展示、技术交流、应用推广的渠道和平台，进一步强化科技引领、协同发展，推动落实军民融合深入发展，形成我区军民融合发展特色，更好地开创军民融合发展新局面。参与本次展会的企业有17家，涉及航天航海、机器人、反恐、高端技术装备、军事训练培训、虚拟现实技术等展现高新技术成果近50余项，其中包括邦维高科的特种行业防护服等系列产品，航天测控的天箭虚拟仿真训练平台、大型客机的运营监控及防护等成果展示，中天引控的无人机系统、Ⅳ履带式多任务通用平台、轻质金属材料及狙击机器人，东土科技的火箭军VPX融合通信解决方案、大型舰船一体化网络平台等成果。

（曹　洁）

【清华大学与北京阿尔山金融科技有限公司联合成立区块链技术联合研究中心】7月31日，清华大学（计算机系）-北京阿尔山金融科技有限公司区块链技术联合研究中心成立仪式在清华大学工字厅举行。全国政协副主席陈元、清华大学党委书记陈旭出席并为中心揭牌。清华大学，北京市房山区、石景山区、中关村科技园区管委会，泰康保险、信达财险、民生银行、中国证券投资基金业协会等相关负责人60余人出席成立仪式。区块链技术联合研究中心由园区企业北京阿尔山金融科技公司与清华大学（计算机系）共同发起成立，主要工作是加强区块链技术基础研究，做好典型应用场景和安全性研究、法定数字货币基本问题及关键技术研究，研制在金融行业乃至更多领域的高效、安全、可扩展的区块链技术和系统，努力打造金融科技的高端学术交流平台。中心将对园区企业加快产学研合作，联合高校开展技术研发、成果转化和示范应用工作起到示范作用，也将对科技金融产业融合发展能力提升起到积极的推动作用。

（曹　洁）

【2016年度石景山区科学技术奖励评审会召开】 8月1日，2016年度石景山区科学技术奖励评审会会议在区政府召开。副区长、区科学技术奖评审委员会主任周西松和全体评审委员会参加了会议，对专业组评审结果进行综合评议，记名投票表决，提出了奖励等级评审结果。评审结果在区科学技术行政管理部门指定的媒体上公示15天。8月28日，经区政府批准，北京易华录信息技术股份有限公司和北京高诚科技发展有限公司联合申报的“综合交通运行大数据交通缓堵仿真协同应用平台研发与应用”等30个项目，被评为2016年度石景山区科学技术奖。

（石桂莲）

【石景山区VR企业知识产权保护专场培训举行】 9月21日，由北京12330石景山区分中心主办、创业公社协办的VR企业知识产权保护专场在创业公社·虚拟现实产业基地举行。石景山园区共有100余家企业参加了专题培训。会议邀请国家知识产权局专利局专利审查协作北京中心专家，为虚拟现实领域的企业详细讲解了“专利助力企业创新”等内容。同时，北京12330对市投诉举报工作情况进行了介绍。与会企业就专利申请审查流程、周期、现有技术如何进行相关专利保护等问题向专家进行咨询，会后参观了专注VR研发的北京枭龙科技有限公司、北京触幻科技有限公司和北京基因互动技术开发有限公司。

（王　震）

【首届石景山区科学技术奖项目发布暨推介会举办】 9月26日，“2016年度石景山区科学技术奖获奖项目发布暨成果推介活动”在石景山创新平台举办。该活动由石景山区生产力促进中心主办，创业公社、北京天合转促中心承办，旨在激发区域科技创新活力，推进科技成果在石景山区转化落地。本次推介活动首次对接了石景山区科学技术奖获奖项目与投融资机构、创业团队，对破解供需对接瓶颈、推动中小微企业科技创新、畅通成果转化投融资渠道将产生积极影响。公安部第一研究所研究员李仲南、北京物联网协会会长李佳、中关村天合科技成果转化促进中心主任朱希铎、中农瑞泽投资有限公司执行董事滕晓荣受邀出任点评嘉宾。获奖企业、投融资机构和科研院所等代表50余人参加了此次会议。会议共计发布了25项优秀科技成果，涵盖了虚拟现实（VR）、大数据、医疗、节能环保、互联网技术等多个领域。其中，“高速流水线模数转换器（ADC）精度提高关键技术研发与应用”、“基于虚拟现实技术的暴风魔镜5代研发与应用”等重点项目因其技术成熟度高、应用前景好，受到了投资机构的广泛关注。

（雪　冰）

【石景山区多家企业入选2017年度国家知识产权示范企业和优势企业】 11月17日，国家知识产权局公布2017年度国家知识产权示范企业和优势企业名单。石景山园区北京东土科技股份有限公司、首钢集团有限公司2家企业进入国家知识产权示范企业国家知识产权示范企业名单；北京易华录信息技术股份有限公司、北京中天金谷科技股份有限公司2家企业进入优势企业名单。石景山区入选企业占全市总量的10%；其中，东土科技和首钢集团获评国家知识产权示范企业，实现了区国家级知识产权示范企业零的突破。

（王　震　张玉霞）

【石景山区专利信息服务培训会召开】 11月29日，石景山知识产权局联合市知识产权局信息中心，在稻香湖景酒店举办园区讲堂区——专利信息服务培训会。全区100多家企业代表参加了培训。培训会对北京知识产权公共信息平台和石景山分平台的主要功能进行了详细介绍；就专利检索、专利专题库、产业专题库等模块进行了重点解读。来自北京知识产权学院和北京知识产权运营公司的专家围绕校企合作、专利运营及价值实现等内容进行了讲解。2017 年累计举办“园区讲堂”288 期，服务企业约 15000 家次。

（王　震　张玉霞）

【中国中医科学院眼科医院举办“电动升降眼底手术后面枕凳研发”成果推介会】12 月 19 日，区中国中医科学院眼科医院在眼科医院举办“电动升降眼底手术后面枕凳研发”成果推介会。区科委、眼科医院、意向合作厂商和中关村天合科技成果转化促进中心等单位近 30 人参会。所推广的“眼科眼底术后用面枕”和“眼底术后康复床头”两项成果曾得到石景山区科技计划项目支持并获得实用新型专利，已在眼科医院试用，下一步将推广至北京市乃至全国眼科医院。本次成果推介会是科委园区服务驻区科研机构和相关单位有效推动成果转化落地的一次有力举措。

（雪　冰）

【石景山区参与“一带一路”建设】年内，华录百纳、昆仑在线等“文化输出类”企业，易华录、丽贝亚等“技术援建类”企业，参与“一带一路”沿线国家的基础设施建设、优质产能合作、文化交流等关键领域项目建设。为强化“数字娱乐特色北京市国际科技合作基地”优势，推动文化科技国际交流合作，石景山园区企业猎豹移动旗下品牌 News Republic 与“一带一路”沿线国家印度当地的多家内容版权商合作，提供了英语、印地语、泰米尔语 3 个语种的新闻，促进了文化交流。蒲公英国际青年驿站等人才基地建设，“千人”“海聚”“高聚”等高端人才管理工作，通过引智合作输出和引进高端人才在“一带一路”沿线国家落地生根，为发展我国与沿线国家经济合作伙伴关系做出贡献。

（胡　妍）

【石景山园区 296 家企业获批 2017 年国家高新技术企业】年内，石景山园区 296 家企业获批国家高新技术企业。其中，电子与信息技术领域 176 家，高技术服务业领域 51 家，航空航天技术领域 5 家，生物与新医药技术领域 5 家，先进制造与自动化领域 28 家，新材料技术领域 8 家，新能源与节能技术领域 8 家，资源与环境技术领域 15 家。这些获得国家高新技术的企业多集中在高新技术领域，企业具有电子与信息技术强、创新能力强、细分行业覆盖较广等特点。

（崔海霞　张　旭）

门头沟区

【概述】2017 年，区科委把握“生态立区，转型发展”主题，以提高发展质量和效益为中心，着力解决城乡发展的短板和瓶颈，强化创新驱动，聚焦高端产业和高端环节，围绕生态保障、水源涵养、旅游休闲、绿色产品供给 4 具方面开展科技工作，为培育经济发展新动能，推动经济保持中高速增长、产业迈向中高端水平提供了有力支撑。

可持续发展实验区取得新突破。完成《门头沟区国家可持续发展实验区 2017 年建设方案》，可持续发展能力提升工程、绿色低碳产业体系建设工程、清洁高效基础设施体系建设工程和宜居宜业生态环境体系建设工程等工程均已完成 60% 以上。同时尽全力申报国家可持续发展议程创新示范区，并编制《门头沟区创建国家可持续发展议程创新示范区规划（2017—2030 年）》和《门头沟区创建国家可持续发展议程创新示范区建设方案（2017—2020 年）》。

强化科技调研对生态修复的引领作用。重点完成门头沟区“十三五”期间九镇及一街生态破坏区域现状调研工作，制定山区 10 平方公里废弃矿山修复方案并实施，在对生态破坏区域地块风险评价和效益分析的基础上，提出相应的修复对策，拟定详细的实施计划规划。门头沟区“十三五”期间拟实施生态修复工程总数量为 232 处，总生态修复面积达到 15.82 平方公里（23725.19 亩），初步估算需总投资为 79.10 亿元。

高新技术企业规模再上新台阶。截至年底,全区高新技术企业总数达195家,2017年全区高企保有量增速达到51%。2017年当年新认定(不含证书到期需重新认定企业)企业73家。企业拥有有效专利926件,同比增长25.82%。其中,有效发明专利185件,增幅12.12%;软件著作权934件,增幅52.37%。2017年年底完成技术合同成交额1.5亿。

(苏宇声)

【首都科技条件平台服务门头沟企业政策宣讲会举行】 3月2日,首都科技条件平台门头沟工作站和中关村门头沟科技园在京西创客工场的创客学院共同举行了科技条件平台服务企业政策宣讲会,来自38家企业的70余人参加会议。会上,科技部国家科技基础条件平台中心副处长卢凡、市科委条财处业务主管王彬进行宣讲。3月16日,首都科技条件平台门头沟工作站在中关村门头沟科技园德山大厦举行北京科技政策宣讲,来自30家企业的50余人参加会议。市地税局李德峰介绍了北京市税收优惠政策,市科委马振宇介绍了北京市支持企业技术创新相关政策,北京市技术市场管理办公室王东良介绍了北京技术市场相关的政策等。

(苏宇声)

【门头沟区科技专项和科技推广项目立项】 3月2日,2017年区科技专项、科技推广项目立项。其中,区科技专项包括"农村科技协调员工作""水峪嘴村'旅游服务提升改造'""树莓良种引进与设施栽培技术研究示范""蛹虫草人工培育技术应用示范"和"光伏发电与空气源热泵调控温室大棚生产名优蔬菜技术研究与示范"5个课题。科技推广项目包括"灵山生态园东北红豆杉引种繁育示范""新型冰温库建设及冰温储藏保鲜技术应用示范"和"特种蔬菜引种推广及家用微型植物工厂开发研究"3个课题。

(苏宇声)

【"百家重点实验室进千家企业"对接会举行】 4月25日,首都科技条件平台门头沟工作站举行了2017年度"百家重点实验室进千家企业"对接会。首都科技条件平台工程师毛振芹就首都科技创新券的背景意义、申请条件、申报流程、适用范围、注意事项等具体事项进行了宣讲。检测与认证领域中心、清华大学、市农林科学院、北方工业大学、北京建筑材料科学研究总院、中国中医科学院等研发实验服务基地分别介绍了服务特色、服务内容、服务范围,与参会企业对接工作进展、意向等。

(苏宇声)

【门头沟区知识产权培训讲座举行】 4月26日,世界知识产权日,门头沟区与石龙管委联合组织园区企业开展创新创造改变园区、知识产权竞争未来的培训讲座。讲座围绕专利优先审查、战略布局、管理和保护展开,开启了知识产权主动服务企业发展新举措。本次会议共20余家区内重点企业人员参加。

(苏宇声)

【2017门头沟区科学技术奖励评审会召开】 6月8—9日,2017年门头沟区科学技术奖励评审会召开。全区共有58个项目申请评选区科学技术进步奖,12个项目申请评选区科技成果推广奖。经专家评审,共有26个项目获奖,其中进步奖22项(一等奖2项,二等奖7项、三等奖11项,鼓励奖2项)、推广奖4项(一等奖空缺,二等奖1项,三等奖3项)。推荐"全自动光伏边框生产线的开发及应用"及"国家教育标准化考试考务平台产业化"两个项目申报北京市科技奖励。

(苏宇声)

【门头沟区知识产权机构调整】 7月,门头沟区知识产权服务中心获批成立;科技开发实验基地由差额事业单位转成全额事业单位,编制25人;知识产权服务中心编制5人;科技开发服务中心编制5人;国家生态修复科技综合示范基地编制5人;北京山地生态科技研究所编制10人(自收自支事业单位)。通过机构调整,壮大了区知识产权人员队伍,有利于知识产权工作的开展。

(苏宇声)

【门头沟区三项目通过市科委验收】 7月28日,"2017年度首都科技条件平台门头沟工作站建设与运营服务"项目通过市科委验收。9月27日,"中药系统评价和试点"项目通过市科委验收。11月23日,"山区农村地源热泵供暖制冷系统技术集成与示范"课题通过市科委验收。

(苏宇声)

【门头沟区推进废弃矿山修复方案】 8月16日,区政协主席张冰,区委常委、副区长张兴胜带领区科委等10个相关部门、9个镇及大台办事处,对门头沟山区10平方公里废弃矿山修复方案进行调度协调。本次调度协调工作会由区政协副主席高连发主持。区科委汇报了山区10平方公里废弃矿山修复相关工作的进展情况，各相关单位为推进此项工作开展献言献策。

（苏宇声）

【门头沟区与自贡市知识产权局签订合作框架协议】 9月18日，门头沟区知识产权局与自贡市知识产权局签订了知识产权合作框架协议。该协议有利于深化京川知识产权合作，推动两地知识产权事业发展。

（苏宇声）

【门头沟区“十三五”时期区科技发展规划企业座谈会召开】 10月12日，“十三五”时期门头沟区科技发展规划企业座谈会召开。会议邀请北京精雕科技集团有限公司、北京明航科技发展有限公司等9家区内高精尖企业代表参加座谈。会上，一是征求了各高精尖企业代表对《“十三五”时期门头沟区科技发展规划》的意见；二是加强了区科委相关科室和企业之间的沟通交流；三是宣传了区可持续发展的建设理念及可持续发展实验区建设项目的相关内容。

（苏宇声）

【门头沟区到市科委汇报交流】 10月23日，副区长张兴胜带队到市科委汇报交流，市科委副主任张光连、社发处处长刑永杰、农村处处长张平参加了汇报交流会。张兴胜表达了希望市科委在高精尖产业精准投资基金、石龙五期建设和高端智力资源引进等方面给予支持的愿望。张光连表示，门头沟区作为国家可持续发展实验区，近年来产业发展迅速，基础条件大为改善；市科委建议建立“市区可以建立长效联络机制”，并全力支持门头沟区产业发展，特别是在绿通项目、可持续发展、环境综合整治和高新产业发展方面将给予大力支持。

（苏宇声）

【门头沟区大峪中学评为市知识产权教育示范学校】 11月1日，在2017年北京市中小学知识产权教育工作会上，门头沟区大峪中学被评为2017年北京市知识产权教育示范学校。

（苏宇声）

【门头沟区科委与中科院开展战略合作】 11月29日，为加快区奇异莓（软枣猕猴桃）产业发展，中科院武汉植物园、北京市门头沟区科技委员会、北京清水云峰果业有限公司经协商，就专业技术人才培养、种植资源引进及利用、种植关键技术指导、科技成果引进、奇异莓标准体系建设、推进产业化经营等六大领域达成战略合作协议；并在区政府举行奇异莓产学研战略合作暨中科院奇异莓专家工作站签约仪式。副区长王涛、中科院北京分院常务副院长吴建国、中科院武汉植物园党委书记罗志强出席签约仪式；区科委等相关委办局及清水镇参加了战略合作会。

（苏宇声）

【门头沟区科委组织创新创业专项资金申报】 11月，区科委组织高新技术企业申报了2017年促进创新创业和产业发展专项资金项目，其中2个项目获批创新创业企业科技创新专项资金补助。

（苏宇声）

【门头沟区举办国家可持续发展实验区建设与发展培训会】 12月6日，门头沟区举办了国家可持续发展实验区建设与发展培训会。东南大学经济管理学院仲伟俊教授主讲了《我国可持续发展实验区与可持续发展议程创新示范区的探索和展望》的专题。区各相关委办局、各镇街及区内重点民俗村、民俗户等50余人参加培训会。培训会为实验区的建设发展提供可借鉴的成功经验，为区争创创新示范区指明了方向。

（苏宇声）

【2017年门头沟区科技专项、科技推广项目通过验收】 12月22日，2017年区科技专项、科技推广项目通过验收。2017年区县科技专项包括“农村科技协调员工作”课题、“水峪嘴村旅游服务提升改造”课题、“树莓良种引进与设施栽培技术研究示范”课题、“蛹虫草人工培育技术应用示范”课题、“光伏发电与空气源热泵调控温室大棚生产名优蔬菜技术研究与示范”课题。2017年科技推广项目包括“灵山生态园东北红豆杉引种繁育示范”课题、“新型冰温库建设及冰温储藏保鲜技术应用示范”课题、“特种蔬菜引种推广及家用微型植物工厂开发研究”课题。

（苏宇声）

【首都科技条件平台业务政策宣讲会召开】 12月26日，首都科技条件平台门头沟工作站在中关村门头沟科技园德山大厦举行业务政策宣讲会。会上就科技型中小企业评价工作、专利申请、首都科技条件平台创新券三项科技政策进行了培训交流。区科委、区财政局、石龙管委以及50余家企业的相关工作人员参加了本次培训。

（苏宇声）

【门头沟区域科普能力建设稳步推进】年内，区域科普能力建设稳步推进：完成了门头沟区2017年度全国科普统计调查工作；“潭柘寺镇潭柘新区”“龙泉镇琉璃渠村琉璃技艺”“妙峰山镇水峪嘴村京西古道”“栗元庄樱桃科普展示园科普设施建设”4个科普体验厅建设项目完成；市财政科普专项“北岭南区瓜草地生态观光园区科普设施建设”与“花露蝴蝶科普体验馆升级改造”两个项目完成；市科委科普专项“门头沟生态修复主题科普品牌塑造及科普系列活动”“雁翅镇青白口村大苹果科普展示体验厅建设”“门头沟区全民体质健康科普体验厅建设”进入组织实施阶段；成功推荐三家店铁中与京西实验学校两所学校的中小学探索实验室建设项目，推荐区“北京瓷茗缘黄芩文化园”与“永定河文化博物馆”两家北京市科普教育基地入选“2017京津冀科普之旅”活动线路单位；推荐门头沟区气象局与门头沟地震科普体验厅两家单位申报2017年北京市科普教育基地，最终门头沟区气象局被认定为北京市科普教育基地，区科普教育基地阵营扩大到13家，整体规模位于郊区前列。

（苏宇声）

【高新企业增速达历史最高】年内，2017年度国家高新技术企业认定工作区共报送105家，通过率99%，其中重新认定企业31家，新认定企业74家。在新认定的74家企业中，按其所属技术领域统计，电子信息34家，高技术服务19家，先进制造与自动化10家，生物与新医药5家，资源与环境4家，新能源与节能2家。区国家高新技术企业达196家，其中电子信息85家、高技术服务34家、先进制造与自动化29家、资源与环境19家、生物与新医药12家、新能源与节能9家、新材料7家、航空航天1家。高企保有量增速达到52%，与过去5年的22%、27%、19%、11%、40%相比创历史最高。

（苏宇声）

【区科委对多项科技项目开展中期督导】年内，区科委重点对区科技专项、区科技推广项目开展中期督导。6月20日，对“蛹虫草人工培育技术应用示范”课题进行中期督导；该课题开展了大麦虫活体培育、虫草菌的活化扩繁、虫体接种及虫体培育等工作。6月21日，对“树莓良种引进与设施栽培技术研究示范”课题进行中期督导；该课题已完成“波鲁德、秋来斯、波拉那、双季黑莓”等4个树莓良种的引进，整地、定植、肥水设施的配套和架杆设施配套等。6月27日，对“光伏发电与空气源热泵调控温室大棚生产名优蔬菜技术研究与示范”课题进行中期督导；该课题完成了“5KW离网光伏发电系统”与“空气源热泵采暖制冷系统”设备的安装。6月28日，对“灵山生态园东北红豆杉引种培育示范”课题进行中期督导；该课题根据红豆杉的生长习性，结合京西山区的气候和土壤特点，成功引种栽培5年以上株龄红豆杉380株，面积2.5亩；成功引种盆栽红豆杉，种植面积0.5亩。7月4日，对“特种蔬菜引种推广及家用微型植物工厂开发研究”和“新型冰温库建设及冰温贮藏保鲜技术应用示范”2个课题进行中期督导；其中，前一课题引进、播种特色蔬菜品种23个，完成了节水设施安装的前期工作，引进家用型植物工厂15台，开展了部分品种蔬菜的配套栽培试验；后一课题完成了冰温库初步建设，共有3个隔间（速冷库、低温恒温库和12℃恒温库）对冷却过程分区控制，总容量30吨。

（苏宇声）

【多项科技项目结题】年内，“门头沟玫瑰精油提取工艺改造提升及产品标准研究”项目结题，该项目在妙峰山地区优化并推广玫瑰精油提炼技术，培育深加工龙头企业；“山区农村地源热泵供暖制冷系统技术集成与示范”“深山区农村地源热泵高效供热供冷系统技术集成与示范”结题，北京市、门头沟区及相关部门的领导先后多次考察调研了地源热泵分户供暖制冷系统使用效果、系统稳定性、建设和运行经济性等，极大地提高和改善山区农村人居环境条件，开辟了山区农村清洁能源开发及其可持续利用的新途径。区科技专项、区科技推广项目年内结题，其中“门头沟区生态保护红线区生态监管技术集成与示范”完成验收。该项目解决了门头沟区现阶段重大生态问题，并根据实地勘察编制了《门头沟区关键生态修复技术集成手册》。

（苏宇声）

【行政执法及知识产权统计】年内，行政执法案件2件，行政执法属于零的突破。知识产权执法案件17件。门头沟区知识产权奖励资金142.2万元，专利173项。

（苏宇声）

【区科委制定科技计划项目管理办法】年内，为落实《国家创新驱动发展战略纲要》，深入推进落实科研项目和经费管理各项改革举措，促进区域科技创新、鼓励持续研究开发与技术成果转化，区科委制订《门头沟区科技计划项目(课题)管理办法(试行)》《门头沟区科技计划项目(课题)经费管理办法(试行)》《门头沟区科委系统科技人员项目绩效管理办法(试行)》,并会同区财政起草《门头沟区关于进一步完善财政科研项目和经费管理的若干政策措施》。

(苏宇声)

【门头沟积极申报国家可持续发展议程创新示范区】 年内,为落实联合国2030年可持续发展议程,发挥科技创新对可持续发展的支撑引领作用,根据国务院《关于印发中国落实2030年可持续发展议程创新示范区建设方案的通知》(国发〔2016〕69号)、科技部办公厅《关于印发国家可持续发展议程创新示范区申报指引的通知》(国科办社〔2017〕24号)等文件精神,国务院计划在“十三五”期间建设10个左右国家可持续发展议程创新示范区。门头沟区作为北京市拥有的4个国家级可持续发展实验区(西城区、怀柔区、石景山区、门头沟区)之一,《可持续发展规划》与《创新示范区建设方案》已经通过了市科委组织的专家评审。在申报的实验区中,专家一致推荐门头沟区代表北京作为创建申报主体争创国家可持续发展议程创新示范区。门头沟区委、区政府合力做好相关申报工作。

(李京霖)

房山区

【概述】 2017年,房山区科委围绕“一区一城”新房山的建设目标全面提升科技创新能力和水平。全年申报国家高新技术企业174家,同比增长68.8%,全区现有国家高新技术企业362家;完成技术合同登记额4亿元;申请专利5091件,同比增长115%;授权专利1440件,同比增长52.7%;有效发明专利1258件,万人发明专利11.5件,同比增长16.9%;新增国家级众创空间4家,市级4家;使用2000万元区科技创新专项资金支持153个单位(个人)887个事项,进行创新能力建设和科技成果转化。

围绕新材料、智能制造、现代农业等领域使用区级科技专项资金1752万元,推进“PSVA模式显示器用混合液晶材料的研究”“META导盲机器人研发”等31项科技成果落地转化;引导企业项目投资达1.94亿元,实现利润2亿元,增加科技人员就业岗位500个;利用“北京科技成果转化房山前孵化投资基金”推动国内首个胎儿心脏病产前筛查及远程会诊平台等6项高精尖项目落户,认缴出资6120万。新增北京市科普教育基地3家,北京市科普体验厅1家;组织召开科技政策法规宣讲培训活动19场,培训900余人次;组织“百家重点实验室进千家企业”等专场对接活动13次,促成企业与高校、科研院所达成11项合作协议,落实首都科技创新券94万元支持15家企业。

全区专利申请量5091件,较去年增长115%,其中发明专利799件,较去年增长4.1%,实用新型专利3978件、外观设计专利314件。全区专利授权量1440件,较去年增长52.7%,其中发明专利232件,较去年增长18.9%,实用新型专利1002件、外观设计专利206件。区科委认真贯彻执行《北京市技术市场条例》,在提高自身素质、主动服务的同时,进一步加强宣传,完善技术市场监管,全区共登记各类技术合同267份,合同成交额达4.0亿元,增长21.2%。区科委继续组织开展北京市科普教育基地申报工作,凯达食品加工体验园、京林生态花园、北京市园林学校3家机构通过行业专家的评审,被市科委命名为“北京市科普教育基地”并授牌。

(王　勇　徐璐璐　梁立成)

【北京高校大学生创业园(良乡园)获授牌】 1月4日,在房山区文化创意产业协会成立仪式上,北京高校大学生创业园(良乡园)获得“房山区文化创意产业园区”授牌。北京高校大学生创业园(良乡园)由市教委与房山区政府合作共建,落户良乡高教园教育实习基地,是北京市为促进大学生就业,打造"一街三园"高校大学生创业园孵化体系的首个落地项目;创业园共计10000平方米,其中用于高校大学生创业团队办公场地5000平方米,配套服务面积5000平方米。创业园重点为在校和毕业两年内的北京范围内全日制普通高等学校学生提供创业支持,已有来自北京大学、中国人民大学、北京航空航天大学等6所大学的52个创业团队入园孵化,其中文创类创业团队37个;创业人员达150余人;形成了索知教育、爱驰凯等一批优秀文创类大学生创业团队,是房山区文化创意产业的生力军。

(韩怀伟)

【房山区与北理工签署全面战略合作框架协议】 1月6日,区人民政府与北理工全面战略合作框架协议签约仪式在北理工良乡校区举行。区常务副区长吴会杰与北理副校长王晓锋分别代表双方签署了《全面战略合作框架协议》,标志着双方的合作上升到一个新高度。一方面,双方将在产学研、人才培养等方面充分合作,为房山区转型发展与打造中关村南部(房山)科技创新城提供内生动力;另一方面,区委、区政府将进一步加强发挥属地服务职能,营造良好的教学与生活环境;同时加大对科技成果转化的政策支持力度,促进科技成果在房山落地转化,促进优秀人才在房山创业就业;推动汇智育业常态化,实现区校合作双赢。

(董志国)

【智汇城科技创业园成为战略性新兴产业基地】 3月10日,市科委认定良乡高教园区智汇城科技创业园为北京市战略性新兴产业科技成果转化基地。根据北京市战略性新兴产业科技成果转化基地认定及相关支持政策,该基地可享受北京市科委连续5年政策支持。通过申报专项获得的资金可用于提升基地的专业服务能力、搭建公共服务平台、促进共性关键技术研发及成果产业化等工作。根据基地建设要求,良乡高教园区管委会结合区域发展定位,重点在产业培育和完善服务体系方面,打造具有特色的高精尖产业示范基地,促进区域经济发展。

(韩怀伟)

【市科委批准房山区建设农村设施科普体验厅】 3月,市科委批准房山区窦店镇河口村为农业科普体验厅,建设周期为一年。期间,将围绕制作农业物联网沙盘、万物生长展示、DIY插花、多肉植物王国等互动形式,普及宣传农业科技知识。全区已成立北京市科普体验厅6家。

(梁立成)

【房山区荣获"国家知识产权试点城市"称号】 4月25日,根据《国家知识产权试点、示范城市管理办法》,经区政府申报、市知识产权局推荐,国家知识产权局评审,房山区确定为国家知识产权试点城市,试点期限自2017年4月至2020年4月。为确保试点工作顺利通过考核验收,区科委(区知识产权局)牵头提出了《房山区推进国家知识产权试点城市建设工作方案》。该《方案》以区政府名义印发实施。《方案》提出建立健全工作领导和统筹协调机制,明确了创建国家知识产权试点区的工作方向和实施路径,加大工作力度和投入保障等有关措施,明确各部门的任务分工。

(王勇 张潇)

【汇欣苑科技孵化器揭牌仪式举行】 4月25日,汇欣苑科技孵化器揭牌仪式暨留学人员支持大学生就业创业培训孵化基地开业典礼活动在房山区举行。全国妇联发展部部长崔卫燕、欧美同学会副会长程东红、绿地集团京津冀事业部总经理王硕、区经济信息化委主任高武军共同为汇欣苑科技孵化器揭牌;北京万方程科技有限公司下属文化公司、北京昊天环能环境科技有限公司分别与汇欣苑签订了入驻协议;河南省焦作市修武县政府与汇欣苑签订了战略合作协议;中国妇女儿童事业发展中心授予汇欣苑"卫星数字妇女之家";欧美同学会授予汇欣苑"留美青年创新创业委员会实践基地"和"欧美同学会留美分会投资委员会活动基地"。汇欣苑科技孵化器采用企业孵化与支持大学生就业创业相结合的运作模式,力求把企业发展和大学生就业创业有机结合。

(房山信息网)

【房山区2017年科技周举行】 5月19日,以"科技强国创新圆梦"为主题的区科技活动周在房山世界地质公园博物馆拉开帷幕,主场活动设在房山世界地质公园博物馆。通过举办探秘博物馆、"关爱地球保护环境"专题展、地质灾害与自救、石画制作、拓片制作、"岩石模拟挖掘"、DIY手工制作7项互动活动,让公众在了解地质公园地学文化、地质遗迹、动植物资源的同时,增强科技、创新、自救、环保等意识，倡导健康、文明、科学的生活方式。科技周活动期间，区内19家市级科普基地和5家社区科普体验厅及有关街道社区结合自身实际，举办了多种科普活动。苏庄三里社区的飞行科普体验厅组织社区居民和小学生开展3D飞行驾驶体验、DIY小制作、科普知识讲座等活动；燕山地区向阳街道开展“同仁药师教你防治过敏性鼻炎妙招”科普健康知识讲座，60名居民现场聆听讲座。燕山地区东风街道组织机关干部职工和社区科普工作人员20余人开展应急急救知识宣传活动；中粮智慧农场组织180个家庭参与农场探索和自制多肉盆栽活动。

（张　潇　梁立成）

【房山区中医医院承担的培养基层中医药人才课题通过验收】5月23日，由区中医医院承担的“区域性上下联动培养基层中医药人才建立全区中医健康管理模式探讨研究”课题通过区科委组织的专家验收。该课题在全区范围内上下联动，培养基层中医药人才，在区卫生计生委安排下组织实施“春苗”计划，制定了便于基层医务人员掌握的社区指导手册，培养基层小名医23名、基层中医药技术人员35人，并为房山区储备了大量医疗人才资源，同时带动开展了11项市级及国家级科研项目，充分发挥了区域中医药示范龙头作用。该课题通过建立全区中医健康管理模式，结合区域疾病谱特点，制定了中风、慢性阻塞性肺疾病等10种慢性疾病管理及转诊规范，并在24个基层社区进行推广应用。该课题通过区域联动、资源共享、协同发展、学员拜师的新方式，将慢病防治、人才培养与中医药文化推广有机结合，极大地方便了民众就医，优化了医疗资源配置，降低了医疗费用支出。

（王文伟）

【参加第二十届中国北京国际科技产业博览会】6月8—10日，第二十届中国北京国际科技产业博览会在中国国际展览中心举行。房山区以推动科技创新、促进产业转型、构建高精尖经济机构为宗旨，组织区内单位企业参加博览会活动。活动期间，房山区充分利用科博会平台加大对投资环境展示宣传，重点围绕区域功能定位、产业布局、重点功能区等，着力推介区打造中关村南部创新城的区位优势、生态环境、创新政策、基础设施配套和公共服务等。博览会期间进行专题洽谈70次，共发放各类宣传材料905份。区内北京基金小镇、北京科泰兴达科技有限公司、北京长安汽车公司、北京燕山石化高科技术有限责任公司、达闼科技（北京）有限公司分别设置了参展展台，就3D打印材料及3D打印笔、META导盲机器人等科技新技术和新产品进行展示推介。区内部分企业与31家参展企业达成初步合作意向。

（王文伟）

【中细软·优客工场开业】6月13日，落地于区中细软知识产权科技园中细软大厦的中细软·优客工场开业，办公面积近3000平方米，可为创新创业、小微企业提供服务。中细软知识产权科技园入驻企业已经达到90%以上，科技企业占比超过1/3。此次优客工场和中细软进行战略合作，是共享经济与知识产权紧密结合的成果，意味着将有一大批创新创业者可享受到中细软和优客工场的双重福利，可有效促进房山区创新发展。

（房山信息网）

【九次方大数据信息集团有限公司在房山区落户】6月13日，房山区与九次方大数据信息集团有限公司签署战略合作协议。九次方大数据信息集团有限公司是中国第一家大数据资产运营商，同时也是贵阳大数据交易所创始股东，已经设计研发完成4000多个政府大数据应用场景，服务覆盖旅游大数据、金融大数据、农业大数据等30多个领域，已获得专利及计算机软件著作权（以下简称“软著”）等专业资质逾100项。此次签约通过加深对大数据的挖掘和利用，强强联手，加快实现大数据在政务、金融、交通、能源、电信、公共安全等重点领域的应用，共同打造大数据产业小镇，推动区大数据产业的持续健康发展。区委常委、副区长刘兵，九次方大数据信息集团有限公司董事长王叁寿，北京新发展集团有限公司董事长陈少林出席签约仪式。此次签约标示九次方大数据信息集团有限公司正式落户房山。

（房山信息网）

【公共研发实验服务能力提升示范课题立项】8月11日，区科委组织专家对“房山区公共研发实验服务能力提升示范”课题立项进行论证。该课题属北京市科委2017年区县科技专项。课题将通过探索科技条件、技术、人才等三类资源的标准化聚集模式，为统一房山区研发实验服务资源入口提供技术支撑；通过服务平台建设，提升区域共享服务和创新创业服务两个能力。专家组一致同意通过立项论证。

（李晓明）

【房山区首届大学生创新创业大赛落幕】 9月2日，房山区首届大学生创新创业大赛落幕。为推进房山区域产业转型，培育经济发展新要素，营造尊重人才、鼓励创新、成就发展、实现价值的氛围，于2016年10月启动大学生创新创业大赛。此次大赛吸引了全市38所高校和区内38家众创空间5000余人参与，共征集项目412个。其中，“985”“211”院校参赛项目占54%，原创项目达到50%以上，具有国家技术专利20余项。经过海选、初选和复赛，最终有12个项目进入9月2日的决赛。本次创业大赛最终评选出创新组和创业组一等奖各1名、二等奖各2名、三等奖各3名。区委书记曾赞荣，区委副书记、区长陈清到场观摩比赛并为获奖选手颁奖。这是区“百校千才进房山”行动计划的重要一环，旨在搭建区域推介和引才的平台，吸引更多的人才认识房山、爱上房山，最终留在房山扎根发展；同时借助专家们的智慧资源，为区域发展献计献策。

（房山信息网）

【2017年中关村房山园双创周启动】 9月15日，区内举办了2017年中关村房山园双创周暨金融科技创新中心启动仪式。按照全市的统一部署和要求，结合房山特色，围绕“双创促升级，壮大新动能”的主题，组织成果展示、政策宣讲、路演对接等一系列活动，充分展现区双创发展成果和亮点，进一步推动区“双创”工作，打造房山园双创新名片。北京互联网金融安全示范产业园分别与FDT金融创新工厂、中金云金融、数联铭品科技等6家企业签署合作协议。

（房山信息网）

【五个单位与房山区签订六方战略合作协议】 9月29日，国家林业局科学技术司、北京林业大学、中国林业科学研究院、北京市园林绿化局、北京市科委、房山区政府六方签订战略合作协议。合作协议以“协同合作、优势互补、创新驱动、服务首都”为原则，以促进园林绿化科技成果转移转化，打造“创新、创业、创意”相融合的政产学研用为一体、具有国际影响力的林业科技创新高地和首都园林绿化人才培养基地为目标，在房山青龙湖地区共建北京林业国际科技创新示范基地；以此助推北京科技创新中心建设，从而为国际一流的和谐宜居之都的生态建设提供良好示范，全面推动京津冀生态一体化进程。

（房山信息网）

【“高性能FFS模式TFT－TV显示器用混合液晶材料的新技术应用示范”课题通过验收】 10月26日，由北京八亿时空液晶科技股份有限公司承担的“高性能FFS模式TFT－TV显示器用混合液晶材料的新技术应用示范”课题通过了市科委验收。该课题是2015年区政府推荐、市科委立项的“市委、市政府重点工作及区县政府应急专项”课题。经过两年的实施，开发出了5类7种新型单体化合物，优化出3种组合物配方，完成高性能FFS模式TFT－TV显示器用混合液晶材料的新技术应用示范，建成一条FFS模式TFT－TV生产线，申请国家发明专利32项，成果已成功转化为产品投放市场，替代进口产品，形成良好的经济效益，企业新增销售收入7800多万元，利润1500多万元，上缴税金380多万元。

（王文伟）

【两家“中关村海创园”挂牌成立】 11月7日，中关村海聚博源海外人才创业园和中关村智汇柠檬孵化器海外人才创业园两家“中关村海创园”在房山区挂牌成立。2017年中关村共计新建5家“海创园”。中关村海创园在房山的落地，可为入驻企业提供中关村及北京互联网金融安全示范产业园双重扶持政策，为区海内外高层次人才引进和项目落地提供强有力的政策、资金、人才支撑，形成由人才带团队、团队带项目、项目带产业的良好生态。

（房山信息网）

【房山区参加第二十一届京港洽谈会】 11月28—29日，第二十一届北京·香港经济合作研讨洽谈会在香港举行。房山区组队参加洽谈会，重点推出基金小镇和北京互联网金融安全示范园等金融创新板块。在京港金融服务合作专题活动上，北京互联网金融安全示范产业园与香港应用科技研究院签署战略合作协议，双方将在大数据和人工智能底层技术落地应用方面加强合作，共同打造金融科技安全技术服务平台；此外，双方将在园区内打造应用科技实验室，后续将联合国内顶尖科研院所，持续关注应用科技转化方向。此次合作从根本上壮大金融科技的科研人才队伍，有利于将市场热点转化为技术可行性方案。

（房山信息网）

【北京派和科技股份有限公司落户房山】11月，北京科技成果转化房山前孵化投资基金通过股权投资，推动北京派和科技股份有限公司落户房山。北京科技成果转化房山前孵化投资基金是由区政府与市科委共建，分别委托北京市房山城市投资发展有限责任公司和北京首都科技发展集团有限公司作为对接载体组建。派和科技是一家围绕压电陶瓷新材料开发点胶封装、焊锡膏喷印、压电喷墨头、超精密微动台等智能装备自主研发、生产、销售的高新技术企业，曾荣获第九届北京发明创新大赛金奖、中关村“雏鹰计划”、中关村“金种子工程”，并受邀参加了国家“十二五”重大科技成就展，接受北京电视台新闻采访。项目为房山的科技产业发展注入新的元素，加快房山科技进步并提升了产业竞争力。

（李晓明）

【启动促进产学研深度融合系列活动】12月13日，区科委启动房山区促进产学研深度融合系列活动。该项系列活动旨在为企业搭建科技服务平台，有效促进高校、科研院所与企业无缝对接，加快产学研融合创新和科技成果转化，提升企业自主创新能力，实现校企互利共赢。在启动仪式暨首场活动中，首都科技条件平台北京大学研发实验基地主任江向峰向大家介绍了良乡高教园区的科技服务资源、首都科技创新券及区促进产学研合作的相关政策，各企业代表实地参观了北京大学研发实验基地房山服务中心、北京理工大学微纳技术中心、分析测试中心，并与北京理工大学研发实验服务基地代表进行座谈交流。

（王文伟）

【产学研合作战略发布会暨签约仪式举行】12月22日，北京工商大学与北京市永华晴天设计包装有限公司在北京工商大学良乡校区举办产学研合作战略发布会暨签约仪式。全国工商联烘焙业工会秘书长康黎娜、北京工商大学材料与机械工程学院院长黄志刚、北京永华晴天设计包装有限公司董事长刘赟桥以及良乡高教园区管委会负责人等出席活动。活动为2017年永华晴天杯包装设计大赛一等奖、二等奖、三等奖和最佳创意奖进行颁奖。该活动有利于在校师生开展校企实践的积极性和创造性，发掘了一批具有时代创新精神的设计新秀及中坚力量，构建校企合作特色培养模式。

（王文伟）

【8项高精尖项目落户房山】年内，由区政府与市科委共建，分别委托北京市房山城市投资发展有限责任公司和北京首都科技发展集团有限公司作为对接载体组建的北京科技成果转化房山前孵化投资基金（以下简称“房山前孵化投资基金”），累计推动国内首个胎儿心脏病产前筛查及远程会诊平台、物联网芯片、重点专注雷达方向的应用技术研究项目、碳利用技术产业化、压电材料的高端硬件及装备、云管理分布式醇基燃料能源系统等8项高精尖项目落户房山。截至年底，北京科技成果转化房山前孵化投资基金累计对外认缴出资8820万元，项目计划总投资超过4亿元。

（李晓明）

【10家单位获批“北京市企业科技研究开发机构”】年内，房山区共有北京京源水仪器仪表有限公司、北京中科同向信息技术有限公司、北京国能电池科技有限公司、北京中科纳泰生物科技有限公司、燕开电气股份有限公司、北京澳特舒尔保健品开发有限公司、北京天工异彩影视科技有限公司、北京燕华工程建设有限公司、北京航天恒丰科技股份有限公司、北京航天奥祥通风科技股份有限公司等10家单位获批“北京市企业科技研究开发机构”。

（李晓明）

【多家公司获批市级和国家级“众创空间”】年内，北创营（北京）科技孵化器有限公司的“房山北创营”、北京智汇互联科技孵化器有限公司的“移动互联孵化基地”和青创动力（北京）科技孵化器有限公司的“青创动力”获批“北京市众创空间”。北京海聚博源科技孵化器有限公司的“新金融创业港”、北创营（北京）科技孵化器有限公司的“房山北创营”、北京智汇互联科技孵化器有限公司的“移动互联孵化基地”和青创动力（北京）科技孵化器有限公司的“青创动力”获批“国家级众创空间”。

（李晓明）

【房山工作站工作成效良好】年内，依托首都科技条件平台，房山工作站按照“政府主导、市场参与、一站多点、协同服务”的工作理念，新发展成员单位31家，挖掘科技创新需求42项。组织召开科技政策法规宣讲培训活动19场，培训人员900余人次。组织召开“多对一”“一对一”“百家重点实验室进千家企业”和“房山区促进产学研深度融合系列活动”专场对接系列活动13次，促成企业与高校、科研院所达成合作协议11项，为15家企业落实首都科技创新券支持 94 万元。

（李晓明）

【房山区拨付科技创新专项资金 2000 万元】 年内，根据区政府《关于加快科技创新的支持办法》（房政发〔2015〕35 号）和区科委、区财政局《关于加快科技创新的支持办法实施细则》（房科发〔2016〕4 号）的相关规定，组织相关科室，通过向社会公开征集项目，区级各单位、相关企业（个人）共计申报项目 905 个。经初审、第三方独立评审、现场考察，区科技创新工作领导小组会议审定，并进行社会公示后，房山区拨付区科技创新专项资金 2000 万元，支持创新能力建设和科技成果转化、鼓励发明创造和专利运用等领域 153 个单位（个人）的 887 个事项。

（李晓明）

通州区

【概述】 2017 年，区科委围绕全国科技创新中心和北京城市副中心建设工作任务，聚焦实施创新驱动发展战略和京津冀协同发展战略，全面深化科技体制改革，完善"1 + 6"创新驱动发展系列配套政策，出台《通州区引进高层次人才创新团队实施细则》，加大创新团队引进支持力度；出台《首都科技条件平台通州工作站管理办法》，提升通州工作站建设水平与运营能力；出台《通州区知识产权（专利）促进暂行办法》，强化知识产权导航作用；实施《通武廊科技创新合作行动计划（2017—2020）》，开展科技资源共享开放等五大专项行动。

强化科技综合管理，立项实施区级科技创新项目 72 项，评出区级科学技术奖 40 项，区内高新技术企业增至 824 家，认定登记技术合同成交总额达到 65.1 亿元，科技条件平台成员单位增至 138 家，市级科技研发机构增至 17 家，国家、市、区级众创空间增至 13 家，资助与奖励区级科技创新人才项目 104 项，建成 3 个区级科普体验厅，建成 3 个区级科普体验厅，建成 53 个科普楼门，科技服务质量明显提高，技术创新能力显著提升，科普惠民力度明显提升，科技对经济社会发展的支撑引领作用持续增强。

2017 年，紧紧围绕国家知识产权试点城区建设主要考核任务指标要求，坚持"健全机制、完善政策、搭建平台、营造环境、深化服务、加强保护"6 项措施，积极推进国家知识产权试点城区建设，大力提升通州区知识产权创造、运用、管理、保护与服务的综合实力，知识产权对区域经济社会发展的支撑作用日益显现。

（邬奇洋 宋薇）

【区知识产权教育试点学校工作座谈会召开】 2 月 28 日，区知识产权局与区教委联合召开区知识产权教育试点学校工作座谈会。根据区 2017 年知识产权教育工作总体安排，座谈会上，10 所知识产权教育试点学校相关负责人共同交流了开展中小学知识产权教育的思路、举措和成效，分析了存在的问题，并提出建议。

（邬奇洋）

【"3·15"主题宣传活动开展】 3 月 10 日，在通州区万达广场，区知识产权局与通州工商分局、区消费者权益保护协会等多家单位联合开展创建国家知识产权试点城区"3·15"主题宣传活动。通过现场悬挂横幅、摆放展板及发放宣传资料等形式，向市民宣传了知识产权保护的相关知识，营造打击假冒专利行为的社会氛围。

（邬奇洋）

【首期知识产权大讲堂举行】 3 月 23 日，区知识产权局举办了首期知识产权大讲堂，区内专利试点、示范企业、高新技术企业等 40 家企业参加此次培训。

（邬奇洋）

【"4·26"宣传周活动举行】 4 月 19—26 日，区科

委以“创新创造改变生活，知识产权竞争未来”为主题，采取不同形式，开展连接紧密、层层递进的宣传活动；举办了包括知识产权宣传进企业、进校园、进商场、进乡村、进社区和版权保护宣传等活动。通过悬挂宣传横幅、摆放宣传展板、发放宣传材料、现场咨询解答等方式，向社会公众普及知识产权相关知识。现场共发放各种宣传资料10000余份。与此同时，通过《通州时讯》开辟的“知识产权宣传周”专版，利用电视台和网站等新闻媒体对该活动进行宣传。

（宋　薇）

【版权保护宣传活动开展】4月22日，由北京市新闻出版广电局、区人民政府共同主办的“打造版权保护示范区，助力城市副中心建设”版权保护宣传活动在宋庄上上国际美术馆举行；区知识产权局联合宋庄文化创意产业集聚区管委会参加了版权保护宣传活动。

（郇奇洋）

【科普工作联席会议召开】5月5日，2017年通州区科普工作联席会议在区会议中心召开，会议由区政府办主任朱志高主持，区科普工作联席会议主席、副区长雷晓宁出席会议并做重要讲话，联席会议31家成员单位及11个乡镇、4个街道主管领导参加会议。会议对全区2016年科普工作进行总结，安排部署了2017年科普工作任务及通州区科技周活动方案，宣布成员单位调整通知，并重新确定各成员单位在科普工作中的职责。

（张凤军　崔伟侠）

【市科委来区调研】5月12日，市科委党组书记、主任许强一行数人赴区进行专题调研。区委副书记、区长张力兵，区委常委、副区长洪家志，副区长雷晓宁等陪同调研座谈。市科委一行先后对国际种业科技园区、“市行政办公区”建设现场等地进行调研，并与通州区领导及各相关单位主要领导进行座谈。

（郇奇洋）

【2017通州运河绿道骑游周万人骑游知识产权宣传活动开展】5月20日，区知识产权局参加了由区政府主办的、以“迎冬奥，建设城市副中心；促环保，骑游通州大运河”为主题的2017通州运河绿道骑游周万人骑游知识产权宣传活动。

（郇奇洋）

【2017年通州科技活动周启动】5月23日，区科委在宋庄镇上上美术馆举办以“科技强国，创新圆梦”为主题的2017年通州科技活动周启动仪式。市科委副主任伍建民、区人大副主任张绍武、区政府副区长雷晓宁、区政协副主席贾君刚和区科普工作联席会议相关成员单位领导参加启动仪式。主会场展示涵盖“科技益民展区”“科学嘉年华展区”“2017北京市通州区学生科技节展区”三大主题。主会场展区采用多元化、信息化表现形式，以科技研发成果展、高新技术企业成果展、知识产权成果展、科普基地成果展等为主要内容，围绕健康医疗、节能环保、现代农业、互联网信息产业、先进制造业及物流业五大主题，向公众展示介绍区科技创新成果，80余家科技企业集中展示前沿技术和高端产品；5000余居民参与活动，让公众在寓教于乐、互动体验中感受高新技术的魅力，感受高端科普资源带来的普惠。

（张凤军　李　牧）

【“科技服务业促进专项”评审会召开】6月6—7日，区科委组织召开“科技服务业促进专项”评审会，对北京方和正圆科技企业孵化器有限公司“方和正圆众创空间网络共享平台建设”等10个孵化器、众创空间建设项目、北京信诺佰世医学检验所有限公司“基于下一代测序技术的线粒体遗传病分子诊断”等5个重点实验室、科技研究开发机构发展项目以及北京北物通科技发展有限公司“物流信息大数据分析方法和平台构建研究”产业园区科技公共服务平台建设项目进行评审。

（郇奇洋）

【区技术合同登记专题培训会召开】6月13日，区科委在新华联会议中心举办通州区技术合同登记专题培训会。会议邀请北京技术市场管理办公室副处级调研员、管理部部长唐学曾就技术合同认定登记相关政策进行专题培训。北京技术市场管理办公室副主任丛巍、区科委副主任潘自欣出席会议；区内150余家高新技术企业、科技型中小型企业相关负责人参加了培训。

（郇奇洋）

【社区科普专场活动举行】6月14日，区科委与中仓街道办事处共同举办科教、文体、法律、卫生走进西上园社区科普专场活动。区科委围绕“创新创造道科学生活”主题，以“科学生活大观园”“科学秘境”等互动体验板块，贴近百姓进行科普巡展与宣传；通过科普展品互动体验、平面展示、试卷答题等多种形式，宣传了普及创新创造、防灾减灾、疾病预防、健康养生、绿色环保等内容。

（郐奇洋）

【市科研院与区科委交流座谈】6月22日，北京市科学技术研究院院长郭广生一行与区科委举行交流座谈，副区长雷晓宁陪同座谈。双方就与市科研院围绕如何支撑北京城市副中心建设展开交流探讨，在科技资源对接与管理、软科学研究、科技与文化融合发展、国际科技合作平台、技术成果转化应用等工作领域达成合作共识。

（郐奇洋）

【"运河计划"科技领域人才项目申报专题培训会召开】8月4日，区科委联合通州科技创新企业商会举办"运河计划"科技领域人才项目申报专题培训会；区内40余家科技企业相关负责人参加培训。

（郐奇洋）

【区科委首届"十大优秀科技创新团队"评选活动开展】8月26日，区科委组织开展了通州区首届"十大优秀科技创新团队"评选活动。经宣传发动、申报推荐、初评网评、综合评审、公示公告，评出甘李药业股份有限公司"第三代胰岛素（类似物）产业升级开发创新团队"等10个团队为区首届"十大优秀科技创新团队"。区科委决定对获评的团队授予区首届"十大优秀科技创新团队"荣誉称号，并通报表彰。

（郐奇洋）

【"科技运动嘉年华——航天育种科技大爆炸"活动开展】9月23日，区科委联合北京市生产力促进中心，在通州神舟绿鹏航天育种园区共同组织开展了"科技运动嘉年华——航天育种科技大爆炸"活动。

（郐奇洋）

【通州区新增中小学知识产权教育示范试点学校】11月1日，市知识产权局和市教育委员会共同召开了2017年北京市中小学知识产权教育工作会。通州区运河中学被认定为2017年北京市知识产权教育示范学校；后南仓小学、永顺镇中心小学、通州二中被认定为2017年北京市知识产权教育试点学校。

（宋薇）

【通武廊协同创新创业大赛举行】年内，2017通武廊协同创新创业大赛举行。本次大赛由区政府主办，区委组织部、通州区科委、武清区科委、廊坊市科技局、通州区人力社保局、通州区台湖镇政府承办，光机电一体化产业基地委员会、天使街（北京）科技服务有限公司协办。参赛项目771个，经过初审、初赛、复赛、决赛、创客大集等活动评选出获奖项目共20个，促成项目融资总额4442万元。

（燕　艳）

【认定高新技术企业服务】年内，区科委组织全区569家国家高新技术企业进行年检统计、企业自查和年度信息备案，组织406家企业参加高新技术企业认定。全区高新技术企业达到824家。

（耿大乐）

【首都科技条件平台通州工作站新增成员】年内，首都科技条件平台通州工作站新增成员单位77家，新增科技人才24名，聚集本区域内的科技需求44条，吸引条件平台内的科技成果落在本区域2个，服务合同额1040万元。

（燕　艳）

【支持创新创业平台建设】年内，区科委加强对众创空间的服务指导，经市级认定的科技研发机构等创新平台增至17家；国家、市、区级众创空间增至13家；实施科技服务业促进专项，立项支持重点实验室、科技研发机构、科技孵化器、众创空间等创新创业平台建设项目共9项，支持资金200万元。

（燕　艳）

【科技政策法规宣传培训开展】年内，通州区科委深入街道、企业、园区广泛开展科技政策法规宣传、培训，组织科技政策培训10次，参训人员500余人次。参加2017年区在梨园举办的"12·4"法制宣传主题活动，利用展板展示、发放宣传资料等形式宣传科技政策。

（康连元）

【建设科技创新人才队伍】年内，通州区科委出台《通州区引进高层次人才创新团队实施细则》，引导和鼓励用人单位加大高层次人才创新团队引进力度或与创新团队开展项目合作。组织开展科技创新人才资助奖励工作，资助与奖励科技创新人才项目104项。建立"运河计划"科技领军人才初选平台，科技领域入选区首批"两高"人才50名。

（康连元）

【立项实施区级科技创新项目72项】年内，区内区级科技创新项目重点围绕北京城市副中心建设及全区经济社会发展科技需求，组织凝练项目，为北京城市副中心的城市建设与管理、生态环境改善、重点产业发展、城乡一体化发展、社会事业发展提供科技支撑。立项实施“通州环保大数据交换支撑平台研究与应用示范”“通州区住建委建设工程一体化监管平台”等项目，开展节能环保技术等在城市建设中的创新与应用研究，推动云计算、大数据等先进信息技术与社会治理深度融合，提升城市运行效率、保障重点行业运行安全、提升风险防范与应对能力。立项实施“微纳米增氧曝气协同生物净化河道治理系统”“建筑垃圾再生资源在高品质装配式建筑板材中的应用”等项目，在污水处理、污物处理、大气治理、海绵城市建设等方面开展关键技术研究及先进适用技术示范应用，为改善北京城市副中心生态环境提供科技支撑。立项实施“面向广播影视领域AR沉浸式全景演播室的研发及应用”“辛伐他汀片（基本药物）的质量一致性评价研究”等项目，强化文化领域具有自主知识产权的关键技术研发和集成创新，培育新兴文化产业，提升通州生物医药特色产业技术水平，为构建高精尖经济结构提供科技支撑。立项实施“骨髓间充质干细胞治疗糖尿病血管病变和改善beta细胞功能的研究”“空气污染与社会心理因素对器官系统疾病影响及预防治疗措施的研究”等项目，在疾病预防、诊断、精准医疗等领域开展科研攻关，形成一批创新性成果并转化应用，提升区域医疗整体水平。立项实施“食用菌安全优质生产优新关键技术集成配套示范与应用”“立体绿化技术的集成展示与创新应用开发”等项目，开展食品生产加工质量安全保障、食品物流质量安全保障和食品质量安全检测监控等方面的新产品、新技术研发与应用，支持现有农业科技园区发挥龙头作用，搭建农业高科技示范展示平台，提升特色农产品品质。

（邬奇洋）

【通州区科学技术奖颁布】 年内，北京市通州区人民政府颁布《关于2017年度通州区科学技术奖励的决定》，授予“自膨式支架联合远端血栓保护装置治疗症状性椎动脉起始段狭窄的研究及应用”等8项成果区科学技术奖一等奖，授予“基于仿生学表面湿化原理的氧疗产品的研发与应用”等12项成果区科学技术奖二等奖，授予“超声引导隐匿切口微创切除乳腺病变的研究”等20项成果区科学技术奖三等奖。

（邬奇洋）

【专利申请与授权情况】 年内，通州区全年累计申请国内专利5743件，其中：发明专利1215件、实用新型专利3514件、外观设计专利1014件。PCT专利申请16件。累计国内专利授权3453件，其中：发明专利335件、实用新型专利2307件、外观设计专利811件。有效发明专利1551件，万人有效发明专利拥有量超过10件。荣获第十九届中国专利金奖1项、优秀奖3项。

（宋　薇）

【区科普基地持续提升科普能力】 年内，为提升通州国际金鹿家园、绿源永乐（北京）农业科技发展有限公司、宋庄农业生态园（蓝湖庄园）和通州运河怡水文化园4个基地的科普能力，区科委与区财政局共同组织开展科普基地能力建设工作。通过建设科普互动展教设施、科普画廊、全媒体科普视窗、知识展示牌等项目的实施，进一步加强了辖区科普基础设施建设，提升了科普基地开展科普活动的能力，丰富了区科普资源，对提高公民科学文化素质、助力北京城市副中心建设发挥了积极作用。

（张凤军　李　牧）

【区基层科普服务能力稳步提升】 年内，区科委大力推进基层科普服务能力建设，融合高科技人机互动、情景体验和艺术化展示等多种形式，建成漷县镇漷县村、宋庄镇辛店村、北苑街道果园西社区3个市级科普体验厅；建成潞城镇兴各庄村、后疃村、中仓街道四元厅社区3个区级科普体验厅；建成区疾病防控科普馆、永乐科普惠民主题公园公共场所科普设施2处，共配置科普展教具近百件，科普画廊10余组，整体建设完善了基层科普设施，提高了基层科普服务能力，有助于提高公众的科学素质，推进区域化科普事业的创新发展。

（张凤军　李　牧）

【知识产权政策环境优化】 年内，为优化通州区知识产权政策环境，修订了《通州区知识产权（专利）促进暂行办法》及《实施细则》，进一步提高了国外授权专利、北京市发明专利奖、专利技术成果转化资助奖励标准，增加了中国外观设计奖、专利质押贷款、专利保险、知识产权联盟建设、专利导航及战略研究、国家知识产权示范优势企业、知识产权贯标、知识产权服务机构、知识产权维权援助、中小学知识产权教育试点示范学校等资助奖励。

（宋　薇）

【区知识产权专项工作逐项落实】 年内，区知识产权工作专项资金950万元，较上年增加150万元。经受理、审核、审批，对246家单位和40名个人的

2212件专利授权资助申请进行资助，资助金额共计736.2万元。奖励北京市专利试点单位33家、北京市专利示范单位2家、第十八届中国专利优秀奖2项，奖励金额共计103万元。完成34家单位申报的35项专利实施项目的申请受理、专家评审和立项工作，支持专利实施转化项目8项，支持金额85.4万元。

（宋　薇）

【专利实施转化取得良好成效】 年内，完成2016年度的15项专利实施项目结题验收工作，项目实施转化取得良好的成效，带动企业投入2097万元，项目实施创造销售收入3.08亿元、利润2277万元、税收1127万元，项目承担单位2016年授权专利49件。

（宋　薇）

【中小学知识产权教育工作积极推进】 年内，中小学知识产权教育工作积极推进。5月22—26日，区知识产权局与区教委联合组织潞河中学、运河中学、通州二中三所知识产权教育试点学校开展中学生知识产权知识竞赛活动。9月5日，在北京小学通州分校举行通州区中小学知识产权教育工作会议暨知识产权教师业务培训会；来自市区两级领导和通州区试点学校校长、各中小学主管校长、主管教学主任及北京小学通州分校的师生共300余人参加了会议。12月8日，在通州会议中心举办通州区知识产权教育试点示范学校座谈会；区科委、区知识产权局、区教委的领导及全区18所知识产权教育试点示范学校的分管领导参加会议，整体推进了全区中小学知识产权教育工作。

（宋　薇）

【知识产权系列宣传活动开展】 年内，知识产权宣传活动持续开展。利用“3·15”“骑游周”“艺术节”等有利时机，组织了多种形式、内容丰富的宣传活动。在“3·15”消费者权益日之际，与区消费者协会、工商分局等单位在北苑万达广场开展宣传活动；5月20日，参加由区政府主办的以“迎冬奥，建设城市副中心；促环保，骑游通州大运河”为主题的2017通州运河绿道骑游周万人骑游宣传活动；9月27日，参加第10届中国·宋庄文化艺术节。现场设立宣传台，开展知识产权系列宣传活动。12月4日，参加由区法治宣传教育领导小组办公室举办、梨园镇承办的以“学习贯彻党的十九大精神，维护宪法权威”为主题的“12·4”普法宣传活动。

（宋　薇）

【优势企业培育工程取得良好成果】 年内，培育国家知识产权优势企业1家，北京市专利示范单位1家、试点单位35家，区国家知识产权优势企业4家，北京市专利示范单位9家、试点单位218家。

（宋　薇）

【贯标企业培育工程开展】 年内，举办贯标培训5次，宣传国家标准和贯标流程，对有意愿的企业，邀请专业机构人员深入企业进行培训辅导。通州区1家企业通过贯标，18家企业有贯标意向，正在积极开展贯标工作。

（宋　薇）

【专利质押融资对接会研讨会开展】 年内，举办了3次专利质押融资对接会、研讨会，围绕科技型中小企业银行融资、知识产权质押金融推动产品创新、专利价值实现、知识产权运营管理业务等方面，与企业进行专题对接和培训；并携北京知识产权运营管理有限公司专业人员深入11家企业进行专利质押贷款对接。

（宋　薇）

【企业知识产权培训会开展】 年内，针对企业管理人员、技术人员，就加大企业知识产权战略运用、贯标、专利信息利用、企业知识产权保护、企业海外专利布局与维权等培训，分别在光机电、联东U谷、东区、西区、永乐开发区等举办试点示范企业、高新技术企业专题培训讲座11次，培训人员500余人次。

（宋　薇）

【专利执法检查活动取得良好成效】 年内，累计出动执法人员70余人次，检查药店、超市、商场、电子卖场等50余家次，检查专利商品近200余件，立案查处假冒专利行为50件。

（宋　薇）

【紧密型12330“1+X”体系建设】 年内，加强沟通协调，通州区知识产权局召开分中心、工作站季度工作会3次。加强队伍建设，及时调整分中心、工作站人员并组织参加市12330培训班3次。加强工作协同与指导，市、区和工作站协同开展12330服务日活动1次，举办企业专题培训3次，举办现场宣传活动2次，深入企业提供一对一知咨询服务60余家次，提供企业维权援助服务2次。

（宋　薇）

【通州区知识产权局获得荣誉称号】 年内，市知识产权局、市人力社保局授予通州区知识产权局“北京市专利工作先进集体”荣誉称号。

（宋　薇）

【市专利工作先进个人获奖】 年内，区知识产权服务中心专利科科长宋立杰获得市知识产权局、市人力社保局授予的“北京市专利工作先进个人”荣誉称号。

（宋　薇）

昌平区

【概述】 2017年，区科委抢抓机遇，主动作为，加强全国科技创新中心重要承载区建设，充分发挥丰富的科技资源优势，提高原始创新和技术服务能力，加快科技成果转移转化，提升产业创新能力，推动创新型经济转型发展，积极融入京津冀协同发展大局，不断提高科技创新对昌平经济社会发展的支撑作用，为创建国际一流的科教新区不懈努力。2017年，区科委被评为全国科技管理系统先进集体。

全区国家级高新技术企业保有量达1090家，主要分布在电子信息技术、智能制造、生物医药、新能源及节能技术等高新技术领域，保有量完成2017年绩效考核任务。全年开展3批高企申报，组织4场政策培训会。各类科研机构共计进驻188家，其中，驻昌国家级科研院所24家、重点实验室16个，市级以上高校重点实验室39家、企业技术工程中心或科技研究开发机构102家，国家科研院所驻昌中试基地7家。全区科技企业孵化器数量30余家，其中国家级孵化器4家，市级孵化器4家；国家级众创空间2家，市级众创空间6家。腾讯众创空间、回+创客公社、宏福众创空间入围北京市众创空间。共认定昌平研发中心20家，复核通过9家。

全区登记技术合同2089份，实现技术合同金额80亿元，同比增长14.45%，完成2017年绩效考核任务。全区累计“北京市专利试点单位”264家，“北京市专利示范单位”26家，全区国家级、市级示范试点学校6所。专利申请量10923件，同比增速4.5%，全市排名第六；专利授权量6866件，同比增速11.2%，全市排名第四；PCT数量108件，全市排名第五；全区有效发明专利8020件，全市排名第六。

（潘巧福）

【昌平区知识产权服务行业联盟成立】 1月6日，昌平区知识产权服务行业联盟于昌平区“财会之家”召开成立大会。此次大会由昌平区博辉创新科技发展有限公司总经理主持，昌平区知识产权局主任出席，共有16家企事业单位22人参加。大会宣读了《昌平区知识产权服务行业联盟倡议书》和《昌平区知识产权服务行业联盟章程》，并为5家理事单位颁发聘书。

（潘巧福）

【2017年镇街科技工作会议召开】 4月11日，区科委召开2017年镇街科技工作会议。区科委领导、乡镇主管科技工作领导及科技专管员30余人参加本次会议。会议首先介绍了区科委2017年重点工作及本年度工作指标；传达了习总书记视察北京重要讲话，并阐述了区科委“六抓”工作的现实意义；最后，讲解了昌平区科技创新支持和2018年农业科技项目征集要求及安排科普调查问卷填报工作。

（潘巧福）

【昌平区成为国家知识产权试点城市（城区）】 4月25日，昌平区被国家知识产权局认定为“国家知识产权试点城市（城区）”，试点时限自2017年4月至2020年4月。国家知识产权试点城市（城区）的确定，对进一步提高昌平知识产权创造、运用、保护和管理水平，提升企业自主创新能力和核心竞争力具有积极的推动作用。

（潘巧福）

【昌平区8项成果获北京市科技奖】 4月26日，市委、市政府在北京会议中心举了2016年度北京市科学技术奖励大会，会上公布了2016年度获得北京市科学技术奖励名单。昌平区共有8项成果位列其中,在这8项成果中,由北京勤邦生物技术有限公司完成的“配套物联网的胶体金免疫分析系统及其在食品检测中的应用”等3项成果获得北京科技奖励二等奖;由中国华能集团清洁能源技术研究院有限公司完成的“整体煤气化联合循环发电仿真系统研制”等5项成果获得了北京科技奖励三等奖。

(潘巧福)

【“创新改变生活”知识产权徒步大会举行】 4月28日,“创新改变生活”2017未来科学城知识产权徒步大会举行,此次活动由区知识产权局、北京未来科学城管委会、国家知识产权局专利局审协北京中心共同主办。入驻未来科学城的中粮、中铝、国网、华能、国电、神华等央企研发机构积极参与,包括院级领导、“千人计划”专家在内的近千人参加本次活动。本次长走全程约4.5公里,起、终点设在未来科学城的温榆河滨河湿地公园,整体活动历时2小时左右。沿途悬挂了知识产权宣传条幅,终点处发放宣传资料、领取宣传奖品并参与知识产权趣味问答活动。

(潘巧福)

【56个项目列入昌平区科技发展计划项目】 5月9日,区科委发布了2017年昌平区科技发展计划通知,通知指出计划项目主要围绕产业技术研究与创新、科技成果转化、依靠科技手段促进社会公益事业发展等领域进行征集。共征集到申报项目103项,涉及生物医药、电子信息、新能源等多个领域。经过审核,56个项目列入昌平区科技发展计划项目。

(潘巧福)

【昌平区科普联席会召开】 5月16日,区科委、区科协联合组织召开2017年昌平区科普联席会暨昌平区全民科学素质工作领导小组会。科普联席会成员单位、全民科学素质领导小组成员单位及各镇街科技工作主管领导60余人出席本次会议。会议听取了《2016年昌平区科普工作总结和2017年工作计划》及《2017年北京科技活动周昌平区活动安排意见》。

(潘巧福)

【昌平区科技周活动举行】 5月20—26日,2017年(第23届)北京科技周昌平区活动举行,本届科技周主题是“科技强国、创新圆梦”,活动由区科委、区科协共同主办。此次科技周包括高新技术成果展示、优秀企业家进校园、央企研究院进社区讲座、中小学生科普教育基地参观、社区科普体验厅对外开放等系列科普活动。

(潘巧福)

【昌平区2016年度全国科普统计工作会召开】 7月7日,2016年度科普统计工作会在区科委召开,北京市科普基地、区各委办局和各镇(街)、各学校等90家单位负责科普统计的人员参加会议。根据科技部《关于开展2016年度全国科普统计的通知》精神和北京市科委科普统计工作的具体要求,昌平区科普统计工作7月7—14日开展。会上,区科委传达了市科委的文件精神,明确了科普统计工作的重要性和必要性,科室工作人员就科普统计调查表的填报和全国科普统计数据库管理软件的安装使用进行了细致的讲解示范,并提出具体的填报要求。

(潘巧福)

【未来科学城知识产权战略合作框架协议签约】 7月13日,未来科学城知识产权战略合作框架协议签约仪式——国家知识产权试点城区建设启动暨企业知识产权贯标工作推进会召开。会上,国家知识产权局专利管理司宣布关于昌平区确定为国家知识产权试点城市的决定,随后昌平区发布了《关于印发推进落实知识产权首善之区工作任务建设国家知识产权试点城区实施方案》。中关村知识产权促进局、昌平区知识产权局、未来科学城管委会三方共同签署了《未来科学城知识产权战略合作框架协议》,对企业知识产权贯标工作进行全面推进。

(潘巧福)

【昌平区全国科普日主场活动举行】 9月16日,由区科协主办,区信息技术应用协会、区科委等政府机构、企事业单位参加的2017年昌平区全国科普日主场活动在昌平区乐多港奇幻乐园举行。这次“全国科普日”活动主题是“创新驱动发展,科学破除愚昧”。主场活动安排了主题文艺演出、高新科技互动体验、委办局企事业单位和社会组织科普宣传、科普展板展览和参观体验奇幻乐园科普互动项目五大板块。在“全国科普日”活动期间,区科委发放科普宣传材料300余份。

(潘巧福)

【第十一届中国专利周系列活动开展】 12月2日,以“深入贯彻落实党的十九大精神,强化知识产权创造、保护、运用”为主题的2017年第十一届中国专利周在未来科学城拉开帷幕。国家知识产权局副局长贺化、国家知识产权局专利管理司司长雷筱云、区长张燕友、副区长周金星,以及来自全国12个省、自治区知识产权局的负责人参加开幕仪式。第十一届中国专利周系列活动由国家知识产权运营公共服务平台、区知识产权局、中关村科技园昌平园、未来科学城管委会主办,北京昌平科技园发展有限公司协办,华智众创(北京)投资管理有限责任公司具体承办。专利周系列活动融合了区特色,围绕未来科学城建设发展趋势,通过人工智能项目路演、知识产权运营基金座谈、高价值知识产权培育论坛、展览展示等活动,面向全国展示区内小微企业创业创新成果。

(潘巧福)

【7家单位入住大学科技园】 年内,华北电力大学、中国石油大学、中国政法大学、北京农学院、北京化工大学、中央财经大学、北京电影学院7家单位入住大学科技园,共入驻企业588家,总注册资金36.49亿元,总经营面积36606平方米,总就业人数4515人。其中2017年新增企业75家、注册资金10.03亿元。

(潘巧福)

【完成重点工作情况】 年内,区科委完成科技创新考核指标3项、区政府重点工作8项、为民办实事工程2项、科技审批项目26项,办理人大代表、政协委员建议和提案11项,被评为区2017年度政协提案办理先进单位。

(潘巧福)

【条件平台昌平工作站稳步建设】 年内,首都科技条件平台昌平工作站新增成员单位35家,新增科技人才32人,聚集科技需求62项,吸引科技成果区域转化9个,服务合同金额520余万元。

(潘巧福)

【高端领军人才直通车评审】 年内,区内12名专业技术人才通过高端领军人才直通车,经个人申请、单位申报、业绩评述、专家评价等各个环节评审,获评高级工程师职称。高端领军人才直通车评审主要面向中关村国家自主创新示范区昌平园、未来科学城注册的企业中从事工程技术研发生产的专业技术人才,参评人员不受学历、资历、职称限制,不需参加外语、计算机应用能力考试,可直接申报高级工程师(教授级)专业技术资格。自2013年以来,昌平区共有80名专业技术人员通过职称直通车评审取得正高级职称,其中未来科学城所属央企37人,中关村国家自主创新示范区昌平园企业43人。

(潘巧福)

【5个项目获中国专利奖】 年内,区内4家企业的5个项目获得优秀专利奖,分别是:北汽福田汽车股份有限公司的"一种车辆防追尾系统及方法",博奥生物集团有限公司的"一种磁珠与发光体共标记以检测遗传性耳聋的试剂盒",北京神源环保有限公司的"垃圾处理系统及其处理方法",中国石油大学(北京)的"核磁共振测井仪的探头磁体、探头和核磁共振测井仪"和"确定浮力作用下限及动力平衡的物理模拟实验装置以及确定浮力作用下限及动力平衡的方法"。

(潘巧福)

【4个项目获北京市第四届专利奖】 年内,区内4家企业4个项目在北京第四届专利奖评选中获奖,一等奖:北汽福田汽车股份有限公司的"电动汽车车载充电保护装置、充电保护方法及车辆"获一等奖;博奥生物集团有限公司的"一种磁珠与发光体共标记以检测遗传性耳聋的试剂盒"、乐普(北京)医疗器械股份有限公司的"药物洗脱器械用纳米级孔洞药物释放结构及其制备方法"、北京神雾环境能源科技集团股份有限公司的"高热值燃料蓄热式冷凝节能锅炉"获三等奖。

(潘巧福)

【科普建设统计】 年内,完成20个村(社区)科普画廊、15个电子显示屏、3个社区科普体验厅建设,配发科普图书2万册;完成了区常兴庄温水养鱼科普项目、昌平苹果主题公园农业科普基地建设项目及国家农业科技城昌平园科普教育基地建设项目等3个市级科普项目;组织30所学校7000余名师生的科普实践活动,支持市区级科普教育基地、科普示范基地建设;完成15个镇街、30家企业调研工作,重点了解企业科技需求,对接科普项目,督查项目完成情况。完成80家单位科普统计工作,汇总科普调查表2300余份;为科普教育示范基地10家单位授牌。

(潘巧福)

顺义区

【概述】2017 年,区科委紧紧围绕区域功能定位,牢牢把握发展这个根本任务,聚焦地区发展的不平衡不充分问题,通过创新驱动,加快推动"创新型产业集群与'2025'示范区"建设,为建设"港城融合的国际航空中心核心区,创新引领的区域经济提升发展先行区,城乡协调的首都和谐宜居示范区"贡献科技力量。

截至 2017 年年底,全区拥有高新技术企业 495 家。全区累计认定登记技术合同 426 份,同比增长 15%(2016 年认定登记技术合同 370 份),全年技术合同成交额达到 16.9 亿元,同比增长 30%。全区专利申请量为 6064 件,同比去年的 5450 件提高 11.26%,其中发明专利为 1647 件,同比去年的 1595 件提高 3.26%,实用新型专利为 3646 件,外观设计专利为 771 件,全市申请量排名第 8 位。

(付建平)

【推进全国科技创新中心建设会召开】3 月 18 日,推进全国科技创新中心建设专题会召开,区长高朋主持会议。会议听取并确定了区科委关于《顺义区推进科技创新中心建设办公室组建方案》,形成综合协调处和"重大科技计划""全面创新改革与中关村先行先试""科技人才""创新型产业集群与 2025 示范区"4 个专项办组织结构,研究部署了顺义区创新型产业集群和"2025"示范区建设及军民融合创新发展等相关工作。

(付建平)

【首都知识产权界徒步大会举行】4 月 22 日,由国家知识产权局直属机关党委、市知识产权局、区政府主办,区知识产权局承办的"足迹 2017 助力知识产权强国建设"首都知识产权界徒步大会在奥林匹克水上公园举行。国家知识产权局副局长张茂于、市知识产权局局长汪洪、区长高朋、副区长初军威、区政协副主席金泰希等出席活动。通过"主场徒步走活动、新媒体平台同步推动",推动首都知识产权宣传周、第十七界世界知识产权日宣传工作。

(付建平)

【区知识产权服务联盟成立】4 月 26 日,顺义区知识产权服务联盟成立大会召开。在区知识产权局的指导下,区文化委员会、区工商分局、临空核心区 12330 工作站联合区内 7 家从事知识产权服务的企事业单位,共同成立了顺义区知识产权服务联盟。

(付建平)

【知识产权宣传海报创意设计大赛举行】4 月,顺义区举办以"尊重智慧、激励创新、保护知识产权"为主题的知识产权宣传海报创意设计大赛。通过 4 个月的筹备、宣传、作品收集,经专家评选,区知识产权海报创意设计大赛取得成功。赵坤玉设计的《放得再像也打不开》、顺义区第二中学李可心设计的《保护知识产权拒绝盗版》、顺义区第三中学刘一阳设计的《创新》、顺义区裕龙小学刘亦铭设计的《尊重原创从我做起》分别荣获成人组一等奖、高中组一等奖、初中组一等奖、小学组一等奖。

(付建平)

【科技周科普示范效应不断彰显】5 月 19 日,区科委围绕科技周以"科技创新圆梦 建设宜居顺义"为主题,在汉石桥湿地举行启动仪式。市科委处室负责人、区领导出席,全区各镇、街道和企业共计 120 余人参加。活动组织了 300 余人参观市科技周主场馆;各镇、街道办事处和市级科普教育基地、市级科普体验厅结合自身工作特点,开展各类丰富多彩的科普活动;空港街道举行了"科普活动基地"揭牌仪式;旺泉街道、光明街道和双丰街道分别举行了科技普及宣传活动;鲜花港开展了专类园科普宣讲、植物与自然——花仙子游园、"人人做环保世界更美好"捡拾垃圾活动等;七彩蝶园根据园区游客主要以青少年为主的特点,举行了探秘七彩蝶、学习有关蝴蝶和昆虫的科普知识、AR 游戏促蝴蝶科普的体验活动。此外,区科普工作还围绕着"全国科普日""青少年科技节"等开展各类活动。丰富多彩的主题活动在全区营造了“讲科学、爱科学、学科学、用科学”的科普氛围。

（付建平）

【顺义区确定为国家级双创示范基地】 7月，国务院办公厅印发《关于建设第二批大众创业万众创新示范基地的实施意见》，顺义区等15家入选国家级双创示范基地。至此，北京市共有国家级双创基地20个，占全国双创基地总数的1/6，具体包括顺义、海淀2个区域示范基地，外加清华大学、北京大学、中国信息通信研究院、国家工业信息安全发展研究中心、中科院计算机技术研究所等5个高校和科研院所示范基地，航天科工等13个企业示范基地。

（付建平）

【“双创周”活动举行】 9月14—21日，区科委举办顺义区“双创周”活动。活动共分为三大板块，参与人数达17000人次，让参观者亲身体验了区科普工作的蓬勃态势。市科委副主任张继红、区政协主席周颖博和区委常委、副区长初军威参观展览。

（付建平）

【市级科普专项申报取得成效】 9月，市科委科宣处处长汤健、副处长龙华东一行到顺义区调研区科普工作，就申报市级科普基地等事项进行实地座谈。2017年，全区共有8家企业参与2018年度市级科普教育基地申报工作并通过专家初审，完成专家答辩待批。共申报市级科普体验厅2家，中小学科学探索实验室2家。

（付建平）

【系列科普活动举行】 年内，区科委组织科普专家来到大孙各庄镇，举办“增强党员环保意识共建山青绿水家园”主题党课，党课邀请杨汝荣教授为大家讲解环保科普知识；全镇39个村1800余名党员以电视电话会议形式在各村分会场收听收看。“科普进校园活动”分别来到东风小学裕龙校区、北务小学等4所小学，受众学生达到2000人次。邀请知名营养学专家朱文丽教授在北务镇仓上村、石北三社区举行科普知识培训；邀请区疾控中心的李永进教授在花溪渡社区举办“科普全方位普及零距离”知识讲座。这些活动共悬挂宣传条幅6条，张贴宣传展板10余块，发放宣传册50余份，发放科普用品300余份。利用中小学生暑期，在区科委数字科普体验厅开展两期科普季活动，共吸引小学生600人次参与。此外，按照区委“大党建”的统一部署，用“党建引领科普工作”：组织科委部分党员参观科技周；协助区直机关工委在数字科普展示馆完成了“走前头、做表率”宣讲比赛；与光明街道办事处合作在数字科普展示馆举办“不忘初心跟党走凝心聚力勇前行”百姓宣讲活动。

（付建平）

【与哈工大共建军民融合创新产业园协议签署】 年内，区委常委、副区长初军威代表区政府与哈尔滨工业大学签署了产业园合作框架协议。产业园定位为产业植入和军民融科技成果转化项目的落地平台。该项目是顺义区被纳入北京建设全国科技创新中心“三城一区”主平台后，围绕军民融合发展这一国家战略打造的具有深远意义的军民融合产学研示范平台。首批遴选哈尔滨工业大学在军民融合领域最具实力、最有影响力的10个创新平台及10余家企业入驻创新中心。

（付建平）

【首都科技条件平台顺义工作站“百进千”专场对接会召开】 年内，首都科技条件平台顺义工作站“百进千”专场对接暨专项政策发布会举行。来自首都科技条件平台的27家院校、实验基地代表与区科技企业代表160人进行了科技成果发布、创新券政策宣讲、科技需求对接、现场交流互动等活动。市科委副主任郑焕敏，区领导初军威、金泰希参加活动。发布会上，顺义区政府制定的首都科技条件平台顺义工作站配套扶持政策——《首都科技条件平台顺义工作站管理办法（试行）》举行发布仪式。该办法是顺义区继“1+3”系列科技创新政策后又一项扶持政策。

（付建平）

【条件平台顺义工作站工作成效显著】 年内，首都科技条件平台顺义工作站共发展成员单位30家，其中高新技术企业21家；新增科技人才15位；聚集企业科技需求53项，组织召开了2次供需对接会，吸引条件平台内的科技成果落在本区1项；积极参与首都科技条件平台的“百家重点实验室进千家企业”活动，发布典型案例5个，宣传报道信息8条；发放有效创新券服务企业19家，总金额137万元。

（付建平）

【区科委档案室获评市级优秀单位】 年内，区科委档案室通过了北京市档案局和区档案局的工作测评，被评为市级优秀单位。2017年，全区共有8家单位获此殊荣。

（付建平）

【专利数据情况统计】年内，区专利申请量为6064件，同比去年的5450件提高11.26%，其中发明专利为1647件，同比去年的1595件提高3.26%，实用新型专利为3646件，外观设计专利为771件，全市申请量排名第8位（全市申请总量185928件），城市发展新区中排在第3位。通过PCT途径申请的专利40件。从授权情况看，专利授权总量为3637件，同比去年的3778件下降0.37%，其中发明专利授权量为363件，同比去年的336件提高8.04%，实用新型专利授权量为2688件，外观设计专利授权量为586件，全市授权量排名第8位（全市授权总量106948件），城市发展新区中排在第3位。有效发明专利拥有量为1545件，全市排名第10位（全市有效发明总量205320件），每万人发明专利拥有量为13.7件（按112.8万人计算）。

（付建平）

【知识产权周宣传活动启动】年内，为进一步贯彻实施《国家知识产权战略纲要》，提高全社会的知识产权意识，营造尊重智慧、激励创新的良好氛围，顺义区举行了知识产权周宣传活动启动仪式暨顺义区首届知识产权海报创意设计大赛颁奖仪式。

（付建平）

【国家知识产权试点（城市）城区获批】年内，经北京市知识产权局推荐和国家知识产权局评审，根据《国家知识产权试点、示范城市管理办法》，确定顺义区为国家知识产权试点城市。

（付建平）

【专利执法统计】年内，区知识产权局组织开展专利行政执法检查活动7次，共发现涉嫌违法商品36件，已全部立案处理；协助市局开展展会驻会执法7次，成功调解专利纠纷案件6件。

（付建平）

【新增11家市专利试点企业】年内，经过北京市知识产权局一年的试点培育，市区两级知识产权局共同验收合格，北京东方雨虹防水工程有限公司等11家企业成为2017年度北京市专利试点企业。这些企业将充分发挥引领效应，逐步成为企业依托知识产权提升市场竞争力的重要力量，带动全区知识产权工作发展。至此，全区北京市专利试点企业已增至89家。知识产权示范单位10家，国家级知识产权优势企业2家、知识产权示范企业3家。

（付建平）

【科普统计调查工作开展】年内，依托第三方科普机构的优势，做好2016年度科普统计调查培训会会务工作。邀请中国科学技术信息研究所副调研员黄东流博士向学员们讲授了“全国科普统计数据库管理系统2017版”科普调查软件系统填报操作要领，完成了《2016年度科普统计调查表》和《全国科普统计北京市需补充调查表》的填报，为今后区域科普工作开展提供了科学依据。

（付建平）

大兴区

【概述】2017年，大兴区共有国家级高新技术企业584家，生物医药基地97家。建成众创空间13个，其中国家级5家、市级8家。技术合同成交额200.5亿元（合同登记2545项），实际比计划增长17.9%，与2016年（89.5亿元）同比增长124%。专利申请量首次突破万件，达到11087件，同比增长18.7%；位列全市第5位。专利授权5830件，有效发明专利6710件，位列全市第7；PCT国际专利申请件，位列全市第3位。

（王　媛）

【大兴区科技企业座谈会召开】2月14日，区科委在威克多制衣研发中心召开科技企业座谈会。光华设计基金会、区内孵化器、众创空间、创新型科技企业等10余家企业的主要负责人参加座谈会议。座谈会旨在加强不同领域企业的科技创新工作，有效实现企业间的跨界合作、资源共享；深入实施创新驱动、绿色发展;适应新形势,把握新机遇,提升区域内企业的整体发展水平。

(王　媛)

【知识产权局开展主题宣传活动】 4月16日,新媒体惠生活——第二届“樱花之约”双创系列活动开幕式在国家新媒体产业基地樱花大道举行。区知识产权局协同区工商局、12330新媒体工作站共同入驻樱花小镇并设立展台,开展主题为“创新创造改变生活,知识产权竞争未来”的知识产权活动,现场接受咨询并发放知识产权宣传品600余件。

(王　媛)

【区12330知识产权保护服务分中心工作站成立】 5月26日,大兴区12330知识产权保护服务分中心、工作站成立仪式暨知识产权专题培训会在大兴生物医药产业基地举行。区经济信息化委、商务委、文化委、教委、工商分局、食药监局等区知识产权联席会成员单位负责人及企业代表百余人参加成立仪式。市知识产权局副巡视员周立权、区长杨蓓蓓、北京市12330主任王连洁、大兴区科委主任、知识产权局局长苏荣,分别为大兴区12330分中心和生物医药基地、九州众创孵化园、鸿坤金融谷三个12330工作站授牌。

(王　媛)

【区级科技发展计划项目课题验收会召开】 6月12日,区科委在大兴宾馆组织召开了2016年度区级科技发展计划项目课题验收会,13名国家级、北京市级行业专家参加本次验收会。专家验收组审阅了相关课题验收报告、审计报告等相关验收资料,并质询相关课题承担单位,经专家组讨论形成了专家验收意见。本次共验收了研发服务业及企业技术创新能力建设、新产品研发及科技成果转化、知识产权提升、软科学研究、节能减排及生态环保、促进市民健康生活、都市产业、产学研合作促进、科技服务业促进、科技专项与管理等十大类共计69项课题。

(王　媛)

【首都科技条件平台大兴工作站“百进千”专场对接会举行】 6月28日,在大兴工业开发区华商创意中心召开首都科技条件平台大兴工作站“百家重点实验室进千家企业”专场对接会。参加会议的单位有北京市科委条财处、首都科技条件平台创新券管理办公室、北京印刷学院研发实验服务基地、北京师范大学研发试验服务基地、北京科技大学研发试验服务基地、中国家用电器研究院研发试验服务基地。同时,北京天普新能源科技有限公司、北京奇竹科技有限公司等20余家企业参加此次会议。

(王　媛)

【区12330知识产权保护服务分中心服务日活动开展】 7月27日,大兴区12330知识产权保护服务分中心联合新媒体工作站在华商创业中心举办了主题为“商品包装、装潢以及设计服务中的知识产权风险”的服务日活动。来自北冰洋、小笨鸟、猪八戒网等的5家企业代表参加活动。活动以座谈的形式展开,来自北京市西城区人民法院的志愿专家裴然法官围绕企业知识产权侵权诉讼等内容进行授课,并结合企业代表现场提出的实际问题,对企业在知识产权管理中如何规避风险等注意事项进行讲解。

(王　媛)

【《大兴区财政投入科研项目经费管理办法》出台】 12月1日,《大兴区财政投入科研项目经费管理办法》出台。为适应科技发展新形势和区域科技新需求,更好地组织实施区级科技发展计划项目改革,区科委与区财政按照《北京市进一步完善财政科研项目和经费管理的若干政策措施》要求,从支持内容、方式和资金等方面修改调整科研经费管理办法。

(王　媛)

【大兴区科技发展计划项目组织实施】 年内,共征集区科技发展计划项目213项,其中重点产业领域81项、创新创业领域10项、社会发展领域56项、现代都市产业发展领域29项、软课题研究领域6项、知识产权发展领域7项、科技成果宣传展示及应用12项、科技合作及京南大学联盟服务专项12项。项目科就评审入围企业征询了各镇、街道及各园区的意见,形成书面意见,并对照《北京市新增产业的禁止和限制目录》进行严格审核和筛选。同时,聘请市级行业专家召开评审会,论证申报项目,确定拟支持课题;最终确定拟支持课题83项,支持金额1603.36万元。

(王　媛)

平谷区

【**概述**】2017 年,区科委紧密结合“一二三四五”发展思路,进一步解放思想、抢抓机遇,在全面建设美丽、富裕、幸福的“首都生态强区”中发挥了积极作用。

一是支持培育高新技术企业,扶持战略新兴产业发展。按照区委、区政府工作要求,依靠创新驱动,紧密结合国家和北京市政策,在扶持创新型高新技术企业和战略新兴产业方面取得明显效果。2017 年区高新技术企业保有量达到 128 家。食品安全、通用航空、三农等领域科技项目顺利实施。

二是进一步规范了技术市场秩序。全年共登记技术合同 85 份,合同成交总金额为 8000 万元,技术交易额 7900 万元。

三是加大了知识产权保护力度。2017 年全区专利申请 856 件,授权 422 件,推荐专利试点企业企业 3 家,全区已达 60 家。

四是推进科普工作与科技创新共促发展。实施市级科普项目 2 项;组织推荐申报了北京市科普教育基地 1 家;开展了系列科普进校园、科普进社区、科普进农村、科普赶大集等大型宣传活动,让公众更加了解科技工作,理解科学发展、自主创新的发展理念,科普的影响力和实效性进一步增强。

（李　征）

【**区科委参加“三下乡”活动**】1 月 11 日,区科委参加 2017 年平谷区科技、文化、卫生“三下乡”活动,发放了科普宣传手册、防震减灾小常识、知识产权宣传手册等宣传材料。

（李　征）

【**科技政策培训开展**】1 月 16 日,区科委、区发展改革委、区通航管委会共同开展了科技政策培训会,30 余家的企业代表参加培训。相关部门工作人员详细讲解了高新技术企业、技术市场、首都科技条件平台、知识产权等政策,并进行现场答疑。

（李　征）

【**“百进千”对接会召开**】3 月 22 日,首都科技条件平台平谷工作站联合平台检测与认证领域中心举办“食品安全快检技术的创新与发展”为主题的“百家实验室进千家企业”平谷专场对接会。参加本次对接会的为全区农产品及食品加工领域的企业,共计 20 家,企业负责人 30 位。本次对接会的召开使企业了解并掌握运用科技创新带动食品安全分析检测技术,为实验室和企业搭建了食品安全快检技术需求与服务的交流和合作平台。4 月 11 日,首都科技条件平台平谷工作站联合首都科技条件平台检测与认证领域中心、清华大学研发实验服务基地,共同组织平谷工作站“百进千”对接会,对接科技需求与平台的科研资源。

（李　征）

【**“科技发展我担当”主题大讨论部署会召开**】3 月 30 日,区科委组织全体党员干部召开“科技发展我担当”主题大讨论和形成“职责目标清单、问题整改清单”工作部署会。党组书记张彦友主持,会议学习传达了区委常委、组织部长刘震在专题推进会的讲话精神和区科委《在“勇于担当”主题实践活动中开展大讨论和形成“职责目标清单、问题整改清单”工作方案》。要求全体党员干部要进行深刻自查,并查找班子、科室及个人在科技发展相关业务中存在的核心问题,确保形成实实在在的“职责目标清单、问题整改清单”。

（李　征）

【**进驻国际展会执法**】3 月 30 日—4 月 2 日,市局执法处委托平谷区知识产权局执法人员进驻中国国际展览中心(新馆)展区,开展为期 4 天的展会知识产权保护工作,接受专利举报投诉,调解专利纠纷,查处假冒专利,共计立案 50 件。

（马　旺）

【**“科普之春”科技下乡大型宣传活动举行**】3 月 31 日,以“科技富民,科普惠农”为主题,区科委与区科协、夏各庄镇政府、气象局在夏各庄镇王都庄村开展“科普之春”科技下乡大型宣传活动。活动以摆放宣传展板、发放科普宣传图书、播放科普宣传片、科普巡演等形式向村民宣传科学养生、地震、气象、知识产权农业实用技术、科技创新成果等方面的科普知识，进一步提高了农民科学素质和科学文化水平。活动摆放展板10块，发放科普宣传材料2000余份，受众人群300余人次。

（李　征）

【知识产权“进企业”活动】4月11日，区知识产权局举办了一次知识产权“进企业”培训会。全区30家高新技术企业的近50名代表参加会议。本次培训会由优秀企业代表杜祎程经理向参会人员详细介绍知识产权的相关知识与重要作用，商标和专利的挖掘与保护经验，开拓海外市场的方法与途径。受到了与会企业的一致好评，及时弥补了企业运营过程中知识产权知识缺乏的漏洞，解答了经办中存在的困惑，为企业做大做强奠定了坚实的理论基础，达到了组织的预期效果。

（马　旺）

【汪明浩到区科委调研】4月24日，区长汪明浩就“勇于担当”专题到区科委调研，并且针对担当作为问题做出指示：要加强科技服务“三农”，提升农民实用技术应用和科技成果的推广；要加强科技氛围营造，培育鼓励创造、追求卓越的创新文化，支持创新、鼓励创新的社会氛围；要进一步加强地震宏观观测，做好防震减灾工作。

（李　征）

【开展母婴用品市场专利执法检查】5月9日，区知识产权局执法人员对母婴用品市场进行专利行政委托执法检查。共检查商品千余个，查出专利商品56件，涉及专利62项。经现场检索调查，发现17件商品涉嫌假冒专利行为，已经立案处理。

（马　旺）

【知识产权“进社区”】5月10日，区知识产权局联合知识产权领导小组成员单位北京市平谷区国家音乐产业基地知识产权保护服务工作站，在平谷区林荫社区举办“创新创造改变生活，知识产权竞争未来”主题宣传活动。活动期间，现场悬挂主题横幅、设立咨询点，摆放知识产权知识宣传展板，共计发放知识产权宣传手册500余册、保护知识产权漫画读本500册、知识产权宣传海报500张、知识产权宣传纪念品200余份，现场群众积极参与。

（马　旺）

【科技周系列活动举行】5月26日，在第23个全国科技周，区科委围绕“科技强国，创新圆梦”主题，开展了一系列内容丰富、形式多样的群众性、社会性科普活动，包括组织农业、卫生、教育和高新技术企业等的代表召开科技工作者座谈会；在北京市第二实验小学平谷分校开展安全知识进校园活动；在平谷区第六小学开展科普知识赠书进学校活动；在林荫社区开展“防震减灾知识进社区活动”；组织机关干部参观2017年全国科技周暨北京科技周主场大型科普博览。活动有利于提高公民的科学素养。

（李　征）

【开展区内联合执法活动】10月24日，区双打办、区知识产权局执法人员对辖区大型超市进行了联合执法检查。共检查商品千余种，共发现专利商品百余件，涉及专利60项，其中10件商品涉嫌假冒专利行为。

（马　旺）

【国际技术转移中心共建】10月24日，市科委技术交易促进中心领导与和君集团、中企港资本、清尚环能负责人，在全区就合作共建国际技术转移中心环保分中心进行实地考察，召开座谈会，深入讨论合作协议、实施方案细则和机构入驻条件等问题。

（李　征）

【“科技服务振兴乡村”系列活动开展】11月21日，区科委在马昌营镇北定福村开展了科技服务乡村振兴活动。活动为农民现场讲解了与农业相关的科普知识，并发放科普宣传手册、防震减灾小常识、知识产权宣传手册等宣传材料3000余份。开展了“十九大”精神基层宣讲，区委讲师团成员科委副主任魏连启紧密围绕“党的十九大精神宣讲提纲”，详细解读了8个方面具体内容，村两委班子及时发声，畅谈对十九大精神的学习心得体会。党员干部对十九大精神有了更全面的了解，并表示将进一步深入学习，研究贯彻，推进十九大精神贯彻落实到村委各项工作中，不断转化为村委党支部的战斗力。

（李　征）

【北寨商标抢注事件应对】年内，针对北寨商标被抢注事件，区知识产权局、区工商分局、区农委、南独乐河镇政府等相关部门召开专题会议进行讨论研究，积极应对抢注事件。北寨村相关主体委托代理公司已准备相关材料将对抢注商标提出商标异议，并对北寨15个大类、150个商品或服务项目进行补充商标注册。至此,北寨村相关主体已接到商标局 7 个大类 70 个商品或服务的商标注册申请受理通知书,商标局已受理其申请,下一步将进入商标注册的实质审查阶段。

（李　征）

【“市科委绿通项目”送肥下乡】 年内,由区科委组织,由北京世纪阿姆斯生物技术有限公司实施的北京市科委绿通项目“微生物技术在平谷桃种植区土壤保护的研究与示范”取得了阶段性成果。该项目先后在平谷区刘家店镇寅洞村、熊儿寨南岔村、南独乐河鱼子山、峪口镇西营村、大华山大峪子、小峪子村、后北宫、前北宫、胜利队,镇罗营的大庙峪、上镇等 27 个村累计发放生物配方肥 287 吨,惠及农户 960 户,涉及桃树面积 960 亩。

（李　征）

【重大科技项目支撑北京食品安全】 年内,由区科委组织,普析公司实施的国家科技部重大科学仪器专项“动态多谱分析仪的开发与应用研究”进展顺利:一是完成了动态多谱分析仪样机的研制工作,并与应用单位协作开展了实际样品的测试,实现了多谱仪的仪器单元测控和数据采集、数据分析、建模和样品真伪鉴定以及云计算的大数据存储和基本检索功能。二是建立了多谱模型在回收油、食用油、不同比例混合油、葡萄酒等鉴别模型;开展了葡萄酒和白酒、酿造调味品、食用油、乳粉样品光谱、质谱等分析方法开发、样品采集、特征信息提取、初步建立鉴别模型。三是申报了 11 项发明专利、7 项实用新型专利、3 项软件著作权;完成 2 项国家计量技术规范标准立项;发表论文 11 篇。

（李　征）

【“通用航空运行保障与安全监管系统研发及应用本课题”开展】 年内,由区科委组织,北京招通致晟科技有限公司实施的“通用航空运行保障与安全监管系统研发及应用本课题”进展顺利:一是完成了小型相控阵低空目标探测装置和反制装置的小规模试产,目前正在对试产装置进行实验验证;二是完成了便携式/机载式北斗 RDSS 定位终端的技术分析和设计,根据设计方案试产了验证设备,并对此验证设备成功进行了初次实测,将回传的位置数据以轨迹形式,展示在通用航空运行监视系统,设备可行性和实用性得到一定验证;三是完成了空地数据一体化的通用航空运行保障系统的开发。

（李　征）

【“微生物技术在平谷桃树种植区土壤保护的研究与示范”项目开展】 年内,由区科委组织,北京世纪阿姆斯生物工程有限公司实施的北京市科技计划课题“微生物技术在平谷桃树种植区土壤保护的研究与示范”进展顺利。该项目开展了平谷桃区农户种植习惯和土壤情况的调查;筛选了适宜平谷地区桃树种植的微生物菌种;开展了菌株之间的拮抗实验、枯草芽孢杆菌和地衣芽孢杆菌发酵培养基设计及发酵条件优化研究、菌液高浓度喷雾干燥工艺研究、菌株吸附工艺研究、菌剂颗粒制备研究;开发出生物配方肥,并在桃树专用微生物肥料田间进行试验与示范应用。

（李　征）

【区县科技专项通过验收】 年内,区科委组织实施的 2016 区县科技专项“平谷产地花椒、大葱深加工及高产种植技术研究示范”,完成了枸椒子、大葱的最佳工艺条件,实现高效风味物质提取;分析枸椒子、大葱提取物风味成分,形成提取物风味还原度达到 90% 以上的分子调香修饰方案;形成了枸椒子、大葱提的调味料、食品用香精产品。项目成果丰富,顺利通过验收。

（李　征）

【区科委组织农业科技培训】 年内,区科委结合 2017 年农业科技项目的实施,组织农业技术专家,在黄松峪、东高村、镇罗营、大华山、刘店等乡镇,开展大葱、葡萄、黄秋葵、桃、花椒等栽培管理技能培训 32 场,培训农民 1120 人次。通过开展农业实用技术培训,有助于提高农民的技术管理水平,提升农产品的品质,增加农民的收入。

（李　征）

【行政许可与执法工作统计】 年内,登记技术合同 85 份,技术合同成交总额达 8000 万元;组织执法人员进行了 13 次执法检查,发现标注专利商品 1000 余个,立案 77 件,并上报市局立案处理。

（李　征）

【专利保护成效显著】 年内,区知识产权局共计出动执法 20 次,检查商家近二家,发现标注专利商品 800 余个,发现 77 件商品涉嫌假冒专利行为。

（马　旺）

【专利申请实现新突破】 年内,区专利申请数量实现新的突破,全年专利申请量达 856 件,位列生态涵养区第三,同比 2016 年增长 65%,其中发明专利 150 件、实用新型专利 586 件,外观设计专利 120

件；专利授权量达422件，同比增长23%，其中发明专利41件、实用新型专利297件，外观设计专利84件。截至年底，区万人发明专利拥有量为4.4件。新增专利试点企业2家，累计达52家，专利示范企业1家。

（马　旺）

怀柔区

【概述】2017年，区科委紧紧围绕市、区工作重点，不断促进区域自主创新能力提高，高标准完成重点科技任务，科技引领经济社会发展取得了进步。年内，区科委新认定高新技术企业10家，建成科普体验厅一座，疏解非首都功能促进经济转型升级重点工作2项，实现1家中科院科研项目和4家纳米产业项目投产运营，组织实施工、农业市级科技计划项目3项，市级科普项目3项，区级科技计划项目12项，参与科学城建设工作，承办大众创业、万众创新活动周怀柔科学城会场活动。

2017年，申报高新技术企业92家，全区高新技术企业保有量达到238家；输出技术合同417项，成交额17亿元，技术交易额17亿元；申请专利1381件，获得专利授权749件。全区4个先进集体、7名先进个人获北京市“科普惠农兴村计划”和“社区科普益民计划”奖励，共获奖补资金51万元；新命名区级科普示范（教育）基地8个，支持经费80万元。投资118.7万元建成航天主题科普体验厅一座。利用“科普五进活动”“百村农民科学素质提升活动”“科普之春”“科技周”“科普日”等科普主题活动开展培训、讲座、科普参观等，举办科普活动550余场次，制作展板、发放各种宣传资料1.6万多份，参加人员达1.5万人次。

（张凤林）

【5项区级科技计划项目立项】1月23日，5项2017年区级科技计划项目立项并签订任务书，分别是：“怀柔野生木本经济植物繁育示范与推广”项目，承担单位是怀柔区园林绿化服务中心，支持资金50万元；“机器人技术在休闲农业中的应用研究与示范”项目，承担单位是出彩童年（北京）文化产业有限公司，支持资金90万元；“农副产品安全认证体系及销售平台建设”项目，承担单位是凯磊（北京）科技有限公司，支持资金100万元；“电磁感应（电机驱动）采暖系统研发与应用示范”项目，承担单位是北京金荣升商贸有限公司，支持资金90万元；“Framingham危险因素计分中低风险度无冠心病症状或无典型症状者隐匿性冠心病发生情况的研究”项目，承担单位是北京怀柔医院，支持资金30万元。

（吴　琼）

【5项区级科技计划项目（工业类）立项】3月，5项怀柔区2017年科技计划项目（工业类）立项，分别是：“公共建筑能耗监管系统的研发”“基于生坯装配工艺的粉末冶金组合式中空凸轮轴制备技术研究”“口腔液体HIV抗体检测卡的研发”“一种新型膜式氧合器的研发”“高性能大扭矩485单级桥开发”。项目共计获得支持资金370万元。

（郭群英）

【举办科普之春活动】3—5月，怀柔区以“科普惠农 科技富民”为主题，利用现有科普资源优势，组织人员及社会公众参与科普活动。活动期间组织大型科普宣传4次，投入科技人员100余人次，制作科普展板、挂图500面，现场发放果树修剪、病虫害防治、新品种简介、动物疫病防治等多种技术资料10000余份，现场接待群众技术咨询2000余人次；举办各种技术培训20次，培训人数600人次；组织科技人员到全区14个乡镇的重点果园进行关键性的技术指导，科技下乡乡镇覆盖率达90%以上，下乡次数100余次，咨询人数1000人。

（张凤林）

【开展知识产权发展状况调研】4—10月，针对区内企业发放知识产权调查问卷50份，收回36份，与10余家代表企业开展座谈，最终形成了《怀柔科学城专利资源及成果转化分析研究报告》和《怀柔区纳米产业发展状况调研报告》。

（郭群英）

【扩大知识产权宣传】4月15日，区知识产权局在滨湖公园景观剧场举行"4·15全民国家安全教育日"启动仪式，进行知识产权宣传，发放宣传资料200份。6月，在"星东杯"怀柔区消费维权知识竞赛活动中，区知识产权局参与制订活动计划，提供20道知识产权方面的竞赛试题（判断、单选、多选），印发50000张，并组织机关人员参与。

（郭群英）

【"百进千"主题专场对接活动举行】4月25日，区科委首都科技条件平台怀柔工作站与怀柔科学城管委会共同举办了主题为"运用知识产权，推动创新发展；强化成果对接，助力科学城建设"的专场对接活动。活动吸引来自全区各领域的数十家科技型企业参与其中。市知识产权局执法处处长马文霞、市科委条件财务处处长李建玲，以及北京大学研发实验服务基地、北方工业大学研发实验服务基地、北京农林科学院研发实验服务基地、首都科技条件平台总平台、科技金融领域中心相关负责人参加活动。活动中，促成多家科技型企业与领域中心、实验服务基地达成合作意向，切实解决了企业创新发展需求。

（王立冬）

【"运用知识产权，推动创新发展"专场培训举行】4月25日，区知识产权局与怀柔科学城管委会共同举办了"运用知识产权，推动创新发展"专场培训，副处长陈军就企业知识产权综合管理、专利挖掘、信息检索、专利申请、专利纠纷、知识产权保护以及当前政策等方面的内容展开讲解，现场为企业答疑解惑。来自高新技术企业、知识产权试点、示范企业的60余位代表参加培训。

（郭群英）

【8个区级科普示范（教育）基地获得命名】4月26日，区科委组织专家对申报的2017年科普示范（教育）进行评选，最终有8个基地被推荐为2017年度怀柔区科普教育示范基地，获得区级财政资金80万元。

（张凤林）

【怀柔区促进科技成果转移转化实施方案颁布】5月14日，《北京市怀柔区促进科技成果转移转化实施方案》颁布。该方案从推动科技成果信息汇集与发布、做大产学研共同体鼓励科技成果转化、强化科技成果转移转化的市场化服务、推进科技成果转移转化载体建设、建设科技成果转移转化人才队伍5个方面制定了促进措施。

（刘天阳）

【2017年科技活动周活动开展】5月20—27日，区科委响应全国科技周主题精神，结合全区的科技工作实际，举办了主题为"打造怀柔科学城 畅享绿色新能源"的科技周活动。此次科技周突出"怀柔科学城"与"新能源生态"建设两大特色科学主题，创新科普方式、丰富科普内容，以视频投放、图文宣传、实物模型、互动体验、实践操作、娱乐游戏等多种形式展现怀柔科技之城、生态之城的魅力，引导公众树立低碳环保、绿色出行的科学意识，提升怀柔区群众科学素质，为怀柔科学经济发展培育新引擎以及群众基础。除在星东天地购物中心举办了为期三天的主场活动外，还组织全区30多家科普联席会议成员单位和40余家科普基地开展科普讲座、培训、体验、参观等各类活动300多场次，参与人数达5000人次。

（王五山）

【商户专利商品管理培训班举行】7月14日，知识产权局、商委及药监局等单位共同举办商户专利商品管理培训班，邀请市知识产权局的陈健老师对辖区内的大型商场、超市、电器城、药店、医疗器械店等假冒专利高发商户进行专利商品检索与管理的培训，进一步提高商户对假冒专利商品的鉴别能力。

（郭群英）

【条件平台2017年绩效考评通过专家评审】7月28日，由市科委和首都科技条件总平台组织专家评审组对怀柔区首都科技条件平台怀柔工作站2017年度绩效任务进行考评验收。经专家组现场质询和审阅文件，平台通过了考评组结题验收。

（王立冬）

【送科普图书进社区活动】8月24日，区科委在泉河街道新贤家园社区组织开展"重自身修养、重社会责任、树良好形象"、送科普图书进社区活动。本次活动得到了中国好人、北京绿神鹿业有限责任公司总经理赵广华，全国优秀乡镇企业家、全国农村科普致富带头人刘春明，区园林绿化局副局长、林果专家秦建国，医院副院长宋舸博士等多名怀柔科技界知名专家人士的积极响应和参与。专家们走进社区,给居民送去了健康养生、居家安全、科学知识方面的图书。

(温成启)

【高新技术企业认定政策培训会举行】8月26日,区科委组织举办怀柔区高新技术企业认定政策培训会,邀请市科委高新处王林鹏老师对高新技术企业申报认定工作的具体要求、认定依据、申报条件、认定评分细则、申报流程等具体事项进行详细解读,并就企业在高新技术企业认定工作过程中遇到的共性问题和注意事项与参会企业代表进行交流和探讨。全区75家高新技术企业和科技型企业120余人参加培训。

(苟幸男)

【双创活动周怀柔科学城会场活动举行】9月15—21日,2017年全国大众创业、万众创新活动周怀柔科学城会场活动在科学城管委会举行,区科委工业科作为牵头科室全方位负责此次活动。此次活动以"双创促升级,壮大新动能"为主题,以推进怀柔科学城建设为重点,分为走进科学城、双创成果展示、纳米科技报告会、双创政策解读4项主题内容,约1700人参加此次活动。

(刘天阳)

【首届纳米科技报告会举行】9月19日,区科委以双创周活动为契机,邀请中科院外籍院士和欧洲科学院院士王中林,清华大学教授、博士生导师刘泽文,北京大学教授、博士生导师、教育部长江学者特聘教授侯仰龙,国家纳米科学研究中心研究员,博士生导师杨延莲4位专家学者,在怀柔科学城举办首届以"纳米科技与产业化发展"为主题的纳米科技报告会。受邀专家学者分别就各自研究领域做了相关学术报告,并与怀柔区纳米科技企业代表和高新技术企业代表进行座谈交流。

(王立冬)

【杨仁全到怀柔调研】9月21日,市科委副巡视员杨仁全带领市科委相关处室领导干部12人到怀柔调研。市科委一行先后参观了怀柔科学城双创成果展、北京碧水源膜科技有限公司、北京康普锡威科技有限公司。在怀柔科学城管委会进行的座谈中,市科委与怀柔区就推进科技创新发展的功能定位、重点领域、主攻方向和科技成果转化等方面的发展现状及需求进行深入交流,并表示将进一步在政策、资金、人才引进等方面对怀柔区加大支持力度,进一步推动怀柔区形成科技创新发展的新格局。

(刘天阳)

【2017年全国科普日活动举行】9月24日,2017年怀柔区科普日主场活动在滨湖公园启动。此次活动围绕"创新驱动发展 科学破除愚昧"主题,充分利用场地资源,设立主舞台区域和展览展示区域,开展多样化科普特色活动。互动体验展区以玩转科技,乐享生活为主体,开展互动科技体验项目;科学试验区和创意手工坊区主要是让参与者自己动手体验和制作。科学游艺区的科学运动会将游戏与科学知识、谣言破解相结合,寓教于乐。

(王五山)

【20个区级科普示范(教育)基地通过验收】11月16日,区科委组织专家对2015、2016年20个区级科普示范(教育)基地进行了验收。会议听取了各基地负责人对基地建设情况的汇报,专家对科普基地建设情况给予肯定,20个基地全部通过验收。

(张凤林)

【企业专利工作培训会举行】11月29日,以全国专利周为契机,区知识产权局与科学城管委会共同举办了企业专利工作培训会。培训会就专利资产评估、知识产权出资入股和增资扩股实务进行讲解,对专利质押贷款的操作流程、知识产权贯标等政策和流程进行辅导。包括专利试点、示范企业在内的50余家企业派代表参会。

(郭群英)

【怀柔区被评为国家知识产权试点城市】12月22日,由市知识产权局推荐,经国家知识产权局评审,怀柔区被评为国家知识产权试点城市,试点周期为2017年12月至2020年12月。

(郭群英)

【多项2016年区级科技计划项目通过验收】年内,多项2016年区级科技计划项目通过验收。4月,2016年区级科技计划项目"小型、轻量化集约型精密模具的开发""三片罐激光赋码技术研发与应用""使用直线电机驱动技术的精密数控电火花慢走丝线切割机床研制""三层共挤非PVC医用输液袋接口软管开发"4个项目分别通过专家验收。5月,基于"互联网+"商业服务的示范与推广通过验收。6月,"板栗酱生产工艺及加工关键技术研究与示范""生物发酵豆粕的工业化生产及其在高档饲料中的应用""石墨烯杂化物的规模化制备技术研究项目”“食品安全检测公共服务平台在休闲观光农业中的应用与示范”通过验收。9月,“新型纳米银包铜粉导电胶的研制”项目通过验收。12月,“残根残冠修复用个性化数字加工纤维桩核的研发及产业化项目”“百合品种选育及繁殖技术研究项目”通过验收。

(郭群英　吴　琼)

【高新技术企业统计】年内,全区高新技术企业保有量238家,完成技工贸总收入643.1亿元,去年同期为461.8亿元,同比增长39.2%;实现利润35.1亿元,去年同期为32.9亿元,同比增长6.4%;上缴税金28.2亿元,去年同期为19.3亿元,同比增长45.1%。

(刘天阳)

【专利资助工作】年内,区知识产权局完成专利成果转化资助金的申报和发放工作,共申请专利资助项目15项,经过专家评审,有研粉末等3家企业专利资助转化资金60万元。全区81家企业、6位个人共计获得授权专利资助金72万元。

(郭群英)

【专利申请与授权】年内,全区申请专利1381件,其中发明专利437件,实用新型专利759件,外观设计专利185件。获得专利授权749件,其中发明专利134件,实用新型专利483件,外观设计专利132件。有效发明专利682件,PCT专利申请4件。

(郭群英)

【技术合同登记成果】年内,全区输出技术合同417项,成交额17.0亿元,技术交易额17.0亿元。其中技术开发合同130项,技术转让合同8项,技术咨询合同3项,技术服务合同276项。

(苟幸男)

【航天虚拟现实科普体验厅建成】年内,在龙山街道西园社区建成一座以虚拟现实体验技术为主要手段的航天主题科普体验厅。该体验厅主要通过虚拟动作互动、虚拟漫游、虚拟竞技、步入式虚拟现实、虚拟飞行等技术,将载人航天工程、探月工程、火星探测、火箭发射场等众多国家航天重大专项内容开发为体验项目。包括采用最新虚拟头盔技术,结合最新航天重大活动,从主题内容和技术形式都是新的尝试。项目具有原创性、科普性和趣味性,能极大地调动体验者的积极性,从而增强民族自豪感。项目共投资118.7万元,其中争取市级资金78.7万元,从区科普资金中匹配40万元。项目于年底前建成并已对公众开放。

(王五山)

【建设景泰蓝社区科普体验厅】年内,借助市科委建设社区科普体验厅的契机,申报了区内社区科普体验厅建设项目。体验厅通过科技手段激发广大市民特别是青少年学生对于景泰蓝工艺的兴趣,大力宣传景泰蓝传统文化,提升景泰蓝在社会公众的影响力,让大家既能够学到景泰蓝传统技艺,又能感受到现代科技气息。景泰蓝科普体验厅建设面积为100平方米,包括9个部分内容:3D设计打印区、环形影院、景泰蓝皇家造办厂原景再现、科普书吧、科普乐动展区、景泰蓝珍品馆、学生成果展示区、生产车间参观区和科普宣传平台等。体验厅同时对景泰蓝主要工艺流程生产车间进行统一包装设计,以适应观众自主参观。

(王五山)

【科普惠农兴村计划】年内,经过专家评审推荐,由怀柔区科协推荐的1个基地、3名个人获得北京市科普惠农兴村计划奖补资金支持,获得奖补资金24万元。

(张凤林)

【科技套餐配送工程】年内,怀柔区的科技套餐配送工程联系市、区协会、专家,组织开展各种科普知识讲座、科技培训等活动。全年聘请北京农产品安全质量学会、北京林学会、北京农学会、北京林保站、北京病理学会、怀柔区板栗协会等科技社团的专家95人次,组织开展农产品安全检测、果树栽培后修剪技术、如何控制好病害的发生、果树行间杂粮间作等培训、知识讲座、健康讲座和现场指导、解疑等活动30次,受益人数达7500余人次。

(张凤林)

【科技工作者状况调查】年内,区科协被列为北京市科技工作调查工作省级站点,全年共完成280人次科技工作者调查,上报科技工作者站点信息7篇,并在2017年省级站点工作考核中列为优秀。

(张凤林)

【举办“科普社区行、共建科学城”科普知识讲座】年内,区科委、科协与北京开放大学怀柔分校在龙山社区、泉河社区共同举办了“科普社区行、共建科学城”科普知识讲座系列活动。活动从6月开始,持续到11月底,共计组织卫生防病科普知识、法制知识等讲座50场。

(温成启)

【百村农民科学素质及知法懂法提升活动开展】年内，区科委开展了百村农民科学素质以及知法懂法整体水平的提升活动。活动内容主要包括两方面，6个主题科普讲座和一个公众号运营。6个主题科普讲座分别从国家各种法律法规、家庭装修污染防治、个人信息安全防护、雾霾的危害及防护、传染疾病预防宣传活动、关注村民“朝夕”幸福、生态与环保等6个老百姓普遍关注的方面展开；一个公众号运营是指微信公众号“怀柔科技”进行网上答题、科学知识宣传、法治是宣传、发放宣传资料、开展科学素质摸底等内容开展。

（温成启）

【打造两条健康知识科普街】年内，区科委、区科协与区疾病预防控制中心以红螺南路、南大街西路为依托，联合打造了两条健康知识科普街。打造健康知识法律科普街有利于扩大人群阅读的覆盖面，提高居民卫生防病知识。

（温成启）

【科普橱窗建设】年内，区科委、科协为配合怀柔创建全国文明城区建设，在怀柔城区周边区域、龙山、泉河街道社区两侧、居民区范围内设立了300余块户外科普橱窗。社区科普橱窗通过文字、图表和照片形式定期刊发国内外时事、政策、法律法规、致富信息、科技动态、科普知识和创建文明城区信息，具有视频播出、信息发布和各种科普信息显示等多种功能。区科委与龙山、泉河街道、世妇会公园管理处密切合作，强化对科普、法制宣传展板的监控与管理，及时做好维护，保证其发挥应有的作用。

（温成启）

【开设科长法律法规讲坛】年内，区科委、区科协科开设了科长法律法规讲坛，每月选派一位科长面向机关全体工作人员，开展一次法治教育活动，强化机关工作人员的法律意识和普法氛围。全年，区科委共开设了道路交通安全法知识、“预防职务犯罪，依法行政”、《物权法》讲解、《中华人人共和国专利法》讲解、《科普法》释义、新行政诉讼法实施对行政机关工作的影响等6个法律法规专题讲座。

（温成启）

【怀柔区中小学无线电测向比赛举行】年内，区科委、区科协举办了怀柔区中小学无线电测向比赛，共有十11代表队和201名运动员参加比赛。比赛按照学段分为小学、初中、高中三个组别，根据无线电频段设置了短80米、短2米接力赛及个人赛。最终，杨宋小学、怀柔五中、怀柔一中分获女子短80米接力各组别第一名，沟门小学、渤海中学、怀柔一中分获男子短80米接力各组别第一名。怀柔一小、渤海中学、怀柔一中分获男子短2米接力各组别第一名，怀柔一小、怀柔五中、怀柔一中分获女子短2米接力各组别第一名。个人项目分为短距离80米波段和短距离2米波段，最后决出了个人项目一等奖、二等奖和三等奖。

（温成启）

【优秀青年工程师推荐】年内，第23届北京优秀青年工程师评选开展，全区上报了9名，获选7名，获选率78%。有研粉末新材料（北京）有限公司付东兴被评为优秀青年工程师标兵。

（温成启）

【怀柔区科普设施建设与维护项目建设】年内，怀柔区科普设施建设与维护项目建设资金160万元，共修护、完善了不同形式的科普宣传栏272组，新建了科普画廊10组（附带LED显示屏），并对全区1280块科普橱窗内容进行了更换。

（彭丽娣）

【怀柔区科普云平台项目建设】年内，区科普云平台项目建设资金225.0468万元。该项目以科普的内容信息、服务云、传播网络、应用端为核心，将怀柔区的科普资源进行整合管理，科普宣传设施进行整合规划，并将科普云屏和原有的科普宣传设施统筹到云平台中进行统一管理，实现对现有科普资源的有效整合利用。本项目在区科委和10个科普示范社区建设了服务器、科普云计算中心监控拼接屏、科普云屏等硬件设施，开发了怀柔区科普互动App、科普云互动查询系统、科普云屏后台控制系统、科普云资源配送平台、怀柔区科普导航平台等软件系统，建设了一套科普云资源库，打造完成怀柔区科普云平台，推动了科普信息化在怀柔区的落地应用，实现对现有科普资源的有效整合利用。

（彭丽娣）

密云区

【概述】2017年,区科委深化科技体制改革,主动靠前、开拓创新,在促进区域产业优化升级、经济社会发展等方面发挥了积极作用。年内,33个项目在科技部和北京市科委立项;国家高新技术企业发展到192家;市级以上各类研发机构35家;技术合同成交额3.6亿元;新申请专利870件,获得授权专利682件。

(张怀东)

【开展"周末科普大讲堂"活动】1月14日,区科委联合区科协举办"2017年周末科普大讲堂"活动。首场主讲嘉宾密云区中医院主任医师、中医专家周玉兰围绕衣食住行4个方面,向居民讲解了冬季健康养生方面的科普知识,并详细解答了居民提出的问题。活动每月举办2期,全年累计举办33期,3250人次参加。

(许小亮)

【高新技术企业颁证及培训会举行】3月2日,区科委举办密云区高新技术企业颁证及政策培训会,全区78家2016年度新认定国家高新技术企业的负责人参加会议。会议介绍了全区国家高新技术企业的发展情况,颁发了"高新技术企业证书",并就相关所得税政策进行详细讲解。

(宋立荣)

【启动精准帮扶科技培训】3月2日,精准帮扶科技培训活动启动,首站聘请区内果树栽培技术专家杨东升,在大城子镇聂家峪村开展梨、板栗等果树整形修剪技术现场培训,该镇13个低收入村的近百名果树技术人员参加了培训。全年累计在太师屯、新城子等镇开展培训16期,培训人数达1700余人次。

(赵红霞)

【开展高端装备制造企业知识产权交流会】3月7日,区知识产权局组织召开高端装备制造企业知识产权工作交流会,宝沃汽车等10家区内高端装备制造企业参加会议。会上发布了"密云区高端装备制造产业专利导航"研究成果,介绍《企业知识产权管理规范(国家标准)》认证流程。

(景　姗)

【5支团队被评为优秀科技创新团队】3月20日,区科委启动密云区首届优秀科技创新团队评定工作,共有20支科技创新团队参与。经过创新能力、创新成果等方面的综合评定,最终评定北京超同步伺服股份有限公司智能装备科技创新团队、北京机床研究所高档数控机床研究科技创新团队、同方威视技术股份有限公司特异物质安全检测与装备科技创新团队、北京康辰药业股份有限公司创新药关键技术及产业化科技创新团队、北京亨通斯博通讯科技有限公司亨通光电通信传输研发中心科技创新团队5支优秀创新团队。

(王　研)

【部署全民科学素质行动计划纲要实施方案】3月23日,区科委召开《密云区全民科学素质行动计划纲要实施方案(2016—2020年)》落实部署会,对涉及区科委的重点任务进行部署,明确主管领导及职责分工。

(李大轩)

【开展"世界知识产权日"宣传】4月26日,区知识产权局联合区商务委、文委、工商分局等部门在鼓楼南大街举办以"创新创造改变生活 知识产权竞争未来"为主题的宣传活动。活动现场发放《创业知识产权宝典》等宣传品2000余份,解答群众咨询20余次。

(景　姗)

【知识产权公共信息平台培训举行】4月27日,区知识产权局联合北京市知识产权信息中心举办北京市知识产权公共信息运用能力提升暨平台使用培训。区内70余名企业知识产权管理人员参加培训。会上,专家对北京市知识产权公共信息服务平台专利检索、管理决策分析、战略性新兴产业专利专题数据库、专利价值评估、交易系统等功能的使用进行了详细讲解。

（景　姗）

【科技馆生命科学展厅对外开放】5 月 19 日，密云科技馆三层生命科学展厅对外开放，展厅面积 820 平方米，以“探索生命密码 · 关注生命健康”为主题，包括“生命探秘”“人体揭秘”“健康奥秘”三大展区，共 50 件互动展项。全年密云科技馆累计接待观众 5.1 万人次，成为密云区群众参与科普活动的首选地和传播科普知识的第一平台。

（许小亮）

【科技周活动举行】5 月 19 日，密云区科技周开幕。本届科技周以“科技强国 · 创新圆梦”为主题，包括主会场、分会场两个展区。主会场设置在密云区科技馆，除参观科技馆 4 个展厅外，还集中展示了盆栽葡萄、蜂文化创意产品、“密云三烧”等农业企业的特色科技成果，开展了科普趣味实验表演、节水保水主题科学“答”人等活动。分会场主要展示了我国航天、军事方面的创新成果以及人脸识别、磁悬浮等前沿科技。

（李大轩）

【开展创业企业知识产权保护培训】6 月 29 日，区知识产权局联合创业公社 · 密云基地共同举办创业企业知识产权保护策略培训。区内科技型企业的 40 名知识产权管理人员参加培训。培训结合当前热点知识产权案例，就知识产权促进中小企业发展、企业商标工作、专利工作、著作权、商业秘密保护技巧 5 个方面进行了详细讲解。

（景　姗）

【开展科普统计】7 月 3 日，区科委启动 2016 年度密云区科普统计工作。结果显示，全区年度科普经费筹集额为 2436.51 万元，共有专职、兼职科普人员 2264 人，开展各类科普活动共计 6000 余次。

（赵　虹）

【蜂产业知识产权保护提升研讨会举行】7 月 14 日，区知识产权局组织召开“蜂产业知识产权保护提升”课题研讨会。国家知识产权局专利局、北京 12330、海淀区法院知识产权庭、密云区园林绿化局等专家以及区内重点养蜂企业代表参加会议。会上，北京 12330 专家介绍了“密云区蜂产业知识产权保护提升”课题概况，并围绕蜂产业链知识产权的挖掘、保护、管理等内容进行了交流研讨。

（景　姗）

【科技创新领军人才评定】8 月 25 日，区科委启动密云区第二届科技创新领军人才评定工作，16 名科技人才通过区经济开发区、生态商务区、镇街等主管部门推荐和企业、个人自荐的方式参与评定，最终北京智能管家科技有限公司雷宇等 10 名科技人才获得密云区“科技创新领军人才”称号。

（王　研）

【美中双和公司科技成果亮相全国双创周】9 月 18 日，北京美中双和医疗器械股份有限公司的“三氧化二砷药物涂层支架输送系统”技术成果亮相 2017 年全国大众创业万众创新活动周北京会场。该系统应用于冠状动脉血管狭窄或阻塞等病变的治疗，可实现血管完美内皮化，冠心病患者术后抗血小板药物服用周期可缩短至 6 个月。

（张怀东）

【社区科普及知识产权宣传】9 月 19 日，区科委与果园西里社区共同举办科普、知识产权宣传活动，50 余名社区居民参加。通过播放科普电影、举办知识讲座、摆放知识产权宣传展板、发放知识产权宣传资料等形式，向居民宣传反式脂肪酸的危害等科普知识以及知识产权相关法律法规。活动现场向居民发放科普书籍、知识产权宣品 300 余份。

（张怀东）

【农业企业（合作社）科技培训举行】11 月 15—16 日，区科委举办为期两天的农业科技型企业（合作社）科技培训会。来自 14 个镇的科技工作管理人员、部分科技特派员、农业科技企业（合作社）负责人共 60 余人参加培训。会上，详细讲解了国家和北京市政府对科技特派员、星创天地的鼓励扶持政策和农业科技项目的支持方向、申报流程，以及创新券的申请流程、使用方法。通过培训，与会人员对农业科技政策有了更深的了解。培训结束后，与会人员实地参观了北京汇源康民有机农业有限公司。

（赵红霞）

【华源泰盟公司获得中国专利优秀奖】12 月 11 日，国家知识产权局发布《关于第十九届中国专利奖授奖的决定》，北京华源泰盟节能设备有限公司自主研发的发明专利“一种整体型吸收式换热机组”获得中国专利优秀奖。全区累计 3 项科技成果获得该奖项。

（景　姗）

【未来网络产业园建设】年内，智邮开源通信研究院（北京）有限公司等 9 家新一代信息技术企业落户未来网络产业园，累计入驻企业 22 家，涉及智慧交通、天地一体化、人工智能等多个高精尖领域，研发科技成果 19 项，申请专利 34 项。车联网、“端局云”等多项成果已在北京、深圳等地转化推广。全年纳税 3517.1 万元，形成区级财政收入 756.4 万元。

（王　研）

【智能装备产业园建设】年内，超同步智能装备产业园和中科智能超精密产业园共有 8 项科技成果实现转化，15 个项目正在研发。产业园一期工程已经完工，数字化车间建设已经完成建模，80% 的设备已完成安装。

（张明江）

【获得国家知识产权试点城市称号】年内，密云区被国家知识产权局认定为“国家知识产权试点城市（城区）”，试点时限自 2017 年 4 月至 2020 年 4 月，成为北京市 5 个生态涵养区中首个国家知识产权试点城市（城区）。

（景　姗）

【专利申请工作】年内，新增专利申请 870 件，682 件专利获得授权，同比增长 50.22%。

（景　姗）

【国家知识产权优势企业认定】年内，北京康辰药业股份有限公司被国家知识产权局认定为“国家知识产权优势企业”，成为密云区首个获得该称号的企业。该公司拥有发明授权专利 39 项，PCT 国际发明专利 25 项。

（景　姗）

【区内企业首获“国家知识产权示范企业”称号】年内，北京康辰药业股份有限公司被国家知识产权局认定为“2017 年度国家知识产权示范企业”，成为密云区首个获得该称号的企业。该公司拥有发明授权专利 42 项，PCT 国际发明专利 27 项。

（景　姗）

【7 家企业通过专利示范、试点单位认定】年内，北京博恩特药业有限公司、北京超同步伺服股份有限公司等 7 家企业通过北京市专利示范单位、试点单位认定，推荐北京杰利阳能源设备制造有限公司等 6 家企业申报 2017 年度北京市专利工作试点单位。全区累计拥有市级试点企业 72 家、示范企业 4 家，数量居生态涵养区第二位。

（王香玲）

【知识产权教育试点校认定】年内，密云水库中学、密云区溪翁庄镇中心小学被北京市知识产权局、北京市教委认定为 2017 年北京市知识产权教育试点学校，密云区中小学首次获得此项认定。

（王香玲）

【开展专利执法检查】年内，区知识产权局对区内 35 家超市、医药、电器等重点经营场所开展专利执法检查，累计登记专利商品 819 件，办结假冒专利案件 47 起，案件办理量同比增长 30.5%。

（王香玲）

【区域品牌保护】年内，区知识产权保护协会将“金叵罗”“蔡家洼玫瑰情园”等 23 件商标许可、转让给北京金叵罗民俗旅游专业合作社、北京玫瑰情园旅游开发有限公司等单位使用。获得授权的 258 件商标中已有 64 件商标许可转让给区内 15 家单位使用。

（景　姗）

【开展专利资助】年内，区知识产权局对 49 家企业和 3 名个人的 249 件授权专利给予资助 37.3 万元。其中发明专利 31 件，实用新型专利 218 件。资助标准为发明 5 千元/件，实用新型 1 千元/件。获得资助的专利技术 90% 实现了产业化，产值 29.9 亿元。

（景　姗）

【新技术新产品（服务）认定】年内，北京智酷计算机有限公司“智能桌面主机（微型计算机）”等 51 项产品通过北京市新技术新产品（服务）认定。全区共有 85 项产品通过认定。

（李　杰）

【企业研发机构认定】年内，北京力标伟业科技股份有限公司技术中心被北京市科委认定为北京市级企业科技研究开发机构。全区市级以上各类研发机构总数达到 35 家，覆盖生物医药、电子信息、高端装备制造等六大战略性新兴产业领域。

（李　杰）

【国家高新技术企业认定】年内，区科委指导 104 家企业完成国家高新技术企业申报，2017 年认定了 72 家。截至年底，全区国家高新技术企业达到 192 家。

（李　杰）

【完善区级科技项目管理】年内，区科委对区级科技项目管理办法进行修改完善，加强对项目网上公开征集、专家评审、第三方审计、专家验收等关键环节的管理，精简项目征集期申报材料，并将项目专家论证和财务评审“二会合一”，缩短项目立项周期。放宽项目专家费限额和差旅费、会议费比例标准，承担单位可自行调整专家费标准，在差旅费、会议费总额不变的基础上，自由调整比例。全年实施区级科技项目22个。

（杜景龙）

【承担国家级和市级科技项目】年内，区科委组织申报的33个科技项目获得立项，其中国家级4个、市级29个，重点支持了高端装备制造、生物医药、未来网络、生态农业等重点产业的科技创新以及保水、生态文明建设、科普等社会领域发展。

（杜景龙）

【智能装备项目入选国家智能制造专项工程】年内，北京超同步伺服股份有限公司“智能装备核心功能部件数字化车间项目”入选工业信息化部“国家级智能制造专项工程——2017年智能制造综合标准化与新模式应用项目”。该数字化车间采用三维模拟仿真设计管理，满足大规模个性化定制的智能柔性数字化生产线建设要求，包括车间智能生产运行管理系统、大数据信息交互平台及智能物流与仓储系统，实现数字化车间集成与互联互通，全面提升生产效率。

（柳　奇）

【5个项目获科技型中小企业和科技服务业促进专项立项】年内，北京数字精准医疗科技有限公司的“光学分子影像肿瘤精准成像系统”、银河水滴科技（北京）有限公司的“远距离步态识别技术与应用”、北京华力必维文化服务有限公司的“艺+1艺术品鉴证平台（备案溯源系统）”和火星人视野（北京）教育科技有限公司的“青少年科学教育实验室－火星人俱乐部”项目分别获得市科委科技型中小企业促进专项（创新和创业类）立项，北京华力必维文化服务有限公司获得科技服务业促进专项立项。累计12个项目获得以上两个专项立项。

（柳　奇）

【科学城建设人才项目列入全国科创中心人才专项】年内，密云区申报的怀柔科学城建设人才项目列入2018年全国科技创新中心建设科技人才专项。项目计划引进地球系统模式开发、高性能计算、气候变化等方面“千人计划”4人、“百人计划”3人，为地球系统数值模拟装置和京津冀大气环境与物理化学前沿交叉研究平台建设提供人才支撑。

（王　研）

【入选北京市科技新星】年内，未来网络领域企业北京博识创智科技发展有限公司技术总监洪卫军入选“十三五”时期北京市科委认定的首批北京市科技新星。

（王　研）

【“星创天地”认定】年内，北京密农人家农业科技有限公司、北京春播科技有限公司通过科技部审核备案，成为国家级“星创天地”。全区国家级“星创天地”达到3家，数量位居生态涵养区首位。3家“星创天地”服务创客近100人，成功孵化注册企业3家，开展创业培训、指导等服务35次，带动农户近2000户，其中低收入户200余户。

（赵红霞）

【科技成果获得德国红点奖】年内，北京智能管家科技有限公司自主研发的布丁豆豆机器人获得2017年德国红点“最佳设计奖”。该公司累计申请专利129项，获得授权39项。

（景　姗）

【“端局云”在密云示范推广】年内，北京云未网络研究院有限公司与北京联通合作，将其研发的“端局云”作为联通的企业类产品率先在密云区进行示范推广。接入“端局云”的企业可根据需求随时调整网络带宽，且减少企业在局域网部署过程中防火墙等设备的费用，节约企业成本。

（赵　亮）

【科普体验厅建设】年内，太师屯镇流河沟村以“绿色—枣文化”为主题的科普体验厅、东邵渠镇汇源康民有机农业有限公司以“有机健康、食品安全”为主题的科普体验厅和东邵渠镇石峨村以“御皇李子文化”为主题的科普体验厅通过市科委验收，成为北京市社区科普体验厅。全区市级科普体验厅、科普教育基地、创新型科普社区和青少年探索实验室达到25家。

（赵　虹）

【电动充电桩建设】年内，全区电动汽车充电桩总数达到1363个，主要分布在区内行政事业单位、部分企业及学校、城区公共区域和旅游景点。

（王　研）

【首都科技条件平台密云工作站建设】年内，北京小悟科技有限公司等10家企业加入首都科技条件平台密云工作站。累计签约具有独立法人资格的企业98家，聚集科技人才145人，为21家企业申请首都科技创新券157万元，为企业提供科技政策的宣讲、咨询等服务培训2230人次，服务企业392家次。促进成员单位签署并实现技术转移（技术研发、转让）合同总金额5148.65万元。

（宋玉美）

【促进院区合作】 年内，区科委促成12家企业与中科院、北京大学等科研院所合作项目13项。其中盛隆电气与中科院电工所合作的“互联网智能配电及能效管理系统研发与应用”项目有效节能15%。花童花美（奥金达）与北京农科院合作开展“蜂蜜生态原产地产品提升及全过程追溯系统建设与示范”项目，开发基地生产环境监测系统。

（宋玉美）

【技术合同成交额】 年内，全区119项科技成果通过技术市场实现转化，技术合同成交额达3.6亿元，主要集中在先进制造、电子信息、节能环保等6个领域。其中，万都（北京）汽车部件研究开发中心有限公司“量产产品技术服务”等26项科技成果及技术服务通过技术市场在北京、苏州、沈阳等地的汽车企业进行转化，实现技术性收入2.05亿元，占全区技术合同成交额的56.9%，有效带动密云区乃至全国汽车零部件产业发展。

（宋玉美）

延庆区

【概述】 2017年，区科委1项科技项目（课题）被列为市级科技项目，获市扶持资金共计450万元；7个项目（课题）通过市科委验收。国家高新技术企业增至58家，市专利试点单位增至20家，市级创新型科普社区增至9家，举办各类科技政策法规培训科普宣传、知识产权宣传等10期，培训人数5000人次。

（罗　振）

【市级专利试点企业通过考核验收】 3月7日，市级专利试点企业北京紫光制药有限公司通过市知识产权局的考核验收，获得市专利试点企业证书。

（罗　振）

【科技帮扶活动开展】 3月20日，区科协邀请区果树管理专家在张山营镇佛峪口村开展2017年度延庆区科普之春暨科普惠民科技富民低收入村科技帮扶活动。活动采取现场技术讲座加现场问答的方式，对果树春季管理技术的关键时间节点及关键技术做出讲解，并现场与果农互动，巩固相关知识点。此外，本次活动发科普挂图、科普知识手册等科普宣传品200份。

（罗　振）

【区科协、区科委联合专项工作座谈会召开】 3月29日，区科协、区科委联合组织召开落实《北京市全民科学素质行动计划纲要实施方案（2016—2020年）》专项工作座谈会，研讨具体实施措施，落实实施方案中“科技世园”“科技冬奥”和提升全民科学素质等任务。区教委、区农委、区人力社保局等17个相关单位的主管领导参加会议。

（罗　振）

【邀请专家为农民增收出谋划策】 4月6日，区科协邀请农林科学院陶铁男教授和姚磊研究员对区珍珠泉乡下花楼、秤沟湾等村榛子增收增产问题出谋划策，并为基地引进了豆类、玉米、南瓜等10个新品种。4月12日，区科协邀请北京市科协社团服务中心主任张鸿博，北京农学会专家陶铁男、齐建勋，北京市土肥工作站研究员赵永志，在珍珠泉乡召开科技助力榛子产业发展座谈研讨会。专家针对基地现状及发展需求，提出了指导意见和发展建议，并亲临基地现场对正在栽植新苗的农民进行现场指导。

（罗　振）

【“酷科延庆”科普行活动举行】 4月23日，区科协与区体育局共同主办“酷科延庆”科普行科学运动你我他暨“科学运动是良医”科普讲座活动，100名运动爱好者参加现场培训。同时,区科协在本次活动中推出了“酷科延庆”App,以精选的科普内容、多样的展现形式为区群众提供当地特色时效性信息,传播权威科普资讯,共有166个跑友下载并安装使用了“酷科延庆”App,跑友热情参与了科普互动答题、比赛活动。活动共发放科普宣传品400份。

(罗 振)

【知识产权竞争未来宣传活动开展】 4月26日,区知识产权局联合区政府办、文委、工商局、科协、延庆园12330工作站等多个部门单位,在世葡园开展了以“创新创造改变生活 知识产权竞争未来”为主题的知识产权宣传活动。市知识产权局副局长李钟出席宣传活动。活动现场共发放知识产权宣传材料、书及物品5500余份(册),展出宣传展板12块,近3000人参加了宣传活动。

(罗 振)

【两企业被推荐申请北京市专利试点培育单位】 4月,区知识产权局组织推荐鼎翰恒海生物科技股份有限公司和北京华润高科天然药物有限公司两家企业申请2017年北京市专利试点培育单位。

(罗 振)

【2017津冀科普之旅活动序幕拉开】 5月22日,北京市2017年度科普之旅启动,拉开了津冀科普之旅活动的序幕。北京延庆野鸭湖湿地自然保护区、延庆地质博物馆列入京津冀之旅两条科普之旅“湿地之旅”和“地质之旅”线路。借助现有区域科技旅游线路,整合区内科普资源,将长城博物馆、詹天佑纪念馆等市级科普教育基地列入本次旅游线路之内,组织学生10余次近万人参观。

(罗 振)

【区第23届科技活动周举行】 5月23日,以“科技强国 创新圆梦”为主题的2017北京科技周延庆主场暨延庆区第23届科技活动周启动仪式在旧县镇盆窑村陶艺园举行,启动仪式由区科协主席徐赟主持,旧县镇党委书记郭铁石,区政协副主席、科委主任杨雪平,区委常委、宣传部部长祁金利,区科普联席会议各成员单位、各乡镇和街道的主管领导,市级科普教育基地、市级创新型科普社区的代表及居民近200人参加启动仪式。至此,2017北京科技周延庆主场暨延庆区第23届科技活动周拉开序幕。本届科技周通过AR、VR等新技术新产品现场体验,让观众能充分体验科技创新生活方式、提高生活质量的最新成果,享受科技所带来的便利,为科技世园、科技冬奥助力。其中,14家市级科普教育基地共举办科普活动80余场;创新型科普社区、科普体验厅开展各类科普活动50余次。科技周期间,共发放宣传资料3万份,参与单位30余个,受益人数3.8万人次。

(罗 振)

【7个技术创新能力建设项目完成验收】 5月,完成了“金属注射成形技术系统化提升”“马铃薯博物馆展厅部分功能升级”“冶金行业鼓风环式冷却机水密封系统”“滴灌技术在葡萄园区应用示范”“茶菊脱毒苗的繁育及示范推广”“西瓜新品种引进与示范”“葡萄新品种试种及棚间矮化果树种植示范”7个技术创新能力建设项目的验收工作。

(罗 振)

【《延庆区全民科学素质行动计划纲要实施方案》发布】 6月22日,区政府发布《延庆区全民科学素质行动计划纲要实施方案(2016—2020年)》(以下简称《方案》)。《方案》牢固树立“创新、协调、绿色、开放、共享”的发展理念,坚持“政府推动、全民参与、提升素质、促进和谐”的工作方针,围绕“节约能源资源、保护生态环境、保障安全健康、促进创新创造”的主题,在全社会普及科学知识,倡导科学方法,传播科学思想,弘扬科学精神。到2020年,科技教育、科学传播与普及将得到长足发展,公民具备科学素质的比例将达到9%。

(罗 振)

【数字科普公园项目投入使用】 7月28日,区科协实施的数字科普公园项目完工并投入使用。该项目在区内江水泉、香水园、百泉等5个公园建设新型户外数字科普设施“科普蘑方”,通过内设LCD户外高清数字科普滚屏、科普挂图、科普展板,展示居民生活常识、低碳节能环保、健康饮食与养生保健、特色种植、生态文明、绿色发展大事、惠民政策等科普知识,使区居民在美好公园环境中获得丰富多样的科普知识。

(罗 振)

【“职工技协杯”职业技能竞赛举行】 8月9日,由区委组织部、区总工会、区人力社保局、区科协联合主办的2017年延庆区“职工技协杯”职业技能竞赛邮政储蓄决赛在区邮政分公司举行。此次竞赛包括汉字录入和手工点钞两部分,选手及相关工作人员60人参加。最终,来自新兴小区营业所的李慧获得了邮政储蓄决赛一等奖。赛后，主办方为获奖职工颁发荣誉证书及奖金奖励。

（罗　振）

【专家指导民俗户和合作社】 8月14日，区科协邀请北京烹饪协会烹饪大师侯玉瑞老师为珍珠泉乡民俗户做菜品指导。8月16日，区科协邀请北京工艺美术学会秘书长叶晓溪、会员管理部主任张恩坦、草编专家张帮寿老师到千家店镇画廊幽谷合作社开展野生猕猴桃藤编指导。10月27日，北京市工艺美术学会秘书长叶晓溪、副秘书长吴丹旻、造型设计专家庄侠三位老师应邀来到千家店镇水头村，为当地农民讲授关于野生猕猴桃藤编的基础造型。10月31日，区科协邀请工艺美术学会剪纸大师、非物质文化遗产传承人孙二林为四海镇海字口村民传授剪纸技艺。

（罗　振）

【区科委对24个园艺产业园进行调研】 8月，区科委组织人员对12个乡镇24个园区的现代园艺产业集聚区（HBD）园艺产业园建设情况进行调研；结合世园会规划建设世园会园外园的要求，完成了现代园艺产业集聚区（HBD）园艺产业园建设情况的调研，实地考察了12个乡镇24个园区的科技发展情况；并对涉及到的园区认真梳理按园区功能分类总结，划分出科技创新园、新品种繁育展示示范园、旅游休闲展示示范园、产业发展园区。

（罗　振）

【科技世园“2019”实施方案编制工作完成】 8月，《科技世园“2019”延庆区科技专项支撑实施方案》的编制工作完成。该方案重点围绕9个方面23项任务，对全区“一区25园”进行了两轮实地调研，组织区里相关委办局召开协调会，了解各单位有关世园会服务保障工作的科技需求，组织召开了中关村延庆园园区企业座谈会，征集有条件拟承担有关世园会的科技研发或者科技成果示范应用方面的任务和需求，并已初步梳理出一批课题，拟会同区世园办、区园林局等有关部门共同组织实施。

（罗　振）

【《延庆县科学技术奖励办法》及《实施细则》废止】 8月，根据《国务院办公厅印发关于深化科技奖励制度改革方案的通知》的要求，《延庆县科学技术奖励办法》（延政发〔2009〕43号）和《延庆县科学技术奖励办法实施细则》（延政发〔2009〕44号）废止。

（罗　振）

【“科学健康人”义诊活动举行】 9月1日，区科协邀请天坛医院医疗专家到香营乡低收入村东白庙村开展“科学健康人”班车活动，100名患者接受诊治。9月30日，“科学健康人”班车活动在延庆体育场举行，北京三院医学专家参加此次义诊，600名民众到场看诊咨询，看诊患者400名。

（罗　振）

【公务员科学素质演讲比赛举行】 9月20日，区人力社保局、区科协共同举办了公务员科学素质演讲比赛，全区100名公务员参加。经过初赛选拔，11名公务员进入决赛。最终，大赛评出一等奖1名、二等奖3名、三等奖7名。

（罗　振）

【三所学校获得市知识产权教育试点示范学校认定】 11月1日，延庆区三所学校首次获得北京市知识产权教育试点示范学校认定。其中，延庆一中获得北京市知识产权教育示范学校；延庆四中、延庆二小获得北京市知识产权教育试点学校，并获得授牌。

（罗　振）

【“2016年度北京市惠农兴村计划”项目验收】 11月2日，市科协组织专家组到区张山营五福兴农种植科普示范基地验收“2016年度北京市惠农兴村计划”。

（罗　振）

【首届延庆天文科普发展论坛举行】 11月3—4日，区科委联合区教委、区科协、旧县镇、北京华海田园农业科技有限公司在旧县镇文体活动中心、华海田园天文农庄举办了首届延庆天文科普发展论坛（以下简称“论坛”）。中共延庆区委常委、统战部长黄克瀛，国家天文台副台长郝晋新，旧县镇党委书记郭铁石，区科委党组书记国学利，北京市科协、区相关领导，区中小学师生、京津冀三地天文爱好者及科普工作者共300余人参加开幕式。此次论坛围绕“京津冀天文科普的现状与发展”的主题，通过开展青少年天文主题科普展、天文知识与天文观测实践活动、天文科普论坛以及“仰望苍穹”星空大会，为青少年提供学习、交流、实践平台。

（罗　振）

【农民专业合作社金融创新服务培训班举行】 11月8日，区科协联合北京农技协、区农经站共同举办农民专业合作社金融创新服务培训班；全区74家合作社理事长以及15个乡镇的相关工作人员等100名科技工作者参加此次培训。

（罗　振）

【农业科技园区建设项目通过科技部验收】11月23日，北京延庆国家农业科技园区建设项目经现场验收和视频答辩等评估，通过科技部农村司组织的专家验收。北京延庆国家农业科技园区成立于2013年，该园区建设按照“政府引导，企业运营，社会参与，农民受益”的基本原则，重点开展农业废弃物循环利用技术和生物燃气利用技术研究，集中示范成熟的生物质能源技术和模式，深度开发循环农业技术、设施和装备，深入挖掘和开发农业的新功能，通过“核心区—示范区—辐射区”的梯度技术扩散和产业带动模式，强化技术、模式和服务的输出推广，建设全国领先的循环农业科技示范园区，使延庆区生态文明发展战略得到更好的落实，企业循环经济发展模式得到更好的推广，广大农民群众也能享受到发展清洁能源和有机循环农业带来的实惠。

（罗　振）

【2017北京科学嘉年华基层巡展活动举行】12月1日，为期三天的2017北京科学嘉年华基层巡展延庆站在延庆十一学校初中部体育馆拉开帷幕，此次活动由市科协主办，北京科普发展中心、区科协、区教委承办。活动累计接待11500人次，覆盖区隶属的18个乡镇街道，距活动举办地65公里的千家店镇的学生参加活动并进行现场互动。

（罗　振）

【创新创业知识讲座开展】12月29日，区科协、中关村延庆园在北京鼎瀚恒海生物科技股份有限公司，共同举办创新创业知识讲座。此次讲座邀请北京大学信息科学技术学院张海霞教授以“创新的机遇与挑战”为主题进行讲座，区工商联、区妇联、区科协、科委、团区委、区总工会等10家职能部门相关领导，19家园区企业代表、70名中关村延庆园干部职工参加培训。

（罗　振）

【科普资源统计】截至2016年年底，区内共有科普场馆10个，其中科技馆4个，科学技术博物馆6个；市级科普教育基地14个，其中，国家级科普教育基地4个；科普画廊320个；城市社区科普（技）活动专用室30个；农村科普（技）活动场地368个；科普宣传专用车4辆；科普专职人员205人；科普兼职人员1250人。

（罗　振）

【科普活动统计】年内，在全区15个乡镇、3个街道开展科普之春、科普之夏、全民科普日活动共计112次，对全科农技员、乡土专家、农业产业专业技术人员进行培训，受益人数13500余人次。其中，科技培训38次，培训人数7200人次；科普宣传活动56次，受益人数达到12880余人次，发放宣传品23000余份；科技下乡6次，发放各类科普资料4000余份，受益农民1000余人。

（罗　振）

【专利执法统计】年内，区知识产权局执法人员到环球新意屈臣氏门店、北京明和堂医药有限公司、北京百信仁康大药房等20多家药店及商场进行专利行政执法检查，共检查出涉嫌假冒专利产品18件，对涉嫌假冒专利产品上报市局立案处理。

（罗　振）

【国家高新技术企业数量稳步增加】年内，京仪绿能电气系统工程有限公司、东晨阳光（北京）太阳能科技有限公司、环都拓普空调有限公司等32家区内企业获得国家高新技术企业认定，其中，首次认定为国家高新技术企业的15家，原国家高新技术企业有效期到期重新认定的17家。全区共有国家高新技术企业58家，比上年末增加15家。

（罗　振）

【技术合同成交额大幅增长】年内，全区共完成技术合同成交额5.1亿元，比上年增长1.51倍。

（罗　振）

【创新创业政策制定印发】年内，中关村延庆园会同区经信委制定了《中关村国家自主创新示范区延庆园促进创新创业发展支持资金管理办法（试行）》，并以中关村延庆园管委会文件的形式予以印发（延园委文〔2017〕5号），支持创新创业重点产业发展、创新创业生态系统建设和创新创业空间资源利用发展。

（罗　振）

【5家科技类民办非企业单位通过年检】年内，完成全区科技类民办非企业单位年检初审工作，北京市延庆区绿十字生态文化传播中心、北京市延庆区科学技术研究中心、北京市延庆区有机蔬菜研究所、北京市延庆区葡萄研发中心和北京中榛果业研究所等5家单位全部通过年检。

（罗　振）

政策法规和规范性文件选编

市政府办公厅印发《关于进一步加强电动汽车充电基础设施建设和管理的实施意见》的通知

京政办发〔2017〕36号

各区人民政府,市政府各委办局,各市属机构:

《关于进一步加强电动汽车充电基础设施建设和管理的实施意见》已经市政府同意,现印发给你们,请认真贯彻落实。

北京市人民政府办公厅

2017年8月20日

关于进一步加强电动汽车充电基础设施建设和管理的实施意见

为电动汽车提供电能补给的各类充换电设施是本市重要的基础设施。加强充电基础设施建设和管理,是落实国家新能源汽车产业发展战略、促进城市低碳发展的客观需要,是增加公共产品供给、方便居民生活的重要举措。为落实《国务院办公厅关于加快电动汽车充电基础设施建设的指导意见》(国办发〔2015〕73号),进一步加快本市电动汽车充电基础设施建设和加强管理工作,结合实际,制定本实施意见。

一、总体要求

(一)指导思想

深入贯彻习近平总书记系列重要讲话精神和治国理政新理念新思想新战略,深入贯彻习近平总书记两次视察北京重要讲话和对北京工作的一系列重要指示精神,认真落实市第十二次党代会部署,着力提升精细化管理水平,将电动汽车充电基础设施建设和管理放在更加重要位置,加强统筹规划,统一标准规范,完善政策措施,创新发展模式,培育良好的市场服务和应用环境,增加公共产品有效投资,提高公共服务水平,逐步形成布局合理、科学高效的充电基础设施体系,更好惠及民生。

(二)工作目标

到2020年,基本建成适度超前、布局合理、管理规范、智能高效的充电基础设施体系。围绕电动汽车充电需求,形成全市平原地区平均服务半径小于5公里的充电网络;建立较为完善的充电基础设施建设和管理制度体系,形成统一开放、竞争有序的充电服务市场;形成可持续发展的"互联网+充电基础设施"产业生态体系,为电动汽车用户提供安全、便捷的服务。

二、加快推进充电基础设施建设

（三）严格落实新建建筑充电设施配建指标

将充电设施配建指标纳入规划设计规程，明确各类新建建筑配建停车场及社会公共停车场中充电设施的建设比例或预留建设安装条件要求。其中，办公类建筑按照不低于配建停车位的25%规划建设；商业类建筑及社会停车场库（含P+R停车场）按照不低于配建停车位的20%规划建设；居住类建筑按照配建停车位的100%规划建设；其他类公共建筑（如医院、学校、文体设施等）按照不低于配建停车位的15%规划建设。（市规划国土委负责）

（四）推进既有居住小区充电设施建设

1. 将充电设施建设纳入本市老旧小区综合改造内容，引导物业服务企业、业主委员会积极支持和配合充电设施建设，支持物业服务企业与充电设施建设运营企业开展合作经营，属地街道办事处（乡镇政府）做好指导、协调和督促工作。研究对配合充电设施建设的物业服务企业给予奖励的政策。（市住房城乡建设委牵头，市财政局、市城市管理委等部门以及各区政府和北京经济技术开发区管委会按职责分工负责）

2. 对具有固定停车位及电源条件的小区，督促电动汽车生产企业（含销售服务4S店）按照相关规范组织建设私人自用充电设施。（市经济信息化委牵头，市住房城乡建设委等部门以及各区政府和北京经济技术开发区管委会按职责分工负责）

3. 对无固定停车位、有电源条件的小区，积极推动在小区内配建公用充电设施。（市住房城乡建设委牵头，市城市管理委等部门以及各区政府和北京经济技术开发区管委会按职责分工负责）

4. 对无固定停车位、无电源条件的小区，积极推动在小区内投放移动充电设施，并结合路侧停车位施划及电源条件，研究在小区周边街坊路、支路和次干路试点建设公用充电设施。（市住房城乡建设委、市城市管理委、市公安局公安交通管理局、市交通委运输管理局、市电力公司等单位以及各区政府和北京经济技术开发区管委会按职责分工负责）

（五）推进单位内部充电设施建设

各级党政机关、企事业单位等应结合本单位电动汽车配备更新计划以及职工购买使用电动汽车需求，充分挖潜内部停车场资源，自主投资或联合充电设施建设运营企业投资，建设充电设施。鼓励单位内部充电设施对外开放服务。（市城市管理委牵头，市教委、市国资委、市车改办等单位以及各区政府和北京经济技术开发区管委会按职责分工负责）

（六）推进公共服务领域充电设施建设

1. 对于公交、环卫、机场通勤等定点定线运行的公共服务领域电动汽车，应根据线路运营需求，优先在停车场站配建充换电设施。（市城市管理委、市交通委等部门以及各区政府和北京经济技术开发区管委会按职责分工负责）

2. 对于出租、物流、租赁、公安巡逻等非定点定线运行的公共服务领域电动汽车，应充分挖掘单位内部停车场站配建充换电设施的潜力，结合城市公用充电设施，实现高效互补。鼓励利用扬招站配建出租汽车专用充电设施，并加强对扬招站专用车位和充电设施的管理。（市公安局、市交通委、市商务委、市旅游委、市邮政管理局等单位以及各区政府和北京经济技术开发区管委会按职责分工负责）

（七）推进城市公用充电设施建设

具备电源条件的既有办公类建筑、大型商场、超市、公园、风景名胜区、交通枢纽及驻车换乘（P+R）等的公共停车场应按照不低于10%车位比例配建公用充电设施；电源条件不能满足配建要求的，先期建设不少于2个公用充电设施。同时，根据车辆实际停放情况，综合考虑大型车、小型车的公用充电设施配建比例。（市城市管理委牵头，市交通委、市商务委、市旅游委、市园林绿化局、市公园管理中心等单位以及各区政府和北京经济技术开发区管委会按职责分工负责）

（八）加强重点区域充电设施建设

1. 大力推进城市核心区、城市副中心、“三城一区”、2022年冬奥会延庆赛区及北京新机场等重点区域充电设施建设，到2020年实现上述重点区域充电设施平均服务半径小于0.9公里。（相关区政府和北京经济技术开发区管委会按职责分工负责）

2. 加快本市高速公路服务区城际快充站建设，推动形成连通京津冀区域的城际快充网络。到2017年年底，实现本市国家高速公路服务区充电设施全覆盖。（市交通委牵头，市电力公司、各相关高速公路公司等单位按职责分工负责）

三、完善充电基础设施管理服务体系

（九）加强充电设施标准规范建设

新建充电设施严格执行国家和行业统一标准，对既有电动小客车和存量充电设施按标准进行改造；推进充电设施互操作性检测和认证工作，提高通用性和开放性。加快研究制定公用充电设施运营服务管理制度和考核评价体系，督促企业健全内部运营管理规范、巡检维护制度、投诉处理制度等，不断提升运营服务水平。（市城市管理委牵头，市经济信息化委等部门按职责分工负责）

（十）大力推进“互联网＋充电基础设施”

有效整合不同企业的充电服务平台信息资源，促进不同充电服务平台互联互通。加快优化公用充电设施管理服务平台，完善状态查询、充电导航、充电预约、费用结算等功能，提高充电服务的智能化、便捷化水平。（市城市管理委牵头，市科委、市经济信息化委等部门按职责分工负责）

（十一）建立充电基础设施安全运营监管体系

建立“条块结合”的充电基础设施安全运营监管体系，明确各区政府的属地安全监管职责和各行业主管部门的协同监管职责，完善充电基础设施安全管理制度，加强监督检查，指导、督促充电设施建设运营企业落实安全生产主体责任，及时消除安全隐患。（市城市管理委牵头，各行业主管部门以及各区政府和北京经济技术开发区管委会按职责分工负责）

（十二）切实做好配套供电服务

将充电基础设施配套电网建设与改造项目纳入配电网专项规划。结合老旧小区改造，以北京市电力公司为主体积极推进现有居住区（含高压自管小区）停车位电气化改造。对于小区内专有固定停车位（含一年及以上租赁车位），按照“一表一车位”模式进行增容改造；对于公共停车区域，结合实际需求，合理配置供电容量。北京市电力公司要开辟绿色通道，为充电基础设施接入电网提供便利条件。电力设施产权单位或其授权的物业服务企业应积极配合开展立户装表相关工作。（市住房城乡建设委、市城市管理委、北京市电力公司等单位按职责分工负责）

四、强化支撑保障

（十三）简化规划建设审批手续

个人在自有停车库（位），各居住区、单位在既有停车场（位）建设安装充电桩、可移动小型换电设施、光伏智能充电站等充电设施以及配套配电变压器、简易防雨设施的，无须办理建设用地规划许可证、建设工程规划许可证和施工许可证。建设城市公共停车场时，无须为同步建设充电桩群等充电基础设施单独办理建设工程规划许可证和施工许可证。新建独立占地的集中式充换电站应符合城市规划，并办理建设用地规划许可证、建设工程规划许可证和施工许可证。（市规划国土委、市住房城乡建设委等部门以及各区政府和北京经济技术开发区管委会按职责分工负责）

（十四）加大对充电基础设施建设运营的支持力度

继续对符合相应条件的公用充电基础设施建设给予市政府固定资产补助资金支持。鼓励具备条件的党政机关、企事业单位等加快内部充电基础设施建设,按照不同情况,研究给予一定的政策支持。鼓励停车管理企业、物业服务企业与充电设施建设运营企业开展合作经营,研究在特定区域内开展充换电基础设施建设政府和社会资本合作机制(PPP)试点,引导社会资本积极参与充电基础设施建设。研究建立以充电量为基准的公用充电基础设施运营补助政策,激励企业不断降低设施故障率,提高使用效率。(市发展改革委、市财政局、市住房城乡建设委、市城市管理委、市交通委等部门按职责分工负责)

(十五)加强关键技术研发

依托示范项目,积极探索充电基础设施与智能电网、分布式可再生能源、智能交通融合发展的技术方案,加强检测认证、安全防护、与电网双向互动、电池梯次利用、无人值守自助式服务、桩群协同控制等关键技术研发。充分发挥企业创新主体作用,加快推动无线充电、移动充电等新型充换电技术及装备研发。(市科委牵头,各相关部门按职责分工负责)

五、做好组织实施

(十六)加强组织领导

充分发挥市新能源汽车联席会议的统筹协调作用,建立完善由市城市管理委牵头、各行业主管部门分领域配合的协同推进机制,明确职责分工,完善配套政策。各区政府要切实承担起统筹推进电动汽车充电基础设施发展的主体责任,将充电基础设施建设管理作为政府专项工作纳入议事日程,抓细抓实抓好。

(十七)狠抓任务落实

各牵头单位要制订详细的工作推进计划,进一步明确工作任务、完成时限和保障机制等;各责任单位要主动作为,加强沟通配合,实现信息共享和政策联动;市城市管理委要会同有关部门对本实施意见落实情况进行督促检查,重大事项及时向市政府报告。

(十八)营造良好舆论环境

各有关部门、企业和新闻媒体要通过多种形式加强对充电基础设施发展政策、规划布局和建设动态等的宣传,让社会各界全面了解充电基础设施,吸引更多社会资本参与充电基础设施建设运营。同时,加强舆论监督,曝光阻碍充电基础设施建设、损害消费者权益等行为,营造有利于充电基础设施发展的良好氛围。

市委、市政府关于印发
加快科技创新构建高精尖经济结构系列文件的通知

京发〔2017〕27 号

各区委、区政府,市委、市政府各部委办局,各总公司,各人民团体,各高等院校:

为深入贯彻落实习近平总书记视察北京时关于“北京要发展,而且要发展好”和“腾笼换鸟,构建‘高精尖’的经济结构”重要指示精神,在有序疏解非首都功能的同时,以建设具有全球影响力的科技创新中心为引领,加快培育科技、信息等现代服务业,发展节能环保、集成电路、新能源等新兴产业和高技术产业,本市制定了加快科技创新构建高精尖经济结构系列文件,现予以印发。

各区、各有关部门和单位要牢固树立政治意识、大局意识、核心意识、看齐意识,切实提高政治站位,积极主动转方式、促创新、谋发展,坚持质量第一、效益优先,推动经济发展质量变革、效率变革、动力变革,着

力加快建设实体经济、科技创新、现代金融、人力资源协同发展的产业体系，努力实现高质量发展。要深入实施“放管服”改革，着力优化营商环境，持续深化全方位开放合作，进一步调动外资、民间资本的积极性，充分激发市场活力。要抓紧完善配套政策措施，加强政策宣传解读，释放更加强烈的创新发展信号，形成加快科技创新构建高精尖经济结构的良好氛围。要切实转变工作作风，撸起袖子加油干，扑下身子抓落实，主要领导要深入园区和企业，及时了解需求、解决问题，主动、精准为企业做好服务，推动高精尖产业项目尽快落地见效，加快培育发展新动能，努力开创首都发展更加美好的明天。

中共北京市委
北京市人民政府
2017 年 12 月 20 日

北京市加快科技创新发展新一代信息技术产业的指导意见

为进一步加快本市新一代信息技术产业发展，充分发挥新一代信息技术产业对经济社会发展的重要带动作用，获取关键领域未来竞争新优势，推动构建高精尖经济结构，制定本指导意见。

一、总体要求

（一）指导思想

深入学习贯彻党的十九大精神，以习近平新时代中国特色社会主义思想为指导，深入贯彻落实习近平总书记两次视察北京重要讲话和对北京工作的一系列重要指示精神，坚定不移贯彻新发展理念，牢牢把握首都城市战略定位，以实现核心关键技术突破和服务模式创新升级为目标，聚焦重点领域，突出高端环节，提升产业发展水平，着力培育核心品牌企业和特色产业集群，推动新一代信息技术产业向技术高端化、企业品牌化、应用泛在化、区域协同化发展，为加快构建高精尖经济结构提供有力支撑。

（二）基本原则

坚持创新驱动发展。把握全球创新趋势和国家重大战略需求，根据新一代信息技术快速更迭的特点，在重点领域前瞻性布局，提高自主创新能力，加强技术、应用和商业模式的协同创新。加快产业创新体系建设，培育市场化、网络化的创新生态。

坚持高端引领发展。加快新一代信息技术产业科技成果的商业化应用，推进新产品、新服务的试点示范。以产业链和创新链协同发展为路径，增强新一代信息技术高端环节的竞争力、控制力和辐射力。

坚持协同联动发展。着力推动京津冀区域内资源共享和产业升级，加强与国内其他重点经济区域间的创新协作和联动发展。加快推进产业链、创新链、价值链全球配置，提升产业国际化水平。

坚持安全协调发展。坚持网络安全和信息化协调发展，增强信息安全技术保障能力，不断完善网络安全保障体系，健全行业监管机制，确保新一代信息技术产业应用可管可控。

（三）发展目标

到 2020 年，创新能力大幅提升，掌握一批达到世界先进水平的关键核心技术与知识产权，培育一批国际知名品牌和具有较强国际竞争力的跨国企业，形成一批拥有技术主导权的产业集群；区域协同发展格局基本形成，新一代信息技术与经济社会发展深度融合。

关键核心技术取得新突破。在集成电路关键装备及工艺、大数据、人工智能、网络空间安全基础软硬件、第五代移动通信（5G）芯片和元器件等重点领域的核心技术方面取得关键突破，在大数据、人工智能算法、网络空间安全、操作系统等前沿领域取得一批具有自主知识产权、达到国际领先水平的技术，培育一批具有国际影响力的企业和产品品牌。

产业集群发展态势明显增强。打造一批以集成电路、大数据、人工智能、第五代移动通信(5G)等为代表的高端特色产业集群;加强产业集群间联动发展,形成协作配套、协同发展的产业格局;在智慧城市建设与管理、人工智能深度学习、大数据资源开放共享、工业控制信息安全等重要领域实现规模化应用;5G 核心芯片与元器件、移动高端操作系统等实现产业化应用;新一代信息技术在促进产业转型升级、提高民生服务水平方面取得积极成效,培育出一批新模式、新业态。

区域协同发展迈出新步伐。完善京津冀新一代信息技术产业协同发展格局,国内外产业交流合作更加活跃,在更高层次上参与全球产业竞争。

二、主要任务

(一)提升集成电路自主发展能力

实现核心设计技术创新突破。提升本市集成电路设计业的规模和水平,骨干企业芯片设计能力达到 7 ~10 纳米,3 ~5 家企业成长为国际先进企业或国内龙头企业。建设一批产业先进技术研发平台和技术创新服务平台,在高端通用核心产品、工业控制、前沿新兴领域实现关键技术突破。

促进全产业链联动协同发展。推进 12 英寸晶圆产线产能规模提升,支持 8 英寸晶圆产线、8 英寸微机电系统(MEMS)产线及第二、三代半导体产线建设。促进本市骨干设计企业与制造企业战略合作,推动存储器、图像传感器等细分领域特色工艺研发与产业化。搭建供需对接平台,创造有利于产业链上下游企业深入合作的环境。

提升装备材料自主配套能力。推进集成电路装备关键技术研发,支持基于国产先进装备的中试线、生产线建设,提升零部件和关键材料本地化配套能力。推进光刻机光学系统等核心部件研发及产业化。支持装备骨干企业并购重组国际国内相关企业。

大力加强创新平台建设。建设集成电路创新研究院,瞄准世界前沿集成电路技术开展研发,促进创新成果落地转化。建设集成电路工程技术创新中心,重点开展大生产技术转移、知识产权库开发建设、国产装备与材料的研发与验证。支持创新平台与行业企业开展全方位合作,提升对产业技术发展的服务能力。

(二)建立人工智能研发优势

构建层次化、系统化人工智能技术体系。加快深度学习、强化学习等原型算法研究。支持现场可编程门阵列(FPGA)、图形处理器(GPU)、神经网络处理器(NPU)等芯片研发,突破机器视觉、语音识别、人脸识别、生物特征识别等应用技术,提升雷达探测、生物传感、动作捕捉、情绪识别等传感能力。

搭建人工智能协同创新平台。推动北京国际人工智能研究院建设,构建以国际知名科学家为核心的人才团队,开展人工智能前沿技术研究。支持公共开放计算平台、数据平台等基础设施建设,推动共性技术研发。加快人工智能科研成果转化,开展行业试点示范,积极推动产研结合、产投融合发展,促进前沿技术向产品化、产业化转化。开展专利保护、专利运营、专利维权活动。

推动人工智能与行业应用深度融合。面向智慧城市、智能教育、智慧交通等热点领域,围绕产业高端环节,培育技术能力强、服务水平高、带动能力强的行业龙头企业。鼓励人工智能企业面向城市管理、金融、交通等领域推出用户画像、视频检测、精准营销、多语种翻译等可嵌入、轻量级智能服务。促进人工智能与金融、医疗、安防、家居等行业融合发展。

(三)形成大数据创新业态

突破大数据共享开放关键技术。开发面向数据收集、整理、标注、清洗、融合和分析等应用的数据处理工具。制定数据格式标准、规范大数据流通标准,创新各行业、机构数据共享机制,推动公共数据开放共享。

推动大数据成为提升政府治理能力的重要手段。促进政务信息资源优化配置和政务部门间业务协同,充分发挥政务信息资源的基础性、战略性作用。

打造京津冀大数据综合试验区。推动“中国数坝”云计算产业基地建设,推动京津冀大数据综合试验区应用感知体验中心平稳运行,使之成为支撑京津冀大数据协同发展、示范展示、协同创新的重要载体。建设面向津冀、辐射全国的工业云和工业大数据服务平台,打造产学研协同创新载体。

培育大数据行业应用新模式。结合共享经济、无人零售等新业态生成的新型行业数据,研发智能决策工具。围绕交通、环保、健康、旅游等重点领域,培育新型数据应用和创新业态。

(四)提高云计算供给能力

突破云计算关键核心技术。构建具备通用计算、可重构计算、异构计算能力的高性能云平台,重点解决人工智能等高性能技术问题。促进物联网发展,加快智能芯片、传感器的普及运用,推广边缘计算,满足行业数字化在敏捷连接、实时业务、数据优化、应用智能、安全与隐私保护等方面的需求。重点增强海量、高纬度、异构数据的高效、安全云存储服务供给能力,研发具备语义、语音、图像、视频、生物特征等功能的新型智能云服务技术。

打造“祥云工程”3.0。加强新型云服务与传统行业深度融合,形成医疗云、交通云、教育云、金融云等行业“云生态”。推动以人工智能为中枢、以大数据为依托、以云计算为基础的“三位一体”云服务结构的发展和应用。

(五)提升网络空间安全话语权

突破核心关键技术,推动基础软件核心技术及硬件共性支撑平台发展。面向大规模网络应用,加强系统安全监控与审计等技术研发。重点发展面向云计算、大数据的虚拟化网络安全技术,建立安全评估和服务评价体系。加大网络空间安全基础理论和关键技术研发力度,加强人工智能、大数据分析技术在大规模网络环境下的深度融合技术研究。积极开发主动防护技术,加快信息安全从被动防御到主动智能的转变。培育一批具有核心专利技术、创新研发能力和国际竞争力的信息安全领军企业,形成创新活力强、特色明显的产业发展格局。

围绕工业控制系统信息安全、大数据及人工智能安全、移动互联网安全等应用领域,加强数据安全保护和网络安全防护体系研究,重点支持研发安全整体解决方案和专用产品,强化安全保障,提升网络安全防护整体解决能力、技术服务能力和协同创新能力,提高网络空间综合防御能力。

加强创新载体建设。推动基础软件产业创新中心建设,实现国内各操作系统基础技术路线的统一自主发展。加快基础工业软件创新工程和高端可信计算系统创新工程建设,提高工业大数据关键共性技术研发能力,加快国产高端计算系统产业化。打造国家网络安全产业示范园区,充分整合行业资源,建成国家网络安全核心产业基地,推动网络安全产业又好又快发展。

(六)引领第五代移动通信(5G)相关技术发展

做好5G关键技术和标准的研发布局。支持基带芯片、高频高速通信等5G关键技术研发和产业化。加快推进5G通信网络建设试点。推进北斗、窄带物联网(NB-IoT)、智能传感器在智慧城市、共享经济、工业互联网、物联网等领域应用。鼓励科研单位和企业积极参与5G技术研发与国际标准研制。

提升5G应用基础核心能力。打造移动终端、网络核心芯片、元器件、智能传感器和操作系统的自主软硬件体系;推动形成以国产软件产品研发应用为主、以相关构件和工具开发为支撑的产业体系。支持相关企业面向移动互联网、物联网、云计算与大数据等业态,进行新型移动终端的创新研发及产业化。

推动物联网与行业应用融合发展。以保障安全为前提,加快物联网泛在基础设施、应用服务平台和数据共享服务平台建设,围绕低功耗广域网、智能传感器等关键核心技术开展协同创新。加快打造智慧产业和智能化信息服务,促进物联网与相关行业深度融合。

构建5G相关通信技术应用生态。鼓励龙头企业聚焦优势领域,在智能硬件、智慧家庭、智能汽车与智慧交通等领域构建商业化移动互联网生态。在社保、医疗、教育等重点行业领域,鼓励企业研发基于国产自主操作系统和基础软件的应用平台和集成环境,构建自主安全产业互联网生态。支持移动通信终端硬件创新孵化器、硬件技术服务平台等市场化服务机构的发展,构建移动通信终端供应链生态。

三、保障措施

(一)加强多方联动

充分发挥北京制造业创新发展领导小组作用,加强统筹协调,积极与国家有关部门沟通对接,推动新一代信息技术产业领域的产品和服务在国家战略性和全局性重大工程中的推广应用。

(二)强化资金保障

围绕产业链部署创新链,围绕创新链部署资金链,充分发挥市区两级财政资金、政府引导基金、政府投资平台等的引导、带动和放大作用,撬动社会投资,支持新一代信息技术产业重大项目建设。采用政府购买服务的方式,支持新一代信息技术在民生领域的示范应用。开展首台(套)集成电路重大技术装备保险补偿机制试点工作。

(三)打造人才集聚高地

制定针对新一代信息技术产业重点领域关键领军人才的支持政策。支持企业采用灵活的"双聘"制度,吸引海外科研人才、国内科研人才与其合作。建立健全专业型人才和复合型人才的培养、培训体系,支持高校围绕新一代信息技术产业前沿领域设立相关学科,加强科研院所与企业合作,打造人才培育和发展平台。鼓励通过举办具有国际影响力的竞赛等方式选拔人才。

(四)强化产业创新体系和环境建设

围绕"三城一区"建设,打造创新资源集聚区。支持国家制造业创新中心、技术创新中心、国家工程实验室、产业创新中心、企业技术中心等创新研发机构建设。充分整合利用全球创新资源和市场资源,建设全球创新发展网络,打造多层次、跨领域的政产学研用协同创新体系。支持新技术新产品在重点建设领域的示范应用。加大知识产权保护力度,充分发挥中国(北京)知识产权保护中心作用,实现新一代信息技术领域专利快速获权、确权和维权。加大新一代信息技术领域标准化战略布局,支持设立标准化产业基金,推动标准的制定和推广。

(五)强化配套基础保障

提高对新一代信息技术产业的要素保障力度。对新一代信息技术产业所需土地、水、电等资源要素予以充分保障,推动重点投资项目顺利实施。深化"放管服"改革,完善市场准入机制,建立新一代信息技术企业相关资质快捷办理绿色通道,提高审批效率。积极争取国家有关部门支持,研究制定共享经济、无人驾驶、互联网金融等融合新业态发展的配套政策。

北京市加快科技创新发展集成电路产业的指导意见

为深入贯彻落实国家关于集成电路产业发展的决策部署,加快本市集成电路产业发展,提升产业核心竞争力,推动构建高精尖经济结构,制定本指导意见。

一、总体要求

(一)指导思想

深入学习贯彻党的十九大精神,以习近平新时代中国特色社会主义思想为指导,深入贯彻落实习近平总书记两次视察北京重要讲话和对北京工作的一系列重要指示精神,坚定不移贯彻新发展理念,牢牢把握首都城市战略定位,以集成电路产业"承载国家战略、布局新兴前沿、支撑转型升级"为主线,集中资源、重点投入,实施"核心企业—关键领域—重点产品"突破战略,不断提高集成电路产业发展水平,为加快构建高精尖经济结构提供有力支撑。

(二)基本原则

坚持聚焦发展。汇聚央地资源,集中支持行业领军企业,瞄准关键领域核心产品加大投入,加快人才聚集和技术突破。

坚持创新发展。支持在京企业、科研院所创新能力建设,引导企业加大研发投入力度,实现技术高端化发展。

坚持开放合作。鼓励国际国内集成电路企业、行业组织在京设立研发中心、运营中心,开展国际交流活动。支持在京企业、科研机构与境外机构开展技术与人才交流合作。

坚持绿色发展。支持集成电路产业制造企业采用国际先进的节水、节能、污染物处置工艺,建设全国最高水平的绿色工厂。

(三)总体目标

到2020年,建成具有国际影响力的集成电路产业技术创新基地,推动产业规模不断提升,产业结构不断优化,关键技术不断突破;重点领域集成电路设计技术达到国际领先水平,先进制造工艺对国产高端芯片支撑能力进一步提升,实现量产的国产核心装备国际竞争力显著增强;一批骨干企业成长为行业领军企业,人才引进与培养体系基本满足行业发展需要。

二、主要任务

(一)加强创新平台建设

1. 任务目标。整合国内优质创新资源,建设世界一流的国家级集成电路创新平台,突破我国集成电路产业发展面临的战略性瓶颈,完善系统性知识产权布局,努力改变我国技术升级依赖引进、受制于人的局面。

2. 实施内容。支持建设集成电路创新研究院,瞄准世界前沿集成电路技术开展研发,促进创新成果落地转化。支持骨干芯片制造企业联合清华大学、北京大学等在京高等学校建设集成电路工程技术创新中心,开展特色产品工艺技术研发、知识产权库开发建设、国产装备与材料研发与验证。支持创新平台与行业企业开展全方位合作,推进先进技术应用和产品孵化,提升对产业技术发展的服务能力。

(二)实现核心设计技术创新突破

1. 任务目标。提升本市集成电路设计业规模和水平,骨干企业芯片设计能力达到7~10纳米,3~5家企业成长为国际先进企业或国内龙头企业。建设一批产业先进技术研发平台和技术创新服务平台,在高端通用核心产品、工业控制、前沿新兴领域实现关键技术突破。聚焦物联网、人工智能、云计算、移动通信、汽车电子等领域的核心芯片进行前瞻性布局。

2. 实施内容。每年滚动支持3~5家骨干设计企业在创新技术领域增加研发投入,鼓励企业积极参与国家科技计划和重大项目。鼓励骨干企业建立海外研发基地,与海外企业或研发机构开展多层次合作。支持骨干企业建立新兴领域专项基金,与产业联盟、产业链上下游企业等共同参与投资新兴技术领域,抢占未来发展制高点。建立集成电路设计产业服务体系,持续完善中关村集成电路设计园等公共服务平台功能。支持发展集成电路产业知识产权联盟、技术服务平台等产业支撑平台。

(三)促进以先进制造为核心的全产业链协同联动发展

1. 任务目标。骨干设计企业与制造企业加强战略合作,代工企业国产客户比重提高,集成电路产业对外依存度高的局面得到有效改善。优势应用领域企业与芯片设计企业、制造企业形成联动。

2. 实施内容。发挥本市集成电路先进制造工艺领先优势,支持制造企业知识产权库建设,提高对国内设计企业的服务能力。推进12英寸晶圆产线产能规模提升,加快先进、特色工艺平台建设,努力满足本地设计企业代工需求。支持8英寸晶圆产线、8英寸微机电系统(MEMS)产线及第二、三代半导体产线建设。坚持市场需求与技术开发相结合,推动存储器、图像传感器等细分领域特色工艺研发与产业化,支持细分领域垂直整合制造(IDM)项目建设。发挥第三方公共服务机构作用,搭建供需对接平台,创造有利于产业链上下游企业深入合作的环境。

(四)提高装备材料自主配套能力

1. 任务目标。国产集成电路设备、零部件和关键材料本地化配套能力及市场占有率显著提升,集中力量培育集成电路装备领域世界级企业。

2. 实施内容。以组织实施国家科技重大专项为抓手,全力推动在京企业完成关键技术研发,核心装备产品进入生产线应用,达到国际先进水平。支持开展光刻机光学系统、光源、工件台等核心部件研发及产业化,为国内光刻机整机研制提供支撑。支持装备骨干企业并购重组国际国内相关企业,提升我国集成电路装备产业整体实力。支持制造企业建设基于国产先进装备的中试线、生产线。

三、保障措施

(一)加强组织领导

成立市集成电路产业发展联席会议,负责集成电路产业重大项目、重点工作的统筹协调,研究解决产业推进过程中的重点难点问题。联席会议召集人由市政府分管副市长担任,市发展改革委、市教委、市科委、市经济信息化委、市财政局、市人力社保局、市规划国土委、市环保局、市水务局、市国资委、市知识产权局、中关村管委会、海淀区政府、顺义区政府、北京经济技术开发区管委会为成员单位,联席会议办公室设在市经济信息化委。

(二)加大资金投入力度

统筹利用政府投资引导基金、政府投资平台,吸引国家产业投资基金及社会资本投资重点集成电路产业项目。进一步加大财政资金支持力度,全力支持国家科技重大专项在京落地,保障市级重大项目建设。

(三)完善人才培养机制

支持在京相关高等学校加大集成电路专业学科建设与人才培养力度,建立健全集成电路专业人才培养、培训体系,重点培养复合型领军人才。制定人才引进支持政策,吸引国内外集成电路领域优秀杰出人才来京发展。加快国有集成电路企业人才激励机制建设。

(四)优化产业布局

促进集成电路产业集中集约发展,支持在海淀区重点布局集成电路设计业和创新创业平台,在北京经济技术开发区重点布局工艺与制造创新平台以及集成电路制造业、装备业、先进封装制造业、特色集成电路设计业,在顺义区重点布局第三代半导体产业。支持集成电路材料产业和一般封装制造业在河北省发展,形成京津冀优势互补、共同发展格局。

(五)强化知识产权保护

加强重点前沿方向和新兴领域的专利布局,推动重点产业知识产权预警机制和公共服务平台建设。支持企业基于自主知识产权的标准研发、评估和试验验证,促进自主标准成为国际标准。支持知识产权运营机构开展集成电路领域知识产权运营,充分发挥中国(北京)知识产权保护中心作用,实现集成电路领域专利快速获权、确权和维权,建立联合保护、风险分担、开放共享的行业知识产权协同运用机制。

北京市加快科技创新发展医药健康产业的指导意见

为深入贯彻落实国家关于发展医药产业的决策部署,加快本市医药健康产业创新发展,推动构建高精尖经济结构,制定本指导意见。

一、总体要求

(一)指导思想

深入学习贯彻党的十九大精神,以习近平新时代中国特色社会主义思想为指导,深入贯彻落实习近平总书记两次视察北京重要讲话和对北京工作的一系列重要指示精神,坚定不移贯彻新发展理念,牢牢把握首都城市战略定位,大力推进供给侧结构性改革,坚持创新驱动、结构升级、绿色高端的原则,激发医药健康产业创新活力,推动医药健康产业智能化、服务化、生态化、高端化发展,不断满足人民群众日益增长的健康需求,为加快构建高精尖经济结构提供有力支撑。

(二)主要目标

到2020年,全市医药健康产业规模稳步增长,新药研发能力继续保持全国领先,全行业研发投入占主营业务收入比重达到6%以上;产业布局和产业结构持续优化,新一代健康诊疗与服务产业创新集群规模不断扩大,产业智能化水平显著提升;产业发展更加绿色,单位产值能耗、水耗持续下降。

二、主要任务

(一)加强技术研发创新

1. 提高原始创新能力。主动为国家转化医学中心等国家重大科技基础设施项目提供服务保障,积极争取重大新药创制、传染病防治等国家科技重大专项和脑科学、精准医学等国家重点研发计划在京落地,积极支持和服务医药健康领域的国家实验室在京布局,大幅提升医药健康领域基础研究能力。支持国际顶尖研发机构、跨国医药企业研发中心在京落户,鼓励本市科研机构和企业联合创建一批达到国际领先水平的开放实验室和创新中心,开展前沿技术攻关。

2. 促进技术交叉融合。推进医药健康与材料科学、电子信息科学等学科的交叉融合和协同攻关,在分子诊断和分子影像、生物信息、中医药现代化等产业前沿方向进行技术探索。建立跨部门、跨学科的研究支撑体系,加强基础研究与前沿技术需求结合。加快医学工程交叉前沿领域研究探索,实施生物医学传感与仪器、医学虚拟现实技术、生物医学三维(3D)打印技术、医疗康复机器人等一批交叉创新重大研究项目。

3. 提高新药研发创制能力。围绕恶性肿瘤等10类重大疾病,研发具有新结构、新作用机制的治疗药物,开展中药经典名方、特色中药复方的研究开发,进一步加强新型抗体、抗体偶联药物等研究。聚焦布局生物样本库、先导化合物高通量筛选平台等高水平技术服务平台,提高药物研发水平。鼓励医疗机构结合临床需求,开发创新产品和技术。推动药物研发由“跟跑”向“领跑”升级。

4. 建设医药健康产业创新平台。支持医药创业孵化器、实验动物服务平台、医学工程转化中心等建设,提高中试、工程化实验、规模化试生产能力。面向产业重大关键技术问题,加快创建一批医药产业创新中心、企业技术中心、高精尖设计中心等创新载体。支持企业与高等学校、科研院所和医疗机构共同建设创新平台,建立符合医药健康研发特点的投入、收益和风险分担机制。

(二)实施重大发展专项

1. 实施北京生物医药产业跨越发展工程。以全面推动产业创新升级为目标,重点聚焦生物制药、高端医疗器械、现代医疗服务业等领域,培育1~2家百亿元规模的龙头企业、5家规模超过50亿元的领军企业、10家以上创新引领企业,新增10个以上年收入超过5亿元的“大产品”、5个以上年收入超过10亿元的“重磅产品”。

2. 实施新一代健康诊疗与服务专项。以重大疾病的预防、诊断、治疗和康复为切入点,大力推进创新成果的转化落地和产业化,重点在生物制药、高端医疗器械领域布局基因检测、远程医疗、智能康复等个性化诊疗产品与服务。建设自我健康管理、早期预防、精准治疗和医药电子商务相结合的大健康服务体系。

3. 实施医药健康领域智能制造工程。提升医药企业生产装备的自动化、智能化水平,推动制造执行系统(MES)、过程分析技术(PAT)等的应用,重点打造 10 ~ 20 个医药智能化生产车间。重点实施中药领域智能化改造,探索建立中药企业智能制造标准体系,打造中药智能制造标杆企业。推动高端诊疗设备和康复辅助器具制造智能化升级,构建网络化制造资源协同平台。

4. 实施绿色制造转型工程。提高行业环保标准,支持环境友好型企业在京发展。持续开展医药制造业全过程清洁生产改造,支持企业优化生产工艺,提高生产装备绿色化程度。支持企业建立“环境、职业健康和安全”(EHS)管理体系,打造行业绿色供应链。实施医药健康领域绿色工业园区创建示范工程,进一步降低挥发性有机物排放,提高水资源利用效率。

(三)培育发展新兴业态

1. 发展“互联网 +”医药健康产业。鼓励医疗机构运用互联网技术和全方位远程医疗服务平台,建设线上线下相结合的智能诊疗生态系统,形成健康诊疗服务新模式。积极运用大数据、云计算等技术手段,推动中医药诊疗技术和产品的标准化、智能化。围绕远程医疗、检查检验结果共享、慢性病管理、家庭医生、费用支付、保健咨询、健康管理、医学教育等重点领域开发创新产品,为群众提供更便捷的在线智慧健康管理服务。

2. 发展精准医学新模式。重点发展新一代高通量基因测序技术,支持开发具有自主知识产权的基因检测设备、试剂及生物信息软件,利用基因测序、影像、大数据分析等技术手段,开展罕见病、遗传疾病等的产前筛查,以及肿瘤等重大疾病的精准治疗。引导有资质的医疗机构、创新能力强的研发机构、具备先进生产条件的企业建立联合体,实现免疫细胞治疗、干细胞与再生技术、基因治疗技术的突破,开发治疗重大疾病的细胞产品。

3. 发展生产性服务和服务型制造。大力发展合同生产、合同研发等新型生产性服务,建设药品质量检验、工艺过程优化、医疗器械检测、医药电子商务等一批专业性服务机构。支持有条件的企业开展延伸服务,从提供产品向提供全套解决方案方向转变,建设第三方医学影像诊断中心、医学检验机构等。发挥中医药在诊疗疑难杂症和养生调理方面的优势,引导中药企业向大健康产业延伸,提高中医药综合服务能力。

(四)积极优化产业布局

1. 构建特色化产业集群。积极引导各类医药健康创新资源向“三城一区”聚集,形成具有国际影响力的创新集群。加快打造以“一区”为核心的新一代健康诊疗与服务产业集群示范区,提高科技创新成果转化的承载能力,落地一批具有国际影响力的医药健康项目,形成高端引领、创新驱动的产业发展模式。

2. 推进京津冀医药健康产业协同发展。引导医药健康产业在京津冀地区有序布局,发挥各地比较优势,完善产业链上下游协作发展机制,推动形成产业链完整、各类要素优化配置的发展格局。加快“北京·沧州渤海新区生物医药产业园”等合作共建园区建设,继续深化共建、共管、共享机制。

3. 加强医药健康企业对外交流。充分发挥本市中医药资源丰富的优势,鼓励企业加强对外交流,支持中医药产品与服务走出去。推动医药健康企业在管理、质量、标准体系等方面与国际接轨,鼓励企业开展国际专利申请,支持重点药品在海外注册、上市,到 2020 年,全市通过发达国家药品生产质量管理规范(GMP)认证的生产线达到 10 条以上。

(五)提升产品质量水平

1. 加强质量体系建设。落实企业质量主体责任,严格执行国家药品生产质量管理规范(GMP)。高水平建设药品医疗器械临床试验基地,建设第三方检测服务平台,提升质量检测验证服务机构水平。加快落实仿制药质量和疗效一致性评价工作,制定重点品种目录。支持企业承担饮片和中成药标准制定工作。实施医疗器械标准提升行动,支持企业开展医疗器械安全性和有效性评价。

2. 打造医药健康知名品牌。支持传统品牌传承发展,推进老字号品牌保护,发掘品牌文化内涵,增强品牌美誉度,扩大品牌影响力。加强自主品牌建设,提升企业品牌创造、运用、保护与管理能力,培育一批高水平、有影响力、群众信赖的医药健康品牌。鼓励行业组织开展医药健康品牌创建工作,打造“北京药”品牌,提高医药健康产业的国际影响力和竞争力。

3. 建立行业诚信体系。以北京市企业信用信息网为载体，构建药品安全信用监管体系和生产主体信用等级评价体系，完善信用累积、评价制度和企业信用信息公示制度。搭建企业产品标准信息公共服务平台，建立医药健康企业产品和服务标准自我声明公开机制。支持行业组织制定行规行约、自律规范和职业道德准则，引导企业自律守法经营。

三、保障措施

（一）加大资金支持

落实国家对医药健康产业的支持政策，采取补助、贴息、资本金注入、投资跟进等多种形式支持医药健康产业发展，设立医药健康产业创业投资基金和股权投资基金。支持金融机构开发创新融资业务，丰富融资渠道，降低融资成本。充分发挥资本市场作用，支持符合条件的医药健康企业挂牌上市和发行债券。

（二）加快人才培养

深入实施“千人计划”“海聚工程”“高聚工程”等人才计划，健全人才引进、培养、激励机制。围绕药物创新、基因工程、高端医疗器械开发、中医药传承、医药国际注册等方面需求，推动优化高等学校专业设置，鼓励高等学校与企业联合实施人才培养计划。鼓励企业开展多种形式的人员培训，培养一批优秀专业技术人才。

（三）强化政策支持

贯彻落实《中共中央办公厅、国务院办公厅印发〈关于深化审评审批制度改革鼓励药品医疗器械创新的意见〉的通知》，早期介入、全程跟踪、整合优势资源，加快推进药品医疗器械创新和上市。实施有利于医药健康产业创新绿色发展的行业准入政策，持续完善价格、招标采购、医疗保险、专利保护等政策，形成系统性强、匹配度高的政策支撑体系。

北京市加快科技创新发展智能装备产业的指导意见

为深入贯彻落实国家关于发展智能装备制造业的决策部署，加快本市智能装备产业发展，提升产业核心竞争力，推动构建高精尖经济结构，制定本指导意见。

一、总体要求

（一）指导思想

深入学习贯彻党的十九大精神，以习近平新时代中国特色社会主义思想为指导，深入贯彻落实习近平总书记两次视察北京重要讲话和对北京工作的一系列重要指示精神，坚定不移贯彻新发展理念，牢牢把握首都城市战略定位，以智能制造装备为核心，做大产业规模，以高端能源装备为支撑，进一步优化产品结构，培育特色智能专用装备，强化其在全市产业转型升级中的带动作用，为加快构建高精尖经济结构提供有力支撑。

（二）基本原则

坚持重大技术装备创新与新模式新业态创新相结合。突破核心技术，加强重大技术装备研发创新，采用新模式、新业态优化资源配置，推动企业信息化、智能化和服务化转型，提升系统集成能力。

坚持传统优势产业改造提升与新兴产业培育发展相结合。既要重视现有存量产业的挖潜改造提升，带动装备制造业加快转型升级；更要重视培育引进和发展新兴产业，提升综合实力。

坚持壮大龙头企业与培育分领域冠军企业相结合。支持龙头企业做大做强，带动智能装备产业整体规模提升;发挥“专精特新”企业示范作用,培育一批分领域冠军企业,抢占国际竞争制高点。

(三)发展目标

到2020年,智能装备产业技术创新能力和产业综合实力显著增强,掌握一批国际前沿核心技术和先进工艺,部分关键技术和装备实现突破,智能机器人、增材制造、智能制造解决方案等领域建成5~7家产业创新中心和产业公共平台,工业机器人系统集成、协作机器人、自动化控制系统、智能仪器仪表等领域培育一批单项冠军示范企业,智能制造等领域形成10家左右具有一定规模的系统解决方案供应商,打造全国高端装备产业创新示范区和系统解决方案策源地。

二、重点方向

(一)智能制造装备

聚焦重点领域,发展高档数控机床与机器人、增材制造、智能传感与控制、智能检测与装配、智能物流与仓储等智能制造关键技术装备,推动系统集成和行业解决方案的产业化应用。

高档数控机床。发展高速、精密、复合、多轴联动、具备网络通信功能的高档数控机床和五轴加工中心、复杂结构件数控加工中心。面向航空航天、汽车、海洋工程、轨道交通等重点领域,发展数控机床智能化技术,支持具有数据自动采集、监控、分析和自主预测决策、自适应柔性等功能的智能机床研发和产业化应用。加快高精度减速机、伺服电机、数控系统等机床关键零部件研发与产业化。

智能机器人。发展六轴关节型机器人、平面关节型搬运机器人、在线测量及质量监控机器人、真空(洁净)机器人等智能工业机器人;推进人机协作机器人、自主编程智能机器人等新一代工业机器人的研制与产业化。支持医疗手术机器人规模化临床应用,推动具备自主行走、人机交互等功能的服务型机器人产业化应用。发展消防救援、空间作业等特种机器人。发展智能机器人核心部件,推动机器人应用软件、减速器、机器人专用伺服系统规模化应用,加快发展计算机视觉、自然语言处理等前沿核心技术,发展柔性机器人、网络机器人、共融机器人等前沿技术。

增材制造装备。提升现有增材制造装备的工艺技术水平,发展关键核心器件。发展激光(电子)束高效选区熔化、大型整体构件激光及电子束送粉(送丝)熔化沉积等金属增材制造装备,熔融沉积成形、激光选区烧结成形、喷射成形等非金属增材制造装备,增材、减材、等材复合制造技术和装备。

智能传感与控制装备。发展高性能光纤传感器、视觉传感器、微机电系统传感器、多参数复合传感器等工业用高端传感器。发展面向复杂工况的工业过程在线分析检测仪器。支持智能变送器、仪器仪表的研发和产业化。发展高速高可靠性分布式控制系统(DCS)、快速响应多重冗余可编程逻辑控制器(PLC)、跨平台数据采集系统(SCADA)等控制系统,智能伺服系统、高精度液压与气动系统等传动装置。推动预测控制、智能优化决策、自适应控制等技术的创新研发和应用。

智能检测与装配装备。发展面向航空航天、轨道交通、汽车制造等行业的数字化非接触精密测量、在线无损检测、高效率强度及疲劳寿命测试与分析、设备全生命周期健康检测诊断、基于大数据的在线故障诊断与分析等智能检测装备。研发高效、高可靠、可视化柔性、质量可控的装配装备。

智能物流与仓储。发展高速智能输送与分拣成套装备、智能多层穿梭车、自动化立体仓库、高速堆垛机等装备,推进智能物流与仓储装备自动控制技术、总线驱动技术、物流配送仿真技术的工程化应用。

智能制造系统集成。重点发展面向电子信息、汽车制造等行业应用的智能制造成套装备,发展新一代集成电路芯片制造成套工艺与装备、高性能动力电池封装与装配全自动生产装备。鼓励智能制造系统集成商与相关领域领先企业、细分领域“专精特新”企业协同发展。

(二)高端能源装备

聚焦高效、节能、绿色等核心需求,重点发展高端新能源装备、能源互联网装备、能源自动化装备,开展技术研发及首台(套)装备研制,支持工程应用和产业化。

高端新能源装备。发展大功率风力发电机组及关键部件。发展发电机高性能控制技术、基于大数据的风电场群智能运维装备。推动光伏领域新型制造工艺及装备提升。推进高强度高效光伏逆变器、光伏直流并网逆变器和逆变系统的产业化应用。促进百万千瓦级核电主泵、蒸汽发生器等核电核心装备制造产业发展。开展大功率生物质燃气发电机组成套装备研发及示范应用。

能源互联网关键部件及成套装备。发展柔性输变电设备、智能变电站成套装备、配电网成套设备。发展特高压交(直)流输变电关键技术装备、大容量电力电子器件和材料、高温超导材料及制备工艺等大容量输电技术装备，推动智能变压器、超导直流限流器和超导电机等的示范应用。发展智能化风电和光伏并网变流器、高压变频器等新能源并网关键技术装备。推动大容量超级电容储能、高温超导储能、10 兆瓦级压缩空气储能、全钒(锂离子)液流电池储能等电力储能关键技术及装备的研制和产业化。鼓励能源互联网关键装备技术攻关与应用。针对特殊环境下应急电源系统、应急电源变频调速、逆变发电、多能源混合互补发电、光储一体电源变换技术，开展装备研发和产业化示范应用。

能源智能化集成装备。发展模块化智能变流器、控制模块及电力监测成套装备。发展轻型工业燃气轮机、分布式能源系统燃气内燃机、高效环保节能型换热器等高端分布式能源装备及控制装备，提升智能化能源设备系统集成能力。

(三)特色智能专用装备

实现公共安全和应急、科学仪器、文物保护及数字创意等领域技术突破，打造北京特色智能专用装备产业。

公共安全和应急装备。发展货物车辆、行李包裹、人体安全等快速安检装备。发展具备特征识别、智能侦测功能的监控摄像装备，视频直写存储设备，智能监控平台系统。发展实时监测、主动式早期报警、大数据分析等智能化火灾监控报警装备与系统，推动电气监控传感器、空气采样传感器、感烟感温感光传感器等火灾监控关键装置研制。

科学仪器。发展高精度光热点位分析仪、气相分子吸收光谱仪、高灵敏紫外成像仪、高速激光共聚拉曼光谱仪、高速网络协议与安全检测仪、太赫兹三维层析成像仪、扫描(透射)电子显微镜等高端检测分析仪器。发展实时光电微生物快速检测、水体多参数自动在线监测等环境监测仪器，高速运动构件动态特征测试仪、在役钢轨缺陷综合检测等专用仪器。推进高端分析仪器、电子测量仪器与云计算、大数据等新一代信息技术融合发展，加强科学仪器系统的集成创新。

文物保护及数字创意技术装备。发展博物馆智能展藏装备，基于物联网的馆藏文物智能管理装备和智能文物装卸转运装备。发展文物无损便携专用检测分析设备。推动文物防震装置及系统方案的设计与研发。发展博物馆及古建筑专用智能灭火系列装备。发展数字化艺术展演展陈技术装备、文物数字化保护和传承装备、智慧博物馆装备，以及图书馆、美术馆和文化馆数字化装备。发展文化资源数字化采集处理装备，超感影院、混合现实娱乐和广播影视融合制播装备。

三、保障措施

(一)完善配套支持政策

充分利用高档数控机床与基础制造装备专项、智能制造专项、首台(套)重大技术装备保险补偿机制试点等国家支持政策，加大对智能装备产业的扶持力度。发挥本市科技成果转化、产业创新集群等政策支持作用，推动智能装备企业加快发展。设立智能制造、智能机器人等产业投资基金，引导社会资本投资智能装备产业。

(二)搭建创新服务载体

支持企业联合国家重点实验室、工程技术中心，推进智能制造、高端能源装备等创新平台建设，开展基础共性技术、关键功能部件和工艺研发，重大成果产业化和检验检测服务。加大知识产权保护力度，充分发挥中国(北京)知识产权保护中心作用，实现智能装备领域专利快速获权、确权和维权。支持智能制造领域科研院所和龙头企业联合搭建协同创新平台，开展关键共性技术研发、标准研制与验证、应用与技术支持等公共服务。

（三）推动智能装备应用示范

推动数控机床、高性能工业机器人及大型增材制造装备在航空航天、轨道交通、汽车制造等重点行业的示范应用。促进智能装备在新能源、智能电网、节能环保等重大工程的示范应用。推动高端科学仪器在科学研究、环境保护、食品药品质量安全、公共安全等领域的示范应用。通过实施一批示范应用项目，带动产业转型升级。

（四）加强国际交流合作

支持高端装备跨国公司在京设立研发机构、人才培训中心，支持北京装备企业参股、并购国外高端装备企业，在海外设立研发机构、产业化基地。支持参与国际高端装备技术标准创制、国际研发合作等活动，支持智能装备企业“走出去”，针对“一带一路”沿线国家和地区市场需求开展产业合作，提升国际影响力。

北京市加快科技创新发展节能环保产业的指导意见

为深入贯彻落实国家关于发展节能环保产业的决策部署，加快本市节能环保产业发展，推动产业升级和发展方式转变，促进节能减排和民生改善，结合本市实际，制定本指导意见。

一、总体要求

（一）指导思想

深入学习贯彻党的十九大精神，以习近平新时代中国特色社会主义思想为指导，深入贯彻落实习近平总书记两次视察北京重要讲话和对北京工作的一系列重要指示精神，坚定不移贯彻新发展理念，牢牢把握首都城市战略定位，大力推进供给侧结构性改革，以提高产业技术水平和竞争力为主线，以企业为主体、以市场为导向、以工程为依托，把首都丰富的节能环保创新与服务资源转化为产业竞争优势，做优高效节能产业，做大先进环保产业，做精资源循环利用产业，做强节能环保服务业，努力将北京建设成为全国节能环保产业的技术创新“策源地”、高端装备“引领者”、服务资源“聚集地”和市场应用“示范区”。

（二）基本原则

坚持创新驱动。依托首都科技资源优势，坚持高端发展，强化产学研用结合，着力突破一批节能环保领域关键技术，研发重点高端装备，加快发展节能环保产业新模式、新业态，不断提升节能环保产品和服务供给水平。

坚持需求拉动。营造绿色消费政策环境，推广节能环保产品，深入实施节能环保重点工程，释放节能环保产品、装备、服务的消费和投资需求，有力拉动节能环保产业发展。

坚持市场主导。充分发挥市场在资源配置中的决定性作用，以市场需求为导向，用改革的办法激发各类市场主体的积极性。更好发挥政府引导作用，完善政策机制，强化监督管理。

（三）发展目标

到 2020 年，本市节能环保产业创新能力和质量效益明显提升，产业发展的政策体系基本形成，对首都经济发展的支撑作用进一步增强。

创新能力显著增强。高效节能、先进环保和资源循环利用等领域关键核心技术与知识产权取得重点突破，科技成果转化能力大幅提升，形成一批拥有自主知识产权、具备国际竞争力的高端装备和产品，建成一批节能环保产业创新型公共服务平台，节能环保新业态、新模式蓬勃发展。

产业集中度明显提升。培育 10 家营业收入超过百亿、具有国际竞争力的节能环保龙头企业，培育 100 家左右营业收入超过十亿、在国内细分市场领先的节能环保骨干企业，带动具有自主知识产权、核心技术优势的创新型中小企业快速发展。

质量效益稳步改善。产业规模持续壮大,成为经济社会发展的新动力。重点企业盈利能力稳步增强,核心产品质量和服务水平大幅提升,形成一批具有全球影响力的知名品牌。

辐射带动作用得到充分发挥。节能环保创新成果得到广泛应用,有力支撑本市传统产业绿色化技术改造。本市节能环保技术转移和服务输出的溢出效应充分显现,对全国其他地区的辐射带动作用显著增强。

二、促进节能环保产业高端发展

(一)做优高效节能产业

高效锅炉领域。推进清洁高效燃烧与余热余压利用技术突破,积极研发蓄热式低氮燃烧装备、新型高效锅炉系统设备,加大应用推广力度。

节能电机领域。提高高效电机设计、匹配和关键材料、装备,以及特大功率高压变频、无功补偿控制系统的技术水平,推广应用软启动装置、无功补偿装置、自动控制系统等。

能量系统优化领域。加大工业领域的系统节能技术研发力度,鼓励先进节能技术、信息控制技术与传统生产工艺的集成优化运用,推广系统节能综合解决方案。聚焦供暖、空调制冷、用电和围护系统等建筑节能领域,发展智能控制和能量回收等新型技术。

(二)做大先进环保产业

水污染防治领域。重点发展电子、医药、食品加工等工业行业废水处理核心技术,以及工业园区废水深度处理技术、水体生态修复重建技术等。加快污水脱氮除磷深度处理、高浓度难降解有机废水处理等精细化处理技术关键组件与设备研发。鼓励低压纳滤膜处理、生物膜处理、海水淡化等技术转化和示范应用。提升水务工程建设集成服务能力,推进海绵城市建设。

大气及噪声污染防治领域。重点发展烟气多污染物协同处理技术、选择性还原等脱硫脱氮关键技术、PM2.5 和臭氧主要前体物联合脱除技术等。研发新型大气污染物监测仪器、汽车尾气处理装置等设备。开发新型吸声、隔声、隔振、减振材料,推动城市轨道交通、高铁、道路、飞机噪声治理及建筑隔声防护综合技术的研发与应用。

固体废弃物处置领域。重点发展污泥无害化、减量化、资源化技术,研发垃圾焚烧关键设备。加快危险废弃物非焚烧处置技术创新,提升飞灰、医疗废弃物综合处置能力。推动形成固体废弃物"收运处一体化"服务体系。

土壤污染防治与生态修复领域。提高土壤污染诊断水平,增强风险识别、污染物快速检测、土壤及地下水污染阻隔等风险管控能力。提升农田土壤重金属和持久性有机污染物快速检测修复技术及污染场地风险评价数值模拟技术水平。发展微生物修复、植物修复、重金属稳定化、垂直柔性防渗、原位热解吸等技术。加快污染场地、矿山、地下水修复和垃圾填埋场整治新技术推广和应用。

(三)做精资源循环利用产业

可再生资源逆向物流领域。开展新型回收利用体系建设试点。落实生产者责任延伸制度推行方案,以电器电子产品为突破口,逐步扩大回收利用废弃物范围,推动建立逆向物流回收体系,不断提升规范回收率。推动搭建生产、回收与处置企业之间的信息共享管理平台,鼓励企业研发和推广基于物联网的再生资源收运系统。

资源再生与综合利用领域。发展报废汽车和废旧电器电子产品的智能拆解和拆解物自动化分选技术,报废动力蓄电池、废碳纤维材料等资源化利用及无害化处理技术,以及废旧塑料的改性改质、餐厨垃圾的低成本资源化、农业废弃物资源循环利用技术等,研发相关高端装备。

(四)做强节能环保服务业

能源管理综合服务领域。推广能源费用托管、节能量保证、融资租赁等商业模式。支持开展节能咨询、评估、监测、检验检测、审计、认证等专业节能服务。引导节能服务企业拓展服务内容，为用户提供“一站式”能源管理综合服务。

环境污染第三方治理领域。以环境污染治理“市场化、专业化、产业化”为导向，采取政府和社会资本合作（PPP）等方式引导社会资本参与。进一步明确第三方治理项目的绩效考核指标体系，鼓励重点企业、工业园区开展多种形式的环境污染第三方治理试点。

环境保护综合服务领域。加快发展环境建设规划、工程设计、环境投融资、清洁生产审核、认证评估等专业服务业态。积极研究环境监测整体方案，加快构建生态环境监测网络。引导大型环保企业向设计、施工、维护和运营等一体化服务模式发展，提升企业环保服务总承包能力，培育环境综合服务提供商。

三、加强技术创新能力建设

（一）提升企业技术创新能力

强化企业技术创新主体地位，鼓励企业加大研发投入力度，建设企业技术中心、工程技术研究中心、重点实验室等创新机构，支持节能环保企业与高等学校、科研院所合作共建产业共性技术研发机构。支持重点企业牵头承担国家科技重大专项、国家重点研发计划等重大项目。推动节能环保产业与物联网、云计算、大数据、人工智能等新一代信息技术深度融合，带动相关技术和产品应用，鼓励企业开展智慧能源管理、智慧环境监测和治理。

（二）支持科技创新成果转化

开通专利确权绿色通道和专利维权快速通道，加快节能环保产业相关专利授权，培育节能环保领域知识产权优势企业。推进首台（套）重大技术装备保险补偿机制试点工作，鼓励企业创新应用节能环保重大技术装备。组织高等学校、科研院所和企业等筛选一批节能环保新技术、新产品，建立节能环保科技成果库和转化项目储备库，促进成果转化。

（三）加快公共服务平台建设

依托现有企业技术中心、工程技术研究中心、重点实验室、检测认证机构等资源，推进建设节能环保产业技术共享、检测认证、成果展示等公共服务平台。发挥国家级双创示范基地带动作用，建设专业化节能环保众创空间，鼓励各类创新主体聚焦节能环保领域开展创新创业活动。完善本市碳排放权交易市场，做好与全国碳排放权交易市场衔接。充分发挥行业协会、产业联盟等社会组织对节能环保产业的催化作用。

四、扩大节能环保市场需求

（一）强化重大工程需求牵引

鼓励用能单位加快开展锅炉（窑炉）改造、余热余压利用、电机系统节能、压缩空气系统改造、供热系统节能等节能技术改造，推动先进节能技术的集成优化运用。推进水气土领域环境治理、危险废物处置等环保重大工程建设，开展重点行业企业环保技改升级，扩大环保产业有效需求。推动绿色建筑规模化发展，新建建筑全面执行绿色建筑设计、施工、运行管理标准，其中政府投资的公益性建筑和大型公共建筑达到二星级及以上绿色建筑标准，鼓励既有建筑实施绿色改造。结合北京城市副中心、新机场、2022年冬奥会和冬残奥会场馆建设，促进节能环保技术、产品和服务示范应用。

（二）着力引导绿色消费

倡导节约、绿色、低碳消费理念，实施北京市“十三五”时期节能低碳和循环经济全民行动计划，积极开展知识普及、宣传教育、行为引导、典范创建等主题活动，在家庭、社区、政府机构、宾馆、饭店、企业、园区等深入开展节能减排行动，利用报纸、广播、电视、互联网等多种形式引导消费者购买节能环保产品，激发绿色消费市场活力。

（三）完善绿色技术产品推广机制

完善节能低碳新技术新产品推荐目录。全面推行绿色办公，完善政府优先采购和强制采购制度，扩大政府采购节能环保产品范围，不断提高节能环保产品采购比例，到2020年，政府绿色采购比例达到90%以上。组织实施能效、水效、环保领跑者行动，健全完善领跑者指标及动态更新机制，推动实施企业产品标准自我声明和监督制度。

五、营造公平开放市场环境

（一）完善政策标准

健全完善资源节约和环境保护方面政策，严格节能环保执法，严厉查处各类违法违规行为。健全节能环保标准体系，加快制（修）订一批能效标准和污染物排放标准，提高产品标准中的节能环保技术要求，充分发挥标准对产业发展的促进作用，推动传统产业绿色化技术改造。

（二）加大市场开放力度

处理好政府与市场关系，发挥市场在资源配置中的决定性作用，健全节能环保产业市场准入制度，完善各类节能环保企业资质认定和特许经营权制度的相关保障。进一步加大水处理、固体废弃物处置、资源循环利用等领域市场开放力度。

（三）加强信用体系建设

建立严重违法失信市场主体的信用记录机制，纳入全国信用信息共享平台；依法公示企业环境行政许可、行政处罚等信息，实施跨部门联合惩戒。

六、保障措施

（一）强化财政和价格政策支持

采取多种形式加大对节能环保领域科技创新及产业化、公共服务平台建设、企业绿色化技术改造等方面的财政资金支持力度。落实国家节能节水、环境保护专用设备企业所得税优惠和资源综合利用产品增值税优惠等政策。深化水、电、气、热等资源产品价格改革，结合产业政策落实好差别化、限制性、惩罚性价格政策。按照“谁污染、谁付费”的原则，不断完善垃圾、污水处理等收费政策。

（二）积极拓宽融资渠道

推动节能环保产业与绿色金融深度融合，大力发展绿色信贷，鼓励银行业金融机构将碳排放权、排污权、合同能源管理未来收益权、特许经营收费权等纳入贷款质押担保物范围。强化直接融资，鼓励符合条件的节能环保企业发行绿色债券。推动设立绿色发展基金，按照市场化方式运作，有效带动社会资本参与节能环保产业发展。探索发展绿色保险，研究开发针对合同能源管理、环境污染第三方治理等保险产品。

（三）提高对外开放水平

鼓励企业开拓国际市场，推进节能环保产品和服务“走出去”，通过国际并购、组建海外分公司、承包国外工程、构建境外营销体系等方式参与国际竞争。积极引进并消化吸收国际先进技术和管理理念，主动参与国际节能环保标准制（修）订，推动重点领域标准与国际标准接轨。

（四）加快人才队伍建设

鼓励企业、科研院所开展国内外科技交流与合作，支持节能环保创新人才队伍建设，培养一批突破关键技术、引领学科发展、带动产业转型的领军人才。依托“千人计划”“海聚工程”“高聚工程”等人才计划，加快吸引节能环保领域优秀杰出人才来京创新创业。

北京市加快科技创新培育新能源智能汽车产业的指导意见

为深入贯彻落实国家关于发展新能源汽车产业的决策部署,进一步提升本市新能源智能汽车创新能力和产业化水平,促进汽车产业转型升级,推动构建高精尖经济结构,制定本指导意见。

一、总体要求

(一)指导思想

深入学习贯彻党的十九大精神,以习近平新时代中国特色社会主义思想为指导,深入贯彻落实习近平总书记两次视察北京重要讲话和对北京工作的一系列重要指示精神,坚定不移贯彻新发展理念,牢牢把握首都城市战略定位,按照市场主导、创新驱动、重点突破、协调发展的要求,聚焦优势企业、关键环节及重点领域,发挥整车企业的带动作用,提升关键零部件的创新能力,构建产业链相对完整、竞争力国内领先、集群效应明显的新能源智能汽车产业体系,为加快构建高精尖经济结构提供有力支撑。

(二)基本原则

坚持创新驱动。把技术创新放在突出位置,以动力电池、驱动电机、燃料电池等关键零部件,以及智能网联技术研发为主攻方向,加快形成具有自主知识产权的技术和品牌。

坚持市场主导。充分发挥市场在资源配置中的决定性作用,健全技术创新市场导向机制,鼓励社会资本参与技术研发和产业化;同时,更好发挥政府作用,强化规划引导和政策激励,营造良好营商环境。

坚持突出重点。重点聚焦电动汽车、燃料电池汽车、智能网联汽车,加大对电动汽车研发生产的支持力度,突破关键核心技术,提升产业竞争力;科学布局并适度超前推进燃料电池汽车、智能网联汽车的研制和示范,培育产业新增长点。

(三)发展目标

到2020年,技术水平大幅提高,整车引领能力和竞争力显著提升,关键零部件技术实现突破,形成新能源智能汽车创新体系;产业化取得重大进展,特色化、集聚化发展水平明显提升,形成一批高成长性、具有核心竞争力的企业,产出效益、绿色发展指标在国内同行业中居于领先地位;服务能力显著增强,建成新能源汽车管理和数据中心,检验检测和分时租赁等服务业态优势明显。

二、主要任务

(一)增强新能源智能汽车创新能力

1. 不断完善技术创新体系。统筹各类创新资源,鼓励企业、高等学校、科研机构等通过自主创新、集成创新、协同创新等方式,加快重大技术攻关。推进涵盖整车设计、试验试制及体验、示范等功能的开放式协同创新平台建设。扩大行业测试平台、产品开发数据库、专利数据库的开放度,实现资源共享。积极推进多方共建、独立运作、开放共享的国家新能源汽车技术创新中心建设,进一步完善国家动力电池创新中心运行机制。

2. 着力提升整车集成创新能力。积极推进以整车为龙头的产业链集成创新,加快提升整车设计、动力总成、整车匹配、检测诊断、生产工装等技术和工艺水平,实现电动小客车整车续驶里程持续提升,能耗最优低于10千瓦时/吨百公里。加大以氢燃料为主的燃料电池乘用车开发力度,着力在整车耐久性、续驶里程和燃料电池使用寿命等领域取得突破。

3. 重点突破关键零部件核心技术。大力推进动力电池技术创新,实现三元电池单体比能量达到350瓦时/公斤;全力推进高能量密度固态电池核心技术攻关,实现单体比能量达到400瓦时/公斤以上,并加快推动小批量应用。加强高功率密度驱动电机研发和轮毂电机研制。加快燃料电池汽车质子交换膜、气体扩散层、金属双极板等关键材料及部件开发,实现高比功率高耐久性燃料电池电堆等关键技术突破,金属双极板燃料电池电堆重量比功率达到3千瓦/公斤。率先实现碳化硅功率器件在整车领域的应用,功率密度较现有硅基功率器件提升4倍。

4. 大力推进新能源智能汽车创新。与人工智能、第五代移动通信技术(5G)紧密结合,重点研发环境感知、智能决策、集成控制等智能化技术,攻克智能网联驾驶技术,突破分布式底盘的构型设计与总体布置、仿真分析、线控操纵等关键技术。加快建设北京国汽智能网联汽车技术研究院等新型研发机构,实现创新资源高效协同。

(二)构建新能源智能汽车产业体系

1. 提升整车竞争能力。强化整车带动,全面推进现有整车设计和制造企业转型升级。鼓励企业加大电动汽车、燃料电池汽车整车技术与产品创新力度,强化自主品牌建设,提升整车设计能力、工程化开发能力和智能制造水平,加快打造具有国际竞争力的新能源汽车企业。鼓励互联网等领域科技企业进行资源整合,推动新能源汽车向智能化、高端化、多样化发展。

2. 增强关键零部件配套能力。重点增强动力电池正极材料、单体及电池系统,驱动电机及控制器,电控系统等的研发生产能力。重点增强燃料电池电堆及系统、氢气循环泵、空压机等零部件,高压储氢、液态储氢等的研发生产能力。重点增强环境感知部件及集成、专用芯片、算法及决策系统等的研发生产能力。

3. 加快充电基础设施建设。鼓励无线充电、智能充电、大功率充电技术创新及产业化,支持加氢站建设运营。大力推进"互联网+充电基础设施",运用移动互联网、物联网、大数据等新技术,推动充电服务平台互联互通,提高充电服务智能化水平,为电动汽车用户提供安全、便捷的服务。

4. 培育新能源汽车服务新业态。发展大数据,进一步完善新能源汽车监测与管理平台、充电设施运营管理平台,汇集车辆、充电基础设施等数据资源,建成新能源汽车管理和数据中心。发展检验检测服务,提升电动汽车、燃料电池汽车整车及关键零部件检测能力,完善相关标准体系;优化智能网联汽车测试验证环境,推动封闭道路测试区、开放环境测试区、自动驾驶场景库等建设。发展分时租赁,鼓励"互联网+"运营服务创新,推进新能源汽车分时租赁网络建设,使其成为城市多层次交通体系的组成部分。

5. 支持重点企业发展。优选两类重点新能源汽车企业,实行"一企一策"精准化支持,并实施动态调整。一类是在细分领域达到国内前列、国际先进、具有显著行业辐射力和带动力的企业,重点解决其在项目落地、融资等方面的需求;一类是具有核心竞争力和重要知识产权、具备高成长性、发展后劲强的企业,重点解决其在研发创新、管理、融资等方面的需求。

6. 促进产业良性发展。加快研究和开发适应市场需求、具有市场竞争力的新能源汽车技术和产品,加强商业模式创新和品牌建设,不断提升产品质量和服务能力。加快培育市场,促进新能源汽车推广应用。加快推动一批辐射带动力强的重点项目落地。

(三)促进新能源智能汽车产业集聚发展

1. 突出增量聚焦,推动新增产业向创新型产业集群和"中国制造2025"创新引领示范区集聚。加强创新资源整合,强化产业政策统筹,完善成果转化机制,营造良好的产业生态环境,将顺义区、北京经济技术开发区打造成为新能源汽车成果转化优先承载地和国内外优质企业在京发展集聚区。

2. 突出存量优化,提升现有产业基地集聚发展水平。持续优化昌平区新能源汽车设计制造产业基地、房山区长安新能源汽车产业基地等的布局,以中高端新能源汽车整车设计和制造为突破点,进一步推动现有整车企业转型升级。

(四)加快新能源汽车推广应用

1. 扩大新能源汽车应用规模。在公交车、出租车等城市客运以及环卫、物流、机场通勤等领域加大新能源汽车推广应用力度。在个人使用领域,继续实施现有政策并持续优化;同时,研究制定燃油汽车更新为新能源汽车鼓励政策。

2. 推进新能源汽车在北京2022年冬奥会和冬残奥会中应用。积极推动京津冀区域城际快速充电网络建设,推进冬奥会和冬残奥会相关区域出行电动化。围绕燃料电池汽车规模化示范应用,在冬奥会和冬残奥会相关区域推进制氢、加氢核心技术应用。

三、保障措施

(一)强化统筹协调

进一步完善市新能源汽车联席会议制度,在产业规划布局、重大项目建设、充电基础设施建设、新能源汽车推广应用、优秀杰出人才引进、知识产权保护等方面加强统筹调度,强化市区协调联动,形成工作合力,加快培育新能源智能汽车产业。

(二)严格落实责任

相关区政府、北京经济技术开发区管委会要制定系统推进新能源智能汽车产业培育的实施方案,形成重点企业及项目清单,完善配套政策措施,营造良好发展环境。市有关部门要加大支持指导力度,结合各区实际,统筹制定差异化的产业发展政策。

(三)加大资金支持

多渠道筹集资金,重点支持整车技术研发、检验测试和推广应用。发挥新能源汽车领域科技创新基金作用,吸引社会资本投入,共同培育新能源智能汽车产业。优化新能源汽车购置补贴机制,加大对技术研发及产业化的支持力度。

(四)发挥联盟作用

整合企业、高等学校、科研机构、中介机构等多方力量,涵盖整车设计及制造、关键零部件研发及生产、充电基础设施建设及运营等多方主体,推动建立北京市新能源汽车产业联盟,搭建技术研发平台、成果转化平台及示范应用平台,推进技术进步和产业培育。

(五)加强监督考核

建立监督考核制度,加强对产业政策落实、产业发展成效、营商环境优化、重大项目建设、基础设施网络配套等情况的评估检查,并将检查结果与项目布局、资金安排、指标分配等挂钩,实现资源配置的动态调整,确保按时优质完成新能源智能汽车产业培育各项任务。

北京市加快科技创新发展新材料产业的指导意见

为深入贯彻落实国家关于发展新材料产业的决策部署,进一步提升本市新材料领域创新能力,促进产业高端化发展,推动构建高精尖经济结构,制定本指导意见。

一、总体要求

(一)指导思想

深入学习贯彻党的十九大精神,以习近平新时代中国特色社会主义思想为指导,深入贯彻落实习近平总书记两次视察北京重要讲话和对北京工作的一系列重要指示精神,坚定不移贯彻新发展理念,牢牢把握首都城市战略定位,坚持需求牵引和战略导向,以前沿新材料原始创新、关键战略材料集群发展、先进基础材料辐射带动为着力点,提升新材料自主创新能力和核心竞争力,打造高端新材料产业集群,构建以企业为主体、以高等学校和科研机构为支撑、军民深度融合、产学研用协同促进的新材料产业体系,为加快构建高精尖经济结构提供有力支撑。

（二）基本原则

创新驱动，高端发展。把握全球新材料技术发展趋势，发挥北京科技资源优势，强化技术创新的支撑和引领作用。坚持绿色、节能、高效的发展理念，着力发展产业链高端环节和价值链高附加值环节，不断提升产业的市场竞争力。

协同发展，军民融合。围绕高精尖产业发展和传统产业转型升级需求，突破重点应用领域急需的新材料，促进新材料产业与相关应用产业协同发展。加快军民两用新材料技术双向转移转化，推进新材料军民融合深度发展。

市场主导，政府引导。充分发挥市场在资源配置中的决定性作用，强化企业主体地位，激发企业创新活力。转变政府职能，创新管理模式，加强政策引导和统筹布局，为新材料产业发展营造良好环境。

（三）发展目标

到2020年，突破一批前沿新材料原始创新技术和关键战略材料制备技术，建设一批国际先进的新型研发机构，引进一批全球顶尖科学家和优秀杰出创新创业人才，实现一批重大创新成果在京转化和产业化，培育一批国际知名新材料产品，打造一批新材料骨干龙头企业，形成一批高端新材料产业集群，初步形成京津冀区域新材料产业联动发展新局面。

二、主要任务

（一）前瞻布局前沿新材料研发

对接国家“科技创新2030—重大项目”等科技重大任务，面向重点应用领域的未来发展需求，在石墨烯等低维材料、高性能纳米材料、光电子材料、量子材料、新型超导材料、超材料、增材制造材料等前沿方向，着力推进原始创新和颠覆性技术创新，重点突破三维碳纳米管集成电路器件、纳米光电子集成芯片、半导体量子器件、石墨烯器件等技术，形成一批具有全球影响力的创新成果和核心专利，抢占全球新材料技术制高点。

（二）加快关键战略材料研制

围绕新一代信息技术、新能源汽车、高端装备制造等高精尖产业发展需求，聚焦第三代半导体材料、高端装备用特种合金、新型能源材料、稀土功能材料、新型显示材料、高性能纤维及复合材料等关键战略材料，推动科研机构、重点应用单位、新材料生产企业开展联合攻关，加快碳化硅材料及器件、氮化镓材料及器件、航空发动机与燃气轮机用高温合金及相关构件、全固态动力电池、高性能薄膜太阳能电池等的开发，并实现规模化制备。

（三）突破核心装备与关键工艺技术

推动装备制造企业与新材料产品生产企业开展联合攻关，突破专用核心装备和关键工艺技术，形成相对完整的成套装备和产业化生产工艺。重点开展第三代半导体材料用单晶生长、切割、研磨、抛光、化学气相沉积等核心装备与关键工艺技术的开发。研发固态电池、高温合金涡轮盘等新材料产品的专用生产设备，以及无损检测设备，打通生产制造工艺环节，为规模化生产提供技术保障。

（四）加速新材料科技成果转化

鼓励新材料企业和风险投资、知识产权保护、法律服务等机构参与早期研发，共同推动科技成果尽快实现转化。鼓励科研机构采取研发合作、技术转让、技术许可、作价投资等方式转化科技成果。鼓励建设新材料领域专业化众创空间、孵化器、加速器、小试和中试基地、产业园等，打通科技成果转化渠道。鼓励社会资本设立新材料科技成果转化基金，助力科技成果实现快速转化。鼓励开展国内外新材料科技成果的转化对接，吸引优秀科技成果在京转化。

（五）促进新材料产品推广应用

支持产业联盟、行业协会、科技服务机构等，建设开放共享的新材料产品信息公共服务平台，促进供需双方对接，推进新材料产品推广应用。支持重点应用单位联合新材料产品生产企业，共同推进产品的开发和应用研究。鼓励企业围绕应用需求，联合科研机构共同开展新材料产品的应用研究和示范应用。推动新材料领域军民资源共享，加快军民两用新材料产品推广应用。

（六）打造高端新材料企业集群

鼓励企业通过自主创新、技术许可等方式，拥有知识产权和技术主导权，发展成为创新型新材料企业。鼓励企业优化产品结构，拓展产业链条，提升市场竞争力，发展成为高成长性新材料企业。鼓励龙头企业在京设立企业总部及研发中心，以市场为导向，通过兼并重组，发展成为行业领先企业。鼓励企业以大带小，开展分工协作，形成涵盖材料、器件、部件等产业链各环节的关联产业群体。

（七）推动新材料产业集聚发展

优化产业空间布局，合理配置要素资源，完善营商环境，推动关键战略材料产业集聚发展，推动科技创新重点集聚于中关村科学城、怀柔科学城，产业承载重点集聚于顺义区、房山区。其中，顺义区重点集聚发展第三代半导体材料、高性能纤维及复合材料、高端装备用特种合金等新材料相关产业；房山区重点集聚发展新型能源材料、稀土功能材料、新型显示材料等新材料相关产业。

（八）发展新材料科技服务

鼓励先进钢铁材料、先进有色金属材料、先进化工材料等先进基础材料领域的相关单位，强化资源互补，加强分工协作，提高工程咨询、勘察设计、技术研发等专业化服务水平，做优做专新材料领域工程服务业。发挥材料分析测试资源优势，借助移动互联网、大数据、云计算等现代信息技术手段，扩大服务范围，延伸服务链条，提高个性化服务水平，打造具有国际竞争力的服务品牌，做强做大材料分析测试服务业。

三、保障措施

（一）强化统筹组织

制定新材料产业发展配套政策，统筹推进新材料研发创新、产业布局、示范应用等相关工作。相关区政府要细化实化新材料产业发展政策措施，加强新材料产业园区建设，积极营造良好的产业发展环境。

（二）搭建创新平台

推动怀柔科学城高能同步辐射光源、综合极端条件实验装置等大科学装置和材料基因组、清洁能源材料等研究平台建设，为开展多学科深度交叉融合研究提供先进的方法和手段。发挥首都科技条件平台的资源优势，探索新型商业模式和服务机制，搭建共性技术支撑平台，为新材料技术研发和产品创新提供科技条件保障。鼓励在京优势机构申请承建国家新材料领域相关创新平台。

（三）完善服务体系

鼓励优势企业、科研机构、产业联盟、行业协会等多方力量，组建新材料领域科技咨询与评估中心、技术交易市场、科技孵化器、创业服务中心等专业服务平台，形成结构合理、特色突出、功能完备的科技服务体系。鼓励新材料领域科技服务机构开展技术成果价值评估、技术标准服务、市场信息分析等科技服务。充分发挥知识产权服务机构作用，进一步加大知识产权保护力度。

（四）加强人才引进

支持新材料领域的新型研发机构建设，引进全球顶尖科学家和优秀杰出创新创业人才。落实科研人员科技成果转化收益分配政策，营造有利于优秀杰出人才创新创业的良好环境。鼓励企业通过股权、期权等方式加强对优秀杰出人才的激励。

（五）加大资金支持

统筹利用财政资金，加大对新材料产业发展的支持力度。充分发挥北京市科技创新基金的引导作用，积极吸引社会资本，组建新材料产业发展基金，为新材料科技创新、成果转化、产业发展提供资金保障。发展贷款、保险、财政风险补偿捆绑的专利权质押融资新模式，降低新材料企业融资成本。

（六）深化国际合作

鼓励新材料领域有条件的企业和科研机构建立前沿新材料国际开放实验室和境外研发中心，与全球著名大学、科研机构、跨国公司联合开展技术研究。鼓励新材料领域产业联盟、行业协会等社会组织协调本领域资源，参与国际科技合作计划和国际标准制定，举办高水平的学术会议和产业论坛。鼓励新材料企业参与“一带一路”建设相关工程项目。

北京市加快科技创新培育人工智能产业的指导意见

为深入贯彻落实国家关于发展新一代人工智能的决策部署，进一步提升本市新一代人工智能科技创新能力，促进人工智能深度应用，培育人工智能产业，推动构建高精尖经济结构，制定本指导意见。

一、总体要求

（一）指导思想

深入学习贯彻党的十九大精神，以习近平新时代中国特色社会主义思想为指导，深入贯彻落实习近平总书记两次视察北京重要讲话和对北京工作的一系列重要指示精神，坚定不移贯彻新发展理念，牢牢把握首都城市战略定位，充分发挥在人工智能领域的资源优势，积极构建以企业为主体、市场为导向、产学研深度融合的人工智能技术创新体系，统筹推进人工智能研发攻关、产品应用和产业培育，进一步提升人工智能自主创新能力和产业竞争力，努力打造人工智能产业集群和创新高地。

（二）基本原则

坚持创新引领。把握世界人工智能发展趋势，加强新一代人工智能前沿基础理论研究，推动关键核心技术实现突破，促进重大技术成果创新应用，着力打造人工智能创新高地，引领我国人工智能创新水平整体提升。

坚持融合发展。推动人工智能与脑科学、大数据、云计算等新理论新技术融合，加速技术迭代发展。促进军民科技成果双向转化应用、军民创新资源共建共享。完善人工智能产业体系，构建一批人工智能应用场景，促进人工智能和实体经济深度融合。

坚持协同开放。处理好政府和市场的关系，充分发挥企业技术创新主体作用，更好发挥政府在环境营造、政策支持、规划引导等方面的重要作用。倡导开源共享理念，积极参与人工智能全球研发和治理，逐步成为全球人工智能技术创新的重要枢纽。

（三）发展目标

到2020年，新一代人工智能总体技术和应用达到世界先进水平，部分关键技术达到世界领先水平，形成若干重大原创基础理论和前沿技术标志性成果；培育一批具有国际影响力的人工智能领军人才和创新团队，涌现一批特色创新型企业，创新生态体系基本建立，初步成为具有全球影响力的人工智能创新中心；人工智能对经济社会发展的支撑能力显著增强，成为本市新的重要经济增长点。

二、主要任务

（一）建立人工智能创新体系

1. 强化新一代人工智能基础理论研究。围绕原始创新，加强大数据智能、跨媒体感知计算、人机混合智能、群体智能、自主协同与决策等应用基础理论研究；前瞻布局高级机器学习、类脑智能计算、量子智能计算等前沿基础理论研究；开展跨学科探索性研究，推动人工智能与神经科学、认知科学等相关基础学科的交叉融合。

2. 攻克新一代人工智能前沿核心技术。以算法为核心，以数据和硬件为基础，以提升感知识别、知识计算、认知推理、人机交互能力为重点,推进新一代人工智能关键技术研发部署,形成开放兼容、稳定成熟的技术体系。加强人工智能芯片与系统、自然语言与语音处理技术、知识计算引擎与知识服务技术、跨媒体分析推理技术、群体智能技术、混合增强智能新架构与新技术、智能自主无人系统等前沿核心技术攻关。

3. 搭建人工智能创新平台。支持国内外人工智能优势企业、高等学校、科研机构等开展合作,搭建开源技术创新平台,探索开放式协同创新模式。鼓励国外人工智能企业和科研机构在京设立基础研究院和研发中心。支持知名科学家、优秀杰出人才、创新创业团队以及优势企业和科研机构在京建立一批专业化、开放化的人工智能新型研发机构,高效整合科研资源,形成促进人工智能发展合力。以人工智能产业技术创新战略联盟等行业组织为纽带,强化与天津、河北等省区市合作,建立跨区域人工智能创新资源服务平台。

(二)打造人工智能产业集群

1. 培育人工智能新兴产业。充分发挥高等学校、科研机构的前沿技术研究能力和龙头企业的行业带动能力,加快核心技术转化应用,促进技术集成与商业模式创新、线上线下联动,推动重点领域智能产品、应用和服务创新,积极培育人工智能新兴业态。开发面向人工智能的开源开放平台、操作系统等关键基础软件,突破人工智能芯片等核心硬件。加强物联网、车联网、智能驾驶等技术集成和配套服务。推动各类智能服务机器人的开发与应用。促进虚拟现实与增强现实关键技术与重点行业融合应用。加快智能终端核心技术和产品研发,拓展产品形态和应用服务。在自然语言处理、图像识别、人工智能芯片和系统、智能终端等领域,推动人工智能技术攻关和应用,加快打造人工智能领军企业和品牌。

2. 优化人工智能产业布局。支持中关村科学城以原始创新为核心,开展人工智能前沿技术研究和重大科技任务攻关,积极参与人工智能国际标准制定,建设人工智能双创基地,成为人工智能技术发源地和创新型企业集聚地。支持未来科学城依托重点企业研究力量,加快布局人工智能创新应用试点示范,打造一批具有国际水平的示范性项目,成为人工智能科技成果转化引领区。支持怀柔科学城聚焦重大科学前沿问题,积极开展人工智能相关领域的基础理论研究和跨学科探索性研究,成为人工智能基础研究的突破地。支持北京经济技术开发区围绕"中国制造2025",系统推进智能制造、智能机器人、智慧物流、智能驾驶等重点领域发展,打造具有国际竞争力的人工智能产业创新体系,成为人工智能产业发展的前沿阵地。依托中关村国家自主创新示范区,组织开展人工智能创新试验,建设人工智能产业园,推动园区精细化、差异化创新发展,形成具有国际竞争力的人工智能产业集群。

(三)加快人工智能融合应用

1. 推进传统产业智能化升级。推动人工智能与各行业融合创新,在制造、农业、物流、金融、商务、家居、军民融合等重点行业和领域开展人工智能应用试点示范,全面提升各产业发展智能化水平。积极推进制造业智能化改造。建立典型农业大数据智能决策分析系统,开展智能农场、智能化植物工厂等集成应用示范。利用人工智能技术提升物流行业运营管理水平和效率。创新智能金融产品和服务,发展金融新业态。鼓励围绕个人需求、企业管理提供定制化商务智能决策服务。提升家居产品智能化水平,支持智能家居企业创新服务模式。引导国防领域人工智能科技成果向民用领域转化应用,推动各类人工智能技术快速嵌入国防创新领域。

2. 构建智能宜居社会。围绕教育、医疗、养老等民生需求,加快人工智能创新应用,提高民生服务的智能化水平,为公众提供个性化、多元化、专业化、精准化、高品质服务。促进人工智能技术在交通管理、环境保护、公共安全、应急指挥等城市治理领域的应用,打造智能社会示范区,助力建设超大城市治理体系。

(四)夯实人工智能产业发展基础

推动智能化信息基础设施建设。推进第五代移动通信(5G)系统布局,加强智能感知物联网核心技术和自主可控信息安全关键技术攻关和转化应用,提升网络基础设施支撑能力。发展支撑智能化的工业互联网、面向智能驾驶的车联网等,研究智能化网络安全架构。统筹利用大数据基础设施,强化数据安全与隐私保护,为人工智能研发和广泛应用提供数据支撑。建设分布式高效能源互联网,实现能源供需信息的实时匹配和智能化响应。落实京津冀协同发展部署,加强超级计算基础设施、分布式计算基础设施和云计算中心建设，构建可持续发展的高性能计算应用生态环境。

三、保障措施

（一）强化统筹协调

建立由分管市领导牵头，市科委、市经济信息化委、中关村管委会、北京经济技术开发区管委会等有关单位以及相关区政府参加的工作协调机制，统筹研究人工智能产业重大任务、重大政策、重大问题和重点工作安排，指导、协调和督促有关部门和单位落实人工智能产业发展各项政策措施。推进人工智能智库建设，支持各类智库开展人工智能重大问题研究，为培育人工智能产业提供智力支持。

（二）完善法规政策

加强人工智能相关法规、伦理和社会问题研究，推动建立保障人工智能发展的法规和伦理道德框架。重点围绕智能驾驶、医疗机器人等应用基础良好的领域，加快研究制定相关管理法规，为新技术的研发应用提供保障。落实数据开放与保护相关政策，开展公共数据开放利用改革试点，支持公众和企业充分挖掘公共数据的商业价值，促进人工智能应用创新。

（三）加大资金支持

加大财政资金对人工智能基础前沿研究的投入力度。依托北京市科技创新基金，支持人工智能前期研究、创新创业和产业培育。鼓励龙头骨干企业、产业创新联盟等牵头成立人工智能发展基金。积极运用政府和社会资本合作（PPP）等模式，推动社会资本参与人工智能重大项目实施和科技成果转化应用，支持人工智能产业发展。

（四）构筑人才高地

加强国际合作，密切关注全球人工智能领域顶尖专家学者，精准引进人工智能领军人才及其团队来京创新创业。大力培养人工智能及相关领域的优秀杰出人才，特别是中青年骨干人才，形成一批高水平创新研究团队。重点培养贯通人工智能技术研发、产业发展和行业应用的复合型人才。完善人工智能领域学科布局，推动设立人工智能专业，推动人工智能领域一级学科建设，加快人工智能相关学科方向的研究生培养。

（五）优化发展环境

加强人工智能相关标准研究，支持人工智能企业开展国家标准制定，参与或主导国际标准制定。充分发挥知识产权服务机构的作用，加强人工智能领域的知识产权保护，健全人工智能领域技术创新、专利保护与标准化互动支撑机制。支持开展人工智能科普活动，提高社会公众对人工智能的整体认知和应用水平。加快研究人工智能带来的就业结构、就业方式转变以及新型职业和工作岗位的技能需求，建立适应智能经济和智能社会需要的终身学习和就业培训体系。

北京市加快科技创新发展软件和信息服务业的指导意见

为进一步加快本市软件和信息服务业发展，充分发挥软件和信息服务业对国民经济和社会发展各领域的重要支撑作用，推动构建高精尖经济结构，制定本指导意见。

一、总体要求

（一）指导思想

深入学习贯彻党的十九大精神，以习近平新时代中国特色社会主义思想为指导，深入贯彻落实习近平总书记两次视察北京重要讲话和对北京工作的一系列重要指示精神，坚定不移贯彻新发展理念，牢牢把握首都城市战略定位，以全面提升软件和信息服务业自主创新能力为核心，以引领未来智能变革为方向，以创新发展和融合应用为主线，在关键技术、核心产品与服务、国际化等方面取得重点突破，加快向网络化、平台化、服务化、智能化、生态化演进，率先形成与首都城市战略定位相适应的产业发展格局，使北京成为具有世界影响力的软件名城。

（二）基本原则

创新驱动。把握软件和信息服务业加速创新、快速迭代、群体突破的时代特征，突出企业创新主体地位，提升自主创新、原始创新、协同创新能力，突破一批关键核心的产业共性技术，率先形成以创新为引领的产业体系。

融合提升。把握新兴技术带来的资源重组、技术创新、模式变革等重大机遇，发挥软件的融合性、渗透性和耦合性作用，提高供给能力，深化软件在经济社会各领域的融合应用。

协同开放。把握新时期软件和信息服务业发展规律，支持开源开发模式发展，促进政产学研用各类创新主体共创共享，加快产业要素流通，推动产业链上下游合作创新，形成资源共享、平台开放、区域协同的生态体系。

国际视野。深度融入全球产业生态圈，加快推进产业链、创新链、价值链全球配置，增强国际高端业务的承接力，抢占产业链高端环节，提高国际规则制定话语权。

（三）发展目标

到2020年，进一步巩固并提升软件和信息服务业在全市经济发展中的支柱地位，基本形成与科技创新中心功能定位相适应的创新型产业发展格局。基于互联网的数据服务、信息服务、内容服务辐射和引领全国发展，产业融合应用效应凸显。创新红利、数据红利和模式红利加快催生释放，具有国际竞争优势的产业生态体系基本形成。

关键核心技术取得突破。软件共性基础技术、新一代软件技术、信息技术服务等领域核心技术取得突破，自主基础软件从“可用、够用”向“适用、好用”方向转变，市场占有率显著提高。

自主知识产权创制能力持续提升。在软件和互联网等前沿领域取得5～10个具有自主知识产权、达到国际领先水平的技术和标准，形成一批自主创新、技术先进、满足重大应用需求的产品和解决方案。

融合发展水平不断提高。电力、金融、交通等涉及国计民生的重大关键信息系统迈进世界先进行列，制造业与互联网融合发展迈上新台阶，信息基础设施、智能制造、智慧城市、现代服务业和信息安全等领域融合应用实现跨越发展。

国际竞争能力显著增强。积极推动龙头企业海外拓展，建设2～3个具有国际特色的软件园区，建成国际水平的开源软件社区，国际交流平台和品牌价值影响力基本形成。

二、主要任务

（一）加强技术创新

1. 大力发展基础软件，构造网络强国技术基础。面向国家重大战略需求，解决“缺芯少魂”问题，建设软件“强基”工程，加快发展具有自主知识产权的基础软件，提高国产操作系统、数据库、中间件自主可控水平，形成更为完整的基础软件技术体系和生态系统。推动基础软件先进制造创新中心建设，加快高端可信计算系统创新工程建设；面向重大行业领域应用和信息安全保障需求，大力发展面向新型智能硬件的基础软件平台；加快发展更加智能的软件工程方法、工具和环境，提升共性基础技术支撑能力。

2. 实现新一代软件技术跨越升级，抢占产业发展制高点。面向世界科技前沿，顺应新一代软件技术创新发展和变革趋势，着力研发前沿技术领域关键软件产品和解决方案。突破基础技术、通用计算框架技术和计算引擎技术等大数据关键技术；加强原型算法、机器学习研究以及自然语言理解、计算机视听觉、新型人机交互、智能控制与决策等人工智能技术研发；开展安全云存储服务、面向生物特征的新型智能云服务等云计算技术研发。

3. 促进信息技术服务创新，培育信息消费新热点。大力推动软件供给侧结构性改革，促进信息技术服务能力提升，推出更多的创新型服务业务；强化基础服务能力建设，研发网络化开发和集成平台等关键支撑工具，发展微服务、智能服务、开发运营一体化等新型服务模式；面向重点行业领域应用需求，组织开展面向“互联网＋”的智能服务试点示范、信息消费创新应用示范，促进信息服务资源的共享和利用，扩大信息消费规模。

（二）推进融合创新

1. 提高信息基础设施建设水平。发展信息传输服务新技术，紧抓第五代移动通信（5G）联合研发、试验和预商用试点机遇，做好新一代信息传输服务业关键技术和标准的研发布局；大力开发推广基于网络互联、信息互通的应用产品，不断拓展增值服务市场，带动信息传输服务业增长；推动软件与物联网等领域全面融合创新，着力研发新兴领域关键设备的软件产品和解决方案。

加强云计算基础设施建设。提升软件在数据中心应用资源方面的管理能力，助力数据中心基础设施优化整合；推动软件在资源池等领域的创新应用，实现数据中心管理功能的可编程和可调控；积极开展绿色技术创新和推广，加强软件在数据中心建设和管理各环节的应用。

2. 推动智能制造构建新优势。进一步发展工业软件。发展高端工业软件及系统，提高工业软件产品的供给能力，打造软件牵引的创新型工业产品集群。重点提升计算机辅助设计与仿真设计、制造执行系统、企业管理系统、产品全生命周期管理等高端工业软件的研发和产业化能力，支持开发连接和驱动工业软件设备的智能平台，建立工业软件的流程研发体系。

加强工业互联网平台建设。积极推进协同制造平台、产品全生命周期管理服务平台的创新应用，支持工业企业利用互联网构建以用户需求为导向的个性化生产制造体系；建立覆盖智能制造各个关键环节的工业云、工业大数据平台，全面提高技术产品安全性、可靠性和综合集成应用能力。

大力推进工业技术软件化。支持软件企业联合工业企业，将工业技术、经验和知识显性化、数字化、系统化，增强工业技术软件化产品研发能力和技术支撑能力；加快自主研发应用工业 APP，推进传统工业软件产品向云平台迁移；鼓励龙头企业建设基础共性软件平台、新型工业 APP 库和工业 APP 共享交易平台，构建工业技术软件体系。

3. 打造智慧城市应用新标杆。构筑动态的数据采集传输体系。建设市级大数据管理平台和公共数据开放平台，带动城市管理运行、企业产销活动和市民生活服务等各类数据的感知、采集、传输体系建设，实现数据的立体、实时和动态更新，探索构建集时间、空间、主体、行为、属性、价值于一体的六维数据模型，研发数据挖掘、筛选、清洗、处理的软件技术工具。

打造完善的城市数据大脑。利用大数据、云计算、物联网、人工智能、增强现实等技术，实现政务数据、社会数据的统一汇聚，建设城市仪表盘，并以此为依托打造城市数据大脑，为政策制定、环境监测、风险预警等提供高效可靠支撑，提高政府决策水平和城市精细化管理能力。

打造重构的服务应用体系。发展基于互联网、物联网的信息服务和数据服务，强化“互联网＋”思维，深入推进软件向平台化、网络化、移动化应用延伸，突破行为主体的时空属性制约，重构政务、商务和生活服务体系。

4. 推动现代服务业实现突破。培育现代服务业新业态。充分利用大数据、云计算、物联网等前沿技术，将分散资源进行优化配置，推进各类平台服务的实时对接，提升“互联网＋”各重点领域的综合应用水平；加快发展移动支付、导航与位置服务、数字内容服务等新型在线运营服务。

发展新兴服务模式。重点围绕电子商务、互联网金融、物流和生活性服务业，普及推广体验式消费、远程服务、在线服务等新兴服务模式；鼓励共享经济模式和应用创新，积极构建“大平台＋小前端”的新型业务模式，支持在交通、旅游、教育、医疗、住宿、餐饮等多领域应用。

5. 全面提升信息安全能力。突破关键信息安全技术与产品研发。加强安全态势感知、监测预警和应急处置能力建设，积极推动各类安全产品和安全支撑工具的研发应用；开发数据安全保护和利用技术，研发主动防御技术，发展个人数据保护、可信身份标识保护等领域核心技术。

完善工业信息安全保障体系。推动工控安全实时监测工具研发，加强工业控制产品与系统信息安全标准验证能力、监测预警能力建设；组织开展工控安全保障试点示范，推动工控安全入侵诱捕平台建设；支持建立工控安全信息共享系统，建立安全漏洞检测、风险信息采集和分析机制；支持系统仿真测试等共性技术平台建设，推动网络攻击追踪溯源、商业信息及隐私保护等核心技术的应用。

提升公共安全保障能力。围绕社会综合治理、新型犯罪侦查、反恐、食品安全保障、公共卫生管理、自然灾害监测等公共安全重大需求，研发智能化预测预警系统，推动构建具备事件汇总、数据共享、辅助决策、通信指挥等功能的应急响应与综合应对平台，实现对公共安全的主动式保障。

（三）坚持开放创新

1. 提升集群联动效应。打造"一带多点"产业发展格局，形成跨层级、跨地域、跨系统、跨部门、跨业务的区域协作体系。以海淀区、朝阳区、通州区为软件产业主发展带，实现与其他区多点位协同发展，高水平规划建设国家网络安全产业园、虚拟现实产业园等专业园区和基地，形成产业链完备、生态环境互补、空间布局合理的"一带多点"软件和信息服务业发展新格局。

营造开放合作产业发展环境。引导企业在京津冀地区错位布局，加快京津冀大数据综合试验区建设；培育开源生态体系，鼓励企业利用开源社区开展技术创新，建立开源软件企业与产业链上下游企业的协同发展机制；推动产学研合作，依托产业联盟等行业组织，发挥骨干企业作用，联合高等学校、科研机构，建设一批重点产业化创新工程。

2. 提高国际化发展水平。实施"一带一路软件行"发展计划，依托国家重大工程输出优势软件技术、产品和服务；支持具有竞争优势的龙头企业在海外建立运营机构、研发中心、服务体系以及境外合作园区；加强前沿技术领域合作，构建跨境产业链体系。

对接国际创新资源。支持国际知名开源社区在本市建立分支机构；鼓励全球领先的跨国软件企业在京设立研发中心、扩大研发规模；充分发挥展会的综合带动效应，通过中国国际软件博览会等国际交流平台，推动企业融入全球软件创新生态圈；通过构建跨国战略联盟等形式，提高中小企业研发创新能力。

加快企业国际化发展进程。加快推进软件和信息技术服务出口，鼓励发展跨境电子商务等外向型业务，打造国际知名跨国互联网企业；以龙头企业为主体开展重大合作示范项目建设；鼓励企业组团式"出海"，加大对企业国际并购的支持力度，鼓励企业境外上市；强化中介组织的专业服务能力，为企业国际化发展提供市场化、社会化服务。

三、保障措施

（一）建立组织推进机制

建立市、区协同推进工作机制，加强工作统筹协调。各区政府、各有关部门要切实加强对软件和信息服务业发展工作的组织领导，健全工作机制，制定具体方案，扎实推进各项任务落实。组建市软件和信息服务业专家咨询委员会，提供决策咨询服务。

（二）加大资金支持力度

积极争取国家重大科技专项在本市落地，积极参与国家软件和信息服务业产业基金设立。统筹利用各类市级产业发展资金加大对产业生态建设、关键核心技术突破和重大产业应用项目的支持力度。开展对软件创新产品和服务的首购、订购支持试点。充分利用政府引导基金和政府投资平台，引导社会资本参与重点项目建设。

（三）建设创新人才队伍

依托"千人计划""海聚工程""高聚工程"等人才计划，引进掌握世界前沿技术的顶尖人才和团队。加大对重大创新成果的奖励力度，支持事业单位科研人员与企业开展合作。落实科研人员科技成果转化收益分配政策，鼓励企业通过股权、期权等方式进行激励。

（四）完善配套支持政策

支持基础软件、人工智能、大数据等领域的创新型研发机构建设。推进军民技术双向转移和转化应用，促进军民两用技术产业化发展。落实国家软件正版化政策，加大软件和信息服务业领域专利和标准化战略布局，鼓励企业积极参与国际标准的制定和推广。加大知识产权保护力度，充分发挥中国（北京）知识产权保护中心和中国（中关村）知识产权保护中心作用，实现软件和信息服务领域专利快速获权、确权和维权。针对符合条件的互联网应用商店、内容分发和开放平台等互联网信息服务企业，落实软件企业相关税收优惠政策。推进闲置工业厂房转型发展“软件＋”创业空间。通过政府支持、企业帮扶援助、个人互助互扶等多种方式，支持建设适应移动互联网发展的App创新创业孵化平台。

北京市加快科技创新发展科技服务业的指导意见

为加快本市科技服务业发展，充分发挥科技服务业对科技创新和产业发展的支撑作用，促进科技经济深度融合，推动构建高精尖经济结构，制定本指导意见。

一、总体要求

（一）指导思想

深入学习贯彻党的十九大精神，以习近平新时代中国特色社会主义思想为指导，深入贯彻落实习近平总书记两次视察北京重要讲话和对北京工作的一系列重要指示精神，坚定不移贯彻新发展理念，牢牢把握首都城市战略定位，充分发挥首都科技资源优势，以满足科技创新需求和提升产业创新能力为导向，完善科技服务体系，创新科技服务模式，优化科技服务布局，提升科技服务能力，促进科技服务业专业化、网络化、规模化、国际化发展，为加快构建高精尖经济结构提供有力支撑。

（二）基本原则

坚持创新驱动。把创新作为科技服务业发展的根本动力，依托各类创新载体，推动技术集成创新和商业模式创新，不断提升科技服务业发展质量和水平。

坚持高端引领。聚焦科技服务业重点领域，做强优势产业，培育新型业态，发展高端环节，推动科技服务业向形态更高级、结构更优化的方向发展。

坚持服务导向。把服务创新创业作为发展科技服务业的根本出发点，围绕创新链配置科技服务资源，建立覆盖科技创新全链条的科技服务体系。

坚持协同推进。强化部门协同、市区联动，充分调动各类市场主体的积极性，加强资源共享、优势互补，形成推动科技服务业发展的合力。

（三）发展目标

到2020年，打造一批具有国际影响力的科技服务龙头骨干企业，培育一批拥有核心技术的科技服务高成长企业，涌现一批服务模式新的科技服务创新型企业。首都科技服务资源潜力充分释放，市场化程度进一步提高，结构优化、支撑有力、创新引领的科技服务体系基本形成，定位清晰、布局合理、协同发展的科技服务业发展格局更加优化，对科技创新、成果转化、产业发展的支撑服务能力明显增强。

二、主要任务

（一）加快发展科技金融服务业

深化科技金融改革，积极推动科技和金融结合，更好地满足科技创新和成果转化的多元化融资需求。

1. 完善创业投资和天使投资引导机制。发挥北京市科技创新基金作用,引导社会资本投向原始创新、成果转化和高精尖产业。改革国有资本参与创业投资的投入、管理与退出标准和规则,建立与其特点相适应的绩效评价体系;依法依规豁免国有创业投资机构和国有创业投资引导基金国有股转持义务。推动落实创业投资企业和天使投资个人有关税收优惠政策。支持各类社会资本在京设立风险投资基金,投向早期创新和“硬科技”项目。

2. 支持金融机构开展投贷联动试点。鼓励试点银行扩大投贷联动信贷规模,鼓励保险公司、担保公司参与投贷联动业务创新。发挥中关村科技创新企业投贷联动试点风险防控投资引导基金作用,支持中关村科技创新企业投贷联动试点工作。

3. 鼓励科技金融服务产品创新。鼓励金融机构探索知识产权质押贷款、股权质押贷款、信用贷款、科技保险、企业债、应收账款融资、产业链融资等新型融资服务。支持股权众筹、互联网保险、第三方支付等科技金融新模式发展。

4. 健全科技金融中介服务体系。支持国内外知名征信机构、登记结算机构、信用评级机构、资产评估机构、律师事务所、会计师事务所等专业中介服务机构发展。支持中介服务机构搭建科技金融服务平台,开展信息发布、专业咨询、供需对接、信用评级、资源共享等专业化业务。

5. 发展多层次资本市场。建立企业上市联动工作机制,支持符合条件的企业在境内外资本市场上市,开展直接融资。服务全国中小企业股份转让系统、机构间私募产品服务与报价系统在京创新发展。推动本市区域性股权市场发展。完善不同层次市场之间的转板机制,逐步实现各层次市场有机衔接。

6. 推动金融领域科技创新。推动大数据、云计算等技术在互联网征信、风险控制、精准营销等方面的应用。支持人工智能等新技术广泛应用于支付、清算、保险等业务。积极开展互联网金融安全技术研究。

(二)壮大提升工程技术服务业

加强工程技术服务领域技术创新,积极发展高铁、核电、电力、能源等工程技术服务,打造知名服务品牌。

1. 推进工程技术服务领域技术创新。实施能源化工、钢铁冶金、现代交通、建筑市政、节能环保等领域一批重大科技项目,突破关键技术、核心工艺,解决系统集成、检验验证等方面的技术难题。加强云计算、大数据、移动互联网、物联网、虚拟现实等技术在工程服务领域的研发和应用,提升行业智能化水平。

2. 推动工程技术服务标准制定。支持企业联合高等学校、科研机构,积极参与工程技术服务领域国际标准、国家标准、行业标准制(修)订工作。鼓励产业联盟、行业协会参与或组织制定工程技术服务领域团体标准。支持在高铁、核电等领域开展国际标准制定工作。

3. 支持工程技术服务企业开拓国际市场。支持企业承接国际工程技术服务外包业务,开展重点领域的对外承包和境外投资业务。依托信息服务平台,发布国内外相关政策、投资环境、双边贸易情况和市场需求等信息。

(三)做优做强研发服务业

围绕创新链完善研发服务链,积极培育研发外包服务业,支持各类新型研发机构和研发型企业发展。

1. 释放高等学校和科研机构研发服务活力。鼓励高等学校、科研机构通过承接企业横向课题等方式,为企业提供研发服务。鼓励高等学校、科研机构与企业共建产业联盟,开展协同创新、标准制定等工作。探索将高等学校、科研机构科研人员参与企业研发活动情况纳入职称评审、考核奖励指标。支持高等学校、科研机构科研人员在企业兼职从事研发活动。

2. 重点培育和扶持一批研发型企业。引导和支持总部企业在京设立研发机构。支持研发型企业参与重点实验室、工程研究中心、技术创新中心等建设。在高精尖产业领域布局建设若干产业创新中心。落实高新技术企业认定政策,建立企业培育库,加大对高新技术企业的培育力度。

(四)做精做深设计服务业

大力发展产品设计、建筑与环境设计、视觉传达设计、服装时尚设计等,着力提升设计创新能力,推进设计和相关产业融合发展。

1. 着力提升产业技术创新能力。实施首都设计提升计划，开展设计工具、方法、标准、基础数据库研究，推动新材料、新技术、新工艺在设计研发中的应用。围绕新能源汽车、高端装备制造等领域需求，提升总体设计和系统设计能力。鼓励技术和设计深度融合，开展跨界设计、柔性设计、云设计等新技术和新方法研究。

2. 加强产业共性技术平台建设。支持龙头企业、专业设计园区等搭建共性技术平台，开放技术资源，开展设计仿真、技术转化加工、产品样机制造、模拟试验、测试检测等服务。建设在线创客平台和创客设计服务中心，开展设计领域孵化服务。支持基础性、通用性和前瞻性工业设计方法和模式创新，搭建产业设计公共服务平台，培养复合型产业设计人才。建设一批高精尖产业设计中心和基地。

3. 深入打造“设计之都”品牌。加快建设国际创意与可持续发展中心等高端设计平台。鼓励设计企业参与国际标准制定，开展全球设计合作。吸引国际一流的设计组织和境外著名设计机构在京设立设计中心或分支机构。打造以联合国教科文组织创意城市北京峰会、北京国际设计周、“设计之旅”为核心的品牌活动，以及以中国设计红星奖为核心的设计奖项。

（五）积极发展创业孵化服务业

发展专业化创业孵化服务，打造专业化双创园区，引导创业孵化机构为“硬科技”创新提供支撑，推动创业孵化服务与实体经济紧密结合。

1. 强化面向“硬科技”的创业孵化服务。支持创业孵化机构围绕高精尖产业领域，聚焦前沿技术创新，建立完善“硬科技”创业项目发现、筛选、评价、培育和推进机制，促进项目孵化以及成果转化落地。

2. 引导创业孵化机构专业化、精细化发展。建设北京市科技创新创业专业开放平台，支持龙头骨干企业开放人才、技术和市场等资源。探索将社会化创业孵化专业技术平台纳入“创新券”支持范围。加强产业优势细分领域的平台型众创空间建设，开展基础技术研发、检验检测、市场推广等专业化孵化服务。支持海淀区、顺义区、清华大学、中国航天科工集团等双创示范基地建设，推进昌平区小微企业创业创新基地城市示范。加强老旧厂房改造利用，建设专业化孵化园区。

3. 促进创新创业服务生态升级。积极支持北京众创空间联盟、北京创业孵育协会、中关村创业生态发展促进会等社会组织发展，加强创业孵化服务资源整合，促进共建共享，降低企业创业成本，提高创新创业效率。

4. 积极融入全球创业孵化服务网络。鼓励创业孵化机构开展国际合作，在海外建设孵化园区。利用疏解腾退空间，建设国际化专业孵化器集聚区，吸引国外知名创业孵化机构和高端创业项目在京落地，引入国外创业孵化的先进管理理念和经验模式。

5. 加大政策集成支持力度。落实国家有关政策，鼓励专业技术人员兼职、离岗创业，专业技术人员离岗期间，可保留相应的人事关系、基本工资待遇和社保相关待遇。进一步推动落实科技企业孵化器、大学科技园免征房产税和城镇土地使用税等优惠政策，探索将创投孵化器等新型孵化器纳入科技企业孵化器管理服务体系，并享受相应扶持政策。

（六）着力培育科技推广与技术转移服务业

搭建技术转移网络体系，激发高等学校、科研机构技术转移活力，发展壮大市场化技术转移服务机构。

1. 加快科技成果转移转化工作平台建设。积极整合资源，建设北京市科技成果转移转化工作平台，搭建科技成果库，并引导各区做好科技成果转化承接工作。支持高等学校、科研机构技术转移部门建设。引导社会专业机构，为高等学校、科研机构和科研人员提供成果评估、筛选、对接、运营等服务。

2. 加大对科技成果中试熟化环节的支持力度。支持高等学校、科研机构与各区对接，引入社会资本，建设科技成果中试熟化基地。引导产业联盟等开展科技成果中试熟化、示范应用工作。鼓励社会专业机构开展技术采购、集成开发、筛选培育、推广应用等业务。

3. 提升技术市场服务机构专业化水平。支持技术市场服务机构创新服务模式，积极发展基于大数据、云计算、移动互联网等现代信息技术的新型服务。推动技术合同登记机构优化服务，扩大技术合同登记覆盖范围。完善技术交易信用体系建设，为交易双方提供技术交付、知识产权保护等方面的服务保障。

4. 加快技术转移国际化进程。不断完善以离岸创新、国内同步、成果转化为主要路径的国际创新合作模式。积极推动国际研发成果的联合孵化和产业化。强化在大数据、人工智能、新材料等前沿技术领域的国际技术转移合作。加强政府引导,吸引社会参与,共同设立国际技术转移投资基金。

5. 优化技术转移政策环境。争取国家支持,探索取消科技成果评估备案手续,开展职务科技成果所有权改革试点,建立财政资金支持形成的科技成果限时转化制度,完善技术交易"营改增"政策。探索研究将技术开发收入纳入企业所得税优惠政策范围。

(七)加快培育知识产权服务业

不断完善知识产权代理、法律、信息等基础服务,大力发展知识产权评估、价值分析、交易、转化、投融资、运营、托管、商用化、咨询等高附加值服务,为科技创新提供知识产权保障。

1. 提升知识产权服务机构专业运营能力。支持服务机构早期介入原始创新,加强与天使投资、政府引导基金合作,促进知识产权成果在京转化。引导服务机构发展知识产权管理与运营业务,开展专利集中采购,构建专利池。支持服务机构开展知识产权管理咨询和法律服务,形成知识产权保护服务体系。遴选基础条件好、资信度高、辐射范围广、业务能力强、具有示范带动效应的服务机构,培育知识产权服务品牌。

2. 健全知识产权投融资服务体系。完善以金融机构、创业投资机构为主、民间资本参与的知识产权投融资服务体系,推动金融机构拓展知识产权质押融资业务,鼓励融资性担保机构为知识产权质押融资提供担保服务,探索建立质押融资风险多方分担机制。鼓励银行、保险、评估、担保等机构为中小微企业提供融资服务,构建知识产权质押融资工作机制。

(八)支持发展检验检测服务业

支持第三方检验检测机构拓展服务领域,积极推动检验检测公共服务平台建设,为技术创新和质量管控提供全过程检验检测服务。

1. 推动检验检测市场规范发展。严格落实检验检测市场准入和退出机制,监督检验检测机构规范开展业务,健全检验检测机构信息和诚信承诺公开制度。鼓励不同所有制检验检测机构强强联合,优势互补,开展市场化合作,实现规模化、综合化、国际化发展。

2. 推进检验检测标准制定工作。支持企业、高等学校、科研机构等积极参与新材料、医药健康等领域国家相关检验检测标准制定工作。支持检验检测机构开展检验检测标准、技术规范等的研究与创新,积极参与国际标准制定,推动国际标准互认。

3. 提升检验检测服务水平。拓展检验检测机构服务范围,支持检验检测机构从主要为生产结果提供检验检测服务向设计、研发、生产等全过程延伸服务。发展"互联网+检测认证服务"模式,为客户提供"一站式"服务。以市场需求为导向,整合检验检测优势资源,搭建检验检测公共服务平台。

(九)大力发展科技咨询服务业

积极发展战略咨询、管理咨询、工程咨询、信息咨询等专业化咨询业务,着力培育管理服务外包等科技咨询新业态,加强高水平科技咨询智库建设。

1. 提升科技咨询服务能力。支持科技咨询机构在科研项目管理、科技创新信息管理、科技园区管理、科技专业化会展服务、国际人才引进与培养等方面开展专业服务。支持科技咨询机构开展数据存储、分析、挖掘和可视化技术研究,加强行业数据库、知识库建设,探索运用新技术、新方法、新模型发展新型咨询业务。开展科技咨询专业服务平台应用示范,支持新型高端知识服务平台建设。

2. 扩大科技咨询行业影响力。支持科技咨询龙头企业开拓服务市场,加强宣传推介,塑造知名品牌;依托龙头企业,在战略咨询、管理咨询等领域推动形成国内科技咨询服务高地。充分发挥北京科技咨询业协会等行业组织的作用,整合行业服务资源,开展服务规范和标准制定工作,开拓服务市场,打造行业品牌,提升行业整体竞争力。

三、产业布局

（一）打造特色鲜明的科技金融业集聚区

支持在西城区金融街建设世界优秀杰出金融人才集聚区，发展新兴金融；支持在中关村科学城推进产融合作试点，建设国家科技金融创新中心、互联网金融创新中心和中关村并购资本中心；支持在朝阳区以中央商务区为核心，建设国际金融主集聚区；支持在石景山区建设北京保险产业园，打造科技保险集聚区；支持在房山区建设北京基金小镇和北京互联网金融安全示范产业园，打造科技金融创新转型发展示范区。

（二）发展壮大工程技术服务业集聚区

支持在中关村科学城发展航空航天、新能源、节能环保等产业领域的工程技术服务；支持在丰台区发展轨道交通、应急救援等产业领域的工程技术服务；支持在昌平区推动电力工程、清洁能源等产业领域的工程技术服务；支持在石景山区发展工业互联网、网络信息安全等工程技术服务，在新首钢高端产业综合服务区发展节能环保等产业领域的工程技术服务。

（三）建设高水平研发服务业集聚区

支持在中关村科学城集聚新材料、新一代汽车、工业机器人等领域国际一流的工业设计平台，打造研发型创新企业集群；支持在未来科学城集聚一批高水平企业研发中心，重点建设新能源、新材料、智能制造等领域重大共性关键技术研发创新平台；支持在怀柔科学城集聚高端科研资源，形成重大科技基础设施集群和前沿科技交叉研究平台；支持在大兴区、顺义区建设生物医药、新能源智能汽车、航空航天、第三代半导体材料等领域科研基地和产业创新中心；支持在朝阳区链接全球高端创新资源，打造国际研发创新集聚区。

（四）推动形成多点联动的设计服务业集聚区

支持在西城区以中关村西城园为载体，推进工业设计、工程规划设计等集聚发展；支持在海淀区、东城区、朝阳区、石景山区、大兴区分别建设数字设计、创意设计、时尚设计、动漫设计、工业设计等特色鲜明的产业集群；支持在北京经济技术开发区、顺义区推进集成电路、新能源汽车等领域产业与设计深度融合；支持在通州区以台湖镇为核心，承接中心城区设计和创意资源，形成“设计之都”新平台。

（五）培育与国际接轨的创业孵化集聚区

支持在海淀区中关村大街沿线建设创新空间和创新载体，推进创业大街、智造大街发展，打造创新创业新地标；支持在昌平区建设“回＋双创社区”，打造资本、人才、技术、信息、文化、空间六位一体的创新创业生态圈；支持在朝阳区打造国际创新创业人才和项目集聚区；支持各区围绕自身资源禀赋，打造特色化、差异化的创业孵化专业园区。

（六）建设优势明显的科技推广与技术转移服务业集聚区

支持在中关村科学城以中国国际技术转移中心和国家技术转移集聚区建设为重点，形成具有全球影响力的国际技术转移集聚区；支持在朝阳区、顺义区深入推进北京市服务业扩大开放综合试点示范区建设，探索设立国际技术转移分中心，重点开展国际技术转移的交易服务活动。

（七）巩固提升知识产权服务业集聚区

以海淀区知识产权和标准化一条街、朝阳区（设计服务业）知识产权快速维权中心、昌平区国家知识产权园和国家知识产权运营公共服务平台、石景山区专利保险试点等为核心，推进建设国家知识产权试点城区。

（八）布局建设特色检验检测服务业集聚区

支持在海淀区、朝阳区、昌平区、石景山区等依托国家级检测中心及大型检测集团，布局建设若干检验检测认证特色产业园区。

（九）打造高端科技咨询服务业集聚区

支持在东城区、西城区、海淀区等依托高等学校、科研机构，打造国内高端科技咨询高地；支持在朝阳区以中央商务区为核心，打造全球高端智库集聚区。

四、保障措施

（一）加强组织领导

健全由分管市领导牵头，市有关部门和各区政府参加的工作协调机制。市有关部门要加强沟通，密切协作，形成合力，共同推动科技服务业发展壮大。各区政府要结合区域发展定位和产业特点，细化政策措施，完善工作机制，做好土地、人才等方面配套支持，为科技服务业发展营造良好环境。

（二）加大资金支持

加强市、区统筹，通过财政补贴、以奖代补、政府购买服务、贷款风险补偿等方式支持科技服务领域共性关键技术研发和公共服务平台建设。发挥北京市科技创新基金引导作用，吸引社会资本参与，加大对科技服务企业的支持力度。建立多元化的资金投入体系，拓展融资渠道，引导银行信贷、创业投资、资本市场等支持科技服务业发展。

（三）强化人才支撑

依托“海聚工程”“高聚工程”“科技北京百名领军人才”“科技新星”等人才计划，加大对科技服务领域优秀杰出人才的引进、培养和使用力度。推动科技服务国际化人才培训基地建设，与国际知名机构联合开展人才培养。

（四）做好监测分析

完善科技服务业统计监测指标体系，加强对科技服务业的统计和监测。按照国家科技服务业统计分类标准，开展测算方法研究，准确把握行业发展现状。加强与智库机构的合作，开展科技服务业发展新技术、新模式、新趋势研究分析。

市政府印发《关于优化人才服务促进科技创新 推动高精尖产业发展的若干措施》的通知

京政发〔2017〕38 号

各区人民政府，市政府各委办局，各市属机构：

现将《关于优化人才服务促进科技创新推动高精尖产业发展的若干措施》印发给你们，请认真组织实施。

北京市人民政府

2017 年 12 月 31 日

关于优化人才服务促进科技创新 推动高精尖产业发展的若干措施

为深入贯彻落实党的十九大精神，充分发挥人才的战略资源作用，实行更加积极、更加开放、更加有效的人才政策，促进科技创新，推动高精尖产业发展，结合本市实际，制定如下措施。

一、以更加开放的政策引进使用人才

（一）加大海外人才引进使用力度

1. 强化特聘岗位引才作用。政府机关、事业单位、国有企业及新型研发机构，可按需设置特聘岗位，聘请具有全球视野、掌握世界前沿技术、熟悉国际商务、法律、金融、技术转移等规则的海外人才。政府机关和事业单位特聘岗位不受单位岗位总量和结构比例的限制，不对应行政级别和专业技术职务，不占单位编制，可采用年薪制、项目工资、协议工资等多种薪酬分配方式。聘用后发挥作用突出的，可优先入选“海聚工程”，获聘“北京市特聘专家”，并获得50万元至100万元的奖励。（责任单位：市人力社保局、市外专局）

2. 支持创新主体引进使用海外人才。本市行政区域内各类创新主体均可申请引进国外技术和人才项目（以下简称“引智项目”），对于入选的常规引智项目给予1年、最高50万元的资金支持，对于入选的重点引智项目给予连续3年、每年不少于50万元的资金支持。支持科技和文化类创新企业、科研院所、新型研发机构、科研类社团组织和科研服务机构等主体引进使用高层次海外人才，聘用“千人计划”外国专家的最高可给予其工资薪金80%的资助，聘用“海聚工程”外国专家的最高可给予其工资薪金50%的资助，聘用“千人计划”和“海聚工程”中国籍专家的可为其办理人才引进。（责任单位：市人力社保局、市外专局、市财政局）

3. 鼓励海外人才来京发展。对于具有重大原始创新能力的海外科学家、具有重大原始创新能力的海外科技领军人才、推动科技成果转移转化的海外投资人、提升项目运营管理水平的海外职业经理人、海外创新创业服务团队等高层次人才，推荐办理5～10年的多次往返人才签证（R字签证）。为高层次海外人才办理最长期限的工作许可，并在申请办理在华永久居留方面提供便捷服务。高层次海外人才可担任本市重大科研项目主持人或首席科学家。探索建立高层次海外人才担任事业单位性质的新型研发机构和民办非企业单位法定代表人制度。（责任单位：市人力社保局、市外专局、市公安局、市编办、市民政局）

4. 创造性地开发使用海外人才资源，设立海外人才寻访资金。依托知名“猎头”、驻外机构、人才联络站、华人社会团体等，在全球范围内寻访人才。运用大数据、云计算等手段动态绘制海外人才分布图。为人才供需精准对接提供支撑。鼓励各类创新主体设立海外创新研究机构、海外院士工作站或科学家工作站，通过远程在线指导、离岸创新等多种方式共享全球智力资源，打造跨境协同创新和成果转化平台。（责任单位：市人力社保局、市外专局、市财政局）

（二）加大国内人才引进使用力度

1. 建立高层次国内人才引进“绿色通道”。支持各类创新主体引进高层次国内人才来京从事原始创新、技术研发和科技成果转移转化，聘用的“万人计划”“高创计划”、中关村“高聚工程”等重大人才工程入选人，国家级科学技术奖二等奖及以上奖项、本市科学技术奖一等奖及以上奖项的主要获奖人，可办理人才引进。（责任单位：市人力社保局）

2. 支持创新创业团队人才引进。高层次人才在京承担国家和本市科技重大专项、重大科技基础设施、重大项目和工程等任务或进行其他重要科技创新的，经其推荐，团队中的科研骨干、经营管理人才、高技能人才、优秀非北京生源应届毕业生等，可申请办理人才引进。获得股权类现金融资较大且具有发展潜力的创新创业团队，其主要创始人和核心合伙人可办理人才引进，团队优秀核心成员经主要创始人或核心合伙人推荐可申请办理人才引进。（责任单位：市人力社保局）

3. 加大科技创新人才引进力度。贡献突出的科技创新人才，具有高级专业技术职称或硕士及以上学位的，可申请办理人才引进。增设以创新成果评价引进人才的方式，对于“中国专利金奖”获奖专利的发明人、获得 3 项以上（含）发明专利的独立完成人、以第二作者及以上身份获得 6 项以上（含）发明专利的主要完成人，其专利取得显著经济社会效益的，可申请办理人才引进。增设以社会贡献评价引进人才的方式，对于本市行政区域内科技创新企业聘用的人才，近 3 年每年应税收入超过上一年度全市职工平均工资一定倍数的（企业注册在城六区和北京经济技术开发区的为 8 倍，注册在本市其他区域的为 6 倍），可申请办理人才引进；对于本市行政区域内科技创新服务机构聘用的人才，近 3 年每年应税收入超过上一年度全市职工平均工资一定倍数的（机构注册在城六区和北京经济技术开发区的为 20 倍，注册在本市其他区域的为 15 倍，可申请办理人才引进。（责任单位：市人力社保局、市科委、市经济信息化委、市知识产权局、市商务委）

4. 加大文化创意人才引进力度。在京注册运营、近 3 年年均营业收入 3 亿元以上（含）且年均税后净利润 2000 万元以上（含）的文化创意企业，其聘用的高级管理人员和专业技术人才任职满 3 年且贡献突出的，可申请办理人才引进。新闻出版、广播影视、文化艺术、文物保护等领域国家级奖项获奖人和国家级文化创意人才培养工程入选人，可申请办理人才引进。社会贡献较大的知名媒体人、自由撰稿人、艺术经纪人、文化传承人、展览策划人和文化科技融合人才，以及著名作家、导演和编剧等，可申请办理人才引进。（责任单位：市人力社保局）

5. 加大金融人才引进力度。天使投资或创业投资基金管理人实收资本 1 亿元以上、近 3 年实际投资本市高精尖产业 5000 万元以上，股权投资基金管理人实收资本 3 亿元以上、近 3 年实际投资本市高精尖产业 5 亿元以上，基金管理人和所管理基金均在京设立并备案，其法定代表人、执行事务合伙人（委派代表）和核心高级管理人员任职满 3 年且贡献突出的，可申请办理人才引进。在京设立的金融控股集团、持牌金融机构、金融基础设施平台、金融组织，服务本市高精尖产业发展成效突出的，其高级管理人员和核心业务骨干可申请办理人才引进。（责任单位：市人力社保局、市金融局）

6. 破除人才引进障碍。人才引进年龄原则上不超过 45 周岁，“三城一区”引进的可放宽至 50 周岁，个人能力、业绩和贡献特别突出的可进一步放宽年龄限制。引进人才可在聘用单位的集体户或聘用单位所在区人才公共服务机构的集体户办理落户。引进人才的配偶和未成年子女可随调随迁。本市紧缺急需的自由职业者，可按规定享受人才引进政策。（责任单位：市人力社保局、市公安局）

（三）强化人才绿卡引才用才作用

支持各类创新主体引进技术研发骨干、文化创意人才、法律服务顾问、投融资专家、管理咨询师、项目运营团队、职业经理人等优秀海内外人才符合条件的可申请办理《北京市工作居住证》（以下简称人才绿卡）。持人才绿卡可在本市享受子女教育、购租房屋、小客车指标摇号等方面的市民待遇，外籍人才还可享受出入境、海关通关等方面的便利。（责任单位：市人力社保局、市教委、市住房城乡建设委、市交通委、市工商局、市公安局、北京海关）

二、以更加有效的措施支持人才创新创业

（四）创新职称评价方式

国家和本市重大科技项目的负责人，自主创新和科技成果转化成效突出的人才，为高精尖产业发展做出突出贡献的人才，可不受学历、职称层级等条件限制，直接申报工程技术系列或科学研究系列正高级职称。在条件成熟的市属科研院所、新型研发机构、新型智库、创新型领军企业下放职称评审权。由创新主体自主评价人才。打破国籍、户籍、体制等制约。建立健全各类人才的职称申报渠道。结合本市高精尖产业发展需要，增设创意设计、科学传播、人工智能、技术经纪等新业态的职称专业。（责任单位：市人力社保局）

(五)加大人才激励力度

加大对创新创业团队奖励力度。近3年累计获得7000万元以上(含)股权类现金融资的创新创业团队,可给予最高50万元的一次性奖励;近3年累计获得1.5亿元以上(含)股权类现金融资的创新创业团队,可给予最高1000万元的一次性奖励。制定优秀人才奖励措施,建立与个人业绩贡献相衔接的奖励机制。业绩贡献突出的可给予每年最高200万元的奖励。设立“青年北京学者计划”,鼓励优秀青年人才积极从事前沿科学研究原始创新,入选人才可享受周期性经费支持。设立建言献策奖励资金,鼓励社会各界对本市高精尖产业发展提出意见建议。被采纳应用或形成制度性成果的可根据贡献大小给予10万元至100万元的一次性奖励。在京创新创业成绩突出的高层次海外人才,可不受年龄、学历等条件限制,优先入选“海聚工程”,享受相应奖励资助和生活待遇。(责任单位:市人力社保局、市财政局、市住房城乡建设委、市教委)

(六)支持科研人才流动

工建科研人才在事业单位内外自由流动双向通道,本市高等学校、科研院所的科研人才可利用本人及所在团队的科技成果,采取兼职、在职创办企业、在岗创业、到企业挂职、与企业项目合作、离岗创业等方式创新创业,获得相应报酬或成果转化收益;创新创业期间取得的业绩可作为其职称评审、岗位聘用、考核奖励等的重要依据;离岗创业的,3年内保留人事关系、基本工资待遇和社保待遇,情况特殊的可延长到5年。(责任单位:市人力社保局、市财政局)

(七)加强知识成果保护转化

健全知识成果保护机制,设立知识产权保护中心,为人才在专利申请、授权、保护、维权援助、运营转化等方面提供定制服务。支持知识成果转化增值,科研人才领衔开展项目研究并将相应成果在本市落地转化的,成果转化单位可将70%以上的成果转化收益用于领衔人及其创新团队、对科技成果转化做出重要贡献人员的报酬和奖励。(责任单位:市知识产权局、市科委、市财政局、市人力社保局)

三、以更加完善的服务保障人才发展

(八)加强住房保障

坚持以区为主、全市统筹,通过租购并举的方式解决人才住房需求。各区应结合功能定位、发展方向和引才需要,在编制年度保障性住房建设和供应计划时,确定一定比例的公租房和共有产权住房面向符合条件的人才供应。进一步优化引进人才购房支持政策,制定人才租房补贴标准。(责任单位:各区政府、市住房城乡建设委、市规划国土委、市财政局、市人力社保局)

(九)加强子女教育保障

在“三城一区”、海外人才聚集区域及其他科技创新声业聚集区域配置不同类型的优质学校,满足各类人才子女入学需求。针对就近就便入学、国际化教育等多样化需求,优化国家和本市重大人才工程入选专家、海内外高层次人才的子女义务教育入学服务。(责任单位:各区政府、市教委、市人力社保局、市外专局)

(十)加强医疗服务保障

统筹建立国际化的人才医疗服务保障体系。畅通高层次人才就医“绿色通道”。鼓励符合条件的医疗机构、诊疗中心与国内外保险公司合作开发多样化的商业医疗保险产品。为高层次人才提供一定比例的商业医疗保险补贴支持。(责任单位:市人力社保局、市外专局、市卫生计生委)

(十一)加强其他服务保障

搭建多元化服务平台。为高层次人才提供科研项目申请、法律服务、创业辅导、投融资、办理永久居留和出入境手续等服务。加快建设国际人才社区,配套建立外国人才办事综合服务大厅,构建国际化的工作生活环境。(责任单位:市人力社保局、市外专局)

四、以更加积极的作为推动政策落地实施

（十二）加强组织领导

各有关部门、各区政府要高度重视，将优化人才服务作为促进科技创新、推动高精尖产业发展的重要举措，切实加强领导，密切协作配合，精心组织实施，确保各项政策措施落到实处。

（十三）严格落实责任

市人力社保局负责制定人才的认定、引进、评价和激励等相关工作实施细则，并做好各项措施实施的组织协调、监督指导等工作。市财政局负责做好有关政策措施实施的资金保障工作。市编办、市教委、市科委、市公安局、市住房城乡建设委、市规划国土委、市卫生计生委、市金融局、市民政局、市文化局、市知识产权局、市政府外办等单位按照职能分工协同推进相关工作。

（十四）强化宣传引导

通过报刊、电视、互联网等媒介大力宣传本市优化人才服务的措施，加强宣传解读，扩大知晓度，营造有利于各类人才创造活力竞相迸发、聪明才智充分涌流的社会氛围。

市政府关于加快科技创新构建高精尖经济结构用地政策的意见（试行）

京政发〔2017〕39 号

各区政府，市政府各委办局，各市属机构：

为加快科技创新，构建高精尖经济结构，现就有关用地政策提出以下意见。

一、总体要求

（一）指导思想

深入贯彻落实党的十九大精神，以习近平新时代中国特色社会主义思想为指导，全面落实习近平总书记对北京的重要讲话精神，深化供给侧结构性改革，突出创新驱动、高端引领、减量集约、产城融合、可持续发展，科学配置土地资源要素，为构建高精尖经济结构、推动高质量发展提供有力支撑。

（二）适用范围

本意见在国务院和市政府批准设立的开发区、产业园区（以下统称“园区”）试点。

（三）基本原则

坚持规划引领。依据城市总体规划，深化园区控制性详细规划和产业发展规划，引导高精尖产业入园入区，实现产城融合与职住平衡，推动园区高端化、特色化、差异化发展。

坚持节约集约。鼓励和引导产业向园区集中，改革园区产业用地利用和开发建设方式，加强精细化管理，缩短盘活周期，提高土地利用效率。

实行全生命周期管理。进一步完善产业项目准入和退出机制，推行企业投资项目巨承诺制，健全并实施动态监管和定期评估制度，严防投机炒卖房屋和土地。

二、主要内容

（一）明确准入条件，加强产业用地保障

在落实全市产业目录、负面清单、准入标准和鼓励政策的基础上，市发展改革委、市科委、市经济信息化委等部门负责指导各区政府、北京经济技术开发区管委会制定辖区内产业规划、产业准入清单，并适时组织评估。各区政府、北京经济技术开发区管委会要按照高精尖产业准入标准研究确定入园企业的准入条件，明确产业类型、投资强度、产出效率（含地均产出）、创新能力、节能环保等要求，作为土地供应的前置条件。

各区政府、北京经济技术开发区管委会要提前确定产业用地年度实施计划，并列入全市年度土地供应计划。要坚持规划确定用途、产业方向确定供应条件、市场确定供应价格、用地主体一视同仁的原则，依法供应园区产业用地。要统筹规划，组织高精尖产业优先在各类园区落户，并与园区及周边居住用地相匹配，产业园区可安排建筑规模不超过地上总建筑规模15%的配套设施，实现职住平衡、产城融合。要合理确定建设时序，做好国家科技创新重大项目和重大工程用地保障工作。

（二）多措并举，创新产业用地利用方式

在依法合规前提下，综合采用园区规划范围内统筹平衡开发成本、出让土地和出租房屋并举等方式，控制和降低土地使用成本，为高精尖产业发展提供有力保障。

经市、区政府授权，园区开发企业可依法使用园区产业用地，向入园企业出租，但不得转让；也可以建设并持有产业用房及其各项配套服务用房，出租给入园企业，但不得整体或分割销售，不得转让公司股权。园区与入园企业可采取共有建设用地使用权方式使用土地。

入园企业向园区开发企业租赁产业用地的，土地租金实行年租制，年租金由各区政府、北京经济技术开发区管委会根据园区土地成本收益和产业引导政策具体制定。

入园企业通过租赁方式取得园区产业用地，土地租赁最长期限不超过15年。根据园区规划，入园企业可在承租土地上依法建设生产经营设施，租赁期内该设施属投资企业所有。

入园企业申请以出让方式取得园区产业用地，实行弹性年期出让，出让年限最长为20年。但国家和本市重大产业项目，经市政府批准后可适当延长，最长出让年限不得超过土地使用权出让用途法定最高年限。新产业、新业态建设项目的土地用途，按照国家相关政策确定。工业用地和科研用地的出让底价，按照国家相关规定执行。

土地使用期限届满，入园企业需继续使用土地的，应当最迟于届满前一年申请续期，如符合园区发展规划和产业用地要求，应当重新依法办理供地租地手续。对于未申请续期及申请续期未获批准的入园企业，由所在区政府、北京经济技术开发区管委会组织依法办理退出手续，收回建设用地使用权或承租土地；收回土地使用权的，应依法进行评估，按照入园企业取得土地使用权时缴纳的费用合理确定补偿价格；对地上可继续使用的建筑物，按重置价格结合成新程度评估确定补偿价格。

（三）推行项目承诺制，提高产业用地利用效率

推行入园企业投资项目承诺制。签订供地合同前，各区政府、北京经济技术开发区管委会应组织入园企业按照准入条件做出书面承诺、与入园企业签订履约监管协议书，作为用地合同的附件。履约监管协议书包括约定退出条款，明确入园企业运营后未达到准入条件的监管处理措施，以及企业自身原因无法开发建设或运营的退出方式。

对以出让方式取得建设用地使用权的入园企业，提前退出建设用地使用权时，按约定返还其已缴纳的剩余年期土地出让价款；对地上可继续使用的建筑物，按重置价格结合成新程度评估确定补偿价格等；对以租赁方式使用建设用地，提前收回承租土地，对地上可继续使用的建筑物，按重置价格结合成新程度评估确定补偿价格等。

（四）强化监督管理，保证产业用地用途

强化用途监管，坚持产业用地用于高精尖项目，未经批准，不得改变土地用途。除市政府审核批准的专业园、公共服务平台、孵化器运营机构可将依法自持建设用地使用权的土地或建设的产业用房出租给入园企业外，其他入园企业严禁以任何形式将园区出让或出租的土地及地上房屋进行转让、销售、出租，对擅自改变土地用途、变相进行房地产开发等的企业，由所在区政府、北京经济技术开发区管委会组织相关部门按照相关法律法规和履约监管协议书进行处置；情节严重的，收回建设用地使用权或承租土地。对涉嫌构成闲置土地的产业项目，按照国家关于闲置土地处置的相关规定执行。

各区政府、北京经济技术开发区管委会要定期对产业项目准入、运营等情况进行监测评估，公开执行情况，接受社会监督；要进一步强化企业信用管理，将违反合同的失信企业列入黑名单，限制其取得政府供应的土地。

三、保障措施

（一）加强组织领导

各区政府、市有关部门和单位要高度重视，切实加强组织领导，密切协作配合，形成工作合力，抓好落实。市有关部门要加强顶层设计和统筹协调，研究制定相关标准和配套政策，做好实施指导工作；各区政府、北京经济技术开发区管委会要建立准入退出监管机制，组织编制所属园区试点方案，经市政府审定后抓紧实施。

（二）做好服务保障

各区政府和北京经济技术开发区管委会定期向社会发布拟提供的高精尖产业用地信息，做好国家及本市相关政策解读，积极开展咨询服务，为企业提供便利。要优化审批流程，下放审批权限，由各区政府、北京经济技术开发区管委会组织相关部门办理审批手续，做好“一条龙”审批服务，提高项目落地建设效率。

（三）及时完善政策

各区政府、北京经济技术开发区管委会要及时发现问题，认真总结经验，提出完善政策的意见建议；市有关部门要及时跟踪试点情况，对政策实施效果、存在问题开展评估，根据评估结论动态调整相关政策措施，提高精准施策水平。

北京市人民政府
2017 年 12 月 31 日

市科委关于印发《首都科技领军人才培养工程实施管理办法》的通知

京科发〔2017〕64 号

各有关单位：

为了规范首都科技领军人才培养工程实施管理，深入实施人才优先发展战略，全面落实《国务院关于印发北京加强全国科技创新中心建设总体方案的通知》（国发〔2016〕52 号）和《中共北京市委关于深化首都人才发展体制机制改革的实施意见》（京发〔2016〕15 号），加强本市高层次科技人才队伍建设，制定了《首都科技领军人才培养工程实施管理办法》，已经 2017 年第 1 次市科委主任办公会审议通过，现予以印发，请遵照执行。

北京市科学技术委员会
2017 年 3 月 7 日

首都科技领军人才培养工程实施管理办法

第一章　总　则

第一条　为深入实施人才优先发展战略，全面落实《国务院关于印发北京加强全国科技创新中心建设总体方案的通知》（国发〔2016〕52 号）和《中共北京市委关于深化首都人才发展体制机制改革的实施意见》（京发〔2016〕15 号），加强本市高层次科技人才队伍建设，选拔并培养学术道德高尚、科研能力突出、科研水平领先和国际视野开阔的高层次科技创新创业人才，构建富有创新能力的科技创新团队，全力推进北京建设成为具有全球影响力的科技创新中心，制定本办法。

第二条　市科委按照合理布局、个性培养、科学管理、注重效益的原则，紧密围绕首都经济社会发展需要，组织实施首都科技领军人才培养工程（以下简称“科技领军工程”）。

第三条　科技领军工程选拔工作每年开展一次，旨在为自然科学领域的科技创新领军人才和科技创业领军人才提供支持。

第二章　资格条件

第四条　申报科技领军工程的科技人员（以下简称“申报人”），年龄不超过 50 周岁，应遵纪守法，学风正派，品行端正，在业内享有良好声誉并得到广泛认可；具有较强的科研带动能力和团队组织管理能力；率领的创新团队结构合理、成绩显著；具有较好的发展潜力；并具备下列条件之一。

1. 科技创新领军人才，应工作在科研一线，具有很强的原始创新能力，带领团队取得高水平创新成果，在重大科技项目攻关、重大工程项目实施中，创造性地解决了关键技术难题，为国内外同行公认。

2. 科技创业领军人才，应为创办企业董事长、总经理、首席执行官等主要负责人，合伙创始人或首席技术官等技术负责人，具有科研一线的工作履历和丰富的科研经验，较强的市场开拓和经营管理能力。创办的企业发展领域属于北京重点发展产业方向，拥有核心技术和自主知识产权，具有较好的经营业绩和成长性。

第五条　下列人员不在申报科技领军工程范围之内。

1. 已入选“国家高层次人才特殊支持计划”和“创新人才推进计划”等国家级人才计划的人员。

2. 连续两次申报并未入选“科技领军工程”的人员。

3. 为历届科技领军工程入选人员的团队成员，且该人员在执行期内或其执行期届满不足 3 年的人员。

第六条　申报人所在单位（以下简称“依托单位”）应为在北京地区注册的法人单位。

第七条　符合条件的申报人需登录北京市科技人才管理信息系统填写信息，并由依托单位、市科委逐级进行审核。审核通过的，由依托单位提交申报材料，对申报材料内容的真实性负责。申报材料不得包含涉密内容，违反国家保密规定的，市科委将取消申报人申报资格。

第三章　选　拔

第八条　科技领军工程的选拔应按照公平、公正、公开的原则进行。

第九条　选拔程序包括专家咨询评审、依托单位公示、综合评定、审定和公示发布等环节。

1. 专家咨询评审。采取现场答辩形式，侧重考察申报人科研能力、创新成果和发展潜力等，产生提名人选。

2. 依托单位公示。由依托单位对提名人选材料在本单位进行公示，公示期为 5 个工作日，侧重考察提名人选群众认可度。

3. 综合评定。采取现场答辩形式，侧重考察提名人选业绩与首都发展契合度，产生拟入选人员。

4. 审定。根据综合评定意见，审定拟入选人员名单。

5. 公示发布。将审定通过的拟入选人员名单在市科委网站进行公示，公示期为 5 个工作日。根据公示结果发布入选人员名单。

第四章　支　持

第十条　市科委对入选人员给予科技经费支持，并鼓励依托单位进行经费匹配。

第十一条　鼓励入选人员带领团队开展重大科学技术攻关、重大工程实施、科研成果转化和产业化辅导，承担国家和北京市重大科技计划项目、各类科技人才计划，参与相关科技咨询工作、与国外研究机构和团队开展合作等。

第十二条　鼓励依托单位以入选人员为核心，申建国家重点学科、国家重点实验室、国家技术创新中心等科技创新平台。

第五章　管　理

第十三条　市科委与入选人员及依托单位签订任务书，明确科研计划、人才培养计划等内容。

第十四条　科技领军工程管理依照《北京市科技专项管理办法》执行。

科技领军工程经费管理依照《北京市科技计划项目（课题）经费管理办法》执行。

第十五条　建立入选人员联系沟通机制和信息更新管理机制，对入选人员培养过程进行管理，加强日常联系。

第十六条　入选人员在执行期内工作调到外省市，或因工作调动脱离原研究领域的，应终止任务书的执行，并按照《北京市科技专项管理办法》规定程序处理。

第十七条　执行期结束后，组织技术专家、管理专家、财务专家对任务书内容完成情况、入选人员个人成长情况、团队业绩、经费使用情况等方面进行考核评价。

第十八条　对入选人员如期完成科技领军工程的，根据任务完成绩效情况，给予持续关注和支持服务。

第六章　附　则

第十九条　本办法自发布之日起三十日后施行，本办法施行前颁布的有关文件与本办法规定不一致的，按照本办法执行。

市科委关于印发《北京市科技新星计划管理办法》的通知

京科发〔2017〕65号

各有关单位：

为了规范北京市科技新星计划实施管理，深入实施人才优先发展战略，全面落实《国务院关于印发北京加强全国科技创新中心建设总体方案的通知》（国发〔2016〕52号）和《中共北京市委关于深化首都人才发展体制机制改革的实施意见》（京发〔2016〕15号），着力培育首都青年科技人才队伍，我们对《北京市科技新星计划管理办法》（京科人发〔2002〕595号）进行了修订，已经2017年第1次市科委主任办公会审议通过，现予以印发，请遵照执行。

北京市科学技术委员会

2017年3月7日

北京市科技新星计划管理办法

第一章 总 则

第一条 为深入实施人才优先发展战略，全面落实《国务院关于印发北京加强全国科技创新中心建设总体方案的通知》（国发〔2016〕52号）和《中共北京市委关于深化首都人才发展体制机制改革的实施意见》（京发〔2016〕15号），着力培育首都青年科技人才队伍，制定本办法。

第二条 北京市科技新星计划（以下简称“新星计划”）是由市财政经费支持、市科委组织实施的科技人才培养计划。新星计划旨在选拔优秀的青年科技骨干，以项目为依托开展科技创新，促进科研水平和管理能力提升，培养造就一批政治素质高、创新能力强、富于创新精神的青年科技骨干。

第三条 新星计划选拔工作每年开展一次，通过项目资助形式，为牵头承担科研项目的青年科技骨干提供支持。

第二章 资格条件

第四条 申报新星计划的科技人员（以下简称“申报人”），年龄不超过35周岁，应拥护中国共产党领导，热爱社会主义事业，忠于祖国，有强烈的事业心，有良好的职业道德、社会公德和求实、创新、协作、奉献精神，并具备以下条件。

1. 取得学士学位，从事专业技术工作5年以上；或取得硕士学位，从事专业技术工作2年以上；或取得博士学位。

2. 具有较好的外语口语交流能力。

3. 申报的科研项目应当属于自然科学领域，对首都社会经济发展有推动作用，并有良好的应用前景。

第五条 申报人所在单位（以下简称“依托单位”）应为在北京地区注册的法人单位。

第六条 加强对青年科技人才培养资源的优化配置，对同一科技人才不再重复支持。已入选国家级各类人才培养计划的人员不再纳入选拔资助范围。

第七条 符合条件的申报人需登录北京市科技人才管理信息系统填写信息，并由依托单位、市科委逐级进行审核。审核通过的，由依托单位提交申报材料，对申报材料内容的真实性负责。申报材料不得包含涉密内容，违反国家保密规定的，将取消申报人申报资格。

第三章 选 拔

第八条 新星计划选拔坚持公开、公平、公正、择优原则，选拔方式包括社会选拔和联合选拔。社会选拔由市科委面向社会进行公开遴选，联合选拔由市科委与联合培养单位共同进行公开遴选。

第九条 社会选拔程序包括初审、会议评审、审定、公示发布等环节。

1. 初审。采取材料评审形式，按照专业领域进行分组评审，由相关领域专家组成初审小组，主要从申报人的个人履历、科研能力与社会贡献、个人发展潜力三方面进行综合评价，以记名投票方式产生进入会议评审环节的人选。

2. 会议评审。采取现场答辩形式，按照专业领域进行分组评审，由相关领域专家和管理专家组成会议评审小组，主要从答辩人综合素质、科研项目创新性与可行性、未来发展计划三方面进行综合评价，以记名投票方式产生拟入选人员名单。

3. 审定。根据会议评审意见，审定拟入选人员名单。

4. 公示发布。将审定通过的拟入选人员名单在市科委网站进行公示，公示期为 5 个工作日，根据公示结果发布入选人员名单。

第十条 联合选拔依据联合选拔方案进行评审，产生拟入选人员名单。联合选拔产生的拟入选人员名单和社会选拔产生的拟入选人员名单一起审定、公示发布。

第四章 支 持

第十一条 市科委对入选人员给予科技经费支持，并鼓励依托单位进行经费匹配。

第十二条 市科委对入选人员进行重点关注和培养。

1. 根据需要，为入选人员推荐一名具有较高水平的导师作为指导顾问，指导其开展科研工作。

2. 鼓励入选人员参与或承担北京市重大科技计划项目、重点科研创新平台和重点学科建设。

3. 推荐入选人员申报国家或北京市科技人才计划。

4. 支持入选人员参与技能培训、参观考察、学术沙龙、论坛等活动。

第十三条 鼓励入选人员开展跨领域交叉学科合作课题研究，对于牵头承担优秀交叉学科合作课题的入选人员，市科委给予北京市科技新星计划交叉学科合作课题（以下简称“新星交叉合作课题”）资助。新星交叉合作课题的选拔工作每年进行一次。同一入选人员可以同时获得新星计划资助和新星交叉合作课题资助。

第十四条 鼓励依托单位结合本单位人才工作，为入选人员搭建成长平台，在科技项目申报、资金扶持、政策指导等方面给予入选人员适当支持。

第五章　管　理

第十五条　市科委与入选人员及依托单位签订任务书，明确科研计划、人才培养计划等内容。

第十六条　新星计划和新星交叉合作课题管理依照《北京市科技专项管理办法》执行。

新星计划和新星交叉合作课题经费管理依照《北京市科技计划项目（课题）经费管理办法》执行。

第十七条　依托单位要加强对入选人员的年度考核和日常管理，形成阶段性进展报告报市科委备案。

第十八条　建立入选人员联系沟通机制和信息更新管理机制，及时了解入选人员科研进展情况和个人成长情况，加强日常联系。

第十九条　入选人员在新星计划执行期内，因工作需要出国一年以上的，应通过依托单位及时报市科委备案。

第二十条　入选人员在新星计划执行期内，工作调到外省市，或因工作调动脱离原研究领域的，应终止任务书的执行，并按照《北京市科技专项管理办法》规定程序处理。

第二十一条　对于无故不履行任务书内容的，入选人员及依托单位应依据任务书的约定承担违约责任。

第二十二条　新星计划执行期结束后，组织技术专家、管理专家、财务专家对任务书内容完成情况、入选人员科研情况、个人成长情况等方面进行考核评价。

第二十三条　市科委建立相互衔接配套、覆盖科技人才不同发展阶段的梯次资助体系，根据入选人员新星计划完成绩效情况，给予持续关注和支持服务。

第六章　附　则

第二十四条　本办法自发布之日起三十日后施行，本办法施行前颁布的有关文件与本办法规定不一致的，按照本办法执行。《北京市科技新星计划管理办法》（京科人发〔2002〕595 号）同时废止。

市科委关于印发
《北京市科技计划科技报告管理办法（试行）》的通知

京科发〔2017〕235 号

各有关单位：

依据《国务院办公厅转发科技部关于加快建立国家科技报告制度指导意见的通知》（国办发〔2014〕43 号）、《北京市深化市级财政科技计划（专项、基金等）管理改革实施方案》（京政办发〔2016〕55 号），为推动北京市科技计划科技报告的统一呈交、规范管理和共享使用，我委研究制定了《北京市科技计划科技报告管理办法（试行）》。2017 年 12 月 29 日，经市科委第 23 次主任办公会审议通过，现印发给你们，请遵照执行。

北京市科学技术委员会

2017 年 12 月 29 日

北京市科技计划科技报告管理办法（试行）

第一章　总　则

第一条　为贯彻落实《中华人民共和国促进科技成果转化法》和《国务院办公厅转发科技部关于加快建立国家科技报告制度指导意见的通知》（国办发〔2014〕43 号），按照《中央财政科技计划（专项、基金等）科技报告管理暂行办法》（国科发创〔2016〕419 号）、《北京市进一步完善财政科研项目和经费管理的若干政策措施》（京政办发〔2016〕36 号）、《北京市深化市级财政科技计划（专项、基金等）管理改革实施方案》（京政办发〔2016〕55 号）的相关要求，推动北京市科技计划科技报告的统一呈交、规范管理和共享使用，制定本办法。

第二条　科技报告是描述科研活动的过程、进展和结果，并按照规定格式撰写的特种科技文献，目的是促进科技知识的积累、传播交流和转化应用。

第三条　本办法适用于由北京市科学技术委员会（以下简称“市科委”）立项，并由北京市财政科技经费拨款支持的项目（课题）。北京市有关部门组织实施的科研项目（课题）的科技报告工作参照本办法执行。

第二章　职责分工

第四条　市科委负责科技报告工作的总体部署、统筹规划、组织协调和监督检查，主要职责如下。

（一）负责科技报告相关政策制定、科技报告组织体系建设等工作；根据国家关于科技报告制度建设的要求，牵头拟定北京市科技计划科技报告制度建设的相关政策，制定北京市科技计划科技报告标准和规范。

（二）将科技报告纳入现有科技计划项目（课题）管理体系，指导、督促项目（课题）承担单位按要求开展科技报告工作。

（三）审核确认《北京市科技计划课题任务书》（以下简称《任务书》）中需提交的科技报告类型、时间和数量，审查确认科技报告呈交情况。

（四）确认科技报告的密级和保密期限、延期公开和延期公开时限。

（五）组织开展科技报告宣传培训工作。

（六）定期将非涉密和解密的北京市科技计划科技报告汇交国家科技部。

第五条　市科委委托专业机构承担科技报告的收藏和管理工作，主要职责如下。

（一）收集、加工和收藏北京市科技计划项目（课题）科技报告。

（二）建设、运行和维护北京市科技报告服务系统。

（三）开展科技报告共享，以及产出分析、立项查重等服务，推动科技报告交流利用。

（四）协助开展科技报告宣传培训工作。

第六条　项目（课题）主持（承担）单位应充分履行法人责任，做好科技报告工作，主要职责如下。

（一）建立本单位科技报告管理制度，将科技报告工作纳入本单位科研管理过程，建立本单位科技报告奖惩机制，指定专人负责科技报告管理工作，并提供必要的条件保障。

（二）组织相关人员参加科技报告培训，督促项目（课题）负责人按照要求和相关规范撰写科技报告，统筹协调各参与单位共同推进科技报告工作。

（三）审核本单位呈交科技报告的编号、格式、内容、密级和保密期限、延期公开和延期公开时限等。

（四）按照规定的渠道和方式呈交科技报告。

第七条 项目（课题）负责人要增强撰写科技报告的责任意识，根据《任务书》的要求及相关标准规范，按时保质完成科技报告，并对内容和数据的真实性负责。

第三章 工作要求

第八条 项目（课题）立项阶段。

（一）申报单位根据科技计划类别、研究性质和资助强度，在《北京市科技计划项目（课题）实施方案》和《任务书》中明确提出呈交科技报告的类型、时间节点和最低数量。

（二）市科委审核确认承担单位须呈交的科技报告类型、时间和数量等有关条款，作为项目（课题）的考核指标。

第九条 项目（课题）实施和验收（结题）管理阶段。

（一）项目（课题）负责人撰写并呈交科技报告，提出科技报告密级和保密期限、延期公开和延期公开时限。

（二）承担单位对科技报告的编号、格式、内容、密级和保密期限、延期公开和延期公开时限等进行审核，确保科技报告内容真实完整，格式规范，并按时通过规定的渠道和方式呈交科技报告。

（三）市科委及时检查科技报告撰写和呈交情况，对科技报告密级和保密期限、是否延期公开和延期公开时限等进行审查和确认。

第十条 科技报告撰写的要求。

（一）科技报告的类型如下。

（1）进展报告。主要描述《任务书》规定时间范围内研究工作的目的、内容、方法、过程以及取得的进展、经验教训等，包括项目（课题）的年度或中期进展报告等。项目（课题）研究期限超过 2 年（含 2 年）的，应根据市科委的要求提交进展报告。

（2）专题报告。包括专题调研报告以及科研活动细节及基础数据的实验（试验）报告、调研报告、技术考察报告、设计报告、测试报告等。申报单位可根据项目（课题）研究内容、期限和经费强度确定是否撰写提交专题报告。

（3）最终报告。全面描述科研活动的过程和结果，以文字、数据、图表、照片等充分展示所做工作，是项目（课题）验收（结题）的必备材料。所有项目（课题）均需撰写提交一份最终报告。

（二）撰写要求。按照《任务书》的要求和《科技报告编写规则》（GB/T7713. 3—2014）、《科技报告编号规则》（GB/T 15416—2014）等相关国家标准撰写科技报告。

（三）科技报告保密与延期公开。按照《任务书》的要求和《科技报告保密等级代码与标识》（GB/T 30534—2014）提出科技报告密级和保密期限、延期公开和延期公开时限。

涉密项目（课题）科技报告可以确定为秘密级，如该项目（课题）为机密或绝密级，科技报告应经降密或脱密处理后再行呈交。保密期限应依据《任务书》及《北京市科技计划国家科技秘密项目（课题）保密管理办法》规定提出。

公开项目（课题）科技报告分为公开和延期公开。科技报告内容需要发表论文、申请专利、出版专著或涉及技术秘密的，可标注为“延期公开”。需要发表论文的，延期公开时限原则上在 2 年（含 2 年）以内；需要申请专利、出版专著的，延期公开时限原则上在 3 年（含 3 年）以内；涉及技术诀窍的，延期公开时限原则上在 5 年（含 5 年）以内。论文发表或专利申请公开后，延期公开科技报告应及时公开。

第十一条 对科技报告存在抄袭、数据弄虚作假等科研不端行为的，市科委按信用管理的规定及程序将相关项目（课题）负责人和承担单位纳入北京市科技计划相关责任主体信用记录。

第四章　共享使用

第十二条　科技报告按照“分类管理、受控使用”的原则，通过北京市科技报告服务系统面向社会开放共享。向社会公众提供检索以及公开和延期公开科技报告摘要信息浏览服务。向实名注册用户提供检索以及公开科技报告全文浏览、全文推送等服务。向科技管理人员提供检索以及全文浏览、全文推送、统计分析等服务。延期公开科技报告全文实行授权受控使用；涉密项目的科技报告严格按照国家和北京市相关保密规定进行管理。

第十三条　科技报告使用者应严格遵守知识产权管理的相关规定，在论文发表、专利申请、专著出版等工作中注明参考引用的科技报告，确保科技报告完成人的合法权益。

第五章　附　则

第十四条　本办法自发布之日起试行。

第十五条　本办法由市科委负责解释。

市财政局、市科委关于印发《北京市自然科学基金资助项目经费管理办法》的通知

京财科文〔2017〕1842 号

各委办局（总公司、集团公司）、各区财政局、科委、中关村管委会、有关单位：

为进一步规范和加强北京市自然科学基金项目资助经费的管理，提高资金使用效益，依据《北京市自然科学基金管理办法》（第 235 号政府令），为深入落实《中共北京市委办公厅 北京市人民政府办公厅印发〈北京市进一步完善财政科研项目和经费管理的若干政策措施〉的通知》（京办发〔2016〕36 号）等文件精神，特制定《北京市自然科学基金资助项目经费管理办法》，现印发给你们，请遵照执行。

北京市财政局
北京市科学技术委员会
2017 年 8 月 8 日

北京市自然科学基金资助项目经费管理办法

第一章　总　则

第一条　依据《北京市自然科学基金管理办法》（第 235 号政府令），为深入落实《北京市进一步完善财

政科研项目和经费管理的若干政策措施》(京办发〔2016〕36 号)等文件精神,规范并加强北京市自然科学基金(以下简称“自然科学基金”)经费的管理,提高资金使用效益,按照国家和北京市财政财务有关法律法规,制定本办法。

第二条 本办法所称项目经费,是指北京市自然科学基金按照《北京市自然科学基金管理办法》规定,资助科研人员开展基础研究、应用基础研究及其相关的环境条件促进活动的专项经费。

项目经费优先资助与本市经济社会发展紧密相关的战略性、前瞻性应用基础研究,为加强全国科技创新中心建设、培育高精尖产业新增长点、推动新兴学科与优势学科发展提供知识、技术和人才储备。

第三条 项目经费主要来源于市财政拨款。市财政局应当将自然科学基金经费列入预算。

鼓励自然人、法人或者其他组织通过与自然科学基金联合资助、向自然科学基金捐资等方式资助基础研究与应用基础研究。向自然科学基金捐资的,按照国家和本市规定享受优惠政策。

经费来源于非财政性资金的,应纳入自然科学基金预算统筹管理。

第四条 自然科学基金项目(以下简称“项目”)包括研究项目、人才项目、环境条件促进项目及联合基金项目等,一般按项目类型实行定额补助方式,对受资助项目进行固定数额经费资助。

第五条 北京市自然科学基金资助项目的经费管理和使用遵循以下原则。

(一)科学安排,合理配置。建立项目经费分配、绩效评价机制,坚持简政放权、放管结合、优化服务。

(二)专款专用,单独核算。项目经费应当纳入单位财务统一管理,实行单独核算,确保专款专用,不得截留和挪用。

(三)公正公开,追踪问效。强化资金管理信息公开,加强科研诚信建设和信用管理,建立既符合预算绩效管理要求,又适应科技创新规律的绩效考评机制,推行面向目标和结果的问效机制。

第二章 职责与权限

第六条 北京市财政局的主要职责

北京市财政局(以下简称“市财政局”)根据北京市科技发展规划,结合自然科学基金发展需求,负责审核并批复年度经费预算和决算,制定自然科学基金经费管理办法。对预算执行情况进行监督检查。对项目经费进行财政绩效管理。

第七条 北京市科委的主要职责

北京市科学技术委员会(以下简称“市科委”)会同市财政局制定经费管理办法。根据财政预算编报要求,确定并组织编报自然科学基金经费预算,确定自然科学基金项目资助强度,负责对预算执行情况的监督检查、绩效管理等工作。

第八条 北京市自然科学基金委员会办公室的主要职责

北京市自然科学基金委员会办公室(以下简称“基金办”)结合自然科学基金发展需求,提出自然科学基金经费预算,组织依托单位编报项目经费预算并按规定拨付项目经费,对项目经费预算执行情况进行监督检查,组织项目经费的自查、审计和绩效管理及评估,规范联合基金经费管理。

第九条 依托单位的主要职责

依托单位是项目经费管理的直接责任主体,应强化法人责任,建立健全内部管理办法,规范项目经费管理。

依托单位应加强项目经费预算、决算的审核,严格预算执行,规范项目经费支出,协助有关部门开展项目经费的监督检查、审计及绩效管理等工作。

第十条 项目负责人的主要职责

项目负责人是项目经费使用的直接责任人,对项目经费使用的合规性、合理性、真实性和相关性承担法律责任。

项目负责人应当依法据实编报项目预算和决算,并按照项目批复预算、任务书和相关管理制度使用经费,接受依托单位和相关部门的监督检查及绩效管理等。

第三章 经费支出范围

第十一条 项目经费支出是指在项目组织实施过程中与研究活动相关的、由项目经费支付的各项费用支出。项目经费分为直接费用和间接费用。

第十二条 直接费用是指在项目实施过程中发生的与之直接相关的费用,具体包括以下。

(一)设备费:是指在项目实施过程中购置或试制专用仪器设备,对现有仪器设备进行升级改造、租赁使用外单位仪器设备而发生的相关费用。

(二)材料费:是指在项目实施过程中消耗的各种原材料、辅助材料等低值易耗品的采购及运输、装卸、整理等费用。

(三)测试化验加工费:是指在项目实施过程中由于依托单位自身的技术、工艺和设备等条件的限制,委托或与外单位合作(包括依托单位内部独立经济核算单位)进行的检验、测试、化验、加工、计算、试验、设计、制作等费用。

(四)燃料动力费:是指在项目实施过程中相关大型仪器设备、专用科学装置等运行发生的可以单独计量的水、电、气、燃料消耗等费用。

(五)差旅费:是指在项目实施过程中开展科学实验(试验)、科学考察、业务调研、学术交流等所发生的城市间交通费、住宿费、伙食补助费和市内交通费等。

(六)会议费:是指在项目实施过程中为组织开展学术研讨、咨询论证,以及组织协调项目等活动而发生的会议费用。

(七)国际合作与交流费:是指在项目实施过程中,研究人员出国(境)、外国专家来华及港澳台专家来内地开展科学技术交流与合作的费用。

(八)档案/出版/文献/信息传播/知识产权事务费:是指在项目实施过程中,需要支付的出版费、资料及印刷费、专用软件购买费、文献检索费、专业通信费、专利申请及其他知识产权事务等费用。

(九)劳务费:是指在项目实施过程中支付给项目组成员,参与项目研究的研究生、博士后、访问学者,以及项目组聘用的研究人员、科研辅助人员的劳务性费用。项目组临时聘用人员的社会保险补助可纳入劳务费科目中列支。财政供养人员不得列支劳务费。

(十)咨询费:是指在项目实施过程中支付给临时聘请的咨询专家的费用。咨询费不得支付给参与项目研究及管理相关的工作人员。

(十一)其他费用:是指项目实施过程中除上述支出费用以外的其他支出,应当在申请预算时单独列示。

第十三条 间接费用是指依托单位在组织实施项目过程中发生的无法在直接费用中列支的相关费用,主要包括依托单位为项目研究提供的现有仪器设备及房屋,水、电、气、暖消耗,结题验收、项目经费审计等管理费用及绩效支出等。绩效支出是依托单位为提高科研工作绩效安排的相关支出。环境条件促进项目不得列支间接费用。

第四章 经费管理

第十四条 预算编制

(一)预算编制原则

1. 项目经费预算编制严格遵守目标相关性、政策相符性、经济合理性和任务完成的可行性原则。

2. 项目经费预算应当由项目负责人与依托单位财务人员共同参与编制。有合作单位的项目,由项目负责人汇总编制经费预算并经依托单位审核。

3. 预算编制需提供主要支出内容与项目活动内容的相关性、必要性说明,及测算方法、测算依据。合作研究经费应当对合作研究单位资质及拟外拨资金进行重点说明。

4. 依托单位在收到资助通知之日起30日内完成项目经费预算审核并提交基金办。

(二)预算编制要求

1. 设备费。依托单位应当严格控制设备购置支出。对使用项目经费购置的仪器、设备,根据《北京市人民政府办公厅关于加强首都科技条件平台建设 进一步促进重大科研基础设施和大型科研仪器向社会开放的实施意见》(京政办发〔2016〕34号)文件及相关规定,履行查重评议程序。依托单位可自行采购科研仪器设备,自行选择科研仪器设备评审专家。对依托单位采购进口科研仪器设备实行备案制管理。

2. 差旅费、会议费、国际合作与交流费。依托单位为完成项目的任务目标、从项目经费中列支的差旅费、会议费、国际合作与交流费不纳入"三公"经费、机关运行经费和行政一般性支出统计范围,不受"零增长"限制。

依托单位可自行制定出台科研类差旅费、会议费管理办法,合理确定科研人员乘坐交通工具等级、住宿费标准,会议次数、天数、人数和会议费开支范围、标准。

3. 劳务费、咨询费。依托单位可根据科研活动实际需要,按照实事求是、精简高效、厉行节约的原则,制定出台咨询费管理办法及劳务费分配制度,合理确定开支标准。

4. 间接费用。间接费用实行总额控制,按照不超过资助项目经费中直接费用扣除设备购置费后的20%核定。

间接经费由依托单位统一管理使用,逐步探索间接费用与依托单位信用等级挂钩的机制。依托单位应当制定间接费用管理办法,依法依规使用间接费用,完善绩效支出机制,应将间接费用主要用于绩效支出,处理好合理分摊间接成本和对科研人员激励的关系。绩效支出只能用于项目组成员,不得截留、挪用。

项目负责人要结合项目组成员的贡献和实绩,公开、公平安排绩效支出,真正体现科研人员价值。实行工资总额管理的依托单位从项目经费中列支的编制内有工资性收入科研人员的绩效支出,一次性计入当年本单位工资总额,但不受当年本单位工资总额限制、不纳入本单位工资总额基数。

第十五条 预算审批及拨付

项目经费按照有关规定拨付依托单位,依托单位收到经费后,按照拨付数额将拨款回执返回基金办。

有合作单位的项目,依托单位应及时按预算和合同拨付合作单位经费,并加强对相关经费的监督管理。

第十六条 经费使用管理

(一)经费核算

依托单位应当具备健全的财务制度,以及项目财务管理制度,由专职的财务人员负责项目经费的财务核算和管理工作,在单位适用的会计制度一级科目统括之下,按照规定的项目支出范围设置明细科目,按开支范围和标准执行,并进行会计核算。

(二)结算方式

科研院所、高等学校等事业单位承担项目所发生的会议费、差旅费、材料费和测试化验加工费、劳务费、咨询费等,按财政部门相关规定实行银行转账或公务卡等非现金方式结算。

(三)涉及政府采购事项的,严格按照《中华人民共和国政府采购法》及北京市有关规定执行。依托单位使用财政性资金采购北京市政府集中采购目录以内或者采购限额标准以上的货物、工程和服务项目,均应按照政府采购有关规定执行。

(四)依托单位使用项目经费购置(试制)的固定资产属国有资产,原则上由依托单位进行管理和使用,国家有权调配用于相关科学研究开发,其处置按国家相关规定执行。

项目经费形成的知识产权等无形资产的管理,按照国家有关规定执行。

项目经费形成的大型科学仪器设备、科学数据、自然科技资源等,在保障有关参与单位合法权益的基础上,按照国家和北京市有关规定开放共享。

（五）依托单位及项目负责人应当强化预算约束，严格按照本办法规定的开支范围和标准执行，严禁使用项目经费支付各种罚款、捐款、赞助等，严禁以任何方式牟取私利。

（六）依托单位因科研活动需要，邀请国内外专家、学者和有关人员参加其主办的会议，对确需负担的城市间交通费、国际旅费，可由其在会议费等费用中报销。对于难以取得住宿费发票的，依托单位在确保真实性的前提下，据实报销城市间交通费，并按规定标准发放伙食补助费和市内交通费。依托单位要制定符合科研实际需要的内部报销规定，切实解决野外考察、心理测试、临床样本采集等科研活动中无法取得发票或财政性票据等的报销问题。

（七）项目实施期结束后，项目负责人应当会同科研、财务、资产等管理部门及时清理账目与资产，如实编制项目资金决算，不得随意调账变动支出、随意修改记账凭证。

有合作单位的项目，项目负责人编报项目资金决算并经依托单位审核。

（八）企业承担项目取得财政性资金的税务处理，参照《财政部国家税务总局关于专项用途财政性资金企业所得税处理问题的通知》（财税〔2011〕70 号）等国家和北京市有关规定执行。

第十七条 预算调整

项目直接费用中的材料费、测试化验加工费、燃料动力费、档案/出版/文献/信息传播/知识产权事务费、其他支出预算如需调整，可由项目负责人根据科研活动实际需要自主安排，由依托单位据实核准，每年年底和验收时向基金办备案。

差旅费、会议费、国际合作与交流费三项之间可调剂使用，但不得突破三项支出预算总额，如需调减可按上述程序调剂用于项目其他方面的支出。

设备费、劳务费、咨询费预算原则上不予调增，如需调减可按上述程序调剂用于项目其他方面的支出。

间接费用预算总额不得调整。

第十八条 结转、结余资金管理

项目经费中的结转、结余资金，视不同情况执行。

（一）项目实施期间，年度剩余资金可结转下一年度继续使用。

（二）对完成任务目标并通过验收的项目，且依托单位和项目负责人无不良信用的，结余资金由依托单位统筹安排用于基础研究的直接支出，原则上支持原项目负责人开展课题延续性研究或相关研究。两年后（自验收结论下达后次年的 1 月 1 日起计算）仍未使用完的，30 日内按规定收回。

（三）对终止、未通过验收的项目，其结余资金应在验收结论下达后 30 日内按规定收回。

第五章 经费监督检查

第十九条 依托单位项目经费管理和使用情况应当接受市财政局、市科委、审计部门及基金办的监督检查。依托单位和项目负责人应当积极配合并提供有关材料。基金办可根据工作需要，要求依托单位对项目资金的管理使用情况进行不定期审计或专项审计。发现问题的，依托单位应当及时向基金办报告。

第二十条 项目经费管理建立承诺机制。依托单位应当承诺依法履行项目经费管理的职责。项目负责人应当承诺提供真实的项目信息，并认真遵守项目经费管理的有关规定。依托单位和项目负责人对信息虚假导致的后果承担责任。

第二十一条 基金办应对依托单位和项目负责人在项目组织、实施、验收以及履行经费管理等方面的信用，按照市科委或自然科学基金信用管理的有关规定进行评价和记录，对依托单位、项目负责人的信用评级及绩效考评作为项目立项、间接费用核定、结余经费使用等的重要参考。

第二十二条 依托单位及项目负责人在项目经费使用和管理中不得存在以下行为。

（一）未对项目经费进行单独核算。

（二）编报虚假预算、套取国家财政资金。

（三）截留、挪用项目经费。

（四）违反规定转拨、转移项目经费。

（五）擅自变更项目承担主体，未获基金办批准。

（六）提供虚假财务会计信息，虚列支出。

（七）未按规定执行和调整预算。

（八）发生设备购置、租赁，测试、化验、加工，对外合作等事项未签订相关合同或协议。

（九）随意调账变动支出、随意修改记账凭证、以表代账应付财务审计和检查。

出现上述行为的，视情节轻重将采取暂停项目拨款、终止项目执行、追回已拨项目资金、取消项目承担者一定期限内项目申报资格等措施。对于违反财经法律法规的行为，按照《财政违法行为处罚处分条例》及其他相关法律法规依法依规严肃处理。对预算执行不力的依托单位及项目负责人，视情节轻重将采取通报批评、取消一定期限内项目申报资格等措施。

第二十三条 市财政局、市科委、基金办及其相关工作人员在北京市自然科学基金预算审核环节，基金办及其相关人员在项目立项及经费分配等环节，存在违反规定安排经费以及其他滥用职权、玩忽职守、徇私舞弊等违法违纪行为的，按照《中华人民共和国预算法》《中华人民共和国公务员法》《中华人民共和国行政监察法》《财政违法行为处罚处分条例》等国家有关规定追究相关责任；涉嫌犯罪的，移送司法机关处理。

第六章 附 则

第二十四条 本办法由市财政局、市科委负责解释。

第二十五条 本办法自发布之日起30日后施行。《北京市自然科学基金项目资助经费管理办法》（京财文〔2002〕2503号）同时废止。

市经信委、市财政局关于印发《北京市高精尖产业发展资金管理暂行办法》的通知

京经信委发〔2017〕74号

各有关单位：

为规范财政资金管理，现将《北京市高精尖产业发展资金管理暂行办法》印发给你们，请遵照执行。

北京市经济和信息化委员会

北京市财政局

2017年9月13日

北京市高精尖产业发展资金管理暂行办法

第一章　总　则

第一条　按照公共财政预算管理要求，为规范北京市高精尖产业发展资金（以下简称“高精尖资金”）的管理，提高资金使用效益，根据《财政部 工业和信息化部关于印发〈工业转型升级（中国制造 2025）资金管理办法〉的通知》（财建〔2016〕844 号）和《北京市市级项目支出预算管理办法》等有关规定，特制定本办法。

第二条　本办法所称高精尖资金，是指由北京市财政局（以下简称“市财政局”）公共财政资金预算安排，纳入北京市经济和信息化委员会（以下简称“市经济信息化委”）年度部门预算管理，用于贯彻落实《北京加强全国科技创新中心建设总体方案》《〈中国制造 2025〉北京行动纲要》以及国家和北京市相关产业发展战略和政策要求加快构建高精尖结构，提升产业创新能力，推动符合首都城市战略定位的产业高端化、服务化、聚集化、融合化、低碳化发展，促进传统产业提质增效和转型升级，优化产业发展环境的资金。

第三条　高精尖资金的使用和管理应遵循依法依规，公开透明，统筹安排，重点突出，加强监管，注重绩效原则。要尊重市场经济规律，充分发挥市场配置资源的决定性作用，更好地发挥在技术创新、产业结构调整转型升级以及产业融合发展等方面的引导和带动作用。

第四条　高精尖资金支持项目由市经济信息化委具体负责组织实施。高精尖资金由市财政局负责预算安排和监督使用，会同市经济信息化委确定支持方向、范围和标准。

第二章　资金支持范围及使用方式

第五条　高精尖资金的使用应紧紧围绕《北京加强全国科技创新中心建设总体方案》和《〈中国制造 2025〉北京行动纲要》等政策文件确定的产业方向，重点在产业创新中心、企业技术中心、产业设计中心、科技成果转化落地、创新型产业集群、智能制造、绿色制造、军民融合、两化融合和生产性服务业等领域内择优支持促进产业创新发展、加快产业结构战略性深层次调整和转型升级、稳定本市经济增长和促进投资有重要支撑的重点项目以及市政府要求扶持产业发展的其他事项。

受到《社会信用体系建设规划纲要》及相关备忘录设定的联合惩戒的企业不在本办法支持范围。

第六条　高精尖资金采用拨款补助、贷款贴息、融资租赁补贴、以奖代补等方式，对同一个项目原则上采用一种资金支持方式。高精尖资金主要用于企业项目建设、研发、生产、经营等支出。

（一）拨款补助

拨款补助方式具体分为事前补助、事中补助和事后补助。事前和事中补助是指项目立项后，根据项目投资内容、目标等核定项目投资概算，给予一定资金补助并规定使用用途的财政支持方式。其中事前补助项目各项手续齐备后即可支持；事中补助项目原则上要求投资进度达到 50%（含）及以上可支持。事后补助是指项目单位围绕投资目标先行投入并组织开展研发、成果转化和产业化等活动，在项目完成并取得相应成果后，按规定程序进行审核、评估或验收后给予一定资金补助的财政支持方式。单个项目补助金额原则上不超过项目总投资的 30%，一般最高不超过 1000 万元，联合申报项目最高不超过 3000 万元。

（二）贷款贴息

要求企业与银行签订固定资产借款合同，贷款资金到位。贴息率不超过人民银行公布的同期中长期贷款利率，项目贷款利率低于人民银行公布的同期贷款利率的，按实际利率给予补助。贴息期限原则上不超过 2 年，最高不超过 3 年，分年度安排，单个项目年度最高贴息额度不超过 1000 万元。

（三）融资租赁补贴

要求企业已签订租赁合同，对承租企业已发生使用于项目建设投资但未经过补贴的融资租赁费用，按照不超过 5% 的比例分年度给予补贴，补贴期限不超过项目实际建设期且不超过 3 年，分年度安排，单个项目年度最高补助金额不超过 1000 万元。

（四）以奖代补

1. 支持产业创新中心建设。市经济信息化委每年组织对已批复的产业创新中心进行年度评估，评估合格的根据方案执行进度给予分阶段奖励。认定为国家产业创新中心的，原则上给予一次性奖励。

2. 支持企业技术中心创新发展。市经济信息化委每年对企业技术中心建设运行情况进行评估，评估合格且成果转化成效突出，并对企业创新发展贡献度高的给予一次性奖励。

3. 对加快建设全国科技创新中心、构建高精尖经济结构有重要支撑作用，且被国家和北京市认定为标杆企业或重大示范工程的企业和项目给予一次性奖励。

奖励资金最高额度不超过 1000 万元，应用于企业研发、生产经营等支出。

第七条 已获得中央或市级财政资金支持的项目，原则上不再重复支持，有配套要求或联合支持的项目除外。市级重大项目，支持方式和标准可不受上述规定限制，经市政府审议后决定。

第八条 高精尖资金管理过程中发生的项目组织申报、评审检查、绩效评价、验收及股权投资委托管理费等费用，可在高精尖资金中列支，按《北京市市级项目支出预算管理办法》等相关管理规定进行管理。涉及政府采购的，应按照政府采购有关法律、规则和制度规定执行。

第三章　资金申报及管理

第九条 市经济信息化委负责编制和执行高精尖资金支出预算，根据年度资金预算安排，组织项目申报。在项目预算支出控制数内，对本部门的项目进行审核后，对符合支出条件的项目，经择优遴选后报市政府，抄送市财政局。

第十条 市财政局根据国家有关法律、法规、方针政策，市委、市政府工作重点和市经济信息化委履行职能、事业发展目标，审核项目预算。

按照提高项目支出管理科学化精细化水平的要求，对于财政评审范围内的项目，按规定进行财政评审，其他项目市经济信息化委实行部门自评。

第十一条 市经济信息化委负责组织项目验收，并将项目完成情况和资金使用情况汇报市财政局。按照市财政局有关要求开展绩效评价。

第十二条 高精尖资金纳入年度预算批复的已落实项目不低于当年财政预算要求，资金支出进度应与时间进度相匹配。申报预算需填报资金总体及单项绩效目标。

第十三条 高精尖资金实施项目库管理，市经济信息化委采取对社会公开征集和围绕市政府重点工作定向遴选的方式组织项目申报并纳入项目库滚动管理。

第十四条 待市政府批复后，资金拨付前，项目单位须与市经济信息化委签订项目合同书，明确项目绩效目标。

第十五条 项目单位收到高精尖资金后，应加强财政资金使用管理，确保专款专用，并按现行财务制度规定进行财务处理。规定高精尖资金使用用途的，应建立明细或辅助账。在项目建设期内，项目单位应每半年向市经济信息化委报送资金使用情况及项目建设情况；项目完成后，应在半年内向市经济信息化委报送资金使用情况及项目建设情况；项目完成后，应在半年内向市经济信息化委提交验收申请，并履行验收程序。

第四章　监督检查与绩效管理

第十六条　市经济信息化委会同市财政局对高精尖资金到位和使用情况、项目实施、竣工投产及项目管理等全过程进行监督检查，定期对支持的项目委托专业机构进行跟踪和绩效评价。市财政局可组织专家或委托专业机构进行项目监督检查。

第十七条　区经济信息化主管部门和项目单位上级主管部门应加强对高精尖资金支持项目实施情况、资金使用情况监督管理，配合市经济信息化委和相关部门做好监督检查及验收管理工作。

第十八条　项目支出预算一经批复，不得自行调整。预算在执行过程中，因项目发生终止、撤销、变更等情况，相关项目部门应按照规定的程序报批，并进行预算调整。

第十九条　市财政局和市经济信息化委将资金支持进度、项目完成情况、决算情况和绩效评价结果，作为加强项目管理及编制以后年度项目预算的重要依据。

第五章　责任与处罚

第二十条　项目单位对项目和申报材料的准确性和真实性负责，应积极配合市经济信息化委、市财政局以及其他部门开展的监督检查、绩效评价和审计等工作。

第二十一条　项目在执行过程中因故终止或变更时，项目单位应及时报市经济信息化委申请终止或变更。市经济信息化委批准终止或变更项目，根据实际情况可收回全部或部分高精尖资金。

第二十二条　项目单位应按照相关法律法规和制度规定使用高精尖资金，对高精尖资金使用中存在骗取、挪用等行为，依照《财政违法行为处罚处分条例》等相关法律法规进行处理。构成犯罪的，移交司法机关依法追究刑事责任。

第二十三条　本办法在执行过程中如项目单位受到《社会信用体系建设规划纲要》及相关备忘录的联合惩戒，将被暂停、取消资金申请和支持资格。

第六章　附　则

第二十四条　本办法由市经济信息化委、市财政局解释，高精尖资金管理使用中的具体实施细则另行制发。

第二十五条　本办法自公布之日起施行，《北京市财政局 北京市经济委员会关于印发北京市工业发展资金管理办法的通知》（京财经〔2002〕1778 号）同时废止。

统计资料

北京地区 2017 年 R&D 活动情况

北京地区科技活动表主要数据来源为科技部《独立科技机构及有科技活动单位统计调查》、教育部《普通高等学校科技统计年报》、国家统计局《工业企业科技活动情况》等。执行部门中的科研院所指国有县级以上未转制科研院所，高等院校中含医学院校附属医院，其他指技术服务业事业单位。转制科研院所分为企业和非企业两类，转为企业或进入企业集团的科研院所按企业汇总，转为非企业的科研院所按其他汇总。本资料因小数取舍产生的误差均未作配平处理。

一、北京地区 2017 年 R&D 活动汇总表

表 1　北京地区 R&D 人员情况

	R&D 人员合计（人）	#1. 博士毕业	2. 硕士毕业	3. 本科毕业	R&D 人员折合全时人员（人年）	研究人员
总　计	**397281**	**75091**	**85941**	**175468**	**269835.4**	**163534.6**
一、按执行部门分组						
科研院所	119429	35343	42924	27675	102538.0	72991.0
高等院校	84410	36295	24890	18655	35207.4	29288.9
企　业	179897	1547	14618	126857	124272.0	56499.7
工业企业	73416	937	8147	44192	52718.9	22755.0
其　他	13545	1906	3509	2281	7818.0	4755.0
二、按单位隶属关系分组						
中　央	221925	65864	62956	68356	152374.8	106517.3
地　方	175356	9227	22985	107112	117460.6	57017.3
三、按活动类型分组						
基础研究					47428.9	
应用研究					70539.3	
试验发展					151873.9	
四、按从事的国民经济行业分组						
农、林、牧、渔业	339	1	3	4	65.0	18.0
采矿业	3496	76	295	936	2067.0	579.8
制造业	68610	773	7482	42657	49847.1	21823.7
电力、热力、燃气及水生产和供应业	1310	88	370	599	804.8	351.6
建筑业	8573	86	342	5192	5524.7	2080.3
交通运输、仓储和邮政业	598	5	30	450	338.6	143.9
信息传输、软件和信息技术服务业	59054	218	4797	46074	43538.6	20652.2

续表

	R&D 人员合计（人）	#1. 博士毕业	2. 硕士毕业	3. 本科毕业	R&D 人员折合全时人员（人年）	研究人员
批发和零售业						
住宿和餐饮业						
金融业	1017		2	11	110.0	23.0
房地产业						
租赁和商务服务业	2015	19	36	1723	1267.5	599.9
科学研究和技术服务业	161392	37444	47397	58574	128396.4	86521.3
水利、环境和公共设施管理业	820	5	9	420	387.6	177.1
居民服务和其他服务业						
教育	84410	36295	24890	18655	35207.4	29288.9
卫生和社会工作	4434	78	282	89	1641.0	900.0
文化、体育和娱乐业	1213	3	6	84	639.8	375.0
公共管理、社会保障和社会组织						
国际组织						

资料来源：北京市统计局、北京市科学技术委员会、北京市教育委员会、北京市经济和信息化委员会

表 2　北京地区 R&D 经费情况

	R&D 经费内部支出合计（万元）	#1. 日常性支出	人员劳务费	2. 资产性支出	仪器和设备	R&D 经费外部支出合计（万元）
总　计	**15796512.3**	**13857512.8**	**5018481.9**	**1938999.5**	**1496370.6**	**1705644.8**
一、按执行部门分组						
科研院所	7412397.9	6166842.9	1737499.6	1245555.0	845268.0	817562.7
高等院校	1828062.9	1578766.6	331660.6	249296.3	218476.7	204848.7
企　业	6183816.3	5903749.5	2859263.4	280066.8	276137.0	666357.1
工业企业	2690851.2	2590378.6	1041376.1	100472.6	98142.6	371839.5
其　他	372235.2	208153.8	90058.3	164081.4	156488.9	16876.3
二、按单位隶属关系分组						
中　央	10516108.5	8885538.6	2494338.6	1630569.9	1202854.7	1278177.8
地　方	5280403.8	4971974.2	2524143.3	308429.6	293515.9	427467.0
三、按资金来源分组						
政府资金	8224112.8					
企业资金	6196382.1					
国外资金	490540.5					
其他资金	885476.8					
四、按活动类型分组						
基础研究	2323631.6					
应用研究	3616703.8					

续表

	R&D 经费内部支出合计（万元）	#1. 日常性支出	人员劳务费	2. 资产性支出	仪器和设备	R&D 经费外部支出合计（万元）
试验发展	9856176.8					
五、按从事的国民经济行业分组						
农、林、牧、渔业	4008.2	3603.7	1143.9	404.5	142.7	206.3
采矿业	57221.6	56067.2	26660.2	1154.4	1097.6	4622.3
制造业	2613921.6	2514775.2	1007436.7	99146.4	96896.8	363166.6
电力、热力、燃气及水生产和供应业	19708.0	19536.2	7279.2	171.8	148.2	4050.6
建筑业	295790.6	293406.4	83933.8	2384.2	2334.3	10178.9
交通运输、仓储和邮政业	12693.7	12622.2	7230.6	71.5	71.5	2181.6
信息传输、软件和信息技术服务业	2031342.4	1900706.1	1200879.8	130636.3	130476.5	173120.4
批发和零售业						
住宿和餐饮业						
金融业	1901.1	1021.4	937.7	879.7	869.7	1341.4
房地产业						
租赁和商务服务业	143241.1	138865.9	54102.9	4375.2	4138.5	12202.0
科学研究和技术服务业	8737080.7	7288880.6	2276089.4	1448200.1	1039460.6	927827.3
水利、环境和公共设施管理业	25063.3	24723.1	5382.7	340.2	339.9	1898.7
居民服务和其他服务业						
教育	1828062.9	1578766.6	331660.6	249296.3	218476.7	204848.7
卫生和社会工作	17867.0	16836.8	9320.3	1030.2	1010.1	0.0
文化、体育和娱乐业	8610.1	7701.4	6424.1	908.7	907.5	0.0
公共管理、社会保障和社会组织						
国际组织						

资料来源：北京市统计局、北京市科学技术委员会、北京市教育委员会、北京市经济和信息化委员会

表 3　北京地区 R&D 项目（课题）情况

	项目（课题）数（项）	项目（课题）人员折合全时当量（人年）	项目（课题）经费支出（万元）
总　计	**147141**	**246490.4**	**13193644.4**
一、按执行部门分组			
科研院所	33726	91331.4	5312959.0
高等院校	96187	35197.6	1466865.5
企　业	14898	113298.6	6178058.1
其　他	2330	6662.8	235761.8
二、按活动类型分组			
基础研究	53698	42781	1625357.6
应用研究	73666	64412	2622106.1

续表

	项目(课题)数 (项)	项目(课题)人员折合全时当量 (人年)	项目(课题)经费支出 (万元)
试验发展	19777	139297.4	8946180.7
三、按项目来源分组			
国家科技项目	59319	93589	5535222.3
地方科技项目	16461	12875.7	324348.8
企业委托科技项目	35827	17614.6	884672.9
自选科技项目	27957	99475.8	4908209.4
来自国外的科技项目	1634	9843.8	694634.6
其它科技项目	5943	13091.5	846556.4
四、按项目的合作形式分组			
与境外机构合作	1459	5104.1	389225.9
与国内高校合作	7328	8828.7	437124.2
与国内独立研究机构合作	8542	16906.3	914373.5
与境内注册外商独资企业合作	241	221.1	20947.1
与境内注册其他企业合作	9164	11555.4	588404.1
独立完成	117442	197860	10520072.8
其　他	2965	6014.8	323496.6

资料来源:北京市统计局、北京市科学技术委员会、北京市教育委员会、北京市经济和信息化委员会

表4　北京地区R&D活动产出情况

	专利申请数 (件)	发明专利	有效发明专利数 (件)	发表科技论文 (篇)	出版科技著作 (种)
总　　计	**91198**	**62545**	**172824**	**196029**	**7430**
一、按执行部门分组					
科研院所	14436	12431	43857	57974	2274
高等院校	15270	12879	47511	127627	4830
企　业	61114	36996	80201	3947	0
其　他	378	239	1255	6481	326
二、按单位隶属关系分组					
中　央	43408	32839	114173	163089	5862
地　方	47790	29706	58651	32940	1568
三、按从事的国民经济行业分组					
农、林、牧、渔业	2	2	13	30	0
采矿业	354	218	1153	582	0
制造业	18417	9436	32530	2370	0
电力、热力、燃气及水生产和供应业	882	465	814	946	0
建筑业	3460	926	2854	0	0

续表

	专利申请数（件）	发明专利	有效发明专利数（件）	发表科技论文（篇）	出版科技著作（种）
交通运输、仓储和邮政业	74	36	47	0	0
信息传输、软件和信息技术服务业	23977	18239	23046	0	0
批发和零售业					
住宿和餐饮业					
金融业	56	43	30	19	0
房地产业					
租赁和商务服务业	2414	1411	4739	0	0
科学研究和技术服务业	25798	18745	59731	61105	2514
水利、环境和公共设施管理业	462	130	279	61	5
居民服务和其他服务业					
教　育	15270	12879	47511	127627	4830
卫生和社会工作	14	7	0	3053	52
文化、体育和娱乐业	18	8	77	236	29
公共管理、社会保障和社会组织					
国际组织					

注：本表数据来源为北京市统计局、北京市科学技术委员会、北京市教育委员会、北京市经济和信息化委员会。

二、科研院所 R&D 活动汇总表

表 5　科研院所 R&D 人员情况

	R&D 人员合计（人）	#1. 博士毕业	2. 硕士毕业	3. 本科毕业	R&D 人员折合全时人员（人年）	研究人员
总　计	**73909**	**29689**	**22218**	**13373**	**59042**	**41853**
一、按执行部门分组						
科研院所	73909	29689	22218	13373	59042	41853
高等院校						
企　业						
其　他						
二、按单位隶属关系分组						
中　央	68867	28330	20559	11831	54710	39218
地　方	5042	1359	1659	1542	4332	2635
三、按活动类型分组						
基础研究					23508	
应用研究					27151	
试验发展					8383	

续表

	R&D 人员合计（人）	#1. 博士毕业	2. 硕士毕业	3. 本科毕业	R&D 人员折合全时人员（人年）	研究人员
四、按服务的国民经济行业分组						
农、林、牧、渔业	5743	2181	1530	1342	5392	3147
采矿业						
制造业	3968	1448	1325	962	3285	2132
电力、热力、燃气及水生产和供应业	1010	456	303	207	1010	516
建筑业	164	18	83	54	134	102
交通运输、仓储和邮政业	986	267	523	175	782	646
信息传输、软件和信息技术服务业	3299	478	1129	482	1947	1225
批发和零售业						
住宿和餐饮业						
金融业						
房地产业						
租赁和商务服务业						
科学研究和技术服务业	44488	20015	12621	6540	34550	27007
水利、环境和公共设施管理业	3558	1177	1462	755	3145	1473
居民服务和其他服务业						
教育	651	224	244	163	601	467
卫生和社会工作	7364	2688	1926	1980	6044	3541
文化、体育和娱乐业	821	175	321	257	558	402
公共管理、社会保障和社会组织	1857	562	751	456	1594	1195
国际组织						

注：统计范围为政府部门属独立科研院所（民口）

表 6　科研院所 R&D 经费情况

	R&D 经费内部支出合计（万元）	#1. 日常性支出	人员劳务费	2. 资产性支出	仪器和设备	R&D 经费外部支出合计（万元）
总　计	**3291035.9**	**2698435.9**	**1117805.6**	**592600**	**434905**	**214098.7**
一、按执行部门分组						
科研院所	3291035.9	2698435.9	1117805.6	592600	434905	214098.7
高等院校						
企　业						
其　他						
二、按单位隶属关系分组						
中　央	3091996.5	2532070.7	1020031.7	559925.8	410565.6	208477.4
地　方	199039.4	166365.2	97773.9	32674.2	24339.4	5621.3

续表

	R&D 经费内部支出合计（万元）	#1. 日常性支出	人员劳务费	2. 资产性支出	仪器和设备	R&D 经费外部支出合计（万元）
三、按资金来源						
政府资金	2895891.9					
企业资金	166783.1					
国外资金	21670.4					
其他资金	206690.5					
四、按活动类型分组						
基础研究	1302021.9					
应用研究	1464052.6					
试验发展	524961.4					
五、按服务的国民经济行业分组						
农、林、牧、渔业	262172	216242.5	79903.1	45929.5	33782.9	43727.3
采矿业						
制造业	159409.5	120912.2	54486.7	38497.3	17261	6820.8
电力、热力、燃气及水生产和供应业	34305.8	26707.6	25358.8	7598.2	7598.2	0
建筑业	5419.2	5073.6	2359.2	345.6	345.6	0
交通运输、仓储和邮政业	43298.3	32190.4	18990.1	11107.9	1463.5	3459.8
信息传输、软件和信息技术服务业	87177.4	62722.8	40159.7	24454.6	22208.9	0
批发和零售业						
住宿和餐饮业						
金融业						
房地产业						
租赁和商务服务业						
科学研究和技术服务业	2202719.7	1814219.7	662947	388500	293987.1	75223.1
水利、环境和公共设施管理业	119362.6	99348.4	55947.4	20014.2	13332.2	26060.7
居民服务和其他服务业						
教育	32808.3	28758.5	18231.1	4049.8	4049.8	0
卫生和社会工作	226487.3	203721.2	116149.1	22766.1	16944.1	16699.6
文化、体育和娱乐业	20804.2	19505.7	9656.3	1298.5	1298.5	261
公共管理、社会保障和社会组织	97071.6	69033.3	33617.1	28038.3	22633.2	41846.4
国际组织						

表7　科研院所R&D项目(课题)情况

	项目(课题)数 (项)	项目(课题)人员折合全时当量 (人年)	研究人员	项目(课题)经费支出 (万元)
总　　计	**31749**	**49637.4**	**37316.6**	**1892757**
一、按执行部门分组				
科研院所	31749	49637.4	37316.6	1892757
高等院校				
企　业				
其　他				
二、按活动类型分组				
基础研究	13277	19963.4	16223.1	808607.2
应用研究	15299	22834.4	16317.2	862327.4
试验发展	3173	6839.6	4776.3	221822.4
三、按项目来源分组				
国家科技项目	18346	31471.8	23785	1129688.3
地方科技项目	2700	4710.3	3198.7	143723.8
企业委托科技项目	2495	2608.5	2094	120440.2
自选科技项目	2603	3536.4	2772.8	112482.8
来自国外的科技项目	318	432.8	344.6	16160.6
其它科技项目	5287	6877.6	5120.5	370261.3
四、按项目的合作形式分组				
与境外机构合作	225	316	248.6	10767.1
与国内高校合作	1061	2222.7	1676.3	77811.7
与国内独立研究机构合作	3150	6003.6	4303.9	255029.4
与境内注册外商独资企业合作	21	40.3	34.1	1493.3
与境内注册其他企业合作	650	1192.9	900	43200.5
独立完成	26005	38172	28974.7	1433353.8
其　他	637	1689.9	1179	71101.1

表 8　科研院所 R&D 活动产出情况

	专利申请数（件）	发明专利	有效发明专利数（件）	发表科技论文（篇）	出版科技著作（种）
总　计	**7141**	**5779**	**25236**	**49346**	**2164**
一、按执行部门分组					
科研院所	7141	5779	25236	49346	2164
高等院校					
企　业					
其　他					
二、按单位隶属关系分组					
中　央	6642	5471	23383	45456	1989
地　方	499	308	1853	3890	175
三、按服务的国民经济行业分组					
农、林、牧、渔业	920	609	3003	4305	247
采矿业					
制造业	695	662	3466	2625	63
电力、热力、燃气及水生产和供应业	358	162	252	655	59
建筑业	9	3	66	54	6
交通运输、仓储和邮政业	112	52	295	689	46
信息传输、软件和信息技术服务业	239	234	1705	587	19
批发和零售业					
住宿和餐饮业					
金融业					
房地产业					
租赁和商务服务业					
科学研究和技术服务业	4247	3659	14745	28165	1043
水利、环境和公共设施管理业	280	202	988	1911	101
居民服务和其他服务业					
教　育	2	1		693	77
卫生和社会工作	137	97	463	6908	240
文化、体育和娱乐业	14	7	54	432	46
公共管理、社会保障和社会组织	128	91	199	2322	217
国际组织					

注：本表数据来源为科技部《独立科技机构及有科技活动单位统计调查》。

三、转制科研院所 R&D 活动汇总表

表 9　转制科研院所 R&D 人员情况

	R&D 人员合计（人）	#1. 博士毕业	2. 硕士毕业	3. 本科毕业	R&D 人员折合全时人员（人年）	研究人员
总　计	**23182**	**2697**	**9590**	**8359**	**19198**	**9619**
一、按转制方向分组						
转为企业或进入企业集团	21647	2429	8924	7882	18024	8994
工业企业	727	80	319	248	582	509
非工业企业	20920	2349	8605	7634	17442	8485
转为非企业单位	1535	268	666	477	1174	625
其中:并入高校						
二、按单位隶属关系分组						
中　央	22333	2618	9247	8015	18448	9074
地　方	849	79	343	344	750	545
三、按活动类型分组						
基础研究					1799	
应用研究					7372	
试验发展					10027	
四、按服务的国民经济行业分组						
农、林、牧、渔业	111	34	35	33	109	90
采矿业	869	110	501	212	727	549
制造业	8473	717	2924	3898	7564	3618
电力、热力、燃气及水生产和供应业	2254	465	1313	333	1908	815
建筑业	6714	751	2269	2606	4740	2281
交通运输、仓储和邮政业	2154	319	1178	528	1992	1525
信息传输、软件和信息技术服务业	1533	115	848	428	1452	224
批发和零售业						
住宿和餐饮业						
金融业	208	26	57	101	208	208
房地产业						
租赁和商务服务业						
科学研究和技术服务业	722	129	411	163	398	249
水利、环境和公共设施管理业	27	12	12	3	27	20
居民服务和其他服务业						
教育	48	4	18	26	25	21
卫生和社会工作						
文化、体育和娱乐业	69	15	24	28	48	19
公共管理、社会保障和社会组织						
国际组织						

注:统计范围为民口已转制的县以上独立核算的研究机构及科技信息与文献机构,不包括已转制的工程勘察设计单位及转制后重组或分解的研究机构。

表 10 转制科研院所 R&D 经费情况

	R&D 经费内部支出合计（万元）	#1. 日常性支出	人员劳务费	2. 资产性支出	仪器和设备	R&D 经费外部支出合计（万元）
总　计	**478270.6**	**390705.8**	**201658.0**	**87564.8**	**85739.1**	**19166.9**
一、按转制方向分组						
转为企业或进入企业集团	445914.1	364849.5	189404.2	81064.6	79254.2	18129.1
工业企业	19190.7	14386.7	9947.7	4804.0	4804.0	0.0
非工业企业	426723.4	350462.8	179456.5	76260.6	74450.2	18129.1
转为非企业单位	32356.5	25856.3	12253.8	6500.2	6484.9	1037.8
其中:并入高校						
二、按单位隶属关系分组						
中　央	458648.8	376625.5	193427.5	82023.3	80240.9	18919.4
地　方	19621.8	14080.3	8230.5	5541.5	5498.2	247.5
三、按资金来源						
政府资金	112975.1					
企业资金	264873.8					
国外资金	169.2					
其他资金	100252.5					
四、按活动类型分组						
基础研究	21115.8					
应用研究	162407.1					
试验发展	294747.7					
五、按服务的国民经济行业分组						
农、林、牧、渔业	9406.1	8116.0	2346.5	1290.1	1290.1	348.7
采矿业	21200.1	14585.3	7510.5	6614.8	6604.7	1121.4
制造业	163243.3	128102.1	63108.7	35141.2	33914.3	5944.9
电力、热力、燃气及水生产和供应业	100100.3	74397.5	40049.5	25702.8	25476.6	9105.9
建筑业	60775.3	56560.9	27585.1	4214.4	3851.9	0.0
交通运输、仓储和邮政业	61136.8	48246.8	20947.1	12890.0	12890.0	1015.7
信息传输、软件和信息技术服务业	44171.5	43354.2	29921.0	817.3	817.3	628.6
批发和零售业						
住宿和餐饮业						
金融业	4915.8	4733.4	1649.7	182.4	182.4	783.6
房地产业						
租赁和商务服务业						
科学研究和技术服务业	11375.3	11166.4	7434.9	208.9	208.9	218.1
水利、环境和公共设施管理业	1283.9	812.0	589.0	471.9	471.9	0.0
居民服务和其他服务业						
教育	498.0	498.0	490.0	0.0	0.0	0.0
卫生和社会工作						
文化、体育和娱乐业	164.2	133.2	26.0	31.0	31.0	0.0
公共管理、社会保障和社会组织						
国际组织						

表11　转制科研院所R&D项目(课题)情况

	项目(课题)数 (项)	项目(课题)人员折合全时当量 (人年)	研究人员	项目(课题)经费支出 (万元)
总　　计	**3427**	**12692.8**	**7448.7**	**306623.4**
一、按转制方向分组				
转为企业或进入企业集团	2999	11818.9	6910.1	289858.5
工业企业	132	515.4	466.4	10855.1
非工业企业	2867	11303.5	6443.7	279003.4
转为非企业单位	428	873.9	538.6	16765.0
其中:并入高校				
二、按活动类型分组				
基础研究	350	1200.0	762.2	13392.9
应用研究	1302	4866.8	3299.2	101920.8
试验发展	1775	6626.0	3387.3	191309.8
三、按项目来源分组				
国家科技项目	1056	4410.3	2834.7	76547.3
地方科技项目	165	859.3	464.0	12355.3
企业委托科技项目	1356	3160.6	1551.4	110784.5
自选科技项目	711	3648.0	2111.1	100896.1
来自国外的科技项目	40	138.1	94.6	2357.8
其它科技项目	99	476.5	392.9	3682.4
四、按项目的合作形式分组				
与境外机构合作	29	107.5	67.2	1699.9
与国内高校合作	163	986.3	758.7	18011.8
与国内独立研究机构合作	444	1083.0	434.5	24868.6
与境内注册外商独资企业合作	1	3.0	3.0	7.5
与境内注册其他企业合作	591	2851.5	1850.5	56822.6
独立完成	2154	7182.6	3908.4	200043.6
其　他	45	478.9	426.4	5169.5

表 12　转制科研院所 R&D 活动产出情况

	专利申请数（件）	发明专利	有效发明专利数（件）	发表科技论文（篇）	出版科技著作（种）
总　计	**3281**	**2372**	**10027**	**4905**	**130**
一、按转制方向分组					
转为企业或进入企业集团	3181	2310	9744	4190	104
工业企业	73	54	295	269	6
非工业企业	3108	2256	9449	3921	98
转为非企业单位	100	62	283	715	26
其中：并入高校	2	1	12	15	1
二、按单位隶属关系分组					
中　央	3165	2310	9653	4647	123
地　方	116	62	374	258	7
三、按服务的国民经济行业分组					
农、林、牧、渔业	15	10	46	135	3
采矿业	106	76	591	578	12
制造业	1179	824	5003	1752	31
电力、热力、燃气及水生产和供应业	1106	957	2563	669	42
建筑业	317	168	844	631	28
交通运输、仓储和邮政业	479	268	729	744	6
信息传输、软件和信息技术服务业	47	47	83	173	1
批发和零售业					
住宿和餐饮业					
金融业	10	8	118	9	0
房地产业					
租赁和商务服务业					
科学研究和技术服务业	16	10	24	134	4
水利、环境和公共设施管理业	6	4	26	31	1
居民服务和其他服务业					
教育	0	0	0	31	0
卫生和社会工作					
文化、体育和娱乐业	0	0	0	18	2
公共管理、社会保障和社会组织					
国际组织					

注：本表数据来源为科技部《独立科技机构及有科技活动单位统计调查》。

2017年度北京市获国家科学技术奖一览表

北京共有78个项目获国家科学技术奖，包括：国家自然科学奖15项（一等奖1项，二等奖14项）、国家技术发明奖23项（二等奖23项）、国家科技进步奖40项（特等奖1项，一等奖4项，二等奖35项）

国家自然科学奖

序号	奖种	等级	项目名称	主要完成人	推荐单位
1	国家自然科学奖	一等	水稻高产优质性状形成的分子机理及品种设计	李家洋（中国科学院遗传与发育生物学研究所），韩斌（中国科学院上海生命科学研究院），钱前（中国水稻研究所），王永红（中国科学院遗传与发育生物学研究所），黄学辉（中国科学院上海生命科学研究院）	专家推荐
2	国家自然科学奖	二等	微分几何中的几个分析问题研究	李嘉禹（中国科学院数学与系统科学研究院）	专家推荐
3	国家自然科学奖	二等	新型半导体深能级掺杂机制研究	李京波（中国科学院半导体研究所），盖艳琴（中国科学院半导体研究所），康俊（中国科学院半导体研究所），李树深（中国科学院半导体研究所），夏建白（中国科学院半导体研究所）	中国科学院
4	国家自然科学奖	二等	低维碳材料的拉曼光谱学研究	张锦（北京大学），刘忠范（北京大学），童廉明（北京大学），彭海琳（北京大学）	专家推荐
5	国家自然科学奖	二等	华北克拉通破坏	朱日祥（中国科学院地质与地球物理研究所），陈凌（中国科学院地质与地球物理研究所），张宏福（中国科学院地质与地球物理研究所），汤艳杰（中国科学院地质与地球物理研究所），英基丰（中国科学院地质与地球物理研究所）	中国科学院
6	国家自然科学奖	二等	青藏高原及东北缘晚新生代构造变形与形成过程	张培震（中国地震局地质研究所），郑德文（中国地震局地质研究所），郑文俊（中国地震局地质研究所），张会平（中国地震局地质研究所），王伟涛（中国地震局地质研究所）	专家推荐
7	国家自然科学奖	二等	卤代持久性有机污染物环境污染特征与物化控制原理	余刚（清华大学），黄俊（清华大学），邓述波（清华大学），王斌（清华大学），杨波（清华大学）	专家推荐
8	国家自然科学奖	二等	饮用水中天然源风险物质的识别、转化与调控机制	杨敏（中国科学院生态环境研究中心），张昱（中国科学院生态环境研究中心），王东升（中国科学院生态环境研究中心），张海峰（中国科学院生态环境研究中心），巫晓琴（北京大学）	专家推荐
9	国家自然科学奖	二等	飞蝗两型转变的分子调控机制研究	康乐（中国科学院动物研究所），王宪辉（中国科学院动物研究所），马宗源（中国科学院动物研究所），郭伟（中国科学院动物研究所），王云丹（中国科学院动物研究所）	中国科学院
10	国家自然科学奖	二等	植物油菜素内酯等受体激酶的结构及功能研究	柴继杰（清华大学），常俊标（郑州大学），韩志富（清华大学），李磊（中国科学院遗传与发育生物学研究所），宋传君（郑州大学）	河南省

续表

序号	奖种	等级	项目名称	主要完成人	推荐单位
11	国家自然科学奖	二等	细胞钙信号及分子调控	王世强(北京大学),程和平(北京大学),徐明(北京大学第三医院),魏朝亮(北京大学),张幼怡(北京大学第三医院)	专家推荐
12	国家自然科学奖	二等	仿生机器鱼高效与高机动控制的理论与方法	谭民(中国科学院自动化研究所),侯增广(中国科学院自动化研究所),喻俊志(中国科学院自动化研究所),程龙(中国科学院自动化研究所),王硕(中国科学院自动化研究所)	中国科学院
13	国家自然科学奖	二等	网络化动态系统的分析与控制	王龙(北京大学),谢广明(北京大学),肖峰(北京大学),孙元功(北京大学),郑元世(西安电子科技大学)	专家推荐
14	国家自然科学奖	二等	新型磁弹性材料的功能调控、晶体生长和大磁致应变特性研究	蒋成保(北京航空航天大学),王文洪(中国科学院物理研究所),王敬民(北京航空航天大学),刘恩克(中国科学院物理研究所),吴光恒(中国科学院物理研究所)	专家推荐
15	国家自然科学奖	二等	范德华层状介质的滑移行为和力学模型	郑泉水(清华大学),刘哲(清华大学),徐志平(清华大学),刘泽(清华大学),刘益伦(清华大学)	专家推荐

国家技术发明奖

序号	奖种	等级	项目名称	主要完成人	推荐单位
1	国家技术发明奖	二等	电力线路行波保护关键技术及装置	董新洲(清华大学),施慎行(清华大学),王宾(清华大学),钱国明(国电南京自动化股份有限公司),毕见广(北京衡天北斗科技有限公司),邬捷龙(国网陕西省电力公司)	北京市
2	国家技术发明奖	二等	22－14 纳米集成电路器件工艺先导技术	叶甜春(中国科学院微电子研究所),徐秋霞(中国科学院微电子研究所),陈大鹏(中国科学院微电子研究所),殷华湘(中国科学院微电子研究所),霍宗亮(武汉新芯集成电路制造有限公司),张卫(复旦大学)	北京市
3	国家技术发明奖	二等	生鲜肉品质无损高通量实时光学检测关键技术及应用	彭彦昆(中国农业大学),黄岚(中国农业大学),汤修映(中国农业大学),李永玉(中国农业大学),韩东海(中国农业大学),陈兴海(北京卓立汉光仪器有限公司)	中国农学会
4	国家技术发明奖	二等	优质蜂产品安全生产加工及质量控制技术	吴黎明(中国农业科学院蜜蜂研究所),彭文君(中国农业科学院蜜蜂研究所),胡福良(浙江大学),薛晓锋(中国农业科学院蜜蜂研究所),田文礼(中国农业科学院蜜蜂研究所),张中印(河南科技学院)	农业部
5	国家技术发明奖	二等	矿井灾害源超深探测地质雷达装备及技术	杨峰[中国矿业大学(北京)],彭苏萍[中国矿业大学(北京)],许献磊[中国矿业大学(北京)],郑晶[中国矿业大学(北京)],崔凡[中国矿业大学(北京)],白崇文[中矿华安能源科技(北京)有限公司]	中国煤炭工业协会
6	国家技术发明奖	二等	深层油气藏靶向暂堵高导流多缝改造增产技术与应用	周福建[中国石油大学(北京)],李根生[中国石油大学(北京)],熊春明(中国石油天然气股份有限公司勘探开发研究院),刘雄飞[中国石油大学(北京)],杨向同(中国石油天然气股份有限公司塔里木油田分公司),石阳(中国石油天然气股份有限公司勘探开发研究院)	专家推荐

续表

序号	奖种	等级	项目名称	主要完成人	推荐单位
7	国家技术发明奖	二等	海相碳酸盐岩缝洞型油藏精细描述、数值模拟及高效注水开发技术	李阳(中国石油化工股份有限公司),康志江(中国石油化工股份有限公司石油勘探开发研究院),王世星(中国石油化工股份有限公司石油物探技术研究院),姚军[中国石油大学(华东)],鲁新便(中国石油化工股份有限公司西北油田分公司),郑松青(中国石油化二股份有限公司石油勘探开发研究院)	中国石油化工集团公司
8	国家技术发明奖	二等	基于高能效纳晶薄膜电极的工业废水电催化深度处理技术及应用	牛军峰(北京师范大学),全燮(大连理工大学),杨凤林(大连理工大学),殷立峰(北京师范大学),吕斯濠(东莞理工学院),汤顺良(江苏江华水处理设备有限公司)	教育部
9	国家技术发明奖	二等	功能性吸附微界面构造及深度净水技术	刘会娟(中国科学院生态环境研究中心),刘锐平(中国科学院生态环境研究中心),兰华春(中国科学院生态环境研究中心),赵赫(中国科学院过程工程研究所),曲久辉(中国科学院生态环境研究中心),王万寿(杭州回水科技股份有限公司)	中国科学院
10	国家技术发明奖	二等	堆石混凝土坝	金峰(清华大学),安雪晖(清华大学),周虎(清华大学),刘宁(清华大学),李风亮(北京华石纳固科技有限公司),石建军(南华大学)	专家推荐
11	国家技术发明奖	二等	复合离子液体碳四烷基化新技术	徐春明[中国石油大学(北京)],刘植昌[中国石油大学(北京)],张睿[中国石油大学(北京)],孟祥海[中国石油大学(北京)],刘海燕[中国石油大学(北京)]	中国石油和化学工业联合会
12	国家技术发明奖	二等	环境友好五元环含氟材料催化合成技术及产业化	权恒道(中国中化集团公司),任建纲(中国中化集团公司),杨会娥(中国中化集团公司),张小玲(北京理工大学),李忠(陕西神光化学工业有限公司),周晓猛(北京宇极科技发展有限公司)	专家推荐
13	国家技术发明奖	二等	低发散角半导体光子晶体激光器关键技术及应用	郑婉华(中国科学院半导体研究所),渠红伟(中国科学院半导体研究所),王宇飞(中国科学院半导体研究所),马长勤(青岛镭创光电技术有限公司),王海玲(中国科学院半导体研究所),刘安金(中国科学院半导体研究所)	专家推荐
14	国家技术发明奖	二等	飞机电液自馈能刹车装置与防滑控制新技术	焦宗夏(北京航空航天大学),尚耀星(北京航空航天大学),刘劲松(西安航空制动科技有限公司),黄佑(中国航空工业集团公司成都飞机设计研究所),王鸿鑫(中国商用飞机有限责任公司上海飞机设计研究院),王红玲(西安航空制动科技有限公司)	工业和信息化部
15	国家技术发明奖	二等	复杂铸件无模复合成形制造方法与装备	单忠德(机械科学研究总院),刘丰(机械科学研究总院),战丽(机械科学研究总院),梁清延(广西玉柴机器股份有限公司),李锋军(第一拖拉机股份有限公司),边庆月(一汽铸造有限公司)	中国机械工业联合会
16	国家技术发明奖	二等	大型互联电网阻尼特性在线分析与控制技术及应用	闵勇(清华大学),陆超(清华大学),陈磊(清华大学),韩英铎(清华大学),徐飞(清华大学)	专家推荐
17	国家技术发明奖	二等	构造强磁共振系统的关键技术与成像方法	王秋良(中国科学院电工研究所),李毅(中国科学院电工研究所),夏灵(浙江大学),许建益(宁波健信核磁技术有限公司),陈文波(深圳市贝斯达医疗股份有限公司),汪建华(武汉工程大学)	中国机械工业联合会

续表

序号	奖种	等级	项目名称	主要完成人	推荐单位
18	国家技术发明奖	二等	交互式显示关键技术及应用	王涌天(北京理工大学),翁冬冬(北京理工大学),刘越(北京理工大学),卢正刚(北京水晶石数字科技股份有限公司),杨健(北京理工大学),梁萍(中国人民解放军总医院)	专家推荐
19	国家技术发明奖	二等	高效视觉特征分析和压缩关键技术	黄铁军(北京大学),田永鸿(北京大学),段凌宇(北京大学),陈维强(青岛海信网络科技股份有限公司),王耀威(北京理工大学),陈杰(北京大学)	工业和信息化部
20	国家技术发明奖	二等	智慧协同网络及应用	张宏科(北京交通大学),杨冬(北京交通大学),江华(中兴通讯股份有限公司),董平(北京交通大学),谢大雄(中兴通讯股份有限公司),王志全(神州高铁技术股份有限公司)	工业和信息化部
21	国家技术发明奖	二等	光纤输出高功率全固态激光器关键技术及应用	林学春(中国科学院半导体研究所),罗虹(北京京冶轴承股份有限公司),林培晨(江苏中科四象激光科技有限公司),李达(中国科学院半导体研究所),赵鹏飞(中国科学院半导体研究所),刘燕楠(中国科学院半导体研究所)	中国科学院
22	国家技术发明奖	二等	远海域定位导航与通信融合关键技术	邓中亮(北京邮电大学),路骏(北京华力创通科技股份有限公司),刘雯(北京邮电大学),崔银秋(上海达华测绘有限公司),赵延平(上海华测导航技术股份有限公司),陈典全(厦门雅迅网络股份有限公司)	工业和信息化部
23	国家技术发明奖	二等	多物理效应协同雾化水灭火系统关键技术及应用	杨立军(北京航空航天大学),富庆飞(北京航空航天大学),张兴娟(北京航空航天大学),徐振宇(中国人民解放军92537部队),李伟刚(首安工业消防有限公司)	专家推荐

国家科技进步奖

序号	奖种	等级	项目名称	主要完成人	主要完成单位	推荐单位
1	国家科技进步奖	特等	特高压±800kV直流输电工程	李立涅,刘振亚,舒印彪,刘泽洪,尚涛,黎小林,苟锐锋,马为民,黄莹,陆剑秋,吴宝英,陆家榆,王健,宓传龙,周远翔,印永华,罗兵,张喜乐,梁政平,高理迎,蔡希鹏,张月华,于永清,王建生,余军,洪潮,梁言桥,陈东,吕金壮,齐磊,李侠,彭宗仁,王琦,李正,张万荣,胡蓉,卢理成,余波,马斌,司马文霞,李海英,方森华,党镇平,贺智,种芝艺,薛春林,郑劲,郭振岩,冯晓东,汤晓中	国家电网公司,中国南方电网有限责任公司,中国西电集团公司,中国电力科学研究院,南方电网科学研究院有限责任公司,国网北京经济技术研究院,西安电力电子技术研究所,特变电工沈阳变压器集团有限公司,清华大学,南京南瑞继保电气有限公司,电力规划总院有限公司,保定天威保变电气股份有限公司,许继集团有限公司,西安西电变压器有限责任公司,华北电力大学,西安西电电力系统有限公司,中国电力工程顾问集团中南电力设计院有限公司,中国电力工程顾问集团西南电力设计院有限公司,中国电力工程顾问集团华东电力设计院有限公司,中国能源建设集团广东省电力设计研究院有限公司,中国电力工程顾问集团西北电力设计院有限公司,北京电力设备总厂有限公司,西安交通大学,重庆大学,江苏神马电力股份有限公司,大连电瓷集团股份有限公司,桂林电力电容器有限责任公司,机械工业北京电工技术经济研究所,抚顺电瓷制造有限公司,淄博泰光电力器材厂	中国电机工程学会

续表

序号	奖种	等级	项目名称	主要完成人	主要完成单位	推荐单位
2	国家科技进步奖	一等	中国电子网络安全与信息化科技创新工程		中国电子信息产业集团有限公司	国有资产监督管理委员会
3	国家科技进步奖	一等	煤制油品/烯烃大型现代煤化工成套技术开发及应用	张玉卓,吴秀章,舒歌平,张继明,闫国春,张传江,梁仕普,杨占军,刘中民,王鹤鸣,陈茂山,崔民利,范传宏,王国良,史士东	神华集团有限责任公司,中国神华煤制油化工有限公司,煤炭科学技术研究院有限公司,中国石化工程建设有限公司,中国科学院大连化学物理研究所,中石化洛阳工程有限公司,中国第一重型机械集团公司,中国科学院武汉岩土力学研究所,新兴能源科技有限公司,天津大学	中国煤炭工业协会
4	国家科技进步奖	一等	600MW 超临界循环流化床锅炉技术开发、研制与工程示范	吕俊复,徐鹏,肖创英,胡昌华,聂立,苏虎,马怀新,陈英,刘吉臻,杨海瑞,胡修奎,郑兴胜,李星华,杨冬,岳光溪	清华大学,东方电气集团东方锅炉股份有限公司,神华集团有限责任公司,华北电力大学,中国电力工程顾问集团西南电力设计院有限公司,四川白马循环流化床示范电站有限责任公司,浙江大学,神华国能集团有限公司,四川电力建设三公司,中国华能集团清洁能源技术研究院有限公司	教育部
5	国家科技进步奖	一等	复杂环境下高速铁路无缝线路关键技术及应用	高亮,陈峰,曾宪海,尹辉,蔡小培,肖宏,魏强,李秋义,闫红亮,董彦录,彭华,辛涛,白明洲,侯博文,张艳荣	北京交通大学,中铁第四勘察设计院集团有限公司,铁道第三勘察设计院集团有限公司,西南交通大学,中铁宝桥集团有限公司	国家铁路局
6	国家科技进步奖	二等	高光效低能耗 LED 智能植物工厂关键技术及系统集成	杨其长,魏灵玲,宋卫堂,周增产,刘文科,郭文忠,张国义,程瑞锋,李琨,李成宇	中国农业科学院农业环境与可持续发展研究所,中国农业大学,北京大学东莞光电研究院,北京农业智能装备技术研究中心,北京中环易达设施园艺科技有限公司,北京京鹏环球科技股份有限公司,四川新力光源股份有限公司	北京市
7	国家科技进步奖	二等	配子胚胎发育研究与生育力改善新方法的应用	乔杰,汤富酬,闫丽盈,李蓉,于洋,严杰,赵越,廉颖,刘平,李敏	北京大学第三医院,北京大学	北京市
8	国家科技进步奖	二等	早熟优质多抗马铃薯新品种选育与应用	金黎平,庞万福,卞春松,徐建飞,李广存,段绍光,金石桥,李飞,部刚,谢开云	中国农业科学院蔬菜花卉研究所	农业部
9	国家科技进步奖	二等	食用菌种质资源鉴定评价技术与广适性品种选育	张金霞,黄晨阳,陈强,高巍,王波,谢宝贵,赵永昌,赵梦然,张瑞颖,黄忠乾	中国农业科学院农业资源与农业区划研究所,四川省农业科学院土壤肥料研究所,福建农林大学,云南省农业科学院生物技术与种质资源研究所	农业部
10	国家科技进步奖	二等	中国野生稻种质资源保护与创新利用	杨庆文,陈大洲,陈成斌,潘大建,戴陆园,王效宁,李小湘,王金英,梁世春,余丽琴	中国农业科学院作物科学研究所,广西壮族自治区农业科学院水稻研究所,江西省农业科学院水稻研究所,广东省农业科学院水稻研究所,云南省农业科学院生物技术与种质资源研究所,海南省农业科学院粮食作物研究所,湖南省水稻研究所	农业部

续表

序号	奖种	等级	项目名称	主要完成人	主要完成单位	推荐单位
11	国家科技进步奖	二等	高汽油收率低碳排放系列催化裂化催化剂工业应用	高雄厚,申宝剑,魏昭成,张忠东,田文君,刘涛,郭健,汪毅,杨健,段宏昌	中国石油天然气股份有限公司石油化工研究院,中国石油天然气股份有限公司兰州石化分公司,中国石油大学(北京),中国石油天然气股份有限公司广西石化分公司,中国石油天然气股份有限公司大港石化分公司,中国石油天然气股份有限公司哈尔滨石化分公司,中国石油天然气股份有限公司玉门油田分公司	中国石油天然气集团公司
12	国家科技进步奖	二等	建筑玻璃服役风险检测和可靠性评价关键技术与设备及应用	包亦望,刘小根,石新勇,邱岩,万德田,陈璐,王睿,肖鹏军,田远,刘元新	中国建筑材料科学研究总院,中国建材检验认证集团股份有限公司	中国建筑材料联合会
13	国家科技进步奖	二等	压水堆核电站核岛主设备材料技术研究与应用	刘正东,张文辉,陆江帆,郎宇平,张景利,李政军,李向,王立民,高建军,张立红	钢铁研究总院,中国第一重型机械股份公司,宝钢特钢有限公司,烟台台海玛努尔核电设备有限公司,上海重型机器厂有限公司,宝银特种钢管有限公司	中国钢铁工业协会
14	国家科技进步奖	二等	球形金属粉末雾化制备技术及产业化	张少明,徐骏,胡强,朱学新,赵新明,贺会军,王志刚,安宁,金帅,赵文东	北京有色金属研究总院,北京康普锡威科技有限公司	中国有色金属工业协会
15	国家科技进步奖	二等	复杂路网条件下高速铁路列控系统互操作和可靠运用关键技术及应用	唐涛,蔡伯根,闻映红,莫志松,董海荣,徐悦,李开成,杨世武,何春明,赵林海	北京交通大学,北京和利时系统工程有限公司	教育部
16	国家科技进步奖	二等	工业建筑抗震关键技术研究与应用	徐建,曾滨,黄世敏,陈炯,李永录,罗开海,徐敏杰,吴耀华,常好诵,幸坤涛	中冶建筑研究总院有限公司,中国机械工业集团有限公司,中国建筑科学研究院,宝钢工程技术集团有限公司,中国建筑西北设计研究院有限公司,中国联合工程公司	中国冶金科工集团有限公司
17	国家科技进步奖	二等	城市大型地下结构抗震设计理论与方法及工程应用	杜修力,路德春,陈国兴,刘晶波,许成顺,陶连金,杨秀仁,王君杰,赵密,庄海洋	北京工业大学,清华大学,南京工业大学,同济大学,北京城建设计发展集团股份有限公司,中国人民解放军理工大学	教育部
18	国家科技进步奖	二等	泥沙、核素、温排水耦合输移关键技术及在沿海核电工程中应用	方红卫,纪平,张红武,赵懿珺,何国建,张华庆,李孟国,袁珏,黄磊,刘晓波	清华大学,中国水利水电科学研究院,交通运输部天津水运工程科学研究所	教育部
19	国家科技进步奖	二等	中国节水型社会建设理论、技术与实践	王建华,王浩,陈明,赵勇,詹扬,李海红,吕纯波,白雪,胡鹏,杨庆理	中国水利水电科学研究院,中国标准化研究院,中国电力工程顾问集团华北电力设计院有限公司,中国电子信息产业发展研究院,清华大学,株洲南方阀门股份有限公司,深圳市微润灌溉技术有限公司	水利部

续表

序号	奖种	等级	项目名称	主要完成人	主要完成单位	推荐单位
20	国家科技进步奖	二等	新一代交流传动快速客运电力机车研究与应用	奚国华,张大勇,樊运新,闵兴,查广军,陈喜红,曲天威,黄成荣,王迁,索建国	中国中车集团公司,中车株洲电力机车有限公司,中车大连机车车辆有限公司,中车株洲电力机车研究所有限公司,中车株洲电机有限公司	詹天佑科学技术发展基金会
21	国家科技进步奖	二等	超痕量物质精密测量关键技术及应用	方向,熊行创,戴新华,江游,丁传凡,徐伟,刘虎威,秦伟捷,张伟,徐福兴	中国计量科学研究院,复旦大学	国家质量监督检验检疫总局
22	国家科技进步奖	二等	气动元件关键共性检测技术及标准体系	蔡茂林,石岩,王涛,许未晴,樊尚春,路波,虞启辉,杜丙同,张连仁,吴科峰	北京航空航天大学,国家气动产品质量监督检验中心,北京理工大学,北京爱索能源科技股份有限公司,无锡气动技术研究所有限公司,浙江亿日气动科技有限公司	中国机械工业联合会
23	国家科技进步奖	二等	我国检疫性有害生物国境防御技术体系与标准	朱水芳,陈乃中,黄庆林,赵文军,张永江,章桂明,李新实,严进,陈克,张瑞峰	中国检验检疫科学研究院,天津出入境检验检疫局动植物与食品检测中心,深圳出入境检验检疫局动植物检验检疫技术中心	国家质量监督检验检疫总局
24	国家科技进步奖	二等	填埋场地下水污染系统防控与强化修复关键技术及应用	席北斗,李广贺,姜永海,李鸣晓,魏丽,张列宇,张益,刘军,张广胜,何亮	中国环境科学研究院,清华大学,北京高能时代环境技术股份有限公司,上海环境卫生工程设计院有限公司,南京万德斯环保科技股份有限公司,力合科技(湖南)股份有限公司,北京环境工程技术有限公司	环境保护部
25	国家科技进步奖	二等	流域水环境重金属污染风险防控理论技术与应用	吴丰昌,段宁,党志,降林华,胡清,虢清伟,赵晓丽,邓超冰,张远,易筱筠	中国环境科学研究院,华南理工大学,环境保护部华南环境科学研究所,南方科技大学,广西壮族自治区环境监测中心站	环境保护部
26	国家科技进步奖	二等	膜集成城镇污水深度净化技术与工程应用	黄霞,文剑平,文湘华,俞开昌,梁鹏,陈亦力,李锁定,薛涛,肖康,陈春生	清华大学,北京碧水源科技股份有限公司	教育部
27	国家科技进步奖	二等	嵌套网格空气质量预报模式(NAQPMS)自主研制与应用	王自发,朱江,李杰,李健军,张大伟,吕小明,伏晴艳,唐晓,吴剑斌,陈多宏	中国科学院大气物理研究所,中国环境监测总站,北京市环境保护监测中心,广东省环境监测中心,上海市环境监测中心,中科三清科技有限公司	中国科学院
28	国家科技进步奖	二等	单倍型相合造血干细胞移植的关键技术建立及推广应用	黄晓军,王昱,刘启发,张晓辉,常英军,赵翔宇,许兰平,刘开彦,闫晨华,莫晓冬	北京大学人民医院,南方医科大学南方医院	中华医学会
29	国家科技进步奖	二等	中药大品种三七综合开发的关键技术创建与产业化应用	孙晓波,孙桂波,徐惠波,杨崇仁,张颖君,王涛,董方言,陈中坚,兰锋,余育启	中国医学科学院药用植物研究所,吉林省中医药科学院,中国科学院昆明植物研究所,天津中医药大学,文山苗乡三七股份有限公司,昆明圣火药业(集团)有限公司,昆药集团股份有限公司	中华中医药学会

续表

序号	奖种	等级	项目名称	主要完成人	主要完成单位	推荐单位
30	国家科技进步奖	二等	寰枢椎脱位中西医结合治疗技术体系的创建与临床应用	谭明生,移平,郝庆英,杨峰,王文军,吕国华,田纪伟,谭远超,周英杰,王清	中日友好医院,河南省洛阳正骨医院(河南省骨科医院),中南大学湘雅二医院,山东省文登整骨医院,上海市第一人民医院,南华大学附属第一医院,西南医科大学附属医院	中国中西医结合学会
31	国家科技进步奖	二等	神经根型颈椎病中医综合方案与手法评价系统	朱立国,冯敏山,于杰,魏戌,王平,李金学,高景华,黄远灿,孙树椿,杨克新	中国中医科学院望京医院,天津中医药大学第一附属医院,中国康复研究中心,广东省中医院,国家电网公司北京电力医院,上海中医药大学附属岳阳中西医结合医院,北京理工大学	国家中医药管理局
32	国家科技进步奖	二等	艾滋病诊断、治疗和预防产品的评价关键技术建立与推广应用	王佑春,郑永唐,黄维金,杨柳萌,许四宏,王睿睿,聂建辉,刘强,罗荣华,宋爱京	中国食品药品检定研究院,中国科学院昆明动物研究所	国家食品药品监督管理总局
33	国家科技进步奖	二等	大型灌溉排水泵站更新改造关键技术及应用	王福军,许建中,陆力,肖若富,姚志峰,李端明,徐洪泉,严海军,刘竹青,唐学林	中国农业大学,中国灌溉排水发展中心,中国水利水电科学研究院,株洲南方阀门股份有限公司,上海连成(集团)有限公司	水利部
34	国家科技进步奖	二等	全国农田氮磷面源污染监测技术体系创建与应用	任天志,刘宏斌,范先鹏,邹国元,翟丽梅,胡万里,张富林,杜连凤,王洪媛,郑向群	中国农业科学院农业资源与农业区划研究所,湖北省农业科学院植保土肥研究所,北京市农林科学院,云南省农业科学院农业环境资源研究所,农业部环境保护科研监测所,宁夏农林科学院农业资源与环境研究所,浙江省农业科学院	农业部
35	国家科技进步奖	二等	国家海岛礁测绘重大关键技术与应用	党亚民,程鹏飞,章传银,罗建军,周兴华,王中祥,欧阳永忠,吴树锋,薛树强,李斐	中国测绘科学研究院,国家基础地理信息中心,国家海洋局第一海洋研究所,中国人民解放军海军海洋测绘研究所,中国人民解放军61206部队,武汉大学	国家测绘地理信息局
36	国家科技进步奖	二等	全球30米地表覆盖遥感制图关键技术与产品研发	陈军,陈晋,廖安平,陈利军,曹鑫,张宏伟,彭舒,唐娉,武昊,陈学泓	国家基础地理信息中心,北京师范大学,中国科学院遥感与数字地球研究所,国家测绘地理信息局第一航测遥感院,国家测绘地理信息局黑龙江基础地理信息中心,四川省遥感信息测绘院,国信司南(北京)地理信息技术有限公司	国家测绘地理信息局
37	国家科技进步奖	二等	全国危机矿山接替资源勘查理论创新与找矿重大突破	严光生,吕志成,舒斌,庞振山,韦昌山,赵财胜,颜廷杰,薛建玲,倪培,张志辉	中国地质调查局发展研究中心,中国地质科学院地质力学研究所,南京大学,中国科学院地质与地球物理研究所,河南省地质矿产勘查开发局第一地质矿产调查院,湖南省湘南地质勘察院,北京矿产地质研究院	国土资源部

续表

序号	奖种	等级	项目名称	主要完成人	主要完成单位	推荐单位
38	国家科技进步奖	二等	脑胶质瘤诊疗关键技术创新与推广应用	江涛,尤永平,王伟民,康春生,张伟,邱晓光,李文斌,李桂林,李少武,游赣	首都医科大学附属北京天坛医院,江苏省人民医院,广州军区广州总医院,天津医科大学总医院,北京市神经外科研究所,首都医科大学附属北京世纪坛医院	卫生和计划生育委员会
39	国家科技进步奖	二等	胃癌综合防治体系关键技术的创建及其应用	季加孚,游伟程,陈凛,沈琳,梁寒,吕有勇,潘凯枫,寿成超,邓大君,柯杨	北京肿瘤医院,中国人民解放军总医院,天津医科大学肿瘤医院,北京大学人民医院	中华医学会
40	国家科技进步奖	二等	《湿地北京》	崔丽娟,张曼胤,赵欣胜,李伟,刘润泽,张志明,黄三祥,雷茵茹,肖红叶,李胜男		中国科协

2017 年度北京市科学技术奖获奖项目一览表

2017 年度北京市科学技术奖共有 195 项成果获奖,包括 22 项一等奖、51 项二等奖、122 项三等奖。

一等奖

序号	获奖编号	项目名称	完成单位	主要完成人	获奖等级
1	2017 计 -1 -001	科技情报大数据挖掘及服务平台	清华大学 北京搜狗科技发展有限公司	唐杰,李涓子,张阔,张静,许斌,刘德兵,茹立云,张宇韬	一等奖
2	2017 电 -1 -001	高性能内嵌式触控显示一体化技术研发与产业化	京东方科技集团股份有限公司 北京京东方光电科技有限公司 鄂尔多斯市源盛光电有限责任公司 合肥京东方光电科技有限公司	董学,王海生,黄应龙,薛海林,陈东,李成,孙伟,陈小川,丁小梁,陈希,车春城,时凌云,李月,王春雷,李彦辰	一等奖
3	2017 电 -1 -002	异构无线网络的协同自组织技术及应用	北京邮电大学 京信通信系统(广州)有限公司 大唐移动通信设备有限公司 工业和信息化部电信研究院	彭木根,王文博,张远见,王文清,张翔,赵中原,伍尚坤,徐霞艳,杨波,李勇,邹素玲,陈凯,高军,杨思远	一等奖
4	2017 材 -1 -001	国产非晶带材在电力系统中的应用开发及工程化	北京科锐配电自动化股份有限公司 北京中机联供非晶科技股份有限公司 安泰科技股份有限公司 中兆培基(北京)电气有限公司 精进电动科技股份有限公司 深圳市实能高科动力有限公司	周少雄,申威,张广强,张卫国,刘国栋,胡其勇,石雷,王海斌,曲学东,顾建伟,李宗臻,董帮少,高慧,江春惠,徐磊	一等奖

续表

序号	获奖编号	项目名称	完成单位	主要完成人	获奖等级
5	2017 材 -1 -002	大型水电站用高强度易焊接厚板与配套焊材焊接技术开发应用	首钢集团有限公司 秦皇岛首秦金属材料有限公司 北京科技大学 中国水利水电第七工程局有限公司机电安装分局 中国水利水电夹江水工机械有限公司 中国电建集团华东勘测设计研究院有限公司 中国葛洲坝集团机械船舶有限公司 天津大桥焊材集团有限公司	周德光,张熹,邹扬,陈涛,刘国权,余雪松,万天明,李谦,白学军,杨建炜,隋鹤龙,张建中,翟泳,张学峰,陈延清	一等奖
6	2017 环 -1 -001	农林绿地再生水灌溉关键技术研究与应用	北京市水科学技术研究院 中国地质大学(北京) 中国农业大学 中国水利水电科学研究院 中国农业科学院农田灌溉研究所 中国矿业大学(北京) 北京市园林科学研究院	刘洪禄,吴文勇,李云开,李其军,何江涛,刘菲,杨培岭,齐学斌,郝仲勇,尹世洋,黄占斌,宝哲,潘兴瑶,王艳春,顾华	一等奖
7	2017 环 -1 -002	南水北调配套东干渠工程关键技术研究与应用	北京市水利规划设计研究院	沈来新,石维新,付云升,蒋奇,杨进新,蒋春芹,翟明杰,张奇,丁艳辉,冯克义,房彦梅,韩蕊,刘进,赵子杰,蒋瑞	一等奖
8	2017 环 -1 -003	烟道气除尘脱硫脱硝(DDS)技术及示范工程	北京大学 北京博源恒升高科技有限公司 江西永丰博源实业有限公司 北京泓龙环保有限公司	魏雄辉,邹美华,户春,李祥斌,万明金	一等奖
9	2017 环 -1 -004	地铁车辆段上盖建筑振动控制成套技术及应用	北京市劳动保护科学研究所 北京市基础设施投资有限公司 洛阳双瑞橡塑科技有限公司 北京九州一轨隔振技术有限公司 浙江天铁实业股份有限公司 北京宝曼科技有限公司	张斌,户文成,郝伟亚,邬玉斌,宋瑞祥,邵斌,张德重,张用兵,魏志勇,何蕾,金山,张丽娟,康钟绪,毛旭东,李磊	一等奖
10	2017 能 -1 -001	新一代电压源高压直流换流器关键技术及应用	全球能源互联网研究院 中国电力科学研究院 华北电力大学 中电普瑞电力工程有限公司 国网冀北电力有限公司	汤广福,贺之渊,杨杰,庞辉,葛俊,谢敏华,赵岩,查鲲鹏,李强,齐磊,姜喜瑞,栾洪洲,刘栋,马巍巍,林畅	一等奖
11	2017 能 -1 -002	大型先进压水堆核电站非能动安全试验平台研制与应用	国核华清(北京)核电技术研发中心有限公司	常华健,李玉全,赵瑞昌,胡腾,田芳,叶子申,马莉,韩立勇,王嘉鹏,鲁仰辉,杨林,杨胜,邸智,范普成,房芳芳	一等奖

续表

序号	获奖编号	项目名称	完成单位	主要完成人	获奖等级
12	2017 制 -1 -001	海洋深水钻探关键技术创新及产业化	中国石油大学(北京) 中海油研究总院 中国石油化工股份有限公司石油工程技术研究院 中海石油(中国)有限公司深圳分公司 中海石油(中国)有限公司湛江分公司 中国石油集团钻井工程技术研究院 中国石化集团国际石油勘探开发有限公司	高德利,杨进,路保平,李中,刘正礼,许亮斌,王玺,方满宗,李国华,王宴滨,周建良,柯珂,平立秋,王莹莹,邓贺	一等奖
13	2017 城 -1 -001	复杂条件下大型海底隧道钻爆法建造关键技术研究及应用	北京交通大学 青岛国信胶州湾交通有限公司 厦门路桥工程投资发展有限公司	张顶立,郭衍敬,曲立清,陈铁林,房倩,张建斌,张成平,苏洁,侯艳娟,李鹏飞,黄明琦,宋浩然,李兵,李新宇,文明	一等奖
14	2017 交 -1 -001	C30 平台纯电动乘用车关键技术集成开发与应用	北京新能源汽车股份有限公司	郑刚,王可峰,曹琛,魏跃远,侯艳丽,张青平,原诚寅,周军华,尹颖,梁海强,代康伟,许红军,盛军,张友焕,蒋荣勋	一等奖
15	2017 交 -1 -002	微重力流体高效管理与高精度控制技术及工程应用	北京控制工程研究所	庄保堂,刘锦涛,李文,潘海林,李宗良,耿永兵,丁凤林,李永,梁军强,宋涛,朱洪来,焦焱,魏延明,李泽,于洋	一等奖
16	2017 农 -1 -001	新型饲用抗生素替代品创制与应用	中国农业科学院饲料研究所 北京大北农科技集团股份有限公司 山东宝来利来生物工程股份有限公司 沈阳科丰牧业科技有限公司	王建华,王安如,滕达,高林,王秀敏,单宝龙,毛若雨,郝娅,白子金,闫铁洁,杨雅麟,管庆丰,张勇,张军,汪攀	一等奖
17	2017 农 -1 -002	大白菜优异种质创新和多样化系列品种选育与推广	北京市农林科学院蔬菜研究中心 北京京研益农科技发展中心 京研益农(北京)种业科技有限公司 济源市绿茵种苗有限责任公司	张凤兰,余阳俊,于拴仓,徐家炳,张德双,赵岫云,丁海凤,汪维红,苏同兵,侯三元,贾长才,王德欣,吴萍,卢桂香,徐念宁	一等奖
18	2017 医 -1 -001	新发自然疫源性疾病的监测与溯源研究	中国人民解放军军事医学科学院微生物流行病研究所 黑龙江省牡丹江林业中心医院 衢州市疾病预防控制中心 浙江省疾病预防控制中心	曹务春,江佳富,贾娜,郑元春,方立群,马麦卷,黎浩,方春福,陈恩富,孙毅,江瑞若,马兰,刘玮,刘昆,占炳东	一等奖
19	2017 医 -1 -002	难治性创面的精准修复新技术集成及社会防治应用推广	中国人民解放军总医院第一附属医院 北京化工大学 同济大学 武汉维斯第医用科技股份有限公司 山东威高新生医疗器械有限公司	申传安,徐福建,郝岱峰,王启刚,孙天骏,李杨,宋九宏,吕汝举,李东杰,冯光,王淑君,尚玉茹,李大伟,马丽,褚万立	一等奖
20	2017 中 -1 -001	中药生产过程控制可靠性工程理论与关键技术应用	北京中医药大学 北京同仁堂股份有限公司 北京康仁堂药业有限公司	乔延江,吴玢,解素花,史新元,付静,顾海鸥,吴志生,张志强,徐冰,杜菁,马群,林兆洲,卢建秋,詹雪艳,张加余	一等奖

续表

序号	获奖编号	项目名称	完成单位	主要完成人	获奖等级
21	2017 基 - 1 - 001	蛋白质稳态调控的翻译后修饰机制	中国人民解放军军事医学科学院放射与辐射医学研究所 香港浸会大学 中国人民解放军总医院	张令强,贺福初,田春艳,袁林,张戈,梁超,谢萍,张硌,李力,聂晶,曹宇,吕艳蓉,李洪昌,张明华,何珊	一等奖
22	2017 基 - 1 - 002	低维纳米碳材料的可控生长及其电学性能研究	中国科学院化学研究所	刘云圻,于贵,武斌,魏大程,陈建毅,耿德超,薛运周	一等奖

二等奖

序号	获奖编号	项目名称	完成单位	主要完成人	获奖等级
1	2017 计 - 2 - 001	高性能处理器测试验证与片上容错技术及应用	中国科学院计算技术研究所 中国科学院大学 北京轩宇空间科技有限公司 北京中科睿芯科技有限公司 江苏邦融微电子有限公司	李晓维,李华伟,范东睿,华更新,沈海华,韩银和,鄢贵海,叶靖,张磊,刘鸿瑾	二等奖
2	2017 计 - 2 - 002	恶意软件深度分析与检测关键技术及应用	中国科学院软件研究所 北京信息安全测评中心 国家计算机网络与信息安全管理中心 清华大学 中兴通讯股份有限公司 成都科来软件有限公司	苏璞睿,应凌云,严寒冰,钱秀槟,杨轶,李琦,聂眉宁,王继刚,游浣权,闫佳	二等奖
3	2017 计 - 2 - 003	电力企业统计及辅助决策关键技术与应用	北京中电普华信息技术有限公司 北京邮电大学 国网信息通信产业集团有限公司	曹占峰,刘道新,马占宇,胡航海,王宏志,安东升,杨树,孙丕石,肖波,尹洪苓	二等奖
4	2017 计 - 2 - 004	电子商务全产业链服务平台研发与应用	北京京东尚科信息技术有限公司 北京邮电大学 北京京东世纪贸易有限公司 北京京东叁佰陆拾度电子商务有限公司	马松,翁志,高志鹏,于永利,赵一鸿,何刚,牛琨,赵国梁,赵刚,李鹏涛	二等奖
5	2017 计 - 2 - 005	语言智能评测关键技术研究及应用	首都师范大学 北京航空航天大学 北京信息科技大学 北京词网科技有限公司 北京中文在线教育科技发展有限公司	周建设,李舟军,吕学强,刘杰,张跃,童之磊,史金生,刘贤俊,张凯,李宁	二等奖
6	2017 计 - 2 - 006	基于惯性/北斗组合的卫星天线跟踪指向技术及应用	北京星网卫通科技开发有限公司	徐烨烽,张仲毅,贾利峰,郑彩霞	二等奖
7	2017 电 - 2 - 001	嵌入式神经网络处理器 SoC 芯片的研发与应用	北京中星微电子有限公司	张韵东,邓中翰,杨晓东,金兆玮,张亦农,崔国勤,李国新,邱嵩,顾页,艾国	二等奖
8	2017 电 - 2 - 002	高密度全彩 LED 显示屏幕关键技术研发及产业化	利亚德光电股份有限公司 利亚德电视技术有限公司	卢长军,张龙虎,王勇,潘彤,刘志勇,余杰,于海滨,雷伟林,孙铮	二等奖

续表

序号	获奖编号	项目名称	完成单位	主要完成人	获奖等级
9	2017 材－2－001	新型高能量密度动力锂电正极镍钴锰酸锂的产品技术开发与应用	北京当升材料科技股份有限公司	陈彦彬，刘亚飞，姜华伟，宋顺林，李建忠，关志波，张永强，郑长春，张锋，刘大亮	二等奖
10	2017 材－2－002	全生物降解塑料 PBS/PBAT 研制、产业化及应用	中国科学院理化技术研究所	季君晖，严夫，王小威，卢波，王格侠，许颖，王晓青，张长安，王萍丽，甄志超	二等奖
11	2017 环－2－001	废烟气脱硝催化剂再生技术研究及资源化利用	北京国电龙源环保工程有限公司 国电新能源技术研究院 江苏龙源催化剂有限公司	路光杰，郭桦，唐坚，肖雨亭，杨建辉，郑鹏，白伟，陆金丰，陈波，王峰	二等奖
12	2017 环－2－002	首钢 3000 吨/天生活垃圾焚烧发电项目集成工艺开发与优化	首钢环境产业有限公司 北京首钢生物质能源科技有限公司	姜林，贾延明，冯向鹏，赵伟滨，李国庆，张福田，顾虹，杨继文，殷建刚，赵树明	二等奖
13	2017 环－2－003	综合自然灾害风险评估与农业保险关键技术研究与应用	北京师范大学 民政部国家减灾中心 中国科学院地理科学与资源研究所 中国保险学会 中国保险行业协会	史培军，吴绍洪，方伟华，袁艺，姚庆海，李宁，王静爱，黄崇福，叶涛，周洪建	二等奖
14	2017 环－2－004	低温 SCR 脱硝催化剂及其工业应用	北京工业大学 北京方信立华科技有限公司	何洪，李坚，梁文俊，宋丽云，邱文革，张桂臻，梁全明，吴锐，张铁军，李卫	二等奖
15	2017 能－2－001	储能用低成本钛酸锂电池研制及系统集成技术开发与应用	中国电力科学研究院 珠海银隆新能源有限公司 北京迅力世达技术有限公司 北京索英电气技术有限公司 国网山东省电力公司 国网安徽省电力公司 国网新源张家口风光储示范电站有限公司 国网北京市电力公司	杨凯，高飞，刘皓，金翼，来小康，詹世英，贾广清，张明杰，惠东，尹秀娟	二等奖
16	2017 能－2－002	大型光伏电站并网运行控制技术及应用	中国电力科学研究院 湖南大学 山东大学 阳光电源股份有限公司 重庆大学 北京国电智深控制技术有限公司 国网北京市电力公司	刘纯，李光辉，何国庆，冯凯辉，周林，赵伟然，陈燕东，高峰，胡兵，蔡琛	二等奖
17	2017 能－2－003	乙烯装置全流程智能控制关键技术及应用	北京世纪隆博科技有限责任公司 中国石油天然气股份有限公司大庆石化分公司 北京化工大学	王文新，朱连勋，李全善，李文军，姜广峰，白天相，魏弢，潘立登，魏铁锋，孟照海	二等奖
18	2017 能－2－004	循环流化床锅炉关键技术研发集成与工程应用	中国华能集团清洁能源技术研究院有限公司	黄中，刘冠杰，江建忠，肖平，王峥，刘百成，陈传平，赵炎钧，王路伟，孙剑	二等奖

续表

序号	获奖编号	项目名称	完成单位	主要完成人	获奖等级
19	2017 能 -2 -005	特殊用途液氧固碳闭式循环内燃机关键技术研究及应用	北京建筑大学 清华大学 天津大学 广西宜州玉柴农业装备有限公司	刘永峰，裴普成，李志军，姚圣卓，姚德臣，秦建军，金涛涛，蒙丹春，陈红兵，王方	二等奖
20	2017 能 -2 -006	非常规油气储层评价与预测关键技术及应用	中国石油大学（北京） 中国石油天然气股份有限公司勘探开发研究院 中国石油化工股份有限公司石油勘探开发研究院	曾联波，狄帮让，卢俊强，张峰，岳文正，彭勇民，吕文雅，朱如凯，肖阳，陈双全	二等奖
21	2017 能 -2 -007	重要用户定制电力关键技术、装置及应用	国网北京市电力公司 全球能源互联网研究院 华北电力大学 国网福建省电力有限公司 国网上海市电力公司 中电普瑞科技有限公司 中国电力科学研究院	邓占锋，赵国亮，肖湘宁，陈平，刘颖英，于希娟，李金元，蒋晓春，王海云，蔡林海	二等奖
22	2017 能 -2 -008	缝洞型碳酸盐岩油藏控递减技术研究与应用	中国石油化工股份有限公司石油勘探开发研究院	康志江，刘中春，王建峰，杨敏，张允，尚根华，邬兴威，程倩，郑松青，崔书岳	二等奖
23	2017 制 -2 -001	高性能高分子材料 3D 打印装备工艺技术研发及应用示范	中国科学院化学研究所 中国科学院半导体研究所 黑龙江鑫达企业集团有限公司 北京易加三维科技有限公司	徐坚，马永梅，林学春，马庆维，冯涛，赵宁，张京楠，张志研，孙建民，谢众	二等奖
24	2017 制 -2 -002	机器人多核异构实时嵌入式操作系统研发、验证及应用	首都师范大学 北京航空航天大学 沈阳新松机器人自动化股份有限公司 北京赛佰特科技有限公司	关永，魏洪兴，邹风山，邵振洲，谈金东，徐方，施智平，黄真，李永东，张杰	二等奖
25	2017 城 -2 -001	既有建筑结构低影响安全性加固关键技术创新与应用	北京市建筑工程研究院有限责任公司 中国建筑科学研究院 哈尔滨工业大学 北京建工集团有限责任公司	刘航，王凤来，尹保江，兰春光，程绍革，王代玉，杨学中，刘浩，吴岳松，肖疆	二等奖
26	2017 城 -2 -002	敞口式盾构研制与施工关键技术研究	北京市轨道交通建设管理有限公司 北京市三一重机有限公司 中铁五局集团有限公司 中南大学	罗富荣，曹伍富，杨海涛，王树英，龚振宇，张成满，谢自韬，董炳坤，张箭，赵元根	二等奖
27	2017 城 -2 -003	基于相变蓄热与太阳能利用技术的高产温室成套技术及应用	北京工业大学 北京理工大学 北京市农业技术推广站 新疆农业科学院农业机械化研究所 同济大学 北京宝和源光电设备有限公司	陈超，夏定国，郑宏飞，凌浩恕，雷喜红，马彩雯，于航，商磊，焦庆影，孙诗兵	二等奖

续表

序号	获奖编号	项目名称	完成单位	主要完成人	获奖等级
28	2017 城 - 2 - 004	既有建筑装配化外套加固成套技术研究与应用	北京市建筑设计研究院有限公司 清华大学 中国地震局工程力学研究所 南京工业大学 北京市市政六建设工程有限公司	苗启松,李文峰,潘鹏,王涛,孙江波,阎东东,王曙光,陈曦,武云鹏,方云飞	二等奖
29	2017 城 - 2 - 005	基于数字化技术的城市建设多灾害防御技术与应用	中国建筑科学研究院 清华大学 建研科技股份有限公司 北京科技大学 北京清华同衡规划设计研究院有限公司	李引擎,张靖岩,许镇,于文,孙旋,王大鹏,陈凯,郭春雨,张孝奎,郭浩	二等奖
30	2017 交 - 2 - 001	强环境适应性通用型高精度光纤陀螺技术研发及产业化	中航捷锐(北京)光电技术有限公司	谢良平,王媛娣,曹阳,谌尧周,魏飞,杨武,王巳熏,罗瑞,崔志超,谷林	二等奖
31	2017 交 - 2 - 002	城市轨道交通大客流精准感知及管控技术研发与应用	北京城建设计发展集团股份有限公司 北京交通大学 北京市地铁运营有限公司 北方工业大学 北京工业大学 北京市交通运行监测调度中心	魏运,四兵锋,孙立山,张可,刘小明,张文强,徐田坤,田青,邹迎,李金钟	二等奖
32	2017 交 - 2 - 003	城市公共交通精细化运营组织与精准化信息服务关键技术与应用	北京市交通信息中心 北京市地铁运营有限公司 北京交通大学 北京航空航天大学 北京祥龙公交客运有限公司	黄建玲,汪波,李想,于海涛,姚恩建,肖冉东,何志莹,白云云,黄坚,孙蕊	二等奖
33	2017 农 - 2 - 001	饲料主要霉菌毒素生物降解剂的创制与应用	中国农业大学 全国畜牧总站 北京市畜牧总站 河南亿万中元生物技术有限公司 北京科润生科技发展有限公司 北京市华都峪口禽业有限责任公司 北京三元禾丰牧业有限公司 中粮饲料(唐山)有限公司	马秋刚,计成,赵丽红,杨振海,陈余,邵彩梅,李笑樱,高欣,贾如,刘士杰	二等奖
34	2017 农 - 2 - 002	特色农产品中花色苷高效制备及产业化应用	北京市农林科学院蔬菜研究中心 北京绿色金可生物技术股份有限公司 北京牵手果蔬饮品股份有限公司 北京汇源饮料食品集团有限公司 北京京研益农科技发展中心	赵晓燕,张超,马越,李艳梅,王丹,李春华,王宇滨,石均,吴喆,刘文慧	二等奖
35	2017 农 - 2 - 003	玉米单倍体工程化育种技术研究与利用	北京市农林科学院玉米研究中心	赵久然,段民孝,刘新香,邢锦丰,王元东,宋伟,张如养,张华生,张雪原,张春原	二等奖
36	2017 医 - 2 - 001	人类干细胞衰老的分子基础研究	中国科学院生物物理研究所	刘光慧,汤富酬,曲静,张维绮,李静宜,任若通	二等奖

续表

序号	获奖编号	项目名称	完成单位	主要完成人	获奖等级
37	2017医-2-002	以神经软体征为核心的精神分裂症内表型研究	中国科学院心理研究所 北京大学第六医院 首都医科大学附属北京安定医院 北京回龙观医院	陈楚侨,王亚,徐婷,赵晴,李直,黄佳,张复炽,于欣,王传跃,谭淑平	二等奖
38	2017医-2-003	人脑皮层高精度连接组研究与应用	中国科学院心理研究所 山西医科大学	左西年,杨志,徐勇,姜黎黎,李会杰,徐婷,傅小兰,刘勋,魏高峡,赵科	二等奖
39	2017医-2-004	儿童脑发育障碍及相关疾病的临床、遗传与发病机制研究	北京大学第一医院	姜玉武,王静敏,吴晔,顾强,季涛云,谢涵,高凯	二等奖
40	2017医-2-005	慢性鼻窦炎免疫机制和诊疗技术的研究与应用	首都医科大学附属北京同仁医院 北京市耳鼻咽喉科研究所	张罗,韩德民,王向东,王成硕,娄鸿飞,王敏,娇健,郑铭,蓝凤,张媛	二等奖
41	2017医-2-006	新型非滤过泡依赖性青光眼手术的建立与应用	首都医科大学附属北京同仁医院	王宁利,王怀洲,李猛,陈伟伟,牟大鹏,石砚,杨迪亚,马楠,孟昭君,张熙芳	二等奖
42	2017医-2-007	遏制细菌耐药临床实验室综合应对体系建立与应用	中国医学科学院北京协和医院 北京浩辰星月科技有限公司	徐英春,杨启文,肖盟,陈民钧,张小江,张辉,程敬伟,刘亚丽,王瑶,范欣	二等奖
43	2017医-2-008	滋养细胞肿瘤综合诊治技术的研究与推广应用	中国医学科学院北京协和医院	向阳,万希润,冯凤芝,杨隽钧,赵峻,任彤,蒋芳,计鸣良,李洁,王晓雨	二等奖
44	2017中-2-001	基于阿尔茨海默病的中药新药临床试验关键技术及其应用	北京中医药大学 中国人民解放军军事医学科学院 中国人民解放军总医院 北京医院 中国中药协会	田金洲,时晶,吴圣贤,胡良平,解恒革,秦斌,王桂华,刘建平,倪敬年,魏明清	二等奖
45	2017中-2-002	"肝主疏泄"的科学内涵及临床基础研究	北京中医药大学 北京师范大学 广州中医药大学	王伟,王庆国,王天芳,赵燕,徐志伟,周仁来,李成卫,薛晓琳,赵慧辉,敖海涛	二等奖
46	2017药-2-001	多指标呼吸道病原菌微流控芯片检测系统的研发及应用	清华大学 北京大学人民医院 博奥生物集团有限公司 北京博奥晶典生物技术有限公司	邢婉丽,程京,王磊,高占成,黄国亮,王璨,王国青,荆高山,项光新,胥慧	二等奖
47	2017药-2-002	一种新型流脑-流感嗜血杆菌联合疫苗的开发及应用	北京智飞绿竹生物制药有限公司 北京绿竹生物技术股份有限公司	蒋仁生,孔健,杜琳,蒋先敏,刘刚,张琰平,蒋凌峰,黄颖,郑佳,康鸿宇	二等奖
48	2017基-2-001	基于准一维半导体纳米结构的柔性光电探测器研究	中国科学院半导体研究所 北京科技大学 华中科技大学	沈国震,娄正,陈娣,朱明强	二等奖
49	2017基-2-002	新型铁基超导材料的制备科学与性能研究	中国科学院电工研究所	马衍伟,张现平,高召顺,姚超,王栋樑,董持衡	二等奖
50	2017基-2-003	磁制冷中高效磁热转换机理及调控技术	中国科学院理化技术研究所	沈俊,戴巍,公茂琼,李珂,周远,董学强,高新强,李振兴,和晓楠,莫兆军	二等奖

续表

序号	获奖编号	项目名称	完成单位	主要完成人	获奖等级
51	2017 基－2－004	基于纳米发电机的植入式人体自供电医疗器件研究	北京纳米能源与系统研究所	李舟，王中林，朱光，唐伟，张弛，石波璟，邹洋，刘卓，欧阳涵，封红青	二等奖

三等奖

序号	获奖编号	项目名称	完成单位	主要完成人	获奖等级
1	2017 计－3－001	应急空间数据获取协同会商和数据共享服务平台及业务化应用	中国科学院光电研究院	李传荣，汪超亮，窦帅，李子扬，苑馨方，胡坚	三等奖
2	2017 计－3－002	12m 标准轨道衡综合检测技术及应用	中国铁道科学研究院 中国铁道科学研究院标准计量研究所	李世林，段小军，傅青喜，安爱民，崔宝祥，李学宝	三等奖
3	2017 计－3－003	安全可靠综合办公应用平台研发与产业化	中国软件与技术服务股份有限公司	王伟东，周献民，贾大玮，冯文化，钱正金，刁斌	三等奖
4	2017 计－3－004	自主核安全级数字化仪控平台软件验证与确认技术研究及应用	北京广利核系统工程有限公司 环境保护部核与辐射安全中心 阳江核电有限公司	张亚栋，江国进，柴建设，孙永滨，郎爱国，白涛	三等奖
5	2017 计－3－005	IT 智能运维管理技术研发及产业化	北京星网锐捷网络技术有限公司 锐捷网络股份有限公司 中国电子技术标准化研究院	马建召，姚辉，张明英，余峥嵘，毛初阳，周平	三等奖
6	2017 计－3－006	基于云计算架构的一体化医疗影像平台研发与应用	海纳医信（北京）软件科技有限责任公司	崔彤哲，孙毅，陈国桢，周永新，段明磊，谌记文	三等奖
7	2017 计－3－007	智能化现场勘查平台的研发与应用	北京海鑫科金高科技股份有限公司	刘晓春，杨春宇，张禹炎，郑逢德，邱永存，方俊	三等奖
8	2017 计－3－008	基于云计算的智能化公交实时调度和管理系统研发与产业化	北京易华录信息技术股份有限公司 华录智达科技有限公司	孙宏飞，张世强，栾丰，赵阳，刘华，朱涛	三等奖
9	2017 计－3－009	IC 卡技术安全检测服务平台（研发及应用）	北京银联金卡科技有限公司	马哲，王洁，张城，孙茂增，杨子砚，蒋利兵	三等奖
10	2017 计－3－010	“天下图一站式”地理信息资源云服务平台与应用	首都师范大学 北京天下图数据技术有限公司	关鸿亮，段福洲，王铮，李玉群，胡晓明，文斌	三等奖
11	2017 计－3－011	面向异构通信环境的云计算资源管理关键技术及 IaaS 系统应用	北京科技大学 北京华胜天成科技股份有限公司	阳小龙，马东平，孙奇福，汪大海，马忠贵，张敏	三等奖
12	2017 计－3－012	促进融合媒体供给侧改革的传媒大数据采集分析系统的研制与应用	中国传媒大学 北京歌华有线电视网络股份有限公司 北京电视台 北京千龙新闻网络传播有限责任公司 北京中传瑞智市场调查有限公司	柴剑平，郭章鹏，刘剑波，毕江，杨明星，殷复莲	三等奖
13	2017 计－3－013	基于北京工业云的创新设计云服务关键技术研究与应用	北京市计算中心 北京市科学技术研究院 北京北科融智云计算科技有限公司 国家超级计算深圳中心	刘彤，谢威，刘清珺，赵琉涛，孙鹏劼，都政	三等奖

续表

序号	获奖编号	项目名称	完成单位	主要完成人	获奖等级
14	2017 计－3－014	智慧城市物联网应用支撑平台研发与产业化	首都信息发展股份有限公司	龚承亮，郭洪韬，任晓明，杨蕾，谢家钰，陈道新	三等奖
15	2017 计－3－015	基于高端装备复杂系统设计与研制的仿真测试系统产业化项目	北京神州普惠科技股份有限公司	刘思伟，张海兵，王海江，戴绍强	三等奖
16	2017 计－3－016	高效能液体冷却服务器系统及应用	曙光信息产业（北京）有限公司 曙光信息产业股份有限公司 曙光节能技术（北京）股份有限公司	沈卫东，王晨，吴宏杰，崔新涛，宋景亮，孙振	三等奖
17	2017 电－3－001	基于自主 PXI 总线产品的高可靠测试关键技术及其产业化	北京航天测控技术有限公司	张小廷，史红卫，贾凡，杨立杰，龚飞，智国宁	三等奖
18	2017 电－3－002	原子层沉积系统的开发与应用	中国科学院微电子研究所 嘉兴科民电子设备技术有限公司 复旦大学	夏洋，李超波，孙清清，陈波，万军，李楠	三等奖
19	2017 电－3－003	多点抽取高精度脱硝氨逃逸分析系统研发与应用	北京大方科技有限责任公司	周欣，韩敏艳，骆德全，郁良，闫军，张德龙	三等奖
20	2017 电－3－004	一种具备无线通信和反恐探测能力的特种电缆的研制及应用	奇点新源国际技术开发（北京）有限公司 北京神州泰岳软件股份有限公司	邵起明，黄剑锋，苏硅，郑明吉，刘正义，王庆磊	三等奖
21	2017 电－3－005	极小目标探测雷达系统开发及应用	北京海兰信数据科技股份有限公司	李常伟，邱实，覃善兴，唐军武，吕延航，韦志恒	三等奖
22	2017 电－3－006	超宽带雷达生命探测仪的研发与应用	北京朗森基科技发展有限公司 中南大学	石斌，梁步阁，杨德贵，李琼，李辉龙，李小玲	三等奖
23	2017 电－3－007	基于物联网和云平台的集成式智能光引擎的研制及应用	北京澄通光电股份有限公司 易美芯光（北京）科技有限公司 北京集创北方科技股份有限公司 北京申安投资集团有限公司	徐国平，范振灿，王勇，郭敏，刘国旭，牛江涛	三等奖
24	2017 电－3－008	基于多频点聚合与动态感知技术的低频无线能源物联网研发及产业化	普天信息技术有限公司 国网信息通信产业集团有限公司 国网浙江省电力公司 国家无线电监测中心 北京邮电大学 国网江苏省电力公司	陶雄强，王继业，闫淑辉，严玉平，侯悦，杨斌	三等奖
25	2017 材－3－001	锂离子电池高容量硅基负极材料的开发与应用	中国科学院物理研究所	李泓，陈立泉，黄学杰，罗飞，褚赓，刘柏男	三等奖
26	2017 材－3－002	高速动车组玻璃结构优化、检测评价技术与设备开发应用	中国建筑材料科学研究总院 中国建材检验认证集团股份有限公司	臧曙光，左岩，张凡，庞世红，付静，徐志伟	三等奖
27	2017 材－3－003	FFS 模式用薄膜晶体管液晶材料的研发与产业化	北京八亿时空液晶科技股份有限公司	姜天孟，陈海光，陈卯先，田会强，高立龙，苏学辉	三等奖

续表

序号	获奖编号	项目名称	完成单位	主要完成人	获奖等级
28	2017 材 - 3 - 004	基于套管技术的椭圆应力区型偏振保持光纤的开发及应用	北京玻璃研究院 北京一轻研究院	隋宁菠,杭利军,魏国盛,臧晓微,闫晋力,李进科	三等奖
29	2017 材 - 3 - 005	大面积双面 REBCO 超导膜制备关键技术研发及产业化	北京航空航天大学 北京鼎臣超导科技有限公司	王三胜,肖志松,黄安平,张玉,刘静,张竺立	三等奖
30	2017 环 - 3 - 001	有色金属冶炼重点行业重金属污染控制与管理支撑技术研究与应用	北京矿冶研究总院 中国环境科学研究院 北京师范大学 中国矿业大学(北京) 中国瑞林工程技术有限公司	杨晓松,邵立南,陈谦,乔琦,何孟常,章丽萍	三等奖
31	2017 环 - 3 - 002	深海油气海底管道及水下设施安装关键技术研究与应用	北京高泰深海技术有限公司 海洋石油工程股份有限公司 中海石油(中国)有限公司上海分公司	王法承,王晋,许文兵,王晓波,李志刚,张益公	三等奖
32	2017 环 - 3 - 003	节能型湍流管栅脱硫除尘协同控制技术研究与工程示范	大唐环境产业集团股份有限公司 武汉大学	谷小兵,肖志均,申镇,赵怡凡,杜明生,江澄宇	三等奖
33	2017 环 - 3 - 004	低能耗高适应性平板膜与膜组器的研发与应用	北京清大国华环境股份有限公司	陈福泰,褚永前,郝福锦,杨艳,张桂英	三等奖
34	2017 环 - 3 - 005	污水资源化利用的复合增强型 MBR 膜装备和膜处理技术研究及产业化	北京新源国能科技集团股份有限公司 北京化工大学 枫科(北京)膜技术有限公司	陈卫文,高涛,刘洁,李亚静,张卫东,张玉亮	三等奖
35	2017 环 - 3 - 006	蔬果废弃物集中高效好氧发酵关键技术研发及应用	北京市农业环境监测站 阳光盛景(北京)生态科技股份有限公司 北京沃土天地生物科技股份有限公司 中国农业科学院农业资源与农业区划研究所 北京市房山区农业环境和生产监测站 北京市通州区农业技术推广站	欧阳喜辉,张敬锁,张维民,董文光,彭生平,刘晓霞	三等奖
36	2017 环 - 3 - 007	城市群复杂下垫面边界层过程及精细气象预报关键技术研究与应用	中国气象局北京城市气象研究所 长三角环境气象预报预警中心 中国气象局广州热带海洋气象研究所	苗世光,许建明,蒙伟光,房小怡,窦军霞,郑祚芳	三等奖
37	2017 环 - 3 - 008	再生水回用河湖的地下水环境响应机制及其风险防控技术	北京市水科学技术研究院 中国农业大学 中国科学院地理科学与资源研究所 北京市水文地质工程地质大队	郑凡东,李炳华,宋献方,刘立才,黄俊雄,李云开	三等奖
38	2017 环 - 3 - 009	南水北调北京受水区供水管网黄水风险识别与控制	北京市自来水集团有限责任公司	崔君乐,刘锁祥,顾军农,高踪阳,徐锦华,李玉仙	三等奖

续表

序号	获奖编号	项目名称	完成单位	主要完成人	获奖等级
39	2017 环 -3 -010	北京市污泥无害化处理与资源化利用关键技术研究与示范	北京市水科学技术研究院 北京圣海林生态环境科技股份有限公司 北京城市排水集团有限责任公司 北京市水源保护林试验工作站	孟庆义，赵方莹，李文忠，熊建军，常国梁，胡俊	三等奖
40	2017 环 -3 -011	北京再生水分质利用及水环境整治技术集成与工程示范	北京市水科学技术研究院	廖日红，胡秀琳，吴晓辉，李其军，孟庆义，赵立新	三等奖
41	2017 环 -3 -012	北京市防汛综合指挥平台建设关键技术研究及应用	北京市人民政府防汛抗旱指挥部办公室 中国水利水电科学研究院 北京市水利自动化研究所	王毅，刘舒，刘启来，刘洪伟，史明，马丰斌	三等奖
42	2017 环 -3 -013	大气细颗粒物手工基准监测研究与应用	北京市环境保护监测中心 中国环境科学研究院	刘保献，石爱军，杨文，张大伟，安欣欣，景宽	三等奖
43	2017 环 -3 -014	台风综合监测预报预警技术研究与应用	国家气象中心	许映龙，钱传海，钱奇峰，高拴柱，张玲，张建忠	三等奖
44	2017 环 -3 -015	新水情下的北京缓变性地质灾害防控关键技术研究与应用	北京市水文地质工程地质大队 中国地质大学（北京） 北京市水文总站	叶超，罗勇，田芳，王荣，崔亚莉，雷坤超	三等奖
45	2017 能 -3 -001	大电网调度控制系统一体化支撑技术及应用	中国电力科学研究院 国网电力科学研究院 国网福建省电力有限公司 国网四川省电力公司 国网辽宁省电力有限公司	李强，王磊，郎燕生，狄方春，高保成，史东宇	三等奖
46	2017 能 -3 -002	空气分级低 NOx 燃烧技术锅炉变负荷特性研究及应用	华北电力科学研究院有限责任公司 神华国华（北京）电力研究院有限公司 浙江国华浙能发电有限公司	赵振宁，张清峰，黄军，李金晶，范永胜，闫廷庆	三等奖
47	2017 能 -3 -003	高压大容量柔性直流控制保护关键技术研究及装备研制与工程应用	北京四方继保自动化股份有限公司 南方电网科学研究院有限责任公司 北京四方继保工程技术有限公司	司喆，李岩，操丰梅，朱喆，陈莉，张效宇	三等奖
48	2017 能 -3 -004	百万千瓦二次再热超超临界机组控制系统研发及工程应用	北京国电智深控制技术有限公司	黄焕袍，牛海明，陈思远，安凤栓，杨爽，田雨聪	三等奖
49	2017 能 -3 -005	大容量柔性直流输电成套设计关键技术研发及示范应用	国网北京经济技术研究院 北京网联直流工程技术有限公司	梅念，吴方劼，李探，李高望，吴延坤，刘思源	三等奖
50	2017 能 -3 -006	电力物联网关键技术及应用	国网信息通信产业集团有限公司 国网信息通信有限公司 嘉兴学院 天津科技大学 国网电力科学研究院 上海欣影电力科技股份有限公司	李祥珍，欧清海，赵东艳，刘柱，张翼英，何清素	三等奖

续表

序号	获奖编号	项目名称	完成单位	主要完成人	获奖等级
51	2017 能 - 3 - 007	大能源体系下的能源与电力配置模型方法研究及应用	国网能源研究院	王耀华,伍声宇,刘俊,张晋芳,闫晓卿,元博	三等奖
52	2017 能 - 3 - 008	碳排放峰值对电力电网发展的影响研究及应用	国网能源研究院	蒋莉萍,郑宽,冯君淑,王耀华,傅观君,元博	三等奖
53	2017 能 - 3 - 009	烧结高温烟气循环提质节能减排新工艺与工业化应用研究	首钢集团有限公司 北京首钢股份有限公司 北京科技大学	马金芳,刘占江,潘文,焦光武,龚卫民,杨金保	三等奖
54	2017 能 - 3 - 010	数据中心用高效泵驱动热管自然冷却技术研究及应用	北京工业大学 北京中太投资管理有限公司 北京工大智源科技发展有限公司	马国远,周峰,张双,余疑,韩照峰,李富平	三等奖
55	2017 能 - 3 - 011	能源审计相关标准制定与推广应用	北京交通大学 北京节能环保中心 北京市工业设计研究院有限公司	贾力,王建,杨立新,焦跃,朱益丹,张竹茜	三等奖
56	2017 能 - 3 - 012	基于多物理场永磁电机系统强迫换热关键技术及应用	北京交通大学 江苏微特利电机股份有限公司 郑州轻工业学院 北京精密机电控制设备研究所 哈尔滨理工大学	李伟力,曹君慈,李栋,张晓晨,邱洪波,李锦洲	三等奖
57	2017 能 - 3 - 013	输电网三维数字化设计平台关键技术研究及应用	北京恒华伟业科技股份有限公司 北京道亨时代科技有限公司 华北电力大学	江春华,陈显龙,罗新伟,陈宝珍,隗刚,王素琴	三等奖
58	2017 能 - 3 - 014	电动汽车充电对电网的影响及有序充电关键技术、装备与应用	国网北京市电力公司 北京华商三优新能源科技有限公司 华北电力大学 中国科学院电工研究所 华中科技大学 北京国网普瑞特高压输电技术有限公司	朱洁,张宝群,刘晓民,陈平,马龙飞,宫成	三等奖
59	2017 能 - 3 - 015	玛湖致密油经济有效开发的钻完井技术研究与应用	中国石油集团钻井工程技术研究院 中国石油新疆油田分公司工程技术研究院	汪海阁,邹灵战,许江文,刘颖彪,李维轩,卓鲁斌	三等奖
60	2017 能 - 3 - 016	储气库注采井井筒完整性评价技术研究与应用	中国石油集团钻井工程技术研究院 中石油北京天然气管道有限公司	袁进平,齐奉忠,陈俊,曲从锋,何学良,王兆会	三等奖
61	2017 制 - 3 - 001	S Zorb 高精度金属粉末滤芯及过滤器的研制与应用	安泰科技股份有限公司 中国石油化工股份有限公司北京燕山分公司 安泰环境工程技术有限公司	王凡,房立海,顾虎,高春阳,李辉,杨军军	三等奖
62	2017 制 - 3 - 002	深部开采过程地压监测预警装备及运维云服务新模式应用	北京矿冶研究总院	张达,杨小聪,冀虎,张元生,王平,刘冠洲	三等奖

续表

序号	获奖编号	项目名称	完成单位	主要完成人	获奖等级
63	2017制-3-003	人工影响天气地基、机载监测装备研发与应用	中国兵器科学研究院 中国气象科学研究院 中国兵器工业第二〇六研究所 中国兵器工业第二〇九研究所	于子平，郭学良，卢建平，李春化，伍波，杜运理	三等奖
64	2017制-3-004	新一代四卷筒抓斗卸船机研发及应用	华电重工股份有限公司	周铁梁，叶阜，刘文超，陈超，袁彦青，张溧栗	三等奖
65	2017制-3-005	基于入岩技术的中型旋挖钻机开发及应用	北京市三一重机有限公司	于卓伟，张世平，王龙刚，王浩，彭楠，孙玉杰	三等奖
66	2017制-3-006	空间机构真空高低温环境试验关键技术及应用	北京航空航天大学 北京卫星环境工程研究所	丁希仑，张武翔，孙立臣，刘恩均，张涛，史纪军	三等奖
67	2017制-3-007	自升式平台提高复杂地层作业能力关键技术	中国石油大学（北京） 中海油田服务股份有限公司	段梦兰，王建军，王懿，王冬石，宋林松，王飞	三等奖
68	2017城-3-001	基于系统工程的智慧管网关键技术研究与应用	北京无线电计量测试研究所	韩志平，王凯让，杨帆，刘伟，倪娜，甄玉龙	三等奖
69	2017城-3-002	高耐候热塑性弹性体防水卷材关键技术研究及应用	北京东方雨虹防水技术股份有限公司	李建军，刘志维，韩忠强，梁卫业，唐湘瑜，段文锋	三等奖
70	2017城-3-003	土压平衡盾构土层留壳地下接收及其解体关键技术开发应用	北京建工土木工程有限公司 北京建筑大学 北京城建设计发展集团股份有限公司 北京建工集团有限责任公司	马云新，刘军，游大江，张东，黄赫，周林生	三等奖
71	2017城-3-004	大型电子厂房高效施工关键技术研究与应用	中建一局集团建设发展有限公司 中国建筑一局（集团）有限公司 北京中建华海测绘科技有限公司	周予启，宋煜，王连峰，李浩，左强，黄勇	三等奖
72	2017城-3-005	隧道病害定期快速调查新技术研究及应用	北京市市政工程研究院	叶英，张智明，王贵宾，杨新锐，侯伟清，许鹏	三等奖
73	2017城-3-006	基于随钻同孔测量的市政管网周边隐患多源评判技术创研及应用	北京市市政工程研究院 北京市建设工程质量第三检测所有限责任公司	吕祥锋，杨东波，靳璞，张爱江，欧阳韦，白子斌	三等奖
74	2017城-3-007	城市燃气不停输作业关键技术及成套工艺装备研究	北京市燃气集团有限责任公司 清华大学 安科工程技术研究院（北京）有限公司 北京永逸舒克防腐蚀技术有限公司	高顺利，李夏喜，韩赞东，王修云，刘江涛，颜丹平	三等奖
75	2017城-3-008	复杂地质及环境条件下多管热力隧道非开挖综合技术研究及应用	北京市热力集团有限责任公司 北京特泽热力工程设计有限责任公司 北京市热力工程设计有限责任公司 北京交通大学	刘荣，牛小化，董淑棉，贺少辉，王杰，张玉成	三等奖

续表

序号	获奖编号	项目名称	完成单位	主要完成人	获奖等级
76	2017 城 -3-009	钢筋套筒灌浆连接产品与应用系列标准研制	中国建筑科学研究院 北京预制建筑工程研究院有限公司 中冶建筑研究总院有限公司 北京市建筑工程研究院有限责任公司 北京市建筑设计研究院有限公司 北京榆构有限公司	王晓锋,蒋勤俭,刘子金,钱冠龙,赵勇,沙安	三等奖
77	2017 交 -3-001	消费品安全风险监测技术标准研究及应用	中国标准化研究院 北京航空航天大学	汤万金,杨跃翔,蔡华利,许应成,王理,刘霞	三等奖
78	2017 交 -3-002	欧曼重卡 GTL 平台开发及产业化	北汽福田汽车股份有限公司 北京福田国际贸易有限公司	林梅友,张志亮,田孟义,周昆兵,刘知汉,丁教霞	三等奖
79	2017 交 -3-003	城市轨道交通建设安全监控应急指挥中心系统研究及应用	北京市轨道交通建设管理有限公司 北京经纬信息技术公司 北京全路通信信号研究设计院集团有限公司	丁树奎,张艳兵,张铭,任雪峰,王富章,朱胜利	三等奖
80	2017 交 -3-004	通信卫星信息系统协同设计与仿真验证技术及应用	中国空间技术研究院	李峰,韩笑冬,李砥擎,成艳,宗可,李源	三等奖
81	2017 交 -3-005	卫星导航在我国探月工程三期中技术研究及应用	航天恒星科技有限公司 北京空间飞行器总体设计部 北京控制工程研究所	岳富占,王猛,王盾,刘蕾,刘迎娜,陈春亮	三等奖
82	2017 农 -3-001	木质复合材料抑烟低毒表面阻燃技术研发与应用	中国林业科学研究院木材工业研究所 北京盛大华源科技有限公司 久盛地板有限公司 广东天元汇邦新材料股份有限公司	吴玉章,罗文圣,屈伟,吕建雄,蒋明亮,王艳伟	三等奖
83	2017 农 -3-002	京津冀环境友好生态施肥关键技术研究与应用	北京市土肥工作站 中国农业大学 中国农业科学院农业资源与农业区划研究所 河北省土壤肥料总站 天津市土壤肥料工作站 北京市大兴区土肥工作站	赵永志,陈新平,徐明岗,郝立岩,郑育锁,曲明山	三等奖
84	2017 农 -3-003	首都农业生态环境在线监测技术与定量评价平台一体化研发及应用	北京市农业局信息中心 北京农业智能装备技术研究中心 北京农业信息技术研究中心	董大明,梁建平,赵锦一,王大山,赵贤德,李文龙	三等奖
85	2017 农 -3-004	食品中典型内分泌干扰物的检测技术研发及应用	北京市疾病预防控制中心 国家食品安全风险评估中心	邵兵,吴永宁,张晶,杨奕,尹杰,牛宇敏	三等奖
86	2017 农 -3-005	杏、李良种创制与高产稳产及加工关键技术研发	北京市农林科学院林业果树研究所 辽宁省果树科学研究所 新疆农业科学院农产品贮藏加工研究所 吉林省农业科学院 中国农业大学	王玉柱,孙浩元,刘威生,张平,李锋,杨丽	三等奖

续表

序号	获奖编号	项目名称	完成单位	主要完成人	获奖等级
87	2017 农-3-006	北方乡土草资源驯化、选育及推广应用	北京草业与环境研究发展中心 北京方达康生态科技有限公司	武菊英,范希峰,袁小环,杨学军,滕文军,陈超	三等奖
88	2017 医-3-001	新型多重 PCR 检测技术平台的建立及其应用	中国疾病预防控制中心病毒病预防控制所 北京卓诚惠生生物科技有限公司 陕西省疾病预防控制中心 湖南省疾病预防控制中心 甘肃省疾病预防控制中心	马学军,王佶,毛乃颖,申辛欣,张益,王雷	三等奖
89	2017 医-3-002	预防艾滋病、梅毒和乙肝母婴传播关键技术与整合策略研究	中国疾病预防控制中心妇幼保健中心 中国疾病预防控制中心性病艾滋病预防控制中心 中国医学科学院皮肤病研究所 北京妇幼保健院 云南省妇幼保健院 首都医科大学附属北京佑安医院	王爱玲,金曦,张彤,王临虹,王潇滟,姚均	三等奖
90	2017 医-3-003	北京市人感染禽流感监测体系的建立与应用研究	北京市疾病预防控制中心	王全意,杨鹏,潘阳,庞星火,石伟先,孙瑛	三等奖
91	2017 医-3-004	脊柱退行性疾病智能防控系统构建	北京积水潭医院	田伟,刘波,刘亚军,孙宇庆,何达,吕艳伟	三等奖
92	2017 医-3-005	子宫内膜异位症中雌激素合成通路调控机制的研究	北京大学第一医院	薛晴,周应芳,曾诚,彭超,尹玲,肖豫	三等奖
93	2017 医-3-006	口腔硬组织的生物再生及其关键调控机制研究	北京大学口腔医学院	周永胜,刘燕,刘云松,周彦恒,谢秋菲,姜婷	三等奖
94	2017 医-3-007	复杂性肛瘘微创手术治疗的基础和临床应用研究	首都医科大学附属北京朝阳医院	王振军,韩加刚,郑毅,崔金杰,赵宝成,易秉强	三等奖
95	2017 医-3-008	自身免疫肝病自身抗原抗体研究及其临床应用	首都医科大学附属北京佑安医院	闫惠平,刘燕敏,赵艳,廖慧钰,李宁,黄春洋	三等奖
96	2017 医-3-009	噬血细胞综合征快速诊断体系和挽救治疗技术的建立及推广应用	首都医科大学附属北京友谊医院 首都医科大学附属北京佑安医院	王昭,陈德喜,王旖旎,张嘉,王晶石,吴林	三等奖
97	2017 医-3-010	提高肝移植救治肝衰竭疗效的关键技术集成创新	首都医科大学附属北京佑安医院 中国人民解放军总医院 北京大学	卢实春,邓宏魁,陈煜,段钟平,段斌炜,李宁	三等奖
98	2017 医-3-011	适合中国女性的乳腺癌筛查、早诊体系的建立及应用	中国医学科学院北京协和医院	孙强,周易冬,沈松杰,徐雅莉,茅枫,林燕	三等奖
99	2017 医-3-012	早期乳腺癌综合治疗关键技术的建立、规范化及推广	中国医学科学院肿瘤医院	王翔,张保宁,张频,冯勤付,王昕,应建明	三等奖

续表

序号	获奖编号	项目名称	完成单位	主要完成人	获奖等级
100	2017 医-3-013	规范化缺血性脑卒中二级预防体系的建立和推广应用	中国医学科学院北京协和医院	崔丽英,彭斌,朱以诚,倪俊,周立新,姚明	三等奖
101	2017 医-3-014	自身抗体临床推广普及应用、检测质量保证及转化医学研究	中国医学科学院北京协和医院	李永哲,张奉春,张蜀澜,胡朝军,李萍,邓垂文	三等奖
102	2017 医-3-015	乳腺癌切除后乳房缺损的微创化与精细化修复	中国医学科学院整形外科医院	栾杰,穆大力,刘春军,辛敏强,付苏,徐伯扬	三等奖
103	2017 医-3-016	肥厚型梗阻性心肌病外科治疗关键技术体系的构建与临床应用	中国医学科学院阜外医院	王水云,宋云虎,胡盛寿,于钦军,崔颢,陈海波	三等奖
104	2017 中-3-001	滋肾活血法治疗病态窦房结综合征传承创新与基础研究	中国中医科学院广安门医院	刘如秀,刘志明,汪艳丽,刘金凤,李敏,王彦云	三等奖
105	2017 中-3-002	解郁活血抑制子宫内膜异位症复发的临床与机理研究	中国中医科学院广安门医院 首都医科大学附属北京友谊医院 北京医院 天津中医药大学第二附属医院 中国中医科学院望京医院 首都医科大学附属复兴医院	赵瑞华,孙伟伟,杨艳环,郝增平,孟庆伟,宋殿荣	三等奖
106	2017 中-3-003	贺氏火针疗法及临床应用研究	首都医科大学附属北京中医医院	贺普仁,李彬,刘慧林,王桂玲,王麟鹏,程海英	三等奖
107	2017 中-3-004	青石止痒软膏治疗神经性皮炎、湿疹的临床应用研究	北京中医药大学东方医院 北京中医药大学东直门医院 中日友好医院 北京市平谷区中医医院	李元文,张丰川,蔡玲玲,孙占学,杨碧莲,邓颖	三等奖
108	2017 药-3-001	钴基合金可降解涂层支架技术的研究与推广	乐普(北京)医疗器械股份有限公司	蒲忠杰,赵丽晓,张正才,杨明,李畅,方元	三等奖
109	2017 药-3-002	外科生物补片的产业化	北京佰仁医疗科技有限公司	金磊	三等奖
110	2017 药-3-003	高风险抗生素品种质量提升与风险防控体系的建立与应用	北京市药品检验所	李文东,杨文良,戴红,王俊秋,车宝泉,李珉	三等奖
111	2017 药-3-004	2200 种微生物蛋白谱数据库及飞行时间质谱鉴定系统研发及产业化	北京毅新博创生物科技有限公司 中国人民解放军军事医学科学院 中国医学科学院北京协和医院 中国科学院电工研究所 北京大学口腔医学院 中国人民解放军总医院	马庆伟,李爱玲,何昆,肖盟,王成彬,陈峰	三等奖
112	2017 基-3-001	适用于集成的定向输出半导体微腔激光器研究	中国科学院半导体研究所	黄永箴,杨跃德,国伟华,肖金龙,杜云,樊中朝	三等奖

续表

序号	获奖编号	项目名称	完成单位	主要完成人	获奖等级
113	2017 基-3-002	高性能隧穿磁电阻磁敏传感器的材料、物理与芯片应用基础研究	中国科学院物理研究所	韩秀峰,刘厚方,魏红祥,万蔡华,马勤礼,于国强	三等奖
114	2017 基-3-003	纳米材料原子结构及其性质的原位透射电子显微学研究	中国科学院物理研究所	白雪冬,许智,王文龙,高鹏,刘开辉,王恩哥	三等奖
115	2017 基-3-004	施肥制度与土壤可持续利用	中国农业科学院农业资源与农业区划研究所 中国农业科学院农业环境与可持续发展研究所 山东农业大学 西南大学 河南省农业科学院植物营养与资源环境研究所 新疆农业科学院土壤肥料与农业节水研究所	赵秉强,李娟,温延臣,刘恩科,林治安,刘鹏	三等奖
116	2017 基-3-005	国家经济安全:理论与分析方法	清华大学	雷家骕,彭勃,钟惠波,王雪梅,张俊芳,郑晓博	三等奖
117	2017 基-3-006	多维度光信号的低噪放大及灵活信号处理研究	北京邮电大学	忻向军,刘博,张丽佳,张,琦,尹霄丽,王拥军	三等奖
118	2017 基-3-007	《漫画脑卒中》	首都医科大学附属北京天坛医院 人民卫生出版社有限公司	缪中荣,朱超,王伊龙,徐贝贝,庞珂,周宁	三等奖
119	2017 基-3-008	高性能锂离子电池炭基负极材料的结构设计及性能研究	北京化工大学	宋怀河,陈晓红,周继升,杨树斌,郭鹏,张苏	三等奖
120	2017 基-3-009	林木数量性状基因解析理论与方法	北京林业大学	邬荣领,姜立波,薄文浩,孙丽丹,庞晓明,王忠	三等奖
121	2017 基-3-010	先进发电过程清洁高效控制与集成优化研究	华北电力大学	张建华,房方,徐钢,谭文,侯国莲,张国强	三等奖
122	2017 基-3-011	石墨烯/锡化物复合电极材料的维度匹配性研究	国家纳米科学中心	智林杰,罗彬,王斌,李祥龙,梁明会,方岩	三等奖

北京市发明专利奖获奖项目一览表

（同奖级项目排名不分先后）

北京市第一届发明专利奖获奖项目名单（2008 年）			
序号	奖励等级	项目名称	专利权人
1	特等奖	一种车载移动式集装箱检查系统	清华大学、同方威视技术股份有限公司
2	一等奖	一种获得近交系小型猪的方法	中国农业科学院北京畜牧兽医研究所
3	一等奖	柔性自动啮合快速调距式螺杆机构	范朝来
4	一等奖	时域同步正交频分复用接收机总体结构	清华大学
5	二等奖	低温大直径磁性液体密封装置	北京交通大学
6	二等奖	凝石二元化湿水泥及其用途	清华大学、中国矿业大学、蓝资加拿大国际公司、北京市高水矿业技术开发公司
7	二等奖	一种合成的磷 - 混合稀土 - β - 沸石、其制备方法及其应用	中国石油化工股份有限公司燕山分公司、北京化工大学
8	二等奖	微生物发酵正烷烃生长长链 α，ω - 二羧酸的方法	中国科学院微生物研究所
9	二等奖	基于点重建的超大规模医学影像三维可视化的方法	中国科学院自动化研究所
10	二等奖	复合震动的超声骨骼手术仪	张毓笠、史文勇、周兆英、罗晓宁
11	二等奖	激光治疗系统	北京光电技术研究所
12	二等奖	电力系统中基于软分区的电压控制方法	清华大学
13	二等奖	一种基于互联网的短消息传送系统及数据传送的方法	中国移动通讯集团公司
14	二等奖	一种动态组网以实现资源共享的方法	联想（北京）有限公司
15	二等奖	具有硬件适应性的数字内容与硬件绑定的方法	北京方正阿帕比技术有限公司、北京大学
16	二等奖	外部自然循环复极式离子膜电解装置	蓝星（北京）化工机械有限公司
17	二等奖	氢氧化镍的一种连续性制备方法	北京有色金属研究总院
18	二等奖	一种制备聚氨酯基生物固定化载体的工艺	北京大学
19	二等奖	一种高纯纳米型聚合氯化铝溶胶的制备方法	中国科学院生态环境研究中心
20	三等奖	一种电炉炼钢吹氧喷粉氧燃助熔及泡沫渣工艺	北京科技大学
21	三等奖	一种煤系高岭土合成高纯赛隆材料的方法	北京科技大学
22	三等奖	一种重组人白细胞介素 - 11 的制备方法	北京双鹭药业股份有限公司
23	三等奖	水熔性纤维素醚化衍生物止血材料	北京纺织科学研究院
24	三等奖	玉米秸秆覆盖地小麦对行免耕播种机	中国农业大学
25	三等奖	一种切花保鲜运输方法	中国农业大学
26	三等奖	一种面向出版的智能模板模型的建立方法	北京方正国际软件系统有限公司、北京大学
27	三等奖	一种基站系统	大唐移动通讯设备有限公司
28	三等奖	变电站自动化系统测控单元通信管理装置	北京四方继保自动化股份有限公司
29	三等奖	与非门快闪存储器的物理接口、接口方法和管理设备	北京中星微电子有限公司
30	三等奖	一种避免冗余主站对串行总线链路访问冲突的方法	北京和利时系统工程有限公司

续表

序号	奖励等级	项目名称	专利权人
31	三等奖	网络入侵监测的方法和系统	北京启明星辰信息技术有限公司
32	三等奖	小方坯连铸低碳低硅含铝钢的生产方法	首钢总公司
33	三等奖	合金薄片制备装置及工艺	北京中科三环高技术股份有限公司
34	三等奖	有机二氯硅烷的连续水解工艺	蓝星化工新材料股份有限公司江西星火有机硅厂
35	三等奖	一种管输油品聚α－烯烃减阻剂的制备方法	中国石油天然气股份有限公司
36	三等奖	一种催化烃重组处理方法	北京金伟晖工程技术有限公司
37	三等奖	玻璃真空管太阳能热水器	北京桑普阳光技术有限公司
38	三等奖	混凝土桩的施工方法	北京波森特岩土工程有限公司
39	三等奖	分体式膜生物反应器	中国科学院生态环境研究中心
40	三等奖	六味地黄滴丸	正大绿洲
41	三等奖	一种治疗艾滋病的中药制剂及其加工方法	北京琦杰源医药科技发展有限公司
42	三等奖	一种胸腺五肽的水溶液制剂、其制备方法及应用	北京双鹭药业股份有限公司
43	三等奖	表皮生长因子工程菌及使用该菌制备表皮生长因子的方法	中国医学科学院基础医学研究所
44	三等奖	碱性磷酸酶标记游离甲状腺激素的合成工艺	北京科美东雅生物技术有限公司
45	三等奖	治疗肿瘤的药物及其制备方法	北京市肿瘤防治研究所、天津中新药业集团股份有限公司隆顺榕制药厂
46	三等奖	旋转体上传感器信号导出装置	张力
47	三等奖	一种释放自动负离子的针织面料	北京铜牛集团有限公司
48	三等奖	全自动礼花型空中视屏	陈延文
49	三等奖	脲醛树脂及其制备方法	北京林业大学、永港伟方(北京)科技股份有限公司

第二届北京市发明专利奖获奖项目名单(2010年)

序号	专利名称	专利号	专利权人	发明人	获奖等级
1	猪繁殖与呼吸综合征疫苗、制备方法及应用	ZL200710086549.7	中国动物疫病预防控制中心	田克恭	一等奖
2	铜矿石的联合堆侵工艺	ZL03137338.0	北京有色金属研究总院	阮仁满、温建康、宋永胜、姚国成、郑其、李宏煦	一等奖
3	一种基于双反馈的误差扩散调频挂网方法	ZL2005100668127.8	北京北大方正电子有限公司、北京大学	李海峰、杨斌、马世雄	一等奖
4	一种有机电致发光器件	ZL200710065095.5	清华大学、北京维新诺科技有限公司	邱勇、谢静、高裕弟、段炼	一等奖
5	铸型数控切削加工成形机	ZL200710145753.1	机械科学研究总院先进制造技术研究中心	单忠德、李新亚、战丽、黄晓丽	一等奖
6	一种序列特异性寡核苷酸探针及其应用	ZL200610002863.8	博奥生物有限公司、清华大学	高华方、李泽、王栋、刘彦华、刘湘、江扬洲、李丽、赵传赞、兰更欣、过涛、蔡斌、程京	二等奖
7	电感耦合线圈及其电感耦合等离子体装置	ZL200510008776.9	北京北方微电子基地设备工艺研究中心有限责任公司	宋巧丽、李东山、孙岩	二等奖

续表

序号	专利名称	专利号	专利权人	发明人	获奖等级
8	用于回旋管的传导冷却超导磁体系统	ZL200610113548.2	中国科学院电工研究所	王秋良、戴银明、赵保志、宋守森、王厚生、胡新宁	二等奖
9	外滤式袋式除尘器及其清灰方法	ZL200710128409.1	彭志民、赵健飞	彭志民	二等奖
10	一种同时实现热调节和热计量的方法	ZL200610114686.2	清华大学	江亿、刘兰斌、付林	二等奖
11	一种基于规则的全天候智能视频分析监控方法	ZL200710064387.7	中国科学院自动化研究所	谭铁牛、黄凯奇、王亮生、王时金、黄永祯	二等奖
12	时隙码分多址系统多码集信道估计方法	ZL03100670.1	大唐移动通信设备有限公司	王映民、任世岩	二等奖
13	纯水力自动充气与搅拌装置及其使用该装置净化水的方法	ZL02104240.3	北京华特克林科技有限公司	孙厚钧	二等奖
14	复合闪烁磁场精选机	ZL200310103252.9	首钢总公司	郝树华、卞春富、周玉贵	二等奖
15	一种植物生长调节剂组合微乳剂及其制备方法和用途	ZL200510090044.9	中国农业大学	段留生、李召虎、翟志席、张明才、田晓莉、何钟佩、董学会	二等奖
16	利用数据处理终端控制数码显微镜输出图像的方法	ZL200610113625.4	北京华旗咨询数码科技有限公司、北京华旗数码技术实验室有限责任公司	周朝晖	二等奖
17	一种纳米钴粉的制备方法	ZL200610067164.1	北京工业大学	聂祚仁、席晓丽、蒋亚宝、童培云、左铁镛	二等奖
18	浸射靶及应用该浸射靶的激光光束诊断系统及其诊断方法	ZL200310115298.2	北京光电技术研究所	陆耀东、王昊、史红民	二等奖
19	钴酸锂材料的制备方法	ZL200310123900.7	北京当升材料科技股份有限公司	白厚善、陈彦彬	二等奖
20	文档处理系统和文档处理方法	ZL200510131072.0	北京书生国际信息技术有限公司	王东临、郭旭、刘昌伟、姜海峰	二等奖
21	一种外科手术用可拆卸切割多用剪	ZL200610011931.7	张毓笠、史文勇、罗晓宁	史文勇、周兆英、罗晓宁、张毓笠	三等奖
22	一种聚氨酯胶布的生产方法	ZL200610112002.5	北京五洲燕阳特种纺织品有限公司	董安礼、陈思祥、董凡、刘艳秀、姬惠元、郭良印、安康	三等奖
23	红花总黄色素及其制备方法和应用	ZL99123713.7	北京市心肺血管疾病研究所	金鸣、李家实、王玉芹、臧宝霞、杨树东、陈文梅、吴伟、朴永哲、李金荣、李蔚然	三等奖
24	室温条件下甲醛气体氧化催化剂	ZL200410047973.7	中国科学院生态环境研究中心	贺泓、石晓燕、张长斌	三等奖
25	按相补偿阻抗继电器保护装置及其方法	ZL03153450.3	北京四方继保自动化股份有限公司	黄少锋、陶惠良、张月品、杜兆强、张效宇	三等奖
26	一种保障存储网络数据安全的方法及装置	ZL200510011667.2	北京邦诺存储科技有限公司	祝夭龙、熊晖、严杰	三等奖
27	一种防冻降雾节水型冷却塔	ZL200610088863.4	清华大学	吴晓敏、张天敏、姚奇、戴万田	三等奖

续表

序号	专利名称	专利号	专利权人	发明人	获奖等级
28	无线通信系统无线资源占用算法	ZL200410082398.4	中国移动通信集团设计院有限公司	张淑伟、马华兴、高鹏	三等奖
29	磁性液体密封装置中密封组件的装配方法	ZL200710099490.5	北京交通大学	李德才、王淑珍	三等奖
30	单层双向索幕墙支撑结构及安装方法	ZL200710143695.9	北京江河幕墙股份有限公司	魏东海、张克敏、闫世印、王斌	三等奖
31	一种 RISC 处理器及其存储标志位处理方法	ZL200710308571.1	中国科学院计算技术研究所	胡伟武、李晓钰、李国杰	三等奖
32	一种选择性脱硫的密相干塔装置	ZL200610089328.0	北京科技大学、北京首科兴业工程技术有限公司	宋存义、杨天钧、陈凯华、左海滨	三等奖
33	太空舱舱门开关操作装置	ZL200610113020.5	北京航空航天大学	丁希仑、张武翔、田娜、刘志全、闫德元、游巍	三等奖
34	岩沥青复合改性剂及其制备方法以及用途	ZL200710120677.9	交通部公路科学研究院、上海交通大学	曹东伟、刘清泉、王仕峰	三等奖
35	玉米真实性检测试剂盒及其检测方法	ZL200610065734.3	北京市农林科学院	王凤格、赵久然、郭景伦	三等奖
36	一种安全芯片及基于该芯片的信息安全处理设备和方法	ZL03138380.7	联想(北京)有限公司	韦卫、王一平、吴秋新、刘鸿京、李明柱、王晚丁、李亚辉	三等奖
37	一种海量数据加载和查询的方法	ZL200810102121.1	北京锐安科技有限公司	朱贺军	三等奖
38	基于多层螺旋 CT 的人体索条状组织同层显示成像的方法	ZL200610165128.9	林井副、李燕英	林井副、李燕英	三等奖
39	一种基于双库协同机制的 KDD※方法及系统	ZL01145080.0	北京科技大学	杨炳儒	三等奖
40	甾体类激素－碱性磷酸酶结合物制备方法	ZL03110098.8	北京科美东雅生物技术有限公司	李振甲	三等奖
41	一种从废水中回收环氧氯丙烷的工艺	ZL200610096477.X	蓝星化工新材料股份有限公司无锡树脂厂	冯雪蜂、朱菊芬、章全民、吴俊、周雁新	三等奖
42	原子吸收分光光度计扣背景钨灯联合调制测控方法及装置	ZL02159506.2	北京瑞利分析仪器公司	武进田	三等奖
43	聚阴离子纤维素的低浴比捏合法生产	ZL200710100295.X	北京理工大学、北京北方世纪纤维素技术开发有限公司	邵自强、王飞俊	三等奖
44	具有改善肠胃道功能的保健茶及其制备方法	ZL200610083789.7	北京澳特舒尔保健品开发有限公司	赵一弘	三等奖
45	用于创建和部署网状网络的方法和系统	ZL200580000836.0	阿德利亚科技(北京)有限责任公司	赵福勇、王晓东、吴方	三等奖
46	一种非皂化磷类混合萃取剂取分离稀土元素的工艺	ZL200510137231.8	有研稀土新材料股份有限公司	黄小卫、李建宁、彭新林、龙志奇、朱兆武、崔大立、赵娜、刘营、李红卫、张国成	三等奖
47	采用薯类原料制备乙醇的方法	ZL200810055658.7	中粮集团有限公司	岳国军、姜勇、刘志民、邓立康、刘晓峰、张永新、郝小明	三等奖

续表

序号	专利名称	专利号	专利权人	发明人	获奖等级
48	一种视音频与图形分离播出系统	ZL200710177636.3	新奥特(北京)视频技术有限公司	任乐时、徐晓展、孙季川、李涛、曹志强、王堃越	三等奖
49	用于机车无线数字综合预警系统的数字通讯设备及方法	ZL200310101791.9	北京世纪东方国铁科技股份有限公司	田秀臣、葛鹰龙、李富超、刘燕妮、冷盛翔	三等奖
50	一种环保型可燃粉体洁净气化装置	ZL200510053511.0	北京航天万源煤化工工程技术有限公司	卢正滔、王明坤、姜丛斌、钱永康	三等奖

第三届北京市发明专利奖获奖项目名单(2013 年)

序号	专利号	专利名称	专利权人名称	奖励等级
1	ZL201010116558.8	用于发动机冷却系统的副水箱和发动机冷却系统	北汽福田汽车股份有限公司	特等奖
2	ZL200710064303.X	水收集净化储存系统	北京仁创科技集团有限公司	一等奖
3	ZL200710177405.2	物质识别方法和设备	同方威视技术股份有限公司、清华大学	一等奖
4	ZL200610112817.3	一种包覆材料水平连铸直接复合成形设备与工艺	北京科技大学	一等奖
5	ZL200710065181.6	一种基于多分类器融合的敏感网页过滤方法及系统	中国科学院自动化研究所	一等奖
6	ZL200410031172.1	自呼吸空气的便携式电源	清华大学	一等奖
7	ZL200710176466.7	TFT－LCD 像素结构及其制造方法	北京京东方光电科技有限公司	二等奖
8	ZL201110158848.3	富氧底吹炼铜炉和富氧底吹炼铜工艺	中国恩菲工程技术有限公司、水口山有色金属有限责任公司	二等奖
9	ZL201110147584.1	开放式传导冷却核磁共振超导磁体系统	中国科学院电工研究所	二等奖
10	ZL201010262244.9	一种超高分子量聚乙烯纤维纺丝溶液的制备方法	北京同益中特种纤维技术开发有限公司、中纺投资发展股份有限公司	二等奖
11	ZL200810227820.9	一种高强韧性螺旋埋弧焊管用 X80 热轧卷板及其生产方法	首钢总公司	二等奖
12	ZL200710120440.0	一种应用于宽带无线网络的数据调度方法	中国科学院计算技术研究所	二等奖
13	ZL97103970.4	一种治疗高血脂症及相关心脑血管疾病的红曲制剂	北京北大维信生物科技有限公司	二等奖
14	ZL200810223632.9	一种自动测试栅格图像处理器的方法及系统	北大方正集团有限公司、北京北大方正电子有限公司	二等奖
15	ZL201010276662.3	移动终端的网页排版方法及系统	优视科技有限公司	二等奖
16	ZL200910091233.6	预防猪感染猪繁殖与呼吸综合征的减毒活疫苗	华威特(北京)生物科技有限公司、华威特(江苏)生物制药有限公司	二等奖
17	ZL200910210705.5	SATA 连接器	爱国者电子科技有限公司	三等奖
18	ZL200810222757.X	彩色激光打印机用无色碳粉及其制备方法	中国科学院过程工程研究所	三等奖
19	ZL200710065340.2	超大粒径和高密度钴酸锂及其制备方法	北京当升材料科技股份有限公司	三等奖
20	ZL200810006759.5	车灯转向驱动装置	北京经纬恒润科技有限公司	三等奖
21	ZL200810305574.4	地下工程施工超前地质预报系统及其预报方法	北京市市政工程研究院	三等奖

续表

序号	专利号	专利名称	专利权人名称	奖励等级
22	ZL200610086577.4	基于互联网信息的输入法词频库的生成方法和系统	北京搜狗科技发展有限公司	三等奖
23	ZL201010270599.2	利用聚酯废料生产涤纶纤维的方法	北京中丽制机工程技术有限公司	三等奖
24	ZL201010152929.8	轮式移动基座过站施工方法及装置	中建交通建设集团有限公司	三等奖
25	ZL200510075116.2	通用串行总线数据传输方法	飞天诚信科技股份有限公司	三等奖
26	ZL200910172146.3	一种 SBS 改性沥青及其制备方法	交通部公路科学研究院、上海交通大学、北京建筑工程学院、中公高科(北京)养护科技有限公司	三等奖
27	ZL201110006357.7	一种安全性高的桂哌齐特药用组合物及其制备方法和其应用	北京四环制药有限公司	三等奖
28	ZL200910180462.5	一种单波梁护栏板及单波梁钢护栏	中交路安(北京)科技有限公司	三等奖
29	ZL200710175703.8	一种基于码扩正交频分多址(CS－OFDMA)的智能天线无线系统	北京信威通信技术股份有限公司	三等奖
30	ZL200910083144.7	一种将通讯录和即时通讯软件整合的方法及装置	腾讯科技(北京)有限公司	三等奖
31	ZL200410103117.9	一种具有多处理器的计算机及其操作方法	联想(北京)有限公司	三等奖
32	ZL03143211.5	一种抗病毒中药组合物及制备方法	北京以岭药业有限公司	三等奖
33	ZL200510137233.7	一种钕铁硼永磁材料用辅助合金及其制备方法	有研稀土新材料股份有限公司	三等奖
34	ZL201010552530.9	一种实时防护文件的监控方法及装置	北京奇虎科技有限公司、奇智软件(北京)有限公司	三等奖
35	ZL200810226171.0	一种用于超高压容器的密封装置	中国农业大学	三等奖
36	ZL201010115563.7	自带驱动控制的 LED 平板显示单元及其生产方法	利亚德光电股份有限公司	三等奖

第四届北京市发明专利奖获奖项目名单(2015 年)

序号	专利号	专利名称	专利权人	发明人	奖励等级
1	ZL200910083284.4	签名方法、设备及系统	飞天诚信科技股份有限公司	陆舟、于华章	特等奖
2	ZL201310573353.6	一种供电系统	京东方科技集团股份有限公司、北京京东方视讯科技有限公司	郭乃嘉、贺见紫	一等奖
3	ZL201010569722.0	一种上报信道状态的方法及装置	大唐移动通信设备有限公司	苏昕、高秋彬、拉盖施、沈祖康	一等奖
4	ZL200910089068.0	电动汽车车载充电保护装置、充电保护方法及车辆	北汽福田汽车股份有限公司	邓小明、李德伟、郭齐杰、蔡文远、王可峰	一等奖
5	ZL200910088002.X	一种汽爆秸秆木糖发酵丙酮丁醇及提取剩余物的方法	北京中科百瑞能工程技术有限责任公司	陈洪章、王岚	一等奖
6	ZL201110034020.7	一种加氢处理催化剂及其应用	北京安耐吉能源工程技术有限公司	曲良龙、陈晓林、陈士博	一等奖
7	ZL200710003041.6	一种工业以太网快速冗余的实现方法	北京东土科技股份有限公司	马化一、陈凡民、薛百华	二等奖

续表

序号	专利号	专利名称	专利权人	发明人	奖励等级
8	ZL200810104584.1	一种产生视频大纲的方法和系统	中国科学院计算技术研究所	陈益强、黄强、纪雯	二等奖
9	ZL200910083197.9	探测参考信号发送功率配置方法、网络侧设备及 UE	电信科学技术研究院	高秋彬、沈祖康、缪德山、潘学明、孙韶辉	二等奖
10	ZL200610126709.1	一种屏幕可旋转的便携式电子设备	联想(北京)有限公司	夏小松、辛志峰	二等奖
11	ZL200710178667.0	汽轮发电机组轴系机械疲劳的测量方法	北京四方继保自动化股份有限公司	梁新艳、焦邵华、李元盛、张涛	二等奖
12	ZL200910225252.3	超临界空气储能系统	中国科学院工程热物理研究所	陈海生、谭春青、刘佳、张东阳、徐玉杰	二等奖
13	ZL201010226138.5	一种双层烧结金属粉末滤芯的制备方法	安泰科技股份有限公司	王凡、杨军军、高春阳、郭辉进、安永涛、陈利军、刘文涛、房立海、宋以常、李辉、李生勇、胡斌	二等奖
14	ZL201310314196.7	一种激发荧光实时成像系统及方法	中国科学院自动化研究所	田捷、叶津佐、迟崇巍、杨鑫	二等奖
15	ZL201110083643.3	一种熔融钢渣余热有压热闷处理方法	中冶建筑研究总院有限公司、中国京冶工程技术有限公司、中冶节能环保有限责任公司	钱雷、范永平、杨景玲、邹元龙、孙健、董春柳、孟建基	二等奖
16	ZL201010194555.6	无氰全湿成套工艺绿色回收废旧电路板的方法	北京科技大学	张深根、李彬、潘德安、田建军、刘波	二等奖
17	ZL201110460494.8	一种分布式键-值查询方法和查询引擎系统	北京奇虎科技有限公司	杨康、谢兵	三等奖
18	ZL201110268069.9	一种特高压直流电晕电流取样电阻传感器	中国电力科学研究院、袁海文	陆家榆、袁海文、刘颖异、杨庆华、刘元庆、崔勇	三等奖
19	ZL200910089897.9	一种 X 射线荧光激发检测装置	北京矿冶研究总院	周俊武、赵建军、徐宁、曾荣杰	三等奖
20	ZL201210264423.5	一种控制方法和装置	浪潮(北京)电子信息产业有限公司	王恩东、胡雷钧、李仁刚	三等奖
21	ZL200910093009.0	扫描笔	汉王科技股份有限公司	刘迎建、向国威、王杰、张军、刘正珍、梁义海、王体昌、邹玉娣	三等奖
22	ZL200610029908.0	双镶嵌结构的制造方法	中芯国际集成电路制造(上海)有限公司、中芯国际集成电路制造(北京)有限公司	宁先捷	三等奖
23	ZL201010109271.2	数字集群通信系统中的集群业务实现方法和集群用户终端	普天信息技术研究院有限公司	张瀚峰、李瑞林、赵顾良、陈永、喻炜、邢益海	三等奖
24	ZL201110109136.2	一种偏置漂移主动纠正系统、方法及引线键合机	北京中电科电子装备有限公司	于丽娜、王双全	三等奖
25	ZL201210051701.9	一种在线检测热镀锌板表面锌花尺寸的方法	首钢总公司	蒋光锐、王洋、邝霜、滕华湘、王海全、吴宁宁、尉冬、常安、熊爱明、朱国森、刘光明	三等奖

续表

序号	专利号	专利名称	专利权人	发明人	奖励等级
26	ZL201110321932.2	一种准分子激光器用贯流风机叶轮	中国科学院光电研究院	丁金滨、刘斌、陈进新、王宇、周翊、赵江山	三等奖
27	ZL201210212549.8	一种金属粉末制备装置及方法	北京康普锡威科技有限公司、北京有色金属研究总院	张少明、徐骏、胡强、贺会军、朱学新、林刚、王志刚、李志刚	三等奖
28	ZL200810115058.5	超微细键合金丝规模化生产方法	北京达博有色金属焊料有限责任公司	刘家强、杨顺兴、苏宏福、杜连民、向翠华	三等奖
29	ZL201010527681.9	一种磁珠与发光体共标记以检测遗传性耳聋的试剂盒	博奥生物集团有限公司、清华大学	高华方、项光新、蒋迪、邢婉丽、程京	三等奖
30	ZL200610168125.0	药物洗脱器械用纳米级孔洞药物释放结构及其制备方法	乐普(北京)医疗器械股份有限公司	张昱昕	三等奖
31	ZL201010618185.4	非固化沥青胶	北京东方雨虹防水技术股份有限公司、昆明风行防水材料有限公司	田凤兰、段文锋、栾斌、李孝存	三等奖
32	ZL201080000551.8	碳酸氢镁或/和碳酸氢钙水溶液在金属萃取分离提纯过程中的应用	有研稀土新材料股份有限公司	黄小卫、龙志奇、彭新林、李红卫、杨桂林、崔大立、王春梅、赵娜、王良士、于瀛	三等奖
33	ZL201110110470.X	利用吸收式热泵回收烟气余热的集中供热系统	清华大学、北京清华同衡规划设计研究院有限公司	付林、孙健、张世钢	三等奖
34	ZL200710100357.7	高热值燃料蓄热式冷凝节能锅炉	北京神雾环境能源科技集团股份有限公司	吴道洪、胡韬、王正华、王东方、阮立明	三等奖
35	ZL200410062705.2	具有活化流体燃料分子及助燃功能的陶瓷材料及其用途	北京联飞翔科技股份有限公司	梁金生、梁广川、郑淑芬、王九天	三等奖
36	ZL201210160504.0	一种增强型中空纤维膜的生产方法及装置	北京碧水源膜科技有限公司	陈亦力、彭兴峥、李锁定、代攀、文剑平	三等奖

资料来源:北京市知识产权局。

北京国家级高新技术企业数量(2011—2017)

单位:个

年份	2011	2012	2013	2014	2015	2016	2017
企业数量	7295	8045	9316	10433	12388	15975	20163

数据来源:北京市科学技术委员会。

中关村国家自主创新示范区总收入统计(2011—2017)

年份	2011	2012	2013	2014	2015	2016	2017
总收入	19646.0	25025.0	30497.4	36057.6	40809.4	46047.6	4870.6

资料来源:中关村国家自主创新示范区。

2017 年北京区域专利申请及授权一览表

项　目	专利申请量		专利授权量	
		发明专利		发明专利
全市	185928	99167	106948	46091
首都功能核心区				
东城区	9903	4844	6447	2587
西城区	15258	8465	11739	6281
城市功能拓展区				
朝阳区	34030	19441	19417	8930
丰台区	11297	5071	6071	2054
石景山区	4020	2028	2242	741
海淀区	68313	45508	37394	20833
城市发展新区				
房山区	5091	799	1440	232
通州区	5742	1215	2453	335
顺义区	6064	1647	3637	363
昌平区	10923	4870	6866	2168
大兴区	11087	4143	5830	1246
生态涵养发展区				
门头沟区	755	230	378	48
怀柔区	1381	437	749	134
平谷区	856	150	422	41
密云区	870	206	682	55
延庆区	309	101	160	37
其他	29	12	21	6

资料来源:北京市知识产权局。

北京地区专利申请统计表(1997—2017 年)

年份	发 明	实用新型	外观设计	合 计
1997 年	1677	3668	968	6313
1998	1754	3444	1123	6321
1999	2062	4045	1616	7723
2000	3409	4984	1951	10344
2001	4984	5114	2076	12174
2002	5785	5920	2137	13842
2003	7833	6665	2505	17003
2004	8608	6321	3473	18402
2005	12102	6940	3530	22572
2006	14226	8200	4129	26555
2007	18763	8819	4098	31680
2008	28394	11157	3957	43508
2009	29326	15424	5486	50236
2010	33466	18637	5193	57296
2011	45057	26615	6283	77955
2012	52720	32609	6976	92305
2013	67554	47586	8196	123336
2014	78129	48228	11754	138111
2015	88930	53243	14139	156312
2016	104643	64496	19990	189129
2017	99167	68400	18361	185928

资料来源:北京市知识产权局。

北京地区专利授权统计表(1997—2017年)

年份	发　明	实用新型	外观设计	合　计
1997	281	2340	706	3327
1998	309	2522	969	3800
1999	573	3948	1308	5829
2000	1074	3463	1368	5905
2001	946	3600	1700	6246
2002	1061	3721	1563	6345
2003	2261	4244	1743	8248
2004	3216	3956	1833	9005
2005	3476	4498	2126	10100
2006	3864	5490	1884	11238
2007	4842	7364	2766	14954
2008	6478	8776	2493	17747
2009	9157	10141	3623	22921
2010	11209	16579	5723	33511
2011	15880	19628	5380	40888
2012	20140	24672	5699	50511
2013	20695	36301	5675	62671
2014	23237	44071	7353	74661
2015	35308	45773	12950	94031
2016	40602	44710	15266	100578
2017	46091	46011	14846	106948

资料来源:北京市知识产权局。

北京技术合同成交统计表(1990—2017)

年份	合同数/项	技术合同成交总额/亿元	#技术交易额	#输出外省市技术合同成交额	实现合同总金额/亿元	#技术交易实现金额
1990	18588	20.3	10.5		15.4	8.4
1991—1995	93970	167.7	120.0		115.4	83.8
1991	18547	22.4	13.1		15.3	9.1
1992	23395	31.3	22.2		20.0	14.4
1993	20461	35.6	25.6		24.9	17.6
1994	15220	37.2	26.9		26.9	20.4
1995	16347	41.2	32.2		28.4	22.3
1996—2000	91421	414.2	375.9		206.7	188.1
1996	14850	45.8	39.2		29.6	25.4
1997	13866	54.3	48.1		31.1	27.8
1998	20724	81.6	73.9		42.1	37.6
1999	20711	92.2	88.5		43.6	41.0
2000	21270	140.3	126.3	65.5	60.3	56.3
2001—2005	156114	1443.8	1217.2	688.9	669.5	628.1
2001	23921	191.0	164.8	85.4	97.6	93.0
2002	27037	221.1	181.0	100.4	101.9	97.2
2003	32173	265.5	226.8	132.4	119.9	113.9
2004	35478	331.8	294.3	165.8	148.7	143.4
2005	37505	434.4	350.4	204.9	201.4	180.6
2006—2010	256074	5422.8	3984.7	2372.7	2226.7	2006.7
2006	51575	697.3	572.6	325.3	349.5	319.7
2007	50972	882.6	660.3	407.4	418.1	353.5
2008	52742	1027.2	778.1	487.0	406.2	375.0
2009	49938	1236.2	906.9	498.2	516.8	452.9
2010	50847	1579.5	1066.7	654.8	536.0	505.6
2011—2017	315814	13788.6	10868.6	7237.5	3942.1	3353.9
2011	53552	1890.3	1268.3	635.9	580.4	563.3
2012	59969	2458.5	2048.6	1385.0	739.8	707.0
2013	62743	2851.2	2252.4	1615.9	684.0	659.3
2014	67278	3136.0	2531.5	1722.0	708.2	675.1
2015	72272	3452.6	2767.8	1878.7	1229.7	749.2
2016	74965	3940.8	2919.3	1997.2	749.2	717.0
2017	81266	4485.3	3703.9	2327.3	889.0	853.0

资料来源:北京技术市场管理办公室。

首都科技创新发展指数总指数得分表(2005—2016)

年份	2005	2006	2007	2008	2009	2010
总指数	60.00	63.76	69.14	69.55	72.89	83.45
年份	2011	2012	2013	2014	2015	2016
总指数	89.00	92.33	94.61	96.58	100.49	114.44

资料来源:首都科技创新发展报告。

附　录

北京市科技管理机构

（机构领导人名单以2017年12月31日在职者为准）

北京市科学技术委员会

根据中共中央、国务院批准的北京市人民政府机构改革方案和《北京市人民政府关于机构设置的通知》（京政发〔2009〕2号），设立北京市科学技术委员会（简称市科委）。市科委是负责本市科技工作的市政府组成部门。主要职责如下。

（一）贯彻落实国家关于科技工作方面的法律、法规、规章和政策，起草本市相关地方性法规草案、政府规章草案，组织拟定科技发展和科技促进经济社会发展的政策，并组织实施。

（二）组织拟定本市科技发展中长期规划、年度计划，并组织实施；研究提出科技发展布局和优先发展领域；推动科技创新体系和科技服务体系建设，促进科技服务业发展；推进科技北京建设。

（三）组织制定本市应用基础研究、高新技术发展以及重大科技成果应用研究的政策措施；负责统筹协调应用基础研究、前沿技术研究、重大社会公益性技术研究及关键技术、共性技术研究；牵头组织科技促进经济社会发展的重大关键技术攻关。

（四）会同有关部门组织科技重大专项实施中的方案论证、综合平衡、评估验收和配套政策制定，对科技重大专项实施中的重大调整提出意见；负责科技重大专项和重大科技产业工程的组织实施。

（五）制定政策引导类科技计划并指导实施；会同有关部门拟定本市高新技术企业发展、高新技术产业化的相关政策，参与拟定科技金融促进工作的相关政策；提出科研条件保障规划和政策建议；推进科研条件平台建设和科技资源共享。

（六）组织制定本市科技促进农村和社会发展的政策措施，促进以改善民生为重点的农村建设和社会建设；指导可持续发展实验区的建设和发展。

（七）会同有关部门拟定本市促进产学研结合的相关政策，制定科技成果推广政策，指导科技成果转化工作；组织相关重大科技成果应用示范，推动企业自主创新能力建设。

（八）研究制定本市科技体制改革的政策措施；建立健全科技创新体制和机制；研究制定建立新型研究开发机构的政策；按规定审核相关科研机构的组建和调整，优化科研机构布局。

（九）负责本部门预算中的科技经费预决算及经费使用的监督管理；会同有关部门提出科技资源合理配置的政策和措施建议，优化科技资源配置。

（十）制定本市科普工作规划和政策；制定促进技术市场、科技中介组织发展的政策措施；负责技术市场、科技保密管理工作和科技奖励组织实施工作；负责科技信息、科技统计和科技期刊管理工作。

（十一）研究制定本市科技合作交流政策；负责科技外事工作；负责与港澳台的科技合作与交流；会同有关部门组织技术出口和技术引进等工作。

（十二）负责本市科技人才资源的合理配置，会同有关部门拟定科技人才队伍建设规划，提出政策建议。

（十三）承办市政府交办的其他事项。

主要领导

党组书记、主任：许　强

党组成员、副主任：郑焕敏　张继红　伍建民　张光连

党组成员、纪检监察组组长：刘晓军

市科委党组成员、北京科技协作中心主任：雷霆

副巡视员：张　虹　刘　晖　王建新　杨仁全

地址：海淀区四季青路7号院2号楼

邮编：100195

电话：66153395

网址：www.bjkw.gov.cn

内部机构设置

(一)办公室

负责机关政务工作;负责文电、会务、机要、档案等机关日常运转工作;承担信息、信访、议案、建议、提案、安全、保密、政府信息公开、电子政务、机关财务和资产管理等工作;承担重要事项的组织和督查工作。

电话:66153395

(二)政策法规与体制改革处

负责机关推进依法行政综合工作;起草科技方面的地方性法规草案、政府规章草案;负责行政执法工作的监督、指导和协调;承担行政复议、应诉的有关工作;承担机关行政规范性文件的合法性审核和有关备案工作;会同有关方面推进科技创新体系建设和科技体制改革,拟定促进产学研结合和促进科技领域知识产权创造的政策措施;按规定承担相关科研机构的组建和调整的审核;负责北京地区科技研究开发机构认定和科技类民办非企业单位的业务审核。

电话:66153403

(三)科技创新中心建设综合处

承担北京推进科技创新中心建设办公室全体会议、专项会议的筹备工作;组织研究拟定本市推进科技创新中心建设的相关规划、年度实施计划和方案等;负责北京推进科技创新中心建设办公室相关政策研究、综合性文稿起草等工作。

电话:88507340

(四)科技创新中心建设协调处

负责北京推进科技创新中心建设办公室日常的综合协调和接待联络等工作;负责建立和完善科技创新中心建设的目标评价体系;会同有关部门督查督办北京推进科技创新中心建设办公室议定事项、相关重点任务、重大项目、配套政策措施制定及落实等工作。

电话:88507340

(五)发展计划处

研究提出本市科技发展的布局和优先发展领域,组织拟订科技发展中长期规划和年度计划;提出科技计划的协调、综合平衡和经费配置的建议;会同有关方面提出重大创新基地建设规划建议;拟定科技成果和科技项目管理的政策措施;负责本市科技奖励组织实施和科技统计、科技信息和科技期刊管理;会同有关方面组织技术出口技术引进。

电话:66174185

(六)重大专项办公室

会同有关方面拟定本市科技重大专项实施办法,审核实施计划,协调解决重大问题,组织评估和验收;承担对接国家科技重大专项的相关协调工作;负责重大科技需求调研;承担科技北京建设和科教方面的相关工作。

电话:66153412

(七)条件财务处

提出本市科研条件保障的规划和政策建议,推进科研条件平台建设和科技资源共享;会同有关方面提出科技资源合理配置的政策建议;参与开展科技金融促进工作;编制本部门预算中的科技经费预决算;参与拟定科技经费管理办法;指导所属单位财务和国有资产管理工作。

电话:66153407

(八)审计处

拟定机关及所属单位内部审计制度,并对预决算、财务收支进行审计监督;负责对科技项目经费预算的执行情况进行监督,并实施内部审计检查;承担领导干部经济责任审计;指导所属单位开展内部审计工作;负责监督所属单位财务和国有资产管理工作。

电话:66155384

(九)高新技术产业化处

拟定本市相关领域高新技术发展及产业化的科技规划和政策;组织实施相关领域高新技术研究发展计划和政策引导类科技计划;承担中关村国家自主创新示范区建设相关工作;推动科技创新创业服务体系建设;推动科技成果转化及企业技术创新能力提升;促进科技服务业和文化创意产业发展;负责高新技术产业孵化基地认定和高新技术企业、自主创新产品认定;指导技术市场管理工作。

电话:66153439

(十)文化科技发展处

拟定本市科技支撑文化领域发展及产业化的规划和政策;组织实施与文化领域相关的高新技术研究发展计划;负责组织推进文化领域重点实验室(基地)建设,促进相关科技成果的推广应用;承担协调推进北京“设计之都”建设的相关工作。

电话:88546574

(十一)电子信息与装备制造处

拟定本市电子信息、装备制造和空间技术领域科技发展的规划和政策;组织实施相关领域高新技术研究发展计划;负责组织推进相关领域实验室(基地)建设;促进相关领域科技服务业的发展。

电话:66153438

(十二)新能源与新材料处

拟定本市新能源、新源汽车、新材料领域科技发展的规划和政策;组织实施相关领域高新技术研究发展计划及重大科技成果示范应用;负责组织推进相关领域实验室(基地)建设;促进相关领域科技服务业的发展。

电话:66153441

(十三)生物医药处

拟定本市生物工程、新医药产业、医疗卫生及食品安全领域科技发展的规划和政策;组织实施相关领域高技术研究发展计划;制定实验动物管理的政策措施;负责实验动物安全监管工作;负责组织推进相关领域重点实验室(基地)建议;促进相关领域科技服务业的发展;承担生物工程和新医药产业方面的有关科技工作。

电话:66153436

(十四)农村科技发展处

拟定本市科技促进农村发展的规划和政策;组织实施相关领域高技术研究发展计划;负责组织推进相关领域重点实验室(基地)建设;促进相关领域科技服务业的发展;推动农村科技进步;指导相关重大科技成果应用示范;指导农业科技园区的有关工作。

电话:66153428

(十五)社会发展处

拟定本市社会领域科技发展的规划和政策;促进本市节能环保领域的科技发展;组织实施相关领域高新技术研究发展计划;负责组织推进相关领域实验室(基地)建设;促进相关领域科技服务业的发展;推进科技对城市建设与管理的支持;指导可持续发展实验区的建设和发展。

电话:66153392

(十六)科技宣传与软科学处(北京市人民政府专家咨询委员会办公室)

负责本市科普工作,拟定科普工作的规划和政策;负责科技宣传、新闻发布工作;负责软科学研究工作;承担市政府专家咨询委的有关工作;承担综合性文稿起草和地方志、年鉴编纂工作。

电话:66153435

(十七)国际科技合作处

组织拟定本市国际科技合作交流政策;组织实施国际科技合作交流计划;按规定负责在京举办国际性科技学术会议、出国举办科技展览会和邀请外国人员来华进行科技活动的有关工作;承办与港澳台的科技合作交流事宜;负责机关及所属单位的外事工作。

电话:66153430

(十八)人事教育处

负责机关及所属单位的人事、机构编制和离退休工作;会同有关方面拟定本市科技人才队伍建设的政策措施;负责自然科学研究系列专业技术职务任职资格评定工作;组织实施科技新星计划。

电话:66153440

(十九)机关党委

负责机关及所属单位的党群工作。

电话:66152996

(二十)机关工会

负责机关及所属单位的工会工作。

电话:66153390

(二十一)驻市科委纪检监察组

按有关规定派驻,履行监督、执纪、问责职责。

电话:66153445

北京市知识产权局

根据中共中央、国务院批准的北京市人民政府机构改革方案和《北京市人民政府关于机构设置的通知》(京政发〔2009〕2 号,设立北京市知识产权局。主要职责如下。

(一)负责组织协调本市保护知识产权工作,推动知识产权保护工作体系建设;会同有关部门建立知识产权执法协作机制,开展有关的行政执法工作;开展知识产权保护的宣传工作。

(二)贯彻落实国家关于专利工作方面的法律法规、规章和政策;起草本市相关地方性法规草案、政府规章草案,拟定专利工作的政策措施、发展规划和工作计划,并组织实施;会同有关部门拟定并组织实施首都知识产权战略和规划。

(三)承担规范本市专利管理基本秩序的责任。依法处理、调解专利纠纷,查处假冒专利行为;依法监督管理专利代理机构,推进专利中介服务体系建设。

（四）会同有关部门促进本市知识产权产业发展；指导和规范专利技术市场，管理专利权转让合同、专利实施许可合同和专利申请权转让合同备案工作；会同有关部门指导和规范知识产权无形资产评估；推动专利权质押工作。

（五）负责本市专利信息公共服务体系的建设，会同有关部门推动专利信息的传播利用；负责组织建立知识产权预警应急机制；承担专利统计工作。

（六）统筹协调本市涉外知识产权事宜，开展专利工作的国际联络、合作与交流活动。

（七）组织开展专利方面法律法规、政策的宣传普及工作；组织制定本市有关知识产权的教育与培训工作规划，并组织实施。

（八）承办市政府交办的其他事项。

地址：西城区德胜门东大街 8 号东联大厦 2 层

邮编：100009

电话：84080086

网址：www. bjipo. gov. cn

主要领导

党组书记、局长：汪　洪

党组成员、副局长：潘新胜

副局长：李　钟

党组成员、副局长：许　伟

副巡视员：黄京京　周立权

内部机构设置

（一）办公室

负责机关政务工作；负责文电、会务、机要、档案等机关日常运转工作；承担信息、信访、议案、建议、提案、安全、保密、政府信息公开等工作；负责重要事项的组织和督查工作；负责编制部门预决算，管理机关财务及国有资产；负责监督指导所属单位财务和国有资产管理工作。

电话：84080086

邮箱：bangongshi@ bjipo. gov. cn

（二）政策法规处

拟定本市专利工作发展规划和工作计划；组织研究知识产权方面的重大问题和国外知识产权发展动态；承担拟定本市知识产权发展战略和规划的有关工作；负责机关推进依法行政综合工作；起草专利方面的地方性法规草案、政府规章草案；负责行政执法工作的监督、指导和协调；承担行政复议、应诉的有关工作；承担机关行政规范性文件的合法性审核和有关备案工作。

电话：84080090

邮箱：faguichu@ bjipo. gov. cn

（三）知识产权协调处

承担组织协调全市保护知识产权的有关工作；承担知识产权执法协作机制的相关工作；协调、督办重大侵犯知识产权案件；承担实施本市知识产权战略和规划的有关工作；承担北京市知识产权办公会议的有关工作。

电话：84080092

邮箱：xietiaochu@ bjipo. gov. cn

（四）产业促进处

承担推动本市知识产权产业发展的有关工作；拟定促进企事业单位专利工作的政策措施并组织实施；指导企事业单位、行业联盟应对有关知识产权纠纷；指导和规范专利技术市场有关工作，促进专利商用化，承担专利权转让合同、专利实施许可合同和专利申请权转让合同备案管理工作。

电话：84080080

邮箱：chanyechu@ bjipo. gov. cn

（五）专利管理处

拟定本市专利中介服务体系发展的政策措施并组织实施；依法管理专利代理机构和专利代理人；承担指导和规范知识产权无形资产评估的有关工作；推动专利权质押工作；指导和监督本市专利信息公共服务体系建设工作，组织建立知识产权预警应急机制；拟定有关知识产权的教育与培训工作规划，并组织实施；指导有关行业协会、社会团体的专利工作；承担专利统计工作。

电话：84080096

邮箱：guanlichu@ bjipo. gov. cn

（六）专利执法处

拟定本市专利行政执法的措施办法；负责专利行政执法体系建设工作；依法处理、调解专利纠纷，查处假冒专利行为；统筹协调商品流通领域、展会的知识产权保护工作。

电话：84080098

邮箱：zhifachu@ bjipo. gov. cn

（七）宣传教育处

拟定本市有关知识产权的宣传教育和培训工作规划，并组织实施；组织开展《中华人民共和国专利法》及相关法律法规知识的宣传普及工作；负责北京市发明专利奖的评选工作；承担知识产权专家库的建设与管理工作；指导和监督知识产权人才培养基地建设。

电话:84080012

邮箱:xuanjiaochu@ bjipo. gov. cn

(八)国际交流合作处

拟定本市知识产权涉外工作的政策;统筹协调本市涉外知识产权事宜;开展本市专利工作的国际联络、合作与交流活动;负责机关及所属单位的外事工作。

电话:84080200

邮箱:guojichu@ bjipo. gov. cn

(九)人事处

负责机关及所属单位的人事、机构编制等工作;承担本市专利代理、知识产权管理从业人员的专业技术职务评定有关工作;负责机关及所属单位离退休人员的管理与服务工作。

电话:84080020

邮箱:renshichu@ bjipo. gov. cn

(十)监察处

按市纪委有关规定派驻。

电话:84080110

邮箱:jianchachu@ bjipo. gov. cn

(十一)机关党委(工会)

负责机关及所属单位的党群工作。

电话:84080082

北京市科学技术协会

北京市科学技术协会是北京地区科技工作者的群众组织,是北京市委和市政府联系广大科技工作者的桥梁和纽带,是推动科技事业发展的重要力量;是市政协的组成单位;是中国科协的地方组织,接受中国科协的业务指导。北京市科协成立于1963年,由市学会、基金会、区科协及基层组织组成。按照章程规定,市科协代表大会每五年举行一次,2017年6月1日—3日召开了第九次代表大会。第九届委员会主席由中国工程院原副院长刘德培院士担任,副主席15名,常委56名,委员164名,其中有院士13名。著名科学家茅以升、王大珩、顾方舟、陈佳洱、顾秉林曾担任市科协主席。

目前,市科协拥有市学会、基金会212个,区科协16个,企事业单位、经济技术开发区、科技园区科协等基层组织698个,高校科协20个,通过学会、基金会、区科协及基层组织来联系的科技工作者99.4万人。多年来,北京市科协致力于为首都经济建设和社会发展服务,为提高全民科学素质服务,为科技工作者服务。2009年,北京市科协被认定为市级"枢纽型"社会组织,发挥桥梁纽带、业务龙头、服务管理平台作用。中国科协对科协组织的职能定位表述为"四服务一加强",即为科技工作者服务,为创新驱动发展服务,为提高全民科学素质服务,为党和政府科学决策服务,加强自身建设。市编办对市科协的"三定方案",明确十一项主要职能。

为科技工作者服务。自觉地把加强党和政府同科技工作者的联系作为基本职责,把激发科技工作者的创新热情和创造活力作为根本任务,积极搭建平台,助力科技工作者成长成才。推动实施"一十百千"工程,开展北京科技交流学术月活动,为科技工作者搭建不同形式、不同层次的学术交流平台。每年学术月围绕共同主题集中开展学术交流100余项,综合性跨学科学术交流活动数十项,形式多样的专业化学术交流千余项。实施"青年人才托举工程",不断加大青年科技人才工作的指导和支持力度,支持青年科技人才参加高水平国际知名学术活动。每年选拔500名优秀青少年学生走进高校及科研院所国家重点实验室,在院士专家的指导下进行科学实验,从小培养青少年的科学素质和创新意识。发挥老年科技人才作用,组织老年科技工作者开展"五进"科普活动和"四技"服务。以推选北京地区中国工程院院士候选人为龙头,完善科技人才举荐渠道,积极举荐、表彰优秀科技工作者。多渠道、多角度宣传和弘扬科技工作者的先进事迹和精神风貌,营造科技人才成长的良好社会氛围。

为创新驱动发展服务。围绕全国科技创新中心建设,充分发挥科协智力和人才优势,团结和引领首都广大科技工作者为实施创新驱动发展战略服务。依托中关村天合科技成果转化促进中心搭建北京市科学技术协会科技成果转化平台,引导和支持科技社团积极参与以企业为主体、市场为导向、产学研结合的技术创新体系建设。建设科技社团创新簇企业示范站,助力企业提升自主创新能力,服务全国科技创新中心建设。坚持以企业需求为导向,大力推进院士专家工作站建设,引导创新要素向企业聚集,推动企业自主创新。实施金桥工程资助种子资金项目,服务企业科技创新和培养青年科技工作者。举办首都大学生科技创新作品与专利成果展示推介会，推介大学生科技创新作品，培养青年科技人才创新意识和创新精神。深化农民致富科技套餐配送工程，在10个远郊区建立科技套餐工程都市型现代农业示范基站。搭建京津冀科协科技成果转化平台，实施“首都科技工作者助力河北创新发展”行动计划，助力京津冀协同发展。

为提高全民科学素质服务。切实履行北京市全民科学素质纲要实施工作办公室职责，建立公民科学素质共建机制。成立北京科普资源联盟，积极构建科普工作社会化格局。按照“世界眼光、时代特征、北京特色、创新发展”的建设理念，积极推进北京科学中心建设。不断加强科普信息化建设，着力构建由蝌蚪五线谱网站、手机终端、社区数字科普视窗、楼宇电视等载体组成的面向公众的数字化科普网络体系。以北京科学嘉年华、青少年科技创新大赛等大型品牌科普活动为重点，以青少年科学营、科学家进校园、科普之春、科普之夏、首都科学讲堂、公务员科学素质大讲堂等一系列面向基层的主题科普活动为补充，影响和带动公众参与科普活动，在全社会营造“讲科学、爱科学、学科学、用科学”的浓厚氛围。2015年北京市公民具备科学素质的比例达到17.56%，提高幅度居全国之首。

为党和政府科学决策服务。着力构建以国家级科技思想库建设为重点，以调研课题、决策咨询沙龙、科技工作者建议、科技工作者状况调查、提案议案等为主要形式的特色决策咨询工作格局，服务党和政府科学决策。围绕京津冀协同发展、全国科技创新中心建设等重大科技战略问题，组织专家学者与市领导面对面交流。围绕大气雾霾等首都经济社会发展中的重点、难点、焦点问题，组织专家建言献策。通过课题委托研究的方式，与科研院所、高等院校建立协作联系，共同服务首都科学决策。创办《科技人力资源专报》《科技参考》等刊物，打造决策咨询沙龙，开展北京科技工作者状况调查，接受中国科协委托，进行第三方评估。五年来，产生各种决策咨询成果1000余件，中央及北京市领导批示30次，为党委政府的科学决策发挥了积极作用。

加强科协团体自身建设。深入贯彻中央和市委群团工作会议精神，围绕保持和增强科协组织的政治性、先进性、群众性，扎实推进科协系统深化改革。制定《北京市科协团体会员管理办法（试行）》，加强科技社团规范管理和指导。推进“百强社团”创建，支持引导优秀百强社团实现“四个转变”创新发展。通过政府购买岗位的方式为学会配备专职人员，推进秘书处实体化建设。推进科技社团承接政府转移职能，支持科技社团利用专业优势开展社会化服务。积极探索新形势下“枢纽型”社会组织党建新模式，实现了党的工作全覆盖，引领科技工作者听党话、跟党走。按照中央书记处“六个哪里”的要求，加强基层组织建设，推动科协组织向企业、高校、农村延伸。按照全面从严治党的要求，扎实开展党的群众路线教育实践活动、“三严三实”专题教育、“两学一做”学习教育，增强“四个意识”，提高“四个服务”能力和水平。

主要领导

主席：刘德培

常务副主席：马　林

副主席：于德明　马　林　王恩哥　田　文　刘晓勘　孙宝国　陈晓峰（女）　李德发　杨月欣（女）　沈　岩　孟凡兴　徐明波　高　松　高　福　薛其坤

驻会领导

党组书记、常务副主席：马　林

党组成员、副主席：田　文　刘晓勘　孟凡兴　孙晓峰

巡视员：景晓东　朱　炎

副巡视员：陈维成　张玉山

内部机构设置

机关部门

（一）办公室

负责公文处理、信息、档案、机要、保密、来信来访、安全保卫工作以及重大活动和重要会议的组织协调工作；负责重大决定事项的督察工作；负责本机关的法律事务，指导市科协系统维护科技工作者的合法权益工作，参与北京市有关法规的拟定工作。

电话：84635008，84635009，84647022

传真：84655007

邮箱：bastbgsh@126.com

bastbgsh@bjkp.gov.cn

（二）人事部

负责本机关干部队伍建设工作；负责本机关的人事管理工作；指导直属单位人事管理工作；负责

机关离(退)休人员管理和服务工作;负责协调市科协系统的人才工作;指导市科协系统的组织建设工作。

电话:84644971

邮箱:bastrsch@bjkp.gov.cn

(三)计划财务部

负责编制机关行政事业费及有关专项经费的预、决算;负责对直属事业单位的财务工作进行指导、监督、审计;负责机关财务及固定资产管理;负责本系统综合统计工作。

电话:84634998

邮箱:bastjcch@bjkp.gov.cn

(四)科普部

负责贯彻落实国家有关科普工作的方针、政策,制定市科协系统科普工作规划;负责联系、指导区县科协、基层组织的工作,组织开展全市性重大科普活动,指导基层科协开展科普活动;负责市科协科普资源共建共享工作,指导基层科普场馆及设施的利用,建设科普志愿者队伍,承办科普表彰奖励工作;承担全民科学素质纲要实施办公室日常工作,督查落实议定事项。

电话:84634995,84644996

邮箱:bastkpbu@bjkp.gov.cn

(五)学会部

对首都科技社团负有业务指导、服务管理职责,协调落实市科协履行“枢纽型”社会组织职能,致力于全面提升学会能力。指导学会加强秘书处建设,承接政府转移职能、参与公共服务、办好学术期刊等工作;负责市科协系统学术交流活动的组织协调,落实自然科学界和社会科学界,市科协与市政协科技委学术交流合作;开展首都科学道德和学风建设宣讲教育工作,负责市科协青年科技人才培养工作。

电话:84644977,84654997

邮箱:bastxhbu@bjkp.gov.cn

(六)调研宣传部

负责市科协科学决策工作,组织决策咨询活动,协调征集、上报科技工作者建议,开展重大课题调查研究,承办上级有关部门交办的调研任务;负责市科协相关重要文件、报告和领导讲话的起草工作,提出、拟定市科协发展战略;负责市科协的宣传工作和新闻报道工作,编辑《北京科协》;负责市科协系统精神文明建设工作。

电话:84644973,84639874

邮箱:skxdxb@163.com

(七)机关党委

负责北京市科协机关及所属事业单位的党群工作。

电话:84634983,84634970

邮箱:bastjgdw@bjkp.gov.cn

中关村科技园区管理委员会

中关村科技园区管理委员会(简称中关村管委会)是负责对中关村科技园区(包括海淀园、昌平园、顺义园、大兴－亦庄园、房山园、通州园、东城园、西城园、朝阳园、丰台园、石景山园、门头沟园、平谷园、怀柔园、密云园、延庆园,以下简称园区)发展建设进行综合指导的市政府派出机构。主要职能如下。

(一)贯彻落实国家有关法律法规和政策,研究拟定园区的发展战略和规划,参与组织编制园区有关空间规划,组织研究园区相关改革方案,促进可持续发展。

(二)研究制定园区发展和管理的相关政策,起草相关地方性法规草案、政府规章草案。

(三)协调整合各类创新资源,开展园区创新创业、高新技术研发及其成果产业化、科技金融、人才资源、中介组织、知识产权保护等方面的促进和服务工作。

(四)负责管理市财政拨付的园区发展专项资金,并协助有关部门监督专项资金的使用。

(五)根据市政府授权,对北京中关村发展集团股份有限公司市级财政投入资金履行出资职责,依法对其国有资产进行监督管理,并加强业务指导。

(六)统筹产业空间布局,对各分园整体发展规划、空间规划、产业布局、项目准入标准等重要业务实行统一领导。

(七)承担示范区领导小组的具体工作,负责园区内各类协会组织的联系工作。

(八)开展园区国际交流与合作,提升园区国际化发展水平。

(九)承担园区外事、宣传、联络等工作。

(十)承办市政府交办的其他事项。

主要领导

主任:翟立新

副主任:王汝芳　侯　云　赵慧君　翁啟文
副巡视员:刘　航　陈文奇　赵　清
纪检组长:邢建毅
党组书记:阴和俊
党组副书记:翟立新
党组成员:邢建毅　侯　云　赵慧君　翁啟文
地址:海淀区阜成路 73 号裕惠大厦
邮编:100142
电话:68709990
传真:88828882
网址:www. zgc. gov. cn

内部机构设置

(一)办公室

主要职责:负责本机关的政务工作;负责公文处理、信息、议案、建议、提案和信访、档案、保密工作,以及重要会议、活动的组织工作;负责重要文件和会议决定事项的督查工作;负责机关联络接待、服务保障、安全保卫等工作。

电话:88828800
传真:88828954

(二)产业发展促进处

主要职责:研究和拟定园区产业规划和政策并组织实施;督促落实发展园区高新技术企业的各项政策;促进重大科技成果产业化;扶持高新技术企业做强做大。

电话:88828831
传真:88827984

(三)自主创新能力建设处

主要职责:研究和拟定园区自主创新能力建设及战略性新兴产业培育的规划、政策并组织实施;推动园区产业技术联盟的组建和发展;推动关键技术的示范应用;建设园区技术创新服务体系;促进园区科技基础设施建设;协调园区知识产权保护和促进工作,推动园区技术标准创新工作。

电话:88828923
传真:88828939

(四)规划建设协调处

主要职责:研究制定园区发展规划并协调组织实施;参与组织编制园区的空间规划、土地利用规划和生态规划等工作;负责园区重大建设项目信息的收集和分析。

电话:88827104
传真:88828882

(五)科技金融处

主要职责:负责研究提出园区投融资体系建设方案;研究分析园区投融资发展状况,并提出政策建议,搭建园区投融资政策平台;推动园区企业的股权交易和上市融资工作;组织协调投融资机构为园区产业发展提供支持,发展适合园区企业的多种融资方式,促进科技与金融的结合;促进园区信用体系建设工作。

电话:88828872,88828873
传真:88828854

(六)人才资源处

主要职责:研究拟定园区人才资源发展战略规划;研究拟定园区培养、吸引、使用人才等方面的有关政策,并协调组织实施;建立健全人才资源的服务体系,优化园区人才发展环境。

电话:88828909
传真:88828894

(七)创业服务处

主要职责:研究拟定园区创业服务体系的发展规划,提出创业服务政策措施并组织实施;促进大学科技园、孵化器、行业协会和社会中介组织建设,搭建创业服务平台;整合园区创业服务资源,完善园区创业服务体系和环境。

电话:88827011
传真:88828882

(八)军民融合创新工作处

主要职责:落实军地战略合作框架协议中关于中关村国家自主创新示范区的任务;研究拟定中关村军民融合科技创新相关政策、规划并组织实施;组织开展军地会商、供需对接、项目联合攻关等工作;促进军民融合科技创新成果的转化和产业化;推进中关村军民融合科技创新示范基地建设。

电话:88827085
传真:88828882

(九)经济分析处

主要职责:协助统计主管部门开展园区统计调查工作;配合统计主管部门建立健全园区经济运行、重点产业评测及预测预警系统;跟踪分析国内外相关地区和相关产业发展情况;利用统计资料开展统计分析工作,为园区发展提供服务。

电话:88828963
传真:88827941

(十)国际交流合作处

主要职责:负责园区的国际交流与合作工作;负责园区派遣人员因公临时出国(境)和邀请外国经贸科技人员来华事项的审批工作;负责园区驻海外联络处的建设、联络和管理工作。

电话:88827965

传真:88828882

(十一)研究室(法制处)

主要职责:研究拟定园区发展规划;承担园区体制和机制创新及其配套改革措施的研究工作;组织研究园区发展建设中的重大问题,并提出相关对策、建议;起草有关地方性法规草案、政府规章草案及配套文件;组织有关地方志、年鉴的编纂工作。

电话:88827913,88827139

传真:88828882

(十二)宣传处

主要职责:负责园区宣传工作,制定园区宣传方案并组织实施;组织园区新闻发布会;组织园区重要活动、重要工作的新闻报道工作。

电话:88827949

传真:88827942

(十三)资产监管和审计处

主要职责:承担北京中关村发展集团股份有限公司国有资产监督管理工作;负责机关及所属单位的国有资产管理工作;负责机关和所属事业单位的内部审计以及园区发展专项资金内部审计工作;协助有关部门监督专项资金的管理使用。

电话:88827190

传真:88828882

(十四)财务处

主要职责:负责机关及其所属单位的财务管理工作;负责园区发展专项资金预算编制和管理工作;配合财税部门开展园区财政税收政策的研究和落实工作。

电话:88828998

传真:88828984

(十五)人事处

主要职责:负责机关及所属单位的干部人事、机构编制、教育培训及退休人员的管理服务工作。

电话:88827933

传真:88828882

(十六)机关党委

主要职责:负责本机关及所属事业单位的党群工作。

电话:88827935

传真:88828882

(十七)市纪委市监委驻中关村管委会纪检监察组

主要职责:履行派驻纪检监察机构职责。

电话:88827937

传真:88827999

北京市科学技术委员会直属机构

北京科技协作中心

北京科技协作中心于1983年成立,是经市人民政府批准成立的负责联系中央在京科研院所、高校及其他科研机构的唯一综合性事业单位(正局级),由北京市科委归口管理。

北京科技协作中心坚持以“整合中央在京科研院所资源,为北京市经济建设服务”为工作中心,以广泛开展国际协作、区域合作、以科技协作支撑产业集群为工作方向,通过与在京使领馆、商务处、国际NGO组织、各省市、中央在京科研院所、大专院校及企业开展多元化沟通等六条工作途径不断提升服务中央在京科研院所水平。根据京编办事〔2007〕119号文件,北京科技协作中心内设办公室、区域与国际合作处、项目管理处、公共服务处、技术合同登记处、政策研究室、财务审计处。下设事业单位北京科技协作咨询服务中心,为科研机构科技成果的转化和产业化提供项目对接、成果展示、协作招标和政策、信息咨询等服务。下属北京首科集团公司直接投资的全资、控股及参股企业10余个,是面向市场、以高新技术产业为主体、产学研相结合的企业集团。主要职责:协助政府有关部门制定和落实北京地区科技工作方面的规划、计划和政策、措施;承担联系中央在京科研机构的事务性、辅助性工作,协助整合首都科技资源,具体组织本市与中央在京科研机构的科技协作;承担中央在京科研机构的技术合同认定登记工作;协助承担本市自主创新产品的认定工作;协助实施北京地区对外科技交流与合作工作。

地址:海淀区四季青路7号院2号楼2层

邮编:100195

电话:66517145

传真:66518005

邮箱:bstcc@ beijingstcc. gov. cn

网址:www. beijingstcc. gov. cn

北京科学技术开发交流中心

北京科学技术开发交流中心是北京市政府办公厅1981年9月批准成立的、直属于北京市科委的事业单位。中心的主营业务包括区域合作、国际合作、院市合作、科技培训及科普交流。中心依托首都高校、科研院所、中央企业及高科技公司等创新资源优势,开展科技交流、技术对接、人才培养等相关业务,推动科技成果转化和区域协同创新发展。同时,中心担任科技部科技成果转化促进联盟、北京院市合作协同创新联盟、北京技术市场协会的副理事长单位。

地址:西城区西直门南大街16号西楼6层

邮编:100035

电话:66510939

传真:66510803

邮箱:bjstdec@ 126. com

网址:www. bjstdec. com

北京市自然科学基金委员会办公室

北京市自然科学基金(以下简称“市基金”)于1990年10月30日由北京市人民政府设立,围绕北京市经济社会发展的战略需求,坚持公开、公平、公正的工作原则,遵循尊重科学、发扬民主、激励创新、促进合作、凝聚资源、服务首都的工作方针,采取宏观引导、自主申请、平等竞争、同行评审、择优支持的遴选机制,资助自然科学和与自然科学相交叉的学科领域的基础研究、应用基础研究及其相关的环境条件促进活动,为本市战略性新兴产业培育、高技术产业发展,新兴学科与优势学科建设提供知识、技术和人才储备。北京市自然科学基金主要资助九大学科门类,包括数理学科、化学与材料学科、工程学科、信息学科、生物学科、农业学科、医药学科、城市建设与环境学科和管理学科。北京市自然科学基金委员会(以下简称"基金委")负责编制自然科学基金发展规划和项目指南,审定自然科学基金资助项目,审议自然科学基金管理的重大事项等工作。北京市自然科学基金委员会办公室(以下简称"基金办")承担基金委的日常工作,负责自然科学基金资助工作的具体实施和管理,下设研究发展部、学科管理部、项目与成果管理部和综合管理部。其职能包括组织基础性研究、提高创新能力、培养优秀人才。按照《北京市自然科学基金委员会章程》管理基金,制定相应管理办法,资助基础性研究项目、科技出版物、对华科技交流、学术会议和实验室建设。编制、发布《发展规划》《项目指南》《申请书》及相应软件,组织科技培训、咨询、服务、成果转让等。

地址:海淀区四季青路7号院2号楼3层311室
邮编:100195
电话:66153609
传真:66157137
邮箱:bjnsf@ mail. bsti. ac. cn
网址:http://kw. beijing. gov. cn/jjb/

北京市科学技术奖励工作办公室

北京市科学技术奖励工作办公室是由北京市机构编制委员会正式批准成立的、北京市科委直属事业法人单位,经费由财政拨款。北京市科学技术奖励工作办公室业务范围包括:贯彻执行北京市科学技术奖励政策和法规,承担北京地区科技奖励,负责科技奖励的统计、数据分析、信息化建设等;承担北京地区科技成果管理和宣传推广,开展北京地区获奖成果的国际交流工作;负责北京地区社会力量设奖登记与管理;负责北京地区国家科学技术奖的推荐工作;市科委交办的其他工作。

地址:海淀区四季青路7号院2号楼(北京市科学技术委员会)2层
邮编:100195
电话:66188227-603、602
传真:66162876
邮箱:cuiyq@ mail. bsti. ac. cn
网址:http://kw. beijing. gov. cn/jlb/

北京市实验动物管理办公室

北京市实验动物管理办公室是经市人民政府批准成立、隶属于北京市科学技术委员会的独立法人单位,其前身为北京市实验动物管理委员会办公室。根据北京市人大常委会通过的《北京市实验动物管理条例》规定:北京市科学技术委员会主管本市实验动物工作,北京市实验动物管理委员会负责本市行政区域内实验动物管理的协调工作。经市政府办公厅批准,北京市实验动物管理委员会成立专家委员会,为本市实验动物科学发展和管理提供咨询。北京市实验动物管理办公室作为常设机构,负责本市行政区域内实验动物的日常管理工作。其主要职责是执行北京地区实验动物管理及质量监督工作。负责组织认证北京市实验动物质量检测机构和北京市实验动物培训机构从业人员的考核工作,进行实验动物许可证的验收、发证、年检工作。

地址:海淀区四季青路7号院2号楼(北京市科学技术委员会)1层106
邮编:100195
电话:68722982,68722983,68722057
传真:68479601
邮箱:ligp@ baola. org
网址:http://kw. beijing. gov. cn/dgb/

北京生物技术和新医药产业促进中心

北京生物技术和新医药产业促进中心是成立于1996年6月24日,直属于北京市科委的事业单位。主要任务是:为北京市的生物技术和新医药产业提供专业服务,协调北京市生物技术和新医药产业发展。中心成立后,始终以发展北京生物工程和新医药产业为己任,密切与政府有关部门、科研机构、知名学府、制药企业及相关组织和学术团体的关系,充分发挥首都科技优势,大力促进产业进行广泛国际交流。北京生物技术和新医药产业促进中心下设项目培育与投资管理部、战略研究部、行政与信息环境部、财务部。

地址:海淀区马连洼北路151号中国医学科学院药用植物研究所院内
邮编:100193
电话:62896868-831
传真:62899978
邮箱:linshi@ newlife. org. cn

网址:www. newlife. org. cn

北京新材料发展中心

北京新材料发展中心隶属北京市科委,作为政府职能的延伸,其宗旨是促进北京新材料产业发展,辅助政府决策,服务新材料产业,营造创新创业环境,成为沟通政府、科研机构、企业和社会的桥梁。主要任务:为市科委在新材料领域决策提供支撑;新材料方面的调研和课题研究;组织重大科研项目的论证、推荐、跟踪和评价;研究国内外新材料领域发展动态;负责创建新材料产业孵化体系促进成果转化;组织开展有关方面的培训、展示、技术交流、技术研讨等活动;举办《新材料产业》期刊;受市科委委托负责对新材料产业发展基金的具体管理。

地址:海淀区学院路 30 号方兴大厦 5 层

邮编:100083

电话:62341509

传真:62333998

邮箱:infor@ materials. net. cn

北京技术交易促进中心

北京技术交易促进中心(以下简称"中心")是直属于北京市科学技术委员会的事业单位,是北京地区促进技术转移环境建设和行业发展的专设机构,科技部首批国家技术转移示范机构。中心以中国国际技术转移中心和国家技术转移集聚区为载体,以提升技术交易参与者的交易能力、通畅技术交易的渠道与环节、建立健全技术交易服务体系为目标,致力于成为北京地区乃至全国开展国内外技术转移的高端服务平台,有效带动首都技术交易的规模扩大和质量提高,促进企业创新能力提升与科技成果产业化,成为全国科技创新中心建设的重要支撑。中心是首都科技条件平台、首都科技创新卷、首都创新大联盟、中意技术转移中心、北京创业投资协会和北京安恒星创技术转移创业投资基金的建设运营单位,还承担着北京市重点实验室、北京市工程技术研究中心、北京市企业研发机构、首都科技创新券和技术合同登记等组织管理工作。

地址:海淀区苏州街甲 49 号

邮编:100080

电话:62578706,62577242,62577305,82621690

传真:62619816

邮箱:hp1180@ vip. 163. com

网址:http://btec. net. cn/

北京高技术创业服务中心

北京高技术创业服务中心是北京市科委直属的具有独立法人资格的事业单位,成立于 1989 年,是北京市最早成立的科技企业孵化器。地处中关村科技园区,紧邻京昌高速公路与北四环路,交通便利,环境优越。中心现有孵化场地 5 万平方米,面向国内外各类中小型科技企业,可提供提供咨询、代办服务,组织协调科技开发诸要素的结合,从事风险投资,协助筹措资金,组织人才培训,推动国内外科技合作等。

地址:朝阳区安翔北里 11 号 1 号楼

邮编:100101

电话:64853169,64873538

传真:64853178

邮箱:chyzhx@ mail. bsti. ac. cn

网址:www. bjcy. net. cn

北京市高新技术成果转化服务中心

北京市高新技术成果转化服务中心成立于 2002 年,是北京市政府设立的为北京市高新技术企业和北京市高新技术成果转化项目提供"一站式"服务的机构,为市科委直属全额拨款事业单位。具体负责本市高新技术成果转化项目的受理、组织评审和对外公布工作;协调落实市政府支持高新技术成果转化项目的有关政策。

地址:朝阳区安翔北里 11 号 A 座

邮编:100101

电话:64874216

传真:64853178

网址:www. bjcy. net. cn

邮箱:cyzx@ bjcy. net. cn

北京市科委农村发展中心

北京市科委农村发展中心主要职责包括:开展都市生态农业及农村科技创新创业研究,为区域协同创新提供服务支撑;推进北京国家现代农业科技城建设,构建农村科技创新创业服务体系,服务全国农业发展;开展农业科技区域合作交流工作,促进农业科技成果转化与应用;开展专业化、社会化的科技项目管理服务,承担科技部、北京市科委等单位的农村科技项目委托管理工作。

地址:海淀区曙光花园中路11号北京农科大厦B座1101号

邮编:100097

电话:51501853

传真:51501850

邮箱:bjnczx@126.com

网址:http://www.nczx.org.cn/

北京技术市场管理办公室

北京技术市场管理办公室(以下简称市场办)于1990年5月经北京市政府批准成立。2002年7月18日北京市人大常委会通过的《北京市技术市场条例》,规定市科学技术行政部门是本市技术市场的主管部门,市场办在市科学技术行政部门的领导下,具体负责技术市场的管理、监督工作。主要职责是:负责宣传贯彻和组织实施有关技术市场的法律、法规和政策,组织调查研究并制定相应规章制度;负责对技术市场发展与技术交易活动实行规划管理与协调指导,负责技术市场表彰奖励工作;负责管理技术合同认定登记工作,管理技术合同登记机构并办理设立、撤销事宜,审核认定重大技术合同;负责管理技术市场发展资金;负责技术市场统计和分析,发布技术市场信息;会同有关部门检查技术交易活动,依法处罚违法行为,调解技术合同纠纷,参与技术合同纠纷的仲裁;会同市财税部门落实技术市场财税优惠政策;会同有关部门开展国内外技术转移和技术市场的研究与交流;会同有关部门联系服务技术转移机构和培养技术经纪人才;负责联系北京技术市场协会。

地址:西城区西直门南大街16号

邮编:100035

电话:66161862

传真:66161862

邮箱:dongqc@bjkw.gov.cn

网址:http://kw.beijing.gov.cn/cbtm/

北京市可持续发展科技促进中心

北京市可持续发展科技促进中心(以下简称"可持续中心")成立于2000年10月,是北京市科学技术委员会直属的具有独立法人资格的事业单位。作为政府职能的延伸,中心注重一流的人才建设,拥有业界卓有影响的专家团队和一群敬业、进取、高素质的优秀员工,不仅是一所推动经济社会可持续发展的非营利科技服务机构,也承担北京市能源、环境等领域九大产业联盟秘书处的日常工作。可持续中心下设有项目管理部、城市建设与管理部、能源环境部、区域可持续发展部、信息宣传部、科普部六个业务部门,以战略规划、项目调研、技术咨询、项目凝练、政策研究、成果推广、宣传培训、机制创新为手段,为社会提供科技服务,促进经济社会的可持续发展。工作内容:社会发展领域的战略规划与研究咨询;北京市科技计划项目的申报、咨询与辅导;为企业提供联合攻关、成果推介、资源共享等中介服务;开展北京市可持续发展实验区的组织、咨询、协调和管理;北京市科普工作的组织与管理;组织可持续发展领域的宣传、培训、交流、会议展览等;组织可持续发展领域国内外合作与交流。

地址:西城区西直门南大街16号院内南楼5层

邮编:100035

电话:64841457,64841457-803

传真:64841456

邮箱:bsdc2008@163.com

网址:www.bsdc.net.cn

北京生产力促进中心

北京生产力促进中心是北京市科委直属的面向中小企业提供全方位、多层次、综合性服务的不以盈利为目的的公益性社会化科技服务机构,作为国内首家"亚洲典范借鉴中心"区域会员与国家级示范生产力促进中心,中心是国家技术创新服务体系的重要组成部分。中心秉承"背靠政府、面向企业、集成资源、顾客至上、诚信科学、持续发展"的宗旨,努力发展成为满足北京市中小企业共性和个性化需求的服务集成中心、首都经济创新服务体系的核心枢纽、技术创新与创业辅导的开放式服务平台,具有专项特色精品服务的国际化品牌的一流生产力促进组织。2005年3月,在政府的宏观指导下,中心在原有业务基础上加挂牌成立北京现代服务业科技促进中心,致力于促进符合市场经济规律的服务产业体系的建设,推动高新技术向服务业延伸、渗透,促进有利于现代服务业的发展环境建设,推动现代服务业实现跨越式发展,促进北京成为全国高端服务聚集区和现代服务业的重要节点。北京生产力促进中心重点开展面向政府的支撑服务和面向产业的促进服务。

地址:海淀区北三环中路31号(马甸桥西北)生产力大楼B座8层
邮编:100088
电话:82003609
传真:82003613
邮箱:bjpc@ bjpc. org. cn
网址:http://www. bjpc. org. cn

北京市科技传播中心

北京市科技传播中心是北京市科委直属事业法人单位。中心主要承担本市科普管理的事务性、辅助性工作;具体承担科技宣传和相关科技活动的组织实施工作。

地址:西城区西直门南大街16号院内南楼四层
邮编:100035
电话:66155240
传真:66155240
网址:http://www. kejichuanbo. com/
邮箱:kejichao@ 126. com

北京市科委行政事务服务中心

北京市科委行政事务服务中心是由市编办1996年批准设立的全额拨款正处级事业单位,主要承担市科委机关的安全保卫和后勤服务工作。

地址:海淀区四季青路7号院2号楼3层
邮编:100195
电话:66153396
传真:66153396
邮箱:cuiym@ mail. bsti. ac. cn

北京市科技信息中心

北京市科技信息中心,由北京市机构编制委员会正式批准成立,是北京市科委直属事业法人单位。中心成立于1998年,前身是北京软件与信息服务业促进中心,2010年正式更名为北京市科技信息中心。中心主要承担北京市信息技术与空间技术领域促进科技发展政策措施的研究工作,以及相关科技计划项目管理和科技条件平台建设的辅助性工作,承担北京市科委机关电子政务方面的建设、管理和技术保障工作,承担北京市科技成果产业化情报系统的建设和运行维护工作,是北京市政府在信息技术领域开展科技研发,实现科技成果产业化的辅助决策机构和沟通政府与企业的桥梁。

地址:海淀区上地西路8号院上地科技大厦4号楼5层
邮编:100085
电话:58851812
传真:58851813
网址:http://www. bsw. ac. cn
邮箱:zhb@ bsw. gov. cn

北京工业设计促进中心

北京工业设计促进中心(BEIJING INDUSTRIAL DESIGN CENTER)成立于1995年,直属于北京市科委,是政府传播设计价值和推动设计发展的促进机构,具有独立法人资格。中心旨在依托首都文化、科技、人才和设计等资源优势,提升企业设计创新能力,促进科技成果转化和推动设计产业发展。主要职责:落实"设计之都"政府事务和承担日常事务;开展设计领域统计调查及分析研究;提供设计政策研究及宣传支持保障;促进设计产业发展和管理设计提升项目;推进国内外设计交流和组织相关活动;评选工业设计奖和设计博物馆展示维护;组织中国创新设计红星奖和红星原创奖的年度评选,承办北京国际设计周。中心建有北京DRC工业设计创意产业基地、中国设计交易市场、设计之都文化中心、红星设计博物馆、中国工业设计技术服务联盟、递加设计培训学院、红星梦工厂和北京-内罗毕创意设计研究中心。北京工业设计促进中心是国际工业设计联合会(ICSID)、国际平面设计联合会(ICOGRADA)和国际室内建筑设计师联合会(IFI)会员。

地址:海淀区北三环中路31号(马甸桥西北生产力大楼)B座912室

邮编:100088

电话:82002055

传真:82004066

网址:http://www.bidcchina.com

邮箱:bibc@bidcchina.com

北京科学仪器装备协作服务中心

北京科学仪器装备协作服务中心是经市人民政府批准成立,隶属于北京市科学技术委员会的独立法人单位。按照《北京科学仪器装备协作共用资金管理暂行办法》《国务院关于国家重大科研基础设施和大型科研仪器向社会开放的意见》(国发〔2014〕70号)、《进一步加强首都科技条件平台建设 促进重大科研基础设施和大型科研仪器向社会开放的实施意见》(京政办发〔2016〕34号),中心是为发挥北京地区科学仪器装备资源优势,增强北京地区科学仪器装备资源共享能力与水平而设置的服务机构。主要职责是:开展科学仪器装备为核心的资源共享服务;承担科研条件建设项目过程管理、基础性工作和政策研究;承担北京地区科技基础条件资源调查,开展资源分析和决策咨询;辅助科委系统行政事业单位国有资产管理和财政项目相关服务。中心目前是承担首都科技条件平台检测与认证领域中心建设和运营管理的服务单位。

地址:西城区西直门南大街16号

邮编:100035

电话:68471836

传真:68471699

邮箱:sun5133000@126.com

北京市科学技术委员会人才交流中心

北京市科学技术委员会人才交流中心成立于1995年,是北京市科委直属的,为科委及社会提供人力资源服务的事业单位。多年来,中心始终秉承“以人为本、服务至上”的宗旨,致力于人才服务行业发展,为市科委及社会各类用人单位和人才个体提供多元化、全方位的人力资源服务。自1998年以来连续被北京人力资源服务行业协会评为优秀人才服务机构,2002年取得了ISO9001的国际质量管理体系认证,构筑起完整的质量保证与管理体制。2007年通过由北京人力资源服务行业协会认证的3A级人才服务机构等级认证。中心工作职责是围绕一条主线、三项职能提供人事人才服务。一条主线是为市科委及社会发展提供人才保证和智力支持,三项职能是不断强化人事代理、市场化人才服务和人才培训。围绕流动人员人事档案开展人事档案接转、毕业生转正定级、自然科学研究系列的职称认定、出具人事证明、代办社会保险、住房公积金等各项管理服务。以科技人才网为龙头,建立人才数据库,发布人才供求信息,并搭建大学生就业实习服务平台。围绕市科委工作做好人才状况及人才开发调研工作,有效开发人才资源。根据现代高端企业人才资源开发管理需要,开展现代人力资源咨询、诊断、培训及事务性人事代理服务。受市科委委托,引进紧缺专业非北京生源毕业生。负责存档人员流动党员教育和管理工作。承担市科委的科技项目、软课题研究、培训等多项研究工作,为市科委相关工作提供有效支撑。

地址:西城区西直门南大街16号西楼9层

邮编:100035

网址:www.bjkjrc.com

电话:82002238,82002897,82004543

传真:82002238

网址:www.bjkjrc.com

邮箱:office_kwrc@163.com

市科委老干部服务中心(老干部处)

市科委老干部服务中心(老干部处)负责为老干部提供有关服务,负责委机关和直属单位离退休的管理和服务工作,负责本系统老干部工作的业务指导。

地址:西城区西直门南大街16号南楼二层

邮编:100035

电话:66153413

传真:66153410

邮箱:lgbzx@mail.bsti.ac.cn

北京软件产品质量检测检验中心

北京软件产品质量检测检验中心隶属市科委，主要职责是规范软件产品市场秩序，提高软件产品质量，帮助企业提高软件开发能力和质量保证能力，提升软件企业国际化能力，为政府、行业用户和软件企业等机构开展软件测试、咨询、培训及质量评测服务。中心已拥有国际先进的软件测试平台、规范的测试规程和质量管理体系，拥有近百人的专业化软件测试队伍，通过了国家实验室认可(CNAS)和国家计量认证(CMA)，是软件领域唯一授权的国家质检中心(CAL)，并成为2008年北京奥组委软件系统测试定点服务的唯一提供商。中心同时还负责国内最为先进的渲染平台的建设与运营，先后完成了奥运会、国庆六十周年庆典、世博会等重大项目的技术保障服务，同时提供集群运算、项目对接、就业与培训、技术咨询等多项服务，目前已成为北京地区数字媒体领域重要的技术支撑平台。中心职责：承担软件产品质量监督抽查业务；开展法定强制的软件检测和安全检查业务；为市科委行使职能提供支撑保障。

地址：海淀区东北旺路8号中关村软件园3A楼

邮政编码：100193

电话：82825511

传真：82826408

网址：http://www.bstqc.org.cn/

邮箱：zhouyue@bsw.net.cn

北京市新能源汽车发展促进中心

北京市新能源汽车发展促进中心为北京市科委直属事业单位，主要职责是：承担协调促进本市新能源汽车发展的事务性工作；开展新能源汽车领域科技项目管理的事务性工作。

地址：西城区西直门南大街16号南楼6层

邮编：100035

电话：66158705

传真：64847720

网址：http://www.bjxnyqc.org/

邮箱：shifanyingyong8705@163.com

2017年在京国家重点实验室一览表

序号	实验室名称	依托单位
1	模式识别国家重点实验室	中国科学院自动化研究所
2	资源与环境信息系统国家重点实验室	中国科学院地理科学与资源研究所
3	天然药物与仿生药物国家重点实验室	北京大学
4	摩擦学国家重点实验室	清华大学
5	分子肿瘤学国家重点实验室	中国医学科学院肿瘤医院肿瘤研究所
6	化学工程联合国家重点实验室	清华大学、天津大学、华东理工大学、浙江大学
7	蛋白质与植物基因研究国家重点实验室	北京大学
8	农业生物技术国家重点实验室	中国农业大学
9	声场声信息国家重点实验室	中国科学院声学研究所
10	集成光电子学国家重点实验室	中国科学院半导体研究所、吉林大学
11	传感技术国家重点实验室	中国科学院电子学研究所、中国科学院上海微系统与信息技术研究所
12	生物大分子国家重点实验室	中国科学院生物物理研究所
13	膜生物学国家重点实验室	中国科学院动物研究所、清华大学、北京大学
14	半导体超晶格国家重点实验室	中国科学院半导体研究所
15	植物病虫害生物学国家重点实验室	中国农业科学院植物保护研究所
16	信息安全国家重点实验室	中国科学院软件研究所、中科院研究生院
17	大气科学和地球流体力学数值模拟国家重点实验室	中国科学院大气物理研究所
18	人工微结构和介观物理国家重点实验室	北京大学
19	新金属材料国家重点实验室	北京科技大学
20	新型陶瓷与精细工艺国家重点实验室	清华大学
21	大气边界层物理与大气化学国家重点实验室	中国科学院大气物理研究所
22	环境模拟与污染控制国家重点实验室	中国科学院生态环境研究中心、清华大学、北京大学、北京师范大学
23	爆炸科学与技术国家重点实验室	北京理工大学
24	电力系统及大型发电设备安全控制和仿真国家重点实验室	清华大学
25	汽车安全与节能国家重点实验室	清华大学
26	重质油国家重点实验室	中国石油大学(北京)
27	生化工程国家重点实验室	中国科学院过程工程研究所
28	微生物资源前期开发国家重点实验室	中国科学院微生物研究所
29	农业虫害鼠害综合治理研究国家重点实验室	中国科学院动物研究所
30	植物细胞与染色体工程国家重点实验室	中国科学院遗传与发育生物学研究所
31	干细胞与生殖生物学国家重点实验室	中国科学院动物研究所

续表

序号	实验室名称	依托单位
32	医学分子生物学国家重点实验室	中国医学科学院基础医学研究所
33	湍流与复杂系统国家重点实验室	北京大学
34	科学与工程计算国家重点实验室	中国科学院数学与系统科学研究院
35	软件开发环境国家重点实验室	北京航空航天大学
36	网络与交换技术国家重点实验室	北京邮电大学
37	精密测试技术及仪器国家重点实验室	清华大学、天津大学
38	非线性力学国家重点实验室	中国科学院力学研究所
39	植物生理学与生物化学国家重点实验室	中国农业大学、浙江大学
40	地震动力学国家重点实验室	中国地震局地质研究所
41	遥感科学国家重点实验室	北京师范大学、中国科学院遥感应用研究所
42	植物基因组学国家重点实验室	中国科学院遗传与发育生物学研究所、中国科学院微生物研究所
43	环境化学与生态毒理学国家重点实验室	中国科学院生态环境研究中心
44	岩石圈演化国家重点实验室	中国科学院地质与地球物理研究所
45	灾害天气国家重点实验室	中国气象科学研究院
46	动物营养学国家重点实验室	中国农业大学、中国农业科学院畜牧研究所
47	系统与进化植物学国家重点实验室	中国科学院植物研究所
48	病原微生物生物安全国家重点实验室	中国人民解放军军事医学科学院
49	传染病预防控制国家重点实验室	中国疾病预防控制中心
50	脑与认知科学国家重点实验室	中国科学院生物物理研究所
51	计算机科学国家重点实验室	中国科学院软件研究所
52	有色金属材料制备加工国家重点实验室	北京有色金属研究总院
53	先进钢铁流程及材料国家重点实验室	钢铁研究总院
54	认知神经科学与学习国家重点实验室	北京师范大学
55	空间天气学国家重点实验室	中国科学院空间科学与应用研究中心
56	煤炭资源与安全开采国家重点实验室	中国矿业大学(北京、徐州)
57	轨道交通控制与安全国家重点实验室	北京交通大学
58	水沙科学与水利水电工程国家重点实验室	清华大学
59	多相复杂系统国家重点实验室	中国科学院过程工程研究所
60	化工资源有效利用国家重点实验室	北京化工大学
61	城市和区域生态国家重点实验室	中国科学院生态环境研究中心
62	地表过程与资源生态国家重点实验室	北京师范大学
63	油气资源与探测国家重点实验室	中国石油大学(北京)
64	植被与环境变化国家重点实验室	中国科学院植物研究所
65	蛋白质组学国家重点实验室	中国人民解放军军事医学科学院
66	核物理与核技术国家重点实验室	北京大学
67	虚拟现实技术与系统国家重点实验室	北京航空航天大学
68	高速铁路轨道技术国家重点实验室	铁道科学研究院

续表

序号	实验室名称	依托单位
69	先进成形技术与装备国家重点实验室	机械科学研究总院
70	混合流程工业自动化系统及装备技术国家重点实验室	冶金自动化研究设计院
71	建筑安全与环境国家重点实验室	中国建筑科学研究院
72	绿色建筑材料国家重点实验室	中国建筑材料科学研究总院
73	提高石油采收率国家重点实验室	中国石油勘探开发研究院
74	矿物加工科学与技术国家重点实验室	北京矿冶研究总院
75	硅砂资源利用国家重点实验室	北京仁创科技集团有限公司
76	电网安全与节能国家重点实验室	中国电力科学研究院
77	土壤植物机器系统技术国家重点实验室	中国农业机械化科学研究院
78	石油化工催化材料与反应工程国家重点实验室	中国石油化工股份有限公司石油化工科学研究院
79	生物源纤维制造技术国家重点实验室	中国纺织科学研究院
80	特种纤维复合材料国家重点实验室	中材科技股份有限公司
81	无线移动通信国家重点实验室	电信科学技术研究院
82	深部岩土力学与地下工程国家重点实验室	中国矿业大学(北京、徐州)
83	动车组和机车牵引与控制国家重点实验室	中国铁道科学研究院、中国南车股份有限公司、中国北车股份有限公司
84	煤炭资源高效开采与洁净利用国家重点实验室	煤炭科学研究总院
85	海洋石油高效开发国家重点实验室	中海油研究总院
86	煤基清洁能源国家重点实验室	中国华能集团
87	风电设备及控制国家重点实验室	国电联合动力技术有限公司
88	固废资源化利用与节能建材国家重点实验室	北京建筑材料科学研究总院有限公司
89	饲用微生物工程国家重点实验室	北京大北农科技集团股份有限公司
90	数字出版技术国家重点实验室	北大方正集团有限公司
91	数字多媒体芯片技术国家重点实验室	北京中星微电子有限公司
92	有机无机复合材料国家重点实验室	北京化工大学
93	大陆构造与动力学国家重点实验室	中国地质科学院地质研究所
94	环境基准与风险评估国家重点实验室	中国环境科学研究院
95	流域水循环模拟与调控国家重点实验室	中国水利水电科学研究院
96	钢铁冶金新技术国家重点实验室	北京科技大学
97	新能源电力系统国家重点实验室	华北电力大学
98	天然药物活性物质与功能国家重点实验室	中国医学科学院药物研究所
99	真菌学国家重点实验室	中国科学院微生物研究所
100	林木遗传育种国家重点实验室	中国林业科学研究院、东北林业大学
101	分子发育生物学国家重点实验室	中国科学院遗传与发育生物学研究所
102	肾脏疾病国家重点实验室	中国人民解放军总医院
103	心血管疾病国家重点实验室	中国医学科学院阜外心血管病医院
104	低维量子物理国家重点实验室	清华大学
105	高温气体动力学国家重点实验室	中国科学院力学研究所

续表

序号	实验室名称	依托单位
106	核探测与核电子学国家重点实验室	中国科学院高能物理研究所、中国科学技术大学
107	复杂系统管理与控制国家重点实验室	中国科学院自动化研究所
108	计算机体系结构国家重点实验室	中国科学院计算技术研究所
109	信息光子学与光通信国家重点实验室	北京邮电大学
110	半导体照明联合创新国家重点实验室	半导体照明产业技术创新战略联盟
111	钢铁工业环境保护国家重点实验室	中冶建筑研究总院有限公司
112	矿冶过程自动控制技术国家重点实验室	北京矿冶研究总院
113	石油石化污染物控制与处理国家重点实验室	中国石油安全环保技术研究院
114	新能源与储能运行控制国家重点实验室	中国电力科学研究院
115	页岩油气富集机理与有效开发国家重点实验室	中国石化石油勘探开发研究院
116	特种功能防水材料国家重点实验室	北京东方雨虹防水技术股份有限公司
117	先进输电技术国家重点实验室	国网智能电网研究院
118	智能传感功能材料国家重点实验室	北京有色金属研究总院
119	作物育种技术创新与集成国家重点实验室	中国种子集团有限公司
120	天然气水合物国家重点实验室	中海油研究总院

资料来源:北京市科学技术委员会。

2017 年在京国家工程技术研究中心一览表

序号	工程中心名称	依托单位
1	国家昌平综合农业工程技术研究中心	中国农业科学院
2	国家专用集成电路设计工程技术研究中心	中国科学院自动化研究所
3	国家计算机集成制造系统工程技术研究中心	清华大学
4	国家固体激光工程技术研究中心	中国电子科技集团公司第十一研究所
5	国家纤维增强模塑料工程技术研究中心	北京玻璃钢研究设计院
6	国家碳纤维工程技术研究中心	北京化工大学、中国石油天然气股份有限公司吉林石化分公司
7	国家并行计算机工程技术研究中心	中国科学院计算技术研究所,江南计算技术研究所
8	国家新能源工程技术研究中心	北京市太阳能研究所有限公司
9	国家数据通信工程技术研究中心	兴唐通信科技有限公司
10	国家工业控制机及系统工程技术研究中心	中国空间技术研究院第五〇二研究所
11	国家水煤浆工程技术研究中心	煤炭科学研究总院
12	国家蔬菜工程技术研究中心	北京市农林科学院
13	国家特种泵阀工程技术研究中心	北京航天动力研究所

续表

序号	工程中心名称	依托单位
14	国家合成纤维工程技术研究中心	中国纺织科学研究院
15	国家有色金属复合材料工程技术研究中心	北京有色金属研究总院
16	国家冶金自动化工程技术研究中心	冶金自动化研究设计院
17	国家磁性材料工程技术研究中心	北京矿冶研究总院
18	国家金属矿产资源综合利用工程技术研究中心(北京)	北京矿冶研究总院,长沙矿冶研究院有限责任公司
19	国家工业建筑诊断与改造工程技术研究中心	中冶建筑研究总院有限公司
20	国家住宅与居住环境工程技术研究中心	中国建筑设计研究院
21	国家建筑工程技术研究中心	中国建筑科学研究院
22	国家城市环境污染控制工程技术研究中心	北京市环境保护科学研究院
23	国家同位素工程技术研究中心	中国原子能科学研究院
24	国家企业信息化应用支撑软件工程技术研究中心	清华大学、华中理工大学
25	国家高性能计算机工程技术研究中心	曙光信息产业股份有限公司
26	国家新药开发工程技术研究中心	中国医学科学院药物研究所
27	国家肉类加工工程技术研究中心	中国肉类食品综合研究中心
28	国家非晶微晶合金工程技术研究中心	中国钢研科技集团有限公司
29	国家生化工程技术研究中心	中国科学院过程工程研究所
30	国家遥感应用工程技术研究中心	中国科学院遥感应用研究所
31	国家节水灌溉工程技术研究中心	中国水利水电科学研究院
32	国家淡水渔业工程技术研究中心	中国科学院水生生物研究所、北京市水产科学研究所
33	国家农业机械工程技术研究中心	中国农业机械化科学研究院
34	国家玻璃深加工工程技术研究开发中心	中国建筑材料科学研究总院
35	国家智能交通系统工程技术研究中心	交通运输部公路科学研究院
36	国家铁路智能运输系统工程技术研究中心	中国铁道科学研究院
37	国家饲料工程技术研究中心	中国农业大学
38	国家农业信息化工程技术研究中心	北京市农林科学院
39	国家信息安全工程技术研究中心	江南计算技术研究所
40	国家生物防护装备工程技术研究中心	军事医学科学院
41	国家花卉工程技术研究中心	北京林业大学
42	国家超精密机床工程技术研究中心	北京市机床研究所
43	国家奶牛胚胎工程技术研究中心	北京首都农业集团公司
44	国家竹藤工程技术研究中心	国际竹藤中心
45	国家钢结构工程技术研究中心	中冶建筑研究总院有限公司
46	国家网络新媒体工程技术研究中心	中国科学院声学研究所
47	国家板带生产先进装备工程技术研究中心	北京科技大学、燕山大学
48	国家作物分子设计工程技术研究中心	北京未名凯拓农业生物技术有限公司
49	国家火力发电工程技术研究中心	华北电力大学
50	国家农业智能装备工程技术研究中心	北京市农林科学院
51	国家测绘工程技术研究中心	中国测绘科学研究院

续表

序号	工程中心名称	依托单位
52	国家蛋品工程技术研究中心	北京德青源农业科技股份有限公司
53	国家皮革及制品工程技术研究中心	中国皮革和制鞋工业研究院
54	国家广播电视网工程技术研究中心	广播科学研究院
55	国家果蔬加工工程技术研究中心	中国农业大学
56	国家科技信息资源综合利用与公共服务中心	中国科学技术信息研究所
57	国家应急防控药物工程技术研究中心	军事医学科学院
58	国家棉花加工工程技术研究中心	中棉工业有限责任公司
59	国家眼科诊断与治疗设备工程技术研究中心	首都医科大学附属北京同仁医院
60	国家半导体泵浦激光工程技术研究中心	北京国科世纪激光技术有限公司
61	国家煤加工与洁净化工程技术研究中心	中国矿业大学
62	国家有色金属新能源材料与制品工程技术研究中心	北京有色金属研究总院
63	国家心脏病植介入诊疗器械及设备工程技术研究中心	乐普(北京)医疗器械股份有限公司
64	国家阻燃材料工程技术研究中心	北京理工大学
65	国家科技资源共享服务工程技术研究中心	北京航空航天大学
66	国家母婴乳品健康工程技术研究中心	北京三元食品股份有限公司

资料来源:北京市科学技术委员会。

2017年在京国家临床医学研究中心一览表

截止2017年底,北京地区的国家临床医学研究中心共计16家,具体如下表所示。

序号	临床研究中心领域	依托单位(按单位笔画排序)
1	口腔疾病	北京大学口腔医院
2	老年疾病	中国人民解放军总医院
3	老年疾病	北京医院
4	老年疾病	首都医科大学宣武医院
5	心血管疾病	中国医学科学院阜外心血管病医院
6	心血管疾病	首都医科大学附属北京安贞医院
7	神经系统疾病	首都医科大学附属北京天坛医院
8	慢性肾病	中国人民解放军总医院
9	恶性肿瘤	中国医学科学院肿瘤医院
10	呼吸系统疾病	卫生部北京医院
11	呼吸系统疾病	首都医科大学附属北京儿童医院
12	精神心理疾病	北京大学第六医院
13	精神心理疾病	首都医科大学附属北京安定医院

续表

序号	临床研究中心领域	依托单位（按单位笔画排序）
14	妇产疾病	中国医学科学院北京协和医院
15	妇产疾病	北京大学第三医院
16	消化系统疾病	首都医科大学附属北京友谊医院

资料来源：北京市科学技术委员会。

2017 年北京市重点实验室一览表

序号	重点实验室名称	依托单位
1	城市综合应急科学北京市重点实验室	清华大学
2	动物源食品安全检测技术北京市重点实验室	中国农业大学
3	分子与微结构可控高分子材料技术北京市重点实验室	北京科技大学
4	飞机/发动机综合系统安全性北京市重点实验室	北京航空航天大学
5	大功率电力电子北京市重点实验室	全球能源互联网研究院有限公司
6	太阳能发电技术北京市重点实验室	中国科学院电工研究所
7	安全生产智能监控北京市重点实验室	北京邮电大学
8	细胞工程和抗体药物北京市重点实验室	中国人民解放军总医院
9	生物饲料添加剂北京市重点实验室	中国农业大学
10	新能源汽车动力总成技术北京市重点实验室	北京交通大学
11	轨道工程北京市重点实验室	北京交通大学
12	城市交通运行仿真与决策支持北京市重点实验室	北京交通发展研究院
13	二氧化碳资源利用与减排技术北京市重点实验室	清华大学
14	冶金工业节能减排北京市重点实验室	北京科技大学
15	低品位能源多相流与传热北京市重点实验室	华北电力大学
16	分布式冷热电联供系统北京市重点实验室	中国科学院工程热物理研究所
17	新能源材料与器件北京市重点实验室	中国科学院物理研究所
18	高端机械装备健康监控与自愈化北京市重点实验室	北京化工大学
19	车路协同与安全控制北京市重点实验室	北京航空航天大学
20	流域水环境与生态技术北京市重点实验室	北京市水科学技术研究院
21	水体污染源控制技术北京市重点实验室	北京林业大学
22	工业场地污染与修复北京市重点实验室	轻工业环境保护研究所
23	环境噪声与振动北京市重点实验室	北京市劳动保护科学研究所
24	植物基因资源与低碳环境生物技术北京市重点实验室	首都师范大学
25	恩泽生物质精细化工北京市重点实验室	北京石油化工学院
26	离子液体清洁过程北京市重点实验室	中国科学院过程工程研究所

续表

序号	重点实验室名称	依托单位
27	先进电池材料理论与技术北京市重点实验室	北京大学
28	特种陶瓷与耐火材料北京市重点实验室	中国钢研科技集团有限公司
29	镀膜靶材北京市重点实验室	安泰科技股份有限公司
30	水泥混凝土节能利废技术北京市重点实验室	北京金隅水泥节能科技有限公司
31	防水材料北京市重点实验室	北京东方雨虹防水技术段份有限公司
32	职业安全健康北京市重点实验室	北京市劳动保护科学研究所
33	燃气、供热及地下管网运行安全北京市重点实验室	北京城市系统工程研究中心
34	地下工程建设预报预警北京市重点实验室	北京市市政工程研究院
35	数字化印刷装备北京市重点实验室	北京印刷学院
36	高端印刷装备信号与信息处理北京市重点实验室	北京印刷学院
37	语言声学与内容理解北京市重点实验室	中国科学院声学研究所
38	分子影像北京市重点实验室	中国科学院自动化研究所
39	移动计算与新型终端北京市重点实验室	中国科学院计算技术研究所
40	无线通信测试技术北京市重点实验室	北京星河亮点技术股份有限公司
41	第四代移动通信技术研究北京市重点实验室	大唐移动通信设备有限公司
42	网络体系构建与融合北京市重点实验室	北京邮电大学
43	云计算关键技术与应用北京市重点实验室	北京市计算中心
44	网络密码认证技术北京市重点实验室	北京市科学技术情报研究所
45	软件测试技术北京市重点实验室	北京软件产品质量检测检验中心
46	嵌入式实时信息处理技术北京市重点实验室	北京理工大学
47	文化遗产数字化保护与虚拟现实北京市重点实验室	北京师范大学
48	网络安全防护技术北京市重点实验室	中国科学院信息工程研究所
49	可信计算北京市重点实验室	北京工业大学
50	软件安全工程技术北京市重点实验室	北京理工大学
51	电子系统可靠性技术北京市重点实验室	首都师范大学
52	集成电路测试技术北京市重点实验室	北京自动测试技术研究所
53	矿冶过程自动控制技术北京市重点实验室	北京矿冶科技集团有限公司
54	液晶材料分析及应用技术北京市重点实验室	北京八亿时空液晶科技股份有限公司
55	啤酒酿造技术北京市重点实验室	北京燕京啤酒股份有限公司
56	特种弹性体复合材料北京市重点实验室	北京石油化工学院
57	微量分析测试方法与仪器研制北京市重点实验室	清华大学
58	油气装备材料失效与腐蚀防护北京市重点实验室	中国石油大学(北京)
59	农产品有害微生物及农残安全检测与控制北京市重点实验室	北京农学院
60	出入境食品安全检测北京市重点实验室	北京出入境检验检疫局检验检疫技术中心
61	食物中毒诊断溯源技术北京市重点实验室	北京市疾病预防控制中心
62	食品安全毒理学研究与评价北京市重点实验室	北京大学
63	农业智能装备技术北京市重点实验室	北京市农林科学院
64	现代农业装备优化设计北京市重点实验室	中国农业大学

续表

序号	重点实验室名称	依托单位
65	肉类加工技术北京市重点实验室	中国肉类食品综合研究中心
66	种子病害检验与防控北京市重点实验室	中国农业大学
67	绿化植物育种北京市重点实验室	北京市园林科学研究院
68	葡萄科学与酿酒技术北京市重点实验室	中国科学院植物研究所
69	抗性基因资源与分子发育北京市重点实验室	北京师范大学
70	高温超导材料及应用技术北京市重点实验室	北京英纳超导技术有限公司
71	生物电磁学北京市重点实验室	中国科学院电工研究所
72	煤基节能环保炭材料北京市重点实验室	煤炭科学技术研究院有限公司
73	射频集成电路与系统北京市重点实验室	中国科学院半导体研究所
74	航空材料检测与评价北京市重点实验室	中国航发北京航空材料研究院
75	精密合金技术北京市重点实验室	钢铁研究总院
76	绿色可循环钢铁流程北京市重点实验室	首钢集团有限公司
77	药物非临床安全评价研究北京市重点实验室	中国食品药品检定研究院
78	药物靶点研究与新药筛选北京市重点实验室	中国医学科学院药物研究所
79	活性物质发现与适药化北京市重点实验室	中国医学科学院药物研究所
80	中药成分分析与生物评价北京市重点实验室	北京市药品检验所
81	心血管植入材料临床前研究评价北京市重点实验室	中国医学科学院阜外医院
82	生物制品安全性评价北京市重点实验室	北京昭衍新药研究中心股份有限公司
83	全牙再生与口腔组织功能重建北京市重点实验室	首都医科大学附属北京口腔医院
84	热带病防治研究北京市重点实验室	首都医科大学附属北京友谊医院
85	丙型肝炎和肝病免疫治疗北京市重点实验室	北京大学人民医院
86	乙型肝炎与肝癌转化医学研究北京市重点实验室	首都医科大学附属北京佑安医院
87	艾滋病研究北京市重点实验室	首都医科大学附属北京佑安医院
88	药物传输技术及新型制剂北京市重点实验室	中国医学科学院药物研究所
89	单克隆抗体上游研发技术北京市重点实验室	北京义翘神州科技有限公司
90	蛋白质组学北京市重点实验室	北京市蛋白质组研究中心
91	结合疫苗新技术研究北京市重点实验室	北京民海生物科技有限公司
92	DNA 损伤应答北京市重点实验室	首都师范大学
93	基因组学研究北京市重点实验室	北京诺赛基因组研究中心有限公司
94	脑肿瘤研究北京市重点实验室	北京市神经外科研究所
95	神经精神药理学北京市重点实验室	中国人民解放军军事科学院军事医学研究院
96	脑功能疾病调控治疗北京市重点实验室	首都医科大学宣武医院
97	磁共振成像设备与技术北京市重点实验室	北京大学第三医院
98	中药药理北京市重点实验室	中国中医科学院西苑医院
99	脑血管病转化医学北京市重点实验室	首都医科大学
100	证候与方剂基础研究北京市重点实验室	北京中医药大学
101	中医药防治重大疾病基础研究北京市重点实验室	中国中医科学院医学实验中心
102	道地中药材功能基因组研究北京市重点实验室	中国中医科学院中药研究所

续表

序号	重点实验室名称	依托单位
103	生化诊断试剂检验技术北京市重点实验室	北京利德曼生化股份有限公司
104	器官移植与免疫调节北京市重点实验室	中国人民解放军第三〇九医院
105	造血干细胞移植治疗血液病北京市重点实验室	北京大学人民医院
106	临床流行病学北京市重点实验室	首都医科大学
107	皮肤损伤修复与组织再生北京市重点实验室	中国人民解放军总医院
108	肾脏疾病研究北京市重点实验室	中国人民解放军总医院
109	科技政策模拟与决策支撑北京市重点实验室	北京科学学研究中心
110	跨媒体出版北京市重点实验室	北京印刷学院
111	恶性肿瘤转化研究北京市重点实验室	北京市肿瘤防治研究所
112	皮肤病分子诊断北京市重点实验室	北京大学第一医院
113	脊柱疾病研究北京市重点实验室	北京大学第三医院
114	生殖内分泌与辅助生殖技术北京市重点实验室	北京大学第三医院
115	消化疾病癌前病变北京市重点实验室	首都医科大学附属北京友谊医院
116	生物医药成分分离与分析北京市重点实验室	北京理工大学
117	膜分离过程与技术北京市重点实验室	北京化工大学
118	营养健康与食品安全北京市重点实验室	中粮营养健康研究院有限公司
119	太阳能与建筑节能玻璃材料加工技术北京市重点实验室	中国建筑材料科学研究总院
120	民用飞机设计数字仿真技术北京市重点实验室	中国商用飞机有限责任公司北京民用飞机技术研究中心
121	配电变压器节能技术北京市重点实验室	中国电力科学研究院有限公司
122	民用飞机结构与复合材料北京市重点实验室	中国商用飞机有限责任公司北京民用飞机技术研究中心
123	射频识别芯片检测技术北京市重点实验室	北京中电华大电子设计有限责任公司
124	基于 IPv6 的电信网络技术北京市重点实验室	中国电信股份有限公司北京研究院
125	二氧化碳捕集与处理北京市重点实验室	中国华能集团清洁能源技术研究院有限公司
126	骨科再生医学北京市重点实验室	中国人民解放军总医院
127	中枢神经系统损伤研究北京市重点实验室	北京市神经外科研究所
128	儿童发育营养组学北京市重点实验室	首都儿科研究所
129	鼻病研究北京市重点实验室	首都医科大学附属北京同仁医院
130	泌尿生殖系疾病(男)分子诊治北京市重点实验室	北京大学第一医院
131	磁共振成像脑信息学北京市重点实验室	首都医科大学宣武医院
132	衰老及相关疾病研究北京市重点实验室	中国人民解放军总医院
133	风湿病机制及免疫诊断北京市重点实验室	北京大学人民医院
134	帕金森病研究北京市重点实验室	北京市老年病医疗研究中心
135	癫痫病临床医学研究北京市重点实验室	首医大三博脑科医院(北京)有限公司
136	精神疾病诊断与治疗北京市重点实验室	首都医科大学附属北京安定医院
137	心血管受体研究北京市重点实验室	北京大学第三医院
138	新发突发传染病研究北京市重点实验室	首都医科大学附属北京地坛医院

续表

序号	重点实验室名称	依托单位
139	耐药结核病研究北京市重点实验室	北京市结核病胸部肿瘤研究所
140	肺损伤与感染北京市重点实验室	中国人民解放军总医院
141	儿童血液病与肿瘤分子分型北京市重点实验室	首都医科大学附属北京儿童医院
142	糖尿病防治研究北京市重点实验室	首都医科大学附属北京同仁医院
143	中药(天然药物)创新药物研发北京市重点实验室	中国医学科学院药用植物研究所
144	抗肿瘤分子靶向药物临床研究北京市重点实验室	中国医学科学院肿瘤医院
145	晶型药物研究北京市重点实验室	中国医学科学院药物研究所
146	低温生物医学工程学北京市重点实验室	中国科学院理化技术研究所
147	心脏药械技术与循证医学研究北京市重点实验室	北京美中双和医疗器械股份有限公司
148	新药作用机制研究与药效评价北京市重点实验室	中国医学科学院药物研究所
149	肿瘤系统生物学北京市重点实验室	北京大学
150	人机交互北京市重点实验室	中国科学院软件研究所
151	网络多媒体北京市重点实验室	清华大学
152	石油数据挖掘北京市重点实验室	中国石油大学(北京)
153	新一代通信射频芯片技术北京市重点实验室	中国科学院微电子研究所
154	材料领域知识工程北京市重点实验室	北京科技大学
155	毫米波与太赫兹技术北京市重点实验室	北京理工大学
156	高速交通工具智能诊断与健康管理北京市重点实验室	北京航天测控技术有限公司
157	光电测试技术北京市重点实验室	北京信息科技大学
158	化学电源与绿色催化北京市重点实验室	北京理工大学
159	先进化学蓄电技术与材料北京市重点实验室	中国人民解放军军事科学院防化研究院
160	纳米能源材料北京市重点实验室	安泰科技股份有限公司
161	能量转换与存储材料北京市重点实验室	北京师范大学
162	非常规天然气能源地质评价与开发工程北京市重点实验室	中国地质大学(北京)
163	工业废水处理与资源化北京市重点实验室	中国科学院生态环境研究中心
164	污染场地风险模拟与修复北京市重点实验室	北京市环境保护科学研究院
165	油气污染防治北京市重点实验室	中国石油大学(北京)
166	云降水物理研究和云水资源开发北京市重点实验室	北京市气象局
167	园林绿地生态功能评价与调控技术北京市重点实验室	北京市园林科学研究院
168	林木生物质化学北京市重点实验室	北京林业大学
169	温室气体封存与石油开采利用北京市重点实验室	中国石油大学(北京)
170	城市道路交通智能控制技术北京市重点实验室	北方工业大学
171	城市交通节能减排检测与评估北京市重点实验室	北京交通发展研究院
172	低维半导体材料与器件北京市重点实验室	中国科学院半导体研究所
173	纳米光子学与超精密光电系统北京市重点实验室	北京理工大学
174	高温合金新材料北京市重点实验室	钢铁研究总院
175	辐射新材料北京市重点实验室	北京市射线应用研究中心
176	材料电化学过程与技术北京市重点实验室	北京化工大学

续表

序号	重点实验室名称	依托单位
177	固体微结构与性能北京市重点实验室	北京工业大学
178	功能分子与晶态材料科学与应用北京市重点实验室	北京科技大学
179	精密超精密制造装备及控制北京市重点实验室	清华大学
180	复杂构件数控加工工艺及装备北京市重点实验室	中国航空制造技术研究院
181	城市运行应急保障模拟技术北京市重点实验室	北京航空航天大学
182	城市有毒有害易燃易爆危险源控制技术北京市重点实验室	北京市劳动保护科学研究所
183	环境有害化学物质分析北京市重点实验室	北京化工大学
184	蔬菜种质改良北京市重点实验室	北京市农林科学院
185	农业基因资源与生物技术北京市重点实验室	北京农业生物技术研究中心
186	设施蔬菜生长发育调控北京市重点实验室	中国农业大学
187	森林资源生态系统过程北京市重点实验室	北京林业大学
188	畜禽疫病防控技术北京市重点实验室	北京市农林科学院
189	蔬菜有害生物控制与优质栽培北京市重点实验室	中国农业科学院蔬菜花卉研究所
190	植物源功能食品北京市重点实验室	中国农业大学
191	林业食品加工与安全北京市重点实验室	北京林业大学
192	博物馆展陈设计与空间实现北京市重点实验室	北京工业大学
193	文化创意产业标准化研究北京市重点实验室	北京市科学技术情报研究所
194	空间热控技术北京市重点实验室	北京空间飞行器总体设计部
195	计算智能与智能系统北京市重点实验室	北京工业大学
196	高动态导航技术北京市重点实验室	北京信息科技大学
197	数字动画技术研究与应用北京市重点实验室	中国传媒大学
198	交通数据分析与挖掘北京市重点实验室	北京交通大学
199	电弧等离子应用装备北京市重点实验室	中国航天空气动力技术研究院
200	生物制造与快速成形技术北京市重点实验室	清华大学
201	高能束流增量制造技术与装备北京市重点实验室	中国航空制造技术研究院
202	飞行器装配机器人装备北京市重点实验室	北京航空航天大学
203	核检测技术北京市重点实验室	清华大学
204	机械结构非线性振动与强度北京市重点实验室	北京工业大学
205	多维多尺度计算摄像北京市重点实验室	清华大学
206	物联网信息安全技术北京市重点实验室	中国科学院信息工程研究所
207	分数域信号与系统北京市重点实验室	北京理工大学
208	智能物流系统北京市重点实验室	北京物资学院
209	精密光电测试仪器及技术北京市重点实验室	北京理工大学
210	反劫持装备技术北京市重点实验室	中国人民武装警察部队特种警察学院
211	区域大气复合污染防治北京市重点实验室	北京工业大学
212	城市空间信息工程北京市重点实验室	北京市测绘设计研究院
213	湿地生态功能与恢复北京市重点实验室	中国林业科学研究院
214	结构风工程与城市风环境北京市重点实验室	北京交通大学

续表

序号	重点实验室名称	依托单位
215	热电生产过程污染物监测与控制北京市重点实验室	华北电力大学
216	热力过程节能技术北京市重点实验室	中国科学院理化技术研究所
217	综合交通运行监测与服务北京市重点实验室	北京市交通信息中心
218	生物燃气高值利用北京市重点实验室	中国石油大学(北京)
219	精准林业北京市重点实验室	北京林业大学
220	生物质炼制工程北京市重点实验室	中国科学院过程工程研究所
221	非能动核能安全技术北京市重点实验室	华北电力大学
222	仿生能源材料与器件北京市重点实验室	北京航空航天大学
223	先进功能材料与结构分析北京市重点实验室	中国科学院物理研究所
224	光功能材料与器件北京市重点实验室	首都师范大学
225	特种涂层材料与技术北京市重点实验室	北京矿冶科技集团有限公司
226	稀贵金属绿色回收与提取北京市重点实验室	北京科技大学
227	光电功能材料与微纳器件北京市重点实验室	中国人民大学
228	金属材料表征北京市重点实验室	钢研纳克检测技术股份有限公司
229	光电转换材料北京市重点实验室	北京理工大学
230	玉米 DNA 指纹及分子育种北京市重点实验室	北京市农林科学院
231	畜禽遗传改良北京市重点实验室	中国农业大学
232	奶牛遗传育种与繁殖北京市重点实验室	北京奶牛中心
233	花卉种质创新与分子育种北京市重点实验室	北京林业大学
234	生物多样性与有机农业北京市重点实验室	中国农业大学
235	林木有害生物防治北京市重点实验室	北京林业大学
236	果蔬农产品保鲜与加工北京市重点实验室	北京市农林科学院
237	代谢及心血管分子医学北京市重点实验室	北京大学
238	代谢紊乱相关心血管疾病北京市重点实验室	首都医科大学
239	儿童耳鼻咽喉头颈外科疾病北京市重点实验室	首都医科大学附属北京儿童医院
240	心血管疾病微创技术研究北京市重点实验室	中国人民解放军总医院
241	运动医学关节伤病北京市重点实验室	北京大学第三医院
242	视网膜脉络膜疾病诊治研究北京市重点实验室	北京大学人民医院
243	肝硬化转化医学北京市重点实验室	首都医科大学附属北京友谊医院
244	老年认知障碍疾病北京市重点实验室	首都医科大学宣武医院
245	临床生物力学应用基础研究北京市重点实验室	首都医科大学
246	中医正骨技术北京市重点实验室	中国中医科学院望京医院
247	神经系统小血管病探索北京市重点实验室	北京大学第一医院
248	传染病分子诊断新技术北京市重点实验室	中国人民解放军军事科学院军事医学研究院
249	生物工程与传感技术北京市重点实验室	北京科技大学
250	病原微生物耐药与耐药基因组学北京市重点实验室	中国科学院微生物研究所
251	肿瘤治疗性疫苗北京市重点实验室	首都医科大学附属北京世纪坛医院首都医科大学肿瘤医学院

续表

序号	重点实验室名称	依托单位
252	环境毒理学北京市重点实验室	首都医科大学
253	高血压病研究北京市重点实验室	首都医科大学附属北京朝阳医院
254	药物临床风险与个体化应用评价北京市重点实验室	北京医院
255	中医养生学北京市重点实验室	北京中医药大学
256	高端植介入医疗器械优化设计与评测技术北京市重点实验室	北京航空航天大学
257	基因组与精准医学检测技术北京市重点实验室	中国科学院北京基因组研究所
258	药物依赖性研究北京市重点实验室	北京大学
259	城市绿色发展科技战略研究北京市重点实验室	北京师范大学首都科技发展战略研究院
260	包装印刷新技术北京市重点实验室	中国印刷科学技术研究院
261	新媒体动画技术北京市重点实验室	北京电影学院
262	大规模流数据集成与分析技术北京市重点实验室	北方工业大学
263	云计算标准与测试验证北京市重点实验室	中国信息通信研究院
264	超高速宽带通信北京市重点实验室	中国电信股份有限公司北京研究院
265	航天机电产品环境可靠性试验技术北京市重点实验室	北京卫星环境工程研究所
266	空间智能机器人系统技术与应用北京市重点实验室	北京空间飞行器总体设计部
267	电火花加工技术北京市重点实验室	北京市电加工研究所
268	网络化协同空管技术北京市重点实验室	北京航空航天大学
269	油气光学探测技术北京市重点实验室	中国石油大学(北京)
270	道路工程材料与检测鉴定技术北京市重点实验室	北京市道路工程质量监督站(北京市公路工程检测中心)
271	新能源乘用车节能与安全北京市重点实验室	北京新能源汽车股份有限公司
272	高速铁路信号系统北京市重点实验室	北京和利时系统工程有限公司
273	新兴有机污染物控制北京市重点实验室	清华大学
274	环境损害与污染修复北京市重点实验室	中国科学院地理科学与资源研究所
275	绿色催化与分离北京市重点实验室	北京工业大学
276	工业典型污染物资源化处理北京市重点实验室	北京科技大学
277	微细尺度流动与相变传热北京市重点实验室	北京交通大学
278	灾害救援医学北京市重点实验室	中国人民武装警察部队总医院
279	安防大数据处理与应用北京市重点实验室	北京声迅电子股份有限公司
280	金属矿山智能开采技术北京市重点实验室	北京矿冶科技集团有限公司
281	地铁火灾与客流疏运安全北京市重点实验室	中国安全生产科学研究院
282	移动媒体与文化计算北京市重点实验室	北京邮电大学世纪学院
283	有机材料检测技术与质量评价北京市重点实验室	北京市理化分析测试中心
284	首都区域空间规划研究北京市重点实验室	清华大学
285	现代演艺技术北京市重点实验室	中国传媒大学
286	数字出版标准符合性测试北京市重点实验室	中国新闻出版研究院
287	纳米材料与器件物理北京市重点实验室	中国科学院物理研究所
288	非金属矿物与固废资源材料化利用北京市重点实验室	中国地质大学(北京)

续表

序号	重点实验室名称	依托单位
289	超材料与器件北京市重点实验室	首都师范大学
290	高端金属材料特种熔炼与制备北京市重点实验室	北京科技大学
291	生物质废弃物资源化利用北京市重点实验室	北京联合大学
292	煤制清洁液体燃料北京市重点实验室	中科合成油技术有限公司
293	新型薄膜太阳电池北京市重点实验室	华北电力大学
294	气动热力储能与供能北京市重点实验室	北京航空航天大学
295	杂交小麦分子遗传北京市重点实验室	北京市农林科学院
296	奶牛营养学北京市重点实验室	北京农学院
297	渔业生物技术北京市重点实验室	北京市水产科学研究所
298	花卉发育与品质调控北京市重点实验室	中国农业大学
299	圈养野生动物技术北京市重点实验室	北京动物园
300	肿瘤侵袭和转移机制研究北京市重点实验室	首都医科大学
301	骨与软组织肿瘤研究北京市重点实验室	北京大学人民医院
302	痴呆诊治转化医学研究北京市重点实验室	北京大学第六医院
303	头颈部分子病理诊断北京市重点实验室	首都医科大学附属北京同仁医院
304	胎儿心脏病母胎医学研究北京市重点实验室	首都医科大学附属北京安贞医院
305	肝硬化肝癌基础研究北京市重点实验室	北京大学人民医院
306	媒介生物危害和自然疫源性疾病北京市重点实验室	中国人民解放军军事科学院军事医学研究院
307	结核病诊疗新技术北京市重点实验室	中国人民解放军第三〇九医院
308	儿童病毒病病原学北京市重点实验室	首都儿科研究所
309	儿童呼吸道感染性疾病研究北京市重点实验室	首都医科大学附属北京儿童医院
310	低氧适应转化医学北京市重点实验室	首都医科大学宣武医院
311	免疫炎性疾病北京市重点实验室	中日友好医院
312	移植耐受与器官保护北京市重点实验室	首都医科大学附属北京友谊医院
313	儿科遗传性疾病分子诊断与研究北京市重点实验室	北京大学第一医院
314	中医络病研究北京市重点实验室	首都医科大学
315	神经电刺激研究与治疗北京市重点实验室	北京市神经外科研究所
316	中医感染性疾病基础研究北京市重点实验室	北京市中医研究所
317	中医药防治过敏性疾病北京市重点实验室	中日友好医院
318	血液安全保障技术研究北京市重点实验室	中国人民解放军军事科学院军事医学研究院
319	抗感染药物研究北京市重点实验室	中国医学科学院医药生物技术研究所
320	创新药物非临床药物代谢及药代/药效研究北京市重点实验室	中国医学科学院药物研究所
321	放射生物学北京市重点实验室	中国人民解放军军事科学院军事医学研究院
322	蛋白质修饰与细胞功能北京市重点实验室	北京大学
323	工程化构建与力学生物学北京市重点实验室	中国科学院力学研究所
324	中药鉴定与安全性评估北京市重点实验室	中国中医科学院中药研究所
325	生物应急与临床 POCT 北京市重点实验室	中国人民解放军军事科学院军事医学研究院
326	医疗器械检验与安全性评价北京市重点实验室	北京市医疗器械检验所

续表

序号	重点实验室名称	依托单位
327	大数据管理与分析方法研究北京市重点实验室	中国人民大学
328	三维及纳米集成电路设计自动化技术北京市重点实验室	中国科学院微电子研究所
329	复杂信息数学表征分析与应用北京市重点实验室	北京理工大学
330	食品安全大数据技术北京市重点实验室	北京工商大学
331	无机可延展柔性信息技术北京市重点实验室	中国科学院半导体研究所
332	轻型工业机器人与安全验证北京市重点实验室	首都师范大学
333	机器人仿生与功能研究北京市重点实验室	北京建筑大学
334	直流电网技术与仿真北京市重点实验室	全球能源互联网研究院有限公司
335	地铁运营安全保障技术北京市重点实验室	北京市地铁运营有限公司
336	新能源汽车高效动力传动与系统控制北京市重点实验室	北京航空航天大学
337	城市轨道交通车辆服役性能保障北京市重点实验室	北京建筑大学
338	大气颗粒物监测技术北京市重点实验室	北京市环境保护监测中心
339	水中典型污染物控制与水质保障北京市重点实验室	北京交通大学
340	室内空气质量评价与控制北京市重点实验室	清华大学
341	过程流体过滤与分离技术北京市重点实验室	中国石油大学(北京)
342	放射性废物处理北京市重点实验室	清华大学
343	建构筑物检测评估技术研究北京市重点实验室	中冶建筑研究总院有限公司
344	建筑环境优化设计与评测北京市重点实验室	中国建筑设计院有限公司
345	金属矿产资源评价与分析检测北京市重点实验室	北京矿冶科技集团有限公司
346	北京文博文物科技保护研究与应用北京市重点实验室	首都博物馆
347	结构可控先进功能材料与绿色应用北京市重点实验室	北京理工大学
348	先进核能材料与物理北京市重点实验室	北京航空航天大学
349	材料基因工程北京市重点实验室	北京科技大学
350	发电系统功能材料北京市重点实验室	国电新能源技术研究院
351	微藻生物能源与资源北京市重点实验室	中国电子工程设计院有限公司
352	食品非热加工北京市重点实验室	中国农业大学
353	农产品产地环境监测北京市重点实验室	北京农业质量标准与检测技术研究中心
354	数字植物北京市重点实验室	北京市农林科学院
355	口腔数字医学北京市重点实验室	北京大学口腔医院
356	儿童器官功能衰竭北京市重点实验室	中国人民解放军陆军总医院
357	聋病防治北京市重点实验室	中国人民解放军总医院
358	妊娠合并糖尿病母胎医学研究北京市重点实验室	北京大学第一医院
359	儿童慢性肾脏病与血液净化北京市重点实验室	首都医科大学附属北京儿童医院
360	雾霾健康效应与防护北京市重点实验室	国家纳米科学中心
361	眼内肿瘤诊治研究北京市重点实验室	首都医科大学附属北京同仁医院
362	行为与心理健康北京市重点实验室	北京大学
363	心血管疾病分子诊断北京市重点实验室	中国医学科学院阜外心医院
364	急性心肌梗死早期预警和干预北京市重点实验室	北京大学人民医院

续表

序号	重点实验室名称	依托单位
365	神经损伤与康复北京市重点实验室	中国康复研究中心
366	心肺脑复苏北京市重点实验室	首都医科大学附属北京朝阳医院
367	幽门螺杆菌感染及上胃肠疾病防治研究北京市重点实验室	北京大学第三医院
368	骨骼畸形遗传学研究北京市重点实验室	中国医学科学院北京协和医院
369	传染病相关疾病生物标志物北京市重点实验室	首都医科大学附属北京佑安医院
370	功能性胃肠病中医诊治北京市重点实验室	中国中医科学院望京医院
371	银屑病中医临床基础研究北京市重点实验室	北京市中医研究所
372	尿液细胞分子诊断北京市重点实验室	首都医科大学附属北京世纪坛医院
373	上气道功能障碍相关心血管疾病研究北京市重点实验室	首都医科大学附属北京安贞医院
374	创新药物临床药代药效研究北京市重点实验室	中国医学科学院北京协和医院
375	脑网络组北京市重点实验室	中国科学院自动化研究所
376	分子药剂学与新释药系统北京市重点实验室	北京大学
377	干细胞新药研发及临床转化研究北京市重点实验室	中国医学科学院基础医学研究所
378	治疗性基因工程抗体北京市重点实验室	中国人民解放军军事科学院军事医学研究院
379	中药生产过程控制与质量评价北京市重点实验室	北京中医药大学
380	新发再发传染病动物模型研究北京市重点实验室	中国医学科学院医学实验动物研究所
381	老年功能障碍康复辅助技术北京市重点实验室	国家康复辅具研究中心
382	中药品质评价北京市重点实验室	北京中医药大学
383	航空发动机结构强度北京市重点实验室	北京航空航天大学
384	精密转动和传动机构长寿命技术北京市重点实验室	北京控制工程研究所
385	数字化塑性成形技术及装备北京市重点实验室	中国航空制造技术研究院
386	天基空间环境探测北京市重点实验室	中国科学院国家空间科学中心
387	航天绿色推进剂研究与应用北京市重点实验室	北京航天试验技术研究所
388	基于大数据的城市科学研究北京市重点实验室	北京国际城市发展研究院
389	固态量子器件北京市重点实验室	北京大学
390	半导体神经网络智能感知与计算技术北京市重点实验室	中国科学院半导体研究所
391	天地互联与融合北京市重点实验室	北京邮电大学
392	超高频、大功率化合物半导体器件与集成技术北京市重点实验室	中国科学院微电子研究所
393	工业大数据系统与应用北京市重点实验室	清华大学
394	智能交通数据安全与隐私保护技术北京市重点实验室	北京交通大学
395	建筑大数据智能处理方法研究北京市重点实验室	北京建筑大学
396	机器人“手－眼－脑”融合智能研究与应用北京市重点实验室	中国科学院自动化研究所
397	金属轻量化成形制造北京市重点实验室	北京科技大学
398	节能照明电源集成与制造北京市重点实验室	北方工业大学
399	深水油气管线关键技术与装备北京市重点实验室	北京石油化工学院
400	电动汽车动力电池检测北京市重点实验室	北京市产品质量监督检验院
401	城市轨道交通全自动运行系统与安全监控北京市重点实验室	北京市轨道交通建设管理有限公司
402	城市轨道交通深基坑岩土工程北京市重点实验室	北京城建勘测设计研究院有限责任公司

续表

序号	重点实验室名称	依托单位
403	微波感知与安防应用北京市重点实验室	北京航空航天大学
404	城市水循环与海绵城市技术北京市重点实验室	北京师范大学
405	绿色建筑环境与节能技术北京市重点实验室	北京工业大学
406	能源环境催化北京市重点实验室	北京化工大学
407	城市地下空间工程北京市重点实验室	北京科技大学
408	矿物环境功能北京市重点实验室	北京大学
409	城市大气挥发性有机物污染防治技术与应用北京市重点实验室	北京市环境保护科学研究院
410	燃料清洁化及高效催化减排技术北京市重点实验室	北京石油化工学院
411	生活垃圾检测分析与评价北京市重点实验室	北京市环境卫生设计科学研究所
412	塑料卫生与安全质量评价技术北京市重点实验室	北京工商大学
413	电力调度自动化技术研究与系统评价北京市重点实验室	中国电力科学研究院有限公司
414	服装工效与功能创新设计北京市重点实验室	北京服装学院
415	光场成像与数字几何北京市重点实验室	首都师范大学
416	建筑遗产精细重构与健康监测北京市重点实验室	北京建筑大学
417	磁电功能材料与器件北京市重点实验室	北京大学
418	磁光电复合材料与界面科学北京市重点实验室	北京科技大学
419	微纳能源与传感北京市重点实验室	北京纳米能源与系统研究所
420	轻量化多功能复合材料与结构北京市重点实验室	北京理工大学
421	先进功能高分子复合材料北京市重点实验室	北京化工大学
422	建筑结构与环境修复功能材料北京市重点实验室	北京建筑大学
423	共伴生能源精准开采北京市重点实验室	中国矿业大学(北京)
424	需求侧多能互补优化与供需互动技术北京市重点实验室	中国电力科学研究院有限公司
425	农田土壤污染防控与修复北京市重点实验室	中国农业大学
426	功能主食创制与慢病营养干预北京市重点实验室	中国食品发酵工业研究院有限公司
427	植物蛋白与谷物加工北京市重点实验室	中国农业大学
428	北方果树病虫害绿色防控北京市重点实验室	北京市农林科学院
429	骨科机器人技术北京市重点实验室	北京积水潭医院
430	神经影像大数据与人脑连接组学北京市重点实验室	北京师范大学
431	脑功能重建北京市重点实验室	首都医科大学附属北京天坛医院
432	神经退行性疾病生物标志物研究及转化北京市重点实验室	北京大学第三医院
433	针灸神经调控北京市重点实验室	首都医科大学附属北京中医医院
434	结直肠癌诊疗研究北京市重点实验室	北京大学人民医院
435	临床合理用药生物特征谱学评价北京市重点实验室	首都医科大学附属北京世纪坛医院
436	肝衰竭与人工肝治疗研究北京市重点实验室	首都医科大学附属北京佑安医院
437	造血干细胞治疗及转化研究北京市重点实验室	中国人民解放军第三〇七医院
438	女性盆底疾病研究北京市重点实验室	北京大学人民医院
439	眼部神经损伤的重建保护与康复北京市重点实验室	北京大学第三医院
440	核医学分子靶向诊疗北京市重点实验室	中国医学科学院北京协和医院

续表

序号	重点实验室名称	依托单位
441	出生缺陷遗传学研究北京市重点实验室	首都医科大学附属北京儿童医院
442	慢性心衰精准医学北京市重点实验室	中国人民解放军总医院
443	侵袭性真菌病机制研究与精准诊断北京市重点实验室	中国医学科学院北京协和医院
444	过敏性疾病精准诊疗研究北京市重点实验室	中国医学科学院北京协和医院
445	冠心病精准治疗北京市重点实验室	首都医科大学附属北京安贞医院
446	生物材料与神经再生北京市重点实验室	北京航空航天大学
447	动物衰老细胞生物学北京市重点实验室	北京生命科学研究所
448	病原微生物感染与免疫防御北京市重点实验室	北京生命科学研究所
449	慢性疾病的免疫学研究北京市重点实验室	清华大学
450	无人机自主控制技术北京市重点实验室	北京理工大学
451	深低温技术研究北京市重点实验室	北京宇航系统工程研究所
452	先进光学遥感技术北京市重点实验室	北京空间机电研究所
453	一带一路数据分析与决策支持北京市重点实验室	北京第二外国语学院
454	城市群系统演化与可持续发展的决策模拟研究北京市重点实验室	首都经济贸易大学
455	绿色发展大数据决策北京市重点实验室	北京信息科技大学
456	能源经济与环境管理北京市重点实验室	北京理工大学
457	新能源电力与低碳发展研究北京市重点实验室	华北电力大学

资料来源:北京市科学技术委员会。

2017 年北京市工程技术研究中心一览表

序号	工程中心名称	依托单位
1	北京市大容量注射剂质量工程技术研究中心	华润双鹤药业股份有限公司
2	北京市智能康复工程技术研究中心	北京大学
3	北京市空间生物工程技术研究中心	航天神舟生物科技集团有限公司
4	北京市有源显示工程技术研究中心	北京大学
5	北京市生殖避孕药物工程技术研究中心	华润紫竹药业有限公司
6	北京市射线成像技术与装备工程技术研究中心	中国科学院高能物理研究所
7	北京市煤矿安全工程技术研究中心	煤炭科学技术研究院有限公司
8	北京市太阳能热利用工程技术研究中心	北京市太阳能研究所集团有限公司
9	北京市变频技术工程技术研究中心	北方工业大学
10	北京市集中生物燃气利用工程技术研究中心	清华大学
11	北京市劣质铁矿石综合利用工程技术研究中心	神雾科技集团股份有限公司
12	北京市中低速磁浮交通系统工程技术研究中心	北京控股磁悬浮技术发展有限公司

续表

序号	工程中心名称	依托单位
13	北京市动力锂离子电池工程技术研究中心	北大先行科技产业有限公司
14	北京市光伏装备工程技术研究中心	北京京仪集团有限责任公司
15	北京市城镇生活固废综合处理与资源化工程技术研究中心	北京环境工程技术有限公司
16	北京市有机废弃物资源化工程技术研究中心	北京嘉博文生物科技有限公司
17	北京市污水脱氮除磷处理与过程控制工程技术研究中心	北京工业大学
18	北京市锂电正极材料工程技术研究中心	北京当升材料科技股份有限公司
19	北京市村镇污水处理及资源化工程技术研究中心	总装备部工程设计研究总院
20	北京市安全防范报警与安检工程技术研究中心	北京声迅电子有限公司
21	北京市城市安全生产综合监管工程技术研究中心	北京亚思顿科技发展有限公司
22	北京市岩土锚固工程技术研究中心	中国京冶工程技术有限公司
23	北京市建筑安全监测工程技术研究中心	北京建筑大学
24	北京市功能性高分子建筑材料工程技术研究中心	北京市建筑工程研究院有限责任公司
25	北京市预拌砂浆工程技术研究中心	北京建筑材料科学研究总院有限公司
26	北京市数控机床工程技术研究中心	北京北一机床股份有限公司
27	北京市金属件先进成形技术与装备工程技术研究中心	北京机科国创轻量化科学研究院有限公司
28	北京市金融机具工程技术研究中心	中钞长城金融设备控股有限公司
29	北京市广播电视技术工程技术研究中心	北京北广科技股份有限公司
30	北京市氯碱装备工程技术研究中心	蓝星(北京)化工机械有限公司
31	北京市无纸化办公信息采集设备工程技术研究中心	汉王科技股份有限公司
32	北京市智能化技术与系统工程技术研究中心	中国科学院自动化研究所
33	北京市数字视频工程技术研究中心	新奥特(北京)视频技术有限公司
34	北京市政务信息化工程技术研究中心	太极计算机股份有限公司
35	北京市物联网软件与系统工程技术研究中心	北京工业大学
36	北京市数字城市工程技术研究中心	中国科学院电子学研究所
37	北京市海量语言信息处理与云计算应用工程技术研究中心	北京理工大学
38	北京市数据中心运营和服务工程技术研究中心	北京世纪互联宽带数据中心有限公司
39	北京市云制造平台与服务工程技术研究中心	北京慧点科技有限公司
40	北京市小卫星遥感信息工程技术研究中心	二十一世纪空间技术应用股份有限公司
41	北京市软件服务运营工程技术研究中心	神州数码信息系统有限公司
42	北京市集成电路先导工艺工程技术研究中心	中国科学院微电子研究所
43	北京市太赫兹与红外工程技术研究中心	首都师范大学
44	北京市 MOCVD 工程技术研究中心	北京北方华创微电子装备有限公司
45	北京市激光应用技术工程技术研究中心	北京工业大学
46	北京市全固态激光先进制造工程技术研究中心	中国科学院半导体研究所
47	北京市轮胎绿色制造工艺工程技术研究中心	北京橡胶工业研究设计院有限公司
48	北京市碳纤维工程技术研究中心	中国蓝星(集团)股份有限公司
49	北京市纳米材料绿色打印印刷工程技术研究中心	中国科学院化学研究所
50	北京市饲料安全生物调控工程技术研究中心	北京大北农科技集团股份有限公司

续表

序号	工程中心名称	依托单位
51	北京市乳品工程技术研究中心	北京三元食品股份有限公司
52	北京市食品安全分析测试工程技术研究中心	北京市理化分析测试中心
53	北京市非常规水资源开发利用与节水工程技术研究中心	北京市水科学技术研究院
54	北京市缓控释肥料工程技术研究中心	北京市农林科学院
55	北京市草莓工程技术研究中心	北京市农林科学院
56	北京市蛋鸡工程技术研究中心	北京市华都峪口禽业有限责任公司
57	北京市工业建筑特种材料工程技术研究中心	中冶建筑研究总院有限公司
58	北京市大型关键金属构件激光直接制造工程技术研究中心	北京航空航天大学
59	北京市铸轧工程技术研究中心	中冶京诚工程技术有限公司
60	北京市特种车辆部件先进制造与评估工程技术研究中心	北京北方车辆集团有限公司
61	北京市工业部件表面强化与修复工程技术研究中心	北京矿冶科技集团有限公司
62	北京市电子信息用新型钎焊材料工程技术研究中心	北京有色金属与稀土应用研究所
63	北京市先进铝合金材料及应用工程技术研究中心	中国航发北京航空材料研究院
64	北京市难熔金属材料工程技术研究中心	安泰科技股份有限公司
65	北京市生态环境材料及其评价工程技术研究中心	北京工业大学
66	北京市呼吸与危重症诊治工程技术研究中心	首都医科大学附属北京朝阳医院
67	北京市人工听觉工程技术研究中心	首都医科大学附属北京同仁医院
68	北京市心脑血管医疗技术与器械工程技术研究中心	首都医科大学附属北京安贞医院
69	北京市脂质靶向制剂工程技术研究中心	北京泰德制药股份有限公司
70	北京市口服固体制剂产业化工程技术研究中心	华润赛科药业有限责任公司
71	北京市心脏病介入诊疗设备工程技术研究中心	乐普(北京)医疗器械股份有限公司
72	北京市医用内植物工程技术研究中心	北京纳通科技集团有限公司
73	北京市新型人用预防性疫苗工程技术研究中心	北京科兴生物制品有限公司
74	北京市基因工程抗体药物工程技术研究中心	百泰生物药业有限公司
75	北京市重组蛋白药物工程技术研究中心	北京凯因科技股份有限公司
76	北京市传染病诊断工程技术研究中心	北京万泰生物药业股份有限公司
77	北京市钢铁冶金节能减排工程技术研究中心	北京中冶设备研究设计总院有限公司
78	北京市纳米结构薄膜太阳能电池工程技术研究中心	北京低碳清洁能源研究所
79	北京市风电设备可靠性工程技术研究中心	国电联合动力技术有限公司
80	北京市电动汽车充换电工程技术研究中心	中国电力科学研究院有限公司
81	北京市电站自动化工程技术研究中心	北京国电智深控制技术有限公司
82	北京市低质燃料高效清洁利用工程技术研究中心	中国华能集团清洁能源技术研究院有限公司
83	北京市集成电路电子设计自动化工程技术研究中心	北京华大九天软件有限公司
84	北京市火电厂烟气净化工程技术研究中心	北京国电龙源环保工程有限公司
85	北京市电子系统可靠性评测工程技术研究中心	工业和信息化部计算机与微电子发展研究中心
86	北京市弱磁检测及应用工程技术研究中心	北京科技大学
87	北京市光电通信线路工程技术研究中心	北京亨通斯博通讯科技有限公司
88	北京市数字交通枢纽工程技术研究中心	北京竞业达数码科技股份有限公司

续表

序号	工程中心名称	依托单位
89	北京市光纤传感系统工程技术研究中心	北京航天时代光电科技有限公司
90	北京市复杂产品先进制造系统工程技术研究中心	北京仿真中心
91	北京市下一代网络安全软件与系统工程技术研究中心	北京神州绿盟信息安全科技股份有限公司
92	北京市气环境监测工程技术研究中心	北京航天益来电子科技有限公司
93	北京市物联网技术与系统工程技术研究中心	首都信息发展股份有限公司
94	北京市北斗卫星导航技术与装备工程技术研究中心	北京北斗星通导航技术股份有限公司
95	北京市卫星通信导航工程技术研究中心	北京华力创通科技股份有限公司
96	北京市移动卫星应用工程技术研究中心	北京中交通信科技有限公司
97	北京市太阳能热发电工程技术研究中心	中国科学院电工研究所
98	北京市有色金属新能源基础制品工程技术研究中心	北京有色金属研究总院
99	北京市蛋白和抗体研发及制备工程技术研究中心	神州细胞工程有限公司
100	北京市裸质粒基因治疗药物工程技术研究中心	北京诺思兰德生物技术股份有限公司
101	北京市肿瘤与糖尿病小分子靶向新药工程技术研究中心	北京赛林泰医药技术有限公司
102	北京市重组蛋白及其长效制剂工程技术研究中心	北京双鹭药业股份有限公司
103	北京市长效干扰素工程技术研究中心	北京三元基因药业股份有限公司
104	北京市纳微化结构药物工程技术研究中心	北京万生药业有限责任公司
105	北京市免疫试剂临床工程技术研究中心	首都医科大学附属北京天坛医院
106	北京市核医学装备工程技术研究中心	北京大基康明医疗设备有限公司
107	北京市儿童外科矫形器具工程技术研究中心	首都医科大学附属北京儿童医院
108	北京市临床检验工程技术研究中心	北京医院
109	北京市多模态医学影像工程技术研究中心	清华大学
110	北京市大血管外科植入式人工材料工程技术研究中心	首都医科大学附属北京安贞医院
111	北京市污水资源化工程技术研究中心	北京城市排水集团有限责任公司
112	北京市新型污水深度处理工程技术研究中心	北京大学
113	北京市污水资源化膜技术工程技术研究中心	北京碧水源科技股份有限公司
114	北京市高能耗电机变频节能工程技术研究中心	北京动力源科技股份有限公司
115	北京市粉体物料气力输送工程技术研究中心	北京国电富通科技发展有限责任公司
116	北京市低变质煤与有机废弃物热解提质工程技术研究中心	神雾科技集团股份有限公司
117	北京市城轨运行控制系统工程技术研究中心	交控科技股份有限公司
118	北京市城市交通运行保障工程技术研究中心	北京工业大学
119	北京市城市交通信息智能感知与服务工程技术研究中心	北京交通大学
120	北京市高速公路智能交通工程技术研究中心	北京云星宇交通科技股份有限公司
121	北京市城市交通基础设施建设工程技术研究中心	北京建筑大学
122	北京市特种粉末冶金材料工程技术研究中心	安泰科技股份有限公司
123	北京市金属粉末工程技术研究中心	有研粉末新材料(北京)有限公司
124	北京市水性聚合物合成与应用工程技术研究中心	北京化工大学
125	北京市纤维素及其衍生材料工程技术研究中心	北京理工大学
126	北京市市政路桥绿色建材工程技术研究中心	北京市政路桥建材集团有限公司

续表

序号	工程中心名称	依托单位
127	北京市纳米材料工程技术研究中心	国家纳米科学中心
128	北京市精密测控技术与仪器工程技术研究中心	北京工业大学
129	北京市工业控制系统工程技术研究中心	北京和利时系统工程有限公司
130	北京市变截面辊弯成形工程技术研究中心	北方工业大学
131	北京市铁路车辆安全检测工程技术研究中心	北京康拓红外技术股份有限公司
132	北京市物质成分分析仪器工程技术研究中心	北京北分瑞利分析仪器(集团)有限责任公司
133	北京市数字电视系统工程技术研究中心	北京数码视讯科技股份有限公司
134	北京市高效节能矿冶技术装备工程技术研究中心	北京矿冶科技集团有限公司
135	北京市轻纺机械机器视觉工程技术研究中心	北京经纬纺机新技术有限公司
136	北京市蛋白功能肽工程技术研究中心	中国食品发酵工业研究院有限公司
137	北京市农业物联网工程技术研究中心	北京农业信息技术研究中心、中国农业大学
138	北京市农村远程信息服务工程技术研究中心	北京市农林科学院
139	北京市植物工厂工程技术研究中心	北京京鹏环球科技股份有限公司
140	北京市园林植物工程技术研究中心	北京林大林业科技股份有限公司
141	北京市高速磁悬浮电机技术及应用工程技术研究中心	北京航空航天大学
142	北京市清洁热处理工程技术研究中心	北京机电研究所有限公司
143	北京市轨道交通电气工程技术研究中心	北京交通大学
144	北京市融合网络与泛在业务工程技术研究中心	北京科技大学
145	北京市混合现实与新型显示工程技术研究中心	北京理工大学
146	北京市无线医疗与健康工程技术研究中心	清华大学
147	北京市工业波谱成像工程技术研究中心	北京科技大学
148	北京市微振动环境控制工程技术研究中心	中国电子工程设计院有限公司
149	北京市自动化物流装备工程技术研究中心	北京起重运输机械设计研究院
150	北京市特异物质安全检测技术与装备工程技术研究中心	同方威视技术股份有限公司
151	北京市摩擦焊接工艺与装备工程技术研究中心	中国航空制造技术研究院
152	北京市轨道交通维护装备工程技术研究中心	中车北京二七机车有限公司
153	北京市数字航空遥感工程技术研究中心	北京天下图数据技术有限公司
154	北京市地理信息系统平台软件研发与应用工程技术研究中心	北京超图软件股份有限公司
155	北京市低空遥感数据处理工程技术研究中心	中测新图(北京)遥感技术有限责任公司
156	北京市宽带接入应用交付工程技术研究中心	北京星网锐捷网络技术有限公司
157	北京市平板显示工程技术研究中心	京东方科技集团股份有限公司
158	北京市虚拟仿真与可视化工程技术研究中心	北京大学
159	北京市低温多效热法海水淡化工程技术研究中心	中国电子工程设计院有限公司
160	北京市过程污染控制工程技术研究中心	中国科学院过程工程研究所
161	北京市环境岩土工程技术研究中心	北京市勘察设计研究院有限公司
162	北京市水处理环保材料工程技术研究中心	北京化工大学
163	北京市水土保持工程技术研究中心	北京林业大学
164	北京市高污染化工废水资源化工程技术研究中心	北京万邦达环保技术股份有限公司

续表

序号	工程中心名称	依托单位
165	北京市物联网应急平台工程技术研究中心	北京辰安科技股份有限公司
166	北京市核化安全工程技术研究中心	中国人民解放军军事科学院防化研究院
167	北京市轨道交通线路安全与防灾工程技术研究中心	北京交通大学
168	北京市轨道交通工程技术研究中心	北京市轨道交通设计研究院有限公司
169	北京市高层和大跨度预应力钢结构工程技术研究中心	北京工业大学
170	北京市食品环境与健康工程技术研究中心	中央民族大学
171	北京市小城镇污水处理与回用工程技术研究中心	北京桑德环境工程有限公司
172	北京市新能源汽车电机系统工程技术研究中心	精进电动科技股份有限公司
173	北京市生物燃料工程技术研究中心	清华大学
174	北京市燃气轮机用高温合金工程技术研究中心	北京钢研高纳科技股份有限公司
175	北京市先进钛合金精密成型工程技术研究中心	中国航发北京航空材料研究院
176	北京市空间电源变换与控制工程技术研究中心	北京卫星制造厂有限公司
177	北京市半导体微纳集成工程技术研究中心	中国科学院半导体研究所
178	北京市印刷电子工程技术研究中心	北京印刷学院
179	北京市低维碳材料工程技术研究中心	北京大学
180	北京市新能源车用动力电池系统集成工程技术研究中心	北京普莱德新能源电池科技有限公司
181	北京市交通与能源用特殊钢工程技术研究中心	北京科技大学设计研究院有限公司
182	北京市超硬材料制品工程技术研究中心	北京安泰钢研超硬材料制品有限责任公司
183	北京市先进弹性体工程技术研究中心	北京化工大学
184	北京市口腔材料工程技术研究中心	安泰科技股份有限公司
185	北京市能源用钢工程技术研究中心	首钢集团有限公司
186	北京市兽用多肽疫苗设计与制备工程技术研究中心	中牧实业股份有限公司
187	北京市作物分子育种工程技术研究中心	北京大北农科技集团股份有限公司
188	北京市系统营养工程技术研究中心	北京市营养源研究所
189	北京市畜禽健康养殖环境工程技术研究中心	中国农业大学
190	北京市食用菌工程技术研究中心	北京市农林科学院
191	北京市乡村景观规划设计工程技术研究中心	北京农学院
192	北京市食品添加剂工程技术研究中心	北京工商大学
193	北京市中兽药工程技术研究中心	北京生泰尔科技股份有限公司
194	北京市落叶果树工程技术研究中心	北京市农林科学院
195	北京市骨科植入医疗器械工程技术研究中心	中国人民解放军总医院第一附属医院
196	北京市纳米生物医学检测工程技术研究中心	国家纳米科学中心
197	北京市神经药物工程技术研究中心	北京市老年病医疗研究中心
198	北京市抗肿瘤新药创制工程技术研究中心	百济神州(北京)生物科技有限公司
199	北京市生物大分子药物转化工程技术研究中心	中国科学院生物物理研究所
200	北京市缓控释制剂工程技术研究中心	北京星昊医药股份有限公司
201	北京市中药配方颗粒工程技术研究中心	北京康仁堂药业有限公司
202	北京市手术与危重症系统工程技术研究中心	北京谊安医疗系统股份有限公司

续表

序号	工程中心名称	依托单位
203	北京市细菌性疫苗工程技术研究中心	北京智飞绿竹生物制药有限公司
204	北京市服装产业数字化工程技术研究中心	北京服装学院
205	北京市数字内容工程技术研究中心	中国科学院自动化研究所
206	北京市硅基高速片上系统工程技术研究中心	北京理工大学
207	北京市能源电力信息安全工程技术研究中心	华北电力大学
208	北京市电磁兼容与天线测试工程技术研究中心	北京空间飞行器总体设计部
209	北京市互动电视运营和服务工程技术研究中心	北京四达时代软件技术股份有限公司
210	北京市轨道交通电磁兼容与卫星导航工程技术研究中心	北京交通大学
211	北京市特种安保救援智能装备工程技术研究中心	北京机械设备研究所
212	北京市无人机应用系统工程技术研究中心	中国航天空气动力技术研究院
213	北京市无人机空管航电工程技术研究中心	中航航空电子有限公司
214	北京市数字化医疗 3D 打印工程技术研究中心	北京工业大学
215	北京市高效绿色数控加工工艺及装备工程技术研究中心	北京航空航天大学
216	北京市机器人伺服与控制系统工程技术研究中心	北京自动化控制设备研究所
217	北京市准分子激光工程技术研究中心	中国科学院光电研究院
218	北京市新能源汽车工程技术研究中心	北汽福田汽车股份有限公司
219	北京市高速铁路运行控制系统工程技术研究中心	北京全路通信信号研究设计院集团有限公司
220	北京市供水管网系统安全与节能工程技术研究中心	中国农业大学
221	北京市可持续城市排水系统构建与风险控制工程技术研究中心	北京建筑大学
222	北京市再生水水质安全保障工程技术研究中心	北控水务(中国)投资有限公司
223	北京市城市热管理工程技术研究中心	北京大学
224	北京市建筑高能效与城市生态工程技术研究中心	北京市建筑设计研究院有限公司
225	北京市建筑能源高效综合利用工程技术研究中心	北京建筑大学
226	北京市绿色建筑设计工程技术研究中心	中国建筑科学研究院
227	北京市现场物证检验工程技术研究中心	公安部物证鉴定中心
228	北京市地震观测工程技术研究中心	中国地震局地壳应力研究所
229	北京市冶金三维仿真设计工程技术研究中心	北京首钢国际工程技术有限公司
230	北京市信息化建筑设计与建造工程技术研究中心	北京市建筑设计研究院有限公司
231	北京市历史建筑保护工程技术研究中心	北京工业大学
232	北京市互动媒体艺术工程技术研究中心	北京理工大学
233	北京市第三代半导体材料及应用工程技术研究中心	中国科学院半导体研究所
234	北京市高纯金属溅射靶材工程技术研究中心	有研亿金新材料有限公司
235	北京市金属先进成形制造工程技术研究中心	北京有色金属研究总院
236	北京市多级结构催化材料工程技术研究中心	北京化工大学
237	北京市真空玻璃工程技术研究中心	北京新立基真空玻璃技术有限公司
238	北京市智能微电网控制工程技术研究中心	北京四方继保自动化股份有限公司
239	北京市农业功能微生物工程技术研究中心	保罗生物园科技股份有限公司
240	北京市盐碱及荒漠化地区生态修复与固碳工程技术研究中心	清华大学

续表

序号	工程中心名称	依托单位
241	北京市果树良种繁育工程技术研究中心	中国农业大学
242	北京市花卉园艺工程技术研究中心	北京市植物园
243	北京市食品安全免疫快速检测工程技术研究中心	北京勤邦生物技术有限公司
244	北京市生物医学分子检测工程技术研究中心	中国科学院生物物理研究所
245	北京市医用影像诊断装备工程技术研究中心	北京万东医疗科技股份有限公司
246	北京市基因测序与功能分析工程技术研究中心	北京市理化分析测试中心
247	北京市蛋白质药物工程技术研究中心	舒泰神（北京）生物制药股份有限公司
248	北京市新型联合疫苗工程技术研究中心	北京民海生物科技有限公司
249	北京市天地一体化信息安全工程技术研究中心	航天恒星科技有限公司
250	北京市电力高可靠性集成电路设计工程技术研究中心	北京智芯微电子科技有限公司
251	北京市卫星移动宽带通信工程技术研究中心	中国空间技术研究院
252	北京市智慧管网安全评价及运营监管工程技术研究中心	正元地理信息有限责任公司
253	北京市高效能及绿色宇航推进工程技术研究中心	北京控制工程研究所
254	北京市航天器焊接技术与装备工程技术研究中心	北京卫星制造厂有限公司
255	北京市空间水气净化与再生工程技术研究中心	北京机械设备研究所
256	北京市航天产品智能装配技术与装备工程技术研究中心	北京卫星环境工程研究所
257	北京市微电子刻蚀与薄膜工艺装备工程技术研究中心	北京北方华创微电子装备有限公司
258	北京市海洋声学装备工程技术研究中心	中国科学院声学研究所
259	北京市振动测试设备工程技术研究中心	北京强度环境研究所
260	北京市高速铁路宽带移动通信工程技术研究中心	北京交通大学
261	北京市轨道结构工程技术研究中心	北京城建设计发展集团股份有限公司
262	北京市流域环境生态修复与综合调控工程技术研究中心	北京师范大学
263	北京市钢与混凝土组合结构工程技术研究中心	清华大学
264	北京市供水水质工程技术研究中心	北京市自来水集团有限责任公司
265	北京市被动式低能耗建筑工程技术研究中心	北京建筑材料科学研究总院有限公司
266	北京市应急生存保障工程技术研究中心	中国人民解放军总后勤部军需装备研究所
267	北京市道路与市政管线地下病害工程技术研究中心	北京市勘察设计研究院有限公司
268	北京市地基基础与地下空间开发利用工程技术研究中心	建研地基基础工程有限责任公司
269	北京市智能机械创新设计服务工程技术研究中心	北京联合大学
270	北京市城市设计与城市复兴工程技术研究中心	北京市建筑设计研究院有限公司
271	北京市纺织纳米纤维工程技术研究中心	北京服装学院
272	北京市先进运载系统结构透明件工程技术研究中心	中国航发北京航空材料研究院
273	北京市页岩气勘探开发工程技术研究中心	神华地质勘查有限责任公司
274	北京市农业监测预警工程技术研究中心	中国农业科学院农业信息研究所
275	北京市粮油加工工程技术研究中心	中国农业机械化科学研究院
276	北京市畜禽生物制品工程技术研究中心	北京大北农科技集团股份有限公司
277	北京市植物组织培养工程技术研究中心	北京市海淀区植物组织培养技术实验室
278	北京市饲用微生态制剂工程技术研究中心	北京大伟嘉生物技术股份有限公司

续表

序号	工程中心名称	依托单位
279	北京市生鲜乳质量安全工程技术研究中心	中国农业大学
280	北京市3D打印骨科应用工程技术研究中心	北京爱康宜诚医疗器材有限公司
281	北京市呼吸疾病药物工程技术研究中心	扬子江药业集团北京海燕药业有限公司
282	北京市神经系统3D打印临床医学转化工程技术研究中心	首都医科大学附属北京天坛医院
283	北京市神经介入工程技术研究中心	首都医科大学附属北京天坛医院
284	北京市面向智能网联汽车的5G传输工程技术研究中心	普天信息技术有限公司
285	北京市电子证照公共服务平台工程技术研究中心	方正国际软件(北京)有限公司
286	北京市云计算节能工程技术研究中心	曙光信息产业(北京)有限公司
287	北京市民航大数据工程技术研究中心	中国民航信息网络股份有限公司
288	北京市网络空间数据分析与应用工程技术研究中心	北京锐安科技有限公司
289	北京市涉密信息载体安全管理工程技术研究中心	北京京航计算通讯研究所
290	北京市航空发动机先进焊接工程技术研究中心	中国航发北京航空材料研究院
291	北京市航天试验技术与装备工程技术研究中心	北京航天试验技术研究所
292	北京市陆表遥感数据产品工程技术研究中心	北京师范大学
293	北京市航空智能遥感装备工程技术研究中心	北京空间机电研究所
294	北京市微电子制备仪器设备工程技术研究中心	中国科学院微电子研究所
295	北京市平板显示视觉检测智能装备工程技术研究中心	北京兆维电子(集团)有限责任公司
296	北京市直流输配电工程技术研究中心	中电普瑞电力工程有限公司
297	北京市邮政智能装备工程技术研究中心	邮政科学研究规划院
298	北京市海洋深部钻探测量工程技术研究中心	中国科学院声学研究所
299	北京市化学机械平坦化工艺设备工程技术研究中心	中国电子科技集团公司第四十五研究所
300	北京市智能网联驾驶测试与评价工程技术研究中心	工业和信息化部计算机与微电子发展研究中心(中国软件评测中心)
301	北京市功率型动力电池工程技术研究中心	中信国安盟固利动力科技有限公司
302	北京市氢燃料电池发动机工程技术研究中心	北京亿华通科技股份有限公司
303	北京市既有建筑改造工程技术研究中心	中国建筑技术集团有限公司
304	北京市工业污染场地土壤修复工程技术研究中心	首钢环境产业有限公司
305	北京市城市桥梁安全保障工程技术研究中心	北京市市政工程设计研究总院有限公司
306	北京市工业挥发性有机污染物检测工程技术研究中心	谱尼测试集团股份有限公司
307	北京市真空计量检测工程技术研究中心	北京东方计量测试研究所
308	北京市民航安全分析及预防工程技术研究中心	中国民航科学技术研究院
309	北京市石墨烯及应用工程技术研究中心	中国航发北京航空材料研究院
310	北京市核电先进堆型焊接与检测工程技术研究中心	中国核工业二三建设有限公司
311	北京市功能花卉工程技术研究中心	北京农业生物技术研究中心
312	北京市智能精量播种工程技术研究中心	北京德邦大为科技股份有限公司
313	北京市畜产品质量安全源头控制工程技术研究中心	中粮营养健康研究院有限公司
314	北京市水溶性高分子凝胶贴膏剂工程技术研究中心	北京泰德制药股份有限公司
315	北京市人类重大疾病实验动物模型工程技术研究中心	中国医学科学院医学实验动物研究所
316	北京市肝炎与肝癌精准医疗及转化工程技术研究中心	北京市肝病研究所

资料来源:北京市科学技术委员会。

2017 年北京市企业科技研发机构一览表

序号	机构认定号	机构名称
1	1003	富士通研究开发中心有限公司
2	2007	中国交通信息中心有限公司
3	1008	威盛电子（中国）有限公司
4	1011	松下电器研究开发（中国）有限公司
5	4010	北京市粮食科学研究院
6	2008	中国皮革和制鞋工业研究院
7	2011	中冶建筑研究总院有限公司
8	2012	建研科技股份有限公司
9	1013	乐金电子（中国）研究开发中心有限公司
10	4013	北京邮政科学研究设计院
11	1014	北京德众万全药物技术开发有限公司
12	4015	北京理正软件股份有限公司
13	1015	北京正大绿洲医药科技有限公司
14	2014	中国食品发酵工业研究院有限公司
15	4018	北京同仁堂股份有限公司科学研究所
16	1018	北京迈劲医药科技有限公司
17	1019	北京宝洁技术有限公司
18	2015	中邮科技有限责任公司
19	2016	中国制浆造纸研究院
20	1020	杭州华三通信技术有限公司北京研究所
21	1021	东芝（中国）有限公司北京研发中心
22	1022	霍尼韦尔（北京）技术研发试验有限公司
23	4021	北京诺赛基因组研究中心有限公司
24	1023	万都（北京）汽车部件研究开发中心有限公司
25	4022	北京东方建宇混凝土科学技术研究院有限公司
26	1026	日立（中国）研究开发有限公司
27	2018	北京橡胶工业研究设计院
28	3010	北京长城华冠汽车技术开发有限公司
29	3013	北京竞业达数码科技有限公司技术开发中心
30	3011	北京云电英纳超导电力技术有限公司
31	1032	新拓尼克（北京）科技研发中心有限公司
32	2019	北京中科院软件中心有限公司
33	2020	中国服装研究设计中心

续表

序号	机构认定号	机构名称
34	2021	中国纺织科学研究院研究开发中心
35	1033	北京沙东生物技术有限公司
36	1034	伟创力(中国)电子设备有限公司
37	4027	北京市射线应用研究中心
38	4028	北京康辰药业股份有限公司药物研究院
39	4029	北京中研同仁堂医药研发有限公司
40	4033	北京自动测试技术研究所
41	2022	中国人民银行印制科学技术研究所
42	4035	北京书生电子技术有限公司
43	4036	中国医药研究开发中心有限公司
44	3001	华为技术有限公司北京研究所
45	4040	北京泰杰磁电研究所
46	4041	北京英纳超导技术有限公司
47	1035	北京上地新世纪生物医药研究所有限公司
48	4043	北京昭衍新药研究中心股份有限公司
49	1036	赛门铁克软件(北京)有限公司研发中心
50	4044	北京华大基因研究中心有限公司
51	4047	北京康比特体育科技股份有限公司技术开发中心
52	4045	北京国浩传感器技术研究院
53	4046	北京建筑材料科学研究总院有限公司
54	4049	北京裕源大通科技股份有限公司技术中心
55	1037	空客(北京)工程技术中心有限公司
56	4050	江河创建集团股份有限公司技术研发中心
57	4052	北京中天一维科技有限公司
58	4053	北京时代亿信科技股份有限公司
59	1038	北京三星通信技术研究有限公司
60	4057	浦华环保股份有限公司北京浦华环境技术研究院
61	4060	北京承天倍达过滤技术有限责任公司流体过滤与分离工程技术中心
62	4061	北京建筑技术发展有限责任公司
63	4062	北京爱普益生物科技有限公司
64	4063	北京龙科方舟生物工程技术有限公司
65	4064	新奥特(北京)视频技术有限公司科技研发中心
66	4065	升华电梯有限公司北京技术研究所
67	4066	北京东方雨虹防水技术股份有限公司防水技术研究所
68	2024	中广核研究院有限公司北京分公司
69	1039	保诺科技(北京)有限公司
70	1040	浙江海利普电子科技有限公司北京研发中心
71	1041	罗森伯格亚太电子有限公司北京科技研发中心

续表

序号	机构认定号	机构名称
72	4067	北京信得威特科技有限公司研发中心
73	4068	北京天骄奥特奇中蒙药工程技术研究有限公司
74	2025	北京机科国创轻量化科学研究院有限公司(机械科学研究总院先进制造技术研究中心)
75	4069	北京百川飞虹生物科技有限公司
76	4070	神州数码网络(北京)有限公司技术开发中心
77	4071	北京嘉事联博医药科技有限公司
78	4072	北京羚锐伟业科技有限公司
79	2026	北京矿冶科技集团有限公司(曾用名北京矿冶研究总院)
80	2027	中国铁道科学研究院电子计算技术研究所
81	4074	北京国保金泰信息安全技术有限公司信息安全技术研究中心
82	4077	北京斯伯乐科学技术研究院
83	4078	北京中星微电子有限公司
84	1042	北京诺和诺德医药科技有限公司
85	2028	普天信息技术研究院有限公司(普天信息技术有限公司)
86	4080	北京华鑫志和科技有限公司
87	2029	中国建筑科学研究院
88	2030	中铁第五勘察设计院集团有限公司北京技术中心
89	4083	汉能太阳能光伏科技有限公司
90	1046	北京现代汽车有限公司技术中心
91	4084	北京万集科技股份有限公司智能交通技术研发中心
92	1047	南京朗讯科技通信有限公司北京分公司
93	3015	北京创立科创医药技术开发有限公司
94	1048	理光软件研究所(北京)有限公司
95	4085	北京协和建昊医药技术开发有限责任公司
96	4086	北京华东电气股份有限公司技术研究中心
97	4087	北京三元食品股份有限公司科研开发中心
98	4089	北京振东光明药物研究院有限公司
99	4090	简式国际汽车设计(北京)有限公司
100	4091	北京诺思兰德生物技术股份有限公司
101	1049	阿尔特汽车技术股份有限公司
102	2032	北京国科世纪激光技术有限公司
103	2033	北京有色金属研究总院
104	4092	北京密安网络技术股份有限公司
105	2034	北京科莱博医药开发有限责任公司
106	4093	北京福瑞康正医药技术研究所
107	3016	北京亨通斯博通讯科技有限公司光电技术研发中心
108	1051	博尔诚(北京)科技有限公司
109	1052	康龙化成(北京)新药技术有限公司

续表

序号	机构认定号	机构名称
110	4096	北京市新技术应用研究所
111	3017	北京以岭生物工程技术有限公司
112	3018	北京深迈瑞医疗电子技术研究院有限公司
113	4097	北京汽车研究总院有限公司
114	4098	北京星和众工设备技术股份有限公司技术研究院
115	2035	中航金网(北京)电子商务有限公司
116	2036	北京龙源冷却技术有限公司空冷技术研究分公司
117	4099	北京华德液压工业集团有限责任公司技术中心
118	3019	北京金风科创风电设备有限公司研发中心
119	3020	北京凯因生物技术有限公司(北京富瑞天成生物技术有限公司)
120	4101	北京利达华信电子有限公司技术研发中心
121	2038	华北高速股份有限公司收费管理分公司暨智能交通研发中心
122	1054	北京东港嘉华安全信息技术有限公司研发中心
123	4103	北京京东方茶谷电子有限公司技术开发中心
124	4105	北京利德曼生化股份有限公司研发中心
125	4106	北京百花蜂业科技发展股份公司研发中心
126	1055	北京义翘神州生物技术有限公司
127	4107	北京悦康科创医药科技股份有限公司(北京悦康科创医药科技有限公司)
128	4108	北京天科仁祥医药科技有限公司
129	4109	北京世纪澄通电子有限公司技术中心(北京澄通光电股份有限公司技术中心)
130	4110	绿友机械集团股份有限公司北京技术中心
131	4111	北京爱尔达电子设备有限公司
132	2039	方正医药研究院有限公司
133	4112	北京奥得赛化学股份有限公司化工和生物技术研究所
134	2040	北京正旦国际科技有限责任公司
135	4113	北京明新高科技发展有限公司
136	4115	北京市京能电源技术研究所有限公司
137	4116	北京清流技术股份有限公司(北京清流技术发展有限公司)
138	4117	北京创和世纪通讯技术股份有限公司
139	4118	北京久其软件股份有限公司研发中心
140	3021	中广核(北京)仿真技术有限公司
141	2041	北京凯正生物工程发展有限责任公司
142	1056	北京天奈科技有限公司
143	4119	北京赤那思电气技术有限公司
144	1057	SMC(中国)有限公司北京技术研发中心
145	1058	宝健(中国)日用品有限公司北京经济技术开发区分公司[宝健(中国)有限公司北京经济技术开发区分公司]
146	1059	北京华联印刷有限公司印刷数字技术开发研究中心

续表

序号	机构认定号	机构名称
147	3022	北京雅昌艺术印刷有限公司科技研发中心
148	4121	北京嘉林药业股份有限公司医药生物技术研究所
149	4122	北京赛林泰医药技术有限公司(报国家工程中心)
150	4123	北京圣涛平试验工程技术研究院有限责任公司
151	4124	中节能唯绿(北京)建筑节能科技有限公司[中节能唯绿(北京)科技股份有限公司]
152	1060	新浪网技术(中国)有限公司
153	1061	中美冠科生物技术(北京)有限公司
154	2042	北京华大九天软件有限公司
155	4125	北京京鹏环宇畜牧科技股份有限公司海淀技术研发分公司
156	2043	北京交科公路勘察设计研究院有限公司
157	2044	北京国科环宇空间技术有限公司
158	4126	北京起步科技有限公司
159	4127	北京中企开源信息技术有限公司
160	4128	百泰生物药业有限公司
161	4129	北京国元堂医药研究所有限公司
162	4130	北京旷博生物技术有限公司(北京旷博生物技术股份有限公司)
163	2045	北京大地高科地质勘查有限公司(曾用名:北京大地高科煤层气工程技术研究院)
164	4131	北京首航艾启威节能技术股份有限公司空冷技术研究所
165	3023	北京美迪康信医药科技有限公司
166	4132	北京大北农科技集团股份有限公司
167	2046	电信科学技术研究院
168	4133	北京欧凯纳斯科技有限公司
169	4134	北京时美时代科技发展有限公司
170	4135	北京易信通联信息技术有限公司
171	4136	北京世纪迈劲生物科技有限公司
172	4137	北京中合实创电力科技有限公司
173	4138	北京汇智众鑫科技有限公司
174	1062	北京康乐卫士生物技术股份有限公司
175	4139	北京中融阳光投资管理有限公司
176	4142	北京人福军威医药技术开发有限公司
177	2047	中测新图(北京)遥感技术有限责任公司
178	4143	北京洪恩教育科技股份有限公司海淀工程技术研究中心
179	4144	北京世桥生物制药有限公司技术研发中心
180	4145	北京环卫集团环境研究发展有限公司
181	4146	北京同为时代生物技术有限公司
182	4147	北京海步医药科技股份有限公司
183	4148	北京圣福伦科技有限公司
184	4149	北京同绘数码科技有限公司

续表

序号	机构认定号	机构名称
185	4150	北京市营养源研究所
186	2048	北京国富安电子商务安全认证有限公司
187	4151	金诚信矿业管理股份有限公司北京矿山新技术研发中心
188	1063	诺兰特移动通信配件(北京)有限公司研发中心(按新认定)
189	4152	龙创信恒(北京)科技有限公司
190	2049	北京公科固桥技术有限公司
191	3024	万华化学集团股份有限公司北京研究院
192	4155	北京奥凯立科技发展股份有限公司
193	4156	北京特希达科技有限公司
194	1064	北京韩美药品有限公司医药研发中心
195	4158	北京阜康仁生物制药科技有限公司
196	4159	北京雷蒙德阀门技术服务有限公司
197	4161	北京卓良模板有限公司技术研发中心
198	4162	北京市燃气集团研究院
199	4164	未名兴旺系统作物设计前沿实验室(北京)有限公司
200	4165	北京三诺佳邑生物技术有限责任公司
201	1065	北京万源多贝克包装印刷机械有限公司
202	1066	络派模切(北京)有限公司研发中心
203	1067	北京盈康宝科技发展有限公司
204	1068	北京牡丹联友环保科技股份有限公司
205	1069	北京通美晶体技术有限公司技术研发中心
206	4166	毅新兴业(北京)科技有限公司
207	4167	北京华都肉鸡公司研发中心
208	1071	北京朗第伦索汽车燃气系统有限公司
209	4168	北京利达科信环境安全技术有限公司
210	1072	北京健翔和牧生物科技有限公司
211	4169	北京四环生物制药有限公司新药研发中心
212	1073	北京豪特耐管道设备有限公司研发中心
213	1074	北京光宝移动电子电信部件有限公司研发中心
214	1075	万盛(中国)科技有限公司
215	4170	亿江(北京)科技发展有限公司
216	1076	北京迈康斯德医药技术有限公司
217	4171	北京培宏望志科技有限公司
218	4172	美德创新(北京)科技有限公司
219	4173	北京中瑞蓝科电动汽车技术有限公司
220	4174	北京博大光通物联科技股份有限公司
221	4175	北京盈科瑞创新医药股份有限公司(曾用名:北京因科瑞斯药物研究院有限公司)
222	4176	北京赛升药业股份有限公司研发中心

续表

序号	机构认定号	机构名称
223	4178	北京慧峰仁和科技股份有限公司
224	4179	北京智飞绿竹生物制药有限公司研发中心
225	2050	北京赛维奥软件科技有限公司（北京中航赛维奥科技有限公司）
226	2051	航天长征火箭技术有限公司北京科技研发中心
227	1070	北京绿润食品有限公司研发中心
228	1077	北京亿马先锋汽车科技有限公司
229	2052	北京中企卓创科技发展有限公司
230	2053	北京中海生物科技有限公司
231	2054	北京国环清华环境工程设计研究院有限公司
232	3025	北京启明精华新技术有限公司
233	4180	北京市勘察设计研究院有限公司
234	4181	北京海普瑞森科技发展有限公司
235	1078	易安信信息技术研发（北京）有限公司（EMC 在戴尔旗下）
236	2056	中国城市建设研究院有限公司
237	4182	北京勤邦生物技术有限公司
238	4183	北京博德世达石油技术股份有限公司
239	3027	北京国海能源技术研究院
240	2055	中冶京诚工程技术有限公司技术研究院
241	4184	北京英沣特能源技术有限公司
242	4185	百济神州（北京）生物科技有限公司
243	4186	博天（北京）环境设计研究院有限公司［博天环境规划设计研究院（北京）有限公司］
244	4187	北京京西重工有限公司技术开发中心
245	4188	北京柏瑞安科技有限责任公司
246	4189	北京金科龙石油技术开发有限公司
247	4190	北京东华原医疗设备有限责任公司新技术研发分公司
248	4191	川北真空科技（北京）有限公司
249	4192	北京昌日新能源科技有限公司
250	4194	北京清电华力电气自动化科技有限公司
251	1079	北京乐威泰克医药技术有限公司
252	4196	北京英力科技发展有限公司
253	4197	北京健坤伟华新能源科技有限公司
254	2059	中节能六合天融环保科技有限公司
255	4199	北京索英电气技术有限公司
256	4200	北京凯华网联技术有限公司
257	3028	北京华大蛋白质研发中心有限公司
258	2057	中化化工科学技术研究总院
259	4201	北京合锐赛尔电力科技股份有限公司研发中心
260	4202	易迪信（北京）科技有限公司

续表

序号	机构认定号	机构名称
261	2058	北京天科合达蓝光半导体有限公司(北京天科合达半导体股份有限公司)
262	4203	中益能(北京)技术有限公司
263	4204	北京天诚盛业科技有限公司
264	4205	北京清研利华石油化学技术有限公司
265	4206	北京东润环能科技股份有限公司
266	4207	北京凯英信业科技股份有限公司
267	4208	北京华丽联合高科技有限公司
268	4210	北京海莱特科技有限公司
269	4211	北京新立基真空玻璃技术有限公司
270	1080	北京三箭和众鼎电子有限公司研发中心
271	1081	北京神州腾耀通信技术有限公司
272	4212	北京和美科健生物技术有限责任公司
273	4213	北京三盈联合石油技术有限公司研发中心
274	1082	昆腾微电子股份有限公司
275	4214	北京京蒙高科干细胞技术有限公司
276	4215	北京安泰伟奥信息技术有限公司
277	2067	赛维航电科技有限公司
278	4216	北京科信必成医药科技发展有限公司
279	3029	北京京蒙纳顺科技开发有限公司
280	4217	北京中科九州环境工程有限责任公司
281	2060	中国化工信息中心
282	1083	易美芯光(北京)科技有限公司研发中心
283	2061	北京中纺化工股份有限公司研发中心
284	4226	北京京东方能源科技有限公司
285	4224	北京蓝新特夹具技术有限公司(北京蓝新特科技股份公司)
286	1084	中科晶电信息材料(北京)股份有限公司研发中心
287	2062	北京赛德高科铁道电气科技有限责任公司研发中心
288	3030	北京天诚同创电气有限公司研发中心
289	4222	北京安赛尔通讯科技有限公司
290	4219	北京盈科通达信息技术有限公司
291	4225	安诺优达基因科技(北京)有限公司
292	4223	北京海泰锐森环境能源技术开发有限公司
293	4221	北京海联捷讯信息科技发展有限公司(北京海联捷讯科技股份有限公司)
294	4218	舒泰神(北京)生物制药股份有限公司研发中心
295	4220	北京群菱能源科技有限公司
296	2063	亚太建设科技信息研究院有限公司
297	2064	北京首科化微电子有限公司
298	3031	北京三矿通科技有限公司

续表

序号	机构认定号	机构名称
299	4229	北京诺禾致源生物信息科技有限公司(北京诺禾致源科技股份有限公司)
300	4230	北京生泰尔科技股份有限公司生物科技研究院
301	4231	盎亿泰地质微生物技术(北京)有限公司
302	4224	北京利尔高温材料股份有限公司新材料研究院
303	4233	北京时代桃源环境科技有限公司
304	2065	龙芯中科技术有限公司
305	2066	钢铁研究总院
306	4234	北京四合天地科技有限公司
307	4227	北京市地铁运营有限公司地铁运营技术研发中心
308	1087 科技进步一等奖	高拓讯达(北京)科技有限公司
309	4228	北京东蓝数码科技有限公司(据了解未参与)
310	4235	北京润德康医药技术有限公司
311	2068	中交路桥建设有限公司北京技术研发中心
312	1088	亿览在线网络技术(北京)有限公司
313	4237	北京科润维德生物技术有限责任公司
314	4238	北京万泰生物药业股份有限公司研发中心
315	1089	北京汉铭信通科技有限公司
316	4240	北京深华达交通工程检测有限公司
317	4241	北京市警盾京西厨房设备有限公司
318	4242	北京爱康宜诚医疗器材有限公司研发中心
319	4243	北京龙鼎源科技股份有限公司技术开发中心
320	4244	北京贝瑞和康生物技术有限公司基因研究院
321	4245	北京海林节能科技股份有限公司
322	4246	大道隆达(北京)医药科技发展有限公司
323	1090	北京燕化永乐生物科技股份有限公司植保技术分公司
324	4247	北京直真科技股份有限公司
325	4248	北京知蜂堂蜂产品有限公司保健食品研发中心(北京知蜂堂健康科技股份有限公司保健食品研发中心)
326	4250	中信国安盟固利动力科技有限公司新能源技术研究院
327	4249	爱博诺德(北京)医疗科技有限公司
328	1091	默沙东研发(中国)有限公司
329	4251	北京众博达石油科技有限公司
330	3032	宜邦国创药物研究院(北京)有限公司[曾用名:亿邦国创药物研究院(北京)有限公司]
331	4252	北京超同步伺服股份有限公司伺服技术研发中心
332	4253	北京百迈客生物科技有限公司
333	4254	北京像素软件科技股份有限公司
334	4255	北京东土科技股份有限公司
335	2069	北京协和制药二厂药学研究中心

续表

序号	机构认定号	机构名称
336	1092	北京华都诗华生物制品有限公司生物技术开发中心
337	4256	北京天广实生物技术股份有限公司
338	3033	北京福赛尔安全消防设备有限公司
339	1093	珐博进(中国)医药技术开发有限公司
340	4257	北京恩成康泰生物科技有限公司
341	2070	北京京诚华宇建筑设计研究院有限公司
342	4258	北京四海华辰科技有限公司
343	4261	北京工大智源科技发展有限公司
344	4259	北京中科水景科技有限公司
345	2071	航天新长征电动汽车技术有限公司北京研发中心
346	4260	北京章光 101 科技股份有限公司
347	4262	北京国遥新天地信息技术有限公司
348	4263	北京嘉和美康信息技术有限公司技术中心
349	4264	北京西塔网络科技股份有限公司(北京航天数据股份有限公司)
350	4265	北京索为高科系统技术有限公司(北京索为系统技术股份有限公司)
351	4266	华信仪表(北京)有限公司
352	4267	北京万特福医疗器械有限公司
353	4268	北京万全德众医药生物技术有限公司
354	4269	北京星原丰泰电子技术股份有限公司
355	4270	北京德威特继保自动化科技股份有限公司
356	4271	北京市天元网络技术股份有限公司工程技术研究中心(改为分支机构复核:北京市天元网络技术股份有限公司)
357	4272	北京嘉永会通能源科技有限公司
358	4273	北京诺康达医药科技有限公司
359	4274	北京长城华冠汽车科技有限公司(北京长城华冠汽车科技股份有限公司)
360	3034	北京中卓时代消防装备科技有限公司研发中心
361	2072	中钞信用卡产业发展有限公司北京智能卡技术研究院
362	2073	北京普华亿能风电技术有限公司
363	4275	北京米兰之窗节能建材有限公司
364	4030	北京美尔斯通科技发展股份有限公司超导技术研究所
365	4016	安泰科技股份有限公司北京新材料技术中心
366	4282	紫光捷通科技股份有限公司北京工程技术研究中心
367	4276	派石新能源技术开发(北京)有限公司[派石环境技术(北京)有限公司]
368	4277	恒安嘉新(北京)科技股份公司[曾用名:恒安嘉新(北京)科技有限公司]
369	2074	中咨泰克交通工程集团有限公司
370	4278	北京首佳利华科技有限公司
371	4279	北京数字智通科技有限公司(曾用名:北京汉王智通科技有限公司)
372	4280	北京博恩特药业有限公司研发中心

续表

序号	机构认定号	机构名称
373	4281	北京雅康博生物科技有限公司
374	2075	中线创艺(北京)文化传媒有限公司
375	4283	北京鑫诺美迪基因检测技术有限公司
376	1094	戴姆勒大中华区投资有限公司
377	4284	北京旋极信息技术股份有限公司
378	4285	北京泰科诺科技有限公司
379	4286	北京集奥聚合科技有限公司
380	4287	北京合力电气传动控制技术有限责任公司
381	4288	北京和利时智能技术有限公司
382	2076	北京沃特尔水技术股份有限公司
383	4289	北京农信通科技有限责任公司
384	4290	北京必可测科技股份有限公司
385	4291	北京联创信安科技有限公司(北京联创信安科技股份有限公司)
386	2077	北京中电科电子装备有限公司
387	4292	北京鸿讯基业通信设备检测有限公司
388	4293	东泰高科装备科技有限公司(北京汉能创昱科技有限公司)
389	3035	弘业新创抗体技术股份有限公司
390	4294	北京建生药业有限公司研发中心
391	2078	中信国安盟固利电源技术有限公司
392	4295	北京中科汉天下电子技术有限公司
393	4296	北京中农劲腾生物技术股份有限公司
394	4297	能力天空科技(北京)有限公司
395	4298	北京百奥赛图基因生物技术有限公司
396	4299	北京满格医药科技有限公司
397	4300	北京康斯特仪表科技股份有限公司检测技术研究院分公司
398	4302	北京和隆优化科技股份有限公司
399	4301	中科创达软件股份有限公司
400	4305	北京黑六牧业科技有限公司
401	4303	北京中石正旗技术有限公司
402	4304	北京爱科迪通信技术股份有限公司
403	2079	中国公路工程咨询集团有限公司
404	4306	北京聚丽威科技有限公司
405	4307	北京康立生医药技术开发有限公司
406	1095	钢研纳克检测技术有限公司
407	4308	互爱(北京)科技股份有限公司
408	4309	北京神州普惠科技股份有限公司
409	4310	北京华如科技股份有限公司
410	4311	中云智慧(北京)科技有限公司

续表

序号	机构认定号	机构名称
411	4312	际高建业有限公司北京节能技术研究中心
412	4313	北京博奥晶典生物技术有限公司
413	4314	北京中海京诚检测技术有限公司
414	4315	万瑞(北京)科技有限公司
415	4316	北京华晟源医疗科技有限公司
416	4317	北京德利迅达科技有限公司
417	4318	拜西欧斯(北京)生物技术有限公司
418	4319	北京世纪超星信息技术发展有限责任公司北京海淀区技术开发中心
419	2080	中生北控生物科技股份有限公司体外诊断技术研发中心
420	4320	北京市丰硕维康技术开发有限责任公司
421	2081	北京华业阳光新能源有限公司科技研发中心
422	4321	百世诺(北京)医疗科技有限公司
423	4322	北京振东生物科技有限公司
424	4323	北京依生兴业科技有限公司
425	4324	北京泛生子基因科技有限公司
426	2082	北京中电飞华通信股份有限公司技术研发分公司
427	4325	北京海思特临床检验所有限公司
428	4326	中农绿康(北京)生物技术有限公司
429	1096	雀巢研发(中国)有限公司
430	4327	北京阳光诺和药物研究有限公司
431	4328	大恒新纪元科技股份有限公司北京光电技术研究所
432	4329	北京康旭医学检验所有限公司
433	2083	北京航天斯达科技有限公司
434	4330	北京信诺佰世医学检验所有限公司
435	4331	北京元延医药科技股份有限公司
436	2084	中车北京二七车辆有限公司物流科技中心
437	4332	北京力标伟业科技股份有限公司技术中心
438	4333	内蒙古清源保生物科技有限公司北京生物技术研究所
439	4334	北京凯莱天成医药科技有限公司
440	4335	富思特新材料科技发展股份有限公司北京科技中心
441	2085	北京航天福道高技术股份有限公司
442	4336	北京添瑞祥德计量科技有限公司
443	4337	北京中陆航星科技有限公司
444	4338	北京中农弘科生物技术有限公司
445	4339	北京华远高科电缆有限公司防火电缆研究中心
446	4340	飞天联合(北京)系统技术有限公司
447	4341	北京奥精医药科技有限公司
448	4342	中国华戎科技集团有限公司(曾用名:中国华戎控股有限公司)

续表

序号	机构认定号	机构名称
449	4343	北京埃彼咨能源科技有限公司（北京埃彼咨石化科技有限公司）
450	4344	铱格斯曼航空科技集团有限公司
451	4345	仟亿达集团股份有限公司
452	4346	北京茗泽中和药物研究有限公司
453	4347	京源中科科技股份有限公司
454	4348	北京帜扬信通科技股份有限公司
455	4349	北京卓越信通电子股份有限公司
456	4350	北京百分点信息科技有限公司
457	4351	北京修正创新药物研究院有限公司
458	4352	北京国能日新系统控制技术有限公司
459	4353	北京道亨时代科技有限公司
460	4354	中海阳能源集团股份有限公司北京太阳能技术研究所
461	4355	北京怡和嘉业医疗科技股份有限公司科技分公司
462	4356	久盈世纪（北京）科技有限公司
463	4357	北京优炫软件股份有限公司
464	4358	北京英惠尔生物技术有限公司生物技术研究院
465	4359	北京赛特斯信息科技股份有限公司
466	1097	北京新光凯乐汽车冷成型件股份有限公司
467	4360	北京品驰医疗设备有限公司
468	4361	北京华力兴科技发展有限责任公司
469	4362	中金金融认证中心有限公司
470	4363	万达文化旅游规划研究院有限公司
471	4364	北京中科同向信息技术有限公司
472	4365	北京海纳川汽车部件股份有限公司技术中心
473	4366	北京哈三联科技有限责任公司
474	4367	北京国能电池科技有限公司
475	2086	航天星图科技（北京）有限公司
476	4368	龙脉医疗器械（北京）有限公司
477	4369	银谷制药有限责任公司
478	4370	北京睿创康泰医药研究院有限公司
479	4371	北京中农华威制药股份有限公司
480	4372	北京康普森生物技术有限公司
481	2087	中船重工远舟（北京）科技有限公司
482	4373	北京绿竹生物技术股份有限公司
483	4374	北京嘉洁能科技股份有限公司
484	4375	北京旌准医疗科技有限公司
485	1098	北京银河巴马生物技术股份有限公司
486	4376	北京博辉瑞进生物科技有限公司

续表

序号	机构认定号	机构名称
487	4377	北京澳特舒尔保健品开发有限公司
488	4378	燕开电气股份有限公司
489	4379	北京中科纳泰生物科技有限公司
490	4380	北京蓝贝望生物医药科技股份有限公司
491	4381	北京天工异彩影视科技有限公司
492	4382	北京捷泰天域信息技术有限公司
493	4383	北京市富乐科技开发有限公司
494	4384	北京康爱瑞浩生物科技股份有限公司
495	4385	北京和缓医疗科技有限公司
496	4386	北京光华荣昌汽车部件有限公司
497	4387	北京智行者科技有限公司
498	4388	鸿鑫互联科技(北京)股份有限公司
499	4389	北京雅士科莱恩石油化工有限公司
500	4390	李宁(中国)体育用品有限公司技术中心
501	4391	北京燕华工程建设有限公司技术研发中心
502	4392	北京航天恒丰科技股份有限公司
503	4393	北京维通利电气有限公司
504	4394	北京北元电器有限公司
505	1099	北京永源热泵有限责任公司
506	4395	北京航天奥祥通风科技股份有限公司

资料来源:北京市科学技术委员会。

北京市产业技术创新联盟一览表

序号	联盟名称	所属领域	所在区县
1	北京电子认证服务产业联盟	新一代信息技术	昌平区
2	北京智慧社区产业技术创新战略联盟	新一代信息技术	朝阳区
3	北京信息化和工业化融合服务联盟	新一代信息技术	朝阳区
4	中关村区块链产业联盟	新一代信息技术	朝阳区
5	中关村慧学云智能文教产业技术创新联盟	新一代信息技术	朝阳区
6	中关村乐家智慧居住区产业技术联盟	新一代信息技术	朝阳区
7	中关村可信计算产业联盟	新一代信息技术	朝阳区
8	中关村空间信息产业技术联盟	新一代信息技术	朝阳区
9	中关村下一代互联网产业联盟	新一代信息技术	朝阳区

续表

序号	联盟名称	所属领域	所在区县
10	电子贸易产业技术创新战略联盟	新一代信息技术	朝阳区
11	建筑信息模型(BIM)产业技术创新战略联盟	新一代信息技术	朝阳区
12	中国低碳高端智慧园区产业技术创新战略联盟	新一代信息技术	大兴区
13	北京经济技术开发区云计算知识产权创新联盟	新一代信息技术	大兴区
14	移动硅谷(北京)物联网产业联盟	新一代信息技术	大兴区
15	北京教育信息化产业联盟	新一代信息技术	房山区
16	中关村天线系统产业联盟	新一代信息技术	丰台区
17	中关村智慧城市信息化产业联盟	新一代信息技术	丰台区
18	国家智能交通产业技术创新战略联盟	新一代信息技术	丰台区
19	水利信息化产业技术创新战略联盟	新一代信息技术	丰台区
20	中关村遥感与测绘应用产业创新联盟	新一代信息技术	丰台区
21	中关村公信卫星应用技术产业联盟	新一代信息技术	丰台区
22	中关村安防工程检测技术联盟	新一代信息技术	海淀区
23	中关村智慧建筑产业绿色发展联盟	新一代信息技术	海淀区
24	中关村智通智能交通产业联盟	新一代信息技术	海淀区
25	中关村融信金融信息化产业联盟	新一代信息技术	海淀区
26	北京工业大数据产业发展联盟	新一代信息技术	海淀区
27	北京移联警用移动技术创新联盟	新一代信息技术	海淀区
28	中关村睿新软件与集成服务联盟	新一代信息技术	海淀区
29	中关村泛亚机器视觉技术产业联盟	新一代信息技术	海淀区
30	中关村工业互联网产业联盟	新一代信息技术	海淀区
31	北京软件造价评估技术创新联盟	新一代信息技术	海淀区
32	北京信息灾备技术产业联盟	新一代信息技术	海淀区
33	中关村能源互联网产业技术联盟	新一代信息技术	海淀区
34	北京网络信息安全技术创新产业联盟	新一代信息技术	海淀区
35	中关村云计算产业联盟	新一代信息技术	海淀区
36	国家教育信息化产业技术创新战略联盟	新一代信息技术	海淀区
37	图像视频大数据产业技术创新战略联盟	新一代信息技术	海淀区
38	中关村智汇移动互联网教育产业联盟	新一代信息技术	海淀区
39	中关村车联网产业技术创新战略联盟	新一代信息技术	海淀区
40	中关村智联软件服务业质量创新联盟	新一代信息技术	海淀区
41	中关村视听产业技术创新联盟	新一代信息技术	海淀区
42	中关村网络安全与信息化产业联盟	新一代信息技术	海淀区
43	中关村智科服务外包产业联盟	新一代信息技术	海淀区
44	物联网产业技术创新战略联盟	新一代信息技术	海淀区
45	中关村中交国通智能交通产业联盟	新一代信息技术	海淀区
46	中关村大数据产业联盟	新一代信息技术	海淀区
47	中关村智慧城市产业技术创新战略联盟	新一代信息技术	海淀区

续表

序号	联盟名称	所属领域	所在区县
48	北京灵犀移动通信产业技术创新联盟	新一代信息技术	海淀区
49	中关村数字视频产业技术创新联盟	新一代信息技术	海淀区
50	安全自主软硬件产业技术创新战略联盟	新一代信息技术	海淀区
51	集成电路设计产业技术创新战略联盟	新一代信息技术	海淀区
52	中关村物联网产业联盟	新一代信息技术	海淀区
53	中关村四方现代服务产业技术创新战略联盟	新一代信息技术	海淀区
54	宽带无线专网应用产业联盟	新一代信息技术	海淀区
55	中国电子学会节能减排工作推进联盟	新一代信息技术	海淀区
56	中关村数字电视产业联盟	新一代信息技术	海淀区
57	WAPI 产业技术创新战略联盟	新一代信息技术	海淀区
58	电子交易密码应用技术联盟	新一代信息技术	海淀区
59	北京长风信息技术产业联盟	新一代信息技术	海淀区
60	闪联产业技术创新战略联盟	新一代信息技术	海淀区
61	TD 产业联盟	新一代信息技术	海淀区
62	裸眼 3D 产业技术创新战略联盟	新一代信息技术	海淀区
63	超级计算创新联盟	新一代信息技术	海淀区
64	国家银行业科技信息安全产业技术创新战略联盟	新一代信息技术	海淀区
65	北京无人机与航空应用服务产业技术创新联盟	新一代信息技术	海淀区
66	航空遥感数据获取与服务技术创新联盟	新一代信息技术	海淀区
67	互动媒体产业联盟	新一代信息技术	海淀区
68	中国智慧军工产业技术创新战略联盟	新一代信息技术	海淀区
69	中关村教育新媒体产业创新战略联盟	新一代信息技术	海淀区
70	中关村数字内容产业联盟	新一代信息技术	海淀区
71	中关村移动互联网产业联盟	新一代信息技术	海淀区
72	中关村智能交通产业联盟	新一代信息技术	海淀区
73	中国智慧城市发展促进工作联盟	新一代信息技术	海淀区
74	中关村轨道交通视频与安全产业联盟	新一代信息技术	海淀区
75	生物识别产业技术创新战略联盟	新一代信息技术	海淀区
76	国家智慧城市产业技术创新联盟	新一代信息技术	海淀区
77	全国教育新媒体产业创新战略联盟	新一代信息技术	海淀区
78	现代服务业开放平台产业联盟	新一代信息技术	海淀区
79	小卫星遥感系统产业技术创新战略联盟	新一代信息技术	海淀区
80	学前教育信息化产业技术创新战略联盟	新一代信息技术	海淀区
81	中国云计算技术与产业联盟	新一代信息技术	海淀区
82	新一代成像技术创新战略联盟	新一代信息技术	海淀区
83	开源及基础软件通用技术创新战略联盟	新一代信息技术	海淀区
84	安全云计算终端产业联盟	新一代信息技术	海淀区
85	中关村智能硬件产业联盟	新一代信息技术	海淀区

续表

序号	联盟名称	所属领域	所在区县
86	中国可穿戴计算产业技术创新战略联盟	新一代信息技术	海淀区
87	中国嵌入式系统产业联盟	新一代信息技术	经济技术开发区
88	中关村可追溯商品质量服务联盟	新一代信息技术	石景山区
89	车载信息服务产业应用联盟	新一代信息技术	石景山区
90	中关村网页游戏产业技术联盟	新一代信息技术	石景山区
91	中国新能源汽车电子产业创新发展联盟	新一代信息技术	石景山区
92	中关村电子商务与现代物流产业联盟	新一代信息技术	通州区
93	中关村乐龄智慧养老产业联盟	新一代信息技术	西城区
94	中关村光电显示产业创新联盟	新一代信息技术	西城区
95	中关村软件和信息服务产业创新联盟	新一代信息技术	西城区
96	城市安全生产综合监管产业技术创新联盟	新一代信息技术	西城区
97	中关村华电能源电力产业联盟	节能环保	昌平区
98	中欧太阳能集成建筑技术联盟	节能环保	昌平区
99	中关村昌晟能源科技示范应用产业联盟	节能环保	昌平区
100	火力发电产业技术创新战略联盟	节能环保	昌平区
101	中关村新纪元光伏风电节能产业技术联盟	节能环保	昌平区
102	中关村中环地下水污染防控与修复产业联盟	节能环保	朝阳区
103	中关村全华稀土工业污染防治技术联盟	节能环保	朝阳区
104	国家污水处理与资源化利用产业技术创新战略联盟	节能环保	朝阳区
105	国家污水处理与资源化利用产业技术创新联盟	节能环保	朝阳区
106	半导体照明技术评价联盟	节能环保	朝阳区
107	绿色包装产业技术创新战略联盟	节能环保	朝阳区
108	中关村储能产业技术联盟	节能环保	朝阳区
109	污染场地修复科技创新联盟	节能环保	朝阳区
110	首都风能产业技术联盟	节能环保	朝阳区
111	水处理产业技术创新联盟	节能环保	朝阳区
112	中国环境修复产业联盟	节能环保	朝阳区
113	建筑垃圾资源化产业技术创新战略联盟	节能环保	大兴区
114	新一代煤(能源)化工产业技术创新战略联盟	节能环保	东城区
115	煤炭开发利用技术创新战略联盟	节能环保	东城区
116	煤层气产业技术创新战略联盟	节能环保	东城区
117	北京石油与化工产业技术联盟	节能环保	房山区
118	快堆产业技术创新战略联盟	节能环保	房山区
119	中关村恒业建筑能效运营管理技术创新战略联盟	节能环保	丰台区
120	中国电器工业低碳技术联盟	节能环保	丰台区
121	国家城镇粪便、餐厨垃圾处理产业技术创新战略联盟	节能环保	丰台区
122	中关村绿环硅藻新材料产业技术创新联盟	节能环保	海淀区
123	中关村鉞嘉蓄电池储能电源产业技术创新联盟	节能环保	海淀区

续表

序号	联盟名称	所属领域	所在区县
124	中关村电联电力载波技术创新联盟	节能环保	海淀区
125	中国超级电容产业联盟	节能环保	海淀区
126	中国生态修复产业技术创新战略联盟	节能环保	海淀区
127	首都水环境治理产业联盟	节能环保	海淀区
128	京津冀钢铁行业节能减排产业技术创新联盟	节能环保	海淀区
129	中关村绿色矿山产业联盟	节能环保	海淀区
130	中关村普天新能源物流汽车产业技术联盟	节能环保	海淀区
131	中国智慧能源产业技术创新战略联盟	节能环保	海淀区
132	中关村软件和信息绿色创新服务联盟	节能环保	海淀区
133	全国节能减排标准化技术联盟	节能环保	海淀区
134	中关村电子产品循环经济与逆向物流产业发展联盟	节能环保	海淀区
135	城市生物质燃气产业技术创新战略联盟	节能环保	海淀区
136	太阳能光热产业技术创新战略联盟	节能环保	海淀区
137	膜生物反应器(MBR)产业技术创新战略联盟	节能环保	海淀区
138	中关村河流生态治理技术创新战略联盟	节能环保	海淀区
139	河流治理与生态修复技术创新联盟	节能环保	海淀区
140	火电环保及节能产业技术创新战略联盟	节能环保	海淀区
141	北京农村水环境治理创新服务联盟	节能环保	海淀区
142	钢铁可循环流程技术创新战略联盟	节能环保	海淀区
143	尾矿综合利用产业技术创新战略联盟	节能环保	海淀区
144	中关村油气技术创新与服务产业联盟	节能环保	海淀区
145	北京环都经济圈节能低碳环保产业联盟	节能环保	海淀区
146	北京经济技术开发区节能与新能源产业技术创新战略联盟	节能环保	经济技术开发区
147	中关村新能源海水淡化产业技术创新联盟	节能环保	通州区
148	首都太阳能光伏产业技术联盟	节能环保	通州区
149	国家可再生能源产业技术创新战略联盟	节能环保	西城区
150	中关村智慧环境产业联盟	节能环保	西城区
151	中关村绿创环境治理产业技术创新战略联盟	节能环保	西城区
152	再生资源产业技术创新战略联盟	节能环保	西城区
153	金属矿产资源综合与循环利用技术创新战略联盟	节能环保	西城区
154	沼气高值化利用产业技术创新联盟	节能环保	延庆区
155	北京华健中西医药临床诊疗科技创新联盟	生物医药	昌平区
156	中关村慧康运动健康产业联盟	生物医药	昌平区
157	中关村联新生物医药产业联盟	生物医药	昌平区
158	北京影像诊疗技术创新联盟	生物医药	朝阳区
159	北京癫痫诊疗技术创新联盟	生物医药	朝阳区
160	北京呼吸疾病诊疗技术创新产业联盟	生物医药	朝阳区
161	北京德汇健康服务产业技术创新战略联盟	生物医药	朝阳区

续表

序号	联盟名称	所属领域	所在区县
162	中国实验动物产业技术创新战略联盟	生物医药	朝阳区
163	中关村中营营养与健康促进产业技术联盟	生物医药	朝阳区
164	中关村胰腺疾病诊疗技术创新联盟	生物医药	东城区
165	中国糖尿病防治技术创新战略联盟	生物医药	东城区
166	国家干细胞产业创新及临床转化联盟	生物医药	东城区
167	中关村肿瘤微创治疗产业技术创新战略联盟	生物医药	丰台区
168	中关村生物应急与临床 POCT 检测产业技术创新战略联盟	生物医药	丰台区
169	中关村血液净化诊疗技术创新联盟	生物医药	海淀区
170	北京妇产远程医疗技术创新联盟	生物医药	海淀区
171	北京智慧医疗技术创新联盟	生物医药	海淀区
172	中关村核心区生物工程和新医药产业联盟	生物医药	海淀区
173	中关村医疗器械产业技术创新联盟	生物医药	海淀区
174	中国生物技术创新服务联盟	生物医药	海淀区
175	新型海洋生物制品产业技术创新战略联盟	生物医药	海淀区
176	通用名药物品种产业技术创新战略联盟	生物医药	海淀区
177	北京高新疼痛诊疗产业技术创新战略联盟	生物医药	海淀区
178	北京先进医疗设备产业创新联盟	生物医药	经济技术开发区
179	中关村美中生物技术产业集群创新联盟	生物医药	经济技术开发区
180	北京经济技术开发区诊断产品创新联盟	生物医药	经济技术开发区
181	诊断产品创新联盟	生物医药	经济技术开发区
182	中关村健源食品微生物技术产业创新战略联盟	生物医药	平谷区
183	北京结核病诊疗技术创新联盟	生物医药	通州区
184	功能微生物产业技术创新联盟	生物医药	通州区
185	北京友谊消化疾病诊疗技术创新战略联盟	生物医药	西城区
186	中关村玖泰药物临床试验技术创新联盟	生物医药	西城区
187	北京脑血管病产业技术创新战略联盟	生物医药	西城区
188	科研用试剂产业技术创新战略联盟	生物医药	西城区
189	医疗器械产业技术创新战略联盟	生物医药	西城区
190	中国大健康产业联盟	生物医药	西城区
191	中关村中兽医药产业技术创新战略联盟	现代农业	昌平区
192	营养健康食品产业技术创新战略联盟	现代农业	昌平区
193	食品装备产业技术创新战略联盟	现代农业	朝阳区
194	农业装备产业技术创新战略联盟	现代农业	朝阳区
195	北京生态创意农业服务联盟	现代农业	丰台区
196	肉类加工产业技术创新战略联盟	现代农业	丰台区
197	中关村绿谷生态农业产业联盟	现代农业	丰台区
198	全球农业大数据与信息服务联盟	现代农业	海淀区
199	药用植物产业技术创新战略联盟	现代农业	海淀区

续表

序号	联盟名称	所属领域	所在区县
200	北京华夏草业产业技术创新战略联盟	现代农业	海淀区
201	北京智慧农业物联网产业技术创新战略联盟	现代农业	海淀区
202	北京现代农业科技创新服务联盟	现代农业	海淀区
203	北京现代有机产业技术创新战略联盟	现代农业	海淀区
204	北京国佳花卉产业技术创新战略联盟	现代农业	海淀区
205	中关村量子生物农业产业技术创新战略联盟	现代农业	海淀区
206	北京生物饲料产业技术创新战略联盟	现代农业	海淀区
207	畜禽良种产业技术创新战略联盟	现代农业	海淀区
208	农业生物技术产业技术创新战略联盟	现代农业	海淀区
209	首都籽种产业科技创新服务联盟	现代农业	海淀区
210	首都食品安全科技服务联盟	现代农业	海淀区
211	农药产业技术联盟	现代农业	海淀区
212	食品安全检测试剂和装备产业技术创新战略联盟	现代农业	海淀区
213	木竹产业技术创新战略联盟	现代农业	海淀区
214	果蔬加工产业技术创新战略联盟	现代农业	海淀区
215	牧草产业技术创新战略联盟	现代农业	海淀区
216	生物农药与生物防治产业技术创新战略联盟	现代农业	海淀区
217	花卉产业技术创新战略联盟	现代农业	海淀区
218	首都生物肥料科技创新服务联盟	现代农业	平谷区
219	国家秸秆产业技术创新战略联盟	现代农业	石景山区
220	国家安全农产品产业技术创新战略联盟	现代农业	西城区
221	首都农产品加工科技创新服务联盟	现代农业	西城区
222	农作物种业产业技术创新战略联盟	现代农业	西城区
223	国家现代农业科技城首都生物农药科技创新服务联盟	现代农业	延庆区
224	中关村中欧节能门窗产业技术创新战略联盟	先进制造	昌平区
225	北京新能源汽车产业联盟	先进制造	昌平区
226	中国科技自动化联盟	先进制造	朝阳区
227	新一代纺织设备产业技术创新联盟	先进制造	朝阳区
228	北京军民融合仿真装备创新联盟	先进制造	大兴区
229	智能制造创新发展联盟	先进制造	大兴区
230	智造 2025 产业联盟	先进制造	大兴区
231	应急救援装备产业技术创新战略联盟	先进制造	丰台区
232	北京轨道交通产业技术创新战略联盟	先进制造	丰台区
233	中关村同航智能装备技术创新联盟	先进制造	海淀区
234	中关村国科航天产业技术创新联盟	先进制造	海淀区
235	中关村双创服务机器人产业联盟	先进制造	海淀区
236	中关村蓝创通用航空产业联盟	先进制造	海淀区
237	北京智能机器人产业技术创新联盟	先进制造	海淀区

续表

序号	联盟名称	所属领域	所在区县
238	中关村先进制造产业技术联盟	先进制造	海淀区
239	物流中心自动化装备及系统产业技术创新战略联盟	先进制造	海淀区
240	国产科学仪器设备应用示范产业技术创新战略联盟	先进制造	海淀区
241	北京数字化制造产业技术创新联盟	先进制造	海淀区
242	机械装备工业节能减排产业技术创新战略联盟	先进制造	海淀区
243	北京数控装备创新联盟	先进制造	海淀区
244	北京智能制造创新联盟	先进制造	海淀区
245	中国智能制造产业技术创新战略联盟	先进制造	海淀区
246	中国汽车制造装备创新联盟	先进制造	海淀区
247	中关村未来制造业产业技术国际创新战略联盟	先进制造	海淀区
248	国家特种变压器产业技术创新战略联盟	先进制造	经济技术开发区
249	北京经济技术开发区检测技术创新服务联盟	先进制造	经济技术开发区
250	增材制造(3D 打印)产业技术创新联盟	先进制造	西城区
251	中国国际设计产业联盟	先进制造	西城区
252	北京设计产业联盟	先进制造	西城区
253	汽车轻量化技术创新战略联盟	先进制造	西城区
254	电动汽车产业技术创新战略联盟	先进制造	西城区
255	蒲公英橡胶产业技术创新战略联盟	新材料	朝阳区
256	化纤产业技术创新战略联盟	新材料	朝阳区
257	聚合物微纳制造技术创新战略联盟	新材料	朝阳区
258	多晶硅产业技术创新战略联盟	新材料	朝阳区
259	中关村天合宽禁带半导体技术创新联盟	新材料	大兴区
260	全国印刷电子产业技术创新联盟	新材料	大兴区
261	高值特种生物联盟	新材料	东城区
262	中关村石墨烯产业联盟	新材料	丰台区
263	中关村材料试验技术联盟	新材料	海淀区
264	北京第三代半导体产业技术创新战略联盟	新材料	海淀区
265	海洋工程用钢产业技术创新战略联盟	新材料	海淀区
266	中国石墨烯产业技术创新战略联盟	新材料	海淀区
267	北京粉末冶金产业技术创新战略联盟	新材料	海淀区
268	非晶节能材料产业技术创新战略联盟	新材料	海淀区
269	半导体照明产业技术创新战略联盟	新材料	海淀区
270	工业防霉防菌产业技术创新战略联盟	新材料	海淀区
271	先进稀土材料与清洁平衡利用产业技术创新战略联盟	新材料	海淀区
272	北京纳米科技产业创新联盟	新材料	海淀区
273	生物医用材料产业技术创新战略联盟	新材料	海淀区
274	碳纤维及其复合材料产业技术创新战略联盟	新材料	海淀区
275	中关村国创防水材料产业技术联盟	新材料	海淀区

续表

序号	联盟名称	所属领域	所在区县
276	北京材料分析测试服务联盟	新材料	海淀区
277	金刚石工具产业技术创新联盟	新材料	怀柔区
278	中国矿冶检测机构联盟	新材料	经济技术开发区
279	北京经济技术开发区新材料产业创新联盟	新材料	经济技术开发区
280	染料产业技术创新战略联盟	新材料	西城区
281	北京侵权伪劣物品检验鉴定技术创新联盟	科技服务业	朝阳区
282	中国反侵权假冒创新战略联盟	科技服务业	朝阳区
283	中关村新兴科技服务业产业联盟	科技服务业	朝阳区
284	北京国际技术转移协同创新联盟	科技服务业	朝阳区
285	中关村合众天使投资联盟	科技服务业	海淀区
286	中国能力验证联盟	科技服务业	海淀区
287	北京国际科技合作基地联盟	科技服务业	海淀区
288	北京创业投资创新服务联盟	科技服务业	经济技术开发区
289	京津冀技术转移协同创新联盟	科技服务业	西城区
290	中关村中恒文化科技创新服务联盟	文化创意	朝阳区
291	中关村数字文物产业联盟	文化创意	海淀区
292	中关村先导文化创意产业集聚区联盟	文化创意	海淀区
293	中关村核心区工业创意设计产业联盟	文化创意	海淀区
294	北京亦智文化创意产业联盟	文化创意	经济技术开发区
295	中关村文创游戏产业发展联盟	文化创意	石景山区
296	北京动漫游戏产业联盟	文化创意	石景山区
297	建筑工业化产业技术创新战略联盟	建筑	朝阳区
298	绿色建材产业技术创新战略联盟	建筑	海淀区
299	北京绿标建材产业技术联盟	建筑	石景山区
300	住宅科技产业技术创新战略联盟	建筑	西城区
301	公共体育设施产业技术创新战略联盟	体育	东城区
302	深部地质矿产勘查产业技术创新战略联盟	矿产	朝阳区

2017 年北京市国家级市级大学科技园一览表

序号	大学科技园名称	运营管理主体	国家级/市级备案
1	清华大学国家大学科技园		国家级/市级
2	北京大学国家大学科技园	北京北大科技园建设开发有限公司	国家级/市级
3	北京航空航天大学国家大学科技园	北京北航科技园有限公司	国家级/市级

续表

序号	大学科技园名称	运营管理主体	国家级/市级备案
4	北京理工大学国家大学科技园	北京理工科技园科技发展有限公司	国家级/市级
5	北京邮电大学国家大学科技园		国家级/市级
6	北师大－中医药大学国家大学科技园		国家级/市级
7	北京化工大学国家大学科技园	北京化大科技园科技发展中心	国家级/市级
8	北京科技大学国家大学科技园		国家级/市级
9	北京工业大学国家大学科技园		国家级/市级
10	中国人民大学文化科技园	北京人大文化科技园建设发展有限公司	国家级/市级
11	中国农业大学科技园	北京建设大学	国家级/市级
12	北京交通大学科技园	北京交大铁科科技园有限公司	国家级/市级
13	华北电力大学国家科技园	北京华电天德科技园有限公司	国家级/市级
14	中国矿业大学（北京）科技园	北京矿大能源安全科技有限公司	国家级/市级
15	北京林业大学科技园	北京北林科技园有限公司	国家级/市级
16	北京印刷学院科技园	北京绿色印刷包装产业技术研究院有限公司	市级
17	北京服装学院科技园	北京北服时尚投资管理中心	市级
18	北京农学院科技园	北京北农企业管理有限公司	市级
19	北京物资学院科技园		市级
20	中国石油大学（北京）科技园		市级
21	中央财经大学科技园		市级
22	北京联合大学科技园		市级
23	北京信息科技大学科技园		市级
24	中国传媒大学科技园		市级
25	中国政法大学科技园		市级
26	北京建筑大学科技园		市级
27	首都师范大学科技园		市级
28	首都医科大学科技园		市级
29	北京电影学院科技园		市级

资料来源：北京市科学技术委员会。

2017 年北京市国家级市级孵化器一览表

序号	孵化器名称	运营管理主体	国家级/市级备案
1	北京高技术创业服务中心	北京高技术创业服务中心	国家级/市级
2	中关村科技园区丰台园科技创业服务中心	中关村科技园区丰台园科技创业服务中心	国家级/市级
3	海淀创业园	中关村科技园区海淀园创业服务中心	国家级/市级

续表

序号	孵化器名称	运营管理主体	国家级/市级备案
4	北京望京科技孵化服务有限公司	北京望京科技孵化服务有限公司	国家级/市级
5	北京北航天汇科技孵化器有限公司	北京北航天汇科技孵化器有限公司	国家级/市级
6	北京启迪创业孵化器有限公司	北京启迪创业孵化器有限公司	国家级/市级
7	北京科大方兴科技孵化器有限责任公司	北京科大方兴科技孵化器有限责任公司	国家级/市级
8	北京中关村国际企业孵化器有限公司	北京中关村国际企业孵化器有限公司	国家级/市级
9	北京赛欧科园科技孵化中心有限公司	北京赛欧科园科技孵化中心有限公司	国家级/市级
10	北京奥宇科技企业孵化器有限责任公司	北京奥宇科技企业孵化器有限责任公司	国家级/市级
11	北京中关村软件园孵化服务有限公司	北京中关村软件园孵化服务有限公司	国家级/市级
12	北京康华伟业科技孵化器有限公司	北京康华伟业科技孵化器有限公司	国家级/市级
13	汇龙森国际企业孵化(北京)有限公司	汇龙森国际企业孵化(北京)有限公司	国家级/市级
14	北京普天德胜科技孵化器有限公司	北京普天德胜科技孵化器有限公司	国家级/市级
15	北京华海基业科技孵化器有限公司	北京华海基业科技孵化器有限公司	国家级/市级
16	北京九州通科技孵化器有限公司	北京九州通科技孵化器有限公司	国家级/市级
17	北京博奥联创科技孵化器公司	北京博奥联创科技孵化器公司	国家级/市级
18	北京汉潮大成科技孵化器有限公司	北京汉潮大成科技孵化器有限公司	国家级/市级
19	北京中关村上地生物科技发展有限公司	北京中关村上地生物科技发展有限公司	国家级/市级
20	北京理工国家级科技孵化器	北京理工创新高科技孵化器有限公司	国家级/市级
21	北京中关村生命科学园生物医药科技孵化有限公司	北京中关村生命科学园生物医药科技孵化有限公司	国家级/市级
22	北京京仪科技孵化器有限公司	北京京仪科技孵化器有限公司	国家级/市级
23	汇龙森欧洲科技孵化器有限公司	汇龙森欧洲科技孵化器有限公司	国家级/市级
24	北京瀚海润泽科技孵化器有限公司	北京瀚海润泽科技孵化器有限公司	国家级/市级
25	北京瀚海博智科技孵化器有限公司	北京瀚海博智科技孵化器有限公司	国家级/市级
26	北京北达燕园科技孵化器有限公司	北京北达燕园科技孵化器有限公司	国家级/市级
27	北京牡丹科技孵化器有限公司	北京牡丹科技孵化器有限公司	国家级/市级
28	北京亦庄国际生物医药投资管理有限公司	北京亦庄国际生物医药投资管理有限公司	国家级/市级
29	北京创新方舟科技有限公司	北京创新方舟科技有限公司	国家级/市级
30	北京人大文化科技企业孵化器有限公司	北京人大文化科技企业孵化器有限公司	国家级/市级
31	北京厚德科创科技孵化器有限公司	北京厚德科创科技孵化器有限公司	国家级/市级
32	北京交大科技孵化器有限公司	北京交大科技孵化器有限公司	国家级/市级
33	华商创意中心	北京华商置业有限公司	国家级/市级
34	北京牡丹创新科技孵化器有限公司	北京牡丹创新科技孵化器有限公司	国家级/市级
35	北京嘉捷美锦科技发展有限公司	北京嘉捷美锦科技发展有限公司	国家级/市级
36	北京中关村京蒙高科技企业孵化器有限责任公司	北京中关村京蒙高科技企业孵化器有限责任公司	国家级
37	宏福博奥科技孵化器有限公司	宏福博奥科技孵化器有限公司	国家级
38	中关村东升科技园孵化器	北京东升科技企业加速器有限公司	国家级
39	北京乐邦乐成创业投资管理有限公司	北京乐邦乐成创业投资管理有限公司	国家级
40	博雅燕园科技企业孵化(北京)有限公司	博雅燕园科技企业孵化(北京)有限公司	国家级

续表

序号	孵化器名称	运营管理主体	国家级/市级备案
41	北京东方嘉诚文化产业发展有限公司	北京东方嘉诚文化产业发展有限公司	国家级
42	创业公社	北京创业公社投资发展有限公司	国家级
43	中关村意谷	中关村意谷(北京)科技服务有限公司	国家级
44	大唐创新港	大唐创新港投资(北京)有限公司	国家级
45	北京赢家伟业科技孵化器股份有限公司	北京赢家伟业科技孵化器股份有限公司	国家级
46	北京嘉润创业商务有限公司	北京嘉润创业商务有限公司	国家级
47	北京京辰瑞达科技孵化中心	北京京辰瑞达科技孵化中心	国家级
48	北京华电天德科技园有限公司	北京华电天德科技园有限公司	国家级
49	北京国投尚科信息技术有限公司	北京国投尚科信息技术有限公司	国家级
50	北京北控高科技孵化器有限公司	北京北控高科技孵化器有限公司	市级
51	北京高创天成国际孵化有限公司	北京高创天成国际孵化有限公司	市级
52	北京首特科技孵化器有限责任公司	北京首特科技孵化器有限责任公司	市级
53	北京中传英才教育科技有限公司	北京中传英才教育科技有限公司	市级
54	北京信创宇轩科技孵化器有限公司	北京信创宇轩科技孵化器有限公司	市级
55	北京市丰台区科技开发中心(原北京扶星达科技发展中心)	丰台区科委	市级
56	北京利玛自动化技术公司	北京利玛自动化技术公司	市级
57	北京师林科技孵化器有限公司	北大医疗产业园科技有限公司	市级
58	北京燕科科技孵化器有限公司	北京燕科科技孵化器有限公司	市级
59	北京好景象科技发展有限公司	北京好景象科技发展有限公司	市级
60	永泰创新园(北京远景同创物业管理有限公司)	永泰创新园(北京远景同创物业管理有限公司)	市级
61	趣游时代(北京)科技有限公司	趣游时代(北京)科技有限公司	市级
62	北京人大文化科技园建设发展有限公司	北京人大文化科技园建设发展有限公司	市级
63	北京师大科技园科技发展有限责任公司	北京师大科技园科技发展有限责任公司	市级
64	北京矿大能源安全科技有限公司	北京矿大能源安全科技有限公司	市级
65	北京中海创意动漫游戏科技孵化器有限公司	北京中海创意动漫游戏科技孵化器有限公司	市级

资料来源:北京市科学技术委员会。

2017 年北京市级众创空间一览表

序号	众创空间	运营管理主体
1	科技寺	北京科聚思网络科技有限公司
2	东方嘉诚	北京东方嘉诚文化产业发展有限公司
3	瀚海 Plug and Play	北京瀚海亚美迪创业投资有限公司

续表

序号	众创空间	运营管理主体
4	DSC 歌华创意设计服务中心	北京歌华设计有限公司
5	北科智造众创平台	北京市计算中心
6	创园国际	北京嘉润创业商务有限公司
7	纳什空间	纳什空间创业科技(北京)有限公司
8	C 客空间	北京普天德胜科技孵化器有限公司
9	DRC 创億梦工厂	北京迪希工业设计创意开发有限公司
10	新华 1949. 中文创客空间	中印集团文化责任有限公司
11	文化创新工场	北京市文化创新工场投资管理有限公司
12	洪泰创新空间	洪泰创新空间(北京)创业投资有限公司
13	极地	北京市极地加科技有限公司
14	融创空间	北京四方共创生产力促进有限公司
15	北服创新园	北京北服时尚投资管理有限公司
16	云研社	北京云研社科技有限公司
17	果壳空间	北京果壳互动科技传媒有限公司
18	超级蜂巢	北京天洋蜂巢投资管理有限公司
19	尚 8 文化	尚巴创新文化(北京)股份公司
20	创业邦	创业邦(北京)传媒文化有限公司
21	无界空间	合作共创(北京)办公服务有限公司
22	海创空间	北京海创百川创业咨询服务有限公司
23	公司宝	汉唐信通(北京)咨询股份有限公司
24	中传英才	北京中传英才教育科技有限公司
25	万众创业场	万众金服有限公司
26	国安龙巢	国安龙巢(北京)科技投资有限公司
27	瀚海博智	北京瀚海博智科技孵化器有限公司
28	光合空间	光合空间(北京)企业孵化器有限公司
29	Binggo 咖啡	北京思源易创科技服务有限公司
30	北大创业孵化营	北京北达燕园科技孵化器有限公司
31	创客空间	北京创客空间科技有限公司
32	车库咖啡	北京车库咖啡孵化器运营管理有限公司
33	清华 x - lab	清华大学经济管理学院
34	创客总部	北京创客帮科技孵化器有限公司
35	3W 孵化器	北京 3W 孵化器管理有限公司
36	36 氪空间	氪空间(北京)信息技术有限公司
37	联想之星	北京联想之星投资管理有限公司
38	天使汇	北京天使汇金融信息服务有限公司
39	京东 JD + 孵化器	北京京东顺顺科技有限公司
40	金种子创业谷	北京金种子创业谷科技孵化器中心

续表

序号	众创空间	运营管理主体
41	创业黑马	北京创业未来传媒技术有限公司
42	IC 咖啡	北京爱思创芯汇咨询有限公司
43	硬创邦	北京英鹏硬创科技有限公司
44	飞马旅	北京飞马旅企业管理有限公司
45	亚杰汇	亚杰汇(北京)网络科技服务有限公司
46	北京大学创业训练营	燕园校友(北京)投资管理有限公司
47	InnoTREE 因果树	北京因果树网络科技有限公司
48	虫洞创业之家	北京虫洞创业之家科技服务有限公司
49	启迪之星	启迪之星(北京)科技企业孵化器有限公司
50	创投圈	北京海蓝创景投资咨询有限公司
51	厚德创新谷	北京厚德科创科技孵化器有限公司
52	硬创梦工场	北京硬创梦工场科技有限公司
53	天使聚场	天使聚场(北京)科技有限公司
54	清华经管创业者加速器	北京清创纪元创业教育科技有限责任公司
55	夸克空间	北京北航科技园有限公司
56	领创空间	中关村领创空间科技服务有限责任公司
57	清创空间	北京清创科技孵化器有限公司
58	太库北京	太库(北京)科技孵化器有限公司
59	创业谷・光华	北京创业谷科技孵化器有限公司
60	筑梦空间	见道(北京)科技有限公司
61	苏河汇	北京点观科技孵化器有限公司
62	创业魔法学院	天下创业(北京)教育科技有限公司
63	零壹时光	北京零壹诚品科技有限公司
64	云基地	北京云基地云计算科技发展有限公司
65	阿尔法沃夫	阿尔法沃夫(北京)加速器科技有限公司
66	兰天使	兰天使创新创业孵化器有限公司
67	万巢创意工场	万巢含品(北京)国际商务服务有限公司
68	拓荒族	优府科技服务(北京)有限公司
69	V 创空间	北京微创空间科技孵化器有限公司
70	洛可可・洛客创新孵化平台	洛可可众创科技(北京)有限公司
71	晶蛋工场	众智博汇(北京)科技孵化器有限责任公司
72	一八九八咖啡馆	一八九八文化传媒(北京)有限公司
73	数字设计中心	北京中关村国际数字设计中心有限公司
74	北京银行中关村小巨人创客中心	北京银行中关村分行
75	文化创客港	北京人大文化科技企业孵化器有限公司
76	京仪创新港	北京京仪科技孵化器有限公司
77	天作・IUIA	北京天作创新科技孵化器有限公司
78	文曲星	北京远见育成科技孵化器有限公司

续表

序号	众创空间	运营管理主体
79	北理工创意空间	北京理工创新高科技孵化器有限公司
80	大唐创新港	大唐创新港投资(北京)有限公司
81	赢家伟业	北京赢家伟业科技孵化器有限公司
82	创立空间	北京众创空间创立科技有限公司
83	软件众创星谷	北京中关村软件园孵化服务有限公司
84	生物医药创新平台	北京中关村上地生物科技发展有限公司
85	悠上空间	北京建设大学(中国农业大学科技园)
86	京师咖啡创新空间	北京众合海川科技孵化器有限公司
87	健康智谷	北京天亿弘方投资管理有限公司
88	e 谷	中关村意谷(北京)科技服务有限公司
89	硬派空间	北京海置科创科技服务有限公司
90	顺蓝 TA 众创基地	北京顺宝蓝庭投资有限公司
91	衫晒空间	北京衫晒科技孵化器有限公司
92	YOU + 青年创业社区	北京 U 家创业投资管理有限公司
93	紫荆花众创基地	紫荆花科技孵化器(北京)有限公司
94	369 云工厂	大唐网络有限公司
95	中财大科技金融港	中财大科技园(北京)有限公司
96	北林皓客空间	北京北林科技园有限公司
97	校际空间	校际空间(北京)科技孵化器有限责任公司
98	同方科技园	同方科技园有限公司
99	一九一一平台	一九一一文化传播(北京)有限公司
100	库尔好同学	北京库尔好同学科技有限公司
101	雷雷伙伴	雷雷伙伴(北京)科技孵化器有限公司
102	智泽汇	北京智泽惠通科技孵化器有限公司
103	泰智会	北京宏泰智会科技服务有限公司
104	创客全球	北京创客工场科技有限公司
105	创客大爆炸	北京硬创互联网科技有限公司
106	IBI 咖啡	中关村科技园区丰台园科技创业服务中心
107	依文创客空间	依文服饰股份有限公司
108	5F 咖啡厅	北京赛欧科园科技孵化中心有限公司
109	贝壳菁汇创新生态圈	贝壳菁汇(北京)生态创新科技有限公司
110	星库空间	星库空间(北京)创业投资有限公司
111	黑钻石(国高新)	黑钻石(北京)文化传媒股份有限公司
112	军民融创汇	北京北方车辆新技术孵化器有限公司
113	创业公社	北京创业公社投资发展有限公司
114	石谷轻文化创业基地	北京趣酷科技有限公司
115	e + 创客孵化中心	北京易华录信息技术股份有限公司
116	蒲公英国际青年创业驿站	北京开铭智通科技发展有限公司

续表

序号	众创空间	运营管理主体
117	91 众创	91 金融信息服务(北京)有限公司
118	京西创客工场	北京石龙经济开发区投资开发有限公司
119	三维六度	三维六度(北京)科技股份有限公司
120	创新谷	北京创新谷科技孵化器有限公司
121	新金融创业港	北京海聚博源科技孵化器有限公司
122	方和正圆	北京方和正圆科技企业孵化器有限公司
123	合创英雄汇	北京盛泰华业科技有限公司
124	优客工场	优客工场(北京)创业投资有限公司
125	格雷众创园	鼎石天元投资(北京)有限公司
126	建筑梦工厂	北京正开企业管理有限公司
127	奥宇创客 +	北京奥宇科技企业孵化器有限责任公司
128	快创学院	北京快投会网络科技有限公司
129	东尚 · E 园	北京东尚泰和科技有限公司
130	中科电商谷 5U	北京中科电商谷信息技术有限公司
131	鸿坤金融谷	北京鸿坤理想投资管理有限公司
132	乐邦乐成	北京乐邦乐成科技孵化器有限公司
133	师林	北大医疗产业园科技有限公司
134	杰客咖啡	北京中软国际教育科技股份有限公司
135	KNOW – HOW 创业空间	北京禾芫科技孵化器有限公司
136	亦庄创投汇	北京亦庄移动硅谷有限公司
137	安快创业谷	北京安快创业科技有限公司
138	火柴盒创客街区	北京九城软件有限公司
139	创亦汇	中孵高科产业孵化(北京)有限公司
140	锋创科技	锋创科技发展(北京)有限公司
141	大创中心	美丽华夏(北京)投资管理有限公司
142	国联万众	北京国联万众半导体科技有限公司
143	安创空间	北京安创空间科技有限公司
144	腾讯众创空间(北京)	北京厚德昌科投资管理有限公司
145	回 + 创客公社	北京昌科科技孵化器有限公司
146	中航爱创客(国高新)	中航联创科技有限公司
147	T 空间	中国技术交易所有限公司
148	合创新业	合创新业(北京)科技服务有限公司
149	瀚海源众创空间	北京汉潮大成科技孵化器有限公司
150	SuperG 速普创新	北京速普创新投资管理有限公司
151	知为众创空间	知为创客(北京)投资有限公司
152	Plug and Play China	北京即联即用创业投资有限公司
153	丰海联创港	北京企联众创科技有限公司
154	506 创客汇	北京普天电子城科技孵化器有限公司

续表

序号	众创空间	运营管理主体
155	共享际	优享创智(北京)科技服务有限公司
156	天音互动	天音互动(北京)文化传媒发展有限公司
157	HomeX 加速器	逐鹿仁德(北京)科技孵化器有限公司
158	雁栖领创	北京市长城伟业投资开发总公司
159	硬蛋空间	硬蛋科技(北京)有限公司
160	创 e 空间	北京牡丹科技孵化器有限公司
161	房山北创营	北创营(北京)科技孵化器有限公司
162	倍格生态	北京倍格创业生态科技有限公司
163	尚科办公社区	北京国投尚科信息技术有限公司
164	金丰和创客空间	北京金丰和科技企业孵化器有限责任公司
165	嘉创工场	嘉创工场(北京)科技孵化器有限责任公司
166	创客小镇	北京创客小镇科技有限公司
167	华漫驿站	中国动漫集团有限公司
168	中航创城	中航创城(北京)投资咨询有限公司
169	信中利海归创业基地	北京信中利潮客海创科技有限公司
170	智优沃空间	北京智优沃科技有限公司
171	MACE Cloud	北京梅希云科技发展有限公司
172	智创工坊	智创工坊(北京)科技有限公司
173	星河空间(国高新)	北京星河空间科技有限公司
174	英库百特	英库百特科技服务(北京)有限公司
175	未来之星	北京市化学工业研究院
176	国创空间	北京市星火工贸有限公司
177	优易数据	国信优易数据有限公司
178	融科众创	北京京仪融科科技孵化器有限公司
179	京卫众创空间	京卫惟科生物科技孵化(北京)有限公司
180	北大创业	北京燕园众筹网络技术有限公司
181	金蜜蜂文创	北京金蜜蜂文化创意股份有限公司
182	创汇空间	创汇空间(北京)科技孵化器有限公司
183	自由者创业社区	北京国泰青春商业有限公司
184	埃米空间	北京天作理化科技孵化器有限公司
185	创 E 工场	北京华商置业有限公司
186	德山 M - Lab	北京德山科技有限公司
187	Micro - movie 新时代空间	北京业主行网络科技有限公司
188	MadNet	疯网云端(北京)科技孵化器有限公司
189	宏福众创空间	北京宏福科技孵化器股份有限公司
190	优投空间	北京优投科技孵化器有限公司
191	睿思众创空间	北京京辰瑞达科技孵化中心
192	创 E +	北京科创空间投资发展有限公司

续表

序号	众创空间	运营管理主体
193	Hello World 创投工社	你好未来（北京）投资管理有限公司
194	华灿工场	中民国投（北京）投资控股有限公司
195	移动互联孵化基地	北京智汇互联科技孵化器有限公司
196	创业加油站	建信万通商务服务（北京）有限公司
197	化育空间	北京化大科技园科技发展中心
198	Foundry Club 跨境加速器	北京斯坦福科技孵化器有限公司
199	海尔 U + 企孵	北京倪帮尔科技孵化器有限公司
200	义创空间	北京义创空间投资管理有限公司
201	掘金微创业	微创业（北京）企业管理服务有限公司
202	凤岐茶社	北京凤岐创业服务有限公司
203	绿安农林生物硅谷	北京京东绿安会展服务有限公司
204	金点创空间	北京北建大科技园发展有限公司
205	AC 加速器	北京天使成长科技孵化器有限公司
206	龙创国际游戏空间	北京龙创悦动网络科技有限公司
207	e 巢客・九州	北京九州众创科技孵化器有限公司
208	正益工场	正益移动互联科技股份有限公司
209	青创动力	青创动力（北京）科技孵化器有限公司
210	软件园高校众创空间	北京中关村软件园发展有限责任公司
211	文创科技众创空间	北京文创科技有限责任公司
212	新华双创空间	北京华地融信物业管理有限公司
213	薄荷空间	北京世茂华泰投资有限公司
214	航星创业园	北京航星机器制造有限公司
215	赋腾国际创客中心	赋腾创客之城（北京）科技有限公司
216	三帝打印众创空间	北京三帝科技股份有限公司
217	国安创客	国安创客（北京）科技有限公司
218	中关村军民融合创新创业基地	北京鹍鹏科创科技发展有限公司
219	中关村京港澳青年创新创业中心	中关村青创（北京）国际科技有限公司
220	创客驿站	北京九州通科技孵化器有限公司
221	SKY 创园空间	北京思客空间科技有限公司
222	全球创新社区	北京中关村创业大街科技服务有限公司
223	北京经开・E7 创享家	北京经开投资开发股份有限公司
224	零秒空间	北京京东方物业发展有限公司
225	华卫天和大健康产业基地	北京华卫天和生物科技有限公司
226	元亨创融空间	大河套（北京）投资有限公司
227	备安应急众创空间	北京备安众创科技有限公司
228	蓝色光标	北京蓝色光标品牌管理顾问股份有限公司
229	易得创新中心	北京中天新一代投资管理有限公司
230	骏一 IP – HUB	骏一人工智能科技（北京）有限公司

续表

序号	众创空间	运营管理主体
231	Solink 众创空间	北京时代凌宇科技孵化器有限公司
232	猪八戒北京园区	北京热兴创新文化发展有限公司
233	创新社	北京创新社科技孵化器有限公司
234	星空时间	北京星空间站科技孵化器有限公司
235	北京筑梦成	北京筑梦成信息技术有限公司
236	启迪协信延庆众创空间	北京同茂浩源科技开发有限公司
237	亿鼎科技	中咨合创(北京)科技孵化器有限公司
238	三一太阳谷	北京三一创客科技有限公司
239	网络工坊	育米科技(北京)有限公司
240	中科创星	北京中科创星科技有限公司
241	洪泰智造工场	北京洪泰同创信息技术有限公司
242	中粮营养健康科学园	中粮营养健康研究院有限公司
243	燕科众创空间	北京燕科科技孵化器有限公司
244	青创汇	北京昌科互联商业运营管理有限公司
245	国数共享社区	北京国数创业创新企业管理有限公司
246	创融云巢众创空间	北京首科创融科技孵化器有限公司
247	G67 联合办公空间	北京乐加创业投资有限公司
248	外研创客空间	外语教学与研究出版社有限责任公司
249	博雅众创空间	北京西关博雅科技服务有限公司
250	协同创新孵化器	北京协同创新孵化器有限公司
251	金隅启迪众创空间	北京金隅启迪科技孵化器有限公司
252	CATCH 创投汇	北京首科凯奇电气技术有限公司
253	喀斯玛空间	北京中科喀斯玛科技孵化器有限公司
254	奥祥智造创新产业孵化平台	北京奥祥智造科技有限公司
255	易修复众创园	北京易修复生态科技有限公司
256	天助立业众创空间	北京天助立业物业管理有限公司
257	企动引擎	企动引擎(北京)科技有限公司
258	北大资源文化双创园众创空间	北大资源集团文化艺术传播(北京)有限公司
259	创意总社 1949	世欣东方(北京)文化集团有限公司
260	影创空间	影都文化投资发展有限公司
261	极客. BOX 众创空间	北京搜宝创展科技孵化器有限责任公司
262	部落方舟	部落方舟(北京)科技有限公司
263	西山创客空间	北京西山九圆企业管理有限公司
264	新生代中小企业聚集地	首开文投(北京)文化科技有限公司
265	侨创空间	北京侨创空间科技有限责任公司
266	鼎新至诚众创空间	北京鼎新至诚投资顾问有限公司
267	makebator 创客孵化器	创客基地科技孵化器(北京)有限公司
268	水木空间	北京德钧咨询有限公司

续表

序号	众创空间	运营管理主体
269	CR Union	华润置地(北京)股份有限公司
270	N+空间	恩加无限(北京)生产力促进有限公司
271	10SPACE	翊翎空间(北京)企业管理有限公司
272	DayDayUp	北京飞牛科技有限公司
273	中关村医学工程转化中心医药创客空间	北京联合国际食品药品医疗器械研发中心管理有限公司
274	北京临空创新创业示范基地	北京临空兴创科技有限公司
275	岛里办公室	北京侠客岛企业管理有限公司
276	京师企业家驿站	北京师大科技园科技发展有限责任公司
277	北焦科创孵化器	北焦科创高科技孵化器(北京)有限公司
278	卡梅拉创新空间	北京智创动力科技有限公司
279	中关村生命智谷孵化中心	中关村医疗器械园有限公司
280	未来科学城众创空间	北京未来科学城产业发展有限公司
281	中国电信创新孵化(北京)基地	中国电信集团公司北京科技创新中心
282	腾讯众创空间(中关村)	北京鼎海运维科技服务有限公司

资料来源:北京市科学技术委员会。

2017 年北京市设计创新中心一览表

序号	单位名称	认定年份	注册时间	注册地区	办公地址
1	北京首钢国际工程技术有限公司	2013	1996/3/1	石景山区	北京市石景山区石景山路 60 号
2	清华大学建筑设计研究院有限公司	2013	1993/12/6	海淀区	北京市海淀区清华大学校内设计中心楼
3	北京洛可可科技有限公司	2013	2004/11/30	西城区	北京市朝阳区北四环东路 6 号院 F 座
4	中国恩菲工程技术有限公司	2013	2006/1/9	海淀区	北京市海淀区复兴路 12 号
5	中冶京诚工程技术有限公司	2013	2003/11/28	大兴区	北京经济技术开发区建安街 7 号
6	北京维拓时代建筑设计有限公司	2013	1993/3/10	朝阳区	北京市朝阳区八里庄南里 3 号楼
7	中国水电顾问集团北京勘测设计研究院	2013	1989/3/17	朝阳区	北京市朝阳区定福庄西街 1 号
8	城市建设研究院	2013	1985/5/10	西城区	北京市西城区德胜门外大街 36 号楼 A 座
9	北京市测绘设计研究院	2013	1955/4/29	海淀区	北京市海淀区羊坊店路 15 号勘 A 楼 422 室
10	北京市建筑设计研究院有限公司	2013	1988/6/30	西城区	北京市西城区南礼士路 62 号
11	中国航空规划建设发展有限公司	2013	1991/7/19	西城区	北京市西城区德胜门外大街 12 号
12	阿尔特汽车技术股份有限公司	2013	2007/5/23	大兴区	北京市大兴区亦庄东工业区双羊路 8 号
13	北京国道通公路设计研究院股份有限公司	2013	2001/6/29	西城区	北京市丰台区莲花池西里 10 号,北京市西城区槐柏树后街 23 号
14	国核电力规划设计研究院	2013	1994/10/28	海淀区	北京市海淀区北清路地锦路 6 号

续表

序号	单位名称	认定年份	注册时间	注册地区	办公地址
15	北京天鸿圆方建筑设计有限责任公司	2013	2011/11/13	东城区	北京市东城区新怡家园甲3号楼A座三层
16	北京清华同衡规划设计研究院有限公司	2013	2000/4/7	海淀区	北京市海淀区清河中街清河嘉园东区甲1号楼16层
17	中国五洲工程设计集团有限公司	2013	1987/9/14	西城区	北京市西城区西便门内大街85号
18	北京时代民芯科技有限公司	2013	2005/10/21	丰台区	北京市丰台区东高地四营门北路2号
19	圣邦微电子(北京)股份有限公司	2013	2007/1/26	海淀区	北京市海淀区西三环北路87号13层3－1301
20	北京欧地安科技股份有限公司	2013	2003/1/9	海淀区	北京市海淀区北四环中路229号海泰大厦918室
21	北京三联虹普新合纤技术服务股份有限公司	2013	1999/10/12	海淀区	北京市朝阳区望京广泽路2号慧谷根园仁爱胡同1号
22	中科院建筑设计研究院有限公司	2013	2001/10/24	海淀区	北京市海淀区中关村北一街4号
23	北京兆易创新科技股份有限公司	2013	2005/4/6	海淀区	北京市海淀区学院路30号科大天工大厦A座12层
24	北京漫游谷信息技术有限公司	2013	2004/2/13	石景山区	北京市朝阳区北四环中路27号盘古大观A座30层
25	建设综合勘察研究设计院有限公司	2013	1993/5/18	东城区	北京市东城区东直门内大街177号
26	尚巴(北京)文化有限公司	2013	2008/4/25	朝阳区	北京市朝阳区西大望路下甸甲3号院C202室
27	北京朗迪锋科技有限公司	2013	2003/3/5	怀柔区	北京市海淀区中关村南大街乙12号天作商城3楼西区
28	联想(北京)有限公司	2013	1992/12/24	海淀区	北京市海淀区上地信息产业基地创业路6号
29	北京小米科技有限责任公司	2013	2010/3/3	海淀区	北京市海淀区清河中街68号五彩城写字楼
30	北京工美集团有限责任公司	2013	1993/4/1	东城区	北京市东城区王府井大街200号
31	中煤北京煤矿机械有限责任公司	2013	1981/1/24	房山区	北京市房山区城关镇矿机路1号
32	北京矿冶研究总院	2013	1956/4/8	西城区	北京市南四环西路188号总部基地十八区23号楼
33	北京爱慕内衣有限公司	2013	1981/10/13	朝阳区	北京市朝阳区望京爱慕大厦
34	外语教学与研究出版社有限责任公司	2013	2005/4/25	海淀区	北京市海淀区西三环北路19号外研社大厦南楼
35	北京神雾环境能源科技集团股份有限公司	2013	1999/11/18	昌平区	北京市昌平区马池口镇神牛路18号
36	北京北大方正电子有限公司	2013	1995/11/6	海淀区	海淀区上地五街9号方正大厦
37	北京威克多制衣中心	2013	1994/11/21	大兴区	北京市大兴区工业开发区金苑路甲15号
38	北京高能时代环境技术股份有限公司	2013	1992/8/28	海淀区	北京市海淀区地锦路中关村环保科技园9号院高能环境大厦
39	北京佰能电气技术有限公司	2013	1999/8/2	海淀区	北京市海淀区西三旗建材城东路18号
40	北京玻钢院复合材料有限公司	2013	2003/1/2	延庆区	北京市延庆区八达岭经济开发区康西路261号
41	北京新联铁集团股份有限公司	2013	1997/4/3	海淀区	北京市海淀区高梁桥斜街59号院2号楼2－305

续表

序号	单位名称	认定年份	注册时间	注册地区	办公地址
42	北京金立翔艺彩科技股份有限公司	2013	2005/11/25	海淀区	北京市海淀区颐和园北红山口8号D2－西－1
43	北京牡丹电子集团有限责任公司	2013	1990/5/15	海淀区	北京市海淀区花园路2号
44	易美芯光（北京）科技有限公司	2013	2010/1/4	大兴区	北京市北京经济技术开发区经海5路58号院数字工场3号楼3层
45	龙芯中科技术有限公司	2013	2008/3/5	海淀区	北京市海淀区中关村科学院南路6号832室
46	北京玫瑰坊时装定制有限责任公司	2013	1997/5/8	西城区	北京市朝阳区来广营西路5号森根国际2D
47	北京梦之城文化有限公司	2013	2006/12/19	海淀区	海淀区中关村南大街3号海淀科技大厦15层
48	新奥特（北京）视频技术有限公司	2013	2007/6/21	海淀区	北京市海淀区五棵松路49号新奥特科技大厦
49	北京大唐万邦复制技术发展有限公司	2013	2004/5/26	西城区	北京亦庄经济技术开发区东区科创三街北支路7号
50	北京城建设计发展集团股份有限公司	2014	1990/8/1	西城区	北京市西城区阜成门北大街5号
51	中国建筑设计研究院	2014	2014/7/24	西城区	北京市西城区车公庄大街19号
52	中交水运规划设计院有限公司	2014	1993/2/2	东城区	北京市东城区国子监街28号
53	中国石化工程建设有限公司	2014	1985/11/18	朝阳区	北京市朝阳区安慧北里安园21号楼
54	北京市工业设计研究院	2014	1986/9/30	西城区	北京市西城区广外大街甲275号
55	北京市城市规划设计研究院	2014	1992/5/4	西城区	北京市西城区南礼士路60号
56	朗姿股份有限公司	2014	2006/11/9	顺义区	北京市朝阳区大郊亭南街3号院1号楼朗姿大厦
57	曲美家具集团股份有限公司	2014	1993/4/10	顺义区	北京市朝阳区望京北路51号院8号楼
58	正邦创意（北京）品牌科技股份有限公司	2014	1996/2/5	丰台区	东城区王府井大街74号正邦楼
59	中国电子工程设计院	2014	1992/8/27	海淀区	西四环北路160号玲珑天地B座
60	北京中星微电子有限公司	2014	1999/10/14	海淀区	北京市海淀区学院路35号世宁大厦16层
61	多维联合集团有限公司	2014	2001/2/26	房山区	北京市房山区长阳环岛西侧
62	北京东道形象设计制作有限责任公司	2014	1997/9/16	朝阳区	北京市朝阳区和平里西街3号易亨·东道产业园B座
63	北京思比科微电子技术股份有限公司	2014	2004/9/28	海淀区	北京市海淀区上地五街7号昊海大厦二层201室
64	雷士（北京）光电工程技术有限公司	2014	2010/2/20	顺义区	北京市朝阳区来广营北苑东路1号中合国青大厦3层
65	北京天图设计工程有限公司	2014	1994/1/1	朝阳区	北京市朝阳区惠新东街8号
66	依文服饰股份有限公司	2014	2010/12/22	丰台区	北京市丰台区南四环188号三区1号楼
67	中科恒源科技股份有限公司	2014	2005/8/25	密云区	北京市海淀区农科院西路江山大厦
68	北京鑫联必升文化发展有限公司	2014	2005/12/1	海淀区	北京市海淀区天秀路10号中国农大国际创业园1号楼527、431
69	北京农业智能装备技术研究中心	2014	2009/8/19	海淀区	北京市海淀区板井曙光花园中路11号北京农科大厦A座5层
70	北京桑德环境工程有限公司	2014	1999/11/30	海淀区	北京市通州区马驹桥镇环宇路3号桑德集团有限公司
71	江河创建集团股份有限公司	2014	1999/2/4	顺义区	北京市顺义区牛汇北五街5号

续表

序号	单位名称	认定年份	注册时间	注册地区	办公地址
72	北京华大九天软件有限公司	2014	2009/5/26	朝阳区	北京市朝阳区利泽中二路2号A座2层
73	北京智明星通科技有限公司	2014	2008/9/18	海淀区	北京市海淀区知春路7号致真大厦C座6层
74	紫光环保有限公司	2014	2004/7/15	海淀区	北京市海淀区清华科技园科技大厦C座26、27层
75	北京长城华冠汽车科技有限公司	2014	2012/7/9	顺义区	北京市顺义区时骏北街1号院4栋(科技创新功能区)
76	北京畅游天下网络技术有限公司	2014	2007/9/26	石景山区	北京市石景山区八角东街65号院主楼南座3号楼10层1007
77	昆腾微电子股份有限公司	2014	2006/9/28	海淀区	北京市海淀区北坞村路23号北坞创新园中区4号楼
78	中电投工程研究检测评定中心	2014	2010/5/18	海淀区	北京市海淀区西四环北路160号玲珑天地B座
79	爱国者电子科技有限公司	2014	2008/7/4	海淀区	北京市海淀区上地九街9号北侧三层A区-9
80	北京金一文化发展股份有限公司	2014	2007/11/26	西城区	北京市西城区复兴门外大街A2中化大厦515
81	博天环境集团股份有限公司	2014	1995/1/18	海淀区	北京市海淀区西直门北大街60号首钢综合楼12A06-08室
82	北京铭隆世纪科技有限公司	2014	2008/12/18	顺义区	北京市顺义区李遂镇府前街遂太路2号
83	北京夏岩园林文化艺术集团有限公司	2014	2003/9/5	石景山区	北京市朝阳区高井财满街67号院叠墅小区2号楼201
84	北京笔克展览展示有限公司	2014	2010/7/1	顺义区	北京市顺义区顺兴路3号院1幢2幢3幢
85	北京世纪百强家具有限责任公司	2014	2010/1/11	顺义区	北京市顺义区牛栏山镇牛汇南一街5号
86	北京澄通光电股份有限公司	2014	2003/8/22	顺义区	北京市顺义区高丽营镇金益街7号
87	航天(北京)科技文化发展有限公司	2014	2009/9/8	海淀区	海淀区永丰路28号院1号楼三层301室
88	北京蓝图工程设计有限公司	2014	1995/2/21	朝阳区	丰台区南四环西路188号总部基地15区3号楼
89	漫游世界(北京)科技发展有限公司	2014	2008/12/5	朝阳区	北京市朝阳区利泽中园106号3层302A
90	北京握奇智能科技有限公司	2014	1994/4/20	朝阳区	北京市朝阳区望京利泽中园101号启明国际大厦七层
91	北京谊安医疗系统股份有限公司	2014	2004/3/29	丰台区	北京市丰台区科学城11B2号楼(园区)
92	北京普析通用仪器有限责任公司	2014	1997/12/1	平谷区	北京市平谷区平三路3号
93	北京华联印刷有限公司	2014	2001/4/29	大兴区	北京经济技术开发区东环北路3号
94	北京中瑞蓝科电动汽车技术有限公司	2014	2010/7/16	大兴区	北京亦庄经济技术开发区中和街9号
95	北京品物堂产品设计有限公司	2014	2006/9/22	昌平区	北京市朝阳区酒仙桥路4号798艺术区七星中街品物
96	北京升华电梯有限公司	2014	1996/1/16	顺义区	北京市顺义区牛汇北四街7号
97	北京汉仪科印信息技术有限公司	2014	1993/9/4	海淀区	北京市海淀区翠微路2号
98	北京东成新维产品设计咨询有限公司	2014	2008/12/22	朝阳区	北京市东城区东四五条80号
99	北京海璟丽鸿科贸有限公司	2014	2003/8/12	朝阳区	朝阳区融创动力科技文化园B232
100	北京智加问道科技有限公司	2014	2011/5/23	西城区	北京市西城区新街口外大街28号102号楼139室

续表

序号	单位名称	认定年份	注册时间	注册地区	办公地址
101	天瑞联创(北京)科技发展有限公司	2014	2006/10/17	海淀区	北京市海淀区后屯南路 26 号 3 层 3－70
102	北京北广科技股份有限公司	2014	2001/5/29	顺义区	北京市顺义区天竺空港工业区天柱路 A 区 26 号
103	北京航天石化技术装备工程公司	2015	1991/8/26	海淀区	北京市海淀区交大东路 41 号院 1 号楼 3 层 311 房间
104	中铁工程设计咨询集团有限公司	2015	2004/7/1	丰台区	北京市丰台区广安路 15 号
105	中铁第五勘察设计院集团有限公司	2015	2001/12/28	大兴区	北京市大兴区康庄路 9 号
106	中国中元国际工程有限公司	2015	1987/8/15	海淀区	北京市海淀区西三环北路 5 号 2 号楼 223 号
107	世源科技工程有限公司	2015	2003/8/22	海淀区	海淀区西四环北路 160 号玲珑天地大厦 C 座
108	北京交科公路勘察设计研究院有限公司	2015	1992/7/10	海淀区	北京市海淀区花园东路 15 号 12 层 21203
109	北京四方继保自动化股份有限公司	2015	1994/4/8	海淀区	北京市海淀区上地信息产业基地四街 9 号
110	北京清尚建筑设计研究院有限公司	2015	2005/12/28	海淀区	北京市海淀区农大南路 1 号院 7 号楼
111	中国公路工程咨询集团有限公司	2015	1984/4/10	海淀区	北京市海淀区西三环昌运宫
112	天禹文化集团有限公司	2015	2002/7/26	东城区	北京市东城区东四北大街 107 号 B 座 5 层
113	北京土人城市规划设计有限公司	2015	2010/12/7	海淀区	北京市海淀区中关村北大街 127－1 号 505 室
114	北京华福工程有限公司	2015	2003/1/7	昌平区	北京市朝阳区将台路 5 号院普天实业创新园 15 号楼 B/C 座
115	北京航天斯达科技有限公司	2015	1992/7/1	丰台区	北京市大兴区瀛海镇镇政府北侧
116	北京暴风科技股份有限公司	2015	2007/1/18	石景山区	北京市海淀区学院路 51 号首享科技大厦 6 层
117	中国华电工程(集团)有限公司	2015	1992/3/17	丰台区	北京市丰台区博物馆东路 6 号院 1 号楼
118	北京元隆雅图文化传播股份有限公司	2015	1998/5/26	西城区	北京市西城区平原里 21 号楼 5 层 A606
119	北京中科博联环境工程有限公司	2015	2008/6/26	石景山区	北京市海淀区北四环西路 68 号左岸工社 516
120	北京海淀中京工程设计软件技术有限公司	2015	1988/7/30	海淀区	北京市海淀区北三环西路 31 号 20 号楼 118 室
121	北京泰宁科创雨水利用技术股份有限公司	2015	2003/4/15	昌平区	北京市昌平区科技园区凉水河路 6 号楼 405－425 室
122	北京同方软件股份有限公司	2015	2000/6/28	海淀区	北京市海淀区王庄路 1 号同方科技广场 A 座 20 层
123	互爱互动(北京)科技有限公司	2015	2011/7/19	石景山区	北京市朝阳区天辰东路 7 号国家会议中心北区 4 层
124	北京万集科技股份有限公司	2015	1994/11/2	海淀区	北京市海淀区东北旺西路 8 号院中关村软件园 12 号楼万集空间
125	北京东方华太建筑设计工程有限责任公司	2015	1994/12/29	海淀区	北京市海淀区八里庄街道五孔桥 35 号院 21 楼
126	荣麟世佳(北京)家具制造有限公司	2015	1996/3/7	大兴区	北京市朝阳区酒仙桥路四号 751 动力广场 A6 荣麟中心
127	北京百纳威尔科技有限公司	2015	2004/7/7	通州区	北京市通州区光电一体化产业基地办公楼三楼(政府路 8 号)
128	利亚德光电股份有限公司	2015	1995/8/21	海淀区	北京市海淀区颐和园北正红旗西街 9 号
129	北京探路者户外用品股份有限公司	2015	1999/1/11	昌平区	北京市海淀区知春路 6 号锦秋国际大厦 A 座 21/24 层

续表

序号	单位名称	认定年份	注册时间	注册地区	办公地址
130	浪潮(北京)电子信息产业有限公司	2015	2002/2/6	海淀区	北京市海淀区上地信息路2号2－1号C栋
131	北京奇客创想信息技术有限公司	2015	2008/9/17	海淀区	北京市海淀区北坞村路23号北坞创新园北区5号楼
132	北京建工建筑设计研究院	2015	1992/7/16	西城区	北京市西城区展览路1号
133	北京掌趣科技股份有限公司	2015	2004/8/2	海淀区	北京市海淀区奥北产业基地29号楼(北楼)9层901室
134	曙光信息产业(北京)有限公司	2015	2001/11/27	海淀区	北京市海淀区东北旺西路8号中关村软件园36号楼
135	北京爱依瑞斯家居用品有限公司	2015	2007/3/21	通州区	北京市通州区中关村科技园区通州园光机电一体化产业基地政府路17号023室
136	简式国际汽车设计(北京)有限公司	2015	2004/2/4	昌平区	北京市昌平区回龙观国际信息产业基地高新二街6号
137	北京航天长峰股份有限公司	2015	1992/12/24	海淀区	北京市海淀区永定路51号航天数控大楼
138	北京市计算中心	2015	2000/12/21	东城区	北京市海淀区丰贤中路7号
139	北京华夏聚龙自动化股份公司	2015	2003/3/6	门头沟区	北京市丰台区南四环西路188号总部基地十区27号楼
140	北京数码大方科技股份有限公司	2015	2003/1/3	海淀区	北京市海淀区丰秀中路3号院9号楼
141	北京美尔斯通科技发展股份有限公司	2015	2005/1/10	海淀区	北京密云经济开发区清源路2号
142	北京锐风行艺术交流股份有限公司	2015	2009/7/20	海淀区	西城区三里河一区三号院三号楼一层
143	合科软件(北京)有限责任公司	2015	2009/5/21	朝阳区	北京海淀区信息路2号中关村国际孵化园D座610A室
144	北京威派格科技发展有限公司	2015	2007/4/20	大兴区	北京市大兴区长子营镇企融路1号
145	北京中讯四方科技股份有限公司	2015	2005/9/23	海淀区	北京市海淀区永丰产业基地永捷北路3号A座2层201
146	北京天乐泰力科技发展有限公司	2015	2002/6/17	昌平区	北京市平谷区大兴庄镇顺兴路7号
147	北京玩蟹科技有限公司	2015	2009/10/10	海淀区	北京市朝阳区安定路5号院7号楼中海国际中心A座7－8层
148	北京东方艾迪普科技发展有限公司	2015	2003/4/16	朝阳区	北京市朝阳区安慧里三区10号楼1幢二层
149	北京华福神雾工业炉有限公司	2015	2009/10/28	昌平区	北京市朝阳区将台路5号院15号楼BC座5层
150	灏域联华科技(北京)有限公司	2015	2009/4/13	西城区	北京市西城区新街口外大街28号102号楼219室(德胜园区)
151	北京博锐尚格软件技术有限公司	2015	2012/5/21	海淀区	北京市海淀区莱圳家园18号楼5层5002室
152	北京华新意创工业设计有限公司	2015	2007/6/19	海淀区	北京市朝阳区酒仙桥路4号正东集团院内A12座(科技综合楼)303室
153	北京方略博华文化传媒有限公司	2015	2005/4/20	东城区	北京市东城区北河沿大街79号
154	北京控制工程研究所	2016	1956/10/11	海淀区	北京市海淀区友谊路104号
155	北京神舟航天文化创意传媒有限责任公司	2016	1988/3/29	海淀区	北京市海淀区知春路82号院航天恒星大厦
156	北京市市政工程设计研究总院有限公司	2016	1987/12/2	海淀区	海淀区西直门北大街32号3号楼(市政总院大厦)

续表

序号	单位名称	认定年份	注册时间	注册地区	办公地址
157	北京新意互动广告有限公司	2016	2002/12/30	海淀区	北京市海淀区西外大街168号腾达大厦27层01－11房间
158	东尚服装股份有限公司	2016	2007/12/21	朝阳区	北京市朝阳区朝外大街三丰里24号一层108室
159	北京格雷时尚科技有限公司	2016	2002/4/23	大兴区	北京市大兴区工业开发区金苑路甲15号
160	北京全路通信信号研究设计院集团有限公司	2016	1994/11/18	丰台区	北京市丰台区丰台科技园汽车博物馆南路1号院B座7层
161	北京集创北方科技股份有限公司	2016	2008/9/3	大兴区	北京经济技术开发区景园北街2号56幢
162	北京麒麟网文化股份有限公司	2016	2007/9/25	海淀区	北京市海淀区黑泉路宝盛广场D座9层
163	北京祖阁家具有限公司	2016	2005/1/24	朝阳区	北京市朝阳区亁阳北路102号楼12层1213
164	北京汉邦高科数字技术股份有限公司	2016	2004/10/9	海淀区	北京市海淀区长春桥路11号4号楼裙房四层南侧1－12号房间
165	北京华江文化发展有限公司	2016	2013/4/7	东城区	北京市东城区崇文门外大街9号正仁大厦1段4层
166	北京合康亿盛变频科技股份有限公司	2016	2003/6/11	大兴区	北京市经济技术开发区博兴二路3号
167	北京掌阔移动传媒科技有限公司	2016	2010/11/12	海淀区	北京市海淀区紫竹院路116号嘉豪国际中心C3530
168	北京城建勘测设计研究院有限责任公司	2016	1992/5/3	朝阳区	北京市朝阳区安慧里五区6号
169	北京石油机械厂	2016	1955/1/1	海淀区	北京市昌平区能源南街9号院
170	华通设计顾问工程有限公司	2016	1995/7/7	大兴区	北京市西城区西直门南小街135号
171	北京六合伟业科技股份有限公司	2016	2003/10/22	丰台区	北京市丰台区南四环西路188号12区39号楼
172	北京西蔓色彩美育文化股份有限公司	2016	1998/4/6	东城区	北京市朝阳区建外SOHO西区18号楼3101室
173	北京交控科技股份有限公司	2016	2009/12/4	丰台区	北京市丰台区科技园海鹰路6号院北京总部国际2、3号楼(园区)
174	互爱(北京)科技股份有限公司	2016	2011/3/9	海淀区	北京市朝阳区天辰东路7号国家会议中心北区4层
175	北京国是经纬科技股份有限公司	2016	2006/8/1	石景山区	北京市石景山区石景山路乙18号院1号楼7层808
176	北京航星网讯技术股份有限公司	2016	2003/1/16	海淀区	北京市海淀区科学院南路1－1号
177	万达文化旅游规划研究院有限公司	2016	2013/4/17	朝阳区	北京市朝阳区建国路91号院8号楼33层3301－3315单元
178	北京歌华设计有限公司	2016	2007/3/28	东城区	北京市东城区青龙胡同1号歌华大厦A座13层
179	北京青果灵动科技有限公司	2016	2009/9/11	石景山区	北京市石景山区实兴大街30号院3号楼8层8104房间
180	北京洛娃日化有限公司	2016	2000/12/19	朝阳区	北京市朝阳区望京利泽中园2区203号
181	北京弘高建筑装饰工程设计有限公司	2016	2006/7/17	昌平区	北京市朝阳区来广营紫月路18号院4号楼弘高大厦
182	中国民航信息网络股份有限公司	2016	2000/10/18	顺义区	北京市顺义区后沙峪镇天北路中国航信高科技产业园区

续表

序号	单位名称	认定年份	注册时间	注册地区	办公地址
183	北京万像一兴数字科技有限公司	2016	2008/9/23	西城区	北京市西城区新街口外大街 28 号 102 号楼 216 室(德胜园区)
184	北京曼恒数字技术有限公司	2016	2008/8/28	朝阳区	北京市朝阳区酒仙桥路 10 号 58 幢 3 层 A305 室
185	北京东方利禾景观设计有限公司	2016	2000/8/16	朝阳区	北京市朝阳区酒仙桥北路甲 10 号电子城 IT
186	北京国科天创建筑设计院有限责任公司	2016	2001/7/20	东城区	北京市朝阳区紫月路 18 号院 11 号楼 4 层
187	华盖创意(北京)图像技术有限公司	2016	2005/7/14	海淀区	北京市海淀区阜成路 46 号海玉商贸大楼 6304 室
188	北京四达时代软件技术股份有限公司	2016	2002/12/5	大兴区	北京经济技术开发区科创十四街 5 号院
189	北京声迅电子股份有限公司	2016	1994/1/28	海淀区	北京市海淀区永丰基地丰贤中路 7 号(孵化楼)4 层
190	北京大国慧谷科技股份有限公司	2016	2007/8/1	海淀区	北京市海淀区阜外亮甲店 1 号恩济西园产业园 21 号楼 21－1
191	蓝星(北京)化工机械有限公司	2016	2006/11/28	大兴区	北京经济技术开发区兴业街 5 号
192	北京合纵科技股份有限公司	2016	1997/4/15	海淀区	北京市海淀区上地三街 9 号(嘉华大厦)D 座 1211、1212

资料来源:北京工业设计促进中心。

2017 年北京市科普基地一览表

序列	基地名称	单位名称	基地类别	教育基地类型	单位性质	所在区县	推荐部门	认定批次
1	先进材料科普基地	北京化工大学	教育基地	高等院校	事业单位－高等院校	朝阳区	朝阳区科委	2017 基地申报
2	北京艺术博物馆	北京艺术博物馆	教育基地	博物馆	事业单位－其他	海淀区	市文物局	2017 基地申报
3	蝶语(北京)昆虫博览园	北京乾禹森文化传播有限公司	教育基地	农业观光	企业	平谷区	平谷区科委	2017 基地申报
4	北京航空航天大学出版社	北京航空航天大学出版社	传媒基地	—	企业	海淀区	市科委	2017 基地申报
5	北京国际都市农业科技园	北京中农富通园艺有限公司	教育基地	农业观光	企业	通州区	通州区科委	2017 基地申报
6	运河怡水文化园	北京禾瑞谷农业科技发展有限公司	教育基地	其他	企业	通州区	通州区科委	2017 基地申报
7	百望山森林公园	北京市海淀百望山森林公园	教育基地	动植物园/公园	企业	海淀区	市园林绿化局	2017 基地申报
8	微生物发酵新工艺科普展示中心	北京伟嘉盛邦生物技术有限公司	教育基地	其他	企业	通州区	通州区科委	2017 基地申报

续表

序列	基地名称	单位名称	基地类别	教育基地类型	单位性质	所在区县	推荐部门	认定批次
9	北京市体检中心	北京市体检中心	教育基地	医疗机构	事业单位－其他	丰台区	市卫生计生委	2017 基地申报
10	京林生态花园	北京京林园林绿化工程有限公司	教育基地	其他	企业	房山区	房山区科委	2017 基地申报
11	北京市门头沟区气象局	北京市门头沟区气象局	教育基地	科技馆	事业单位－科普场馆	门头沟区	门头沟区科委	2017 基地申报
12	北京农学院大学科技园	北京北农企业管理有限公司	教育基地	高等院校	企业	昌平区	昌平区科委	2017 基地申报
13	北京城市系统工程研究中心	北京城市系统工程研究中心	教育基地	科研院所	事业单位－科研院所	西城区	北科院	2017 基地申报
14	电力系统动态模拟实验室	中国电力科学研究院	教育基地	科研院所	企业	海淀区	市科委	2017 基地申报
15	北京二锅头酒博物馆	北京红星文化发展有限公司	教育基地	博物馆	企业	怀柔区	怀柔区科委	2017 基地申报
16	北京西山国家森林公园	北京昌华森林公园	教育基地	动植物园/公园	企业	海淀区	市园林绿化局	2017 基地申报
17	北京市园林学校	北京市园林学校	教育基地	其他	事业单位－其他	房山区	市公园管理中心	2017 基地申报
18	中国生态修复网	北京易修复生态科技有限公司	教育基地	其他	企业	海淀区	海淀区科委（海淀科协）	2017 基地申报
19	环境治理科技宣教中心	中关村绿创环境治理产业技术创新战略联盟	教育基地	其他	团体	西城区	西城区科委	2017 基地申报
20	北京文化创意产业展示中心	北京文化创意产业展示中心	教育基地	其他	事业单位－其他	西城区	市委宣传部	2017 基地申报
21	凯达食品加工体验园	北京凯达恒业农业技术开发有限公司	教育基地	其他	企业	房山区	房山区科委	2017 基地申报
22	致真创享空间	北京致真文化传媒有限公司	教育基地	高等院校	企业	海淀区	市科委	2017 基地申报
23	活的 3D 博物馆	北京明宇时代信息技术有限公司	教育基地	博物馆	企业	朝阳区	朝阳区科委	2017 基地申报
24	北京中软国际教育科技股份有限公司	北京中软国际教育科技股份有限公司	教育基地	其他	企业	昌平区	昌平区科委	2017 基地申报
25	北京化工大学化学科普基地	北京化工大学	教育基地	高等院校	事业单位－高等院校	朝阳区	朝阳区科委	2017 基地申报
26	机构创新与机器人学实验室	北京交通大学	教育基地	高等院校	事业单位－高等院校	海淀区	市科委	2017 基地申报
27	北京航空航天大学月宫一号	北京航空航天大学	教育基地	科研院所	事业单位－高等院校	海淀区	市科委	2017 基地申报
28	中国科学院计算技术研究所	中国科学院计算技术研究所	教育基地	科研院所	事业单位－科研院所	海淀区	市科委	2017 基地申报

续表

序列	基地名称	单位名称	基地类别	教育基地类型	单位性质	所在区县	推荐部门	认定批次
29	饲料科普教育基地	中国农业大学	教育基地	高等院校	事业单位－高等院校	海淀区	市科委	2017 基地申报
30	智能技术与装备展馆	中国农业大学	教育基地	高等院校	事业单位－高等院校	海淀区	市科委	2017 基地申报
31	北京果壳互动科技传媒有限公司	北京果壳互动科技传媒有限公司	传媒基地	—	企业	东城区	东城区科委	2017 基地申报
32	中国传媒大学科普教育传播基地	中国传媒大学	教育基地	高等院校	事业单位－高等院校	朝阳区	市科委	2017 基地申报
33	北京闽龙综合科普体验园	北京陶瓷艺术馆	教育基地	其他	民办非企	朝阳区	朝阳区科委	2017 基地申报
34	中国传媒大学传媒博物馆	中国传媒大学传媒博物馆	教育基地	博物馆	事业单位－高等院校	朝阳区	朝阳区科委	2017 基地申报
35	碧海圆	北京碧海圆生态农业观光有限公司	教育基地	农业观光	企业	通州区	通州区科委	2016 基地申报
36	北斗启航	北京华云智联科技有限公司	研发基地	—	企业	朝阳区	朝阳区科委	2016 基地申报
37	北京市野生动物救护繁育中心	北京市野生动物救护中心	教育基地	其他	事业单位－其他	顺义区	市园林绿化局	2016 基地申报
38	玫瑰情园	北京玫瑰情园旅游开发有限公司	教育基地	农业观光	企业	密云区	密云区科委	2016 基地申报
39	天才工场科普教育基地	天才工场（北京）教育科技有限公司	教育基地	其他	企业	朝阳区	朝阳区科委	2016 基地申报
40	上方山国家森林公园	北京市房山区上方山国家森林公园管理处（北京市上方山林场）	教育基地	自然保护区/地质公园	事业单位－其他	房山区	房山区科委	2016 基地申报
41	安心农场	北京天安农业发展有限公司	教育基地	农业观光	企业	昌平区	市科委	2016 基地申报
42	嘉星科技影业	嘉星一族科技发展（北京）有限公司	传媒基地	—	企业	朝阳区	朝阳区科委	2016 基地申报
43	绿纽扣	北京盈创再生资源回收有限公司	教育基地	其他	企业－其他	顺义区	顺义区科委	2016 基地申报
44	首诚航天现代农业体验园	北京首诚航天农业生物科技有限公司	教育基地	农业观光	企业	房山区	房山区科委	2016 基地申报
45	综合智能交通管理与控制	北方工业大学	教育基地	高等院校	事业单位－高等院校	石景山区	市教委	2016 基地申报
46	中北华宇建筑工程公司	中北华宇建筑工程公司	教育基地	其他	企业	顺义区	顺义区科委	2016 基地申报
47	北京市大东流苗圃	北京市大东流苗圃	教育基地	其他	事业单位－其他	昌平区	市园林绿化局	2016 基地申报

续表

序列	基地名称	单位名称	基地类别	教育基地类型	单位性质	所在区县	推荐部门	认定批次
48	奇虎360	北京奇虎360科技有限公司	教育基地	其他	企业	西城区	市科委	2016基地申报
49	有机副产物循环利用园	阳光盛景（北京）生态科技股份有限公司	教育基地	科技馆	企业	通州区	通州区科委	2016基地申报
50	“蜜蜂大世界”	北京京纯养蜂专业合作社	教育基地	农业观光	其他	密云区	密云区科委	2016基地申报
51	三元农业科技园	北京三元农业有限公司	教育基地	农业观光	企业	海淀区	海淀区科委（海淀科协）	2016基地申报
52	生态岛	北京生态岛科技有限责任公司	教育基地	其他	企业	房山区	房山区科委	2016基地申报
53	北京社会生活心理卫生咨询服务中心	北京社会生活心理卫生咨询服务中心	教育基地	其他	团体	东城区	东城区科委	2016基地申报
54	北京理工大学出版社有限责任公司	北京理工大学出版社有限责任公司	传媒基地	—	企业	海淀区	市科委	2016基地申报
55	中国景泰蓝艺术博物馆	北京市珐琅厂	教育基地	博物馆	企业	东城区	东城区科委	2016基地申报
56	北京八达岭世界葡萄博览中心	北京八达岭世界葡萄博览中心	教育基地	农业观光	企业	延庆区	延庆区科委	2016基地申报
57	北京园博园	北京园博园运营有限公司	教育基地	动植物园/公园	企业	丰台区	丰台区科委	2016基地申报
58	特高压直流试验基地	中国电力科学研究院	教育基地	科研院所	企业	海淀区	市科委	2016基地申报
59	中国大百科全书出版社	中国大百科全书出版社	传媒基地	—	企业	西城区	市科委	2016基地申报
60	汉能清洁能源展示中心	汉能控股集团有限公司	教育基地	科技馆	企业	朝阳区	朝阳区科委	2016基地申报
61	北京邮电大学多学科交叉科普研究中心	北京邮电大学	研发基地	—	事业单位－高等院校	海淀区	市科委	2016基地申报
62	中粮智慧农场	中粮（北京）农业生态谷发展有限公司	教育基地	农业观光	企业	房山区	房山区科委	2016基地申报
63	北京市门头沟区琉璃渠中小学劳动艺术教育基地	北京市门头沟区琉璃渠中小学劳动艺术教育基地	教育基地	其他	事业单位－其他	门头沟区	门头沟区科委	2016基地申报
64	康复研究中心	中国康复研究中心	教育基地	医疗机构	事业单位－其他	丰台区	市科委	2015基地申报
65	北京银黄生态园航天育种主题展馆	北京银黄绿色农业生态园有限公司	教育基地	农业观光	企业	昌平区	昌平区科委	2015基地申报

续表

序列	基地名称	单位名称	基地类别	教育基地类型	单位性质	所在区县	推荐部门	认定批次
66	首都医科大学宣武医院	首都医科大学宣武医院	培训基地	—	事业单位－其他	西城区	市卫生计生委	2015 基地申报
67	中国中医科学院西苑医院	中国中医科学院西苑医院	教育基地	医疗机构	事业单位－其他	海淀区	市科委	2015 基地申报
68	北京市中山公园	北京市中山公园管理处	教育基地	动植物园/公园	事业单位－其他	东城区	市公园管理中心	2015 基地申报
69	瑞正园农庄	北京瑞正园农业科技发展有限公司	教育基地	农业观光	企业	通州区	通州区科委	2015 基地申报
70	北京市景山公园	北京市景山公园管理处	教育基地	动植物园/公园	事业单位－其他	西城区	市公园管理中心	2015 基地申报
71	陶然亭公园科普教育基地	北京市陶然亭公园管理处	教育基地	动植物园/公园	事业单位－其他	西城区	市公园管理中心	2015 基地申报
72	中国食品发酵工业研究院	中国食品发酵工业研究院	教育基地	科研院所	企业	朝阳区	市科委	2015 基地申报
73	北京大诚中医针灸医院	北京大诚中医针灸医院	教育基地	医疗机构	企业	海淀区	海淀区科委（海淀科协）	2015 基地申报
74	解放军卫生音像出版社	解放军卫生音像出版社	传媒基地	—	事业单位－其他	海淀区	市科委	2015 基地申报
75	北京市朝阳区公共安全馆	北京市朝阳区公共安全馆	教育基地	科技馆	事业单位－科普场馆	朝阳区	市园林绿化局	2015 基地申报
76	北京市昌平区妇幼保健院	北京市昌平区妇幼保健院	教育基地	医疗机构	事业单位－其他	昌平区	昌平区科委	2015 基地申报
77	首都医科大学附属复兴医院	首都医科大学附属复兴医院	教育基地	医疗机构	事业单位－其他	西城区	西城区科委	2015 基地申报
78	中科直线（北京）科技传播有限责任公司	中科直线（北京）科技传播有限责任公司	研发基地	—	企业	海淀区	海淀区科委（海淀科协）	2015 基地申报
79	北京市房山区防震减灾科普教育基地	北京市房山区北京人遗址防震减灾科普教育基地	教育基地	博物馆	事业单位－科普场馆	房山区	市地震局	2015 基地申报
80	北京市北海公园	北京市北海公园管理处	教育基地	动植物园/公园	事业单位－其他	西城区	市公园管理中心	2015 基地申报
81	首都医科大学附属北京中医医院	首都医科大学附属北京中医医院	教育基地	医疗机构	事业单位－其他	东城区	市卫生计生委	2015 基地申报
82	中国科学院自动化研究所	中国科学院自动化研究所	教育基地	科研院所	事业单位－科研院所	海淀区	市科委	2015 基地申报
83	天坛公园科普教育基地	北京市天坛公园管理处	教育基地	动植物园/公园	事业单位－其他	东城区	市公园管理中心	2015 基地申报
84	轨道工程实验室	北京交通大学	教育基地	高等院校	事业单位－高等院校	海淀区	市科委	2015 基地申报
85	首都医科大学附属北京同仁医院	首都医科大学附属北京同仁医院	教育基地	医疗机构	事业单位－科研院所	东城区	市卫生计生委	2015 基地申报

续表

序列	基地名称	单位名称	基地类别	教育基地类型	单位性质	所在区县	推荐部门	认定批次
86	I－imagine 科学空间	北京种太阳科普文化传播有限公司	教育基地	其他	企业	通州区	通州区科委	2015 基地申报
87	化学工业出版社	化学工业出版社	传媒基地	—	企业	东城区	市科委	2015 基地申报
88	北京市朝阳区气象局	北京市朝阳区气象局	教育基地	其他	事业单位－其他	朝阳区	市气象局	2015 基地申报
89	北京赛恩奥尼文化传媒有限公司	北京赛恩奥尼文化传媒有限公司	传媒基地	—	企业	丰台区	丰台区科委	2015 基地申报
90	陈经纶中学动手玩科学实践平台	北京市陈经纶中学	教育基地	其他	事业单位－其他	朝阳区	朝阳区科委	2015 基地申报
91	花仙子万花园	北京花儿朵朵花仙子农业有限公司	教育基地	农业观光	企业	通州区	通州区科委	2015 基地申报
92	北京市黄垡苗圃	北京市黄垡苗圃	教育基地	其他	事业单位	大兴区	市园林绿化局	2013 基地申报
93	香山公园	北京市香山公园管理处	教育基地	动植物园/公园	事业单位	海淀区	市公园管理中心	2013 基地申报
94	北京市玉渊潭公园	北京市玉渊潭公园	教育基地	动植物园/公园	事业单位	海淀区	市公园管理中心	2013 基地申报
95	康莱德国际环保植被（北京）有限公司	康莱德国际环保植被（北京）有限公司	教育基地	农业观光	企业	房山区	房山区科委	2013 基地申报
96	北京蛋白质组研究中心	北京蛋白质组研究中心	教育基地	科研院所	民办非企	昌平区	昌平区科委	2013 基地申报
97	南昊（北京）科技有限公司	南昊（北京）科技有限公司	研发基地	—	企业	海淀区	海淀区科委	2013 基地申报
98	北京市昌平区气象局	北京市昌平区气象局	教育基地	其他	事业单位	昌平区	市气象局	2013 基地申报
99	小汤山现代农业展示基地	北京市小汤山地区地热开发公司	教育基地	其他	企业	昌平区	市农委	2013 基地申报
100	循环经济示范体验园	北京合力清源科技有限公司	教育基地	其他	企业	延庆区	延庆区科委	2013 基地申报
101	北京绿神鹿业有限责任公司	北京绿神鹿业有限责任公司	教育基地	农业观光	企业	怀柔区	怀柔区科委	2013 基地申报
102	蓝天城儿童素质训练基地	北京蓝天城投资有限公司	教育基地	其他	其他	朝阳区	朝阳区科委	2013 基地申报
103	中国人民解放军第三〇七医院	中国人民解放军第三〇七医院	教育基地	医疗机构	军队	丰台区	市科委	2013 基地申报
104	北京融青生态农业有限公司	北京融青生态农业有限公司	教育基地	农业观光	企业	大兴区	大兴区科委	2013 基地申报
105	北京交通大学结构风工程与城市风环境北京市重点实验室	北京交通大学	教育基地	高等院校	事业单位	海淀区	市科委	2013 基地申报

续表

序列	基地名称	单位名称	基地类别	教育基地类型	单位性质	所在区县	推荐部门	认定批次
106	首都师范大学科学探索中心	首都师范大学	教育基地	高等院校	事业单位	海淀区	海淀区科委	2013 基地申报
107	盈创再生资源有限公司	盈创再生资源有限公司	教育基地	其他	企业	顺义区	顺义区科委	2013 基地申报
108	北京市朝阳区规划艺术馆	北京市朝阳区规划艺术馆	教育基地	博物馆	事业单位	朝阳区	朝阳区科委	2013 基地申报
109	绿纯（北京）生物科技发展中心	绿纯（北京）生物科技发展中心	教育基地	农业观光	企业	门头沟区	门头沟区科委	2013 基地申报
110	中国医学科学院整形外科医院	中国医学科学院整形外科医院	教育基地	医疗机构	事业单位	石景山区	石景山区科委	2013 基地申报
111	北京老年医院	北京老年医院	教育基地	医疗机构	事业单位	海淀区	市卫生局	2013 基地申报
112	天葡庄园	北京利农富民葡萄种植专业合作社	教育基地	农业观光	其他	密云区	密云区科委	2013 基地申报
113	北京灵之秀山茶园	北京灵之秀文化发展有限公司	教育基地	农业观光	企业	门头沟区	门头沟区科委	2013 基地申报
114	中华世纪坛	中华世纪坛管理中心	教育基地	博物馆	事业单位	海淀区	市委宣传部	2013 基地申报
115	北京大戚收音机电影机博物馆	北京大戚青叶文化有限公司	教育基地	博物馆	民办非企	通州区	通州区科委	2013 基地申报
116	北京桃花园农业科技发展有限公司	北京桃花园农业科技发展有限公司	教育基地	农业观光	企业	大兴区	大兴区科委	2013 基地申报
117	航天工程育种研发与产业化示范基地	北京神舟绿鹏农业科技有限公司	教育基地	农业观光	企业	通州区	通州区科委	2013 基地申报
118	北京信息科技大学	北京信息科技大学	教育基地	高等院校	事业单位	海淀区	海淀区科委	2013 基地申报
119	房山科技活动中心	北京市房山区科技协作中心	教育基地	科技馆	事业单位	房山区	房山区科委	2013 基地申报
120	北京化工大学	北京化工大学	教育基地	高等院校	事业单位	昌平区	昌平区科委	2013 基地申报
121	马铃薯博物馆	北京希森三和马铃薯有限公司	教育基地	博物馆	企业	延庆区	延庆区科委	2013 基地申报
122	第五季富饶（北京）生态农业园有限公司	第五季富饶（北京）生态农业园有限公司	教育基地	农业观光	企业	通州区	通州区科委	2013 基地申报
123	延庆地质博物馆	北京延庆硅化木国家地质公园管理处	教育基地	博物馆	事业单位	延庆区	延庆区科委	2013 基地申报
124	北京人民广播电台	北京人民广播电台	传媒基地	—	事业单位	朝阳区	市委宣传部	2013 基地申报
125	北京大学口腔医院	北京大学口腔医院	教育基地	医疗机构	事业单位	海淀区	市科委	2013 基地申报

续表

序列	基地名称	单位名称	基地类别	教育基地类型	单位性质	所在区县	推荐部门	认定批次
126	中国中医科学院广安门医院	中国中医科学院广安门医院	教育基地	医疗机构	事业单位	西城区	西城区科委	2013 基地申报
127	国术科技（北京）有限公司	国术科技（北京）有限公司	研发基地	—	企业	海淀区	海淀区科委	2013 基地申报
128	首都医科大学附属北京安定医院	首都医科大学附属北京安定医院	教育基地	医疗机构	事业单位	西城区	市卫生局	2013 基地申报
129	首都师范大学环境教育研究中心	首都师范大学	培训基地	—	事业单位	海淀区	海淀区科委	2013 基地申报
130	北京出版集团有限责任公司	北京出版集团有限责任公司	教育基地	其他	企业	西城区	市委宣传部	2013 基地申报
131	塔米智能科技(北京)有限公司	塔米智能科技(北京)有限公司	研发基地	—	企业	海淀区	海淀区科委	2013 基地申报
132	北京回龙观医院	北京回龙观医院	教育基地	医疗机构	事业单位	昌平区	市卫生局	2013 基地申报
133	首都医科大学附属北京妇产医院	首都医科大学附属北京妇产医院	教育基地	医疗机构	事业单位	朝阳区	朝阳区科委	2013 基地申报
134	中关村示范区展示中心	中关村国家自主创新示范区展示交易中心	教育基地	科技馆	事业单位	海淀区	中关村管委会	2013 基地申报
135	北京大学第一医院	北京大学第一医院	教育基地	医疗机构	事业单位	西城区	市科委	2013 基地申报
136	中国园林博物馆	中国园林博物馆筹备办公室	教育基地	博物馆	事业单位	丰台区	市公园管理中心	2013 基地申报
137	G20 创新成果科普基地	北京生物技术和新医药产业促进中心	教育基地	其他	事业单位	海淀区	市科委	2012 基地申报
138	北京市可持续发展促进中心	北京市可持续发展促进中心	教育基地	其他	事业单位	朝阳区	市科委	2012 基地申报
139	中国气象科技展厅	中国气象局气象宣传与科普中心	教育基地	科技馆	事业单位	海淀区	市科委	2012 基地申报
140	北京航天之光观光农业园	北京航天之光观光农业园有限责任公司	教育基地	农业观光	企业	大兴区	大兴区科委	2012 基地申报
141	北京市中小学生光电技术展厅	中国人民大学附属中学	教育基地	其他	事业单位	海淀区	市科委	2012 基地申报
142	北京市朝阳区紧急医疗救援中心	中国医学救援协会	教育基地	医疗机构	事业单位	朝阳区	市科委	2012 基地申报
143	北京邮电大学信息通信动态新技术科普展厅	北京邮电大学	教育基地	高等院校	事业单位	海淀区	市科委	2012 基地申报
144	中国科学报社	中国科学报社	传媒基地	—	事业单位	海淀区	市科委	2012 基地申报
145	北京市海淀区博物馆	北京市海淀区博物馆	教育基地	博物馆	事业单位	海淀区	市科委	2012 基地申报

续表

序列	基地名称	单位名称	基地类别	教育基地类型	单位性质	所在区县	推荐部门	认定批次
146	佐特陶瓷技术中心	佐特陶瓷技术中心	教育基地	博物馆	企业	朝阳区	朝阳区科委	2012 基地申报
147	北京市东城区南馆公园	北京市东城区南馆公园管理处	教育基地	动植物园/公园	事业单位	东城区	东城区科委	2012 基地申报
148	科学普及出版社	科学普及出版社	传媒基地	—	企业	海淀区	市科委	2012 基地申报
149	清华大学	清华大学	教育基地	高等院校	事业单位	海淀区	市科委	2012 基地申报
150	北京节水展馆	北京市节约用水管理中心	教育基地	科技馆	事业单位	海淀区	海淀区科委	2012 基地申报
151	北京西瓜博物馆	北京市大兴区庞各庄镇人民政府	教育基地	博物馆	其他	大兴区	大兴区科委	2012 基地申报
152	中华航天博物馆	中华航天博物馆	教育基地	博物馆	事业单位	丰台区	市科委	2012 基地申报
153	北京奥林匹克公园	北京奥林匹克公园管理委员会	教育基地	其他	其他	朝阳区	市科委	2012 基地申报
154	中国科学院动物研究所	中国科学院动物研究所	教育基地	科研院所	事业单位	朝阳区	市科委	2012 基地申报
155	北京科技报社	北京科技报社	传媒基地	—	事业单位	朝阳区	市科协	2012 基地申报
156	中国军事医学（病理）博物馆	军事医学病理博物馆	教育基地	博物馆	军队	海淀区	市科委	2012 基地申报
157	红星集体农庄阳光农事体验园	北京市兴红种子站	教育基地	农业观光	企业	大兴区	大兴区科委	2012 基地申报
158	《健康》杂志	健康杂志社	传媒基地	—	事业单位	东城区	市卫生局	2012 基地申报
159	北京神笛陶艺文化有限公司	北京神笛陶艺文化有限公司	教育基地	其他	企业	顺义区	市科委	2012 基地申报
160	海淀公共安全馆	北京市海淀区安全教育馆管理中心	教育基地	科技馆	事业单位	海淀区	海淀区科委	2012 基地申报
161	北京市西城区青少年科技馆	北京市西城区青少年科学技术馆	培训基地	—	事业单位	西城区	西城区科委	2012 基地申报
162	北京市东城区青少年科技馆	北京市东城区青少年科技馆	教育基地	科技馆	事业单位	东城区	东城区科委	2012 基地申报
163	北京市宣武青少年科学技术馆	北京市宣武青少年科学技术馆	教育基地	科技馆	事业单位	西城区	西城区科委	2012 基地申报
164	北京市西城区青少年科技馆	北京市西城区青少年科学技术馆	教育基地	青少年科技馆	事业单位	西城区	西城区科委	2012 基地申报
165	北京电视台科教节目中心	北京电视台	传媒基地	—	事业单位	朝阳区	市广电局	2012 基地申报
166	北京石景山游乐园	北京石景山游乐园	教育基地	其他	企业	石景山区	石景山区科委	2012 基地申报
167	北京神舟航天文化创意传媒有限责任公司	北京神舟航天文化创意传媒有限责任公司	研发基地	—	企业	海淀区	市科委	2012 基地申报
168	北京市药品检验所	北京市药品检验所	教育基地	科研院所	事业单位	西城区	市卫生局	2012 基地申报

续表

序列	基地名称	单位名称	基地类别	教育基地类型	单位性质	所在区县	推荐部门	认定批次
169	太平洋海底世界博览馆	太平洋海底世界博览馆有限公司	教育基地	海洋馆	企业	海淀区	海淀区科委	2012 基地申报
170	首都师范大学科技教育中心	首都师范大学	培训基地	—	事业单位	海淀区	市教委	2012 基地申报
171	延庆区职业技术教育中心	延庆区职业技术教育中心	教育基地	其他	事业单位	延庆区	延庆区科委	2012 基地申报
172	北京天卉苑花卉研究所	北京天卉苑花卉研究所	教育基地	农业观光	企业	顺义区	顺义区科委	2012 基地申报
173	中国科学院植物研究所(北京植物园)	中国科学院植物研究所植物园	教育基地	动植物园/公园	事业单位	海淀区	市科委	2012 基地申报
174	北京市顺义区安全生产服务中心	北京市顺义区安全生产服务中心	教育基地	其他	事业单位	顺义区	顺义区科委	2012 基地申报
175	北京市顺义区少年宫	北京市顺义区少年宫	教育基地	其他	事业单位	顺义区	顺义区科委	2012 基地申报
176	延庆博物馆	延庆区文物管理所	教育基地	博物馆	事业单位	延庆区	延庆区科委	2012 基地申报
177	怀柔区学生活动管理中心	怀柔区学生活动管理中心	教育基地	其他	事业单位	怀柔区	怀柔区科委	2012 基地申报
178	北京乐平御瓜园	北京庞各庄乐平农产品产销有限公司	教育基地	农业观光	企业	大兴区	大兴区科委	2012 基地申报
179	昌平区青苹果之家	北京市昌平区计划生育协会	教育基地	其他	民办非企	昌平区	昌平区科委	2012 基地申报
180	北京市农林科学院农业科技信息研究所	北京市农林科学院农业科技信息研究所	研发基地	—	事业单位	海淀区	市农委	2012 基地申报
181	北京市石景山区科学技术馆	北京市石景山区科学技术馆	教育基地	科技馆	事业单位	石景山区	石景山区科委	2012 基地申报
182	北京市东城区图书馆	北京市东城区图书馆	教育基地	其他	事业单位	东城区	东城区科委	2012 基地申报
183	中国电信博物馆	中国电信集团公司电信博物馆	教育基地	博物馆	事业单位	海淀区	市科委	2012 基地申报
184	北京延庆硅化木国家地质公园	北京延庆硅化木国家地质公园管理处	教育基地	自然保护区/地质公园	事业单位	延庆区	延庆区科委	2012 基地申报
185	北京交通大学物理演示与探索实验室	北京交通大学	教育基地	高等院校	事业单位	海淀区	市科委	2012 基地申报
186	中国铁道博物馆(正阳门馆)	中国铁道博物馆	教育基地	博物馆	事业单位	东城区	市科委	2012 基地申报
187	北京药用植物园	中国医学科学院药用植物研究所	教育基地	动植物园/公园	事业单位	海淀区	市科委	2012 基地申报

续表

序列	基地名称	单位名称	基地类别	教育基地类型	单位性质	所在区县	推荐部门	认定批次
188	北京市宣武青少年科学技术馆	北京市宣武青少年科学技术馆	研发基地	—	事业单位	西城区	西城区科委	2012 基地申报
189	北京艺术与科学电子出版社	北京艺术与科学电子出版社	传媒基地	—	企业	大兴区	市教委	2012 基地申报
190	平谷国家气象观测中心	北京市平谷区气象局	教育基地	其他	事业单位	平谷区	平谷区科委	2012 基地申报
191	北京市科学技术进修学院	北京市科学技术进修学院（首都联合职工大学科技分校）	培训基地	—	事业单位	大兴区	市科协	2012 基地申报
192	北京小龙门森林公园	北京小龙门森林公园	教育基地	自然保护区/地质公园	企业	门头沟区	门头沟区科委	2012 基地申报
193	北京市疾病预防控制中心健康教育所	北京市疾病预防控制中心	教育基地	医疗机构	事业单位	东城区	市卫生局	2012 基地申报
194	北京铁矿博物馆	首云矿业股份有限公司	教育基地	博物馆	企业	密云区	密云区科委	2012 基地申报
195	北京野生动物园	北京绿野晴川动物园有限公司	教育基地	动植物园/公园	企业	大兴区	大兴区科委	2012 基地申报
196	中国乐谷青少年音乐素养培养中心	北京绿都乐谷投资有限公司	教育基地	其他	事业单位	平谷区	平谷区科委	2012 基地申报
197	北京市宣武青少年科学技术馆	北京市宣武青少年科学技术馆	培训基地	—	事业单位	西城区	西城区科委	2012 基地申报
198	北京大兴区留民营生态农场	北京大兴区留民营生态农场	教育基地	农业观光	其他	大兴区	大兴区科委	2012 基地申报
199	北京老爷车博物馆	北京市老爷车博物馆	教育基地	博物馆	民办非企	怀柔区	怀柔区科委	2012 基地申报
200	毒品与艾滋病教育基地	北京市安康医院	教育基地	医疗机构	其他	顺义区	市公安局	2012 基地申报
201	北京气象科普馆	北京市气象台	教育基地	其他	事业单位	海淀区	市气象局	2012 基地申报
202	北京地铁安全教育中心	北京市地铁运营有限公司	教育基地	其他	企业	通州区	通州区科委	2012 基地申报
203	《科技潮》杂志	科技潮杂志社	传媒基地	—	事业单位	朝阳区	市科委	2012 基地申报
204	中国科协－清华大学科技传播与普及研究中心	清华大学	培训基地	—	事业单位	海淀区	市科委	2012 基地申报
205	《博物》杂志	《中国国家地理》杂志社	传媒基地	—	企业	朝阳区	市科委	2012 基地申报
206	中国林业科学研究院	中国林业科学研究院	教育基地	科研院所	事业单位	海淀区	市科委	2012 基地申报

续表

序列	基地名称	单位名称	基地类别	教育基地类型	单位性质	所在区县	推荐部门	认定批次
207	北京延庆野鸭湖湿地自然保护区	北京延庆野鸭湖湿地自然保护区管理处	教育基地	科技馆	事业单位	延庆区	延庆区科委	2012 基地申报
208	北京市海淀科技中心(馆)	北京市海淀科技中心	教育基地	科技馆	事业单位	海淀区	海淀区科委	2012 基地申报
209	中国民兵武器装备陈列馆	中国民兵武器装备陈列馆	教育基地	博物馆	军队	通州区	市科委	2012 基地申报
210	北京市东城区崇文青少年科技馆	北京市东城区崇文青少年科技馆	教育基地	科技馆	事业单位	东城区	东城区科委	2012 基地申报
211	永定河文化博物馆	永定河文化博物馆	教育基地	博物馆	事业单位	门头沟区	门头沟区科委	2012 基地申报
212	北京农业职业学院绿色科技示范园	北京农业职业学院	教育基地	高等院校	事业单位	房山区	市农委	2012 基地申报
213	曙光防灾教育公园	北京新兴曙光科贸有限公司	教育基地	动植物园/公园	企业	海淀区	海淀区科委	2012 基地申报
214	中国科学院计算机网络信息中心	中国科学院计算机网络信息中心	培训基地	—	事业单位	海淀区	市科委	2012 基地申报
215	北京张裕爱斐堡国际酒庄	北京张裕爱斐堡国际酒庄有限公司	教育基地	博物馆	企业	密云区	密云区科委	2012 基地申报
216	北京天普太阳能工业有限公司	北京天普太阳能工业有限公司	教育基地	科技馆	企业	大兴区	大兴区科委	2012 基地申报
217	北京新能源汽车体验中心	北京汽车新能源汽车有限公司	教育基地	其他	企业	大兴区	市科委	2012 基地申报
218	北京市门头沟区科技开发实验基地	北京市门头沟区科技开发实验基地	教育基地	其他	事业单位	门头沟区	门头沟区科委	2012 基地申报
219	中国古动物馆	中国古动物馆	教育基地	博物馆	事业单位	西城区	市科委	2012 基地申报
220	中国房山世界地质公园	北京市房山世界地质公园管理处	教育基地	自然保护区/地质公园	事业单位	房山区	房山区科委	2012 基地申报
221	北京山地生态科技研究所	北京山地生态科技研究所	教育基地	其他	事业单位	门头沟区	门头沟区科委	2012 基地申报
222	国家电力科技展示中心	神华国华国际电力股份有限公司北京热电分公司	教育基地	科技馆	企业	朝阳区	市科委	2012 基地申报
223	院士著作馆	中国科学技术信息研究所	教育基地	科研院所	事业单位	海淀区	市科委	2012 基地申报
224	中国化工博物馆	中国化工博物馆	教育基地	博物馆	企业	海淀区	市科委	2012 基地申报
225	奥林匹克森林公园	北京世奥森林公园开发经营有限公司	教育基地	动植物园/公园	事业单位	朝阳区	朝阳区科委	2012 基地申报

续表

序列	基地名称	单位名称	基地类别	教育基地类型	单位性质	所在区县	推荐部门	认定批次
226	北京市门头沟区灵溪中小学生态教育基地	北京市门头沟区灵溪中小学生态教育基地	教育基地	其他	事业单位	门头沟区	门头沟区科委	2012 基地申报
227	北京市通州区图书馆少儿科普分中心	北京市通州区图书馆	教育基地	其他	事业单位	通州区	通州区科委	2012 基地申报
228	北京消防教育训练中心	北京消防教育训练中心	教育基地	其他	事业单位	大兴区	市公安局	2012 基地申报
229	北京市规划展览馆	北京市规划展览馆	教育基地	博物馆	事业单位	东城区	市规划委	2012 基地申报
230	密云蔡家洼产业园区	聚陇山生态农业开发有限公司	教育基地	农业观光	企业	密云区	密云区科委	2012 基地申报
231	北京市通州区博物馆	北京市通州区博物馆	教育基地	博物馆	事业单位	通州区	通州区科委	2012 基地申报
232	北京千松科技发展有限公司	北京千松科技发展有限公司	研发基地	—	企业	通州区	通州区科委	2012 基地申报
233	大钟寺古钟博物馆	大钟寺古钟博物馆	教育基地	博物馆	事业单位	海淀区	市文物局	2012 基地申报
234	电子工业出版社少儿科普分社	电子工业出版社	传媒基地	—	企业	丰台区	市科委	2012 基地申报
235	北京古代建筑博物馆	北京古代建筑博物馆	教育基地	博物馆	事业单位	西城区	市文物局	2012 基地申报
236	北京南宫世界地热博览园	北京南宫世界地热博览园有限公司	教育基地	其他	企业	丰台区	丰台区科委	2012 基地申报
237	民航博物馆	民航博物馆	教育基地	博物馆	事业单位	朝阳区	市科委	2012 基地申报
238	“垃圾的归宿”环保科普公园	北京环境卫生工程集团有限公司一清分公司	教育基地	其他	企业	朝阳区	朝阳区科委	2012 基地申报
239	北京松山国家级自然保护区	北京松山国家级自然保护区管理处	教育基地	自然保护区/地质公园	事业单位	延庆区	市园林绿化局	2012 基地申报
240	北京八达岭森林公园	北京八达岭森林公园	教育基地	动植物园/公园	企业	延庆区	市园林绿化局	2012 基地申报
241	国家纳米科学中心	国家纳米科学中心	教育基地	科研院所	事业单位	海淀区	市科委	2012 基地申报
242	《我们爱科学》杂志	中国少年儿童新闻出版总社	传媒基地	—	企业	朝阳区	市科委	2012 基地申报
243	北京动物园	北京动物园	教育基地	动植物园/公园	事业单位	西城区	市公园管理中心	2012 基地申报
244	北京教学植物园	北京教学植物园	教育基地	动植物园/公园	事业单位	东城区	市教委	2012 基地申报

续表

序列	基地名称	单位名称	基地类别	教育基地类型	单位性质	所在区县	推荐部门	认定批次
245	中国华录北京研发和产业基地	中国华录集团有限公司北京科技分公司	教育基地	其他	企业	石景山区	石景山区科委	2012 基地申报
246	北京市西城区公共安全宣传教育基地	北京市西城区民防局	教育基地	其他	其他	西城区	西城区科委	2012 基地申报
247	中华蜜蜂科普馆	北京黄峪口村养蜂专业合作社	教育基地	博物馆	其他	密云区	密云区科委	2012 基地申报
248	中国印刷博物馆	中国印刷博物馆	教育基地	博物馆	事业单位	大兴区	市科委	2012 基地申报
249	北京市古代钱币展览馆	北京市古代钱币展览馆	教育基地	博物馆	事业单位	西城区	市文物局	2012 基地申报
250	中国航空博物馆	中国航空博物馆	教育基地	博物馆	军队	昌平区	市科委	2012 基地申报
251	密云区气象科普中心	北京市密云区气象局	教育基地	其他	事业单位	密云区	密云区科委	2012 基地申报
252	北京市眼科研究所	北京市眼科研究所	教育基地	科研院所	事业单位	东城区	市卫生局	2012 基地申报
253	中国科学技术馆	中国科学技术馆	教育基地	科技馆	事业单位	朝阳区	市科委	2012 基地申报
254	海豚少儿科普出版中心	海豚出版社有限责任公司	传媒基地	—	企业	西城区	市科委	2012 基地申报
255	北京世界花卉大观园	北京花乡世界花卉大观园有限公司	教育基地	动植物园/公园	其他	丰台区	丰台区科委	2012 基地申报
256	中国石油大学“物之理探索展示厅”	中国石油大学(北京)	教育基地	高等院校	事业单位	昌平区	市科委	2012 基地申报
257	颐和园	北京市颐和园管理处	教育基地	动植物园/公园	事业单位	海淀区	市公园管理中心	2012 基地申报
258	北京市电力公司供电服务中心电力展示厅	北京市电力公司	教育基地	科技馆	企业	东城区	市科委	2012 基地申报
259	北京天文馆	北京天文馆	研发基地	—	事业单位	西城区	市科委	2012 基地申报
260	中国科学院高能物理研究所	中国科学院高能物理研究所	教育基地	科研院所	事业单位	石景山区	石景山区科委	2012 基地申报
261	北京市观象台	北京市观象台	教育基地	其他	事业单位	大兴区	市气象局	2012 基地申报
262	北京国际鲜花港	北京鲜花港投资发展中心	教育基地	农业观光	企业	顺义区	顺义区科委	2012 基地申报
263	北京排水科普馆	北京排水集团职业技能培训学校	教育基地	青少年科技馆	企业	朝阳区	朝阳区科委	2012 基地申报
264	苹果园街道公共安全宣教中心	北京市石景山区人民政府苹果园街道办事处	教育基地	其他	事业单位	石景山区	石景山区科委	2012 基地申报
265	北京市门头沟区雁翅中小学素质教育基地	北京市门头沟区雁翅中小学素质教育基地	教育基地	其他	事业单位	门头沟区	门头沟区科委	2012 基地申报

续表

序列	基地名称	单位名称	基地类别	教育基地类型	单位性质	所在区县	推荐部门	认定批次
266	北京市禁毒教育基地	北京青少年服务中心（北京市禁毒教育基地）	教育基地	其他	事业单位	朝阳区	朝阳区科委	2012 基地申报
267	北京市密云区科技馆	北京市密云区科技馆	教育基地	科技馆	事业单位	密云区	密云区科委	2012 基地申报
268	燃气户内安全科普体验中心	北京市公用事业科学研究所	教育基地	科研院所	事业单位	朝阳区	朝阳区科委	2012 基地申报
269	北京市理化分析测试中心	北京市理化分析测试中心	教育基地	科研院所	事业单位	海淀区	海淀区科委	2012 基地申报
270	北京钟鼓楼	北京市钟鼓楼文物保管所	教育基地	其他	事业单位	东城区	东城区科委	2012 基地申报
271	北京市门头沟区科技馆	北京市门头沟区科技馆	教育基地	科技馆	事业单位	门头沟区	门头沟区科委	2012 基地申报
272	《天文爱好者》杂志	北京天文馆	传媒基地	—	事业单位	西城区	市科委	2012 基地申报
273	朝来农艺园	北京朝来农艺园有限责任公司	教育基地	农业观光	企业	朝阳区	朝阳区科委	2012 基地申报
274	北京节能环保中心	北京节能环保中心	教育基地	其他	事业单位	朝阳区	市发展改革委	2012 基地申报
275	北京全景多媒体信息系统公司	北京全景多媒体信息系统公司	研发基地	—	企业	昌平区	昌平区科委	2012 基地申报
276	北京通信电信博物馆	北京通信电信博物馆	教育基地	博物馆	企业	西城区	西城区科委	2012 基地申报
277	中国科普博览	中国科学院计算机网络信息中心	传媒基地	—	事业单位	海淀区	市科委	2012 基地申报
278	北京市紫竹院公园	北京市紫竹院公园管理处	教育基地	动植物园/公园	事业单位	海淀区	市公园管理中心	2012 基地申报
279	北京石刻艺术博物馆	北京石刻艺术博物馆	教育基地	博物馆	事业单位	海淀区	市文物局	2012 基地申报
280	周口店北京人遗址博物馆	周口店北京人遗址博物馆	教育基地	博物馆	事业单位	房山区	房山区科委	2012 基地申报
281	中国儿童中心	中国儿童中心	教育基地	其他	事业单位	西城区	市科委	2012 基地申报
282	中国长城博物馆	中国长城博物馆	教育基地	博物馆	事业单位	延庆区	延庆区科委	2012 基地申报
283	北京市石景山区青少年活动中心	北京市石景山区青少年活动中心	教育基地	青少年科技馆	事业单位	石景山区	石景山区科委	2012 基地申报
284	密云青少年宫	密云青少年宫	教育基地	其他	事业单位	密云区	密云区科委	2012 基地申报
285	北京市大葆台西汉墓博物馆	北京市大葆台西汉墓博物馆	教育基地	博物馆	事业单位	丰台区	市文物局	2012 基地申报
286	北京服装学院民族服饰博物馆	北京服装学院民族服饰博物馆	教育基地	高等院校	事业单位	朝阳区	朝阳区科委	2012 基地申报
287	北京科学技术出版社	北京科学技术出版社有限公司	传媒基地	—	企业	西城区	北科院	2012 基地申报

续表

序列	基地名称	单位名称	基地类别	教育基地类型	单位性质	所在区县	推荐部门	认定批次
288	《环球科学》杂志	《环球科学》杂志社有限公司	传媒基地	—	企业	朝阳区	市科委	2012 基地申报
289	正阳门	北京市正阳门管理处	教育基地	博物馆	事业单位	东城区	市文物局	2012 基地申报
290	北京国际科技服务中心	北京国际科技服务中心	研发基地	—	事业单位	西城区	北科院	2012 基地申报
291	《少年科学画报》杂志	北京出版集团有限责任公司	传媒基地	—	企业	西城区	市新闻出版局	2012 基地申报
292	七彩蝶园	北京七彩蝶创意文化有限公司	教育基地	其他	企业	顺义区	顺义区科委	2012 基地申报
293	北京师范大学科学传播与教育研究中心	北京师范大学	培训基地	—	事业单位	海淀区	市科委	2012 基地申报
294	北京蟹岛种植养殖集团有限公司	北京蟹岛种植养殖集团有限公司	教育基地	农业观光	企业	朝阳区	朝阳区科委	2012 基地申报
295	王致和腐乳科普馆	北京二商王致和食品有限公司	教育基地	科技馆	企业	海淀区	海淀区科委	2012 基地申报
296	中国妇女儿童博物馆	中国妇女儿童博物馆	教育基地	博物馆	事业单位	东城区	市科委	2012 基地申报
297	北京市丰台区东高地青少年科技馆	北京市丰台区东高地青少年科技馆	教育基地	科技馆	事业单位	丰台区	丰台区科委	2012 基地申报
298	北京大学	北京大学	教育基地	高等院校	事业单位	海淀区	市科委	2012 基地申报
299	北京自然博物馆	北京自然博物馆	研发基地	—	事业单位	东城区	市科委	2012 基地申报
300	《大自然》杂志	北京自然博物馆	传媒基地	—	事业单位	东城区	市科委	2012 基地申报
301	北京市口腔健康教育基地	首都医科大学附属北京口腔医院	教育基地	医疗机构	事业单位	东城区	市卫生局	2012 基地申报
302	北京科技视频网	北京市可持续发展促进会	传媒基地	—	团体	海淀区	市科委	2012 基地申报
303	北京少年儿童出版社	北京出版集团有限责任公司	传媒基地	—	企业	西城区	市新闻出版局	2012 基地申报
304	詹天佑纪念馆	詹天佑纪念馆	教育基地	博物馆	事业单位	延庆区	市科委	2012 基地申报
305	北京御生堂中医药博物馆	北京御生堂中医药博物馆	教育基地	博物馆	民办非企	昌平区	昌平区科委	2012 基地申报
306	首都牛奶科普馆	北京三元食品股份有限公司	教育基地	其他	企业	大兴区	市科委	2012 基地申报
307	北京自然博物馆	北京自然博物馆	教育基地	博物馆	事业单位	东城区	市科委	2012 基地申报
308	中国农业博物馆	全国农业展览馆（中国农业博物馆）	教育基地	博物馆	事业单位	朝阳区	市科委	2012 基地申报
309	北京中医药大学中医药博物馆	北京中医药大学中医药博物馆	教育基地	博物馆	事业单位	朝阳区	市科委	2012 基地申报

续表

序列	基地名称	单位名称	基地类别	教育基地类型	单位性质	所在区县	推荐部门	认定批次
310	北京植物园	北京市植物园	教育基地	动植物园/公园	事业单位	海淀区	市公园管理中心	2012 基地申报
311	北京市朝阳区青少年活动中心	北京市朝阳区青少年活动中心	教育基地	青少年科技馆	事业单位	朝阳区	朝阳区科委	2012 基地申报
312	北京天强创业电气技术有限责任公司	北京天强创业电气技术有限责任公司	研发基地	—	企业	大兴区	大兴区科委	2012 基地申报
313	北京市劳动保护科学研究所	北京市劳动保护科学研究所	教育基地	科研院所	事业单位	西城区	北科院	2012 基地申报
314	北京古观象台	北京古观象台	教育基地	博物馆	事业单位	东城区	市科委	2012 基地申报
315	生存岛	北京生存岛文化传播有限公司	教育基地	其他	企业	怀柔区	怀柔区科委	2012 基地申报
316	北京工业大学科技与艺术博物馆	北京工业大学	教育基地	高等院校	事业单位	朝阳区	市教委	2012 基地申报
317	北京市园林科学研究所	北京市园林科学研究所	教育基地	科研院所	事业单位	朝阳区	市公园管理中心	2012 基地申报
318	北京市学生军训基地安全教育体验馆	北京森林木文化传播有限公司	教育基地	其他	企业	怀柔区	怀柔区科委	2012 基地申报
319	中国蜜蜂博物馆	中国农业科学院蜜蜂研究所	教育基地	博物馆	事业单位	海淀区	市科委	2012 基地申报
320	北京自来水博物馆	北京自来水集团有限责任公司培训中心	教育基地	博物馆	企业	东城区	市科协	2012 基地申报
321	《科学世界》杂志	《科学世界》杂志社有限责任公司	传媒基地	—	企业	东城区	市科委	2012 基地申报
322	北京市丰台区科技馆	丰台区科技馆	教育基地	科技馆	事业单位	丰台区	丰台区科委	2012 基地申报
323	新西兰富国海底世界	北京工体富国海底世界娱乐有限公司	教育基地	海洋馆	企业	朝阳区	朝阳区科委	2012 基地申报
324	北京精准农业技术研究示范基地	北京农业信息技术研究中心	教育基地	其他	事业单位	昌平区	市农委	2012 基地申报
325	北京海洋馆	北京利达海洋生物馆有限公司	教育基地	海洋馆	企业	西城区	西城区科委	2012 基地申报
326	北京大学科学传播中心	北京大学	培训基地	—	事业单位	海淀区	市科委	2012 基地申报
327	古陶文明博物馆	古陶文明博物馆	教育基地	博物馆	民办非企	西城区	市文物局	2012 基地申报
328	北京 DRC 工业设计创意产业基地	北京工业设计促进中心	教育基地	其他	事业单位	西城区	市科委	2012 基地申报
329	北京市朝阳循环经济产业园	北京市朝阳循环经济产业园管理中心	教育基地	其他	事业单位	朝阳区	朝阳区科委	2012 基地申报

续表

序列	基地名称	单位名称	基地类别	教育基地类型	单位性质	所在区县	推荐部门	认定批次
330	北京急救科技馆	北京急救医疗培训中心	教育基地	医疗机构	事业单位	西城区	市卫生局	2012 基地申报
331	汉石桥湿地	北京市顺义区汉石桥湿地自然保护区管理办公室	教育基地	自然保护区/地质公园	事业单位	顺义区	顺义区科委	2012 基地申报
332	北京急救医疗培训中心	北京急救医疗培训中心	培训基地	—	事业单位	西城区	市卫生局	2012 基地申报
333	北京汽车博物馆	北京汽车博物馆	教育基地	博物馆	事业单位	丰台区	丰台区科委	2012 基地申报
334	北京郭守敬纪念馆	北京市西城区文物保护研究所(北京郭守敬纪念馆)	教育基地	博物馆	事业单位	西城区	西城区科委	2012 基地申报
335	北京市奥运村科普教育园区	中国科学院遥感应用研究所	教育基地	科研院所	事业单位	朝阳区	市科委	2012 基地申报
336	小汤山现代农业科技示范园	北京市小汤山现代农业科技示范园管理委员会	教育基地	农业观光	事业单位	昌平区	昌平区科委	2012 基地申报
337	北京市西周燕都遗址博物馆	北京市西周燕都遗址博物馆	教育基地	博物馆	事业单位	房山区	市文物局	2012 基地申报
338	中国地质博物馆	中国地质博物馆	教育基地	博物馆	事业单位	西城区	市科委	2012 基地申报
339	北京市石景山区少年儿童图书馆	北京市石景山区少年儿童图书馆	教育基地	其他	事业单位	石景山区	石景山区科委	2012 基地申报
340	牛口峪环保生态中心	北京燕山威立雅水务有限责任公司	教育基地	其他	企业	房山区	房山区科委	2012 基地申报
341	中国电影博物馆	中国电影博物馆	教育基地	博物馆	事业单位	朝阳区	市科委	2012 基地申报
342	北京科技大学工程训练中心	北京科技大学	研发基地	—	事业单位	海淀区	市科委	2012 基地申报
343	北京市营养源研究所	北京市营养源研究所	教育基地	科研院所	企业	丰台区	丰台区科委	2012 基地申报
344	中国科学院心理研究所心理梦工厂	中国科学院心理研究所	教育基地	科研院所	事业单位	朝阳区	市科委	2012 基地申报
345	中国邮政邮票博物馆	中国邮政邮票博物馆	教育基地	博物馆	企业	东城区	市科委	2012 基地申报
346	中国铁道博物馆(东郊馆)	中国铁道博物馆	教育基地	博物馆	事业单位	朝阳区	市科委	2012 基地申报
347	首都医科大学附属北京安贞医院	首都医科大学附属北京安贞医院	教育基地	医疗机构	事业单位	朝阳区	市卫生局	2012 基地申报
348	中国第四纪冰川遗迹陈列馆	中国第四纪冰川遗迹陈列馆	教育基地	博物馆	事业单位	石景山区	市科委	2012 基地申报
349	孔庙和国子监博物馆	孔庙和国子监博物馆	教育基地	博物馆	事业单位	东城区	市文物局	2012 基地申报
350	首都图书馆	首都图书馆	教育基地	其他	事业单位	朝阳区	市文化局	2012 基地申报

续表

序列	基地名称	单位名称	基地类别	教育基地类型	单位性质	所在区县	推荐部门	认定批次
351	团城演武厅	北京市团城演武厅管理处	教育基地	博物馆	事业单位	海淀区	市文物局	2012 基地申报
352	北京文博交流馆	北京文博交流馆	教育基地	博物馆	事业单位	东城区	市文物局	2012 基地申报
353	北京市水生野生动物救治中心	北京市水生野生动物救治中心	教育基地	其他	事业单位	延庆区	延庆区科委	2012 基地申报
354	北京市辽金城垣博物馆	北京辽金城垣博物馆	教育基地	博物馆	事业单位	丰台区	市文物局	2012 基地申报
355	中国房山世界地质公园博物馆	北京市房山世界地质公园博物馆	教育基地	博物馆	事业单位	房山区	房山区科委	2012 基地申报
356	北京市石花洞	北京市房山区石花洞风景名胜区管理处	教育基地	自然保护区/地质公园	事业单位	房山区	房山区科委	2012 基地申报
357	首都博物馆	首都博物馆	教育基地	博物馆	事业单位	西城区	市文物局	2012 基地申报
358	索尼探梦科技馆	北京索明科普乐园有限公司	教育基地	科技馆	企业	朝阳区	朝阳区科委	2012 基地申报
359	北京王府井古人类文化遗址博物馆	北京王府井古人类文化遗址博物馆	教育基地	博物馆	事业单位	东城区	东城区科委	2012 基地申报
360	怀柔青少年健康教育中心	北京市怀柔区人口和计划生育委员会	教育基地	其他	事业单位	怀柔区	怀柔区科委	2012 基地申报
361	中国消防博物馆	中国消防博物馆	教育基地	博物馆	军队	西城区	市科委	2012 基地申报
362	北京市计算中心	北京市计算中心	教育基地	科研院所	企业	海淀区	北科院	2012 基地申报
363	互动百科网	互动在线（北京）科技有限公司	传媒基地	—	企业	朝阳区	朝阳区科委	2012 基地申报
364	太阳能热利用科技园	中国科学院电工研究所	教育基地	科研院所	事业单位	延庆区	市科委	2012 基地申报
365	北京凯来美气候技术咨询有限公司	北京凯来美气候技术咨询有限公司	研发基地	—	企业	朝阳区	朝阳区科委	2012 基地申报
366	北京天文馆	北京天文馆	教育基地	科技馆	事业单位	西城区	市科委	2012 基地申报
367	北京南海子麋鹿苑博物馆	北京麋鹿生态实验中心	教育基地	博物馆	事业单位	大兴区	市科委	2012 基地申报

资料来源：北京可持续发展促进中心。

北京市科协系统学会、基金会一览表

学 会

	学会名称	联系人	电 话
1	北京数学会	徐宗琪	62752912　62759855
2	北京计算数学学会	胡　俊　李宝梅	62759090　62757982
3	北京物理学会	丰伟静	62751137　62758139
4	北京心理学会	苏彦捷	62756614　62751833
5	北京运筹学会	熊孟英	68918960
6	北京化学会	韩　娟　李会峰	58802962－511　58807383
7	北京细胞生物学会	宁元亨	62784794
8	北京力学会	张艳艳	62796786
9	北京珠算心算协会	盛世耕　闫　迅	63296960
10	北京气象学会	高迎新　刘　燕	68400804　68400820
11	北京遗传学会	杨晓葵　周丽颖	82801210
12	北京微生物学会	赵　然	52245049
13	北京实验动物学学会	胡建武　余光祯	84922374
14	北京地质学会	李　潇　王　鹤	51560476
15	北京光学学会	刘宝胜　刘晓颖	84024561
16	北京声学学会	朱亦丹　刘云彬	63523263
17	北京昆虫学会	张　帆　张君明	51503688　51503335
18	北京天文学会	张　杰　韩　萌	51583037　86238807
19	北京植物学会	夏晓飞	67020649
20	北京动物学会	段瑞华	67020650
21	北京微量元素学会	叶能胜	68902490－801
22	北京地理学会	王　晶	68903262
23	北京地球物理学会	石　宏　卢占武	68326186
24	北京生物化学与分子生物学会	杜志荣	65105067
25	北京核学会	刘　佳　时春丽	69357222　69359002
26	北京生态学学会	张德纯　姜联合	62836234
27	北京生态修复学会	于立安	62339597
28	北京计算机学会	姜　涵　宋　今	82338861　62751780
29	北京人工智能学会	朱晓庆　杨金福	67396155　64434930
30	北京表面工程学会	刘慧丛	82317113　82317094
31	北京图学学会	徐　屹	82317093
32	北京航空航天学会	华　磊　刘　莹	82317095

续表

	学会名称	联系人	电 话
33	北京振动工程学会	魏国建	82316009 82314446
34	北京自动化学会	王 晶	64426960
35	北京膜学会	何欣平 房满权	62773234 62788777
36	北京日化协会	余淮林	67113081
37	北京消防协会	张田莉	63970581
38	北京环境科学学会	孙 进	88362294
39	北京交通工程学会	梁越涛 张 寒	87790910
40	北京公路学会	董平如 张大龙	83122331 83128592
41	北京水利学会	魏 亮 刘德军	88613201 8861320
42	北京铁道学会	刘全红	51822880
43	北京通信学会	盛子龙 刘红一	66499190
44	北京邮政通信学会	孙亚南 杨树宝	65196343
45	北京标准化协会	耿 玥 苏京丽	84255247
46	北京金属学会	谭子筠 李晓星	88296997 88296998
47	北京电工技术学会	聂思聪	62985677
48	北京电子学会	黄 璐 郭华平	64034890
49	北京制冷学会	刘燕伶 汪 洋	62116811 62137371
50	北京纺织工程学会	支修宪 由莉蕻	65565349 65581830
51	北京工艺美术学会	吴丹旻	64220927
52	北京硅酸盐学会	王 钰	88721856 88751967
53	北京电力电子学会	周亚宁	56982313
54	北京仪器仪表学会	王 凤	62003598
55	北京粘接学会	马传秀	82626721 82671516
56	北京烟草学会	陈京军 王欣馨	67009136
57	北京化工学会	汤 明	69345966
58	北京造纸学会	杜晓京	84615768
59	北京真空学会	王 蕾	82548209
60	北京内燃机学会	崔 巍	80868752
61	北京汽车工程学会	张 晖 周梦实	87664035 87664131
62	北京电机工程学会	李京梅 王 炎	88072009 88072019
63	北京安全技术学会	孙 端 许东宇	64002120
64	北京石油学会	梁云杰 周小钰	84879039
65	北京腐蚀与防护学会	张雪华	62183235 62188750
66	北京水力发电工程学会	那 娜	51972516
67	北京照明学会	张秋燕 王晓英	67736971 67737052
68	北京能源学会	周 琳	52052622
69	北京粉体技术协会	高 原	88417670 88423190
70	北京测绘学会	张海燕 李 敏	63966138

续表

	学会名称	联系人	电话
71	北京机械工程学会	李海涛　王　迪	85236729　65007531
72	北京土木建筑学会	吴吉明　吴燕婕	88043189
73	北京理化分析测试技术学会	王　晨	68731259
74	北京人类生态工程学会	张小艾　苏琳真	68186991　82808956
75	北京工程爆破协会	杨　倩　申　艳	51849315　51871070
76	北京造船工程学会	李亦红	64832091　64832015
77	北京宇航学会	沈　剑　李　芳	68198712　68380860
78	北京热物理与能源工程学会	刘　欣	62575056
79	北京图象图形学学会	吕　洁　宋惠萍	82525258
80	北京市绿色建筑促进会	魏效东	66023696
81	北京乐器学会	金　岩	56181234
82	北京物联网学会	李　丹　李　红	62332641
83	北京水土保持学会	钟　莉	56695581　88214459
84	北京设计学会	于　欢	87778502
85	北京农村专业技术协会	丁　卉	80799471
86	北京农业工程学会	曾　芸　李瀍峰	62736203　62737186
87	北京果树学会	方建辉	84236716
88	北京林学会	郝亦荣　李　皓	62381455　84236246
89	北京园林学会	杨业波　董连勋	84236218
90	北京屋顶绿化协会	刘志宏	67115339
91	北京农药学会	林　艳　马　改	62815938
92	北京农产品质量安全学会	靳欣欣　陶　晶	51503892　51503729
93	北京作物学会	王卫红	51503341　51503416
94	北京农业信息化学会	张辛欣　王鸿儒	51503493
95	北京土壤学会	谷佳林	51503524
96	北京植物病理学会	于　洋	51503695
97	北京农学会	赵　宏　佟瑞平	51503848　88438849
98	北京畜牧兽医学会	范　婕	51503210
99	北京蔬菜学会	张雅青　李小平	51503386　51503200
100	北京食用菌协会	吴灵芝　宋　爽	51503432
101	北京食品学会	李　平　刘　丹	62061586　62386131
102	北京水产学会	张晋京	67586099　67582511
103	北京山区发展研究会	李　潇　王亚芝	50503310　51503911
104	北京市营养学会	张召锋　徐美虹	82801575
105	北京神经科学学会	绉　爽　高　亚	82805188
106	北京免疫学会	李　玥	83575804　83572388
107	北京针灸学会	安九龙	65594125　64059495
108	北京医学会	咸春燕	65594123　65255365

续表

	学会名称	联系人	电 话
109	北京护理学会	李春艳 童锦程	65256418
110	北京康复医学会	李存中 李广庆	63503106
111	北京预防医学学会	向世进	64407288 64407289
112	北京医师协会	许海静	64097257
113	北京药学会	董雅倩 刘 岚	64178704
114	北京中医药学会	杨 娜	65223477
115	北京中西医结合学会	韩玉洋	65250460
116	北京超声医学学会	朱 敏	66937470
117	北京生物医学工程学会	刘孟南	58516786
118	北京物理医学工程学会	庞 恺	51570115
119	北京环境诱变剂学会	李 超 靳洪涛	67817720 67817730
120	北京防痨协会	倪新兰	59830836
121	北京生理科学会	任 莉	69156964 65273665
122	北京解剖学会	刘红杰	82801629 67235026
123	北京抗癌协会	秦 茵	88196171
124	北京心理卫生协会	廖亚明 张 斌	65131245
125	北京药理学会	李雅莉	83198855 83198881
126	北京生殖健康研究会	黄 晖	64014411－2937 84046004
127	北京亚健康防治协会	张亚南	58629146
128	北京老年痴呆防治协会	于 维 桑文蕾	84110913
129	北京营养师协会	薛治安	63031788
130	北京医药卫生经济研究会	贺晓慧	83911351
131	北京生物医学统计与数据管理研究会	黄 艳 尹建鑫	82500131
132	北京口腔医学会	丁笑一	57099428
133	北京糖尿病防治协会	由卫卫	84014692
134	北京乳腺病防治学会	郑革红	53259484
135	北京自然辩证法研究会	孙 涛	62736995
136	北京传播技术研究会	钟 玥	62325134
137	北京循环经济促进会	钟志兵 赵洪艳	82314523
138	北京创造学会	王彩霞 张俊荣	52591968 51201165
139	北京城市规划学会	郝秋香	68018265 68029683
140	北京城市科学研究会	葛 庆	88073513
141	北京土地学会	江 桥	64409581
142	北京科学技术普及创作协会	潘秀芳	84650077
143	北京科技记者编辑协会	潘秀芳	84650077
144	北京科技声像工作者协会	潘秀芳	84650077
145	北京幼儿科普协会	潘秀芳	82271034
146	北京反邪教协会	张文左 王 萱	87267586 87267589

续表

	学会名称	联系人	电　话
147	北京减灾协会	韩淑云	68400821
148	北京继续教育协会	苏建军	65236993　65256300
149	北京城市管理科技协会	曹保玲　王五胜	68515969　68539010
150	北京原创设计推广协会	蔡松华	85693802
151	北京工程管理科学学会	杨竹铭	67256839　63928040
152	中关村民营科技企业家协会	付灵卉　肖水兰	62960213
153	北京知识产权研究会	姜华宣　边　力	66175475　66157651
154	北京项目管理协会	林　武　曲旭波	83122960
155	北京科学技术期刊学会	张　伟　苏　婧	64883659　64883521
156	北京科技政策和管理研究会	沈怡翾	68719176
157	北京青少年科技教育协会	马　腾	84634992
158	北京数字科普协会	李凤阳	84650077－8602
159	北京系统工程学会	李　论	84650077
160	北京企业技术开发研究会	季学猷　王士喜	67235948
161	北京技术经济与管理现代化研究会	丁兆祥	67237754
162	北京科学技术情报学会	邵　颖	68315460　68355751
163	北京体育科学学会	张冬梅　孙丽珍	87255470　67228390
164	北京 UFO 研究会	周小强　侯永立	85616607
165	北京生产力学会	吴振绮	64444066　64444015
166	北京老科学技术工作者总会	刘　宁	84650077
167	北京科技教育促进会	钟志兵　赵洪艳	57892887
168	北京烹饪协会	宗志伟　宋　宇	65142440
169	北京听力协会	范春颖　段媛媛	84611210
170	北京市学习科学学会	王晓苏	62216123
171	北京新媒体协会	赵秀英　许永琴	57970473
172	北京科学史与科学社会学学会	李　斌　张　梦	88256007
173	北京公益学学会	任　杰	68915225
174	北京科学文化传播促进会	袁志宁	62836938
175	中关村赛德科技企业成长互助促进会	范华鸿	52041870
176	北京脑血管病产业技术创新战略联盟	庞纯伟	83198930
177	北京数字创意产业协会	丁守慧	62342036
178	中关村亚洲杰出企业家成长促进会	赵　倩	62680817－801
179	中关村肿瘤微创治疗产业技术创新战略联盟	陈晓玲　邢秀雅	83997438
180	中关村社会组织联合会	刘　进	62960696
181	中关村人才协会	董效芬　林舜宁	62563533－606　62576177
182	北京科技人才研究会	张吉春　朱思雨	82427136
183	北京长风信息技术产业联盟	郎　丹	82826732
184	中关村公信卫星应用技术产业联盟	金少申	88254346

基金会

	学会名称	联系人	电 话
1	北京青少年科学基金会	芦晓鹏	84640967
2	北京惠兰医学基金会	李大陆　张小会	64390987
3	北京市希思科临床肿瘤学研究基金会	吕　方　李　化	67726451　67726421
4	北京市希望公益基金会	孙　嫣	51665776　67605205
5	北京詹天佑土木工程科学技术发展基金会	程　莹　董海军	58933927　58933927
6	北京华夏中医药发展基金会	乔利梅　徐睿瑶	82275991
7	北京协和医学院教育基金会	李宇穠　姜　涛	65133090　65105736
8	北京茅以升科技教育基金会	李佳兴	62379308
9	北京市刘光鼎地球物理科学基金会	张立为　刘文涛	82998020　82998017
10	北京吴祖泽科技发展基金会	靳继德	68158312　68158311
11	北京九三王选关怀基金会	赵　鑫　臧立新	82222505　82222310
12	北京精瑞人居发展基金会	刘　洋	82191524
13	北京沃启公益基金会	汤　婷	59071637
14	北京市企业家环保基金会	姜　娜	57505155
15	北京长江药学发展基金会	马剑文　马宇冲	63845419　66949096
16	北京市华夏医疗保健基金会	周文发	84271115
17	北京岐黄中医药科学发展基金会	于　瀛　周芯羽	82567221
18	北京市长江科技扶贫基金会	胡艳辉　张　扬	68423076
19	北京力生心血管健康基金会	李　秋　吴　迪	88204450
20	北京郭应禄泌尿外科发展基金会	闫　勇　张令媛	66571909　83572621
21	北京光华设计发展基金会	杜　芳　张媛媛	83681552　83681587
22	北京精鉴病理基金会	高　云	57565100
23	北京济生疼痛医学基金会	马锦萍	68469989
24	北京科学教育发展基金会	李启生　阚伯英	57892789－8058　57892729
25	北京中联盟中医药发展基金会	王　婧　刘春燕	88579319　88579295－816
26	北京水源保护基金会	缪柳芳　冯　洁	65978568
27	北京华汽科技文化发展基金会	王珍英	50950012
28	北京同有三和中医药发展基金会	胡艳辉　李　扬	68423076

资料来源:北京市科学技术协会。

北京技术市场登记机构一览表

编号	机构名称	办公地址	联系电话
1100－01	北京技术交易促进中心技术合同登记处	北京市海淀区苏州街甲 49 号	62577125,62577304 转登记处
1100－02	北京市科学技术协会技术合同登记处	北京市朝阳区东三环南路 96 号,农业部农机鉴定总站 508 室	67235944,67280370
1100－03	北京市经委经济技术市场发展中心技术合同登记处	北京市东城区鼓楼东大街 48 号	64019720、64019718
1100－04	北京市职工技术协会技术合同登记处	北京市西城区虎坊路 13 号	83570103
1100－05	北京市知识产权局技术合同登记处	北京市西城区西直门南大街 16 号楼 11 层 1102 室	66127237,66123343
1100－07	中国航空工业科学技术总公司技术合同登记处	北京朝阳区西大望路甲 2 号航空大厦 6 层 603 室	84929867
1100－08	核工业科技开发咨询中心技术合同登记处	北京市西城区月坛西街乙二号院 5 号楼 4 层	68021966
1100－09	中国科学院信息咨询中心技术合同登记处	北京市海淀区中关村北四环西路 33 号 6D	62568696
1100－13	中国电子工业科学技术交流中心技术合同登记处	北京市西城区新街口外大街 8 号综合楼 5 层	62384846,62006660
1100－14	北京经济技术开发区技术合同登记处	北京经济技术开发区荣华中路 10 号亦城 A 座 9 层 912	67806298
1100－15	朝阳区科学技术协会技术合同登记处	北京市朝阳区日坛北街 33 号	65099728
1100－16	北京航空航天大学科学技术研究院技术合同登记处	北京市海淀区北四环中路 238 号柏彦大厦 701 室	82339836
1100－17	顺义区科学技术委员会技术合同登记处	北京市顺义区光明南街 24 号	69442523
1100－18	东城区科学技术委员会技术合同登记处二部	北京市东城区东四十一条 83 号南楼 516 室	67136204,64041867
1100－19	西城区科学技术委员会技术合同登记处一部	北京市北三环中路 31 号北京生产力大楼 B 座 508B 室	82000925
1100－20	海淀园管委会(海淀区科委)技术合同登记处	北京市海淀区海淀南路甲 21 号中关村知识产权大厦 A 座一层东侧	82612561
1100－21	东城区科学技术委员会技术合同登记处一部	北京市东城区东四十一条 83 号南楼 522 室	67136204
1100－22	北京市经济技术合作办公室技术合同登记处	北京市朝阳区中纺街乙 30 号 9 层	65014090
1100－23	石景山区科学技术委员会技术合同登记处	北京市石景山区实兴大街 64 号(工商局一层)	88796895
1100－24	中关村科技园区昌平园管理委员会技术合同登记处	北京市昌平科技园区超前路 9 号	80113211
1100－25	北京技术交易促进中心技术合同登记处亦庄分部	北京经济技术开发区科创十四街 99 号 33 号楼 D 座 801 室	59755313
1100－26	通州区科学技术委员会技术合同登记处	北京市通州区梨园南街 326 号 9 号楼	89526652－1035
1100－27	密云区科学技术委员会技术合同登记处	北京市密云区西滨河路 2 号	69045776
1100－28	房山区科学技术委员会技术合同登记处	北京市房山区良乡政通东路 1 号科委 223 室	89350223
1100－29	西城区科学技术委员会技术合同登记处二部	北京市西城区广安门南街 68 号 1216 室	83976191

续表

编号	机构名称	办公地址	联系电话
1100－30	中关村科技园区丰台园管理委员会技术合同登记处	北京市丰台区科兴路9号103室	63740110
1100－31	北京科技协作中心技术合同登记处	北京市西城区西直门南大街16号西楼10层1013室	66517191,66517146
1100－32	海淀园管委会(海淀区科委)技术合同登记处招商大厦分部	北京市海淀区四季青路六号海淀招商大厦一楼西大厅	88497811,88497030
1100－33	北京市科学技术研究院技术合同登记处	北京市西城区西直门外大街140号首建金融中心11层	68343152
1100－34	大兴区科学技术委员会技术合同登记处	北京市大兴区兴政街31号科技大厦210室	69265635
1100－35	丰台区科学技术委员会技术合同登记处	北京市丰台区西三环南路1号北京市政务服务大厅二层C区1号窗口	89150339
1100－36	中关村科技园区电子城科技园管理委员会技术合同登记处	北京市朝阳区酒仙桥路甲12号电子城科技大厦	64310422
1100－37	北京产权交易所有限公司技术合同登记处	北京市西城区金融大街甲17号	66295773,62679530
1100－38	昌平区科学技术委员会技术合同登记处	北京市昌平区府学路科技中心大楼	69744174
1100－39	北京版权保护中心技术合同登记处	北京市东城区朝阳门内大街55号302室	82357087
1100－40	朝阳区科学技术委员会技术合同登记处	北京市朝阳区大屯路西奥中心B座22层	64842996,84681120
1100－41	平谷区科学技术委员会技术合同登记处	北京市平谷区平谷镇府前西街26号1层104室	69971656
1100－42	怀柔区科学技术委员会技术合同登记处	北京市怀柔区湖光小区24号	69697671
1100－43	北京产权交易所有限公司技术合同登记处中国技术交易所分部	北京市海淀区北四环西路66号中国技术交易所大厦B座16层	62679530,62679531
1100－44	北京工业设计促进中心技术合同登记处	北京市西城区北三环中路31号生产力大楼B座912	82003627
1100－45	海淀园管委会(海淀区科委)技术合同登记处上地分部	海淀区上地信息中路26号中关村创业大厦106－1室	82898750
1100－46	门头沟区科学技术委员会技术合同登记处	北京市门头沟区新桥大街40号	69865984
1100－47	延庆区科学技术委员会技术合同登记处	延庆区高塔街58－1号五层519房间	69103182
1100－48	北京市医院管理局技术合同登记处	北京市东城区天坛西胡同26号,办公楼一层东侧	67098039转206
1100－49	北京市科委农村发展中心技术合同登记处	北京市海淀区曙光花园中路11号北京农科大厦B座1101	51502357
1100－50	北京生产力促进中心技术合同登记处	北京朝阳区广顺北大街5号融创动力文创园B座119	84935785

资料来源:北京市技术市场管理办公室。

北京市发明专利代理机构一览表

机构名称	机构代码	邮政编码	负责人	联系电话	设立日期	地址	是否备案	执业代理人数
北京国林贸知识产权代理有限公司	11001	100005	李桂玲	65150103	1985年7月8日	北京市东城区建国门内大街18号恒基中心办公楼1座6层605	否	9
北京路浩知识产权代理有限公司	11002	100081	谢顺星	62196988	2001年4月25日	北京市海淀区丹棱街3号B座18楼08、09、10、11、17室	否	45
北京中创阳光知识产权代理有限责任公司	11003	100080	尹振启	62017761	2001年9月30日	北京市海淀区厂洼1号200室	否	15
北京中建联合知识产权代理事务所(普通合伙)	11004	100037	朱丽岩	68330021	2001年10月19日	北京市西城区车公庄大街甲4号301室	否	20
北京律诚同业知识产权代理有限公司	11006	100098	梁　挥	58733366	1999年11月29日	北京市海淀区知春路甲48号2号楼16层	否	44
北京邦信阳专利商标代理有限公司	11012	100022	张秋生	58793300	1999年3月19日	北京市朝阳区永安东里甲3号通用时代国际中心1号写字楼0501－0503室	否	30
北京市中实友知识产权代理有限责任公司	11013	100120	张少宏	62366429	1991年12月19日	北京市西城区安德路112号1号楼108室	否	12
北京恒和顿知识产权代理有限公司	11014	100080	邱　玲	82685585	1993年1月20日	北京市海淀区苏州街49－3号盈智大厦518室	否	13
北京英特普罗知识产权代理有限公司	11015	100044	胡　棋	88395588	1998年9月23日	北京西城区车公庄大街9号五栋大楼C座11层	否	12
北京华夏正合知识产权代理事务所(普通合伙)	11017	100044	韩登营	58301655	2011年7月23日	北京市西城区西外大街1号院西环广场2号楼17层C7、C13	否	14
北京德琦知识产权代理有限公司	11018	100083	宋志强	82339088	2001年4月28日	北京市海淀区知春路1号学院国际大厦7层	否	75
北京中原华和知识产权代理有限责任公司	11019	100101	寿　宁	64993855	2001年6月6日	北京朝阳区北辰东路8号汇宾大厦A座909室	否	16
中科专利商标代理有限责任公司	11021	100089	张立岩	68619696	1991年12月19日	北京市海淀区西三环北路87号11层1104－1105室	否	122
北京振安创业专利代理有限责任公司	11025	100083	祁纯阳	82029709	2001年12月17日	北京市海淀区花园东路30号花园商务会馆6402室	否	7
中国国际贸易促进委员会专利商标事务所	11038	100037	马　浩	68516688	1993年8月13日	北京市阜成门外大街2号八层	否	237
北京知本村知识产权代理事务所	11039	100053	周自清	63894911	2001年12月26日	北京市牛街东里一区8号楼1603室	否	6
北京乾诚五洲知识产权代理有限责任公司	11042	100029	付晓青	82250113 82252476	2005年6月9日	北京市西城区北三环中路甲29号院2号楼底商B－402	否	10

续表

机构名称	机构代码	邮政编码	负责人	联系电话	设立日期	地址	是否备案	执业代理人数
北京北新智诚知识产权代理有限公司	11100	100035	朱丽华	66168467	2001 年 12 月 24 日	北京市西城区西直门南大街 16 号	否	20
北京市柳沈律师事务所	11105	100080	杨 梧	62681616	1993 年 3 月 11 日	北京市彩和坊路 10 号 1 号楼 10 层	否	205
北京太兆天元知识产权代理有限责任公司	11108	100088	马灵洁	82800237	1994 年 10 月 13 日	北京市海淀区马甸东路 19 号 13 层 1609	否	15
北京市万慧达律师事务所	11111	100873	杨明明	68948773	2018 年 3 月 27 日	北京市海淀区中关村南大街 1 号友谊宾馆颐园写字楼 2 层 256 室	否	30
北京天昊联合知识产权代理有限公司	11112	100005	张天舒	85295526	1995 年 8 月 21 日	北京市东城区建国门内大街 28 号民生金融中心 D 座 10 层	否	59
北京载博知识产权代理事务所(普通合伙)	11116	100080	朱小莺	82193223	1985 年 4 月 1 日	北京市海淀区苏州街 1 号 8170	否	7
北京永创新实专利事务所	11121	100191	周长琪	82332256	2001 年 6 月 25 日	北京市海淀区学院路 37 号	否	8
北京三友知识产权代理有限公司	11127	100033	李 辉	88091921	1991 年 10 月 10 日	北京市金融街 35 号国际企业大厦 A 座 16 层	否	131
北京海虹嘉诚知识产权代理有限公司	11129	100080	张 涛	82370871	2001 年 11 月 30 日	北京市海淀区海淀南路 21 号中关村知识产权大厦 B 座 9 层	否	22
北京华科联合专利事务所(普通合伙)	11130	100044	王 为	68314404	2001 年 12 月 29 日	北京市朝阳区农展馆南路 5 号京朝大厦 1 号楼 3 层 3017 室	否	5
小松专利事务所	11132	100051	陈祚龄	63172986	1987 年 6 月 18 日	北京前门西大街 8 号楼 1002 室	否	5
北京博浩百睿知识产权代理有限责任公司	11134	100098	宋子良	58732381	2001 年 7 月 18 日	北京市海淀区知春路甲 48 号 1 号楼 10 层 11B	否	5
北京同汇友专利事务所(普通合伙)	11136	102600	高云瑞	69242225	2001 年 7 月 31 日	北京市大兴区黄村镇兴政街 31 号	否	3
北京金之桥知识产权代理有限公司	11137	100088	林建军	82800716	1994 年 7 月 20 日	北京市海淀区知春路 6 号锦秋国际大厦 A608	否	11
北京三高永信知识产权代理有限责任公司	11138	100088	何文彬	62042352	1991 年 12 月 14 日	北京市海淀区学院路蓟门里和景园 A 座 1 单元 102 室	否	36
北京科龙寰宇知识产权代理有限责任公司	11139	100088	孙皓晨	82800568	1992 年 7 月 3 日	北京市海淀区知春路 6 号锦秋国际大厦 A－1303	否	6
北京君尚知识产权代理事务所(普通合伙)	11200	100080	余长江	82529027	2001 年 7 月 17 日	北京市海淀区北四环西路 68 号左岸工社 1316－1317 室	否	12
北京清亦华知识产权代理事务所(普通合伙)	11201	100084	宋合成	62792171	2001 年 7 月 13 日	北京市海淀区清华园清华大学照澜院商业楼 301 室	否	42
北京思海天达知识产权代理有限公司	11203	100124	张 慧	67392381	2002 年 1 月 24 日	北京市朝阳区平乐园 100 号	否	10
北京英赛嘉华知识产权代理有限责任公司	11204	100098	王达佐	58732666	2001 年 9 月 19 日	北京市海淀区知春路甲 48 号盈都大厦 A 座 19A	否	39
北京同立钧成知识产权代理有限公司	11205	100082	臧建明	62260318	2001 年 5 月 28 日	北京市海淀区西直门北大街 32 号枫蓝国际 A 座 8F－6	否	59

续表

机构名称	机构代码	邮政编码	负责人	联系电话	设立日期	地址	是否备案	执业代理人数
北京华谊知识产权代理有限公司	11207	100083	刘月娥	62332031	2001年9月14日	北京科技大学科技园方兴大厦705(北京市海淀区学院路30号1区)	否	5
北京纽乐康知识产权代理事务所(普通合伙)	11210	100193	田　磊	62684358	1993年11月23日	北京市海淀区东北旺西路8号中关村软件园8号楼227B	否	19
北京轻创知识产权代理有限公司	11212	100191	杨　立	51651144	1985年4月1日	北京市海淀区莱圳家园18号楼3层3011室	否	45
北京申翔知识产权代理有限公司	11214	100035	周春发	58561176	1993年1月15日	北京市西城区西直门南小街国英1号大厦0429号	否	10
北京三幸商标专利事务所(普通合伙)	11216	100101	刘　彦	84970375 84976188	1993年3月16日	北京市朝阳区北辰东路8号汇欣大厦B座0801号	否	4
北京思创毕升专利事务所	11218	100013	孙向民	13611322561	1994年3月4日	北京市朝阳区北三环东路14号	否	3
中原信达知识产权代理有限责任公司	11219	100033	陆锦华	66576688	1995年7月21日	北京市西城区金融街19号富凯大厦B座11层	否	62
北京捷诚信通专利事务所(普通合伙)	11221	100045	庞炳良	68589998	1994年6月1日	北京市西城区三里河一区5-5	否	12
北京元中知识产权代理有限责任公司	11223	100191	王明霞	82263396	1994年10月7日	北京市海淀区知春路7号致真大厦A座1401	否	17
北京金阙华进专利事务所(普通合伙)	11224	100020	陈建春	58702027	1994年10月27日	北京市朝阳区东大桥8号尚都国际中心2312室	否	5
北京金信知识产权代理有限公司	11225	100097	张晓晨	58930011	2002年4月16日	北京市海淀区紫竹院路116号嘉豪国际中心B座11层	否	49
北京中知法苑知识产权代理事务所(普通合伙)	11226	100191	常玉明	82090902	1994年12月28日	北京市海淀区北三环西路蓟门里小区22号楼(政法大厦A座)305室	否	9
北京集佳知识产权代理有限公司	11227	100004	于泽辉	85115888	1995年2月28日	北京市朝阳区建外大街22号赛特广场7层	否	267
北京汇泽知识产权代理有限公司	11228	100088	张　瑾	82961618	1995年3月29日	北京市海淀区知春路6号锦秋国际大厦18层18A13	否	16
北京金言诚信知识产权代理有限公司	11229	100088	朱　力	82665269	1995年4月8日	北京市海淀区知春路1号1幢(学院国际大厦)908室	否	15
北京万科园知识产权代理有限责任公司	11230	100088	张亚军	82076997	1995年4月25日	北京市海淀区北太平庄路25号1幢312A室(豪威大厦)	否	10
北京慧泉知识产权代理有限公司	11232	100088	王顺荣	82023315	1995年10月17日	北京市海淀区蓟门里和景园A座一单元302室	否	10
北京科兴园专利事务所	11233	100016	王　蕴	64355266	1995年11月1日	北京市朝阳区酒仙桥路13号	否	5
中国商标专利事务所有限公司	11234	100045	宋义兴	68571620	1993年1月3日	北京西城区月坛南街14号月新大厦	否	19
北京市广友专利事务所有限责任公司	11237	100191	张仲波	82090980	1996年3月15日	北京市海淀区花园东路31号牡丹宾馆7002房间	否	12

续表

机构名称	机构代码	邮政编码	负责人	联系电话	设立日期	地址	是否备案	执业代理人数
北京博圣通专利事务所	11238	100083	黄　薇	82884000	1997 年 3 月 25 日	北京市海淀区北四环中路 229 号海泰大厦 1706 室	否	3
北京天平专利商标代理有限公司	11239	100020	王　怡	65883010	1994 年 6 月 13 日	北京市朝阳区朝外大街 16 号 1 号楼 1206A 室	否	4
北京康信知识产权代理有限责任公司	11240	100098	余　刚	56571588	1994 年 9 月 28 日	北京市海淀区知春路 48 号盈都大厦 A 座 16 层	否	81
北京双收知识产权代理有限公司	11241	100029	吴忠仁	82041781 82041782	1997 年 9 月 5 日	北京市朝阳区安贞西里五区 3 号楼 B506－507 室	否	20
北京诺孚尔知识产权代理有限责任公司	11242	100089	白　帆	68430973/75/76	1999 年 5 月 13 日	北京市海淀区紫竹院路 81 号院 1 号楼 801A	否	6
北京银龙知识产权代理有限公司	11243	100082	许　静	82252547	1998 年 11 月 30 日	北京市海淀区西直门北大街 32 号院枫蓝国际中心 2 号楼 10 层	否	53
北京市合德专利事务所	11244	100088	李本源	82047900	1998 年 11 月 5 日	北京市海淀区北三环中路 77 号－90 号信箱	否	4
北京纪凯知识产权代理有限公司	11245	100055	赵蓉民	63509806	1998 年 12 月 16 日	北京市丰台区广安路 9 号 5 号楼 15A 层	否	49
北京众合诚成知识产权代理有限公司	11246	100044	黄家俊	68003961	1999 年 6 月 17 日	北京市西城区车公庄大街甲 4 号物华大厦 A 座 1707 室	否	36
北京市中咨律师事务所	11247	100034	林柏楠	66091188	2001 年 9 月 29 日	北京市西城区平安里西大街 26 号新时代大厦 7 层	否	93
北京中安信知识产权代理事务所(普通合伙)	11248	100083	张小娟	82837725 82837726	2001 年 7 月 17 日	北京市海淀区学清路甲 38 号金码大酒店 11 层 1103－1105	否	8
北京中恒高博知识产权代理有限公司	11249	100013	张秋云	68001852	1999 年 4 月 28 日	北京市朝阳区东土城路 8 号林达大厦 A 座 23 层 A 室	否	15
北京三聚阳光知识产权代理有限公司	11250	100080	张　杰	62382785	2000 年 8 月 7 日	北京市海淀区海淀南路甲 21 号中关村知识产权大厦 A 座 503 室	否	46
北京科迪生专利代理有限责任公司	11251	100080	关　玲	82615576	2001 年 9 月 20 日	北京市海淀区知春路 111 号理想大厦 507－508 室	否	9
北京维澳专利代理有限公司	11252	100004	翟向红	65598871	2001 年 12 月 29 日	北京市朝阳区建国门外大街 22 号赛特大厦 1702	否	17
北京中北知识产权代理有限公司	11253	100045	袁世寰	68081365	1992 年 8 月 1 日	北京市西城区月坛北街 2 号月坛大厦 16 层 1 号	否	15
北京连城创新知识产权代理有限公司	11254	100086	刘伍堂	62146667	2002 年 6 月 25 日	北京市海淀区北三环西路 48 号 1 号楼 B 座 6B	否	7
北京市商泰律师事务所	11255	100020	郭　华	65995719	2002 年 7 月 8 日	北京市朝阳区朝外大街 10 号昆泰大厦 1219 室	否	15
北京市金杜律师事务所	11256	100020	王俊峰	58785588	2002 年 7 月 9 日	北京市朝阳区东三环中路 1 号环球金融中心办公楼东楼 20 层	否	120
北京正理专利代理有限公司	11257	100044	诸葛北华	68001882	2001 年 7 月 20 日	北京市西城区车公庄大街甲 4 号物华大厦 A 座 1505 室	否	17

续表

机构名称	机构代码	邮政编码	负责人	联系电话	设立日期	地址	是否备案	执业代理人数
北京东方亿思知识产权代理有限责任公司	11258	100738	高卢麟	85189318	2002 年 9 月 17 日	北京市东城区东长安街 1 号东方广场东方经贸城东 2 座 1602 室	否	58
北京金硕果知识产权代理事务所(普通合伙)	11259	100083	张　玫	62379509	2002 年 11 月 11 日	北京市海淀区学清路 16 号学知轩四层 402－6	否	12
北京凯特来知识产权代理有限公司	11260	100055	郑立明	62197221	2002 年 8 月 9 日	北京市西城区广安门外大街 168 号 1 幢 7 层 2－808－01	否	6
北京安信方达知识产权代理有限公司	11262	100192	郑　霞	82730790	2002 年 10 月 16 日	北京市海淀区学清路 8 号 B 座 1601A	否	80
北京高默克知识产权代理有限公司	11263	100045	陆式敬	68083081	2002 年 10 月 29 日	北京市西城区月坛北街 2 号月坛大厦 303 室	否	2
北京华夏博通专利事务所(普通合伙)	11264	100020	刘　俊	51263027	2003 年 1 月 27 日	北京市朝阳区光华路甲 14 号 1 幢 10 层 1001 内 1015A3 室	否	4
北京挺立专利事务所(普通合伙)	11265	100054	叶树明	63385335	2003 年 3 月 14 日	北京市丰台区菜户营 58 号 1307－3	否	23
北京工信联合知识产权代理有限公司	11266	100083	叶万东	82600180	2003 年 3 月 26 日	北京市海淀区中关村东路 18 号财智国际大厦 B 座 706 室	否	20
北京嘉和天工知识产权代理事务所(普通合伙)	11269	100025	甘　玲	85869056	2003 年 4 月 23 日	北京市朝阳区八里庄西里 98 号住邦 2000 商务中心 3 号楼 1201 室	否	9
北京派特恩知识产权代理有限公司	11270	100080	张颖玲	59797750	2003 年 4 月 15 日	北京市海淀区海淀南路 21 号中关村知识产权大厦二层	否	77
北京安博达知识产权代理有限公司	11271	100098	徐国文	62379723	2003 年 4 月 23 日	北京市海淀区大钟寺 13 号院 1 号楼华杰大厦 B215	否	18
北京富天文博兴知识产权代理事务所(普通合伙)	11272	100080	刘寿椿	62630520	2003 年 7 月 11 日	北京市海淀区苏州街 1 号 2 层 200－44	否	3
北京中博世达专利商标代理有限公司	11274	100044	申　健	62123380	2004 年 8 月 16 日	北京市海淀区交大东路 31 号 11 号楼 8 层	否	36
北京同恒源知识产权代理有限公司	11275	100088	王维绮	82800977/78	2003 年 6 月 4 日	北京市海淀区知春路 6 号锦秋国际大厦 A 座 511	否	11
北京市浩天知识产权代理事务所(普通合伙)	11276	100020	刘云贵	65888825	2003 年 6 月 7 日	北京市朝阳区朝外大街 18 号丰联广场 1511 单元	否	21
北京林达刘知识产权代理事务所(普通合伙)	11277	100013	刘新宇	58256366	2003 年 8 月 21 日	北京市东城区北三环东路 36 号北京环球贸易中心 C 座 16 层	否	79
北京连和连知识产权代理有限公司	11278	100738	刘小峰	85186118	2003 年 7 月 11 日	北京市东城区东长安街 1 号东方广场东方经贸城东一办公楼 12 层 7、8 室	否	27
北京中誉威圣知识产权代理有限公司	11279	100005	席　勇	65185877	2003 年 7 月 1 日	北京市东城区建国门北大街 5 号 4 层	否	29

续表

机构名称	机构代码	邮政编码	负责人	联系电话	设立日期	地址	是否备案	执业代理人数
北京泛华伟业知识产权代理有限公司	11280	100020	徐　舒	85253778	2003 年 8 月 11 日	北京市朝阳区朝阳门外大街 16 号中国人寿大厦 10 层 1002－1005	否	28
北京明和龙知识产权代理有限公司	11281	100080	郁玉成	88570772	2003 年 7 月 30 日	北京市海淀区苏州街 29 号维亚大厦 12 层 12099 室	否	6
北京中海智圣知识产权代理有限公司	11282	100098	曾永珠	82336061	2003 年 8 月 14 日	北京市海淀区北三环西路甲 18 号院 2 号楼 6 层 616	否	8
北京润平知识产权代理有限公司	11283	100190	刘国平	62800922	2003 年 8 月 1 日	北京市海淀区北四环西路 9 号银谷大厦 509－511	否	56
北京北翔知识产权代理有限公司	11285	100873	姜建成	82311199	2003 年 9 月 22 日	北京市海淀区中关村南大街 1 号 16 幢一层 63201	否	38
北京铭硕知识产权代理有限公司	11286	100095	韩明星	83038188	2003 年 11 月 12 日	北京市海淀区温泉镇高里掌路 1 号院 3 号楼	否	73
北京律盟知识产权代理有限责任公司	11287	100005	王允方	85187141	2003 年 10 月 16 日	北京市东城区建国门南大街 7 号万豪中心 A 座 2202 室	否	29
北京瑞成兴业知识产权代理事务所(普通合伙)	11288	100088	李　慧	82025963	2004 年 7 月 12 日	北京市西城区新街口外大街 2 号 3 号楼(有研大厦)A 座 301 室	否	4
北京信慧永光知识产权代理有限责任公司	11290	100191	王维玉	82335586	2004 年 4 月 9 日	北京市海淀区知春路 9 号坤讯大厦 1106 室	否	29
北京同达信恒知识产权代理有限公司	11291	100192	黄志华	62997122	2004 年 7 月 20 日	北京市海淀区宝盛南路 1 号院 20 号楼 8 层 101－01	否	40
北京怡丰知识产权代理有限公司	11293	100028	于振强	84554556	2003 年 7 月 11 日	北京市朝阳区曙光西里甲 5 号凤凰置地广场写字楼 H 座 903 室	否	17
北京五月天专利商标代理有限公司	11294	102218	吴宝泰	58608566 58608535	2005 年 5 月 8 日	北京市昌平区立汤路 188 号北方明珠大厦 1 号楼 2810 室	否	7
北京东方汇众知识产权代理事务所(普通合伙)	11296	100086	张淑贤	57035447	2005 年 6 月 7 日	北京市海淀区中关村南大街甲 6 号铸诚大厦 A 座 1216 室	否	5
北京睿博行远知识产权代理有限公司	11297	100164	王　红	86467966	2005 年 3 月 11 日	北京市丰台区方庄南路 15 号楼 11 层 1226	否	13
北京泛诚知识产权代理有限公司	11298	100191	文　琦	68086266	2005 年 6 月 3 日	北京市海淀区知春路 6 号锦秋国际大厦 B1402 室	否	6
北京市卓华知识产权代理有限公司	11299	100101	申　率	64830754	2004 年 10 月 8 日	北京市朝阳区安翔里 48 号楼 138 号	否	7
北京瑞盟知识产权代理有限公司	11300	100005	刘　昕	51298098	2005 年 9 月 21 日	北京市东城区建国门内大街 7 号光华长安大厦 2 座 817 室	否	9
北京汇智英财专利代理事务所(普通合伙)	11301	100081	郑玉洁	62155155	2005 年 12 月 20 日	北京市海淀区大柳树路 17 号富海国际港 902	否	11
北京华沛德权律师事务所	11302	100020	张永福	58790131	2005 年 12 月 30 日	北京市朝阳区朝外大街乙 12 号昆泰国际大厦 1009 室	否	8
北京方韬法业专利代理事务所(普通合伙)	11303	100037	马丽莲	68335705	2006 年 5 月 10 日	北京市丰台区广安路 9 号院 1 号楼 12 层 1220	否	7

续表

机构名称	机构代码	邮政编码	负责人	联系电话	设立日期	地址	是否备案	执业代理人数
北京信远达知识产权代理事务所(普通合伙)	11304	100176	魏晓波	65150407	2006年8月14日	北京市北京经济技术开发区科创十三街18号院10号楼301室	否	7
北京君智知识产权代理事务所(普通合伙)	11305	100081	向　华	62137220	2006年9月14日	北京市海淀区中关村南大街12号科技综合楼212室	否	8
北京德恒律师事务所	11306	100033	王　丽	52682666	2007年2月13日	北京市西城区金融街19号富凯大厦B座12层	否	5
北京元本知识产权代理事务所	11308	100088	秦力军	62361567	2007年3月21日	北京市海淀区学清路9号汇智大厦3层2单元312	否	17
北京亿腾知识产权代理事务所	11309	100190	陈　霁	62662772	2007年9月20日	北京市海淀区知春路49紫金数码园3号楼7层0707	否	12
北京立成智业专利代理事务所(普通合伙)	11310	100055	张江涵	51379233	2007年5月9日	北京市西城区红莲南路28号6－1幢红莲大厦B座0610房间	否	8
北京天悦专利代理事务所(普通合伙)	11311	100081	田　明	84934084	2007年6月1日	北京市海淀区彩和坊路8号7层715－716室	否	10
北京东正专利代理事务所(普通合伙)	11312	100086	蔡仲德	62195890	2007年6月17日	北京市海淀区北三环西路32号恒润大厦1807室	否	6
北京市铸成律师事务所	11313	100044	司义夏	88369999	2007年6月12日	北京市西城区北展北街华远企业号A座8层	否	25
北京戈程知识产权代理有限公司	11314	100738	程　伟	85188598	2007年9月11日	北京市东城区东长安街1号东方广场东三办公楼19层	否	31
北京国昊天诚知识产权代理有限公司	11315	100028	许志勇	59946677	2007年10月9日	北京市朝阳区小关北里2号渔阳置业大厦B605	否	38
北京一格知识产权代理事务所(普通合伙)	11316	100096	滑春生	82013851	2007年9月10日	北京市海淀区悦秀路99号通厦公元99写字楼1单元303室	否	15
北京润文专利代理事务所(普通合伙)	11317	100055	丁继恩	56120809	2007年10月15日	北京市西城区茶马街6号院4号楼1单元304室	否	7
北京法思腾知识产权代理有限公司	11318	100190	杨小蓉	62672128	2008年1月2日	北京市海淀区中关村北二条13号1号楼202	否	3
北京润泽恒知识产权代理有限公司	11319	100081	苏培华	68118728	2008年1月9日	北京市海淀区中关村南大街31号神舟科技大厦7层702房间	否	17
北京王景林知识产权代理事务所(普通合伙)	11320	100080	王景林	82381044	2008年1月23日	北京市海淀区中关村大街27号中关村大厦515室	否	4
北京市京大律师事务所	11321	100044	李光松	82689930	2008年1月2日	北京市西城区车公庄大街甲4号A1706	否	10
北京尚诚知识产权代理有限公司	11322	100034	龙　淳	66256655	2008年2月3日	北京市西城区平安里西大街28号,光大国际中心18层1801	否	39
北京市隆安律师事务所	11323	100020	王　丹	65325588	2008年1月15日	北京市朝阳区建国门外大街21号北京国际俱乐部188室	否	36
北京金恒联合知识产权代理事务所	11324	100191	李　强	82373196	2008年2月2日	北京市西城区北京市西城区白广路枣林前街37号裕隆苑宾馆217室	否	1

续表

机构名称	机构代码	邮政编码	负责人	联系电话	设立日期	地址	是否备案	执业代理人数
北京中伟智信专利商标代理事务所	11325	100098	张 岱	58732159 58732259	2008年2月2日	北京市海淀区知春路甲48号3号楼10层1单元11E室	否	3
北京市路盛律师事务所	11326	100020	张再平	65693038	2006年2月21日	北京市朝阳区光华东里8号院2号楼1301内1603、1610室	否	13
北京鸿元知识产权代理有限公司	11327	100004	陈英俊	010－66018031	2008年5月4日	北京市朝阳区光华路7号汉威大厦18A6	否	22
北京汉德知识产权代理事务所(普通合伙)	11328	100029	李 洁	82858207	2008年5月4日	北京市朝阳区民族园路2号3幢3层3045室	否	7
北京龙双利达知识产权代理有限公司	11329	100094	肖 鹂	82606695	2008年6月23日	北京市海淀区北清路68号院3号楼101	否	19
北京市立方律师事务所	11330	100007	谢冠斌	64096099	2002年6月12日	北京市东城区东四十条甲22号南新仓商务大厦A1105室	否	44
北京康盛知识产权代理有限公司	11331	100029	张宇峰	64455377	2009年1月19日	北京朝阳区安定路35号11层1166室	否	20
北京品源专利代理有限公司	11332	100036	胡 彬	63377266	2008年7月30日	北京市海淀区莲花池东路39号西金大厦6层西侧605室	否	88
北京兆君联合知识产权代理事务所(普通合伙)	11333	102200	初向庆	13701232818 89745363	2008年7月14日	北京市昌平区西环南路钰阳商业楼A单元2层	否	7
北京国帆知识产权代理事务所(普通合伙)	11334	100043	李增朝	82037380	2008年7月14日	北京市朝阳区建外大街21号北京国际俱乐部116室	否	8
北京汇信合知识产权代理有限公司	11335	100190	翟国明	13718148622	2008年8月6日	北京市海淀区中关村东路66号世纪科贸大厦C座12层1206	否	16
北京市磐华律师事务所	11336	100004	董 巍	65594091	2008年6月19日	北京市朝阳区建国门外大街22号赛特大厦902室	否	31
北京市盛峰律师事务所	11337	100080	于国富	51656805	2008年6月19日	北京市海淀区中关村大街27号中关村大厦501室	否	7
北京挚诚信奉知识产权代理有限公司	11338	100082	邢 悦	62225842	2008年10月30日	北京市海淀区西直门北大街32号院2号楼5层505	否	11
北京市安伦律师事务所	11339	100020	田晓东	65795210	2002年11月5日	北京市朝阳区酒仙桥路10号恒通商务园55幢C座4层06室	否	8
北京天奇智新知识产权代理有限公司	11340	102206	王泽云	82095055	2008年12月11日	北京市昌平区回龙观镇北清路1号院5号楼6层1单元708	否	35
北京瑞思知识产权代理事务所(普通合伙)	11341	100097	李涛	13810886697	2009年1月5日	北京市海淀区蓝靛厂东路2号B区写字楼603室	否	9
北京市汉衡律师事务所	11342	100022	胡献旁	58691166－288	2009年2月11日	北京东三环中路39号建外SOHO社区8号楼31层	否	1
北京友联知识产权代理事务所(普通合伙)	11343	100192	尚志峰	13910501686	2009年1月6日	北京市海淀区学清路8号科技财富中心A座506室	否	15
北京市盈科律师事务所	11344	100022	梅向荣	59626911	2009年6月23日	北京市朝阳区东四环中路百子湾甲76号大成国际中心1号楼C座6层	否	41

续表

机构名称	机构代码	邮政编码	负责人	联系电话	设立日期	地址	是否备案	执业代理人数
北京蓝智辉煌知识产权代理事务所(普通合伙)	11345	100085	陈　红	13701167505	2009 年 6 月 23 日	北京市海淀区上地信息产业基地北区 5 号上地辉煌国际中心 4 号楼 1803 室	否	2
北京汇智胜知识产权代理事务所(普通合伙)	11346	100044	赵立军	82253103	2009 年 6 月 30 日	北京市海淀区知春路 113 号银网中心 B 座 11 层 1109 房间	否	4
北京鼎佳达知识产权代理事务所(普通合伙)	11348	100101	刘铁生	84854657	2009 年 9 月 30 日	北京市朝阳区小黄庄北街 2 号外贸安贞大楼 B 座 705	否	17
北京金思港知识产权代理有限公司	11349	100013	邵毓琴	59575761	2009 年 7 月 30 日	北京市东城区北三环东路 36 号 1 号楼 B802	否	14
北京科亿知识产权代理事务所(普通合伙)	11350	100088	汤东凤	62351944	2009 年 7 月 30 日	北京海淀区蓟门里和景园 1－2－502 号	否	40
北京大成律师事务所	11352	100020	彭雪峰	58137799	2009 年 7 月 30 日	北京市朝阳区东大桥路 9 号侨福芳草地 D 座 7 层	否	12
北京市惠诚律师事务所	11353	100032	范世汶	66080518	2009 年 7 月 30 日	北京市东城区新中街 68 号聚龙花园 8 号楼 4 层 403	否	12
北京市兰台律师事务所	11354	100028	杨　光	13501189281	2009 年 7 月 30 日	朝阳区三元桥曙光西里甲 1 号第三置业大厦 B 座 29 层	否	10
北京泰吉知识产权代理有限公司	11355	100125	张雅军	13801115422	2009 年 9 月 18 日	北京市朝阳区朝阳公园路 19 号佳隆国际大厦 7 层 705 单元	否	9
北京同辉知识产权代理事务所(普通合伙)	11357	100088	刘洪勋	62123078	2009 年 8 月 24 日	北京市海淀区青云里满庭芳园小区 9 号楼青云当代大厦 9 层 909 号	否	19
北京神州华茂知识产权有限公司	11358	100044	王宏星	68005195 68005068	2009 年 10 月 12 日	北京市西城区车公庄大街甲 4 号物华大厦 B 座 1901	否	8
北京高文律师事务所	11359	100020	张亚梅	84512800	2009 年 10 月 12 日	北京市朝阳区东大桥路 9 号侨福芳草地大厦 C 座 9 层	否	15
北京万象新悦知识产权代理事务所(普通合伙)	11360	100080	贾晓玲	62756339	2009 年 10 月 12 日	北京市海淀区颐和园路 1 号北京资源燕园宾馆六层 1625 号	否	6
北京市联德律师事务所	11361	100020	刘元月	85253366	2009 年 10 月 12 日	北京市朝阳区朝外大街 16 号中国人寿大厦 1009 室	否	15
北京联创佳为专利事务所(普通合伙)	11362	100089	郭　防	68405596	2009 年 10 月 12 日	北京市海淀区西三环北路 21 号久凌大厦南楼 1704	否	13
北京弘权知识产权代理事务所(普通合伙)	11363	100029	郭　放	84195899	2010 年 2 月 4 日	北京市朝阳区安定路 35 号六层 35－10－2 内 620 室	否	28
北京市中联创和知识产权代理有限公司	11364	100098	张松林	58732809	2010 年 2 月 4 日	北京市海淀区知春路甲 48 号 3 号楼 1 单元 12D	否	13
北京卓言知识产权代理事务所(普通合伙)	11365	100048	赵国虹	68453656	2010 年 3 月 18 日	北京市海淀区西三环北路 72 号世纪经贸大厦 A 座 2607	否	6
北京驰纳智财知识产权代理事务所(普通合伙)	11367	100029	蒋路帆	64987793	2010 年 6 月 7 日	北京市朝阳区惠新东街 6 号院 2 号办公楼 9 层 909	否	19
北京世誉鑫诚专利代理事务所(普通合伙)	11368	100044	刘秀珍	68473908	2010 年 6 月 23 日	北京市海淀区海淀苏州街 18 号院－2 楼 11 层 1107	否	12

续表

机构名称	机构代码	邮政编码	负责人	联系电话	设立日期	地址	是否备案	执业代理人数
北京远大卓悦知识产权代理事务所(普通合伙)	11369	100037	靳 浩	64068271	2010年6月28日	北京市西城区阜成门外大街2号7层711-2	否	39
北京汉昊知识产权代理事务所(普通合伙)	11370	100738	冯 谱	85188900	2010年7月6日	北京市东长安街1号东方广场西1区1111室	否	8
北京超凡志成知识产权代理事务所(普通合伙)	11371	100080	李丙林	62137097	2010年7月19日	北京市海淀区北四环西路68号左岸工社12层1218	否	100
北京聿宏知识产权代理有限公司	11372	100052	吴大建	66412868	2010年7月20日	北京市西城区宣武门外大街6号庄胜广场第一座西翼713室	否	30
北京攀腾专利代理事务所(普通合伙)	11374	100088	彭 蓉	62091268	2010年7月27日	北京市海淀区北太平路18号城建大厦C401-C403	否	4
北京市炜衡律师事务所	11375	100080	王 冰	62684688	2010年7月28日	北京市海淀区北四环西路66号第三极大厦A座16层	否	13
北京永新同创知识产权代理有限公司	11376	100140	吴静波	66211849	2010年7月28日	北京市金融街投资广场A座1802	否	40
北京航忱知识产权代理事务所(普通合伙)	11377	100101	陈立航	13910882319	2010年7月28日	北京市大兴区黄村镇火神庙国际商业中心D座7层709室	否	2
北京尚德技研知识产权代理事务所(普通合伙)	11378	100013	严勇刚	64219345	2010年9月8日	北京市东城区和平里七区16号207室	否	9
北京金知睿知识产权代理事务所(普通合伙)	11379	100086	林 俐	82657356	2010年9月6日	北京市海淀区万泉河路68号紫金庄园4号楼201号	否	3
北京鑫浩联德专利代理事务所(普通合伙)	11380	100044	畅晓莹	18611512691	2010年9月10日	北京市西城区新兴东巷15号10号楼408房	否	4
北京汲智翼成知识产权代理事务所(普通合伙)	11381	100050	陈 曦	63525320	2010年10月13日	北京市西城区珠市口西大街120号太丰惠中大厦806-809室	否	5
北京瑞恒信达知识产权代理事务所(普通合伙)	11382	100081	曹津燕	13701319396	2010年11月5日	北京市海淀区大柳树路17号富海中心2号楼9层909房间	否	14
北京青松知识产权代理事务所(特殊普通合伙)	11384	101300	郑青松	56862328	2011年1月18日	北京市顺义区仁和镇站前街3号院1号楼7层709室	否	6
北京方圆嘉禾知识产权代理有限公司	11385	100007	董芙蓉	64097451	2011年2月9日	北京市东城区安定门东大街28号1号楼C单元710	否	22
北京天达知识产权代理事务所(普通合伙)	11386	100048	马东伟	68530588	2011年5月23日	北京市海淀区西三环北路91号7号楼三层C11	否	14
北京五洲洋和知识产权代理事务所(普通合伙)	11387	100037	刘春成	68016746	2011年4月7日	北京市西城区阜成门外大街2号A1908	否	19
北京市中闻律师事务所	11388	100007	吴 革	51783535	2011年4月26日	北京市东城区东直门南大街甲3号居然大厦18楼	否	11
北京市振邦律师事务所	11389	100004	罗培君	65926142	2011年5月13日	北京市朝阳区建外大街19号国际大厦2003室	否	5
北京和信华成知识产权代理事务所(普通合伙)	11390	100096	胡剑辉	82540092	2011年5月13日	北京市昌平区黄平路19号院4号楼10层1002	否	16
北京智汇东方知识产权代理事务所(普通合伙)	11391	100083	薛 峰	59713710	2011年5月30日	北京市海淀区花园路13号5幢320房间	否	14

续表

机构名称	机构代码	邮政编码	负责人	联系电话	设立日期	地址	是否备案	执业代理人数
北京卫平智业专利代理事务所(普通合伙)	11392	100037	符彦慈	87186530	2011年6月1日	北京市西城区阜成门外大街2号万通大厦A1206室	否	6
北京市维诗律师事务所	11393	100005	杨安进	65101010	2011年6月8日	北京市东城区建国门内大街七号光华长安大厦1座1009	否	5
北京卓恒知识产权代理事务所(特殊普通合伙)	11394	100088	唐曙晖	13911143242	2011年6月8日	北京市海淀区马甸东路19号11层1215	否	16
北京恒都律师事务所	11395	100006	江锋涛	57600587	2010年12月10日	北京市朝阳区建国门外大街1号中国国际贸易中心B座50层1-11单元	否	19
北京思睿峰知识产权代理有限公司	11396	100088	谢建云	81050776	2011年7月4日	北京市东城区南竹杆胡同2号1幢7层50831	否	12
北京新知远方知识产权代理事务所(普通合伙)	11397	100083	马军芳	82038906	2011年7月8日	北京市海淀区花园东路10号高德大厦4层403	否	14
北京魏启学律师事务所	11398	100013	魏启学	58257186	2011年7月8日	北京市东城区北三环东路36号2号楼C1910房间	否	15
北京冠和权律师事务所	11399	100005	朱　健	65662083	2011年8月8日	北京市东城区建国门内大街18号恒基中心办公楼一座1408室	否	13
北京商专永信知识产权代理事务所(普通合伙)	11400	100083	方　挺	62285107	2011年9月2日	北京市海淀区知春路1号9层901	否	26
北京金智普华知识产权代理有限公司	11401	100086	巴晓艳	62139681	2011年9月23日	北京市海淀区青云里满庭芳园小区9号楼青云当代大厦18层1809室	否	14
北京再言智慧知识产权代理事务所(普通合伙)	11402	100081	马少东	62123716	2011年9月23日	北京市海淀区大柳树路17号富海国际港603室	否	3
北京风雅颂专利代理有限公司	11403	100081	李　弘	82294888	2011年9月23日	北京西城区西直门外大街112号阳光大厦2层206B室	否	19
北京钧鼎律师事务所	11404	100085	王忠法	82890950	2011年10月18日	北京市海淀区上地十街1号院3号楼13层1306	否	4
北京德和衡律师事务所	11405	100022	蒋　琪	85407666	2011年10月28日	北京市朝阳区建国门外大街2号银泰中心C座12层	否	9
北京格罗巴尔知识产权代理事务所(普通合伙)	11406	100007	孙德崇	58257189	2012年6月13日	北京市东城区北三环东路36号2号楼C1912房间	否	3
北京彭丽芳知识产权代理有限公司	11407	100010	彭丽芳	58641526	2012年1月19日	北京市东城区南竹杆胡同6号楼北京INN大厦9层901	否	3
北京寰华知识产权代理有限公司	11408	100052	穆文通	68010310	2012年1月19日	北京市西城区宣武门外大街28号B1105室	否	7
北京德恒律治知识产权代理有限公司	11409	100037	章社杲	52682666	2012年1月19日	北京市西城区阜成门外大街22号1幢1602-2	否	12
北京市中伦律师事务所	11410	100022	张学兵	59572288	2012年1月30日	北京市朝阳区建国门外大街甲6号SK大厦36-37层	否	25
北京联瑞联丰知识产权代理事务所(普通合伙)	11411	100037	张学府	59508217	2012年3月20日	北京市海淀区北四环西路67号4层407室	否	25

续表

机构名称	机构代码	邮政编码	负责人	联系电话	设立日期	地址	是否备案	执业代理人数
北京鸿德海业知识产权代理事务所(普通合伙)	11412	100088	袁 媛	82961255	2012年4月27日	北京市海淀区知春路6号锦秋国际大厦五层A08	否	6
北京柏杉松知识产权代理事务所(普通合伙)	11413	100029	刘继富	84109559	2012年8月2日	北京市西城区北三环中路27号商房大厦413室	否	30
北京递进知识产权代理事务所(特殊普通合伙)	11414	100054	田 丰	13521883910	2012年7月3日	北京市西城区右安门西街8号中国铁道出版社招待所727房间	否	4
北京博思佳知识产权代理有限公司	11415	100085	林 祥	50868480	2012年7月27日	北京市海淀区上地三街9号嘉华大厦B座409室	否	26
北京律恒立业知识产权代理事务所(特殊普通合伙)	11416	100098	庞立岩	62190280	2012年7月24日	北京市海淀区大钟寺13号院1号楼华杰大厦B210	否	5
北京庆峰财智知识产权代理事务所(普通合伙)	11417	100193	李文军	82600690	2012年7月24日	北京市海淀区东北旺北京中关村软件园孵化器2号楼3层2330室	否	5
北京思益华伦专利代理事务所(普通合伙)	11418	100004	赵 飞	65055210	2012年8月15日	北京市朝阳区建国门外大街1号(一期)16幢3层OC326－328室	否	6
北京爱普纳杰专利代理事务所(特殊普通合伙)	11419	100061	王玉松	59468763	2012年8月14日	北京市东城区东大地街1号25号楼2层208	否	7
北京罗杰律师事务所	11420	100004	罗正红	59335500	2012年9月5日	北京市建国门外大街1号国贸1座818	否	6
北京天盾知识产权代理有限公司	11421	100102	王洪臣	84720109	2012年9月5日	北京市朝阳区南湖东园122楼11层北区1201	否	19
北京驥驰知识产权代理有限公司	11422	100037	唐晓峰	13520579081	2012年10月9日	北京市西城区北礼士路甲98号525室	否	5
北京市中银律师事务所	11423	100022	刘广斌	58698899	2012年10月31日	北京市朝阳区东三环中路39号建外SOHO东区A座31层	否	9
北京修典盛世知识产权代理事务所(特殊普通合伙)	11424	100038	杨方成	13810281007	2012年10月31日	北京市海淀区羊坊店路18号2幢11层1153	否	9
北京市金栋律师事务所	11425	100026	张朝栋	65076099	2013年1月6日	北京市朝阳区东三环北路2号南银大厦608室	否	1
北京康思博达知识产权代理事务所(普通合伙)	11426	102208	刘冬梅	57018288	2013年1月24日	北京市昌平区回龙观西大街9号院12号楼15层2单元1803	否	11
北京科家知识产权代理事务所(普通合伙)	11427	100080	陈 娟	53609878	2013年2月1日	北京市海淀区彩和坊路8号4层404	是	23
北京中济纬天专利代理有限公司	11429	100027	潘剑敏	57150818	2013年2月21日	北京市朝阳区东三环北路甲2号8号楼5层0549室	是	98
北京市诚辉律师事务所	11430	100123	李东辉	82669373	2013年2月21日	北京市朝阳区朝阳北路99号楼8层2单元905	否	10
北京博华智恒知识产权代理事务所(普通合伙)	11431	100098	樊卫民	63998880	2013年3月6日	北京市海淀区北三环西路甲18号院2号楼6层612室	是	10

续表

机构名称	机构代码	邮政编码	负责人	联系电话	设立日期	地址	是否备案	执业代理人数
北京旭知行专利代理事务所(普通合伙)	11432	100022	王　轶	59009732	2013 年 3 月 28 日	北京市朝阳区东三环中路 39 号院 23 号楼 6 层 0701	是	5
北京市百伦律师事务所	11433	100022	杨志立	58795658	2013 年 3 月 28 日	北京市朝阳区永安东里甲 3 号通用国际中心 A 座 1904 室	否	7
北京献智知识产权代理事务所(特殊普通合伙)	11434	100044	杨献智	62251288	2013 年 4 月 22 日	北京市海淀区交大东路 41 号院 1 号楼二层 210 室	是	3
北京志霖恒远知识产权代理事务所(普通合伙)	11435	100027	邢志强	52664099	2013 年 4 月 22 日	北京市东城区安定门东大街 28 号 1 号楼 D 单元 1509 号	是	37
北京华睿卓成知识产权代理事务所(普通合伙)	11436	100062	程　森	67128680	2013 年 5 月 17 日	北京市东城区广渠门内大街 90 号楼 7 层办公 704	是	6
北京市邦道律师事务所	11437	100026	武绍智	85892499	2013 年 4 月 24 日	北京市朝阳区东三环北路 30 号 1 号楼一座 28D	否	6
北京律智知识产权代理有限公司	11438	100101	于宝庆	84892939	2013 年 5 月 2 日	北京市朝阳区慧忠路 5 号 B 座 1605、1606、1607	是	24
北京远峰律师事务所	11439	100176	刘海峰	82905230	2013 年 5 月 24 日	北京亦庄经济技术开发区科创十三街 18 号院锋创科技园 7 号楼 1101 室	否	4
北京京万通知识产权代理有限公司	11440	100068	万学堂	63922467	2013 年 5 月 31 日	北京市丰台区南三环西路 16 号 2 号楼 7 层 801	是	5
北京市清华源律师事务所	11441	100084	王承继	62703507	2013 年 5 月 31 日	北京市海淀区清华大学科技园文津国际公寓 511 室	否	2
北京博雅睿泉专利代理事务所(特殊普通合伙)	11442	100020	王昭智	65994801	2013 年 6 月 4 日	北京市朝阳区朝外大街 10 号昆泰大厦 1202 单元	是	17
北京格旭知识产权代理事务所(普通合伙)	11443	100088	雒纯丹	82207705	2013 年 7 月 1 日	北京市海淀区马甸东路 19 号 1002 房间	是	10
北京汇思诚业知识产权代理有限公司	11444	100044	王　刚	82600492	2013 年 7 月 1 日	北京市海淀区高梁桥斜街 59 号院 1 号楼中坤大厦 603	是	18
北京律和信知识产权代理事务所(普通合伙)	11446	100020	武玉琴	64863103	2013 年 7 月 18 日	北京市朝阳区朝阳门外大街 18 号 12 层 B1212	是	10
北京英创嘉友知识产权代理事务所(普通合伙)	11447	100190	桑传标	62662766	2013 年 7 月 29 日	北京市朝阳区德胜门外北沙滩 1 号院 31 号楼 11 层 A1108 室	是	26
北京中强智尚知识产权代理有限公司	11448	100012	陈春艳	83890589	2013 年 7 月 18 日	北京市朝阳区北苑东路 19 号院 3 号楼 2501－2502	是	10
北京成创同维知识产权代理有限公司	11449	100088	蔡　纯	82272448	2013 年 8 月 15 日	北京市西城区德外大街新风街 2 号天成科技大厦 A 座 409 室	是	10
北京欣永瑞知识产权代理事务所(普通合伙)	11450	100088	张庆敏	82005506	2013 年 8 月 5 日	北京市海淀区马甸东路 17 号 4 层 513	是	5
北京展翼知识产权代理事务所(特殊普通合伙)	11452	100083	屠长存	82350668	2013 年 8 月 5 日	北京市海淀区中关村东路 18 号 1 幢 15 层 B－1503	是	7
北京名华博信知识产权代理有限公司	11453	100085	李冬梅	62515851	2013 年 8 月 5 日	北京市海淀区清河嘉园东区甲 1 号楼 9 层 936 室	是	12
北京市万瑞律师事务所	11454	100033	陈坚	88093118	2013 年 8 月 2 日	北京市西城区金融街 35 号国际企业大厦 B－16	否	4

续表

机构名称	机构代码	邮政编码	负责人	联系电话	设立日期	地址	是否备案	执业代理人数
北京海智友知识产权代理事务所(普通合伙)	11455	100044	施 蕾	88334114	2013年8月23日	北京市西城区西直门外大街18号楼1单元2026	是	3
北京纽盟知识产权代理事务所(特殊普通合伙)	11456	100024	许玉顺	52882784	2013年9月18日	北京市朝阳区朝阳北路11号楼3层1单元312	是	4
北京律谱知识产权代理事务所(普通合伙)	11457	100044	黄云铎	88358207	2013年9月18日	北京市西城区西直门外大街18号楼3层2单元308	是	4
北京鼎宏元正知识产权代理事务所(普通合伙)	11458	100044	邓金涛	62211976	2013年9月18日	北京市西城区茶马街8号院2号楼701	是	4
北京权泰知识产权代理事务所(普通合伙)	11460	100029	王道川	64450696	2013年9月18日	北京市朝阳区樱花西街樱花园甲23号华昌行商务楼204室	是	3
北京天健君律专利代理事务所(普通合伙)	11461	100007	罗延红	82177906	2013年9月18日	北京市东城区东四十条甲22号1号楼3层06	是	8
北京众元弘策知识产权代理事务所(普通合伙)	11462	102200	孙东风	62923893	2013年9月18日	北京市昌平区城南街道凉水河路1号院1号楼5层512	是	3
北京华凯弘信专利代理事务所(特殊普通合伙)	11463	100068	曹 桓	51627909	2013年9月25日	北京市海淀区北四环西路68号1516室	是	3
北京奉思知识产权代理有限公司	11464	100191	邹铁鲛	68086266	2013年11月27日	北京市海淀区知春路6号锦秋国际大厦1403室	是	19
北京慕达星云知识产权代理事务所(特殊普通合伙)	11465	100055	姜海荣	57109628	2013年12月17日	北京市西城区红莲南路28号6－1幢A1207室	是	4
北京君恒知识产权代理事务所(普通合伙)	11466	100081	郑黎明	82856695	2014年1月20日	北京市海淀区中关村南大街5号二区683号楼科技大厦901室	是	14
北京德崇智捷知识产权代理有限公司	11467	100015	王金双	84775707	2014年1月20日	北京市朝阳区酒仙桥路14号A5楼7层701	是	31
北京市科名专利代理事务所(特殊普通合伙)	11468	101300	陈朝阳	61428460	2014年2月13日	北京市顺义区仁和镇新顺南大街8号院2幢6层607	是	3
北京恩赫律师事务所	11469	100083	刘守宪	56296556	2014年3月10日	北京市海淀区上地十街1号院2号楼16层1610	否	5
北京精金石专利代理事务所(普通合伙)	11470	100191	张 黎	82002851	2014年3月10日	北京市海淀区知春路1号学院国际大厦1510	是	11
北京细软智谷知识产权代理有限责任公司	11471	102445	毕 强	18001162568	2014年3月10日	北京市房山区长阳镇长阳一村村南京广铁路东105米路北	是	17
北京方安思达知识产权代理有限公司	11472	100190	陈琳琳	62670388	2014年3月10日	北京市海淀区中关村北二条13号6幢5层510房间	是	9
北京隆源天恒知识产权代理事务所(普通合伙)	11473	100088	闫 冬	82418483	2014年4月3日	北京市海淀区中关村东路66号2号楼17层2004	是	13
北京孚睿湾知识产权代理事务所(普通合伙)	11474	100009	王冬杰	58443756	2014年4月3日	北京市西城区地安门西大街丙28号B段2层207室	是	8
北京市天达律师事务所	11475	100004	陈 烽	65906639	2014年4月3日	北京市朝阳区东三环北路8号亮马河大厦2座19层	否	1

续表

机构名称	机构代码	邮政编码	负责人	联系电话	设立日期	地址	是否备案	执业代理人数
北京誉加知识产权代理有限公司	11476	100025	郝颖洁	86202706	2014年4月11日	北京市朝阳区东四环中路37号三层303室	是	2
北京尚伦律师事务所	11477	100027	魏　群	64609388	2014年4月11日	北京市朝阳区东三环北路2号南银大厦31层3108	否	13
北京市众天律师事务所	11478	100190	苌宏亮	62800408	2014年4月25日	北京市海淀区北四环西路9号银谷大厦17层1711－1717	否	3
北京汉之知识产权代理事务所(普通合伙)	11479	100086	芦宁宁	62620991	2014年5月8日	北京市海淀区知春里甲10号楼3层307室	是	4
北京翔瓯知识产权代理有限公司	11480	100122	王　瑾	67388790	2014年5月15日	北京市朝阳区化工路59号院焦奥中心4号楼1至14层101内04层04007	是	5
北京睿邦知识产权代理事务所(普通合伙)	11481	100061	徐丁峰	87190097	2014年5月30日	东城区绿景馨园东区13号楼409室	是	6
北京瀚仁知识产权代理事务所(普通合伙)	11482	100006	宋宝库	65258340	2014年6月17日	北京市东城区王府井大街99号A512A	是	12
北京云科知识产权代理事务所(特殊普通合伙)	11483	100085	张　飙	64869588	2014年6月17日	北京市海淀区学清路9号汇智大厦7层2单元806A	是	10
北京市嘉元知识产权代理事务所(特殊普通合伙)	11484	100080	高　晓	68748341	2014年6月17日	北京市海淀区海淀南路30号航天精密大厦B座305	否	3
北京市东方至睿知识产权代理事务所(特殊普通合伙)	11485	100029	霍金虎	82066230	2014年6月17日	北京市海淀区苏州街1号2层200－59	是	3
北京博维知识产权代理事务所(特殊普通合伙)	11486	100020	王　艺	86468793	2014年6月17日	北京市朝阳区朝阳门外大街甲6号万通中心4层1座401－021	是	3
北京中企鸿阳知识产权代理事务所(普通合伙)	11487	100029	汪　斌	82609660	2014年6月17日	北京市海淀区海淀苏州街18号院－4楼1605室	是	4
北京莫番律师事务所	11488	100102	张永欣	84783318	2014年7月4日	北京市朝阳区阜通东大街六号方恒国际B座1205	否	0
北京中政联科专利代理事务所(普通合伙)	11489	102206	陈　超	60709971	2014年7月9日	北京市昌平区回龙观镇北清路1号院6号楼2单元211	是	23
北京英诺万知识产权代理事务所(普通合伙)	11490	100873	唐铁军	82331688	2014年7月21日	北京市海淀区中关村南大街1号友谊宾馆颐园写字楼206室	是	3
北京国坤专利代理事务所(普通合伙)	11491	100024	赵红霞	57189001	2014年7月21日	北京市朝阳区五里桥二街2号院10号楼1105	是	4
北京市永新智财律师事务所	11492	100033	邵　伟	66211836	2014年7月21日	北京市西城区金融大街27号投资广场A1801	否	17
北京市创世宏景专利商标代理有限责任公司	11493	100089	朱　丹	85887001	2014年7月28日	北京市朝阳区东大桥路8号院3号楼12层1209室	是	7
北京坤瑞律师事务所	11494	100094	封新琴	62506868	2014年8月11日	北京市海淀区丰秀中路3号院2号楼3层	否	18

续表

机构名称	机构代码	邮政编码	负责人	联系电话	设立日期	地址	是否备案	执业代理人数
北京正鼎专利代理事务所(普通合伙)	11495	100190	岳　亚	82600812	2014年9月23日	北京海淀区北四环西路9号银谷大厦516室	是	5
北京君泊知识产权代理有限公司	11496	100190	胡玉章	56265707	2014年9月23日	北京市海淀区中关村东路18号1号楼16层B-1607室	是	7
北京市正见永申律师事务所	11497	100020	李静冰	58790066	2014年9月23日	北京市朝阳区朝外大街12号昆泰国际大厦2603室	否	11
北京智为时代知识产权代理事务所(普通合伙)	11498	100098	王加岭	88862583	2014年9月23日	北京市海淀区大钟寺13号华杰大厦6A10	否	6
北京市浩东律师事务所	11499	100089	左世民	88569370	2014年10月8日	北京市海淀区西三环北路25号青政大厦5层	否	3
北京律知言知识产权代理事务所(特殊普通合伙)	11500	100102	陈　英	64719368	2014年9月29日	北京市朝阳区南湖东园122楼6层北区703	是	3
北京祺和祺知识产权代理有限公司	11501	102445	郭　智	18600549315	2014年11月1日	北京市房山区长阳镇昊天北大街48号208号楼3层C座302	是	7
北京远立知识产权代理事务所(普通合伙)	11502	100095	李海燕	61466196	2014年11月1日	北京市海淀区白家疃尚水园1号楼3层326室	是	3
北京维知知识产权代理事务所(特殊普通合伙)	11503	100080	王　涛	89539588	2014年11月1日	北京市海淀区昌运宫7号楼1幢3层327	是	1
北京力量专利代理事务所(特殊普通合伙)	11504	100035	宋林清	66008806	2014年11月21日	北京市顺义区南法信大街118号院1号楼7层1704	是	17
北京布瑞知识产权代理有限公司	11505	100102	孟　潭	52592633	2014年12月8日	北京朝阳区广顺北大街5号院内32号B228	是	7
北京东方灵盾知识产权代理有限公司	11506	100080	苏向银	56180956	2014年12月23日	北京市海淀区海淀大街3号1幢20层1801-A2002-2室	是	11
北京维正专利代理有限公司	11508	100055	杨春女	57185919	2014年12月23日	北京市西城区莲花池东路102号1101室	是	47
北京宣言律师事务所	11509	100089	叶　勇	68405588	2014年12月23日	北京市海淀区西三环北路21号久凌大厦南楼1708室	否	8
北京华圣典睿知识产权代理有限公司	11510	100043	陈国伟	57796901	2015年1月12日	北京市石景山区政达路6号院4号楼2层220	是	6
北京得信知识产权代理有限公司	11511	100038	袁伟东	63634866	2015年1月12日	北京市海淀区羊坊店路18号2幢10层1063	是	5
北京迎硕知识产权代理事务所(普通合伙)	11512	100088	张群峰	82207963	2015年1月12日	北京市海淀区马甸东路19号13层1606室	是	9
北京远创理想知识产权代理事务所(普通合伙)	11513	100191	卫安乐	57109568	2015年1月12日	北京市海淀区蓟门里小区1号楼1间308室	是	3
北京酷爱智慧知识产权代理有限公司	11514	100085	张绍磊	82697057	2015年1月16日	北京市海淀区信息路30号上地大厦8层801室	是	14
北京君华知识产权代理事务所(普通合伙)	11515	100080	李海峰	82484270	2015年1月16日	北京市海淀区北四环西路65号9层0978室	是	4
北京文苑专利代理有限公司	11516	100055	王　炜	83060218	2015年1月16日	北京市西城区红莲南路57号1幢1209	是	10

续表

机构名称	机构代码	邮政编码	负责人	联系电话	设立日期	地址	是否备案	执业代理人数
北京市君合律师事务所	11517	100005	肖　微	85191300	2015 年 1 月 29 日	北京市东城区建国门北大街 8 号华润大厦 20 层	否	18
北京易正达专利代理有限公司	11518	100015	李　颖	56204327	2015 年 1 月 29 日	北京市朝阳区酒仙桥路 14 号院 5 号楼 1 至 7 层 101 内 3 层 305 室	否	11
北京智信四方知识产权代理有限公司	11519	100102	宋海龙	53347715	2015 年 1 月 29 日	北京市朝阳区广顺北大街 33 号院 1 号楼 9 层一单元 1001 内 1008 室	是	8
北京万贝专利代理事务所(特殊普通合伙)	11520	100040	陈　领	57731613	2015 年 2 月 13 日	北京市石景山区石景山路乙 18 号院 5 号楼 16 层 1818	是	3
北京市英智伟诚知识产权代理事务所(普通合伙)	11521	100086	刘丹妮	62530383	2015 年 2 月 13 日	北京市海淀区中关村南大街甲 6 号铸诚大厦 7 层 708	否	4
北京煦润律师事务所	11522	100083	梁小川	82600565	2015 年 3 月 2 日	北京市海淀区中关村东路 18 号财智国际大厦 B 座 1605	否	9
北京卓孚知识产权代理事务所(普通合伙)	11523	100080	刘光明	62680518	2015 年 4 月 20 日	北京市海淀区彩和坊路 8 号天创科技大厦 907C	是	5
北京红福盈知识产权代理事务所(普通合伙)	11525	100086	陈月福	52660332	2015 年 4 月 29 日	北京市海淀区北三环西路甲 30 号 403 室	是	4
北京航信高科知识产权代理事务所(普通合伙)	11526	100009	高　原	64553987	2015 年 6 月 1 日	北京市东城区中剪子巷 17 号 201A	是	3
北京悦成知识产权代理事务所(普通合伙)	11527	101199	樊耀峰	60513188	2015 年 6 月 1 日	北京市通州区新华西街 58 号院 3 号楼 23 层 2318 号房屋	是	6
北京恒博知识产权代理有限公司	11528	100027	王海洋	84852663	2015 年 6 月 1 日	北京市海淀区中关村东路 66 号世纪科贸大厦 B 座 1605 室	是	11
北京华识知识产权代理有限公司	11530	100176	赵永强	57031488	2015 年 6 月 9 日	北京市海淀区高梁桥斜街 59 号院 1 号楼 11 层 1111	是	11
北京汇捷知识产权代理事务所(普通合伙)	11531	100055	于　鹏	66418608	2015 年 6 月 9 日	北京市丰台区菜户营 58 号财富西环 1307	是	7
北京市天玺沐泽专利代理事务所(普通合伙)	11532	100102	谢　鑫	64796189	2015 年 6 月 18 日	北京市朝阳区(县)建国路 15 号院甲 1 号北岸 1292 三间房创意生活园区 6－410(房间号)	是	3
北京环球智慧知识产权代理有限公司	11533	100191	王汛琳	62061236	2015 年 6 月 18 日	北京海淀区花园路 2 号牡丹创业楼 207 室	是	5
北京奥文知识产权代理事务所(普通合伙)	11534	100022	张文	87777919	2015 年 7 月 17 日	北京市朝阳区广渠路 36 号院 5 号楼 5 层 520	是	2
北京知元同创知识产权代理事务所(普通合伙)	11535	100085	刘元霞	62669046	2015 年 7 月 27 日	北京市海淀区上地三街 9 号 E 座 1004 室	是	10
北京惟诚致远知识产权代理事务所(普通合伙)	11536	100085	吕　品	58715242	2015 年 8 月 4 日	北京市海淀区上地十街 1 号院 3 号楼 12 层 1220	是	3
北京天江律师事务所	11537	100010	曹　颖	62369188	2015 年 8 月 18 日	北京市昌平区北清路 1 号院 6 号楼 10 层 1 单元 1102	否	3

续表

机构名称	机构代码	邮政编码	负责人	联系电话	设立日期	地址	是否备案	执业代理人数
北京谨诚君睿知识产权代理事务所（特殊普通合伙）	11538	100016	孙　征	84585120	2015年8月18日	北京市朝阳区麦子店西路3号5层520	是	6
北京慧诚智道知识产权代理事务所（特殊普通合伙）	11539	100029	李　楠	56180456	2015年8月18日	北京市朝阳区北辰西路69号峻峰华亭D座1012	是	5
北京元周律知识产权代理有限公司	11540	100120	张　莹	82062878	2015年9月7日	北京市西城区德胜门外大街36号楼17层2单元1713	是	7
北京卓唐知识产权代理有限公司	11541	100095	李志刚	59824356	2015年9月7日	北京市海淀区紫雀路33号院3号楼5层3502	是	10
北京久诚知识产权代理事务所（特殊普通合伙）	11542	102218	翟丽红	84812671	2015年9月10日	北京市昌平区立汤路186甲4号楼3层322	是	5
北京八月瓜知识产权代理有限公司	11543	100073	马东瑞	63870424	2015年9月19日	北京市丰台区汽车博物馆东路6号院3号楼2单元701－2	是	5
北京金蓄专利代理有限公司	11544	100055	孙　巍	83060688	2015年10月10日	北京市西城区红莲南路57号中国文化大厦505号房间	是	11
北京合智同创知识产权代理有限公司	11545	100098	李　杰	62120067	2015年9月29日	北京市海淀区中关村东路18号15层C－1506－A	是	11
北京策略律师事务所	11546	100010	谢会生	85197758	2015年10月10日	北京市东城区东直门南大街1号来福士中心办公楼六层601	否	4
北京英赛律师事务所	11547	100098	王静安	58732666	2015年10月10日	北京市海淀区知春路甲48号1号楼19B	否	4
北京华仲龙腾专利代理事务所（普通合伙）	11548	100088	李　静	62015080	2015年10月10日	北京市海淀区蓟门里小区1号楼二层206室	是	25
北京德高行远知识产权代理有限公司	11549	100048	杨　瑞	57176630	2015年10月10日	北京市海淀区羊坊店路18号光耀东方广场S座10层1005	是	2
北京知舟专利事务所（普通合伙）	11550	100176	赵　宇	87169786	2015年10月19日	北京经济技术开发区景园北街2号院67号楼6层713室	是	11
北京鼎承知识产权代理有限公司	11551	100190	李伟波	82526960	2015年10月22日	北京市海淀区中关村南四街18号紫金数码园3号楼805	是	8
北京智乾知识产权代理事务所（普通合伙）	11552	100071	华　冰	62580655	2015年10月28日	北京市丰台区东大街东里15号1－3－320A	是	8
北京观韬中茂律师事务所	11553	100032	韩德晶	66578066	2015年11月9日	北京市西城区金融大街5号新盛大厦B座18层	否	3
北京金讯知识产权代理事务所（特殊普通合伙）	11554	100081	黄剑飞	62158081	2015年11月9日	北京市海淀区中关村南大街48号九龙商务中心C座C4026室	是	3
北京市怡丰律师事务所	11555	100028	于春生	84554556	2015年11月25日	北京市朝阳区曙光西里甲5号凤凰置地广场写字楼H座905室	否	1
北京恒创益佳知识产权代理事务所（普通合伙）	11556	102200	付金豹	58639128	2015年11月25日	北京市昌平区城北街道西关路20号琥珀郡4号楼825	是	3
北京卫智畅科专利代理事务所（普通合伙）	11557	100055	唐维铁	58469239	2015年11月30日	北京市西城区茶马街8号院2号楼7层714	是	3

续表

机构名称	机构代码	邮政编码	负责人	联系电话	设立日期	地址	是否备案	执业代理人数
北京天澜智慧知识产权代理有限公司	11558	100010	尚继栋	58642935	2015 年 12 月 8 日	北京市东城区东水井胡同 5 号楼北京 INN 大厦 A805	是	6
北京市跃扬知识产权代理事务所(普通合伙)	11559	100044	李玉秋	50855057	2015 年 12 月 10 日	北京市西城区西直门外大街 18 号楼 3 层 1 单元 329	是	5
北京智桥联合知识产权代理事务所(普通合伙)	11560	100070	洪余节	57746273	2015 年 12 月 10 日	北京市丰台区科学城航丰路 8 号 1 幢 3 层 320	是	6
北京隆诺律师事务所	11561	100101	洪 燕	84891188	2015 年 12 月 10 日	北京市朝阳区慧忠路 5 号 B1803	否	15
北京东方盛凡知识产权代理事务所(普通合伙)	11562	102299	宋 平	56339228	2015 年 12 月 10 日	北京市昌平区城北街道西关路 20 号 2 号楼 3 层 2－312	是	3
北京汇彩知识产权代理有限公司	11563	100070	宋春妮	83681681	2015 年 12 月 10 日	北京市房山区辰光东路 16 号院 8 号楼 5 层 510	是	8
北京东和长优知识产权代理事务所(普通合伙)	11564	102218	周 捷	84366311	2015 年 12 月 10 日	北京市昌平区立汤路 186 甲 1 号楼 6 层 617	是	5
北京国之大铭知识产权代理事务所(普通合伙)	11565	102488	张伟凤	56707525	2015 年 12 月 18 日	北京市房山区拱辰街道月华大街 1 号 A8－38	是	3
北京市京轩律师事务所	11566	100025	张红艳	51315606	2015 年 12 月 22 日	朝阳区十里堡甲 3 号都会国际大厦 A 座 5C	否	3
北京旭路知识产权代理有限公司	11567	100080	瞿卫军	62196988	2016 年 1 月 13 日	北京市海淀区丹棱街 3 号 B 座 18 楼 03 室	是	7
北京至臻永信知识产权代理有限公司	11568	100010	彭晓玲	64758835	2016 年 1 月 13 日	北京市东城区朝阳门南小街 2 号楼 6 层 732	是	12
北京高沃律师事务所	11569	100080	王加贵	82873665	2016 年 1 月 26 日	北京市海淀区彩和坊路 11 号 6 层 602 室	是	24
北京众达德权知识产权代理有限公司	11570	100020	刘 杰	58790575	2016 年 1 月 28 日	北京市朝阳区朝外大街乙 12 号办公楼 9 层 0－1010	是	17
北京雷曼昊华专利代理有限责任公司	11571	100028	陈发志	85321919	2016 年 2 月 2 日	北京市朝阳区左家庄路 15 号 4 号楼 8107 室	是	5
北京卓特专利代理事务所(普通合伙)	11572	101300	托 娅	59432847	2016 年 2 月 2 日	北京市顺义区南法信镇信中街 12 号院 8 号楼 102 门 2 层 2020 室	是	11
北京华智则铭知识产权代理有限公司	11573	100162	李树祥	56420846	2016 年 2 月 3 日	北京市大兴区宏业路 9 号院 7 号楼 1307 室	是	6
北京律远专利代理事务所(普通合伙)	11574	100068	全成哲	67715366	2016 年 2 月 24 日	北京市丰台区马家堡东路 106 号 2 号楼 10 层 1004	是	3
北京志霖律师事务所	11575	100007	雷志刚	64097197－8083	2016 年 3 月 9 日	北京市东城区安定门东大街 28 号 1 号楼 D 单元 1508 号	否	13
北京市恒有知识产权代理事务所(普通合伙)	11576	100012	薛 瑞	56619466	2016 年 3 月 11 日	北京市朝阳区北苑东路 19 号院 4 号楼 5 层 504	是	5
北京知呱呱知识产权代理有限公司	11577	100195	武 媛	68960181	2016 年 3 月 16 日	北京市海淀区四季青路 7 号院 1 号楼－1 至 3 层 102 东侧二层 219	是	11

续表

机构名称	机构代码	邮政编码	负责人	联系电话	设立日期	地址	是否备案	执业代理人数
北京集智东方知识产权代理有限公司	11578	102200	关兆辉	60789936	2016年3月18日	北京市昌平区科技园区振兴路36号院2号楼2层228室	是	10
北京锺维联合知识产权代理有限公司	11579	100044	赵中璋	68315490	2016年3月16日	北京西城区西直门外大街18号楼9层1单元1002室	是	5
北京国电智臻知识产权代理事务所(普通合伙)	11580	102206	吴红飞	62019885	2016年3月18日	北京市昌平区回龙观镇朱辛庄北农路2号主楼D座15楼东区22号	是	3
北京瀚群律师事务所	11581	100088	安筱琼	82095266	2016年3月16日	北京市海淀区蓟门里小区1号楼三层312室	是	5
北京久维律师事务所	11582	100088	邢江峰	18911552322	2016年3月16日	北京市西城区德胜门外大街18幢735室(德胜园区)	是	2
北京华旭智信知识产权代理事务所(普通合伙)	11583	100162	冯　云	52475307	2016年3月24日	北京市大兴区西红门镇宏业路9号院1号楼5层503室	是	6
北京智晨知识产权代理有限公司	11584	100081	张　婧	88516900	2016年3月24日	北京市海淀区大钟寺13号院1号楼10B9	是	10
北京金岳知识产权代理事务所(特殊普通合伙)	11585	102488	王文生	63841860	2016年3月28日	北京市房山区书院南街10号院11号楼8层818	是	7
北京天达共和知识产权代理事务所(特殊普通合伙)	11586	100004	张　嵩	65107055	2016年4月5日	北京市朝阳区东三环北路8号4号楼20层2001室	是	8
北京汇知杰知识产权代理事务所(普通合伙)	11587	100190	蔡　伦	62966619	2016年4月6日	北京市海淀区中关村东路66号1号楼22层2607-02	是	8
北京华仁联合知识产权代理有限公司	11588	100080	苏雪雪	57181128	2016年4月6日	北京市海淀区苏州街1号7层051室	是	16
北京劲创知识产权代理事务所(普通合伙)	11589	102206	王　闯	52707075	2016年4月6日	北京市昌平区沙河镇站前路11号3号楼2层8207室	是	3
北京市领专知识产权代理有限公司	11590	100088	林辉轮	53677031	2016年4月13日	北京市海淀区花园东路30号北京海淀花园饭店5号楼5418室	是	9
北京东方芊悦知识产权代理事务所(普通合伙)	11591	101121	彭秀丽	64843093	2016年4月19日	北京市通州区翠景北里1号楼5层611	是	4
北京天驰君泰律师事务所	11592	100101	徐　波	61848000	2016年4月21日	北京市朝阳区北辰东路8号6层A座B座、7层A座B座、20层A座	否	5
北京博讯知识产权代理事务所(特殊普通合伙)	11593	100086	柳兴坤	58733316	2016年4月26日	北京市海淀区知春路甲48号3号楼3单元8B	是	6
北京知联天下知识产权代理事务所(普通合伙)	11594	100098	王　冲	62780099	2016年4月26日	北京市海淀区知春路56号天利大厦5层	是	13
北京科石知识产权代理有限公司	11595	100082	高元吉	62231399	2016年5月4日	北京市海淀区学院南路38号智慧大厦203B	是	10
北京易光知识产权代理有限公司	11596	100080	崔晓光	61934096	2016年4月29日	北京市海淀区中关村大街11号E世界财富中心A706	否	5

续表

机构名称	机构代码	邮政编码	负责人	联系电话	设立日期	地址	是否备案	执业代理人数
北京睿派知识产权代理事务所(普通合伙)	11597	100102	刘　锋	64753622	2016年5月4日	北京市朝阳区昌通东大街6号院2号楼7层811内B	是	5
北京思元知识产权代理事务所(普通合伙)	11598	100192	余光军	57340288	2016年5月6日	北京市海淀区永泰中路25号中关村永泰创新园B座226室	是	5
北京东方昭阳知识产权代理事务所(普通合伙)	11599	100191	吕玉健	62023429	2016年5月13日	北京市海淀区蓟门里小区1号楼104室	是	2
北京德沓知识产权代理事务所(普通合伙)	11600	100083	王栓庆	62120067	2016年5月13日	北京市海淀区学清路甲18号西小楼一层1393室	是	3
北京市汉坤律师事务所	11602	100738	李卓蔚	85255500	2016年5月27日	北京市东城区东长安街1号东方广场C1座906	否	6
北京晟睿智杰知识产权代理事务所(特殊普通合伙)	11603	101100	于　淼	60533862	2016年6月1日	北京市通州区新华西街58号院2号楼19层1919	是	8
北京睿驰通程知识产权代理事务所(普通合伙)	11604	102627	张文平	82362638	2016年6月2日	北京市海淀区苏州街49－3号5层515	是	4
北京崇智专利代理事务所(普通合伙)	11605	100097	程旭辉	51709110	2016年6月2日	北京市海淀区紫竹院路116号嘉豪国际中心C座908	是	5
北京华进京联知识产权代理有限公司	11606	100191	哈　达	82263399	2016年6月13日	北京市海淀区知春路7号致真大厦A1403	是	14
北京白洲磐华知识产权代理事务所(普通合伙)	11607	100022	宋冬涛	65594091	2016年6月15日	北京市朝阳区建国门外大街22号赛特大厦9层905	是	4
北京共腾智慧专利代理事务所(普通合伙)	11608	100000	白海佳	58403069	2016年6月17日	北京市丰台区长兴路16号院1号楼2层220	是	3
北京格允知识产权代理有限公司	11609	100080	谭　辉	61943166	2016年6月22日	北京市海淀区海淀苏州街18号院2号楼20层2003	是	10
北京太合九思知识产权代理有限公司	11610	100070	刘　戈	88329099	2016年6月22日	北京市西城区北展北街5、7、9、11、13、15、17号3层9#(B303)	是	10
北京聿华联合知识产权代理有限公司	11611	100021	朱　绘	87633400	2016年6月27日	北京市朝阳区东三环南路19号联合国际大厦1310室	是	13
北京金咨知识产权代理有限公司	11612	100098	严业福	62168211	2016年7月4日	北京市海淀区大钟寺13号院1号楼3层C306室	是	5
北京易捷胜知识产权代理事务所(普通合伙)	11613	100080	齐胜杰	61196988	2016年7月7日	北京市海淀区苏州街长远天地大厦A2座12楼1212室	是	10
北京思创大成知识产权代理有限公司	11614	102208	高　爽	57150040	2016年7月12日	北京市昌平区回龙观镇龙域北街8号院1号楼金域国际中心B座408	是	13
北京慧智兴达知识产权代理有限公司	11615	100070	韩　龙	84084158	2016年7月12日	北京市丰台区富丰路2号05层18房间(618室)	是	13
北京盛凡智荣知识产权代理有限公司	11616	100000	戴　翔	53386722	2016年7月22日	北京市海淀区苏州街1号9层057A	是	6
北京瑞盛铭杰知识产权代理事务所(普通合伙)	11617	100078	郑海松	87642418	2016年8月3日	北京市丰台区芳群园四区21号楼4层432室	是	5

续表

机构名称	机构代码	邮政编码	负责人	联系电话	设立日期	地址	是否备案	执业代理人数
北京汉鼎理利专利代理事务所(特殊普通合伙)	11618	100089	陶　梅	68981288	2016年8月4日	北京市海淀区西三环北路87号国际财经中心D606室	是	5
北京辰权知识产权代理有限公司	11619	100080	郎志涛	82449961	2016年8月11日	北京市海淀区中关村东路66号1号楼12层1502室	是	10
北京智沃律师事务所	11620	100142	梁　晨	88123700	2016年8月16日	北京市海淀区八里庄路62号院1号楼1916室	否	3
北京和联顺知识产权代理有限公司	11621	100123	叶友伟	13911319257	2016年8月24日	北京市朝阳区朝阳路8号4层2单元401	是	9
北京汇众通达知识产权代理事务所(普通合伙)	11622	100041	梁明升	52879606	2016年8月30日	北京市石景山区古城西路113号景山财富中心6层611	是	3
北京晋德允升知识产权代理有限公司	11623	100043	杨　移	59001399	2016年8月29日	北京市石景山区古城南街路东53号-1弯月亮宾馆222室	是	7
北京卓岚智财知识产权代理事务所(特殊普通合伙)	11624	102445	任湫晨	81313159	2016年8月30日	北京市房山区长阳镇昊天北大街48号208号楼3层C座304	是	14
北京合智世信知识产权代理事务所(普通合伙)	11626	100055	陈依虹	63476266	2016年9月19日	北京市西城区广安门外大街248号1号楼519A室	是	3
北京安杰律师事务所	11627	100600	詹　昊	85672904	2016年9月18日	北京市朝阳区东方东路19号亮马桥外交办公大楼D1座19层	否	9
北京知迪知识产权代理有限公司	11628	100021	王胜利	89941178	2016年9月23日	北京市朝阳区劲松南路1号1幢7层747室	是	8
北京臻之知识产权代理有限公司	11629	100000	周丽莉	15611858874	2016年9月28日	北京市朝阳区郎家园6号(3-3)10幢等17幢(4幢3层301室)	是	7
北京君有知识产权代理事务所(普通合伙)	11630	100760	焦丽雅	62018271	2016年9月29日	北京市西城区茶马街8号院1号楼5层501室	是	3
北京市大地律师事务所	11631	100032	梁人华	68091988	2016年10月12日	北京市西城区华远北街2号通港大厦10层1016-1021	否	4
北京七夏专利代理事务所(普通合伙)	11632	100081	刘毓珍	88579979	2016年10月14日	北京市海淀区中关村南大街17号3号楼06层613	是	3
北京中理通专利代理事务所(普通合伙)	11633	100055	刘　岩	83060580	2016年10月20日	北京市西城区红莲南路57号1幢2层02-C5号	是	3
北京市中伦文德律师事务所	11634	100028	陈　文	64402232	2016年10月26日	北京市朝阳区西坝河南路1号金泰大厦19层	否	2
北京思格颂知识产权代理有限公司	11635	100010	潘　珺	65126087	2016年10月31日	北京市东城区东四西大街46号院3号楼207房间	是	11
北京方向标知识产权代理事务所(普通合伙)	11636	100071	段　斌	57201557	2016年10月31日	北京市丰台区造甲街110号43幢1075室	是	3
北京智信禾专利代理有限公司	11637	100050	吴肖肖	67183565	2016年10月31日	北京市东城区珠市口东大街13号三层330-1	是	5
北京权智天下知识产权代理事务所(普通合伙)	11638	100054	王新爱	56244489	2016年11月1日	北京市丰台区菜户营58号806	是	10

续表

机构名称	机构代码	邮政编码	负责人	联系电话	设立日期	地址	是否备案	执业代理人数
北京理工正阳知识产权代理事务所(普通合伙)	11639	102488	王民盛	68913475	2016 年 11 月 1 日	北京市房山区书院南街 10 号院 6 号楼 807	是	4
北京中索知识产权代理有限公司	11640	102600	商金婷	61258557	2016 年 11 月 9 日	北京市大兴区天华街 9 号院 13 号楼 6 层 602	是	6
北京金宏来专利代理事务所(特殊普通合伙)	11641	100102	许振强	51298511	2016 年 11 月 10 日	北京市朝阳区阜通东大街 1 号院 3 号楼 3 单元 7 层 130803	是	5
北京恒泰铭睿知识产权代理有限公司	11642	100083	何　平	18600200037	2016 年 11 月 23 日	北京市海淀区成府路 45 号中关村智造大街 A 座 1 层 105 室	是	6
北京润川律师事务所	11643	100142	张　超	88151760	2016 年 12 月 13 日	北京市海淀区西四环北路 160 号玲珑天地 A 座 5 层一区 519 号	否	9
北京清源汇知识产权代理事务所(特殊普通合伙)	11644	100080	冯德魁	82362960	2017 年 1 月 3 日	北京市海淀区苏州街一号 3 层 362	是	8
北京盈天科地知识产权代理有限公司	11645	100000	尹莹莹	57064861	2017 年 1 月 20 日	北京市朝阳区东四环中路 76 号 C502	是	5
北京超成律师事务所	11646	100080	刘小明	57210496	2017 年 1 月 20 日	北京市海淀区北四环西路 68 号左岸工社 12 层 1219 室	否	11
北京励诚知识产权代理有限公司	11647	100048	李志东	58444970	2017 年 2 月 4 日	北京市海淀区北洼路45 号2 号楼 3 层 301 室	是	11
北京先进知识产权代理有限公司	11648	100101	赵志显	84853046	2017 年 2 月 10 日	北京市朝阳区北辰东路 8 号亚运村宾馆 C 座 1206 室	是	7
北京贵都专利代理事务所(普通合伙)	11649	100055	李新锋	57148018	2017 年 2 月 10 日	北京市西城区茶马街 6 号院 4 号楼 6 层 1 单元 601	是	3
北京善任知识产权代理有限公司	11650	100022	金　杨	57209696	2017 年 2 月 16 日	北京市朝阳区东三环中路 39 号院 6 号楼 12 层 1502	是	6
北京金诚同达律师事务所	11651	100004	庞正忠	57068200	2017 年 2 月 21 日	北京市朝阳区建国门外大街 1 号国贸大厦 10 层	否	1
北京坦路来专利代理有限公司	11652	100044	汪送来	88366086	2017 年 2 月 22 日	北京市西城区新兴东巷 15 号 10 号楼 3 层 312 室	是	7
北京元合联合知识产权代理事务所(特殊普通合伙)	11653	100020	陈宇萱	57332388	2017 年 3 月 21 日	北京市朝阳区东三环中路 5 号楼 47 层 02 - 1 号单元	是	3
北京市一法律师事务所	11654	100048	王　庆	88099992	2017 年 3 月 21 日	北京市海淀区首体南路 9 号主语国际 4 座 802 室	否	5
北京启坤知识产权代理有限公司	11655	100088	傅大群	82696155	2017 年 4 月 6 日	北京市海淀区云会里金雅园过街楼 5 层 5577 室	是	8
北京泽南知识产权代理有限公司	11656	100000	罗　攀	82663111	2017 年 4 月 10 日	北京市海淀区中关村东路 18 号 1 号楼 13 层 C - 1612 室	是	5
北京思源智汇知识产权代理有限公司	11657	100083	毛丽琴	62926610	2017 年 4 月 13 日	北京市海淀区中关村东路 18 号财智国际大厦 B 座 502 室	是	6
北京康瑞律师事务所	11658	100098	李亚莉	56571515	2017 年 4 月 18 日	北京市海淀区知春路甲 48 号盈都大厦 A 座 17A	否	4

续表

机构名称	机构代码	邮政编码	负责人	联系电话	设立日期	地址	是否备案	执业代理人数
北京远智汇知识产权代理有限公司	11659	100036	张海英	82914690	2017年4月25日	北京市海淀区莲花池东路39号6层608室	是	5
北京快易权知识产权代理有限公司	11660	100088	汪守勇	13911719162	2017年4月27日	北京市海淀区北三环中路40号3幢3层3021	是	5
北京声华知识产权代理事务所(普通合伙)	11661	100085	张　军	82816922	2017年5月3日	北京市海淀区安宁庄东路18号光华创业园23号楼2001	是	3
北京华夏泰和知识产权代理有限公司	11662	100080	王海波	82169930	2017年5月4日	北京市海淀区苏州街18号长远天地大厦B1座310	是	8
北京市环球律师事务所	11663	100016	刘劲容	65846688	2017年5月25日	北京市朝阳区建国路81号华贸中心1号写字楼15层	否	2
北京华专卓海知识产权代理事务所(普通合伙)	11664	100010	马维丽	18910234546	2017年5月31日	北京市东城区金鱼池中街2号院5号楼1层5-4	是	4
北京市京师律师事务所	11665	100025	张凌霄	50959917	2017年6月2日	北京市朝阳区东四环中路37号京师律师大厦	否	4
北京冠榆知识产权代理事务所(特殊普通合伙)	11666	100023	朱永飞	67371727	2017年6月13日	北京市朝阳区垡头金蝉北里21号院宝龙商务楼313	是	4
北京兰亭信通知识产权代理有限公司	11667	100102	赵永刚	68209273	2017年6月14日	北京市朝阳区望京东园一区120号楼	是	5
北京航智知识产权代理事务所(普通合伙)	11668	100191	程连贞	82338141	2017年6月14日	北京市海淀区北四环中路238号柏彦大厦第五层509单元	是	3
北京路胜元知识产权代理事务所(特殊普通合伙)	11669	100192	路兆强	62927531	2017年6月19日	北京市海淀区悦秀路99号7层2单元703	是	5
北京栈桥知识产权代理事务所(普通合伙)	11670	100085	刘亚娟	62910552	2017年6月20日	北京市海淀区清河安宁庄东路18号7号楼三层	是	3
北京阳光天下知识产权代理事务所(普通合伙)	11671	100162	赵　飞	60298530	2017年6月22日	北京市大兴区西红门镇宏业路9号院2号楼14层1407	是	3
北京致科知识产权代理有限公司	11672	100085	魏红雅	82177606	2017年7月3日	北京市海淀区上地四街8号楼501-6室	是	5
北京巨弘知识产权代理事务所(普通合伙)	11673	100083	王　辉	82753968	2017年7月7日	北京市海淀区学清路38号金码大厦(B座)6层606室100083	否	4
北京中南长风知识产权代理事务所(普通合伙)	11674	100120	郑　海	51664766	2017年7月21日	北京市朝阳区曙光西里甲1号第三置业大厦B座2202B室	是	5
北京圣达博通知识产权代理事务所(普通合伙)	11675	100085	马　皓	60609897	2017年7月21日	北京市海淀区上地信息路1号(北京实创高科技发展总公司1-2号)B栋8层837室	是	3
北京华际知识产权代理有限公司	11676	100000	李　浩	82772889	2017年7月31日	北京市海淀区上地四街3号二层260	是	5
北京中企讯知识产权代理有限公司	11677	100000	熊　亮	56149358	2017年7月31日	北京市海淀区上庄镇上庄路115号院一层1188号	是	6
北京皮皮云嘉知识产权代理有限公司	11678	100000	师　杰	65501101	2017年8月7日	北京市朝阳区朝外雅宝路12号13层1305A	是	5

续表

机构名称	机构代码	邮政编码	负责人	联系电话	设立日期	地址	是否备案	执业代理人数
北京索睿邦知识产权代理有限公司	11679	100038	刘　丽	82670850	2017 年 8 月 10 日	北京市海淀区羊坊店路 18 号 1 幢 6 层 627	是	5
北京远志博慧知识产权代理事务所(普通合伙)	11680	100088	张　娜	62120388	2017 年 8 月 16 日	北京市海淀区交大东路 31 号东区 10 号楼等 17 幢 31 幢 108	是	3
北京惠智天成知识产权代理事务所(特殊普通合伙)	11681	100094	袁瑞红	52894379	2017 年 8 月 18 日	北京市海淀区安宁庄村南北方丝绸厂 5 幢平房 162 号	是	3
北京汉智嘉成知识产权代理有限公司	11682	100024	蒋宇星	65184418	2017 年 8 月 23 日	北京市朝阳区东坝乡东晓景产业园 205 号 F 区 1317	是	8
北京佐行专利代理事务所(特殊普通合伙)	11683	100079	刘　鹏	52836010	2017 年 9 月 7 日	北京市丰台区芳群园三区 4 号楼 17 层 1701 －01	是	3
北京沁优知识产权代理事务所(普通合伙)	11684	100081	姚　艳 陈李青 汪发成	82103769	2017 年 9 月 14 日	北京市海淀区北三环西路 32 号七层 0709 室	是	5
北京睿康信诚知识产权代理事务所(普通合伙)	11685	100070	刘路尧	58463656	2017 年 9 月 18 日	北京市丰台区汽车博物馆东路 6 号 3 号楼 1 单元 12 层 1201 －E78(园区)	是	6
北京世衡知识产权代理事务所(普通合伙)	11686	100044	郝文博	88368480	2017 年 9 月 27 日	北京市西城区西直门外大街 18 号楼 9 层 1 单元 1036	是	5
北京嘉科知识产权代理事务所(特殊普通合伙)	11687	100085	刘　力	18201201289	2017 年 10 月 13 日	北京市海淀区上地信息路 1 号(北京实创高科技发展总公司 1－2号)B 栋 4 层 407 室	是	3
北京彩和律师事务所	11688	100081	彩登枝	62167650	2017 年 10 月 19 日	北京市海淀区大柳树富海中心 3 号楼 16 层 1602	否	4
北京智绘未来专利代理事务所(普通合伙)	11689	100090	张红莲	62535882	2017 年 10 月 25 日	北京市昌平区回龙观镇瑞旗家园 28 号楼 11 层 1120	是	4
北京领科知识产权代理事务所(特殊普通合伙)	11690	100086	张　丹	82117811	2017 年 10 月 27 日	北京市海淀区知春路 56 号西区 9 号楼 108 室	是	4
北京清诚知识产权代理有限公司	11691	110089	乔东峰	58378079	2017 年 11 月 9 日	北京市朝阳区东八间房北岗子环里 1 层 1014 号	是	5
北京开林佰兴专利代理事务所(普通合伙)	11692	100000	刘帅帅	023 －86109523	2017 年 11 月 10 日	北京市丰台区富丰路 2 号 2 －16 幢 10 层 1112 房间	是	4
北京展翅星辰知识产权代理有限公司	11693	100080	吕林红	86462568	2017 年 11 月 23 日	北京市海淀区海淀大街 3 号 1 幢 19 层 1701 －A －1920B 室	是	5
北京万思博知识产权代理有限公司	11694	100024	范晓斌	57015599	2017 年 11 月 23 日	北京市朝阳区五里桥二街 1 号院 10 号楼 1 层 0112	是	5
北京和鼎泰知识产权代理有限公司	11695	100088	何晓丽	57182345	2017 年 11 月 24 日	北京市海淀区北三环中路乙 40 号国美电器三幢三层 3089 室	是	5
北京国翰知识产权代理事务所(普通合伙)	11696	102200	卫翠婷	56337786	2017 年 11 月 28 日	北京市昌平区城北街道西关路 20 号 1 号楼 12 层 1 －1518	是	2
北京允天律师事务所	11697	100004	周新艳	65158756	2017 年 12 月 1 日	北京市朝阳区建国门外大街丙 24 号京泰大厦写字楼 11 层 1108 号	否	4

续表

机构名称	机构代码	邮政编码	负责人	联系电话	设立日期	地址	是否备案	执业代理人数
北京国贝知识产权代理有限公司	11698	100000	丛　芳	64274100	2017 年 12 月 1 日	北京市朝阳区小黄庄北街 2 号 10 号楼 3 层 310	是	7
北京安哲思知识产权代理事务所(普通合伙)	11699	100085	邱丽超	69752717	2017 年 12 月 6 日	北京市海淀区安宁北路昌平路临 831 - 内 2 二层 1603 室	是	3
北京智客联合知识产权代理事务所(特殊普通合伙)	11700	100000	李　成	53679596	2017 年 12 月 7 日	北京市房山区天星街 1 号院 15 号楼 5 层 601	是	3
北京众泽信达知识产权代理事务所(普通合伙)	11701	100088	张艳萍	82027970	2017 年 12 月 27 日	北京市海淀区北三环中路 31 号 4 号楼东半部 5 层 507 室	是	3
北京中宇洪坤知识产权代理有限公司	11702	100089	陈方舟	82206100	2018 年 1 月 2 日	北京市海淀区中关村大街 11 号 10 层 1010B	是	5
北京宝护知识产权代理事务所(普通合伙)	11703	100193	王　霞	62597269	2018 年 1 月 8 日	北京市海淀区东北旺南路 29 号院 3 号楼 4 层 4266 室	是	3
北京康隆智佳专利代理事务所(普通合伙)	11704	100027	夏满强	84464628	2018 年 1 月 9 日	北京市朝阳区东三环北路丙 2 号 16 层 19B06	是	3
北京康度知识产权代理事务所(特殊普通合伙)	11705	102200	王　彬	80756982	2018 年 1 月 11 日	北京市昌平区回龙观镇科星西路 106 号院 4 号楼 14 层 1403	是	4
北京竹辰知识产权代理事务所(普通合伙)	11706	100004	陈　龙	65155580	2018 年 1 月 12 日	北京市朝阳区建国门外大街甲 24 号东海中心 1006 室	是	3
北京安之律师事务所	11707	100055	章彦奇	87792740	2018 年 1 月 15 日	北京市西城区广安门外大街 248 号机械大厦九层 910 房间	否	2
北京政益专利代理事务所(普通合伙)	11708	100000	王　琴	85806380	2018 年 1 月 26 日	北京市朝阳区东四环中路 37 号一楼 031	否	0
北京曼威知识产权代理有限公司	11709	100085	方志炜	50868487	2018 年 3 月 2 日	北京市海淀区上地三街嘉华大厦 B 座 411 室	是	2
北京开阳星知识产权代理事务所(普通合伙)	11710	100088	张　露	56357279	2018 年 3 月 6 日	北京市海淀区学院南路 15 号院 7 号楼 6 层 719	否	4
北京北汇律师事务所	11711	100080	袁　润	62698598	2018 年 3 月 19 日	北京市海淀区中关村东路 66 号 2 号楼 0502	否	3
北京尚淳律师事务所	11712	100034	刘京莉	66256667	2018 年 3 月 26 日	北京市西城区平安里西大街 28 号,光大国际中心 1 号楼 15 层(电梯楼层 18 层)1808 室	否	3
北京世峰知识产权代理有限公司	11713	100088	康　健	82800919	2018 年 3 月 29 日	北京市海淀区北太平庄路 18 号 11 层 A1110 - 11	是	6
北京悦和知识产权代理有限公司	11714	100050	高　倩	63189391	2018 年 4 月 16 日	北京市西城区珠市口西大街 120 号 1 号楼 17 层 1725 房间	是	5
北京君莫知识产权代理事务所(普通合伙)	11715	102206	奚秀锋	86476060	2018 年 4 月 17 日	北京市昌平区回龙观镇北清路 1 号院 7 号楼 3 层 2 单元 313	是	3
北京君慧知识产权代理事务所(普通合伙)	11716	100081	苏金锋	62544986	2018 年 4 月 26 日	北京市海淀区北四环西路 66 号 11 层 1216 室	是	3
北京邦创至诚知识产权代理事务所(普通合伙)	11717	102206	张宇锋	80765215	2018 年 5 月 28 日	北京市昌平区回龙观镇北清路 1 号院 7 号楼 2 层 2 单元 201	是	3

续表

机构名称	机构代码	邮政编码	负责人	联系电话	设立日期	地址	是否备案	执业代理人数
北京紫荆博雅知识产权代理有限公司	11718	100101	张　艳	51783586	2018年5月29日	北京市朝阳区北苑路168号1号楼中安盛业大厦1101室	是	5
北京天方成霖知识产权代理事务所(普通合伙)	11719	100070	朱晓蕾	53653650	2018年6月4日	北京市丰台区航丰路1号院5号楼3至17层301内5层512室	否	0
北京真致博文知识产权代理事务所(普通合伙)	11720	100043	孙敬文	86468922	2018年6月4日	北京市石景山区古城西路113号5层525室	是	1
北京中慧创科知识产权代理事务所(特殊普通合伙)	11721	100000	由　元	56875361	2018年6月5日	北京市昌平区回龙观镇北郊农场3号楼等3幢6幢3层303A	否	0
北京钲霖知识产权代理有限公司	11722	100102	金　丹	64788368	2018年6月11日	北京市朝阳区阜通东大街1号院6号楼16层1单元211908	否	0
北京尚钺知识产权代理事务所(普通合伙)	11723	100078	王海荣	83986082	2018年6月11日	北京市朝阳区南三环成寿寺路甲135号2号楼一层101室	否	0
北京成实知识产权代理有限公司	11724	102208	康宁宁	60770981	2018年6月12日	北京市昌平区回龙观镇科星西路106号院5号楼11层1119	否	0
北京伟思知识产权代理事务所(普通合伙)	11725	100089	聂宁乐	58815608	2018年6月13日	北京市海淀区长春桥路11号3号楼1302房间	否	0
北京荟英捷创知识产权代理事务所(普通合伙)	11726	100070	吴　平	63747777	2018年6月19日	北京市丰台区科学城富丰路6号3号楼3层301室(园区)	否	0
北京天作专利代理事务所(特殊普通合伙)	11727	100053	王　影	83113596	2018年6月20日	北京市西城区广内广义街5号广益大厦4层C405	否	0
中国专利代理(香港)有限公司	72001	100035	曾祥夌	(0852)28284688	1984年3月1日	香港湾仔港湾道23号鹰君中心22字楼	否	237
永新专利商标代理有限公司	72002	100140	刘世铨	27391818	1987年6月26日	香港九龙尖沙咀东部科学馆1号康宏广场南座1805－06	否	99
隆天知识产权代理有限公司	72003	100101	郑特强	0852－23041729	1994年8月1日	香港干诺道中168－200号信德中心西翼15楼1512室	否	45

资料来源：北京市知识产权局。